U0292227

财政部、科技部公益性行业(气象)科研专项(GYHY201206042)
国家自然科学基金项目(41175045,41675057)　联合资助出版
国家重点基础研究发展计划(973计划)项目(2012CB417200)
“气象灾害预报预警与评估”协同创新中心建设项目

低涡降水学

李国平　等◎著

内容简介

本书全面阐述了青藏高原及周边地区主要由高原低涡（简称高原涡）、西南低涡（简称西南涡）等天气系统引发的强降水（暴雨）理论研究与应用技术的现状和最新进展。内容包括低涡降水观测、低涡动力学理论、低涡暴雨诊断分析、低涡暴雨数值模拟、低涡耦合与相互作用、低涡统计与气候学特征等方面的研究及应用的主要成果。作为国内第一本系统性专门论述低涡降水科学的学术专著，本书系统总结了作者及其团队在这一极具挑战研究领域二十多年的探索历程，展望了其今后的发展方向，具有较强的理论性与实用性，有助于推动我国暴雨科学的理论研究及业务应用的发展。

本书可作为大气科学专业研究生课程的教科书或本科高年级学生专业选修课的教学参考书，也可供气象、水文、资源、航空、军事或其他相关专业的科研、教学和业务人员参考。

图书在版编目(CIP)数据

低涡降水学 / 李国平等著. --北京：气象出版社，2016.11

ISBN 978-7-5029-6467-2

Ⅰ.①低… Ⅱ.①李… Ⅲ.①青藏高原-低涡-暴雨-研究 Ⅳ.①P426.62

中国版本图书馆CIP数据核字(2016)第272580号

Diwo Jiangshuixue

低涡降水学

李国平 等 著

出版发行：气象出版社

地　　址：北京市海淀区中关村南大街46号　　邮政编码：100081

电　　话：010-68407112(总编室)　010-68409198(发行部)

网　　址：http://www.qxcbs.com　　E-mail：qxcbs@cma.gov.cn

责任编辑：蔺学东　　终　　审：邵俊年

责任校对：王丽梅　　责任技编：赵相宁

封面设计：八　度

印　　刷：北京中新伟业印刷有限公司

开　　本：787 mm×1092 mm　1/16　　印　　张：31

字　　数：794千字

版　　次：2016年12月第1版　　印　　次：2016年12月第1次印刷

定　　价：120.00元

本书编委会

前　言

夏半年青藏高原位于副热带高压带中，100 hPa 高空盛行强大而稳定的南亚高压（有时也称青藏高压），它是比北美落基山上空的高压更为强大的全球大气活动中心之一。在青藏高原中部 500 hPa 层，夏季常出现高原低涡和东西向的高原切变线，则高原上空呈现“上高下低”的气压场配置。受高原主体和四周局地山系的地形强迫作用，低层的西风气流在高原西坡出现分支，从南北两侧绕流，在高原东坡汇合。因而在青藏高原南（北）侧形成常定的正（负）涡度带，有利于在高原北侧产生南疆和河西高压（或称兰州高压），在高原东坡产生西南低涡，从而形成了极具高原特色的天气系统。青藏高原天气系统包括：高原低涡（主要位于 500 hPa 高原主体，简称高原涡）、西南低涡（主要位于 700 hPa 青藏高原东坡及四川盆地，简称西南涡）、柴达木盆地低涡、高原切变线、高原低槽（主要指南支槽，或称印缅槽、季风槽）、高原中尺度对流系统和南亚高压（青藏高压）。

对高原天气系统的研究始于 20 世纪 40 年代（顾震潮，1949），研究成果在 1960 年形成高原气象学的开篇之作《西藏高原气象学》（杨鉴初 等，1960）。1975—1978 年开展的高原气象全国协作研究和 1979 年开展的第一次青藏高原气象科学实验（QXPMEX）对高原天气系统进行了会战式的集中研究，研究成果总结、升华为高原气象学的奠基之作《青藏高原气象学》（叶笃正 等，1979）。在第一次青藏高原气象科学实验的基础上，20 世纪 80 年代我国学者对高原天气问题开展了持续性研究。在 1998 年进行的第二次青藏高原大气科学试验（TIPEX）、1993—1999 年进行的中日亚洲季风机制合作研究、2006—2009 年中日气象灾害高原研究项目（JI-CA/Tibet）、国家自然科学基金重大研究计划“青藏高原地－气耦合系统变化及其全球气候效应”以及公益性行业（气象）科研专项重大项目“第三次青藏高原科学试验—边界层与对流层观测”中，亦包括高原天气的研究内容。

进入 21 世纪后的近 10 年来，高原天气研究的主要系统有：高原低涡、西南低涡、高原切变线、高原 MCS 和南亚高压，前四类合称高原低值系统。分析所用资料主要有：天气图（历史、MICAPS）、卫星遥感资料（云、水汽、TBB、OLR、TRMM 等）、再分析资料、中尺度模式输出（MM5、WRF 等）、加密探空资料、多普勒雷达、微波辐射仪、风廓线雷达、GPS/MET、边界层资料等。研究方法基本为：天气学、诊断计算、气候统计、流体力学模拟、数值模拟试验、动力学理论分析。作为高原气象学研究的重要基础和活跃领域，近年来高原天气研究方法逐步向综合性、集合化方向发展，研究的主要（热点）问题有：高原及临近地区的暴雨研究，高原低值系统（高原切变线、高原低涡、西南低涡）活动，高原低值系统与川渝、长江流域、黄淮流域和华南前汛期暴雨的关系，高原地形、热源、陆面物理过程、土壤湿度和积雪冻土变化对高原天气系统、大气环流的影响等。每年国家自然科学基金资助项目中都有以高原天气系统为选题的研究。

青藏高原低涡（简称高原涡）是指夏半年发生在青藏高原主体上的一种 α 中尺度低压涡旋，它主要活动在 500 hPa 等压面上，平均水平尺度 400～500 km，垂直厚度一般在 400 hPa 以下，生命期 1～3 天。高原低涡多出现在高原主体的 30°～35°N 和 87°E 以西范围内，而消失于高原东半部下坡处。依据低涡生命史的长短可将其分为发展型和不发展型低涡，生命史在

36 h 以上的为发展型(移出型)低涡,否则为不发展型(源地型)低涡。由于青藏高原地区的大气行星边界层厚度可达 2250 m,而青藏高原本身的平均海拔高度为 4000 m,则高原大气边界层厚度位于 600～400 hPa,因此高原低涡是一种典型的边界层低涡,高原热源和大气边界层对这类低涡的发生、发展有重要作用。高原低涡是高原夏季主要的降水系统之一,西部初生的高原低涡多为暖性结构,垂直厚度浅薄,涡区整层为上升气流,在 350～400 hPa 最强。低层辐合,高层辐散,无辐散层在 400 hPa 附近。源地生消的高原低涡主要影响高原西部、中部的降水。在有利的天气形势配合下,个别高原低涡能够向东运动而移出高原,往往引发我国东部一次大范围暴雨、雷暴等灾害性天气,以及突发性强降水诱发的次生灾害,如城市内涝、山洪、滑坡、泥石流等地质灾害。研究表明,近 30 年来平均每年有 9 个高原低涡能够移出高原而发展,移出型高原低涡涡源主要在西藏改则、安多和青海沱沱河以北以及曲麻莱附近,并以东移为主,占移出型高原低涡的 58.2%,而以东北移和东南移为主的分别占 25.5% 和 13.8%,其他路径占 2.5%。东移路径移出型高原低涡频次与长江流域中上游、黄河流域上游及江淮地区的降雨有较好的正相关;东北移路径移出型低涡频次与长江流域上游、黄河流域以及东北降雨相关较好;东南移路径移出型低涡频次与高原东南侧及长江流域的降雨有较好的正相关。因此,对高原低涡的研究对深入认识这类高原天气系统、提升高原及其东侧地区灾害性天气的分析预报水平具有重要的科学意义和业务应用价值。

西南低涡(简称西南涡)是青藏高原东侧背风坡地形、加热与大气环流相互作用下,在我国西南地区 100°～108°E,26°～33°N 范围内形成的具有气旋式环流的 α 中尺度闭合低压涡旋系统。它是青藏高原大地形和川西高原中尺度地形共同影响下的产物,一般出现在 700～850 hPa等压面上,尤以 700 hPa 等压面最为清楚。其水平尺度约 300～500 km,生成初期多为浅薄系统和暖性结构,生命史一般不超过 48 h。西南低涡降水具有明显的中尺度特征,其持续时间为 4～5 h。西南低涡主要集中发生在以川西高原(九龙、小金、康定、德钦、巴塘)和川渝盆地为中心的两个区域内,又有"九龙涡"和"盆地涡"之分。其移动路径主要有三条:偏东路径(沿长江流域、黄淮流域东移入海)、东南路径(经贵州、湖南、江西、福建出海,有时会影响到广西、广东)、东北路径(经陕西南部、华北、山东出海,有时可进入东北地区),这三条路径中又以偏东路径为主。西南低涡在全年各月均有出现,以 4—9 月居多(其中尤以 5—7 月为最),是夏半年造成我国西南地区重大降水过程的主要天气系统。在有利的大尺度环流形势配合下,一部分西南低涡会强烈发展、东移或与其他天气系统(如高原涡、南支槽、西南低空急流、梅雨锋、台风等)发生相互作用,演变为时间尺度可达 6～7 天的长生命史天气系统,能够给下游大范围地区造成(持续性)强降水、强对流等气象灾害及次生灾害(如山洪、崩塌、滑坡、泥石流等地质灾害及城市内涝等灾害)。已有研究分析表明,西南低涡发展东移,往往引发下游地区大范围(如长江流域、黄河流域、淮河流域、华北、东北、华南和陕南等地)的暴雨、雷暴等高影响天气。在我国许多重大暴雨洪涝灾害的影响系统中,西南低涡都扮演了非常重要的角色。因此,西南低涡被认为是我国最强烈的暴雨系统之一,就它所造成的暴雨天气的强度、频数和范围而言,可以说其重要性是仅次于台风及残余低压而位居第二的暴雨系统。所以,对西南低涡的发生发展及其造成的洪涝灾害等一直是气象科技工作者和天气预报员分析研究的重要课题,也是在日常业务工作中对提高气象防灾减灾能力有迫切需求的一个基础性科技问题。西南低涡的研究历史悠久,至今已有 60 多年。根据文献检索,最早见诸文献报道研究西南低涡(时称西南低气压)的是顾震潮先生(顾震潮,1949)。随后顾震潮、叶笃正、杨鉴初、罗四维、王彬华等老一辈气象学家在20世纪50年代中期开始较多地关注西藏高原影响下的西南低涡。在第一次青藏高原气象科学实验和第二次青藏高原大气科学试验的推动，以及四川盆地“81·7”四川特大暴雨造成的严重灾情引起全球关注下，国内外气象工作者对以西南低涡为代表的高原低值天气系统做了不少研究分析，特别是前两次高原试验以及“81·7”四川特大暴雨发生后那样的阶段性、集中式研究，取得了不少重要成果，加深了对高原天气系统的科学认识。

高原低涡、西南低涡（简称高原两涡或高原双涡）是高原天气的代表性系统，对其形成、结构、演变与发展及其造成的天气灾害等问题的认识，一直为气象研究人员和天气预报员所关注，并在第一次青藏高原气象科学实验和第二次青藏高原大气科学试验前后取得了不少重要成果。随着近十多年以来关于高原低涡、西南低涡研究的细化和深入，以及全球气候变化下的高原天气影响也呈现出一些新特点，如近年来高原低涡与西南低涡相互作用、耦合加强或伴随式发展造成强灾害性天气过程的样例趋于增多，特别是近年来在全球气候变化及高原气候变化的背景下，迫切需要加强青藏高原低涡活动的气候变化趋势及其对我国强降水影响的研究，这对于揭示高原地区天气系统活动及其气候特征的基本事实，进一步认识高原低涡发生发展及影响机制，以及高原低涡与下游其他天气系统（如西南低涡、台风、江淮气旋、梅雨锋）的相互作用都有重要意义。

本书全面阐述了青藏高原及周边地区主要由高原低涡、西南低涡等天气系统引发的降水特别是强降水（暴雨）理论研究与应用技术的现状和最新发展。内容包括低涡降水观测、低涡动力学理论、低涡暴雨诊断分析、低涡暴雨数值模拟、低涡耦合与相互作用、低涡统计与气候学特征等方面的研究及应用的主要成果。作为国内第一本系统性专门论述低涡降水科学的学术专著，本书系统总结了作者及其研究团队这一极具挑战研究领域近20多年的探索历程，展望了其今后的发展方向，具有较强的理论性与实用性，期望为推进我国暴雨的理论研究及相关业务应用的发展有所贡献。

李国平

2016年元旦于蓉城锦江河畔

目　录

第1章　低涡降水的观测研究

1.1　高原低涡引发的强降水回波结构及演变

地基雷达组网技术能有效地克服单站雷达观测范围有限的局限性，特别适合高原低涡等移动范围较广的天气系统。加之较高的时空分辨率，使得其能够比较完整地记录跟踪移动性天气系统。

图1-1完整地展示了一次高原低涡强盛期的回波发展过程。从回波位置来看，2010年7月24日02时，高原低涡刚下高原，其回波的大值区主要集中在低涡涡心的东南一侧，随着时间的发展，回波区域逐渐分离成两块，即离涡心较近的区域和离涡心较远的区域。值得注意的是，距离涡心较远的弧形回波区离涡心的距离大约8个经度(约800 km)，这一距离已经远超过高原低涡系统的空间尺度。根据干暖空气侵入过程的特点，很容易发现强回波区与相对湿度大值区的形状比较吻合，说明雷达资料能很好地指示涡区凝结过程的发生位置和强弱。从回波强度上来看，整个过程中强回波区的最高强度较一致(都能达到55～60 dBz)。不同的是前期强回波区比较零星，面积普遍不大。24日11时之后是低涡发展最旺盛的时期，则出现了大片的强回波区。大片回波区出现在离涡心较远的弧形回波区域中，距离涡心较近的强回波区依旧面积较小，结构松散。

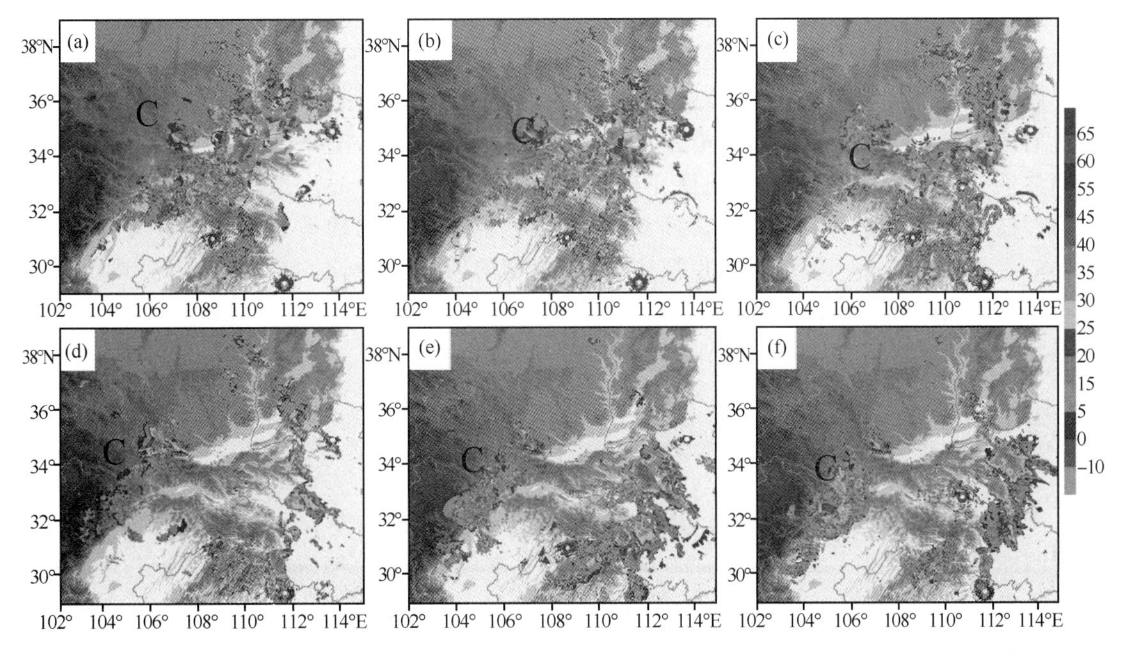

图1-1　2010年7月24日地基雷达组网在5.5 km高度的反射率因子图("C"为高原低涡大致位置；单位：dBz)
(a)02时；(b)05时；(c)08时；(d)11时；(e)14时；(f)17时

对照相应时段的3 h累积降水量(图1-2)可以看出,雷达回波能够准确地确定降水落区,雷达回波的强弱层次与降水量层次比较吻合。从前期靠近涡心的降水区到后期的双弧形降水区,在雷达图上都有较好的对应。较小尺度的强降水区(四川省东北部、河南省西南部)在雷达图上也有较好的强回波对应。

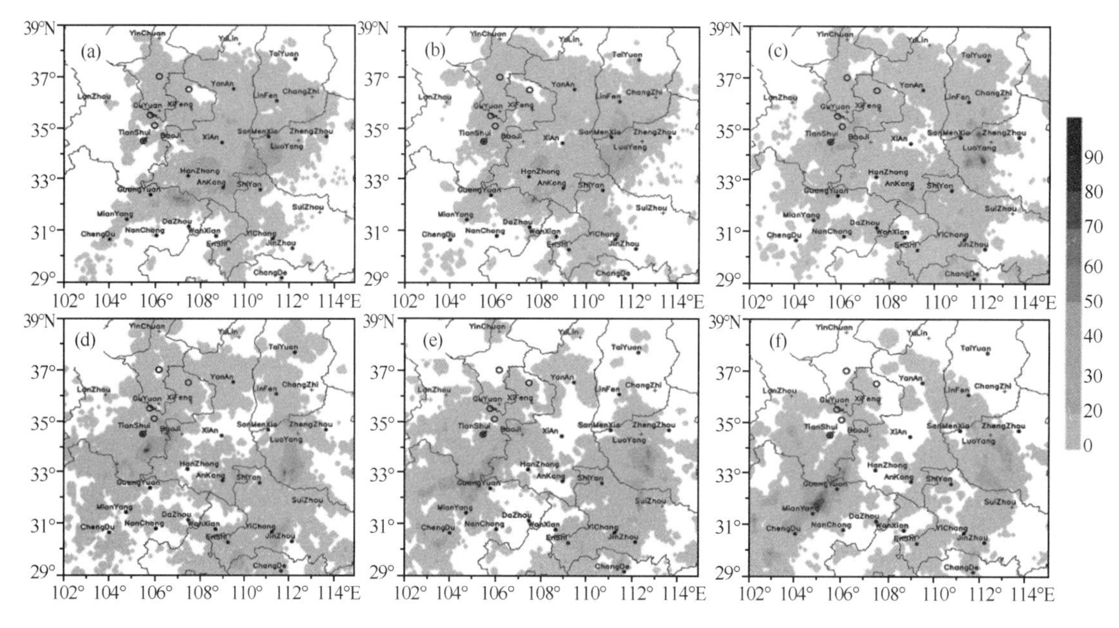

图1-2　2010年7月24日3 h累计降水量(单位:mm)

(a)01—03时;(b)04—06时;(c)07—09时;(d)10—12时;(e)13—15时;(f)16—18时

雷达回波图(图1-3b)与降水图(图1-3c)清晰地反映了干暖侵入对涡区水汽的分割形成双弧形分布。但是干暖侵入在垂直方向上对涡区温湿场的影响并不一致。干暖侵入的主要影响区集中在600~300 hPa高度上,这一高度正好是高原低涡正涡度最明显的层次。通过对比高原低涡发展强盛期的雷达回波剖面图(图1-3中的AB、MN、PQ),在离涡心较近的回波区中,凝结主要发生在离地面6 km的大气中,强回波中心离散,较符合局地对流降水的回波特征。而在离涡心较远的回波区中,强回波的垂直结构呈现明显的层状分布,大值中心主要分布在4~6 km的高度层中,其中内侧的回波剖面(图1-3中的MN)强回波层要略高于外侧的回波剖面(图1-3中的PQ)。这可能与干暖侵入导致的该区域大气层结更不稳定有关。

1.2　微波辐射计资料反映的高原降水特征

微波辐射计(microwave radiometer)是一款被动式的微波遥感设备。具有全天候、全天时工作的优势,对云雾有较强的穿透能力,因此较适合垂直大气要素的监测。微波辐射计的监测要素主要包括有无降水、液态水含量、相对湿度、温度、水汽含量、云顶高度等。每个测量值都有独立的算法和通道。

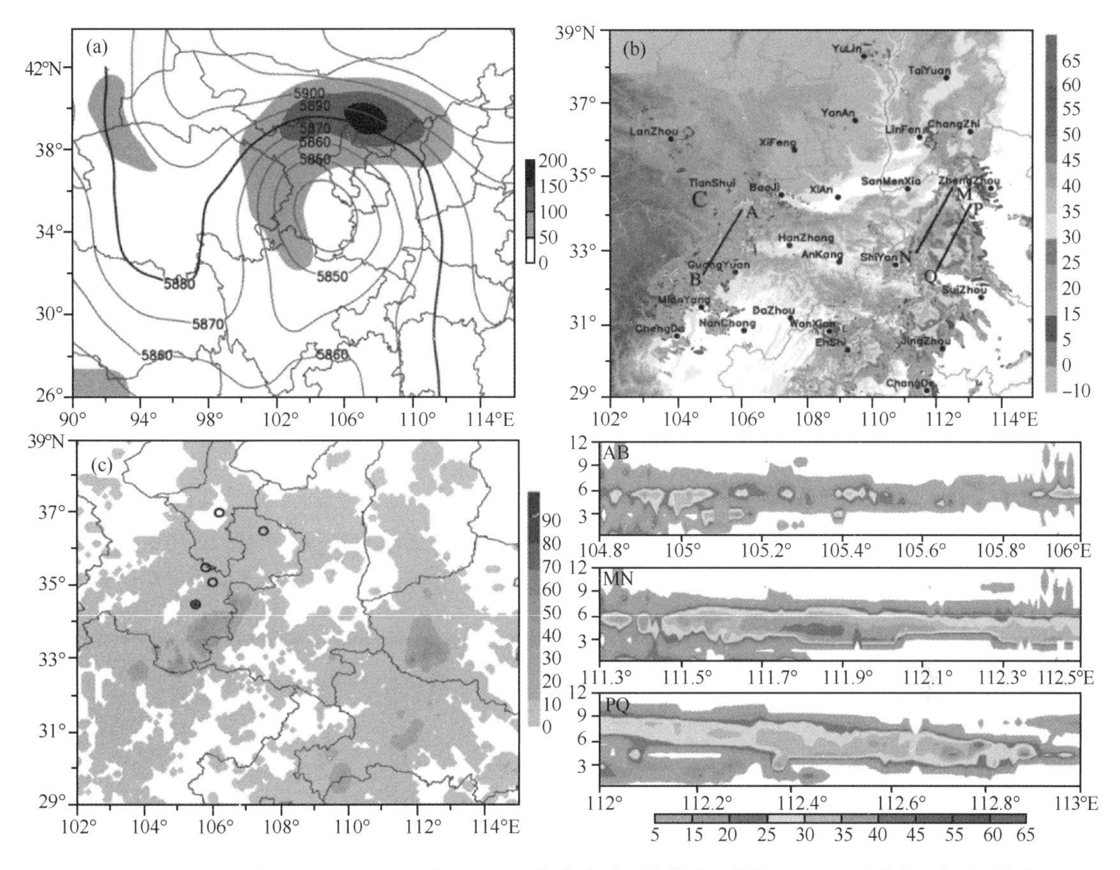

图 1-3　(a)2010 年 7 月 24 日 12 时 500 hPa 位势高度(等值线,单位:gpm)、动能场(色块,单位:J);(b)2010 年 7 月 24 日 12 时地基雷达组网在 5.5 km 高度的反射率因子(单位:dBz),“C”为涡心位置;(c)2010年 7 月 24 日 10—12 时 3 h 累计降水量(单位:mm),空心点为过程历史涡心位置,双层圆为实时涡心位置;(AB)沿(b)中直线 AB 的垂直剖面,(MN)、(PQ)类推

选择 2013 年和 2014 年川西高原理塘站的几次夏季降水过程,重点分析微波辐射计反映的高原降水过程的一些特征。通过对比降水量资料(图 1-4a)与微波辐射计的有无降水图(图 1-4b)可以看出,微波辐射计虽然不能直接测量降水的量级,但其对降水时期的监测与降水量图大体吻合,在 00—06 时(世界时)降水量与是否降水情况不相符,这可能与插值资料与站点观测之间的数据特性有关。例如,局地对流降水由于其地域性强、降水范围小,如果降水区正好处于微波辐射计观测区则显示有降水,但同化格点资料雨量可能并不强;如果降水区不在微波辐射计降水区域,则格点降水资料有降水量但微波辐射计则会显示无降水,这种现象也可以作为观测区局地对流降水的判断依据。

由图 1-5a 可以看出,高原大气在 4～6 km 的高度上存在一相对湿度大值层,另一大值层则存在于 2 km 高度以下。低层的相对湿度大值带是由于靠近地面,水汽含量充足。高层虽然水汽较少,但因为高空空气的饱和水汽压较低,导致在水汽含量较少的情况下大气的相对湿度依然很高。相对湿度大值区云雾较少,这与高原云系多出现在 6 km 以上和 4 km 以下的结论比较吻合。午间由于地面感热作用的加强,使得高原低层大气温度升高,2 km 以下出现了 290 K以上的高温区域(图 1-5b),低层大气的升温使得大气层结不稳定,低层能量的集聚极易促发对流性天气的发生。一旦对流形成,低层水汽便会向高层输送,凝结形成降水(图 1-5c、d)。

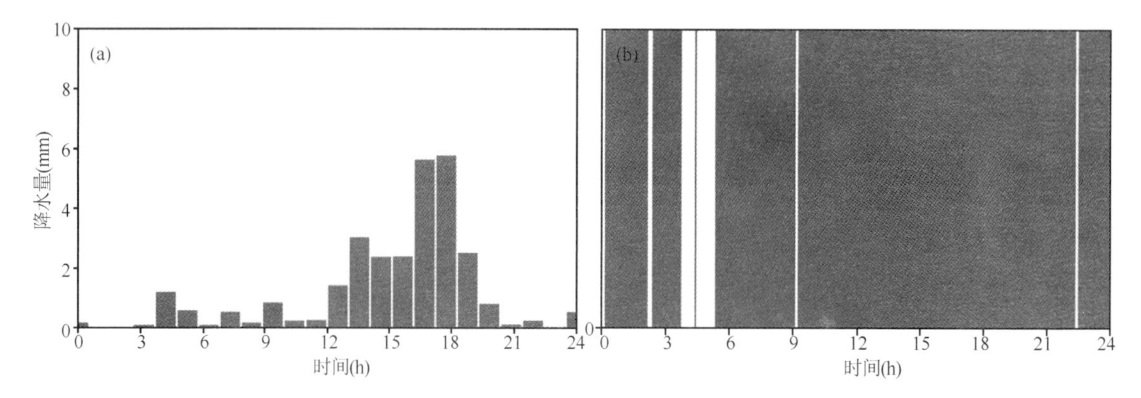

图 1-4 (a)2013 年 7 月 28 日理塘站逐小时降水量(单位:mm);(b)相同时段微波辐射计探测降水图(白色为无降水时段,灰色为有降水时段)

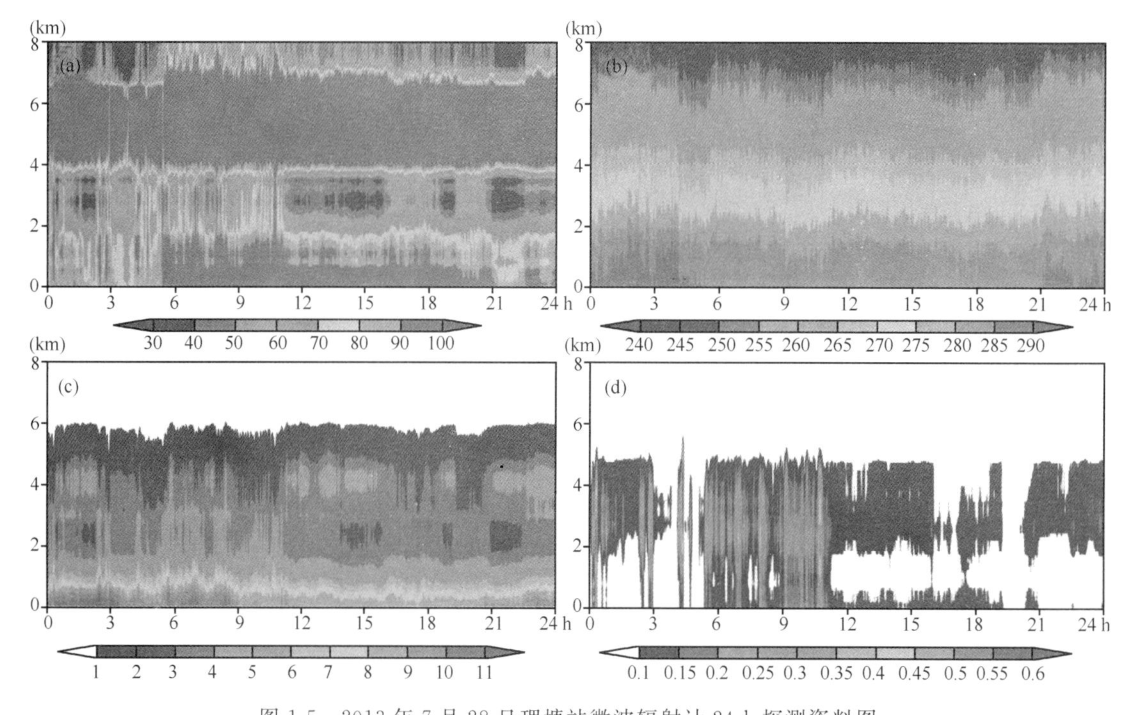

图 1-5 2013 年 7 月 28 日理塘站微波辐射计 24 h 探测资料图

(a)相对湿度(单位:%);(b)温度(单位:K);(c)水汽含量(单位:$g \cdot m^{-3}$);(d)液态水含量(单位:$g \cdot m^{-3}$)

为了能够更好地了解微波辐射计数据在对流降水发生时期的特征,截取 02—12 时(世界时)进行分析。对流降水期间,从相对湿度图上可以明显地看出两大相对湿度层之间发生了贯穿(图1-6a),这种现象在水汽含量(图 1-6c)和液态水含量(图 1-6d)图上得到了证实。水汽在上升气流的作用下不断向高空输送,对比图 1-6c、d 来看,水汽的上升高度在 3 km 以下,3 km 左右有明显的水汽梯度,液态水含量的大值中心也大致出现在 3 km 高度的大气中,但液态水柱的高度可达到 5 km 左右。液态水柱的出现具有明显的周期性,就此次降水过程而言,对流降水期间液态水柱的出现间隔为 1～2 h。结合降水量图分析可知,对流降水的强度虽强,但由于持续时间短,因此在逐小时降水图上,降水量较小,普遍在 2 $mm \cdot h^{-1}$ 以下(这也与高原对流降水期间的常规观测较为吻合)。降水发生时,整层大气的温度有较大幅度的下降。12 时

之后出现的夜间降水有较好的连续性，对应的图上则未出现水汽柱或相对湿度层贯穿的现象（图略），表现出连续性降水和阵性降水在水汽及液态水垂直分布上的差异。

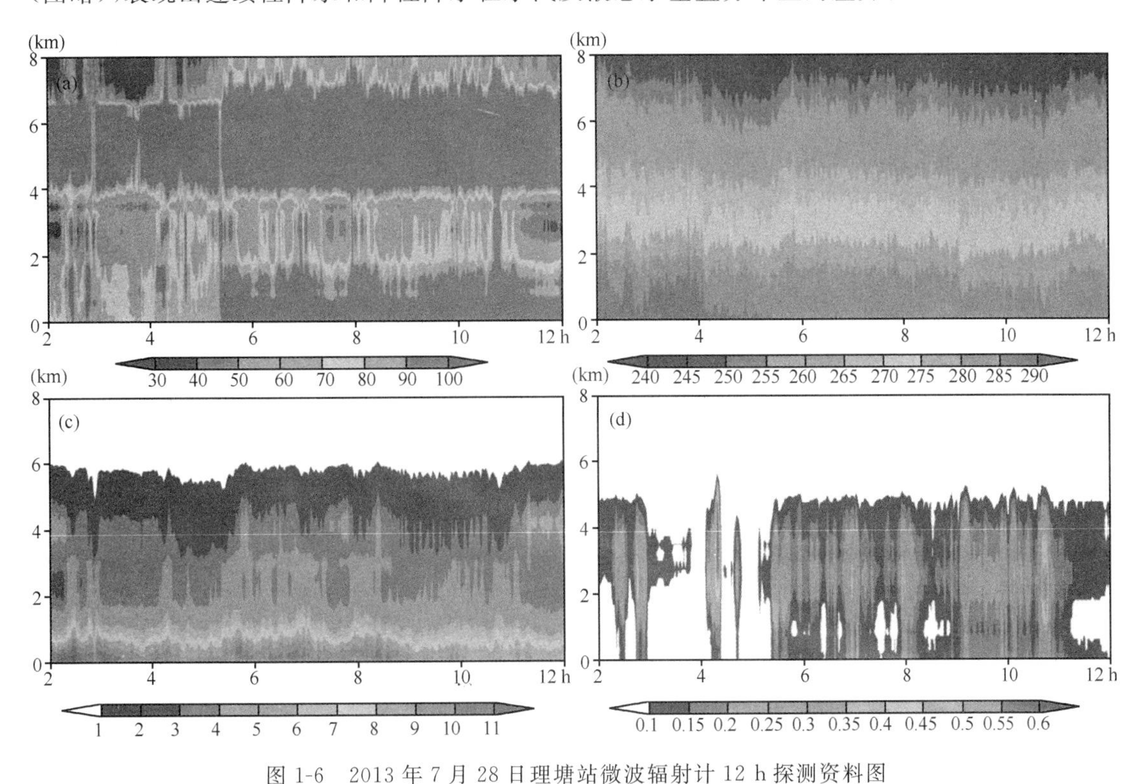

图1-6　2013年7月28日理塘站微波辐射计12 h探测资料图

(a)相对湿度(单位：%)；(b)温度(单位：K)；(c)水汽含量(单位：g·m^{-3})；(d)液态水含量(单位：g·m^{-3})

1.3　基于TRMM资料的西南涡强降水结构

由于青藏高原和川渝地区地形复杂(图1-7)，导致观测资料稀少，难以揭示西南涡的内部结构，尤其对降水结构和云系特征的认识较为缺乏。热带降雨测量卫星(TRMM)是由美国NASA(National Aeronautical and Space Administration)和日本NASDA(National Space Development Agency)共同研制的试验卫星，于1997年11月27日发射成功，TRMM(tropical rainfall measure mission)卫星的发射为研究高原及其周边天气系统提供了新方法，可提供热带、副热带降水、云中液态水的含量、潜热释放、亮度温度等观测数据，是一种高时空分辨率的资料。

TRMM卫星主要用于测量热带和副热带地区降水和能量交换，并用来进一步优化全球气候和天气模式的初始场，是一颗非太阳同步极轨卫星，轨道倾角约为35°，现飞行高度为400 km。探测范围为38°S～38°N，环绕地球一周的时间约为96 min。TRMM卫星搭载了三种主要的降水探测仪器，分别是微波成像仪TMI(microwave imager)、降水雷达PR(precipitation radar)与可见光和红外扫描仪VIRS(visible and scanner)(Kummerow et al.，1998)。TMI是一部被动微波遥感器，有9个通道，除了21.3 GHz频率只有垂直极化通道外，其他4个频率均为水平和垂直双极化通道。TMI以圆锥的方式进行扫描，扫描宽度为758.5 km，水平分辨率随频率而变化，从低频 10.65 GHz 的 39 km 到高频 85 GHz 的 5 km。TMI 可以从地面不均匀地探测到 18 km 高度处(Kummerow et al.，1998)。TMI 的标准产品 1B11 提供了 9 个通道的微波亮温值，高频 85 GHz 垂直极化亮温偏低之处对应着较为强烈的降水过程，因为其受降水云中冰相粒子的散射衰减而明显降低，产品 2A12 包含可降水、可降冰、云水、云冰以及潜热的垂直廓线，共有 14 层资料(何文英和陈洪滨，2006)。PR 是第一部主动的测雨雷达，可以定量测量陆地和海洋的降雨率，可为研究降水结构提供降雨率的水平和垂直分布数据。PR 的工作频率是 13.8 GHz，水平分辨率为星下点 4.3 km，垂直分辨率为星下点 250 m，可以从地表均匀地探测到 20 km 高度处。PR 的标准产品 2A25 中的降水率数据由 Z-R 关系计算而来，可以提供降水的三维结构特征(Iguchi et al.，2000)。TRMM 标准资料 2A25、1B01、2A12、1B11 分别来自 PR、TMI 和 VIRS 探测结果的处理和反演(Kummerow et al.，1998)。

近年 TRMM 卫星被广泛用来研究降水结构。傅云飞等(2003)利用 TRMM 的测雨雷达和微波成像仪探测结果，研究了发生在武汉地区和皖南地区的两个中尺度强降水系统的三维结构特征，表明这些强降水系统由多个强雨团和强雨带组成，强对流降水的雨顶高度可达 15 km。何文英和陈洪滨(2006)利用 TRMM 卫星对一次冰雹降水过程的观测分析表明，对流云降水强度一般大于 30 mm・h^{-1}，且随着降水的延续呈逐渐减弱的趋势，降水厚度主要集中在8～12 km 内，云顶高度接近 15 km。尽管 TRMM 卫星已得到广泛应用，但对西南涡引发四川盆地降水的研究方面的应用则较少。因此，本节基于 TRMM 卫星的探测资料，对 2007 年 7 月 17 日发生在川渝地区的一次西南涡暴雨过程进行分析研究。

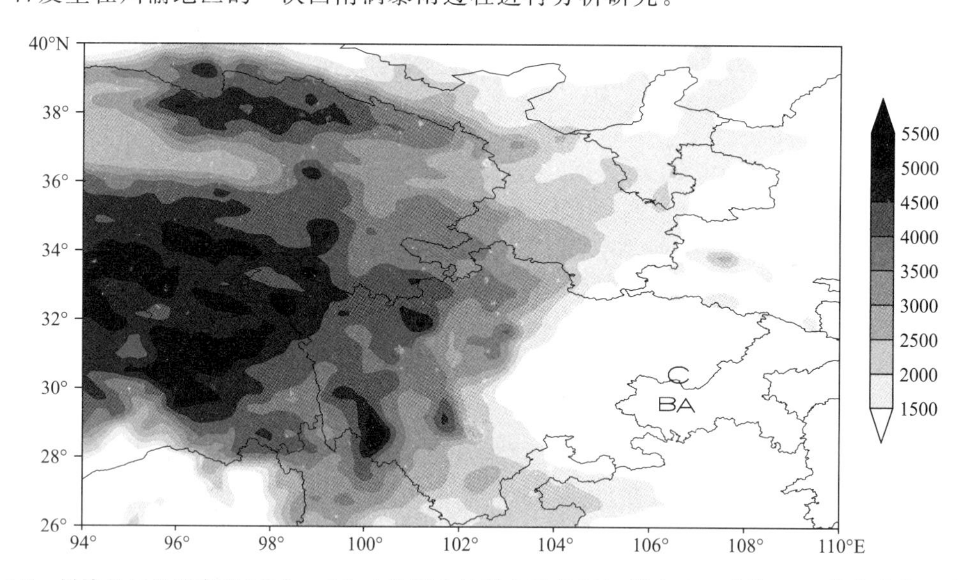

图 1-7　川渝地区地形高度(单位:m)和本次降水过程中重庆(A)、璧山(B)、武胜(C)3 站的分布示意图

1.3.1　天气过程

2007 年 7 月 16—20 日四川东部和重庆西部出现了一次特大暴雨天气过程，此次过程属于持续性暴雨天气。主降水中心自西向东移动，降水时间长，雨量大，强降水范围集中，造成 15 个县市出现暴雨，25 个县市累积降雨量＞100 mm，多个乡镇观测站累积雨量＞300 mm。

此次降雨过程中，17日02时(北京时)—18日02时为此次暴雨过程的最强降水时段，重庆、璧山和武胜三地日雨量分别达到280.2 mm，263.8 mm和236.9 mm(图1-8)。

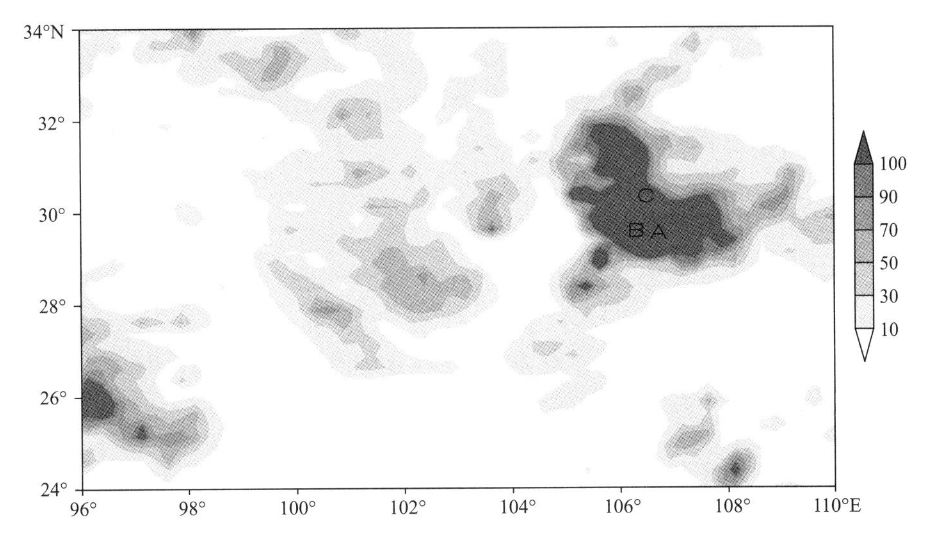

图1-8 TRMM/3B42观测的16日02时—17日20时川渝地区36 h累积降水量分布(单位:mm)
(A:重庆;B:璧山;C:武胜)

这次暴雨过程是高原低涡东移触发西南涡发展引起的。从2007年7月17日02时和08时天气环流(图1-9)可看到，7月17日02时西南涡还未在四川盆地生成，08时西南涡生成于四川盆地，此后一直维持在川西北地区，是造成这次暴雨的主要天气系统。强降水期间，底层到500 hPa有强暖平流，相对湿度较大，冷暖平流之间强烈的上升运动将暖湿气流带至高空。从图1-9中还可看出，川渝地区位于水汽通量大值区的西侧，孟加拉湾水汽由偏南气流输送到盆地东部及其东北部是这次降水的主要水汽来源，与北方南下的冷空气交汇造成此次暴雨天气过程。

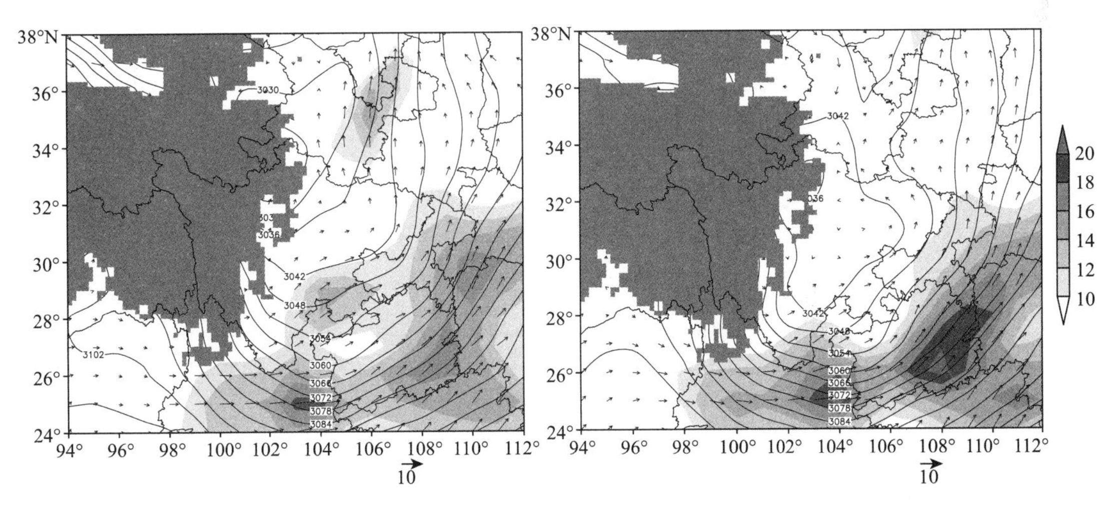

图1-9 2007年7月17日02时(a)和08时(b)NCEP 700 hPa位势高度场(等值线，单位:gpm)、风场(矢量，单位:m·s^{-1})和水汽通量(阴影区，单位:kg·hPa^{-1}·m^{-1}·s^{-1})分布(黑色阴影区表示地形海拔高度>3000 m)

1.3.2 TRMM 资料分析

2007 年 7 月 17 日西南涡暴雨天气过程中，TRMM 卫星探测时次是 2007 年 7 月 17 日 08 时 34 分，轨道号是 55083，正好对应西南涡降水发展旺盛阶段。本节主要利用此次 TRMM/PR 第六版资料来分析这一时段降水的水平和垂直结构特征，以进一步认识降水云团的热力、动力结构以及云中微物理过程的发展过程。

1.3.3 结果分析

1.3.3.1 降水的水平结构

根据 TRMM V 方法（Awaka et al.，2000）和 H 方法（Steiner et al.，1995），2A25 产品提供了对流降水、层云降水和其他类型的降水，依据是卫星搭载的雷达回波是否有亮带，回波强度是否超过 39 dBz。亮带是判定层云的标志，而 39 dBz 是识别对流降水的标准，非对流和非层云则定义为其他类型的降水。表 1-1 给出了利用 TRMM/PR 探测结果统计的此次西南涡发展阶段在重庆、武胜、璧山等地的对流降水和层云降水样本数量、降水总量以及相应的平均降水率。

表 1-1 PR 探测到的降水样本数量和总降水量及其平均降水率

降水类型	样本数量	总降水率/(mm·h^{-1})	平均降水率/(mm·h^{-1})
对流降水	340	4046	11.9
层云降水	1311	2308	1.8

从表 1-1 中可看出，发展阶段的西南涡引发强降水中对流降水比层云降水的样本数量少，两者的比例约为 1∶3.9。从样本数量上看，对流降水数量仅占总样本的 20%，但对流云降水的平均降水率比层云降水的平均降水率大，可达 11.9 mm·h^{-1}，前者几乎是后者的 7 倍，对总降水量的贡献接近 65%，这说明西南涡引发的强降水从数量上来看以层云降水为主，但其对降水量的贡献却比对流云降水的贡献小，这一特点与 Liu 和 Fu(2001)分析的热带降水特征不同，他们指出热带地区层云降水数量是对流降水数量的 7 倍，但是两者对总降水量的贡献相当。

傅云飞等(2003)用 PR 捕获到的降水资料研究长江中下游两个中尺度降水云团水平结构时，考虑到 2 km 高度以下地表对雷达回波造成干扰，选择 PR＝2 km 高度上的降水率近似作为地表降水率。研究中考虑到川渝地区地形复杂，地表对 3.5 km 高度以下 PR 回波会造成干扰，因此本节选取 PR＝3.5 km 高度处降水率近似代表地面降雨。图 1-10 给出了 PR＝3.5 km 处降水率的水平分布。从图中可看出，此次过程中降水系统由一个主降水雨带和多个零散降水雨团组成，属于对流性降水，降水雨带上有多个强降水雨团，主降水雨团最大降水强度＞50 mm·h^{-1}。若以 10 mm·h^{-1}以上的降水强度计，强降水雨团的范围在 10～30 km，这与李德俊等(2002)得出的川南特大暴雨是由一个主降水雨带和多个降水云团组成的结论一致，而与傅云飞等(2003)研究的长江中下游地区两个中尺度降水系统是由多个强雨团和强雨带组成有所不同，且最大强降水雨团范围比本节强降水系统的略大。从图 1-10 中还可看出，降水雨团并非完整的一个降水区，在范围较大的强降水雨团（雨带）之间存在范围较小的弱降水区，甚至是非降水区，这可能是对流系统中强烈的上升运动诱发邻近区域产生下沉运动所

致。对照图 1-11a 和1-11b 可知，西南涡引发强降水是在大片层云降水下对流云与层云混合降水，降水强度大、范围广，这不同于李典等(2012)分析的高原地区降水强度弱、对流天气发生的范围小的结论。

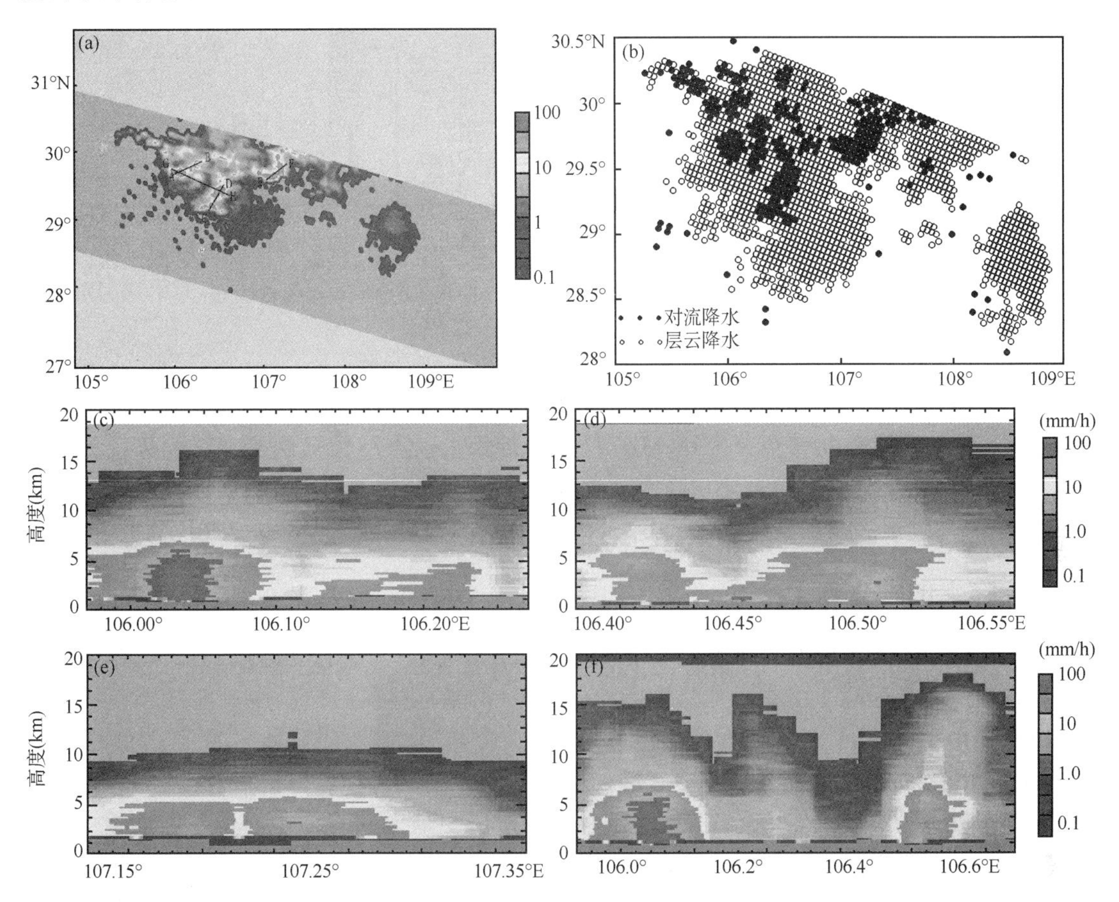

图 1-10　TRMM 卫星 PR 捕获的强降水过程中 3.5 km 高度处的地表降水率(单位:mm·h^{-1})分布(a)、层云和对流降水的样本数分布(b)以及(a)中主降水云团 A—B(c)、C—D(d)、E—F(e)、G—H(f)的垂直剖面

结合图 1-9 可以看出，西南涡引发强降水的最大雨量在低涡的东南方，在大片层云降水区有多个降水强度在 20 mm·h^{-1}以上的强雨团，西北方是少雨区甚至是无雨区，这可能是由于大量水汽被偏南气流输送至低涡的东南侧所致。

为了进一步了解对流降水和层云降水的性质及发展状态，下面分析了此次西南涡中尺度降水系统中的两类降水云团在 3.5 km 高度处不同地表雨强条件下，降水量与其样本数的百分比的分布(图 1-11)。从图 1-11 中可见，对流云降水的雨强谱分布比层云降水宽得多，其中层云降水的雨强谱主要集中在 0～20 mm·h^{-1}范围内，20 mm·h^{-1}以上的降水对总降水量的贡献约为 5%，1～5 mm·h^{-1}范围内的降水量对总降水量的贡献最大可达48%，几乎有 90%的层云降水雨强都在 10 mm·h^{-1}以下，这更表明层云降水强度小的特点；而对流降水的雨强谱主要集中在 1～50 mm·h^{-1}，>50 mm·h^{-1}的降水量较小(不到5%)，其中 10～20 mm·h^{-1}范围内的对流降水对总降水量的贡献最大可达 35%，样本数接近 30%，对流降水中 10～50 mm·h^{-1}范围内的降水量对总降水量的贡献最大。

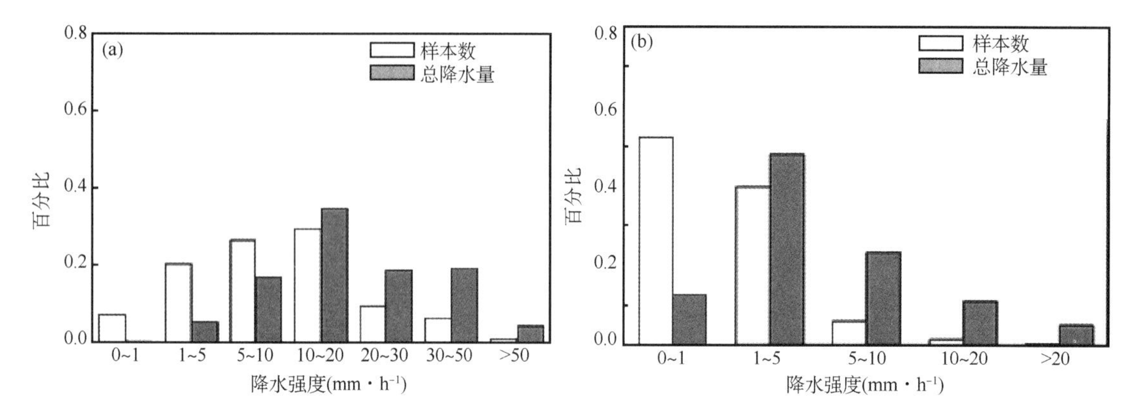

图 1-11　3.5 km 高度上对流降水(a)和层云降水(b)的地面雨强谱分布

1.3.3.2　降水的垂直结构

降水垂直结构是降水结构的重要方面，有助于了解降水云团动力和热力结构并进一步揭示降水系统的中尺度结构特征。TRMM 资料为分析降水垂直结构提供了独特优势。为了分析本次降水的垂直结构，下面主要从降水垂直剖面、雨顶高度和不同地表雨强条件下降水的垂直廓线特征、不同地表雨强条件下不同高度降水量对总降水量的贡献等方面进行分析、讨论。

1.3.4　降水的垂直剖面

图 1-10c～f 是 PR 探测的降水云系中降水率大值中心的垂直剖面，揭示了低涡右侧的主降水雨带中的三个强降水中心。从降水率垂直剖面(图略)中可以发现，中尺度降水系统引发对流降水的雨顶高度可达 17 km，除去地形高度的影响后，强对流降水的雨顶高度也可达 16 km，表明此次过程中对流发展相当旺盛，云中的上升气流很强，云体被抬升得很高，从而导致最大雨顶高度较高。从图中还可看出，强对流降水云中最大降水率中心位于地面上空 2～6 km 层次内，被降水强度较小的层云包围，呈不规则的柱状，这与傅云飞等(2007)指出青藏高原谷底降水中强对流降水云团自谷底向上呈“蘑菇”状展开不同。降水率向上递减，表明强降水率在垂直方向上分布不均匀。层云降水在 6 km 处可清楚地观测到亮带，整体雨顶高度较均匀。

1.3.4.1　雨顶高度

雨顶高度是指 PR 观测到的降水率最高层的高度，即降水廓线最大高度，它能反映降水云体的发展变化程度，傅云飞等(2007)指出，雨顶高度不同于云顶高度，雨顶高度比云顶高度低，雨顶高度定义为 TRMM 测雨雷达天线接收的第 1 个回波信号所对应的高度。从近地面(3.5 km 处)不同地表雨强条件下雨顶高度的变化(图 1-12)中可以看出，强降水系统的平均雨顶高度集中在 4～16 km，同一系统中不同部位降水强度和雨顶高度存在差异，随着雨强的增大，雨顶高度也越高，最大雨顶高度接近 16 km，与前面分析的降水率最大高度接近 16 km 是一致的。这表明发展阶段的西南涡降水云团发展深厚，可能是低涡的正涡度柱很强、低层辐合加强导致对流运动旺盛，此雨顶高度与李德俊等(2002)得到川南特大暴雨最大雨顶高度可达 17 km 的结论基本吻合，也与傅云飞等(2005)研究西太平洋副热带高压下热对流降水中雨顶高度随地面雨强增大而升高的结论相一致。

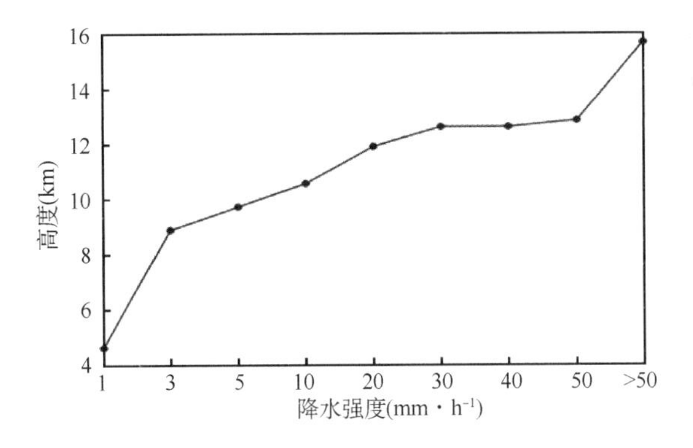

图 1-12 不同地表雨强条件下的雨顶高度

1.3.4.2 降水廓线分布

Liu et al.(2001)利用主成分方法分析了 TRMM 卫星观测到的降水垂直廓线,即给定雨型和地表降水率的情况下,得出降水垂直廓线。因为第一主成分能解释降水垂直廓线总方差的 80%以上,而重建的第一主成分和平均廓线极其相似,因此平均廓线能代表典型的降水垂直廓线。这为利用降水平均廓线研究降水垂直分布,进而分析降水垂直结构提供了理论依据。

为了分析降水强度随高度的变化以及降水云团的微物理过程,利用 TRMM 卫星 PR 获取的 3.5 km 高度处对流降水和层云降水给出了不同地表雨强条件下的降水平均廓线分布(图 1-13)。从图 1-13 中可看出,无论是对流降水还是层云降水,在 6 km 高度以下降水有增加有减少,这除了与低涡不均匀发展有关,还可能和川渝地区复杂的地形以及云中微物理过程有关。降水率在 6 km 高度以上均为减少,最大降水率均出现在 6 km 高度以下,说明在此高度以下雨滴强烈的碰并增长过程在降水中起主要作用。对流降水在 12～18 km 高度还有可观的降水,而层云降水在此高度上降水已很少,说明强降水系统中对流云团发展深厚。

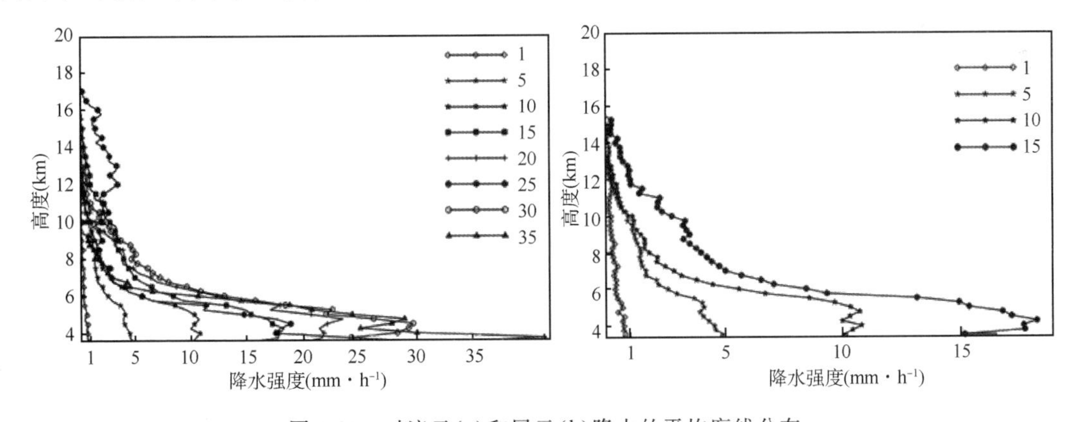

图 1-13 对流云(a)和层云(b)降水的平均廓线分布

1.3.4.3 不同高度降水量对总降水量贡献的百分比

计算对流降水和层云降水在不同地表雨强条件下不同高度降水量对总降水量的贡献大小,结果如图 1-14 所示。主要依据 13.5 km 高度以下是以 2.5 km 为间隔分层讨论每个高度的贡献百分比,13.5 km 高度以上为一层。通过计算可知层云降水最大高度在 16 km,而对流降水最大高度在 17.75 km,层云降水中 13.5 km 高度以上的降水量贡献约为 1%,而对流降水在此高度以上降水量的贡献约为4%，与前面分析的对流降水在12～18 km高度还有可观降水相一致。从图1-14中可看出，西南低涡引发强降水中不管是层云降水还是对流降水，6 km高度以下的降水量贡献最大，这与前面分析结果相一致，且随着降水强度的增加差别不大。从图1-14中还可看出，无论哪一个地表强度，不同高度降水量对总降水量贡献大小随着高度增加都呈减小趋势，则西南低涡引发强降水中，中低层降水量对总降水量的贡献最大，是降水的主要来源，这不同于何文英和陈洪滨(2006)等对一次冰雹降水过程观测分析研究中指出的对流云发展旺盛阶段，地面雨强主要来源于中高层(6～12 km)降水量的结论。

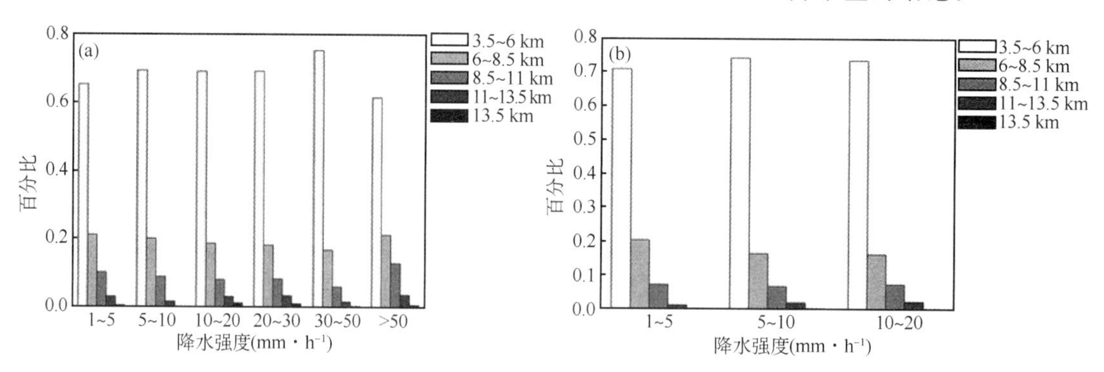

图1-14　不同地表雨强条件下不同高度降水量占总降水量的百分比

(a)对流云；(b)层云

1.3.5　小结

本节利用TRMM卫星的探测结果并结合NCEP再分析资料，研究了2007年7月17日发生在川东和渝西地区由西南涡引发的一次强降水过程，揭示了中尺度涡旋降水系统的水平结构和垂直结构特征，以及降水的雨顶高度、垂直廓线，不同高度降水量对总降水量的贡献等特征，得到以下几点结论。

(1)从水平结构上看，强降水系统由一个主降水雨带和多个强降水云团组成，雨强呈不均匀分布，强降水云团的范围为10～30 km，属于对流降水。探测到降水系统中对流降水比层云降水的样本数量多，但对流降水的平均降水率几乎是层云降水的7倍，对总降水量的贡献反而是对流降水大。对流降水的雨强谱分布比层云降水宽得多，90%的层云降水强度几乎集中在10 mm・h^{-1}以下，而对流降水的雨强谱集中在1～50 mm・h^{-1}的范围内。

(2)发展阶段的西南涡引发强降水，主降水雨带和雨团位于低涡的东南侧，降水强度都在20 mm・h^{-1}以上，呈现大片层云下的层云和对流降水的混合形式。此阶段整体雨顶高度可达16 km，且随降水强度的增加而升高。

(3)从垂直结构上看，强降水雨团呈不规则柱状分布，降水在垂直方向上也不均匀，降水云团中最大降水率位于地表上空2～5 km高度的层次，再向上则降雨率减少。层云降水在6 km高度处存在明显的亮带。西南涡引发的强降水中，不管是层云降水还是对流降水，6 km以下的降水率都是最大的，对总降水量的贡献也最大，表明强烈的雨滴碰并增长过程在此高度以下对降水的发生起主要作用。而不同高度降水量对总降水量贡献的大小随着高度的增加而减小。

1.4 基于TRMM资料的高原涡与西南涡引发强降水的对比

降水是水循环中一个至关重要的环节，是大气中最难探测的变量之一（Simpson et al.，1988）。随着携带第一部主动微波及其他探测器的热带降雨测量卫星（Tropical Rainfall Measuring Mission，简称TRMM）的发射成功，气象工作者能够对高原及其周边地区进行高分辨率的降水内部结构观测，为分析高原及周边降水的时空分布提供了新的途径。近年来，TRMM卫星资料也被广泛用于热带、副热带的降水结构特征分析（李锐 等，2005；Yokoyama et al.，2008；Toracinta et al.，2002）。傅云飞等（2003，2005，2012）利用TRMM资料研究了长江中下游两个降水系统的结构特征、中国东南部副热带高压下的热对流降水结构特征，以及亚洲夏季对流云和层云降水雨顶高度分布特征。李德俊等（2009，2010）利用TRMM资料对高原周边降水结构进行研究分析。袁铁和郄秀书（2010）利用TRMM卫星资料研究了华南飑线的闪电与降水结构的关系。

本节利用TRMM卫星资料对2007年7月17日发生在川渝地区的西南涡降水和2008年7月21日发生在四川东部高原涡降水的降水分布特征、对流云降水和层云降水的比例及其所处状态等降水结构特征、对降水中的雨顶高度分布特征以及降水廓线变化特点进行对比分析，从而找出两类低涡的共同特征与差异，为以后的低涡强降水诊断分析提供一个新的参考依据。

1.4.1 观测资料

TRMM卫星搭载了5个探测器，分别是降水雷达PR（precipitation radar）、微波成像仪TMI（microwave imager）、可见光和红外扫描仪VIRS（visible and scanner）、闪电成像仪LIS（visible infrared scanner）、云和地球辐射系统CERES（clouds and the earths radiant energy system），其中降水雷达、微波成像仪、可见光和红外扫描仪是测量降水的主要仪器。PR/2A25产品提供了逐条轨道上的降水类型、降水率等信息，其水平分辨率为4.3 km，垂直分辨率为0.25 km，为分析降水三维结构特征提供了有利条件。TMI/1B11产品提供了每个像素各个通道的水相和冰相粒子的微波辐射亮温值。VIRS/1B01能提供5个通道的云顶辐射温度（Kummerow et al.，1998）。TRMM卫星发射的主要目的是测量热带、副热带地区降水和潜热释放的分布及其变化，利用卫星资料来研究强降水结构特点，可以弥补地基观测的不足，是认识强降水系统发生发展规律的方法之一。由于TRMM卫星运行轨道与赤道平面成35°角，是一颗非太阳同步卫星，每天不定点、不定时扫描38°S～38°N的范围，要找到与TRMM资料时空匹配较好的个例及天气系统发展过程，存在一定的难度；且TRMM卫星资料在高原及其周边地区应用的研究较少，至于更加全面的探测效果评估，还需要通过更多的观测资料应用加以验证。TRMM卫星资料的研究已经引起我国学者的重视，Zhou et al.（2008）利用遥感信息中心估算的降水资料、TRMM卫星3B42产品、地面雨量计资料对比分析了东亚夏季风区域降水特点，且利用模式的相关系数和均方根误差等指标证实了TRMM卫星资料和地面雨量计观测资料相似度很高。Mao et al.（2012）利用1998—2008年TRMM卫星资料研究了我国乃至整个亚洲季风区夏季降水的气候变化特征，这对于 TRMM 卫星资料的应用具有极大的参考价值。这里所使用的 TRMM 资料是由美国宇航局地球科学数据和信息服务中心提供的 RP 探测结果处理和反演得到的标准产品 2A25、1B11（第 6 版）。值得指出的是，目前 TRMM 资料已更新到第 7 版，2A25 从第 6 版数据到第 7 版的主要变化是许多变量从以前的整型数变为浮点数，更多产品的区别请参见网站 http://pps.gsfc.nasa.gov/Documents/formatChangesV7.pdf。

在 2007 年 7 月 17 日西南涡暴雨天气过程中，TRMM 卫星捕获到的时次是 2007 年 7 月 17 日 08 时 34 分（记为 A 时刻），轨道号为 55083，正好对应西南涡降水发展旺盛阶段。在 2008 年 7 月 21 日高原涡区域性暴雨天气过程中，TRMM 卫星捕获到的时次是 2008 年 7 月 21 日 08 时 23 分（记为 B 时刻），轨道号是 60850，恰好对应高原涡降水发展旺盛阶段。两次过程降水雨量大，强降水范围集中，区域强降水特征比较典型，因此本节选用这两个时次的 TRMM 卫星资料来对比分析这两次低涡降水过程中的降水三维结构特征、雨顶高度及降水廓线等结构特征，期望能为丰富我们对高原涡和西南涡降水结构的认识提供帮助。而研究两涡降水云和降水结构特征的异同，对于了解西南暴雨成因及发展演变具有重要意义。

1.4.2 天气过程和环流形势

下面分析的两个实例分别是 2007 年 7 月 16—20 日四川东部和重庆西部出现的一次持续性特大暴雨过程（简称西南涡降水）和 2008 年 7 月 20—22 日由高原低涡东移引发四川盆地自西向东出现的一次区域性暴雨过程（简称高原涡降水）。在西南涡降水过程中，17 日 08 时（北京时）及之后一直维持在四川盆地上空，暴雨落区几乎覆盖了整个四川盆地，降水从盆地西部逐渐东移，17 日 02 时到 18 日 02 时为最强降水时段。高原涡降水过程中，低涡于 20 日晚移出高原，21 日东移进四川盆地且移动缓慢出现停滞现象，四川大部分地区出现明显降水；21 日强降水中心位于盆地东部，58 个乡镇降雨量在 100～249.9 mm，95 个乡镇降雨量在 50～100 mm。

为了进一步分析 TRMM 卫星扫描到的两次低涡降水过程发生时的环流形势，我们利用 NCEP 再分析资料分别绘制了两次降水过程 700 hPa、500 hPa 的风场、高度场和水汽通量图，并叠加了 TRMM/PR 探测的 3500 m 高度的降水率水平分布（图 1-15、图 1-16）。图中清楚地表明高原涡和西南涡降水中的降水云群都位于低涡的东南方，高原涡中降水云团略微偏南；强降水均发生在槽前强盛的偏南气流中，从水汽通量图中也可看出两次暴雨均发生在西南—东北向的水汽辐合带中，其带来大量的水汽和能量，十分有利于形成强降水。从天气动力学理论来分析，低涡的东南侧常位于副热带高压西缘的西南低空急流中，水汽输送旺盛，水平辐合和上升运动强。又因风速大，低涡南侧的曲率涡度（V/R_s）大，导致正涡度（气旋式涡度）也大。则辐合气流挟卷水汽旋转上升，在高空遇冷凝结降落，因此在低涡的东南方易出现较强的降水。

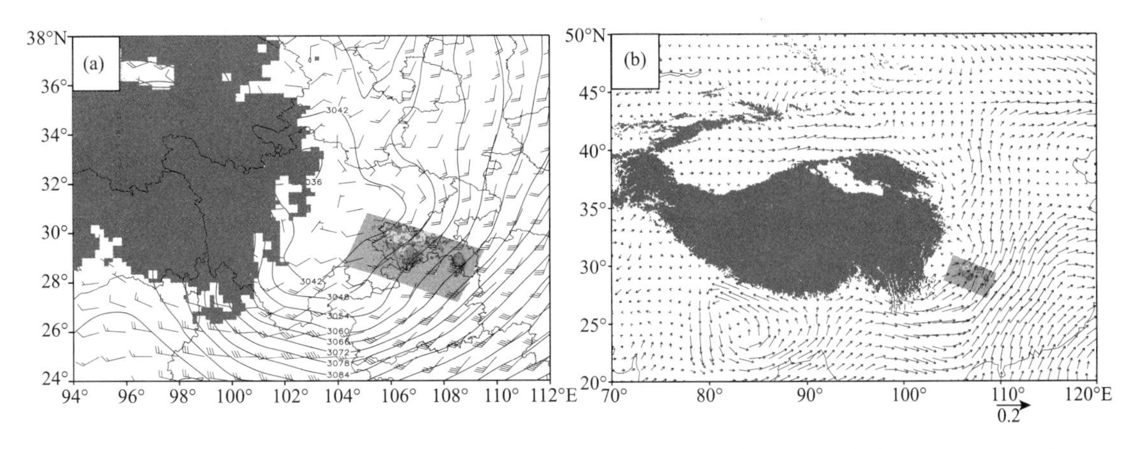

图 1-15　2007 年 7 月 17 日 08 时 34 分 TRMM PR 探测的 3500 m 高度上的降水率与当时 700 hPa 风场与高度场叠加图(a)以及水汽通量图(b)((a)中阴影区表示地形高度超过 3000 m,(b)中阴影区表示青藏高原地形)

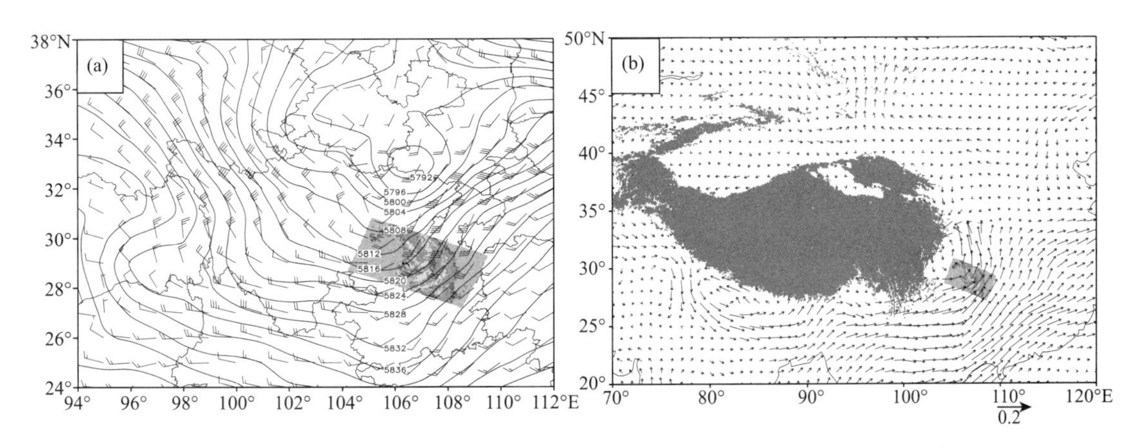

图 1-16　2008 年 7 月 21 日 08 时 23 分 TRMM 探测的 3500 m 高度上的降水率与当时 500 hPa 风场高度场(a)以及水汽通量(b)((b)中阴影区表示青藏高原地形)

1.4.3　降水结构分析

1.4.3.1　降水的水平结构

以往研究(何文英和陈洪滨,2006;傅云飞 等,2007;何会中 等,2006)表明,垂直极化微波辐射亮温较低之处降雨云中冰水粒子含量多,对应着较为强烈的降雨过程。考虑到 TRMM/TMI 提供的最高分辨率是 85 GHz 亮温图像(游然 等,2011),而川渝地区地形复杂,3500 m 高度以下地表对 PR 回波会造成干扰。因此图 1-17 给出了西南涡降水(图 1-17a、c)和高原涡降水(图 1-17b、d)过程中 TMI 探测到的降水云系的 85 GHz 微波辐射亮温以及 TRMM/PR 扫描到的 3500 m 高度处的降水分布。从图 1-17a、b 中可看出两次降水过程中的降水旺盛阶段,微波亮温均呈片状分布,有大片区域的微波亮温值都低于 250 K,位于降水云系之上,呈东北—西南走向,说明两次降水过程的降水云系中存在大量非均匀、非对称但相对比较集中分布的冰水粒子,从而导致对流活动比较旺盛,也进一步说明降水发生在强盛的西南气流中。不同之处是西南涡降水中微波亮温值低于 225 K 的区域比高原涡降水大且更集中,最低可达 135 K,说明冰水粒子含量多的区域更大。

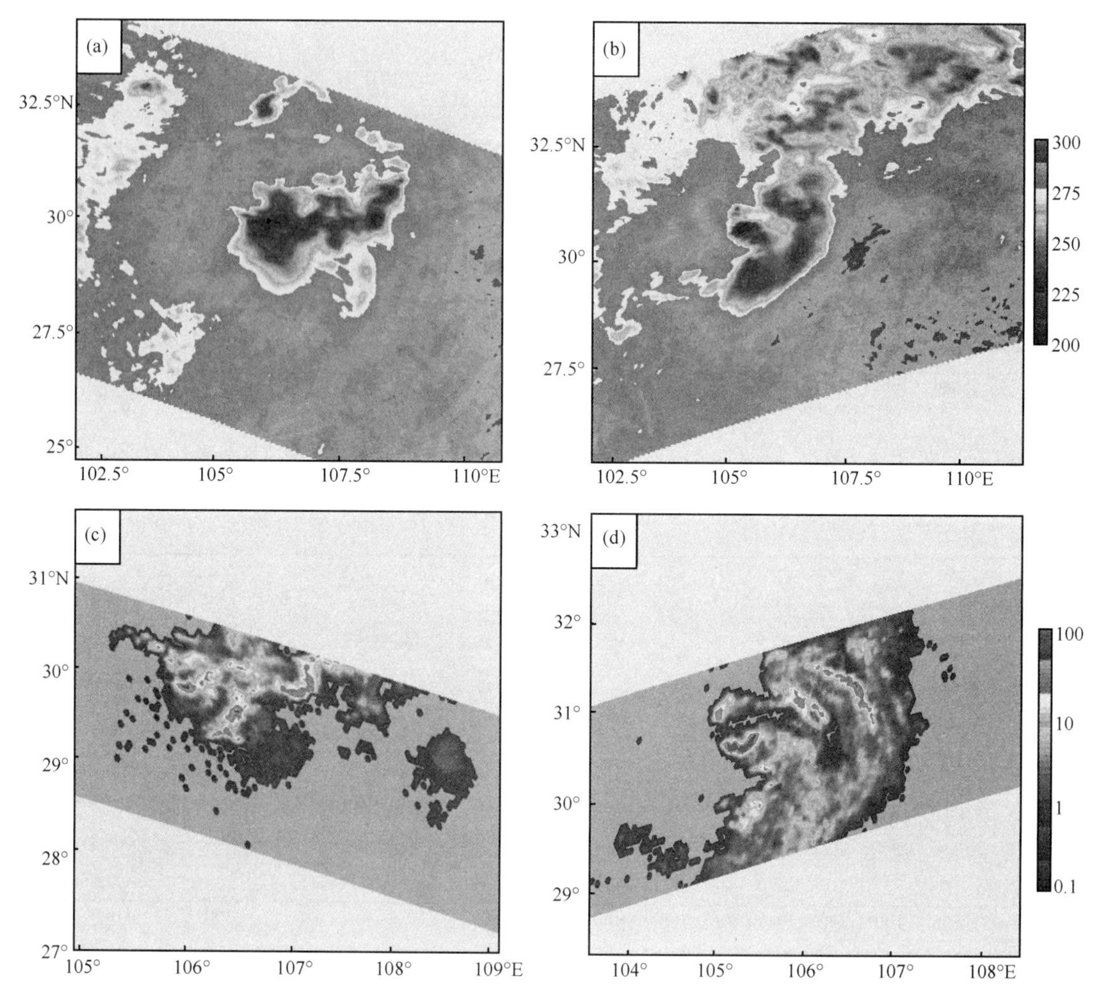

图 1-17　TRMM/TMI 探测的(a)A 时刻、(b)B 时刻的 85 GHz 微波辐射亮温(单位:K)以及 PR 捕获到的(c)A 时刻、(d)B 时刻 3500 m 高度处的地表降水率分布(单位:mm·h⁻¹)

由于 TMI 扫描宽度为 758.5 km,PR 的轨道宽度为 220 km,因此轨道宽度比 PR 的宽。对比 A、B 两个时刻的微波辐射亮温和降水率水平分布图(图 1-17c、d)可知,两次降水过程的亮温与降水率分布无论在量值和走向趋势上都有很好的对应关系,亮温偏低之处有强降水发生并且亮温越低的区域降水越强,因为降水云中的冰水粒子含量越多,散射信号越强,微波亮温越低,这与何会中等(2006)分析台风"鲸鱼"时得出的微波亮温与降水分布之间关系的结论一致。从图 1-17c、d 中还可看出,这两次降水过程的降水系统均由一个主降水雨带和多个零散降水云团组成,降水范围大且相对集中,主降水云团上的最大降水率都超过了 50 mm·h^{-1},而高原涡降水中最大降水率超过了 100 mm·h^{-1},不同之处是高原涡降水的水平范围比西南涡降水要大,A 时刻主降水雨带的南北范围接近 200 km,降水强度在 10 mm·h^{-1}以上的强降水云团水平范围在 10～30 km,而 B 时刻主降水雨带的南北范围大约为 270 km,降水强度在 10 mm·h^{-1}以上的强降水云团水平范围在 10～60 km。

对流系统通常伸展得很高,中尺度降水系统中层云降水和对流降水所占比例间接性地指示了潜热释放的垂直廓线,通常较低的对流云比例意味着冰粒子逐渐变为层状云区(Houze

et al.,1982,1989)。利用TRMM/PR探测到的降水廓线资料,我们分析了西南涡和高原涡两次强降水过程中降水旺盛期的对流云和层云降水的像素比例、总降水比例及其平均降水率,试图进一步揭示降水系统中降水性质及其所处状态(表1-2)。从表中可发现,无论是西南涡还是高原涡降水区域,均是层云降水所占比例比对流降水大,两次强降水过程在发展旺盛阶段均以降水范围大、强度弱的层云降水为主,对流降水次之,但对流降水对总降水率的贡献很大,都达到了60%,接近40%层云降水贡献于总降水,这不同于何会中等(2006)研究台风"鲸鱼"时指出的层云降水贡献率要高于对流降水。从两次降水过程的平均降水率可发现,尽管对流降水占的面积小,但平均降水率远大于层云降水,对流降水的平均降水率在西南涡降水中是层云降水的6.7倍,在高原涡中是层云降水的5.3倍,可见高原及周边地区的降水过程中对流性降水和层云降水的比例要明显高于热带海洋地区(3.3倍)(Schumacher et al.,2003)。这可能是因为高原降水系统比热带地区降水系统的强降水云团中具有更强的上升气流,对流活动更旺盛,从而产生更强的对流降水。不同之处是西南涡降水中对流降水所占比例比高原涡的大,对总降水率的贡献也大,但平均降水率不及高原涡降水。

表1-2 TRMM/PR探测到的降水廓线资料计算的西南涡和高原涡中对流云和层云降水的像素和总降水比例及其平均降水率

	降水类型	像素比例	总降水率比例	平均降水率($mm \cdot h^{-1}$)
西南涡降水	对流降水	0.21	0.64	11.90
	层云降水	0.79	0.36	1.80
高原涡降水	对流降水	0.18	0.60	14.70
	层云降水	0.82	0.40	2.80

1.4.3.2 降水的垂直结构

TRMM卫星搭载的测雨雷达(PR)探测到的降水率最高层的高度定义为降水高度,它能反映降水云团在垂直方向上的发展变化程度。根据垂直V方法(Awaka et al.,1998)和水平H方法(Steiner et al.,1995),PR标准产品2A25提供三种类型降水:对流降水、层云降水和其他类型降水。由于其他类型降水所占比例小,且雨顶高度变化范围太小,仅有0.5 km的波动,因此图1-18仅给出近地面(3.5 km处)在不同地表雨强条件下西南涡和高原涡对流降水、层云降水以及总降水平均雨顶高度的变化。从图1-18中可以发现,无论是对流云降水、层云降水还是总降水,高原涡和西南涡引发强降水的平均雨顶高度均是随着地面平均雨强的增加而增加,即地表雨强越大,雨顶高度越高,降水云中上升运动越强,仅在30~40 $mm \cdot h^{-1}$范围内雨顶高度有小幅度下降。层云降水的雨顶高度和对流降水的雨顶高度存在一定的差异,两涡中对流降水和总降水的雨顶高度范围接近,差别不是很大,分布在5~16 km范围内。但在层云降水中,两涡雨顶高度的范围相差较大,西南涡强降水系统的雨顶高度在8~12 km范围内,而高原涡强降水系统的雨顶高度分布在5~9 km,从图中还可看出,三类降水中,高原涡强降水系统的雨顶高度都比西南涡偏低。究其原因,可能主要与地形有关,高原涡生成于青藏高原主体,而西南涡多形成于川西高原及四川盆地,则成熟期的西南涡正涡度柱可伸展到300 hPa,相对于高原涡是一个深厚系统(陈忠明 等,2004b),上升气流强,正涡度柱伸展得比较高。值得提出的是,本节的两个低涡降水系统中的对流降水的最大雨顶高度均比傅云飞等(2003,2005)研究的热对流降水、1998年7月20日发生在武汉附近的中尺度强降水的最大雨顶高度更高。

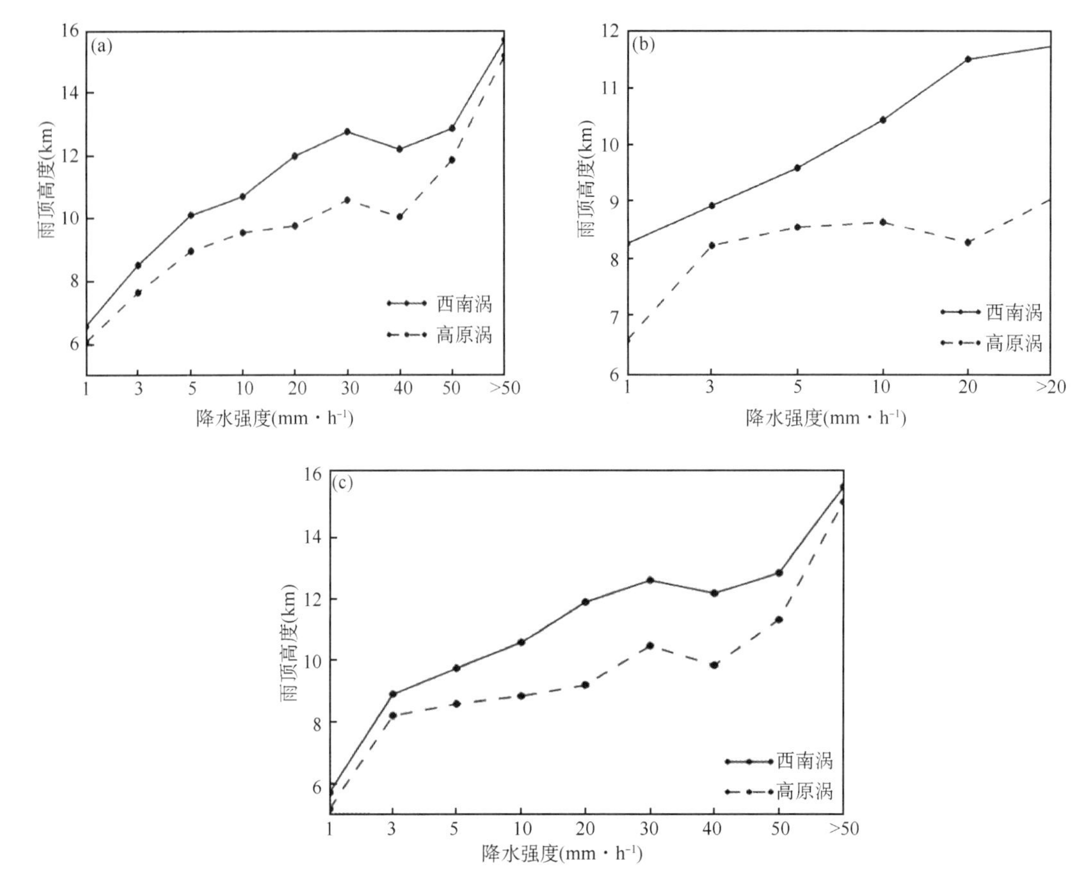

图 1-18　不同地表雨强条件下西南涡和高原涡的
(a)对流降水、(b)层云降水、(c)总降水的雨顶高度分布

图 1-19 给出了 PR 探测范围内所有像素雨顶高度的平面分布，可以更直观地分析所有像素的雨顶高度情况。从图中可看出，西南涡降水的最大雨顶高度比高原涡降水的雨顶高度高，西南涡降水中绝大部分像素的雨顶高度分布在 8～14 km 范围内，高原涡降水中绝大部分像素雨顶高度则分布在 8～12 km 范围内，高原涡和西南涡系统边缘降水的雨顶高度则多分布在 4～8 km。无论是高原涡还是西南涡降水，两个降水系统雨顶高度的大值区与降水的大值区对应较好，通过分析雨顶高度在 14 km 以上的区域对应着降水在 50 mm・h^{-1} 以上的大值区，说明此处水汽充沛、上升运动强，从而导致对流旺盛，云体被抬升得很高。但是降水大值区的雨顶高度不一定高，降水较弱的地区对应着较低的雨顶高度。不同降水系统的雨顶高度分布有异同，同一降水系统所有像素的雨顶高度分布有差异。这与傅云飞等(2012)利用 TRMM/PR 资料分析中国东部大陆和东海的两个降水系统雨顶高度平面分布的结果类似，即不同降水系统和同一降水系统的雨顶高度分布均存在差异。

进一步比较两低涡系统对流降水和层云降水雨顶高度平面分布特征(图 1-19c～f)可发现，无论是西南涡还是高原涡降水，对流降水的雨顶高度均比层云降水高，但西南涡中对流降水最大雨顶高度可达 15.5 km，高原涡中对流降水最大雨顶高度略小，为 14.25 km，而两低涡系统层云降水雨顶高度都低于 14 km，仍是西南涡中层云降水最大雨顶高度高于高原涡，说明西南涡降水过程中对流旺盛程度强于高原涡。

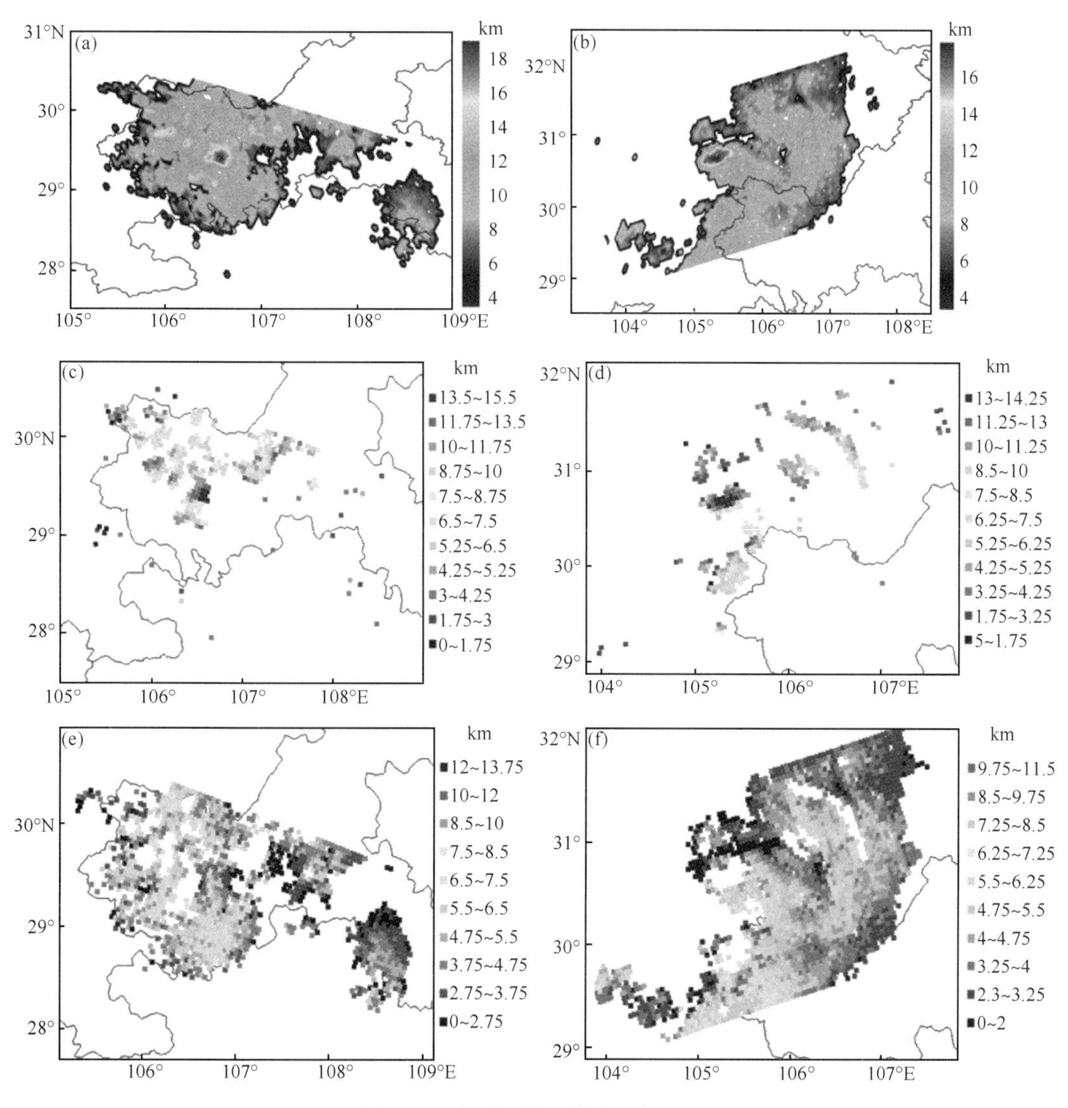

图 1-19 TRMM/PR 探测的西南涡中
(a)总降水、(c)对流降水、(e)层云降水及高原涡中(b)总降水、(d)对流降水、(f)层云降水雨顶高度平面分布

1.4.3.3 降雨率垂直廓线

降水廓线有助于了解降水云团的动力、热力和微物理的垂直结构特征。Liu 和 Fu(2001)通过对 1998 年的 TRMM/PR 资料主成分分析表明,给定降水类型和地表降水率,平均廓线能代表 80%的典型降水廓线变化特点。图 1-20 分别绘制了西南涡和高原涡降水在 3.5 km 高度处的对流降水(图 1-20a、c)和层云降水(图 1-20b,d)平均廓线分布,有利于对比分析两次降水过程的降水强度随高度的变化特点。

两次降水过程的对流降水廓线在 8 km 以下随高度降低而增加,中高层降雨率很低,表明强烈的雨滴碰并增长过程、降水释放的潜热主要集中在此高度以下,水汽输送较强,云水含量最为集中,冰相粒子变化最为复杂;8 km 高度以上,高原涡比西南涡降水廓线更陡峭,说明后者降水率的变化在同样高度的情况下大于前者，因此释放的潜热也更多。从图中还可看出，西南涡降水中对流云降水最大雨顶高度高于高原涡，且在高层还有可观降水，可见西南涡降水系统中气流上升运动更强，将大量降水粒子抬至中高层形成尺度较大的固态降水粒子，因而含有更多冰晶。两次降水过程的层云降水廓线中，降水强度随高度增加而减少，在 5～6 km 减小最多，表明水汽稳定的凝结增长是层云降水的主要来源，差别不是很大，但仍可发现在 8 km 以上，高原涡降水随高度增加迅速减小趋于零。从而表明西南涡较高原涡来说是一个相对深厚的系统，这一特征从 1.4.1 节揭示的西南涡降水中对流降水所占比例比高原涡大的结果也可以看出。

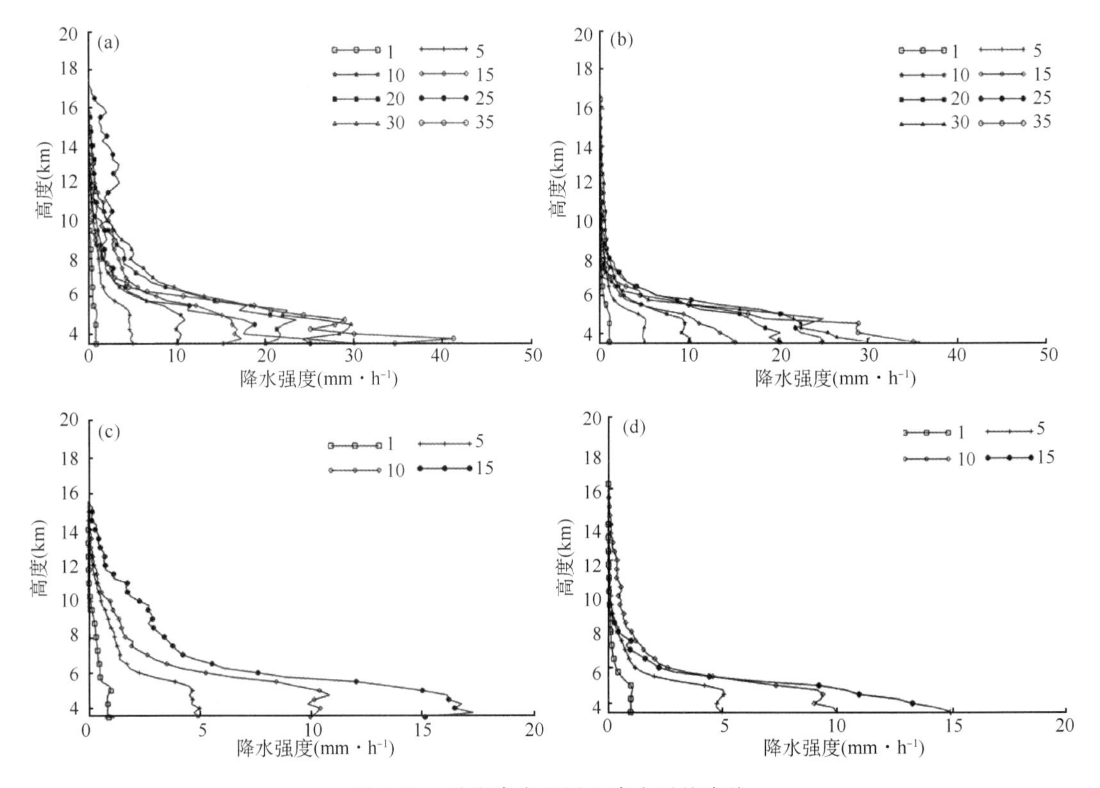

图 1-20　对流降水和层云降水平均廓线

(a)西南涡中对流降水；(c)西南涡中层云降水；(b)高原涡中对流降水；(d)高原涡中层云降水

1.4.3.4　不同高度范围降水量贡献的百分比分布

通过对降水廓线的分析，将 TRMM/PR 探测的垂直方向上的降水率分为 3 个高度范围，分别是：3.5～8 km、8～12 km、12 km 以上，分别绘制了西南涡和高原涡中对流云降水和层云降水在不同地表雨强条件下 3 个高度层的降水量对总降水量的贡献的百分比变化，以进一步分析两涡的异同点(图 1-21)。从图中可发现，西南涡和高原涡降水中均是 3.5～8 km 高度层范围降水量是地面降水的重要来源，含水量贡献最大，且随着降水强度的增加变化不是很大。8～12 km 高度层降水量对总降水贡献随着地表雨强的增大呈减少趋势，在 50 mm · h^{-1} 以上又变得很大，但是西南涡降水中在此高度层的降水量对总降水量的贡献总体要比高原涡的大，最大贡献可达 18%，而高原涡最大达 12%，这表明对流降水主要形成于中低层的大粒子碰并增长以及冰相粒子融化作用，且西南涡中降水云高度比高原涡中的高。12 km 高度以上降水

量在两涡降水中对总降水量的贡献百分比均很小，这与降水廓线分析一致。两涡的层云降水中不同高度降水量对总降水量的贡献也有类似对流降水的特征。以上分析可知，两涡的降水强盛阶段，中低层降水是柱降水的主要来源。这不同于何会中等(2006)分析冰雹降水过程时指出的对流云发展强盛阶段，中高层降水量是地面降水的主要来源。

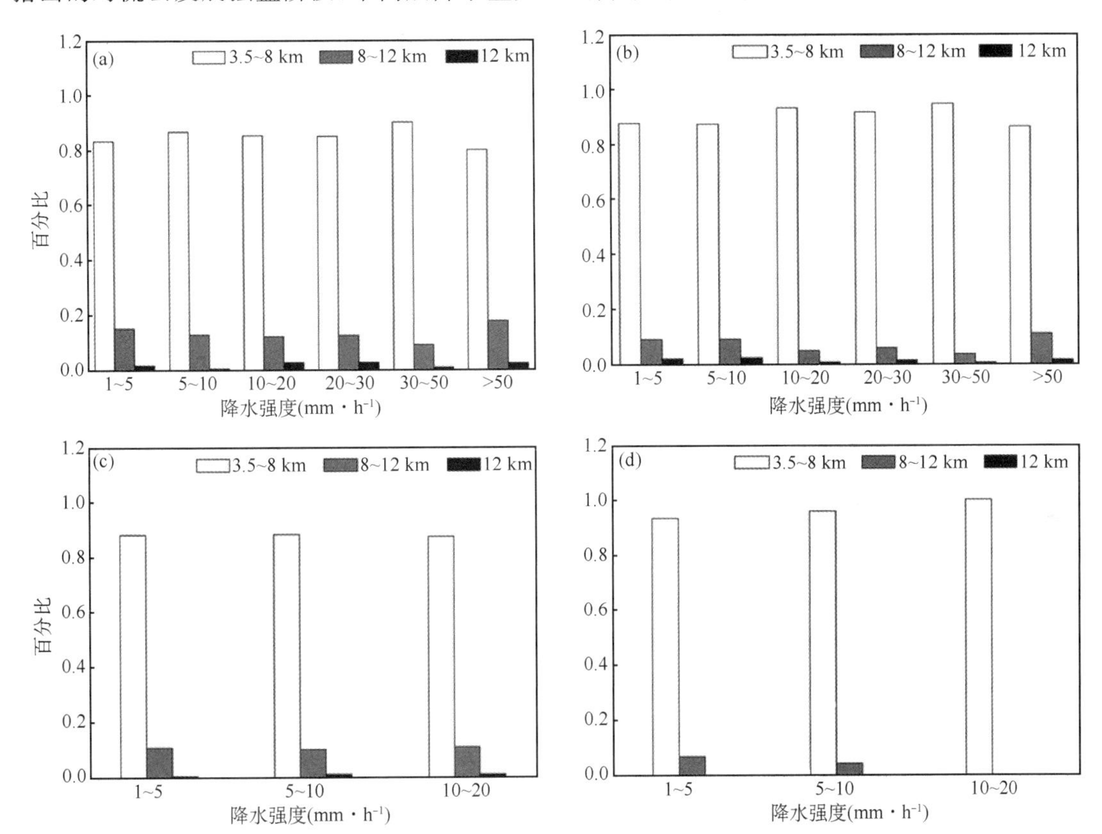

图 1-21　不同高度层的降水量在不同地表雨强条件下对总降水量贡献的百分比分布
(a)西南涡中对流降水;(b)高原涡中对流降水;(c)西南涡中层云降水;(d)高原涡中层云降水

1.4.4　小结

本节利用 TRMM 卫星和 FNL 再分析资料，研究了 2007 年 7 月 17 日发生在川渝地区由西南涡引发的强降水和 2008 年 7 月 21 日发生在四川东部由高原涡东移引发的强降水过程，重点对比分析了两个低涡降水系统的水平和垂直结构特征，以及两者在降水雨顶高度、降水廓线特征等方面的异同。得到以下结果。

(1)高原涡和西南涡强降水中的降水云群均位于低涡的东南方，并且强降水均发生在西南—东北向的水汽辐合带中。

(2)就降水的水平结构而言，两次过程中降水系统均是由一个主降水雨带和多个零散降水云团组成，降水范围大。高原涡降水旺盛阶段的降水范围比西南涡的大，且降水在 10 mm·h^{-1} 以上的强降水范围为 10～60 km，但西南涡降水中云水粒子含量多的区域更大，强降水的范围也更大。PR 探测到的两次强降水过程均是以范围大、强度弱的层云降水为主，几乎占 80%。但对流降水的平均降水率是层云降水的 5 倍以上，对总降水率的贡献也较大。西南涡降水中，虽然平均降水率偏小，但对流降水所占比例比高原涡大，对总降水率的贡献也较大。

(3)在降水的垂直结构上，两次降水过程中无论是对流降水、层云降水还是总降水，高原涡和西南涡降水旺盛阶段的平均雨顶高度均随地表雨强的增加而增大，且最大雨顶高度均接近16 km，高于一般的热对流降水和中尺度强降水。雨顶高度的大值区与降水区域大值区对应较好，西南涡强降水系统的雨顶高度比高原涡的更高。

(4)降水廓线表明：两次降水过程中雨滴碰并增长过程、凝结潜热的释放以及冰相粒子复杂相变过程主要集中在8 km高度以下，且此高度以下的降水量是地面降水的重要来源。随着高度和地表雨强的增加，对总降水量的贡献均呈减少的趋势。但在8 km以上，西南涡中降水率的变化在变化同样高度的情况下大于高原涡，且前者在8～12 km高度层的降水量对总降水量贡献百分比大于后者。这表明成熟阶段的西南涡可发展为一个较为深厚的系统，而高原涡则是一个相对浅薄的系统。

1.5 应用AIRS资料对西南涡区域性暴雨的诊断

Aqua卫星于2002年5月4日在美国发射升空，Aqua卫星上搭载的大气红外探测器AIRS(atmospheric infrared sounder)能够提供较高精度的大气温湿、地表温度和云的数据，其高光谱分辨率和全球覆盖能力使其可以观测全球的大气状态及其变化，对于天气及气候方面的研究是非常有用的数据资源(Chahine，2006)。从2002年9月开始，AIRS为研究人员提供了一种温度、湿度探测的新方法，近年来逐渐成为大气垂直探测的主流资料。Gettelman et al.(2004)将AIRS水汽数据与飞机定点观测进行比较，发现该数据大多是无偏差的，仅在150 hPa以上的标准误差为25%左右。占瑞芬等(2008)利用高原探空站资料对大气红外探测器(AIRS)反演的上对流层水汽(UTWV)数据在高原地区的质量进行了检验，发现AIRS反演的水汽数据与探空数据较为一致，尤其是在500 hPa高度。倪成诚等(2013)的研究结果表明，AIRS卫星的温度资料在高原地区低层尚有较小偏差，在中高层一致性较高，AIRS卫星的位势高度数据与探空资料相当一致，而AIRS的混合比资料在低层略小于探空资料，在高层基本吻合。故AIRS资料在我国川藏地区具有较好的适用性，能有效弥补探空资料在该区域(尤其是高原地区)的覆盖不足。Randhir et al.(2008)在MM5模式中应用三维变分资料同化方案，用AIRS卫星资料反演的温度、水汽廓线资料模拟了孟买2005年7月26日的大暴雨过程，结果表明，同化AIRS反演的水汽温度廓线资料后对模拟降水的落区和强度有很大影响，用AIRS资料进行模拟得出的降水空间分布更接近实况。

由于AIRS扫描轨道每天覆盖全球两次，对于固定的区域来说扫描间隔时间较长，为了能较好地分析西南涡生成、发展以及消亡的全过程，我们利用AIRS卫星资料、西南涡加密观测试验资料以及MICAPS实况资料，对2012年7月10—13日一次西南涡引发的区域性暴雨过程进行综合分析，以探讨AIRS卫星资料在以西南涡为代表的高原及周边高影响天气研究中的应用方法。

1.5.1 资料

本节所用的资料主要有2012年7月9—13日Aqua卫星携带的大气红外探测器(AIRS)资料、西南涡加密观测试验所获得的L波段秒级探空加密资料以及MICAPS实况资料，降水数据来源于自动气象站降水资料。AIRS资料来源于GES DISC(Goddard Earth Science Data and Information Services Center)网站(http://disc.gsfc.nasa.gov)。AIRS-L2级产品以EOS-HDF格式存放,每6 min生成一个数据文件(高文华 等,2006)。L波段秒级探空加密资料来源于中国气象局成都高原气象研究所组织的2012年西南涡加密观测试验,加密观测试验时段为2012年6月21日至7月31日,高空观测站点共有11个,其中加密站点有九龙、名山、剑阁及金川,另有常规高空观测站点:甘孜、红原、西昌、宜宾、达州、温江和巴塘。高空观测站每日开展4次(北京时02,08,14和20时)综合观测,观测要素为气压、温度、湿度、风向和风速(李跃清 等,2012)。

1.5.2 暴雨概况和环流背景

1.5.2.1 暴雨概况

分析个例选取2012年7月10—13日的西南涡暴雨过程。受到西南涡影响,川、渝地区产生了一次强降水过程,降雨落区主要位于四川、重庆和贵州三省市交汇处。其中,四川东北部的达州7月10日20时(北京时)—11日20时24 h降水量达106.9 mm;7月11日20时—12日02时6 h降水量达306.2 mm,达到了特大暴雨的标准。7月10日20时—13日08时过程累积降雨量达440 mm。

1.5.2.2 环流背景

2012年7月10日20时700 hPa天气图上(图1-22a),盆地西部为一低值环流系统控制,低涡中心在(30°N,100°E)附近,中心位势高度为3052 gpm;在对应的850 hPa上(图1-22b),四川盆地西部上空存在低槽,但此时西南涡尚未形成。12日08时,低值中心移至(30°N,108°E)附近,中心值为3080 gpm,700 hPa和850 hPa上均出现明显的闭合低值系统,此时西南涡已基本形成于盆地(图1-22c,d)。13日08时700 hPa上西南涡东移至(30°N,110°E),中心值为3072 gpm,此后低涡逐渐东移出四川盆地(图1-22e~h)。

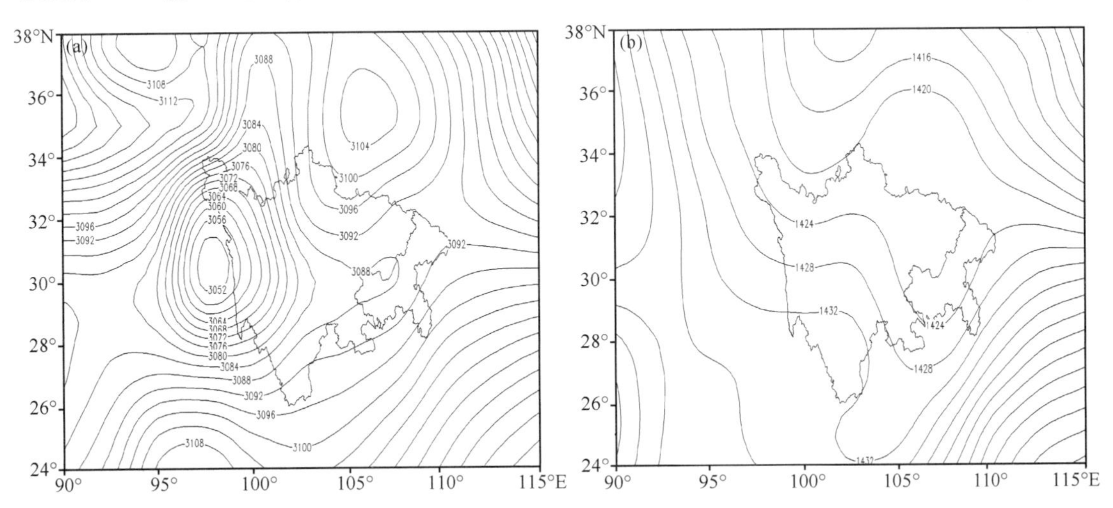

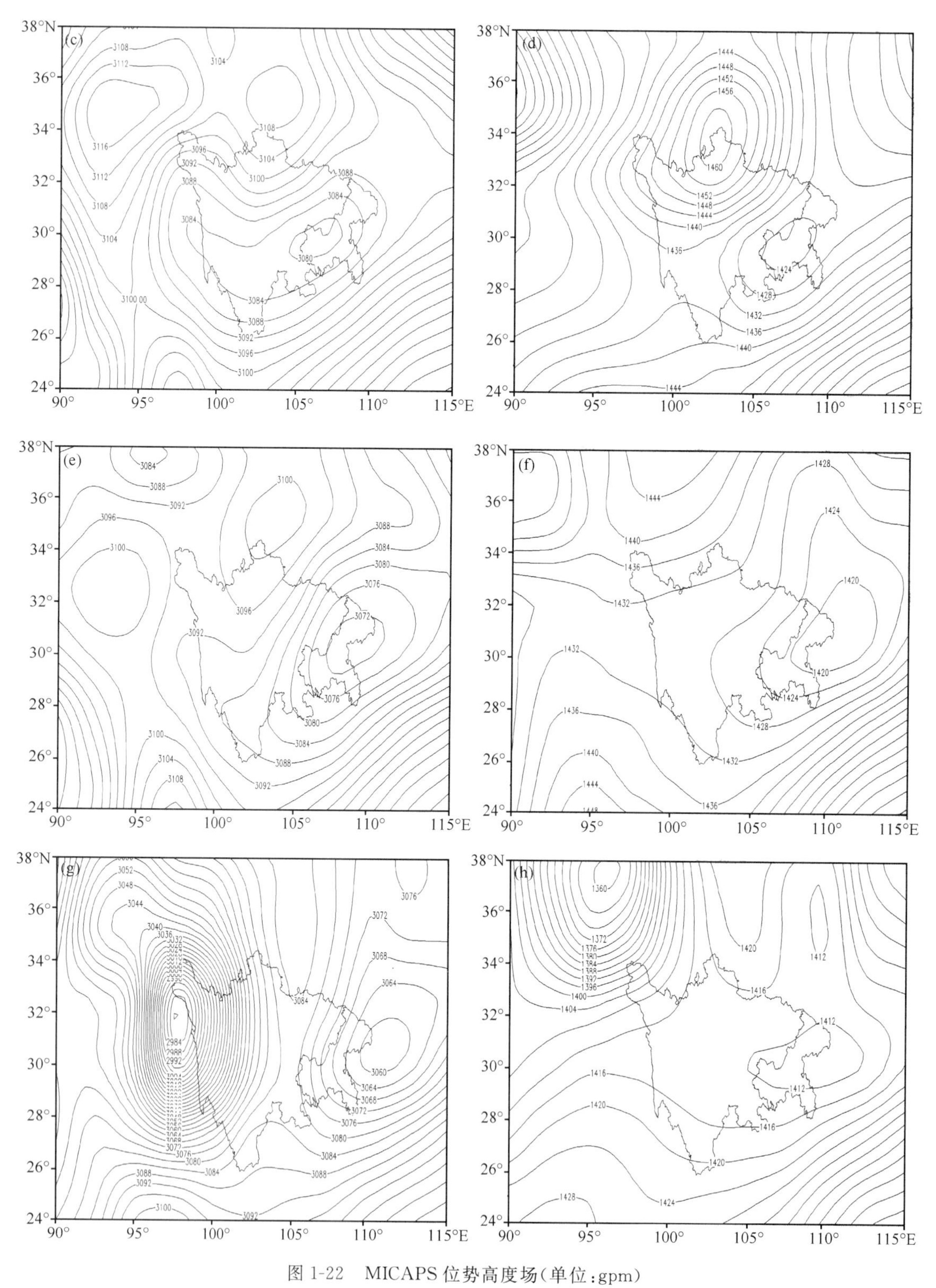

图 1-22　MICAPS 位势高度场(单位:gpm)

(7 月 10 日 20 时 700 hPa(a)、850 hPa(b),7 月 12 日 08 时 700 hPa(c)、850 hPa(d),7 月 13 日 08 时 700 hPa(e)、850 hPa(f),7 月 13 日 20 时 700 hPa(g)、850 hPa(h))

结合MICAPS 700 hPa涡度场(图略),西南涡初生于10日20时,在发展过程中逐渐向东移动,12日08时发展至强盛阶段;12日08时—12日20时,西南涡在重庆一带(30°N,108°E)停滞,中心涡度值略有减弱;13日08时,西南涡移至云南一带(27.5°N,105°E),中心的涡度值略有加强;13日20时,西南涡移至湖北与湖南两省交界(30°N,110°E),再次加强,此后西南涡东移并逐渐减弱消亡。西南涡的移动路径如图1-23所示。

另外,在此次西南涡过程中850 hPa环流形势(图1-22)十分有利于南海水汽不断输送至川、渝一带,并且500 hPa的西太副高588线西伸至江西一带,副高稳定少动,位于华南沿海一带,阻碍西南涡东移,使得西南涡在盆地停滞少动,也有利于形成局地持续性暴雨。

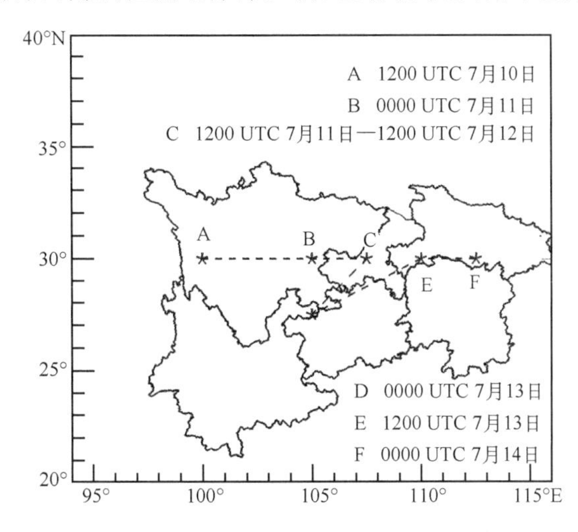

图1-23　2012年7月10日20时(北京时)—14日20时西南涡移动路径及其时间

1.5.3　AIRS卫星资料的应用

大气红外探测器(AIRS)主要是进行地表到40 km高度的大气温度、水汽含量等方面的垂直探测。星下点水平分辨率为13.5 km,垂直分辨率为1 km,每6 min的观测资料构成一个景(granule),每个景有135条扫描线组成,每条扫描线有90个观测视场,每天240个景覆盖全球两次。本节使用的资料为AIRS-L2级support第五版产品AIRX2SUP,AIRX2SUP产品文件包含地面气温及100层的温度廓线、湿度廓线等数据集,以及向外长波辐射OLR、云顶亮温等资料。为了揭示西南涡在发展过程中的变化,本节选择的AIRS资料主要有温湿、向外长波辐射(OLR)、云顶亮温(TBB)及整层水汽含量。

1.5.3.1　AIRS向外长波辐射

根据AIRS扫描区域及西南涡移动路径,我们选择的AIRS向外长波辐射(OLR)资料的扫描时间及轨道号如表1-3所示。

表1-3　AIRS向外长波辐射(OLR)资料扫描时间及轨道号

AIRS轨道号	AIRS扫描时间(UTC)	AIRS轨道号	AIRS扫描时间(UTC)
188(9日)	9日18时48分	063(13日)	13日06时18分
186(11日)	11日18时36分	184(13日)	13日18时24分

从AIRS的OLR资料分析可以看出(图1-24a,b),7月9日18时48分—11日18时36分(世界时),即在西南涡发展的阶段,四川盆地、重庆及贵州一带均为OLR的低值区域,且随着西南涡东移发展至强盛,向外长波辐射(OLR)低值区也随着东移,并且低值强度有所加强。此后低值区域逐渐向东移动,移出川渝一带。至13日06时18分(世界时,图1-24c),低值区域东移至湖南、湖北一带,13日18时24分(世界时,图1-24d)低值区域移出湖南。从OLR低值区域的移动路径可以看出,OLR低值区域与西南涡有很好的对应关系,并且低值区域的移动与西南涡移动路径相当吻合。

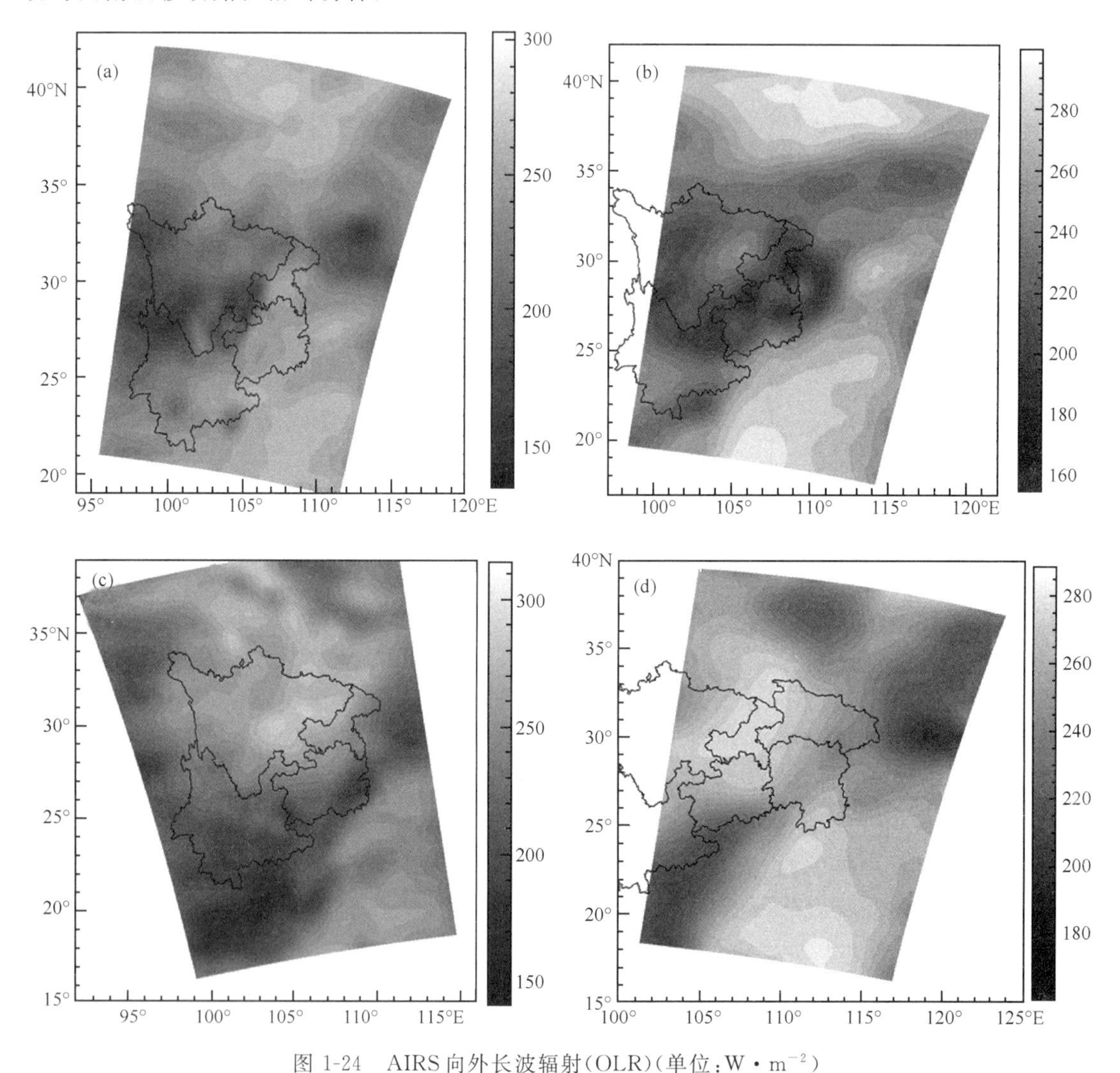

图1-24 AIRS向外长波辐射(OLR)(单位:W·m^{-2})

(a)2012年7月09日18时48分(世界时);(b)2012年7月11日18时36分(世界时);(c)2012年7月13日06时18分(世界时);(d)2012年7月13日18时24分(世界时)

1.5.3.2 AIRS云顶亮温

云顶亮温是气象卫星红外探测通道获取的云顶及无云或少云区地球表面的向外辐射,是生成红外云图和各种不同增强显示云图最原始的定量资料,相当于黑体温度(black-body temperature,TBB)。在云区,TBB是云顶黑体辐射温度,TBB越低,表明云顶越高,对流越旺盛。

因此，可以根据云顶亮温的演变推断天气系统的强度、活动以及可能引起的相应的天气现象和降水变化（张婷，2009）。费增坪等（2008）在MCS普查研究进展的基础上，依据Orlanski提出的尺度分类标准对β－MCS普查的最小尺度标准作了修订，即修订为TBB≤－32℃的连续冷云区直径≥20 km，并且指出当TBB值≤－52℃时可认为存在深对流。本节研究个例分析所选择的AIRS向外长波辐射（OLR）资料扫描时间与轨道号如表1-4所示。

表1-4　AIRS云顶亮温（TBB）资料扫描时间及轨道号

AIRS轨道号	AIRS扫描时间（UTC）	AIRS轨道号	AIRS扫描时间（UTC）
188（9日）	9日18时48分	065（11日）	11日06时30分
186（11日）	11日18时36分		

从9日18时48分（世界时，图1-25a）与11日06时30分（世界时，图1-25b）AIRS所扫描区域的云顶亮温资料来看，四川盆地及其附近均没有明显低温区域，至11日18时36分（世界

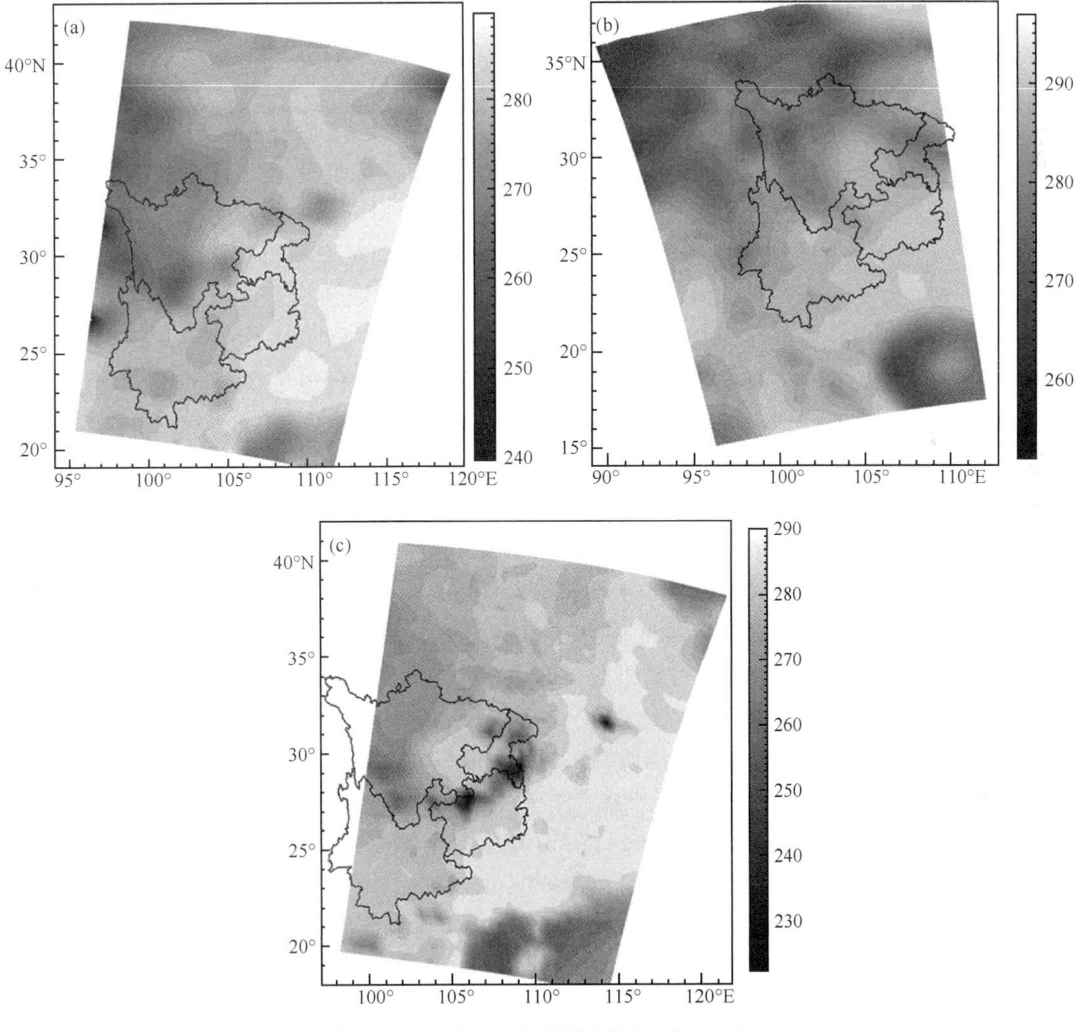

图1-25　AIRS云顶亮温（TBB）（单位：K）

（a）2012年7月09日18时48分（世界时）；（b）2012年7月11日06时30分（世界时）；（c）2012年7月11日18时36分（世界时）

时，图 1-25c)，在重庆南部、川黔两省交界处出现明显 TBB 低值区域，且温度在 230 K 左右，有研究指出(张婷，2009)，当云顶亮温集中在 214～265 K 时，易产生降水；且在一定范围内，云顶亮温值越小，所对应的降水强度越大。此时，与西南涡发展到强盛阶段的时间相吻合，也与强降水时段相吻合，这说明 AIRS 云顶亮温资料能很好地反映中尺度对流系统的发展状况，并且与降水强度有很好的对应关系。

1.5.3.3 西南涡不同阶段的温湿廓线对比

根据 700 hPa 的 MICAPS 涡度场涡度数据，可以将此次西南涡过程分为初生-发展-强盛-减弱-再发展-重新强盛-消亡 7 个阶段，各个阶段所对应时间见表 1-5。

表 1-5 西南涡各阶段名称及对应时间

西南涡各阶段名称	时间(北京时)	西南涡各阶段名称	时间(北京时)
初生阶段	11 日 08 时	再发展阶段	13 日 08 时
发展阶段	11 日 20 时	重新强盛阶段	13 日 20 时
强盛阶段	12 日 08 时	消亡阶段	14 日 08 时
减弱阶段	12 日 20 时		

在北京时 12 日 08 时与 13 日 20 时为西南涡发展的两个强盛阶段，而 AIRS 扫描时间 11 日 06 时 30 分与 12 日 19 时 18 分(世界时，下同)为西南涡发展阶段，11 日 18 时 36 分恰好为西南涡达到强盛前的 4 h，13 日 06 时 18 分恰好为西南涡达到重新强盛前的 6 h。由此分别筛选出涡度最大值中心的经纬度，并提取出该点的 AIRS 温度廓线与湿度廓线。从西南涡初生—减弱阶段的温度廓线(图 1-26a)可以看出，在西南涡发展阶段(11 日 06 时 30 分)有逆温层出现在 900 hPa 和 750 hPa 之间，温度垂直递减率约为 6℃/100 hPa；在西南涡接近强盛阶段时(11 日 18 时 36 分)，各层温度值均低于其余时次相同层次的温度值，而且逆温层延伸至 550 hPa 左右，925～550 hPa 均为逆温层，最大温度垂直递减率约为 7℃/100 hPa，在 550 hPa 层次以上逆温层消失；至西南涡减弱阶段(12 日 19 时 18 分)，低空的逆温层减弱、消失，100 hPa 以下的温度随高度几乎均为递减。从西南涡再发展—消亡阶段的温度廓线(图 1-27b)的变化可以看出，在西南涡初生阶段(12 日 19 时 18 分)，700～600 hPa 存在低层弱逆温层，温度垂直递减率约为 1.6℃/100 hPa；在西南涡的重新强盛阶段(13 日 06 时 18 分)，850～800 hPa 出现低层强逆温层，温度垂直递减率约为 13℃/100 hPa，而原来 700 hPa 层次以上的逆温层有所减弱；至西南涡消亡阶段(14 日 05 时 24 分)，低层逆温层消失，100 hPa 以下温度均随高度的增加而递减。

从西南涡初生-减弱阶段的湿度廓线(图 1-27a)可以看出，在西南涡发展阶段和 11 日 06 时 30 分(世界时)整层水汽均呈"上干下湿"分布；在西南涡强盛阶段(世界时，11 日 18 时 36 分)，600 hPa 以下湿度分布呈波动状，900～750 hPa 以及 650～600 hPa 两个层次中，水汽含量随高度的增加而增加，存在逆湿现象。而 1000～900 hPa，700～650 hPa 以及 600 hPa 以上层次，水汽随高度的增加而减小。相对于初生阶段，西南涡强盛阶段和减弱阶段的低层水汽含量明显减少；此外，西南涡强盛阶段和减弱阶段的水汽分布差别不大，但在 800 hPa 和 500 hPa 两者有明显区别。

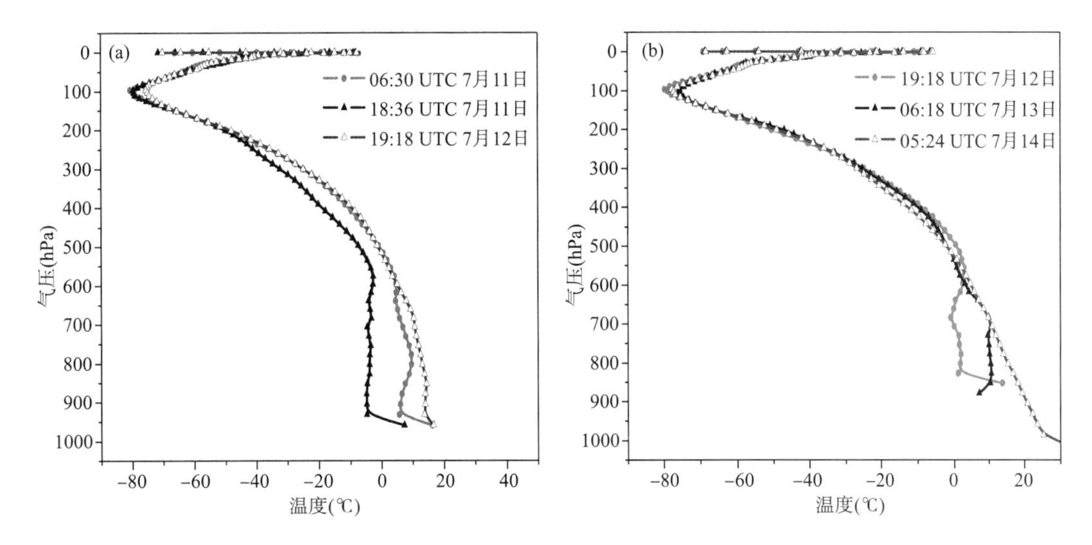

图 1-26　西南涡中心的 AIRS 温度廓线

(a)7 月 11 日 06 时 30 分—12 日 19 时 18 分(世界时);(b)7 月12 日 19 时 18 分—14 日 05 时 24 分(世界时)

从西南涡再发展-消亡阶段的湿度廓线(图 1-27b)的变化可以发现,在西南涡再发展阶段(世界时,12 日 19 时 18 分)和消亡阶段(世界时,14 日 05 时 24 分),整层水汽也均为"上干下湿"分布,而在西南涡重新强盛阶段(世界时,13 日 06 时 18 分),600 hPa 以下的湿度分布呈波动状,900～800 hPa 及 700～600 hPa 两个层次中,水汽含量随高度的增加而增加,再次出现逆湿现象。同样,西南涡重新强盛阶段的低层水汽含量的值明显小于重新发展阶段和消亡阶段。

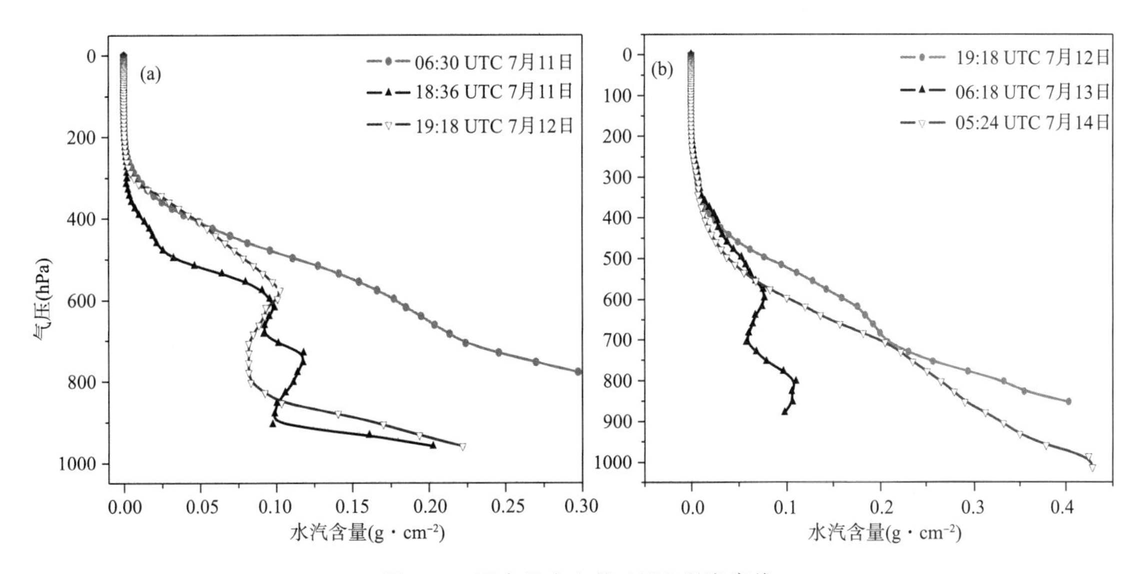

图 1-27　西南涡中心的 AIRS 湿度廓线

(a)7 月 11 日 06 时 30 分—12 日 19 时 18 分(世界时);(b)7 月 12 日 19 时 18 分—14 日 05 时 24 分(世界时)

为了进一步探究水汽廓线变化的原因,分析水汽输送的情况,计算了从地面至300 hPa 的水汽散度垂直通量(冉令坤 等,2009),以及地面至 700 hPa 的整层水汽通量散度。为了减少由于西南涡移动局地而造成的水汽含量的变化,选择分析西南涡发展—减弱阶段的水汽输送情况，此过程中西南涡一直稳定在四川、重庆两地交界处，少动。暴雨的产生往往与水汽有密切关系，水汽的持续供应是暴雨系统发生、发展的必要条件，也是形成暴雨的关键因素。在天气系统中的中尺度(低压)风场辐合区内，往往是水汽辐合区、强上升运动区和不稳定能量释放区(辜旭赞 等，2012)。水汽散度垂直通量表征了水汽通量散度的垂直输送状况，与水汽通量散度相比较，水汽散度垂直通量能更好地描述暴雨过程中的强上升、辐合辐散运动以及水汽输送情况(郝丽萍 等，2013)。本次西南涡过程的水汽散度垂直通量的分布情况如图 1-28 所示。

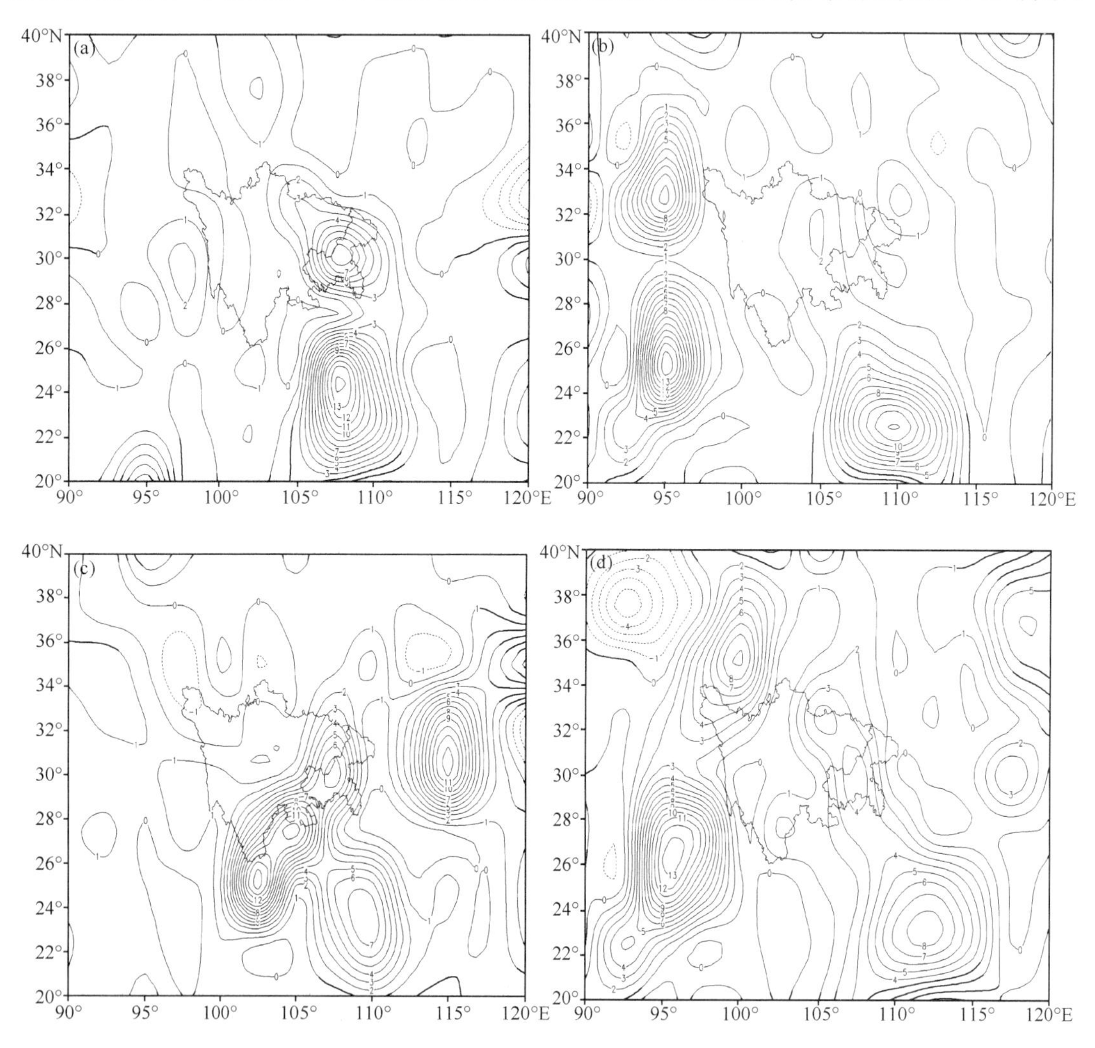

图 1-28　水汽散度垂直通量 1000～300 hPa 垂直积分水平分布(单位：10^{-6} g・Pa・cm^{-2}・s^{-2})
(a)2012 年 7 月 11 日 08 时(北京时)；(b)2012 年 7 月 11 日 20 时(北京时)；(c)2012 年 7 月 12 日 08 时(北京时)；(d)2012 年 7 月 12 日 20 时(北京时)

在西南涡初生阶段(图 1-28a)，西南涡涡源处为水汽散度垂直通量大值区，表示该处有强烈的水汽辐合的垂直输送。因此在西南涡初生—减弱阶段的湿度廓线(图 1-27a)上 11 日 06 时 30 分(世界时)的整层水汽含量较大。在西南涡发展阶段(图 1-28b)，西南涡涡源处水汽散度垂直通量几乎为零，说明此时水汽辐合的垂直运动并不强烈，而此时是最强降水发生的时段，因而造成整层湿度明显减弱。因此在西南涡初生—减弱阶段的湿度廓线(图 1-27a)上，11

日 18 时 36 分(世界时)整层水汽含量明显减弱。在西南涡强盛阶段(图 1-28c),四川盆地东部均为水汽散度垂直通量大值区,此处有明显的水汽辐合的垂直输送。在西南涡减弱阶段(图 1-28d),水汽散度垂直通量值明显减小,但仍为正值。因此在西南涡的强盛和减弱阶段涡源处均存在水汽辐合的垂直输送,12 日 19 时 18 分(世界时)的湿度廓线较 11 日 18 时 36 分(世界时)湿度廓线所表征的水汽含量略有增大。

1.5.3.4 AIRS 整层水汽含量与探空可降水量

大气可降水量是指从地面到大气上界的垂直气柱中含有的水汽总量,假定这些水汽全部凝结,并积聚在气柱的底面,此时所具有的液态水深度。可以通过公式(1-1)计算出大气可降水量。

$$W = -\frac{1}{g}\sum_{p_s}^{0} q \cdot \Delta p \qquad (1\text{-}1)$$

式中:q 为比湿,ρ 为液态水密度,p 为气压,p_s 为地面气压,g 为重力加速度。一般根据探空观测可由上式算得大气可降水量,称为探空可降水量。

下面我们用 AIRS-L2 级资料 support 产品中的整层水汽(totH2oStd)数据与(探空)大气可降水量进行对比,其中探空站点数据经过 Cressman 插值。选取 AIRS 整层水汽含量资料,扫描时间及探空时间如表 1-6 所示,分别对应西南涡的未生成阶段和初生阶段。

表 1-6 AIRS 整层水汽含量资料的轨道号、扫描时间与对应的探空观测时间

AIRS 轨道号	AIRS 扫描时间(UTC)	探空时间(UTC)
188(9 日)	7 月 9 日 18 时 48 分	7 月 9 日 23 时 15 分
186(11 日)	7 月 11 日 18 时 36 分	7 月 11 日 23 时 15 分

将 7 月 9 日 18 时 48 分(世界时)的 AIRS 整层水汽含量(图 1-29a)与 7 月 9 日 23 时 15 分(世界时)探空可降水量(图 1-29b)进行对比,可以发现 AIRS 整层水汽含量大值区域位于湖北宜昌(31°N,112°E)附近,探空可降水量最大值区域位于湖北随州一带(32°N,113°E)。此外,在四川、重庆两省市交界处也存在一个探空可降水量大值区。两者的空间分布基本吻合,但 AIRS 整层水汽含量略小于探空可降水量。将 7 月 11 日 18 时 48 分(世界时)的 AIRS 整层水汽含量(图1-29c)与 7 月 11 日 23 时 15 分(世界时)探空可降水量(图 1-29d)的对比表明,AIRS 整层水汽含量大值位于湖北荆门(31°N,113°E)附近,探空可降水量最大值位于湖北宜昌(31°N,112°E),两者基本对应,但同样 AIRS 整层水汽含量略小于探空可降水量。

从以上两个时次的 AIRS 整层水汽含量与探空可降水量的对比可以发现,AIRS 整层水汽含量与探空可降水量的空间分布基本一致,四川盆地的水汽分布为“南高北低、东高西低”,水汽中心一直维持在重庆以西到湖南一带,暴雨中心达州的整层水汽含量较高,但 AIRS 整层水汽含量略小于探空可降水量。从探空可降水量的水平分布可以发现,7 月 11 日 23 时 15 分(图 1-29d,世界时)的可降水量较 7 月 9 日 23 时 15 分(世界时,图 1-29b)而言,在湖北宜昌(31°N,112°E)一带可降水量明显增大,说明在此期间湖北一带存在水汽辐合。为了进一步分析水汽输送情况,计算了从 1000 hPa 至 700 hPa 的整层水汽通量散度,水汽通量散度水平分布如图 1-30 所示。

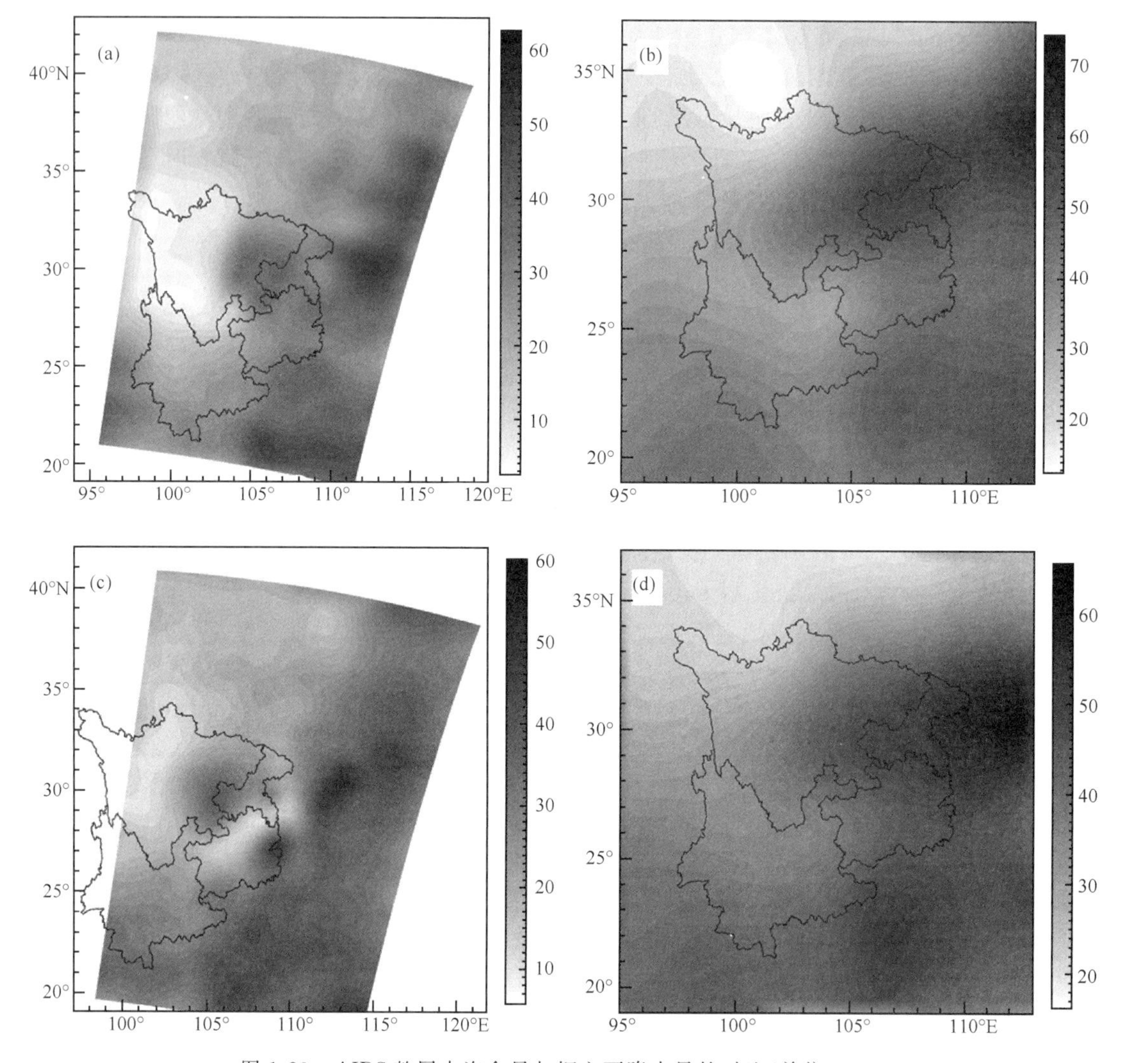

图 1-29　AIRS 整层水汽含量与探空可降水量的对比(单位:mm)

(a)2012 年 7 月 9 日 18 时 48 分(世界时);(b)2012 年 7 月 9 日 23 时 15 分(世界时);(c)2012 年 7 月 11 日 18 时 36 分(世界时);(d)2012 年 7 月 11 日 23 时 15 分(世界时)

从水汽通量散度分布可知,在西南涡的未生成阶段(图 1-30a)至初生阶段(图 1-30b),重庆及湖北一带从地面到 700 hPa 整层水汽通量散度一直为负值中心,水汽在重庆及湖北一带聚集,初生阶段重庆以东湖北一带水汽辐合加强,因而在 2012 年 7 月 11 日 23 时 15 分(世界时,图1-29d)探空可降水量在湖北地区明显增加。

1.5.4　小结

本节综合应用 AIRS 卫星资料、西南涡加密探空资料及 MICAPS 实况资料,分析了 2012 年 7 月 10—13 日西南涡引发的一次区域性暴雨过程,得到如下主要结论。

(1)AIRS 向外长波辐射(OLR)的资料分析发现,OLR 低值区与西南涡影响区有很好的对应关系,并且低值区的移动与西南涡移动路径相当一致。

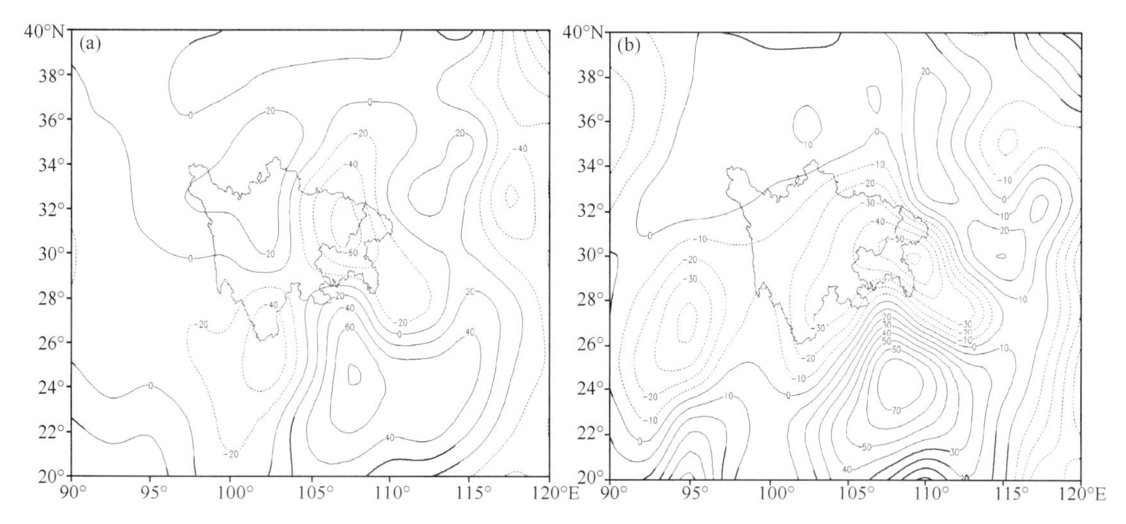

图 1-30　水汽通量散度 1000～700 hPa 垂直积分水平分布(单位:10^{-6} g・cm^{-2}・s^{-2})
(a)2012 年 7 月 10 日 08 时(北京时);(b)2012 年 7 月 11 日 08 时(北京时)

(2)西南涡发展到强盛阶段时云顶亮温(TBB)才出现明显的低值区,说明 AIRS 云顶亮温资料能较好地反映暴雨过程里的中尺度对流系统的发展状况,并且与降水强度有很好的对应关系。

(3)西南涡不同发展阶段的温度廓线对比表明,在西南涡强盛阶段(即发生强降水阶段),在中低空存在明显逆温层;随着西南涡的减弱,逆温层也减弱。而西南涡不同阶段的湿度廓线对比得出,西南涡强盛阶段的水汽垂直分布多呈波动状态,在低空出现逆湿现象,并且西南涡强盛阶段低层的水汽含量明显小于初生阶段。水汽散度垂直通量能很好地解释湿度廓线变化的原因。

(4)AIRS 整层水汽含量与探空可降水量的水平分布基本一致,水汽中心与暴雨中心相当吻合,但 AIRS 整层水汽含量值略小于探空可降水量。此外,整层水汽通量辐合加强是造成可降水量增加的主要原因。

以上研究结果表明,AIRS 卫星资料能很好地反映与西南涡相关的对流、降水活动的发展状况,且水汽数据有较高的可靠性,在西南涡天气过程的分析中有较高的应用价值,能有效弥补高原及其周边观测资料严重缺乏的问题。但应当指出的是,由于 AIRS 资料属于新型卫星遥感资料,对其在复杂地形区域的研究及应用尚不多见,本研究结果仅探讨了在一次西南涡暴雨过程的应用。因此,AIRS 资料在高原及周边其他高影响天气系统中的应用价值还有待更多研究。

第2章　低涡动力学理论

2.1　热力强迫对局地环流的扰动作用

2.1.1　引言

局地环流是一种常见的大气运动现象，一般由热力作用引起的局地环流(陆汉城，2004)有在沿海地区常见的海陆风、在山区发生的焚风和山谷风及城市热岛环流等，研究这些环流的特征和性质对中小尺度天气分析与预报有很大帮助，对认识局地气候特征和大气循环规律也有重要作用。

已有不少学者研究了局地产生的环流，例如，曾侠等(2006)指出广东沿海大部分气象站受热岛影响，热岛平均强度为0.4～0.8℃；刘熙明等(2006)指出在北京市夏季热岛出现时，大气边界层逆温不仅强，而且逆温层顶较高；刘学锋等(2005)研究了河北省热岛与温度的关系，指出大中城市增温趋势最为显著，季节以冬季增温为最大。也有不少的学者利用数值模拟的方法去研究局地环流(仲跻芹 等，2005；鞠丽霞 等，2003；佟华 等，2004；王雪梅，2003；杜世勇等，2002)。桑建国等(2000)也从动力学上分析了热岛环流，但是只分析了温度场和流场的三维结构，这还不能全面地说明局地环流的特征。而且从前面学者的研究中可以看出，他们多是研究了某一个地方的局地环流，结果尚缺乏普遍性，因此有必要从理论上进一步研究热力强迫对局地环流的影响。

由于引起局地环流的因子很多，本节着重研究地面及大气加热作用影响下的风场(包括垂直风场，水平风场，水平风的垂直切变、水平切变)、温度场(包括水平温度梯度)、散度场和涡度场的空间结构特征及其随时间的变化。试图从动力学分析的角度深化人们对局地环流形成机制和变化规律的认识，对于深入认识热力强迫对局地环流影响的诸多问题(如城市热岛、山谷风、海陆风、焚风、飞机颠簸)(邹波，2004；李子良和陈会芝，1999；陈华利，1999；王永忠，1999；王永忠和朱伟军，2001)也具有理论指导意义。

2.1.2　数学物理模型及其解析分析

为使问题的数学分析不致变得过于复杂，没有考虑基本气流的影响，但分别考虑了热力强迫的两种加热方式：第一种为地面加热型(可代表地面感热加热)；第二种为高空加热型(可代表大气中的凝结潜热加热)。则适合研究局地环流这种小尺度(可忽略地球旋转效应)扰动现象的二维不可压缩流体的布西内斯克(Boussinesq)方程组可以写为：

$$\frac{\partial u}{\partial t}+\frac{1}{\rho}\frac{\partial p}{\partial x}=0 \tag{2-1}$$

$$\frac{1}{\rho}\frac{\partial p}{\partial z}=b \tag{2-2}$$

$$\frac{\partial b}{\partial t}+wN^2=Q \tag{2-3}$$

$$\frac{\partial u}{\partial x}+\frac{\partial w}{\partial z}=0 \tag{2-4}$$

为简单计，式中表示各扰动量的右上标“′”已略去，即 u 为纬向风扰动，w 为垂直风扰动，p 为气压扰动，b 为浮力（$b=g\theta'/\theta_0$），又称约化重力（reduced gravity）。N 为浮力频率（Brunt-vasala 频率），$Q=(gQ_m/c_p)T$ 为地面热力强迫项（Q_m 为加热率），ρ 为密度（设为常数，即 $\rho=\rho_0$），初始扰动场均为零。考虑到地面加热引起的气流扰动形式的复杂性（可能是非谐波型），采用 Nicholls et al.（1991）提出的积分变换法来求该方程组的解析解。

由（2-1）式和（2-4）式得：

$$\frac{\partial^2 w}{\partial t\partial z}=\frac{1}{\rho}\frac{\partial^2 p}{\partial x^2} \tag{2-5}$$

又由（2-2）式和（2-3）式得：

$$w=\frac{Q}{N^2}-\frac{1}{N^2}\frac{\partial b}{\partial t} \tag{2-6}$$

把（2-6）式代入（2-5）式经整理得：

$$\frac{\partial^2}{\partial t^2}p_{zz}+N^2 p_{xx}=\frac{\partial^2(\rho Q)}{\partial t\partial z} \tag{2-7}$$

2.1.2.1　地面加热的扰动作用

考虑地面加热（地面感热）的空间分布特点，设其具有如下的形式：

$$Q=Q_0\left(\frac{a^2}{x^2+a^2}\right)\cos(\ell z) \tag{2-8}$$

式中：Q_0 为地面热源的强度，a 为加热区域的半径，$\ell=n\pi/H$ 为 $z=0\sim H$ 高度间的垂直波数，加热率 $Q_{m0}=Q_0c_pT/g$（单位为 $\mathrm{J\cdot kg^{-1}\cdot s^{-1}}$）。

由于所取的加热形式与时间无关，所以（2-7）式右端为零并可简化为：

$$\frac{\partial^2}{\partial t^2}p_{zz}+N^2 p_{xx}=0 \tag{2-9}$$

对（2-9）式先取拉普拉斯（Laplace，以下简称拉氏）积分变换（$L[f(t)]=\int_0^{+\infty}f(t)\mathrm{e}^{-st}\mathrm{d}t$）有：

$$\int_0^{+\infty}\frac{\partial^2}{\partial t^2}p_{zz}\mathrm{e}^{-st}\mathrm{d}t+N^2\int_0^{+\infty}\frac{\partial^2}{\partial x^2}p\mathrm{e}^{-st}\mathrm{d}t=0 \tag{2-10}$$

利用拉氏积分变换的性质有：

$$\int_0^{+\infty}\frac{\partial^2}{\partial t^2}p_{zz}\mathrm{e}^{-st}\mathrm{d}t=s^2L(p_{zz})-sp_{zz}(t=0)-\frac{\partial}{\partial t}p_{zz}(t=0) \tag{2-11}$$

当 $t=0$ 时，有 $\frac{\partial^2 p}{\partial z^2}=0$，则（2-11）式可以变为：

$$\int_0^{+\infty}\frac{\partial^2}{\partial t^2}p_{zz}\mathrm{e}^{-st}\mathrm{d}t=s^2L(p_{zz})-\frac{\partial}{\partial t}p_{zz}(t=0) \tag{2-12}$$

再取傅里叶（Fourier，以下简称傅氏）积分变换（$F(\quad)=\frac{1}{\sqrt{2\pi}}\int_0^{+\infty}f(\quad)\mathrm{e}^{ikx}\mathrm{d}x$）并记 $F(\quad)=(\tilde{\ })$；$F[L(\quad)]=(\hat{\ })$，即“～”表示该量取傅氏积分变换，“ˆ”表示该量取拉氏积分变换后再取傅氏积分变换。利用傅氏积分变换性质有：

$$\frac{1}{\sqrt{2\pi}}\int_{-\infty}^{+\infty}N^2\frac{\partial^2}{\partial x^2}L(p)\mathrm{e}^{ikx}\mathrm{d}x=i^2N^2k^2\hat{p}=-k^2N^2\hat{p} \tag{2-13}$$

则(2-10)式可以变为：

$$s^2\hat{p}_{zz}-\frac{\partial}{\partial t}\tilde{p}_{zz}(t=0)-k^2N^2\hat{p}=0 \tag{2-14}$$

当 $t=0$ 时，有：

$$\frac{\partial}{\partial t}p_{zz}(t=0)=\rho\frac{\partial Q}{\partial z} \tag{2-15}$$

把(2-8)式代入(2-15)式得：

$$\frac{\partial}{\partial t}p_{zz}(t=0)=-\rho Q_0\ell\left(\frac{a^2}{x^2+a^2}\right)\sin(\ell z) \tag{2-16}$$

再取傅氏变换得：

$$\frac{\partial}{\partial t}\tilde{p}_{zz}(t=0)=-\sqrt{\pi/2}\rho Q_0\ell\sin(\ell z)a\mathrm{e}^{-ka} \tag{2-17}$$

所以(2-14)式可以变为：

$$\hat{p}_{zz}-\frac{k^2N^2}{s^2}\hat{p}=\frac{-\sqrt{\pi/2}\rho Q_0\ell\sin(\ell z)a\mathrm{e}^{-ka}}{s^2} \tag{2-18}$$

解此微分方程，可得通解：

$$\hat{p}=c_1\mathrm{e}^{\lambda z}+c_2\mathrm{e}^{-\lambda z}+A\sin(\ell z) \tag{2-19}$$

取刚壁条件，可求得：

$$\hat{p}=\frac{\sqrt{\pi/2}\rho Q_0a\mathrm{e}^{-ka}}{\ell(s^2+k^2N^2/\ell^2)}\sin(\ell z) \tag{2-20}$$

再取拉氏逆变换有：

$$\tilde{P}=\frac{\sqrt{\pi/2}\rho Q_0a\mathrm{e}^{-ka}}{kN}\cdot\sin(\ell z)\cdot\sin\left(\frac{kN}{\ell}\cdot t\right) \tag{2-21}$$

对(2-21)式再取傅氏逆变换($F^{-1}(\quad)=\frac{1}{\sqrt{2\pi}}\int_{-\infty}^{+\infty}(\quad)\mathrm{e}^{-ikx}\mathrm{d}k$)，即求得扰动气压场：

$$p=\frac{\rho Q_0a\sin(\ell z)}{2N}\left(\mathrm{arctg}\frac{Nt/\ell-x}{a}+\mathrm{arctg}\frac{Nt/\ell+x}{a}\right) \tag{2-22}$$

把(2-22)式代入(2-1)～(2-4)式中，可得浮力场：

$$b=\frac{\ell Q_0a\cos(\ell z)}{2N}\left(\mathrm{arctg}\frac{Nt/\ell-x}{a}+\mathrm{arctg}\frac{Nt/\ell+x}{a}\right) \tag{2-23}$$

扰动位温场：

$$\theta=\frac{\ell\theta_0Q_0a\cos(\ell z)}{2gN}\left(\mathrm{arctg}\frac{Nt/\ell-x}{a}+\mathrm{arctg}\frac{Nt/\ell+x}{a}\right) \tag{2-24}$$

垂直扰动风场：

$$w=\frac{Q_0}{N^2}\cos(\ell z)\left\{\frac{a^2}{x^2+a^2}-\frac{1}{2}\left[\frac{1}{1+\left(\frac{Nt/\ell-x}{a}\right)^2}+\frac{1}{1+\left(\frac{Nt/\ell+x}{a}\right)^2}\right]\right\} \tag{2-25}$$

水平扰动风场：

$$u=-\frac{Q_0a\ell\sin(\ell z)}{2N^2}\left(\mathrm{arctg}\frac{Nt/\ell+x}{a}-\mathrm{arctg}\frac{Nt/\ell-x}{a}-2\mathrm{arctg}\frac{x}{a}\right) \tag{2-26}$$

进一步,可求出风的垂直切变场:

$$\frac{\partial u}{\partial z}=-\frac{Q_0 a\ell^2}{2N^2}\cos(\ell z)\cdot\left(\operatorname{arctg}\frac{Nt/\ell+x}{a}-\operatorname{arctg}\frac{Nt/\ell-x}{a}-2\operatorname{arctg}\frac{x}{a}\right)\tag{2-27}$$

水平散度场:

$$D=-\frac{Q_0\ell}{2N^2}\sin(\ell z)\cdot\left[\frac{1}{1+\left(\frac{Nt/\ell+x}{a}\right)^2}+\frac{1}{1+\left(\frac{Nt/\ell-x}{a}\right)^2}-\frac{2}{1+\left(\frac{x}{a}\right)^2}\right]\tag{2-28}$$

以及经向水平涡度(即垂直于纬向剖面的涡度分量)场:

$$\begin{aligned}\eta&=\frac{\partial u}{\partial z}-\frac{\partial w}{\partial x}\\&=\frac{Q_0\cos(\ell z)}{N^2}\left\{\frac{a\ell^2}{2}\left(\operatorname{arctg}\frac{Nt/\ell-x}{a}-\operatorname{arctg}\frac{Nt/\ell+x}{a}+2\operatorname{arctg}\frac{x}{a}\right)\right.\\&\left.+\left\{\frac{2a^2x}{(x^2+a^2)^2}+\frac{1}{a^2}\cdot\left[\frac{Nt/\ell-x}{\left[1+\left(\frac{Nt/\ell-x}{a}\right)^2\right]^2}-\frac{Nt/\ell+x}{\left[1+\left(\frac{Nt/\ell+x}{a}\right)^2\right]^2}\right]\right\}\right\}\end{aligned}\tag{2-29}$$

2.1.2.2　高空加热的扰动作用

考虑到高空大气加热(相当于潜热加热)的空间分布特点,设其形式为:

$$Q=Q_0\left(\frac{a^2}{x^2+a^2}\right)[1-\cos(\ell z)]\tag{2-30}$$

采用与 2.1.2.1 节类似的数学推导过程,可从 Boussinesq 方程组解得高空加热强迫下的扰动流场的解析解,其气压场、浮力场、位温场、垂直风场、水平风场、风的垂直切变场、水平散度场和水平涡度场分别为:

$$p=-\frac{\ell Q_0 a\sin(\ell z)}{2N}\left(\operatorname{arctg}\frac{Nt/\ell-x}{a}+\operatorname{arctg}\frac{Nt/\ell+x}{a}\right)\tag{2-31}$$

$$b=-\frac{\ell Q_0 a\cos(\ell z)}{2N}\left(\operatorname{arctg}\frac{Nt/\ell-x}{a}+\operatorname{arctg}\frac{Nt/\ell+x}{a}\right)\tag{2-32}$$

$$\theta=-\frac{\ell\theta_0 Q_0 a\cos(\ell z)}{2gN}\left(\operatorname{arctg}\frac{Nt/\ell-x}{a}+\operatorname{arctg}\frac{Nt/\ell+x}{a}\right)\tag{2-33}$$

$$w=\frac{Q_0}{N^2}\left\{[1-\cos(\ell z)]\frac{a^2}{x^2+a^2}-\frac{\cos(\ell z)}{2}\left[\frac{1}{1+\left(\frac{Nt/\ell-x}{a}\right)^2}+\frac{1}{1+\left(\frac{Nt/\ell+x}{a}\right)^2}\right]\right\}\tag{2-34}$$

$$u=\frac{Q_0 a\ell\sin(\ell z)}{2N^2}\left(\operatorname{arctg}\frac{Nt/\ell+x}{a}-\operatorname{arctg}\frac{Nt/\ell-x}{a}-2\operatorname{arctg}\frac{x}{a}\right)\tag{2-35}$$

$$\frac{\partial u}{\partial z}=\frac{Q_0 a\ell^2}{2N^2}\cos(\ell z)\cdot\left(\operatorname{arctg}\frac{Nt/\ell+x}{a}-\operatorname{arctg}\frac{Nt/\ell-x}{a}-2\operatorname{arctg}\frac{x}{a}\right)\tag{2-36}$$

$$D=\frac{Q_0\ell}{2N^2}\sin(\ell z)\cdot\left[\frac{1}{1+\left(\frac{Nt/\ell+x}{a}\right)^2}+\frac{1}{1+\left(\frac{Nt/\ell-x}{a}\right)^2}-\frac{2}{1+\left(\frac{x}{a}\right)^2}\right]\tag{2-37}$$

$$\begin{aligned}\eta=\frac{Q_0}{N^2}&\left\{\frac{a\ell^2\cos(\ell z)}{2}\left(\operatorname{arctg}\frac{Nt/\ell+x}{a}-\operatorname{arctg}\frac{Nt/\ell-x}{a}-2\operatorname{arctg}\frac{x}{a}\right)+\right.\\&\left.\left\{\frac{2a^2x}{(x^2+a^2)^2}[1-\cos(\ell z)]-\frac{\cos(\ell z)}{a^2}\cdot\left[\frac{Nt/\ell-x}{\left[1+\left(\frac{Nt/\ell-x}{a}\right)^2\right]^2}+\frac{Nt/\ell+x}{\left[1+\left(\frac{Nt/\ell+x}{a}\right)^2\right]^2}\right]\right\}\right\}\end{aligned}\tag{2-38}$$

2.1.3 分析和讨论

2.1.3.1 地面加热

对在地面加热作用下的扰动流场的解析解(2-22)～(2-29)式进行动力学定性分析，可得以下认识。

各扰动物理量场的强度与地面加热的大小成正比，即地面热力强迫作用越强，扰动越明显。另外在层结稳定的条件下，扰动强度与层结稳定度呈反比。

与地面加热的影响随高度减小的规律一致，扰动温度场和垂直风场的强度也随高度减小。但值得注意的是，扰动水平风场的幅度却随高度增大，即水平风速的变化(水平风切变)在高空反映得更为明显。

根据扰动流场解(2-24)～(2-26)式，在固定高度、固定时间的条件下，地面非均匀加热作用将使扰动温度场在水平方向(东西方向)呈现出不均匀分布的状态，有利于产生水平温度梯度或者水平切变(图 2-1 中的 θ 曲线)。地面加热作用激发的垂直运动在加热中心表现为较强的上升气流，上升区两侧为弱的补偿性下沉气流(图 2-1 中的 w 曲线)。在加热中心西侧，地面加热将使水平风加强，而东侧会使水平风减弱(图 2-1 中 u 曲线)。因此，地面加热会产生明显的水平温度切变和水平风切变，在加热中心表现最为明显，而且加热中心伴随上升运动，加热中心两侧伴随下沉运动。这些变化有利于产生和加强局地环流，而且局地环流的强度和区域强烈地依赖地面加热的强度和半径。地面加热的强度越强，加热的半径越小，局地环流的强度越强；反之，局地环流的强度就越弱。

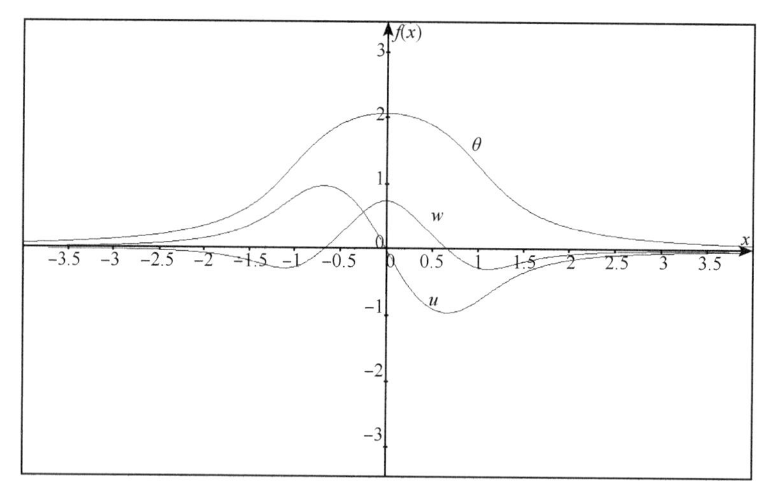

图 2-1 温度扰动场、垂直风场、水平风扰动场的水平分布
(横轴：水平距离；纵轴：相应的扰动物理量)

而时间演变方面，在固定高度上的下风区域，地面加热产生的温度扰动随时间迅速增大，最后趋于稳定(图 2-2 中的 θ 曲线)；垂直速度随时间开始是减小，甚至可以变成下沉运动，然后又逐渐增大，最后也趋于稳定(图 2-2 中的 w 曲线)；水平风随时间开始减小比较缓慢，然后迅速减小，最后趋于稳定(图 2-2 中的 u 曲线)。因此，地面加热产生的扰动具有突发性和短时性，由此产生的局地环流也具有突发性和短时性，反映出中小尺度运动的典型特征。

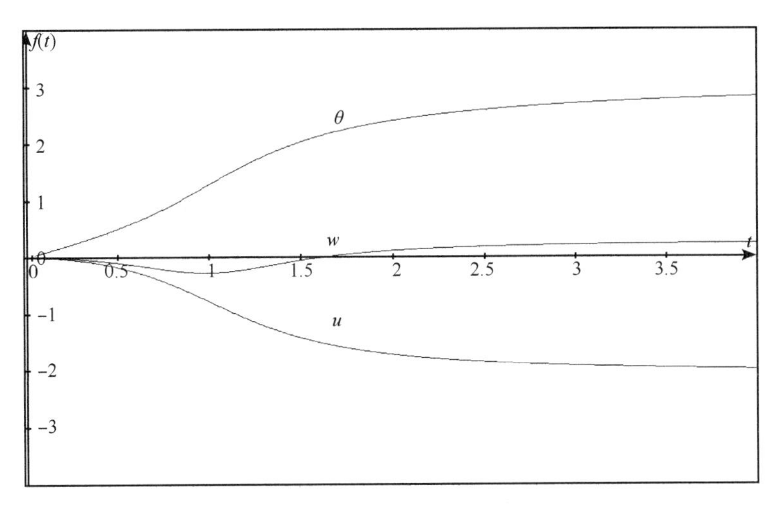

图 2-2　温度扰动场、垂直风场、水平风扰动场随时间的变化

（横轴：时间；纵轴：相应的扰动物理量）

根据(2-27)式，由图 2-3、图 2-4 可分析水平扰动风场的垂直切变在水平方向的变化以及随时间的变化。与水平扰动风场的变化一致，在加热中心区域的西侧，水平风的垂直切变最大；而在东侧垂直切变逐渐减弱。而水平风的垂直切变开始随时间减小得较快，而后趋向于稳定，这表明水平风的垂直切变也有明显的突发性和短时性。

根据(2-28)式，可分析水平散度在水平方向的变化(图 2-5)和随时间的变化(图 2-6)。在加热区域的西侧，散度逐渐增大，达到一个峰值，再逐渐减小，在加热区域中心达到最小值(负值)，然后再增大，又达到一个峰值，最后逐渐减小，趋向于零。在加热区域中心，水平散度小于零，为水平辐合，对应图 2-5 的上升运动；而在加热区域中心的两侧水平散度大于零，为水平辐散，对应图 2-1 的下沉运动，即水平散度的分布与前述的垂直运动是一致的。而水平散度随时间逐渐增大，到达峰值后再减小，最后趋于稳定。

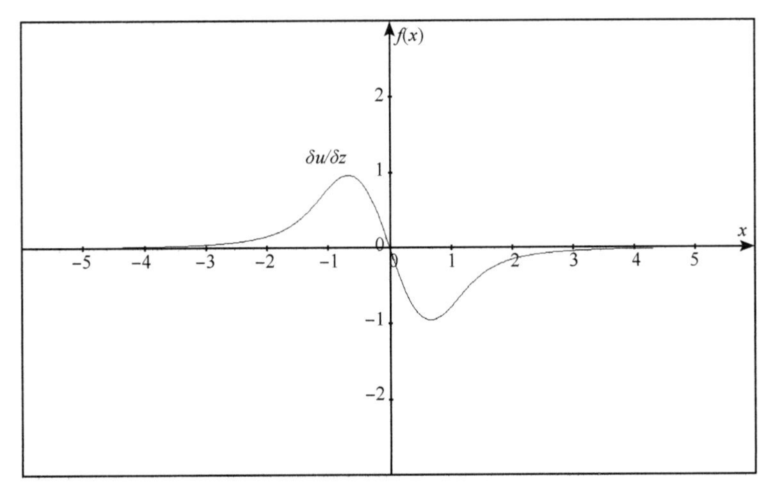

图 2-3　水平风的垂直切变的水平分布

（横轴：水平距离；纵轴：风垂直切变）

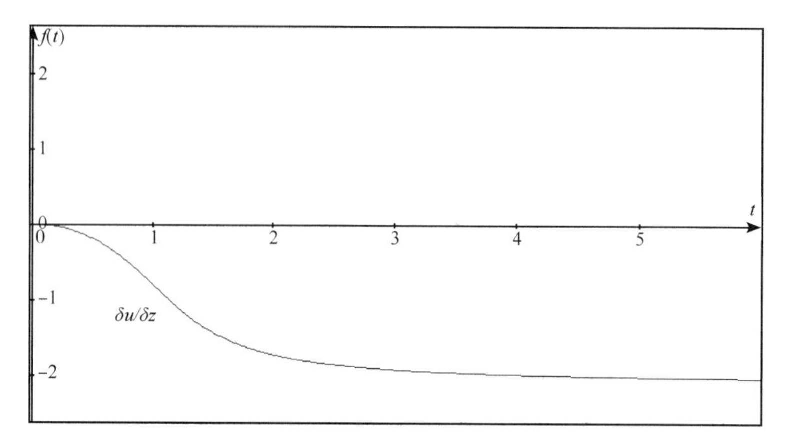

图 2-4　水平风的垂直切变随时间的变化
（横轴：时间；纵轴：风垂直切变）

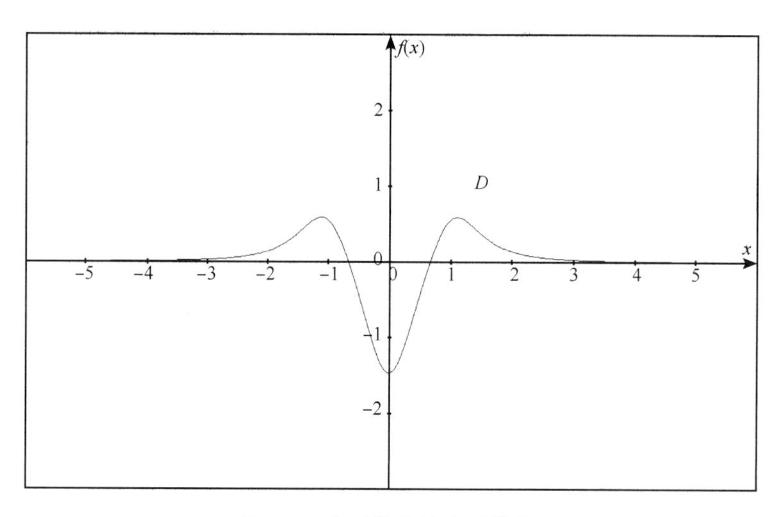

图 2-5　水平散度的水平分布
（横轴：水平距离；纵轴：散度）

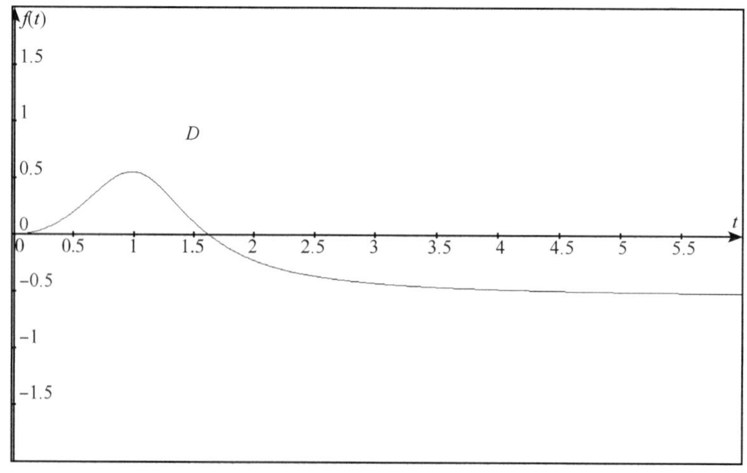

图 2-6　水平散度随时间的变化
（横轴：时间；纵轴：散度）

根据(2-29)式,可讨论水平涡度的水平变化(图 2-7)和随时间的变化(图 2-8)。涡度在加热区域中心的西侧为逐渐减小,在加热区域的东侧有增强的现象,由于此涡度表示的是 z-x 平面上的旋转情况,运动旋转方向按右手法则决定的方向如果与 y 轴正向相同,则为正涡度,否则为负涡度,所以加热中心伴随上升运动,加热中心的两侧伴随下沉运动,与图 2-1 分析的垂直运动分布是一致的。而此水平涡度随时间的变化趋势为:涡度在开始有一个微弱的减小,而后就迅速增大,最后趋向于稳定。

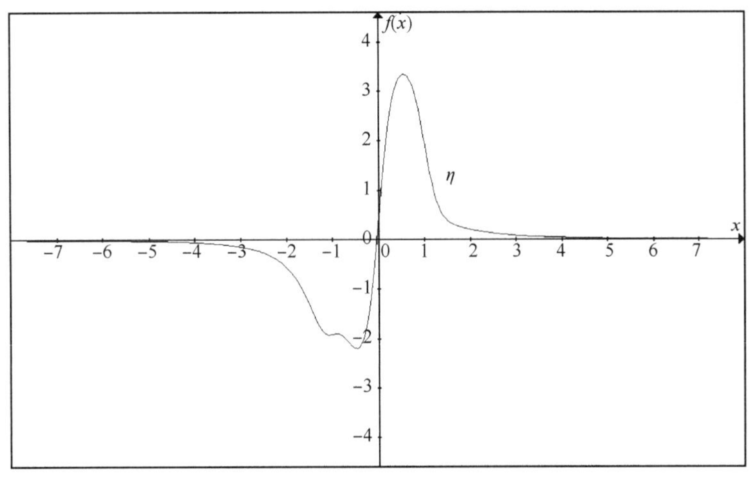

图 2-7　水平涡度的水平分布

(横轴:水平距离;纵轴:涡度)

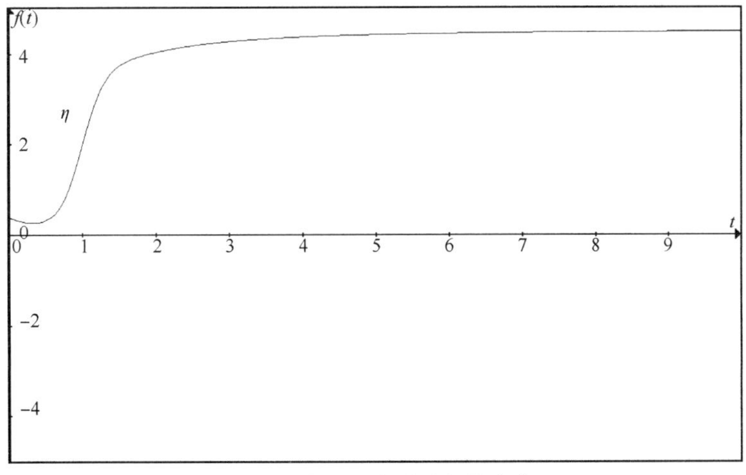

图 2-8　水平涡度随时间的变化

(横轴:时间;纵轴:涡度)

2.1.3.2　高空加热

根据(2-33)～(2-35)式,在固定高度和时间的条件下,大气加热作用也使各扰动场在水平方向上呈现不均匀分布,这有利于产生水平温度梯度或者水平温度切变(图 2-9 中的 θ 曲线)。同样,大气加热激发的垂直运动在加热区域中心为上升运动,在两侧为下沉运动(图 2-9 中的 w 曲线)。而在加热的西侧,加热作用使水平风减弱,在东侧,水平风增强(图 2-9 中的 u 曲线),产生风的水平切变。

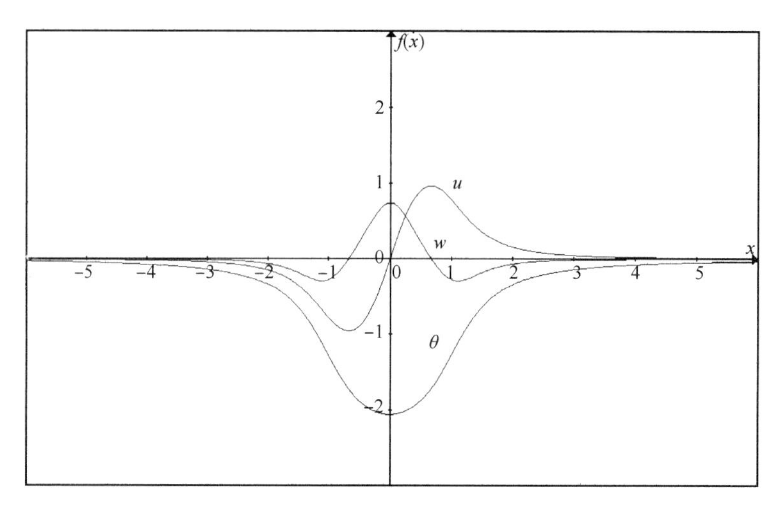

图 2-9　温度扰动场、垂直风场、水平风扰动场的水平分布

（横轴：水平距离；纵轴：相应的扰动物理量）

根据(2-36)式，分析水平风的垂直切变的水平分布(图 2-10)和随时间的变化(图略)，可以看出，水平风扰动的垂直切变的水平分布和水平风扰动一样，在加热的西侧均为减弱，在东侧均为增强。而水平风的垂直切变随时间迅速增大，然后趋于稳定。所以水平风的垂直切变也具有明显的突发性和短时性。

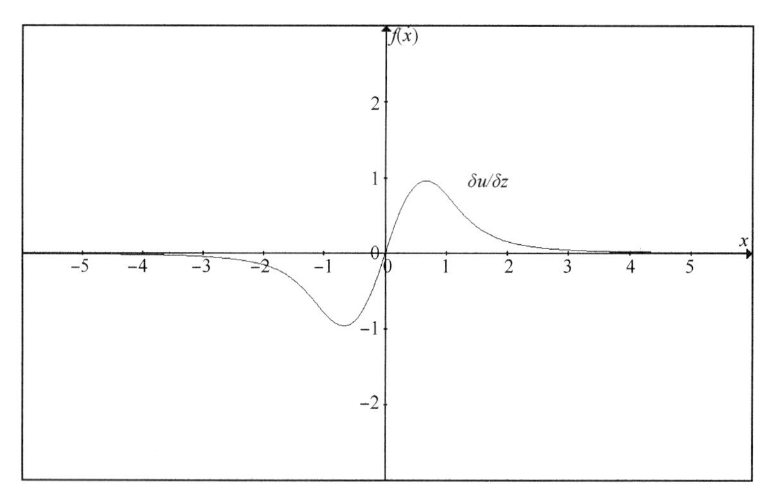

图 2-10　水平风的垂直切变的水平分布

（横轴：水平距离；纵轴：风垂直切变）

根据(2-37)式，分析散度在水平方向的分布(图 2-11)和随时间的分布(图略)，可看出在加热中心为正散度，两侧为负散度，表明在加热中心为辐散，伴随下沉运动，两侧为辐合，为上升运动。在时间变化方面，散度先随时间减小，然后逐渐增大，最后趋于稳定。

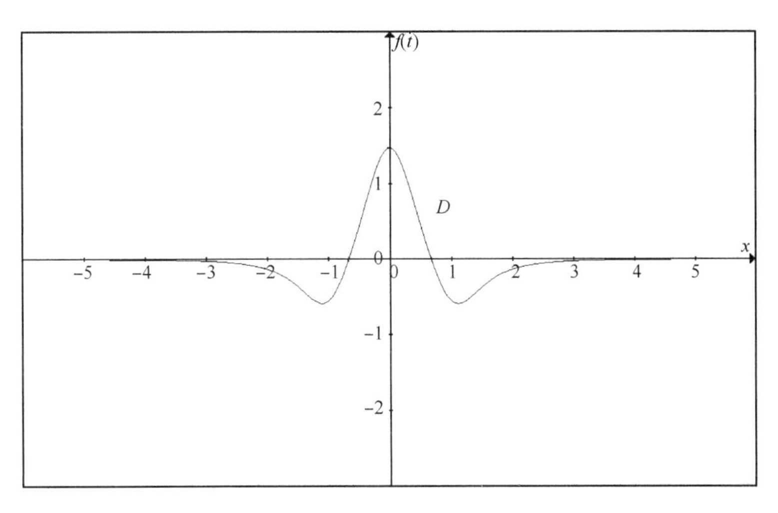

图 2-11 水平散度的水平分布
（横轴：水平距离；纵轴：散度）

根据(2-38)式可分析水平涡度在水平方向的变化(图 2-12)和随时间的变化(图略)。涡度在加热区域中心两侧为明显不对称性，在加热区域中心的西侧，涡度先缓慢增大，再比较快地减小，然后再增大，再减小，最后趋向于零，即呈现波动状变化。涡度是在 x-z 平面上的，所以在加热区域的两侧，气流都是顺时针旋转。在时间变化方面，涡度先有微弱的增大，然后减小，最后趋于稳定。

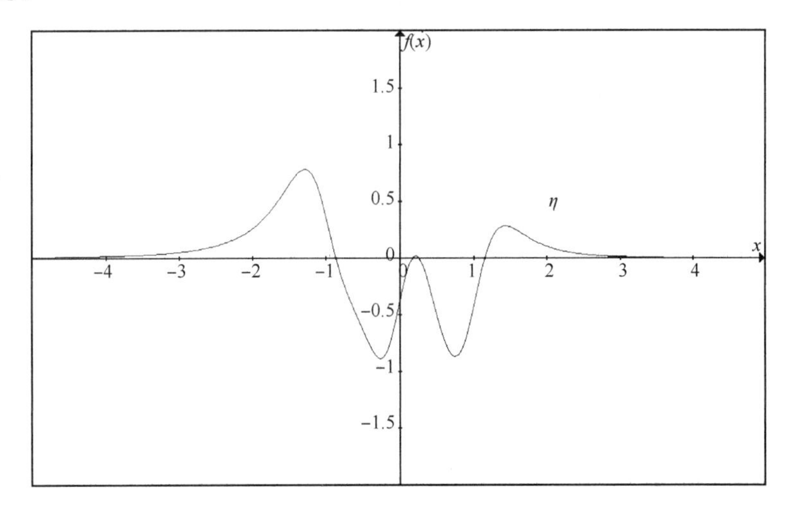

图 2-12 水平涡度的水平分布
（横轴：水平距离；纵轴：涡度）

由此可见，地面加热和高空大气加热下的水平风扰动、水平风的垂直切变和水平散度的变化分布正好相反。

综合以上各项讨论，我们通过一个比较简单的数学物理模型，对加热强迫作用通过产生温度梯度，进而改变风场结构和局地环流的物理适应过程进行了理论分析，初步得出以下的物理概念图像：地面加热不均匀产生温度水平梯度，改变风场结构产生散度、涡度和风垂直切变。由于在加热中心有气流的辐合而引发上升运动，有利于在高空产生凝结潜热释放；而高空大气加热下的水平风扰动、水平风的垂直切变和水平散度的变化分布与地面加热的情形正好相反，则形成两个以地面-高空加热为中心轴的左右对称的局地垂直环流圈(次级环流)。

2.1.4 小结

通过上面的分析讨论，可以得出以下几点结论。

(1)热力强迫，无论是地面加热还是高空大气加热，各扰动物理量场的强度与热力的大小成正比，即热力强迫作用越强，扰动越明显，在层结稳定的条件下，扰动强度与层结稳定度成反比。

(2)在固定高度、固定时间的条件下，地面非均匀加热作用将使扰动温度场在水平方向(东西方向)呈现不均匀分布，有利于产生水平温度梯度或者风的水平切变。在加热区域的中心为上升运动，两侧为下沉运动。

(3)地面加热和高空大气加热下的水平风扰动、水平风的垂直切变和水平散度的变化分布正好相反。

(4)水平涡度的分布特征为：在地面加热的作用下，在加热区域的西侧为负涡度，在东侧为正涡度；而在大气加热作用下，在加热区域的两侧都是负涡度。两类加热强迫下，水平涡度随时间变化的趋势也是相反的。

地面加热作用和大气加热作用可使大气中的水平风场、垂直风场和温度场产生扰动，这些扰动及其变化对于局地环流有重要作用。作为初步研究，本节定性分析了地面加热和大气加热作用下的风场(包括垂直风场、水平风场、水平风的垂直切变和水平切变)、温度场(包括水平温度梯度)、水平散度场和水平涡度场的空间结构特征及其随时间的变化。从动力学分析的角度深化了人们对局地环流形成的机制和变化规律的认识。由于局地环流的复杂性，上述动力学分析还显得较为简单，有必要开展进一步的数值模拟试验加以验证、完善，如研究地面加热和大气加热作用下风场和温度场的空间分布和时间变化对于局地环流的定量影响，进一步考虑基本气流的影响和密度扰动的影响等。

2.2 高原低涡中的涡旋波动特征

2.2.1 引言

涡旋运动是一类极为常见的大气运动形式，尤其在地球旋转的作用下，大气中常会有涡旋形成并维持(McWilliams et al.，2003)，高原低涡则是其中一类，其具有一般涡旋的共性，如以切向运动为主，运动近似轴对称(McWilliams，1989)；同时具有某些特性，如其生成主要受高原热力强迫的作用(陈伯民 等，1996)，并且较为依赖高原边界层。在大气涡旋中，一些强烈发展的涡旋同时又表现出螺旋形态，研究普遍认为这种外在的螺旋形态实际上反映出涡旋系统内部的某些动力学特征，往往与波动联系密切(陶建军和李朝奎，2008)，研究螺旋带的发生发展对于了解涡旋的演变有重要意义。目前研究较多的是台风中的螺旋雨带，形成了惯性重力波理论(Tepper，1958；Kurihara，1976；黄瑞新和巢纪平，1980；Chow et al.，2002)和涡旋罗斯贝波理论(Montgomery et al.，1997；McWilliams et al.，2003)来解释其成因。而对于高原低涡的螺旋云系的研究则较少，最早叶笃正等(1979)和钱正安等(1984b)利用 NOAA 卫星云图

资料分析出强烈发展的高原低涡具有螺旋云系和涡心无云或少云等特征，乔全明(1987)也指出盛夏时高原低涡的云型与海洋上热带气旋非常类似，螺旋结构十分明显，但这些观测和诊断分析的结果缺乏相应的理论解释。高原低涡的螺旋云带是如何形成的，它与高原低涡本身的结构特征有何联系，其中的动力学机制是什么，反映出何种波动特征，这些基本且重要的问题还没有鲜见相应的理论探寻，这也折射出目前高原低涡动力学研究的不足。

本节首先针对高原低涡的主要特征建立描述其动力学控制方程组，在此基础上通过分别求解直角坐标和柱坐标系下的线性化正压涡旋模型以及两种模式型结果的对比分析，得出高原低涡中各类波动的频散关系及其特征，并讨论了这些波动与高原低涡流场特征的联系。

2.2.2 高原低涡的波动特征

在多数研究热带气旋(TC，tropical cyclones)、类热带气旋性涡旋(TCLV，tropical cyclone-like vortices)中波动的工作里，都是根据一定的观测或模拟假定涡旋的基本流场(Tepper，1958；Nolan et al.，2002)，然后在此流场基础上进一步分析涡旋中的波动特征。本节在考虑高原低涡基本特征的基础上建立起两种坐标系下的低涡动力学模型，通过这两种模型得出高原低涡所含波动的频散关系，期望从涡旋波动的角度加深人们对高原低涡发生、发展和移动的认识。

2.2.2.1 直角坐标系正压模型中低涡的波动特征

先考虑一种低涡在高原主体生成时的简单情形，此时可忽略地形、地表摩擦的影响，则有正压大气运动方程组(浅水模式)：

$$\begin{cases}\dfrac{\mathrm{d}u}{\mathrm{d}t}-fv=-g\dfrac{\partial h}{\partial x}\\[2mm] \dfrac{\mathrm{d}v}{\mathrm{d}t}+fu=-g\dfrac{\partial h}{\partial y}\\[2mm] \dfrac{\mathrm{d}h}{\mathrm{d}t}+h\left(\dfrac{\partial u}{\partial x}+\dfrac{\partial v}{\partial y}\right)=0\end{cases}\tag{2-39}$$

假定地转参数 f 为常数，纬向基本气流具有水平切变，即 $\overline{U}=\overline{U}(y)$，并且满足地转平衡关系，$f\overline{U}=-g\mathrm{d}\overline{H}/\mathrm{d}y$。对该方程组进行线性化，将 $u=\overline{U}(y)+u'$，$v=v'$，$h=\overline{H}(y)+h'$ 代入其中，则可得如下的扰动方程组：

$$\begin{cases}\left(\dfrac{\partial}{\partial t}+\overline{U}\dfrac{\partial}{\partial x}\right)u'-fv'=-g\dfrac{\partial h'}{\partial x}-v'\dfrac{\mathrm{d}\overline{U}}{\mathrm{d}y}\\[2mm] \left(\dfrac{\partial}{\partial t}+\overline{U}\dfrac{\partial}{\partial x}\right)v'-fu'=-g\dfrac{\partial h'}{\partial y}\\[2mm] \left(\dfrac{\partial}{\partial t}+\overline{U}\dfrac{\partial}{\partial x}\right)h'+\overline{H}\left(\dfrac{\partial u'}{\partial x}+\dfrac{\partial v'}{\partial y}\right)=-v'\dfrac{\mathrm{d}\overline{H}}{\mathrm{d}y}\end{cases}\tag{2-40}$$

设该方程组的物理量具有特征波解，可令 $u'=\hat{U}(y)\mathrm{e}^{i(kx-\omega t)}$，$v'=\hat{V}(y)\mathrm{e}^{i(kx-\omega t)}$，$h'=\hat{H}(y)\mathrm{e}^{i(kx-\omega t)}$，则得如下的常微分方程组：

$$\begin{cases} i(\omega - k\bar{U})\hat{U} + \left(f - \dfrac{\mathrm{d}\bar{U}}{\mathrm{d}y}\right)\hat{V} - ighk\hat{H} = 0 \\ i(\omega - k\bar{U})\hat{V} - f\hat{U} - g\dfrac{\mathrm{d}\hat{H}}{\mathrm{d}y} = 0 \\ i(\omega - k\bar{U})\hat{H} - ik\bar{H}\hat{U} - \dfrac{\mathrm{d}\bar{H}}{\mathrm{d}y}\hat{V} - \bar{H}\dfrac{\mathrm{d}\hat{V}}{\mathrm{d}y} = 0 \end{cases} \tag{2-41}$$

下面以两种不同的流场情况来分别讨论低涡中蕴含的波动。

(1)不考虑纬向基本气流

在方程组(2-41)中，假定基本气流 $\bar{U}$ 为零，此时根据地转平衡关系，$\bar{H}$ 应为常数。设各物理量在 y 方向呈现波动形式，即 $\hat{U}=A_1\mathrm{e}^{imy}$，$\hat{V}=A_2\mathrm{e}^{imy}$，$\hat{H}=A_3\mathrm{e}^{imy}$，代入方程组(2-41)中可得一个线性代数方程组。由于该线性代数方程组中的 A_1，A_2 和 A_3 应是非零解，则系数行列式必须为零，因此可求得方程组所含波动的频率关系为：

$$\omega = \pm\sqrt{f^2 + (k^2 + m^2)g\bar{H}} \tag{2-42}$$

由大气动力学理论可知，该频散关系表明此时低涡中存在沿 y 轴正负两个方向传播的混合波—惯性重力外波。

(2)扰动水平无辐散

由方程组(2-40)的第一式和第二式可求得扰动垂直涡度方程：

$$\left(\frac{\partial}{\partial t} + \bar{U}\frac{\partial}{\partial x}\right)\left(\frac{\partial v'}{\partial x} - \frac{\partial u'}{\partial y}\right) = -\left(f - \frac{\mathrm{d}\bar{U}}{\mathrm{d}y}\right)\left(\frac{\partial u'}{\partial x} + \frac{\partial v'}{\partial y}\right) + \frac{\mathrm{d}^2\bar{U}}{\mathrm{d}y^2} \tag{2-43}$$

假定扰动的水平散度为零，可引进扰动流函数，使 $v' = \partial\psi/\partial x$，$u' = -\partial\psi/\partial y$，将水平扰动代入(2-43)式，并设扰动流函数具有波动解，即 $\psi = \Psi(y)\mathrm{e}^{i(kx-\omega t)}$，则有如下的常微分方程：

$$(\omega - k\bar{U}_0)\frac{\mathrm{d}^2\psi}{\mathrm{d}y^2}k\left[\frac{\mathrm{d}^2\bar{U}}{\mathrm{d}y^2} - k(\omega - k\bar{U}_0)\right]\Psi = 0 \tag{2-44}$$

如果基本气流的速度在 y 方向呈线性分布，则可以从上式求出一个波动解，其频率是 $\omega = k\bar{U}$，这实际上反映的是基本气流的运动。

若假定在 $y=0$ 处的基本气流为 $\bar{U}_0$，在经向的任意 y 处(纬度)处基本气流呈非线性分布：$\bar{U} = \bar{U}_0(1+\varepsilon y^2/L^2)$，其中 $|\varepsilon| \ll 1$，L 表示扰动在 y 方向的宽度。小参数 $\varepsilon = [L^2/(2\bar{U}_0)]\mathrm{d}^2\bar{U}/\mathrm{d}y^2$ 是一个常数，该条件表示基本流场的二阶风速水平切变很小。将此基本气流在 y 方向的分布函数代入方程(2-44)，有：

$$\left[\omega - k\bar{U}_0\left(1 + \varepsilon\frac{y^2}{L^2}\right)\right]\frac{\mathrm{d}^2\Psi}{\mathrm{d}y^2} + k\left\{\omega - k\bar{U}_0\left(1 + \varepsilon\frac{y^2}{L^2}\right)\right\}\psi = 0 \tag{2-45}$$

方程(2-45)是一个变系数的常微分方程。由于 $|\varepsilon| \ll 1$，$y/L \leqslant 1$，即经向运动的范围限制在宽度 L 以内。风速的水平切变比较小，则方程(2-45)中 $(\omega - k\bar{U}_0)$ 的项可略去与量级为 10^0 的项相比而较小的项，则得到方程(2-45)的近似式：

$$(\omega - k\bar{U})\frac{\mathrm{d}^2\Psi}{\mathrm{d}y^2} + k\left[\frac{\mathrm{d}^2\bar{U}}{\mathrm{d}y^2} - k(\omega - k\bar{U})\right]\Psi = 0 \tag{2-46}$$

由于扰动在 y 方向的运动限制在 $[0, L]$ 的范围内，如再假定在此边界上的经向扰动速度为零，则可导出所求流函数在 y 方向的边界条件为：

$$\psi\big|_{y=0,L} = 0 \tag{2-47}$$

方程(2-46)在满足边界条件(2-47)时的波动解可以写为正弦波形式：$\sin(m\pi y/L)$，这里 m

为经向波数。将波动形式解代入(2-43)式可得扰动水平无辐散情况下的波动频散关系：

$$c=\overline{U}_0+\frac{\mathrm{d}^2\overline{U}/\mathrm{d}y^2}{k^2+m^2\pi^2/L^2}=\overline{U}_0-\frac{\partial\overline{\zeta}_z/\partial y}{k^2+m^2\pi^2/L^2}=\overline{U}_0-\frac{\beta_1}{k^2+m^2\pi^2/L^2} \tag{2-48}$$

其中，$\beta_1=\mathrm{d}^2\overline{U}/\mathrm{d}y^2=\partial^2\overline{U}/\partial y^2=\partial\overline{\zeta}_z/\partial y$，可称为相当$\beta$效应，即相当于产生大尺度罗斯贝波的$\beta$效应(地转参数或行星涡度的经向变化)。该频散关系实质上表示的是一种空气质点在y方向振荡而在x方向传播的涡旋罗斯贝波，一般称之为第一类涡旋罗斯贝波(即正压涡旋罗斯贝波)，该波动产生的物理根源是相当β效应，即纬向基本气流在经向的二阶风切变。由于从(2-48)式可以看出基本气流的垂直涡度为$\overline{\zeta}_z=-\partial\overline{U}/\partial y$，故第一类涡旋罗斯贝波产生的物理机制也可理解为基本气流的垂直涡度在经向的变化所致。

第一类涡旋罗斯贝波相对于基本气流$\overline{U}_0$是单向传播的。当$\beta_1=\partial\overline{\zeta}_z/\partial y=-\overline{U}_{yy}>0$时(即基本流场的垂直涡度$\overline{\zeta}_z$沿$y$方向增大时)，第一类涡旋罗斯贝波相对于基本气流$\overline{U}_0$是向西传播的(即为西退波)；而当$\beta_1=\partial\overline{\zeta}_z/\partial y=-\overline{U}_{yy}<0$时(即基本流场的垂直涡度$\overline{\zeta}_z$沿$y$方向减小时)，第一类涡旋罗斯贝波相对于基本气流$\overline{U}_0$是向东传播的(即为东进波)。

(2-43)式在扰动水平无辐散的情况下可以改写为：

$$\left(\frac{\partial}{\partial t}+\overline{U}\frac{\partial}{\partial x}+v'\frac{\partial}{\partial y}\right)(\overline{\zeta}_z+\zeta'_z)=0 \tag{2-49}$$

这表明空气质点在运动过程中的总涡度($\overline{\zeta}_z+\zeta'_z$)是守恒的。由于基本气流的垂直涡度$\overline{\zeta}_z$是非均匀分布的，则当空气质点在$y$方向运动时，为了保持总涡度守恒，其扰动垂直涡度$\zeta'_z$必然要发生改变，从而引起空气质点的经向振荡，就在纬向激发出第一类涡旋罗斯贝波及其传播。

2.2.2.2 柱坐标系下正压模型中低涡的波动特征

以上我们分析了高原低涡在正压浅水模型中的波动特征，下面用更加接近高原低涡实际状况的柱坐标系正压大气模型来进一步分析低涡中的波动特征，并通过两种模型下结果的对比分析，进一步认识高原低涡中的各类波动及其频散关系。

(1)涡旋模型及其简化

根据高原低涡的特征，考虑其为处于边界层内并主要受加热强迫的轴对称($\partial/\partial\lambda=0$)涡旋系统，且满足静力平衡条件，取柱坐标系($r,\lambda,z$)的原点位于涡旋中心，并采用Boussinesq近似，则低涡的控制方程组为：

$$\begin{cases}\dfrac{\partial u}{\partial t}+u\dfrac{\partial u}{\partial r}+\omega\dfrac{\partial u}{\partial z}-\dfrac{v^2}{r}=-\dfrac{1}{\rho}\dfrac{\partial p}{\partial r}+fv\\[2mm]\dfrac{\partial v}{\partial t}+u\dfrac{\partial v}{\partial r}+\omega\dfrac{\partial v}{\partial z}+\dfrac{uv}{r}=-fu\\[2mm]0=-\dfrac{1}{\rho_0}\dfrac{\partial p}{\partial z}-g\dfrac{\rho}{\rho_0}\\[2mm]\dfrac{1}{r}\dfrac{\partial(ru)}{\partial r}+\dfrac{\partial\omega}{\partial z}=0\\[2mm]\dfrac{\theta}{\theta_0}=\dfrac{\rho}{\rho_0}=\dfrac{T}{T_0}\\[2mm]\dfrac{\mathrm{d}\theta}{\mathrm{d}t}=\dfrac{\theta_0}{C_pT_0}Q\end{cases} \tag{2-50}$$

此模式中，r为半径，z为高度，t为时间，u、v、ω分别为径向风速、切向风速和垂直风速，θ为位温，ρ 为大气密度，T 大气温度，下标 0 表示静止背景大气的状态。Q 为非绝热加热率，C_p 为空气的定压比热。方程组(2-50)描写的涡旋流场已能够较为全面地描述高原低涡，但是无论想从中求得流场特征还是波动状况，在数学上都是极其困难的，还须针对不同的研究问题做进一步的简化。而流场状况对波动的影响，将通过讨论不同流场条件下低涡所具有的波动来加以反映。

由于本节主要用其研究波动问题，故简化中需要重点关注的是与运动学有关的方程，即重点讨论方程组(2-50)的第一、二、四式重组的运动方程组。首先利用静力学方程 $\partial p/\partial z=-\rho g$ 由 $z=0\sim h$ 积分，得到 $p=p+\rho g(h-z)$，表示气压随高度线性减小，并得到 $\partial p/\partial r=g\rho\partial h/\partial r$。第四式也由 $z=0\sim h$ 积分，最后将方程组(2-50)的第一、二、四式变形后重组为新的方程组：

$$\begin{cases}\dfrac{\partial u}{\partial t}+u\dfrac{\partial u}{\partial r}-\dfrac{v^2}{r}=-g\dfrac{\partial h}{\partial r}+fv\\[2ex]\dfrac{\partial v}{\partial t}+\dfrac{\partial v}{\partial r}+\dfrac{uv}{r}=-fu\\[2ex]\dfrac{\partial h}{\partial t}+u\dfrac{\partial h}{\partial r}+\dfrac{h}{r}\dfrac{\partial ru}{\partial r}=0\end{cases}\tag{2-51}$$

此方程组即为本节在柱坐标下讨论高原低涡波动特征的简化模型。此模型与一些研究热带气旋(Liu et al.，2007)和类热带气旋涡旋(黄泓和张铭，2008)所采用的模型在动力学框架上相似，能够较好地描述涡旋运动的主要动力学性质，有利于讨论高原低涡所含波动的特征。

下面我们对方程组(2-51)用微扰法进行线性化处理，并注意基本流场满足梯度风平衡 $\bar{v}^2/r+f\bar{v}=g\mathrm{d}\bar{H}/\mathrm{d}r$(此条件类似于直角坐标下的地转风平衡)，切向基本流场有径向切变 $\bar{v}=\bar{v}(r)$(类似直角坐标下基本气流存在经向水平切变)。另外设 $u=u'$，$v=\bar{v}+v'$，$H=\bar{H}+h'$，可得如下扰动方程组：

$$\begin{cases}\dfrac{\partial u'}{\partial t}-\left(\dfrac{2\bar{v}}{r}+f\right)v'=-g\dfrac{\partial h'}{\partial r}\\[2ex]\dfrac{\partial v'}{\partial t}+\left(\dfrac{\mathrm{d}\bar{v}}{\mathrm{d}r}+\dfrac{\bar{v}}{r}+f\right)u'=0\\[2ex]\dfrac{\partial h'}{\partial t}+\bar{H}\dfrac{\mathrm{d}u'}{\mathrm{d}r}+\left(\dfrac{\mathrm{d}\bar{H}}{\mathrm{d}r}+\dfrac{\bar{H}}{r}\right)u'=0\end{cases}\tag{2-52}$$

设方程组(2-52)有特征波解：$u'=\hat{U}(r)\mathrm{e}^{i(m\lambda-\omega t)}$，$v'=\hat{V}(r)\mathrm{e}^{i(m\lambda-\omega t)}$，$h'=\hat{H}(r)\mathrm{e}^{i(m\lambda-\omega t)}$，其中 m 为切向(绕圆周方向)波数，得到如下常微分方程组：

$$\begin{cases}i\omega\hat{U}+\left(\dfrac{2\bar{v}}{r}+f\right)\hat{V}=g\dfrac{\partial\hat{H}}{\partial r}\\[2ex]i\omega\hat{V}-\left(\dfrac{\mathrm{d}\bar{v}}{\mathrm{d}r}+\dfrac{\bar{v}}{r}+f\right)\hat{U}=0\\[2ex]i\omega\hat{H}-\bar{H}\dfrac{\mathrm{d}\hat{U}}{\mathrm{d}r}-\left(\dfrac{\mathrm{d}\bar{H}}{\mathrm{d}r}+\dfrac{\bar{H}}{r}\right)\hat{U}=0\end{cases}\tag{2-53}$$

下面分两种情况求解方程组(2-53)，以讨论不同流场特征下低涡模型所具有的波动特征。

(2)不考虑切向基本气流

方程组(2-53)中若略去切向基本气流，可得：

$$\begin{cases} i\omega\hat{U}+f\hat{U}=g\dfrac{\mathrm{d}\hat{H}}{\mathrm{d}r} \\ i\omega\hat{V}-f\hat{U}=0 \\ i\omega\hat{H}-\overline{H}\dfrac{\mathrm{d}\hat{U}}{\mathrm{d}r}-\dfrac{\overline{H}}{r}\hat{U}=0 \end{cases} \tag{2-54}$$

对方程组(2-54)进行消元，得到关于 $\hat{V}$ 的一元二阶微分方程：

$$g\overline{H}r^2\frac{\mathrm{d}^2\hat{V}}{\mathrm{d}r^2}+g\overline{H}r\frac{\mathrm{d}\hat{V}}{\mathrm{d}r}+(r^2\omega^2+f^2r^2-g\overline{H})\hat{V}=0 \tag{2-55}$$

然后方程两边同时除以 $g\overline{H}$，则得其变形：

$$r^2\frac{\mathrm{d}^2\hat{V}}{\mathrm{d}r^2}+r\frac{\mathrm{d}\hat{V}}{\mathrm{d}r}+\left(\frac{r^2(\omega^2+f^2)}{g\overline{H}}-1\right)\hat{V}=0 \tag{2-56}$$

由数理方程知识可知方程(2-56)是一类变形 Bessel 方程，它的通解可用 Bessel 函数表示为：

$$\hat{V}=CJ_m\left(r\sqrt{\frac{(\omega^2+f^2)}{g\overline{H}}}\right)+DY_m\left(r\sqrt{\frac{(\omega^2+f^2)}{g\overline{H}}}\right) \tag{2-57}$$

设低涡在 $r=0$ 处的 $\hat{V}$ 有界，半径为 R 处的 $\hat{V}=0$，把边界条件(2-47)代入通解(2-57)式中可得 $D=0$。再设 Bessel 函数的零点为 $u_n(n=1,2,3,\cdots)$，即：

$$u_n=R\sqrt{\frac{(\omega^2+f^2)}{g\overline{H}}}(n=1,2,3,\cdots) \tag{2-58}$$

则得出不考虑切向基本气流情形下高原低涡所含波动的频散关系：

$$\omega=\pm\sqrt{\frac{u_n^2}{R^2}g\overline{H}-f^2} \tag{2-59}$$

根据大气波动理论上式表示低涡中存在沿切向(圆周方向)顺时针和逆时针双向传播的惯性重力外波。

(3)扰动为水平无辐散

扰动水平无辐散条件可滤除(2-59)式所示的惯性重力外波，以便考察在基本流场作用下低涡中的其他波动。方程组(2-58)第二式对 r 求偏导并加上第二式乘以 r^{-1} 的结果，可得扰动的垂直涡度方程：

$$\frac{\partial\zeta'_z}{\partial t}+(f+\zeta'_z)D'+u'\frac{\mathrm{d}\zeta'_z}{\mathrm{d}r}=0 \tag{2-60}$$

其中，扰动垂直涡度为 $\zeta'_z=\partial v'/\partial r+v'/r$，平均垂直涡度为 $\bar{\zeta}_z=\mathrm{d}\bar{v}/\mathrm{d}r+\bar{v}/r$，扰动水平散度 $D'=\partial u'/\partial r+u'/r$。则(2-60)式可改写为：

$$\left(\frac{\partial}{\partial t}+u'\frac{\partial}{\partial r}\right)(\bar{\zeta}_z+\zeta'_z)=0 \tag{2-61}$$

此式表明总的垂直涡度是守恒的。

现设水平散度 D' 为零，引入扰动流函数 ψ'，则 $u'=-\partial\psi'/r\partial\lambda$，$v'=\partial\psi'/\partial r$，代入(2-60)式得：

$$\frac{\partial^3\psi}{\partial r^2\partial t}+\frac{1}{r}\frac{\partial^2\psi'}{\partial r\partial t}-\frac{\partial\psi'}{r\partial\lambda}\frac{\mathrm{d}\bar{\zeta}_z}{\mathrm{d}r}=0 \tag{2-62}$$

假定扰动流函数在切向具有波动解，可设 $\psi'=\hat{\psi}(r)\mathrm{e}^{i(m\lambda-\omega t)}$，代入上式并化简后得：

$$r^2\frac{\mathrm{d}^2\psi}{\mathrm{d}r^2}+r\frac{\mathrm{d}\hat{\psi}}{\mathrm{d}r}+\frac{rm}{\omega}\frac{\mathrm{d}\bar{\zeta}_z}{\mathrm{d}r}\hat{\psi}=0 \tag{2-63}$$

该方程同样是一个变形的 Bessel 方程，采取与 2.2.1.2 节类似的数学处理方法，并注意到低涡在 $r=0$ 处的 $\hat{\psi}$ 有界，半径为 R 处的 $\hat{\psi}=0$，则得到扰动水平无辐散条件下的波动频散关系：

$$\omega = \frac{mR}{u_n^2}\frac{\mathrm{d}\bar{\zeta}_z}{\mathrm{d}r} = \frac{mR}{u_n^2}\beta_2 \tag{2-64}$$

其中，$\beta_2=\mathrm{d}\bar{\zeta}_z/\mathrm{d}r$，与 β_1 类似，也可称为相当 β 效应。此频散关系表示由于空气质点在径向（r 方向）的振荡，形成沿圆周方向单向传播的涡旋罗斯贝波。它的成波机理是由基本气流的垂直涡度在径向的变化引起的，类似于产生大尺度罗斯贝波的 β 效应。这种机理也可在扰动垂直涡度方程(2-61)式中得到解释，即由于平均垂直涡度在径向分布不均匀，若空气质点在径向产生扰动，为保持(2-61)式所示的总的垂直涡度守恒，扰动垂直涡度必须发生变化，使得空气质点在径向产生振荡而形成涡旋罗斯贝波。该波传播的方向取决于基本气流垂直涡度的径向变化，若 $\mathrm{d}\bar{\zeta}_z/\mathrm{d}r>0$，则沿圆周逆时针传播；若 $\mathrm{d}\bar{\zeta}_z/\mathrm{d}r<0$，则沿圆周顺时针传播。由此可见，基本流场的结构对涡旋罗斯贝波的形成及其传播具有重要影响。

2.2.3 小结

在建立高原低涡模型并考虑不同流场的条件下，通过两种不同坐标系下的正压大气模型对高原低涡中的波动进行了分析讨论，得出以下几点初步认识。

(1)在直角坐标系正压浅水模型中，高原低涡既存在沿经向双向传播的惯性重力外波，又存在沿纬向单向传播的涡旋罗斯贝波。

(2)同样，在柱坐标系正压大气模型中，高原低涡中不仅含有涡旋罗斯贝波，其特性为沿圆周单向传播；同时也含有沿圆周方向顺时针或逆时针双向传播的惯性重力外波。

(3)以上两种情形下涡旋罗斯贝波中的空气质点在其运动过程中，总的垂直涡度均守恒。

(4)基本流场对低涡中波动的影响主要体现在涡旋罗斯贝波上，基本气流垂直涡度的经向或径向梯度对于涡旋罗斯贝波的形成及其传播具有决定性作用。

作为探索性研究，本节从涡旋中的波动角度来认识高原低涡的发生发展机理及移动规律，这对于了解高原低涡移出高原时以及即使不移出高原时对高原下游广大地区产生的天气影响都是有益的。但本节所做的低涡波动理论的研究也是初步的，低涡中波动的能量频散特征及其对高原下游天气的影响、高原边界层和加热作用对低涡中波动的影响，以及低涡波动传播和能量频散与下游天气发展的观测诊断与数值模拟等问题还有待进一步研究。

2.3 夏季青藏高原低涡的切向流场及波动特征

2.3.1 引言

大气中的涡旋运动是一类极为常见的运动形式，尤其在地球旋转的作用下，常常会有涡旋形成并维持(McWilliams et al.，2003)，高原低涡即是其中一类，既具有一般涡旋的共性，以切向运动为主，运动近似轴对称(McWilliams，1989)，同时也具有其特性，在生成上主要受高原热力强迫的作用(陈伯民 等，1996)，并且较为依赖于高原边界层。在这些大气涡旋当中，一些强烈发展的涡旋同时又表现出螺旋形态，普遍认为这种外在的螺旋形态实际反映出涡旋系统

内部某些动力学特征，与波动联系密切，弄清螺旋带的发展问题对于了解涡旋的演变有重要意义（陶建军 等，2008）。目前，研究较多的是台风中的螺旋雨带，发展了惯性重力波理论（Tepper，1958；Kurihara，1976；Chow，et al.，2002）与涡旋罗斯贝波理论（Macdonald，1968；Montgomery，et al.，1997；McWilliams，et al.，2003）并解释其成因，国内学者也对台风中的螺旋雨带做过详细研究（黄瑞新 等，1980；余志豪，2002；朱佩君 等，2002；张庆红，2006）。但目前对于高原低涡的螺旋云系的研究较少，最早叶笃正等（1979）、钱正安等（1984b）利用NOAA卫星云图资料分析出强烈发展的高原低涡具有螺旋云系和涡心无云或少云的特征，乔全明（1987）也指出盛夏时高原低涡的云型与海洋上热带气旋非常类似，螺旋结构十分明显，但缺乏相应的理论解释。那么高原低涡的螺旋云带是如何形成的，它与高原低涡本身的结构特征有何联系，其中的动力学机制是什么，反映出何种波动特征等，这些基础且重要的问题还没有得到圆满的回答，这也折射出目前高原低涡动力学研究的不足。

高原低涡是高原夏季主要的降水系统，是高原特有的产物，一般在高原西半部生成，消失于高原东半部。值得注意的是，在有利的环流形势配合下，少数高原低涡能够东移出高原发展，往往引发青藏高原下游地区一次大范围的暴雨、雷暴等灾害性天气过程（叶笃正 等，1979；罗四维，1992；乔全明 等，1994）。高原低涡移出高原后，其“北槽南涡”的天气形势是西北地区夏季大到暴雨的一种主要影响系统。东移的高原低涡与地面冷空气配合，夏季常在四川地区产生区域性暴雨天气过程；当低涡东移出四川时，又可影响长江中下游、黄淮流域，甚至华北地区的强降水过程。例如，在1998年长江流域的大暴雨过程中，高原低涡即是大暴雨发生的重要背景条件之一。鉴于此，本节就高原低涡这种α中尺度涡旋展开动力学研究。首先，结合高原低涡的特征建立描述高原低涡的方程组，求得高原低涡切向流场的解析解，在此基础上讨论高原低涡系统中的波动问题，并进行数值模拟试验用以说明与验证所得结果。旨在更深入地了解高原低涡的结构特征，为进一步了解其演变过程提供动力学基础。

2.3.2　高原低涡涡旋流场的简化模型

本节主要研究低涡初步形成与成熟两个阶段的情况。初步形成阶段主要以低涡流场的初步建立为特征，重点考虑热力作用的影响，并加入了适当的初始条件与边界条件；成熟阶段则是在已经形成低涡切向流场的基础上，重点分析低涡中的涡旋波动状况。为抓住问题的主要特征，我们对以上两个阶段分别采取两套模型来研究。

在研究涡旋切向流场的过程中，本节着重考虑热力学及边界层的作用，希望得到在二者共同作用下的低涡切向流场特征，作为研究涡旋中波动特征的基础。为此需要设定边界条件并对模型方程组（2-50）进行适当的变形与简化。

假定满足径向平衡运动，方程组（2-50）的第一式变为：

$$-\frac{v^2}{r}-fv=-\frac{1}{\rho}\frac{\partial p}{\partial r} \tag{2-65}$$

此式对z微商同时利用方程组（2-65）的第三式和方程组（2-50）的第五式，则可知低涡的切向风应满足梯度风平衡关系：

$$\left(f+\frac{2v}{r}\right)\frac{\partial v}{\partial z}=\frac{g}{\theta_0}\frac{\partial \theta}{\partial r} \tag{2-66}$$

又由方程组（2-50）的第四式可知：在径向垂直剖面（r-z面）上，流场满足二维无辐散条件，

则可引入流函数 φ，从而构成讨论高原低涡的涡旋流场模型：

$$\begin{cases}\left(f+\dfrac{2v}{r}\right)\dfrac{\partial v}{\partial z}=\dfrac{g}{\theta_0}\dfrac{\partial \theta}{\partial r}\\ \dfrac{\partial v}{\partial t}+\dfrac{u}{r}\dfrac{\partial(rv)}{r}+\omega\dfrac{\partial v}{\partial z}+fu=0\\ \dfrac{\partial \theta}{\partial t}+u\dfrac{\partial \theta}{\partial r}+\omega\dfrac{\partial \theta}{\partial z}=\dfrac{\theta_0}{C_pT_0}Q\\ (u,\omega)=\left[-\dfrac{\partial \varphi}{\partial z},\dfrac{1}{r}\dfrac{\partial(r\varphi)}{\partial r}\right]\end{cases} \tag{2-67}$$

另外，视高原低涡为边界层内涡旋(Liu et al.，2007)，在低涡系统的下边界(即低涡底部 $z=0$ 处)，设 $\varphi(r,0)=0$，即流动是封闭的，低涡系统的上边界取为边界层顶，则根据大气边界层理论有关公式(刘式适 等，1991)，最终定出低涡流场上下边界条件为：

$$\begin{cases}\varphi(r,h_B)=\varphi_B=v_B\sqrt{\dfrac{k}{2f}}\\ \varphi(r,0)=0\end{cases} \tag{2-68}$$

式中：v_B 是边界层顶的切向速度，k 是边界层垂直湍流系数，h_B 是边界层顶高度。

2.3.3 高原低涡切向流场的特征

2.3.3.1 低涡流场的动力学求解

下面我们在简化模型(2-67)的基础上来讨论热力和边界层作用对低涡切向流场的影响。设处于发展初期的边界层低涡是一个平衡的、小振幅(即强度较弱)的涡旋系统，相对于静止的基本状态而言，该涡旋可视为小扰动，则可用微扰法将模型方程组(2-67)线性化，设 $u=\bar{u}+u'$，$v=\bar{v}+v'$，$\omega=\bar{\omega}+\omega'$，$\varphi=\bar{\varphi}+\varphi'$，$Q=\bar{Q}+Q'$，并假定系统基本态静止，则 $\bar{u},\bar{v},\bar{\omega},\bar{\varphi},\bar{Q}=0$，这样受加热和摩擦强迫的低涡的线性化方程组和边界条件为：

$$\begin{cases}f\dfrac{\partial v'}{\partial z}=\dfrac{g}{\bar{\theta}}\dfrac{\partial \theta'}{\partial r}\\ \dfrac{\partial v'}{\partial t}+fu'=0\\ \dfrac{\partial \theta}{\partial t}=\dfrac{\bar{\theta}}{C_pT_0}Q'\\ (u',v')=\left[-\dfrac{\partial \varphi'}{\partial z},\dfrac{1}{r}\dfrac{\partial(r\varphi')}{\partial r}\right]\end{cases} \tag{2-69}$$

$$\begin{cases}\varphi'(r,h_B)=v'_B\sqrt{\dfrac{k}{2f}}\\ \varphi'(r,0)=0\end{cases} \tag{2-70}$$

由方程组(2-69)的前三式可得：

$$\frac{\partial u'}{\partial z}=-\frac{g}{C_pT_0f^2}\frac{\partial Q'}{\partial r} \tag{2-71}$$

又由方程组(2-69)的第四式得：

$$\frac{\partial u'}{\partial z}=-\frac{\partial^2 \varphi'}{\partial z^2} \tag{2-72}$$

则

$$\frac{\partial^2 \varphi'}{\partial z^2} = \frac{g}{C_p T_0 f^2} \frac{\partial Q'}{\partial r} \tag{2-73}$$

如果不考虑非绝热加热 Q' 随高度的变化，将(2-73)式对 z 积分两次并利用边界条件可得低涡的流函数解为：

$$\varphi' = \frac{g}{2C_p T_0 f^2} \frac{\partial Q'}{\partial r}(z^2 - h_B z) + \frac{v'_B z}{2\pi} \tag{2-74}$$

将(2-74)式代入方程组(2-69)的第四式可得低涡的径向水平流场为：

$$u' = -\frac{g}{C_p T_0 f^2} \frac{\partial Q'}{\partial r}\left(z - \frac{h_B}{2}\right) - \frac{v'_B}{2\pi} \tag{2-75}$$

由(2-75)式可得涡旋散度表达式：

$$D' = -\frac{g}{C_p T_0 f^2}\left(\frac{\partial^2 Q'}{\partial r^2} + \frac{1}{r}\frac{\partial Q'}{\partial r}\right)\left(z - \frac{h_B}{2}\right) - \frac{\zeta'_B}{2\pi} \tag{2-76}$$

由(2-76)式的讨论可知：若 $\partial^2 Q'/\partial r^2 + \partial Q'/r\partial r < 0$，则气流由低层的辐合气流转变为高层的辐散气流，$\partial^2 Q'/\partial r^2 + \partial Q'/r\partial r > 0$ 的情况则相反。将(2-75)式代入方程组(2-69)的第二式可得切向流场倾向为：

$$\frac{\partial v'}{\partial t} = \frac{g}{C_p T_0 f^2} \frac{\partial Q'}{\partial r}\left(z - \frac{h_B}{2}\right) + \frac{v'_B}{2\pi} \tag{2-77}$$

对(2-77)式时间积分可得：

$$v' = \left[\frac{g}{C_p T_0 f^2} \frac{\partial Q'}{\partial r}\left(z - \frac{h_B}{2}\right) + \frac{v'_B}{2\pi}\right]t + C_1 \tag{2-78}$$

(2-78)式即为所求高原低涡切向流场。可以看出，式中右端括号中第 1 项是由于热源径向的分布不均对切向流场的影响，第 2 项表示边界层作用对切向流场的影响。对于热源项，当热源径向分布呈现中心加热的形式，即 $\partial Q'/\partial r < 0$，在高度 $z < h_B/2$，此项作用将会使气旋式流场随时间增强，而在高度 $z > h_B/2$，此项作用会使反气旋式流场随时间增强，$\partial Q'/\partial r > 0$ 则情况相反。而边界层顶存在气旋性气流时，即 $v'_B > 0$，动力变性高度以下，使低涡切向流场加强；若边界层顶有反气旋性气流时，即 $v_B' < 0$，动力变性高度以下，低涡切向流场减弱。

至此可以归纳出一类青藏高原低涡切向流场的基本特征：低涡中存在一动力变性高度($z = h_B/2$)，在动力变形高度以下，流场呈气旋式旋转伴有辐合，并随高度减弱；而高层则为反气旋式旋转伴有辐散，并随高度增强。这些流场特征符合类热带气旋涡旋(TCLV，tropical cyclone-like vortices)的结构特征(Liu et al.，2007)。

2.3.3.2　低涡流场的理想数值试验

为了进一步说明以上动力学求解所得结果，采用由美国环境预测中心(NCEP)和美国国家大气研究中心(NCAR)等联合开发的 WRF 模式(版本 3.1.1)进行理想数值试验。为方便使用者研究各种大气科学问题，WRF 不仅能使用实际资料进行模拟，同时也内置了许多理想试验的方式，本节使用了其中的三维大型涡旋(3-D large eddy simulation)理想试验方式。

设定模式顶高 2 km，垂直 21 层，取 f 常数近似。模拟区域为三重嵌套同心的正方形区域，边长分别是 900 km、300 km 和 100 km，网格水平分辨率分别是 9 km、3 km 和 1 km，无地形(即平面)。为模拟与以上动力学推导相似的过程，模式初始基本流为零，并且不考虑微物理过程。为使三重区域中有不同的地面热通量，设定模式设置文件中的 tke_heat_flux 项分别为

0.15 mK・s^{-1},0.25 mK・s^{-1},0.35 mK・s^{-1}。即地面热通量分布为中心加热比外围更强的形式。模拟积分时间为 6 h。

所得结果符合动力学推导所得定性结论,模拟积分 3 h 低层出现气旋式的辐合气流,而高层出现了反气旋式的辐散气流,而积分 6 h 这种特征则更为明显,具有代表性的层次为由下至上第 7 层(图 2-13a)与第 20 层(图 2-13b)。

图 2-13 模拟积分 6 h 流线分布

(a)第 7 层;(b)第 20 层

2.3.4 高原低涡的波动特征

在分析了高原低涡切向流场的特征之后,下面我们进一步考虑在此种涡旋流场中的波动状况。在多数研究热带气旋、类热带气旋性涡旋中波动的工作中,都是根据一定的观测或模拟假定了涡旋的基本流场(Nolan et al.,2002;陶建军 等,2008),然后在此流场基础上来进一步分析涡旋中的波动特征,而本研究则在以上动力学推导得出高原低涡基本流场的基础上,再来分析高原低涡中涡旋波的特征,希望得到高原热力及边界层作用对于高原低涡中波动的影响。

在得出了频散关系(2-64)式后,结合切向流场特征(2-78)式,可以简单定性分析热力作用和边界层作用对波动的影响。

由于

$$\frac{\mathrm{d}\bar{\zeta}_z}{\mathrm{d}r}=\frac{\mathrm{d}^2\bar{v}}{\mathrm{d}r^2}+\frac{1}{r}\frac{\mathrm{d}\bar{v}}{\mathrm{d}r}-\frac{\bar{v}}{r^2} \tag{2-79}$$

设(2-78)式中高原低涡初始状态下的切向流场在时间 t_0 已经发展到成熟阶段,则可以作为高原低涡涡旋的平均切向流场,代入(2-79)式中得:

$$\frac{\mathrm{d}\bar{\zeta}_z}{\mathrm{d}r}=\frac{t_0 g}{rC_pT_0f^2}\left(z-\frac{h_B}{2}\right)\left(\frac{\partial^2 Q'}{\partial r^2}-\frac{1}{r}\frac{\partial Q'}{\partial r}\right)+\frac{t_0}{2\pi}\frac{\mathrm{d}\zeta'_B}{\mathrm{d}r}+C_2 \tag{2-80}$$

其中,$\frac{\mathrm{d}\zeta'_B}{\mathrm{d}r}=\frac{\mathrm{d}^2 v'_B}{\mathrm{d}r^2}+\frac{1}{r}\frac{\mathrm{d}v'_B}{\mathrm{d}r}-\frac{v'_B}{r^2}$ 为边界层内大气涡度,式中已忽略$\partial^3 Q'/\partial r^3$ 项,即不计加热量随径向 r 的三阶变化。此式结合(2-64)式可以看出,低涡中涡旋罗斯贝波频率的变化同样受热力作用及边界层作用的影响。当$\partial Q'/\partial r<0$ 即低涡中心加热,且$\partial^2 Q'/\partial r^2>0$(即加热随 r

的减弱梯度增大)，这种趋势越强，则波动频率越大；否则，结论相反。而对于边界层作用，边界层内大气涡度越大，有利于加大波动频率；边界层内大气涡度越小，则会减小波动频率。因此，不同的热力作用与边界层作用会产生不同的低涡基本流场，而在不同的低涡流场中 β_* 因子也不同，从而产生高原低涡中的涡旋罗斯贝波频率的差异。

2.3.4.1　同时考虑切向基本气流和扰动散度的情形

以上考虑了两种较为简单情况，在无切向基本气流条件下分析得出模型中含有惯性重力波，另外在无辐合辐散条件下得出模型中含有涡旋罗斯贝波，然而据第二部分流场分析得出实际高原低涡中同时存在基本气流切变与辐合辐散，因此在高原低涡当中可能同时含有惯性重力波及涡旋罗斯贝波，因此下面讨论两种波动同时存在时的混合波动的性质。

直接利用波动模型(2-53)显然更加接近实际，即同时考虑切向基本气流和扰动散度的变化。对(2-53)式消元可得如下微分方程：

$$-\frac{\overline{H}}{B}\frac{\mathrm{d}^2\hat{v}}{\mathrm{d}r^2}+\left(\frac{2\beta_*\overline{H}}{B^2}-\frac{2}{B}\frac{\mathrm{d}\overline{H}}{\mathrm{d}r}-\frac{\overline{H}}{Br}\right)\frac{\mathrm{d}\hat{v}}{\mathrm{d}r}+$$
$$\left(\frac{2\bar{v}}{gr}+\frac{f}{g}-\frac{\omega^2}{Bg}-\frac{2\beta_*^2\overline{H}}{B^3}+\frac{A\overline{H}}{B^2}+\frac{2\beta_*}{B^2}\frac{\mathrm{d}\overline{H}}{\mathrm{d}r}+\frac{\overline{H}\beta_*}{B^2r}-\frac{1}{B}\frac{\mathrm{d}^2\overline{H}}{\mathrm{d}r^2}-\frac{1}{Br}\frac{\mathrm{d}\overline{H}}{\mathrm{d}r}+\frac{\overline{H}}{r^2B}\right)\hat{v}=0 \tag{2-81}$$

方程中 $A=\frac{1}{r}\frac{\mathrm{d}^2\bar{v}}{\mathrm{d}r^2}-\frac{2}{r^2}\frac{\mathrm{d}\bar{v}}{\mathrm{d}r}+\frac{2\bar{v}}{r^3}$，$B=\frac{\mathrm{d}\bar{v}}{\mathrm{d}r}+\frac{\bar{v}}{r}+f=\bar{\zeta}_z+f$。方程中已略去含有 $\mathrm{d}^3\bar{v}/\mathrm{d}r^3$ 的项，即不计切向速度的三阶切变。直接求解方程(2-81)非常复杂，有必要对方程进行适当简化。把 $\frac{\mathrm{d}\overline{H}}{\mathrm{d}r}=\frac{\bar{v}^2}{gr}+\frac{f\bar{v}}{g}$ 代入后对(2-81)式进行量级分析，保留量级最大和次最大项，而后方程两边同乘以 Br^2 再同除以 $\overline{H}$，则方程(2-81)简化为：

$$r^2\frac{\mathrm{d}^2\hat{v}}{\mathrm{d}r^2}+\left(\frac{\omega^2r^2}{g\overline{H}}-\frac{\beta_*r}{B}-\frac{Ar^2}{B}\right)\hat{v}=0 \tag{2-82}$$

此方程的边界条件为：$r=R$(低涡边缘)处，速度为零；$r=0$ 处有界，则方程(2-82)的解可以写为 $\sin(x)$的形式，即：

$$\sin\left(\sqrt{\frac{\omega^2}{g\overline{H}}+\frac{\beta_*}{RB}-\frac{A}{B}}\right)=0 \tag{2-83}$$

经过数学推导可得：

$$\omega=\pm\frac{\sqrt{gH}}{(\bar{\zeta}_z+f)}\sqrt{n^2\pi^2(\bar{\zeta}_z+f)^2+\beta_*/R+A}\qquad(n\in\text{整数}) \tag{2-84}$$

从波动频散关系(2-84)式中可以看出，此波动既包含涡旋罗斯贝波的特征，同时也包含惯性重力波的特征，且具有不可分的特性，属于第Ⅱ类混合波动。Ⅱ型混合波是在特定背景场条件下同时兼具几种基本波动性质的特殊波动，且Ⅱ型混合波的物理量场的分布具有明显的涡散共存的现象(陆汉城 等，2007)。可见在高原低涡这种涡散共存的中尺度系统中，具有混合波动特征，含有涡旋罗斯贝-惯性重力混合波动。

这种混合波动的机理可以由位涡守恒定律来解释，方程组(2-52)第三式与(2-84)式结合，可以导出：

$$\left(\frac{\partial}{\partial t}+u'\frac{\partial}{\partial r}\right)\left(\frac{\bar{\zeta}_z+\zeta'_z+f}{\overline{H}+h'}\right)=0 \tag{2-85}$$

即位涡保持守恒。在位涡守恒的约束下，环境位涡的变化同时会引起涡旋运动和辐合辐散运动的变化。由于涡度的变化会导致罗斯贝波的形成和传播，而散度运动的变化会引起惯性重力内波的激发与演变。因此，环境位涡梯度不仅是涡旋罗斯贝波的成波机制，也是惯性重力外波的成波机制(陆汉城 等，2007)。

2.3.4.2　2006 年 8 月 14 日高原低涡的数值模拟

为得出高原低涡当中的实际波动状况，特别对 2006 年 8 月 14 日的一次高原低涡过程进行了数值模拟。这次低涡过程是一源地生消、发展较强、眼与云带结构较为明显的低涡，具有一定代表性。模拟同样使用 WRF 模式，背景场使用 NCEP 的 1°×1°再分析资料，三重嵌套区域，垂直 28 层。三重区域的网格水平分辨率和采用的地形分辨率分别是：45 km 和 5 弧度米(约9 km)，15 km 和 2 弧度米(约 3.6 km)，5 km 和 30 弧度秒(约 950 m)。模拟时间从 2006 年 8 月 14 日 08 时—15 日 08 时(北京时)，共 24 h，包含此次低涡的发展与成熟时期。

为研究此例中的切向波动状况，分析了以低涡中心(31°N，86°E)为圆心、50 km 为半径的圆周上的涡度分布及随时间变化，绘制了 500 hPa 上此圆周上的涡度—方位角分布廓线(图 2-14a)及涡度的时间—方位角分布(图 2-14b)，图 2-14a 是从 17 时至 20 时，共 4 个时次圆周上的涡度分布状况，这 4 个时次也是高原低涡最为强盛的阶段，横坐标方位角 0°、90°、180°、270°分别代表东、北、西、南四个方向，可以看出涡度值呈正负交错分布，移向左方，实际即代表涡度廓线的顺时针方向移动，这些特征图 2-14b 中也能够看出。这种涡度正负值的分布及移动，可能与 2.3.3.1 节动力学分析导出的混合波动的传播有一定联系。

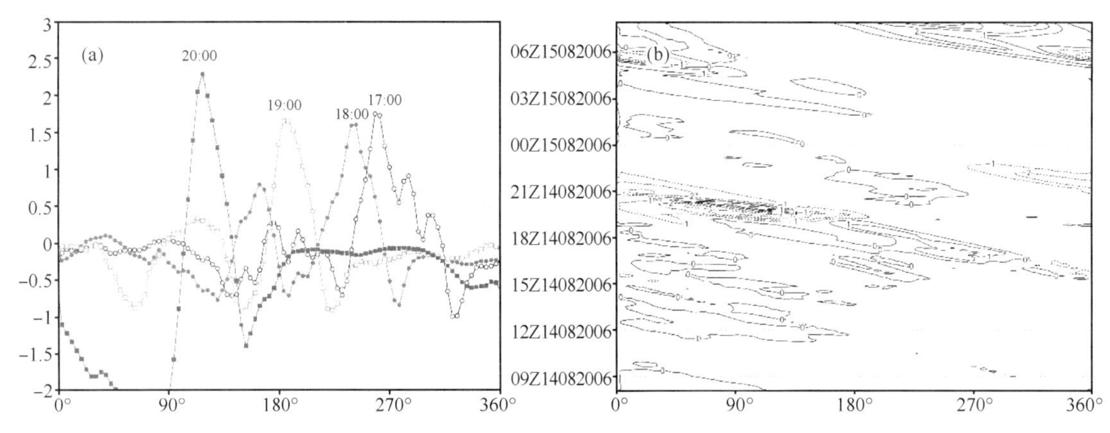

图 2-14　(a)500 hPa 涡度-方位角分布廓线(横坐标为方位角，纵坐标为涡度，空心小圆圈曲线、实心圆曲线、空心方块曲线、实心方块曲线分别代表 2006 年 8 月 14 日 17 时，18 时，19 时，20 时的涡度廓线；单位：10^{-4} s^{-1})；(b)涡度的时间-方位角分布(纵坐标为时间，横坐标为方位角；单位：10^{-4} s^{-1})

2.3.5　小结

通过以上建立高原低涡模型并在求得切向流场的情况下，对高原低涡波动性质的分析讨论，并辅以数值试验，可以得出以下一些初步结论。

(1)青藏高原低涡切向流场的特征为：动力变性高度以下，有气旋性气流伴有辐合，且随高度减弱，而高层有反气旋气流伴有辐散，并随高度增强。

(2)高原热力和边界层作用对高原低涡流场结构有重要影响。当热源径向分布呈现中心

加热的形式，在动力变性高度之下，加热作用将使气旋式流场随时间增强，而在动力变性高度之上，会使反气旋式流场随时间增强；边界层有气旋性气流时，动力变性高度以下，低涡切向流场加强，若边界层有反气旋性气流时，动力变性高度以下，低涡切向流场减弱。

(3)高原低涡中既含有涡旋罗斯贝波的特征，又含有惯性重力波的特征。在同时考虑了切向流的径向变化和水平散度后，低涡呈现混合波动特征，即可能含有涡旋罗斯贝-惯性重力混合波。

(4)高原热力作用和边界层作用将使高原低涡中混合波动的频率发生变化，其中热力作用随径向的变化对低涡混合波动具有重要影响。

(5)高原热力和边界层作用对高原低涡流场结构影响的机理是不同的，热力作用与边界层作用产生不同的低涡基本流场，而在不同的低涡基本流场中 β_* 因子也不同，从而产生高原低涡中的涡旋罗斯贝波频率的差异。

最后要指出的是，本研究动力学部分的工作依然比较初步，只考虑了轴对称模型，非对称的情形会更加复杂，留待以后工作加以完善。此外，由于高原地区的水汽与热力条件都不及海洋地区，高原低涡当中的涡旋波动能够发展到如何的强度，以及造成多大的影响还需要进行更多的研究。2006 年 8 月 14 日低涡个例的数值模拟中表现出的波动状况与动力学理论推导只是表明了混合波动存在于高原低涡中的可能，而波动移动的速度、径向特征，以及是否对多数高原低涡具有普适性等问题也需要进行更深入的分析和更多的数值试验。

2.4 青藏高原低涡的群发性与大气 10～30 天振荡的关系

2.4.1 引言

夏季，高原低涡发生具有明显的阶段性活动特征，可以划分为活跃期和间歇期(罗四维，1992)。在低涡的活跃期，在高原这个特定区域内，低涡集中在某些时段连续不断地重复发生，称之为低涡的群发性，章基嘉等(1991)、孙国武和陈葆德(1994)指出低涡的群发性与大气的 30～50 天振荡有关。而通过对 1998 年夏季高原低涡活动和高原地区相对涡度的对比分析，发现高原低涡的群发性与大气 10～30 天振荡的关系可能更为密切。

2.4.2 数据与方法

定义青藏高原低压涡旋的标准参照文献(罗四维，1992)中所述技术规定(即 500 hPa 等压面上青藏高原地区闭合等高线的低压或三个气象站风向呈气旋性的环流均称为低涡)，普查四川省气象局 500 hPa 高度场历史天气图得到高原低涡出现日期、位置和逐日出现次数的统计数据，时间为 1998 年 5 月至 9 月初，一日两个时次，分别为世界时 00 时和 12 时，每天的低涡活动次数取该日两个时次天气图上的低涡个数之和，这段时期涵盖了夏半年青藏高原低涡出现的时段，下面所述的夏季即为这个时段(5 月到 9 月初)。本节还对低涡发生的大气背景进行了分析，所使用的资料为同期 NCEP/NCAR 再分析资料中的逐日 U、V 风场，分辨率均为 2.5°×2.5°，利用 500 hPa 的 U、V 风场计算了逐日相对涡度，然后采用带通滤波的方法对相对涡度场进行了滤波。

2.4.3 1998年低涡活动次数的统计和低涡群发期

根据我们统计的逐日低涡出现次数(表 2-1),1998 年夏季(5—8 月)青藏高原低压涡旋的活跃期和间歇期非常明显,在一些时段集中、反复出现,而另一些时段则不出现或较少出现,即低涡阶段性活动的群发性特征非常显著。本节对低涡群发期规定为:①低涡群发期不少于 3 天;②低涡出现次数不少于 5 个时次;③两次低涡过程间隔期不超过 2 个时次(即 1 天)。则得到 1998 年高原低涡群发时段如表 2-2 所示。

表 2-1 1998 年 5—8 月低涡出现次数

日期＼月份	5月	6月	7月	8月
1			1	1
2		1		5
3		1		1
4		2	1	2
5		2	1	3
6		2	1	
7		2	2	2
8	2	1	1	1
9	2	1	2	
10	2	1	1	1
11	2		1	2
12	2			3
13				1
14			1	1
15				2
16			2	
17		2		1
18		1		2
19		1	1	3
20	1		1	
21			1	
22		1	2	1
23	1		1	2
24			3	
25		1		
26		2	1	1
27		2		1
28	1	4		1
29		2		1
30		3		
31		—		
总数	13	32	24	38

表 2-2　1998 年高原低涡群发期

月份	低涡群发期
5	8—12 日
6	2—10 日；25—30 日
7	4—10 日；21—24 日
8	1—5 日；11—14 日；17—19 日；26—29 日

在表 2-2 所列的 9 个群发期中，持续时间大多为 5 天左右，最长的可达 9 天，在这 9 个低涡群发期内低涡的出现次数占到整个夏季总低涡出现次数的 85％左右。根据低涡群发期的持续性和间断性特征，高原低涡这一生命史较短的天气系统集中性地反复发生可能与大时间尺度的环流背景有关，因此我们进一步考察了低涡群发期与大气低频振荡的关系。

2.4.4　低涡群发期与高原大气振荡位相的关系

根据文献（钱正安 等，1984b；章基嘉 等，1991；罗四维和王玉佩，1984）的结果以及我们的统计，多数高原低涡发生并主要活动于高原地区 30°～35°N，80°～100°E 范围内，取该范围的区域平均相对涡度考察大气低频振荡与低涡群发期的关系，如图 2-15 所示。

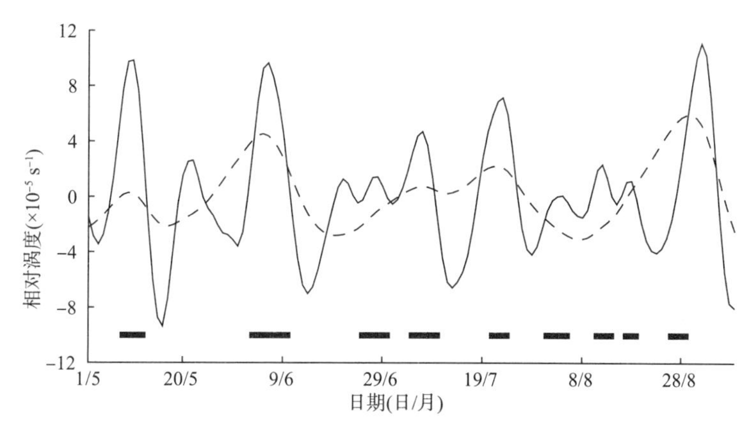

图 2-15　带通滤波后的区域平均相对涡度与低涡群发期的关系

（实线为 10～30 天滤波，断线为 30～50 d 滤波，粗线段表示高原低涡群发期）

从图 2-15 可以看到，1998 年夏季统计出的 9 个低涡群发期均对应于相对涡度 10～30 d 振荡的正位相时期，其中 8 月 17—19 日的群发期对应的相对涡度值较弱，但仍为 10～30 d 振荡曲线的波峰，而在相对涡度 10～30 d 振荡的负位相阶段，没有出现低涡的群发期。对相对涡度的 30～60 d 振荡而言，9 个低涡群发期中，有 6 个出现在其正位相时段，3 个出现在负位相时段，也就是说，大多数低涡群发期是对应 30～60 d 低频振荡的正位相，一小部分出现在负位相，这一点跟孙国武和陈葆德（1994）指出的低涡群发期大多对应于纬向风 30～50 d 振荡西风位相期大体上是一致的。比较相对涡度 10～30 d 振荡、30～60 d 振荡与低涡群发期的对应关系可以发现，10～30 d 振荡与高原低涡群发期具有更加密切的联系。

2.4.5 高原低涡的群发性与大气 10～30 d 振荡的关系

为进一步探究高原低涡群发性与大气 10～30 d 振荡的关系，我们绘制了 1998 年 5 月到 9 月初相对涡度 10～30 d 振荡的时间剖面图(图 2-16)，在图中标出了 1998 年夏季逐日 500 hPa 天气图上出现的所有高原低涡中心的位置(以符号 C 表示)和低涡群发期(右侧粗线对应的时段)。

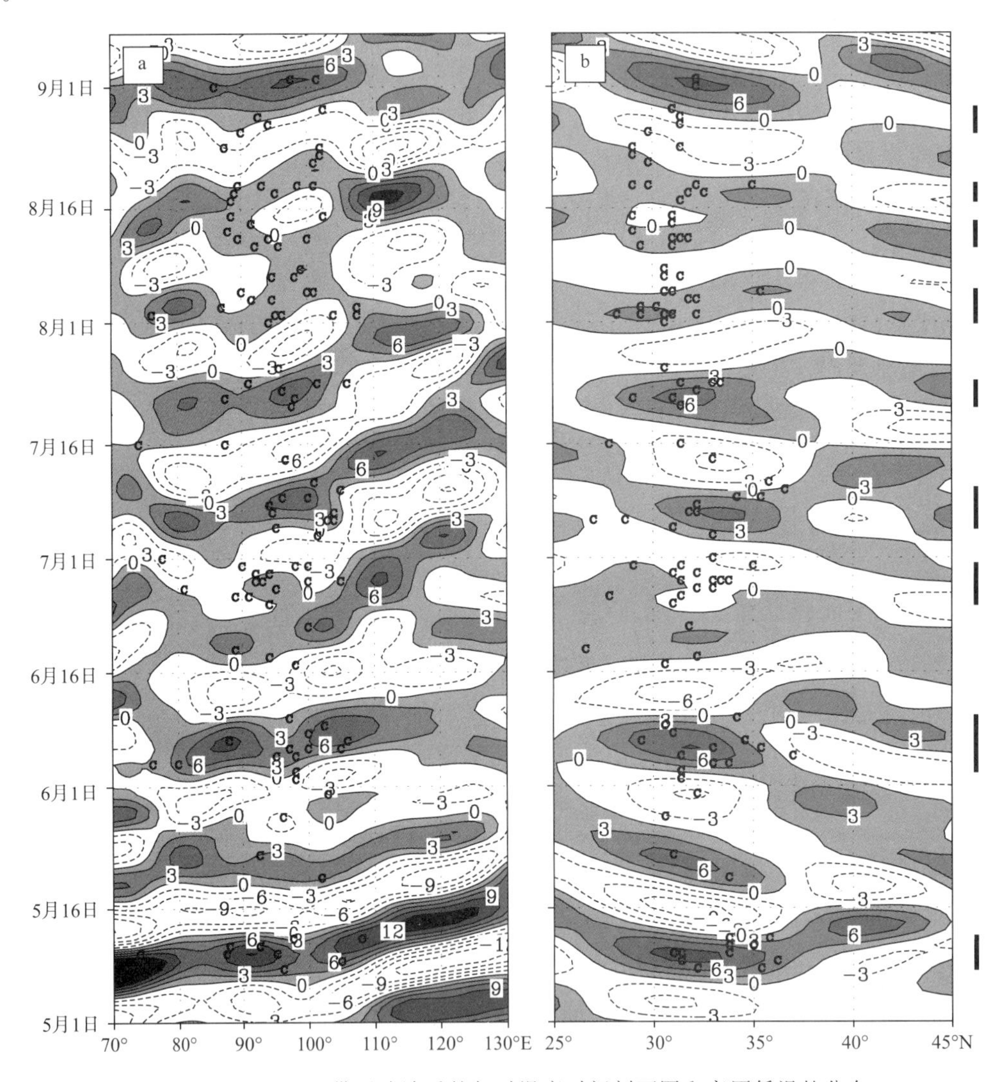

图 2-16　10～30 d 带通滤波后的相对涡度时间剖面图和高原低涡的分布

(a)30°～35°N 平均的时间-经度剖面图；(b)80°～100°E 平均的时间-纬度剖面图(阴影区为正位相扰动，符号 C 表示高原低涡中心位置，右侧的粗线段所对应的时段是低涡群发期)

图 2-16a 为 10～30 d 滤波后 30°～35°N 平均的相对涡度时间—经度剖面图。从图中可以看到，在整个夏季，一系列显著的 10～30 d 正涡度扰动经青藏高原自西向东向长江中下游地区传播，可以清晰地看到大多数高原低涡出现于这穿越高原向东传播的波列中。也就是说，伴随着向东传播的扰动，高原主体区内(80°～100°E)出现了频繁的中尺度低压涡旋

活动，比较明显的时期如5月8—12日、6月3—10日、7月5—10日、21—24日、8月1—5日、11—14日、17—19日、26—29日等（如表2-2所列的低涡群发期），只有6月25—30日的低涡群发期相对涡度的扰动较弱，这些情况和图2-15所反映的事实是一致的。不过并不是所有的低涡均发生在10～30 d振荡的正位相期，仍有少数高原低涡发生在振荡的负位相期。

图2-16b是10～30 d滤波后的80°～100°E平均的相对涡度时间—纬度剖面图，从图中可以很清晰地看到涡度10～30 d扰动的正负位相期，高原腹地是10～30 d扰动的大值区，扰动位相的传播大多起于高原北侧，然后向南传播到高原主体地区，加强后分别向两侧或向一侧传播；另一种方式是高原本身即是扰动源地，向两侧或一侧传播。与图2-16a一样，大多数低涡出现在相对涡度扰动的正位相期，表2-2所列的高原低涡群发期对应相对涡度扰动的正位相期。

2.4.6　讨论

1998年夏季青藏高原500 hPa低压涡旋的发生具有群发性特点，低涡群发期也具有周期性特征。高原地区大气10～30 d振荡较为活跃，大多数高原低涡集中性地出现在大气10～30 d振荡的正值扰动期，1998年夏季高原低涡的群发期均出现在相对涡度10～30 d振荡的正位相期，其可能的物理机制是：正的相对涡度扰动意味着大气运动产生气旋式旋转，则夏季10～30 d大气大尺度正涡度环流为中尺度青藏高原低压涡旋的发生提供了所需的背景条件，促使相对涡度正扰动的正位相期间集中性地出现较多的低涡活动，低涡群发期亦出现在这个时期，只有少数低涡发生在扰动的负位相期，因此我们认为正涡度扰动周期性变化对高原低涡集中性地发生有重要的调制作用。

需要指出的是，在整个夏季，低涡群发期出现在相对涡度10～30 d扰动的正位相期，但反过来并不是所有的相对涡度正值扰动期都出现高原低涡的集中性发生（比如5月20—23日仅出现两个低涡），这表明10～30 d正涡度扰动只是低涡群集中性发生的必要条件之一，低涡的群发性可能还受高原加热作用这一重要影响因子的制约，将在今后的工作中进一步探讨低涡群发性与高原加热作用的关系。

2.5　热带大气低频振荡对高原低涡的调制作用

2.5.1　引言

Madden et al.（1971，1972）在20世纪70年代初就发现了热带大气低频振荡（后来被称为Madden-Julian Oscillation，即麦登-朱利安振荡，简称MJO）的存在，随后这种季节内或次季节大气低频振荡被Krishnamurti et al.（1985）证实是大气中普遍存在的一种现象，学者们在各个领域对大气低频振荡展开了研究，例如，大气低频振荡对季风的影响（Yasunari，1980；朱乾根，1990；缪锦海和刘家铭，1991；金祖辉和孙淑清，1996；Li et al.，2000；琚建华和赵尔旭，2005；琚建华 等，2007），大气低频振荡对我国天气气候的影响（陈丽臻 等，1994；陆尔和丁一汇，1996；黄静和朱乾根，1997；Chen et al.，2001；徐国强 等，2003；周兵 等，2003；吕俊梅 等，2012；贺懿华 等，2006），以及大气低频振荡对ENSO的影响（李崇银和周亚萍，1994；李崇银和廖青海,1998;龙振夏和李崇银,2001;邱明宇 等,2004,2006)等诸多方面。

关于青藏高原的大气低频振荡,虽已有一些相关研究(孙国武和陈葆德,1988a;谢安 等,1989;李跃清,1996;巩远发 等,2006;彭玉萍 等,2012),但与高原低涡直接联系的此类研究却不多,已有的研究主要是在高原低涡群发性与大气低频振荡的关系分析方面(章基嘉 等,1991;孙国武和陈葆德,1994,张鹏飞 等,2010)。高原低涡和台风在一些方面具有比较类似的结构特征(叶笃正和高由禧,1979;李国平 等,2002),MJO 如何影响西太平洋台风,前人做了不少工作(潘静 等,2010;李崇银 等,2012),但 MJO 对高原低涡的影响究竟如何,目前研究甚少,本节将重点针对 MJO 如何影响高原低涡展开研究。

2.5.2 资料与方法

资料为 1998—2010 年 NCEP/NCAR 逐日再分析资料(纬向风 u、经向风 v、位势高度、大气温度及大气比湿,分辨率为 2.5°×2.5°)、NOAA 逐日向外长波辐射(OLR)资料、澳大利亚气象局 RMM(Real-time Multivariate MJO)实时 MJO 指数,以及中国气象局成都高原研究所编撰的《青藏高原低涡切变线年鉴》中的高原低涡统计数据。

RMM 指数最早由 Wheeler et al.(2004)创建并使用,随后便在全球范围内(如澳大利亚气象局、美国气候预报中心(CPC)、日本气象厅等)广泛用于业务,并将该指数作为对 MJO 进行短期气候预测的有效工具,以揭示 MJO 的振幅(强度)及 MJO 的传播过程(对流位置)。该指数是由热带地区(15°S~15°N)平均向外长波辐射(OLR)、200 hPa 和 850 hPa 纬向风进行 EOF 分解,得到前两个空间型,并将逐日观测资料向前两个空间型上进行投影以提取包含 MJO 分量的前两个时间系数 RMM1 和 RMM2,振幅为 $\sqrt{\text{RMM }1^2+\text{RMM }2^2}$。

统计高原低涡的方法为:利用实时 MJO 指数(RMM),以振幅 1 和 0.8 这两个不同的衡量标准来考察 MJO 强弱,大于 1(0.8)为 MJO 活跃期,小于 1(0.8)为 MJO 不活跃期,本工作分别统计了 MJO 活跃期与不活跃期高原低涡频数对比以及活跃期中各位相高原低涡频数分布。

本节对青藏高原范围内各气象要素采用小波分析,以确定青藏高原大气振荡周期,然后采用 Lanczos 带通滤波器对各要素进行滤波处理。青藏高原主体范围界定为:27.5°N~40°N,75°E~105°E。

2.5.3 青藏高原大气振荡周期分析及高原低涡统计特征

2.5.3.1 青藏高原大气振荡周期分析

为了确定青藏高原大气低频振荡周期,我们对 1998—2010 年高原范围各气象要素进行了小波分析,发现各要素场均存在 30~60 天周期振荡现象。进一步考察发现,200 hPa u 风场、500 hPa u 风场、OLR 场、500 hPa 位势高度场 30~60 天周期振荡尤为显著(图 2-17)。由图 2-17a 左的小波功率谱可以看出,30~60 天周期振荡特征在冬、春季异常强盛,夏、秋季相对微弱。为了证明这一现象并非 200 hPa u 风场的独有特征,我们也考察了 500 hPa u 风场、OLR 场和 500 hPa 位势高度场,均分析出上述现象(图 2-17b~d)。

本节将采用 Lanczos 带通滤波器提取各要素中可能影响高原低涡生成的 30~60 天低频分量。

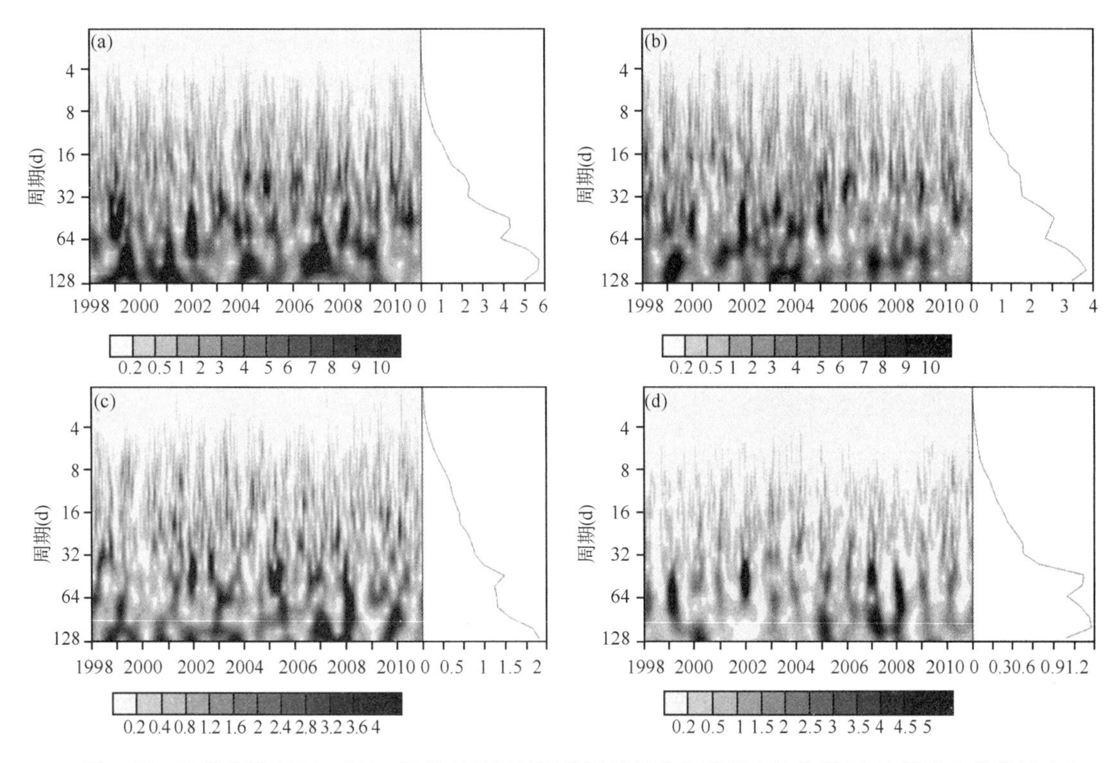

图 2-17　青藏高原 1998—2010 年各变量区域平均逐日标准化序列小波分析(小波标准功率谱(左)和小波方差(右),点状阴影区通过 0.05 的显著性检验)

(a)200 hPa u 风场;(b)500 hPa u 风场;(c)OLR 场;(d)500 hPa 位势高度场

2.5.3.2　高原低涡在 MJO 不同位相的分布状况

表 2-3 统计了两种 MJO 强弱衡量标准下,初发期和持续期高原低涡频数在 MJO 活跃期各位相的分布状况,以及 MJO 活跃期与不活跃期高原低涡频数对比。由统计数据可以看出,发生在 MJO 活跃期的高原低涡频数显著多于不活跃期,这揭示了高原低涡多发生在强 MJO 过程中。

考察初发期中 MJO 活跃期各位相高原低涡频数的分布状况,不论以振幅 0.8 作为衡量 MJO 强弱的标准还是以振幅 1 作为标准,第 1 和第 2 位相分布的高原低涡频数显著偏多,而第 3 和第 7 位相则显著偏少。考察持续期中 MJO 活跃期各位相高原低涡频数的分布状况,高原低涡显著偏多的依然是第 1 和第 2 位相。值得注意的是,MJO 强弱的衡量标准不同,对应的偏少位相有所不同,标准为 0.8 时高原低涡偏少位相为第 3 和第 5 位相,标准为 1 时高原低涡偏少位相为第 3 和第 7 位相,偏少位相出现以上差异是由于统计标准的不同,以及偏少位相高原低涡频数分布差异不明显造成的。上述结论与李崇银等(2012)统计的台风偏多偏少活跃期 MJO 位相有明显不同,台风生成频数在第 2 和第 3 位相明显偏少,第 5 和第 6 位相明显偏多。

由以上分析可看出,MJO 影响高原低涡生成的机制和 MJO 影响台风生成的机制明显不同。MJO 对高原低涡的调制效果显著,初发期和持续期高原低涡频数随着 MJO 的东传(MJO 强对流中心东移)而改变。

为了探索 MJO 活跃期高原低涡高发和低发锁相的原因,我们对频数最多的第 1 位相和较少的第 7 位相分别进行合成，以探讨 MJO 对高原低涡的调制作用。没有挑选高原低涡频数最少的第 3 位相进行合成，是因为抑制高原低涡的因子在此位相反映不够明显。以下合成分析中，我们将按照国内外通行做法，以振幅 1 作为衡量 MJO 强弱的标准。

表 2-3　高原低涡频数与 MJO 不同位相的统计关系

	强弱 MJO 临界振幅	MJO 各位相对应的高原低涡频数								强 MJO/弱 MJO 振幅 1.0	强 MJO/弱 MJO 振幅 0.8
		位相 1	位相 2	位相 3	位相 4	位相 5	位相 6	位相 7	位相 8		
初发期	>0	99	82	48	54	61	57	41	67		
	>1.0	71	49	25	32	34	31	27	46	314∶193	381∶126
	>0.8	84	63	31	40	40	40	33	51		
持续期	>0	154	143	73	86	79	86	80	94		
	>1.0	104	89	43	51	46	55	44	60	491∶301	588∶204
	>0.8	126	109	50	63	50	64	61	70		

2.5.4　MJO 不同位相影响高原低涡生成的动力条件分析

1998—2010 年 MJO 活跃期第 1 位相共 394 天，MJO 对流中心位于北非热带地区，对应高原低涡高发，MJO 活跃期第 7 位相共 320 天，MJO 对流中心位于西太平洋热带地区，对应高原低涡低发。为了找出第 1 位相与第 7 位相高原低涡频数分布差异的原因，我们将第 1 位相和第 7 位相低频大气环流场分别进行合成，以考察 MJO 影响高原低涡生成的动力条件。图 2-18 为第 1 位相（图 2-18a、c）和第 7 位相（图 2-18b、d）500 hPa（图 2-18a、b）和 200 hPa（图 2-18c、d）大气低频环流场的合成图。

第 1 位相 500 hPa 低频大气环流合成场中，高原大部分区域为东北气流所控制，高原南部有一低频低压气旋系统，这一系统的存在使得第 1 位相高原低涡频数分布显著偏多；而在第 7 位相合成场中，高原处于两低频高压反气旋系统之间，不利于高原低涡的生成。第 1 位相，西太平洋低频副热带高压西伸至中南半岛以东地区，孟加拉湾、印度半岛和阿拉伯海被一低频高压反气旋系统所控制，中心位于印度半岛上空，高压东西两侧有两支偏南气流，一支通过中南半岛北上，然后沿副高移动，另一支通过北非以东海域北上；而在第 7 位相中，西太平洋和孟加拉湾上空被一低频低压气旋系统所控制，这一系统的存在阻碍了水汽从印度洋向青藏高原以东地区的输送。第 1 位相，我国西南有一低频低压气旋系统，我国东部有一高压反气旋系统，沿西太副高边缘输送的水汽因这两个系统的存在而改变输送方向，使得水汽不断地向高原东部输送，巴湖以北有一强盛的低频阻塞高压，我国东北上空有一强盛的低频低压气旋系统；第 7 位相，我国东部处于一低频高压反气旋系统的前部，以偏北气流为主，水汽很难从西太平洋向我国东部及高原东部输送，咸海以西为一低频低压气旋系统，贝加尔湖东北部有一低频气旋系统。

对比第 1 位相和第 7 位相大气环流系统的配置，可以看出第 1 位相赤道到中纬度“高压-低压-高压”这种配置的大气斜压性强，大气有效位能高，涡动有效位能高，这是第 1 位相高原低涡高发的条件之一。斜压性强、有效位能高以及涡动有效位能高的大气环流配置有利于高原低涡发生发展，这与郁淑华等（2007a）的结论类似。

在第 1 位相（图 2-18c）200 hPa 低频大气环流场合成图中，巴湖以北被强大的低频高压反

气旋控制，高原以南为一强大的低频低压气旋系统，高原处于这两系统之间，高原主体范围被强盛的偏东气流控制，这有利于对流层上层辐散的加强，形成"抽吸泵"效应，促使高原低涡的发生发展，这也印证了李国平和刘红武(2006)提出动力抽吸泵作用对高原低涡的生成和发展有着重要影响这一观点，同时高原南部高低空处于一从下到上向南倾斜的深厚低压气旋系统的控制下，这为第1位相高原低涡的高发创造了条件。在第7位相(图2-18d)200 hPa大气低频环流场合成图中，高原高空处于强大的低频反气旋系统的控制下，高原南面则为一低压气旋系统所控制，高原高低空被一从下到上向北倾斜的深厚低频高压反气旋系统所控制，不利于高原低涡生成。

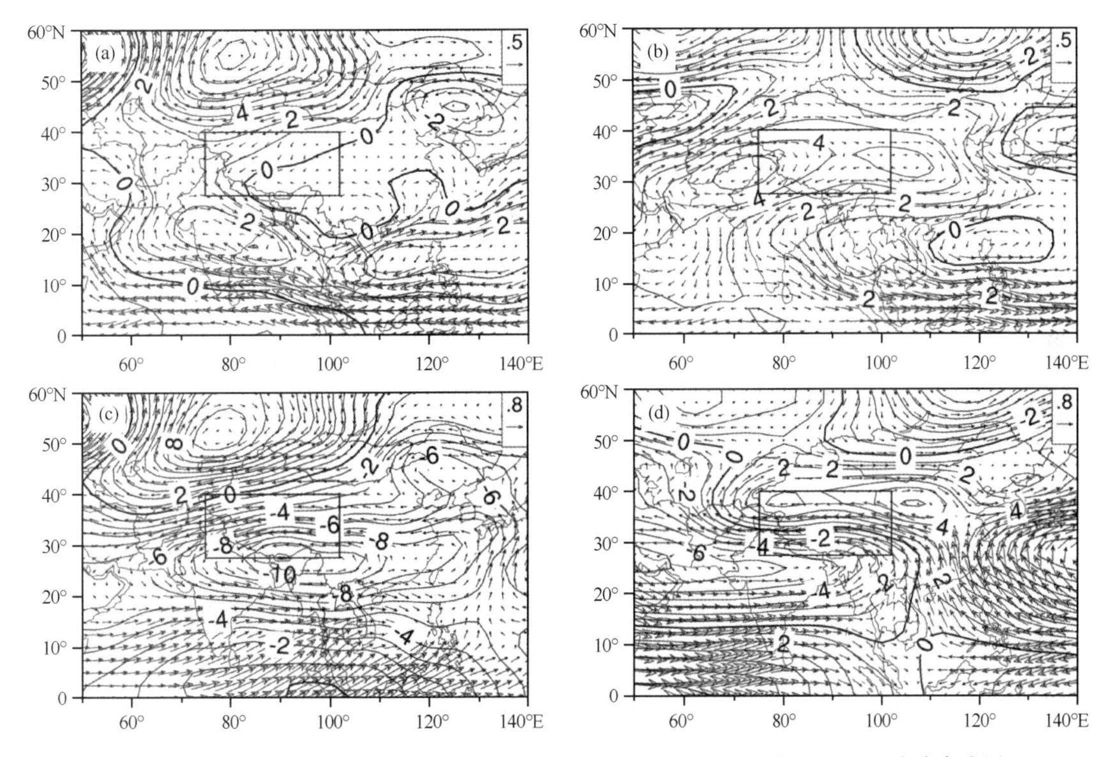

图2-18 第1位相(a、c)与第7位相(b、d)的500 hPa、200 hPa距平30～60天滤波合成图
((a)、(b)500 hPa低频风场和低频位势高度场；(c)、(d)200 hPa低频风场和低频位势高度场；单位：$m \cdot s^{-1}$、dagpm)

分别做500 hPa和200 hPa上第1位相与第7位相低频涡度差值(图2-19)。从图2-19a可以看出，在500 hPa低频涡度差值场中，青藏高原处于正值区中，反映了第1位相高原辐合上升运动比第7位相更加强烈，第1位相为高原低涡的生成提供了良好的动力条件。图2-19b为200 hPa低频涡度差值场，青藏高原东部处于负值区中，西部为弱的正值区，说明第1位相大气在青藏高原东部高空的辐合作用比第7位相显著，第1位相涡度场高低空搭配有利于高原低涡的生成，而第7位相则不利于高原低涡的生成。

图2-20为第1位相(图2-20a、c)和第7位相(图2-20b、d)在500 hPa(图2-20a、b)和200 hPa(图2-20c、d)上低频大气垂直速度的合成图。由图可见：第1位相500 hPa的大气垂直速度合成场中，高原中东部呈现明显的上升运动，其南部有一上升速度大值中心，中亚和我国中东部均为上升气流所控制，伊朗高原以东和我国东部也有一上升速度的大值中心，赤道地

区上升运动也比较明显。而中高纬度地区、西太平洋到阿拉伯海大片区域被强烈的下沉气流控制，中南半岛为下沉速度极值中心，在西太平洋、我国南海和印度西部各有一下沉速度大值中心，但不如中南半岛上空的下沉气流强大。200 hPa 上，高原东部仍为一支上升气流所控制，西部被下沉气流控制，其他地区的分布形势与 500 hPa 相似，但中心位置分布略有差异。第 7 位相 500 hPa 合成场中高原大部分地区为下沉气流所控制，仅高原北部有一支上升气流，我国北部和东部以及西太平洋到印度洋之间的热带地区被下沉气流控制，而中亚和西太平洋副热带地区被上升气流控制；200 hPa 上，青藏高原为下沉气流区，高原西南有一下沉速度大值中心，其他地区的形势分布与 500 hPa 相似。

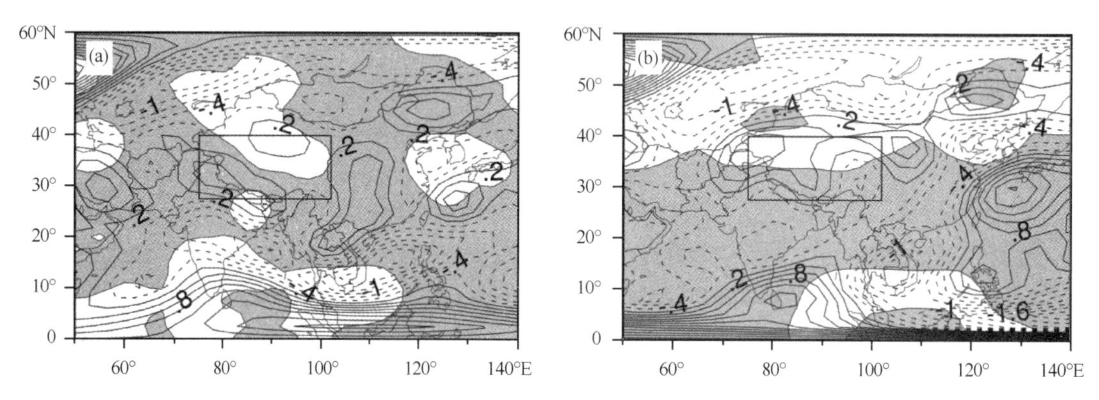

图 2-19　500 hPa(a)、200 hPa(b)低频涡度距平场 30～60 天滤波差值
（单位：$10^{-5}\ s^{-1}$，阴影区通过 0.1 的显著性检验）

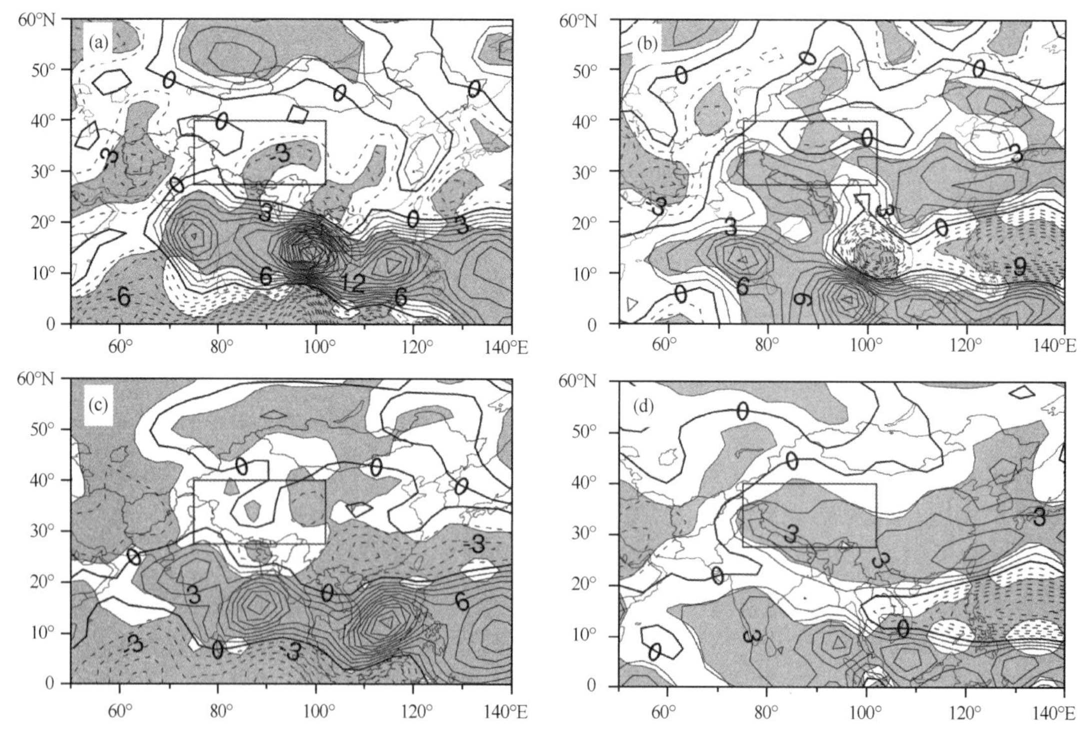

图 2-20　第 1 位相(a、c)和第 7 位相(b、d)的 500 hPa(a、b)、200 hPa(c、d)垂直速度 30～60 天滤波合成图
（单位：$Pa \cdot s^{-1}$，阴影区通过 0.1 的显著性检验）

综上所述，第 1 位相，MJO 对流中心位于北非热带地区，高原高低空主要被上升气流控制，为高原低涡的生成提供了良好的动力条件；第 7 位相，MJO 对流中心位于西太平洋热带地区，高原高低空主要被下沉气流所控制，不利于高原低涡的生成。MJO 向东传播的过程中，MJO 对流中心东移，热带地区的大气垂直环流结构发生改变，由于中低纬大气环流的相互作用，中低纬间的大气斜压性、大气有效位能以及涡动有效位能分布状况随之改变，这使得青藏高原及周边大气环流结构发生变化，水汽输送因此产生差异，高原的潜热分布随之发生变化，有利于和不利于高原低涡生成条件交替出现，从而造成不同位相高原低涡的频数出现显著差异。

用 100 hPa 纬向风和 500 hPa 纬向风的差表示垂直切变，分别对第 1 位相和第 7 位相的垂直切变进行合成(图 2-21a、b)。可以看出第 1 位相与第 7 位相的分布较为一致，都呈“北正南负”分布，青藏高原上均有闭合正值中心，表明高原高层西风较大，低层较小；西太平洋到北印度洋一带均为负值区，表明这一带高层东风较大，低层较小。高低层垂直切变强，高原区域内水汽和热量难以聚集，很难形成对流柱，不利于高原低涡的形成。为了验证上述结论，做了第 1 位相与第 7 位相的差值图(图 2-21c)，由图可知，青藏高原为负值区，说明高原低涡高发位相时，高原高低层垂直切变比低发位相小，高原弱的高低层垂直切变有利于高原低涡生成，而强的垂直切变不利于高原低涡生成，这与钱正安等(1984b)的分析结论吻合。

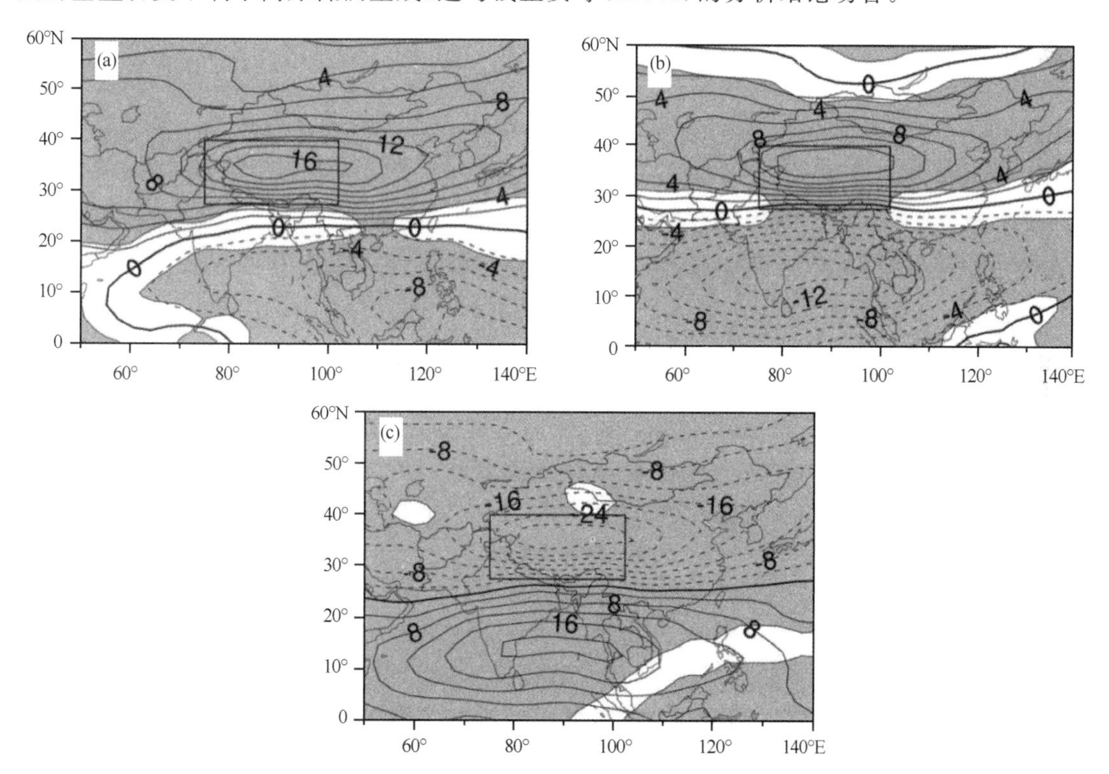

图 2-21　第 1 位相(a)和第 7 位相(b)的高低层西风切变($u_{100\ hPa}-u_{500\ hPa}$)合成图以及第 1 位相与第 7 位相高低层西风切变差值图(c)(单位：m・s^{-1}；阴影区通过 0.1 的显著性检验)

2.5.5　MJO 不同位相影响高原低涡生成的能量场分析

为了对比第 1 位相与第 7 位相对流活动的差异，我们做了第 1 位相与第 7 位相 OLR 差值图(图 2-22),差值场中,高原东南部、我国中东部、印度洋北部为负值区,表明第 1 位相比第 7 位相在以上地区有更强的对流活动,尤其是第 1 位相高原东南部对流活动的偏强有利于高原对流系统的频发,有利于高原低涡的生成。西太平洋到阿拉伯海为一带状正值区,菲律宾以东、我国南海、孟加拉湾和阿拉伯海以北地区各有一正值中心,中高纬度地区也处于正值区中,这说明第 1 位相与第 7 位相相比,以上区域的对流活动相对较弱。

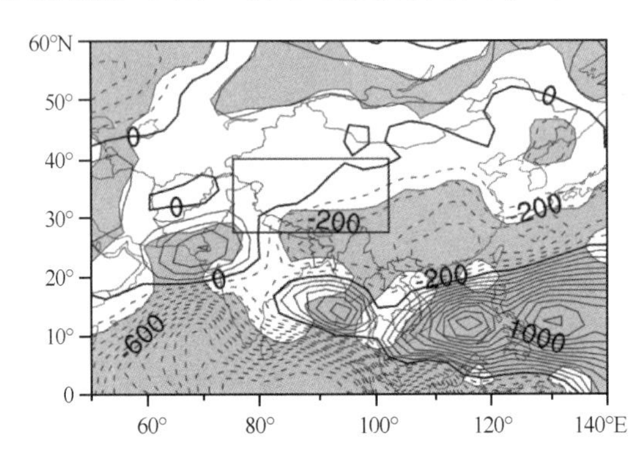

图 2-22　第 1 位相与第 7 位相 OLR 距平场 30～60 天滤波差值
(单位:W·m^{-2};阴影区通过 0.1 的显著性检验)

图 2-23 为第 1 位相与第 7 位相大气低频动能的差值图。由图可知,青藏高原范围内,第 1 位相低频动能比第 7 位相低,由于动能和有效位能相互转化,所以第 1 位相下高原大气有效位能偏高,涡动有效位能随之偏高,较高的涡动有效位能分布有利于涡旋系统的生成,因此第 1 位相高原较低的低频动能分布更有利于高原低涡的生成。

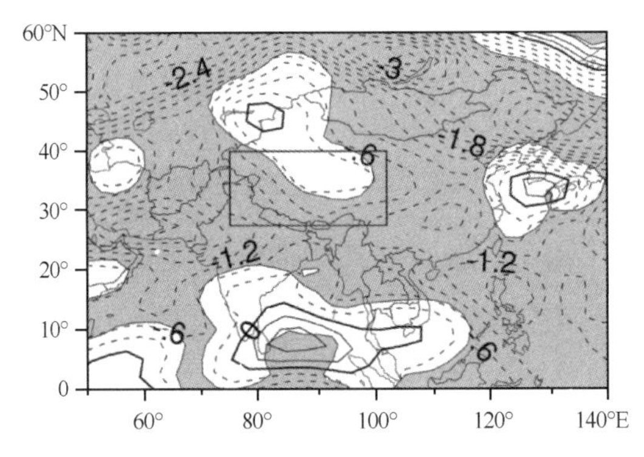

图 2-23　第 1 位相与第 7 位相 500 hPa 动能距平 30～60 天滤波差值
(单位:m^{2}·s^{-2};阴影区通过 0.1 的显著性检验)

图 2-24 为高原低涡高发位相和低发位相不同层次气温异常的差值图。200 hPa 上(图 2-24a),第 1 位相与第 7 位相比较,青藏高原西部气温偏高,而东部气温偏低,说明第 1 位相高原高层平流东西差异明显,东部高层冷平流较强,西部高层暖平流则较强。600 hPa 上(图 2-24b),第 1 位相与第 7 位相相比,整个青藏高原气温均偏低,对应低层均为较强的冷平流,低层大气温度在高原东西两侧分布略有差异,可能是低层平流受到了高原大地形的影响。

第 1 位相高原东部高、低层皆较强的冷平流形成的(准)正压环境有利于激发高原低涡的生成和促进高原低涡的发展。

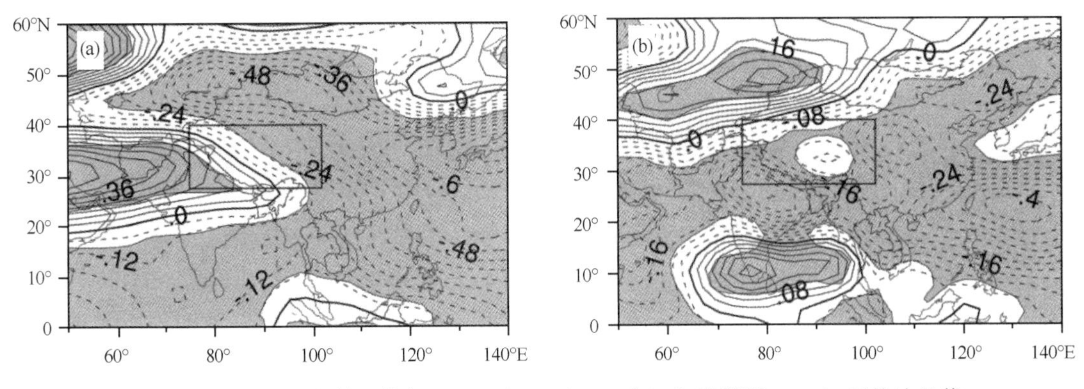

图 2-24　第 1 位相与第 7 位相(a)200 hPa、(b)600 hPa 气温距平 30～60 天滤波差值

(单位:℃;阴影区通过 0.1 的显著性检验)

2.5.6　MJO 不同位相影响高原低涡生成的水汽条件差异

中国科学院兰州高原大气物理研究所(1977)的研究指出:高原东侧盛行的偏南气流,使大量蕴藏潜热能的暖湿空气在高原东侧聚集,为高原低涡的生成和发展创造了条件。水汽条件在高原低涡的生成和发展过程中有重要作用,高原低涡高发的第 1 位相与低发的第 7 位相在水汽条件方面有什么差异呢?

由水汽通量矢量图和水汽通量散度图(图略)可以看出,不管是第 1 位相,还是第 7 位相,水汽都是源源不断由阿拉伯海、印度洋向高原输送。水汽在高原西部以辐散为主,在高原东部以辐合为主。为了比较高原低涡高、低发位相的差别,我们做了第 1 位相与第 7 位相的差值图(图 2-25)。结果表明:第 1 位相与第 7 位相相比,水汽从阿拉伯海、印度洋向高原东部输送更加强烈,水汽在高原东部表现出的辐合作用更为明显,在大气比湿差值场中也印证了这点,如图 2-26 所示,第 1 位相与第 7 位相相比,青藏高原上呈“西干东湿”分布,这说明第 1 位相下水汽辐散作用在高原西部地区表现更为强烈,而水汽辐合作用则在东部地区表现更为强烈,这样的水汽分布特征有利于高原东部低涡的生成。

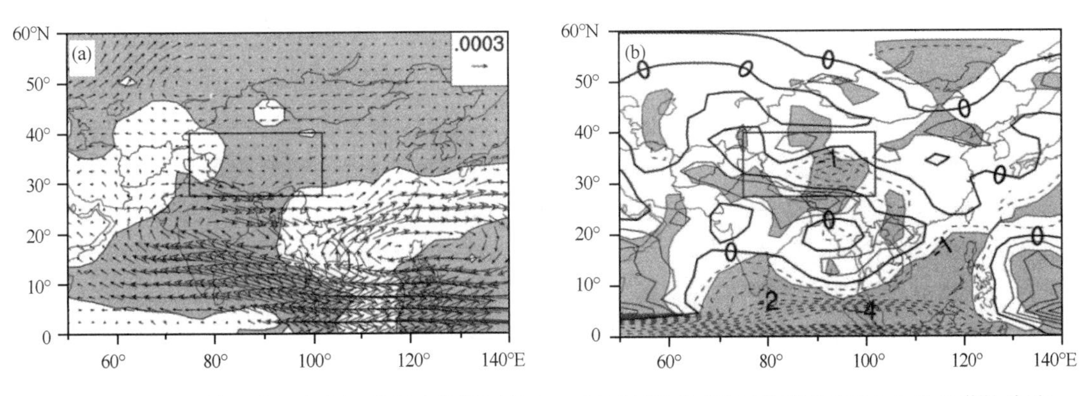

图 2-25　600 hPa 第 1 位相与第 7 位相水汽距平场 30～60 天滤波差值图(阴影区通过 0.1 的显著性检验)

(a)水汽通量矢量(单位:$kg \cdot m^{-1} \cdot hPa^{-1} \cdot s^{-1}$);(b)水汽通量散度(单位:$kg \cdot m^{-2} \cdot hPa^{-1} \cdot s^{-1}$)

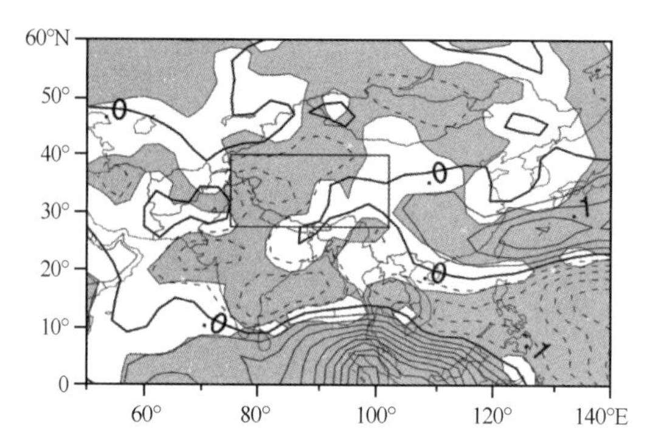

图 2-26　600 hPa 第 1 位相与第 7 位相大气比湿 30～60 天滤波差值
（单位：g·kg^{-1}；阴影区通过 0.1 的显著性检验）

水汽为高原低涡的生成提供潜热能，这是高原低涡发展期的重要能量来源，水汽条件在不同位相的差异是导致不同位相高原低涡的频数分布显著不同的重要影响因子。

2.5.7　小结

(1)高原低涡主要生成于 MJO 活跃期，1998—2010 年 MJO 活跃期高原低涡频数为 381 次，MJO 不活跃期高原低涡频数为 126 次，活跃期与不活跃期频数比约为 3∶1。MJO 活跃期中，生成于第 1 和第 2 位相的高原低涡频次偏多，第 3 和第 7 位相高原低涡频次偏少，说明 MJO 对高原低涡的生成具有显著的调制作用。

(2)青藏高原范围内，30～60 天的周期振荡现象明显，并显现出冬春季强、夏秋季弱的特征。

(3)第 1 位相(高原低涡高发位相)下呈现出各种有利于高原低涡生成的条件，如高原地区存在低频低压气旋环流、较大的低频正涡度值、较大的低频上升速度、强烈的水汽辐合、较强的对流活动、较高的大气有效位能和涡动有效位能等，而在第 7 位相(高原低涡低发位相)下有利于高原低涡生成的因素却很少。

(4)动力作用、能量条件和水汽条件是制约高原低涡生成的三大影响因子。

(5)MJO 在向东传播的过程中，MJO 对流中心东移，热带地区大气垂直环流结构随之改变，由于中低纬大气环流的相互作用，中低纬间的大气斜压性、大气有效位能以及涡动有效位能分布状况也随之改变，这使得青藏高原及周边大气环流结构发生变化，水汽输送因此产生明显差异，高原的潜热分布随之发生变化，有利于和不利于高原低涡生成的条件交替出现，从而造成不同位相高原低涡的频数呈现显著差异。

本节通过统计分析从多个角度初步揭示了 MJO 影响高原低涡生成这一现象，对于强弱 MJO 下为何会有高原低涡频数差异，MJO 是如何具体影响高原低涡生成的物理机制和影响途径，还需要从数值模拟和动力学分析等开展进一步的研究。另外，MJO 对高原低涡移出高原有无影响，是怎样影响的，也是值得探索的工作。

2.6 强弱 MJO 下高原低涡发生频数差异的机制分析

2.6.1 引言

青藏高原上有不少独具特色的天气系统，高原低涡就是高原主体低值天气系统的代表，其生成、发展和东移时常伴随着降水、大风、雷暴等天气过程，是造成青藏高原及高原下游川渝地区极端天气事件的主要样式之一，个别移出高原后强盛发展东移的高原低涡甚至能影响到我国东部大范围地区。因此，加强对高原低涡的发生、发展及东移机制和预测方法的研究具有非常重要的意义。

Madden et al.(1971,1972)于 20 世纪 70 年代发现了热带大气低频振荡现象，近 40 年来国内外学者对大气低频振荡进行了系统的研究，取得了大量成果。近年来，关于热带大气低频振荡对中低纬度天气系统及天气过程影响的研究逐渐兴起。潘静等(2010)研究发现 MJO 对西太平洋台风具有显著的调制作用，生成于强 MJO 下的台风频数是弱 MJO 下的 2 倍；MJO 活跃期中第 5、6 位相生成的台风数目较多，第 2、3 位相较少。马宁等(2011)分析了 MJO 对 2008 年中国南方低温雨雪冰冻灾害的影响机制，认为印度洋赤道地区 MJO 对流活动异常活跃，对流层低层强盛的暖湿气流向我国南方输送大量水汽，配合冷空气的持续影响，促使灾害爆发。吕俊梅等(2012)探索了 MJO 活动对 2009—2010 年云南极端干旱的影响机制，提出热带中东印度洋 MJO 持续的正异常使得南亚季风垂直环流异常减弱，热带印度洋向云南输送的水汽减少，导致 2009 年秋季降水减少，促使云南干旱加剧。

有关青藏高原的大气低频振荡，前人也做了不少研究。孙国武和陈葆德(1988a)发现在青藏高原范围内，大气低频波存在 30～40 天的振荡周期，青藏高原上空 500 hPa 等压面上生成的气旋、反气旋南北传播现象显著。接着，孙国武和陈葆德(1994)揭示了高原低涡的群发性，探讨了高原低涡群发性与高原大气低频振荡的关系，指出高原低涡群发时段与大气低频振荡位相转换、垂直结构及大气高频扰动的强弱有关。徐国强和朱乾根(2000)分析了 1998 年青藏高原大气低频振荡的结构特征，指出高原大气低频振荡表现为相当正压结构，低频降水主要发生于低频气旋辐合区。徐国强和朱乾根(2002)研究了 1998 年夏季青藏高原大气低频振荡的源与汇，指出这种源汇特征在高原不同区域差异明显。王澄海等(2000)分析了南海夏季风强弱年青藏高原春季大气低频振荡特征，指出在强季风年，高原北部形成的低频振荡向北传播，而在弱的季风年，高原大气低频振荡具有原地振荡特征。张鹏飞等(2010)进一步研究了群发性与高原大气低频振荡的关系，指出高原低涡主要生成于 10～30 天大气低频振荡的正位相和对流扰动的负位相，高原低涡群发期处于相对涡度 10～30 天振荡的气旋性位相。

但有关热带大气低频振荡对高原低涡影响方面的研究，目前还鲜有涉及。热带大气低频振荡对高原低涡的产生究竟有何影响？这将是本节主要研究的内容。我们将重点探讨热带大气低频振荡对高原低涡发生频数的影响，从而揭示热带大气低频振荡调制高原低涡的机制，为高原低涡的短期气候预测提供新的思路。

2.6.2 资料与方法

本研究所用资料为 1998—2010 年 NCEP/DOE 逐日再分析资料、NOAA 逐日向外长波辐射(OLR)资料(分辨率为2.5°×2.5°)、澳大利亚气象局RMM(Real-time Multivariate MJO)实时MJO指数以及中国气象局成都高原气象研究所编撰的《青藏高原低涡切变线年鉴》中1998—2010年高原低涡统计数据。

统计方法为:利用实时MJO指数,分别以振幅1和0.8来考察MJO强弱,大于1(0.8)为MJO活跃期,小于1(0.8)为MJO不活跃期。在此基础上,分别统计了MJO活跃期与不活跃期高原低涡频数比以及活跃期中各位相高原低涡频数的分布。

研究中对青藏高原范围内各气象要素采用小波分析,以确定青藏高原大气振荡周期,然后采用Lanczos带通滤波器对各要素进行滤波处理。青藏高原的主体范围界定为:27.5°N～40°N,75°E～105°E。

2.6.3 高原大气振荡周期分析及高原低涡统计特征

2.6.3.1 高原大气振荡周期分析

图2-27是1998—2010年青藏高原区域平均的200 hPa风场u分量和500 hPa风场u分量标准化序列的小波分析。由图2-27a可以看出,200 hPa风场u 30～60天周期振荡现象显著,并且30～60天周期振荡特征在冬春季异常强盛,夏秋季相对微弱。图2-27b以及OLR场、500 hPa位势高度场(图略)的类似分析,也存在上述现象。

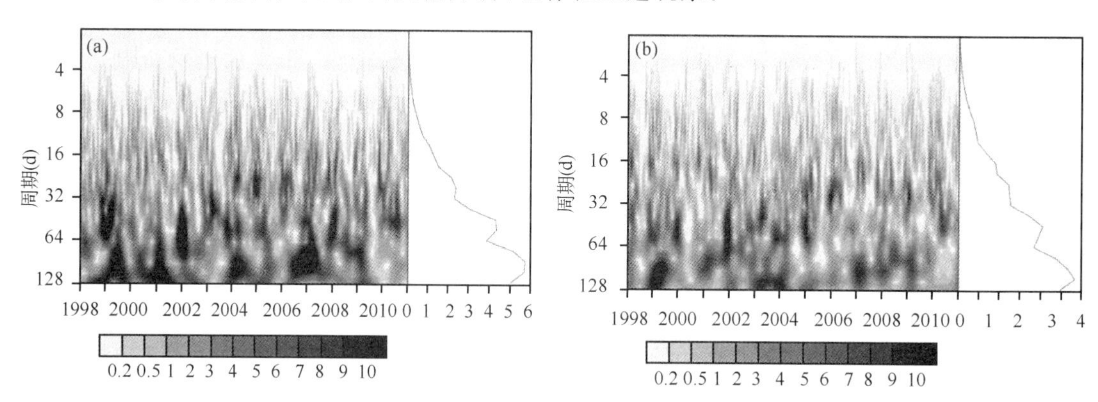

图2-27 青藏高原1998—2010年各变量区域平均逐日标准化序列小波分析图(其中小波标准功率谱(左)和小波方差(右),点状阴影区通过0.05的显著性检验)

(a)200 hPa u风场;(b)500 hPa u风场

2.6.3.2 高原低涡统计特征

表2-3中我们统计了强弱MJO下频数的对比及活跃期MJO不同位相下高原低涡频数的分布。由表可见,MJO活跃期生成的高原低涡明显多于MJO不活跃期,以振幅1为标准,强弱频数比为314∶193,以振幅0.8为标准,强弱频数比为381∶126,不论哪种标准,MJO活跃期生成的高原低涡频数明显多于MJO不活跃期;MJO活跃期中,生成于第1位相和第2位相的高原低涡显著偏多,而第3和第7位相明显偏少。

强弱MJO下,高原低涡频数分布为何差异如此显著,强弱比竟达381∶126,其机制究竟是什么?下面我们将对此问题展开深入探讨。

2.6.4　强弱 MJO 调制高原低涡生成的机制

2.6.4.1　大气环流条件的综合分析

图 2-28 为强 MJO 与弱 MJO 下 500 hPa、100 hPa 大气环流 30～60 天滤波合成图。由图 2-28a 可知，在强 MJO 下 500 hPa 大气低频环流场合成图中，青藏高原被低频低压气旋系统控制，该低频低压气旋的存在对强 MJO 下高原低涡的高发有重要作用。朝鲜半岛也被一低频低压气旋系统控制，贝加尔湖、伊朗高原、阿拉伯海及南中国海各有一低频高压反气旋系统，南支槽强盛发展，南支槽和南中国海的低频高压反气旋共同作用，使我国西南、华南和江南处在强盛的西南气流控制下，这对水汽向青藏高原和我国南方输送极为有利，为高原低涡的生成提供了良好的水汽条件；图 2-28b 中，强 MJO 下 100 hPa 大气低频环流场合成图中，青藏高原为低频高压反气旋环流，这与低层低频低压气旋环流相对应，高原上空被深厚低压气旋系统控制。而由图 2-28c 可见，在弱 MJO 下 500 hPa 大气低频环流场合成图中，青藏高原为一低频高压反气旋环流，我国东部处在这一系统前部偏北气流的控制之下，水汽条件不足，不利于高原低涡生成；图 2-28d 中，弱 MJO 下 100 hPa 大气低频环流场合成图中，高原范围内为一低频低压气旋系统所控制，与低层的低频高压反气旋系统对应。这些结果表明，强 MJO 下，高原上空的大气环流条件有利于高原低涡生成；而在弱 MJO 下，高原上空的大气环流条件不利于高原低涡生成；强 MJO 下，东亚天气尺度系统较多，以经向型环流为主，中低纬能量和物质交换活跃，

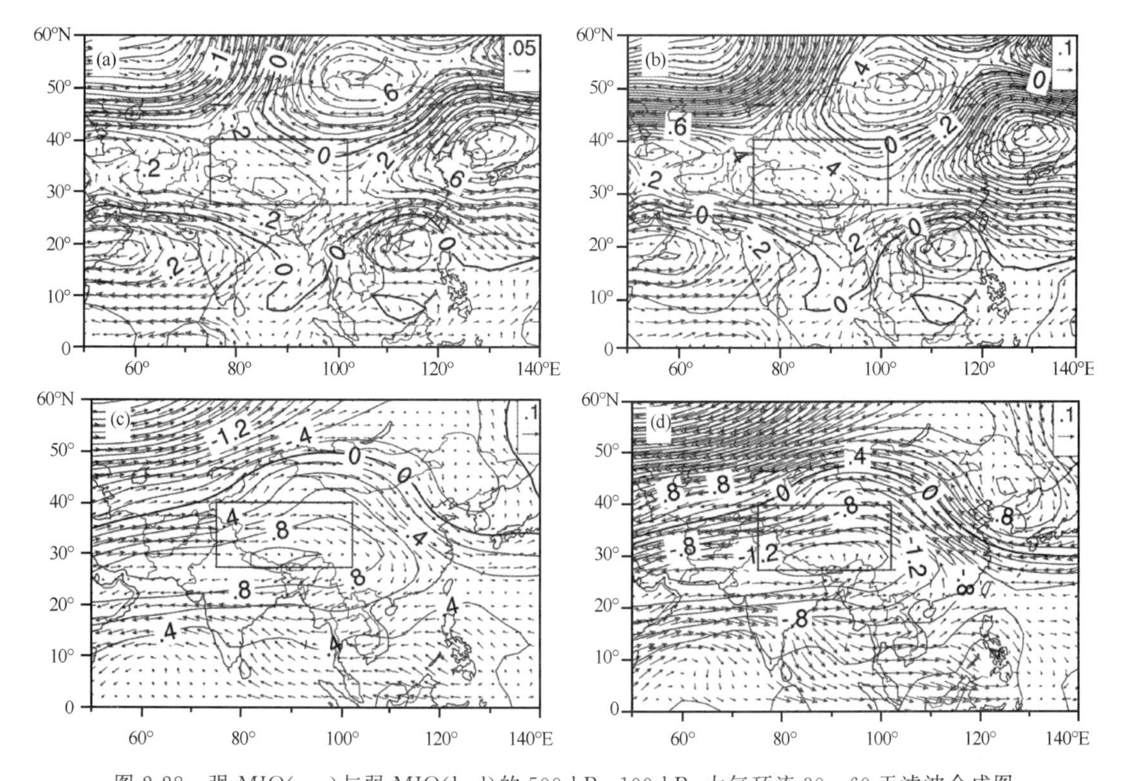

图 2-28　强 MJO(a、c)与弱 MJO(b、d)的 500 hPa、100 hPa 大气环流 30～60 天滤波合成图

(a)、(b)500 hPa 低频风场和低频位势高度场(单位：$m \cdot s^{-1}$，dagpm)；(c)、(d)200 hPa 低频风场和低频位势高度场(单位：$m \cdot s^{-1}$，dagpm)

大气有效位能较高，涡动有效位能也较高，有利于高原低涡生成，这与郁淑华等(2008a)的结论类似；而在弱 MJO 下，东亚天气尺度系统较少，以纬向性环流为主，中低纬能量和物质交换较弱，大气有效位能较弱，涡动有效位能也较弱，不利于高原低涡的生成。

图 2-29a 给出了强 MJO 与弱 MJO 下纬向风差值的纬度-高度剖面。由图可见，高原上空为正值区，显示了强 MJO 下高原上空的西风气流偏强，高原南部上空为高值区，200 hPa 有一高值中心，显示了强 MJO 下高原南部西风明显偏强。在 20°N～40°N 范围内的低层 $-\partial u/\partial y>0$，对应气旋性切变，可产生气旋式涡度($\zeta=\partial v/\partial x-\partial u/\partial y>0$)。

图 2-29b 给出了强 MJO 与弱 MJO 下经向风差值的经度-高度剖面。图中，高原东部上空均处在正值区中，300 hPa 有一正值中心，南风异常偏强；高原西部上空 250 hPa 以下为负值区，400 hPa 有一负值中心，250 hPa 以上为正值区，低层的 75°E～105°E 范围内，$\partial v/\partial x>0$，对应气旋性切变，也有利于产生气旋式涡度。

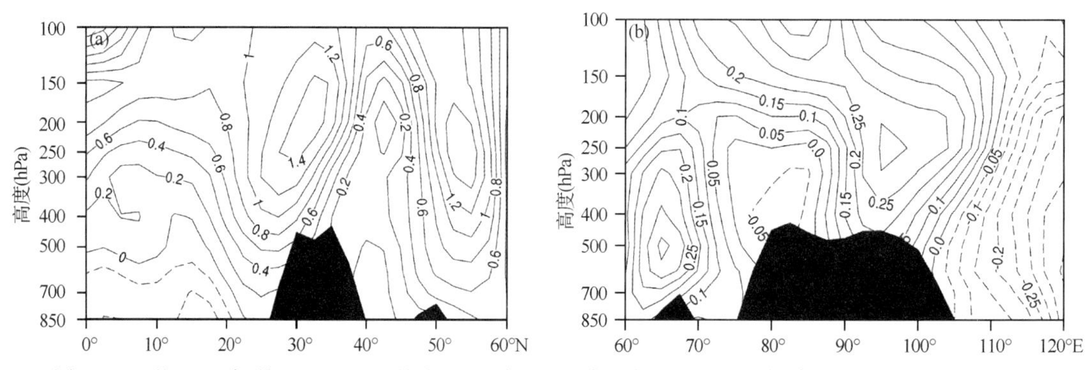

图 2-29 强 MJO 与弱 MJO 下(a)纬向风(75°E～105°E 纬向平均)纬度-高度剖面差值图；(b)经向风(27.5°N～40°N 经向平均)经度-高度剖面差值图(单位：$m \cdot s^{-1}$)

以上对比分析表明：强(弱)MJO 下，高原东部盛行南(北)风，西部盛行北(南)风，高原北部盛行东(西)风，南部盛行西(东)风，产生气旋式涡度(反气旋式涡度)，有利于(不利于)高原低空气旋环流的形成，从而有利于(不利于)产生高原低涡。

图 2-30 给出了强 MJO 和弱 MJO 下 500 hPa 垂直速度 30～60 天滤波合成。由图 2-30a 可见，在强 MJO 下，青藏高原、我国南方、中南半岛为上升气流所控制，为高原低涡的生成提供了良好的动力条件；由图 2-30b 可见，弱 MJO 下，青藏高原、我国南方、中南半岛转为下沉气

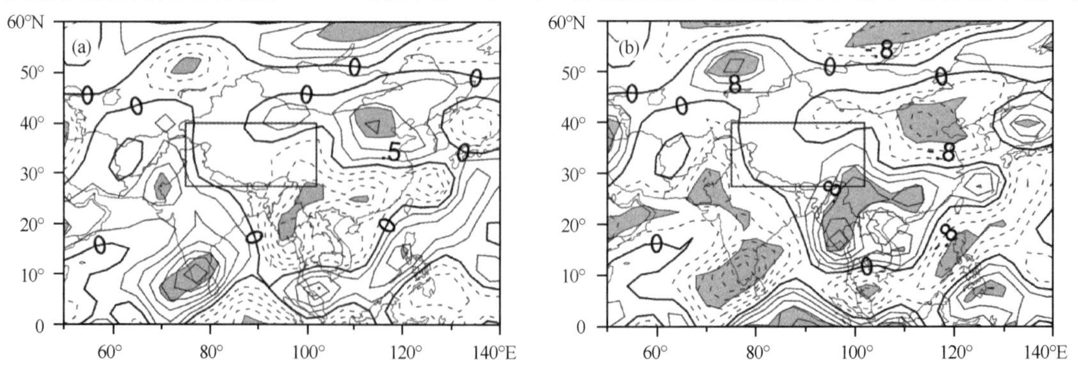

图 2-30 强 MJO(a)和弱 MJO(b)下 500 hPa 垂直速度 30～60 天滤波合成图
(单位：10^3 $Pa \cdot s^{-1}$；阴影区通过 0.05 的显著性检验)

流，不利于对流活动的发生，从而抑制高原低涡的生成。

图 2-31 给出了强 MJO 与弱 MJO 高低层纬向风垂直切变差值。由图可见，青藏高原处于显著负值区，表明在强 MJO 下青藏高原高低层西风垂直切变较小，高原区域水汽和热量聚集，容易形成对流气柱，有利于高原低涡的生成，这与钱正安等(1984b)的分析结论吻合。

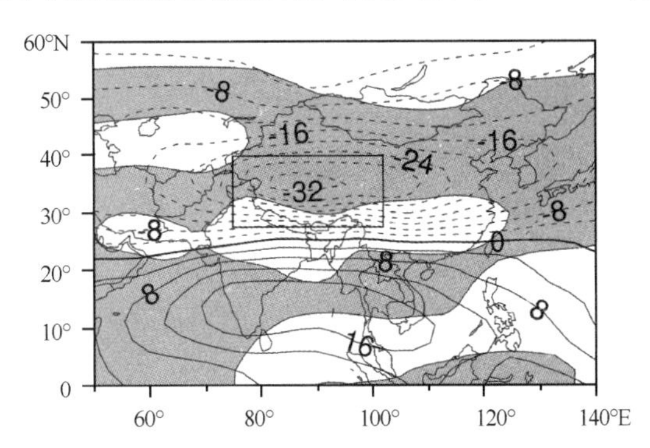

图 2-31　强 MJO 与弱 MJO 西风垂直切变差值图
(单位：m·s^{-1}；阴影区通过 0.05 的显著性检验)

2.6.4.2　大气能量和温度条件的对比分析

OLR 可以反映云顶温度的高低，人们常用它表示对流活动的强度。为了对比强 MJO 与弱 MJO 对流活动的差异，我们做了强 MJO 与弱 MJO 的差值分布图(图 2-32)。由图可见，赤道区域 110°E～120°E 有一向西北延伸的对流带，与我国南部东西走向的对流带相连。强 MJO 下，热带的高能气流沿着对流带向北抵达青藏高原，继而向我国南方输送，青藏高原东部、我国西南、华南、江南均处在这条高能气流带上，因此该对流带可为高原低涡的生成和发展提供充裕的能量。

图 2-33 给出了强 MJO 与弱 MJO 大气低频动能的差值。由图可见，青藏高原绝大部分处于正值区中，表明强 MJO 下有较高的动能制造，高原上大气低频动能也较高，低频涡动动能随之偏高，为高原低涡的生成提供充足的旋转动能。

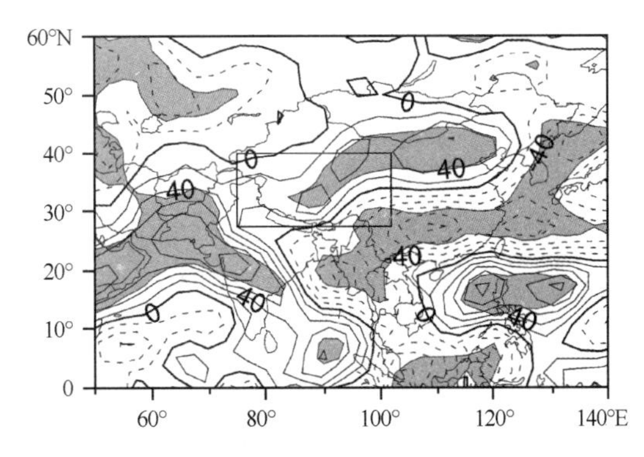

图 2-32　强 MJO 与弱 MJO 大气向外长波辐射场(OLR)30～60 天滤波差值图
(单位：W·m^{-2}；阴影区通过 0.05 的显著性检验)

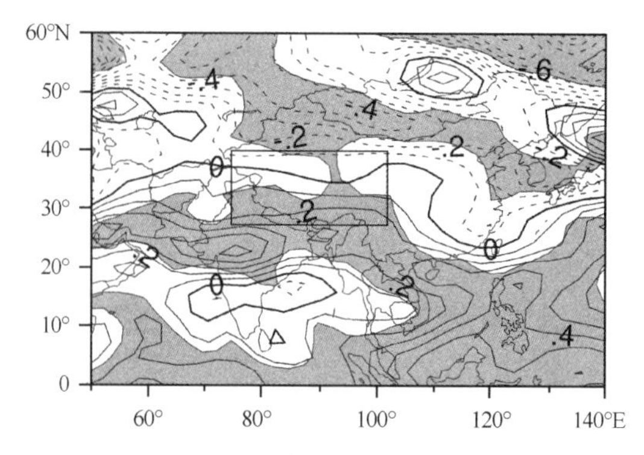

图 2-33　强 MJO 与弱 MJO 下 500 hPa 动能距平 30～60 天滤波差值图

（单位：$m^2 \cdot s^{-2}$；阴影区通过 0.05 的显著性检验）

图 2-34 给出了强 MJO 与弱 MJO 气温差值的经度-高度剖面。由图可见，高原上空 200 hPa 以下处于负值中，200 hPa 以上为正值，高原西部气温偏高，东部偏低。同样，在图 2-35 所示的强 MJO 与弱 MJO 下气温纬度-高度剖面差值图中，200 hPa 以下为负值，200 hPa 以上为正值，北部气温偏低，南部偏高。这说明在强 MJO 下，高原低层温度偏低，冷平流强烈；高层温度偏高，暖平流强烈。这样的温度场垂直结构有利于层结不稳定，激发对流活动。

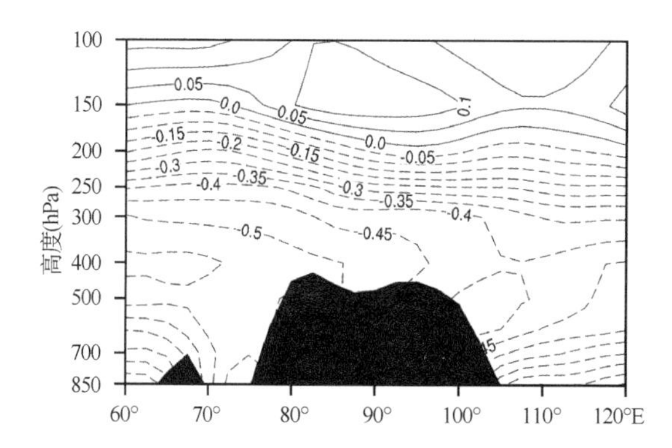

图 2-34　强 MJO 与弱 MJO 下气温(27.5°N～40°N 经向平均)经度-高度剖面差值图(单位：℃)

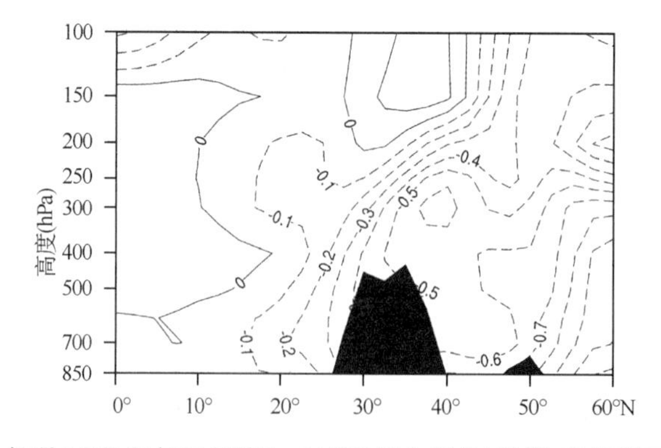

图 2-35　强 MJO 与弱 MJO 下气温(75°E～107°E 纬向平均)纬度-高度剖面差值图(单位：℃)

2.6.4.3　水汽条件差异的分析

暖湿气流蕴含充沛的潜热能，对高原低涡生成和发展有重要作用。强 MJO 与弱 MJO 的水汽条件有何差异？图 2-36 给出了强 MJO 与弱 MJO 相对湿度差值的纬度-高度剖面，图2-37 为强 MJO 与弱 MJO 相对湿度差值的经度-高度剖面图，由图 2-36 和图 2-37 可见，青藏高原均处于负值区，反映出强 MJO 下高原大气较为干燥。这从另一个角度说明潜热加热在高原低涡生成阶段的作用不如感热那么重要。

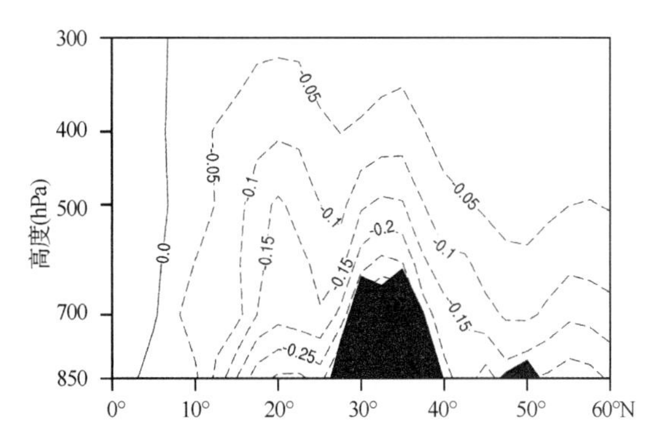

图 2-36　强 MJO 与弱 MJO 下相对湿度（75°E～107°E 纬向平均）纬度-高度剖面差值图（单位：g・kg^{-1}）

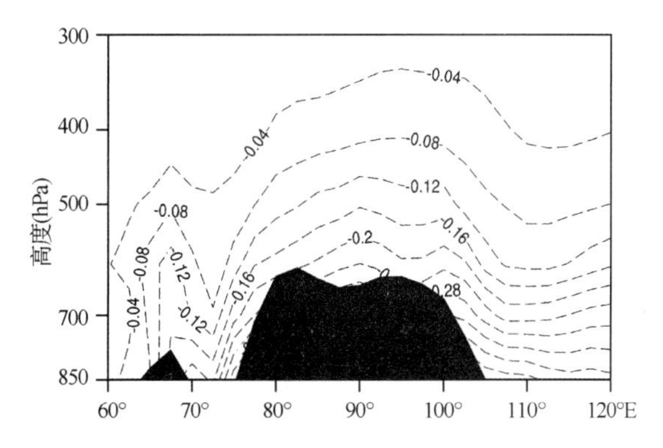

图 2-37　强 MJO 与弱 MJO 下相对湿度（27.5°N～40°N 经向平均）经度-高度剖面差值图（单位：g・kg^{-1}）

但也有研究表明，水汽及潜热对高原低涡的发展尤为重要，高原及周边的水汽分布如何，水汽又是怎样向高原输送的呢？图 2-38 给出了 600 hPa 强 MJO 与弱 MJO 大气比湿 30～60 天滤波差值。由图可见，低频比湿场中，高原大部分区域为负值，说明强 MJO 下高原大气空气比较干燥但赤道 80°E～110°E 向北大片区域为正值。这说明强 MJO 下，以上区域空气较湿，潜热能蕴藏丰富，在偏南风的输送下，高湿高能气流可以向北输送到高原东南部，为高原低涡的进一步发展补充能量。

图 2-39 给出了 600 hPa 强 MJO 与弱 MJO 水汽场 30～60 天滤波差值图，由图可见，在低频南支槽和南中国海的低频高原反气旋的共同作用下，水汽不断向高原和我国东部地区输送，在高原中东部形成辐合。

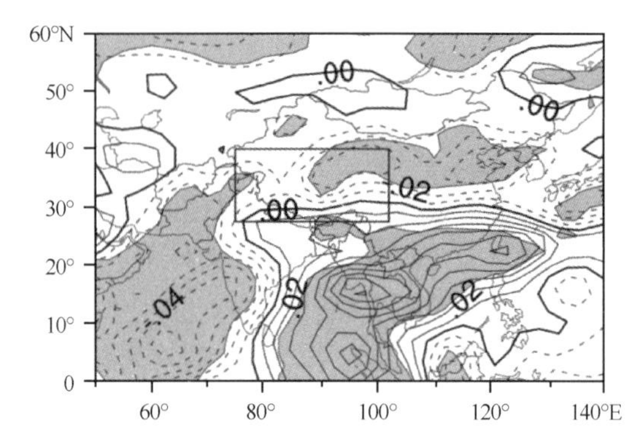

图 2-38 600 hPa 强 MJO 与弱 MJO 大气比湿(单位:g · kg^{-1})30～60 天滤波差值图(阴影区通过 0.1 的显著性检验)

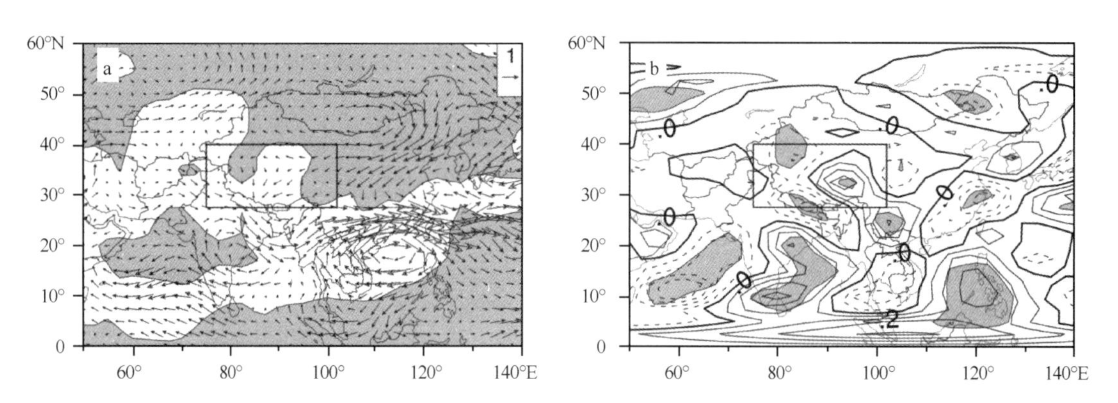

图 2-39 600 hPa 强 MJO 与弱 MJO 水汽场 30～60 天滤波差值图(阴影区通过 0.1 的显著性检验)
(a)水汽通量矢量(单位:kg · m^{-1} · hPa^{-1} · s^{-1});(b)水汽通量散度(单位:kg · m^{-2} · hPa^{-1} · s^{-1})

综上,强 MJO 下高原主体水汽不充沛,高原低涡发展所需水汽主要来源于南支槽和南中国海的低频高压气旋系统对孟加拉湾水汽的输送。虽然强 MJO 下高原大气本身水汽含量不高,高原低涡形成阶段主要依赖于感热加热,但水汽向高原输送作用较强,为高原低涡的东移发展提供潜热能。因此,水汽条件也是导致强弱 MJO 下高原低涡频数差异的主影响因子之一。

2.6.5 小结

本节研究了热带 MJO 对高原低涡发生的可能影响,揭示出 MJO 对高原低涡形成的调制作用,获得以下结论。

(1)高原低涡主要生成于 MJO 活跃期,从 1998 年到 2010 年,MJO 活跃期高原低涡频数为 381 次,MJO 不活跃期高原低涡频数为 126 次,活跃期与不活跃期频数比约为 3 : 1。说明 MJO 对高原低涡生成具有显著的调制作用。

(2)强(弱)MJO 下,青藏高原被低频低压气旋(高压反气旋)系统控制,高原上空的大气环流条件有利于(不利于)高原低涡的生成。

(3)强(弱)MJO 下,东亚天气尺度系统较多(少),以经(纬)向型环流为主,中低纬能量和物质交换(不)活跃,大气有效位能较高(低),涡动有效位能较高(低),有利于(不利于)高原低涡生成。

(4)强(弱)MJO下,高原东部盛行南(北)风,西部盛行北(南)风,高原北部盛行东(西)风,南部盛行西(东)风,有利于(不利于)高原低空气旋环流(高原低涡)的形成。

(5)强(弱)MJO下有较强的动能制造,高原上大气低频动能较高(低),低频涡动动能也随之偏高(低),能够(不能)为高原低涡生成提供充足的旋转动能,有利于(不利于)高原低涡的形成。

(6)强MJO下高原主体水汽不充沛,水汽对高原低涡生成的作用不明显;但南支槽和南中国海的低频高压气旋系统造成孟加拉湾水汽的输送对高原低涡的东移发展有重要作用。

由于MJO强度在向东传播的过程中不断变化,热带地区的对流强度和大气垂直环流结构也相应改变,由在中低纬大气环流的相互作用下中纬大气的斜压性、有效位能以及涡动有效位能分布状况也随之改变,这会影响到青藏高原及周边大气的环流、温度和能量结构以及水汽输送,有利于和不利于高原低涡生成的条件交替出现,从而造成强弱MJO下高原低涡的频数呈现显著差异。

本节通过统计分析揭示了强弱MJO下高原低涡频数差异的可能机制,这一影响机制还需要从数值模拟和动力学分析等方面开展进一步的研究。另外,MJO对高原低涡移出高原有无影响,是怎样影响的,也是值得关注的工作。

2.7　夏季青藏高原低涡结构动力学研究新进展

2.7.1　引言

青藏高原低涡(以下简称高原低涡)是指夏半年发生在青藏高原主体上的一种α中尺度低压涡旋,它主要活动在500 hPa等压面上,平均水平尺度400～500 km,垂直厚度一般在400 hPa以下,生命期1～3天。高原低涡多出现在高原主体的30°N～35°N和87°E以西范围内,而消失于高原东半部下坡处。依据低涡生命史的长短可将其分为发展型和不发展型低涡,生命史在36 h以上的为发展型(移出型)低涡,否则为不发展型(源地型)低涡。由于青藏高原地区的大气行星边界层厚度可达2250 m,而青藏高原本身的平均海拔高度为4000 m,则高原大气边界层厚度位于600～400 hPa,因此高原低涡是一种典型的边界层低涡,高原热源和大气边界层对这类低涡的发生发展具有重要作用(叶笃正 等,1979;乔全明,1987;罗四维,1992)。

研究表明,低涡是高原夏季主要的降水系统之一,西部初生的高原低涡多为暖性结构,垂直厚度浅薄,涡区整层为上升气流,在350～400 hPa最强。低层辐合,高层辐散,无辐散层在400 hPa附近。源地生消的高原低涡主要影响高原西部、中部的降水。在有利的天气形势配合下,个别高原低涡能够向东运动而移出高原,往往引发我国东部一次大范围暴雨、雷暴等灾害性天气(罗四维,1992),以及突发性强降水诱发的次生灾害,如城市内涝、山洪以及滑坡、泥石流等地质灾害。因此对高原低涡的研究对深入认识这类高原天气系统,提升高原及其东侧地区灾害性天气的分析预报水平具有重要的科学意义和应用价值。

对高原低涡的研究,国内外一些学者已通过天气学、诊断计算、卫星资料分析、孤立波理论和数值模拟等多种分析方法开展了不少研究(叶笃正 等,1979;乔全明,1987;罗四维,1992;乔全明和张雅高,1994;郁淑华,2002;郁淑华和高文良,2006;李国平和蒋静,2000;陈伯民,

1996)。但对高原低涡进行系统性的动力学研究尚不多见，这就影响到对其发生发展机理的认识，从而制约了对其移动及天气影响预报水平的提高。在本部分，我们在第 2.7.2 节先利用卫星资料分析两例夏季青藏高原低涡形成过程，重点揭示高原低涡的一些新的观测事实；在第 2.7.3 节应用涡旋动力学方法研究高原热源和边界层对高原低涡结构的作用，得出高原低涡暖心和涡眼(或称空心)结构的形成条件；第 2.7.4 节将讨论高原低涡与类热带气旋低涡(Tropical Cyclone-Like Vortices，简称 TCLV)的可能联系；在第 2.7.5 节对高原低涡中所含的涡旋波动进行分析；最后归纳主要成果并对今后工作予以展望。本节研究内容有助于拓展高原低涡若干典型结构特征的认识，加深了解高原低涡东移及和波动能量的频散机制及其对下游地区的影响，对于开展高原低涡的天气学动力学研究具有重要的学术价值，对高原低涡的业务预报也有指导意义，并可为高原低涡的数值模拟、预报提供理论基础。

2.7.2 基于卫星观测的青藏高原低涡结构分析

由于高原上站点稀少，用常规资料很难捕捉到中小尺度天气系统(如高原低涡)，但用时空分辨率高的静止卫星云图，不仅可以观测大范围云系分布，而且可以观测中小尺度云系的发生发展和消散演变的全过程。钱正安等(1984a)从可见光云图研究了高原低涡结构特征，郁淑华(2002)指出卫星水汽图对移出高原低涡具有指示作用。下面应用卫星云图资料对两例夏季高原低涡发生发展过程及其结构演变进行分析。

图 2-40 为 2005 年 7 月 29 日低涡发展过程的风云 2-C 分裂窗云图。本例低涡是在 28 日晚高原云系减弱后又继续发展形成的低涡云系。凌晨 02 时(北京时)云系发展加强并东移，05 时(图 2-40a)，已出现一积云云系。到 06:30(图 2-40b)在 87.54°E～91.85°E 和 30°N～34°N 范围内形成一成熟的高原低涡，可以看到其具有明显的眼结构，眼区水平直径约 35 km。08 时，涡眼变大，低涡开始消亡(图 2-40c)。图 2-41 为相应时刻配有云顶亮温的 MTSAT 红外 1 标准区域云图，图中低涡云顶温度的极低值达－70℃，表明云体高度高，温度低；而眼区的温度约为－48℃，为少云区，温度明显高于周围云体，表明该高原低涡具有涡眼(或空心)和暖心结构。这与动力学理论分析出的高原低涡的结构特征(李国平和蒋静，2000)相符。这次低涡的生命史并不长(约为 7 h)，属于不发展型高原低涡，整个天气过程中没有出现降水。

2006 年 8 月 14 日出现一持续时间较长的高原低涡过程，在低涡控制范围内的申扎和定日两站都观测到降水。图 2-42 中可见本次低涡起源于一个对流扰动群，随着时间推移，对流云群发展壮大形成低涡。具体演变过程为：14 时，高原西部有少数小尺度积云，并且在高原西部经昌都-甘孜-西安一线呈现由不连续的小尺度积云组成的云带。15:30(图 2-42a)，高原西部 80°E～90°E 和 30°N～35°N 范围内有更多对流云快速形成并出现合并。17:30(图2-42b)，多个不同尺度的对流云系已合并为一个对流云团，云团中间开始出现涡眼。此后该云团不断旋转东移发展，逐渐形成涡旋结构。19 时(图 2-42c)，低涡中心区的涡眼非常明显，此时低涡发展到最强盛阶段，水平尺度约为 500 km，眼区直径约 55 km，强对流区位于涡眼区外围。

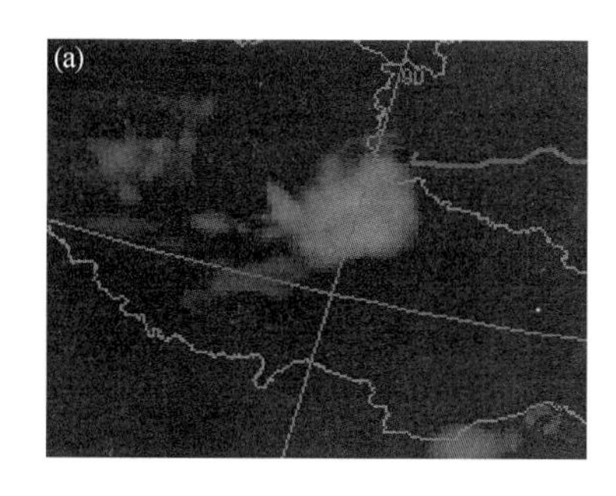

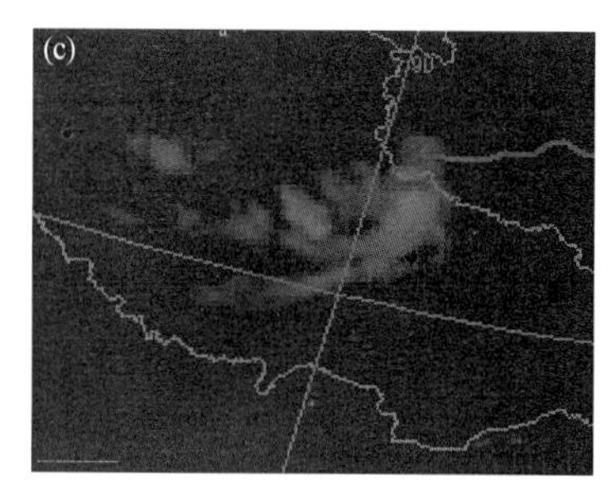

图 2-40　2005 年 7 月 29 日高原低涡发展过程的风云 2-C 分裂窗图像

(a)05:00;(b)06:30;(c)08:00

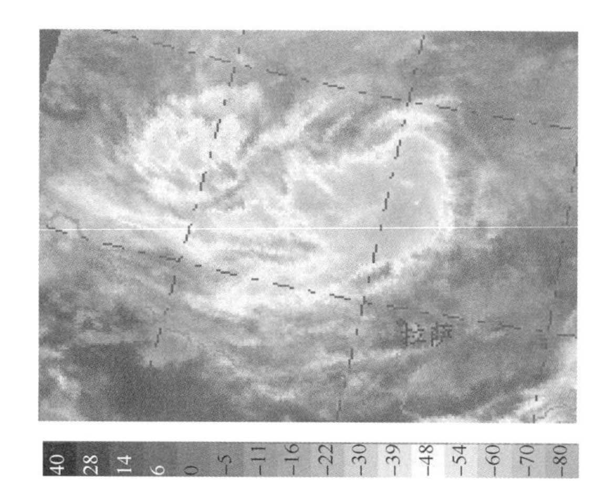

图 2-41　2005 年 7 月 29 日 06:30 的 MTSAT 红外 1 标准区域云图

(图下为温度色标,单位:℃)

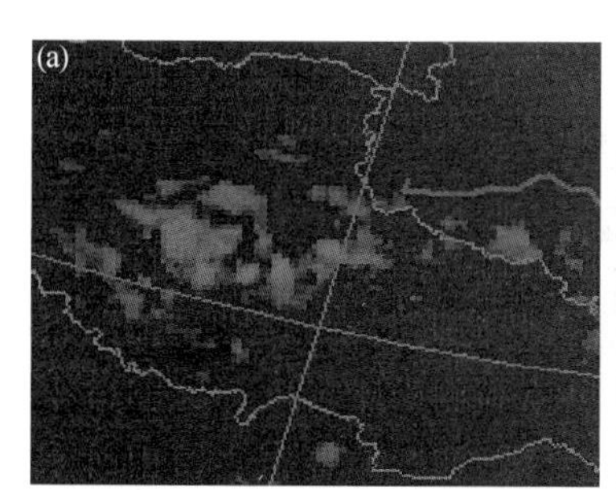

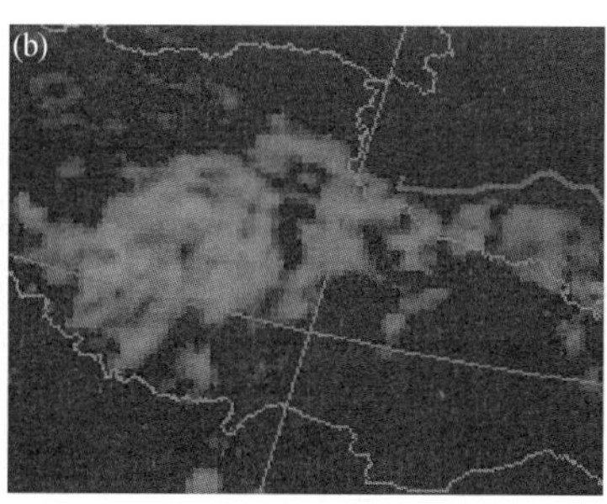

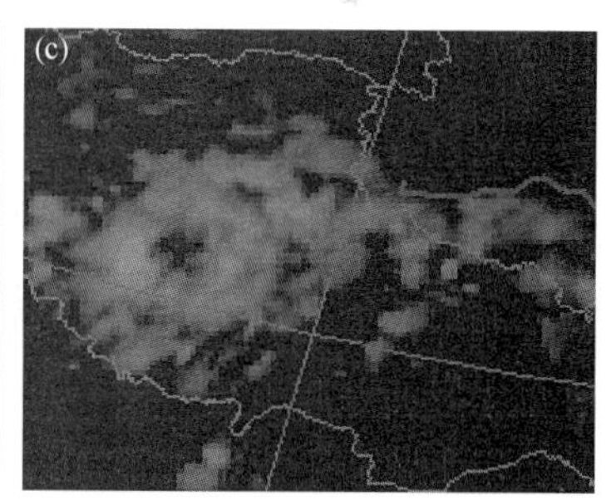

图 2-42　2006 年 8 月 14 日高原低涡发展过程的风云 2-C 红外云图

(a)15:30;(b)17:30;(c)19:00

对应时刻的卫星水汽图(图 2-43)也表明,强水汽区(湿区)位于涡眼区外围,即眼区外围是对流强盛区,而涡眼区为弱水汽区(干区),预示涡眼区有弱的下沉气流。低涡云顶亮温极低值为−70℃(图 2-44),说明对流旺盛,云顶高度较高(陈隆勋,1999);而眼区内基本为无云区,亮温值约为 6℃,这说明眼区温度明显高于周围云体,高原低涡的暖心结构明显。

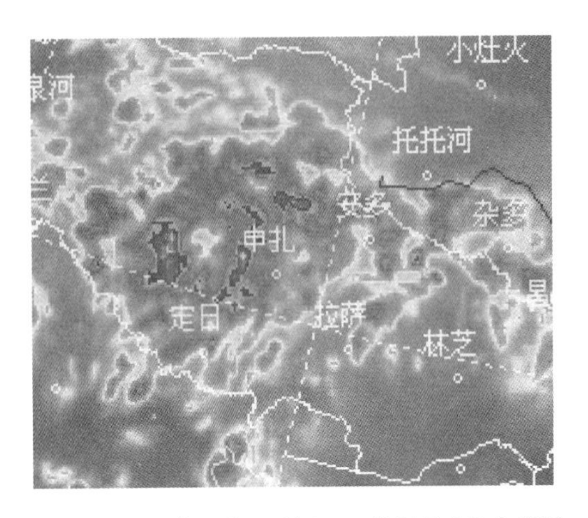

图 2-43　2006 年 8 月 14 日 19:00 的风云 2-C 水汽图

图 2-44　2006 年 8 月 14 日 19:33 的 MTSAT 红外 1 标准区域云图(图下为温度色标,单位:℃)

2.7.3　热源强迫和边界层对高原低涡的作用

大气边界层是对流层下部直接受地面影响的气层,主要位于大气低层 1～3 km,在地面与大气之间的动量、热量和水汽等交换过程中起着十分重要的作用。青藏高原低涡属于边界层低涡(叶笃正 等,1979;Liu et al.,2007),但关于边界层低涡的动力学研究相对比较少。下面运用 Boussinesq 方程组,将边界层低涡视为受加热和摩擦强迫作用且满足热成风平衡的轴对称涡旋系统,通过求解线性化的柱坐标系中的涡旋模式,分析边界层及热源强迫对低涡流场结构的作用,并且将讨论结果用来解释高原低涡的一些重要特征。这有助于深入认识热源强迫对可产生致洪暴雨的高原低涡系统结构的影响,也可为今后开展高原低涡的定量计算和数值模拟工作提供动力学理论基础。

2.7.3.1　边界层低涡的动力学模型及其分析方法

考虑所研究的边界层低涡为受加热和摩擦强迫且满足热成风平衡的轴对称($\partial/\partial\theta=0$)涡旋系统,取柱坐标系$\{r,\theta,z\}$的原点位于涡旋中心,且假定径向是平衡运动,同时满足静力平衡条件,并取 Boussinesq 近似,则描写这类低涡运动的方程组为:

$$-\frac{v^2}{r}-fv=-\frac{1}{\bar{\rho}}\frac{\partial p'}{\partial r} \tag{2-86}$$

$$\frac{\mathrm{d}v}{\mathrm{d}t}+\frac{uv}{r}+fu=0 \tag{2-87}$$

$$0=-\frac{1}{\bar{\rho}}\frac{\partial p'}{\partial z}-g\frac{\rho'}{\bar{\rho}} \tag{2-88}$$

$$\frac{1}{r}\frac{\partial(ru)}{\partial r}+\frac{\partial w}{\partial z}=0 \tag{2-89}$$

$$\frac{\theta'}{\bar{\theta}}=-\frac{\rho'}{\bar{\rho}}=\frac{T'}{\bar{T}} \tag{2-90}$$

$$\frac{\mathrm{d}\theta'}{\mathrm{d}t}=\frac{\bar{\theta}}{c_p\bar{T}}Q \tag{2-91}$$

方程组中:r 为半径,z 为高度,t 为时间,u,v,w 分别为径向风速、切向风速和垂直风速,θ_0,ρ_0,

T_0 分别为静止背景大气的位温、密度和温度，p' 和 θ' 分别是气压和位温扰动，f 为 Coriolis 参数，g 为重力加速度，Q 为非绝热加热率，c_p 为空气的定压比热，$\frac{\mathrm{d}}{\mathrm{d}t}=\frac{\partial}{\partial t}+u\frac{\partial}{\partial r}+w\frac{\partial}{\partial z}$。

由质量连续方程(2-89)可知：在径向垂直剖面($r-z$ 面)上，流场满足二维无辐散条件，则可引入流函数 ψ 来表示低涡流场。在低涡系统的下边界(即低涡底部，$z=0$ 处)，设 $\psi(r,0)=0$，即认为流动是封闭的。低涡系统的上边界取为边界层顶，则根据大气边界层理论可确定出高原低涡流场的上、下边界条件分别为：

$$\psi(r,h_B)=\psi_B=v_B\sqrt{\frac{k}{2f}} \tag{2-92}$$

$$\psi(r,0)=0 \tag{2-93}$$

式中：h_B 是边界层顶高度。

设处于发展阶段初期的边界层低涡是一个平衡的、小振幅(即强度较弱)的涡旋系统，相对于静止的基本状态而言，该涡旋可视为小扰动，则可用微扰法将上面得到的低涡动力学模型线性化。即设 $u=\bar{u}+u'$，$v=\bar{v}+v'$，$w=\bar{w}+w'$，$\psi=\bar{\psi}+\psi'$，$Q=\bar{Q}+Q'$，并假定系统的基本状态初始时处于静止，则有 $\bar{u},\bar{v},\bar{w},\bar{\psi},\bar{Q}=0$。这样，受加热和摩擦强迫的低涡的线性化方程组和边界条件为：

$$f\frac{\partial v'}{\partial z}=\frac{g}{\bar{\theta}}\frac{\partial \theta'}{\partial r} \tag{2-94}$$

$$\frac{\partial v'}{\partial t}+fu'=0 \tag{2-95}$$

$$\frac{\partial \theta'}{\partial t}=\frac{\bar{\theta}}{c_p\bar{T}}Q' \tag{2-96}$$

$$(u',w')=\left[-\frac{\partial \psi'}{\partial z},\frac{1}{r}\frac{\partial(r\psi')}{\partial r}\right] \tag{2-97}$$

$$\psi'(r,h_B)=v'_B\sqrt{\frac{k}{2f}} \tag{2-98}$$

$$\psi'(r,0)=0 \tag{2-99}$$

由(2-94)、(2-95)和(2-96)式经数学推导可得：

$$\frac{\partial^2 \psi'}{\partial z^2}=\frac{g}{c_p\bar{T}f^2}\frac{\partial Q'}{\partial r} \tag{2-100}$$

2.7.3.2　热源对低涡的作用

高原地区强烈的太阳辐射给地表以充足的加热，使大气边界层底部受到强大的地面加热作用，从而奠定了高原低涡产生、发展的热力基础。青藏高原低涡正是在高原特殊的热力和地形条件下生成的。从青藏高原全年平均状况来说，在地面热源三个分量中，以湍流感热输送为最大，有效辐射次之，蒸发潜热最小。并且一般认为低涡生成初期，地面感热输送起主要作用，而凝结潜热释放在低涡发展阶段有重要贡献(乔全明和张雅高，1994；周明煜 等，2000)。根据这一加热特点，下面侧重研究以地面感热为主的高原地面热源对低涡结构的作用。

如果不考虑非绝热加热 Q' 随高度的变化，将(2-100)式对 z 积分两次并利用边界条件可得低涡的流函数解为：

$$\psi' = \frac{g}{2c_p\overline{T}f^2}\frac{\partial Q'}{\partial r}(z^2 - h_B z) + \frac{v'_B z}{2\pi} \tag{2-101}$$

将流函数解(2-101)式代入(2-97)式可得低涡的水平流场为：

$$u' = -\frac{g}{c_p\overline{T}f^2}\frac{\partial Q'}{\partial r}\left(z - \frac{h_B}{2}\right) - \frac{v'_B}{2\pi} \tag{2-102}$$

由此可导出柱坐标系中低涡的水平散度场为：

$$D' = -\frac{g}{c_p\overline{T}f^2}\left(\frac{\partial^2 Q'}{\partial r^2} + \frac{1}{r}\frac{\partial Q'}{\partial r}\right)\left(z - \frac{h_B}{2}\right) - \frac{\zeta'_g}{2\pi} \tag{2-103}$$

其中，$\zeta'_g = \frac{\partial v'_B}{\partial r} + \frac{v'_B}{r}$为边界层顶的扰动地转风涡度。

(2-103)式的第一项是热源强迫(即加热径向分布不均匀)引起的散度项，第二项是大气边界层 Ekman 抽吸作用引起的散度项。对于热源强迫项，在$\frac{\partial^2 Q'}{\partial r^2} + \frac{1}{r}\frac{\partial Q'}{\partial r} > 0$(即加热场的径向分布呈“内冷外热”型)的区域，水平散度场随高度的变化为：当 $z < h_B/2$ 时，$D' > 0$，即低涡的低层为辐散，但随着高度升高，辐散减弱；当 $z = h_B/2$ 时，(2-103)式第一项的热源强迫散度项 $D' = 0$，此为热源强迫的无辐散层；当 $z > h_B/2$ 时，热源强迫散度项 $D' < 0$，即高层为辐合，且高度越高，辐合越强。由此可见，热源强迫的散度场在 $z = h_B/2$ 处为一水平无辐散层，其上为辐合层，其下为辐散层，因此可将 $z = z_C = h_B/2$ 看作动力变性高度，在此高度上，$\frac{\partial^2 Q'}{\partial r^2} + \frac{1}{r}\frac{\partial Q'}{\partial r} > 0$(“内冷外热”型)区域内的气流由低层辐散气流转变为高层辐合气流。而对于$\frac{\partial^2 Q'}{\partial r^2} + \frac{1}{r}\frac{\partial Q'}{\partial r} < 0$(“内热外冷”型)的区域，可得到与上述区域相反的结论，即低层辐合气流转变为高层辐散气流。

将流函数解(2-101)式代入(2-97)式还可得低涡的垂直速度解：

$$w' = \frac{g}{2c_p\overline{T}f^2}\left(\frac{\partial^2 Q'}{\partial r^2} + \frac{1}{r}\frac{\partial Q'}{\partial r}\right)(z^2 - h_B z) + \frac{z\zeta'_g}{2\pi} \tag{2-104}$$

同样，上式第一项是由热源径向的分布不均匀所强迫的垂直速度项，第二项是边界层Ekman抽吸作用引起的垂直速度项。对于热源外强迫对垂直运动的影响，由于$(z^2 - h_B z) < 0$，所以在低涡“内冷外热”型加热分布区域$\left(\frac{\partial^2 Q'}{\partial r^2} + \frac{1}{r}\frac{\partial Q'}{\partial r} > 0\right)$，$w' < 0$，热源强迫出下沉运动，在“内热外冷”型加热分布区域$\left(\frac{\partial^2 Q'}{\partial r^2} + \frac{1}{r}\frac{\partial Q'}{\partial r} < 0\right)$，才出现通常认为的热源强迫产生的上升运动。所以热力强迫出的垂直运动的具体形式与热源的径向分布有很大关系。

2.7.3.3 边界层动力抽吸泵对高原低涡的作用

高原地区强烈的太阳辐射奠定了边界层对流产生、发展的热力基础，同时高原地区复杂的地形、地貌使高原边界层内的风场经常具有较强的不均匀性，不同层次之间常出现垂直切变，而强切变的存在加强了对流混合，这又为对流发展提供了强大的动力基础。研究表明，青藏高原上空湍流边界层的高度可达 2200 m，比平原地区明显偏高，湍流交换强度也比平原地区要强(周明煜 等，2000)。根据大气边界层理论和高原边界层观测试验，高原边界层的 Ekman 抽吸作用或动力“抽吸泵”强度比平原地区大许多(Zhang et al.，2003)，这对于高原边界层内的对流活动和高原低涡的发生发展具有重要作用(高守亭，1983)。

由(2-119)式可知，对于 Ekman 抽吸作用项，若边界层顶有气旋性涡度时，$\zeta'_g>0$，通过 Ekman 抽吸作用引起低涡的上升运动，并且上升运动随高度增强；若边界层顶有反气旋性涡度时，$\zeta'_g<0$，通过 Ekman 抽吸作用引起低涡的下沉运动，并且下沉运动随高度增强。

2.7.4　高原低涡与类热带气旋低涡的可能联系

长期以来，人们对热带气旋(台风)中的涡眼结构已有较深入的认识和研究，从飞机和卫星的观测上得到证实，并用动力学理论和数值模拟对此加以解释。但对中高纬度的低压涡旋是否存在类似于台风的涡眼结构及其成因还了解得不多。但国内外学者在模拟中纬度气旋的发生、发展过程中，观察到类似台风涡眼的结构。类热带气旋低涡是指一类与热带气旋相似的低压涡旋系统，它具有与热带气旋相似的眼结构、暖心结构以及地面风场最强等结构特征和发展机制，多在热带或副热带等不同纬度的洋面上生成、发展，例如某些极涡和地中海气旋(Walsh et al.，1997；Gray et al.，1998；Nguyen et al.，2001)。

地面感热作用的数值试验和能量诊断分析揭示出高原低涡初期和成熟期扰动动能的来源方式类似于热带大气中能量的转换方式(乔全明，1987)。而青藏高原 500 hPa 低涡的天气学诊断(乔全明和张雅高，1994)和动力学结构分析(李国平和蒋静，2000)也表明：由于青藏高原下垫面的热力性质与热带海洋有相似之处，所以不少高原低涡的结构与海洋上的热带气旋(TC)或类热带气旋低涡(TCLV)十分相似。在云形上主要表现为气旋式旋转的螺旋云带，低涡中心多为无云区(空心)。卫星云图资料也表明，盛夏时高原低涡的云型与海洋上热带气旋非常类似，螺旋结构十分明显；高原低涡也具有与热带气旋相似的眼结构、暖心结构等特征(乔全明和张雅高，1994)。因此可以认为，高原独特下垫面特性和周围环境场的综合效应，使得夏季高原低涡(特别是暖性低涡)的性质以及发生规律更类似于热带气旋而不同于温带气旋，这种现象在低涡发展初期更为明显，可以将这类暖性高原低涡视为 TCLV，只是由于高原不像海洋上那样有充分的水汽供应，因而高原低涡不像台风那样可以强烈发展，涡眼不那么清楚，生命史也较短。

根据前面所述热源强迫对边界层低涡流场结构作用的讨论，在低涡的中心区域呈“内冷外热”型$\left(\text{即}\dfrac{\partial^2 Q'}{\partial r^2}+\dfrac{1}{r}\dfrac{\partial Q'}{\partial r}>0\right)$加热分布时，低涡中心低层($z<z_C$)会强迫出辐散气流和随时间减弱的切向流场，高层($z>z_C$)强迫出辐合气流和随时间增强的切向流场，并且易在涡心产生下沉运动，有利于形成涡眼结构，这在卫星云图上表现为无云区或空心区(乔全明和张雅高，1994)；而在低涡眼壁以外的外围区域的热源径向分布形式容易满足“内热外冷”型$\left(\text{即}\dfrac{\partial^2 Q'}{\partial r^2}+\dfrac{1}{r}\dfrac{\partial Q'}{\partial r}<0\right)$，则在低涡外围的低层产生辐合气流和随时间增强的切向流场，高层产生辐散气流和随时间减弱的切向流场，并且产生上升运动。高原低涡的这种结构与热带气旋类似，因此可认为此时高原低涡的结构已转化为类热带气旋低涡，可把这类高原低涡看作 TCLV 的新例证。

综合以上低涡水平流场和垂直流场的分析结果，可归纳出 TCLV 类型的高原低涡的典型流场结构模式，如图 2-45 所示。

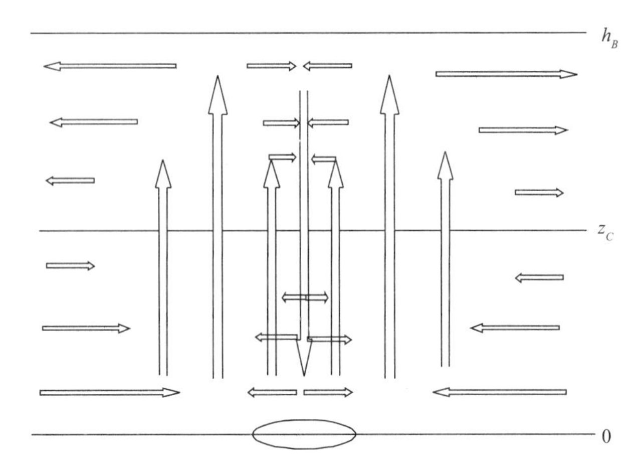

图 2-45　TCLV 类型的高原低涡流场结构的垂直剖面示意图

2.7.5　总结

本综述首先利用卫星云图通过两个个例揭示出夏季一类高原低涡结构的基本观测事实：低涡形成过程中螺旋结构明显，具有涡眼结构，且为暖心，眼中心为下沉气流。

然后借鉴研究热带气旋类低涡的方法，将暖性青藏高原低涡视为受加热和摩擦强迫作用，且满足热成风平衡的轴对称涡旋系统，通过求解线性化的柱坐标系中的涡旋模式，得出了边界层动力作用下低涡的流函数解，比较细致地用定性分析的方法重点讨论了地面热源强迫和边界层动力“抽吸泵”对高原低涡流场结构以及发展的作用。结果表明，地面热源强迫有利于高原低涡的生成，对高原低涡流场结构的形成具有重要作用。热源强迫的边界层低涡的散度场存在一个动力变性高度，高度的位置与边界层顶高度有关。通过边界层 Ekman 抽吸作用，当边界层顶有气旋性涡度时，能引起边界层低涡的水平辐合运动和随高度增强的上升运动，并可增强低涡的切向流场；如果低涡的中心区域为“内冷外热”型加热分布，则热源强迫的低涡中心区域下层为辐散气流和随时间减弱的切向流场，上层为辐合气流和随时间增强的切向流场，并伴有下沉运动，从而形成涡眼结构，有利于类热带气旋低涡型式的高原低涡形成。

最后应指出的是，本节对地面热源强迫和边界层作用的定性讨论还不够全面，高原边界层低涡的数学物理模型也有待完善，分析结果也是初步的、概念性的，给出的低涡流场图像还需要与天气观测事实做进一步的对比以及用数值模拟的结果加以验证，地面加热对低涡结构的定量作用还须进行数值计算研究。

第 3 章　低涡暴雨的诊断分析

3.1　高原低涡东移引发四川盆地暴雨的湿位涡及螺旋度分析

3.1.1　引言

四川盆地处于青藏高原东侧，是我国暴雨的高频中心之一，高原低值系统东移影响是其暴雨的主要影响系统，尤以高原低涡东移触发的四川盆地暴雨最为常见，高原低涡东移影响四川盆地是该地区大范围洪涝的典型形势。宋敏红等(2002)指出，高原涡东移出高原激发西南涡东移，使西太平洋副高南落，长江中、下游流域产生暴雨。刘富明等(1986)指出高原低涡东移影响四川暴雨的一个重要条件是高空辐散场。缪强等(1999)认为高原低涡的东移发展与西南低涡的相互作用是诱发西南低涡发展和暴雨发生的重要形势。李国平(2007)认为应重视东移高原低涡对西南低涡及高原外围强对流性降水的触发作用。陈忠明等(2004b)利用诊断分析得出西南低涡与东移高原涡耦合，造成四川盆地大面积暴雨。上述研究丰富了对四川盆地低涡暴雨的认识，但是，利用湿位涡、螺旋度等新型物理诊断量对造成四川暴雨的东移高原低涡典型个例的诊断分析目前还不多见。2008 年 7 月 20—25 日，一次高原低涡东移造成了川、渝、黔、长江中下游和黄淮下游的我国中东部广大地区大范围暴雨，7 月 20 日暴雨过程始于四川盆地，25 日从山东半岛东移入海，历时 6 天，给我国中东部地区带来严重灾害。本节采用 T213 资料以及地面和高空常规观测资料，结合湿位涡和螺旋度的诊断分析，重点研究高原低涡东移出高原时引发四川盆地暴雨的形成机制以及相关物理量分布特征对降水落区预报的指示作用。

3.1.2　高原低涡移动路径和强度变化

2008 年 7 月 20 日 08:00(北京时)500 hPa 天气图上(图略)，青海西南部有一低涡生成，欧亚地区中高纬环流形势为两槽一脊型，贝加尔湖为长波脊，中亚大部分地区为宽广的脊区，高压中心位于贝加尔湖以南的蒙古地区。乌拉尔山和我国华北地区为长波低槽区，华北地区的东亚大槽区内华北低涡深厚稳定。

根据高原低涡东移路径及中心强度变化可将该例低涡东移分为三个阶段(图 3-1a,b)。第一阶段(20 日 08:00—20 日 20:00)：高原低涡受华北低涡引导东移出高原，20 日 08:00 时，高原低涡在青海西南部生成，涡心正涡度值达 $11\times10^{-5}\ s^{-1}$，高原低涡处于蒙古高压底部和华北低涡西伸的低槽切变线尾端，同时西藏高原中部有 584 位势什米线的浅脊发展，到 20:00 时在青藏高原中部发展为一高压脊，脊前的偏北气流为低涡后部注入冷空气，低涡发展加强，受前部低压系统的引导于 20 日晚东移出高原。

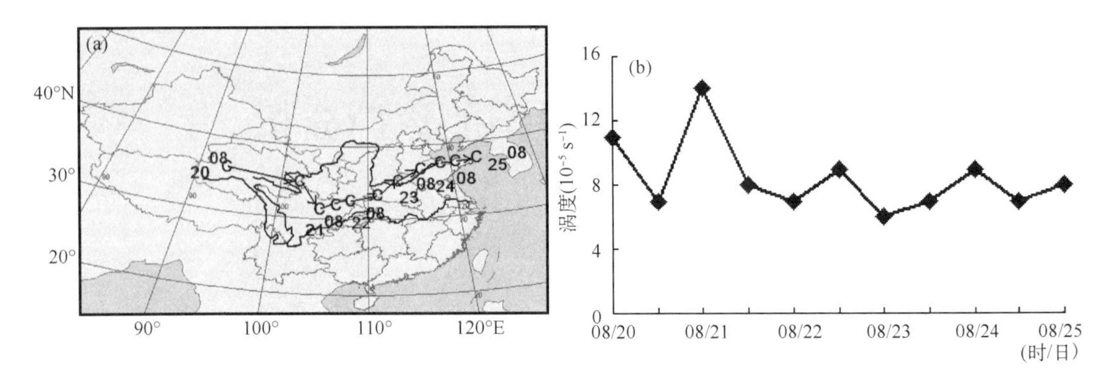

图 3-1　2008 年 7 月 20—25 日 500 hPa 高原低涡东移情况(a)及相应中心涡度变化曲线(b)

第二阶段(20 日 20:00—22 日 20:00):由于副高阻塞和西藏高脊东移,高原低涡南掉处于两高间的切变流场中,并在四川盆地移动缓慢,48 h 仅移动了 10 个经距,21 日 08:00—22 日 08:00 低涡仅移动了 3 个经距,出现了停滞现象。随着青藏高脊东移发展,脊前偏北气流使低涡进一步加深,涡心涡度值从 20 日 20:00 时逐渐加强,至 21 日 08:00 时达到最强,约为 14×10^{-5} s^{-1}。低涡东移过程中,其强度变化在移经四川盆地时有明显的加强和减弱过程。

第三阶段(22 日 20:00—25 日 08:00):西太副高加强并北抬,低涡受副高北侧偏西气流引导东移,在山东半岛东移入海。该时段内低涡强度无大的变化,中心涡度维持在 7×10^{-5} ~ 9×10^{-5} s^{-1}。

3.1.3　高原低涡东移过程中雨情及水汽供应

由日雨量分布图(图 3-2)可知,低涡东移至四川停滞阶段造成了四川 14 个市州出现暴雨,20 日强降雨区位于盆地西部(图 3-2a),有 141 个乡镇降雨量在 50~100 mm,40 个乡镇降雨量在 100~249.9 mm,并有两站(江油 288.4 mm、乐山 280 mm)出现了特大暴雨;21 日强降雨区移至盆地东部(图 3-2b),有 95 个乡镇降雨量在 50~100 mm,58 个乡镇降雨量在 100~249.9 mm。低涡受副高北侧偏西气流引导东移入海阶段,地面观测资料显示,22 日云贵经重庆、湖北至河南、安徽和山东一带(图 3-2c),大部分地方都发生了暴雨,其中,襄樊日雨量 191 mm,沈丘 227 mm,亳州 161 mm,日照 180 mm,邻近站点降水均在 100 mm 以上,23 日(图略)降水减弱,降水大值区主要位于山东半岛。

此次低涡东移降水过程造成了长江中下游和黄淮下游流域的我国中东部地区大范围暴雨灾害天气。本节主要针对高原低涡东移对四川降水的影响(20—21 日)进行分析。众所周知,水汽输送是降水的重要条件,但这种源源不断的水汽输送能否在某个区域集中起来更值得注意,而水汽通量散度则反映了水汽的集中情况(朱定真 等,1997)。此处取低涡降水开始加强时刻 20 日 20:00(对应图 3-1b 中低涡强度开始加强时)和即将东移时刻 21 日 20:00(对应图 3-1b 中低涡强度开始减弱时)整层水汽通量及整层水汽通量散度进行分析。

由于西太副高的经向型分布,孟加拉湾经云贵向四川输送的暖湿西南气流强盛,同时,蒙古高压东南侧、华北低压后部的偏北干冷气流也很强盛,冷暖气流在四川盆地交汇,造成盆地内形成较强的辐合,形成稳定的上升运动。20 日 14:00 时盆地西部从低层直到 300 hPa 均为上升运动,700 hPa 为大值中心,达到了 -0.5×10^{-2} hPa·s^{-1},大值中心位于(30°N,104°E)的暴雨中心附近(图略),并且在低涡移经四川并停滞阶段,降水落区始终处于上升运动区。20

日 20:00 时(图 3-3a),整层水汽通量散度负值区(阴影区)呈带状分布,分别位于川西高原北部(低涡区)和四川盆地西部。盆地西部的负值辐合区与该时段降水落区一致,两个负值中心(-0.2×10^{-5} g·cm^{-2}·hPa^{-1}·s^{-1}和-0.1×10^{-5} g·cm^{-2}·hPa^{-1}·s^{-1})分别与两个强降水中心绵阳和乐山相对应。21 日 20:00 时(图 3-3b),随着高原低涡东移,整层水汽通量大值区也随之东移,位于川东北及渝、黔、湘、鄂等地,整层水汽通量散度的负值区位于川东北及重庆一带,同样与该时段降水落区相对应,负值中心为-0.3×10^{-5} g·cm^{-2}·hPa^{-1}·s^{-1},与未来 6 h 强降雨区重叠,可作为短临预警指标。从整层水汽通量的时间纬向剖面图(图略)可知,四川盆地水汽输送在 20 日 08:00—22 日 08:00 最强,以后水汽输送带逐渐东移,且高原低涡加强阶段为整层水汽辐合最强时段。

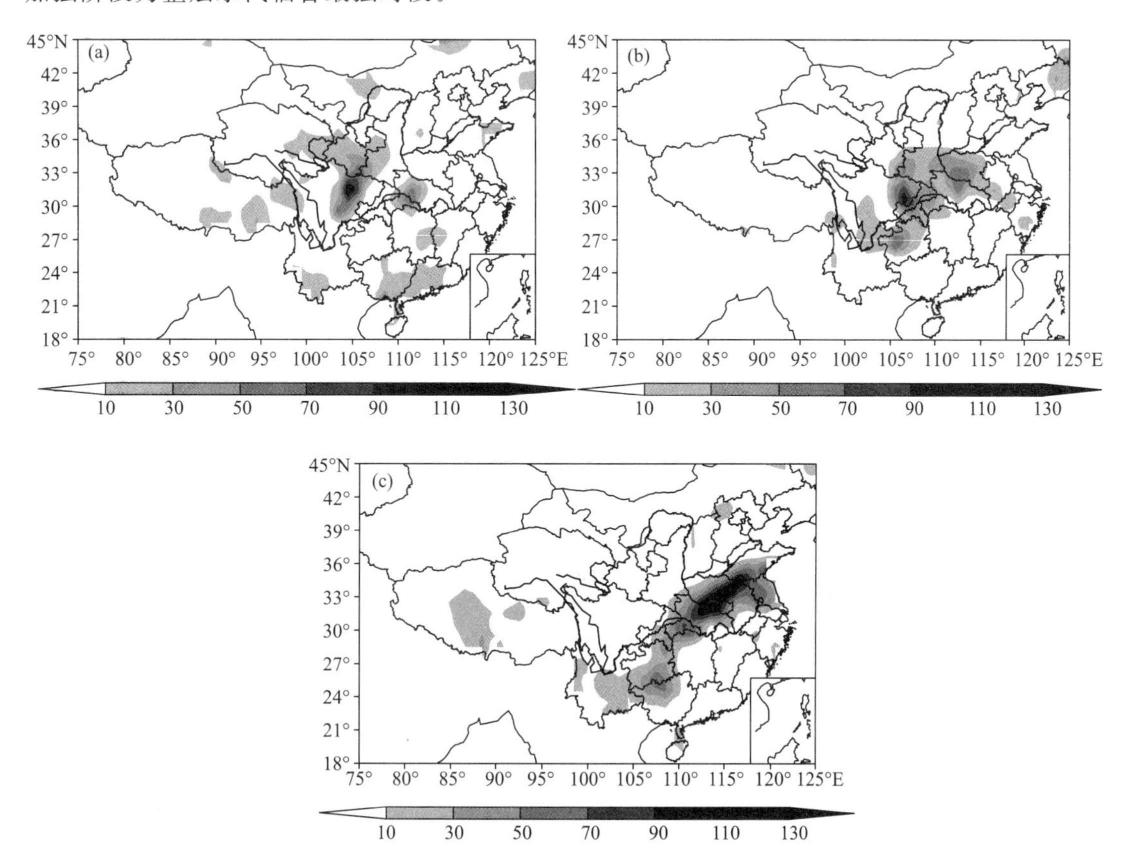

图 3-2 2008 年 7 月 20—22 日日雨量分布(单位:mm)
(a)20 日;(b)21 日;(c)22 日

由以上分析可知,由于低涡环流的正涡度辐合上升运动,使得整层水汽通量散度场中的辐合区基本呈带状分布,整层水汽通量散度的负值辐合区与相应时段降水落区相对应,强辐合中心与强降水中心分布比较一致。

针对以上两个特殊的降水时段,下面通过计算相应时刻的湿位涡和螺旋度两个物理量的分布特征,进一步对降水的动力机制及降水落区分布进行探讨。

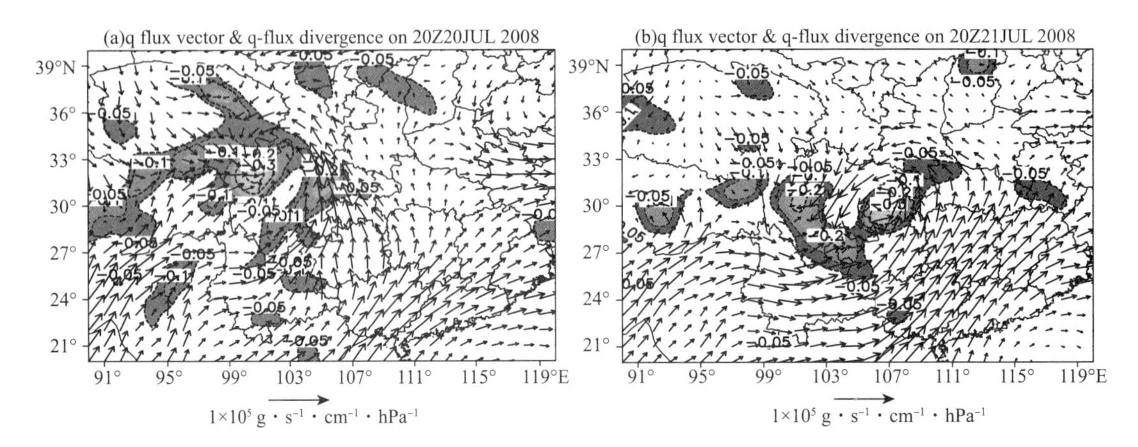

图 3-3　2008 年 7 月 20 日 20:00 时(a)和 21 日 20:00 时(b)地面到 300 hPa 整层水汽通量矢量($g \cdot cm^{-1} \cdot hPa^{-1} \cdot s^{-1}$)和水汽通量散度($10^{-5}$ $g \cdot cm^{-2} \cdot hPa^{-1} \cdot s^{-1}$)

3.1.4　湿位涡分析

湿位涡是一个能同时表征大气动力、热力和水汽性质的综合物理量。近年来,其概念和理论得到了深入研究和广泛应用,相关研究(段旭和李英,2000;高守亭 等,2002;任余龙 等,2007;张艳霞 等,2008)认为湿位涡诊断量对暴雨天气有较好的指示意义。等压面上湿位涡(吴国雄 等,1995)的表达式为:

$$MPV = -g(\zeta + f)\frac{\partial \theta_{se}}{\partial p} + g\left(\frac{\partial v}{\partial p}\frac{\partial \theta_{se}}{\partial x} - \frac{\partial u}{\partial p}\frac{\partial \theta_{se}}{\partial y}\right) \tag{3-1}$$

湿位涡可分为湿正压项 $MPV1$ 和湿斜压项 $MPV2$,即:

$$MPV1 = -g(\zeta + f)\frac{\partial \theta_{se}}{\partial p} \tag{3-2}$$

$$MPV2 = g\left(\frac{\partial v}{\partial p}\frac{\partial \theta_{se}}{\partial x} - \frac{\partial u}{\partial p}\frac{\partial \theta_{se}}{\partial y}\right) \tag{3-3}$$

其中,$MPV1$ 是湿位涡的第一分量(垂直分量),表示惯性稳定度($\zeta + f$)和对流稳定度 $-g\partial\theta_{se}/\partial p$ 的作用,其值取决于空气块绝对涡度的垂直分量与相当位温的垂直梯度的乘积,为湿正压项。$MPV2$ 是湿位涡的第二分量(水平分量),它的数值由风的垂直切变(即水平涡度)和相当位温的水平梯度决定,包含了湿斜压性($\nabla_p\theta_{se}$)和水平风垂直切变的贡献,故称为湿斜压项。

一般来说,绝对涡度为正值,当$\partial\theta_{se}/\partial p < 0$(对流稳定)时,湿正压项 $MPV1 > 0$,只有湿斜压项 $MPV2 < 0$,垂直涡度才能得到较大增长,此时 $MPV2$ 负值越强表明大气斜压性越强;当$\partial\theta_{se}/\partial p > 0$(对流不稳定)时,$MPV1 < 0$,只有 $MPV2 > 0$,垂直涡度才能得到较大增长。湿位涡的单位为 PVU($1\ PVU = 10^{-6}\ m^2 \cdot K \cdot s^{-1} \cdot kg^{-1}$)。

3.1.4.1　湿正压项与低涡暴雨的发展

由 20 日 08:00 时沿暴雨中心 30°N $MPV1$ 和假相当位温纬向剖面图分布可知(图 3-4a),降水落区(102°E～106°E)及其东侧在 500 hPa 以下为 $MPV1$ 的负值区,也是对流不稳定区,极低值−10 PVU 与 390 K 的高温湿能量中心重合,并与暴雨中心对应,西侧为 $MPV1$ 正值区

和对流稳定区。500 hPa以上为 $MPV1$ 正值区和对流稳定区。这种湿位涡正负区叠置的形式有利于低层气旋式辐合。400 hPa有一正位涡舌(4 PVU)向下延伸至650 hPa,叠加在低层 $MPV1$ 负值中心上空,表明对流层中高层为对流稳定区,冷空气以高值位涡的形式向下入侵,叠加在低层负值位涡中心上空,有利于暴雨的触发。强降水中心(104°E,图中实心三角所示)位于冷空气下延最强和边界层扰动最强的地区。配合6 h雨量图发现,此时对流性降雨开始增强,其后6 h降水区分布与该区域分布较一致,强降水中心仍位于(30°N,104°E)附近。从剖面图中还可以看出:湿正压项 $MPV1$ 绝对值是随高度的增加而减小的,这样就容易存储和释放对流不稳定能量,有利于在该区域发生暴雨。

21日20:00时(图3-4b)降水落区(105°E～110°E)在500 hPa以上为正值 $MPV1$ 区,500 hPa以下仍处于MPV1的负值区,且为对流不稳定区,两个负值中心(−8 PVU)分别位于104°E和106.4°E附近,但仅有106°E区产生强降水。这是因为该雨强中心与中高层冷空气下延最强区对应,且有较强的水汽输送到该区,而另一负大值中心,虽然处于对流不稳定中心区,但中高层冷空气稍弱,且水汽输送在该区较小,故降水较弱。同时也表明,该次暴雨形成的动力机制主要是层结不稳定以及中高层冷空气下延叠加在低层高温高湿能量扰动之上,促使对流发展,产生暴雨。

可见,对流层中高层以及对流层顶的高值位涡下传,使具有高位涡的冷空气叠加在低层扰动所对应的负位涡中心之上,对于位势不稳定能量的储存和释放十分有利,也利于低层气旋式辐合。

3.1.4.2 湿斜压项与低涡暴雨的发展

由20日20:00时湿位涡斜压项纬向剖面图(图3-4c)可知,降水落区及其东侧在中低层处于 $MPV2$ 的正值区,$MPV2$ 大值中心(0.6 PVU)位于850 hPa,与暴雨中心对应。21日20:00时(图3-4d),正值中心仍位于850 hPa,降水落区大部分出现在低层 $MPV2$ 正值区,相邻负值区降水较小,暴雨中心位于低层正负 $MPV2$ 值相邻的等值线密集区,而并不位于正值中心。这是因为该时刻 $MPV1$ 为负值,$MPV2$ 负值分布已不利于垂直涡度增长,且该区降水已开始减弱,未来6 h地面降水带东移至正值区。由其他时次850 hPa $MPV2$ 的水平分布图(图略)可知,$MPV2$ 正值区的分布亦与各时次降水的落区分布相对应,正值中心与暴雨中心基本重合,或处于正负 $MPV2$ 值相邻的等值线密集区内。以上分析表明,$MPV2$ 的量级虽然比 $MPV1$ 小,但表现了风的垂直切变和低层暖湿气流的输送状况,即低空急流的作用,且中低层 $MPV2$ 正值区及其包围的等值线密集区的分布对降水落区指示较好,并对未来6 h雨区的移动具有一定指示性。

由以上分析可知:低涡移经四川盆地时,湿位涡所反映出的中低层较强的正涡度、强的层结不稳定、上升运动和低空急流等,都是有利于暴雨产生的重要机制。降水过程中涡旋的正压发展和斜压发展项都很重要,对流层中低层 $MPV1$ 的负值区和 $MPV2$ 的正值区的分布与降水区域有较好的对应关系,降水一般出现在对流层中下部 $MPV1<0$ 和低层 $MPV2>0$ 的范围内,而 $MPV1$ 负值中心和 $MPV2$ 正值中心及其包围的密集区是暴雨预报的警戒区。尽管湿位涡的斜压部分数值比正压部分要小,但是它对暴雨落区的预报有一定的指示意义。

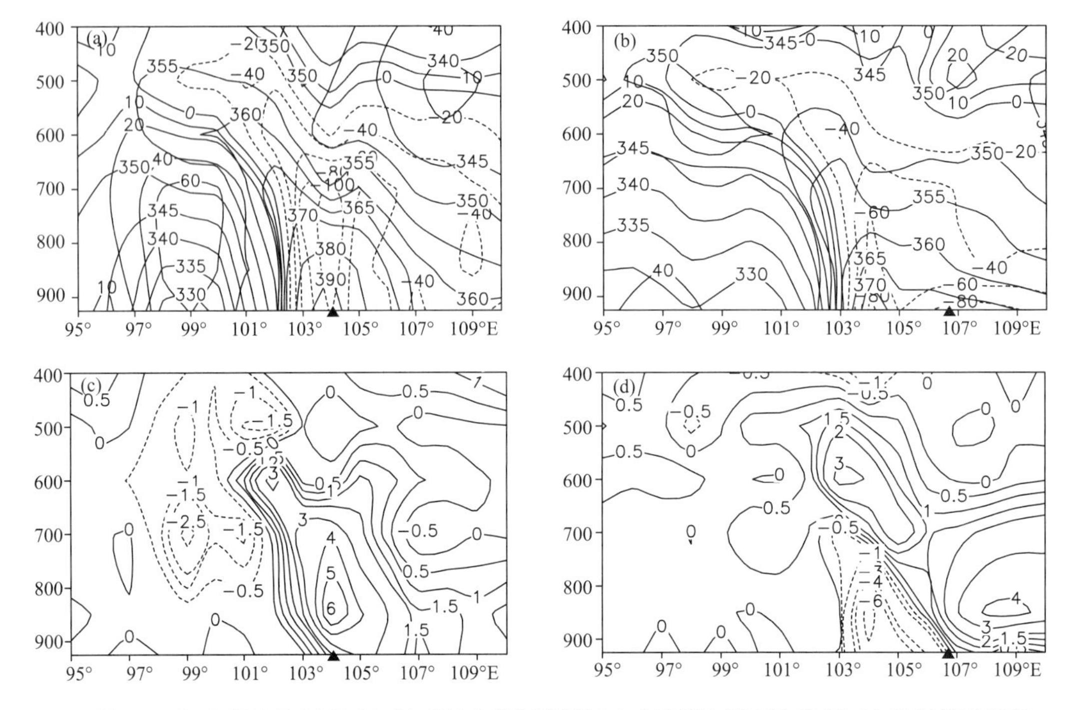

图 3-4　2008 年 7 月 20 日 20:00 时沿 30°N *MPV*1(a)、*MPV*2(c)和 21 日 20:00 沿 31°N *MPV*1(b)、*MPV*2(d)垂直分布(▲:暴雨中心)

3.1.5　螺旋度分析

螺旋度作为强对流天气分析的一个重要物理量，在国内外暴雨研究中已有广泛应用(Davies-Jones et al.,1990；Woodall,1990；寿绍文和王祖锋,1998；侯瑞钦 等,2003；岳彩军 等,2006,迟竹萍 等,2006；黄楚惠和李国平,2009)，并取得了不少有意义的结果。下面用 z-螺旋度和相对螺旋度(SRH)来对本次低涡暴雨进行诊断，试图揭示高原低涡暴雨与螺旋度之间的一些关系。

3.1.5.1　z-螺旋

在上升运动 $w>0$ 的情况下，Z 坐标系下 z-螺旋度计算公式为：

$$h = w\zeta = -\frac{\omega}{\rho g}\left(\frac{\partial v}{\partial x} - \frac{\partial u}{\partial y}\right) \tag{3-4}$$

则当有上升运动($w>0$)，$\zeta>0$ 为正涡度时，螺旋度为正值；反之 $\zeta<0$ 为负涡度，螺旋度为负值。

20 日 20:00 时 400 hPa z-螺旋度水平分布(图 3-5a)表明：正值螺旋度与相应时段雨区分布较一致，但强降水中心与螺旋度正值中心并不对应，而是处于其正值梯度的一侧。图 3-5b 分布类似，雨强中心仍处于螺旋度梯度的高值一侧，但正值螺旋度区较该时段雨区略有东南移，而与相邻 6 h(21 日 20:00—22 日 02:00)降水落区分布及走向较一致。这说明中低层 z-螺旋度水平分布对降水落区和雨强中心的分布具有较好的指示性。

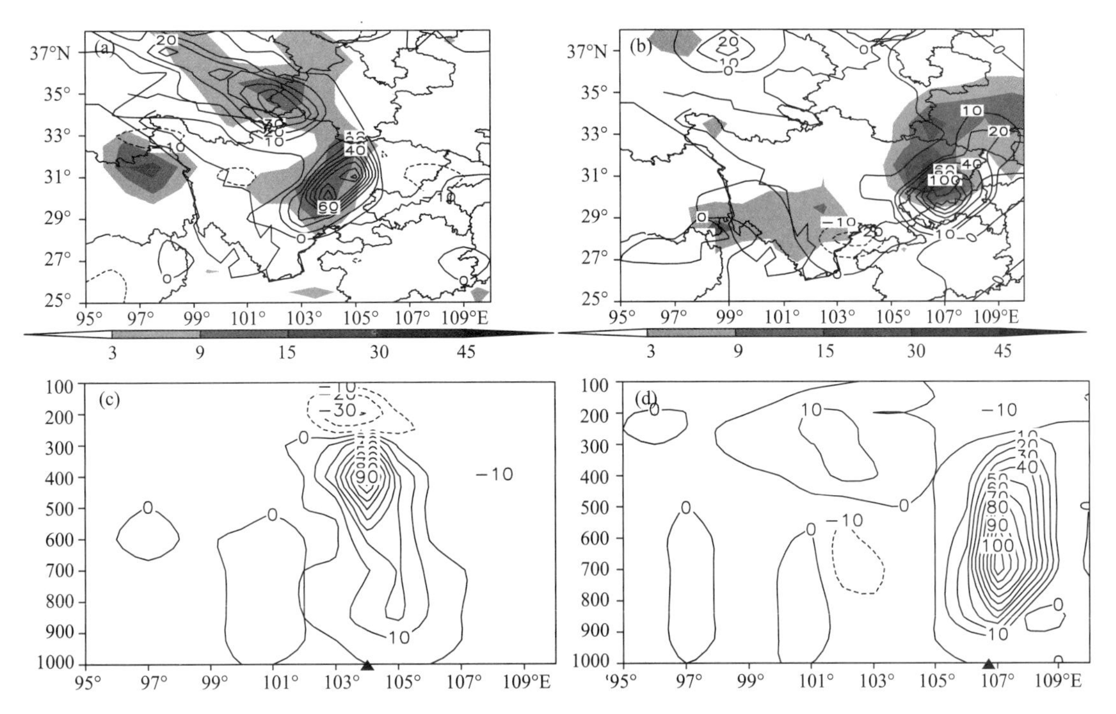

图 3-5　2008 年 7 月 20 日 20:00 时 400 hPa z-螺旋度及 6 h 降水量(a)、沿 30°N z-螺旋度垂直分布(c)和 21 日 20:00 时 700 hPa z-螺旋度及 6 h 降水量(b)、沿 31°N z-螺旋度垂直分布(d)(降水量:mm,螺旋度:10^{-6} m·s^{-2},▲:暴雨中心)

由 z-螺旋度的纬向剖面图可知,20 日 20:00(图 3-5c)降水落区从低层直到 250 hPa 均为正值 z-螺旋度,大值中心位于 400 hPa,约为 90×10^{-6} m·s^{-2};250 hPa 以上为负值螺旋度区并与中低层正值区相对应。从垂直剖面图中还可以看出,z-螺旋度正值区分布能完全反映降水落区分布(102°E～106°E),而强降水中心(30°N,104°E,黑三角所示)位于螺旋度正值柱的高值一侧。该时次正值 z-螺旋度尚处于增长阶段,至 21 日 08:00 时(图略),400 hPa 正值中心略下降至 500 hPa,中心值增至 350×10^{-6} m·s^{-2},以后逐渐减弱。21 日 20:00 时(图 3-5d),降水落区(105°E～110°E)在 300 hPa 以上为弱的负值区,以下为正值螺旋度区,正大值中心位于 700 hPa,达 100×10^{-6} m·s^{-2}。强降水中心(31°N,106.4°E)同样位于螺旋度正值梯度的大值一侧。在螺旋度增长和减弱过程中,高层始终有一负值螺旋度与中低层正值螺旋度相对应,且低层正螺旋度远大于高层负螺旋度,即低层正涡度辐合产生的旋转上升运动远大于高层负涡度辐散,这为暴雨的发生提供了强大的动力条件。值得注意的是,20 日 20:00 时,螺旋度大值中心到达 400 hPa,表明正涡度的辐合上升运动相当强,而地面降水也表明,未来 6 h 该区降水加强,而 21 日 20:00 时的正值螺旋度比 21 日 08:00 时已有明显的减弱,中心高度下降至 700 hPa,该区未来 6 h 地面降水减弱并且降水带逐渐东移。由于降水落区存在风的气旋式旋转和上升,而上升气流的气旋式旋转来源于环境风场沿气流方向的水平涡度,雨区内流入旋转的空气微团较强烈,然后倾斜上升,产生绕垂直轴的气旋性旋转运动,进而导致强烈的上升运动,为暴雨的产生创造了有利的动力条件。

可见,中低层水平 z-螺旋度分布与相应时刻降水落区分布较一致,强降水中心位于螺旋度梯度高值一侧;螺旋度垂直分布能较好地反映雨区及强降水中心分布。中低层正涡度、辐合上升和高层负涡度、辐散下沉的配置，为暴雨的发生提供了有利的动力条件。

3.1.5.2　相对螺旋度

Davies-Jones et al.(1990)在 Woodall(1990)的研究基础上发展了一个可利用单站探空风资料计算风暴相对螺旋度 SRH(以下简称相对螺旋度)公式，其差分形式为：

$$H_{s-r}(C)=\sum_{k=1}^{N-1}[(u_{k+1}-c_x)(v_k-c_y)-(u_k-c_x)(v_{k+1}-c_y)] \tag{3-5}$$

本例中，风暴移速 $\vec{C}$ 取为地面、925、850、700、500、300 和 200 hPa 平均风速的 75%，方向定为 V 的方向右偏 40°(寿绍文和王祖锋，1998)(标记为 40R75)。

由图 3-6a 可知，20 日 20:00 时，正值区的走向及分布与降水落区走向及分布相一致，强降水中心出现在正值螺旋度梯度高值一侧。该时次相对螺旋度正值的分布与相邻 6 h(20 日 20:00—21 日 02:00 时)降水落区的移向及分布对应较好，雨强中心仍然处于正值梯度的大值区(图 3-6c)。21 日 20:00 时(图 3-6b)，虽然该时次强降水中心位于相对螺旋度梯度高值一侧，但正值螺旋度区的分布对比降水落区已略有东移，表明未来降水带将东移。对比该时次相对螺旋度正值区与相邻 6 h(21 日 20:00—22 日 02:00 时)降水分布(图 3-6d)发现，相对螺旋度正值区分布和走向与相邻 6 h 降水带分布及走向比较一致，暴雨中心仍位于正值螺旋度的梯度大值区。此外，其他时刻相对螺旋度的分布也对相邻 6 h 降水走向分布指示较好(图略)。

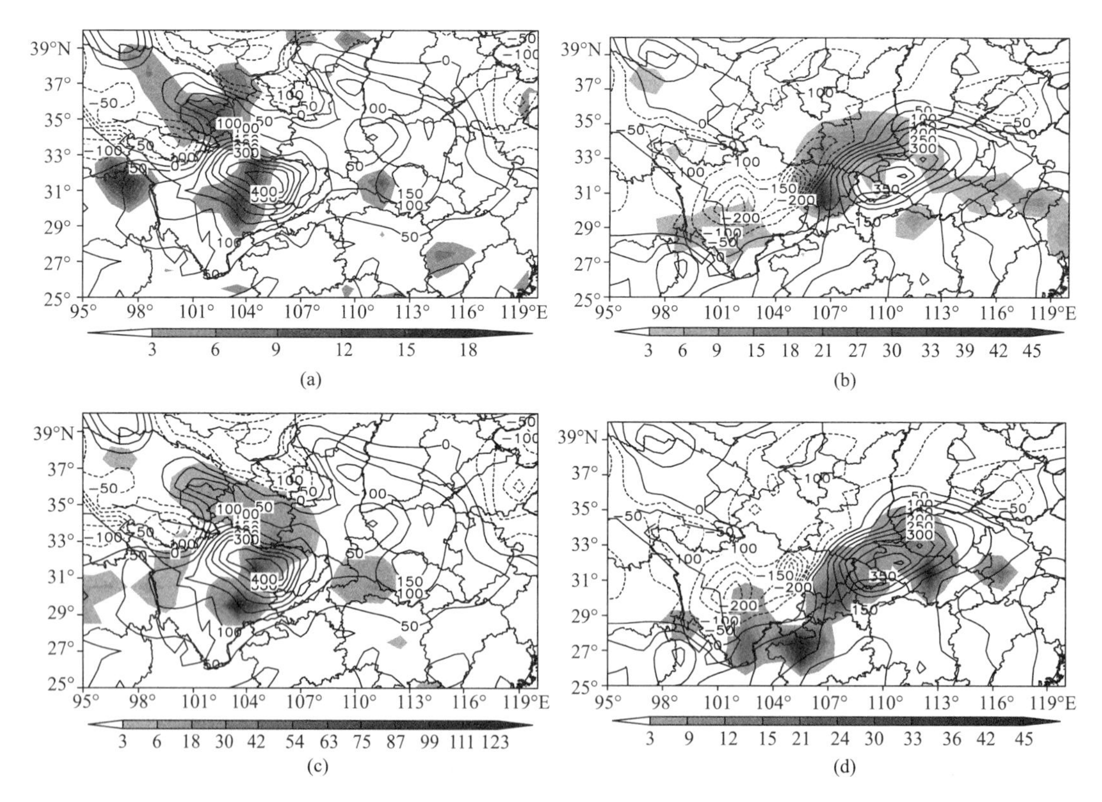

图 3-6　2008 年 7 月 20 日 20:00 时相对螺旋度($m^2 \cdot s^{-2}$)和降水量(mm)分布(a)以及与相邻 6 h (20 日 20:00—21 日 02:00)降水分布(c)；21 日 20:00 时相对螺旋度和降水量分布(b)以及与相邻 6 h (21 日 20:00—22 日 02:00)降水分布(d)

由于相对螺旋度反映了环境垂直风切变对移动风暴发展的影响，以上两个时次中，相对螺旋度中心值均较大，表明环境风场的垂直切变大，在一定程度上反映了低空急流在降水过程中起的重要作用。需要指出的是，当正值螺旋度带发生移动时，在判断降水落区和走向时，还须结合其他物理量进行综合分析。比如本例中，21日20:00时的水汽通量、湿位涡等物理量的分布均显示出未来雨带将东移，再结合螺旋度分布就容易做出综合判定。

3.1.6　小结

通过以上分析，得出以下几点结论。

(1)本例低涡东移过程可分为：高原低涡跟随其前部华北低压东移出高原、受副高阻塞在川缓慢移动及停滞、受西太副高西侧偏西气流引导东移入海三个阶段。低涡在四川造成暴雨的有利环流形势为：低涡处于青藏高压前部，副高西侧外围，以及蒙古高压底部的流场中。

(2)低涡暴雨的水汽供应主要由孟加拉湾和副高外围的西南暖湿气流输送，暖湿气流与蒙古高压底部和华北低压后部的偏北干冷气流在川交汇，有利于强对流的触发。整层水汽通量散度场中的辐合区基本呈带状分布，辐合区与相应时段降水落区相对应，强辐合中心与强降水中心分布基本一致。

(3)低涡降水的发生发展与湿位涡的时空演变有很好的对应关系，湿位涡高低层正负区叠加的配置是低涡暴雨发展的有利形势，而 $MPV1$ 负值中心和 $MPV2$ 正值中心及其包围的密集区，是暴雨预报的警戒区。

(4)中低层 z-螺旋度水平分布对降水落区和强降水中心的分布具有较好指示性；z-螺旋度垂直分布能很好地反映暴雨发生时大气的动力特征，暴雨区上空高层负涡度、辐散与低层正涡度、辐合相配合，是触发暴雨的动力机制。相对螺旋度对与降水落区及降水中心分布配合较好，并与未来6 h的降水落区和分布存在较好的正相关，这对降水落区及强度分布的预报有参考价值，强降水中心通常出现在相对螺旋度梯度的高值一侧。

需要指出的是，当正值螺旋度带分布与前一时刻相比发生明显移动时，表明该区降水开始减弱或雨带将随之移动，此时应结合其他物理量来综合判定降水落区及走向。

3.2　高原低涡东移引发四川盆地强降水的湿螺旋度诊断

3.2.1　引言

四川盆地是我国暴雨的高频中心之一，多年来四川省气象局的气象工作者针对汛期盆地暴雨的特点，归纳出四川大范围暴雨过程可分为：①高原高压(脊)后部低涡东移触发的暴雨过程；②西太平洋副高西北边缘，西风短波东移触发的盆地西部持续暴雨过程；③西风大槽发展全盆地性暴雨过程；④江淮切变西端盆地涡发展，盆东暴雨过程四种类型(四川省气象局，1986)。其中，尤以高原低涡东移触发的四川盆地暴雨最为常见，高原低涡东移影响四川盆地是该地区大范围洪涝的典型形势。2009年7月30—31日，一次高原低涡东移造成了川、渝地区大范围暴雨，7月30日暴雨过程始于四川盆地西部，31日雨区移至四川盆地东部、南部，带来了严重灾害。

本节利用常规观测的地面和高空资料、美国国家环境预测中心(NCEP)提供的 $1°\times1°$—

天 4 次再分析资料，运用螺旋度对该例强降水过程进行诊断分析，以期这些新物理诊断量及诊断方法能够在高原低涡强降水及落区预报方面提供有益参考，这对提高青藏高原东侧地区的天气预报水平也有实际意义。

3.2.2 高原低涡移动路径和强度变化

2009 年 8 月 29 日 08:00 时(北京时)500 hPa 天气图上(图略)，西藏高原中西部有一高原低涡生成，欧亚地区中高纬环流形势为两槽一脊型，乌拉尔山以东到贝加尔湖以西为宽广的槽区，贝加尔湖以东为一弱脊，高压中心位于贝加尔湖以东的蒙古地区，日本海附近为一低槽。西太平洋副高脊线位于 25°N 附近。

根据高原低涡东移路径及中心强度变化可将该例低涡东移分为三个阶段(图 3-7)。第一阶段(29 日 08:00—30 日 20:00)：高原低涡随其前部弱脊引导东移出高原，29 日 08:00 时，高原低涡在西藏中西部生成，涡心正涡度值达 $3.66\times10^{-5}\ s^{-1}$，青藏高原中东部为一弱脊，高原低涡处于巴尔喀什湖低槽底部，槽底的冷空气为低涡后部注入冷平流，低涡发展加强，30 日 08:00，低涡中心强度值达到 $14.6\times10^{-5}\ s^{-1}$，受前部弱脊后的偏南气流引导于 30 日 20:00 东移出高原。

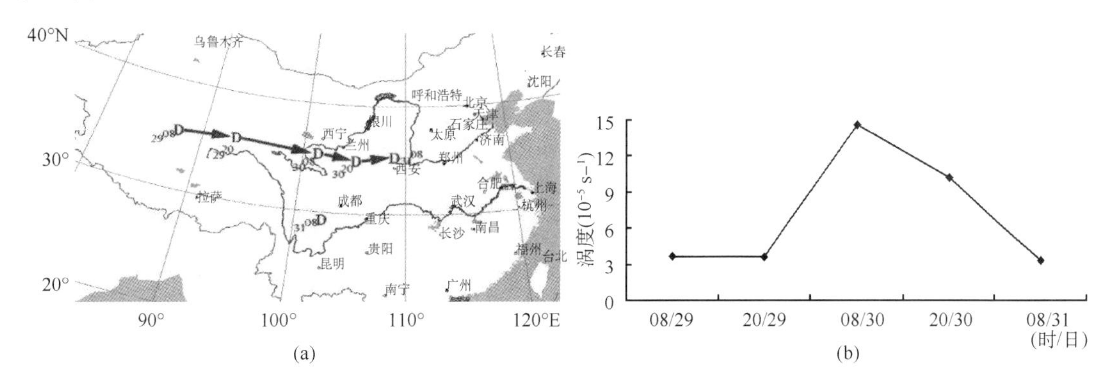

图 3-7 2009 年 7 月 30—31 日 500 hPa 高原低涡东移情况(a)及相应中心涡度变化曲线(b)

第二阶段(30 日 20:00—31 日 08:00)：30 日 20 时，高原低涡中心涡度值略有减小，约为 $10.2\times10^{-5}\ s^{-1}$，同时，700 hPa，四川南部有西南低涡生成，中心涡度值达到 $1.60\times10^{-5}\ s^{-1}$，高原低涡与西南低涡共同影响，31 日 08 时，西南低涡发展达到最强，中心涡度值达 $6.21\times10^{-5}\ s^{-1}$。该时段内盆地降水最强。

第三阶段(31 日 08:00—31 日 20:00)：副高逐渐西伸，低涡受副高西北侧偏西气流引导，逐渐东移并入其前部高压脊中减弱消失，主要影响四川盆地东部。该时段内，高原低涡中心涡度值快速减小，由 $10.2\times10^{-5}\ s^{-1}$减弱到 $3.3\times10^{-5}\ s^{-1}$。

3.2.3 高原低涡东移过程中雨情及水汽供应

由日雨量分布图(图 3-8)可知，30 日晚至 31 日强降雨区主要集中在盆地西部，31 日东移到盆地东部和南部。据 7 月 30 日—8 月 1 日早上四川全省雨情资料分析，绵阳、成都、雅安、眉山、乐山、广元、遂宁、资阳、南充、巴中、凉山等 11 市(州)出现了区域性暴雨，部分地区降了大暴雨，德阳、自贡、达州、宜宾等地的部分县(市)及乡镇也降了暴雨，为当年入汛以来影响范围最广的一次区域性暴雨过程。众所周知，水汽输送是降水的重要条件，但这种源源不断的水

汽输送能否在某个区域集中起来更值得注意，而水汽通量散度则反映了水汽的集中情况（朱定真 等，1997）。此处取低涡东移造成盆地西部降水开始加强时刻30日20:00（对应图3-7b中低涡中心强度相对较强时）和西南低涡中心涡度达到最强31日08:00（对应图3-7b中高原低涡强度开始减弱时）850 hPa水汽通量及水汽通量散度进行分析。

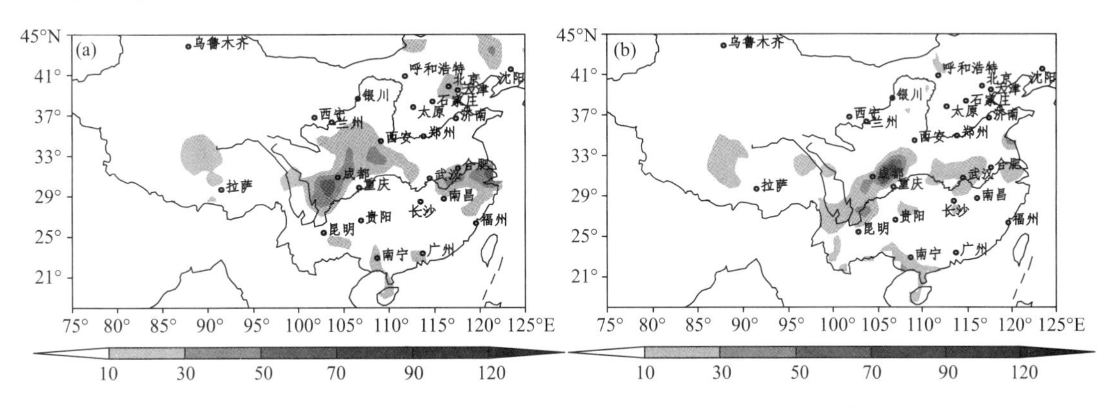

图3-8　2009年7月30(30日08:00—31日08:00)—31(31日08:00—8月1日08:00)日日雨量分布(单位:mm)(a)30日;(b)31日

由于西太副高的纬向型分布，副高西侧的较强东南暖湿气流向盆地输送显著，高原低涡分裂低槽后部的偏北干冷气流较强盛，冷暖气流在四川盆地交汇，造成盆地内形成较强的辐合。30日20:00时（图3-9a），850 hPa水汽通量散度负值区（阴影区）呈带状分布，水汽通量矢量在负值区辐合，正值区辐散，两个水汽通量散度的负大值区分别位于川西高原西北部和四川盆地西部（-40×10^{-5} g·cm^{-2}·s^{-1}）。盆地西部的负值辐合区与该时段降水落区较一致，同时，在四川南部已有一个-40×10^{-5} g·cm^{-2}·s^{-1}水汽通量散度的负值辐合区，未来6 h该区降水开始。随着高原低涡东移及西南低涡的加强，水汽通量散度的辐合大值区也随之东移，31日02:00时（图略），四川南部的水汽通量散度负值辐合区达到-60×10^{-5} g·cm^{-2}·s^{-1}，降水开始加强。31日08:00时（图3-9b），两个水汽通量散度的负值区分别位于川东北及川南一带，同样与该时段降水落区相对应，而川南的辐合区比前一时次有所减弱，为-40×10^{-5} g·cm^{-2}·s^{-1}，东北部的负值辐合区则加强到-60×10^{-5} g·cm^{-2}·s^{-1}，未来6 h川南的降水减弱，而川东北的降水较强，这说明，低层水汽通量散度负值辐合区的分布不仅对相应时段降水落区指示较好，而且对于未来6 h雨区分布也有一定参考性。

由经过西南低涡雨强中心（29°N，103°E）的850 hPa水汽通量散度时间剖面图（图3-9c）分布可知，水汽通量散度负值辐合在31日02:00时达到最强，约为-40×10^{-5} g·cm^{-2}·s^{-1}，而雨强在31日08:00时达到最强，即水汽通量散度辐合大值的出现要比强降水出现提前6 h。同样，在过四川盆地东部（32°N，107°E）雨强中心的时间剖面图中（图3-9d），水汽通量散度辐合在31日08:00时达到最强（约-70×10^{-5} g·cm^{-2}·s^{-1}），而强降水也是出现在08:00时之后到14:00，即水汽通量散度辐合极大值也比强降水的出现有一定提前。

以上分析可知，低层水汽通量散度场中的辐合区基本呈带状分布，水汽通量散度的负值辐合区与相应时段降水落区相对应，强辐合中心与强降水中心分布比较一致，并对相邻6 h降水落区及走向有一定指示性；水汽通量散度辐合极大值的出现先于强降水出现，可作为短临预报指标。

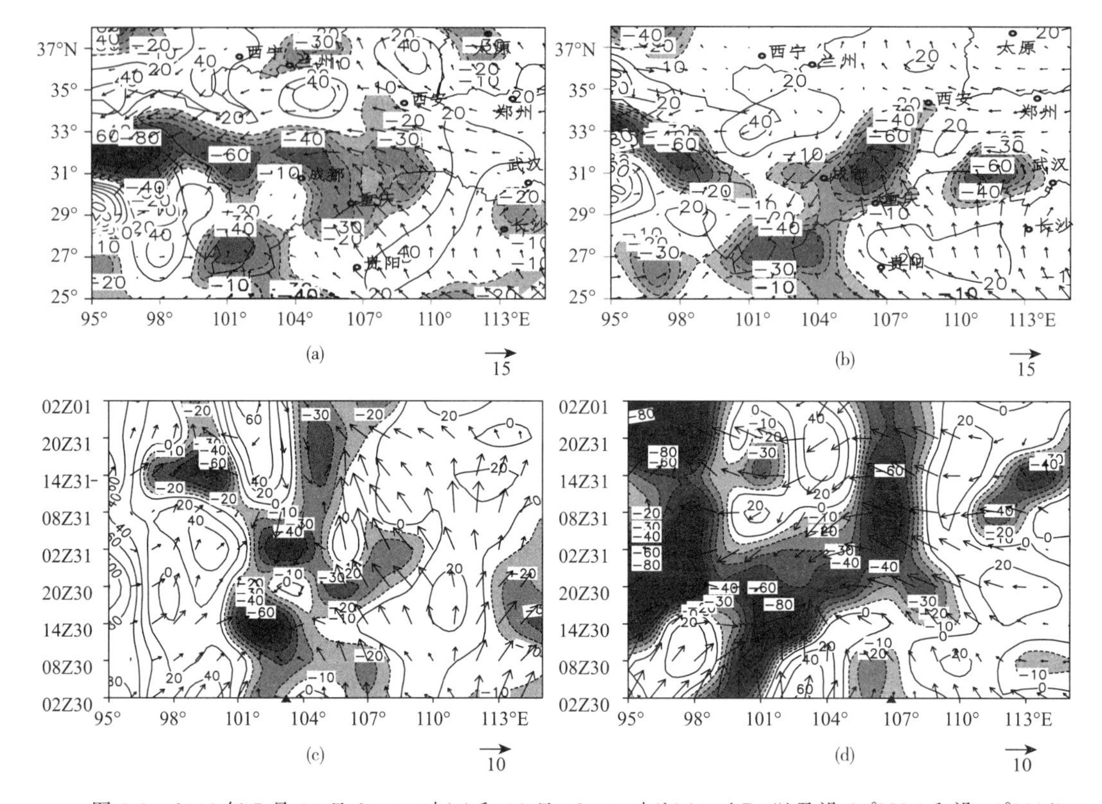

图 3-9　2009 年 7 月 30 日 20:00 时(a)和 31 日 08:00 时(b)850 hPa 以及沿 29°N(c)和沿 32°N(d)雨强中心水汽通量矢量($g\cdot cm^{-1}\cdot hPa^{-1}\cdot s^{-1}$)和水汽通量散度($10^{-5}\ g\cdot cm^{-2}\cdot hPa^{-1}\cdot s^{-1}$)

针对以上两个降水时段,下面通过计算相应时刻螺旋度物理量的分布特征,进一步对降水的动力机制及降水落区分布进行探讨。

3.2.4　螺旋度分析

螺旋度是表征流体沿运动方向旋转程度和强弱的物理量,垂直螺旋度则由垂直速度和垂直涡度所决定,它更能反映出大气在垂直空间上的上升和运动特征,是反映天气系统的维持状况发展、天气现象剧烈程度的一个参数。螺旋度作为强对流天气分析的一个重要物理量,在国内外暴雨研究中已有广泛应用(寿绍文和王祖锋,1998;侯瑞钦 等,2003;岳彩军 等,2006;迟竹萍 等,2006;黄楚惠和李国平,2009;黄楚惠 等,2010;雷正翠 等,2006;陆慧娟和高守亭,2003),并取得了不少有意义的结果,但是由于 z-螺旋度不含水汽因子,且未考虑水平方向的作用,因此对于诊断分析降水尚有不足之处,为此分别使用加进水汽因子的湿螺旋散度以及考虑环境风场作用的相对螺旋度(SRH)来对本次低涡暴雨进行诊断,试图揭示低涡暴雨与螺旋度之间的一些关系。

3.2.4.1　湿 z-螺旋度

采用文献(雷正翠 等,2006)中湿螺旋度散度计算公式为:

$$F = w\zeta\,\nabla\cdot(qV) = w\left(\frac{\partial v}{\partial x}-\frac{\partial u}{\partial y}\right)\left(\frac{\partial uq}{\partial x}+\frac{\partial vq}{\partial y}\right) \tag{3-6}$$

只考虑有上升运动 $w>0$ 以及正涡度 $\zeta>0$ 时的情况下,则当有水汽通量散度的辐合$\nabla\cdot(qV)$

<0 时，湿螺旋度为负值；反之当有水汽通量散度的辐散$\nabla \cdot (qV)>0$时，湿螺旋度为正值。

30 日 20:00 时 500 hPa 湿 z-螺旋度水平分布（图 3-10a）表明：负值螺旋度区与相应时段雨区分布较一致，且雨强中心与湿螺旋度负值中心（-160×10^{-11} m·s^{-3}）基本重合。与图 3-11b 分布类似，两个负值螺旋度中心-120×10^{-11} m·s^{-3}和-20×10^{-11} m·s^{-3}分别与两个雨强中心区相重合。其他时次负值螺旋度的分布也与相应时段降水落区分布相对应。这说明 500 hPa 湿z-螺旋度水平分布对降水落区和雨强中心的分布具有较好的指示性。

由通过雨强中心（29°N，103°E）湿 z-螺旋度的时间-高度剖面图（图 3-10c）可知，低层螺旋度负值区在 30 日 20:00 时开始发展，并逐渐加强，即在降水区有水汽开始辐合，并伴有正涡度的上升运动，31 日 08:00 时，螺旋度发展最强盛，低层 850 hPa 直到 300 hPa 均为负值湿螺旋度，湿螺旋度中心值在 12 h 内快速增大到-160×10^{-11} m·s^{-3}，位于 450 hPa 附近，表明水汽的正涡度辐合上升运动极强。一直到 31 日 14:00 时，湿螺旋度负值均较大，以后负值湿螺旋度逐渐减弱。各时次湿螺旋度的发展与西南低涡中心强度（图略）的发展对应，并与各时段低涡降水强弱相对应，西南低涡降水在 30 日 20:00 以后逐渐加强，31 日 02:00—14:00 是西南低涡降水最强时段，以后降水逐渐减弱。同样，由过盆地东北部的雨强中心（32°N，107°E）的湿螺旋度时间-高度剖面图（图 3-10d）可知，负值湿螺旋度主要处于 500 hPa 以下，30 日 14:00—31 日 02:00，负值湿螺旋度开始发展，对应盆地东北部的降水逐渐开始，但降水较弱（图略），31 日 08:00，负值螺旋度中心值快速加强到-100×10^{-11} m·s^{-3}，至 31 日 14:00 达到最强，中心值为-160×10^{-11} m·s^{-3}，31 日 20:00 后，湿螺旋度减弱。湿螺旋度的发展与盆地东部降水在 31 日白天较强相对应，31 日 20:00 后降水逐渐减弱。以上分析表明，湿螺旋度对于降水的强弱和分布的时空演变具有较好指示性，降水发生时，降水落区出现正涡度的水汽辐合上升运动，在强降水时段，负值湿螺旋度显著增大，雨区有强的正涡度的水汽辐合上升运动。

此外，图 3-10e、f 中 z-螺旋度的时间-高度剖面图分布表明：在螺旋度增长和减弱过程中，中高层始终有一负值螺旋度与中低层正值螺旋度相对应，且低层正螺旋度远大于高层负螺旋度，即低层正涡度辐合产生的旋转上升运动远大于高层负涡度辐散，这为暴雨的发生提供了强大的动力条件。通过与图 3-10c、d 的对比，不难发现，强降水落区湿 z-螺旋度负值辐合要比 z-螺旋度出现得早一些，大致可以提前 3～6 h（西南低涡雨强中心区在 30 日 20:00 出现湿螺旋度负值辐合，而 z-螺旋度滞后约 3 h 才出现正值；盆地东部雨强中心在 30 日 20:00 就有明显的负值湿螺旋度，而 z 螺旋度在 31 日 02:00 才有明显的正值区出现，滞后约 6 h），即先有水汽在降水区的汇集，这与前述图 3-9 中低层水汽通量散度分布的描述是一致的，表明水汽辐合对于强降水的发生有着重要的先决作用。并且强降水发生之前，湿螺旋度负值的加大要比 z-螺旋度正值加强更明显，负极值（-160×10^{-11} m·s^{-3}）的出现也比强降水出现略早，这对降水预报有参考价值。

可见，中低层水平湿 z-螺旋度负值区分布与相应时刻降水落区分布较一致，雨强中心与湿螺旋度负值中心基本重合；负值湿螺旋度对于降水的强度和分布的时空演变具有很好的指示性，强降水时段，湿螺旋度负值有显著的增大。低层较强正涡度的水汽辐合上升和高层负涡度、辐散下沉的配置，为暴雨的发生提供了有利的动力条件。湿 z-螺旋度对于降水的时间演变要优于 z-螺旋度，负极值的出现比强降水出现要早，对强降水发生具有指示意义。

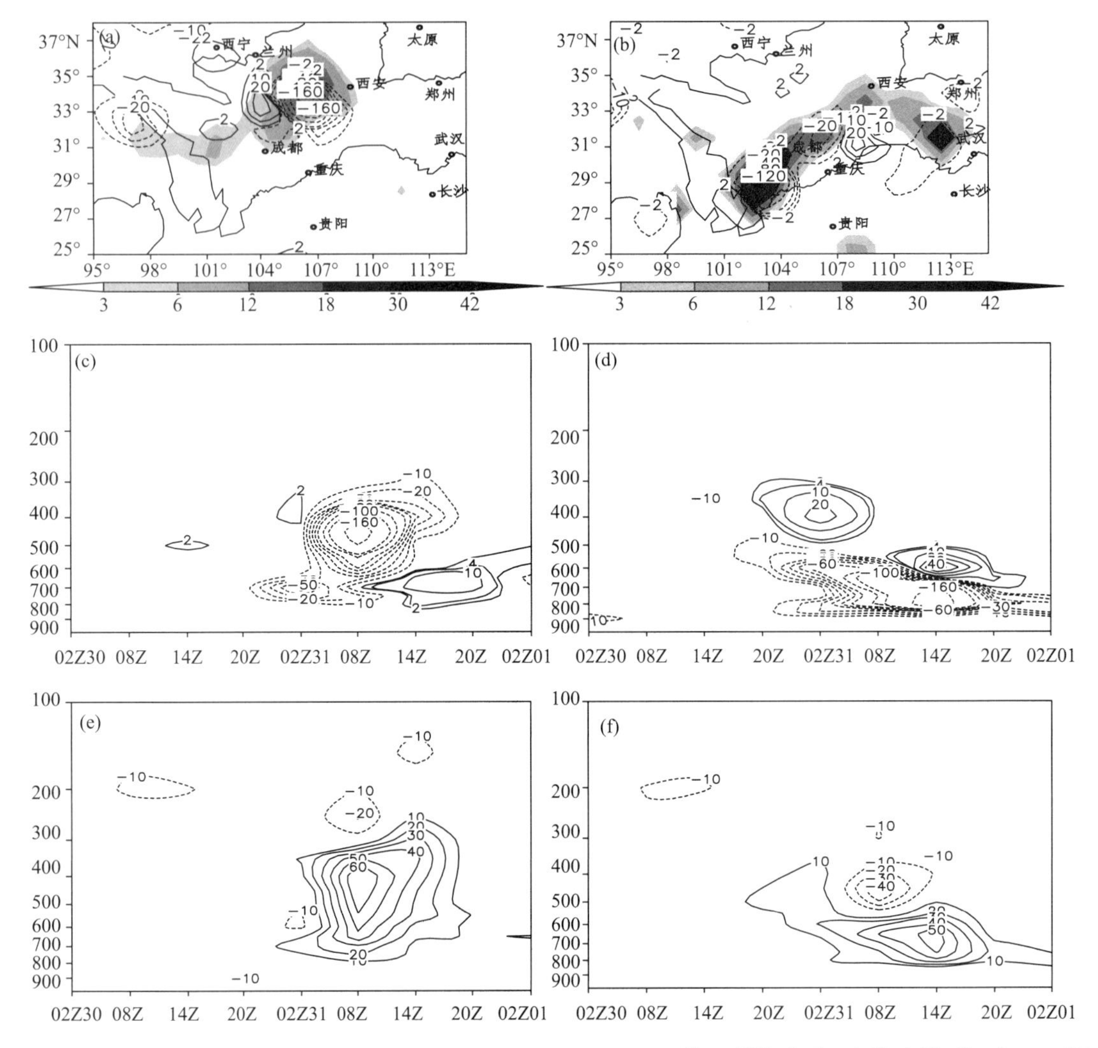

图 3-10 2009 年 7 月 30 日 20:00(a)及 31 日 08:00(b)500 hPa 湿 z-螺旋度及 6 h 降水量,沿29°N,103°E 雨强中心湿 z-螺旋度和 z-螺旋度时间-高度垂直分布(c,e)和沿 32°N,107°E 雨强中心湿 z-螺旋度和 z-螺旋度时间-高度垂直分布(d,f)(降水量:mm;湿 z-螺旋度:10^{-11} m·s^{-3};z-螺旋度:10^{-6} m·s^{-2})

3.2.4.2 相对螺旋度

水平螺旋度即水平风速和水平涡度的积。其正值异常增大(即二者同号,相互配合),可能是水平风速增大,也可能是水平涡度增大或二者都增大,都会对应大气的异常状态,与预报强对流风暴的一些参数联系,具有预示性。通常人们计算的水平螺旋度是忽略垂直运动水平分布不均下的相对风暴水平螺旋度,实际工作中常利用单站探空风资料计算风暴相对螺旋度SRH(以下简称相对螺旋度)公式。本例中,风暴移速 C 取为地面、925、850、700、500、300 和 200 hPa 平均风速的 75%,方向定为 V 的方向右偏 40°(寿绍文和王祖锋,1998)(标记为 40R75)。

由图 3-11a 可知,30 日 20:00 时,正值区的走向及分布与降水落区走向及分布相一致,强降水中心出现在正值螺旋度梯度大值一侧。该时次相对螺旋度正值的分布与相邻 6 h(30 日 20:00—31 日 02:00 时)降水落区的移向及分布对应较好,雨强中心仍然处于正值梯度的大值

区(图 3-11c)。31 日 08:00 时(图 3-11b),相对螺旋度正值区的分布仍与该时次降水落区分布较一致,雨强中心仍位于正值梯度一侧,并与相邻 6 h 降水带(图3-11d)分布及走向一致。此外,其他时刻相对螺旋度的分布也对相邻 6 h 降水走向分布指示较好(图略)。需要指出的是,图 3-11c、d 中,正值区并不完全有降水产生,如陕西中部就出现了空报的情况,而在湿 z-螺旋度(图 3-10b)的水平分布中,陕西中部并无负值区,即条件不足就不会出现空报。

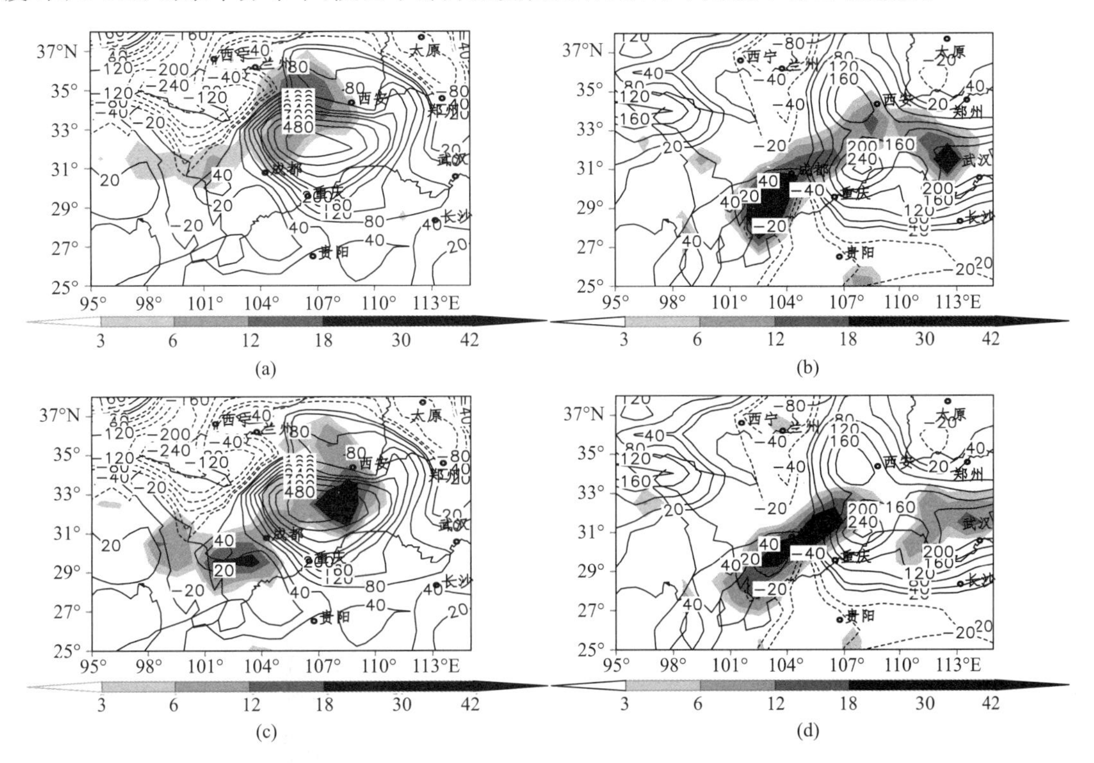

图 3-11 30 日 20:00 时相对螺旋度($m^2 \cdot s^{-2}$)和降水量(mm)分布(a)以及与相邻 6 h(30 日 20:00—31 日 02:00)降水分布(c);31 日 08:00 时相对螺旋度和降水量分布(b)以及与相邻 6 h(31 日 08:00—14:00)降水分布(d)

3.2.5 小结

通过以上分析,本研究得出以下几点结论。

(1)本例低涡东移过程可分为:高原低涡随其前部弱脊引导东移出高原、高原低涡触发西南低涡共同影响四川盆地、受西太副高西北侧偏西南气流引导东移减弱阶段。低涡在四川造成暴雨的有利环流形势为:高原低涡处于巴尔喀什湖低槽底部,副高西侧外围的流场中。

(2)低涡暴雨的水汽供应主要由副高外围的东南暖湿气流输送,暖湿气流与低涡底部的偏北干冷气流在四川盆地交汇,造成盆地内形成较强的水汽辐合。水汽通量散度场中的辐合区基本呈带状分布,辐合区与相应时段降水落区相对应,强辐合中心与强降水中心分布比较一致,并对相邻 6 h 降水落区及走向有一定指示性;水汽通量散度辐合极大值的出现先于强降水出现,可作为短临预报指标。

(3)500 hPa 湿 z-螺旋度负值水平分布与相应时段降水落区和强降水中心的分布对应较好,强降水时段,湿螺旋度负值有显著的增大。湿 z-螺旋度对于降水的时间演变要优于 z-螺旋度，对于该次强降水发生具有指示意义；湿 z-螺旋度垂直分布能很好地反映暴雨发生时大气的动力特征，暴雨区上空低层正涡度、水汽辐合旋转上升与高层负涡度、辐散相配合，是触发暴雨的有利动力机制。相对螺旋度对与降水落区及降水中心分布配合较好，并与未来 6 h 的降水落区和分布存在较好的正相关，这对降水落区及强度分布的预报有参考价值，强降水中心通常出现在相对螺旋度梯度的大值一侧。

本节仅是针对高原低涡降水及引发西南低涡降水的发生发展情况和降水强度和落区进行初步的探讨，期望一些新的物理量诊断方法能够有助于高原东侧强天气分析预报水平的提高，但研究结论仍需通过更多的个例诊断加以验证和完善。另外，高原低涡东移触发西南低涡强降水的机制仍值得进一步研究。

3.3 基于螺旋度和非地转湿 *Q* 矢量的东移高原低涡强降水过程研究

3.3.1 引言

近十多年来，螺旋度常用于研究大气中一些与速度场密切相关的有旋系统及中尺度暴雨系统结构特征的研究(侯瑞钦 等，2003)。陆慧娟和高守亭(2003)认为水平螺旋度对预报强风暴有指示意义，垂直螺旋度在一定程度上反映了系统的维持、发展以及天气现象的剧烈程度。岳彩军等(2006)详细介绍了每一类螺旋度的表达式及在天气诊断分析中的应用状况。王淑静(1998)归纳了垂直螺旋度的高低空耦合区与区域暴雨的关系。此外，不少实际天气过程的个例诊断(杨越奎，1994；吴宝俊 等，1996；寿绍文和王祖锋，1998；黄勇 等，2006；迟竹萍 等，2006)表明垂直螺旋度的分布与雨区配合较好。湿 Q 矢量分析方法作为业务工作中估算垂直运动的一种较好方法，姚秀萍等(2000)和岳彩军等(2007)认为其与暴雨落区有很好的对应关系。

考虑到高原低涡发生、发展及其天气影响的特点，我们试图结合运用这两个物理量诊断方法对一次东移高原低涡强降水过程进行分析，以期这些新物理诊断量及诊断方法能够在高原低涡强降水及落区预报方面发挥作用，这对提高青藏高原东侧地区的天气预报水平也有实际意义。本节利用常规观测的地面和高空资料、美国国家环境预测中心(NCEP)提供的 1°×1° 一天 4 次(00 时、06 时、12 时、18 时，世界时)再分析资料，应用螺旋度和非地转湿 *Q* 矢量方法对一例造成四川、陕西和河南暴雨的东移高原低涡过程进行了天气动力学诊断分析，期望对东移高原低涡移动规律的认识及降水的落区预报提供有益参考。

3.3.2 高原低涡环流背景及东移过程

2000 年 7 月 9—15 日出现了一次伴随强降水的东移高原低涡过程，此次高原低涡形成环流属 I 型环流(罗四维，1992)，即北脊南槽型。500 hPa 在高原正北方为一弱脊，蒙古中北部至山西为东槽底(118°E，40°N)；伊朗高压脊东伸至高原西侧边缘；高原东侧为西伸的西太平洋副高脊，受北上热带气旋的阻碍有所东退(图略)。该例高原低涡随蒙古高压与副高间切变流场位置的变化而东移出海，其东移过程可分为三个阶段(图 3-12)：高原低涡东移与热带气旋北上阶段(9 日 00 时—10 日 12 时)，9 日 00 时，高原西部改则附近有低涡生成并快速东移，4 日 00 时南海有一热带气旋生成途经菲律宾北上，至 9 日 00 时移至台湾，处于贝加尔湖低压分裂的低槽底部，后贝加尔湖低压减弱，低槽区在山西形成一低压，热带低压北移与该低压合并；高

原低涡受副高阻塞停滞阶段(11日00时—12日12时),高原低涡处于合并低压尾部,并受副高的阻塞作用在陕甘宁一带活动,合并低压继续减弱东北移并入黑龙江北部低压;高原低涡分裂出海阶段(13日00时—13日18时),13日00点高原低涡受蒙古高压和副高间切变气流影响,分裂为两个低值中心,分别位于宁夏中部和河南北部,其中宁夏中部的低涡在宁、陕一带停留,至16日12时减弱消失,而河南北部的低涡于13日18时经山东东移出海。

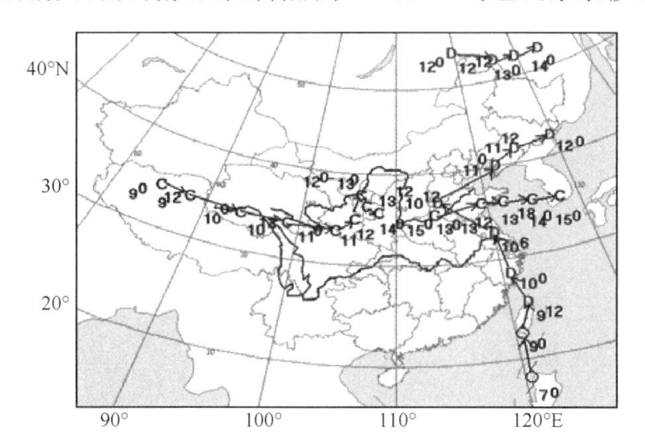

图3-12 2000年7月9日00时UTC—15日00时UTC高原低涡、低压与热带气旋活动情况

(C:高原低涡;D:低压;�:热带气旋)

3.3.3 高原低涡东移过程中雨情及水汽供应

由6 h降雨量分布图可知(图略),低涡降水主要集中在低涡东半侧,并在低涡移出高原后降水加强。低涡在陕甘宁停滞阶段,造成了四川北部、东北部,陕西南部、河南、安徽等地区暴雨天气。7月12日00时,四川阆中站6 h降水量达68 mm,巴中站达46 mm。13日(图3-13a)降水区位于四川与陕西的交界处、河南、山东、安徽和江苏一带,降水落区处于相应时刻的低涡东南部。地面观测资料显示,大部分地区发生了暴雨,四川万源日雨量达171 mm,00时测得该站6 h降水量为101 mm,河南驻马店日雨量达158 mm,江苏徐州日雨量达152 mm,邻近站点6 h降水量均在65 mm以上。14日(图3-13b),由于停留在宁夏的低涡继续发展加强,暴雨区仍位于四川、陕西、湖北、河南、安徽、江苏、山东一带,在安徽亳州出现了最大日雨量164 mm,河南驻马店最大6 h降水量达130 mm。

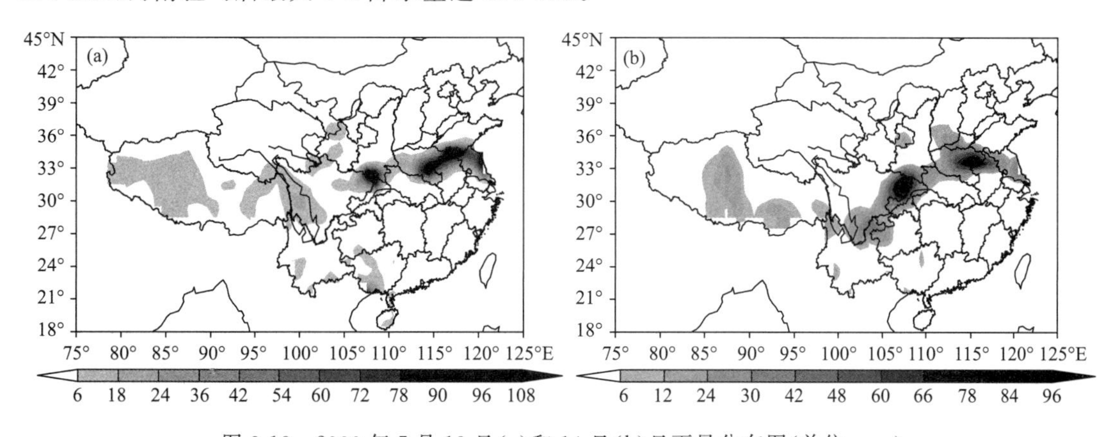

图3-13 2000年7月13日(a)和14日(b)日雨量分布图(单位:mm)

此次低涡东移降水过程造成了四川中北部、陕西南部、河南、安徽、江苏及山东一带连续性暴雨灾害天气。由 700 hPa 水汽通量分布图可知(图略),低涡在高原上产生降水的水汽来源主要由西南暖湿气流和偏北干冷气流输送;低涡停滞到低涡分裂出海阶段,副高西侧边缘的暖湿西南水汽输送与低涡东侧边缘的切变东北冷气流输送,为低涡暴雨提供了充足的水汽条件。

3.3.4 螺旋度分析

螺旋度作为强对流天气分析的一个重要物理量,在国内外暴雨研究中已有广泛应用(Lilly,1986;Woodall,1990;Davies-Jones et al.,1990;杨越奎,1994;吴宝俊 等,1996;黄勇 等,2006,迟竹萍 等,2006),并取得了不少有意义的结果。本节用 z-螺旋度和相对螺旋度(SRH)来对本次低涡暴雨进行诊断,试图揭示高原低涡暴雨与螺旋度之间的一些关系。

3.3.4.1 z-螺旋度分析

螺旋度从物理本质上反映了流体涡管扭结的程度,其大小反映了旋转与沿旋转方向运动的强弱程度,其定义为风矢量与涡度点乘的体积分,即:

$$H = \iiint_{\tau} V \cdot (\nabla \times V) \mathrm{d}\tau \tag{3-7}$$

此处对 z-螺旋度进行研究,并只计算有上升运动 $w>0$ 的情形,Z 坐标系下 z-螺旋度计算公式见(3-4)式。

图 3-14a 为 13 日 00 时 500 hPa z-螺旋度的水平分布,图中低涡分裂两中心的宁夏和河南北部正好处于 z-螺旋度的正值中心,降水位于低涡东部和南部。6 h 降水落区分布与同时刻 z-螺旋度正值区分布较一致,但强降水中心并不对应螺旋度大值中心,而是分布在 z-螺旋度正值梯度值最大区。14 日 00 时(图 3-14b),低涡分裂中心已经出海,并移至(36°N,125°E),另一中心位于陕西中部,两中心仍处于正值 z-螺旋度区。6 h 降水落区仍与该时次正值螺旋度的分布一致,强降水中心处于正值螺旋度梯度最大区。这说明 500 hPa z-螺旋度水平分布对低涡中心的移动及降水落区和强降水中心的分布具有较好的指示性。

由 z-螺旋度的纬向剖面图(图 3-14)可知,13 日 00 时(图 3-14c),两个暴雨中心分别位于(33°N,114°E)和(34°N,117.3°E)(黑三角所示),暴雨中心区从低层直到高层 300 hPa 都为正值 z-螺旋度,大值中心在 500 hPa,达 $100\times10^{-6}\ \mathrm{m\cdot s^{-2}}$;300 hPa 以上为负值螺旋度区,并与中低层正值区相对应。低层正螺旋度远大于高层负螺旋度,即低层正涡度辐合旋转上升运动远大于高层负涡度辐散,这为暴雨的发生提供了强大的动力条件。从垂直剖面图中还可以看出,z-螺旋度正值区分布能完全反映降水落区分布(112°E~125°E),而强降水中心位于螺旋度正值柱的两侧梯度大值区。14 日 00 时(图 3-14d),正值螺旋度区仍与降水落区对应,且强降水中心位于螺旋度正值梯度最大的一侧。暴雨中心(34°N,116°E)上空中低层为正值螺旋度,大值中心位于 450 hPa,达 $40\times10^{-6}\ \mathrm{m\cdot s^{-2}}$,350 hPa 以上为负值螺旋度区,并与低层正值区相对应。同样,这种高层负涡度辐散与低层正涡度辐合相配合的结构,有利于触发暴雨的动力学机制。

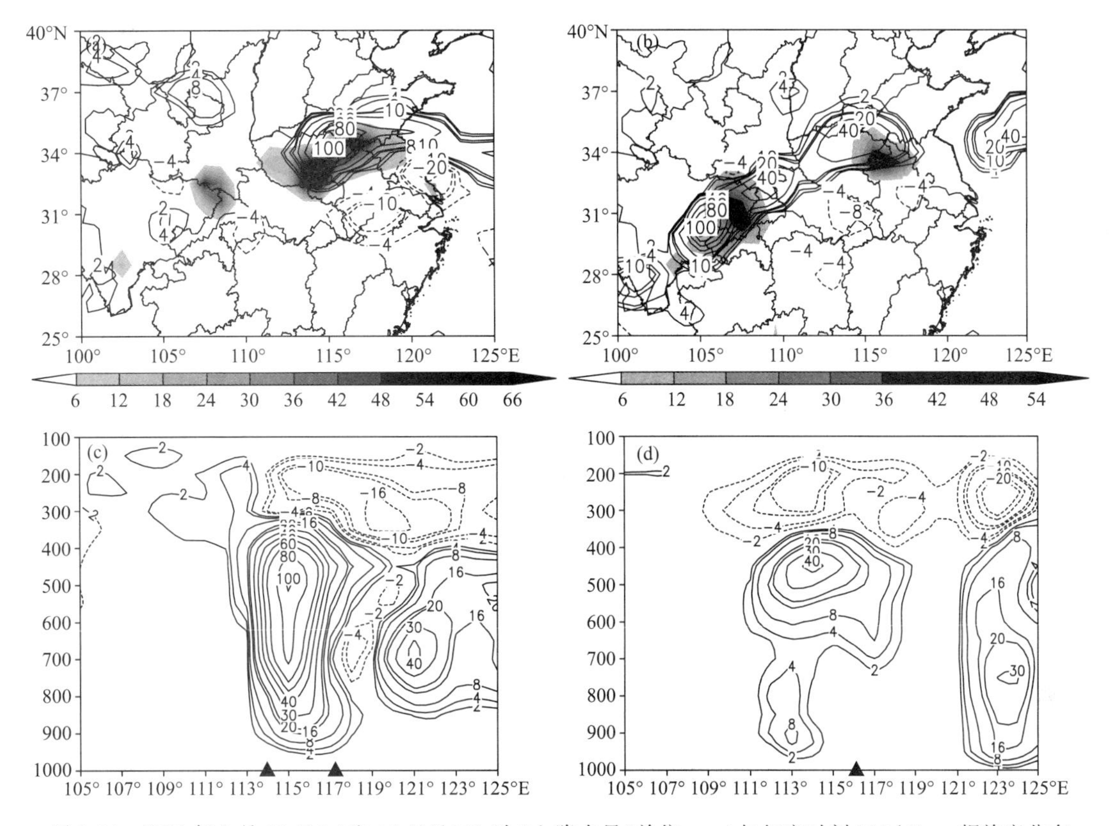

图 3-14　2000年7月13日(a)和14日(b)00时6 h降水量(单位:mm)与相应时刻500 hPa z-螺旋度分布(单位:10^{-6} m·s^{-2})及13日(c)和14日(d)00时沿34°N z-螺旋度剖面图

3.3.4.2　相对螺旋度分析

Woodall(1990)导出相对于风暴的局地螺旋度密度公式,考虑到研究强对流时,涡度的垂直分量较风垂直切变小一个量级以上,同时忽略垂直速度在水平方向的变化,因而得到简化的相对螺旋度密度计算公式:

$$h = v_{sr}\frac{\mathrm{d}u}{\mathrm{d}z} - u_{sr}\frac{\mathrm{d}v}{\mathrm{d}z} \tag{3-8}$$

式中:u_{sr}、v_{sr}分别为相对于风暴的风矢量$\vec{V}_{sr}$在x,y方向的分量,即:

$$\vec{V}_{sr} = \vec{V} - \vec{C} \tag{3-9}$$

式中:$\vec{C}$为风暴平移速度。以下我们利用单站探空风资料计算风暴相对螺旋度SRH(以下简称相对螺旋度)。

由图3-15可知,相对螺旋度正值区的走向及分布与降水落区走向及分布相一致,强降水中心出现在正值螺旋度与相邻负值螺旋度中心连线梯度值最大的正值一侧。相对螺旋度更能全面地反映出降水中心位置,如13日00时(图3-14a),位于四川东部的强降水中心在500 hPa垂直螺旋度水平分布图上没有显示出来,剖面图上也仅在700 hPa以下才有所显示,而在相对螺旋度分布图上(图3-15a)则有比较明显的反映,强降水中心处于正负螺旋度中心连线梯度最大值的靠正值一侧。由于相对螺旋度在一定程度上反映了低层急流对暴雨的作用(寿绍文和王祖锋,1998),则对于低涡系统而言,相对螺旋度也能反映低层水汽的输送状况,其正值区的走向及分布对未来6 h降水落区的大致移向及分布有一定预示性。图3-15b为13日00时相对螺旋度和相邻 6 h 的降水分布，其中相邻 6 h 的降水区走向与相对螺旋度正值区的走向较一致，强降水中心出现在正负中心连线梯度最大值的正值一侧。14 日 00 时的相对螺旋度分布图上（图 3-15c），其正值螺旋度中心值（240 $m^2 \cdot s^{-2}$）分别与负值螺旋度中心值（−160 $m^2 \cdot s^{-2}$）以及与−240 $m^2 \cdot s^{-2}$的连线梯度大值区的正值一侧与强降水落区对应。此外，其他时刻相对螺旋度的分布也对相邻 6 h 降水分布的走向有较好的指示意义（图略）。

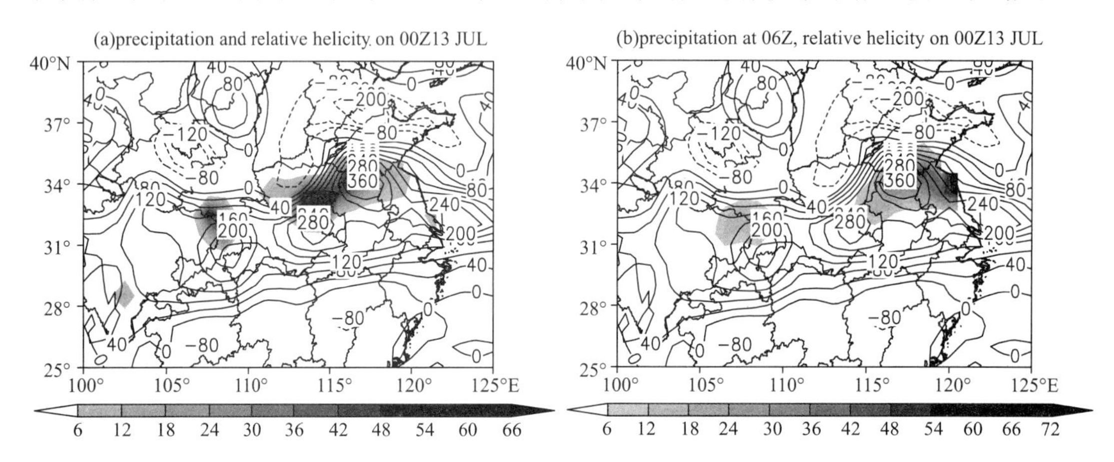

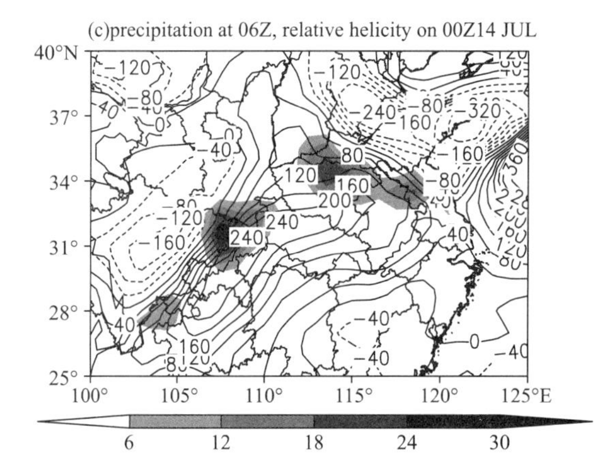

图 3-15　2000 年 7 月 13 日(a)00 时 6 h 降水量(mm)和相对螺旋度($m^2 \cdot s^{-2}$)及 13 日(b)和 14 日(c)00 时相对螺旋度和 06 时 6 h 降水量分布

3.3.5　非地转湿 Q 矢量及其散度分析

根据姚秀萍和于玉斌(2001)、岳彩军等(2003a，2003b)的研究，定义非地转湿 Q 矢量为：

$$\boldsymbol{Q}^* = Q_x^* \boldsymbol{i} + Q_y^* \boldsymbol{j} \tag{3-10}$$

而

$$Q_x^* = \frac{1}{2}\left[f\left(\frac{\partial v}{\partial p}\frac{\partial u}{\partial x} - \frac{\partial u}{\partial p}\frac{\partial v}{\partial x}\right) - h \cdot \frac{\partial V}{\partial x} \cdot \nabla \theta + \frac{\partial (hH)}{\partial x}\right] \tag{3-11}$$

$$Q_y^* = \frac{1}{2}\left[f\left(\frac{\partial v}{\partial p}\frac{\partial u}{\partial y} - \frac{\partial u}{\partial p}\frac{\partial v}{\partial y}\right) - h \cdot \frac{\partial V}{\partial y} \cdot \nabla \theta + \frac{\partial (hH)}{\partial y}\right] \tag{3-12}$$

式中：$h=\frac{R}{P}\left(\frac{P}{1000}\right)^{\frac{R}{C_P}}$，$H=-\frac{L}{C_P}\left(\frac{1000}{P}\right)^{\frac{R}{C_P}}\omega$，$Q_x^*$ 和 Q_y^* 分别是 x 和 y 方向非地转湿 Q 矢量的

分量，其他符号为物理量常用符号。非地转湿 Q 矢量取决于风水平和垂直切变的差异效应，以及风的水平梯度和温度梯度的乘积及非绝热效应。

用非地转湿 Q 矢量表示的 ω 方程为：

$$\nabla_h^2(\sigma\omega)+f^2\frac{\partial^2\omega}{\partial p^2}=-2\nabla\cdot\boldsymbol{Q}^* \tag{3-13}$$

式中：$\nabla\cdot\boldsymbol{Q}^*$ 为非地转湿 Q 矢量散度。假设大气的垂直运动呈波动形式，由于波动形式物理量的拉普拉斯与该物理量本身负值成正比，因而有 ω 与 $\nabla\cdot\boldsymbol{Q}^*$ 成正比，当 $\nabla\cdot\boldsymbol{Q}^*<0$ 时，$\omega<0$，非地转上升运动会在一定时间尺度内得以维持，持续一定强度的上升运动，为降水提供有利的动力条件；反之为下沉运动。

3.3.5.1　非地转湿 Q 矢量散度平面图分析

图 3-16 中，低层 800 hPa 非地转湿 Q 矢量散度的辐散、辐合区多呈块状或条状正负相间的分布，反映了中尺度特性。湿 Q 矢量在湿 Q 矢量散度负值区辐合，正值区辐散。降水发生在湿 Q 矢量散度的负值辐合区，三个强降水中心与湿 Q 矢量散度最低值区（分别为 -12×10^{-16} $\mathrm{hPa^{-1}\cdot s^{-3}}$、$-12\times10^{-16}$ $\mathrm{hPa^{-1}\cdot s^{-3}}$ 和 -20×10^{-16} $\mathrm{hPa^{-1}\cdot s^{-3}}$）相对应，$Q$ 矢量辐合较强。14 日 08 时（图略），降水落区仍处于湿 Q 矢量散度负值区，最低值达 -60×10^{-16} $\mathrm{hPa^{-1}\cdot s^{-3}}$。但并非所有负值区都有降水发生，如图 3-16 所示，贵州北部处于较强的湿 Q 矢量散度负值区，最低值达 -20×10^{-16} $\mathrm{hPa^{-1}\cdot s^{-3}}$，但并无降水发生，未来 6 h 内亦无降水发生，这样就出现了“空报”现象。出现此类现象的原因在岳彩军等（2003b）已做了解释。因此，在计算湿 Q 矢量散度的同时，应考虑加上 $\nabla\cdot Q^*\propto\omega$ 的约束条件，实质上就是用湿 Q 矢量散度辐合区与垂直运动上升区相重叠的区域作为降水落区诊断分析的指标，来提高 $\nabla\cdot Q^*$ 对降水落区定性诊断分析的准确率。我们通过计算 800 hPa 上 ω 的水平分布（图略）发现，两个时刻在该区域并未出现 $\omega<0$ 的负值上升运动，而在降水落区均出现较强的上升运动，因而可以利用 ω 的分布对降水落区预报进行订正。

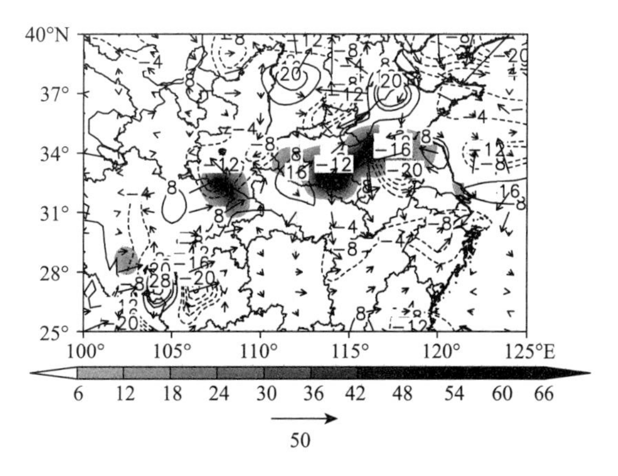

图 3-16　2000 年 7 月 13 日 00 时 800 hPa 湿 Q 矢量、Q 矢量散度（10^{-16} $\mathrm{hPa^{-1}\cdot s^{-3}}$）及 6 h 降水量（mm）

3.3.5.2　非地转湿 Q 矢量散度垂直剖面图分析

低层非地转湿 Q 矢量辐合区通常是上升运动的激发区，非地转湿 Q 矢量散度表示的是产生垂直运动的强迫机制的强弱，持续一定强度的上升运动将为暴雨提供有利的动力条件（姚秀萍和于玉斌,2000)。从沿暴雨中心 34°N 的湿 Q 矢量散度垂直剖面(图 3-17a)可见:湿 Q 矢量散度辐合区位于低层 800 hPa 以下,辐合区与降水落区(112°N～120°N)相对应,强辐合中心出现在 925 hPa,达 -30×10^{-16} $hPa^{-1}\cdot s^{-3}$,并且与暴雨中心 114°E 和 117.3°E 基本吻合(图中黑三角所示),其中,114°E 所对应的降水区上空为正负叠置的形式,一定程度上反映出该区上升运动稍弱,未来 6 h 降水量分布亦显示该区降水减弱。而 117.3°E 上空直到 100 hPa 始终为负值辐合区,且负值区略有向东倾斜的趋势,这表明该区存在较强的上升运动,为暴雨的发展提供了有利的动力条件,未来 6 h 降水量分布表明(图略),该处降水持续,并对应一强降水中心。图 3-17b 中,低层辐合区仍与降水落区对应较好,强降水中心位于(34°N,116°E)(图中黑三角所示),但并不对应于强辐合中心(由于此时该处辐合已经开始减弱),负值区呈带状自西向东倾斜,中层负值辐合区较弱,表明上升运动开始减弱。至 14 时(图略)负值区已断裂呈块状分布,低层负值中心消失,未来 6 h 降水量亦显示该区降水减弱。因此,非地转湿 Q 矢量散度的垂直分布可对未来 6 h 降水落区和移动的预报提供有价值的参考信息:当低层到高层均为非地转湿 Q 矢量散度负值分布时,表明该处上升运动较强,降水将持续;当出现正负值相间或低层负值辐合区消失的分布时,表明该区上升运动较弱,未来降水将会减弱。

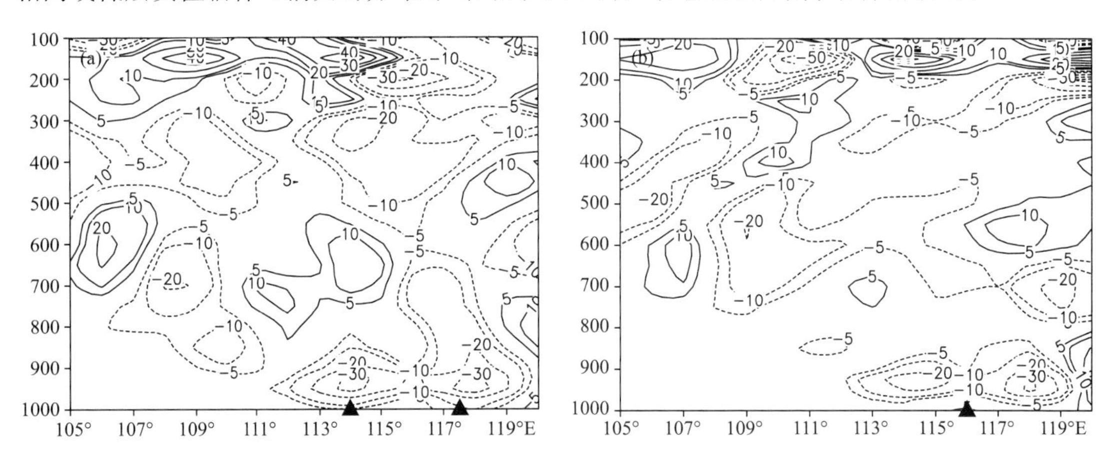

图 3-17　2000 年 7 月 13 日(a)和 14 日(b)00 时非地转湿 Q 矢量散度沿 34°N 的经向剖面图(单位:10^{-16} $hPa^{-1}\cdot s^{-3}$)

3.3.6　小结

(1)本例高原低涡形成环流属北脊南槽型,并随蒙古高压和副高间切变流场的变化东移出海。低涡东移过程可分为:高原低涡东移与热带气旋北上阶段、高原低涡受副高阻塞停滞阶段和高原低涡分裂出海阶段。

(2)低涡降水主要发生在低涡东半侧,并在低涡移出高原后加强。低涡在高原上产生降水的水汽供应主要由西南暖湿气流输送和偏北干冷气流提供,低涡移出高原后水汽输送主要由副高西侧边缘西南暖湿气流输送和低涡东侧边缘的东北切变气流输送。

(3)500 hPa z-螺旋度水平分布对低涡中心的移动及降水落区和强降水中心的分布具有较好指示性;z-螺旋度垂直分布能很好地反映暴雨发生时大气的动力特征,暴雨区上空高层负涡度辐散与低层正涡度辐合相配合,是触发暴雨的动力机制。相对螺旋度更能全面地反映降水落区及降水中心分布情况,并与未来 6 h 的降水落区和分布存在较好的正相关关系,对降水

落区及强度分布的预报有一定价值，强降水中心通常出现在相对螺旋度正负值连线梯度最大值的正值一侧。

(4)低层湿 Q 矢量散度辐合场对同时刻高原低涡暴雨的强度及落区都具有诊断意义，基本上能够准确地反映出同时刻降水的落区和强度，是降水落区定性诊断分析的有力工具。湿 Q 矢量散度的垂直分布对降水的落区和移动预报提供了很好的参考信息。

此外，个别时刻湿 Q 矢量散度分布对同时刻低涡降水的预报还存在“空报”现象，因而在利用湿 Q 矢量散度辐合场来做低涡降水预报时，最好还要综合实况天气图、相关物理量(如垂直运动)以及利用其他的诊断工具，来做出全面、合理的分析判断。

3.4 凝结潜热在高原涡东移发展不同阶段的作用

3.4.1 引言

自20世纪60年代以来，我国的气象工作者对高原涡做了长期研究，对高原涡的形成、发展、路径和生命史等有了一定的认识。影响高原涡生成发展的因素分为动力作用和热力作用。在热力作用中水汽扮演了十分重要的角色。一方面高原涡的影响主要表现为降水，另一方面水汽蒸发和凝结潜热的释放又对高原涡的发生发展起重要作用，因此加强水汽及其加热对高原涡作用的研究，对我们更深刻地认识高原涡具有重要意义。

潜热加热对涡旋系统的维持作用前人已做出许多方面的探索。丁治英和丁一汇(1998)在研究台风耗散及维持过程中指出：在无外界系统配合时，潜热释放是台风维持的主要原因，同时也指出水汽的量会对潜热加热作用有重要影响。钱正安和何驰(1989)指出潜热加热作用使得空气柱的气温升高，造成高层升压、低层降压，有加强气旋性环流的作用，但从潜热加热到其他场的变化有不同程度的时间滞后性。张晓芳和陆汉城(2006)在研究梅雨锋暴雨过程中发现潜热加热存在正反馈机制，即潜热加强了垂直运动，使大气高层辐散、低层辐合，而这种高低层散度场的配置又加强了垂直运动，使得低层水汽上升继续释放潜热。赵平和梁海河(1991)在研究西南涡时发现潜热加热在垂直方向上的不同分布会影响低涡的发展，低层的加热往往有利于西南涡的发展，高层加热则对发展不利。臧增亮等(2012)研究表明：如果没有潜热的释放，水汽对背风波的影响十分有限。潜热的释放会破坏原先大气的层结分布，造成特定区域强烈的垂直运动。对于高原涡而言，垂直运动是维持涡区上层辐散、下层辐合的关键。高原的热力作用是青藏高原影响天气、气候的主要因子之一。吴国雄等(2005)论证了高原加热的气候影响。赵瑞星(1988)研究表明水汽的移动加热特性是天气系统上游效应的重要因素。Shen et al. (1986b)提出感热和潜热在高原涡发生发展过程中所起作用不同。他们认为，由于失去了潜热加热的作用，高原涡在移出高原之后减弱消失。Yanai et al. (1973)，Wu et al. (1985)及 Wang et al. (1987)通过数值模拟的方法揭示了潜热释放是雨季高原背风涡发生发展的重要影响因素。郁淑华(2002)指出，高原涡的形成与印度洋、阿拉伯海等地区输送水汽的流场维持有关。水汽涡旋的位置对高原涡的移动有重要指示作用。郁淑华和何光碧(2001)发现，水汽对高原涡形成与发展的影响存在个例差异，并指出差异的原因主要与水汽在输送过程中是否发生相变释放潜热有关。宋雯雯等(2012)的数值模拟认为，土壤蒸发潜热对高原涡的作用不太明显，大气凝结潜热对高原涡的生成不起决定性作用，但对高原涡的维持和结构演变有关键影响。徐裕华和濮梅娟(1992)的数值研究同样证实了潜热加热对高原涡发展的重要作用。本节以 2005 年 5 月 1—4 日(以下简称“5·01”过程)和 2005 年 6 月 23—28 日(简称“6·23”过程)两次高原涡为个例,进行大气加热的诊断计算,主要分析凝结潜热加热对高原涡发展东移的影响,并初步探讨潜热加热影响高原涡生命史的可能机制。

3.4.2 资料及计算方法

本研究运用美国 NCEP 1°×1°每日 4 次的再分析资料以及中国气象科学数据共享服务网提供的中国地面降水日值 0.5°×0.5°格点数据集(V2.0),并参考了成都高原气象研究所《青藏高原低涡切变线年鉴(2005)》中高原涡的中心位置。经过验证,NCEP 资料分析出的 500 hPa 高原涡的位置及强度与年鉴统计的高原涡位置和强度十分接近(图略)。

视热源 Q_1 代表单位时间单位质量空气由于感热加热引起的增温率,视水汽汇 Q_2 代表单位时间单位质量水汽凝结释放的热量引起的大气增温率,计算公式分别为:

$$Q_1 = C_p\left(\frac{\partial T}{\partial t} + V\cdot\nabla T + \left(\frac{P}{P_0}\right)^k \omega\frac{\partial\theta}{\partial p}\right) = Q_{1t} + Q_{1h} + Q_{1\omega} \tag{3-14}$$

$$Q_2 = -L\left(\frac{\partial q}{\partial t} + V\cdot\nabla q + \omega\frac{\partial q}{\partial p}\right) = Q_{2t} + Q_{2h} + Q_{2\omega} \tag{3-15}$$

式中:下标 t,h 和 ω 分别代表时间变化项,平流项和垂直输送项,其他皆为气象常用物理量符号。

3.4.3 2005 年高原涡概况及大尺度水汽、风场

3.4.3.1 全年高原涡概况

2005 年共发生 47 次高原涡过程(图 3-18),多数发生在高原东部。除 2 月、11 月、12 月,其余月份均有高原涡发生。其中 4 月、6 月、7 月高原涡发生次数最多,分别为 8 次、10 次、8 次。5 月上半月、6 月下半月、7 月下半月是高原涡的多发时段,5 月、6 月移出高原的高原涡最多,占全年移出量的 67%。全部高原涡均出现降水过程,本研究选取该年 5 月 1—4 日和 6 月 23—28 日两个东移高原涡个例,分别出现在高原涡移出频次最高的两个月,“5·01”高原涡过程降水持续影响我国中西部十余省份,降水持续时间为 2～4 天。其中四川、安徽等地出现了

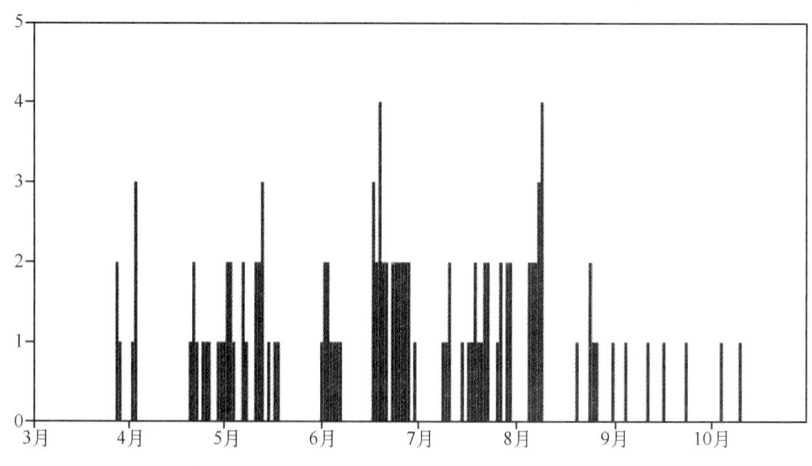

图 3-18 2005 年 4—10 月高原涡发生频次分布图

大片 25 mm 以上的降水区域,极值雨量出现在四川蓬溪(170.9 mm)。相比之下,“6·23”高原涡过程降水影响区域更广(20 省份,甚至影响到了东北地区),降水持续时间更长(2～6 天),累计降水量更大(辽宁、吉林等多地出现大片降水量超过50 mm 的区域),极值区域在四川蓬溪(181.6 mm)。

3.4.3.2 两次高原涡个例的发展过程

“5·01”过程的高原涡生成于(90.7°E,32.3°N),消亡于(108°E,34°N),2005 年 5 月 1 日 12 时(UTC)在 500 hPa 高度上出现,初生阶段 550～450 hPa 高度上流场特征明显。5 月 2 日 18 时东移到 100°E 附近(开始下坡),下坡过程中高原涡的垂直厚度增加。5 月 3 日 12 时垂直厚度又一次突然增厚,5 月 4 日 00 时迅速减弱、消亡,历时 66 h。“6·23”过程的高原涡生成于(96°E,33°N),消亡于(125°E,43°N),2005 年 6 月 23 日 00 时在 500 hPa 上出现,6 月 23 日 12 时东移到 100°E 附近(开始下坡),6 月 26 日 18 时移动到(115°E,41°N)附近(完全移出高原),下坡过程中和下坡后,高原涡的垂直厚度增厚且维持,6 月 28 日 12 时消亡,历时 132 h(本节只讨论其前 90 h 发展过程)。

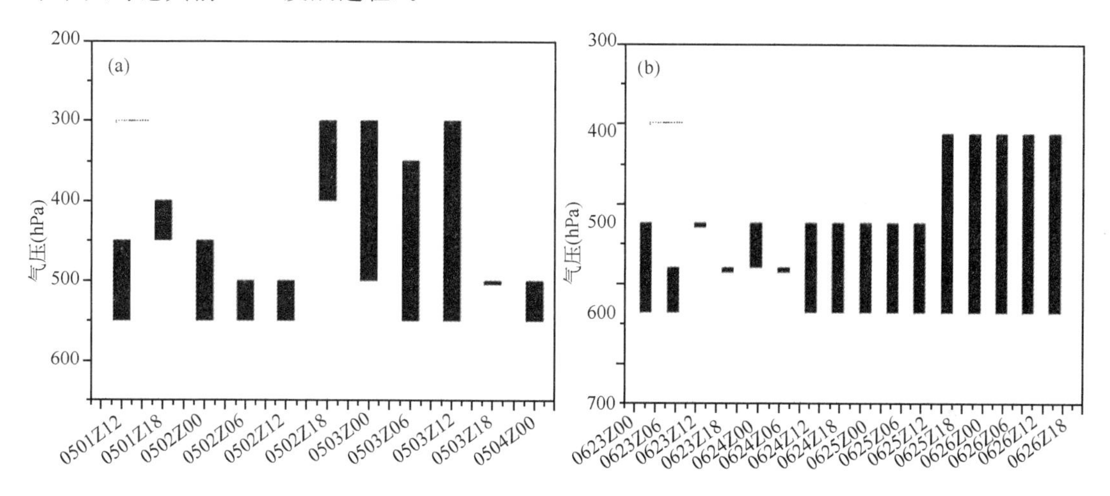

图 3-19 “5·01”过程(a)和“6·23”过程(b)高原涡垂直厚度的时间-高度剖面图

两次高原涡过程(图 3-18)按照东移的位置可以分为下坡前、下坡中、下坡后三个阶段。初生阶段主要在近地面气层中,厚度大约 100 hPa;在东移过程中,在没有下坡之前,高原涡厚度变小,一直呈现比较浅薄的状态,且明显的低涡中心不总是在 500 hPa 高度上,而是在 550～400 hPa 上下变动。在下坡过程中,高原涡的厚度大幅增加,“5·01”过程高原涡在下坡过程中,低涡中心在 300 hPa 都可见,垂直厚度超过 250 hPa。“6·23”过程的高原涡发展过程与“5·01”过程类似,前期浅薄,低涡中心在 500 hPa 上下小幅移动,在下坡过程中低涡伸展厚度迅速增大。

3.4.3.3 “5.01”过程的水汽场和风场

高原涡发生时期的 500 hPa 高度场上(图 3-20a),高原的主体部分位于西风槽底部,风速较小。高原以南的西南风比较强盛,孟加拉湾的湿润空气带一直延伸到高原东部(105°E 以东地区),高原东部有明显的湿润区。高原以北的西北风也比较强盛,湿润气流和干冷气流在高原东部辐合,高原以外的湿空气主要来自南部的孟加拉湾和高原以西的上游地区。

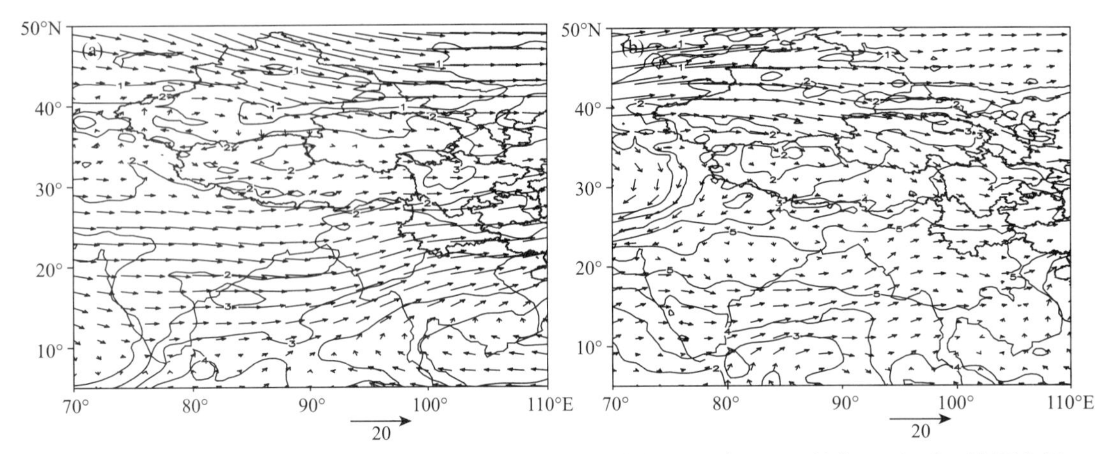

图 3-20 “5·01”过程(a)和“6·23”过程(b)发生时期风场(单位:$m \cdot s^{-1}$)、比湿(单位:$g \cdot kg^{-1}$)时间平均图

3.4.3.4 “6·23”过程的水汽场和风场

高原涡发生时期(图 3-20b),高原北侧的西风气流比较平直,高原南部的西南风较弱。印度半岛、孟加拉湾及中南半岛有大片湿润带。高原主体水汽比较充沛(大值中心达到 4.5 $g \cdot kg^{-1}$)且呈现西北、东南两个湿润区,东南部更为湿润。高原南部边缘处有较大的水汽梯度,这是由于高原的阻挡作用,高原以南的水汽未能全部进入高原主体。

3.4.3.5 高原涡高发和少发时段的水汽垂直分布

下面对比分析高原涡高发期和少发期水汽垂直分布状况。2005 年 5 月下半月是高原涡少发时段,水汽的垂直分布如图 3-21a 所示,0.5 $g \cdot kg^{-1}$等值线处于 350 hPa 附近,高原东部湿层较西部略厚,垂直梯度小。2005 年 6 月下半月是高原涡多发期,如图 3-21b 所示,湿层明显增厚:90°E 以东地区,0.5 $g \cdot kg^{-1}$等值线已经上升到 300 hPa 以上高度,高原东部湿层明显高于西部,且垂直方向上湿度梯度显著加大。为高原涡的发生发展提供了有利的水汽层结条件。

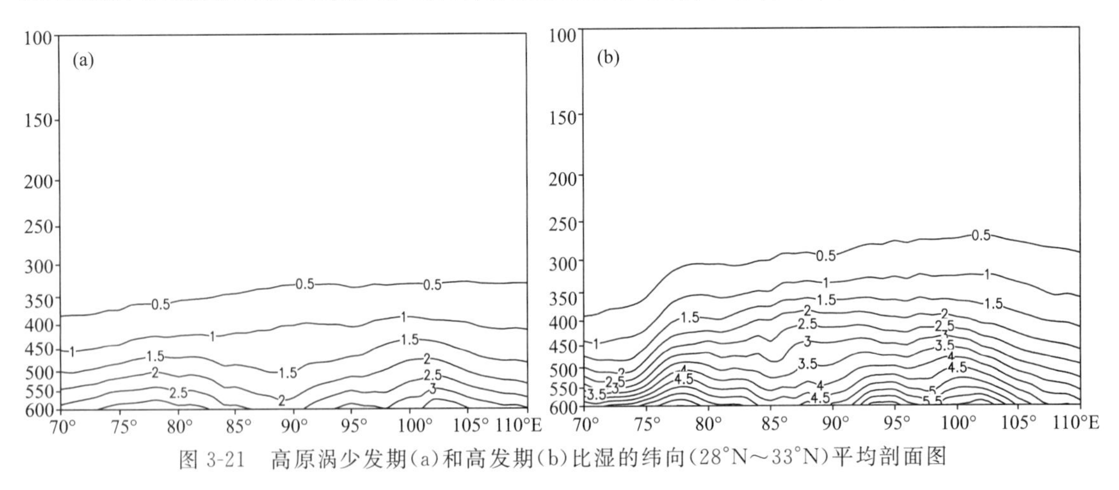

图 3-21 高原涡少发期(a)和高发期(b)比湿的纬向(28°N～33°N)平均剖面图

3.4.4 高原涡东移发展过程分析

3.4.4.1 水汽、涡度上传特征

“5·01”过程的高原涡在东移过程中,涡柱内伴有明显的水汽上传现象(图 3-22a)。从 5

月1日12时—5月3日00时，伴随高原涡的湿度中心从600 hPa一直上升到250 hPa附近，此时高原涡已经东移到(103°E,33°N)附近。高原涡的最大涡度中心也同时上传。5月3日00时之后，高原涡处于下坡过程，水汽在高原涡的下坡过程中由于强烈的上升运动，加速凝结释放潜热，同时大气湿度下降。5月3日00时—5月4日18时左右，整层涡度迅速加大(图3-22b)。此次高原涡过程以103°E为界可分为两个阶段：第一阶段(低涡移出高原前)水汽和涡度的上传有较好的一致性，说明前期潜热加热对高原涡的强弱起主要作用；第二阶段在高原涡下坡的过程中，垂直速度加大，水汽加速凝结，高原涡区域大气水汽量迅速下降(图3-24a)，这一阶段由于涡柱内水汽含量下降，潜热加热率为负值，所以潜热加热并不是高原涡涡度增强的因素。5月3日18时之后，垂直方向上没有出现上传的水汽大值中心，高原涡的暖中心消失。此次高原涡过程经历了下坡前稳定发展、下坡时迅速增强、最终在109°E附近消亡的发展历程。

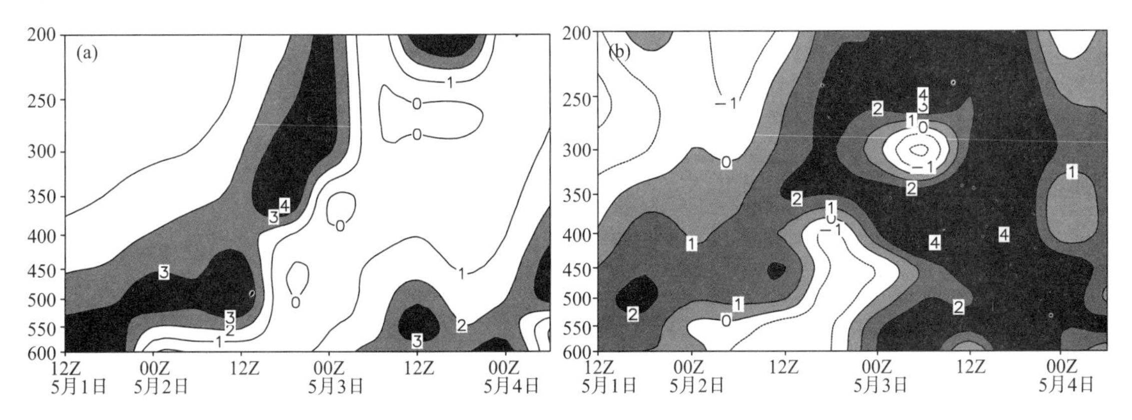

图3-22 “5·01”过程的比湿(a)(单位：$g \cdot kg^{-1}$)和相对涡度(b)(单位：$10^{-5}\ s^{-1}$)的时间-高度剖面图

“6·23”过程的高原涡下坡前的水汽、涡度在垂直方向上与“5·01”过程基本一致(图3-23)，有较为一致的水汽、涡度上传现象。不同的是，此次高原涡过程在7月25日00时(东移到109°E)之后，上升运动减弱，低层又重新出现了上传的水汽大值中心。潜热加热使得高原涡在下坡之后暖心结构继续维持，低涡也继续东移发展。

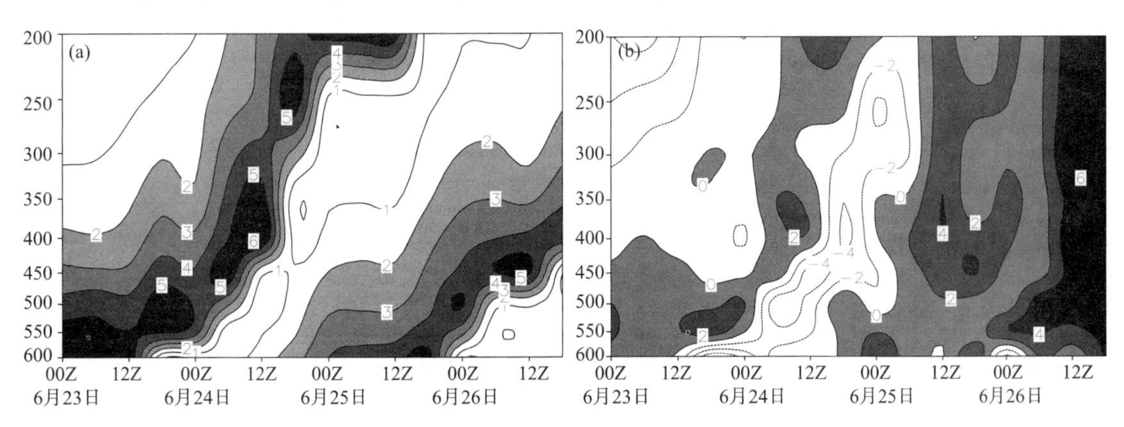

图3-23 “6·23”过程的比湿(a)(单位：$g \cdot kg^{-1}$)和相对涡度(b)(单位：$10^{-5}\ s^{-1}$)的时间-高度剖面图

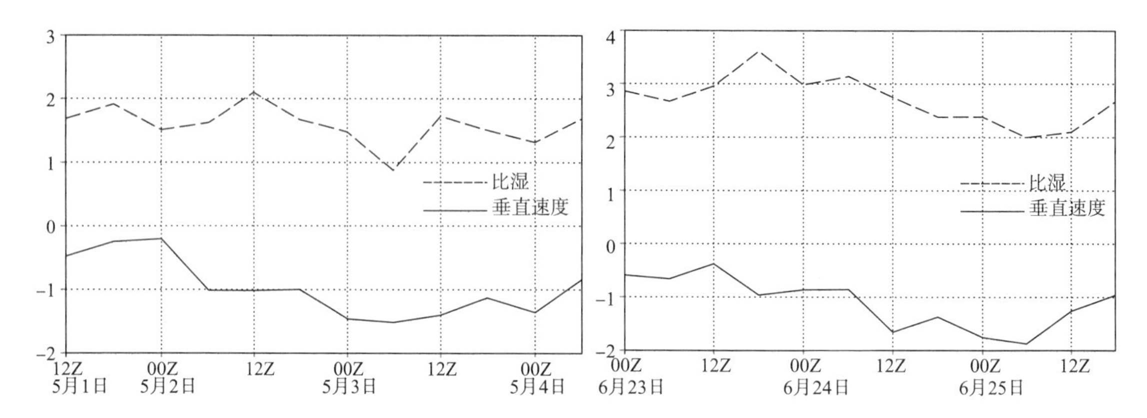

图 3-24 “5·01”过程的比湿、垂直速度(a)(单位:g·kg^{-1},10^{-1} Pa·s^{-1})和“6·23”过程的比湿、垂直速度(b)(单位:g·kg^{-1},10^{-1} Pa·s^{-1})的纬向平均时间-高度剖面图

3.4.4.2 潜热加热的作用

一般情况下,高原上空的大气温度会随着高度的增加而降低。由图 3-25(a1 和 b1)可知,同一时刻高原上空 600～200 hPa 会有 40 K 左右的温度差,但高原涡的暖中心温度从底层到高层始终保持在 270 K 左右。由图 3-25(a1,b1 和 c1)可以看出,“5·01”过程的高原涡生成初期,涡区的暖中心从 5 月 1 日 12 时的 600 hPa 左右,逐渐上升到 5 月 3 日 00 时的 200 hPa 以上。5 月 2 日 06 时到 5 月 3 日 00 时,400～150 hPa 高度上为整层 Q_2 的正值区,最大中心加热率 5 K·d^{-1},位置在 400 hPa 以上,与高原涡的暖中心位置比较一致。与此同时,Q_1 在相同高度层上则为整层负值区,最大负值中心位于 600 hPa 附近(−30 K·d^{-1})。Q_1、Q_2 的这种分布状况说明在高原涡下坡之前,大气加热主要是由潜热释放造成的。在下坡过程中,垂直速度突然增大,如图 3-24a 所示,垂直速度由 5 月 2 日 00 时的−0.02 Pa·s^{-1}上升到 6 h 后的−0.1 Pa·s^{-1},短时间内增加了 5 倍,之后一直处于加强状态。强烈的上升作用导致水汽加速凝结,大气水汽含量下降,如图 3-24 所示,垂直速度增大后,高原涡区域的比湿下降了 30%～50%。这使得水汽凝结产生的潜热释放减少,高原涡的暖中心消失,大气温度在短时间内下降到 230 K 左右。

在“5·01”过程的高原涡下坡过程中,高原涡的强度加强(垂直增厚、中心正相对涡度加强)。由于下坡过程中涡柱内水汽含量锐减,潜热加热作用对高原涡下坡加强的贡献微乎其微。水汽含量的降低,潜热加热作用减弱,高原涡的暖中心结构消失,高原涡在下坡之后,强度迅速减弱,随后消亡。“5·01”过程潜热加热主要发生在高原涡下坡前期(5 月 2 日 06 时—5 月 3 日 00 时),如图 3-25b1 所示,5 月 12 日 00 时左右和下坡过程后期(5 月 3 日 12 时),这与此次高原涡下坡前期水汽大量凝结和后期高原涡减弱消失前厚度突然增大有较好的对应关系。“6·23”过程的高原涡在强度上的变化与“5·01”过程类似。水汽凝结潜热作用区域较小,但强度较大(图 3-25b2)。在其完全下高原之后,低层充足的水汽供应通过 550～250 hPa 之间水汽潜热加热使得高原涡在其完全移出高原之后依旧维持暖中心结构,所以“6·23”过程的高原涡得以继续存在、发展,而不同于“5·01”过程的高原涡下坡后迅速减弱消亡。

垂直速度、水汽含量和潜热加热三者关系较为复杂,3.4.4.1 节和图 3-24 已经说明了垂直速度和水汽含量的基本关系。值得注意的是:水汽含量的减少会削弱潜热加热的作用,垂直运动的增加是造成大气中水汽凝结减少的重要原因,但是垂直速度与潜热加热却不是简单的反相关关系。对照图 3-24a 和图 3-25b1 可知,在 5 月 2 日 12 时,垂直速度大幅增加的时段,Q_2

出现了大片大值区域。垂直速度的突然增加导致低涡区水汽在短时间内集中凝结，使得之后大气变得干燥，潜热加热作用大大削弱，在这点上垂直速度不利于高原涡的长期发展。但如果水汽量充足，凝结的水汽能够得到及时补充，较大的垂直速度又能使高原涡区域始终获得较大的潜热加热，垂直速度对高原涡的发展又是十分有利的。如图 3-22a 和图 3-25b2 所示，6 月 25 日 12 时之后水汽量增加、潜热加热加强正好说明了这一点。

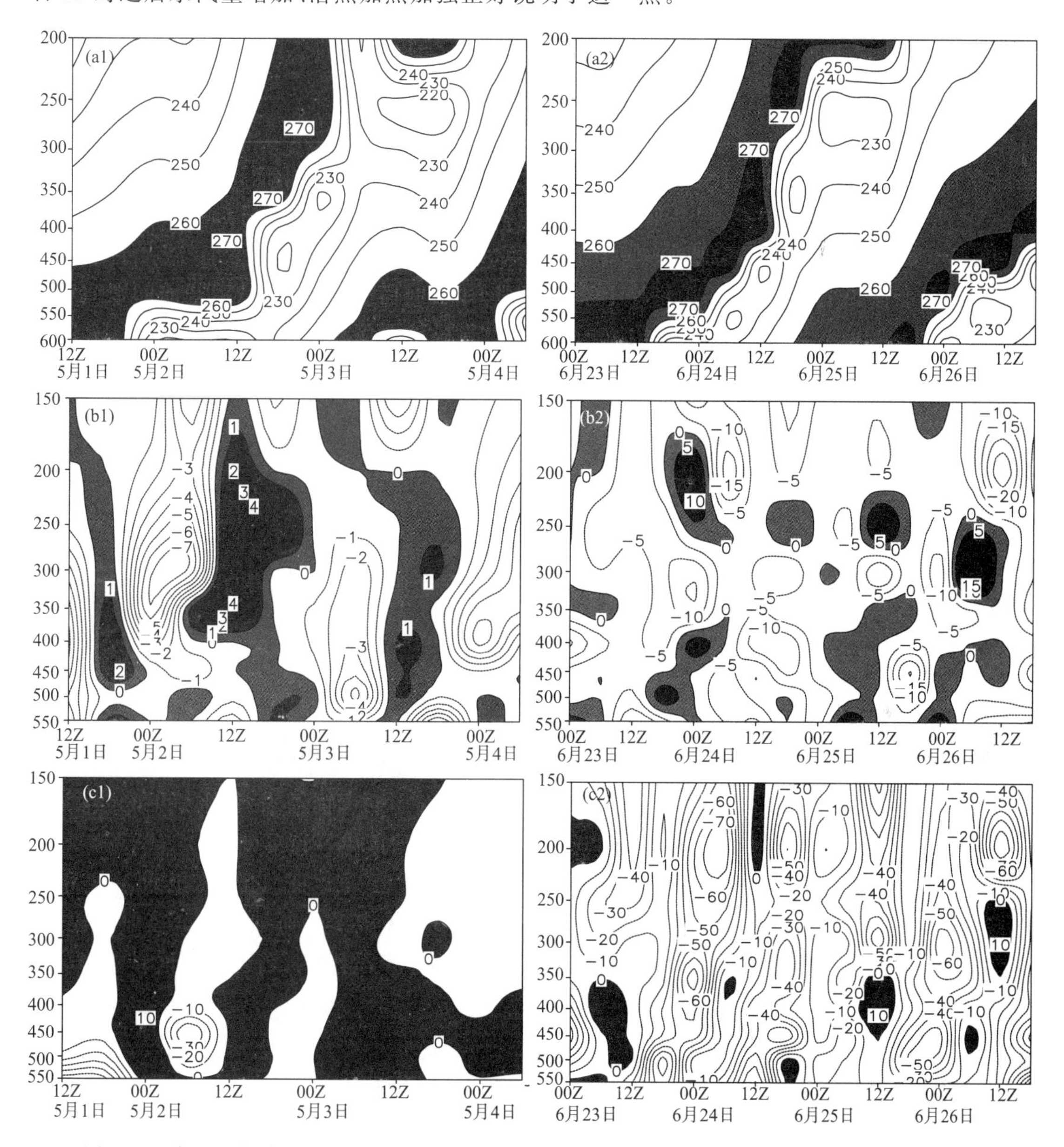

图 3-25　高原涡东移过程的温度(a)(单位：K)、Q_2/C_p(b)(单位：$K \cdot d^{-1}$)、Q_1/C_p(c)(单位：$K \cdot d^{-1}$)纬向平均高度-时间剖面图(a1、b1、c1 为“5・01”过程，a2,b2,c2 为“6・23”过程)

“5・01”过程高原涡前期潜热加热(图 3-25b1)主要发生在 5 月 2 日 12 时—5 月 3 日 00 时之间，期间高原涡中心位置处于(92°E～101°E；31°N～34°N)(图 3-26a1)。后期潜热加热主要发生在 5 月 3 日 12 时左右，期间高原涡中心位置大约位于(107°E，33°N)(图 3-26a2)。“6・23”

过程前期潜热加热过程(图 3-25b2)主要发生在 6 月 23 日 12 时到 6 月 24 日 00 时之间，期间高原涡中心位置处于(101°E～103°E;32°N～33°N)(图 3-26b1)。后期潜热加热主要发生在 6 月 25 日 00 时到 6 月 26 日 00 时，期间高原涡中心位置大约位于(108°E～114°E;36°N～38°N)(图 3-26b2)。两次高原涡过程的四次主要潜热加热过程均发生在当日 24 h 累计降水大值中心附近，图中点线框区域为潜热加热期间高原涡中心的活动区域。四次潜热加热均伴有明显的降水过程，间接佐证了再分析资料计算出的潜热加热在高原地区的真实性。

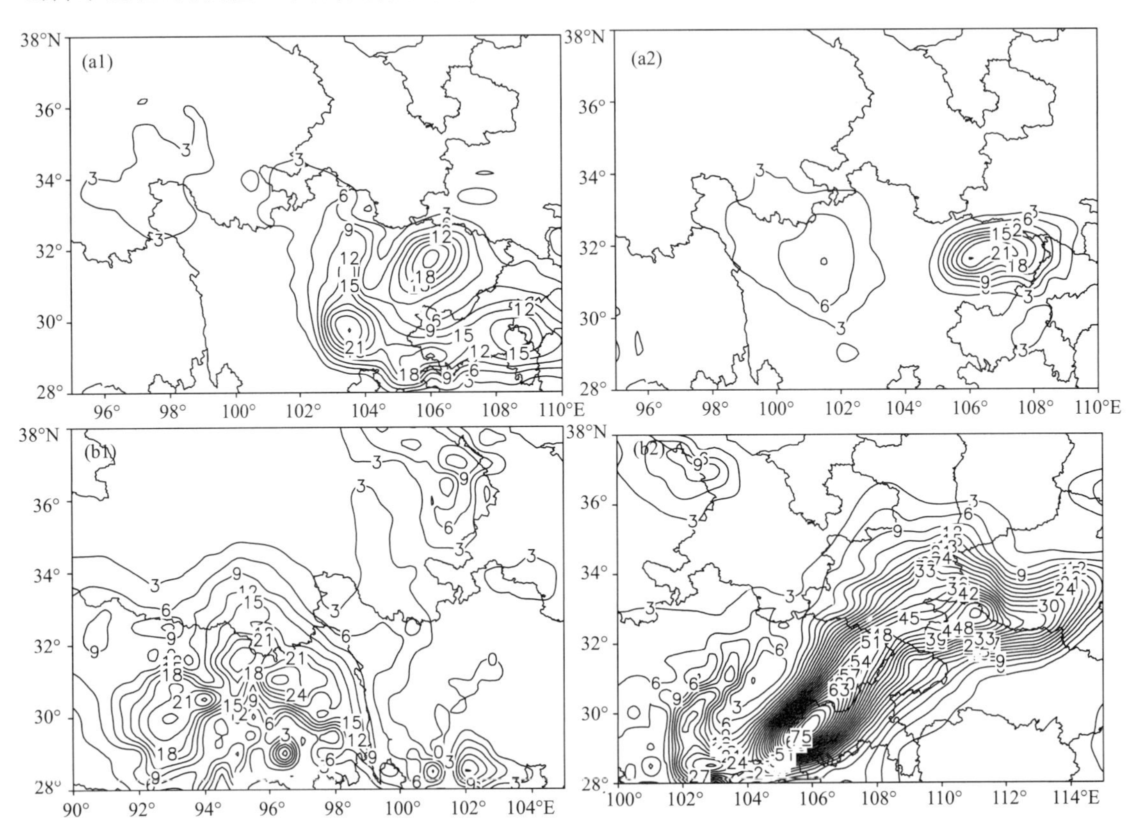

图 3-26　2005 年 5 月 2 日(a1)和 3 日(a2),6 月 23 日(b1)和 25 日(b2)24 h 降水量(单位:mm)与对应时段高原涡中心位置(点线框标注)

3.4.5　小结

本节利用 NCEP 1°×1°再分析资料，通过大气热源的诊断计算研究了 2005 年两次高原涡东移过程中垂直结构的特征及其演变，重点分析了水汽及其凝结潜热对高原涡的作用，得出以下主要结论。

(1)高原涡多发期，高原垂直方向上水汽梯度增大，湿层增厚明显。

(2)两次高原涡在发展东移过程的前期(未下坡前)，在垂直方向上有明显的水汽、涡度上传现象，且两者在垂直方向上的大值中心存在很好的一致性。

(3)涡柱内潜热释放对高原涡垂直厚度、强度有重要影响，潜热加热作用的发挥主要在高原涡下坡之前和下坡后期以及下坡之后(即移到四川盆地)，潜热加热使得高原涡保持暖心结构，暖心结构对高原涡能否维持具有较好的指示作用。

(4)潜热加热作用是高原涡下坡之后能否继续维持、发展的重要因素。

限于篇幅,高原涡在下坡过程中涡度加强的动力成因有待后续研究。另外,本节潜热加热区与降水大值区并不完全重合,而是出现在大值中心或大值区附近,其原因也值得进一步分析。

3.5 大气能量学揭示的高原低涡结构及降水特征

3.5.1 引言

高原低涡是发源于青藏高原地区特有的浅薄涡旋系统。常给高原及下游地区带来暴雨等灾害性天气。刘富明等(1986)统计研究发现,高原低涡全年均可发生、发展,但夏半年尤其在6—9月多发。虽然能够移出青藏高原的高原低涡数量很少,但一旦移出高原,将会给高原周边地区带来明显的降水过程(罗四维,1989,杨伟愚 等,1990,罗四维 等,1993,钱正安 等,1997)。与热带气旋不同,高原低涡是比较浅薄的能量系统。孙国武等(1989)提出高原低涡是一动能的"准封闭系统",且原地生消和东移发展的高原低涡具有不同的动能收支过程。杨洋等(1992)定量分析指出,积云和乱流对总能量的垂直输送对高原低涡的发展极为重要。同时,高原低涡的生命过程对大尺度环境场、下垫面等外部因素具有很强的依赖性(孙国武 等,1987,丁治英 等,1994)。此外,罗四维等(1992)、陈伯民等(1996)和宋雯雯等(2011)对高原低涡过程的数值模拟表明:感热在高原低涡初生阶段起主要作用,潜热则在其后的发展过程中起主导作用。

以下选取2010年7月21—25日的高原低涡个例(以下简称"7·21"高原低涡),并选取2005年5月1日—4日的高原低涡个例(以下简称"5·01"高原低涡)作为验证个例,以过去高原低涡研究中不多见的能量分析视角,计算了此次高原低涡不同发展阶段各能量分量的时空分布特征,讨论了能量变化原因及其对高原低涡演变的影响,进一步揭示了高原低涡在不同发展阶段能量的分布及变化特点,并探讨了能量分布影响高原低涡降水的可能机制。

3.5.2 数据和方法

根据青藏高原气象科学研究拉萨会战组(1981)对高原低涡的定义,并参考青藏高原低涡切变线年鉴(2010)以确定"7·21"高原低涡的中心位置、强度及东移路径,进而计算高原低涡东移过程中不同阶段的能量变化。

资料主要有:①美国 NCEP FNL 1°×1° 6 h 一次再分析资料;②中国气象科学数据共享服务网提供的中国地面降水日值 0.5°×0.5°格点数据集(V2.0);③中国国家级地面气象站逐小时降水数据集;④欧洲中心 ERA-Interim 1°×1° 6 h 一次温度、位势高度、相对湿度资料;⑤2010年7月24日新一代天气雷达每6 min的反射率拼图资料;⑥FY-2E逐小时红外黑体辐射亮温(temperature of black body,以下简称 TBB)资料。

单位质量湿空气总能量(也称总比能)的计算公式为:

$$E = c_p T + gZ + Lq + \frac{1}{2}V^2 \tag{3-16}$$

公式右端分别为显热比能(下简称显热能)、位能、潜热比能(下简称潜热能)和动能。其中 c_p 为干空气定压比热,L 为凝结潜热,q 为比湿,Z 为海拔高度,T 为绝对温度。

视水汽汇 Q_2 表示单位时间内单位质量水汽凝结释放热量引起的大气增温率,计算公式见(3-15)式。

3.5.3 “7·21”高原低涡的环流形势与温湿场

3.5.3.1 低涡概况

“7·21”高原低涡于2010年7月21日生成于青海曲麻莱地区。生成后向东北方向移出高原，后又迂回移入高原。先后经过青海、甘肃、宁夏、陕西、四川、西藏，于7月26日消亡于青海南部地区(图3-27a)。高原低涡生成初期中心强度为5810 gpm，在向东北移出高原时，中心强度减弱。22日00时(世界时)移到甘肃，中心强度降低为5830 gpm，并转向东南方向移动，在23日12时低涡转向西南移动，25日00时低涡重新进入高原。在低涡向西南移动过程中，低涡先增强，24日00时中心位势高度低至5800 gpm，随后减弱，25日00时进入高原时中心强度为5830 gpm。26日00时中心强度减弱为5850 gpm，随后消失。受其影响，四川、湖北、湖南、陕西、河南、甘肃、宁夏部分地区降暴雨到大暴雨，降水日数2～5天。有4处(A、B、C、D)100 mm以上大暴雨区域(图3-27a)，其中1个400 mm以上的特大暴雨中心。西藏、青海、安徽、山东、山西、重庆、贵州等部分地区也降了小到中雨。四大降水区降水的出现有明显先后次序，且与高原低涡东移过程中位置远近有关。

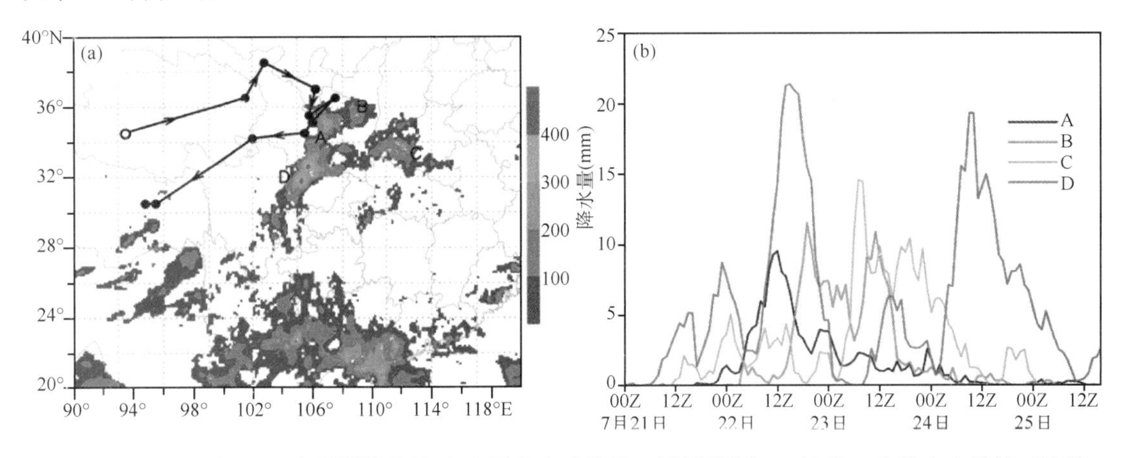

图3-27 (a)“7·21”高原低涡路径(空心圆为生成位置，时间间隔为12 h)及4个降水大值区；(b)降水大值中心逐小时降水量

3.5.3.2 500 hPa环流场及低涡温湿场

(1)500 hPa环流

7月21日00时(图3-28a)，高原低涡生成初期，环境温度较高，但没有明显的暖中心结构。由于地面感热对大气的加热作用与气团距离下垫面高度的关系以及“西高东低”的地形特点，使得同样在500 hPa等压面上，高原主体地区要比高原东部大气温度高出2～4 K。高原低涡形成初期高度场没有闭合中心，环境风速较小，呈气旋性切变。说明在高原低涡生成初期，由于其尺度较小、强度较弱，根据地转适应理论，风场是判别其存在的主要依据。高原低涡东北部为一阻塞高压(下简称阻高)，中心强度5860 gpm，高原低涡则处于阻塞高压西南侧的横槽中。随着此次高原低涡的东移发展，7月22日00时(图3-28b)A区大范围降水开始前，高原低涡已东移到甘肃省境内，中心强度下降，但已出现闭合等高线。同时，阻高北移加强，西太平洋副热带高压(下简称西太副高)较高原低涡初生时刻位置更西，来自南海的水汽沿着西太副高的西部边缘北伸到高原低涡环流以北地区。两处高压的存在同时也影响低涡东移的速

度,7 月 22 日 00 时—7 月 25 日 00 时,由于阻塞高压和西太副高的影响,高原低涡在甘肃、宁夏、陕西、四川北部地区活动,移速缓慢。四大暴雨区的降水主要发生在此时段。

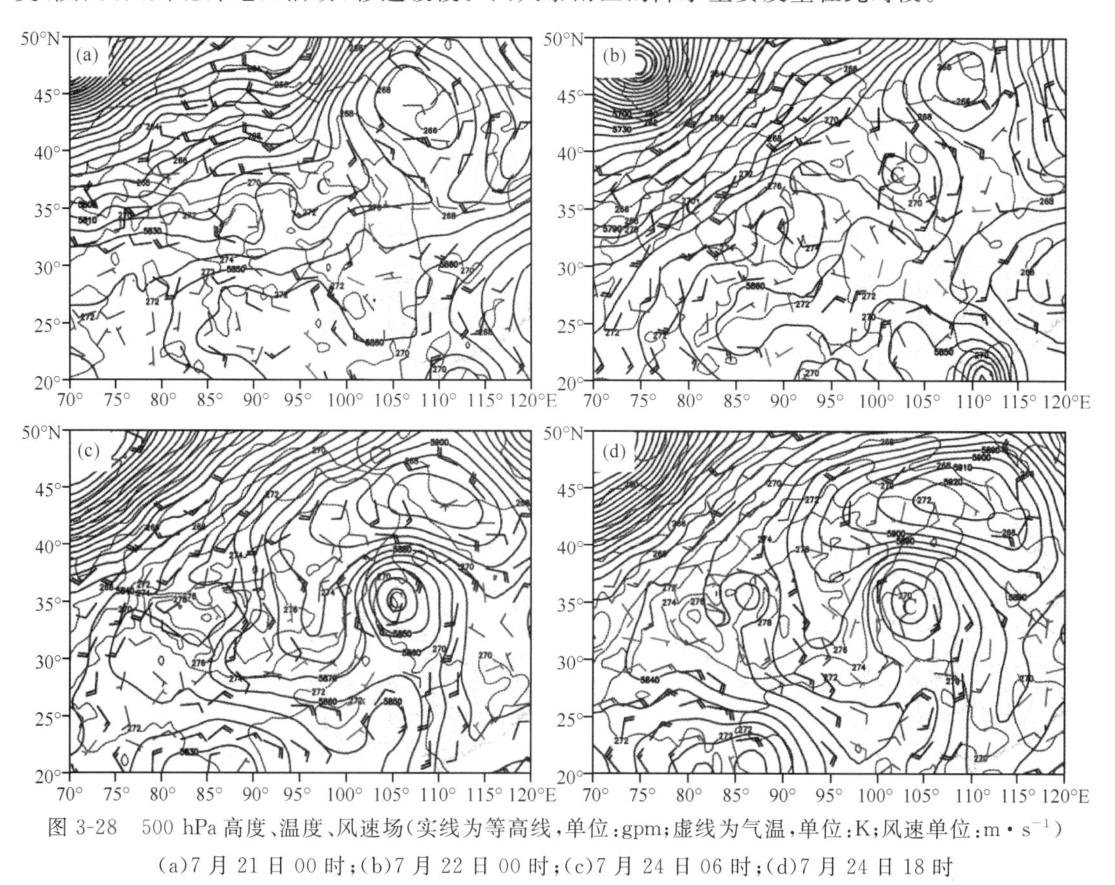

图 3-28 500 hPa 高度、温度、风速场(实线为等高线,单位:gpm;虚线为气温,单位:K;风速单位:m·s^{-1})

(a)7 月 21 日 00 时;(b)7 月 22 日 00 时;(c)7 月 24 日 06 时;(d)7 月 24 日 18 时

(2)低涡温湿场

东移型高原低涡的移动路径有较大的海拔落差,因此高原低涡所处的环境(特别是温湿环境)将发生很大变化。显热能和潜热能与大气的温度、湿度关系密切。为了更好地揭示高原低涡的能量变化原因,给出了高原低涡不同发展阶段温湿距平剖面图(图 3-29)。距平的计算方法为:每层各点减去与其同层同一要素场的平均值。由图 3-29 可看出,高原低涡生成初期(图 3-29a、d)在距离地面较近的层中高原低涡中心附近有比较浅薄的大湿度层,经向湿度呈"南湿北干"的梯度分布,大湿度层对应的区域温度较低(图略)。可见初生时刻的高原低涡区域温度略低于或等于环境温度,纬向湿度分布均匀但湿层浅薄。这种温湿结构使得高原低涡区域对流较弱,湿层的水汽不易凝结释放潜热。值得注意的是:在浅薄的湿度层上方有相当厚度的干暖层,干暖层的存在一方面限制了高原低涡的垂直发展,另一方面又有利于低层能量的集聚,从而在合适的时间爆发。

22 日 00 时,高原低涡东移到甘肃省中部。大湿度区向东倾斜,且厚度加大,上层的干暖层也随之倾斜加厚(图 3-29b、e),此时干暖层对高原低涡温湿垂直结构的抑制作用较为明显。经向剖面图上,较低层(特别是 500 hPa)经向的湿度梯度大幅增加,且大湿度区处在温度正距平区域,表明在接下来的时间内低层的湿空气将开始上升,这与 A 区开始降水的时间比较一致。24 日 12 时,高原低涡发展处于成熟时期,经向和纬向的大湿度区明显增厚,大湿度中心的湿度比平均值高出 20%~40%,高原低涡后部的干侵入将其在纬向方向上的湿度中心切割成相对孤立的区域(图 3-29c、f),这种现象在经向方向上表现得也较为明显。之后高原低涡重新移入高原,湿度层明显变薄(图略)。纵观全程,大湿度区的强弱与高原低涡的发展比较一致。大湿度区温度负距平区与其上层的干暖层相互配合可能是抑制高原低涡垂直发展的重要因素。

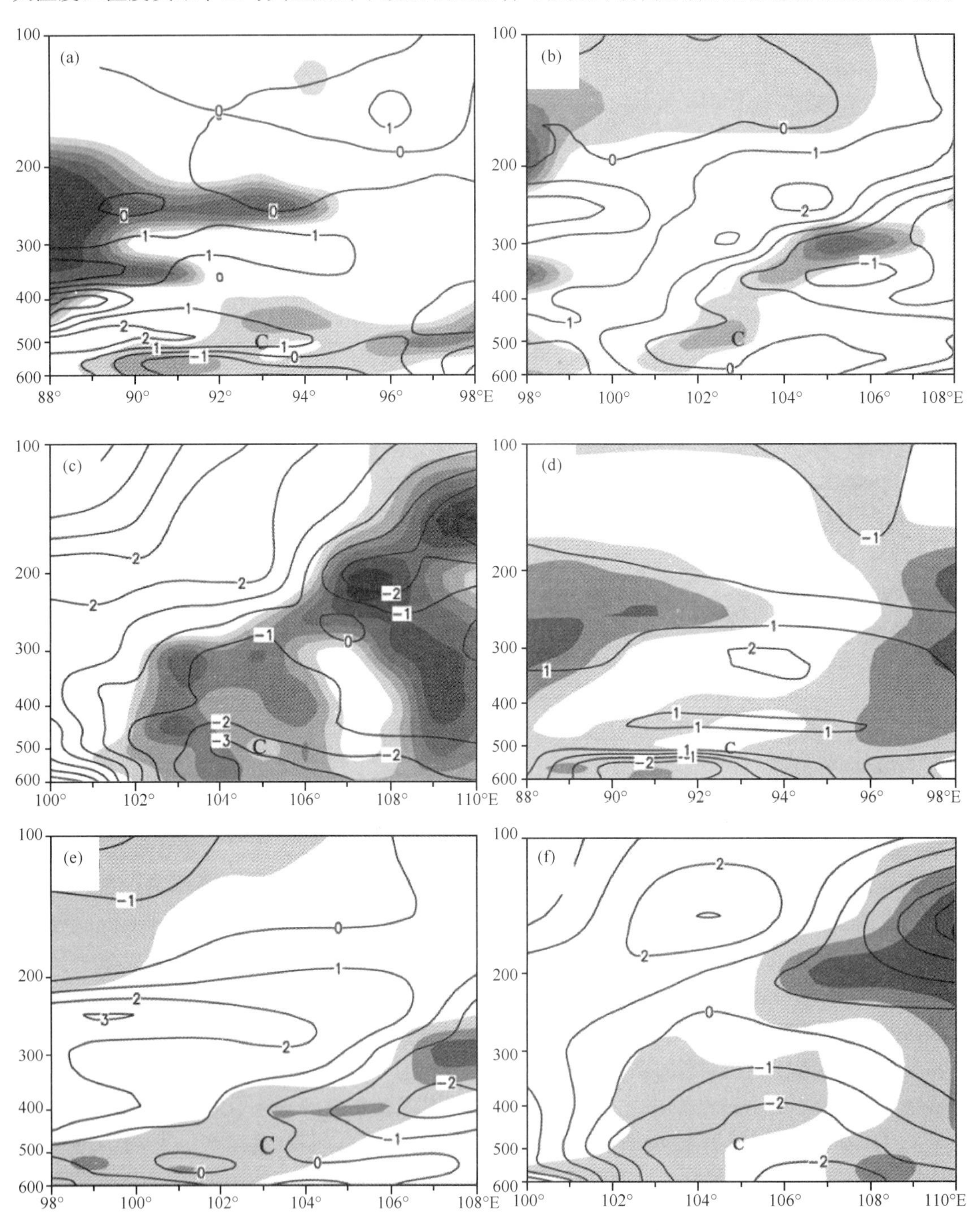

图 3-29　过高原低涡中心的温湿距平纬向垂直剖面图

(a)7 月 21 日 00 时;(b)7 月 22 日 00 时;(c)7 月 24 日 12 时;(d)、(e)、(f)同(a)、(b)、(c),但为欧洲中心 ERA-Interim 数据(等值线为温度距平,单位:K;色块为湿度正距平,间隔 20%,单位:%)

3.5.4　能量分布与演变

从数值上看，显热能比潜热能大一个量级，占总比能的绝大部分。因为高原低涡在500 hPa 上表现得最明显，故选取 500 hPa 等压面对各能量进行分析。由表 3-1 可看出高原低涡在移出高原前后总能量的维持与显热能、潜热能的关系：21 日 00—12 时高原低涡未移出高原，显热能的变化量占总比能变化量的主要部分。相比之下，潜热能处于相对稳定的状态，即使有变化也与总比能变化趋势不一致。可以认为在高原低涡发展初期，显热能是影响高原低涡能量系统的主要因素，而潜热能作用微小。22 日 00 时，高原低涡完全移出高原，至 24 日 12 时，高原低涡都在高原以东缓慢移动。可明显地看出这期间潜热能的变化占据主导地位，在近 60 h 的发展过程中，显热能几乎未发生变化，潜热能的变化量成了引起总比能变化的主要因素。对比“5・01”高原低涡过程可以得出相同结论(表 3-2)。

表 3-1　“7・21”高原低涡过程 21 日 00 时—24 日 12 时高原低涡中心各能量分量的变化量($J \cdot kg^{-1}$)

	00UTC21	06UTC21	12UTC21	18UTC21	00UTC22	06UTC22	12UTC22
总比能	347000	−3000	+1000	+0	−5000	−10000	+15000
显热能	274500	−1500	+1000	−1000	−1000	−1000	+1000
潜热能	18000	+0	−2000	+0	−4000	−2000	+7000
18UTC22	00UTC23	06UTC23	12UTC23	18UTC23	00UTC24	06UTC24	12UTC24
−5000	−1000	+1000	−5000	−1000	+3500	+1500	−3000
+0	+0	−1000	+0	+0	+0	+0	−1000
−3000	−2000	+3000	−3000	−1000	+3000	+0	−1000

表 3-2　“5・01”高原低涡过程 1 日 12 时—4 日 00 时高原低涡中心各能量分量的变化量($J \cdot kg^{-1}$)

	12UTC01	18UTC01	00UTC02	06UTC02	12UTC02	18UTC02	00UTC03	06UTC03	12UTC03	18UTC03	00UTC04
总比能	525000	−3000	−2000	−1000	+4000	−7000	+6000	−2000	+1000	−1000	−5000
显热能	267000	−1000	−1000	−0	+2000	−1500	−500	+1000	+0	+1000	−2000
潜热能	10000	−0	−0	−500	−500	−4500	+5500	−1500	+1000	−1000	−1500

3.5.4.1　显热能

显热能主要体现的是空气团的温度和湿度，因此可以认为显热能的大值区是暖或湿的气流比较强盛的地区，其小值区的空气团则比较干燥或低温。在高原低涡生成初期(图 3-30a)，高原低涡中心处于显热能脊区。高原地形对显热能的分布影响较大，高原主体为高能区，高原边缘则有明显的能量梯度。这说明在生成初期，高原大地形为高原低涡提供了高温高湿的环境。23 日 00 时，低涡中心处于宁夏南部(图 3-30b)，显热能首次在涡心的西南部出现明显的低值中心。24 日 00—12 时，高原低涡中心区显热能闭合中心进一步扩大，直至发展到中心值最低，近似圆形的对称分布结构(图 3-30c、d)。第 3.5.3.2 节曾指出，高原低涡在东移发展过程中，湿度场和温度场分布是不同步的：低涡以东“低温高湿”，低涡以西“高温低湿”。这种温湿场配置是形成显热能场围绕涡心形成对称分布的主要原因。

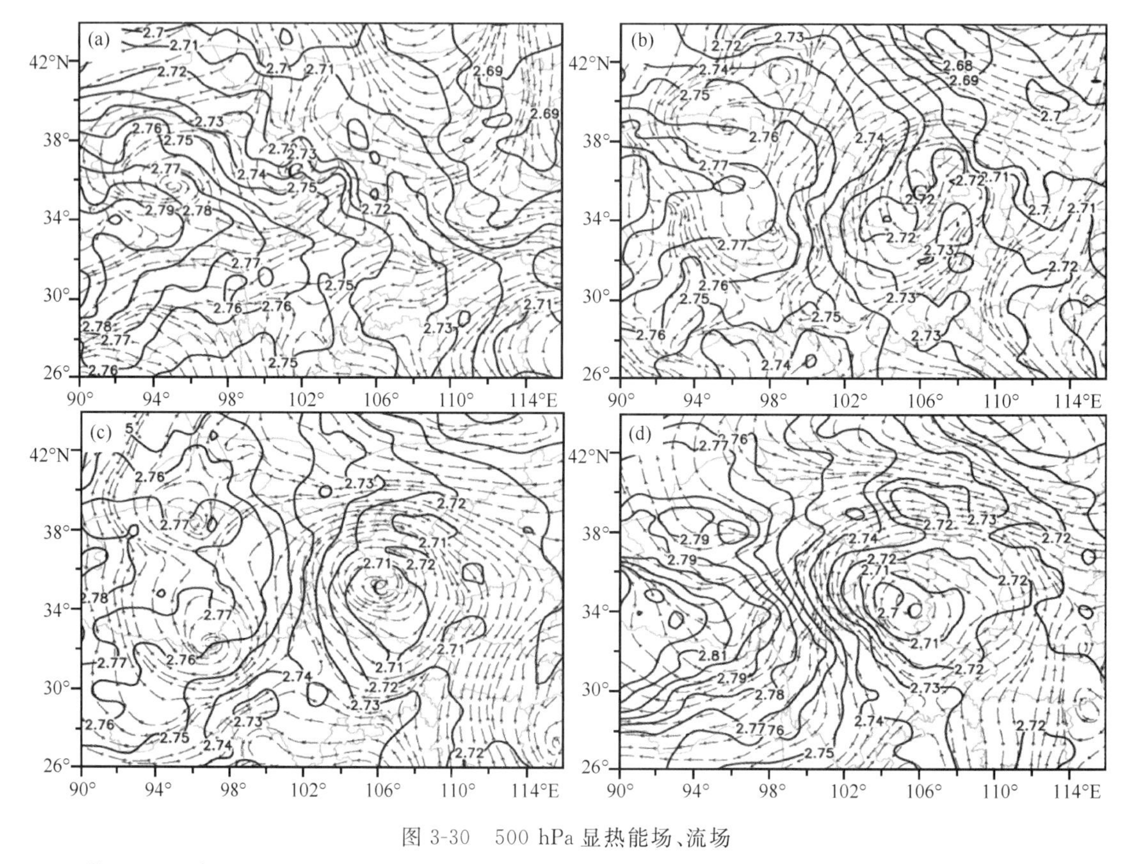

图 3-30 500 hPa 显热能场、流场

(a)7 月 21 日 12 时;(b)7 月 23 日 00 时;(c)7 月 24 日 00 时;(d)7 月 24 日 12 时(实线为等显热能线,单位:10^5 J·kg^{-1})

3.5.4.2 潜热能

宋雯雯等(2011)研究表明:潜热是影响高原低涡维持和结构演变的主导因素。潜热能的大值区表明相关区域易发生水汽凝结。自高原低涡移出高原起,低涡中心一直处于潜热能经向梯度大值区,其东南部一直是潜热能的大值地带,这与高原低涡的主要降水方位吻合(图略)。

前面分析指出,潜热能在高原低涡下高原之后主导了其总比能的变化趋势。同时高原低涡的主要降水时段也发生在低涡下高原之后。与显热能的对称分布不同,潜热能在高原低涡下高原初期一直呈"南高北低"分布,并在高原低涡发展的强盛时期,出现了类似台风云系的螺旋分布结构(图 3-31)。由图可看出:24 日 00 时(图 3-31a)高原低涡东南方向的潜热能大值区开始随低涡环流向高纬度延伸,形成一条潜热能大值带,有围绕高原低涡中心呈气旋式向内旋入态势。24 日 06 时,潜热能大值带变长变窄,前端也更靠近涡心。同时低涡的西南部出现潜热能低值区。24 日 12 时,潜热能大值带断开,呈现多个椭圆状大值中心,但螺旋结构明显,大值中心的最前端已旋入到涡心的西南方向。之前出现的潜热能低值区在大潜热能带的内侧同时向涡心旋入,呈现一大值一小值的双层潜热能螺旋分布结构。24 日 18 时,螺旋结构上的大、小值中心开始缩小、断裂,螺旋结构逐渐消失(图 3-31d)。至此,潜热能的螺旋结构从开始形成到消失前后大约历时 18 h。这一时段也是高原低涡从最强盛逐渐减弱的时段。李玉兰(1982)、韩瑛等(2007)分析了台风螺旋云系的形成过程,并指出这种螺旋结构可以指示其发展到成熟阶段,而高原低涡也可以呈现与台风类似的螺旋结构(Chen et al.,2014)。因此,与台

风的螺旋云系预示台风发展到强盛阶段类似，潜热能的螺旋结构在一定程度上也可以表示高原低涡的发展达到成熟状态。对比“5・01”高原低涡过程(图 3-31e～h)，发现由于缺乏相应流场和高度场环境，其潜热能的螺旋结构形成过程不太明显，仅在发展的最旺盛时期有类似的结构(图3-31h)，且持续时间较短，我们将在后文详细说明潜热能螺旋结构形成的特殊条件。

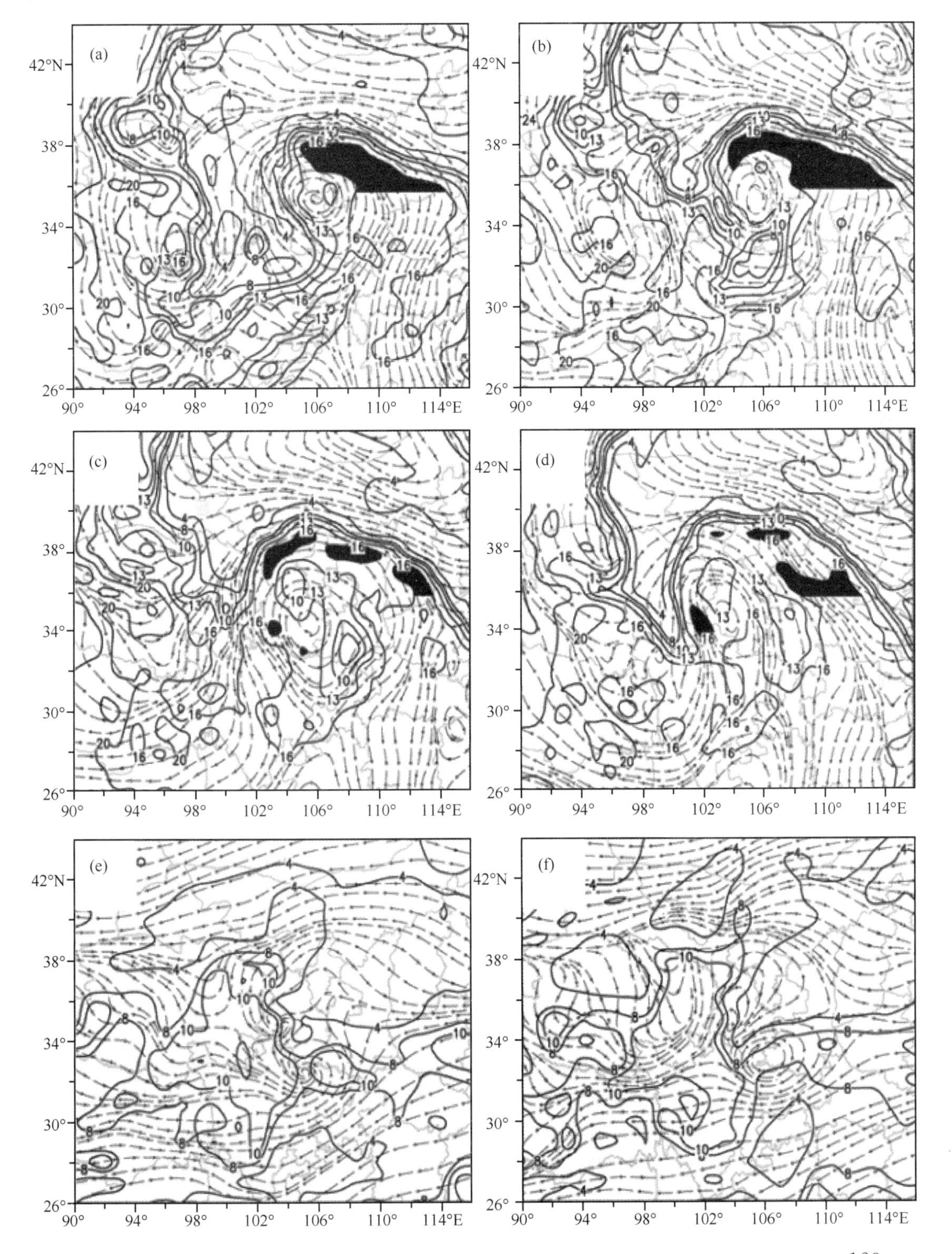

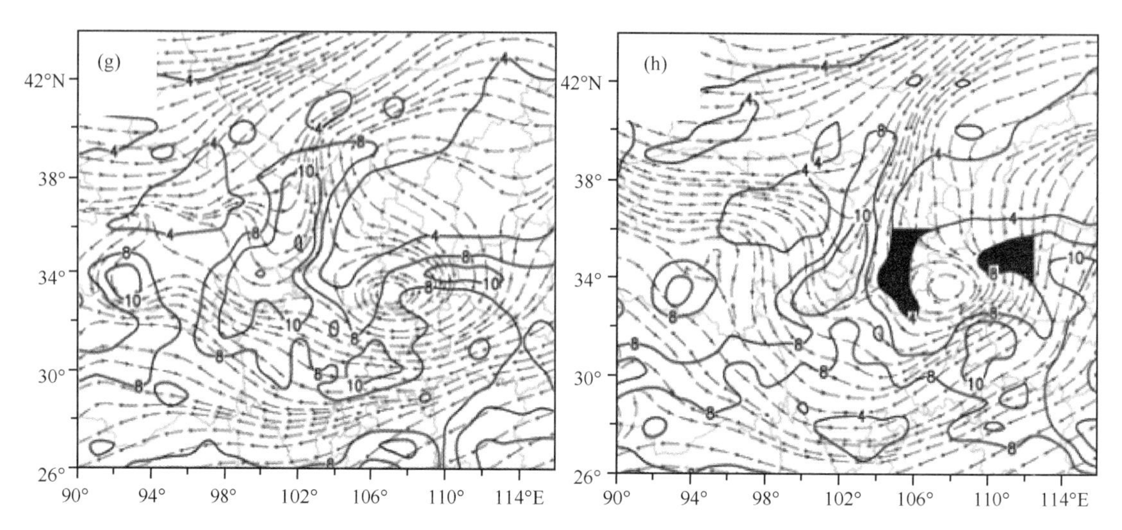

图 3-31 500 hPa 潜热能场、流场(a)2010 年 7 月 24 日 00 时;(b)24 日 06 时;(c)24 日 12 时;(d)24 日 18 时;(e)2005 年 5 月 3 日 06 时;(f)3 日 12 时;(g)3 日 18 时;(h)4 日 00 时(实线为等潜热能线,单位:10^3 J·kg^{-1})

潜热能螺旋带并未出现与之对应分布的降水带(图 3-32a),反而有些区域的降水偏少且均匀,但有明显的 Q_2 大值区域(图 3-32b)且分布与螺旋带较为相似。这说明螺旋区存在明显的水汽凝结现象,同时涡度图上也有类似螺旋状的分布(图 3-32c)。综上,潜热能螺旋结构可能是由动力作用引起的旋转上升运动导致一定区域内水汽凝结,释放潜热加热大气而形成。

影响 500 hPa 高度上潜热能大小的因素很多,与垂直运动关系尤为密切。24 日 00 时,由过涡心的纬向剖面图可以看出,涡心(106°E)东侧潜热能等值线在垂直方向上有明显的隆起特征(图 3-33a),对应区域大气则呈现一致的上升运动,水汽凝结使潜热能增大。随着高原低涡的发展,潜热能隆起区域的上升气流不再呈现一致上升,而是部分上升、部分下沉的分布且对流大值区上移(图 3-33b、c)。后期高原低涡的潜热能隆起区明显变"瘦",同时对应区域的垂直运动明显变弱(图 3-33d)。这进一步证实了垂直运动对潜热能变化的作用,也印证了上文潜热能螺旋结构形成的原因分析。

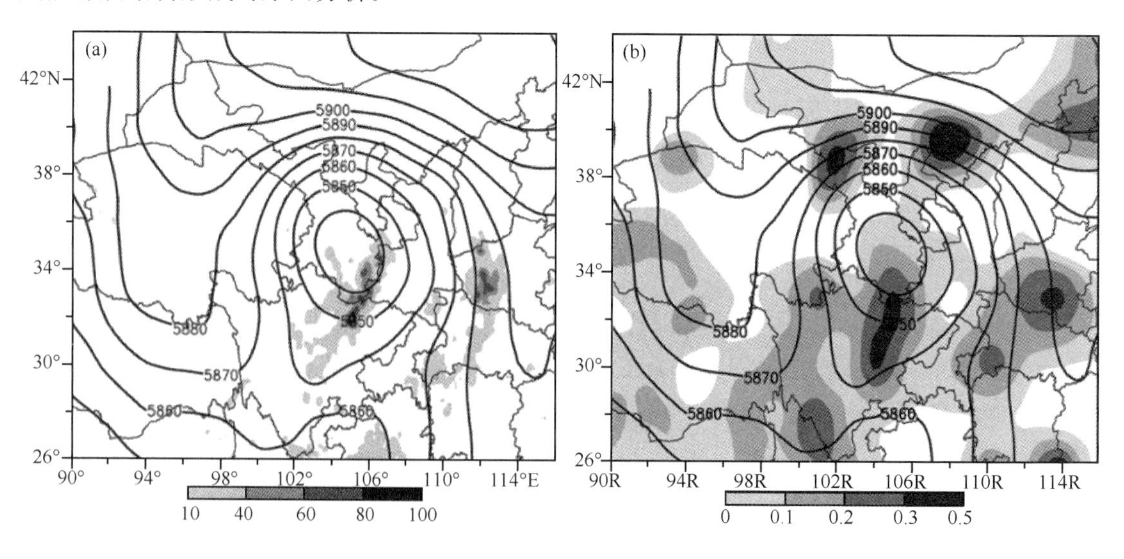

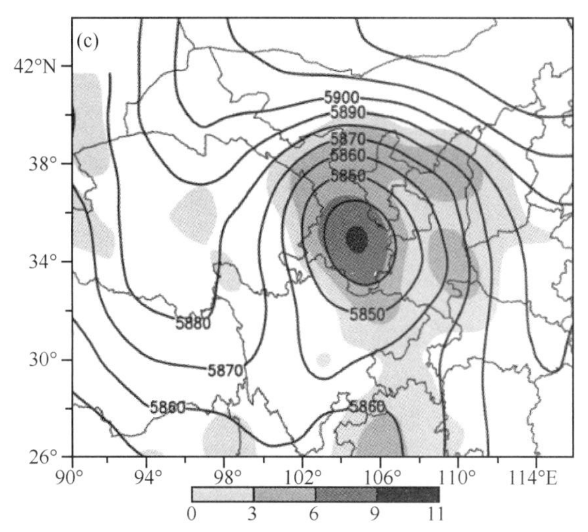

图 3-32 (a)24 日 12 时前后共 10 h 累计降水(单位:mm);(b)24 日 12 时 500 hPa Q_2/c_p 分布图(单位:K・d^{-1});(c)24 日 12 时 500 hPa 相对涡度(单位:10^{-5} s^{-1})

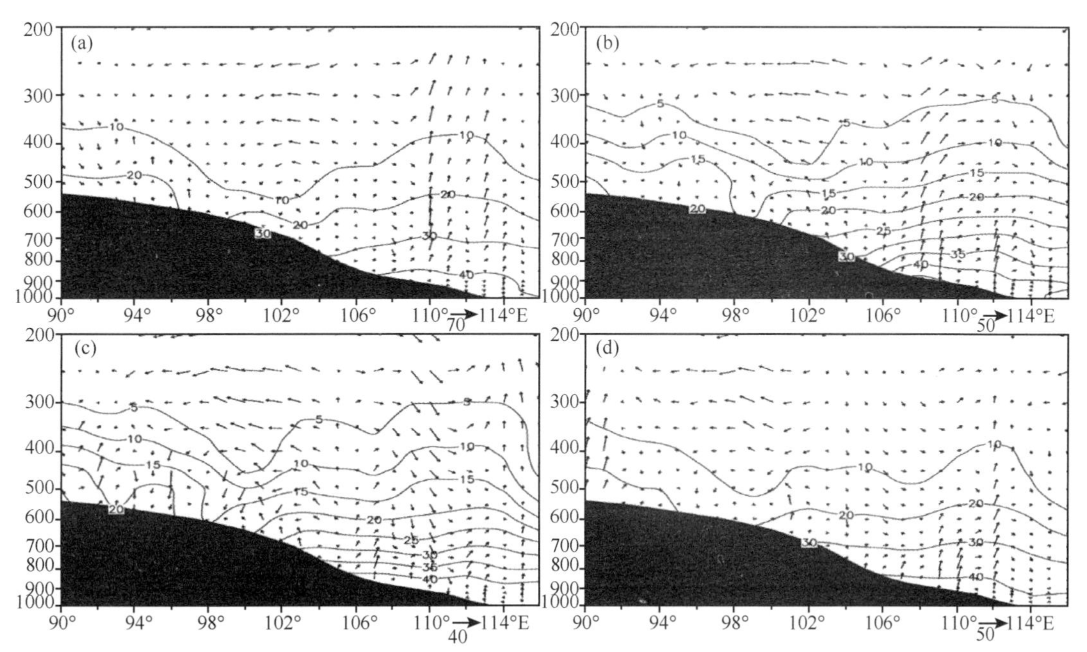

图 3-33 潜热能纬向剖面图(a)7 月 24 日 00 时;(b)7 月 24 日 06 时;(c)7 月 24 日 12 时;(d)7 月 24 日 18 时(实线为等潜热能线,单位:10^3 J・kg^{-1};风矢量为纬向风与 50 倍垂直风速的合成量)

3.5.4.3 对流有效位能

Blanchard(1998)指出:标准化对流有效位能(NCAPE)能更准确地衡量浅薄对流系统气团的上升能力。所谓标准化对流有效位能即将 CAPE 除以其积分厚度(图 3-34a、b),由图可看出:24 日 00 时,低涡中心位于(106°E,37°N)附近,NCAPE 的分布围绕高原低涡中心呈近乎圆形的对称分布,且有明显的圆形"空心"结构(图 3-34a),涡心周围出现环状多云区(图 3-34c),与 NCAPE 分布类似,都在涡心东北侧出现"缺口",但全云量图上的西北侧和南侧(NCAPE 大值区)出现了与 NCAPE 不匹配的缺口,这说明部分地区并没有合适的触发条件使得 CAPE 得以释放，从 TBB 图(图 3-34d)可以看出：涡心东侧的云垂直发展较为旺盛，云顶温度普遍低于－20℃，西侧云层则较低，这可能与涡心东西两侧干湿程度不同有关。以上发现从能量角度印证了 Li et al.(1996)、李国平等(2011)提出的高原低涡在一定发展阶段会出现“涡眼或空心”结构的结论，同时说明由热力作用主导的垂直运动是高原低涡动力结构得以维持的重要因素。之后高原低涡逐渐移入高原，中心强度开始下降，NCAPE 比之前时次出现更大面积的大值区，但高原低涡中心的 NCAPE 分布变得松散，虽中心仍为 NCAPE 低值，但较之前已没有明显的圆形“空心”结构(图 3-34b)。由 CAPE 的剖面图可知(图略)，NCAPE 的大小主要是由低层的 CAPE 决定。随着高原低涡继续西移，高原低涡环流西部下垫面逐渐抬升。因此高原低涡西部的 NCAPE 首先大幅减小，随着高原低涡逐渐移上高原，整个高原低涡环流区域 NCAPE 开始变小，空心结构消失。

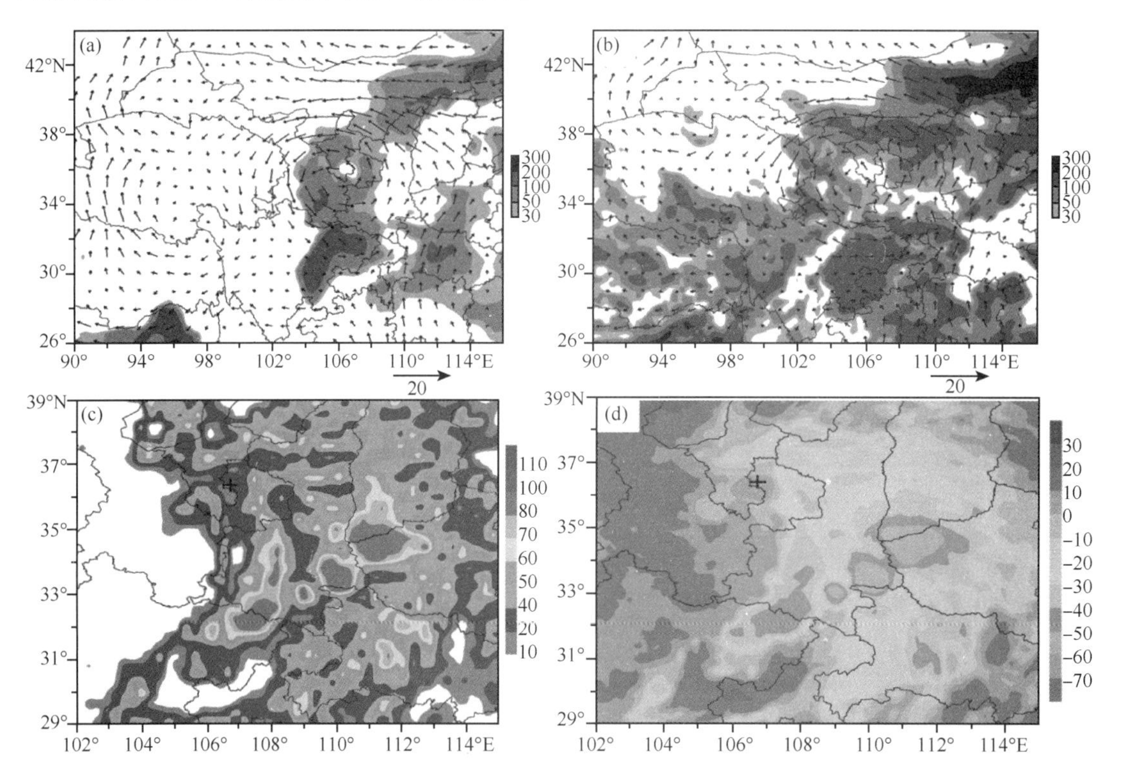

图 3-34 (a)7 月 24 日 00 时高原低涡区 NCAPE 分布(单位：J·kg^{-1})及 500 hPa 风矢量(单位：m·s^{-1})；(b)同(a)，但为 7 月 24 日 06 时；(c)7 月 24 日 00 时 FY-2E 全云量(单位：%)；(d)同(c)，但为红外黑体辐射亮温(单位：℃)(“十”字标为涡心位置)

3.5.5 降水与能量分布的关系

高原低涡环流通过加强偏南气流在涡心东南方向形成的辐合带是降水形成的重要触发条件(田珊儒 等，2015)。因此低涡初期的降水落区主要分布在离涡心较近的东南侧，这是低涡降水通常出现的区域。低涡降水后期(7 月 24 日 12 时)降水区出现双弧形分布。通过对比不同资料源前后期降水图(图 3-35d1、d2；e1、e2)发现，虽然因为分辨率关系两种数据反映的降水量有一定差别，但都能较好地反映出不同时段降水落区的典型特征。

此次高原低涡降水过程较为复杂，牵涉到至少三个天气系统之间的相互作用。7 月 24 日

12时，由图3-35a可看出500 hPa高度场上，西太副高绕过低涡北部，其前端（5880 gpm线）已接近低涡的西南侧，形成半包围态势，阻碍了高原低涡继续东移，为低涡在陕甘地区长期停留进而引发持续性降水创造了条件。同时，随着位于低涡东北侧阻高的发展加强，它与低涡之间的气压梯度不断加大，图3-35a中低涡北侧已出现明显的动能大值中心。局地的高动能通过低涡环流的平流作用扩散至整个低涡环流圈，强化了低涡环流中层风速大于两侧的环流特点。副高的半包围分布加上环流中部圈层风速的加大，使得副高控制区的干暖空气侵入到高原低涡环流中形成干暖侵入。由5.5 km雷达组网得到的反射率图（图3-35b）可见，干暖侵入对强回波区的分割十分明显：靠近涡心的回波区位于川陕甘交界，强回波中心比较细碎；远离涡心的回波主要分布在河南、湖北交界处，强回波区面积较大且完整。两处回波之间约有400 km的无回波区。同时，干暖侵入与副高前沿将来自南方的湿空气限制在低涡环流外层一狭长带内，河南西南部正是水汽带由宽变窄的过渡区，湿空气强烈的辐合抬升使得此区域水汽大量凝结，因此形成了“喇叭口”形状的强回波区。相同时刻的TBB图上（图3-35c）也可以看出，此区域对流发展十分旺盛，出现了大片云顶温度低于－70℃的区域。TBB低值中心边缘有较大的水平温度梯度，说明此处存在较强的风切变（杨祖芳 等，1999），强烈的风切变是此区域大范围降水的重要触发条件。

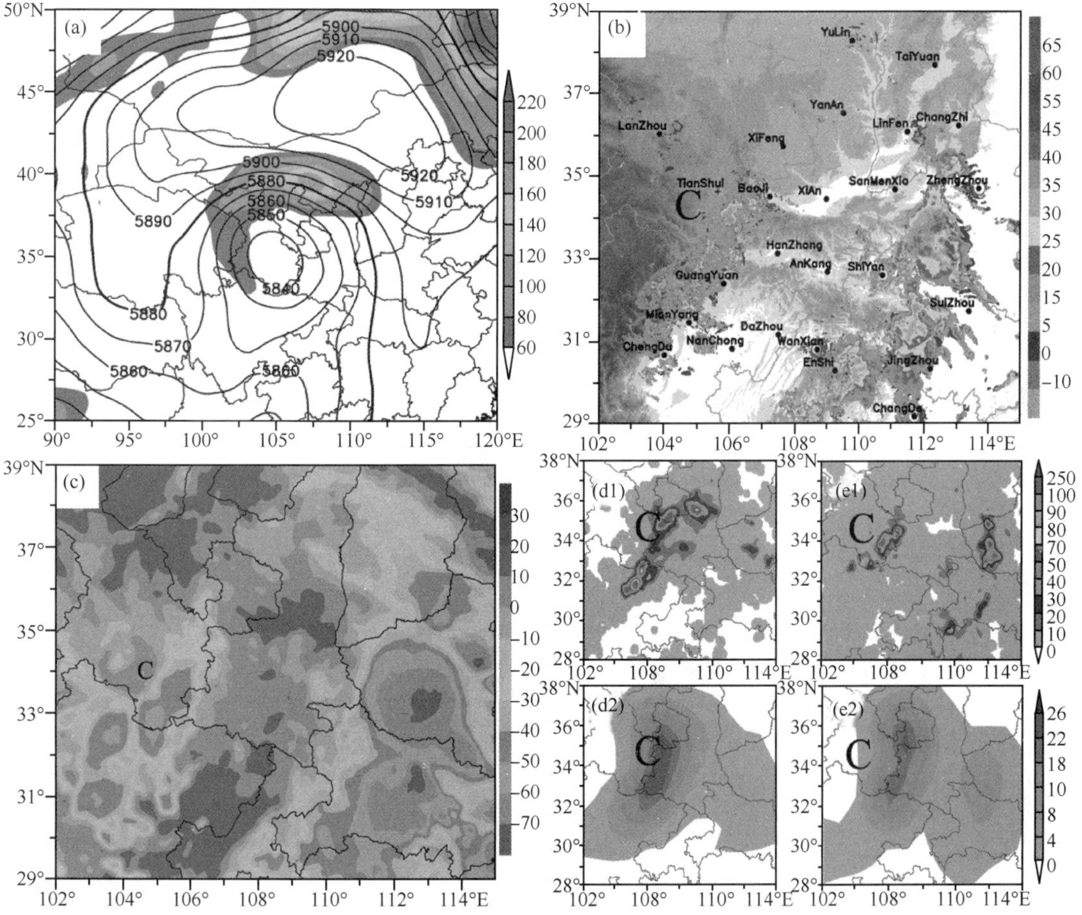

图3-35　(a)2010年7月24日12时500 hPa动能(单位:J)、位势高度(单位:gpm)；(b)同一时刻地基雷达组网在5.5 km高度的反射率因子；(c)同一时刻FY-2E 500 hPa TBB；(d1)2010年7月23日00—06时累计降水量(单位:mm)；(d2)同(d1)，但为自动站数据；(e1)2010年7月24日07—12时累计降水量(单位:mm)；(e2)同(e1)，但为气象站数据

潜热能与水汽的凝结放热过程紧密相关，干暖侵入和副高将湿空气挤压在低涡环流外圈的狭长带内，从而为潜热能螺旋结构的形成提供了有利的水汽分布条件，这是此次高原低涡过程中潜热能出现明显螺旋结构的必要条件，也是其他高原低涡过程不易出现这种结构的重要因素。

Hoskins et al.(1985)的研究表明：在绝热无摩擦的条件下，大气有沿等熵面做二维运动的趋势。相比于等高面或等压面，在绝热情况下，等熵面能更好地反映气流的三维运动特征。刘英等(2012)通过等熵面诊断东北冷涡冷空气的三维运动，指出干冷空气的侵入是东北冷涡发展的关键因素。由此分析出高原低涡在发展旺盛阶段(24 日 00 时—24 日 18 时)328 K 等熵面上气压场、风场、相对湿度场(图 3-36)的特征：24 日 00 时，高原低涡北侧是一东西向的低压槽，干暖气流由东向西倾泻而下，并在高原东侧，高原低涡西北侧分为南、北两支，其中向南一支顺着高原主体与高原低涡之间密集的等压线迅速从低层(540 hPa)上升到 495 hPa 高度，并由高原低涡的西南侧侵入高原低涡主体。须注意，与高原低涡中心及东部比较，这股空气干且暖。同时，在高原低涡的西南方向，干暖空气侵入的前方，有比较深厚的湿润带，干暖空气不断爬升，造成此区域大气的位势不稳定，这也是此区域出现 CAPE 大值区的主要原因。随着时间的推移，高原低涡与高原主体间的等熵面变得陡峭(图 3-36b、c)，由图 3-36b 可见，在一股干暖空气从高原低涡的西南方侵入之后，并没有强盛的干暖空气继续侵入。高原低涡有明显的低压中心，且等压线呈现近似东西向长轴的椭圆分布，这种气压分布使得南方北进的高湿气流在河南西南部、陕西南部呈大面积上升运动，促成离高原低涡中心较远的河南局部地区的强

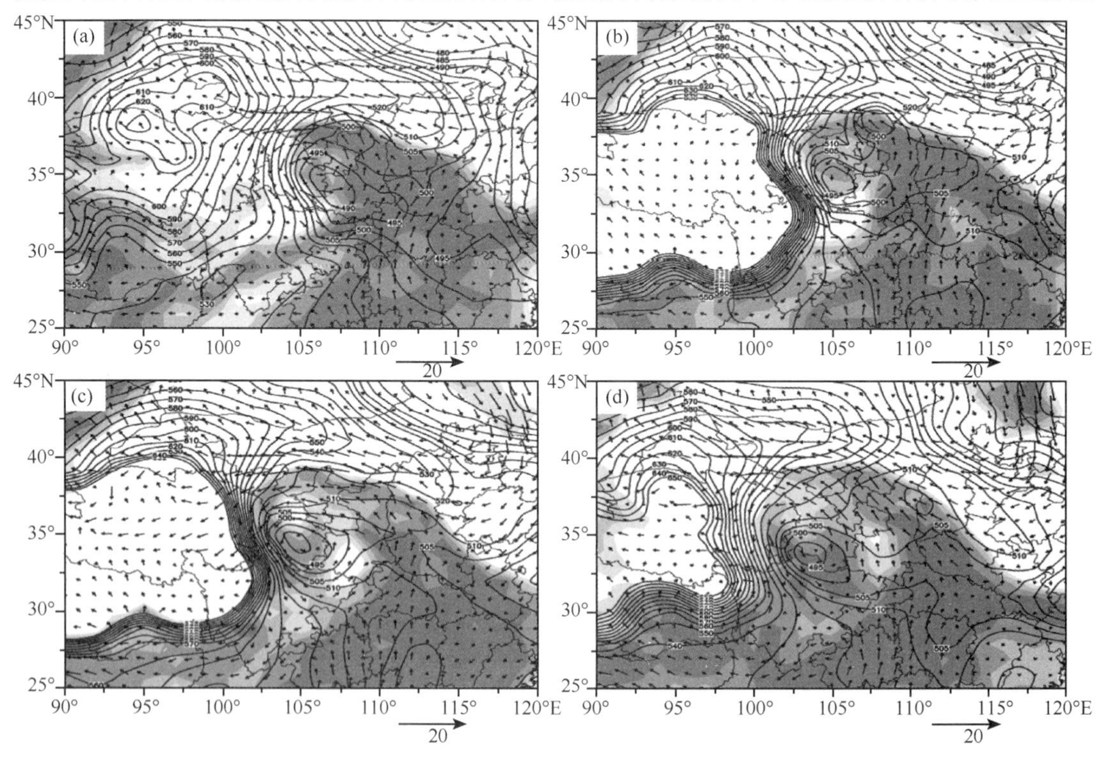

图 3-36　等熵面气压、湿度、风场分布图(色块区为湿度>60%区域，间隔 10%，单位：%；等值线为气压，单位：hPa；风速单位：$m \cdot s^{-1}$)

(a)7 月 24 日 00 时；(b)7 月 24 日 06 时；(c)7 月 24 日 12 时；(d)7 月 24 日 18 时

降水。充沛的高湿空气沿高原低涡环流的外侧呈气旋性向高原低涡中心迅速旋入，这样外层高湿气流和内层的干暖空气相伴旋入(图3-36c)，加之风压湿场的相互作用，涡区从内到外呈现"冷湿-干暖-冷湿"的结构，这与3.5.4.2节得出的高原低涡潜热能具有螺旋结构相一致。

3.5.6　小结

对2010年7月21—25日和2005年5月1—4日两次高原低涡发展过程中的能量分布特征及变化原因进行了分析研究，并探讨了能量分布与降水的关系，得出主要结论如下。

(1)高原低涡生成初期，显热能是影响总比能变化的主导因素；高原低涡移出高原之后，总比能的变化则主要取决于潜热能。这种差异可能与青藏高原大地形造就的特殊温湿场以及低涡生成初期冷湿区和干暖层的配置限制了高原低涡的垂直发展有关。

(2)在高原低涡发展的强盛期，潜热能会出现螺旋结构，这与台风云系类似。螺旋结构的形成既得益于高原低涡环流对水汽的输送方式，又与涡区大气的垂直运动有密切关系。

(3)高原低涡发展强盛时期，标准化对流有效位能(NCAPE)场呈现明显的"空心"结构，且与低涡环流圈十分吻合。这印证了前人对高原低涡垂直结构的动力学分析结果，从能量角度证明了高原低涡"涡眼"结构的存在。

(4)高原低涡降水区主要分布在涡心的正南或东南方向，低涡环流东南方向的风切变和南侧的NCAPE大值区是导致这种分布的主要原因，干侵入对高原低涡的降水分布也有影响。

以上结论仍是有限高原低涡个例分析得出的。由于高原低涡本身的一些特点(如强度低、系统浅薄、多发生在高原水汽不充沛地区、云系结构松散等)，以及目前观测条件和资料分辨率的限制，低涡的一些特性并不易在每次过程中都被观测到或分析出，因此高原低涡的能量结构与降水特征的关系值得更深入地研究。

3.6　引发四川盆地南部暴雨的西南低涡湿旋转量分析

3.6.1　引言

西南低涡亦简称西南涡，是在西藏高原及西南地区特殊地形和一定环流共同作用下，产生于我国西南地区对流层低层的中尺度(水平特征尺度一般为200～500 km)涡旋系统，属于一种浅薄低涡。多见于700 hPa、850 hPa，有时可能有但不一定是每次过程都出现闭合中心(卢敬华，1986)。低涡内气流围绕低压中心做逆时针方向旋转，具有强烈的上升运动，是造成强降雨的重要天气系统之一。已有的研究表明，西南低涡一年四季均有发生，但在夏季它是我国西南地区引发暴雨的重要天气系统之一。当它滞留原地时会引发川渝暴雨，而发展东移则可能会引起我国东部地区较大范围的降雨。有学者对西南低涡对我国暴雨的影响做出这样的评论(王作述 等，1996)："西南低涡是我国最强烈的暴雨系统之一，就它所造成的暴雨天气的强度、频数和范围而言，可以说是仅次于台风及残余低压，重要性位居第二的暴雨系统"。因此，对于西南低涡的形成与发展及其造成的洪涝灾害等，一直是气象学家和预报员分析研究的重点。

20世纪很多学者指出西南涡的产生是地形作用的结果，或是由于500 hPa上东移短波槽的强迫动力作用下形成的(卢敬华，1986；Wu et al.，1985；Kuo et al.，1986)，而凝结潜热则是西南涡维持和发展的机制(Wang et al.，1993)。卢敬华(1986)和李国平(2007)从流场、温湿场、温压场3个方面总结了西南低涡的结构。彭新东等(1992)认为西南低涡具有暖湿中心结构。韦统健(1988)、韦统健等(1996)利用合成分析方法对西南涡过程的流场、温湿场和涡度场等结构进行了分析,指出西南低涡的温湿场和铅直流场在低涡区呈现明显的不对称分布,低涡是一个显著的斜压系统。王晓芳等(2007)的研究得出了类似的结论。在对西南低涡的垂直结构及其演变方面,Kuo et al.(1986)指出发展成熟的西南低涡对流层高层200 hPa上为负涡度。黄福均(1986)对西南低涡暴雨过程的合成分析也表明,在200 hPa上合成中心呈现大片的负涡度分布。而陈忠明等(1998)对西南低涡的中尺度结构分析发现,成熟期的低涡区域内正涡度从边界层一直贯穿至对流层高层均表现为闭合性气旋环流,大值轴几乎完全处于垂直状态,这与人们长期以来所形成的西南低涡在高层对应为反气旋和高压脊的观点不同。程麟生和郭英华(1988)对1981年7月四川暴雨期西南低涡进行了涡源诊断,认为高、低空气旋性涡度中心在四川盆地附近上空的叠加和耦合是西南低涡在成熟阶段强烈发展的一种主要物理机制。

2009年7月29日08时—31日08时(北京时),四川盆地南部遭受大暴雨袭击,其强度和范围为历史同期最大,因此有必要对这次暴雨进行深入研究。相对于以往对暴雨过程分析所用的资料,这次所采用资料的分辨率更加精细、时间间隔更短,能更好地分析这次暴雨过程,也试图揭示低涡的一些中尺度特征。本节使用的资料有每6 h一次的美国NCEP再分析资料,水平分辨率为1°×1°。

3.6.2 天气过程概况

图3-37是2009年7月30日00时—31日24时的500 hPa平均位势高度场和风场合成图,可以看出高纬度地区乌拉尔山东部和四川的西南部分别有一个发展的浅槽,东亚大槽在日本海附近。同时我国的东北部是由高压脊控制。四川这次暴雨主要是由盆地西部这一浅槽发展东移形成的,同时从风场来看,水汽较为充分,易形成大的暴雨。从这次暴雨实况来看,这次降雨从31日02时开始,到31日14时结束,具有强度大、时间短的特点。图3-38给出了7月30日06时—31日06时的24 h累积降雨量,可以看出降雨主要集中在四川盆地南部,低涡中

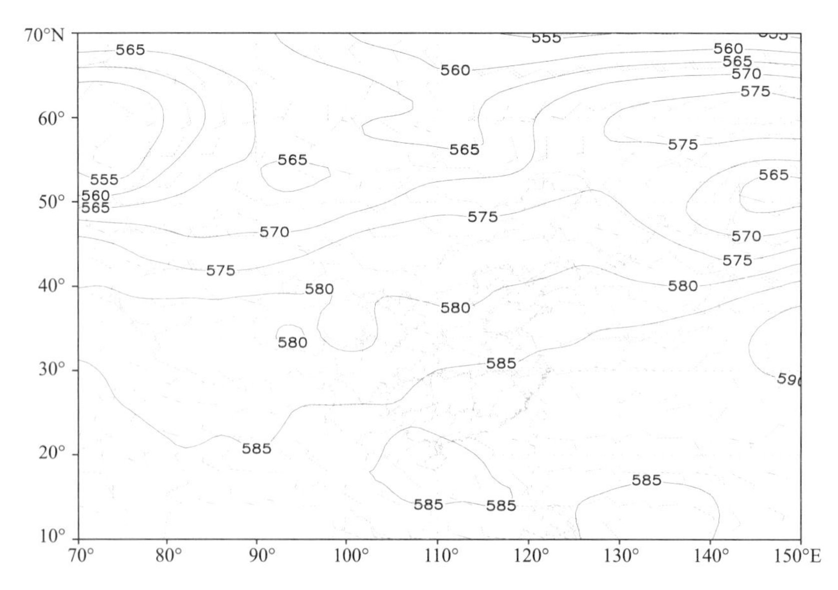

图3-37 2009年7月30日00时—31日24时500 hPa平均位势高度场(单位:dagpm)

心位于(30°N,104°E),24 h 累积的最大降雨量为 55 mm。

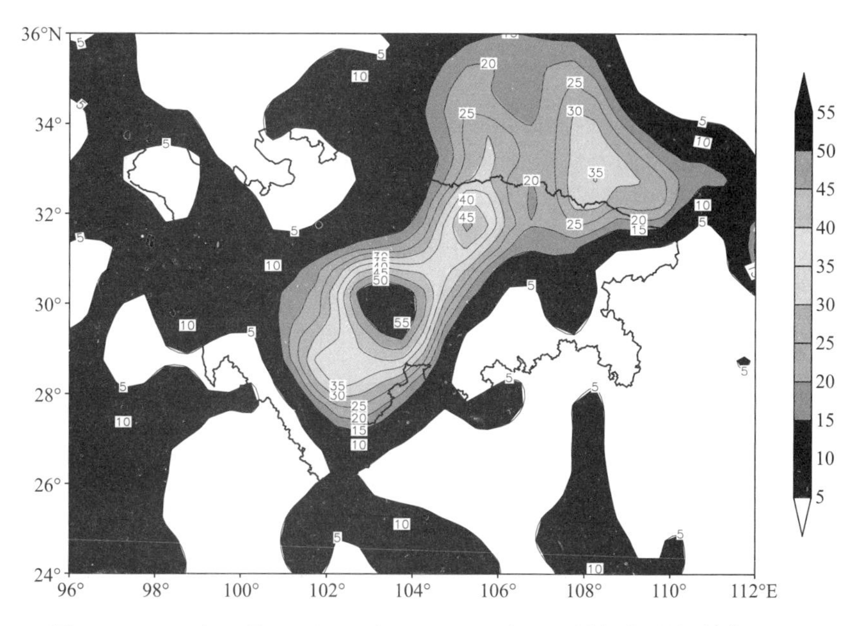

图 3-38　2009 年 7 月 30 日 06 时—31 日 06 时 24 h 累积降雨量(单位:mm)

3.6.3　西南低涡影响下的暴雨特征和结构分析

3.6.3.1　垂直结构

图 3-39 给出了降雨前和降雨中垂直速度沿 104°E(低涡中心附近)的垂直剖面。强降雨开始前(图 3-39a),盆地中南部 900 hPa 以上都为上升运动区,反映了西南低涡的活动,气流上升运动明显,最强上升运动约在 300 hPa 高度,上升速度达 12×10^{-2} hPa·s^{-1}。盆地其他地区处于下沉运动,这种垂直速度分布有利于气流在中南部集中并强烈上升,发展速度快,能量充

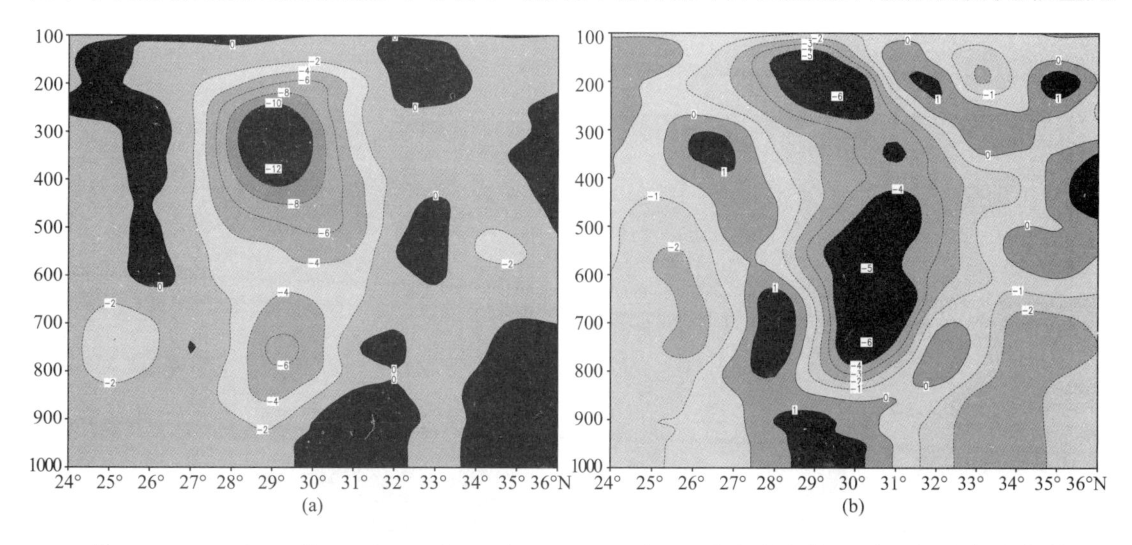

图 3-39　2009 年 7 月 31 日 00 时(a)和 31 日 06 时(b)垂直速度沿 104°E 的垂直-纬向剖面(单位:$\times10^{-3}$ hPa·s^{-1})

足。降水中(图 3-39b),上升气流进一步发展加强,位置基本维持在盆地中南部,给这次暴雨提供了充分的水汽。

3.6.3.2 涡度和散度

图 3-40、图 3-41 分别是降雨前和降雨中沿 104°E(低涡中心附近)涡度和散度的垂直剖面。从图 3-40a 可以看出,在强降雨开始前,四川盆地南部大部分区域的 350 hPa 以下都为正涡度区,350 hPa 以上为负涡度区,这种高低空涡度配合,表明高层为反气旋环流,中低层为气旋性环流,造成高层辐散,中低层辐合,非常有利于形成强烈的上升运动,产生强对流天气,是一种利于降雨发展的典型配置。31 日 06 时(图 3-40b)整个四川盆地南部都处于正涡度区,正涡度中心北移到30°N 附近,涡度值变大,此时盆地南部的强降雨也开始出现。

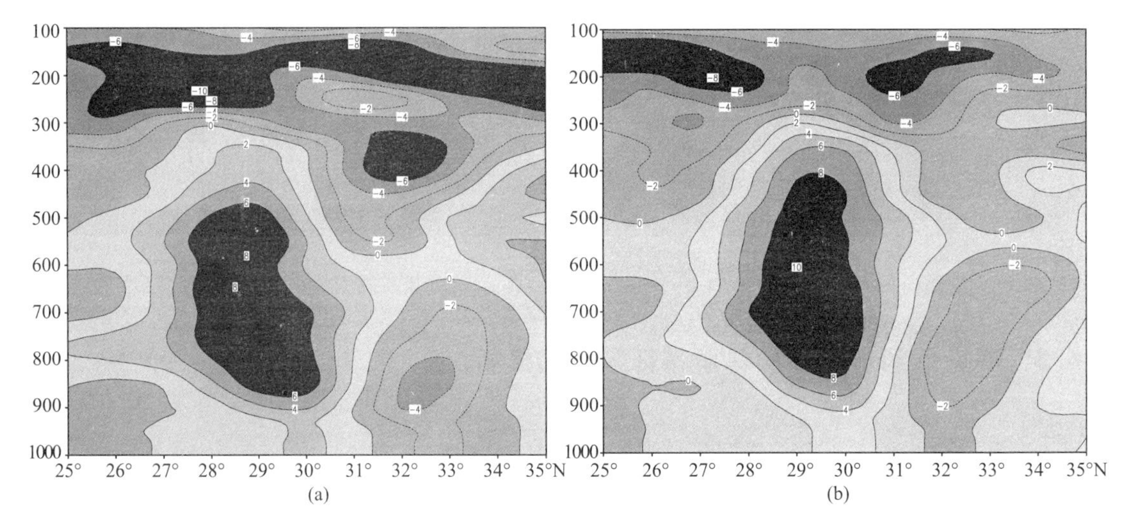

图 3-40 2009 年 7 月 31 日 00 时(a)和 31 日 06 时(b)涡度沿 104°E 的垂直-纬向剖面(单位:$\times10^{-5}$ s^{-1})

散度场垂直分布同涡度场分布配合一致(图 3-41),低涡区域内中低空为辐合区,高空是强辐散区,暴雨出现在这种中低层辐合、高层辐散的正涡度中心下方及辐合中心的西侧,这种配置非常有利于降雨的发展。

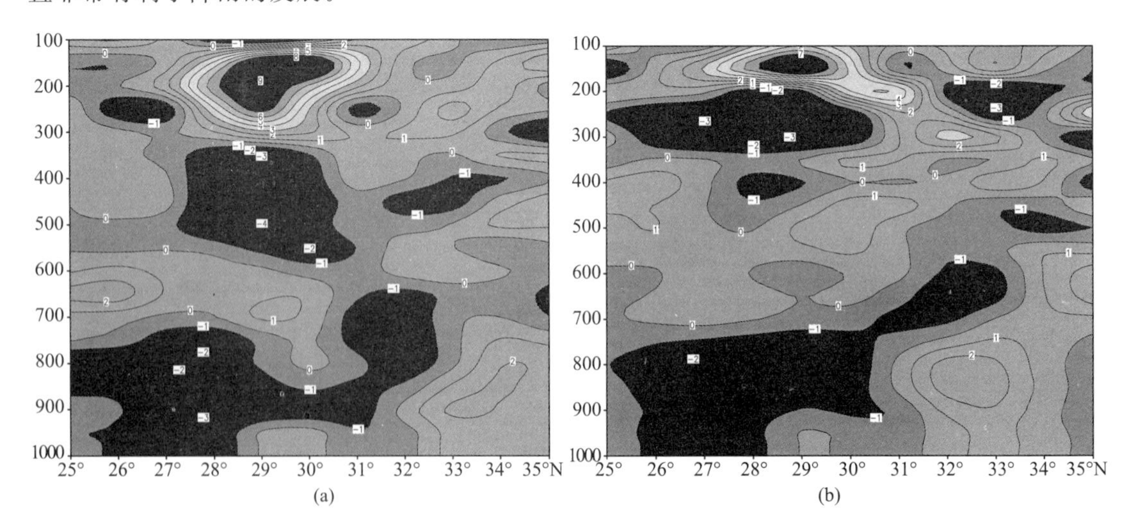

图 3-41 2009 年 7 月 31 日 00 时(a)和 31 日 06 时(b)散度沿 104°E 的垂直-纬向剖面(单位:$\times10^{-5}$ s^{-1})

3.6.3.3　湿位涡

位涡是一个综合反映大气动力学和热力学性质的物理诊断量。在考虑降雨特别是暴雨的生成机制时，必须考虑水汽的作用，因而有湿位涡（*MPV*）分析。有学者在分析研究暴雨形成机制时，指出湿位涡的强迫异常区与暴雨落区及移动有很好的对应关系（杨引明 等，2003）。

湿位涡可以表示为：

$$MPV=-g(fk+\nabla_{\rho}\times V)\cdot\nabla_{\rho}\theta_{e} \tag{3-17}$$

式中：V 为风矢，θ_e 为相当位温，g 为重力加速度，ρ 为湿空气密度。$MPV>0$，大气为湿对称稳定；$MPV<0$，大气是湿对称不稳定。我们利用 NCEP 逐日资料计算了强降雨期间(7 月 30 日 00 时—7 月 31 日 24 时)1000～100 hPa 各层的湿位涡。发现本次暴雨过程中最明显的湿位涡异常发生在 900～700 hPa。由 7 月 31 日 06 时 700 hPa、850 hPa 和 900 hPa 上的湿位涡分布(图 3-42)可见，在四川盆地西南部及东北部形成一条 NE-SW 走向的零线区，中心位于四川盆地东北部，其值为 0.8 PVU(其中 1 PVU＝1×10^{-6} $m^2\cdot s^{-1}\cdot K\cdot kg^{-1}$)。从湿位涡的分布可以看出，强降雨出现在 *MPV* 的负值范围内，地面上应有大的降雨中心同其上的湿位涡零线区域。降雨实况表明，在四川盆地南部 104°E 附近的确存在一个降雨中心(图 3-38)。

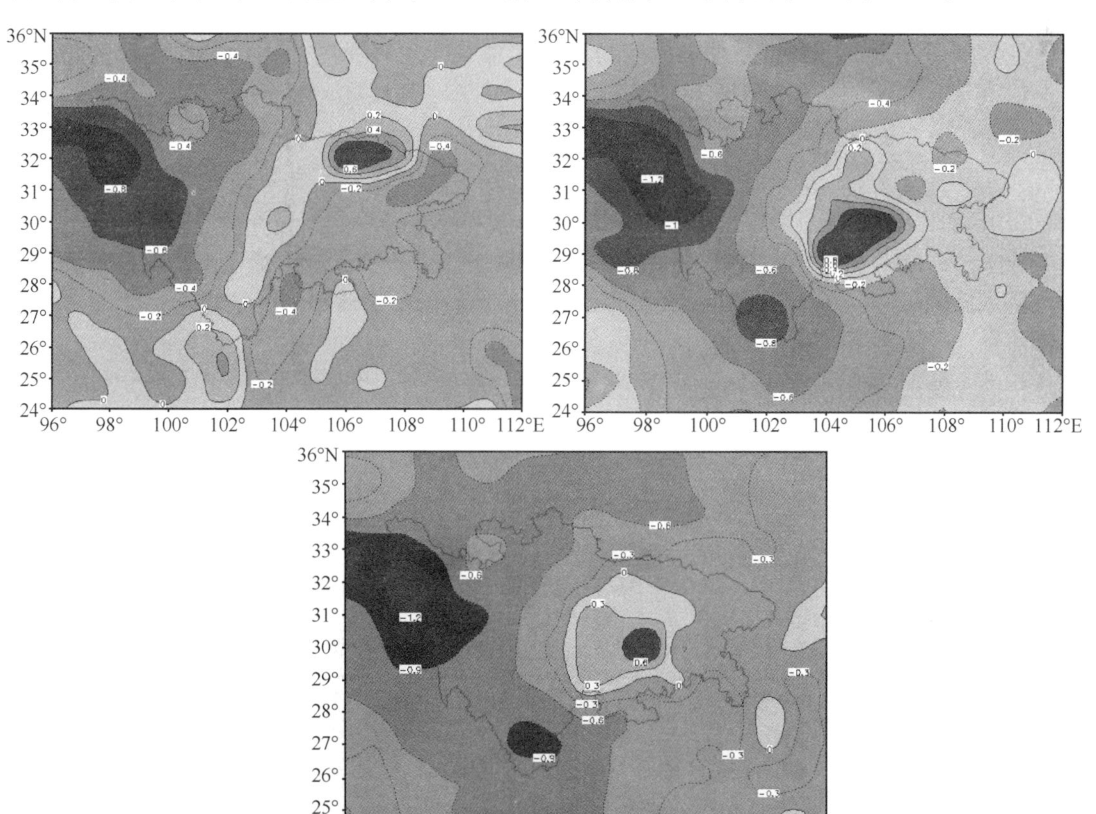

图 3-42　2009 年 7 月 31 日 06 时湿位涡场(单位：PVU)

(a)700 hPa；(b)850 hPa；(c)900 hPa

3.6.3.4 湿涡度

在中尺度系统的发展和演变中，湿旋转物理量有较大的应用空间。除前面应用的湿位涡外，在湿深对流系统中，由于湿等熵面的倾斜，位温梯度矢量和涡度矢量的交角变大，极端时可以接近 90°，两个矢量的点乘积变小，则位涡变得较弱，不利于诊断分析。赵宇和高守亭(2008)将位涡定义拓展，引入湿涡度矢(MVV)的概念，在二维云分辨模式及三维云分辨模式中，应用湿涡度矢研究了热带对流系统，得到了较有价值的研究成果，认为 MVV 的垂直分量与湿对流密切相关。

在 Z 坐标系中湿涡度矢定义式为：

$$\boldsymbol{M} = \frac{\boldsymbol{\zeta}_a \times \nabla q_v}{\rho} \tag{3-18}$$

式中：$\boldsymbol{\zeta}_a = \nabla \times \boldsymbol{V} + 2\boldsymbol{\Omega}$ 为绝对涡度，q_v 为比湿，ρ 为湿空气密度。因此在 Z 坐标系中，湿涡度矢为：

$$\boldsymbol{M} = \frac{1}{\rho}\left[\left(\zeta y \frac{q_v}{\partial z} - \zeta z \frac{q_v}{y}\right)\boldsymbol{i} + \left(\zeta z \frac{q_v}{x} - \zeta x \frac{q_v}{z}\right)\boldsymbol{j} + \left(\zeta x \frac{q_v}{y} - \zeta y \frac{q_v}{x}\right)\boldsymbol{k}\right] = Mx\boldsymbol{i} + My\boldsymbol{j} + Mz\boldsymbol{k} \tag{3-19}$$

式中：Mx 表示经向涡度和比湿垂直梯度的相互作用以及垂直涡度和比湿经向梯度的相互作用；My 反映了纬向涡度和比湿垂直梯度的相互作用以及垂直涡度和比湿纬向梯度的相互作用；Mz 表示水平涡度和水平比湿梯度的相互作用，可称为湿涡度矢垂直分量。

通过湿涡度矢垂直分量在暴雨诊断分析中的应用研究(赵宇和崔晓鹏，2009)，发现湿涡度的垂直分量与降雨率的相关较好，对降雨诊断有较强的指示意义。图 3-43 给出了 31 日 00 时的 850 hPa 上湿涡度垂直分量平面图，从图中可以看出，盆地湿涡度呈东北"＋"、西南"－"的分布特征。正值中心在盆地的东部和北部，最大值在盆地的东部，最大负值中心在盆地的中南部。结合盆地 24 h 降水综合分析，降水主要集中在湿涡度的零线附近。从湿涡度垂直分量的垂直剖面(图 3-44)分析得出，从低层来看湿涡度最明显是在 29°N～32°N，上升气流较强，中高层出现负湿涡度，再到高层湿涡度又呈正值。从低层到高层，湿涡度呈现"＋，－，＋"的分布，有利于水汽上升，冷却下沉形成强的降水。

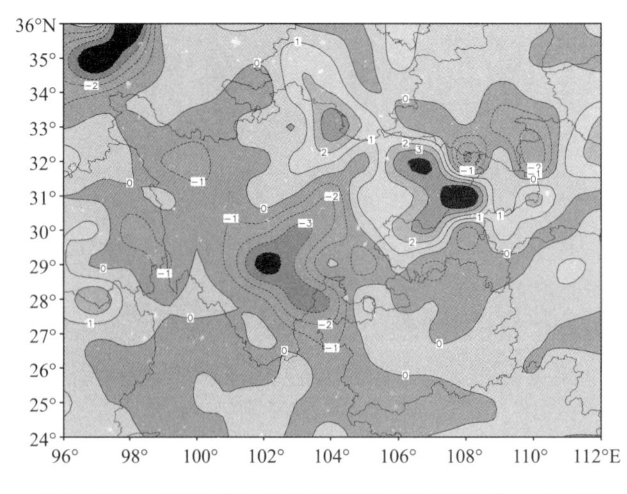

图 3-43　2009 年 7 月 31 日 00 时 850 hPa 的湿涡度垂直分量(单位：$\times 10^{-10}\ \mathrm{m^{-2} \cdot g \cdot kg^{-2} s^{-1}}$)

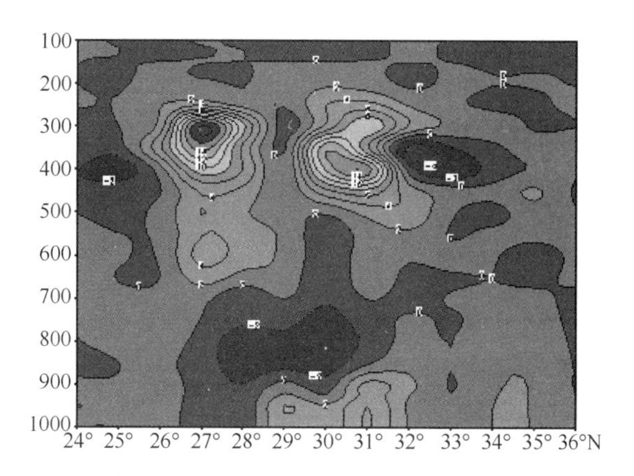

图3-44　2009年7月31日00时湿涡度的垂直分量沿30°N的垂直-经向剖面图（单位：$\times10^{-10}$ $m^{-2}\cdot g\cdot kg^{-2}\cdot s^{-1}$）

3.6.4　小结

（1）2009年7月30日四川盆地南部强降雨过程产生在欧亚中高纬为两槽一脊，贝加尔湖地区为平浅高压脊的经向环流形势下，向南运动的高层北风急流下沉与低空急流上升支影响下的西南低涡是本次强降雨的主要天气系统。

（2）强降雨出现在中低层辐合、高层辐散的正涡度中心下方和辐合中心的西侧。强降雨区与强上升运动和正涡度区有较好的对应关系。对于强降雨预报，正涡度和上升运动比气旋性流场有更强的预示性。

（3）强降雨过程中最明显的湿位涡异常发生在900～700 hPa，湿位涡高值带对应降雨带，强降雨出现在湿位涡的负值范围内，高值中心与暴雨中心基本吻合，对暴雨预报有一定的指示意义。

（4）湿涡度垂直分量能够较好地表示大气旋转与水汽输送的综合作用，与降雨变化的关系也较好。因此，湿涡度垂直分量的诊断分析可为判断降雨的变化提供一种新的途径。

3.7　西南低涡诱发川南特大暴雨的湿位涡诊断

3.7.1　引言

西南低涡产生于我国的西南地区，是一种对流层低层的中尺度涡旋系统，多见于700 hPa或850 hPa上。地面气压场有时可能但不一定是每次过程都出现闭合中心，其水平特征尺度一般为200～500 km（赵思雄，1977；卢敬华，1986）。已有的研究表明（陶诗言，1980；卢敬华，1986），西南低涡一年四季均有发生，但在夏季它是我国西南地区引发暴雨的重要天气系统之一。当它滞留源地时会引发川渝暴雨，而发展东移则可能会引起我国东部地区较大范围的降水。大气中的气旋性涡旋，诸如台风、季风低压、温带气旋，梅雨锋上的中尺度低压（扰动）、东北低涡等常与降水天气甚至暴雨有密切的关系。对于这些低值系统，已有不少研究（Petterssen et al.，1971；Matsumoto et al.，1971；陈忠明 等，2004a），但是对于西南低涡的研究尚有待深入。

2007年7月8—10日四川盆地南部发生了一次特大暴雨天气过程(以下简称“07-7-9”川南特大暴雨),主要位于四川盆地南部(28.84°N～29.45°N,105.05°E～105.4°E)的范围内。对此次过程,顾清源等(2008)从暴雨中尺度散度以及数值预报方面进行过讨论。本节针对“07-7-9”川南特大暴雨天气过程中,分别利用动力学物理量、热力学物理量、水汽物理量以及动力和热力综合物理量进行一次较为全面的诊断分析,期望得出的一些结论,能为今后低涡暴雨的预报提供参考。

本节所用降水资料为MICAPS提供的6 h和24 h降水资料,物理量计算所用资料取自NCEP/NCAR提供的1°×1°一天4次(00:00,06:00,12:00,18:00,世界时)再分析资料,垂直分层至100 hPa的21层网格点数据。

3.7.2 “07-7-9”川南特大暴雨概况

2007年7月8—10日四川盆地南部发生了一次特大暴雨过程,有44个站的降雨量超过100 mm,有14个站的降雨量超过250 mm。特大暴雨中心位于四川省内江市的隆昌县。依据MICAPS 24 h和6 h的降水资料对此次暴雨进行降水量统计(表3-3),从24 h累积降水量可看出,7月10日08时(北京时,下同)在隆昌县(29.33°N,105.39°E)累计最大降水量达到326 mm。6 h累积降水量7月9日20时在隆昌县达到123 mm。泸州市(28.77°N,105.39°E)、豪江县(29.03°N,106.63°E)在24 h和6 h的累计降水量分别达到107 mm和118 mm。

表3-3 2007年7月8—10日的暴雨统计

暴雨时间	24 h最大降水量(mm)/位置	6 h最大降水量(mm)/位置
7月8日	64/遂宁市(30.53°N,105.58°E)	96/巴中市(31.86°N,106.74°E)
7月9日	107/泸州市(28.77°N,105.39°E)	123/隆昌县(29.33°N,105.39°E)
7月10日	326/隆昌县(29.33°N,105.39°E)	118/豪江县(29.03°N,106.63°E)

3.7.3 环流分析

3.7.3.1 高度场分析

大暴雨发生前,7月8日500 hPa(图3-45a)欧亚中高纬地区为“两槽一脊”环流形势,两长波槽分别位于我国东北和巴尔喀什湖地区,高压脊位于内蒙古、甘肃、青海一带,呈西北东南向分布。在四川重庆交界处有一小槽,川南地区基本处于槽前的西南气流中。小槽不断由西南向东北方向移动。9日00时(图3-45b)小槽移入东北大槽中,在四川南部地区形成闭合小高压,气流辐散有利于上升运动发展,暴雨中心处于高压前部的西北气流中。10日(图略)川南地区处于较为平直的西风气流中。

暴雨发生前的8日18时(图3-45c),700 hPa上西南涡在四川与青海交界地区活动,低涡中心位于四川西北部。9日00时,西南低涡东移,低涡中心增强,有负变压,暴雨中心位于低涡右前部的西南气流中,受其影响出现了自西向东的强降水。同时,西南涡沿500 hPa引导气流(西南气流)缓慢向东北方向移动,西南低涡在9日12时移至此次暴雨中心的隆昌县上空,至10日18时移到重庆一带,但其强度变化不大。

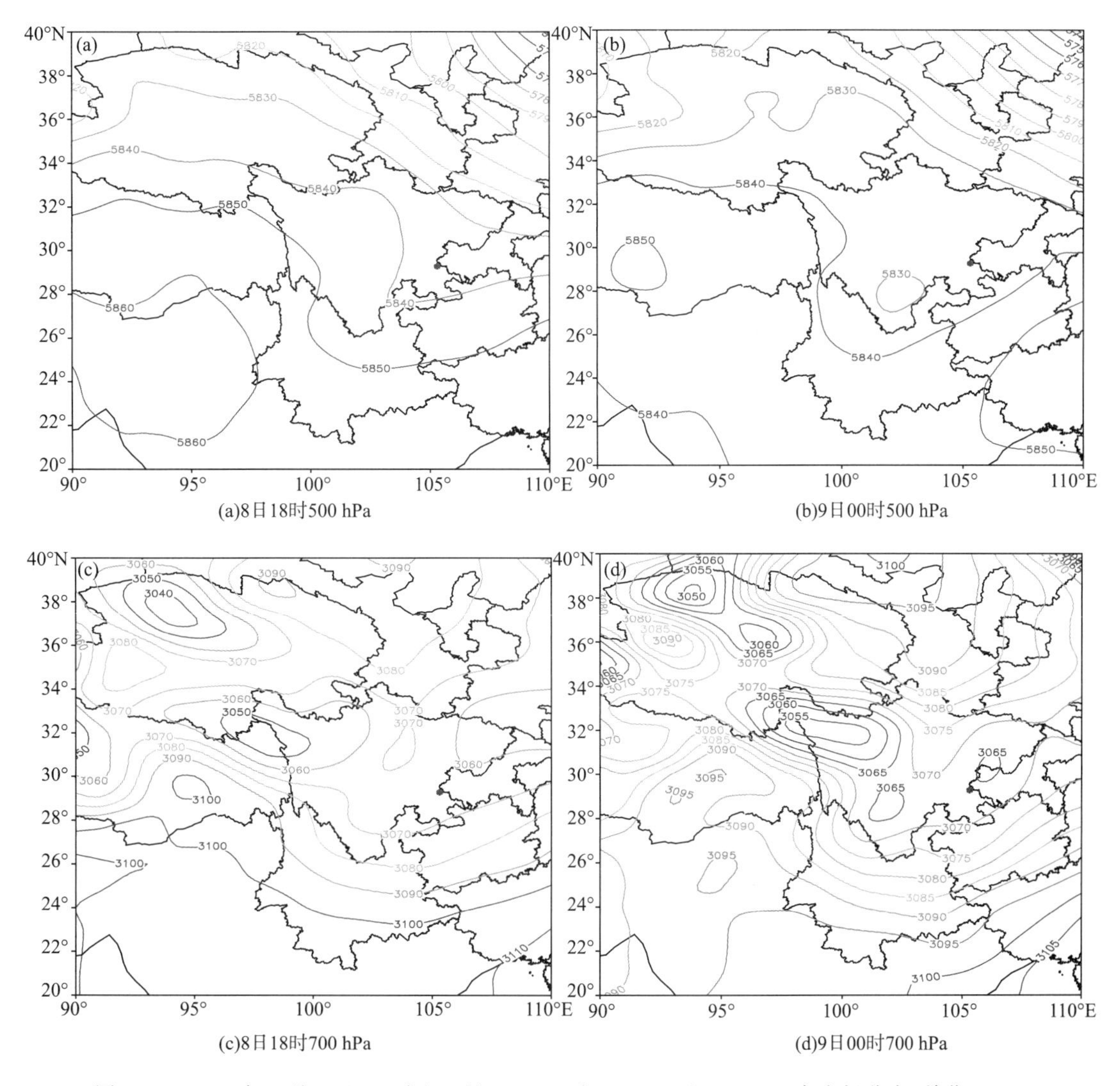

(a)8日18时500 hPa (b)9日00时500 hPa

(c)8日18时700 hPa (d)9日00时700 hPa

图 3-45 2007年7月8日18时和7月9日00时500 hPa和700 hPa高度场分布(单位:gpm)
(圆点为标注的特大暴雨中心(29.3°N,105.3°E))

3.7.3.2 流场分析

从流场看,暴雨基本发生在9日夜间。暴雨发生前,9日00时,从高层300 hPa至低层850 hPa表现出一致的上升气流。850 hPa上(图3-46a),有强的气流辐合带,暴雨中心的隆昌县(29.33°N,105.30°E)基本处于气流辐合带中心,其东南侧西南气流显著发展。700 hPa(图3-46b)重庆至陕西中部出现西南急流,四川东南部呈现气旋性弯曲,暴雨中心即在此弯曲的拐点处。500 hPa(图3-46c)重庆西部出现反气旋弯曲,300 hPa(图3-46d)在川南地区出现反气旋中心,出现较强的辐散气流,其右前侧有较强的负涡度。随着低涡的加强东移和急流的出现,雨区降水显著加强,随之出现此次过程的最强降水。综合850～300 hPa的流场分析可看出,低层气流辐合,高层气流辐散,有利于垂直运动发展,这是暴雨发生的必备条件。

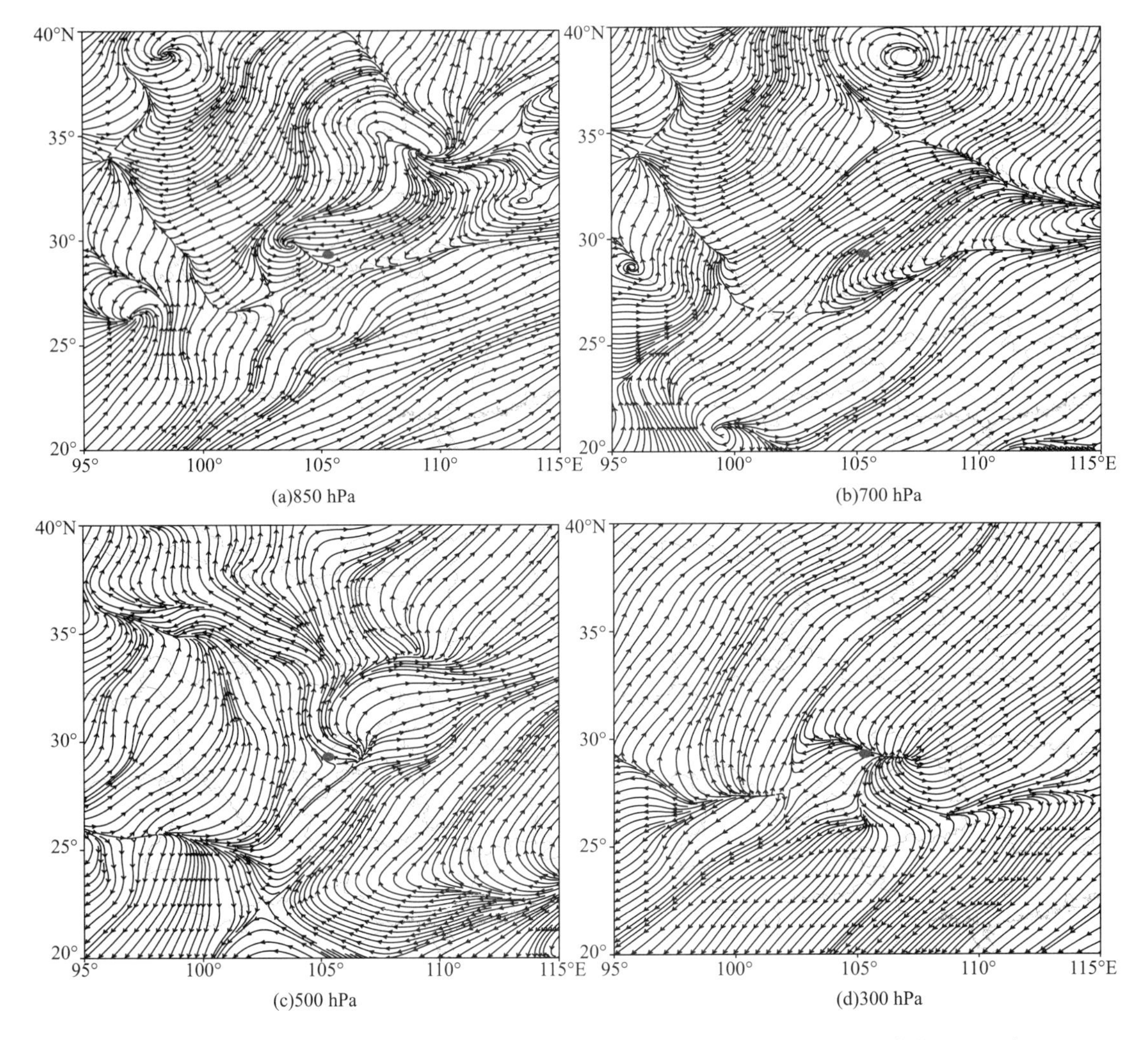

图 3-46 2007 年 7 月 9 日 00 时 850 hPa、700 hPa、500 hPa 和 300 hPa 流场(单位:Pa・s^{-1})
(圆点为标注的特大暴雨中心(29.3°N,105.3°E))

3.7.4 物理量诊断

3.7.4.1 垂直速度的时间变化

垂直速度表示气流的上升或下沉运动,一定强度的上升运动是形成降水的必要条件之一。图 3-47 给出了 2010 年 7 月 8—10 日川南暴雨中心区域(25°N~35°N,95°E~115°E)平均垂直速度的时间-高度剖面图,从中可清楚地看出有四个负的大值区,即为气流强上升运动区,中心位置对应的时间分别是 8 日 06 时前后、9 日 06 时前后、9 日 18 时前后及 10 日 06 时前后。从高度上看,9 日 06 时前后的垂直速度从低层至高层保持较大的负值,强度分别为:1000 hPa 上为−8 hPa・s^{-1},750 hPa 上为−9 hPa・s^{-1},400 hPa 上为−9 hPa・s^{-1},并且垂直结构完整。这说明 9 日 06 时有较强的上升气流,对应暴雨发生的最强时段。9 日 18 时前后 650 hPa 的垂直速度虽达到最大值(−10 hPa・s^{-1}),但在低层已转变为垂直速度正值区(即下沉运动区),高层与低层这种配置,不利上升运动的发展与维持,所以从 10 日 12 时垂直速度强度减弱,暴雨趋于减弱、结束。

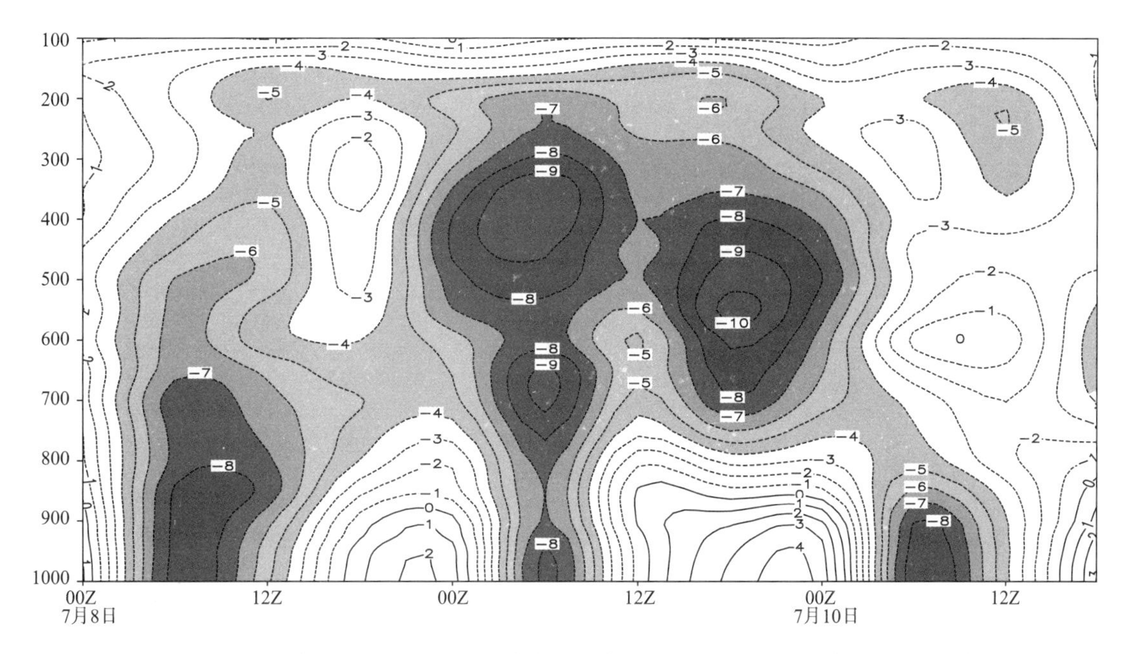

图 3-47 2007 年 7 月 8—10 日不同高度的垂直速度随时间的演变(单位:hPa·s^{-1})

3.7.4.2 水汽通量及水汽通量散度

充足的水汽是暴雨形成的最基本条件。水汽通量矢量(qV)是表示水汽输送强度的物理量,而水汽通量散度则是水汽集中程度的物理量(朱乾根 等,2000;于波和林永辉,2008)。单位体积(底面积:1 cm^2,高:1 hPa)的水汽通量散度计算公式为:

$$A = \nabla \cdot \left(\frac{1}{g}qV\right) = \frac{\partial}{\partial x}\left(\frac{1}{g}uq\right) + \frac{\partial}{\partial y}\left(\frac{1}{g}vq\right) \tag{3-20}$$

当 $A>0$,则水汽通量是辐散的(水汽因输送出去而减少);若 $A<0$,水汽通量是辐合的(水汽因输送进来而增加)。图 3-48 给出 9 日 00 时和 06 时 850 hPa 水汽通量矢量和水汽通量散度的分布图。

从 9 日 00 时 850 hPa 水汽通量矢量和水汽通量散度图(图 3-48a)可以看出,暴雨发生前,四川西部地区一直维持一条显著的水汽通量输送带,强劲的西南风将孟加拉湾的水汽输送到四川盆地西部一带(32°N～34°N,100°E～103°E);另外,还有来自南海的水汽输送到四川盆地南部和重庆一带(28°N～30°N,105°E～110°E)。雨区上空有水汽通量散度负值中心,中心负值为-4×10^{-5} g·cm^{-2}·hPa^{-1}·s^{-1}。表明该地区有水汽通量辐合,水汽在暴雨中心上空堆积,为暴雨的发生孕育了良好的水汽条件。

暴雨发生过程中,9 日 06 时(图 3-48b)水汽通量输送明显加强,两支不同方向的水汽源向暴雨区输送了充足的水汽。两个水汽通量散度的负值中心强度增大,一个位于四川盆地西北部(31°N,102°E),强度为-8×10^{-5} g·cm^{-2}·hPa^{-1}·s^{-1},另一个位于四川盆地南部(28°N,105°E),强度为-5×10^{-5} g·cm^{-2}·hPa^{-1}·s^{-1}。水汽辐合区也明显扩大,川南暴雨中心的隆昌县就处于水汽通量的辐合区内。10 日 00 时,随着暴雨区上空水汽通量辐合区的消失,暴雨明显减弱。这说明暴雨的形成、加强与减弱和暴雨上空水汽通量辐合区的演变关系密切。

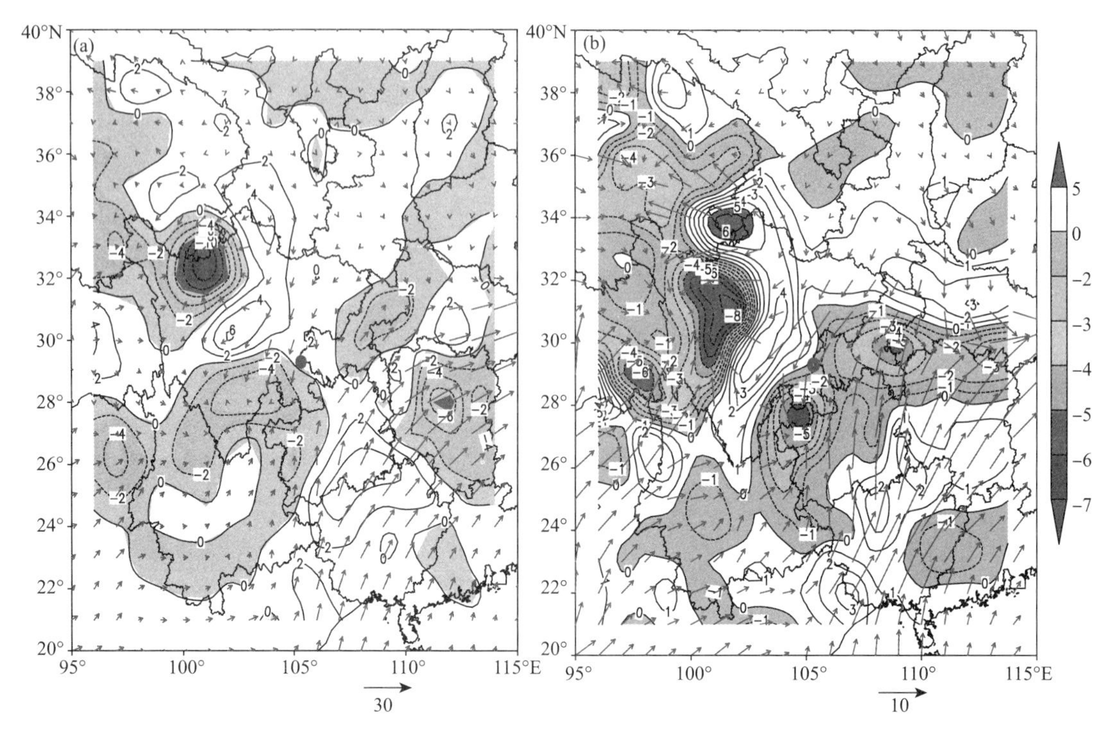

图 3-48　2007 年 7 月 9 日 00 时(a)和 06 时(b)850 hPa 水汽通量矢及水汽通量散度
(阴影区为水汽通量散度的负大值区,单位:10^{-5} g · cm^{-2} · hPa^{-1} · s^{-1};箭头为水汽通量矢量,单位:g · cm^{-1} · hPa^{-1} · s^{-1})

3.7.4.3　假相当位温

假相当位温(θse)是表征大气温湿特征的物理量,其值的大小反映了显热能和潜热能的高低,其高值中心对应大气能量的积累。θse 随高度的变化还反映大气层结稳定度状况(朱乾根 等,2000;郑京华 等,2009),当($\partial\theta se/\partial p$)>0,对流不稳定;当($\partial\theta se/\partial p$)<0,对流稳定。图 3-49 给出了这次过程 7 月 9 日 06 时 850 hPa 和 700 hPa 的 θse 场。

从 850 hPaθse 场(图 3-49a)可见,与西南低涡东南侧西南暖湿气流相对应,有一个 θse 大值(高能)中心位于四川省西部以及青海、甘肃交界一带($\theta se \geqslant 380$ K),与东北低压后部偏北气流相对应,而在河南东部存在一个低能中心($\theta se \leqslant 335$ K)。这两支不同能量性质气流(即高能舌与低能中心)之间,存在一条南北向 θse 能量锋区,暴雨中心的隆昌县位于两层能量锋区靠近低能一侧。700 hPa 的 θse 场(图 3-49b)同样可见能量锋区,但 θse 高能中心最大值由 390 K 减弱为 375 K,θse 随高度减小,说明暴雨中心有不稳定能量存在,只要有冷空气入侵,极易释放不稳定能量,有利于造成强降水。

分析 7 月 9 日 00 时和 06 时沿 105.3°E 的 θse 垂直剖面图(图 3-50a)发现,可以看到 28°N～29°N 对流层低层 θse 随高度降低,即($\partial\theta se/\partial p$)>0,反映了该处大气处于不稳定,而中层为中性层结,这种大气层结有利于产生强对流性降水。并且 06 时(图 3-50b)假相当位温梯度较 00 时的梯度有所增强,大值中心也由 375 K 增大为 385 K。表明此次暴雨发生中心的隆昌县(29.33°N,105.39°E)的假相当位温随高度的变化达到最大值,极易释放不稳定能量。但 400 hPa 以上 θse 随高度升高,即大气高层处于稳定状态。

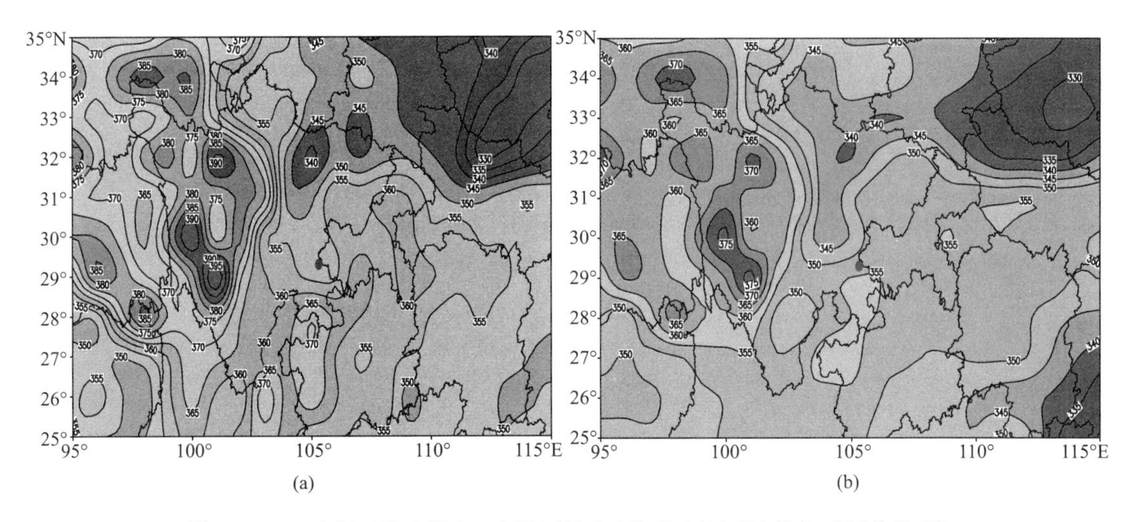

图 3-49　2007 年 7 月 9 日 20 时 850 hPa(a)和 700 hPa(b)的 θse 场(单位:K)

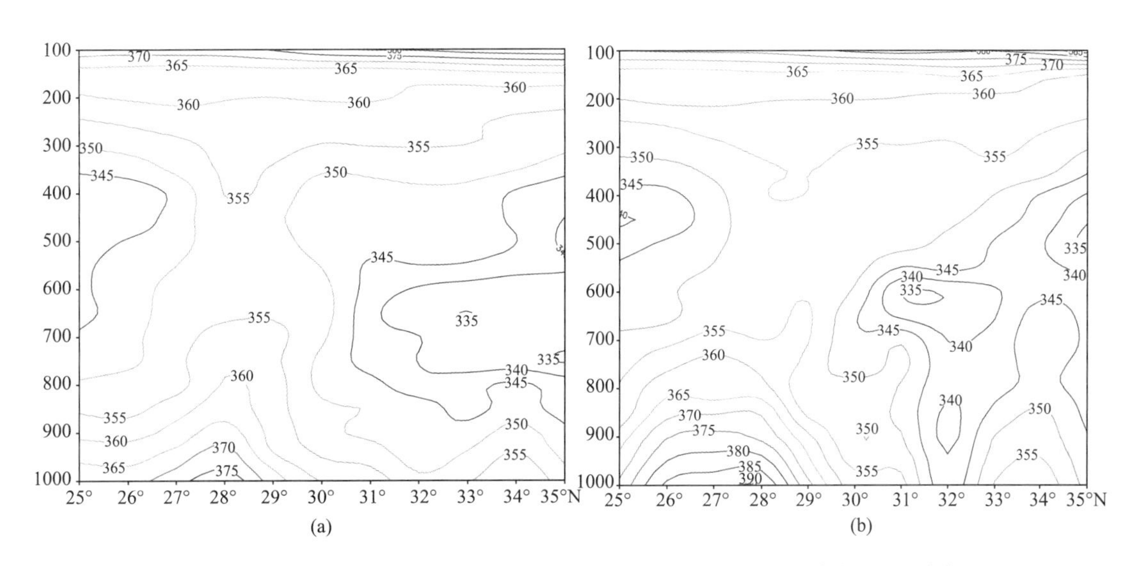

图 3-50　2007 年 7 月 9 日 00 时(a)和 06 时(b)沿 105.3°E 的 θse 垂直剖面图(单位:K)

3.7.4.4　湿位涡分析

(1)正压湿位涡的剖面分析

沿 29°N 做 *MPV*1 的垂直-经向剖面图。暴雨发生前(图 3-51a),在 105°E 附近可以看到 900～1000 hPa 高度上有 *MPV*1 的负值区(*MPV*1<0),中心强度达到－0.6 PVU,为强对流不稳定区。900 hPa 向上延伸,又转为 *MPV*1 正值区(*MPV*1>0),则 *MPV*1 随高度的分布呈现正负叠加排列。在 300～400 hPa 处有正值中心,强度为 0.1 PVU,表明对流层高层为对流稳定区。暴雨发生时(图 3-51b),*MPV*1 中心值增大,对流层低层负值中心增大为－0.7 PVU,正值中心则增大为 0.2 PVU,范围也有所扩大。垂直结构上,*MPV*1 呈现高低层正负值叠加的配置,是暴雨发生发展的有利形势。这种对流层高层正值区对应低层负大值中心的结构有利于低层不稳定能量的释放,使对流不稳定迅速发展。则高层高值正位涡的下传有利于低层气旋性涡度的发展,低层的负位涡区也有利于对流加强,两者的结合有利于暴雨产生。

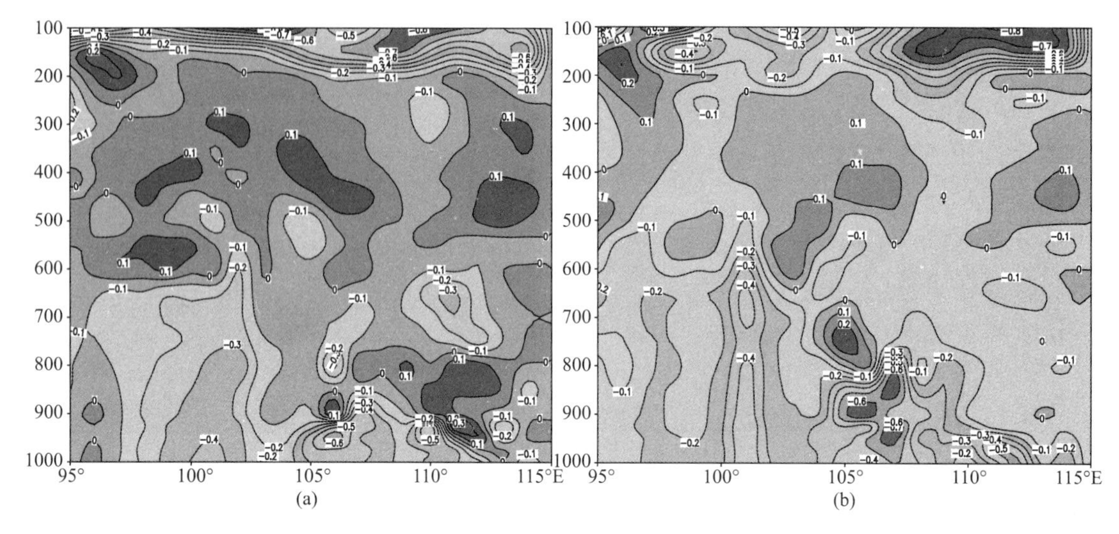

图 3-51 *MPV*1(单位:PVU)沿 29°N 的垂直-经向剖面图

(a)9 日 00 时;(b)9 日 06 时

(2)850 hPa 上的正压湿位涡和斜压湿位涡

下面通过分析 850 hPa *MPV*1、*MPV*2 的分布来考察暴雨区的不稳定状况。从 850 hPa *MPV*1 分布图(图 3-52a)可见,9 日 06 时,四川省西北部和东南部有两个 *MPV*1 负大值中心,强度分别为−0.8 PVU 和−0.6 PVU。四川省与重庆市其他大部地区也均为 *MPV*1 负值区,降水中心的隆昌县正好位于 *MPV*1 正负值交界的等值线密集带。随后 9 日 12 时(图 3-52b),两个 *MPV*1 负值区范围逐渐扩大,四川西部地区的负值中心的强度加强,达到−0.9 PVU;川南地区的 *MPV*1 负值区范围也有所扩大,梯度也加强,强降水落区基本位于 *MPV*1 正负值交界的等值线密集带,*MPV*1 负值中心有较弱的降水。

从 850 hPa *MPV*2 的分布(图 3-52c)可见,9 日 06 时,850 hPa 暴雨区基本处于弱的 *MPV*2 正值区,暴雨中心强度在 0～0.1 PVU。到 9 日 12 时,*MPV*2 正值范围扩大,强度增强,中心强度达到 0.8 PVU,负值范围相对较小,强度为−0.5 PVU。正负值分布集中,梯度较大。川南地区基本处于 *MPV*2 正值区内,暴雨中心的隆昌县则位于零线附近,梯度大,降水强。至 10 日 06 时川南地区开始处于 *MPV*2 的负值区,此时降水减弱,暴雨趋于结束。因此,湿斜压位涡 *MPV*2 的增大可导致垂直涡度的发展,非常有利于对流运动和降水的加强。当 *MPV*2 正值区减弱或移出,意味着暴雨区的暖湿气流减弱,伴随对流不稳定区的移出,暴雨过程趋于结束。

3.7.5 小结

通过对 2007 年 7 月 8—10 日发生在川南地区由西南低涡诱发的特大暴雨进行的综合诊断分析,得到以下几点结论。

(1)这次暴雨过程是在有利的局地环流背景下发生的。高度场上,500 hPa 上川南地区位于槽前的西南气流中,700 hPa 西南低涡缓慢东移。流场上,暴雨区发生前,从 300 hPa 至低层 850 hPa 表现出一致的上升气流,低层气流辐合,高层气流辐散,十分有利于垂直运动发展。

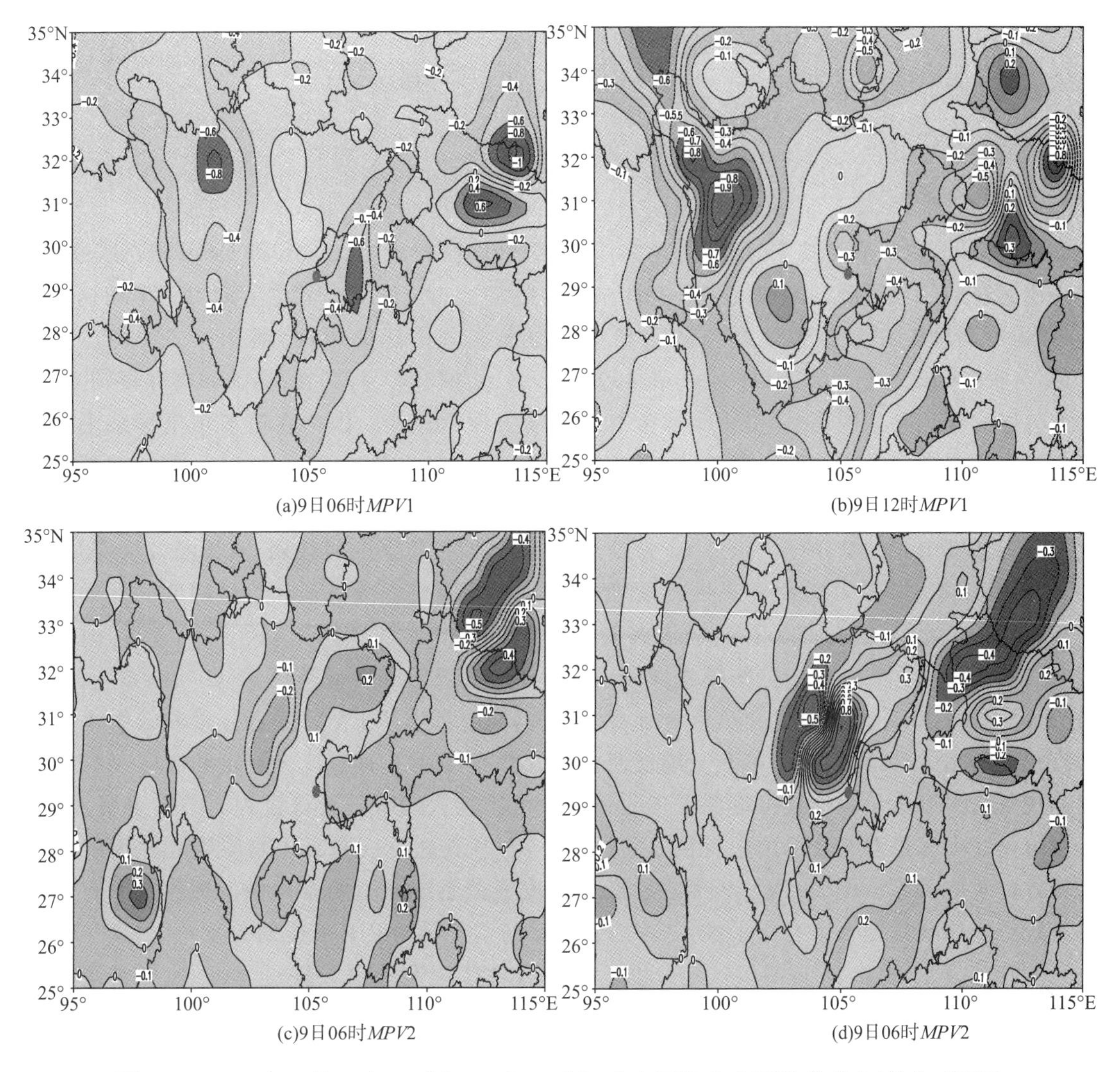

图3-52　2007年7月9日06时和12时850 hPa上MPV1和MPV2的分布(单位:PVU)

(2)暴雨发生期间,较强的上升运动为暴雨的发生与维持提供了动力条件。

(3)暴雨过程中,四川西部地区一直维持一条显著的水汽通量输送带,强劲的西南风将孟加拉湾的水汽不断输送到四川西部,同时对流层低层水汽通量辐合较强,水汽的积聚为暴雨的发生、维持提供了基本条件。

(4)对流层低层 θse 随高度减小,反映了暴雨期间低层大气的不稳定性,而中层大气处于中性,这种大气层结有利于产生对流性强降水。

(5)这次特大暴雨过程的湿位涡分析表明,$MPV1$ 高低层正负值的配置是暴雨发生、发展的有利形势,强降水落区基本位于 $MPV1$ 正负值交界的等值线密集带;$MPV2$ 的增大可导致垂直涡度的发展,非常有利于激发对流运动,加大降水强度。

3.8 对流涡度矢量垂直分量在西南涡暴雨中的应用

3.8.1 引言

位势涡度(以下简称位涡)的概念早在20世纪30、40年代,Rossby和Ertel就已经提出,并证明其在绝热无摩擦的干空气中具有严格守恒的特性。位涡综合考虑了动力因子和热力因子,使得位涡理论在分析天气系统演变和结构方面有着广泛的应用(吴国雄 等,1995;Cao et al.,1995;Cho et al.,1998;Huo et al. 1999a,1999b;龚佃利 等,2005;杨帅和高守亭,2007)。对大尺度大气运动来说,位涡是一个非常有效的动力性示踪物。因为在笛卡尔坐标系中位温面与水平面是近似平行的,涡度矢量和位温梯度矢量的交角较小,两个矢量点乘的积是明显的。但是在中尺度大气运动以及深对流系统的发展演变过程中,由于湿等熵面的倾斜,位温梯度矢量与涡度矢量的交角变大,两个矢量的点乘积趋于零,位涡变得较弱,其诊断效果变差。

Gao et al.(2004)将位涡定义推广,即把位势涡度定义中涡度矢量和位温梯度的点乘改为叉乘得到了一个新的物理量,称为对流涡度矢量(convective vorticity vector,CVV)。他们将对流涡度矢量应用在二维云分辨模式(Gao et al.,2004)及三维云分辨模式(Gao et al.,2007)中,研究得到:CVV垂直分量和热带对流密切相关,同时证实了CVV垂直分量和云中水凝物具有较高的相关性,可以在二维和三维框架中研究热带洋面上的对流。赵宇和高守亭(2008)则利用对流涡度矢量数值模拟诊断了华北一次大范围的大到暴雨天气过程。结果表明:CVV垂直分量在中纬度对流性暴雨中有很好的指示性,并且其高值区与云中水凝物和地面降水都有较好的对应关系。那么CVV能否在诊断中尺度浅薄系统产生的暴雨中发挥作用?它对这种系统产生的暴雨是否也有指示性?CVV各分量与这类暴雨又有怎样的关系?

2010年7月16—18日四川盆地发生了一次区域持续性暴雨天气过程,中尺度系统西南涡的发生发展及其沿辐合线的移动直接造成了这次强降水过程。本节利用CVV对此次西南涡暴雨过程进行诊断,以检验这种新型物理量在诊断复杂地形下中尺度系统引发的暴雨时的效果及应用方法。

3.8.2 对流涡度矢量的定义和计算

在笛卡尔直角坐标系(简称Z坐标系)中,对流涡度矢量(CVV)定义为(Gao et al.,2004):

$$\boldsymbol{C}=\frac{\zeta_a\times\nabla\theta_e}{\rho}\tag{3-21}$$

式中:$\boldsymbol{\zeta}_a=\nabla\times\boldsymbol{V}+2\boldsymbol{\Omega}$为绝对涡度,$\theta_e$为相当位温,$\rho$为湿空气密度。因此在$Z$坐标系下

$$\boldsymbol{C}=\frac{1}{\rho}\left[\left(\zeta_y\frac{\partial\theta_e}{\partial z}-\zeta_z\frac{\partial\theta_e}{\partial y}\right)\boldsymbol{i}+\left(\zeta_z\frac{\partial\theta_e}{\partial x}-\zeta_x\frac{\partial\theta_e}{\partial z}\right)\boldsymbol{j}+\left(\zeta_z\frac{\partial\theta_e}{\partial x}-\zeta_x\frac{\partial\theta_e}{\partial z}\right)\boldsymbol{k}\right]\tag{3-22}$$

即

$$\boldsymbol{C}=Cx\boldsymbol{i}+Cy\boldsymbol{i}+Cz\boldsymbol{k}\tag{3-23}$$

其中,$\zeta_x=\frac{\partial w}{\partial y}-\frac{\partial v}{\partial z}$,$\zeta_y=\frac{\partial u}{\partial z}-\frac{\partial w}{\partial x}+f'$,$\zeta_z=\frac{\partial v}{\partial x}-\frac{\partial u}{\partial y}+f$,$f$是地转参数,$f=2\Omega\sin\varphi$,$f'=$

$2\Omega\cos\varphi$，φ 为纬度。由于 f' 比 $\frac{\partial u}{\partial z}-\frac{\partial w}{\partial x}$ 小一个量级，为了计算和讨论的方便，这里计算 ζy 时忽略 f'。对流涡度矢量的单位是 $\mathrm{m^2 \cdot s^{-1} \cdot K \cdot kg^{-1}}$。

大气可降水量(precipitable water，PW)是指从地面直到大气顶的单位截面大气柱中所含水汽总量全部凝结并降落到地面可以产生的降水量，单位为 mm。用积分公式表示为(刘建文 等，2005)：

$$PW = \frac{1}{g}\int_0^{p_0} q\mathrm{d}p \tag{3-24}$$

对任一高度层，任一物理量 x 的垂直积分的计算式为(赵宇和高守亭，2008)：

$$[x] = \int_{z_k}^{z_{k+1}} \bar{\rho} x \,\mathrm{d}z = \bar{\rho}\left[\frac{x_{k+1}+x_k}{2}\right](z_{k+1}-z_k) \tag{3-25}$$

即整层积分是各分层值的累加，其中 $\bar{\rho}$ 为两层之间的平均密度。

本节在对 2010 年 7 月 16—18 日西南涡暴雨过程进行天气学分析的基础上，又利用 NCEP 提供的 1°×1°一天 4 次(00:00，06:00，12:00，18:00，UTC)再分析资料，计算了各个层次对流涡度矢量的各分量(Cx，Cy 和 Cz)，同时利用公式(3-32)计算了上述分量从 1000 hPa 至 150 hPa 的垂直积分[Cx]，[Cy]，[Cz]以及可降水量区域平均的垂直积分[pw]，并利用站点资料的 6 h 和 24 h 的累积降水资料做相关分析。

3.8.3 西南涡引发的大范围强降水概况及环流背景

3.8.3.1 降水分析

(1)过程概况

这次强降水过程主要出现在 7 月 16—18 日，19 日降水减弱，大范围降水主要出现在川东北和川南地区，雨带呈现东北—西南走向。从 7 月 16—19 日 08 时的 24 h 累计降水演变(这里仅给出 17 日 08 时 24 h 累计降水图，如图 3-53d 所示)，15 日 08 时—16 日 08 时(北京时)降水主要出现在广元—巴中一带，降水强度不大。16 日 08 时—17 日 08 时降水范围扩大，雨带逐渐呈现东北—西南走向。主要有两个强降水中心，分别位于巴中和乐山地区。与前一时次对比，位于巴中的降水中心强度增大，可达到大暴雨级别。17 日 08 时—18 日 08 时雨带继续扩大，雨带东北—西南走向明显，位于乐山的降水中心向川南移动。18 日 08 时—19 日 08 时两个降水中心分离并移出四川地区，此次降水基本结束。结合 7 月 16—19 日的 24 h 降水量统计(表略)可见，16 日 08 时—17 日 08 时降水最大值出现在乐山市(29°N，103°E)，24 h 降水量达到 243 mm，全省有 32 个县市降水超过 50 mm；17 日 08 时—18 日 08 时降水中心在宣汉县(31°N，107°E)，达到 141 mm，有 19 个县市降水超过暴雨级别。再对 7 月 16—18 日的 6 h 累计降水演变(这里仅给出 17 日，如图 3-53a～c 所示)进行分析，可以得出：最强降水时段出现在 17 日 02 时至 17 日 08 时，最大值出现在万源市，6 h 累积降水量达到 182 mm，其邻近地区的降水也达到暴雨级别。其次 16 日 20 时—17 日 02 时的 6 h 累计降水也平均达到30 mm，降水中心在乐山市，6 h 累积降水量达到 153 mm。因此，16 日 20 时—17 日 08 时是此次暴雨的主要发生时段，暴雨区主要位于川东北和川南地区。已有研究指出，2010 年 7 月中旬四川盆地发生的持续性暴雨过程，西南涡的发生发展及其沿辐合线的移动是造成此次强降水的主要原因(刘建文 等，2005；李跃清 等，2010)。

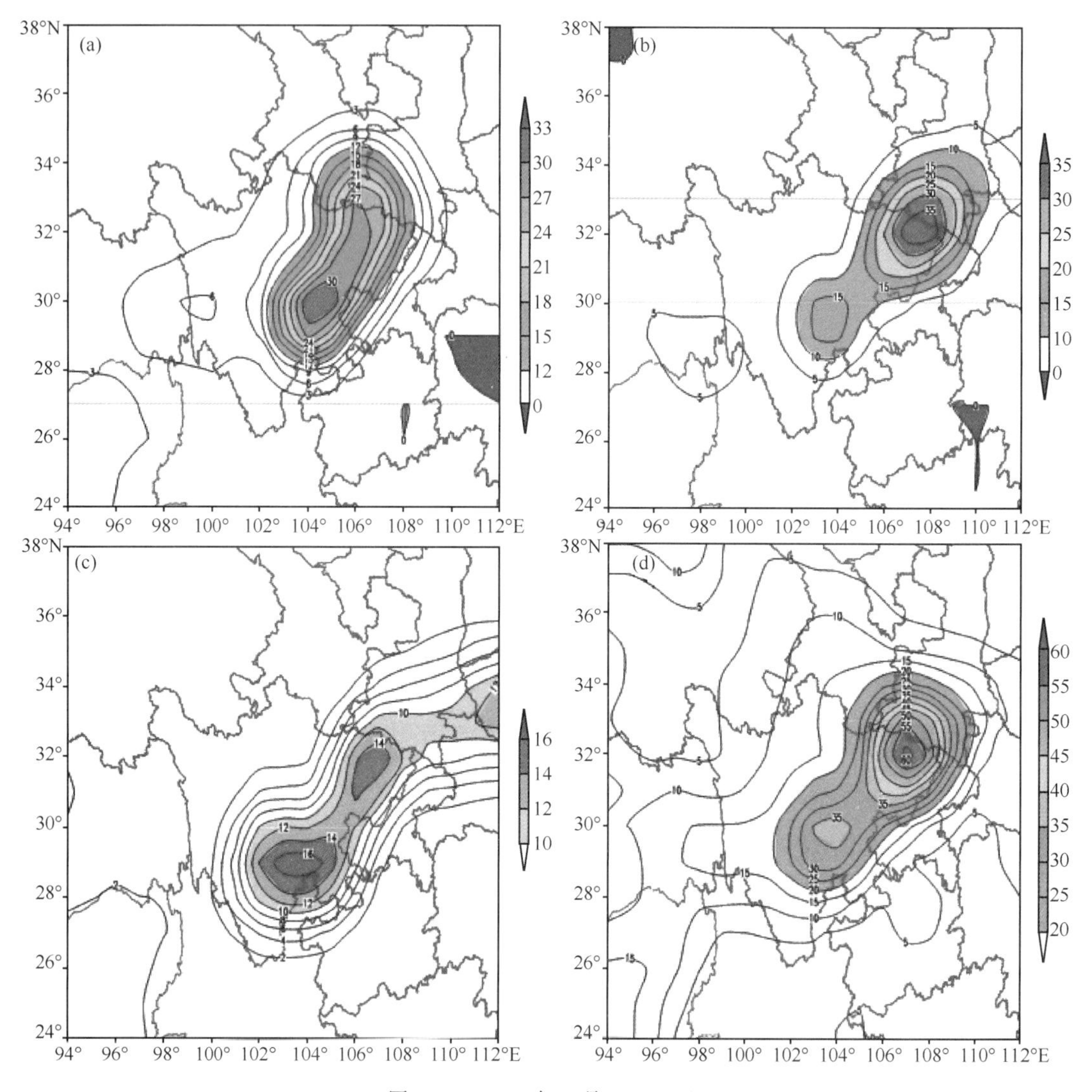

图 3-53 2010 年 7 月 17 日 6 h
(a. 02 时；b. 08 时；c. 14 时)和 24 h(d. 08 时)累积降水图(单位：mm)

(2)可降水量与实际 6 h 累积降水量的对比

根据上述过程概况，那么暴雨区域的可降水量以及实际 6 h 累积降水量随时间是如何变化的呢？两者之间又有怎样的关系呢？这里分别计算了可降水量的垂直积分[pw]以及 6 h 累积降水量的区域平均 $r6$，下面对两者进行对比说明。

由大气可降水量的定义可知，pw 反映的是大气的潜在降水量，而 $r6$ 是大气的实际 6 h 累积降水量，两者的对比反映大气水汽理想与实际的对应关系。如图 3-54a 可降水量区域平均的垂直积分[pw]的平滑曲线在 7 月 16 日 14 时达到峰值，18 日 08 时之前[pw]都维持在 50 mm 以上，之后随时间迅速减少。实际 6 h 累积降水量 $r6$ 在 17 日 02 时达到峰值约 290 mm，且维持到 17 日 08 时，之后降水量显著减少。19 日之后降水有较小波动。从量级上可看出暴雨区的可降水量[pw]明显比实际降水量 $r6$ 小。有分析(刘建文 等，2005)指出，较强的降水系统中，特别是暴雨中，实际降水量往往显著超过可降水量，这是因为含有大量水汽

的空气不断向降水系统中辐合造成的。在暴雨发生的时段里，可降水量峰值出现比实际降水量峰值出现早。其他时段里，[pw]与 $r6$ 的值大小差异不显著。因此，通过与实际降水量的对比，[pw]不能较好反映暴雨天气的降水情况。

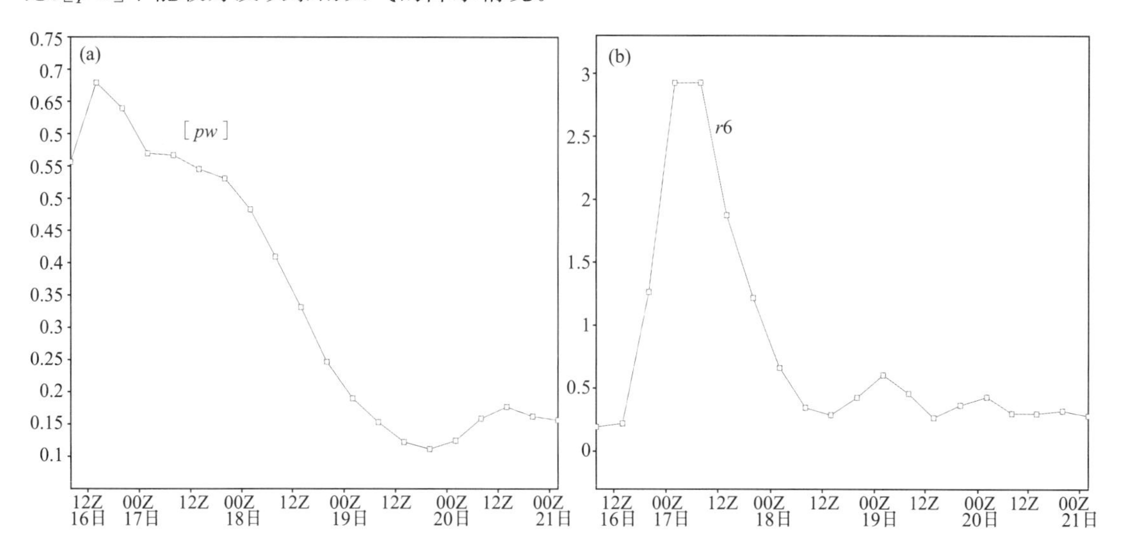

图 3-54　2010 年 7 月 16 日 08 时—21 日 08 时可降水量(a)
及 6 h 累积降水量(b)演变的九点平滑曲线图(单位：10^2 mm)

3.8.3.2　环流背景

(1)500 hPa 大尺度环流背景

西南涡一般出现在四川西部地区，且初生时都为浅薄的低层系统，属于边界层低涡。在一定的大尺度环流形势配合下，如受到高原低涡东移(何光碧 等，2010)或北部东移低槽等不稳定系统的触发或耦合作用，可使其迅速强烈发展，并给其经过区域带来灾害性强降水过程。因此，分析西南涡发展的大尺度环流背景是研究此次暴雨成因的天气学基础。

本次强降水过程发生的大尺度环流背景主要是 7 月 15 日(图 3-55a)500 hPa 中高纬呈现“三槽一脊”的形势，咸海与朝鲜半岛附近各有一槽，贝加尔湖以南地区有一浅槽。脊主要位于巴尔喀什湖附近，四川盆地上空为副高控制。至 16 日 02 时(图 3-55b)巴湖的高压脊加强，使贝湖的浅槽加强并伴随有低压中心出现，朝鲜半岛的槽也有所加深向西延伸至湖南，同时西太副高西伸。四川处于青藏高压和副热带高压两高之间的切变辐合区。至 17 日 02 时(图 3-55c)，随着西风气流，贝加尔湖小槽东移最终与朝鲜半岛的槽合并，低槽向西延伸至重庆地区，四川盆地正处于槽前正涡度平流一带，这十分有利于低层减压，是西南涡形成的一个重要条件。副高西伸至湖南—贵州一带，中高纬等高线与等温线出现交角导致 500 hPa 冷空气入侵，同时 700 hPa 西南气流加强，充沛的暖湿气流输送，导致四川地区出现强降水。随着中高纬低槽东移，副高缓慢东退，处于两高的切变缓慢东移。至 20 日 02 时(图 3-55d)“两高切变”的形势在四川盆地减弱消失，四川上空为反气旋环流控制时，四川盆地的降水过程减弱、结束。因此，中高纬低槽、两高及之间的切变流场、冷空气入侵、暖湿气流加强维持是本次区域大暴雨天气过程的大尺度环流特征。

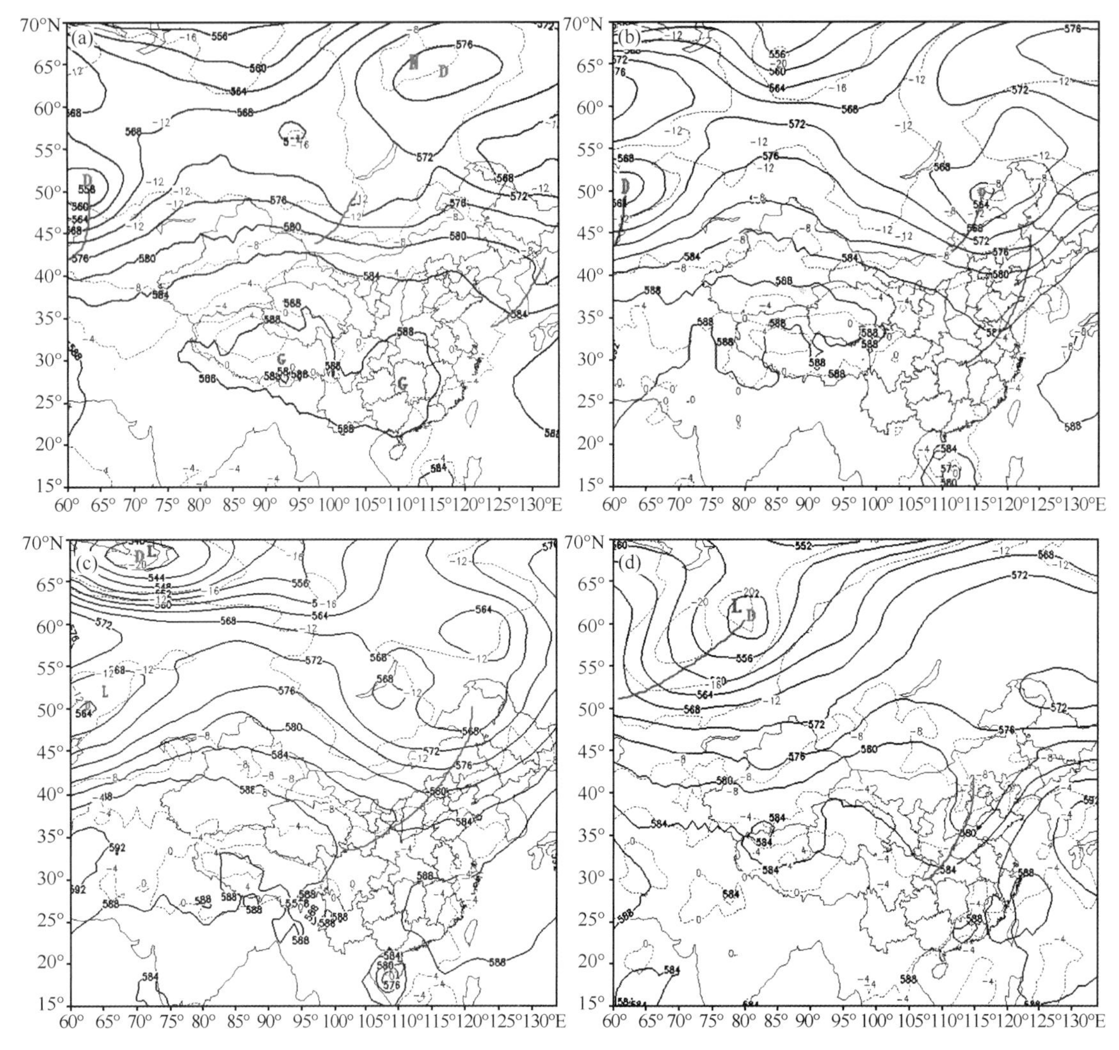

图 3-55　2010 年 7 月 16—17 日 500 hPa 高度场与温度场(粗实线为等高线,单位:dagpm;细虚线为等温线,单位:℃)

(a)15 日 02 时;(b)16 日 02 时;(c)17 日 02 时;(d)20 日 02 时

(2)700 hPa 环流场与风场

由于西南涡主要出现在 700 hPa 等压面上,由上述降水概况可知,7 月 16—19 日的暴雨过程的降水时段主要发生在 16 日 20 时—17 日 08 时,因此下面利用 7 月 16—17 日的 700 hPa 高度场、风场及流场来分析西南涡的发生、发展过程。

如图 3-56a 所示,16 日 14 时,四川盆地西北部已有闭合的气旋性涡旋存在,中心位势可达 3080 gpm,从风场上来看,陕西一带有东北风与西南风的切变线存在,四川省内的风向较为混乱,东部和南部边缘的西南风速较西北部的东北风要强。至 16 日 20 时(图 3-56b),由于西南气流的加强,四川西北部的东北风已转变为北风,与东部和南部边缘的西南风配合形成了两个明显的气旋性涡旋,中心分别位于乐山市和巴中市一带。位于乐山市的气旋性涡旋较巴中市的涡旋发展强烈,并伴随有切变的存在,辐合气流较强,是西南涡发展的初期。从流场图中看出(图 3-56d),气旋性的涡旋中心也是气流的辐合中心。此时降水也明显加强,雅安、乐山、巴中等地区均出现大暴雨。17 日 02 时(图略),气旋性涡旋向东南移动,结合 500 hPa 环流背景场,

此时低槽延伸至四川偏北地区上空，低层继续减压。17日08时(图3-56c)，闭合的气旋性低压中心生成，相比前几个时次，有向东南移动的趋势。在其东北方向配合有一切变存在，此时暴雨强度达到最大。至17日14时，气旋性低压中心减弱消失，降水强度也随之减少。7月16日14时—17日08时，低层700 hPa气旋性涡旋一直存在，其东移发展同时配合切变线产生的气流辐合，为此次大暴雨提供了中尺度动力条件。此次西南涡是先在流场上存在气旋性环流，伴随强烈对流性天气现象后才出现闭合低涡。这一特点也是今后预报西南涡引发对流性天气值得关注的。

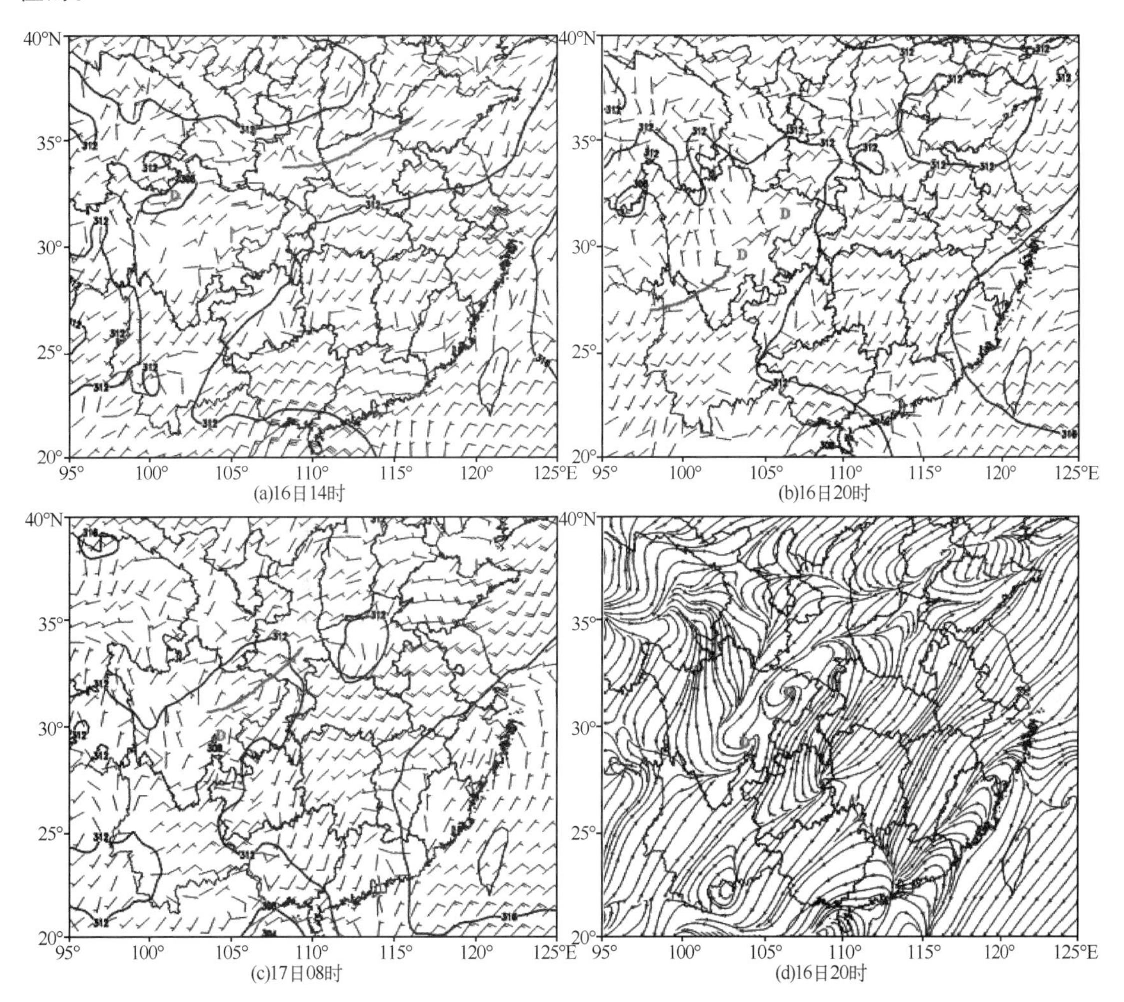

图3-56 2010年7月16—17日700 hPa高度场风场叠加图(a,b,c)和流场图(d)

3.8.3.3 云图反映的中尺度对流云团

在FY-2E的红外云图中可以看到此次对流发展和云带形成及东移的过程。16日08时(图3-57a)，四川省东部有对流云团存在，盆地中部及南部有零散的对流云系。16日17时(图3-57b)，盆地西部的有大片的对流云系东移发展，并有组织地结合起来。入夜后(图3-57c)，在盆地东南部形成中尺度对流云团，中心大致位于乐山-自贡一带。而位于盆地东部的对流云系也发展迅速，云顶温度有显著降低，中心大致位于巴中-达州一带。同时由于西南涡的存在，导致夜间的云层顶部辐射冷却，造成不稳定，促使对流加强。17日夜间至白天(图3-57d)，对流云团增强，发展迅速，此时正是西南涡在该地区快速发展的阶段，说明西南地区对流的组织化发展与西南涡的发展有密切联系。17 日 20 时（图 3-57e），对流云团开始缓慢东移出川，至 18 日（图 3-57f），两个中尺度对流云团完全移出四川省，降水强度明显减弱。

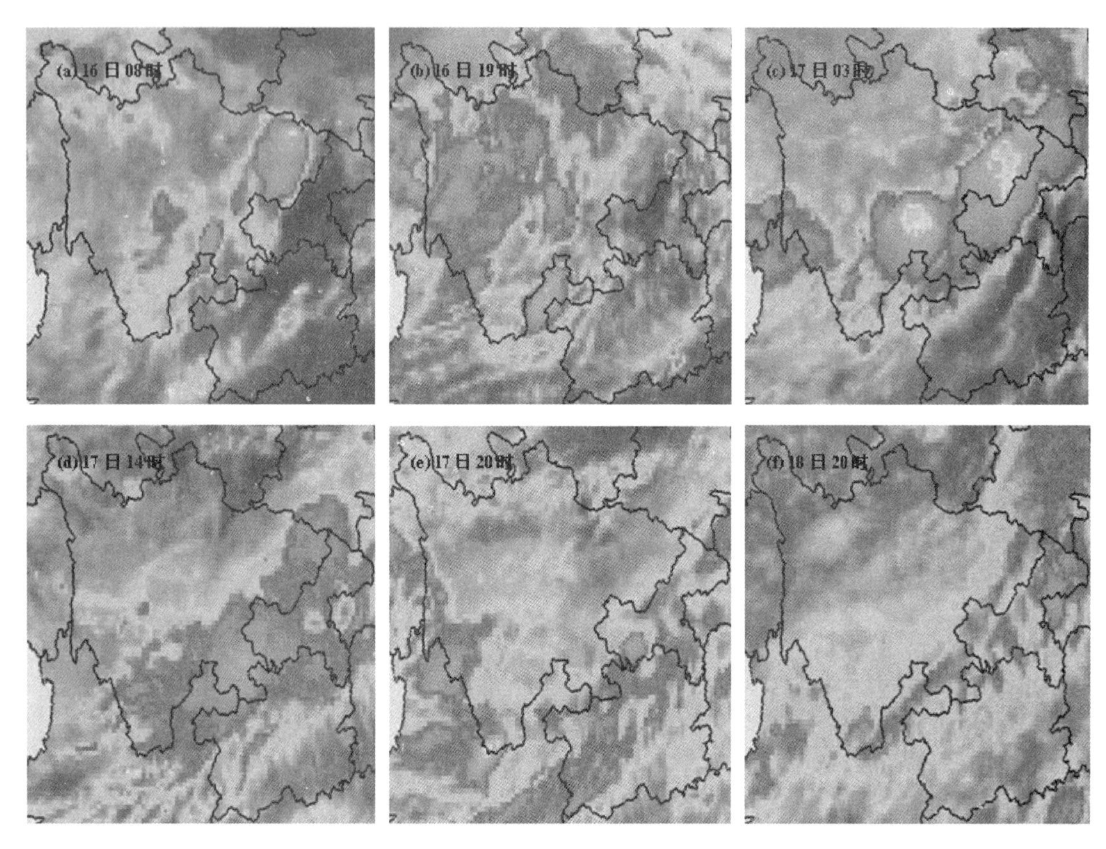

图 3-57　2010 年 7 月 16 日（a，b）、17 日（c，d，e）和 18 日（f）的 FY-2E 红外卫星云图

因此，红外卫星云图揭示此过程是一次中尺度涡旋建立、加强到消亡的过程。强降水主要发生在对流云团发展的强盛期，卫星云图上所反映的对流云团的发展演变，与强降水发生时段和落区有较好的对应关系。

3.8.4　对流涡度矢量分析

根据公式（3-30），对流涡度矢量（CVV）有三个分量，其中 Cx 表示经向涡度和相当位温垂直梯度的相互作用以及垂直涡度和相当位温经向梯度的相互作用，Cy 反映了纬向涡度和相当位温垂直梯度的相互作用以及垂直涡度和相当位温纬向梯度的相互作用，Cz 表示水平涡度和水平相当位温梯度的相互作用。陈忠明（1998）、赵宇和高守亭（2008）认为，对流涡度矢量的垂直分量和云中水凝物混合比有较好的联系，对于深对流活动有重要作用。据此，我们在分析对流涡度矢量各分量与实际 6 h 累积降水量关系的基础上，重点分析 CVV 垂直分量 Cz 的分布和演变特征。

3.8.4.1　对流涡度矢量各分量与实际 6 h 累积降水量的关系

利用公式（3-29）和公式（3-32）计算了 CVV 各分量的垂直积分[Cx]、[Cy]、[Cz]。本节选

取降水发生的主要区域(28°N～34°N，100°E～108°E)进一步做区域平均(九点平滑)，得出区域平均的[Cx]、[Cy]、[Cz]与 $r6$ 的时间序列(图 3-58)。另外，还计算了 CVV 各分量的垂直积分与实际 6 h 累积降水量的相关系数，以考察它们之间的相关性。

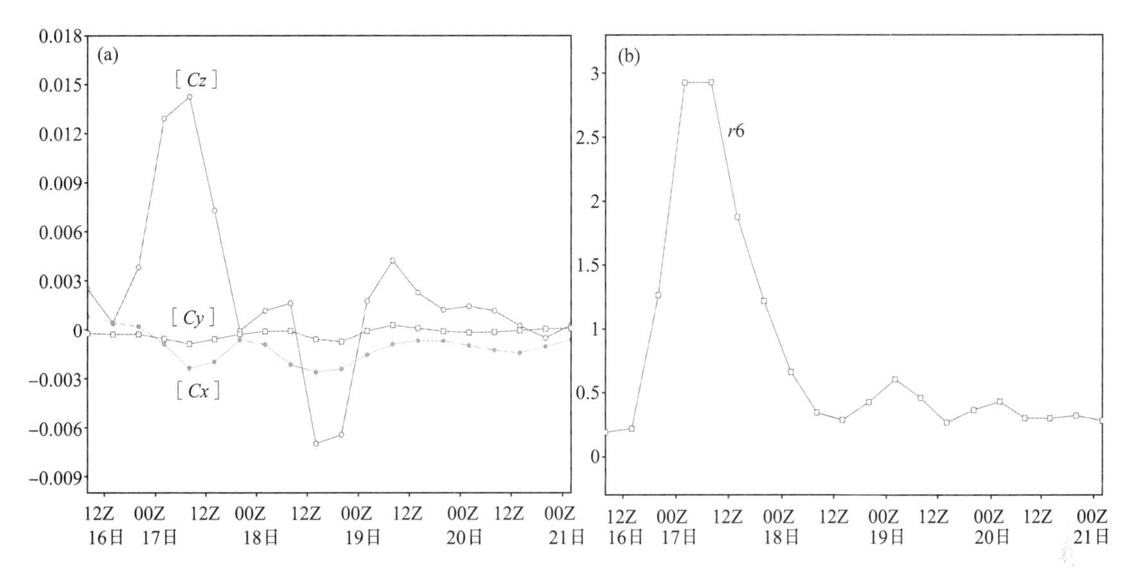

图 3-58　2010 年 7 月 16—21 日对流涡度矢量各分量垂直积分的区域平均值演变(a)与 6 h 累积降水量的区域平均值演变(b)

图 3-58a 中，[Cx]和[Cy]处于同一量级，单位为 10^{-7} $m^2 \cdot s^{-1} \cdot K \cdot kg^{-1}$，[$Cz$]单位为 10^{-10} $m^2 \cdot s^{-1} \cdot K \cdot kg^{-1}$。[$Cy$]的值一直在零线附近波动，且幅度都不大。[$Cx$]相比[$Cy$]变化略为明显，从 17 日开始[$Cx$]值基本为负，且有两对波峰、波谷出现。相对于[$Cx$]和[$Cy$]，[$Cz$]的变化幅度较大，在 17 日 00 时，[$Cz$]正值明显增大，在 17 日 12 时正值达到最大。之后[Cz]值逐渐减小，至 18 日 06 时以后转为负值，18 日 12 时[Cz]值降低至波谷。19—20 日[Cz]值又有所增长，呈现一个次高峰。图 3-58b 利用站点降水资料计算了区域平均的 6 h 累积降水 $r6$ 随时间的演变，其单位为 10^2 mm。在 16 日 14—20 时 $r6$ 出现较大波动，降水有了明显增加，至 17 日 02 时降水累积达到峰值，到 17 日 08 时降水依然较强。17 日 14 时开始区域平均的累积降水开始出现递减。直到 18 日 08 时 $r6$ 才下降至 50 mm 以下，之后 $r6$ 变化比较平缓。

对比图 3-58a 和图 3-58b 可以看出，[Cz]的位相与 $r6$ 相似，$r6$ 曲线出现波动的时间与[Cz]曲线波动出现的时间有一定联系。这说明[Cz]和 $r6$ 之间可能存在相关关系，则计算两者的相关系数并进行检验得出，[Cz]和 $r6$ 相关系数达 0.64，并通过了信度为 0.01 的显著性检验。可见，暴雨期间 CVV 垂直分量可以作为暴雨发展演变的一个指标，即 1000 hPa 至150 hPa垂直积分的[Cz]发生波动时，6 h 累积降水量也发生波动，并呈现正相关关系。特别当[Cz]出现极大值时，降水的变化也较显著，此时极易发生暴雨天气现象。另外，也计算了[Cx]和[Cy]与 $r6$ 的相关关系，相关系数分别为−0.15 和−0.34，[Cy]与 $r6$ 的相关性比[Cx]略好，这说明[Cx]、[Cy]与 $r6$ 存在负相关关系，由于篇幅所限在此不做深入讨论。

3.8.4.2　对流涡度矢量垂直分量的水平分布和演变

在 16 日 20 时(图 3-59a)CVV 垂直分量在对流层低层 850 hPa 的分布图上可以看到，Cz

值都较小，没有出现明显的正、负值中心，四川省内大部为正值区域。此时川东北和川南已有降水产生。在17日02时(图3-59b)，四川东北部即巴中、广元一带为CVV垂直分量正值区控制，正值区内有两个中心，其中范围较大、强度较强的中心位于(32°N，106°E)附近，另一个较弱的中心位于(32°N，104°E)。随着西风槽的南压和低层气旋性涡旋的生成，CVV垂直分量的正值区扩大，中心强度也有所加强，至17日08时(图3-59c)，盆地地区的中心值达到$0.7\times10^{-10}\ m^2\cdot s^{-1}\cdot K\cdot kg^{-1}$，CVV垂直分量正值区形成东北—西南走向，同时在川南地区(28.5°N，103°E)有一弱的正值中心形成。此时降水区域与CVV垂直分量的正值区对应，正值中心同时也是暴雨区。17日14时(图略)，川南的弱正值中心北移，范围扩大，强度增强，中心值达到$0.5\times10^{-10}\ m^2\cdot s^{-1}\cdot K\cdot kg^{-1}$。川东盆地的正值中心逐渐减弱消失，对应的川东降水减弱，而川南地区降水仍较强。至17日20时(图3-59d)，川南CVV垂直分量的正值区

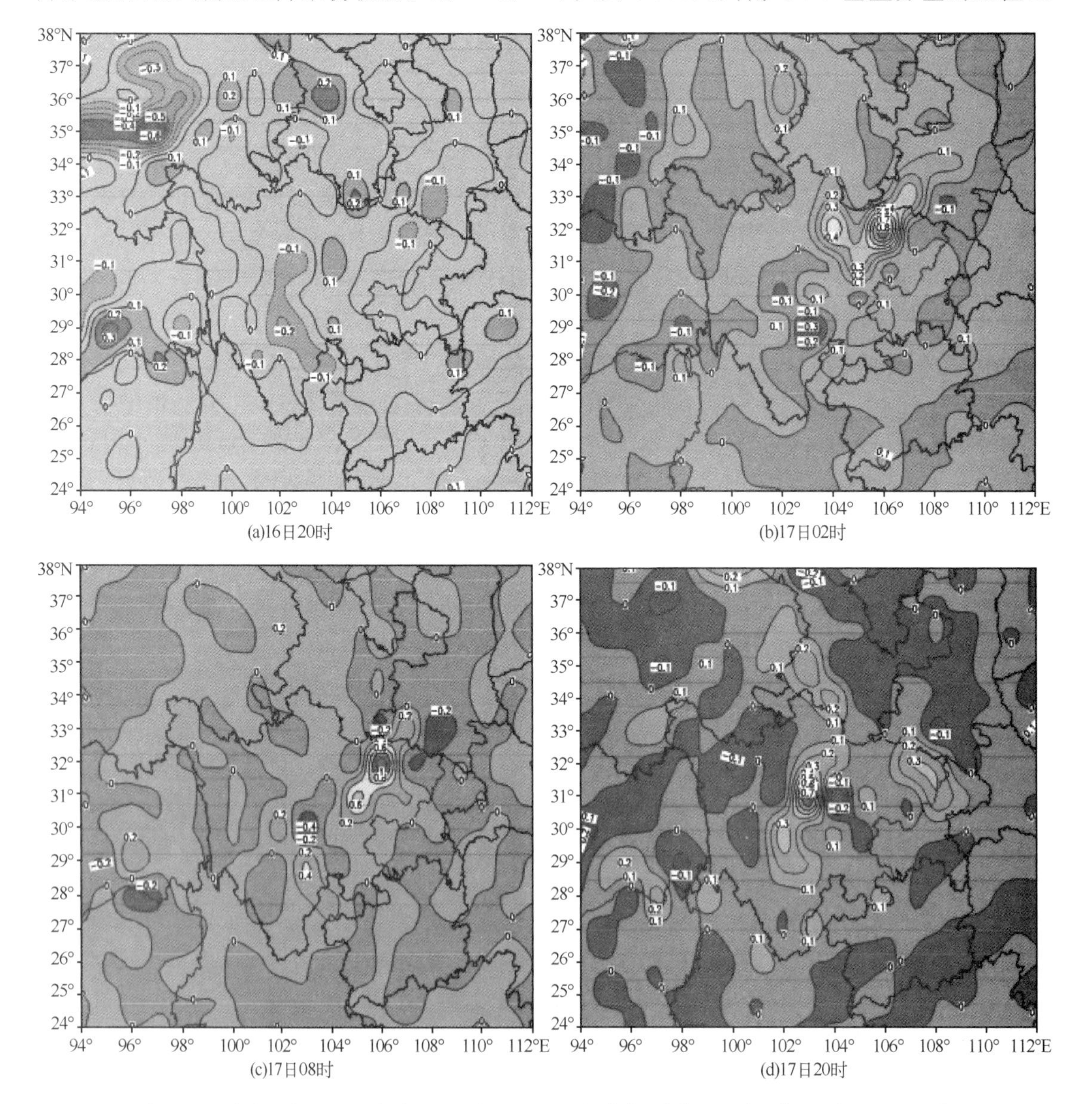

图3-59　对流涡度矢量垂直分量Cz在850 hPa的分布(单位：$10^{-10}\ m^2\cdot s^{-1}\cdot K\cdot kg^{-1}$)

范围有缩小趋势，延伸至四川中部地区，但中心强度维持不变，降水持续。至18日02时(图略)，川南的CVV垂直分量正值范围明显缩小，随之降水减弱。18日08时(图略)，CVV垂直分量正值中心减弱消失，暴雨过程结束。

从上述分析可知，对流层低层850 hPa上CVV垂直分量的正值区与暴雨的落区有较好的对应关系。即Cz的正大值出现的地区基本是暴雨发生最强的地区，并偏向其梯度较大处。其原因主要是西风槽槽前的正涡度平流输送，使川南和川东地区的涡度增强，湿等熵面变得陡立。上升运动和水汽输送都增强，从而有利于暴雨形成。

3.8.4.3　对流涡度矢量垂直分量的垂直分布和演变

从CVV垂直分量Cz沿30°N的剖面图上可以看出，16日20时(3-60a)，即暴雨发展初期，暴雨区100°E～105°E之间从低层至高层大部分为Cz的正值区，在102°E左右的700 hPa以下低层呈现Cz负值，且数值较小。至17日02时(图3-60b)暴雨区对流层高层300 hPa左右出现CVV垂直分量的两个高值区，高值中心分别位于101°E和103°E，并逐渐向对流层低

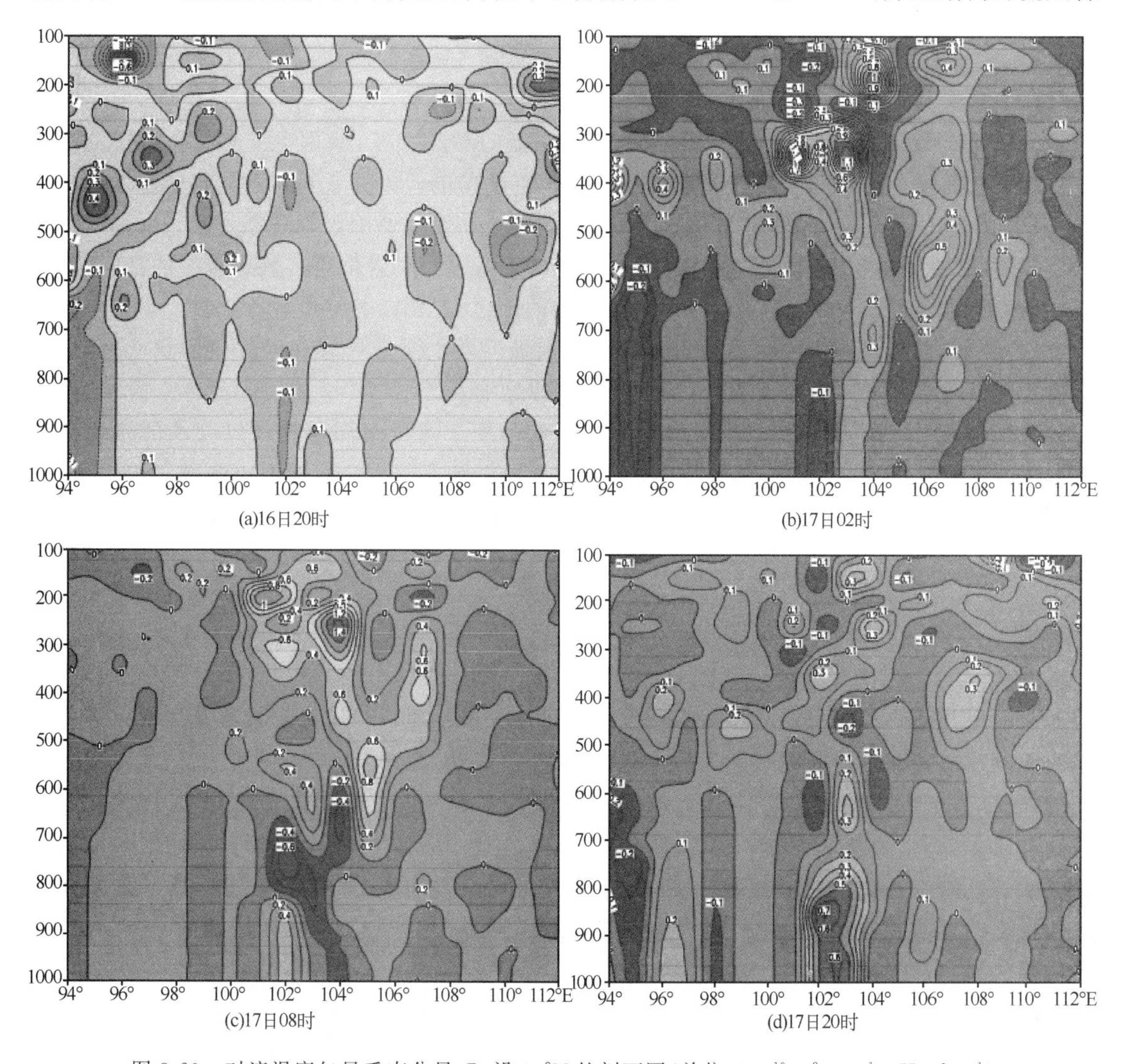

图3-60　对流涡度矢量垂直分量Cz沿30°N的剖面图(单位：10^{-10} m^2·s^{-1}·K·kg^{-1})

层扩展。在103°E左右的Cz值从低层至高层呈现一致的正值，最大值达到$1.1\times10^{-10}\ m^2\cdot s^{-1}\cdot K\cdot kg^{-1}$，此时暴雨发展强烈。至17日08时（图3-60c），高层的正值中心东移，中心强度达到$1.2\times10^{-10}\ m^2\cdot s^{-1}\cdot K\cdot kg^{-1}$。正值区范围向下扩展至对流层低层700 hPa附近，800 hPa附近存在一小范围的CVV垂直分量负值区。对流层CVV垂直分量从高层至低层呈现“正-负-正”的配置，而非一致的正值，此时暴雨程度有所减弱。由于西南涡是浅薄的中尺度系统，在东移过程中不断发展。所以对流层高层的CVV垂直分量正值区不断向低层延伸，导致对流层低层CVV垂直分量正值区范围不断扩大，而高层范围缩小。至17日20时（图3-60d），暴雨区上空750 hPa以下为CVV垂直分量的高值区，正值中心强度较前几时次减弱，仅为$0.5\times10^{-10}\ m^2\cdot s^{-1}\cdot K\cdot kg^{-1}$，降水强度相应减弱。由此看出：暴雨区$Cz$从高层至低层一致的正值分布对暴雨加强具有指示作用。

3.8.5 小结

本节利用对流涡度矢量（CVV）对2010年7月16—18日由西南涡引发的一次四川盆地持续性暴雨过程进行了诊断，重点研究了CVV垂直分量Cz在此次西南涡暴雨过程中的应用。得出以下结论。

（1）CVV垂直分量与西南涡引发的暴雨有一定的对应关系，暴雨区CVV垂直分量区域平均的垂直积分量$[Cz]$与实际6 h累积降水量之间存在正相关关系，相关系数达到0.64。即当$[Cz]$出现极值时，降水量也会发生显著变化，此时极易发生暴雨天气现象。

（2）对流层低层850 hPa CVV垂直分量Cz的正值中心对暴雨落区具有较好的指示意义，即Cz的正大值出现的地区基本是暴雨发生最强的地区，且偏向其梯度较大处。

（3）对流层CVV垂直分量的垂直分布对暴雨强度发生演变具有一定的指示意义，即当对流层低层至高层呈现一致的正值时，暴雨强度会明显加强。

通过本暴雨个例的研究，证实了对流涡度矢量可用于像西南涡这种中尺度浅薄系统产生的暴雨的诊断分析，为今后的暴雨诊断提供了一个新思路或新方法。但由于个例较少，所得结论还需要在今后相关应用研究中做进一步验证和完善。

3.9 引入地基GPS可降水量资料对西南涡暴雨水汽场的分析

3.9.1 引言

水汽是影响短期降水预报的一个关键因素。水汽的时空分布以及由其相变所产生的潜热，在大气能量转换和天气系统演变中起着重要的作用，影响着大气稳定度和天气系统的结构和演变，会造成诸如暴雨、暴雪等强天气。地基GPS水汽遥感技术可提供常规气象观测无法提供的全天候、高精度、高时间分辨率的大气水汽资料，对监测、分析剧变天气过程尤其重要，它的应用也将为改善强对流和强降水天气预报提供重要的、较为理想的大气水汽新资料。

陈娇娜等（2009）在华西秋雨天气过程中GPS遥感水汽总量演变特征研究中指出，高值的水汽总量是产生降水的必要条件。但不同的降水过程，GPS-PWV的变化幅度、极值水平和持续时间存在明显差异。杨露华等（2006）利用GPS探测资料对上海地区一次夏末暴雨中的水

汽输送特征进行了分析，结果表明 GPS-PWV 随时间的演变与降水有较好的对应关系。在降水出现前 10～12 h，PWV 就有所反映，呈一个上升趋势，在降水前 2～3 h，PWV 出现急升状态。丁金才等(2004)应用 GPS 可降水量资料对台风"Ramasun"影响华东沿海的天气过程进行了监测和分析。这些研究以及 GPS 水汽资料在诸如暴雨(楚艳丽 等，2007)、雨雪冰冻(郭洁 等，2009a)、不同云系降水(李国翠 等，2008)、冷锋(Okamura et al.，2003)、雷电(Robert et al.，2002)、梅雨(Seko et al.，2000；宋淑丽 等，2003)、高原季风(Takagi et al.，2000)和中小尺度降水(曹云昌 等，2005a)等大气过程中的分析应用都说明 GPS 水汽遥感技术已在天气分析预报领域开始展现出广阔的应用前景。

西南低涡(简称西南涡)是青藏高原特殊地形与大气环流相互作用下形成的产物，是我国最强烈的暴雨系统之一(王作述 等，1996；陈忠明 等，2004a)。西南涡对四川盆地暴雨的影响已有较多的分析和研究，有关西南涡典型环流结构下产生的暴雨，许多学者从西南涡源地及移动路径、环流结构、中尺度非平衡特征、湿位涡诊断、凝结潜热与地表感热通量、数值模拟等方面进行了多方面的研究(钱正安 等，1990；李国平和刘行军，1994；陈忠明和闵文彬，2000；段海霞 等，2008)。马振峰(1994)采用低频重力波指数法，对西南低涡发展演变及其暴雨强度、落区进行了诊断分析和预测。结果表明，低频重力波指数在揭示西南低涡系统的移动、发展及其暴雨强度、落区都显示了它的预测意义。陈忠明等(2004b)对高原涡与四川盆地浅薄低涡耦合作用引发盆地低涡强烈发展与大面积特大暴雨天气发生的机理进行了诊断研究。赵平和梁海河(1991)利用涡度、散度、垂直速度等诊断量对一次西南低涡暴雨的诊断分析指出：在西南涡发展过程中伴随着低层辐合、上升运动以及水汽通量辐合的加强，潜热加热的垂直分布有利于低涡发展；水汽辐合最强超前于西南低涡最强盛阶段。

赵玉春和王叶红(2010)等在对 2008 年 7 月 20—22 日特大暴雨过程的研究中指出，此次过程中高原涡首先在地面上诱生出暖低压，随着高原涡的东移在盆地形成暖性切变线，开始出现强烈的中尺度对流系统活动，并引发强烈的降水；之后随着高原涡东移到盆地上空，涡旋云系中的强中尺度对流系统活动占主导地位，产生更强的降水。强降水产生的凝结潜热加热促使暖式切变线快速增强，以及盆地周边的特殊地形，对西南涡的形成具有重要作用。而反映大气水汽总量的时空变化是 GPS 水汽遥感的重要研究内容，利用高分辨率的 GPS 水汽资料来揭示西南涡发生发展过程中水汽的变化特征，目前基本上还是空白。有鉴于此，本节利用成都地区地基 GPS 观测网反演的可降水量资料并结合其他观测资料，对 2008 年 7 月 20—22 日发生的一次高原涡东移诱生西南涡强烈发展并引发四川大范围特大暴雨的天气过程进行综合分析，以探讨 GPS 可降水量与此次降水主要影响系统西南涡发生发展的对应关系。本工作主要是通过水汽的变化特征对此次暴雨过程中西南涡系统发生、发展以及降水的影响加以研究，期望能加深对西南涡及其暴雨的认识，并为低涡暴雨的业务应用提供参考依据。

3.9.2 资料

成都地基 GPS 观测网由成都市规划局勘察测绘研究院与成都市气象局共建而成，地基 GPS 观测采用美国天宝(Trimble)NetRS GPS 接收机，地面气象观测采用中国华云公司六要素自动气象站。该观测网于 2007 年 8 月下旬开始投入业务运行，目前，成都地区地基 GPS 观测网由成都(104.02°E，30.67°N，海拔 507.3 m，区站号 56294，GPS 站号 CDKC)、大邑(103.52°E，30.60°N，海拔 525.3 m，区站号 56285，GPS 站号 DAYI)、龙泉驿(104.25°E，

30.55°N，海拔 519.9 m，区站号 56286，GPS 站号 LOQU)、金堂(104.43°E，30.85°N，海拔 449 m，区站号 56296，GPS 站号 JITA)、蒲江(103.52°E，30.20°N，海拔 505.9 m，区站号 56281，GPS 站号 PUJI)和都江堰(103.67°E，30.98°N，海拔 707 m，区站号 56188，GPS 站号 DUJY)6 个测站组成，本节利用上述成都地基 GPS 观测网 30 s 间隔的原始数据，解算出天顶总延迟(zenith total delay，ZTD)，再依据 Saastamoinen 模型计算出静力延迟(zenith hydrostatic delay，ZHD)，最后结合与测站位置相对应的自动气象观测站(automatic weather station，AWS)的地面气象要素资料计算出 30 min 间隔的 GPS 反演大气可降水量(precipitable water vapor，PWV)。分析过程中采用了 NCEP 每日 4 次 1°×1°的再分析资料。

3.9.3 降水概况及环流背景分析

3.9.3.1 暴雨概况

2008 年 7 月 20—22 日，四川盆地自西向东出现了一次区域性暴雨天气过程。从降水出现时间和强度来看，20 日这次暴雨过程的强降雨区位于盆地西部，有 141 个乡镇的降雨量在 50～100 mm，40 个乡镇的降雨量在 100～249.9 mm，存在两个特大暴雨中心，分别是江油(288.4 mm)和乐山(280 mm)；21 日强降雨区移至盆地东部，有 95 个乡镇的降雨量在 50～100 mm，58 个乡镇的降雨量在 100～249.9 mm，20—22 日四川省总计有 14 个市州出现暴雨。最强降水时段发生在 20 日 08 时至 21 日 02 时，随后西南涡东移出四川，造成江淮流域大范围强降水天气过程。

3.9.3.2 环流背景

2008 年 7 月 20 日 20 时(北京时)700 hPa 天气图上，四川盆地西部已被一低值环流系统控制，中心在(33°N，101°E)附近，中心位势高度为 303.2 dagpm。风场上，盆地中东部被偏南气流控制(图 3-61a)；在对应的 850 hPa 上，盆地上空形成一暖式切变线，盆地东侧西南风快速增强，但西南涡尚未形成(图 3-61b)。21 日 08 时，低值中心移至(31°N，105°E)附近，盆地上空由强烈的上升气流控制，且脊前偏北气流使得低涡逐渐加强，中心值为 304.8 dagpm，并伴随着西南低空急流，在 700 hPa 和 850 hPa 上出现明显的闭合低值系统，700 hPa 上有东北-西南

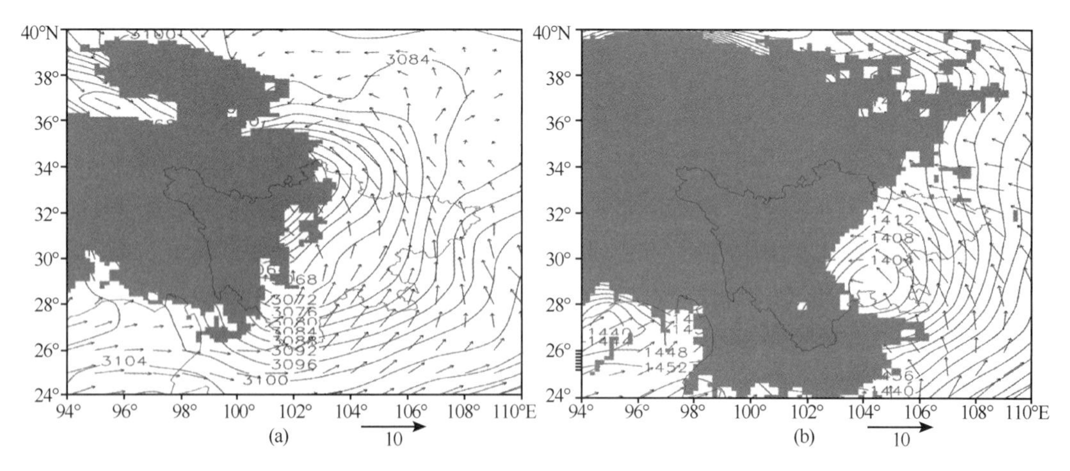

图 3-61 NCEP 资料 2008 年 7 月 20 日 20 时位势高度场(单位：gpm)和风场
(a)700 hPa，阴影为地形高度大于 3000 m；(b)850 hPa，阴影为地形高度大于 1500 m

向切变线，850 hPa 上切变线呈南北向，此时西南涡已基本形成于四川盆地(图 3-62a、b)。21 日 20 时，西南涡开始东移，且在东移过程中经过四川盆地时低涡强度维持，但 22 日 08 时低涡移出盆地后开始减弱(图 3-63a、b)。

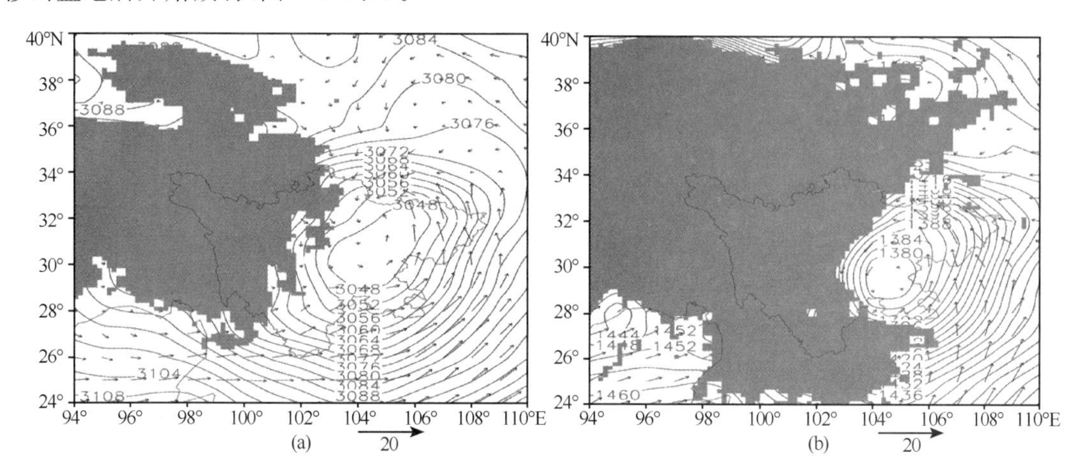

图 3-62　NCEP 资料 2008 年 7 月 21 日 08 时位势高度场(单位:gpm)和风场

(a)700 hPa，阴影为地形高度大于 3000 m;(b)850 hPa，阴影为地形高度大于 1500 m

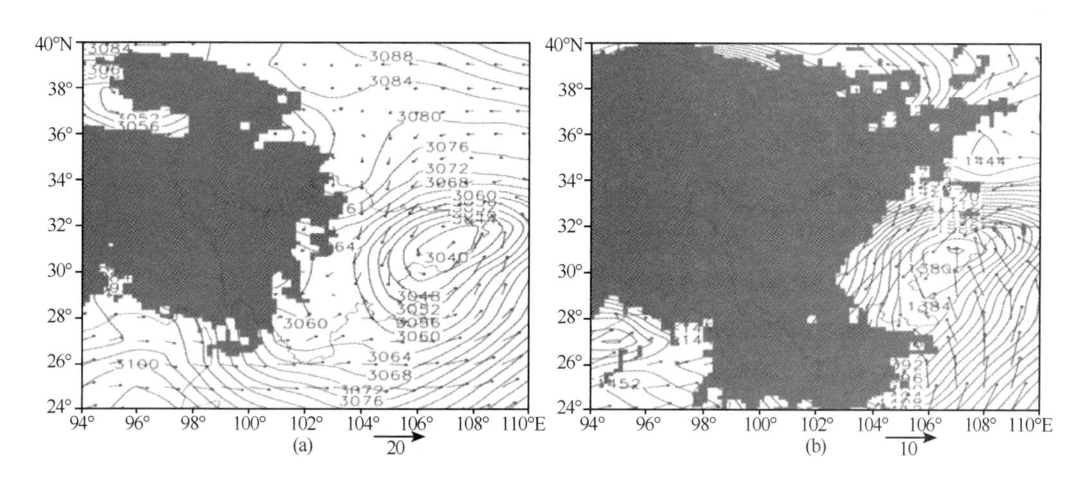

图 3-63　NCEP 资料 2008 年 7 月 21 日 20 时位势高度场(单位:gpm)和风场

(a)700 hPa，阴影为地形高度大于 3000 m;(b)850 hPa，阴影为地形高度大于 1500 m

3.9.4 暴雨过程中 GPS-PWV 的变化特征

3.9.4.1 GPS-PWV 演变趋势与降水的关系

相关研究(李青春 等，2007;叶其欣 等，2008;郭洁 等，2009b)指出，降水(夏季暴雨、秋季绵雨、冬季雨雪等)发生在 GPS-PWV 从波谷到波峰的上升过程中，GPS-PWV 的持续性递增和递减预示着降水的开始和结束。

图 3-64 给出了 2008 年 7 月 20—22 日期间成都、蒲江、大邑、龙泉驿 4 个 GPS 测站的 GPS-PWV 的时间序列以及对应时段的 1 h 降水量。可以看出，各测站的 GPS-PWV 反映的大气水汽变化趋势基本一致，4 站日平均值为 48.69 mm，其中蒲江最大(51.29 mm)，大邑

最小(47.20 mm)。20 日 08:00 至 21 日 02:00,GPS-PWV 在 4 站均有一次大振幅的波动过程,对应暴雨过程最大降水期(20 日 20:00—21 日 02:00)的出现,同时,在强降水发生前,GPS-PWV 均有骤增的情况出现,这说明 GPS-PWV 的变化趋势与降水尤其是降水峰值有较好的对应关系。另外,从图中 1 h 实况降水量(柱状图)的变化可以看出,每个测站均呈现两次阶段性强降水过程,但降水发生时间及强度有所不同,与 GPS-PWV 的对应关系也有所不同。最先测到降水的是成都站(20 日 11:30)。20 日,GPS-PWV 由 08:00 的 52.63 mm 陡升到 12:00 的64.86 mm,同时日降水最大值(108 mm)出现在波动上升过程的第一个峰值区;第一次降水结束时 GPS-PWV 值仍保持在较高水平,并伴有小幅波动。此后 GPS-PWV 又开始平缓上升,第二次降水开始,在达到第二个峰值的时刻(20 日 21:00)降水量再次达到次最大值(101 mm),此时 GPS-PWV(72.86 mm)要大于前一阶段(64.86 mm)。整个降水过程结束之后,GPS-PWV 出现陡降,21 日 05:30 降至 50.03 mm,到 22 日 07:00 更降至 25.02 mm。

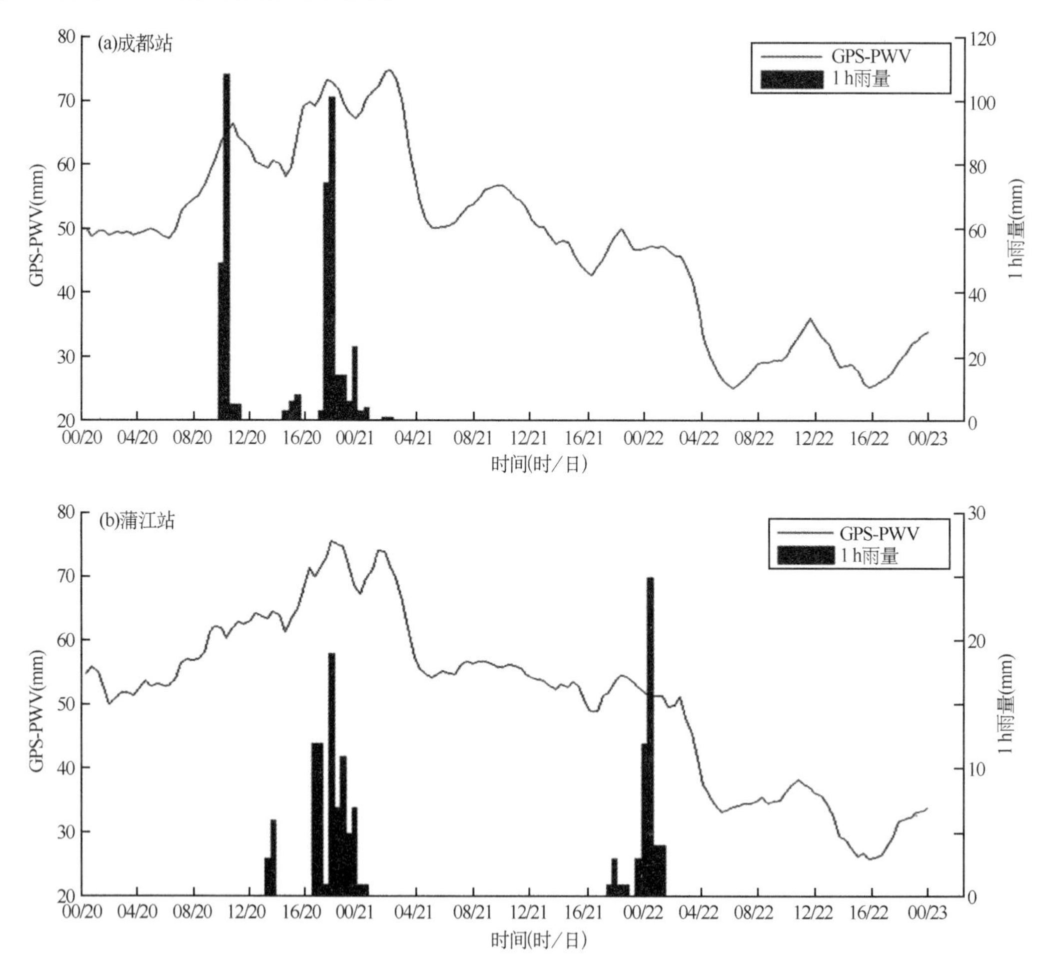

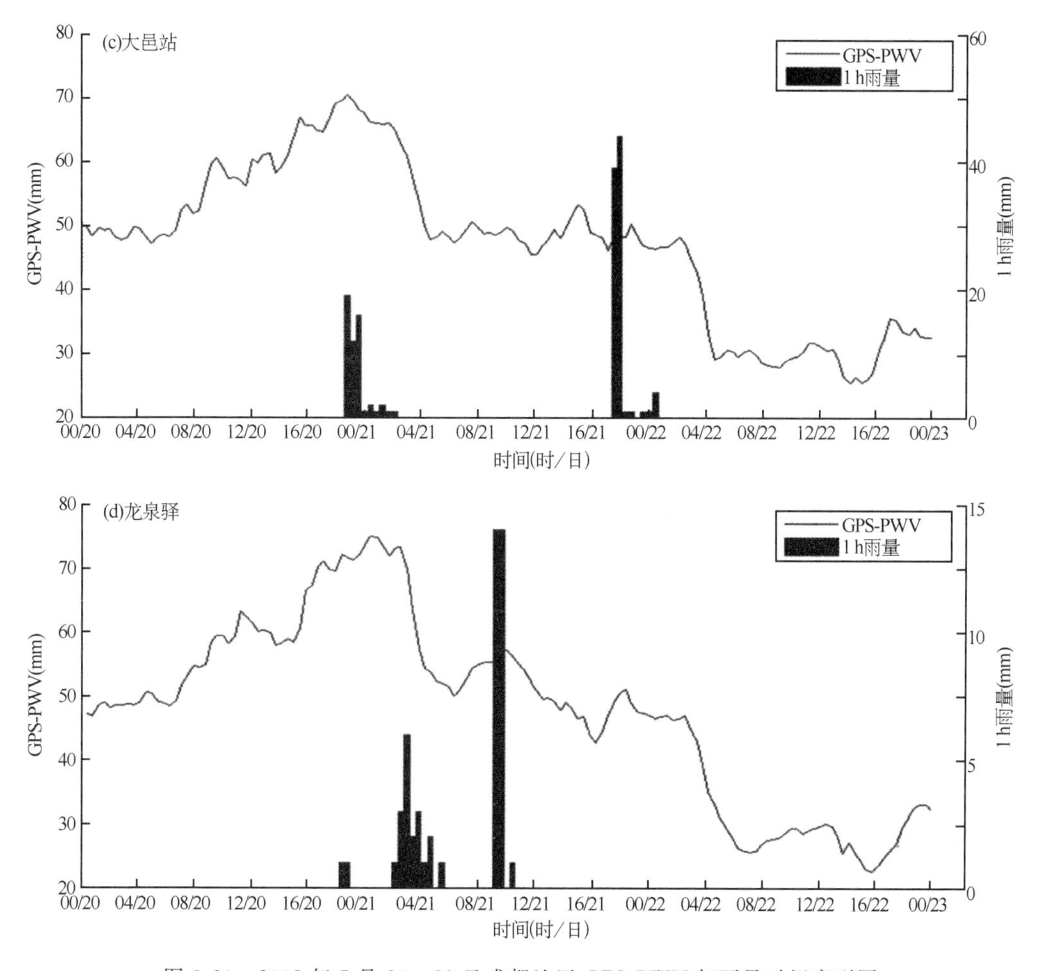

图 3-64 2008 年 7 月 20—22 日成都地区 GPS-PWV 与雨量时间序列图

随成都站之后出现降水的是蒲江站，20 日 16:00 开始有降水产生，伴随 GPS-PWV 的持续上升，20 日 21:00 出现第一峰值 75.62 mm，对应出现同时刻 1 h 降水量极大值(19 mm)。两次降水间隙，GPS-PWV 呈缓慢下降趋势，21 日 20:30 GPS-PWV 又逐渐回升。第二阶段的降水出现在 21 日 20:30—22 日 01:00，且 1 h 降水量最大值出现在 22 日 00:00(25 mm)。降水过程之后，对应的 GPS-PWV 持续下降，到 22 日 06:00，GPS-PWV 已降至 33.33 mm，18:30 进一步降到 26 mm。

大邑站和龙泉驿站在 21 日 21:30—22:00 几乎同时产生降水。在第一阶段降水过程中，大邑站 20 日 22:00 GPS-PWV 达到极大值(70.37 mm)，且对应出现 1 h 降水量极大值(19 mm)，随后 GPS-PWV 骤降到 50 mm 左右保持稳定，第二阶段降水出现在稳定的波动带中，1 h 降水量极大值出现在 21 日 21:00(44 mm)，随后 GPS-PWV 骤降。龙泉驿站两次降水过程的实测降水量极值均在 15 mm 以下，没有达到暴雨的标准。同时，与前三站不同，其第一阶段降水出现在 GPS-PWV 峰值之后(21 日 03:00)，1 h 降水量均在 6 mm 以下；而第二阶段降水与 GPS-PWV 陡降后出现的第二峰值有较好的对应关系，1 h 降水量极值为 14 mm(21 日 10:30)。

分析此次西南涡暴雨过程中 GPS-PWV 的变化趋势与降水强度的关系时发现，降水极值与 GPS-PWV 极值出现的时段基本一致。第一阶段的降水大多落在 GPS-PWV 的高值阶段，随后由于部分水汽凝结后以雨的形式降落到地面，使大气中水汽总量明显减少，则 GPS-PWV 开始下降；当 GPS-PWV 由下降转为在一定程度维持后，出现第二阶段降水，然后随着 GPS-PWV 的再次持续下降，降水过程结束。同时，持续时间较长的强降水过程与 GPS-PWV 变化趋势可能有更加显著的对应关系。

3.9.4.2 GPS-PWV 演变趋势与西南涡发生发展的关系

2008 年 7 月 20—22 日的暴雨天气是由高原涡东移诱生西南涡并相互作用而产生的，下面我们通过 GPS-PWV 来考察西南涡在盆地形成前后水汽的变化情况。

暴雨发生期间成都地区 4 个 GPS 站的时间演变序列(图 3-64)表明：西南涡形成前的 12～18 h，盆地 GPS-PWV 开始增加；在西南涡开始发展(21 日 02:00)前 4～6 h GPS-PWV 达到最大值，并进入高位波动阶段。从实况降水量来看，在降水极值产生前 GPS-PWV 都有一个急升过程，且 GPS-PWV 极值出现时间与实况降水量极值的时间相一致；当西南涡在四川盆地完全形成时(21 日 08:00)，GPS-PWV 已从较高值波动下降到一个相对稳定的状态。可见，本例西南涡是形成于盆地 GPS-PWV 急速上升并出现特大暴雨之后，即所谓的“雨生涡”现象(赵玉春和王叶红，2010)，折射出水汽对西南涡发生发展的重要性。而西南涡生成前的暴雨阶段与高原涡的影响有关。在西南涡东移后(21 日 20:00)，盆地 GPS-PWV 就逐渐减小，低涡移出盆地后 GPS-PWV 下降到最低，预示着此次降水过程趋于结束。这与赵玉春和王叶红(2010)所得到的结论相吻合，说明西南涡暴雨中的水汽变化趋势能够通过 GPS-PWV 的演变较好地反映。

2008 年 7 月 21 日，主雨带呈东北—西南走向(图略)。从图 3-64 再结合 4 站的地理位置可以看出，当西南涡开始发展时，降水中心从成都以北向南延伸，而距离降水中心最近的蒲江站的 GPS-PWV 在 20 日 02:00 最早开始急升，然后成都、大邑、龙泉驿站在 20 日 08:00 几乎同时出现陡升。以最早出现实况降水的成都站为例，20 日 08:00 起就出现 GPS-PWV 持续性快速增长，GPS-PWV 的时间变率约为 10 mm/3 h。到 20 日 12:30 达到一个 66 mm 的峰值后，GPS-PWV 先是出现缓降，在 17:00 出现一个 58.07 mm 的谷值，然后再次急升，到 20:30 增大到 73.17 mm，平均增幅为 4.3 mm/h，清晰地呈现出西南涡在盆地生成前 GPS-PWV 所反映的大气水汽的快速增长特征。当西南涡发展并开始东移后，经过半天左右的时间 GPS-PWV 又恢复到西南涡生成前的正常值。而低涡移出盆地后，GPS-PWV 开始出现陡降，此次强降水过程也趋于结束。对比分析表明，GPS-PWV 值在降水结束阶段的减幅要大于降水开始阶段的增幅。其他 3 站也有类似的结果。

从以上分析来看，4 个测站中，龙泉驿站相对其他三站的降水要弱很多，尚未达到暴雨的标准，这可能与 GPS 站点位置和西南涡形成位置有关。因此，结合西南涡移动路径图和 GPS 站点位置分布(图略)，我们选取成都站(直接影响区)和龙泉驿站(相对外围区)这 2 个 GPS 站点来加以比较分析。从时间序列图上可以看出，由于 GPS 各站点位置相距不远，西南涡的形成位置对 GPS-PWV 的升降没有显现出特别显著的差异，只是成都站较龙泉驿站有更强的激增或下降出现，波峰波谷特征较明显，对降水的产生也分别出现了时间上的提前或滞后。位于直接影响区的成都站由于受到西南涡的直接作用，加上低涡环流场源源不断的水汽输送，使得该测站产生了最大强度的降水，降水峰值与 GPS-PWV 峰值对应较好。而相对外围区的龙泉驿站降水较 GPS-PWV 峰值则出现了明显的时间滞后，在西南涡形成前与形成后都分别有降水产生，但降水量不大。可见，GPS 站点位置和西南涡形成位置与降水之间存在一定的联系，也在一定程度上影响到 GPS-PWV 的演变特征。

从 GPS-PWV 演变趋势和西南涡发生发展的关系来看,两者演变几乎一致。由于西南涡是形成于盆地 GPS-PWV 急速上升并出现特大暴雨之后,所以,盆地低涡环流的发展与加强使得 GPS-PWV 出现陡升,即 GPS-PWV 水汽陡升的原因是盆地低涡环流对水汽的输送和辐合所致,亦表明 GPS-PWV 可以作为一种新的水汽诊断量来分析西南涡及其降水。

3.9.5 水汽输送与 GPS-PWV 变化的关系

3.9.5.1 水汽通量及水汽通量散度分析

充足的水汽供应和强烈的水汽辐合是产生暴雨的重要条件,在西南涡形成于盆地前,GPS-PWV 的急升直观地反映了大气水汽的强辐合过程。经过一段时间后升至最高点,表示大气层中的水汽总量已积累较多,为强降雨创造了充沛的水汽条件。

水汽输送是形成强降水的重要条件,而水汽通量散度则反映了水汽的集中情况。下面分析低涡发生发展期间水汽通量及其散度的变化情况。从 700 hPa 的水汽通量分布(图3-65a、c)来看,20 日 20 时到 21 日 08 时,盆地上空低层水汽通量大幅增加,从8 g·cm^{-1}·hPa^{-1}·s^{-1}猛增到

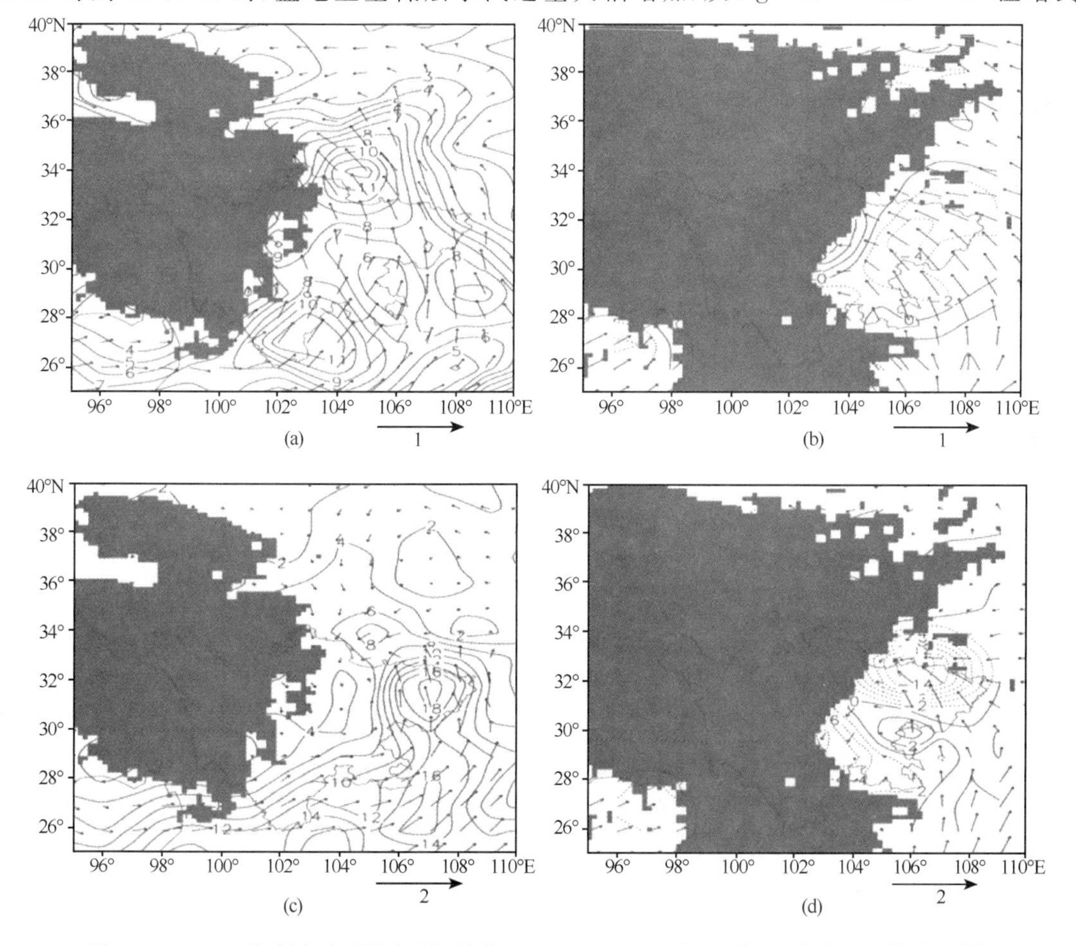

图 3-65 NCEP 资料水汽通量矢量(单位:g·cm^{-1}·hPa^{-1}·s^{-1})和水汽通量散度(单位:×10^{-7}g·cm^{-2}·hPa^{-1}·s^{-1})

(a)20 日 20 时 700 hPa 水汽通量矢量;(b)20 日 20 时 850 hPa 水汽通量散度;(c)21 日 08 时 700 hPa 水汽通量矢量;(d)21 日 08 时 850 hPa 水汽通量散度

18 g·cm^{-1}·hPa^{-1}·s^{-1}，850 hPa 的水汽通量(图略)更达到 24 g·cm^{-1}·hPa^{-1}·s^{-1}，说明低涡环流产生的低层水汽输送为西南涡降水提供了良好的水汽条件。相应的水汽通量散度图上，700 hPa(图略)和 850 hPa(图 3-65b、d)盆地都为辐合区，水汽通量散度中心强度值从 20 日 20 时(-4×10^{-7} g·cm^{-2}·hPa^{-1}·s^{-1})增大到 21 日 08 时(-14×10^{-7} g·cm^{-2}·hPa^{-1}·s^{-1})，达到最大值，形成水汽强辐合区域中心。盆地上空较强的气流辐合形成稳定的上升运动，加上低空西南暖湿气流强盛发展(图 3-62、图 3-63)，带来了充沛的水汽输送，保证了暴雨所需的水汽条件。

3.9.5.2 相对湿度场分析

20 日 20 时，由低涡环流控制的盆地中部的相对湿度处于 90%以上，相对湿度中心为 96%。21 日 02 时，低涡环流的发展加强使得相对湿度高值区范围扩大，数值大小与前一时次相同。到 21 日 08 时，随着低涡环流中心朝东北方向移动，空气中的相对湿度大值区范围略有缩小，仍继续稳定在 90%以上，中心强度保持不变，由此可见，相对湿度区域随低涡环流位置同步发生变化，而此时的强降水区也正好对应相对湿度场的大值区，这进一步说明良好的大气水汽条件是此次强降水的基础。此后，西南涡东移出四川，盆地相对湿度减小，降水过程也减弱、结束。

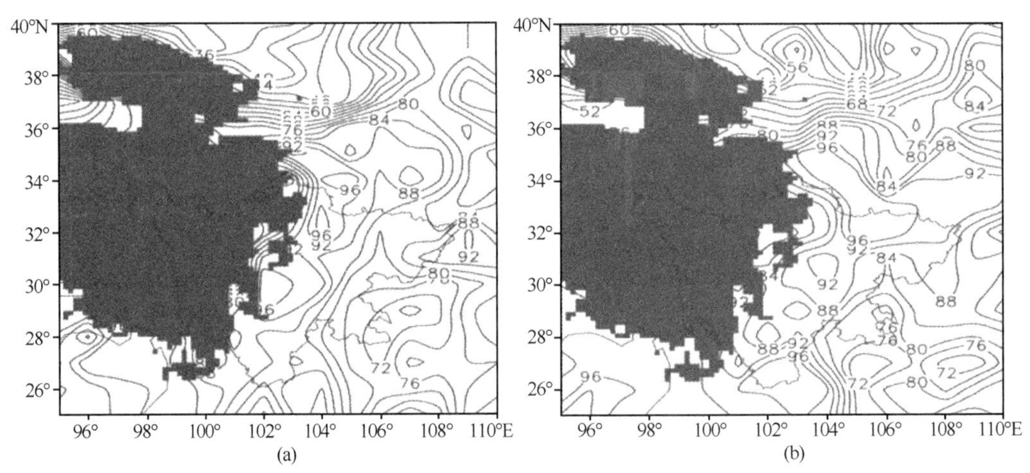

图 3-66 NCEP 资料 700 hPa 相对湿度场(单位：%)

(a)20 日 20 时；(b)21 日 08 时

3.9.5.3 水汽输送、辐合与 GPS-PWV 的关系

综合以上 GPS-PWV、水汽通量、水汽通量散度及相对湿度场的分析可以看出，水汽输送及其在盆地的辐合对此次强降水与西南涡的发生发展具有重要作用。水汽输送、辐合聚集和相对湿度的增大过程都与 GPS-PWV 出现急剧上升的时段相呼应，这也表明 GPS 遥感的可降水量可以很好地反映大气水汽的总体变化状况。从 20 日 20 时至 21 日 08 时，即从低涡环流发展到西南涡形成的这一时间段来看，盆地的低涡环流对水汽的输送和辐合使得 GPS-PWV 水汽激增并长时间保持在较高值区域，并在西南涡形成前就引发降水，从而在一个侧面证实了“雨生涡”的现象(赵玉春和王叶红，2010)。

综合考虑西南涡、降水、GPS-PWV 与水汽输送和辐合这几者之间的关系，可以发现，GPS-PWV 在低涡环流控制阶段都位于较高值，在环流发展阶段(20 日 20 时—21 日 02 时)GPS-PWV 出现大幅增长，并达到最大值，水汽输送与辐合的加强使得盆地出现特大暴雨，即出现最大降水期。而当西南涡完全形成于盆地时(21 日 08 时)，GPS-PWV 已从较高值下降到环流发展前的

值，第一阶段降水结束，但此时盆地处于水汽通量大值区并且位于水汽辐合区域中心，这可能与第二阶段产生降水有关。可见，在西南涡形成前的6～12 h，GPS-PWV连续大幅增长，说明低涡环流产生的低层水汽输送和辐合对GPS-PWV的连续大幅增长有重要作用，对西南涡的形成以及降雨的加强十分有利，且随着水汽输送和辐合的加强或减弱，GPS-PWV也随之升高或降低。但GPS-PWV的量值和增量的大小与实况降水量的大小并没有简单、明确的对应关系，这反映出降水是一个大气多因子共同作用的综合结果，那种仅靠GPS水汽资料就能预报降水量的想法是不现实的。

3.9.6　小结

综合应用成都地区地基GPS观测网反演的可降水量资料并结合其他观测资料，分析了2008年7月20—22日发生的一次高原涡东移诱生西南涡强烈发展并引发四川盆地特大暴雨的水汽状况，得到如下主要结果。

(1)GPS-PWV在西南涡开始发展前的12～18 h开始增大，急升阶段增幅大于3 mm/h。在西南涡形成前的6～12 h，GPS-PWV连续大幅增长，前4～6 h，GPS-PWV达到最大，与降水峰值同步。西南涡形成于四川盆地时，GPS-PWV已下降到一个相对稳定的状态，可见此例西南涡形成于盆地特大暴雨之后。当西南涡东移出盆地后，GPS-PWV急速下降，降水过程结束。

(2)GPS站点位置和西南涡形成位置对GPS-PWV的变化特征会产生一定的影响，直接影响区的GPS-PWV波状变化较明显，降水量也远大于相对外围区。

(3)从低涡环流发展到西南涡形成阶段，盆地处于低空水汽通量大值区和水汽辐合中心。低涡环流对水汽的输送和辐合使得GPS-PWV水汽激增并长时间保持在较高值区域，并可在西南涡形成前就引发降水。说明GPS-PWV的增幅及所达到的最大值可以较好地反映西南暖湿气流对该地区水汽的影响程度，并与过程中1h最大降水量有较好的对应关系。

本工作表明，GPS-PWV能高分辨率地反映大气水汽的时间演变特征，局域地基GPS观测网结合其他气象观测资料可以较好地揭示强降水天气过程中水汽的时空变化，对加强这类灾害性天气预报能力具有积极意义，应用潜力可观。与以往研究不同的是，利用GPS-PWV水汽资料反映西南涡降水的水汽变化在时间上具有更高的分辨率，可观察水汽逐小时甚至半小时的变化，更有利于揭示西南涡及其暴雨的中尺度变化特征。需要指出的是，由于地基GPS水汽遥感资料的年代和观测网范围所限，本研究的结果是由一次四川盆地西南涡个例分析得到的，某些结论的普遍性尚有不足。加之成都地基GPS网不在此次天气过程的影响中心，其监测到的GPS水汽特征还不是十分理想。随着地基GPS气象监测网建设的不断推进，监测范围更大、空间分辨率更高的GPS水汽资料会更加有力地助推该领域的试验研究乃至业务应用，相信有条件对更多的、不同型式的西南涡天气过程的水汽变化进行系统性分析和深入研究，从而丰富对西南涡及其暴雨的认识，总结出与西南涡天气过程相关的水汽特征，为GPS水汽这种新资料更好地应用于西南涡及其暴雨的业务工作提供科学依据。

3.10　西南涡持续暴雨的GPS大气水汽总量特征

3.10.1　引言

暴雨的发生发展有其特殊的环流条件，当天气尺度的系统移动缓慢或停滞时，就容易形成持续性降水乃至暴雨，每一次暴雨过程都有相应的影响系统和触发机制(沈桐立 等，2009；张恒德 等，2011)。水汽在大气中所占的比例虽然小，却是大气中最富于变化的成分，在天气演变和气候变化中扮演着极为重要的角色(毕研盟 等，2004；柳典和刘晓阳，2009)。近年来，利用GPS遥感得到的区域性高时空分辨率水汽资料对暴雨、冰雹、不同云系降水等(何平 等，2002；姚建群 等，2005；曹云昌 等，2005a；曹晓岗 等，2007；李国翠 等，2008；)降水短临预报的重要性日益显现。应用GPS技术遥感大气水汽总量，可为天气和气候模式提供重要的水汽信息(Businger et al.，1996；Duan et al.，1996；李成才和毛节泰，1998；李延兴 等，2001)。曹云昌等(2005b)的研究也表明，降雨量与大气水汽总量的激增有较好的关系。Takagi et al.(2000)分析了季风前和季风期间拉萨地区GPS得到的大气水汽总量日变化特征，在季风前和季风期间都存在明显的最小值。Okamura et al.(2003)分析了日本关东平原一次冷锋过境后GPS反演水汽的变化特征，冷风过境后，观察到关东平原上方的大气水汽总量存在明显的高值区，并且数值研究表明，盛行风和地形对大气水汽总量的分布有非常重要的影响。综上所述，大气水汽总量与天气系统的演变存在密切关系，GPS遥感结果可以反映大气水汽总量的细致变化，增强对天气系统的监测能力。2010年7月15—18日，四川盆地东北部出现了区域持续性暴雨天气，作为影响系统的西南涡在四川盆地长时间的停滞少动是造成此次持续性暴雨天气过程的重要原因。西南涡于7月17日02:00(北京时)生成，其后西南涡在盆地东北部停滞了20 h左右，低涡中心位于(30°N，101°E)和(31°N，106°E)附近。

由于持续性暴雨是多尺度系统共同作用的结果，且发生发展过程相当复杂，在现有认识的基础上，对持续性暴雨的预报能力仍然十分有限。而水汽是暴雨产生的一个重要条件，因此，对持续性暴雨的研究工作有必要开展进一步的分析与探讨，特别是水汽方面的研究(何编和孙照渤，2010)。利用成都地基GPS观测网获取的GPS大气水汽总量(GPS-PWV)这一新型水汽资料对西南涡及其暴雨的诊断分析是本节的重点和特色。由于金堂站GPS资料在此次暴雨过程中出现缺测，故暂不做讨论。故本节利用了1 h一次的5个测站地基GPS水汽资料、地面自动站资料、探空站资料和6 h一次的NCEP 1°×1°再分析资料，综合分析了此次持续性暴雨中西南涡形成的大尺度环流条件，并用再分析资料结合GPS-PWV资料对这次暴雨过程中的垂直运动与水汽输送及聚集的情况进行了研究，以期能将GPS-PWV应用于西南涡暴雨天气的机理研究与业务预报提供参考。

3.10.2 天气过程概况及环流形势分析

2010年7月15—18日(以下简称“7·15”)，四川盆地东北部出现了罕见的持续区域性暴雨天气，这次暴雨过程强降水主要出现在7月15—17日29°N～33°N，105°E～109°E的区域内，主要降水中心在四川省东北部，强降水雨带呈东北-西南向分布，15—18日累计24 h降雨量高达400 mm以上。西南涡在四川盆地东北部长时间的停滞少动是造成此次暴雨天气过程的重要原因之一，本节将重点结合GPS-PWV资料研究降水过程中天气系统的演变。

本次强降水过程是发生在中高纬度环流形势调整过程中，由中高纬低槽、青藏高压及副热带高压之间的切变流场、西南低空急流、台风“康森”(编号：1002)活动、冷空气入侵、暖湿气流加强维持等共同作用导致了本次区域大暴雨天气过程(何光碧 等，2010)。2010年7月15日20:00，700 hPa图上在四川盆地的雅安宝兴附近有一气旋环流发展，盆地东南侧有低空急流存在。16日02:00(图略)，盆地西部的700 hPa低涡环流范围扩大，来自南海的低空急流明显

加强，这为后期暴雨的产生提供了充足的水汽来源。到 16 日 14:00 左右，200 hPa 图上（图略）四川盆地上空为高压控制，盆地上空为“低层辐合、高层辐散”的结构，有利于强降水的产生；同时，从图中可以看出，700 hPa 上（图 3-67a）低涡环流中心内气旋性特征不明显，处于持续发展的过程中，此时西南低涡尚未生成，但低空急流的稳定维持仍为盆地持续增温、增湿和能量聚集提供了有利条件。

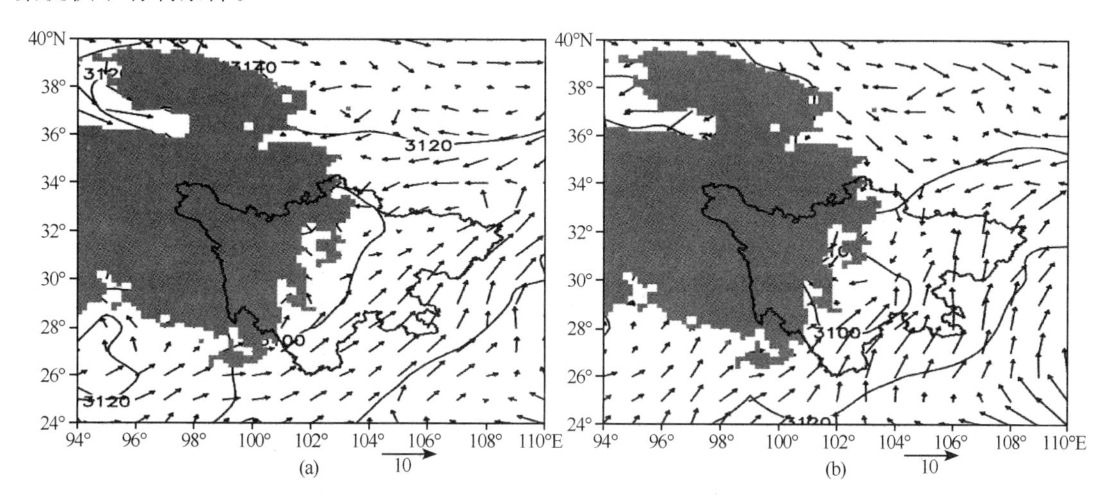

图 3-67　2010 年 7 月 16—17 日 NCEP 资料分析的 700 hPa 位势高度场（单位：gpm）和风场（单位：$m \cdot s^{-1}$）
(a)16 日 14:00；(b)17 日 02:00

从 16 日 20:00 的 700 hPa 图（图略）上可以看出，此时低涡环流内风呈现逆时针旋转并且汇合趋势明显，此时的西南涡已形成于盆地西南部的雅安附近，位于(30°N，101°E)，中心位势高度为 3080 gpm，但低涡环流系统位置稍偏西。到 17 日 02:00，伴随着盆地东南侧西南气流的强盛发展，低涡环流得到加强并东移至盆地西部，且范围也有所扩大，可以看到，在 700 hPa 图上已经表现为完整的低涡系统，中心也移至(29°N，102°E)附近（图 3-67b），同时，低涡东南侧的低空暖湿急流也为盆地降水创造了充沛的水汽条件。在相对应的 850 hPa 上（图略），在盆地的中西部地区也可以看到有一明显的低涡环流系统，且在盆地东北部的巴中到乐山一带有一东西向的辐合切变线，低空急流发展旺盛。17 日 14:00（图略），低涡在副热带高压外围较强西南气流的引导下，已移至盆地东北部的资阳附近，从风场来看，盆地内为较强反气旋环流控制，辐合明显，低涡开始停滞，并且从实时降水来看，强降水中心也随之东移。从时间上来看，此次过程中的西南涡在盆地西部发展生成，在盆地东北部滞留了大约 20 h，带来大范围的持续性暴雨天气。直到 19 日 08:00 后，低涡随切变线东移出四川盆地。

3.10.3　西南涡影响期间 GPS-PWV 的演变特征

3.10.3.1　GPS-PWV 的时间演变

图 3-68 选取了 3 个 GPS 站测得的 2010 年 7 月 15—19 日的大气水汽总量（GPS-PWV）变化与地面降水的对应关系。由图可以看出，降水的出现时刻与高值区有较好的对应，降水发生时，GPS-PWV 通常维持在一个相对较高值，且短时间内有急剧的上升（除都江堰站外）。各测站 GPS-PWV 的变化可以很清晰地反映出整个降水过程，龙泉驿站（图略）最先观测到有降水(15 日 06:00)，最后测到开始有降水的为成都站(16 日 18:00)（图略），蒲江站测到的降水最多

(95.4 mm)。从各测站的降水分布情况来看，降水时段的不一致也正好体现了此次暴雨具有持续性的特征。

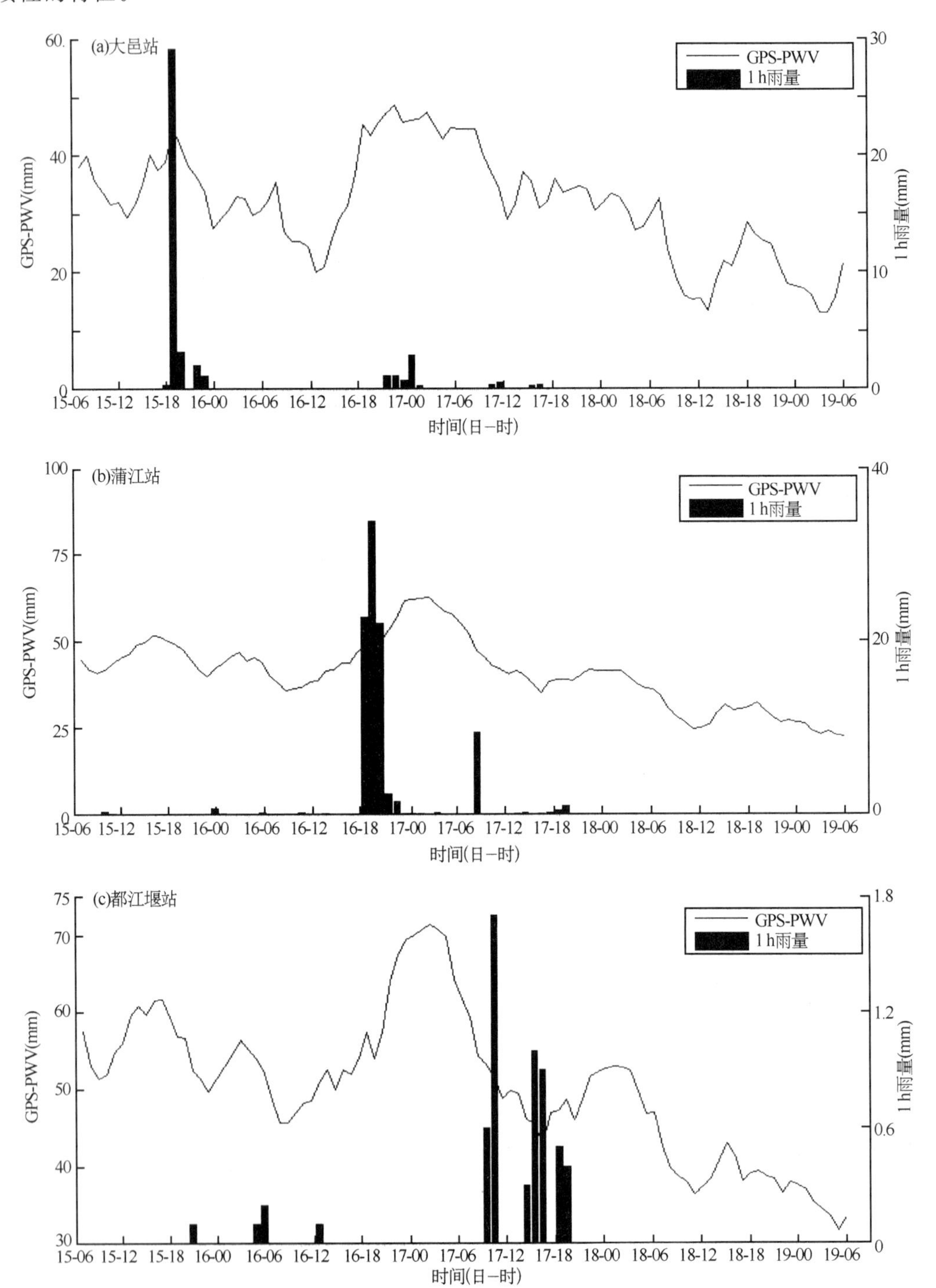

图 3-68　2010 年 7 月 15—19 日成都地区 GPS-PWV 与降雨量的时间演变曲线

在低涡环流的发展过程中，大邑站和龙泉驿站（图略）的GPS-PWV在15日09:00左右出现第一次急升，最大降水出现在GPS-PWV首次迅速上升之后5 h内，且GPS-PWV极值与降水峰值对应较好。在第一次达到极值之后，GPS-PWV迅速下降，波峰、波谷交替出现。16日07:00出现第三次急升，随着低涡环流逐渐向东移动（图3-69），成都站（图略）和蒲江站从16日18:00开始出现最大降水期，降水峰值比GPS-PWV峰值提早出现，此时的大邑和龙泉驿站也分别伴随有较小的降水发生，降水峰值与GPS-PWV峰值对应则较好。与大邑站、龙泉驿站不同的是，成都站、蒲江站的最大降水是发生在GPS-PWV急升过程中，降水峰值较GPS-PWV峰值也有所提前。在GPS-PWV的第三次波峰、波谷之后，各测站降水趋于结束（除都江堰站外），此时的低涡环流也已移至盆地东北部，GPS-PWV的急速下降预示着西南涡降水即将结束，降水在1～4 h内全部结束。而都江堰站在此次过程中产生的降水与GPS-PWV、西南涡形成之间的关系不明显，在经过几次GPS-PWV急升之后，只有很少量的降水产生。因此，上述分析表明：除都江堰站外，其他4站的降水峰值都提前或与GPS-PWV峰值同时出现。由此可见，暴雨发生时，大气中水汽的总量应当大于一定阈值（如40 mm）；但反过来，当水汽总量达到一定的阈值后（如40 mm），降水能否出现，仅用大气的水汽状态条件尚不足以做出判断，还需要配合大气的动力和热力等条件。

另外，在西南涡影响期间，GPS-PWV的增幅、达到的最大值与实际降水也存在一定的关系。我们分别选取各站有降水发生阶段的PWV急升持续时间、急升幅度、PWV极值与西南涡过程降雨量、1 h最大降雨量列于表3-4。

表3-4　GPS-PWV急升时间、增幅、极值和西南涡降水情况

	GPS-PWV急升持续时间(有降水发生,h)	GPS-PWV增幅(mm)	GPS-PWV极值(mm)	过程降雨量(mm)	1 h最大降雨量(mm)
蒲江	15	26.0	62.60	95.4	33.8
大邑	6	15.4	44.80	42.0	29.3
成都	15	27.6	59.60	21.7	10.7
龙泉驿	8	10.9	49.20	10.1	6.5
都江堰	17	25.8	71.40	5.9	1.7

由表3-4可见，在低涡影响期间GPS-PWV急升持续时间最长的是都江堰站（17 h），可能受其测站位置的影响，与其他要素的对应关系并不好。其次，成都站、蒲江站有降水对应时的GPS-PWV急升持续时间长达15 h之久，增幅与极值也较大，在持续性暴雨中的过程降雨量和1 h最大降雨量都较大，分别为21.7 mm、10.7 mm和95.4 mm、33.8 mm，表明在低涡环流发展过程中对这两站的水汽输送和累计量都较多。大邑、龙泉驿站在最开始急升时就产生降水，尽管持续时间只有6～8 h，增幅为15.4 mm和10.9 mm（平均增幅分别为2.56 mm·h^{-1}，1.36 mm·h^{-1}），GPS-PWV极值均在50 mm以下，但两站都有大到暴雨的降水产生（大邑站偏多、龙泉驿站偏少），说明GPS-PWV增幅与降水之间关系密切，增幅快，降水多，反之亦然。所以，对于短期降水预报，要密切注意GPS-PWV的升降趋势及幅度，而不仅仅是它本身的量值。

3.10.3.2　GPS-PWV的空间分布

为进一步分析持续性暴雨过程中GPS-PWV的空间分布情况，做GPS-PWV较高值时段的日平均值分布演变图(图 3-69),与图 3-68 的逐时演变特征相比较,从图 3-69 可以直观地看到在各测站 GPS 水汽的综合分布情况。

与图 3-68 比较,图 3-69 中 GPS-PWV 在各测站分布情况相类似,高值、低值区域都对应较好,都江堰站 GPS-PWV 平均值最大,蒲江站次之,大邑站最小,且最大降水(15 日 18:00—16 日 21:00)也发生在此时段内,表明 GPS-PWV 高值与降水峰值有很好的对应关系;最大降水发生后,各测站 GPS-PWV 平均值都有所减小,大气中水汽含量减少;18 日 06:00 后(图略),GPS-PWV 日平均值普遍下降到 38 mm 以下或者更低,此时降水结束。与常规探空计算得到的大气水汽总量数据相比较,利用地基 GPS 获得的 GPS-PWV 能高分辨率地反映出大气水汽的空间分布特征,可使各测站水汽情况在空间场上更加全面细致地体现,更具优越性。

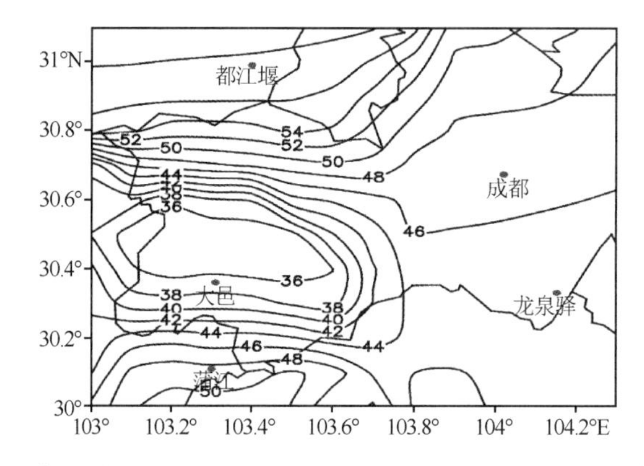

图 3-69　2010 年 7 月 16 日 06:00—17 日 05:00 GPS-PWV 日平均值的空间分布
(图中数字为 GPS-PWV 数值,单位:mm)

通过以上分析还发现,GPS-PWV 值的大小与各站降雨量的对应关系并不明显。结合图 3-68 可以看出,GPS-PWV 日平均值最大的都江堰站降水最小(1 h 最大降水量不超过 1.7 mm,此时尚未形成暴雨),逐日平均值最小的大邑站降水较大(1 h 最大降水量达到了 29.3 mm),这可能与 GPS 站点位置和西南涡移动路径有关。因此,我们有必要对此做进一步分析。

根据西南涡中心移动路径图可知(图 3-70),16 日 20:00,西南涡形成于盆地偏西部地区;由于低空西南急流的发展,使得在 17 日 02:00 西南涡移至盆地西部;随后在副高外围较强西南气流的引导下,17 日 08:00 东移至盆地中部的资阳附近;然后继续向东北方向移动,17 日 20:00 产生停滞,大约 20 h 后,18 日 14:00 开始逐渐东移,到 19 日 08:00 已完全移出四川。由此可见,此次过程中西南涡主要受低空西南气流的引导,自西向东移出盆地。由于成都地区 5 个 GPS 测站位置相距不远,此次西南涡中心没有途经 GPS 站网的中心,故西南涡的形成与移动对 GPS-PWV 值没有带来特别明显的变化,但各测站 GPS-PWV 演变与降水还是不同程度地受到了西南涡的影响。例如,距此次西南涡中心最近的蒲江站,在低空急流稳定维持不断有水汽输送的条件下,7 月 16 日 18:00—20:00 该站出现了连续强降水(1 h 降雨量 $>$20.0 mm),并在西南涡形成前就有降水,降水峰值较 GPS-PWV 峰值有所提前。而距离西南涡中心最远的都江堰站虽然 GPS-PWV 逐日平均值最大,GPS-PWV 的逐时演变曲线也与其他 4 站的趋势基本一致,有明显的激增或下降,但没有出现较大降水(15—18 日累计降水量

仅为 5.9 mm)，并且降水峰值出现在 GPS-PWV 峰值之后，存在明显的时间滞后性，这可能与该 GPS 站点位置较远、受西南涡影响较小有关。而成都、大邑、龙泉驿三站位置相距不远，各站均有大到暴雨级别的降水，降水峰值或者提前，或者正好与 GPS-PWV 峰值相对应。以上分析说明测站峰值降水出现的时间与西南涡移动路径与站点的相对位置有密切联系。

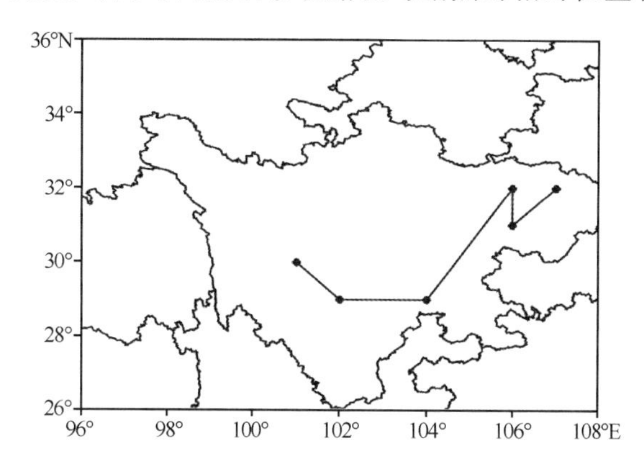

图 3-70 2010 年 7 月 15—18 日西南涡移动路径示意图

3.10.3.3 GPS-PWV 与西南涡及降水的关系

在西南涡与 GPS-PWV 及降水的关系方面，几乎所有测站在降水开始前的几小时到十几小时 GPS-PWV 都出现持续增长，但 GPS-PWV 数量大小与降雨量之间并不存在明显的相关。

西南涡影响期间成都地区 3 个 GPS 站的逐时演变曲线(图 3-68)表明：当低涡环流开始发展时，盆地 GPS-PWV 开始波动状增加，这可能与此次持续性暴雨过程中水汽输送的不稳定有关。在西南涡完全形成前(17 日 02:00)的 13～17 h，盆地 GPS-PWV 开始大幅度急升至整个过程的最大值，在低涡完全形成前的 0～4 h，GPS-PWV 达到最大值。在低涡环流强烈发展的过程中，各站最大降水就开始发生。当西南涡完全形成时，GPS-PWV 急升已结束并开始呈现下降趋势。可见，西南涡在盆地完全形成是在 GPS-PWV 急速上升并出现最大降水(持续性暴雨)之后。西南涡东移过程中(17 日 20:00)，盆地 GPS-PWV 已下降至急升前水平，然后逐渐下降到最低，此时整个降水过程结束。

通过对 GPS-PWV 的演变与西南涡环流发展的关系分析，初步表明：盆地低涡环流的强盛发展使得 GPS-PWV 出现急升，并为这次暴雨的发生提供了很好的能量条件，而在低涡东移过程中，由孟加拉湾输送的西南暖湿气流也是盆地东北部暴雨持续发生的重要水汽条件，这说明 GPS-PWV 可以作为一种新水汽资料在西南涡降水预报中加以应用并扮演重要角色。至于为什么低涡环流发展时，与其他 4 站不同的是，都江堰站反而出现水汽总量减少的现象，这可能与该测站相对于低涡的位置与移动路径有关，也与都江堰位于成都平原北部，海拔与其他 4 站差异较大并且紧邻青城山，受地形和局地环流影响较大等因素有关，从而出现 GPS-PWV 变化的空间差异(Li et al.,2008a)。

3.10.4 GPS-PWV 与水汽输送、大尺度辐合辐散及垂直运动的关系

充足的水汽是发生降水的重要条件，但源源不断的水汽输送能否在某个特定区域集中起来对持续性降水更为重要，而水汽通量散度则反映了水汽集中情况(朱定真 等,1997)。本研

究选取低涡生成时刻(16 日 20:00)、低涡加强时刻(17 日 02:00)和低涡停滞时刻(17 日 08:00)的从地面到 700 hPa 整层水汽通量及其散度进行分析。

从整层水汽通量及其散度图(图略)可知,低涡形成到加强阶段,盆地东北一带从地面到 700 hPa 整层水汽通量一直处于大值区,整层水汽通量散度的负值区呈东北—西南走向分布,辐合得到明显增强,对应 GPS-PWV 出现大幅增长,这也直观地反映了此次水汽的强辐合过程,除都江堰站之外其他几站的最大降水都出现在这一时段前后,在低涡加强前的 0～5 h,GPS-PWV 已急升至最大。17 日 08:00,伴随着低空急流的强烈发展,低涡开始东移,此时刻盆地东北部的整层水汽通量及其散度值都达到最大,辐合最强,且负值(辐合)区与暴雨降水落区重叠,负值(辐合)中心(-2.1×10^{-12} g·cm^{-2}·hPa^{-1}·s^{-1})分别与强降水中心(乐山和巴中)相对应。在最大降水发生之后,GPS-PWV 已下降至基线以下,但由低涡环流产生的水汽不断输送使得各站仍然有不同程度的降水产生。盆地水汽输送在 16 日 20:00—17 日 14:00 最强,低涡加强和停滞阶段为整层水汽通量辐合的最强阶段,整层水汽通量辐合区与降水落区基本吻合。

若将大气中的水汽效应与垂直运动相结合,可以引入一个诊断量—水汽散度垂直通量(冉令坤和楚艳丽,2009),即垂直速度与水汽通量散度的乘积,它可以代表水汽通量散度的垂直输送状况,对暴雨中的水汽特征能有更好的综合性体现。

下面我们利用水汽通量及水汽散度垂直通量来关注一下低层大气中的水汽分布情况,选取 700 hPa 作为西南涡代表层来加以分析。从水汽通量图(图略)可知,从 17 日 02:00—08:00,盆地东北部 700 hPa 水汽通量出现增长,大值中心从 12 g·cm^{-1}·hPa^{-1}·s^{-1} 增加到 16 g·cm^{-1}·hPa^{-1}·s^{-1},说明低层水汽充足,低涡在盆地内长时间的停滞使得低涡环流强盛发展,然后不断有水汽从低层向高层输送,有利于产生强降水。再从水汽通量散度图(图略)上来看,整个盆地东北部地区基本都为负值,水汽辐合区范围扩大,形成了强水汽辐合区域中心。在考虑水汽效应后,17 日 02:00(图 3-71a)的水汽散度垂直通量的正值区主要出现在盆地东偏北地区,对应的 GPS-PWV 上升至最大值,17 日 08:00(图 3-71b)的水汽散度垂直通量正值中心明显增大,GPS-PWV 维持在高值阶段呈波动状变化。对比 24 h 累积降水分布来看,700 hPa 高度层的正值区与雨区刚好重叠,它们在移动方向上基本一致,这说明水汽散度垂直通量表征了强的垂直上升运动和水汽通量的辐合。而位于盆地东北局部区域的弱负值区与弱降水(或无降水)区相对应,但对应的是强烈的上升运动和水汽通量的辐散。17 日 14:00(图略),低涡开始东移,水汽通量大值中心及辐合区域中心也随之开始东移,水汽散度垂直通量的正、负值区也都开始减小,GPS-PWV 下降;当低涡完全移出盆地时,盆地东北部的水汽通量散度由辐合全部变为辐散,降水停止。可见,在西南涡完全形成前的 7～12 h,GPS-PWV 出现大幅增长,恰好对应此时低涡环流发展产生的水汽辐合与垂直输送,而这种水汽辐合、输送对 GPS-PWV 的高位维持、西南涡的加强以及峰值降水的出现也有十分重要的作用。此外,水汽散度垂直通量能够很好地反映水汽在低涡代表层(700 hPa)的演变特征,正值区与降水落区对应很好,比水汽通量散度更能表征与降水的关系。

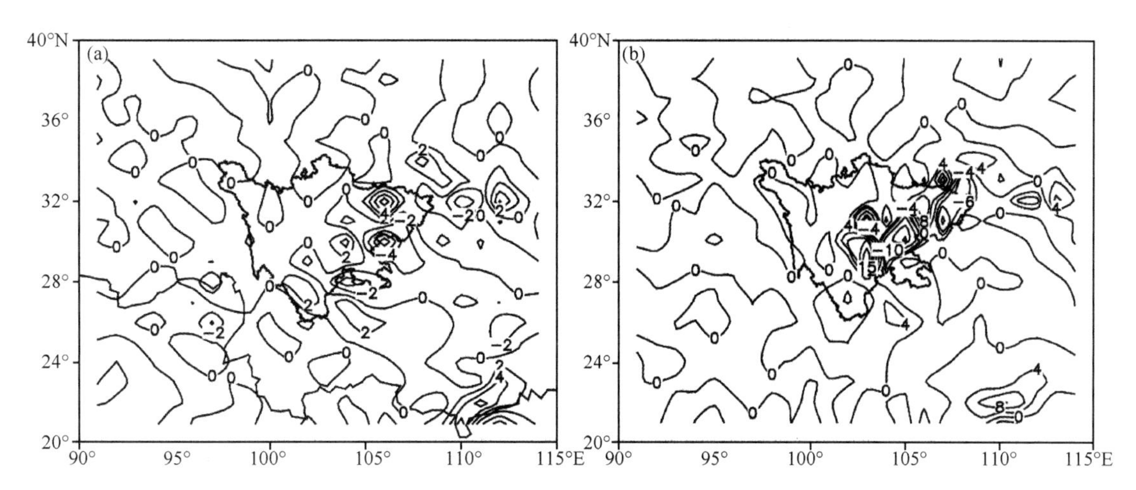

图 3-71 2010 年 7 月 17 日 02:00(a)和 08:00(b)NCEP 资料 700 hPa 水汽散度垂直通量(单位:$\times 10^{-5}$ g·cm^{-2}·hPa^{-2}·s^{-2})

3.10.5 GPS-PWV 与比湿的关系

3.10.5.1 自动站地面比湿的时间演变

图 3-72 是 2010 年 7 月 15—19 日 5 个自动气象站地面比湿的时间序列变化图。由图可见,在这段时间内,各测站的高低值差异不明显,没有明显的变化规律,且不具备单一的单峰或双峰型特征,不同幅度的波峰波谷交替出现,说明大气中增温、增湿不稳定。其中,成都、大邑、都江堰有许多小波动存在,蒲江、龙泉驿则变化比较平稳。由于 GPS-PWV 反映的是整层大气水汽的总体情况,故 GPS-PWV 与地面比湿之间没有明确的时间对应关系。

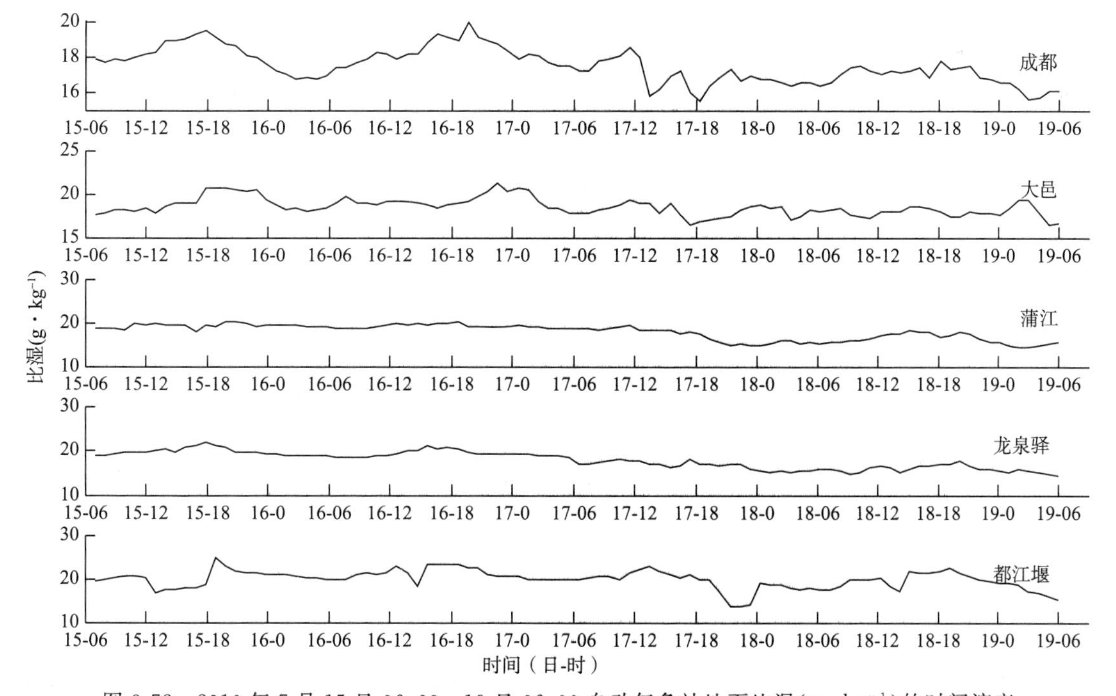

图 3-72 2010 年 7 月 15 日 06:00—19 日 06:00 自动气象站地面比湿(g·kg^{-1})的时间演变

3.10.5.2 探空站大气比湿的垂直分布

大气水汽的垂直分布一般随高度减小。而代表成都站的探空站是温江站(区站号:56187),因此,图 3-73 给出了 2010 年 7 月 16 日 20:00 和 17 日 20:00,即强降水发生时与降水结束后温江探空站比湿的垂直分布。从图中可以看出,16 日 20:00(降水发生时),水汽分布为低层湿,近地面比湿为 20.88 $g \cdot kg^{-1}$,随着高度增高逐渐变干;到 17 日 20:00(降水结束后),近地面比湿减小为 15.33 $g \cdot kg^{-1}$,24 h 的比湿减少了 5.55 $g \cdot kg^{-1}$,850 hPa 比湿从 17.23 $g \cdot kg^{-1}$减至 10.49 $g \cdot kg^{-1}$。可见低层空气湿度明显变小。与此对应的成都 GPS 站 GPS-PWV 时间变化为,24 h 内 GPS-PWV 减幅为 12.6 mm,说明从降水发生到降水结束,整个气柱中的水汽含量同时显著减小。

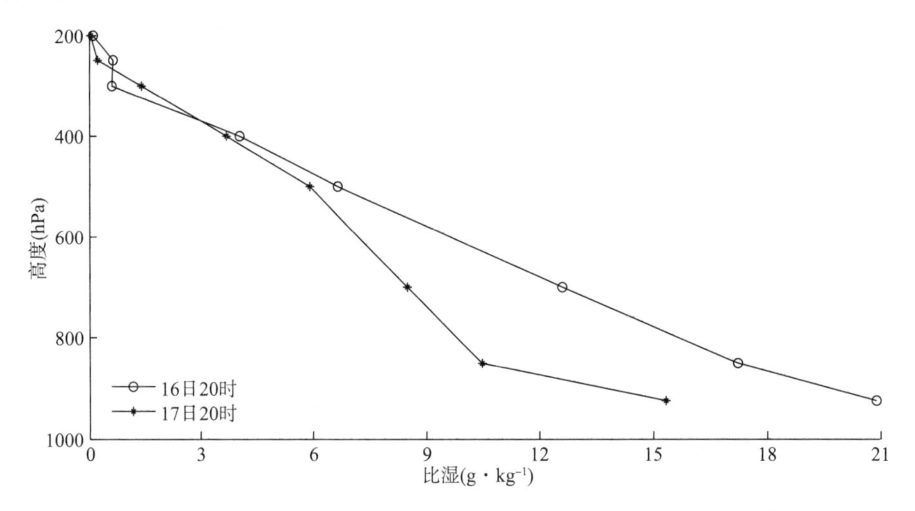

图 3-73 2010 年 7 月 16 日 20 时和 17 日 20 时温江探空站的比湿廓线

对比上述分析发现,地面自动站较探空站能够更好地体现比湿在时间上的连续变化,但反映的是近地面空气中的水汽情况。探空站虽能提供比湿的垂直分布,但一般每日仅有两个时次,在时间上不连续。因此,在未来地基 GPS 站网加密后可以利用层析技术进一步获取大气水汽的垂直分布,从而实现水汽高时空分辨率的四维监测,应该是最为理想的结果。

3.10.6 小结

(1)GPS-PWV 的变化趋势与西南涡的发生发展有很好的对应关系。西南涡完全形成前的 13~17 h,盆地 GPS-PWV 开始大幅急升;低涡完全形成前的 0~4 h,GPS-PWV 达到最大值。西南涡东移时,盆地 GPS-PWV 下降至急升前的水平甚至更低,降水过程在 1~4 h 内全部结束。

(2)水汽散度垂直通量的正值区与强降水区对应很好,正值与强上升运动和强水汽辐合有关,负值与强上升运动和弱水汽辐散有关,二者随时间和空间的演变基本一致。表明水汽散度垂直通量比水汽通量散度能够更好地描述暴雨过程中的强上升、辐合辐散运动以及水汽输送情况,对暴雨落区有很好的指示意义。

(3)低涡环流发展加强时造成水汽辐合增强,并与 GPS-PWV 大幅增长显著对应。当西南涡稳定维持以及东移时,GPS-PWV 开始缓慢下降,但此时由于低涡环流带来的水汽辐合仍在维持,仍可产生不同程度的降水。

(4)地面自动站能够较好地体现近地面空气中水汽的变化情况,探空站可以提供比湿的垂直分布,而目前区域地基GPS站网可以高时间分辨率来捕捉整层大气水汽的总体变化,并且GPS-PWV的变化对西南涡发生发展具有指示作用。因此,在天气分析预报中应综合考虑这些不同观测手段获取的水汽资料,以及大气水汽场与动力场的配置关系。

3.11 西南涡区域暴雨的中尺度滤波

3.11.1 引言

局地暴雨的产生与中尺度系统有着密切的关系(张红和杨福全,1997),了解中尺度系统的发生、发展对于研究暴雨的产生及演变过程有重要意义。顾清源等(2008)对一次西南涡诱发的川南暴雨进行中尺度分析指出,特大暴雨过程中西南涡呈现向西南倾斜的、深厚的β中尺度低涡结构。陈忠明等(1998)对诱发大暴雨天气过程的西南涡进行中尺度滤波分析得出,强烈发展的西南涡在流场和高度场上表现为贯穿对流层的中尺度气旋和低压,是一个准圆形而非对称的中尺度系统。张秀年和段旭(2005)对8个典型个例低纬高原西南涡暴雨的研究指出,向东南方向移动的西南低涡是造成低纬高原暴雨的重要天气系统,并指出中尺度滤波分析是一个重要而有效的工具,特别是通过对流场的滤波,可以从大尺度流场中滤出直接造成暴雨的中尺度系统。

在大环流形势背景下,将一定规模的中尺度天气系统分离出来,分析其环流形势和发展变化过程是进一步研究西南涡的重要方法之一。张红和杨福全(1997)利用水平平滑滤波方法对不同等压面上的大尺度场进行了分析。夏大庆等(1983)对气象场中几种常用的中尺度分离算子进行了比较,设计了几种高通滤波器,将滤波结果进行比较,认为选择滤波算子的中尺度分离功能较佳。王信等(1991)用常规资料进行了滤波分离,得出对α中尺度系统而言,Barnes滤波法好于平滑算法。徐元泰和丁一汇(1988)将两种滤波方法进行对比分析,得出Barnes滤波法在中尺度分离中较优的结论。陈忠明(1992)也利用Barnes滤波法设计了一组适于西南涡滤波的权重参数,对一次强烈发展的西南涡进行了中尺度结构分析。一些国内外学者近年来也对暴雨和中尺度天气系统进行了滤波分析(冯业荣,1997;段旭等,2003;赖绍钧 等,2012;尹君,2010;何光碧 等,2010;江玉华 等,2012)。上述分析表明,对不同的α中尺度天气系统,选择适当的滤波方法可以较好地分析中尺度系统,也对提高中尺度天气分析预报水平有重要的现实意义。

因此,本节设计选用修订的Barnes带通滤波器,分别对2010年7月14—18日以及2012年7月3—5日的西南涡引发的暴雨天气过程进行中尺度滤波分析,并对西南涡暴雨过程中的相关物理场进行滤波,在滤波基础上以螺旋度为诊断量对西南涡引发的暴雨过程进行中尺度计算分析,以期揭示西南涡及暴雨发生、发展过程的一些中尺度特征。

3.11.2 Barnes带通滤波器的选择

3.11.2.1 滤波函数设计和修订

设$F_0(x,y)$为分析区内网格点的气象要素值,由观测值$F(x_k,y_k)$确定的低通滤波初值场为：

$$F_0(x,y) = \sum_{k=1}^{M} w_k F(x_k,y_k) \Big/ \sum_{k=1}^{M} w_k \tag{3-26}$$

$$w_k = \exp\left(-\frac{r_k^2}{4c}\right) \tag{3-27}$$

式中：$F_0(x,y)$为连续函数，k 为波数，λ 为波长，C 为权重参数，r_k 为测站(x_k,y_k)到(x,y)的距离，M 为参加点(x,y)处滤波的资料样本数。

为了更好地排除高频波与低频波的干扰，对上述 Barnes 带通滤波器进行两次修订，以得到最佳滤波效果。

(1)对获取的初值场 $F_0(x,y)$进行第一次修订，即：

$$F_1(x,y) = F_0(x,y) + \sum_{k=1}^{M} w_k D(x_k,y_k) \Big/ \sum_{k=1}^{M} w'_k \tag{3-28}$$

$$w'_k = \exp\left(-\frac{r_k^2}{4Gc}\right) \tag{3-29}$$

式中：C、G 为滤波常数，$0<G<1$。

(2)对上述滤波函数做进一步订正，即：

$$F_L(x,y) = F_1(x,y) + \frac{3}{4}[F_1(x,y) - F_0(x,y)] - \sum_{k=1}^{M} E_k(x,y) w_k \Big/ \sum_{k=1}^{M} w_k \tag{3-30}$$

$$E_k(x,y) = F_1(x,y) - F_0(x,y) \tag{3-31}$$

$$w_k = \exp\left(-\frac{r_k^2}{4c}\right) \tag{3-32}$$

三种滤波器对应的响应函数分别为：

$$R_0(k,c) = \exp(-k^2 c) = \exp\left(-\frac{4\pi^2 c}{\lambda^2}\right) \tag{3-33}$$

$$R_1 = R_0(1 + R_0^{G-1} - R_0^G) \tag{3-34}$$

$$R_L = R_1 + (R_1 - R_0)\left(\frac{3}{4} - R_0\right) \tag{3-35}$$

对波长很长的波，响应函数趋于 1，即 $R_0 \to 1$；C 减小时，可以相当好地滤去极小尺度的波（即某些噪音）。

(3-35)式即为最终选定的 Barnes 带通滤波器。王信等(1991)研究指出，Barnes 算子的滤波效果较为理想，该算子的客观分析与滤波同时进行，避免了累计误差，通过调节滤波参数 C_1、G_1 和 C_2、G_2，使资料不受限制地分离出指定波长的波动，结果强度近似于实际场，且无高频与低频波干扰。

3.11.2.2 滤波程度控制参数的选取

由以上响应函数公式可知，当 G 取相同值、C 取不同值时，滤波所表现出的特性不同，如图 3-74 所示。

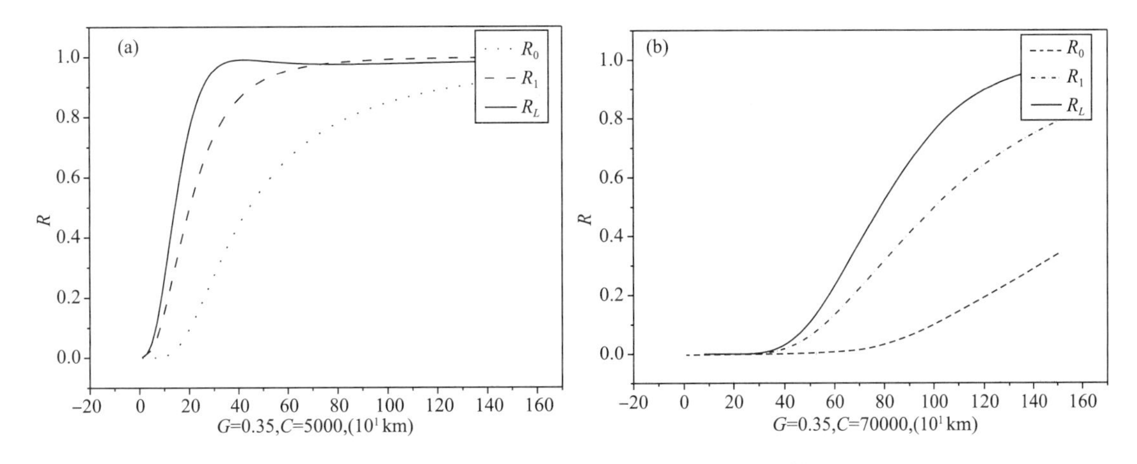

图 3-74 选取不同参数 C 得出的滤波响应函数

（R_0：初始场响应函数，R_1：第一次修订后的响应函数，R_L：第二次修订后的响应函数）

当 C 取较小的值，滤波函数在短波出能快速收敛，响应函数急速趋于最大值。当 C 取较大的值，滤波函数在波长较大处收敛，响应函数缓慢趋近于最大值；当 C_1、C_2 分别取 5000、70000 km 时，可较好地保留波长在 300～800 km 的中尺度波动系统，且能较好地滤去小尺度波的扰动以及大尺度的影响。图 3-75 中的 BR 线即为经过两次修订之后的带通滤波响应函数值。若 λ_1、λ_2 分别为 $BR=0.5$ 时的波长，对应 $\lambda_1<\lambda<\lambda_2$ 的波动可被很好地保留下来。

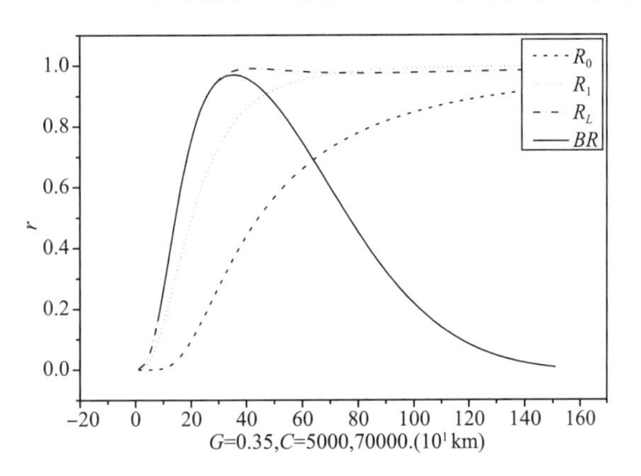

图 3-75 修订后的带通滤波响应函数

（$BR=R_L(5000)-R_L(70000)$，其余说明同图 3-74）

尹君(2010)研究指出，当 $G<0.5$ 时，在短波处可以得到更大的响应；当 $G>0.5$ 时，响应函数很难快速收敛。因此，本节针对西南低涡的中尺度滤波，权重参数 C_1、C_2 分别取值 5000、70000 km，G 取为 0.35。

3.11.3 个例分析应用

下面应用前述选择的滤波器分别对 2010 年 7 月 14—18 日和 2012 年 7 月 3—5 日的西南低涡暴雨过程进行中尺度滤波分析。限于篇幅，我们重点讨论分析 2010 年 7 月的西南涡天气过程，2012 年 7 月 3—5 日的过程作为补充。

3.11.3.1 环流形势

2010年7月14—18日四川出现了一次由西南涡引发的区域性暴雨天气过程。这次降雨过程降水范围大、影响广、持续时间长、强度大。降水主要出现在四川盆地60个县,其中有20个县降了大暴雨(何光碧 等,2010)。本次强降水过程发生的环流背景是7月14—15日,在500 hPa高度场上(图略),中高纬为两槽一脊的形势,两槽分别位于阿尔泰山脉和日本海上空,高压脊位于贝加尔湖上空。南亚高压和西太平洋副热带高压在中国上空对峙,四川盆地处于两高之间的切变辐合区。随着中高纬低槽东移,副热带高压缓慢东退,西南涡随两高之间的切变区缓慢东移。

此次西南涡过程可分为初生、发展、分裂和减弱东移4个阶段。

初生阶段(图略):7月14日08:00(北京时),在若尔盖、阿坝、普悟一带上空形成闭合的低压中心,低压上空气旋辐合中心与之对应,西南涡初步形成,中心位于(34.5°N,102°E),强度为3090 gpm。14:00,西南涡加强西抬。四川西北大范围地区受西南涡控制并在随后的24 h持续稳定,辐合气旋中心位于阿坝(33°N,102°E)上空。20:00,昌都、甘孜一带上空有气流辐合带,甘孜东部为一气流辐合中心,呈气旋式发展,对应高度场上有低压在壤塘(32.5°N,101°E)和昌都(31.5°N,97°E)生成。15日02:00,孟加拉湾暖湿气流向东南输送至四川盆地上空并在此逆时针转向,为四川盆地的强降水提供了充沛的水汽条件。

发展阶段(图略):7月15日08:00,西南涡中心加强,达3090 gpm,在500 hPa场上可看到明显的5866 gpm低压中心,且低压中心位于气旋式切变区。700 hPa上,新龙、雅江一带上空形成闭合的低压中心,道孚(31°N,101.5°E)上空有气旋式辐合中心。14:00,位于青海上空的南亚高压南移,西南涡加强,中心达到3070 gpm。高压上空气流辐散,广元上空形成闭合气旋。此时6 h降雨量达30 mm以上,雨量最大值位于广元西部。15日南亚高压继续南移,与南部的印缅高压汇合,西南气流在四川盆地上空呈气旋式切变,南充上空有一低压中心,且处于切变区内,稻城、雅安、江油一线为大片雨区。16日14:00,西南涡的低压中心减弱,气旋式环流减弱,低压中心气流辐合,四川大部分地区产生降雨,雨量大值中心位于气旋式切变及气旋式辐合的西北侧。17日02:00,西南涡持续减弱,低压中心南移到九龙附近,气旋式辐合加强,6 h降雨量>100 mm,大暴雨过程达鼎盛期。

分裂阶段(图3-76):17日08:00,西南涡分裂成两个低压中心,一个位于乐山(29°N,103°E),一个位于巴中(31.5°N,106°E)。气旋中心分别与两个低压中心相对应,且降雨落区也与之相对应。14:00,乐山低压东移并入广元低压,气旋性环流增强,范围扩大,乐山至广元一带雨量开始减少。

减弱东移阶段(图3-77):18日02:00,低压中心减弱,气旋中心消失。四川东南部处于东北气流控制下,川东降雨逐渐结束。08:00,广元低压上空气旋重建并加强。14:00,广元上空低值系统增强。川西北部在南亚高压的控制下,高压南部的理塘上空生成低压,高低压之间偏低压一侧有一狭长的气流辐合带。20:00,高压控制四川西部大范围地区,西南涡减弱东移,雨带随之东移出川。

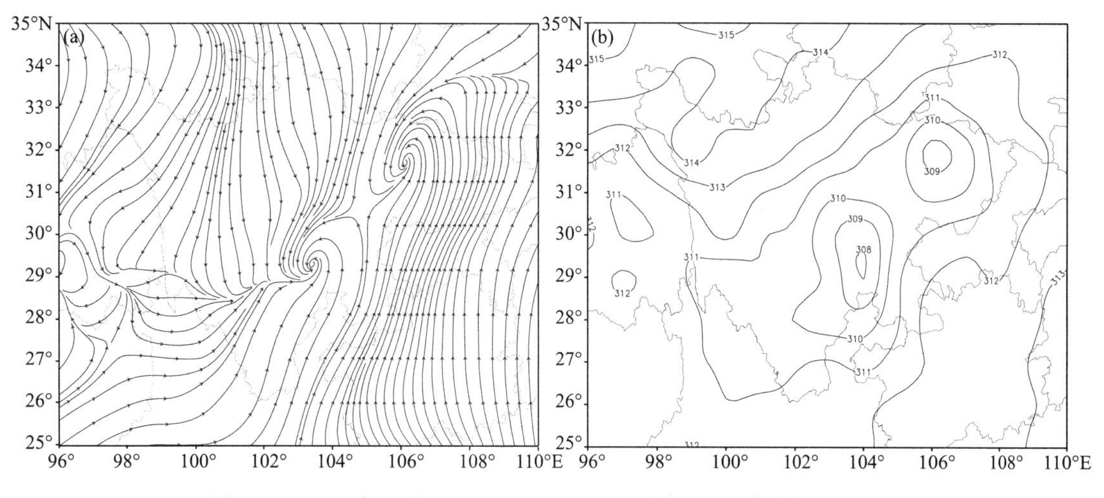

图 3-76 2010 年 7 月 17 日 08:00 700 hPa 流场(a)和高度场(b)分布

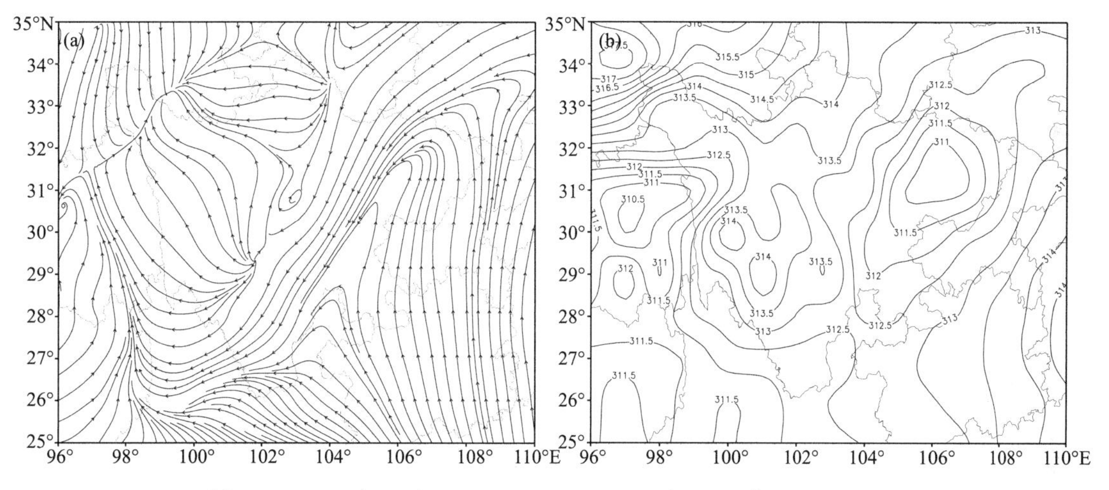

图 3-77 2010 年 7 月 18 日 02:00 700 hPa 流场(a)和高度场(b)分布

此次西南涡暴雨天气过程是在南亚高压、西太平洋副热带高压、中尺度切变线以及印缅高压的共同作用下产生的。南亚高压推进了西南涡的东移，西太平洋副热带高压致使西南涡在四川盆地长时间滞留；500 hPa 冷空气入侵以及 700 hPa 中尺度切变线从孟加拉湾带来暖湿气流，为西南涡的维持、发展以及暴雨的发生提供了充足的水汽，印缅高压的阻碍作用使西南涡缓慢东移出四川。

3.11.3.2 中尺度滤波

利用 NCEP 1°×1°再分析资料对高度场和流场进行 Barnes 滤波，对比他们在滤波前后特征的变化，从而得出暴雨发生的中尺度特征。

从 700 hPa 流场(图 3-78)和高度场(图略)中可看出，100°E 以西的川西高原地区地形陡峭，受高原地形的影响明显。从 700 hPa(图 3-78)和 500 hPa(图 3-79，图 3-80)流场中可看出，中尺度滤波并未改变高原上空流场的分布特征。高原滤波效果不明显，正好说明观测资料是基础、滤波只是基于资料的分析手段。因此，加密高原观测站点、时次就显得十分必要。

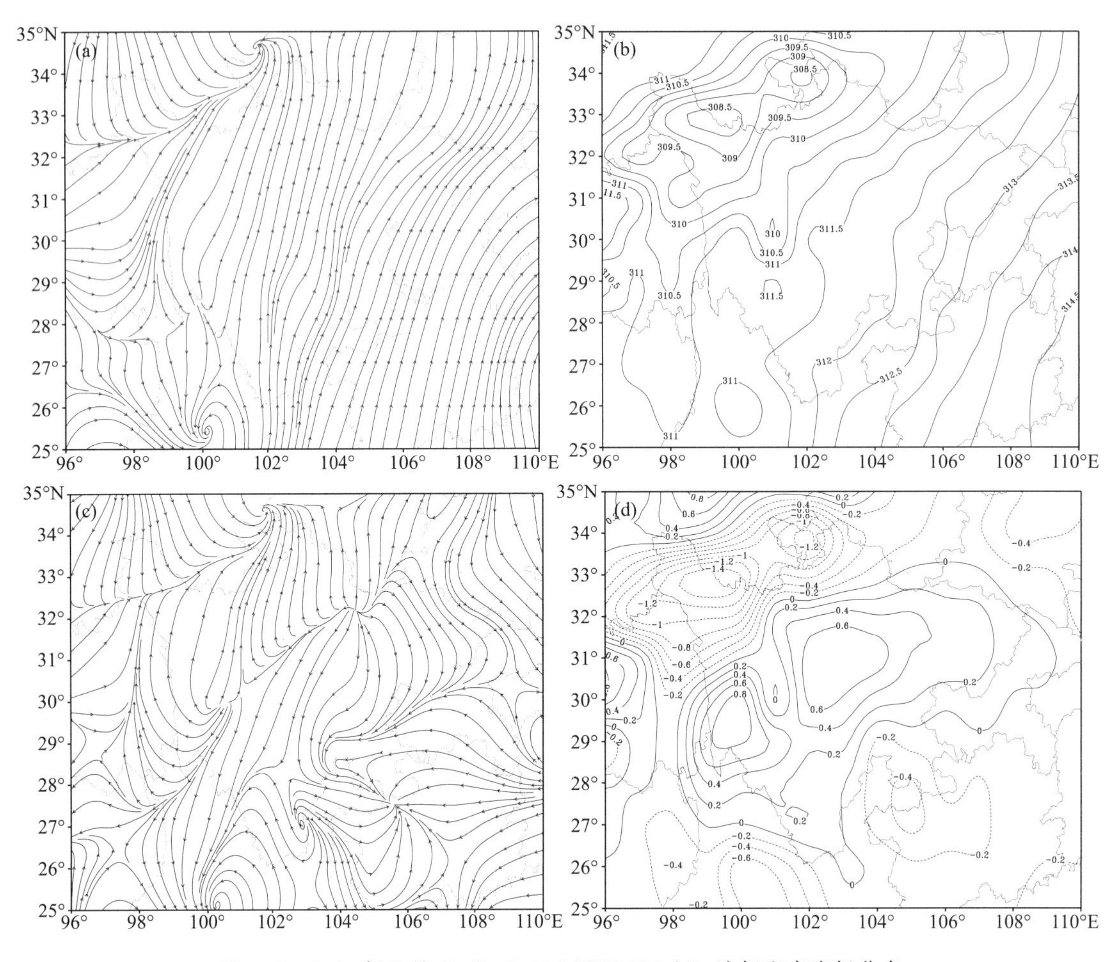

图 3-78　2010 年 7 月 14 日 08:00 NCEP 700 hPa 流场和高度场分布

(a)、(b)大尺度流场;(c)、(d)经滤波后的中尺度流场

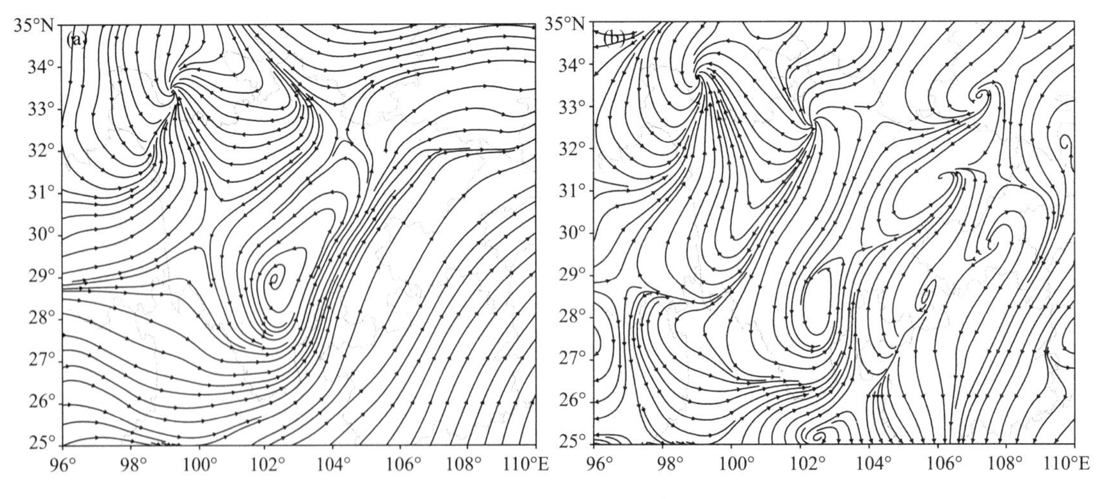

图 3-79　2010 年 7 月 14 日 08:00 NCEP 500 hPa 流场分布

(a)滤波前大尺度流场;(b)滤波后中尺度流场

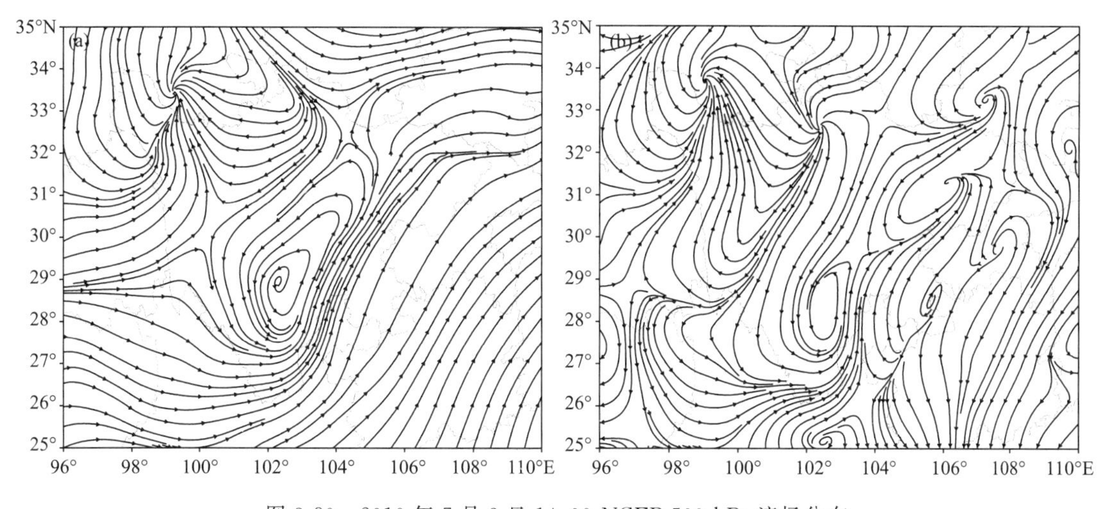

图 3-80 2010 年 7 月 3 日 14:00 NCEP 500 hPa 流场分布

(a)滤波前大尺度流场;(b)滤波后中尺度流场

而川东盆地的流场则变化显著。从两次西南涡个例的大尺度流场(图 3-78a)上可看出,川东盆地 105°E 以东受偏南气流的控制,流场平滑,无法确切找出暴雨区的位置。而经过中尺度滤波后,川东盆地上空出现了明显的辐合辐散中心。与滤波后的高度场对比分析发现,辐散区对应于高度场上的正值区,辐合区对应于高度场上的负值区,川东偏南气流则转变成三个辐散中心与一个辐合中心,暴雨落区靠近辐散区一侧。

下面利用(3-35)式滤波器对此次西南涡过程的流场进行中尺度滤波,并着重分析在大尺度环流背景下,西南涡在暴雨发生、发展中所具有的中尺度特征。

从图 3-81 中可看出,700 hPa 大尺度流场上大部分为西太平洋副热带高压边缘的西南气流控制,从孟加拉湾带来的充沛水汽,在四川盆地北部上空发生气旋式辐合,对应地面降水的大值中心。但其余降水大值区则位于西南气流内,没有明显的辐合、辐散与之对应。而从 700 hPa 中尺度滤波场上可以看到,经过滤波之后,大部分西南气流区域有中尺度的气流辐合或切变,与气旋式辐合中心相对应区,地面都有降水发生,并且降水中心与辐合中心一致。15 日 20:00 降水量的分布与中尺度辐合区相对应,降水中心较辐合中心偏西。17 日 02:00 降水带位于气流辐合带内,且降水量的分布与辐合带的走向一致。这表明经过滤波之后的流场与降水的对应关系更加明显,在滤波场上有气旋式辐合或气旋式切变的地方,分别对应降水区且降水量较大,而在原始流场上则没有反映出这一特性。

3.11.4 螺旋度的诊断分析

螺旋度是一个描述环境风场气旋沿运动方向旋转和运动强弱的物理参数,它反映了大气的运动场特征,能够综合地描述大气的位移与旋转性质。

螺旋度在具体应用中的计算方法很多,其中广为采用的是 Davies-Jones et al. (1990)使用探空资料的计算公式,即:

$$H=\sum_{n=0}^{N-1}\left[\left(\left(u_{n+1}-c_x\right)\left(v_n-c_y\right)+\left(u_n-c_x\right)\left(v_{n+1}-c_y\right)\right)\right] \tag{3-36}$$

式中:H 为相对风暴螺旋度,也称为积分垂直螺旋度,单位为 $m^2 \cdot s^{-2}$;u_n、v_n 为相应层上的风

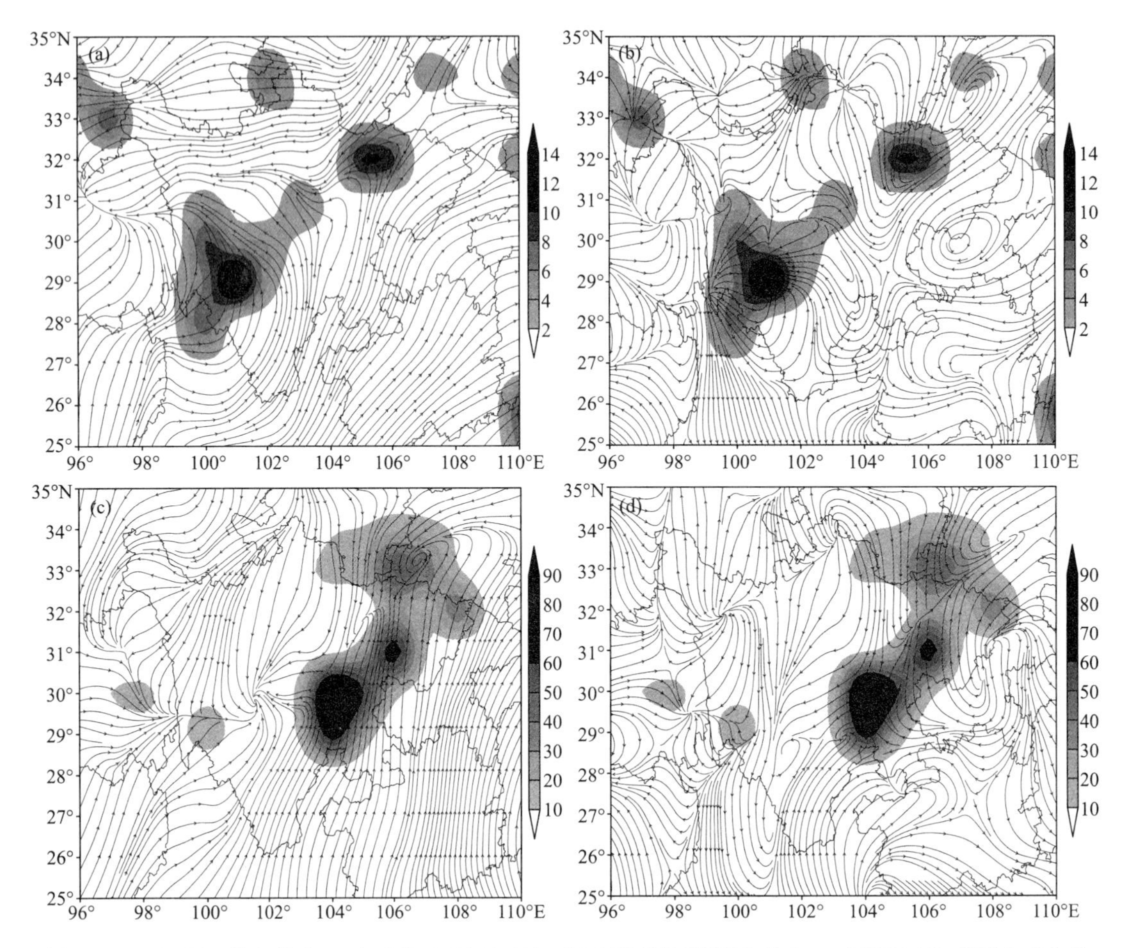

图 3-81　2010 年 7 月 15 日 20:00(a、b)和 17 日 02:00(c、d)6 h 降雨量(阴影区,单位:mm)和700 hPa 流场合成分布
(a)、(c)700 hPa 大尺度流场;(b)、(d)700 hPa 中尺度流场

分量;c_x、c_y 为对流系统的移动速度分量。这里 C 取 850～400 hPa 气层内平均风速的 75%且风向右偏 40°(寿绍文和王祖锋,1998)。相对风暴螺旋度的积分从 1000 hPa 到 300 hPa 共计 15 层。一般把 $H \geqslant H_0$($H_0=150\ \mathrm{m^2 \cdot s^{-2}}$)作为强对流风暴发生的判据。

早期螺旋度常应用于热带风暴气旋的诊断,近来不少学者将螺旋度用于中纬度产生大暴雨的中尺度天气系统的研究(段旭 等,2007;胡祖恒 等,2014)。黄楚惠和李国平(2009)诊断了一次东移高原涡的强降水过程,发现 500 hPa z-螺旋度的水平分布对低涡中心的移动、降水落区和强降水中心的分布具有较好的指示作用。王东海等(2009)利用切变风螺旋度和热成风螺旋度对东北冷涡暴雨进行诊断分析,得出这两种螺旋度都能较好地诊断降水和对流的发展。胡园春等(2005)对暴雨过程的螺旋度场进行了分析,得出螺旋度的时空变化和分布对于对流云团发生发展和暴雨的产生及落区有较好的指示意义。

在实际应用中,又把螺旋度分为水平螺旋度和垂直螺旋度。垂直螺旋度一般在螺旋度研究和应用中更受重视(陆慧娟和高守亭,2003;郑峰,2006;黄楚惠和李国平,2007a)。一方面,垂直涡度大的系统与剧烈天气现象(如中尺度气旋)联系密切;另一方面,垂直速度是实际大气中造成天气现象的最直接原因。因此,垂直螺旋度充分反映了速度与涡度这两个与天气现象紧密联系的物理量的配合情况,在一定程度上不仅能反映系统的维持状况,还能反映系统的发

展及天气现象的剧烈程度。

垂直螺旋度在实际应用过程中有两种算法：一种是在垂直方向逐层计算，另一种则是沿垂直方向积分。两种计算结果分别称为局地垂直螺旋度和积分垂直螺旋度。其中，等压面上局地垂直螺旋度的计算式见(3-4)式。

在螺旋度的实际应用中，目前用滤波资料进行螺旋度的诊断分析还不多见。下面采用(3-4)式、(3-36)式对此次西南涡过程的螺旋度进行诊断计算。

(1)积分垂直螺旋度

结合西南涡的发展过程，对比分析滤波前后的积分垂直螺旋度可以发现，14日08:00—20:00(在西南涡初生阶段)，降水中心发生在原螺旋度值为正值而滤波后螺旋度值为负值的区域。从(3-36)式中可看出，积分垂直螺旋度与风场密切相关，滤波前后螺旋度正负号反向，说明大尺度风场和小尺度的扰动对螺旋度均有一定的贡献。西南地区降水中心与滤波前后螺旋度正负值对应。这种分布特征表明，在西南涡生成初期，暴雨的产生易受到小尺度扰动的影响。

西南涡发展强盛时期(15日08:00—16日08:00)，积分垂直螺旋度的正负中心梯度明显加大，东西向带状分布明显，且呈"正-负-正"分布，负值带内又有3个负中心，梯度密度大，分别位于(30°N，96°E)，(29°N，101.5°E)，(28°N，107°E)(图略)。16日20:00负值中心强度减弱，17日02:00负值中心基本消散。原负值带转变为正值，只在红原、阿坝以北的小片区域有负螺旋度，此时低涡开始分裂，强度减弱。

17日08:00(图3-82)，低涡分裂发展，但涡心强度均增强，川北地区的积分垂直螺旋度值以"负-正-负"呈西北-东南向分布，正值带位于31°N～33°N的区域内。7月14日，正值中心南移至26°N～27°N一带，在31°N附近生成弱的负中心。(31°N，109°E)有"负-正-负"中心生成，中心梯度值大。低涡所处位置的西北部与气旋辐合中心重叠。17日20:00，正值中心继续南移，四川盆地大范围地区处于弱的正螺旋度控制，川东有弱的负中心形成。18日20:00，低涡移至川、陕、渝交界，川内几乎无负螺旋度。

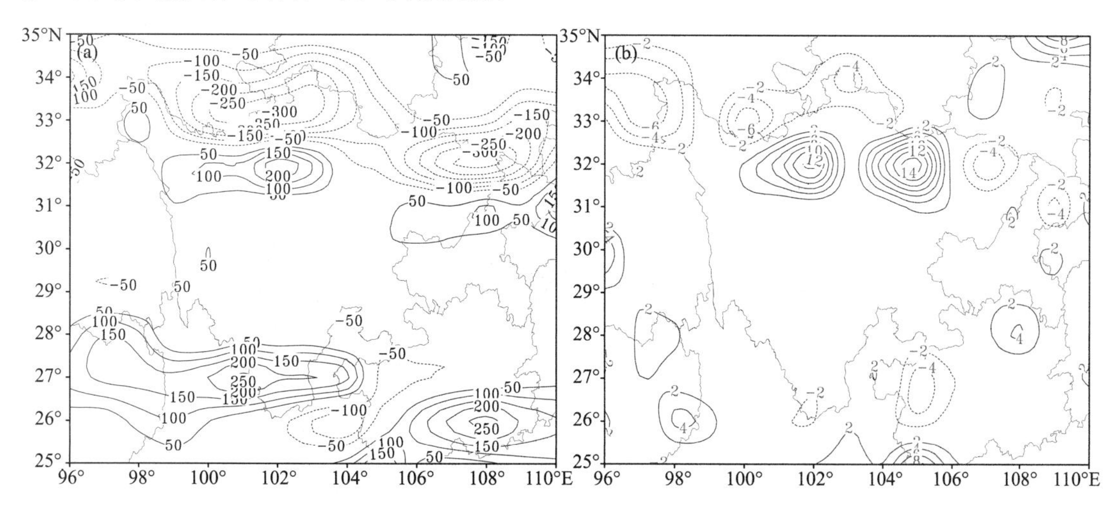

图3-82 2010年7月17日08:00积分垂直螺旋度的分布(单位：$m^2 \cdot s^{-2}$)

(a)原始场；(b)滤波场

上述分析表明，低涡生成、加强阶段，积分垂直螺旋度正负值均增大，且正负中心交替分布；低涡减弱、分裂阶段，螺旋度的数值减小，负值消失。这说明积分垂直螺旋度大值对应低涡的生成、发展。

(2)局地垂直螺旋度

从 6 h 降水量分布(图略)中可看出，本次西南涡大暴雨过程主要集中在 16 日、17 日，降水量大值中心多位于 30°N 和 32°N 附近。这里沿 32°N 做局地垂直螺旋度的垂直剖面来揭示其与降水量分布的联系。

从图 3-83 中可看出，16 日 08:00，原始场(图 3-83a)上 850～300 hPa 存在 3 条负螺旋度垂直带，分别位于 98.5°E、106°E 和 112°E，负值带之间有正螺旋度中心分布。而滤波场(图 3-83b)上，100°E 以西整层螺旋度都为负值，100°E～109°E 之间从 300 hPa 高层到近地层螺旋度呈“正-负-正”分布，中层负螺旋度梯度较大。此时 6 h 降水量分布于 102°E～105°E，中心位于 103°E(图 3-83c)。对应的螺旋度剖面图上，雨带位于原始场上空为正涡度、东西两侧有负涡度分布的区域，而对应的滤波场上雨带则位于高低“正-负-正”中心分布，且负中心梯度最大的区域。

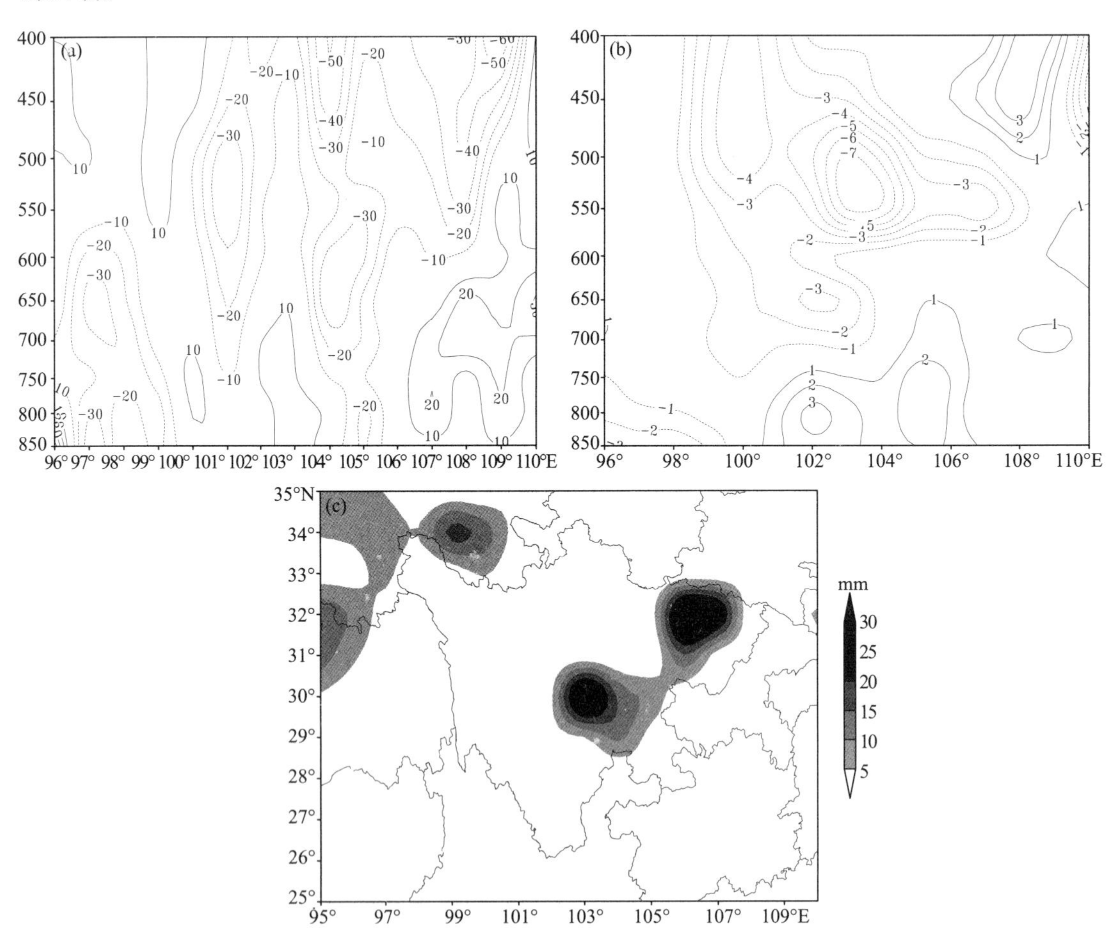

图 3-83　2010 年 7 月 16 日 08:00 沿 32°N 局地垂直螺旋度的垂直剖面(单位：$m^2 \cdot s^{-2}$)

(a)原始场；(b)滤波场；(c)6 h 降水量

17日14:00,大尺度场上103°E～105°E上空中低层为螺旋度的正值区(图略),最大中心位于103°E上空(650 hPa),而500 hPa以上则为螺旋度负值区。正螺旋度柱的东西两侧上空有负螺旋度的分布,螺旋度正负中心梯度较大。而滤波场上(图略),104°E上空650～500 hPa处为正值中心,105°E上空中低层(650 hPa以下),以及99°E～101°E的中高层(550 hPa以上)皆为负值中心,且负中心值大于正中心值。此时在6 h降水量图(图略)上,106°E～108°E出现大雨带。从局地垂直螺旋度的纬向剖面(图略)上可看出,强降雨带上空,大尺度局地垂直螺旋度呈现出"上负下正"的配置。而滤波之后这一分布特征发生了较大改变,局地垂直螺旋度转为"上正下负"的配置,雨带位于螺旋度梯度值大值以东。这种"上层负涡度辐散、下层正涡度辐合"的分布特征,正好与暴雨的触发机制相符合,说明中尺度螺旋度的滤波结果可以较好地揭示出暴雨的落区。

3.11.5　小结

(1)对NCEP 1°×1°再分析资料的流场进行中尺度滤波,可以较好地刻画出西南区域内(特别是四川盆地东部)的中尺度环流特征,如中尺度辐合带、中尺度切变线等。

(2)采用恰当的滤波参数,Barnes带通滤波器能够保留波长为300～800 km范围内的扰动,且最大响应波长为500 km,可较好地滤出包含西南涡在内的中尺度天气系统。

(3)螺旋度大值区有利于强对流系统和低涡的生成、发展。滤波后的局地垂直螺旋度,通过清晰的正负中心分布可较好地弥补原始场上局地垂直螺旋度不能很好反映降水落区的不足。雨区发生在局地垂直螺旋度正负中心之间的梯度大值东侧,并且降雨的强度变化与积分垂直螺旋度量值的变化相对应。西南涡强盛、降雨量大的时段,积分垂直螺旋度值较大,正负中心明显;西南涡减弱、降雨趋于停止时,积分垂直螺旋度也随之减小。

3.12　西南低涡东移引发重庆暴雨的综合诊断

3.12.1　引言

西南低涡引发的中尺度强降水过程往往依赖于大尺度的环流背景,陈栋(2011)发现"鞍型场"的环流场有利于促进水汽输送,造成水汽辐合上升,有利于强降水的发生;川渝地区大范围大暴雨的过程有的与西南低涡东移有关,有的与高原低涡东移有关,有的往往是在两者相互作用下引发的(肖红茹 等,2009)。赵玉春和王叶红(2010)对这一耦合作用进行了个例诊断,发现通常大范围大暴雨过程是高原低涡诱发西南低涡发展从而形成耦合系统造成的,并就2008年7月20—21日川中特大暴雨个例进行了分析,结果表明,高原涡形成后沿高原东北侧下滑,在四川盆地诱生出西南涡,川中特大暴雨在西南涡形成过程中由强中尺度对流系统(MCSs)的活动造成。周春花等(2009)利用动力诊断方法对高原涡与西南涡耦合作用产生的暴雨进行了分析,证实两者的耦合作用对四川地区暴雨有显著的影响;于波和林永辉(2008)利用MM5模式的高分辨率输出资料对由西南低涡引发的四川东部暴雨进行了分析,结果证实了西南涡的存在和维持对暴雨的产生和维持有重大作用;除了常规资料和模式数据,近年来,各种新资料陆续被采用,李明等(2013)利用自动站资料、卫星云图和雷达资料对2010年7月的西南涡东北移造成川陕地区大暴雨的天气过程进行了分析,新资料的补充使得西南涡的研究范围更精确，研究内容更充实；同时各种新的物理量被陆续发现，各种新的物理诊断方法也被采用：黄楚惠和李国平(2009)、黄楚惠等(2011)、陶丽和李国平(2011)利用螺旋度和非地转湿 Q 矢量，高万泉等(2011)、赵永辉和刘开宇(2012)使用湿位涡等新的物理量诊断方法对高原涡引发的强降水过程进行诊断，陶丽和李国平(2012)使用对流涡度矢量垂直分量对西南低涡引发的暴雨进行了分析，证明对流涡度垂直分量的分布对暴雨的演变有着良好的指示作用。

基于已有的各种物理量诊断方法，本节将主要采取湿 z-螺旋度和水汽散度垂直通量等物理量对 2009 年 8 月发生在重庆地区的由西南低涡东移引发的强降水过程进行综合诊断分析。

重庆位于西南低涡影响的高原下游地区，西南低涡东移时，往往在重庆产生重大暴雨灾害天气。2009 年 8 月 3 日 13 时至 4 日 20 时(北京时)，重庆大部分地区出现强降雨。据气象资料统计，8 月 3 日 14 时至 8 月 4 日 14 时，重庆北碚区最大降水量为 150 mm，其次为巴南区 137 mm，江北区 135 mm，渝北区 115 mm，璧山县 103 mm。暴雨造成了严重的人员和经济损失，重庆市防汛办 4 日 16 时的统计数据显示：重庆市西部的潼南、大足、铜梁、北碚、巴南、綦江、江津、忠县、万州、长寿、江北、璧山及合川等 13 个区县 167 个乡镇不同程度受灾，受灾人口升至 87.7 万人，因灾死亡 3 人，失踪 4 人，直接经济损失 4.1 亿元。

3.12.2 资料和方法

3.12.2.1 资料

本节所用降水资料为 MICAPS 提供的 6 h 和 24 h 实时观测降水资料，高度场、风场、垂直速度、水汽通量等物理量计算所用资料取自 NCEP/NCAR 提供的 1°×1°一天 4 次(00:00，06:00，12:00，18:00 UTC)再分析资料，垂直分层为 1000～100 hPa 的 21 层网格点数据。

3.12.2.2 计算方法

本研究主要使用的物理量有：

(1)水平螺旋度：

$$\boldsymbol{H} = \boldsymbol{V} \cdot (\boldsymbol{\zeta} \times \boldsymbol{V}) \tag{3-37}$$

(2)湿 z-螺旋度：

$$\boldsymbol{F} = \omega\zeta \nabla \cdot (q\boldsymbol{V}) = \omega\left(\frac{\partial v}{\partial x} - \frac{\partial u}{\partial y}\right)\left(\frac{\partial qu}{\partial x} + \frac{\partial qv}{\partial y}\right) \tag{3-38}$$

(3)局地垂直螺旋度：

$$H = \left(\frac{\partial v}{\partial x} - \frac{\partial u}{\partial y}\right)\omega = \zeta\omega \tag{3-39}$$

(4)水汽散度垂直通量：

$$\Gamma_q = \frac{\omega}{q}\left(\frac{\partial uq}{\partial x} + \frac{\partial vq}{\partial y}\right) \tag{3-40}$$

式中：H 代表水平螺旋度，单位为 $m^2 \cdot s^{-2}$；ζ 表示水平涡度，单位为 s^{-1}；V 为水平风速，单位为 $m \cdot s^{-1}$；F 代表湿垂直螺旋度，单位为 $m^2 \cdot s^{-2}$；q 表示水汽比湿，单位是 g/g；ω 表示垂直速度，单位 $m \cdot s^{-1}$，但量纲比水平风速低一级；Γ_q 代表水汽散度垂直通量。(3-46)式、(3-47)式、(3-48)式的物理意义在于它们反映了此次降水过程的水汽垂直输送状况。

3.12.3　环流背景与降水实况

3.12.3.1　环流背景

大暴雨发生前,8 月 2 日 00 时(世界时)500 hPa 欧亚中高纬地区为“两槽一脊”环流形势,两长波槽分别位于巴尔喀什湖以南和我国东部地区,高压脊位于我国甘肃、青海一带。位于我国中东部地区的大槽可延伸至四川东南部,随着时间的推移,槽逐渐向东移动,重庆位于槽前的西南气流中(图 3-84)

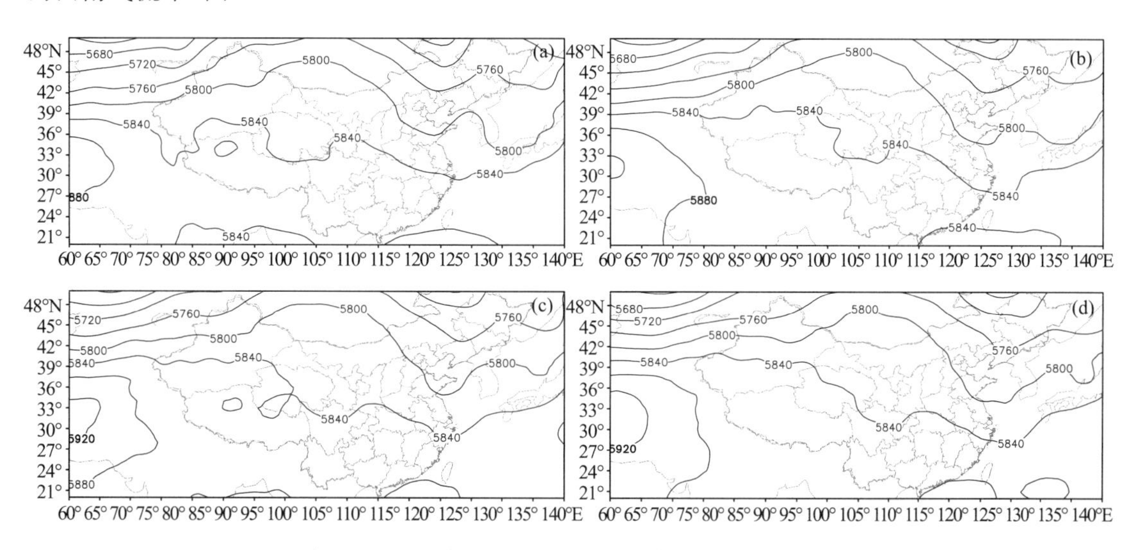

图 3-84　2009 年 8 月 2 日 500 hPa 高度场(单位:gpm)

(a)00 时;(b)06 时;(c)12 时;(d)18 时

2 日 00 时,850 hPa 高度场上(图 3-85),在四川西部出现一浅薄闭合低压,并随着西风气流逐渐向东扩大移动,强度不断加强,重庆位于低压前部的西南气流中,到 2 日 18 时,重庆地区已处于低压旋涡之中。暴雨中心处于低压前部的西南气流中,有利于气旋性环流的发展。

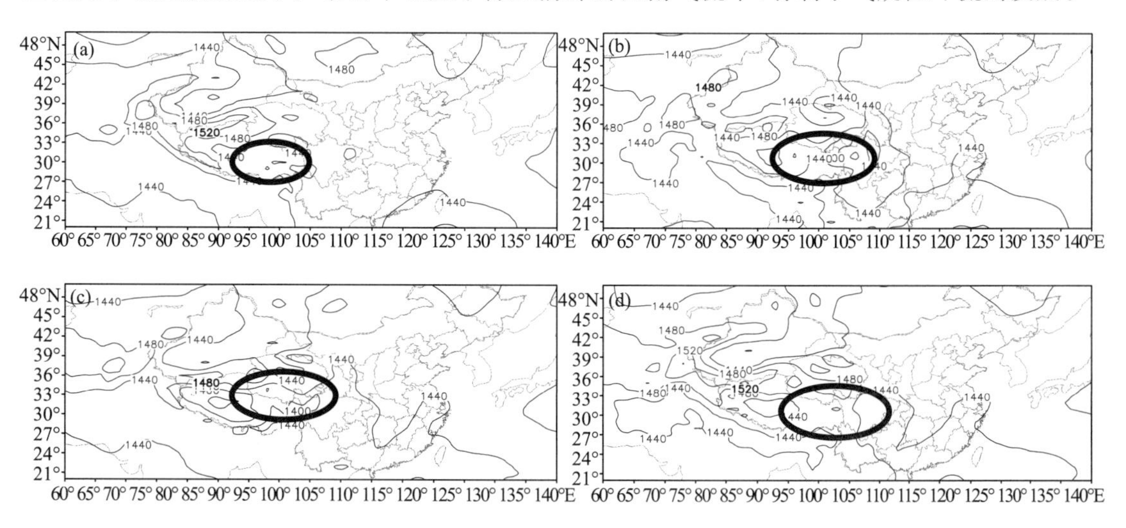

图 3-85　2009 年 8 月 2 日 850 hPa 高度场(单位:gpm)

(a)00 时;(b)06 时;(c)12 时;(d)18 时

图 3-85 中黑色圆圈圈出部分就是我们所定义的西南涡，具体位置为(30°N～33°N，95°E～105°E)，并且随着时间不断东移。对比图 3-84 和图 3-85，在垂直高度上，低压位于低槽前部，有利于 500 hPa 正涡度平流东移并加强，为 850 hPa 西南涡提供动力作用。青藏高原低涡与四川盆地低涡可发生耦合作用的观点，并认为当两者处于非耦合状态时，抑制盆地系统发展；当两者成为耦合系统后，激发盆地系统发展与暴雨发生，关于这一相互作用已经被多方面证实和应用(肖红茹 等，2009；周春花 等，2009；赵玉春和王叶红，2010)。

3.12.3.2 降水实况

2009 年 8 月 2—4 日四川盆地东部以及重庆西南部发生了一次特大暴雨过程，2 日 6 h 内降水量最大值达到 12 mm，降水中心位于四川东北部(图略)。8 月 3 日 08 时，降水中心逐渐向四川东北及东南移动，重庆渐渐受到降水的影响，开始产生降水，6 h 中心最大降水量达到 16 mm。3 日 20 时，降水主要集中在四川东部以及重庆西南部，降水量最大值达到24 mm，重庆西南区域的降水主要集中在江北区、巴南区和北碚区。4 日 20 时，降水逐渐减小，降水中心逐渐北推，四川省内以及重庆地区逐渐退出降水区域(图略)。2009 年 8 月 3 日 14 时到 4 日 14 时，四川东部以及重庆地区 24 h 内累积降水量超过50 mm(图 3-86)，重庆降水中心最大值超过 58 mm(降水实况时间为北京时，其余时间为世界时)，达到暴雨标准。

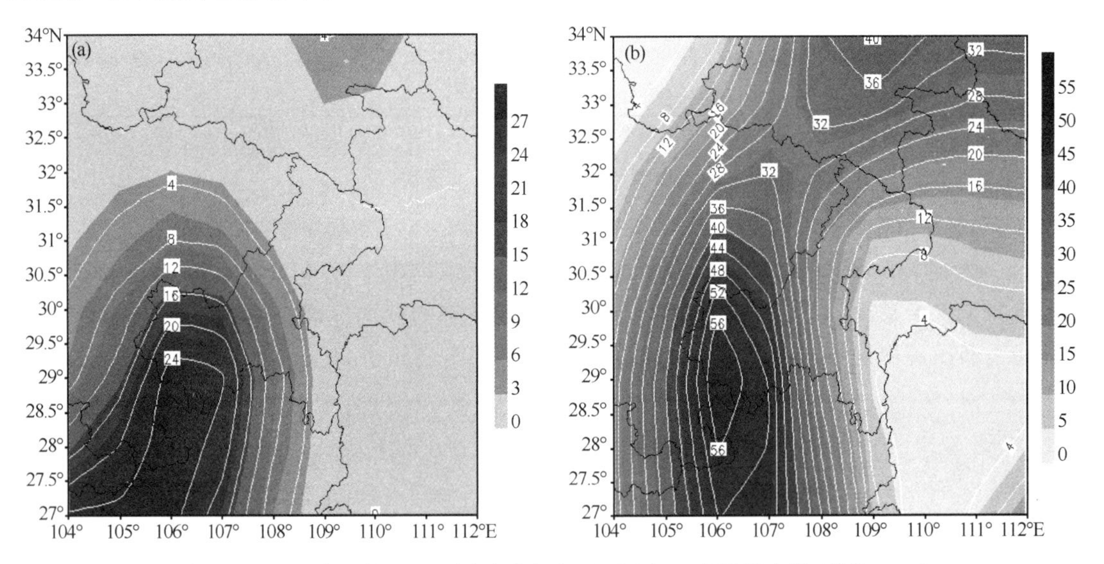

图 3-86 2009 年 8 月 3 日四川及重庆地区 MICAPS 实况降水量(单位：mm)
(a)20 时 6 h 降水量；(b)3 日 14 时到 4 日 14 时 24 h 降水量

3.12.4 诊断分析

3.12.4.1 动力诊断

图 3-87a 上，在暴雨来临前和暴雨发生时，涡度逐渐增强东移，其位置恰好与高空槽的移动位置一致，高空形成正涡度平流的东移传输，垂直方向上有利于动力传输，形成高空辐散、低空辐合的流场形势。

散度剖面图清晰地反映出高空辐散、地面辐合的流场型式。3 日 00 时 500 hPa 开始出现

了最大的辐散中心，中心强度为 0.5×10^{-5} s，并逐渐向高层发展，到3日12时，大约在150 hPa上，出现最大辐散中心，中心强度为 3×10^{-5} s，700 hPa以下出现了辐合区，中心辐合强度为 -1×10^{-5} s。暴雨区域(30°N～33°N，108°E～110°E)内，3日18时，整层大气的垂直速度都为负值，整层大气上升运动强烈，对应降水强度激增。在水汽条件具备的情况下，垂直运动决定了降水的有无和多少，强烈的上升运动是暴雨形成的前提之一。

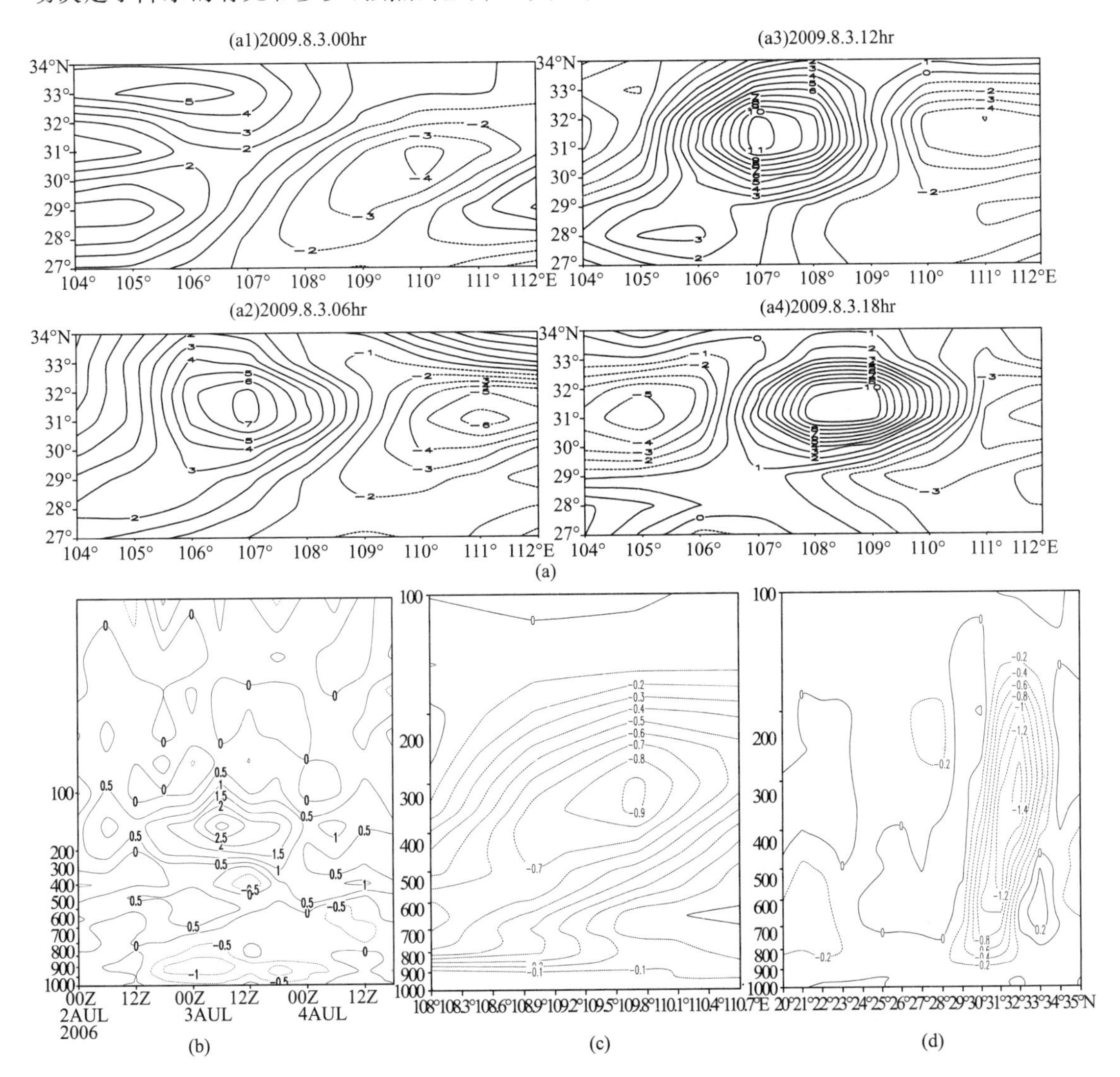

图 3-87 (a)2009年8月3日500 hPa涡度场(单位：10^{-5} s)；(b)降水区时间—高度的散度剖面图(单位：10^{-5} s)；(c)3日18时垂直速度沿30°N时间—经度剖面图(单位：m·s^{-1})；(d)3日18时垂直速度沿110°E时间—纬向剖面图(单位：m·s^{-1})。

3.12.4.2 水汽诊断

(1)水汽通量和水汽通量散度

图3-88中，700 hPa水汽通量散度图显示来自孟加拉湾的水汽在盆地南部汇合，之后在西南涡的作用下向东北方向移去。而850 hPa上的水汽主要来自南海，向西输送。暴雨产生前，700 hPa和850 hPa上的水汽通量基本都已经在重庆西部辐合，850 hPa最大辐合中心强度达

到-92×10^{-5} g·cm^{-1}·hPa^{-1}·s^{-1}。随着时间的推移，西南低涡东移，推动水汽向东输送，重庆在短时间内产生降水。3日06时水汽通量输送明显加强，两支不同方向的水汽源向暴雨区输送了充足的水汽。水汽通量散度的负值中心强度增大，水汽辐合区范围也明显扩大，重庆暴雨中心就处于水汽通量的辐合区内。4日20时(图略)，随着暴雨区上空水汽通量辐合区的消失，暴雨明显减弱。这说明暴雨的形成、加强与减弱和暴雨上空水汽通量辐合区的演变关系密切。

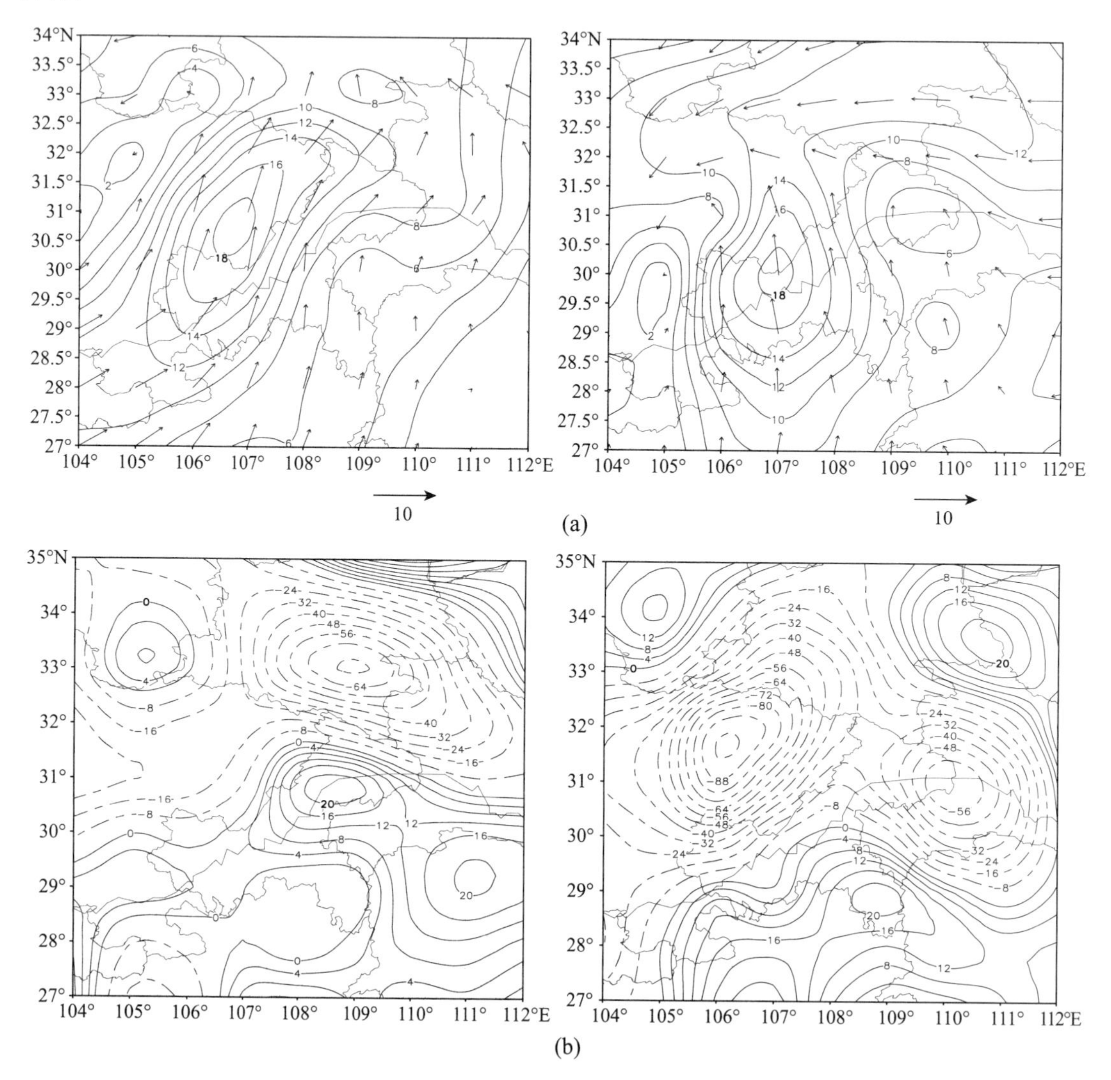

图3-88　2009年8月3日06时700 hPa和850 hPa水汽场

(a)水汽通量(单位:g·cm^{-1}·hPa^{-1}·s^{-1});(b)水汽通量散度(单位:10^{-6} g·cm^{-2}·hPa^{-1}·s^{-1})

(2)水汽散度垂直通量

通过对水汽通量和水汽散度通量的分析，本节试图使用一种新的水汽物理量进一步分析此次强降水过程。一般的水汽通量及水汽通量散度是在水平方向上分析水汽的输送及汇聚，而水汽上升运动是产生降水一个必不可缺的条件，故将水汽通量与垂直方向的输送相结合进行分析，从而获得一个新的水汽诊断量——水汽散度垂直通量(冉令坤和楚艳丽，2009)。

如图 3-89a 所示，降水期间，对流层中层始终维持较高的水汽通量，低层水汽通量逐渐增强，3 日 12 时达到最大，为 12 $g \cdot cm^{-2} \cdot hPa^{-1} \cdot s^{-1}$。如图 3-89b 所示，与水汽通量相对应的高度上，3 日 00 时到 4 日 00 时有两个辐合中心，这一段时间内水汽汇合量大，水汽积聚充分。图 3-89c 显示水汽散度垂直通量沿 108°E 上升辐合，主要在 31°N，850 hPa 达到最大值，图 3-89d 中，降水区域中心(31°N，108°E)从 3 日 00 时开始，水汽通量主要在 850 hPa 辐合积聚，并且随着时间的变化逐渐增大，到 3 日 18 时达到最大值，与降水量最大值出现的时间基本吻合。综上，水汽水平方向的输送和垂直方向的输送相结合，水汽辐合上升区与降水最大值的区域中心相吻合。

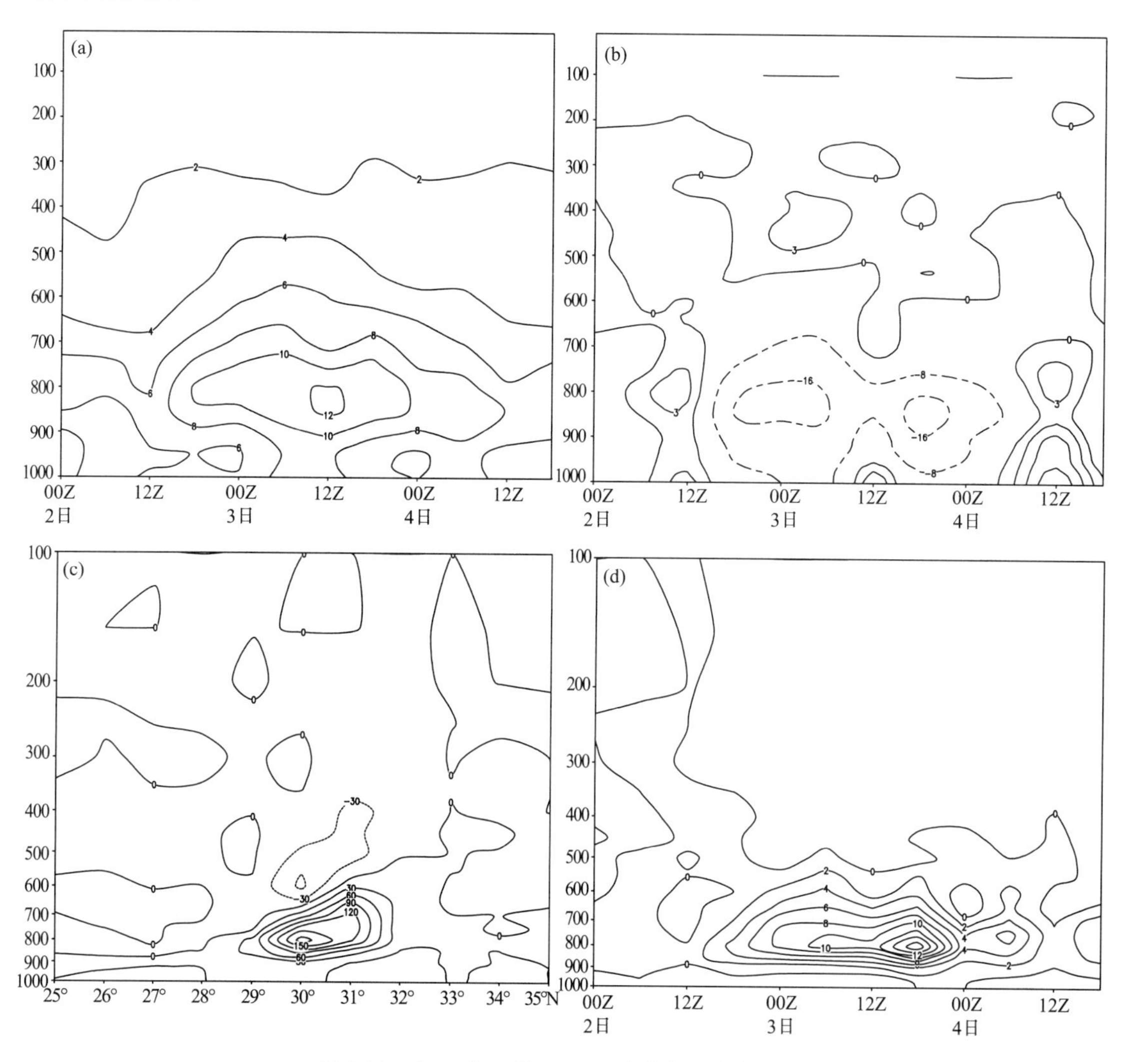

图 3-89　2009 年 8 月 2—4 日水汽场垂直剖面图

(a)水汽通量沿(31°N，108°E)区域中心的时间高度剖面(单位：$g \cdot cm^{-1} \cdot hPa^{-1} \cdot s^{-1}$)；(b)水汽通量散度沿(31°N，108°E)区域中心的时间高度剖面(单位：10^{-6} $g \cdot cm^{-2} \cdot hPa^{-1} \cdot s^{-1}$)；(c)水汽散度垂直通量沿 108°E 的高度—纬向剖面图(单位：10^{2} $g \cdot cm^{-2} \cdot hPa^{-2} \cdot s^{-1}$)；(d)水汽散度垂直通量沿(31°N，108°E)区域中心的时间高度剖面图(单位：10^{2} $g \cdot cm^{-2} \cdot hPa^{-2} \cdot s^{-1}$)

3.12.4.3 稳定性诊断——K 指数

K 指数可以反映对流层中低层大气的层结状况、温度和饱和程度，即大气的潜在能量。常用于强降水、强对流天气的监测与预报。而暴雨常发生在 K 指数大值区附近，且暴雨发生前 K 指数有一个骤增过程。K 指数是由大气层结稳定度（$T_{850}-T_{500}$）、中低层水汽（T_{d850}、$(T-T_d)_{700}$）组成。孟妙志（2003）的研究结果已经证实，$K \geqslant 35$℃时表明大气层结不稳定，K 指数越大，降水发生的可能性越大。

图 3-90 表明：沿 110°E 的时间-纬度剖面图，8 月 2 日 06 时，在 30°N 有一大值中心，K 指数$\geqslant 40$，此时此刻为暴雨的产生提供了强的对流不稳定条件。沿 30°N 的剖面图中，108°E～110°E 的范围内，2 日 06 时持续到 3 日 12 时一直存在一个大于 40 的 K 值中心。可见暴雨产生前，该区域处于强的对流不稳定状态，预示着暴雨的发生发展。

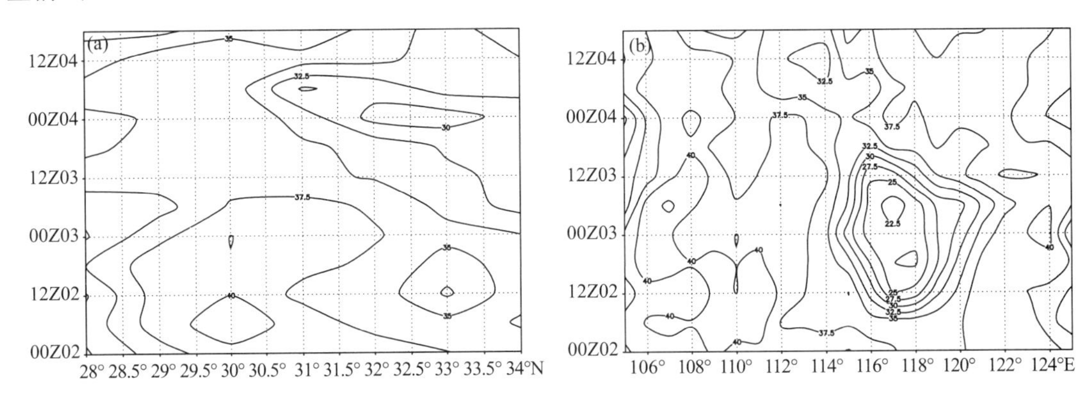

图 3-90 2009 年 8 月 3 日 K 指数分布（单位：℃）

(a)沿 110°E 的时间-纬度剖面图；(b)沿 30°N 的时间-纬度剖面图

3.12.5 螺旋度与湿 z-螺旋度

螺旋度是表征流体沿运动方向旋转程度和强弱的物理量，垂直螺旋度则由垂直速度和垂直涡度所决定，它能反映出大气在垂直空间的上升运动特征，也是反映天气系统的发展、维持及天气现象剧烈程度的一个参数。螺旋度作为强对流天气分析的一个重要物理量，在国内外暴雨研究中已有广泛应用（黄楚惠和李国平，2009；黄楚惠等，2011）。但是由于螺旋度不含水汽因子，且未考虑水平方向的作用，因此用于诊断分析降水尚有不足之处，为此利用加进水汽因子的湿螺旋散度对本次低涡暴雨进行诊断分析，试图揭示低涡暴雨与螺旋度之间的一些关系。

当 $w>0$，$\zeta>0$，水汽通量散度的辐合 $\nabla \cdot (Vq)<0$ 时，湿螺旋度为负值；反之，当水汽通量散度的辐散 $\nabla \cdot (Vq)>0$ 时，湿螺旋度为正值。

3 日 18 时 500 hPa 湿 z-螺旋度水平分布如图 3-91b 所示，负螺旋度区与相应时段的雨区分布较一致，且雨强中心与湿螺旋度负值中心基本重合。这说明 500 hPa 湿 z-螺旋度水平分布对降水落区和雨强中心的分布具有较好的指示作用。

从通过雨强中心（31°N，108°E）的湿 z-螺旋度的时间-高度剖面图（图 3-91d）中可看到，低层螺旋度负值区在 3 日 00 时开始发展，并逐渐加强，负值湿螺旋度主要处于 500 hPa 以下，对应四川东北部的降水开始，但降水较弱（图略）。3 日 12 时，负螺旋度中心值快速加强，到 3 日

18时达到最强，中心值为-8×10^{-6} m·s^{-3}；4日00时以后，湿螺旋度减弱，与降水的减少相呼应。

此外，z-螺旋度的时间—高度剖面图（图3-91c）显示，在螺旋度增长和减弱过程中，中高层始终有一负螺旋度与中低层的正螺旋度相对应，而且低层的正螺旋度远大于高层的负螺旋度，即低层正涡度辐合产生的旋转上升运动远大于高层负涡度辐散，这为暴雨的发生提供了强大的动力条件。对比图3-91c和3-91d不难发现，强降水落区湿z-螺旋度负值辐合要比z-螺旋度出现得早一些，大致可以提前3～6 h。

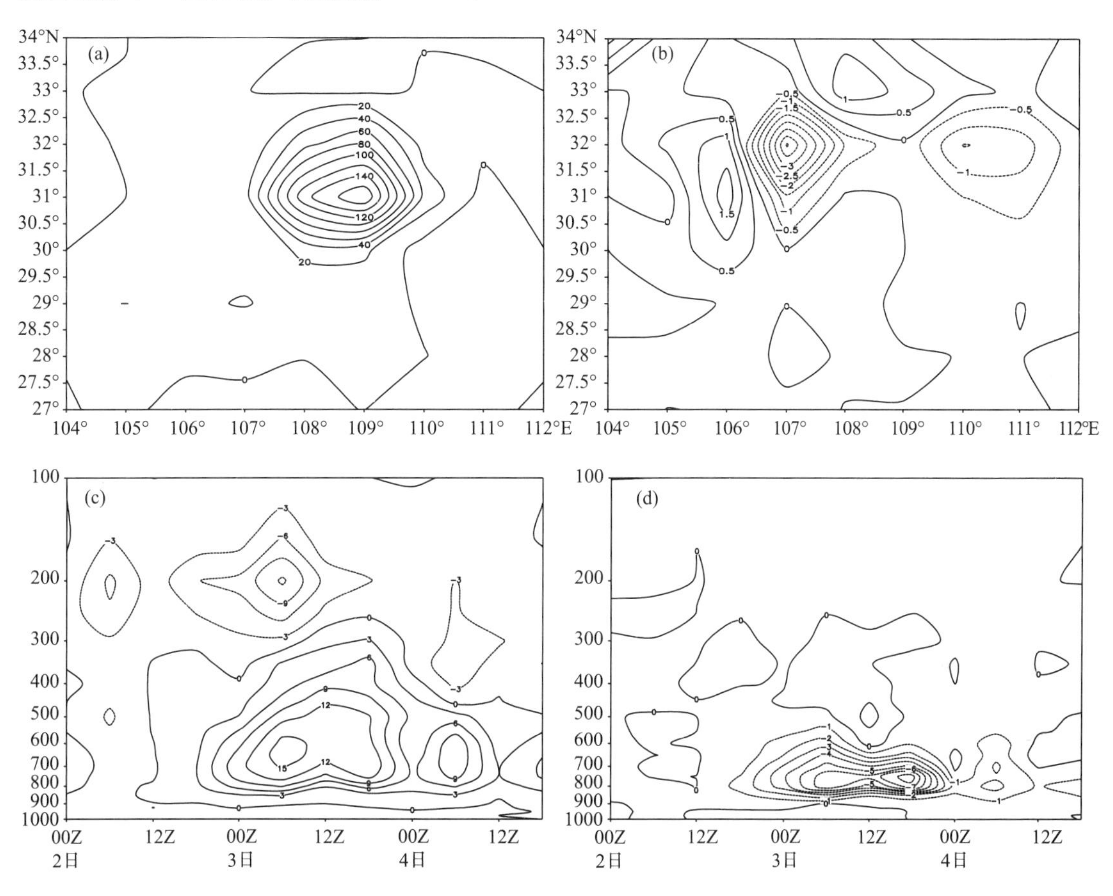

图3-91　2009年8月3日18时500 hPa的(a)z-螺旋度（单位：10^{-6} m·s^{-2}），(b)湿z-螺旋度（单位：10^{-6} m·s^{-3}），(c)沿(31°N,108°E)为中心的区域平均z-螺旋度（单位：10^{-6} m·s^{-2}）及(d)湿z-螺旋度时间—高度剖面图（单位：10^{-11} m·s^{-3}）

综上，中低层水平湿z-螺旋度负值区分布与相应时刻的降水落区分布较一致，雨强中心与湿螺旋度负值中心基本重合；负值湿螺旋度对降水强度和分布的时空演变具有很好的指示性，强降水时段，湿螺旋度负值有显著的增大。低层较强的正涡度水汽辐合上升和高层负涡度、辐散下沉的配置，为暴雨的发生提供了有利的动力条件。湿z-螺旋度对于降水的时间演变要优于z-螺旋度，负极值的出现比强降水出现得要早，对强降水的发生具有指示意义。

3.12.6　小结

本节通过选取2009年8月2—4日发生在重庆地区的一次强降水过程，使用动力、热力、能量及水汽等物理量比较全面地诊断分析了此次西南低涡东移引发的暴雨过程。得出以下结论。

(1)500 hPa 高空低槽与 850 hPa 四川盆地浅薄低涡耦合作用引发盆地产生大暴雨,低槽前部的正涡度平流与 850 hPa 上西南低涡发生垂直叠加时,两者之间发生耦合作用使西南低涡加强、东移;流场呈现有低层辐合、高层辐散的结构,垂直速度场上维持较强烈的上升运动,这些都为暴雨的发展和持续提供了有利的条件。

(2)水汽散度垂直通量表明,水汽主要在大气低层 850 hPa 附近积聚,水汽的辐合与降水大值区域吻合。

(3)暴雨发生前,K 指数为暴雨的产生提供了强的对流不稳定条件。K 指数大值区恰好对应暴雨大值区,处于强的对流不稳定状态,预示着暴雨的发生发展。

(4)500 hPa 湿 z-螺旋度负值区水平分布与相应时段降水落区和强降水中心的分布对应较好。强降水时段,湿 z-螺旋度负值有显著的增加;湿 z-螺旋度垂直分布反映出暴雨发生时的大气动力特征,暴雨区低层正涡度、水汽辐合旋转上升与高层负涡度、辐散相配合,是利于触发暴雨的动力机制。

至于西南低涡东移后的演变是否与此次暴雨强度、雨区的变化有关,以及它们之间的相互关系仍然是值得深入研究的课题。

3.13 由西南低涡引发的我国南方特大暴雨的综合分析

3.13.1 引言

西南低涡亦简称西南涡,是青藏高原特殊地形与大气环流相互作用下,形成于我国西南地区 700(或 850)hPa 上具有气旋环流的中尺度(α 中尺度)闭合低压系统(卢敬华,1986),其水平尺度为 300～500 km,在垂直方向上伸展较浅薄(陶诗言,1980),半数以上的生命史短于 36 h。但在有利的大尺度环流场形势的配合下,它会强烈地发展东移,给其经过的地区带来灾害性的天气过程。例如,1935 年 7 月上旬,由西南低涡发展东移造成长江流域特大暴雨过程(又称"五峰"暴雨),降水中心的过程雨量超过 1200 mm,造成严重洪涝灾害(陶诗言,1980);1963 年 8 月上旬河北的特大暴雨,由于冷空气影响,与北上西南低涡相互作用,于 8 月 4 日在邢台地区出现了中心日降水量达 865 mm 的强暴雨;1981 年 7 月中旬发生在四川盆地的大洪水也是由一次西南低涡发生发展与长时间维持导致的结果(卢敬华,1986);1981 年 8 月受西南低涡影响,西北地区东部又发生了一次大范围强暴雨,灾害损失严重(程麟生,1991);1998 年夏季长江流域发生的洪涝灾害也无不与西南低涡大活动密切相关(陈忠明 等,2003)。由此看出,在影响我国的众多重大暴雨洪涝过程中,西南低涡扮演了重要角色。因此,有学者认为(王作述 等,1996):"西南低涡是我国最强烈的暴雨系统之一,就它所造成的暴雨天气的强度、频数和范围而言,可以说是仅次于台风及残余低压,重要性位居第二的暴雨系统"。所以关于西南低涡的形成与发展及其造成的洪涝灾害等,一直是气象学家和预报员分析研究的重要课题(卢敬华和王赛西,1985;Kuo et al.,1988;陈忠明,1989,1991,1998;Chang et al.,2000)。

2008 年 6 月 10—14 日,我国西南大部、华南、江南及江淮南部地区出现了一次自西向东的区域性暴雨、大暴雨及特大暴雨天气过程,过程降水时间长、强度大、影响范围广、强降水集

中，使得部分江河超出了警戒水位，给江河、水库的防汛工作亦带来了极大压力。本节利用常规观测的地面和高空资料、每天4次(00、06、12、18时，世界时)NCEP的再分析资料(1°×1°)以及卫星云图资料，从涡度、温度平流、水汽通量等方面诊断分析了此次区域性强降水过程，以及作为其中重要影响系统的西南低涡的演变过程。

3.13.2 降水过程的综合分析

3.13.2.1 降水过程分析

2008年6月10日12时至6月14日12时(世界时，下同)，受高空低槽与中低层西南低涡及暖湿气流的共同影响，我国西南大部地区、华南、江南及江淮南部地区出现了一次自西向东的区域性暴雨、大暴雨及特大暴雨天气过程，一共涉及10多个省(区)，贵州西部、广西中北部、湖南南部、广东、江西北部和南部、福建东部、浙江东南部出现了大暴雨，其中广西北部、广东东南部、福建东南部局地出现了特大暴雨。过程雨量华南、江南南部普遍为100～200 mm，其中广西北部、广东东南沿海、福建南部沿海达300～400 mm，广东惠东局地出现524 mm。此次暴雨过程强降水时段主要出现在12—13日(22°N～26°N，105°E～120°E)的区域内(图3-92、3-93)。

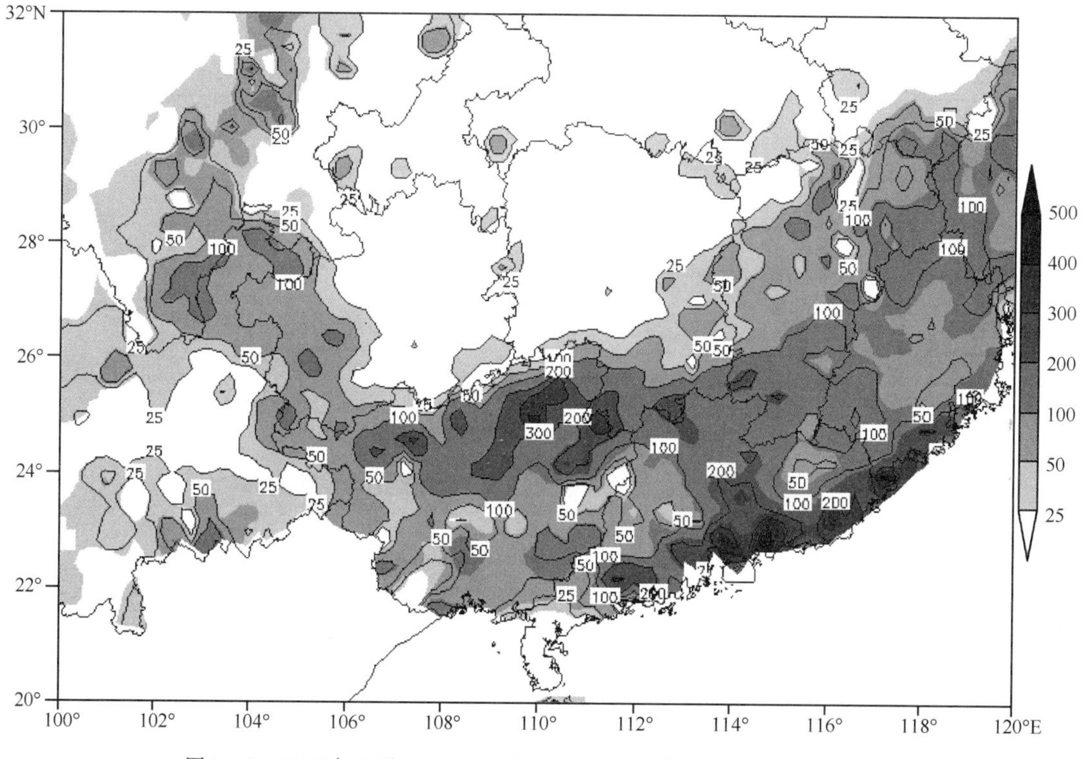

图3-92 2008年6月10日12时至14日12时降水量实况(单位：mm)

6 h、12 h与24 h的降水量分析表明，10日晚暴雨主要发生在四川南部地区，有3站次12 h降水量达到了50 mm以上，24 h降水量出现了100 mm以上的强降水中心(图3-93a)；11日暴雨发生区域向东南方向移动，主要位于贵、桂交界处，大暴雨中心在广西北部地区(图3-93b)，广西东兰12 h降水量达211 mm；12日强降水区域范围扩大并缓慢向东移动，暴雨、大暴雨落区主要位于两广北部、湖南与江西南部地区，广西东北部与湘西南局地还出现了特大暴雨，广西富川

24 h 降水量则达到了 300 mm;11 日 20 时至 12 日 20 时,广西东兰、环江、灵川打破当地建站以来日雨量历史记录,桂林、柳城打破本站 6 月日雨量历史记录;13 日强降水雨带东移至沿海地区,呈东北-西南走向,为此次降水过程最强的一天,广东与福建沿海部分地区 24 h 降水量出现了 200 mm 以上的特大暴雨(图 3-93c),其中广东汕头 6 h 降水量达 206 mm,广东惠东与福建云霄 24 h 降水量达 400 mm 以上,分别为415 mm,445.7 mm。14 日雨势减弱并逐渐东移入海(图 3-93d),至 15 日 08 时此次降水过程基本趋于结束。

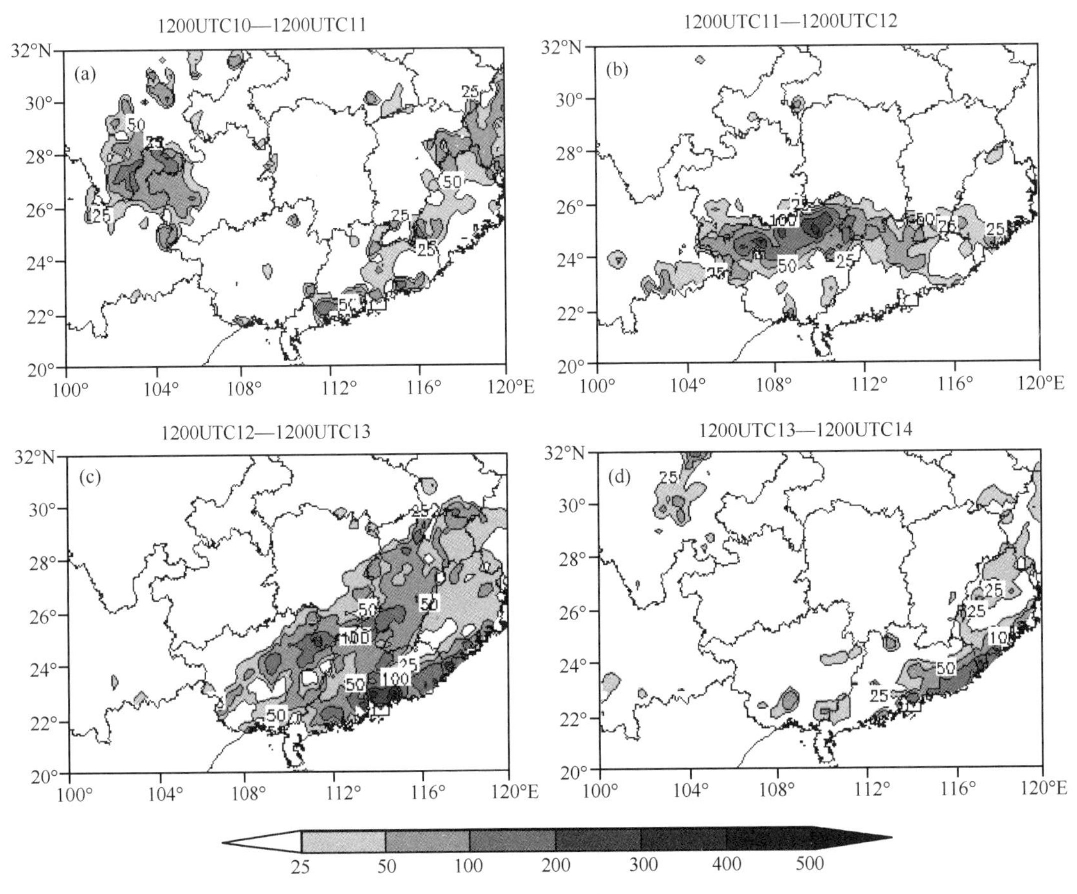

图 3-93　2008 年 6 月 10 日 12 时—14 日 12 时逐日 24 h 累积降水(mm)

3.13.2.2　降水云团分析

从卫星云图的演变上可以清楚地显示西南地区对流发展和云带形成及东移的过程(图 3-94),2008 年 6 月 10 日午后至傍晚,有一些小尺度的对流云零散分布在四川盆地中西部靠高原一侧以及贵州西部的山地地区(图 3-94a)。入夜后,盆地西侧的云团对流逐渐增强(图 3-94b),并沿盆地西南方向的山地逐渐向东南方向移动。与原位于贵州西部山地的云团相接,逐渐变得有组织起来(图 3-94c,d),云系的旋转较明显。此时正是低涡在西南地区迅速发展的阶段,说明西南地区对流的组织化发展与低涡的发展有密切联系。11 日 08 时后,低涡云系发展较为旺盛之后开始减弱,并且成为分散的小片絮状单体(图 3-94e),此时海上有一对流云系发展加强并向西北方向移动。下午到傍晚开始,低涡处的云系再一次发展加强,分散的云系再次变得有组织起来,并与海上移来的对流云系合并,在广西北部形成很强的对流云团(图

3-94f,g),与此同时,广西北部出现了历史同期最强的降水,6 h 降水量超过了 200 mm。到 6 月 12 日,低涡逐渐发展成熟并移出西南地区进入广西境内,位于低涡后部的对流活动已经发展到十分旺盛的阶段,并向东扩展。到 12 日 06 时,一条比较完整的云带已伸展至福建中部地区(图 3-94h)。此时低涡中心对应的降水中心已经东移到广西东北地区与湖南南部地区,强的对流云团主要在低涡前部东北端的倒槽上开始发展(图 3-94h)。随着系统的东移和发展,低涡地区东北-西南走向的云带越来越清晰,并在晚上又开始发展加强(图 3-94i),雨带亦呈东北-西南走向,并向东影响我国江淮流域和南方地区的降水。

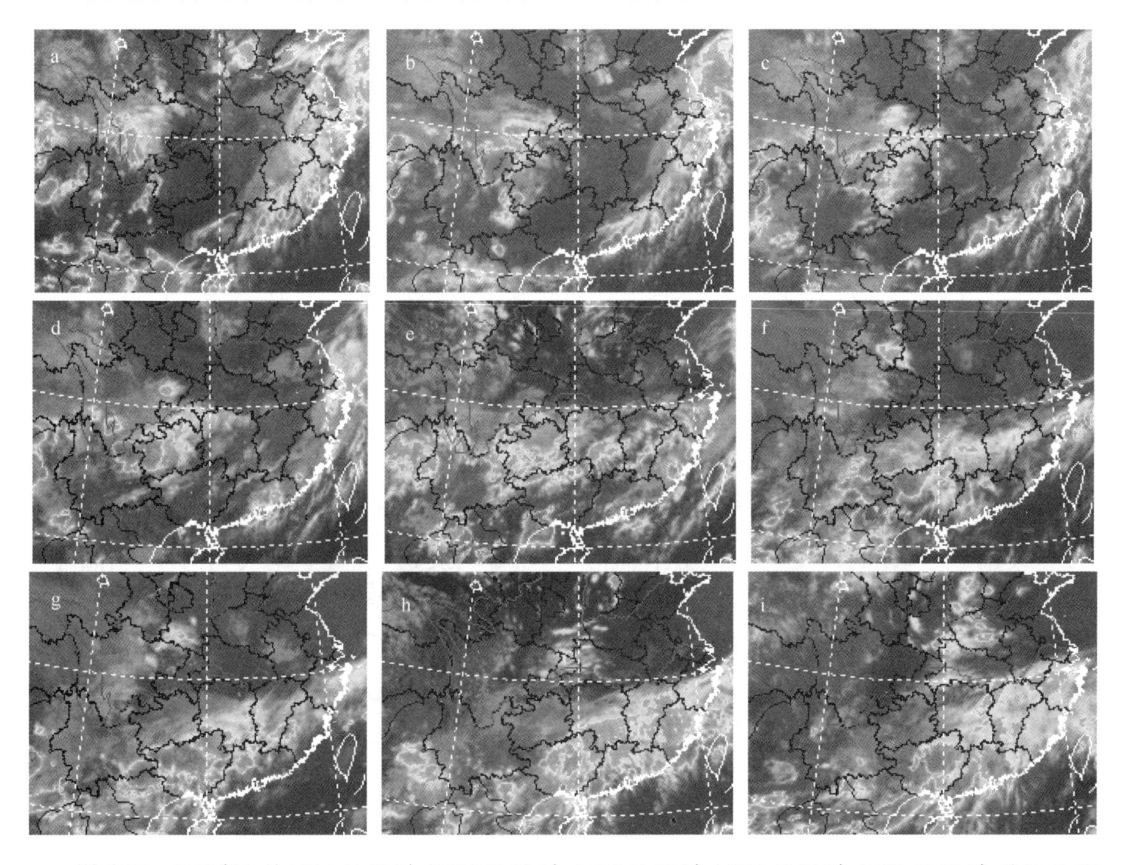

图 3-94　2008 年 6 月(a)10 日 12 时,(b)10 日 18 时,(c)10 日 21 时,(d)11 日 00 时,(e)11 日 06 时,(f)11 日 15 时,(g)11 日 21 时,(h)12 日 06 时,(i)12 日 12 时 FY-2C 红外卫星云图

此次过程是在午后有对流产生,在夜间不断发展并逐渐东移,至清晨强烈的对流活动出现在低涡的东部或东南部,它的发展预示着凝结潜热释放是低涡系统迅速发展成熟的一个关键因素,而西南地区盆地西南侧充沛的水汽供应是这种作用得以形成的重要条件。

3.13.3　大尺度环流背景及影响系统分析

水汽、垂直上升运动和降水持续时间是暴雨预报的三个重要因素,而降水持续时间与大气环流形势有着密切的联系。就本次过程而言,主要影响的系统包括高空低槽、低空急流和中低层西南低涡及其后演变的切变线。

3.13.3.1 500 hPa 高度场的配置特征及其演变

四川盆地的低涡一般都出现在西部地区，且初生时刻都为浅薄的低层系统，在一定的大尺度环流场形势的配合下，如受到高原涡东移(李川 等，2006)或北部东移低槽等不稳定系统的作用或耦合，使其迅速强烈发展，并给其经过区域带来灾害性的暴雨过程。因此，分析西南低涡发展的大尺度环流背景特征是研究引发这场暴雨成因的重要一环。为此，本节首先利用高度场资料分析 6 月 10—14 日 00 时四川盆地及其周围上空 500 hPa 高度场的逐日变化，从而来揭示引发此次特大暴雨的大尺度环流背景场特征。

从 500 hPa 环流形势分析，中高纬度环流经向度较大。从图 3-95a 可以看到，西西伯利亚有一稳定的较强冷低压中心，中高纬度地区为两槽一脊的环流形势，西部槽位于乌拉尔山以东的西西伯利亚平原地区，东部槽位于我国东部地区，此槽向南延伸至华南地区，而长波脊位于中亚和我国西北地区上空。由于受槽后西北气流的影响，盆地北部与东北部有多个小槽活动，6 月 10 日 12 时有明显横槽位于四川东北地区。到 6 月 11 日 00 时，横槽移至四川盆地南部(图 3-95b)，且温度槽落后于高空槽，表明该槽为发展槽，云南西部也有一浅槽存在，另一低槽位于湖北东部至广东中部地区，华南西部处在两槽之间的弱脊区。到 11 日 20 时(图 3-95c)，由于中高纬长波槽脊向东移，四川南部的横槽迅速东移到湖南北部至贵州中部一带，其槽尾位于云南地区；同时云南西部浅槽也移至广西西部地区，两槽有相接的趋势，华南及湖南南部处于槽后比较

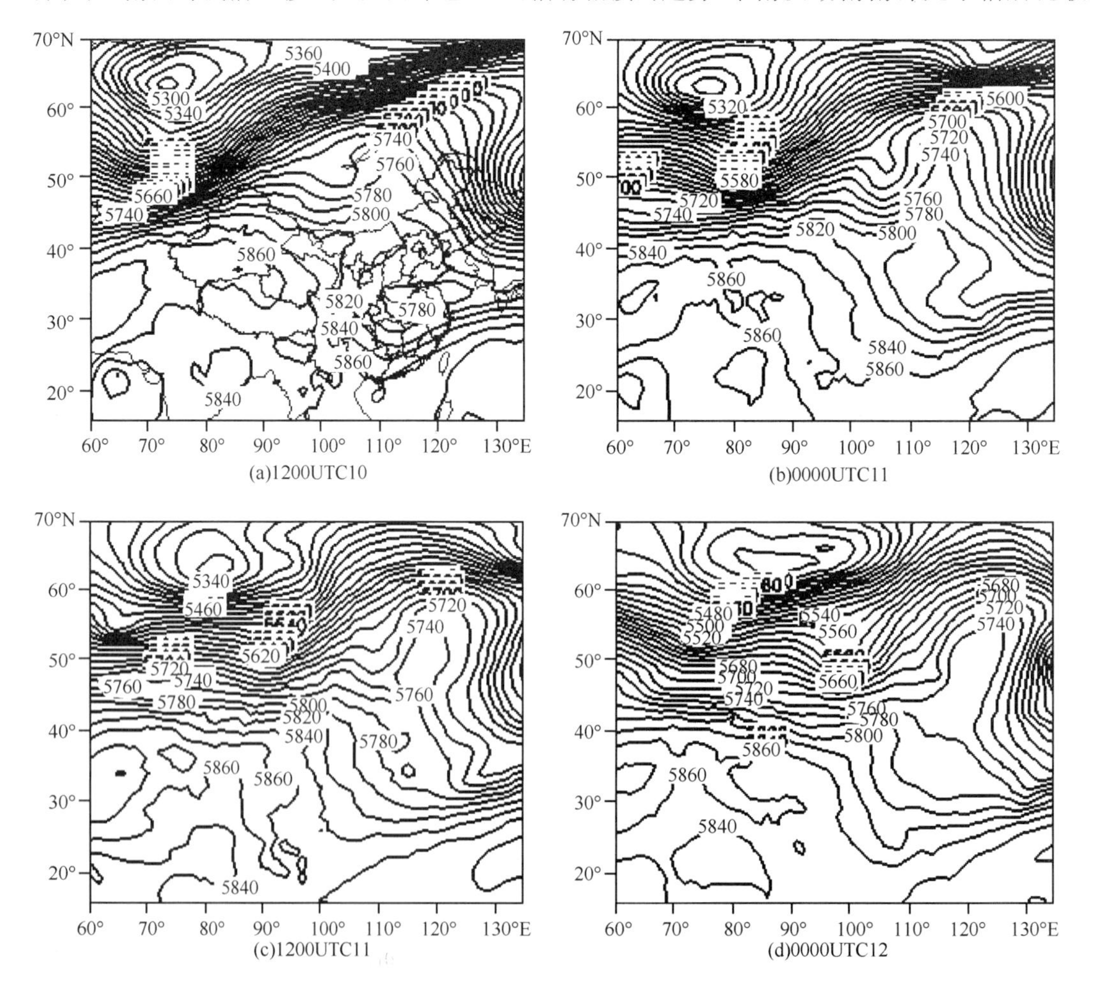

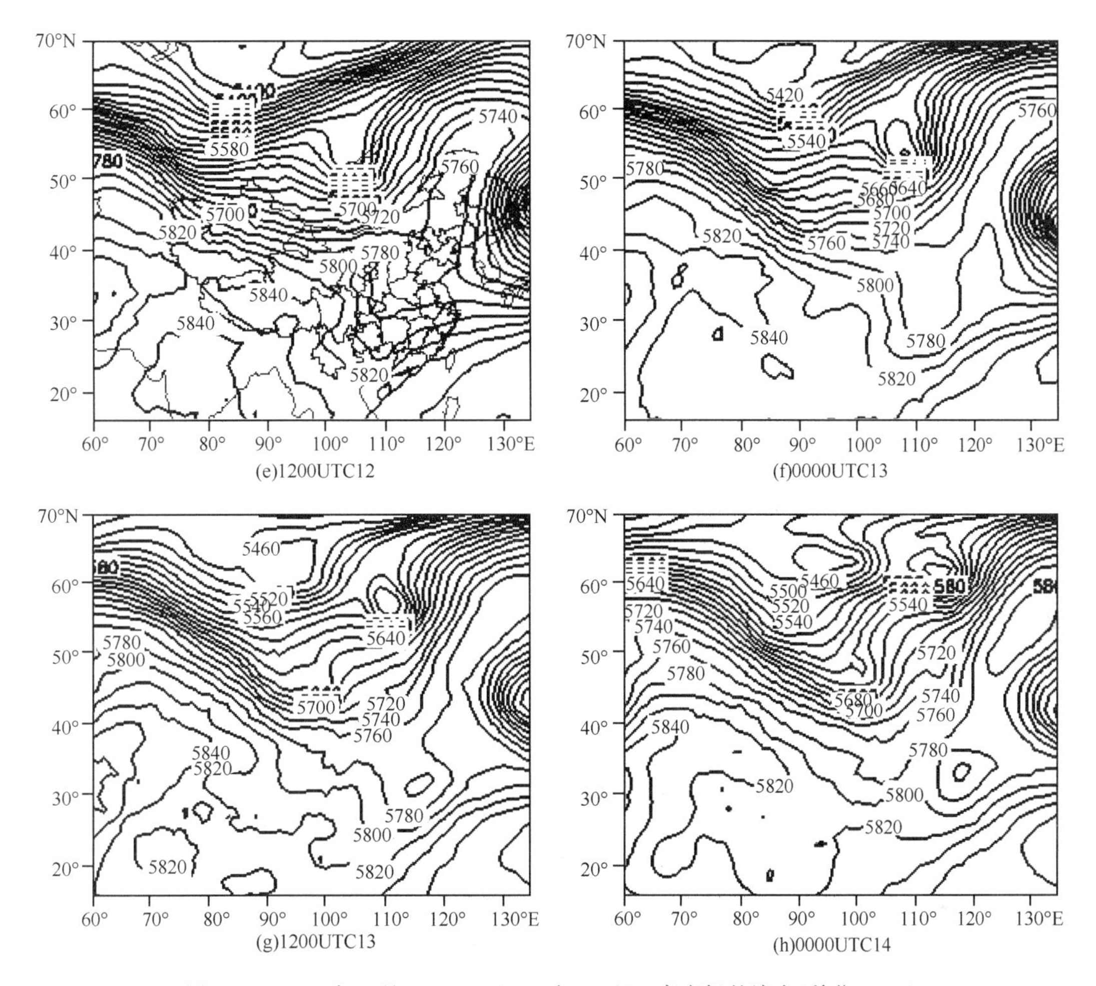

图 3-95 2008 年 6 月 10—14 日 00 时 500 hPa 高度场的演变(单位:gpm)

强的西南气流控制中,为强降水的发生提供了有利的水汽条件。12 日 00—12 时(图 3-95d, e),位于西西伯利亚的冷低压中心及槽线向东北方向移动,致使湘西北的横槽逐渐转竖与华南浅槽相结合,在湖南西部与广东中部一带形成一条比较长的槽线。13 日 00 时(图 3-95f),低槽进一步加深东移,至 13 日 12 时(图 3-95g,h),低槽东移至湖南与江西交界处,呈东北—西南向,低槽北部在江淮地区发展成低涡。14 日 12 时,低槽东移入海,强降水也随之减弱消失。

3.13.3.2 中低层流场西南低涡的演变

由于西南低涡主要发生在四川盆地上空对流层下层,因此,利用 700 hPa 与 850 hPa 的平均流场分析了 6 月 10—14 日期间每 12 h 的演变过程,可了解大尺度环流背景下所引发的西南低涡的发生、发展过程(图 3-96)。

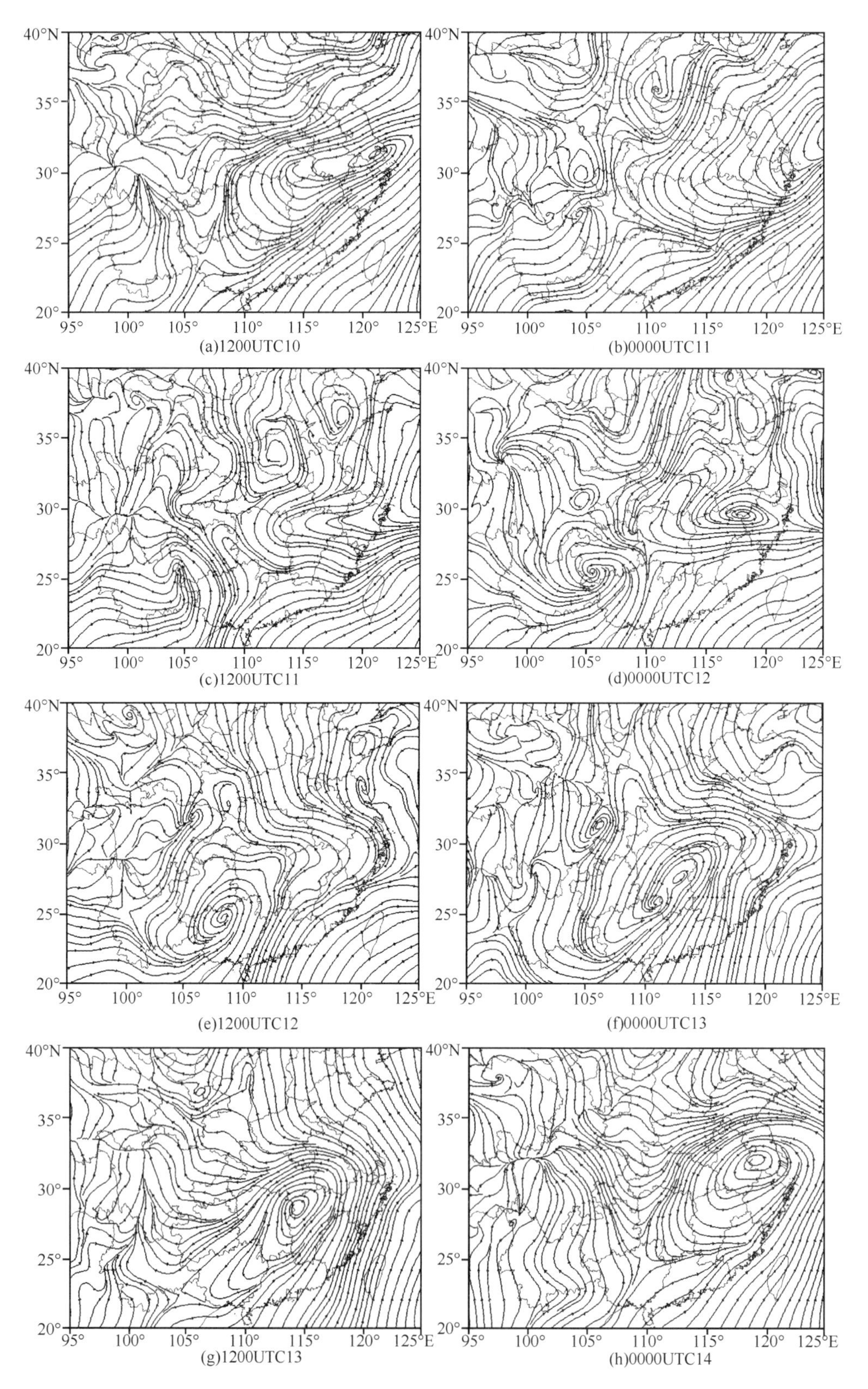

图 3-96　2008 年 6 月 10—14 日 700 hPa 和 850 hPa 平均流场的演变

正如图3-96a所示，在暴雨刚开始发生的6月10日12时，四川盆地西南部由于西南气流绕流云贵高原而产生弱的气旋性气流，此时700 hPa有西南低涡在此处生成，而850 hPa上虽然有较强气旋性切变但未见闭合环流(图略)。12 h后(图3-96b)，西南气流进一步加强并直接经高原东侧与西北气流在四川盆地东南部交汇，川中东部地区出现一个闭合高压，西太平副热带高压有所加强且西伸至贵州一带，而重庆处于两高之间的气旋性切变区域内，在贵州西部出现了闭合的气旋性低压中心，此种结构是一种“鞍”型场的环流配置(陈栋 等,2007)。6月11日12时(图3-96c)，贵州与云南两省交界处为较强的气流辐合区，而此辐合中心正好位于11日12时6 h强降水发生区域。6月12日00时，850 hPa流场图上出现了闭合的低压环流中心(图略)，因此，在700 hPa与850 hPa的平均流场图上也发展成较强的气旋性低涡中心(图3-96d)，位于贵州与广西交界的地区，此时“鞍”型场环流配置更为明显，与6 h的降水量对比发现，强降水落区主要出现在低涡中心的东南侧。6月12日12时(图3-96e)，西南低涡强烈发展并影响到两广地区，这为此区域引发一场特大暴雨提供了中尺度动力条件，同时受低涡的影响，四川东部又产生了气流辐合。6月13日00时(图3-96f)，由于高空长波槽东移，在其引导下，西南低涡向东北方向移动，且逐渐演变成较强的低空低涡型切变线，呈东北—西南走向，四川盆地东部的辐合区发展成闭合的低压中心，这又酝酿着一场新的暴雨。13日12时—14日12时，东移的低涡垂直向上伸展至500 hPa，发展成一个较深厚的低压系统，中低层东移，低涡在高空槽的引导下继续向东北方向移动并分裂为两个低压环流中心(图3-96g,h)。到14日12时后(图略)，低涡东移入海，此次降水过程减弱、结束，但西南地区又将开始新一轮降水过程。

3.13.4 大尺度物理量分析

3.13.4.1 中低层涡度的演变

综上所述，引发这次区域性特大暴雨的原因主要是西南低涡的发展过程，中尺度涡旋为此次特大暴雨的直接影响系统。为了更好地说明这次西南低涡的发展过程，分析了2006年6月10—14日12时700 hPa与850 hPa的平均涡度每12 h的演变过程(图3-97)。

从图3-97a可以看到，6月10日12时四川盆地北部、西部、南部都有正涡度中心但不明显，为$2\times10^{-5}\ s^{-1}$，主要正涡度中心位于切变线所在的江西至江浙一带。6月11日00时(图3-97b)，四川东南部与云南西北地区有涡度中心存在，中心强度增大至$6\times10^{-5}\ s^{-1}$，在正涡度中心正北部四川东部地区有一负涡度中心相伴。6月11日12时(图3-97c)，在“鞍”型环流配置下，正负涡度中心各自向东移并发展，中心强度增强到$8\times10^{-5}\ s^{-1}$和$-6\times10^{-5}\ s^{-1}$，此时四川南部的低涡开始向华南地区移动，对比6 h降水量资料分析发现，强降水落区与正涡度中心相互对应。6月12日00时(图3-97d)，正涡度中心继续向东南方向移动且中心强度进一步加强，出现了三个正涡度中心，最大中心值达$12\times10^{-5}\ s^{-1}$，而负涡度中心却逐渐减弱了，6 h强降水主要发生在最大涡度中心处，6 h雨量超过了200 mm。6月12日12时(图3-97e)，最大正涡度中心向东南方向移动缓慢且中心值维持增强趋势，为$15\times10^{-5}\ s^{-1}$，次正涡度中心向东北方向移动且速度较快，而负涡度区域减弱至消失，整个江南、华南地区都为正涡度控制，对比同时刻降水量发现，在正涡度中心值增强的情况下，降水强度也有所加强，且发生在正涡度中心地区，但次正涡度中心区域却几乎无降水发生，这可能与形势场上低涡所在的地区有关。6月13日00(图3-97f)，正涡度中心移动路径逐渐转为东北方向，最大正涡度中心值加强至

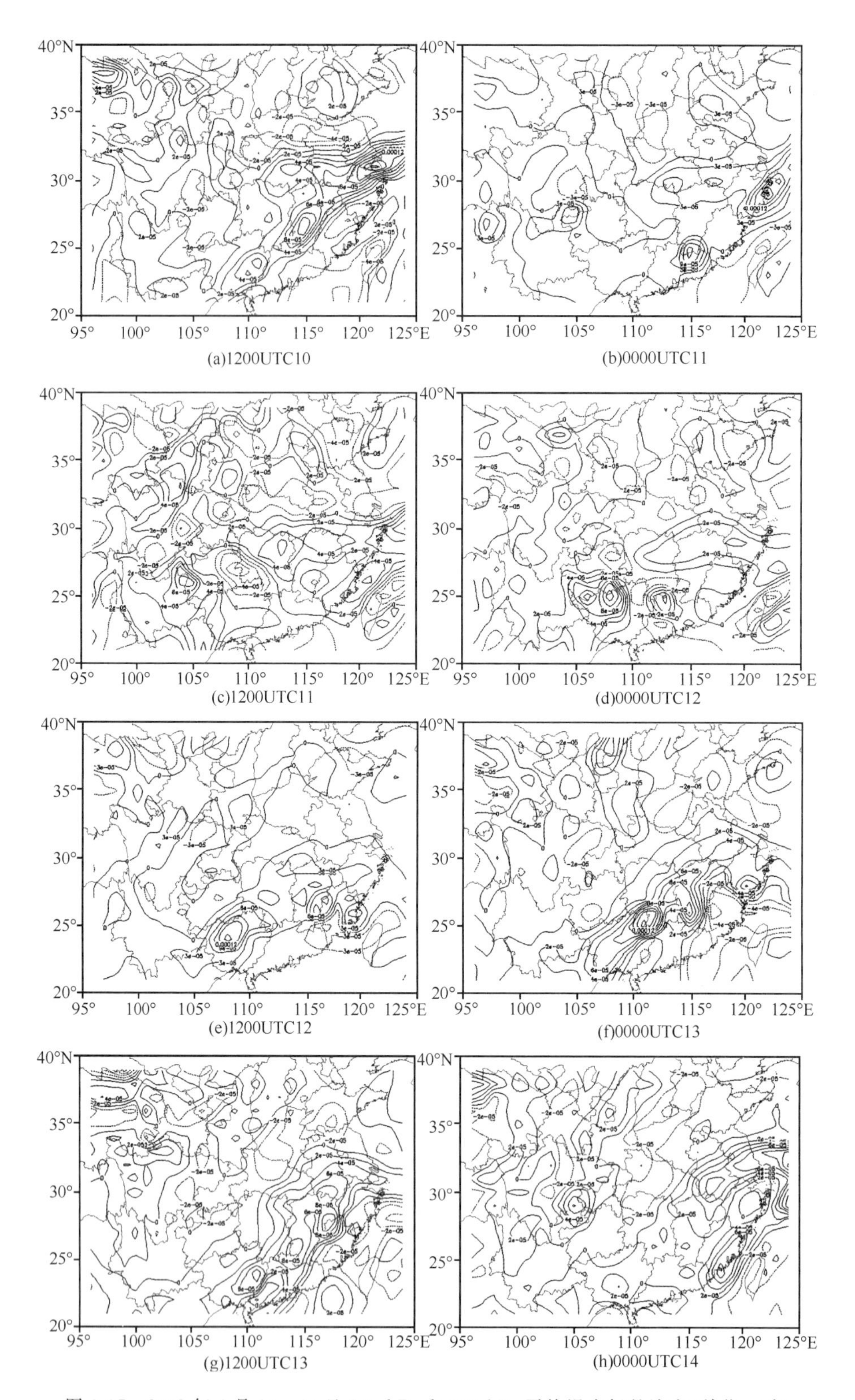

图 3-97　2008 年 6 月 10—14 日 700 hPa 和 850 hPa 平均涡度场的演变(单位：s^{-1})

$16\times10^{-5}\ s^{-1}$，此时强降水落区亦转为东北—西南向且强度增强。6月13日12时(图3-97g)，在东北—西南向上呈现多个正涡度中心，与之前分析不同，正涡度中心区域的降水较弱，而最主要的强降水位于涡度中心带的东南地区。6月14日12时(图3-97h)，正涡度中心东移至沿海地区，之后减弱入海，对应此区域的强降水也随之减弱消亡，但盆地东部又有西南低涡形成，正涡度中心强度达到了$8\times10^{-5}\ s^{-1}$，强烈发展的低涡再一次引发了区域性特大暴雨过程。

从以上涡度场的分析可以看到，开始阶段强降水落区主要发生在最大正涡度中心，但当低涡演变成低涡型切变时，最强降水不再出现在涡度中心，而是发生在正涡度带的东南方向的西南暖湿气流中。由于正涡度中心不一定有强降水发生，因此实际预报时要与天气系统配合分析，以防出现空报。

分析各层次的涡度场发现(图略)，本次降水过程暴雨发生时，涡度场从地面到对流层顶一般为正涡度，且最大值中心位于850～500 hPa。

3.13.4.2　暖平流对西南低涡发展的作用

西南低涡多为暖性结构，并且低涡的发展与低层暖平流的发展有着密切的关系，李国平等(1991)的研究表明西南低涡的发展与下垫面的加热有着密切关系。在6月10日12时的温度场图上(图3-98a)，暖中心位于高原中南部地区，青藏高原作为一个热源影响下游地区天气，此时在高原背风坡的四川盆地西南部生成的低涡具有暖性结构。温度平流对低涡的发展是一个重要的物理因子，不仅可以造成大气层结不稳定，而且可以产生垂直运动，为了分析温度平流对低涡发展的作用，本节计算了低涡初生时段700～850 hPa层的平均温度平流。如图3-98b所示，6月11日00时，在高原东侧下坡的105°E附近暖平流中心达到1.5×10^{-4}℃·s^{-1}，伴随低空西南暖湿气流，该暖平流使这一带中低层增温、增湿，增强了大气层结的不稳定性，从而引起上升运动和潜热释放，促使低压强烈发展。与此同时，在暖平流中心的东北方向有一闭合冷平流中心存在，说明四川中部已经被北方冷空气强烈南下贯穿，冷平流中心强度为-2.5×10^{-4}℃·s^{-1}。

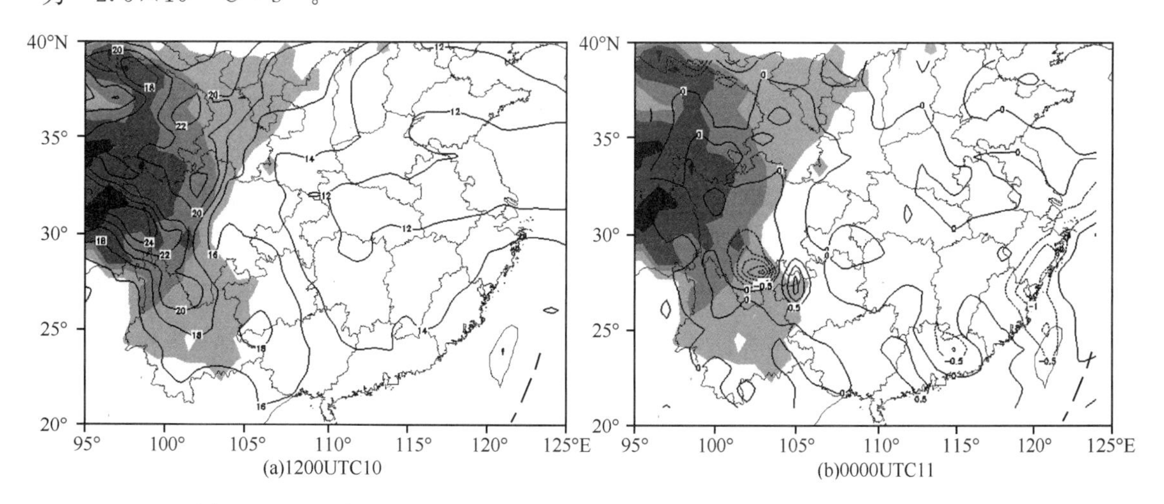

图3-98　2008年6月(a)10日12时平均温度场；(b)11日00时平均温度平流
(阴影部分表示高原地形梯度)

3.13.4.3 水汽通量的演变及其对西南低涡发展的作用

持续性暴雨降水强度大，持续时间长，这必然要求有充足的水汽供应，水汽通量是反映空气中水汽输送的特征量，表示单位时间内流经与风向正交的某一单位气柱截面的水汽质量，它表示水汽输送的强度和方向，为了分析持续性暴雨的水汽来源及演变状况，下面分析此次特大暴雨过程 850 hPa～700 hPa 每 12 h 的平均水汽通量变化(图 3-99)。

从图 3-99a 可以看到，6 月 10 日 12 时，东西两边各有一条明显的水汽辐合带，西部的水汽辐合带主要是因为来自孟加拉湾的大量水汽向北输送到四川盆地西南地区，在四川西南部形成明显的水汽辐合，东部的水汽辐合带主要是来自南海的水汽输送而形成的，下面我们主要研究西部水汽辐合带的演变过程。

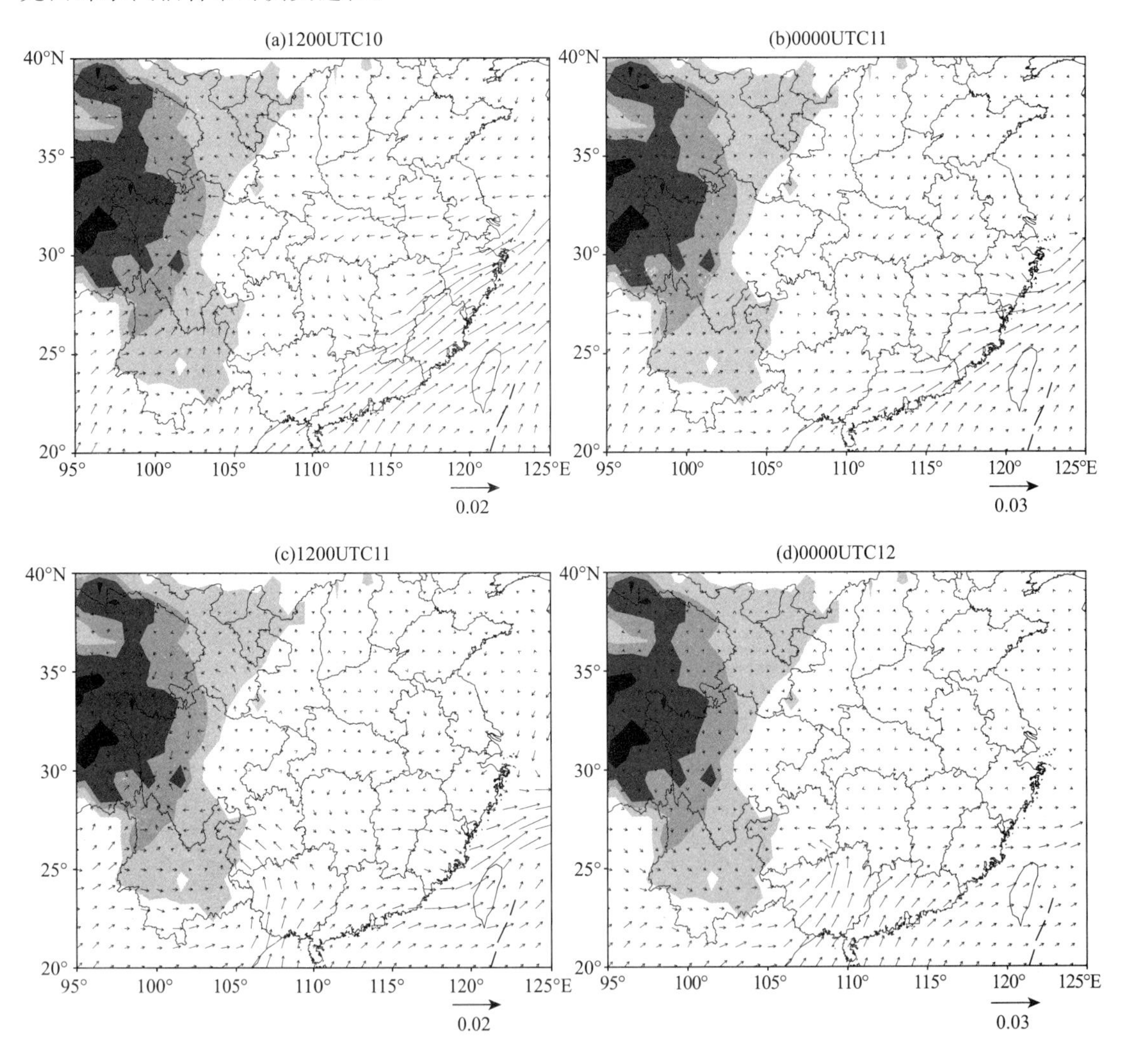

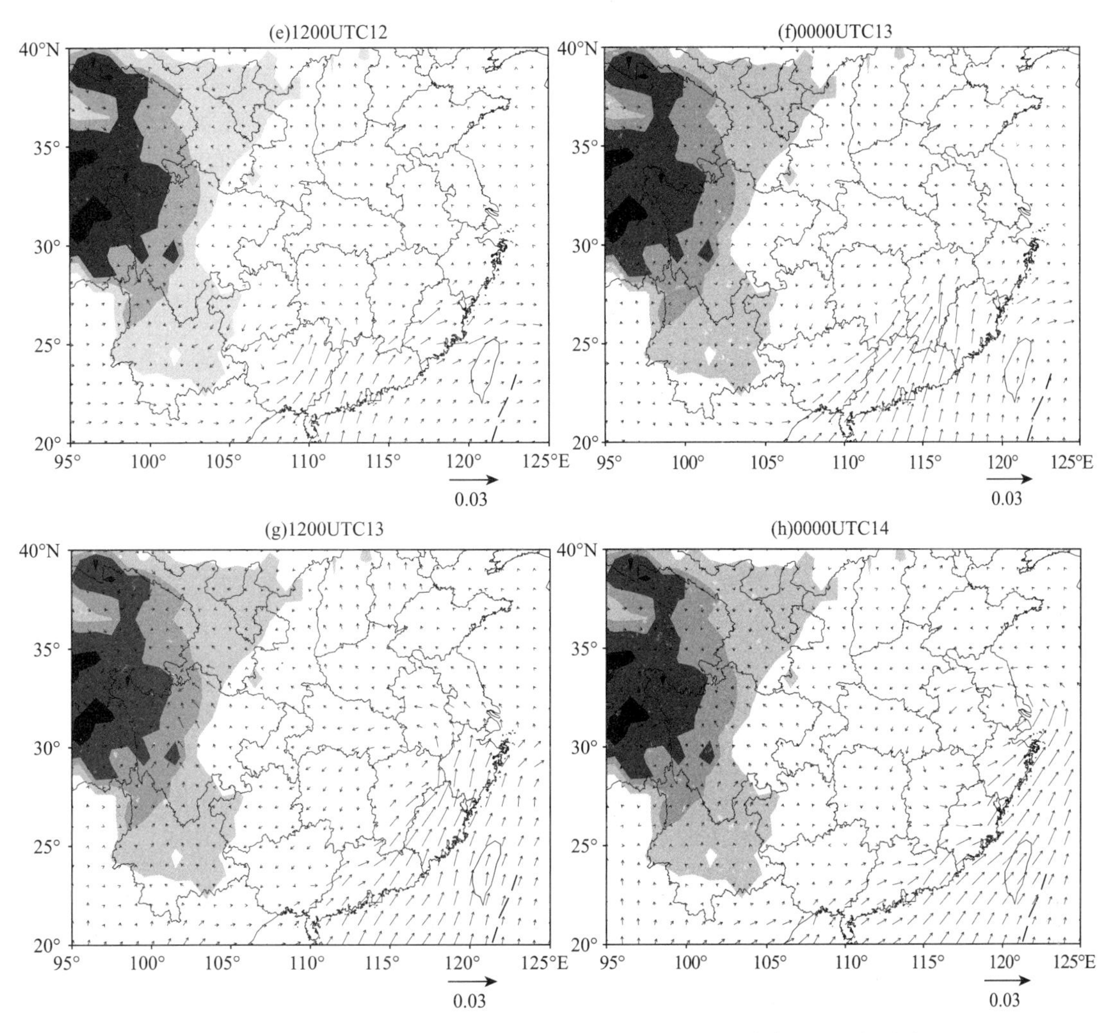

图 3-99　2008 年 6 月 10—14 日 700 hPa 和 850 hPa 平均水汽通量的演变

（单位：g・cm^{-1}・hPa^{-1}・s^{-1}；阴影部分表示高原地形梯度）

6 月 11 日 00 时(图 3-99b)，由于降水的发生，南风输送有所减弱，四川盆地的南部水汽平均输送也随之减弱，但在云南北部形成了气旋性的水汽辐合区，6 h 强降水发生在水汽辐合区的东北部。6 月 11 日 12 时(图 3-99c)，来自中印半岛和南海向北的水汽输送开始加强并逐渐转为向西北方向输送，与来自孟加拉湾的西南水汽输送汇合于云南、贵州和广西地区，呈明显的气旋性辐合，中心位置位于云南东部地区，为特大暴雨提供了充足的水汽输送，随后的 12 h 降水量超过了 200 mm，强降水中心位于水汽辐合区东部的广西北部与贵州西部地区的东南气流中。6 月 12 日 00—12 时(图 3-99d,e)，西南水汽输送进一步加强，两广至东南沿海一带为强的西南水汽通量控制，在北部形成辐合区，同时位于云南地区的气旋性水汽辐合中心东移至广西北部地区，与此同时，强降水主要发生在水汽输送气旋性辐合中心，12 h 降雨量达 200 mm 以上。12 月 13 日 00—12 时(图 3-99f,g)，随之低涡演变成东北—西南向的低涡型切变，水汽输送气旋性辐合区也逐渐演变成东北—西南向，大的水汽通量位于切变线的东南方向，最大强降水中心位于水汽通量大值区。6 月 14 日 00 时（图 3-99h），随着切变线的向东移动，水汽通量大值区也向东移动且逐渐减弱入海，强降水过程也随之减弱、结束。

因此，从整个水汽输送的情况来看，这次区域性特大暴雨过程的水汽来源主要有三支：一支来自孟加拉湾的水汽输送，主要有两种输送方式，即在对流层中层爬越高原，经西风输送进入四川盆地，以及在对流层低层绕流过云贵高原进入四川盆地西南部；另一支来自中印半岛和南海的水汽输送，主要表现为低层偏南风输送到盆地东部地区；第三支是西风带的水汽输送。从前两个通道输送而来的水汽与来自西风带水汽输送汇合，最初在四川盆地西南部形成强烈的水汽辐合带，从而致使在四川盆地西南部发生暴雨天气过程有充沛的水汽来源，在低涡发展东移的作用下，强烈的对流上升运动把大量水汽输送到高空，与高空冷空气交汇后，在下游地区产生了特大暴雨。

3.13.5 小结

本节利用地面和高空常规观测资料、FY-2C 卫星云图资料以及 NCEP 高分辨率再分析资料，详细分析了 2008 年 6 月 10—14 日东移西南低涡造成我国西南大部地区、华南、江南及江淮南部地区一次自西向东的区域性特大暴雨过程，得到以下主要结论。

(1)导致这次区域性特大暴雨的大尺度环流背景场是：中高纬度环流经向度较大，主要表现为“两槽一脊”型，在降水过程中西西伯利亚维持一个低压冷中心，长波槽东传移动过程中分裂的小短波槽不断影响四川盆地东部与北部地区，青藏高原东北部的小槽携带着弱冷空气东移到四川盆地上空是导致西南低涡发展东移的主要因素，而低涡上空的高空槽不断加深发展东移对低涡的加强东移有积极作用。

(2)700 hPa 流场呈现“鞍”型场的环流配置，在此类环流形势下，西南低涡迅速发展，同时由孟加拉湾通过西南气流输送过来的水汽和由南海与印度半岛通过偏南气流的水汽输送在西南低涡所在区域产生辐合，并伴有明显的水汽辐合切变。

(3)本次过程中西南低涡具有暖性结构。温度平流分析表明暖平流使中低层增温、增湿，加大了大气层结的不稳定性，从而引起上升运动和潜热释放，促使低涡强烈发展。涡度场分析出西南低涡所在地区为正涡度中心区，从低涡初生到成熟期，强降水中心与正涡度中心一致；但当低涡演变成带状的低涡型切变时，强降水落区则发生在切变线东南侧的西南急流中。但正涡度中心不一定有强降水发生。

(4)影响此次区域性特大暴雨的水汽来源主要有三支：一支来自孟加拉湾的水汽输送，另一支来自中印半岛和南海的水汽输送，第三支是西风带的水汽输送。西南低涡初生时期强降水落区主要发生水汽辐合区的东部或东北部，西南低涡发展成熟后强降水则主要发生在辐合区中心。

3.14 大气河对 2013.7.9 四川盆地持续性暴雨的作用

3.14.1 引言

暴雨的分析预报一直是国内外气象工作者研究的一个难题。暴雨的研究涉及从动力到热力再到水汽等诸多方面。作为对暴雨研究的一个重要方面，水汽的作用不容忽视。特别是持

续性暴雨，需要有充足的水汽供应以及稳定的大气形势和对流不稳定能量的释放（陶诗言，1980；陈静 等，2002；尹东屏 等，2007）。

在国外，对暴雨以及引起暴雨的水汽输送的研究已有很多，特别是对美国西海岸地区以及美国中部地区由于水汽输送引起的暴雨过程做了深入的研究。并通过对引起暴雨过程水汽输送的分析，定义出大气河（atmospheric river，简称 AR）的概念（Zhu et al.，1998；Ralph et al.，2004；Neiman et al.，2008a，2008b；Ma et al.，2011；Moore et al.，2012）。“大气河”一般指从赤道地区的水汽集中带起源而向陆地延伸出的一条羽状水汽输送带。它一般位于气旋性环流的暖输送带且水汽较集中的地方，其水汽通量强度一般大于 600 $kg \cdot m^{-1} \cdot s^{-1}$），其宽度一般约为 400 km（Neiman et al.，2008b）。

在国内，丁一汇等（2003）通过将 1998 年中国大洪水时期降水分为七个阶段，逐步分析七个阶段中水汽收支的情况，得出南海地区的水汽输送情况与中国强降水密切相关，并在南海季风爆发后，通过经中印半岛输入南海地区的水汽增强，使南海成为一个主要的水汽源地，为 1998 年致洪暴雨提供了充足的水汽供应。田红等（2004）利用 NCEP/NCAR 的 1958—1998 年再分析资料研究了夏季东亚季风区水汽输送特征，分析出在我国主要有四条水汽通道，西南通道主要影响的是我国华南中部和西南边境的降水，南海通道主要影响的是华南降水，东南通道主要影响的是长江流域的降水，而西北通道则主要影响黄河中上游及华北东部的降水。周长艳等（2005）通过分析得出青藏高原东部及其邻近地区的水汽在夏季主要来自于孟加拉湾和南海，而秋季则主要来自于西太平洋地区。张小玲和张建忠（2006）通过对比 1981 年 7 月 9—14 日持续性暴雨过程与 2004 年 9 月初的两次暴雨过程得出持续性暴雨可以有不同的环流配置。但暴雨发生的物理机制都是一样的，在暴雨发生前，空气中已经积累了大量的水汽及对流有效位能，暴雨发生时所需的强上升运动的能量主要是通过对流有效位能释放的。江志红等（2011）利用 NCEP 再分析资料，以及气流轨迹模式（HYSPLIT v4.9），分析了 2007 年 6 月 19 日—7 月 26 日期间淮河流域的强降雨，结果显示，影响此次强降水过程主要有三支水汽通道：一支是西太平洋副高外围的东南气流，一支是南海地区的越赤道气流，第三支是印度季风输送的经孟加拉湾的水汽通道。

2013 年 7 月 7—12 日强降雨（以下简称四川“7·9”暴雨）持续侵袭四川盆地，成都、雅安、乐山、眉山、德阳、绵阳等市大部及广元市西部出现了持续性强降雨。这也是自 6 月 18 日以来四川省 20 天内出现的第四场区域性暴雨天气过程，为历史同期罕见，成为四川省 2013 年仅次于“4·26”芦山地震的第二大自然灾害。此次天气过程四川省共有 39 个县（市）出现暴雨，其中有 18 个县（市）降了大暴雨，都江堰站 24 h 降雨量高达 415.9 mm，大邑 24 h 降雨量为279.2 mm，均打破本站历史极值。图 3-100 为四川省 10 个代表站逐小时降水量柱状图。从图上可以看到，降水从 7 日 12 时开始，一直持续到 12 日 12 时。强降雨主要发生在 9 日 00 时（北京时，下同）到 11 日 00 时，48 h 内 10 个站点都达到了暴雨到大暴雨的级别。可见此次四川区域性暴雨的特殊点为持续时间长、雨强及降雨总量大、强降水区域稳定少动（图 3-100）。

目前，对持续性暴雨的研究虽有不少，但关于水汽输送对西南地区特别是四川盆地持续性暴雨的研究还不多。本节将通过揭示孟加拉湾地区大气河在不同高度及不同时段的特征，来研究其对四川盆地持续性暴雨的影响作用。

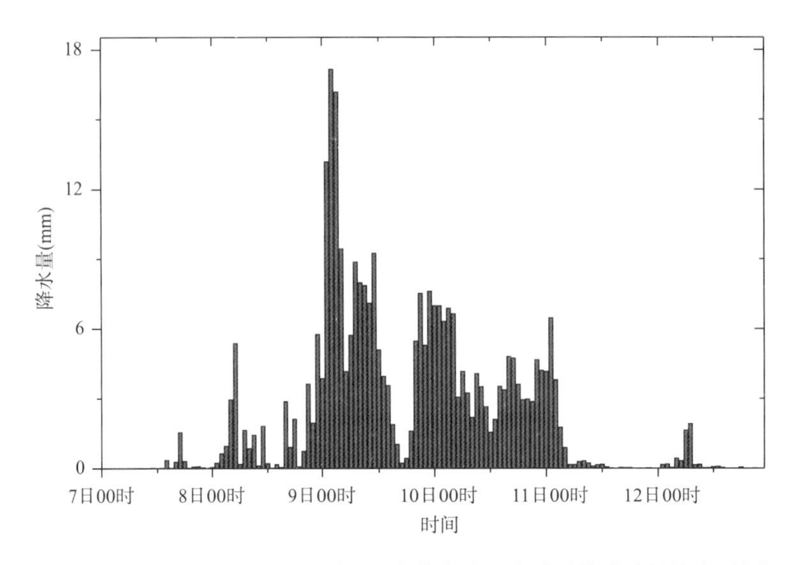

图 3-100　2013 年 7 月 7—12 日四川省 10 个代表站逐小时平均降水量演变(单位:mm)
(10 个代表站:都江堰、彭州、温江、崇州、大邑、邛崃、蒲江、雅安、名山、荥经)

3.14.2　资料和计算方法

3.14.2.1　资料

所用的资料为 2013 年 7 月 7—12 日 NCEP/NCAR 2.5°×2.5°的逐日再分析资料以及 FNL 分辨率为 1°×1°的逐日 4 次再分析资料,要素有水平风(u,v)、比湿(q)、温度、地面气压,垂直方向为 1000～200 hPa 共 19 层。

3.14.2.2　水汽通量的势函数和流函数

水汽通量(矢)通过其流函数(Ψ)和势函数(χ)最终可得到其非辐散(旋转)分量和辐散(非旋转)分量(Chen,1985;丁一汇,1989;丁一汇 等,2003),即:

$$\boldsymbol{Q} = \boldsymbol{k} \times \nabla \Psi + (-\nabla \chi) = \boldsymbol{Q}_{\Psi} + \boldsymbol{Q}_{\chi} \tag{3-41}$$

式中:$\boldsymbol{Q}$ 表示水汽通量,矢量 $\boldsymbol{Q}_{\Psi}$ 和 $\boldsymbol{Q}_{x}$ 分别代表水汽通量的旋转分量和辐散分量。

$$\begin{cases} \nabla^2 \psi = \boldsymbol{k} \cdot \nabla \times \boldsymbol{Q} \\ \nabla^2 \chi = - \nabla \cdot \boldsymbol{Q} \end{cases} \tag{3-42}$$

$$\begin{cases} \boldsymbol{Q}_{\Psi} = \boldsymbol{k} \times \nabla \Psi \\ \boldsymbol{Q}_{x} = - \nabla x \end{cases} \tag{3-43}$$

第一步,根据格点上的 q,u,v 值,计算出 $\boldsymbol{Q}$ 及其散度和涡度场;第二步,求解泊松方程。用超张弛法数值求解式(3-42)得到流函数和势函数;第三步,由(3-43)式得到水汽通量的辐散分量和旋转分量。

将(3-41)式、(3-42)式垂直积分,可得到单位面积上空气柱的势函数和流函数,以及水汽通量的辐散和旋转分量。

3.14.2.3　区域水汽收支

单位边长整层大气水汽输送通量的计算公式为(陶杰和陈久康,1994;康志明,2004;江志红 等,2011):

$$Q = -\frac{1}{g}\int_{p_2}^{p_1} qV\mathrm{d}p \tag{3-44}$$

式中：q 为比湿（g·kg^{-1}），V 为水平风速矢（m·s^{-1}），g 为重力加速度（m·s^{-2}）。各方向上水汽通量收支的计算公式为：

$$Q_L = \int_L \left[-\frac{1}{g}\int_{p_2}^{p_1} qV_n\mathrm{d}p\right]\mathrm{d}l \tag{3-45}$$

式中：l 为计算区域的周长，V_n 是水平风沿区域周线的法向分量。

3.14.3　环流形势和影响系统

3.14.3.1　环流形势

2013年7日08时，在亚洲中高纬地区，巴尔喀什湖和贝加尔湖之间为宽广的槽区，新疆到东北为波动的西风气流，西太副高位于日本列岛南部洋面上，西太副高控制我国东南沿海，西太副高外围控制高原东部一带（四川受其控制），高原东部到四川为波动的西风气流（图3-101a）；8日（图略），台风“苏力”生成，受其影响，西太副高东撤至贵州、重庆、湖南一带而后稳定维持。9日08时（图3-101b），西太副高依然稳定维持在贵州、重庆、湖南一带，且贝加尔湖地区形成一高脊区，而巴尔喀什湖和亚洲东海岸则为两大槽区，形成了典型的“两槽一脊”的环流形势。来自北方的冷空气不断侵入我国，在四川地区与南上的暖湿空气在盆地汇合，加之来自孟加拉湾的暖湿空气输送到四川地区，产生强降水。且由于副高的稳定维持，使得高原东部不断东移的低值系统也停滞于盆地上空，形成盆地连续多日的持续性暴雨。一直到10日20时（图略），由于台风“苏力”加强及西进，持续性降水过程趋于减弱、结束。

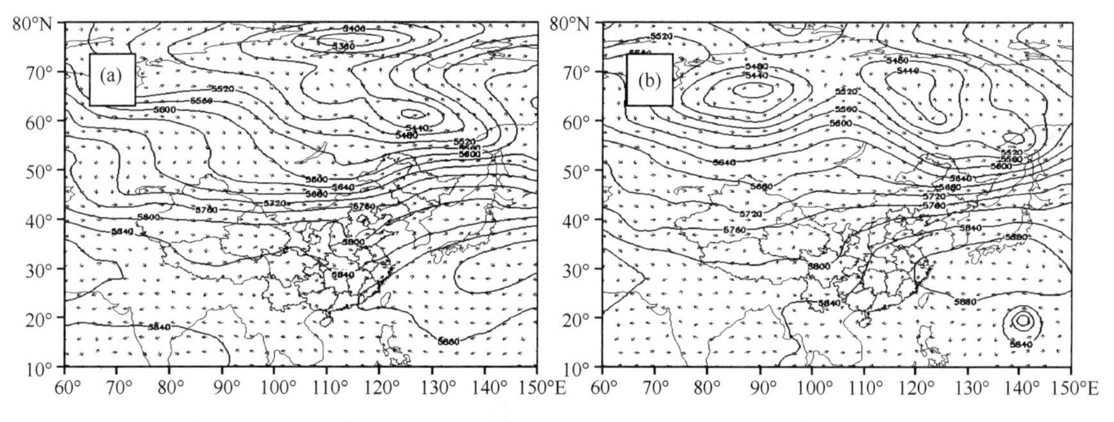

图3-101　2013年7月7日08时(a)和9日08时(b)500 hPa高度场和风场

在700 hPa流场与散度场图上，7日08时（图3-102a）四川盆地为西南风控制，到暴雨达到最强盛阶段时（图3-102b），盆地流场基本为南风控制，并在盆地西部出现一个辐合型流场，这使得来自孟加拉湾大气河的水汽在盆地辐合，有利于水汽在盆地汇聚。

在850 hPa流场与散度图上（图3-103a，b），盆地的偏东风随着时间不断增强并产生辐合，这使得低层水汽也在盆地辐合。在四川北部与青海交界处，可以看到一条明显的切变线逐渐形成并南移，不断引导其后方的冷空气进入盆地，与偏东风带来的暖湿空气在盆地上空交汇，引发暴雨。并且由于阻塞形势，使得850 hPa盆地形成的低涡无法移出，低涡生命史虽然不长，但其反复生成于盆地上空，十分有利于降雨持续。

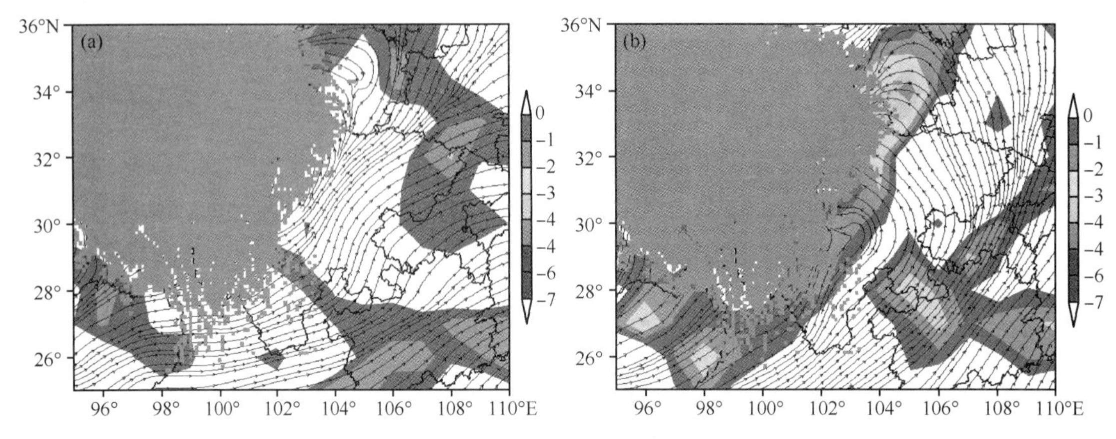

图 3-102　2013 年 7 月 7 日 08 时(a)和 9 日 02 时(b)700 hPa 流场与散度场

(散度单位:10^{-5} s^{-1};阴影区为青藏高原)

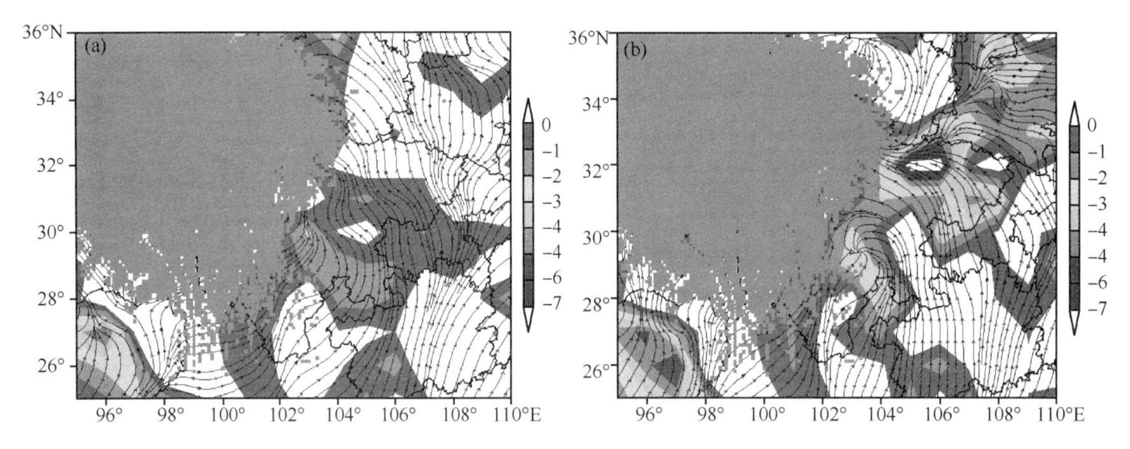

图 3-103　2013 年 7 月 7 日 08 时(a)和 9 日 02 时(b)850 hPa 流场与散度场

(散度单位:10^{-5} s^{-1};阴影区为青藏高原)

3.14.3.2　高低空急流与暴雨落区

朱乾根等(2001)指出,在高空急流的右前方辐散区以及低空急流的左前方辐合区,多有暴雨发生,且急流多为西风、西南风。此次暴雨过程中,四川盆地正好位于 200 hPa 高空急流的右侧以及 850 hPa 低空急流的左侧。高低空急流的共同作用,使得四川盆地形成一个低层辐合、高层辐散的有利于暴雨产生的环境。所以 200 hPa 高空急流对暴雨主要起辐散作用,850 hPa 的低空急流则对暴雨主要起辐合作用。

8 日 02 时(图 3-104a),我国新疆到蒙古国一带 200 hPa 高空有一支最大风速达到 65 m/s 的高空急流,急流核位于(42°N～44°N,93°E～99°E),并不断向东移动。而在低空 850 hPa 上(图 3-104b)有一支位于湖南、贵州的低空急流,并且该低空急流在不断加强。降雨达到暴雨程度时(8 日 02 时),四川盆地正处于 200 hPa 高空西风急流核的右后方以及 850 hPa 低空西南急流的左侧。9 日 02 时(图 3-104c,d),高空急流核移动到 103°E～107°E,低空急流加强到 22 $m \cdot s^{-1}$,四川盆地依旧处于高空急流的右侧和低空急流的左侧。直到 11 日 14 时,位于湖南的低空急流消失,本次暴雨也趋于结束。

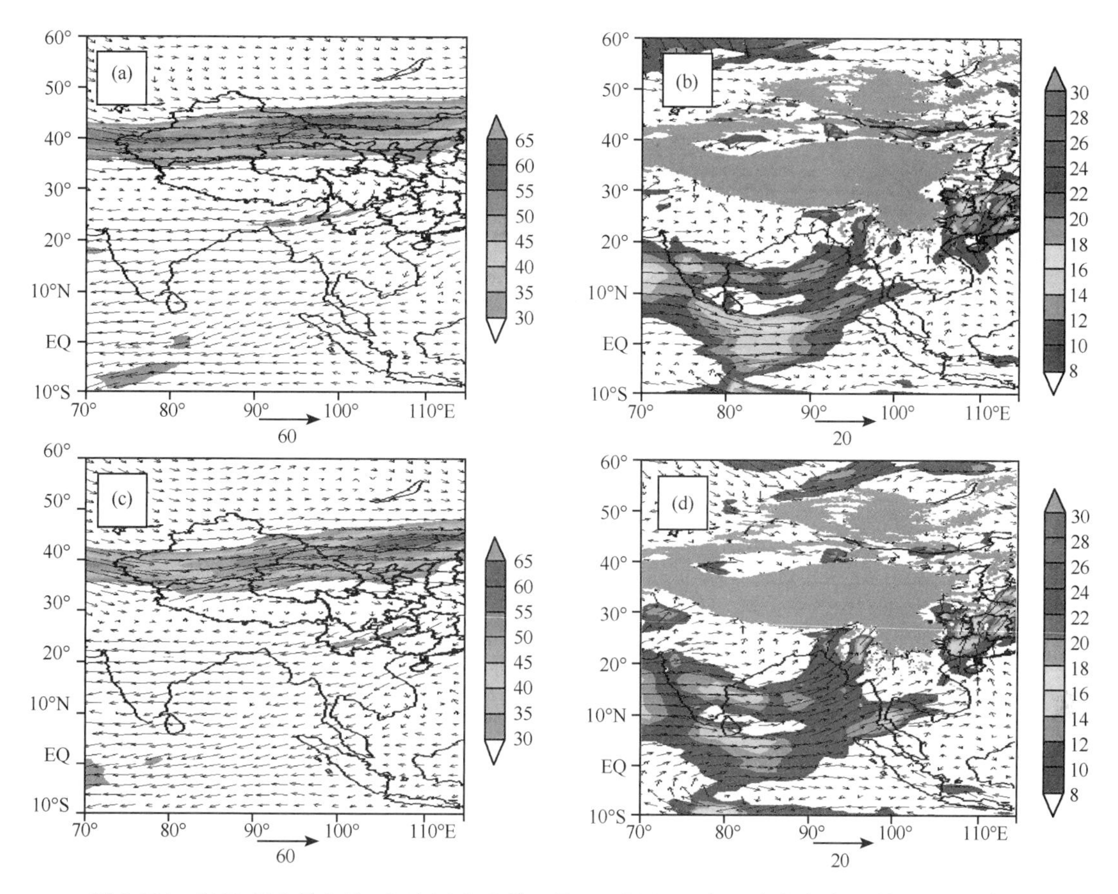

图 3-104　2013 年 7 月 8 日 02 时(a)和 7 月 9 日 02 时(c)200 hPa 高空急流;7 月 8 日 02 时(b)和 7 月 9 日 02 时(d)850 hPa 低空急流(单位:$m \cdot s^{-1}$;阴影区为青藏高原)

3.14.4　水汽输送

3.14.4.1　水汽通量的势函数和流函数

流函数表示大尺度水汽的输送,势函数可揭示整个降水过程中高水汽含量维持的状况。分析四川"7・09"暴雨期间整层水汽通量流函数和势函数的全球分布,对于理解四川"7・09"暴雨的形成和维持很有必要。

由整层水汽通量流函数和非辐散分量图(图 3-105a)可见,全球范围内,有几个流函数的大值中心,分别位于太平洋、日本海、大西洋及印度洋季风区。在赤道附近存在着一致的向西水汽输送,当这支水汽输送到非洲东岸索马里地区时,转向北半球后经印度在孟加拉湾分为两支,一支从孟加拉湾到达四川地区,另一只越过中印半岛从南海转向四川地区。流函数分布与水汽通量的输送大体一致。这支气流长年经过印度洋地区,携带有异常丰富的印度洋地区蒸发的水汽(丁一汇 等,2003)。

对于势函数的极小值中心,其水汽通量散度小于零,该区域为水汽汇区;反之,对于势函数的极大值中心,则为水汽源区。图 3-105b 上,7—12 日,四川地区的势函数达到了 $-700\ kg \cdot m^{-1} \cdot s^{-1}$,说明四川在降水期间一直维持着一个水汽辐合区(即水汽汇区)。在势函数图上(图 3-105b),在整个降水过程中,水汽通量不断地向四川地区辐合,其中又以孟加拉湾和南海地区的水汽输送最大。

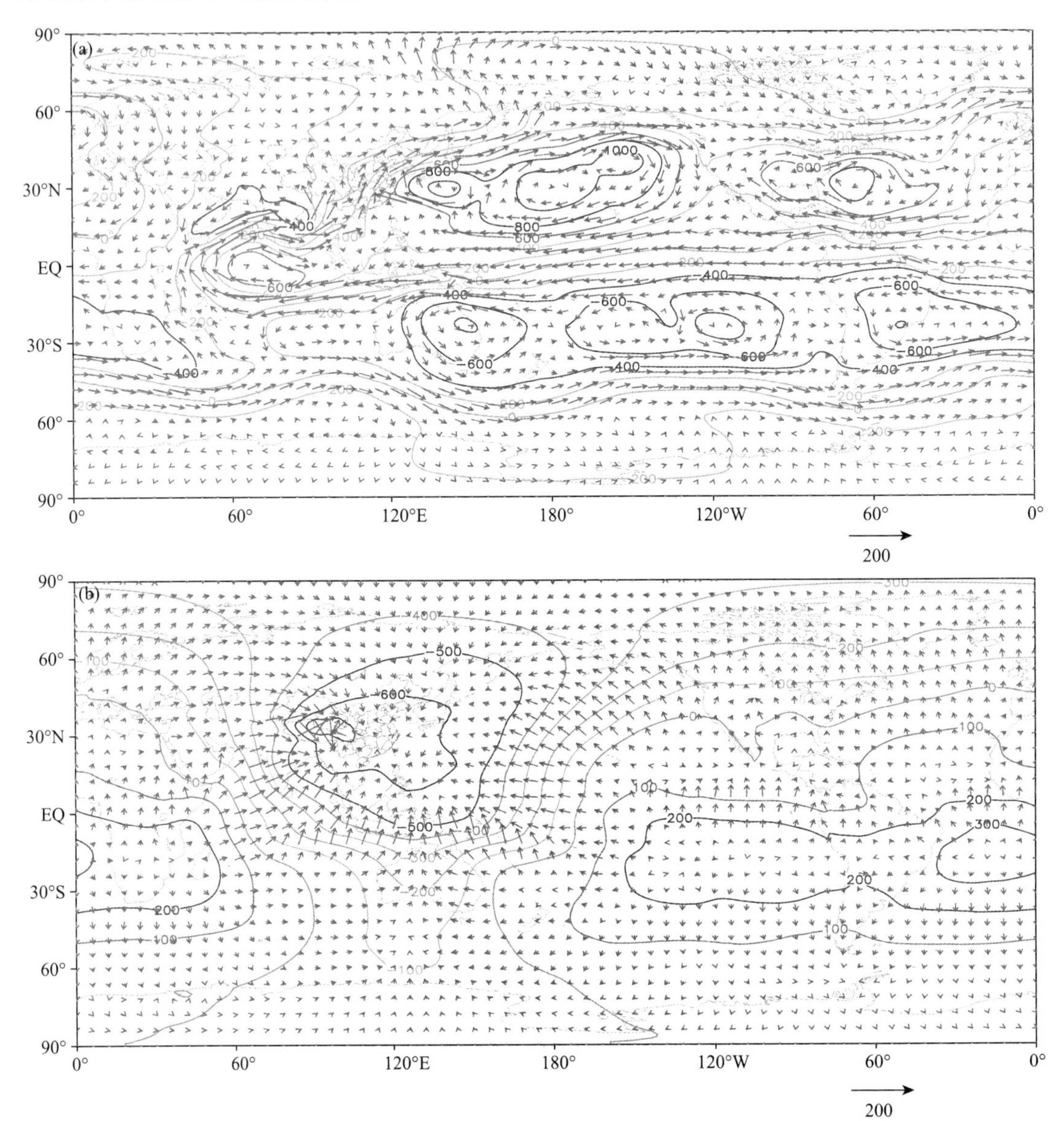

图 3-105　2013 年 7 月 7—9 日单位面积空气柱水汽输送的流函数及非辐散分量(a)、势函数及辐散分量(b)平均分布(等值线为流函数和势函数,单位:10^6 kg·s^{-1};箭矢为非辐散分量和辐散分量,单位:kg·m^{-1}·s^{-1})

3.14.4.2　大气河

在整层水汽通量图(图 3-106)上,从 7 日开始(图 3-106a),由于西太副高东撤,使得来自孟加拉湾的水汽得以绕过青藏高原输送到四川盆地上空并在此汇聚。可以明显地看到在副高外围所控制的重庆、贵州、湖南一带有水汽通量大值区,这正是副高外围对水汽通量阻塞的表现。9—10 日期间(图 3-106c,d),由于印度季风的作用,使得孟加拉湾的水汽通量急剧增加,其中心最大值达到 1000 kg·m^{-1}·s^{-1}并向中南半岛靠近。其中一部分绕过青藏高原到达四川盆地,另外一支越过中南半岛在南海地区转向四川盆地。一直到 11 日(图 3-106e),由于台风“苏力”的加强

西进,使得副高外围重新控制四川盆地上空,阻断了两支水汽的输送,降水过程才趋于结束。

在印度半岛北部,水汽通量场从 7 日开始(图 3-106a),出现了一个气旋性的弯曲。到 11 日(图 3-106b,e),逐渐形成了一个闭合的水汽气旋,这与“大气河”定义相近。而本次降水过程中,孟加拉湾的水汽通量输送带在 9 日达到了 600 kg·m^{-1}·s^{-1}以上,其中心最大值甚至达到 1000 kg·m^{-1}·s^{-1}。因此,我们可以定义这次四川暴雨过程中从孟加拉湾输送到西南地区的水汽通道为“大气河”。

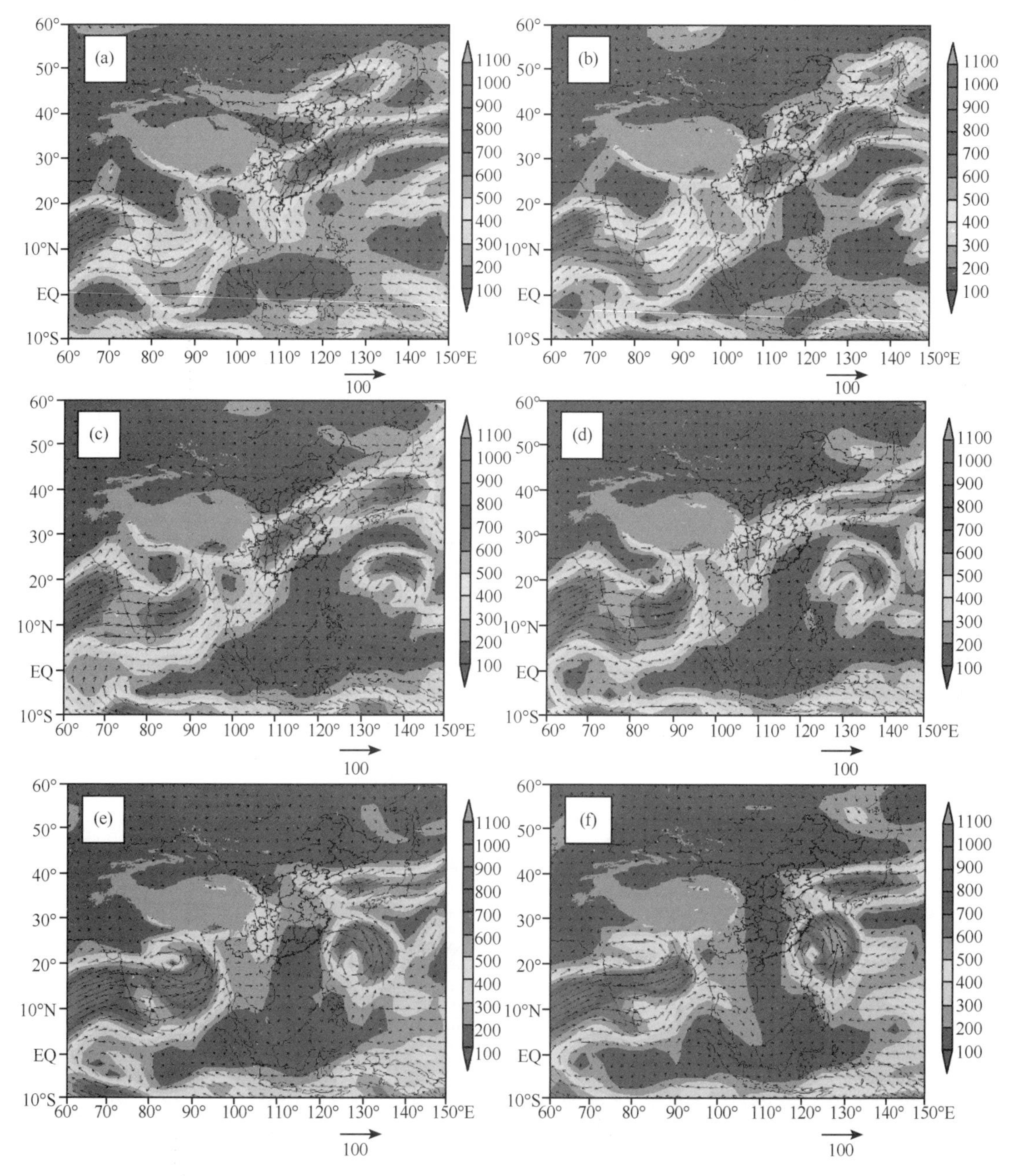

图 3-106　2013 年 7 月 7—12 日逐日整层水汽通量和水汽通量矢量

(使用资料为 NCEP 2.5°×2.5°逐日再分析资料,单位:g·s^{-1}·hPa^{-1}·m^{-1};阴影区为青藏高原)

3.14.4.3　700 hPa 与 850 hPa 水汽通量

以上分析了整个降水过程中 1000～200 hPa 共 19 层高度上的水汽通量图，下面重点分析三个时间点上 700 hPa 和 850 hPa 的水汽通量，三个时间点分别是 8 日 02 时（降水开始时，图 3-107a，b），9 日 02 时（降水最大时，图 3-107c，d）和 11 日 20 时（降水结束时，图 3-107e，f）。可以清晰地看到，影响本次四川暴雨的水汽输送源自孟加拉湾的大气河，其中一部分越过云贵高原到达四川盆地，另一部分绕过云贵高原通过中南半岛在南海与西太副高外围的水汽以及越赤道气流汇合，然后在低空急流的输送下达到四川盆地。

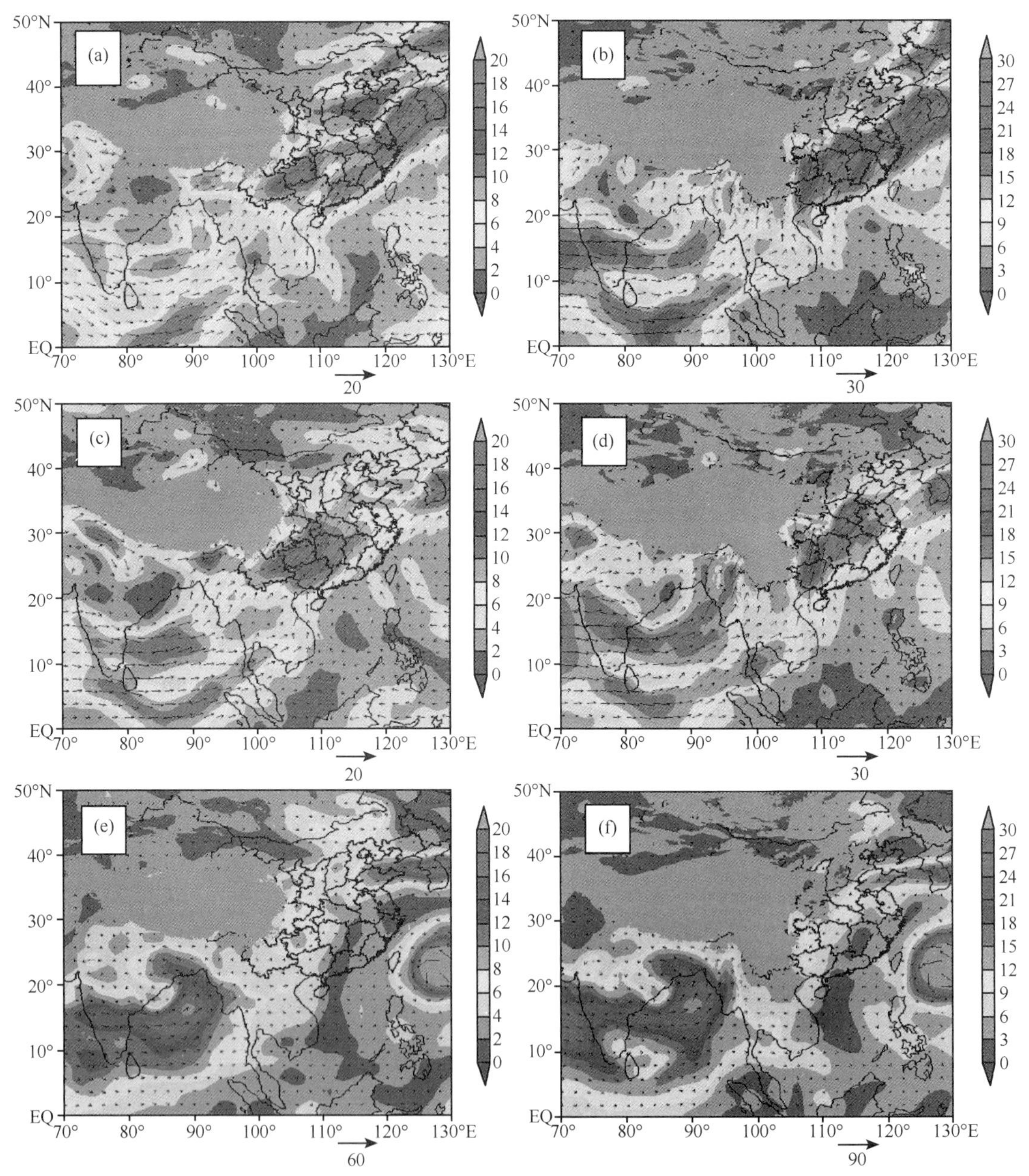

图 3-107　700 hPa 水汽通量矢量和水汽通量大小（8 日 02 时(a)，9 日 02 时(c)，11 日 20 时(e)）；850 hPa 水汽通量矢量和水汽通量大小（8 日 02 时(b)，9 日 02 时(d)，11 日 20 时(f)）（单位：$g \cdot s^{-1} \cdot hPa^{-1} \cdot cm^{-1}$）

8日02时，随着850 hPa上西南低空急流的加强，850 hPa与700 hPa上大气河对水汽输送也开始增强。由于云贵高原平均海拔达到1000 m，所以在850 hPa上对四川盆地暴雨起作用的水汽主要是来自孟加拉湾大气河绕过云贵高原的部分。另外还有一部分来自西太副高西部边缘通过东南风输送的水汽以及来自南半球的越赤道气流。随着低空急流增强，水汽通量从8日02时到9日02时从17 $g \cdot s^{-1} \cdot hPa^{-1} \cdot cm^{-1}$增加到了20 $g \cdot s^{-1} \cdot hPa^{-1} \cdot cm^{-1}$。

孟加拉湾大气河所输送的水汽由于云贵高原的抬升，大部分都在700 hPa上越过云贵高原而到达四川盆地(图3-107a,c,e)。从8日02时到9日02时，700 hPa上孟加拉湾大气河不断加强，在9日02时达到12 $g \cdot s^{-1} \cdot hPa^{-1} \cdot cm^{-1}$，位置也不断向中南半岛靠近。孟加拉湾大气河在700 hPa上输送到四川盆地的水汽共分为两支，一支越过云贵高原直达四川盆地，另外一支则是同850 hPa一样，在南海汇合了西太副高外围水汽以及南半球越赤道气流所输送的水汽之后再抵达四川盆地。

11日20时图(图3-107f)上，孟加拉湾大气河的强度持续增强到11日20时，甚至超过了30 $g \cdot s^{-1} \cdot hPa^{-1} \cdot cm^{-1}$。但由于印度半岛上气旋的逐渐形成，使得孟加拉湾形成了一个辐合流场形势，不利于水汽从孟加拉湾输出。同时位于湖南、重庆低空急流的减弱、消失，以及由于台风“苏力”的西进，多个系统的共同作用使得孟加拉湾大气河的水汽再也无法输送到四川盆地，至此降水过程趋于结束。

综上所述，孟加拉湾大气河对此次四川盆地暴雨具有重要作用，不仅需要其强大的水汽携带能力，同时需要850 hPa低空急流对其水汽的输送能力，这与美国西海岸大气河的作用明显不同。美国西海岸大气河大部分是由于落基山脉对大气河携带水汽的地形抬升作用而产生降水，但四川盆地的降水不仅需要孟加拉湾大气河提供充沛水汽，还需要副热带高压对水汽的阻挡、汇聚以及低空急流对水汽的输送。

3.14.4.4 水汽收支

在上面的分析中，我们得出影响此次四川盆地持续性暴雨的水汽源主要是孟加拉湾大气河到达陆地后分为两支，其中一支绕过青藏高原再越过云贵高原到达四川盆地，另外一支越过中南半岛在南海地区转向四川盆地。为了进一步论证以上分析，我们又计算了四川各边界水汽收支情况(图3-108)。

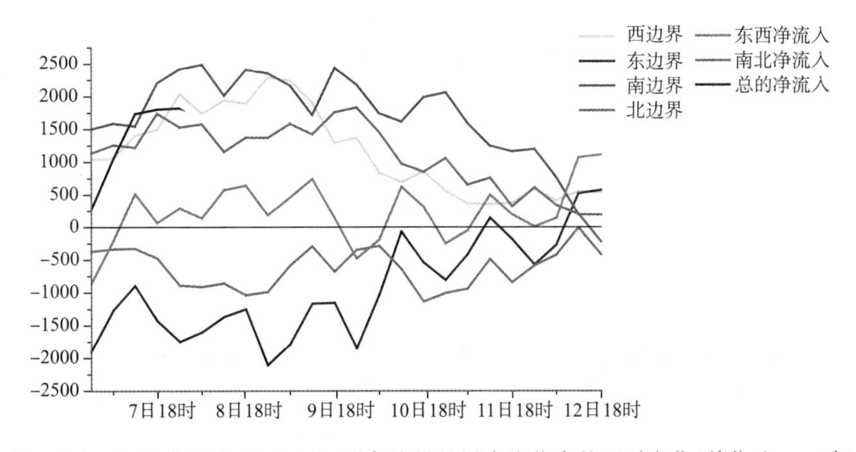

图3-108 2013年7月7—9日四川各边界整层水汽收支的逐时变化(单位：$kg \cdot s^{-1}$)

图3-108中总共反映了东、西、南、北四个边界的水汽收支，以及东西边界的水汽收支总和、南北边界的水汽收支总和以及降水区域的水汽收支总和。在整个降水过程中，降水区都是一个水汽流入区，西边界与南边界为水汽流入，而东边界与北边界为水汽流出。则影响本次降水的主要水汽来自西南方向的水汽输送(即孟加拉湾大气河输送的两支水汽)。

3.14.5 小结

2013年7月7—11日，四川盆地出现了一次持续性暴雨过程，造成了严重灾害。本节利用加密自动站降水观测资料和NCEP 1°×1° FNL再分析资料，针对此次持续性暴雨过程中的水汽输送情况展开了研究，分析了大尺度水汽输送情况以及中尺度水汽输送通道，特别探讨了孟加拉湾大气河对此次区域性暴雨的作用，得到以下结论。

(1)西太平洋副高东撤，副高外围阻挡水汽东输而使水汽在四川盆地堆积；四川盆地低层有明显辐合流场，也使水汽在盆地汇聚；850 hPa上有低涡形成但受阻无法东移而在盆地内反复生消，这些都是暴雨发生并持续的有利条件。

(2)四川盆地在整个暴雨过程中一直位于高空急流的右侧以及低空急流的左侧。高低空急流的耦合作用，形成低层辐合、高层辐散，也有利于暴雨的形成和维持。

(3)水汽通量流函数和势函数的分析表明，在整个降水过程中，四川盆地为一个明显的水汽汇区，来自孟加拉湾大气河输送的两支水汽不断输送到盆地。

(4)在孟加拉湾地区有一条明显的水汽聚集带逐渐形成，其中心强度最大达到1000 $kg \cdot m^{-1} \cdot s^{-1}$，并不断向陆地靠近。可将孟加拉湾地区的这条水汽聚集带视为大气河，该大气河对本次持续性暴雨具有重要作用。

(5)孟加拉湾大气河输送的水汽在登陆后分为两支，其中一支越过云贵高原到达四川盆地，另一支绕过云贵高原继而通过中南半岛在南海与西太副高外围的水汽及越赤道气流汇合，在低空急流的输送下再抵达四川盆地。两支水汽输送带在四川盆地汇合，并在盆地环流形势作用下产生暴雨。同时也发现由于四川盆地周边地形的复杂性，孟加拉湾大气河与美国西海岸大气河对降水的作用方式明显不同。

最后需要说明的是，持续性暴雨形成的机制涉及动力、热力及水汽诸多方面，本节仅就水汽输送进行了一些分析，并基于大气河的定义及现象探讨了大气河对四川乃至西南暴雨的作用。在后续的工作中，有必要进一步细化研究，通过数值计算、模拟进一步了解孟加拉湾大气河水汽的来源及运动轨迹，从而深化大气河对四川以及西南旱涝影响的认识。

3.15 应用拉格朗日方法研究孟加拉湾水汽对四川盆地暴雨的影响

3.15.1 引言

夏季的四川盆地常有暴雨甚至特大暴雨发生，进而诱发泥石流、山体滑坡等次生灾害的发生，对人民的生命财产安全造成很大威胁。因此对四川盆地暴雨的研究引起了诸多学者的重视(陈静 等，2002；李鲲 等，2005；宗志平和张小玲，2005；陈忠明 等，2006；李川 等，2006；张小玲和张建忠，2006；卢萍 等，2009；白爱娟 等，2011；沈沛丰和张耀存，2011；陈永仁和李跃清，2013；康岚 等，2013)。暴雨的形成主要需要三大条件：充分的水汽供应、强烈的上升运动和较

长的持续时间(陶诗言,1980)。因此,对暴雨过程中的水汽来源及输送进行分析研究对理解暴雨的成因和机理有重要意义。廖晓农等(2013)指出在北京2012年“7·21”特大暴雨过程中,主要水汽输送来源于孟加拉湾地区,这种长距离的水汽输送是在不同尺度天气系统的共同作用下完成的。徐祥德等(2002)研究了南亚季风水汽输送对四川盆地的影响。

NOAA大气资源实验室开发的基于拉格朗日方法的气流轨迹模式HYSPLIT v4.9(Draxler et al.,1998),主要用于模拟空气中污染物的扩散和传输,但已有一些学者通过该模式对水汽输送的轨迹及来源进行分析研究。Brimelow et al.(2005)通过拉格朗日轨迹追踪模式得出,在北美马更些河流域降水的水汽来源可以向南一直追踪到墨西哥湾地区。江志红等(2011)通过HYSPLIT v4.9拉格朗日轨迹追踪模式分析研究了2007年6月19日—7月26日淮河流域三次暴雨过程,指出江淮流域地区降雨过程中的水汽来源于不同的水汽通道,且在不同的阶段不同水汽通道可交换主导地位。梁卓然等(2011)利用基于拉格朗日方法的HYSPLIT v4.9研究了南海夏季风的爆发时间。戴竹君等(2015)利用HYSPLIT轨迹追踪发现孟加拉湾地区的水汽对热带风暴“Bilis”暴雨过程有重要影响。在国外,美国西海岸以及美国中部地区由于水汽输送对这些地区的暴雨的影响引起了诸多学者的关注,通过分析提出了大气河(AR)的概念(Zhu et al.,1998;Ralph et al.,2004;Neiman et al.,2008a,2008b,2011;Moore et al.,2012)。

本节旨在结合应用拉格朗日方法与欧拉方法,通过研究2013年四川盆地三次暴雨过程中的水汽来源,以及孟加拉湾地区水汽输送通道在这三次暴雨过程中的作用,以期加深对四川盆地地区暴雨水汽输送特征的认识,为暴雨分析及预报业务提供一定的参考依据,同时对比分析了孟加拉湾地区水汽输送通道与大气河之间的异同点,希望引起对大气河在孟加拉湾地区适用性问题的关注。

3.15.2　资料和方法

3.15.2.1　资料

研究所用的降水资料为四川省162个自动站的逐小时降水数据。分析整层水汽通量、轨迹追踪模式以及水汽通量的垂直剖面所使用的资料为2013年6月29日—7月2日,7月7—11日,7月15—19日三次降雨过程中NCEP/NCAR分辨率为2.5°×2.5°的逐日再分析资料。为方便起见,下面对这三次暴雨过程按照时间顺序分别命名为过程一、过程二和过程三。整层水汽通量距平场分析中平均场所使用的资料为1979—2009年(31年)与三次降雨过程同时期的NCEP/NCAR分辨率为2.5°×2.5°的逐日再分析资料,使用的物理要素有垂直方向上1000～300 hPa共8层的水平风(u,v)、比湿(q)。环流形势分析所使用的资料为分辨率为1°×1°逐日4次NCEP FNL再分析资料,要素有水平风(u,v)、位势高度(h)垂直方向1000～200 hPa共19层。

3.15.2.2　轨迹模式

基于拉格朗日方法开发的轨迹追踪模式HYSPLIT v4.9的模拟方法(Draxler et al.,2009)是通过对空气中气块移动轨迹的时间和空间上的位置矢量进行积分,由初始位置(P)和第一猜测位置(P_1)的平均速率计算得到气块的最终位置,即:

$$p_1(t+\Delta t)=P(t)+V(P,t)\Delta t \tag{3-46}$$

$$P(t+\Delta t)=P(t)+0.5\times[V(P,t)+V(P_1,t+\Delta t)]\Delta t \tag{3-47}$$

式中：Δt 为时间步长，本节研究选取为 6 h。

模式中水平坐标保持输入数据原来格式，垂直方向则内插到地形追随坐标：

$$\sigma = \frac{(z_{top} - z_{mst})}{(z_{top} - z_{gt})} \tag{3-48}$$

式中：z_{top} 为轨迹模式坐标系统的顶部，z_{gt} 为地形高度，z_{mst} 为坐标下边界高度。

3.15.2.3 通道水汽输送贡献率的计算

聚类分析后各条水汽通道水汽输送的贡献率计算方法(Draxler et al.，2009)为：

$$Q_s = \frac{\sum_1^m q_{last}}{\sum_1^n q_{last}} \times 100\% \tag{3-49}$$

式中：Q_s 为通道水汽贡献率，q_{last} 表示通道上最终位置的比湿，m 表示通道所包含轨迹条数，n 表示轨迹总数。

3.15.2.4 轨迹模拟方案

三次暴雨过程选取的区域后向轨迹追踪的起始区域以及起始时间分别为三次过程中降雨较大的区域及时间。过程一为(29°N～31°N，104°E～106°E)，6 月 30 日 03 时；过程二为(30°N～32°N，103°E～105°E)，7 月 9 日 02 时；过程三为(31°N～33°N，105°E～107°E)，7 月 18 日 05 时。水平方向上每隔 1°为一个起始点，垂直方向上均选取 500 m、1500 m、4000 m 作为模拟的初始高度，每个模拟空间的轨迹起始点均为 27 个，每隔 12 h 输出一次轨迹点的位置。

三次过程选取的轨迹聚类分析起点均为三次过程中累积降雨量最大值区，过程一为遂宁(30°52′N，105°58′E)，过程二为成都(30°00′N，104°00′E)，过程三为广元旺苍(32°23′N，106°28′E)。三次过程轨迹聚类分析垂直方向上均选取 500 m、1500 m、3000 m 三个高度作为模拟的初始高度，由于这三次暴雨过程的持续时间都达到了 3 天以上，因此我们选取的后向轨迹追踪时间为 7 天，每隔 6 h 重新后向追踪模拟 7 天，每 12 h 输出一次轨迹点的位置，每次过程进行聚类的轨迹为 60 条。

3.15.3 三次暴雨过程概况

自 2013 年 6 月 18 日到 7 月 19 日，四川省一个月内出现了 5 场区域性暴雨天气过程，为历史同期罕见。本节重点选取其中有较大灾害影响的 6 月 30 日—7 月 1 日、7 月 7—11 日和 7 月 15—19 日三次暴雨过程进行分析。从三次过程的累积降雨量图(图 3-109)中可以看到，这三次降雨都达到了暴雨程度。三次暴雨过程主要集中在四川东部，其中过程一主要位于四川盆地东部，过程二主要位于四川盆地西部，过程三主要位于四川盆地东北部。因此在后文的区域轨迹追踪分析中所选取的起始点区域并不一致。三次过程均为区域性降雨，其共同特点为：持续时间较长，雨强及降雨总量大，强降水区域稳定少动。

3.15.4 基于欧拉方法的水汽平面分析

暴雨的发生离不开大尺度环流系统的配合(李鲲 等，2005)，本节利用欧拉方法对 925 hPa 上空高度场进行分析来研究孟加拉湾水汽在三次不同的大尺度环流背景下是如何对四川盆地的降雨产生影响的。

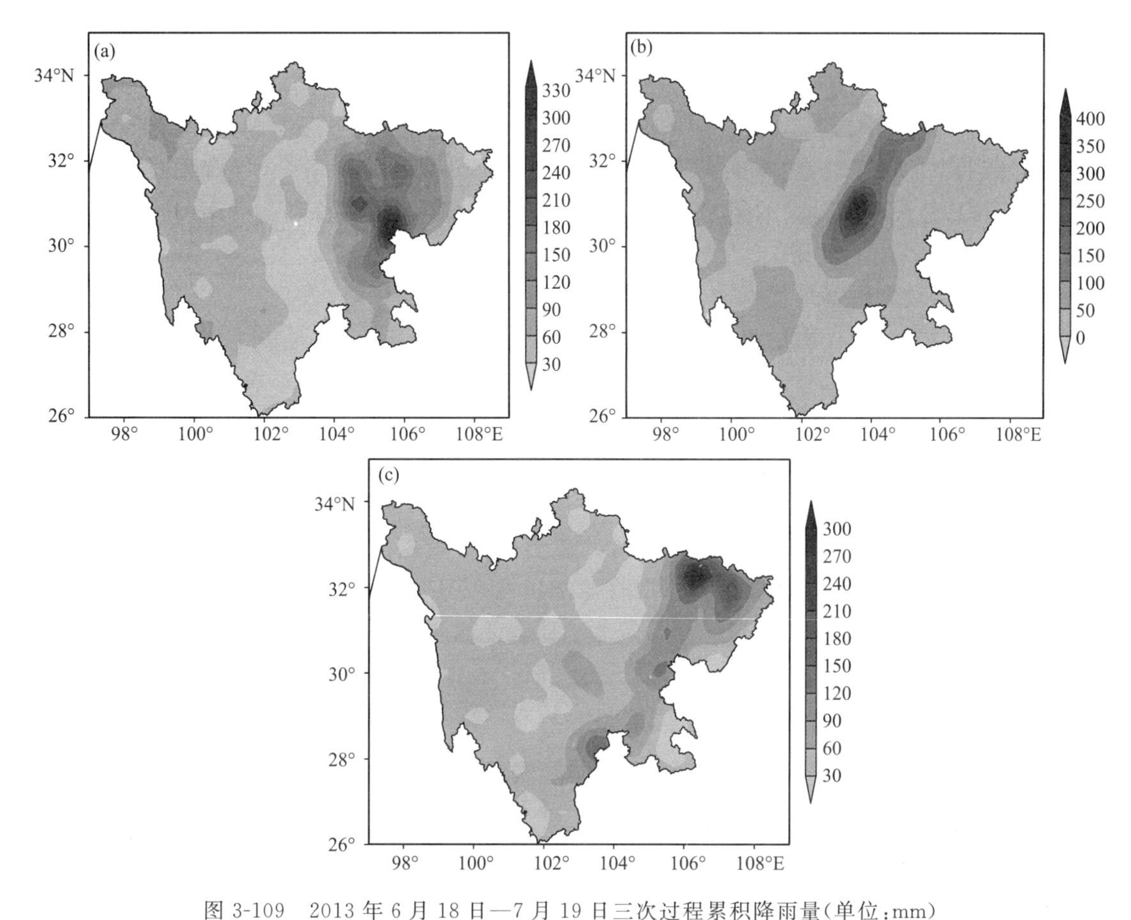

图 3-109　2013 年 6 月 18 日—7 月 19 日三次过程累积降雨量(单位:mm)

(a)6 月 29 日 07 时—7 月 2 日 08 时;(b)7 月 7 日 07 时—11 日 08 时;(c)7 月 15 日 07 时—19 日 08 时

过程一　6 月 30 日至 7 月 1 日,由于西太副高的稳定少动和热带气旋“温比亚”向西移动所形成的阻塞作用,使得高原低涡一直维持在四川盆地,同时在低层,盆地有西南低涡形成(图 3-110),高原低涡与西南低涡产生耦合作用,使盆地降雨进一步加强。在图 3-110a 上可以看到,从 30 日 08 时开始,由于南亚夏季风的盛行,孟加拉湾海域低层为西南风控制。孟加拉湾

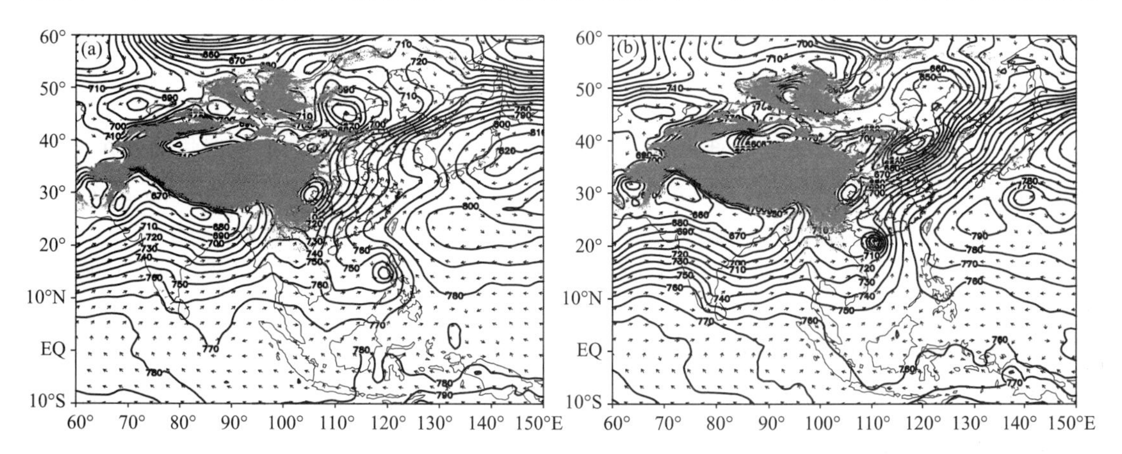

图 3-110　2013 年 6 月 30 日 08 时(a)和 7 月 2 日 02 时(b)925 hPa 高度场(单位:dagpm)和风场(单位 m·s^{-1})

(阴影区为青藏高原)

上空的水汽在低层西南气流的作用下不断向中南半岛输送。其中一部分水汽在较强的西南风作用下越过云贵高原到达四川盆地;另一部分水汽绕过云贵高原到达南海,而南海地区此时为一低压气旋控制,在气旋与副热带高压外围东南气流的共同作用下又重新输送到西南地区。菲律宾群岛上空的热带气旋"温比亚"随着时间不断向西北方向移动,不仅在降雨过程中阻挡了副高的东退,造成盆地地区的阻塞形势,同时在7月2日02时西移到达海南时由于其强大的辐合形势(图3-110b),切断了孟加拉湾的水汽输送,随后降雨结束。

过程二　通过分析整个过程中500 hPa高空的环流形势(图略)发现,本次过程产生的降雨主要是由于西太副高外围稳定维持在贵州、湖南、重庆一带,这主要是由于台风"苏力"的西进对副高的东撤产生了阻碍作用。而稳定维持的副高阻挡了高原低值系统的继续东移,使其稳定维持在盆地西部,同时高低空急流的共同耦合作用造成盆地降雨的持续加强。在这次过程中925 hPa高度上,孟加拉湾地区有一低槽,且槽区不断西移(图3-111a)。孟加拉湾水汽一部分在槽前的西南气流以及南亚季风的共同作用下越过中南半岛进入中国西南地区,另一部分水汽则绕过云贵高原在南海地区与当地水汽汇合,并在稳定维持的副高外围东南气流的作用下重新输送到四川盆地。在10日20时在孟加拉湾北部逐渐形成一闭合低压(图略),随后继续西移,在12日14时(图3-111b)移入印度半岛北部地区,同时在中南半岛西部有一高压脊区形成,高压脊的形成以及台风"苏力"的登陆,切断了孟加拉湾以及南海地区对四川盆地的水汽输送,降雨过程结束。

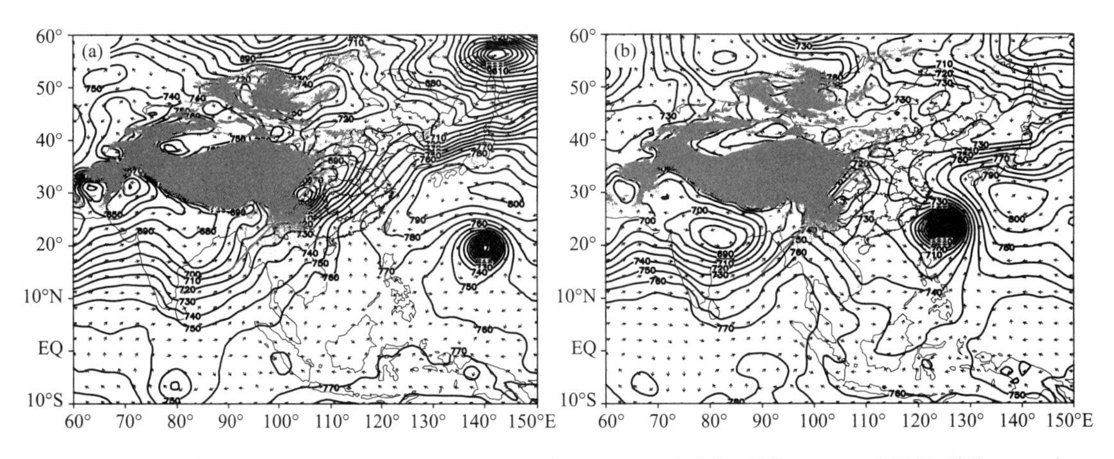

图3-111　2013年7月9日08时(a)和7月12日14时(b)925 hPa高度场(单位:dagpm)和风场(单位 $m \cdot s^{-1}$)(阴影区为青藏高原)

过程三　同样是在太平洋东部一带有热带气旋生成,且副高外围东退至四川盆地东部,形成稳定阻塞的形势,使得高原低涡在盆地长期维持。同时中高纬短波槽东移南压,从西北路径给盆地带来了冷空气与孟加拉湾输送过来的暖湿空气共同产生降雨(图略)。在925 hPa上(图3-112a),在15日02时降水开始,孟加拉湾为一低槽,在槽前西南气流的作用下,孟加拉湾的水汽不断向东北方向输送,同前两次过程相似,孟加拉湾水汽一部分在槽前的西南气流以及南亚西季风的共同作用下流向中国西南地区。另一部分绕过云贵高原输送向南海地区,而同时南海地区为低压气旋,孟加拉湾输送来的水汽在气旋东部与副高外围水汽汇合,在东南方向气流的作用下又重新输送到西南地区,为盆地降雨提供水汽(图3-112b)。

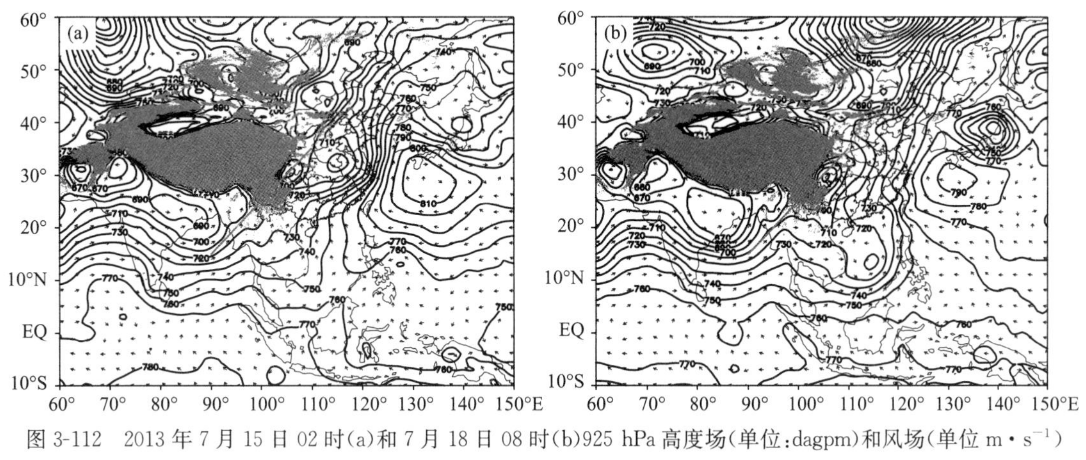

图 3-112 2013年7月15日02时(a)和7月18日08时(b)925 hPa高度场(单位:dagpm)和风场(单位 $m \cdot s^{-1}$)(阴影区为青藏高原)

综上所述,三次暴雨过程中,我国南海地区均有热带气旋与台风生成,同时孟加拉湾的水汽在高低空环流形势的配合影响下,均有一部分是直接越过云贵高原输送向四川盆地,一部分是绕过云贵高原在南海地区与南海水汽以及越赤道水汽在西太副高外围东南气流的作用下输送到四川盆地,为降雨提供水汽。

3.15.5 基于拉格朗日方法的水汽轨迹追踪

在不同的高度层次上,影响暴雨的水汽来源有可能不同。但暴雨过程中有几条水汽通道?哪条水汽通道对暴雨起主要作用?我们可以通过拉格朗日轨迹追踪以及插值得到的物理属性来进行分析判别。下面先分别对三次暴雨过程中降水集中的三个区域在降水达到最大时的空气块进行区域轨迹追踪,来研究气块在降水达到最大时后向追踪7天气块的运行轨迹。在模式中,垂直方向上所选取的三个高度为500 m、1500 m、4000 m,这三个高度在过程一与过程三中所对应的起始区域的平均等压面为850 hPa、750 hPa、550 hPa;由于过程二所选起始区域有一部分位于川西高原上空,因此在过程二中所对应的平均等压面为800 hPa、700 hPa、500 hPa。

过程一 在区域轨迹追踪图3-113a中可以看到,在此次暴雨达到最大时(6月30日03时)输送来的气块大部分均来自于孟加拉湾。该条轨迹上的气块在初期一直位于950 hPa左右的低空,在6月27日08时气块登陆中南半岛后,气块高度开始抬升,直到6月29日08时之后气块高度基本维持不变。在图3-113a上方气块轨迹高度图上可以看到,本次过程中在暴雨达到最大时在各个层次上对四川盆地产生影响的气块均来自于孟加拉湾地区。

过程二 在此次过程中,主要有三条气块运行轨迹(图3-113b),在高层500 hPa上的气块分为两个部分,少部分来自于欧洲,大部分来自于孟加拉湾;而中层700 hPa上的气块则全部来自于孟加拉湾地区;低层的气块也分为两部分,其中大部分来自于南海地区,另外有一小部分气块来自于孟加拉湾地区。因此在暴雨达到最大时影响四川盆地地区的气块主要来自于孟加拉湾地区,来自欧洲及南海地区的气块起次要作用。

过程三 分析这一次过程中的81条轨迹可以看到(图3-113c),过程三中气块的运行速率较前两次过程都要慢。但在后向7天的轨迹追踪仍旧可以看出,在本次暴雨过程达到最大时的气块大部分来自于孟加拉湾地区。其中,中高层的气块主要来自于孟加拉湾地区,而低层850 hPa上的气块则主要来自于南海地区。在81条轨迹当中,来自孟加拉湾地区的气块仍旧占大部分。

通过前面欧拉方法及此处拉格朗日方法的结合分析可以看出，在这三次暴雨过程中的主要水汽来源均为孟加拉湾地区的水汽输送。而这三次过程中的孟加拉湾水汽主要是通过两个通道输送到四川盆地：一条为越过云贵高原直接输送到四川盆地，一条为越过中南半岛在南海地区与南半球越赤道气流汇合后输送到四川盆地。

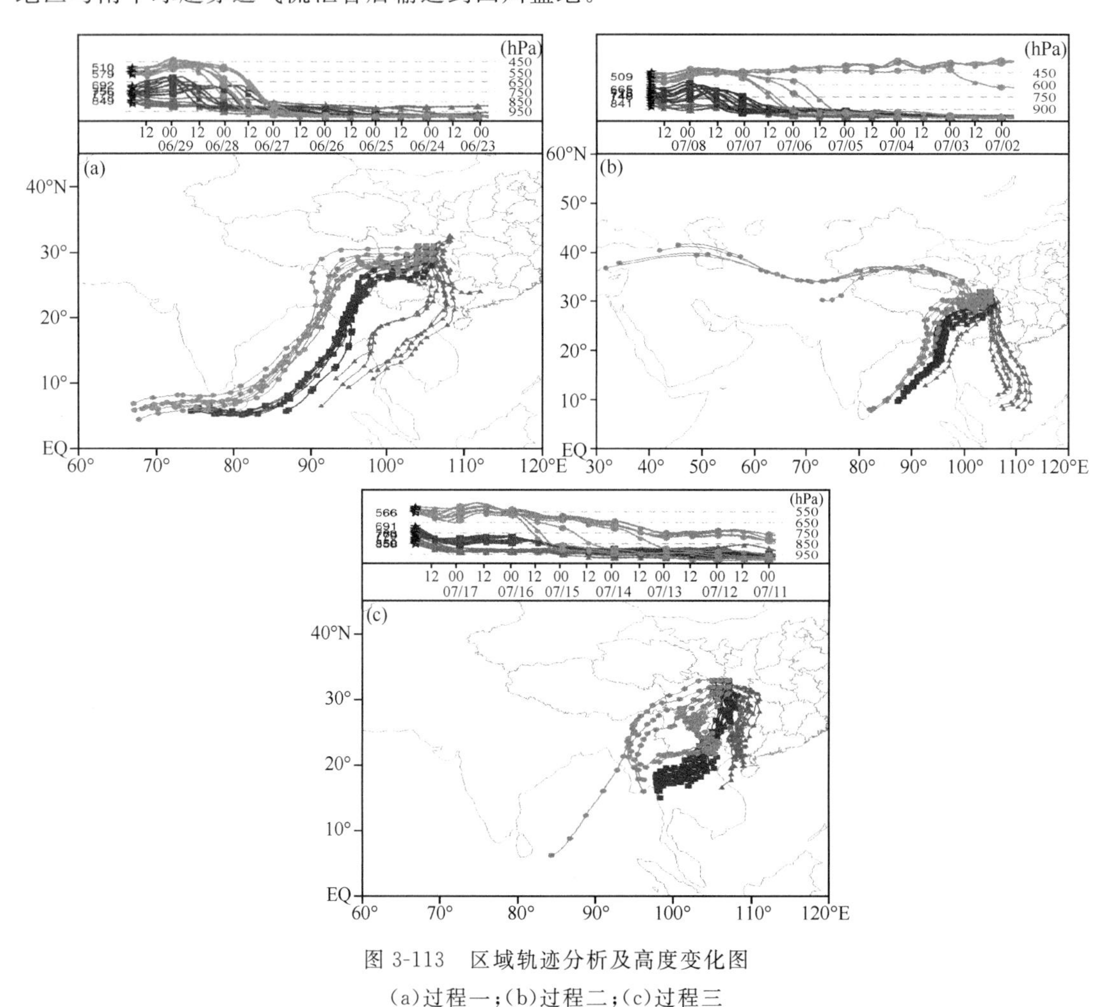

图 3-113　区域轨迹分析及高度变化图

(a)过程一；(b)过程二；(c)过程三

3.15.6　基于拉格朗日方法的水汽轨迹聚类分析

前面通过拉格朗日区域轨迹追踪的方法分析了在三次暴雨过程中降雨达到最大时影响降雨的气块轨迹。下面将通过前面介绍的聚类分析方法，每隔 6 h 重新后向追踪模拟 7 天来分析研究整个降雨过程中气块的运行轨迹，并通过轨迹聚类的方法将三次过程的水汽输送轨迹均分为三个通道，但在三次过程中的水汽通道不尽相同，再通过公式(3-49)计算出每条通道在每次过程中的贡献率(表 3-5)。

表 3-5 四川盆地三次降水过程各条水汽通道的水汽贡献

	通道 1	通道 2	通道 3
过程一	22%(本地)	58%(孟加拉湾)	20%(西亚)
过程二	60%(孟加拉湾)	17%(南海)	23%(西亚)
过程三	43%(南海)	8%(东海)	48%(孟加拉湾)

对应表 3-5 中各个水汽通道在三次过程中所占比例，根据聚类分析(图 3-114)对三次过程中的水汽通道进行如下分析。

图 3-114a 中可以看到在过程一中，经过聚类之后通道 1 占所有轨迹的百分比为 58%，另外两条通道分别为 20%与 22%。通道 2 所指示的水汽来源于孟加拉湾地区，因此孟加拉湾地区是过程一降水的主要水汽源。在图 3-114a 上方的轨迹高度图上可以看到，来自孟加拉湾的通道 2 先在孟加拉湾地区低层积累水汽，此后经过云贵高原时由于地形的抬升水汽抬高到 1000 m 左右进入四川盆地地区。通道 1 的水汽来源高度一直维持在 150～950 m 的低空，且

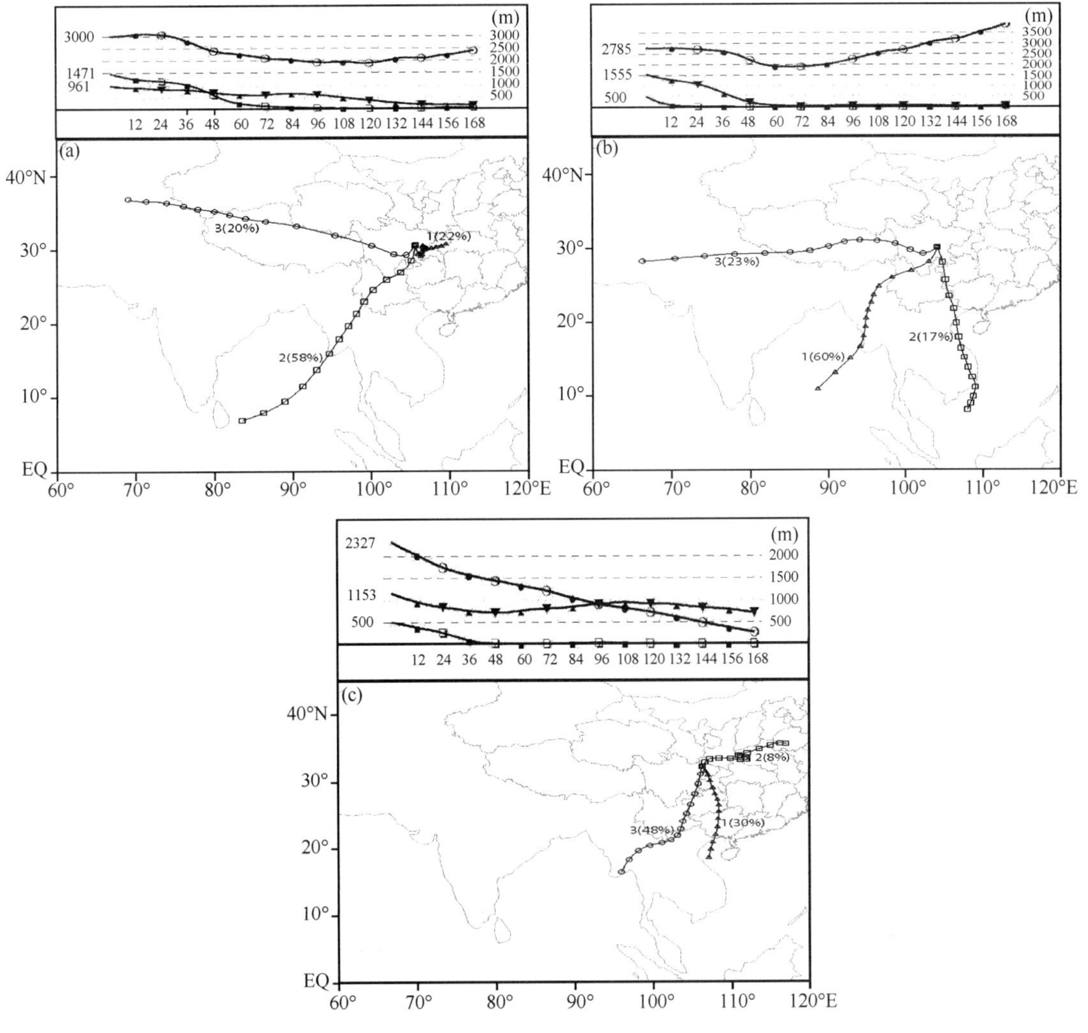

图 3-114 (a)过程一(6 月 28 日—7 月 2 日)的聚类分析以及轨迹高度的变化图；(b)过程二(7 月 7—11 日)的聚类分析以及轨迹高度的变化图；(c)过程三(7 月 15—19 日)的聚类分析以及轨迹高度的变化图

其轨迹一直在盆地东部徘徊，说明通道1的水汽主要来自于盆地东部地区地面蒸发的水汽。而通道三的水汽则一直维持在2000 m以上的高空，来自于青藏高原地区。

过程二中的水汽来源与过程一中有所相似。大部分的水汽来源于孟加拉湾地区(图3-114b)，通道1(占60%)均来自于高空1500 m左右。而通道2显示仅有17%的水汽来源于南海500 m以下的低空，由此说明在此次过程中来自于孟加拉湾地区的水汽是影响此次暴雨过程的重要水汽源。同时在图3-114b中的气块轨迹上可以看到，来自孟加拉湾的水汽是经过云贵高原直接输送到四川盆地的。高层通道3的水汽依旧来源于青藏高原地区，但其带来的水汽也仅仅为13%，且处于高空，对降雨的帮助并不大，但高原低涡东移所带来的动力作用则对此次暴雨过程产生不可忽视的影响，由于本节只是研究水汽对暴雨的影响，故对此问题不作详述。

过程三(图3-114c)则与前两次过程的水汽来源有所不同。孟加拉湾地区的水汽和南海地区的水汽均为主要来源，分别为48%与43%，仅有8%的水汽来源于东海500 m以下的低空。而孟加拉湾的水汽是在高空输送到四川盆地的，起始于500 m以下的低空地区，登陆后在越过云贵高原时由于云贵高原上此时有一个气旋性环流存在，而此时云贵高原上空盛行的是西南风(图略)，因此使得该空气块在到达盆地时达到了2500 m的高空；南海地区的水汽则持续维持在1000 m左右的高空。

三次过程的轨迹聚类分析图(图3-114)可见，三次过程中输送到四川盆地的三支水汽通道的贡献率均有所变化，但来自孟加拉湾的水汽输送在三次暴雨过程中一直都是占主要作用，且大部分均直接越过云贵高原输送到四川盆地，因此孟加拉湾输送的水汽主要是通过越过云贵高原这一支对四川盆地降雨产生影响。

3.15.7 孟加拉湾水汽通道与大气河的比较

“大气河”在国外文献中(Zhu et al.,1998；Cordeira et al.,2013；Ralph et al.,2013)的定义为存在于大气中的水汽径流量如同河流一样，位于温带气旋的暖输送带一侧，从热带洋面上延伸至中纬度地区的一条狭窄的羽毛状的水汽输送带。一般其尺度范围为长度大于2000 km，核心宽度小于1000 km，水汽通量强度大于200 $kg \cdot m^{-1} \cdot s^{-1}$，同时可降水量大于20 mm。

在图3-115中可以看到，三次暴雨过程中孟加拉湾地区都有一条从南半球热带洋面上经过索马里，在阿拉伯海一直延伸到孟加拉湾的一条水汽通道。其核心位置的水汽通量的强度也大于200 $kg \cdot m^{-1} \cdot s^{-1}$，其长度超过了2000 km，核心宽度小于1000 km。这些气象属性都与大气河的定义相类似。但该条水汽通道位于孟加拉湾地区且是从阿拉伯海一路延伸过来的，其所在的位置为副热带地区，与国外文献中的大气河位于中纬度有所差别。同时由于其位于副热带地区，这也是导致该地区的可降水量一直处于一个大于20 mm的大值原因。但经过三次暴雨过程的分析研究发现，这条水汽通道在三次暴雨过程中都有着重要的作用，所以这一条水汽通道在这三次过程中也可以定义为一种近似于大气河的水汽输送通道。而大气河的概念是否在该地区完全适用，则还需要更多的暴雨个例以及气候统计来证明，这也正是下一步需要研究的问题。

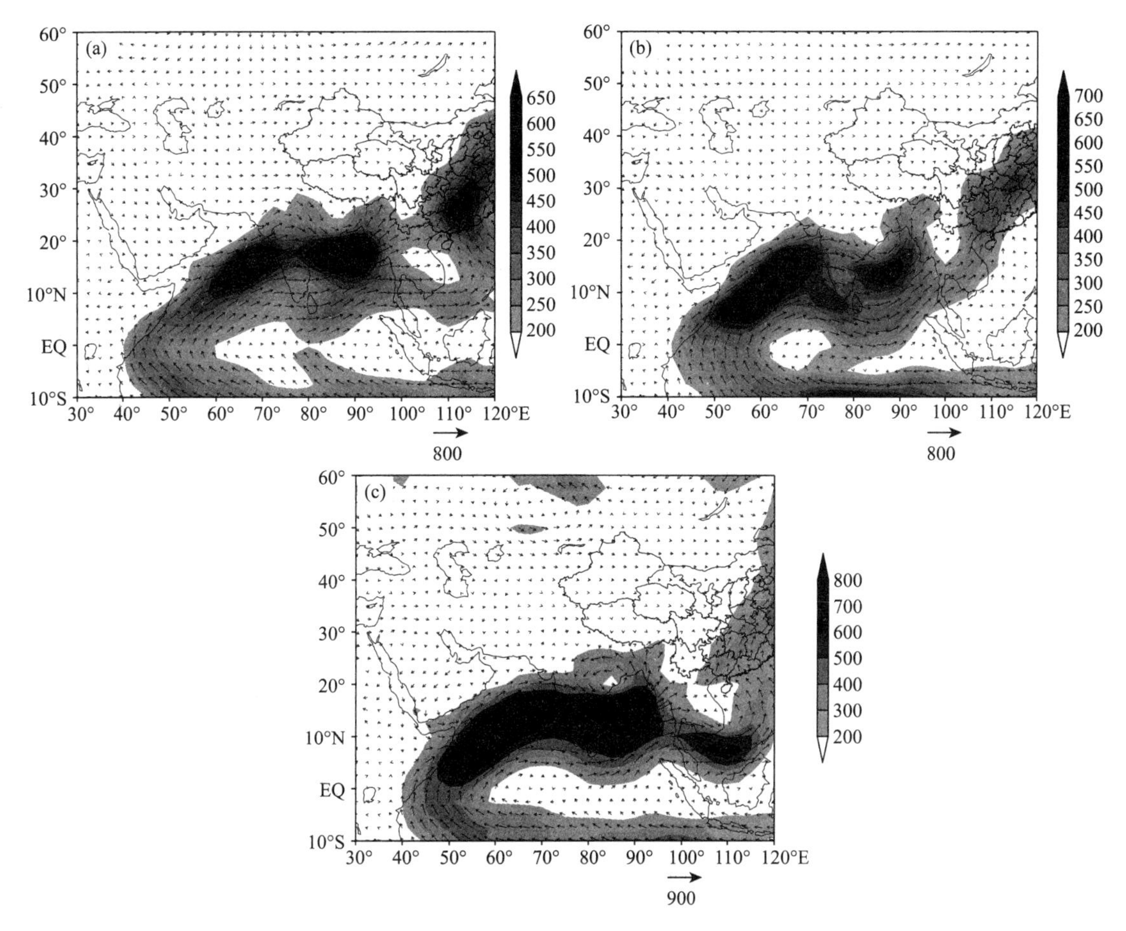

图 3-115　三次降雨过程的水汽通量平均场(单位:kg・m^{-1}・s^{-1})
(a)6 月 28 日—7 月 2 日;(b)7 月 7—11 日;(c)7 月 15—19 日

综上所述,孟加拉湾地区的水汽通道与大气河有着不少相似之处,但其所处的副热带地区的气候特征也决定了该条水汽通道与大气河在气象定义上有所差异。因此,孟加拉湾地区的水汽通道是否可认定为大气河还需要在气候层面上进行进一步研究。

3.15.8　小结

本节通过拉格朗日方法追踪了 2013 年 6 月 29 日至 7 月 19 日期间四川盆地相继发生的三次暴雨过程中的水汽来源,研究了孟加拉湾地区水汽对四川盆地暴雨的影响。进而通过大尺度环流背景的分析对影响盆地暴雨的天气系统进行了总结,最后结合 HYSPLIT v4.9 提供的聚类分析方法探讨了孟加拉湾水汽输送通道对三次四川盆地暴雨过程的作用,得出以下结论。

(1)通过区域轨迹追踪可知在四川盆地三次暴雨过程中,水汽源大多来自于孟加拉湾地区,且主要来自于中低层。

(2)这三次暴雨过程中,都有着一个相同的环流形势:东太平洋地区有台风形成且登陆我国,同时西太平洋副热带高压偏西稳定维持。孟加拉湾地区的水汽在高低空环流形势的配合下,一部分可直接越过云贵高原输向四川盆地;另一部分则是绕过云贵高原与南海水汽以及越赤道水汽在西太副高外围东南气流的作用下最终输送到四川盆地。

(3)轨迹聚类分析图上,来自孟加拉湾的水汽大部分是在南亚季风强大的西南气流作用下直接越过云贵高原输送到四川盆地,对四川盆地暴雨提供持续性水汽供应。

(4)对比分析了三次过程中孟加拉湾地区水汽输送通道与大气河之间的关系,发现孟加拉湾地区的水汽输送通道在诸多方面与大气河有相同或相近之处,它们对暴雨的重要作用是一致的;但由于所处地理位置不同,其物理属性与大气河仍有一定差异。

最后需要说明的是,暴雨形成的机制涉及动力、热力及水汽等诸多方面,本节仅就水汽输送进行了一些分析,并基于大气河的概念及特征探讨了孟加拉湾水汽通道与大气河的异同。细致考虑不同层次、不同时间的水汽通道变化及其对四川暴雨的影响,以及通过诊断计算、气候统计和数值模拟进一步了解大气水汽源的分布、输送量及运动轨迹等应是今后需要深化的研究内容,希冀加深我们有关孟加拉湾水汽通道与大气河之间的关系以及洋面水汽对川渝盆地乃至西南地区旱涝影响的认识。

第 4 章　低涡暴雨的数值模拟

4.1　高原低涡结构特征的 MM5 模拟与诊断

4.1.1　引言

由于高原突出的地形和强大的加热作用，加之大气特殊结构（如超干绝热、不稳定层结和强对流等）和周围环境场（如季风影响）的综合效应，使夏季高原低涡（特别是暖性低涡）的性质及发生规律更类似于热带气旋而不同于温带气旋。在青藏高原气象科学试验及相关研究中，卫星云图资料分析表明，一些高原低涡也具有与热带气旋相似的暖心结构和涡眼（空心）结构等特征（叶笃正 等，1979；乔全明和张雅高，1994；钱正安 等，1984）。

人们对热带气旋（包括台风、飓风）的涡眼特征进行了大量动力学分析和数值模拟研究（Montgomery et al.，1997；陆汉城 等，2001；朱佩君 等，2005；Kepert et al.，2001），但对如上所述高原低涡的特殊结构的认识和研究甚少。现有的（为数不多的）对高原低涡空心及暖心等特殊结构的了解仅限于外观描述。同时由于青藏高原观测台站稀少，在观测资料严重不足的情况下，不能很好地分辨像高原低涡这类中尺度系统的结构特征和发生发展过程，所以高分辨率的中尺度数值模式便成为高原低涡研究的一个重要工具。本节采用美国 PSU/NCAR 的高分辨率中尺度非静力 MM5 模式，对一次高原低涡过程进行了数值模拟。在此基础上，利用模式输出的高分辨率资料对高原低涡的空心结构进行了初步分析，以期望能够通过数值模拟这种研究手段加深人们对高原低涡结构特征及发展演变等认识。

4.1.2　数值模拟试验

4.1.2.1　模式方案设计

本节利用美国 PSU/NCAR 的非静力平衡中尺度数值模式 MM5，采用双重嵌套网格对 2005 年 7 月 28—29 日的一次高原低涡过程进行数值模拟。模式区域中心位置为（85°E，36°N），粗网格为 85×85 个格点，格距为 36 km，细网格为 100×100 个格点，格距为 12 km，模式区域在垂直方向上分为不等距 20 层，模式顶为 100 hPa，时间步长为 120 s。双重嵌套网格采用的参数化方案一致，行星边界层物理过程采用 Eta 方案，水汽变化过程采用 Reisner 方案，辐射过程采用 CCM2 云辐射方案，网格和次网格尺度降水均采用 Grell 积云对流参数化方案。模式使用 NCEP 每 6 h 一次的 1°×1°再分析资料作为初始场及边界条件。此次模拟过程初始时刻选为 2005 年 7 月 28 日 12 时（世界时），共积分 24 h，每 1 h 输出一次模拟结果。

4.1.2.2　高度场模拟结果对比

图 4-1～图 4-3 分别是 7 月 28 日 18 时 500 hPa、400 hPa 高度场以及 00 时 500 hPa 高度场的实况与数值模拟的对比图。由图可见，500 hPa 和 400 hPa 的等值线分布、高低中心以及

天气系统的位置大致符合，并且随着积分时间的增长，至 29 日 00 时，500 hPa 高度场的等值线分布等对应得仍然较好。虽然由于高原地区特殊的地形条件，造成了 93°E 以西地区出现虚假的高度场分布，使得图 4-1～图 4-3 的模拟图中等值线显得比较混乱，但从整体上看，MM5 模式对此次高原低涡过程具有较好的模拟能力。

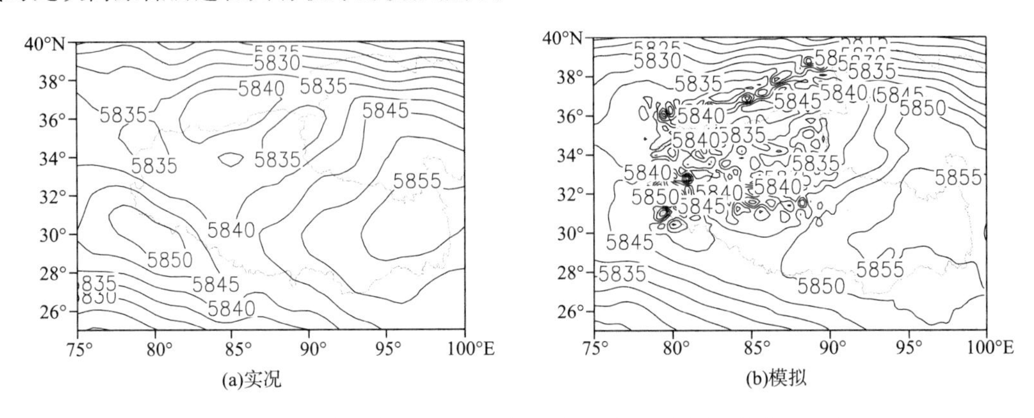

图 4-1　2005 年 7 月 28 日 18 时 500 hPa 高度场比较(单位：gpm)

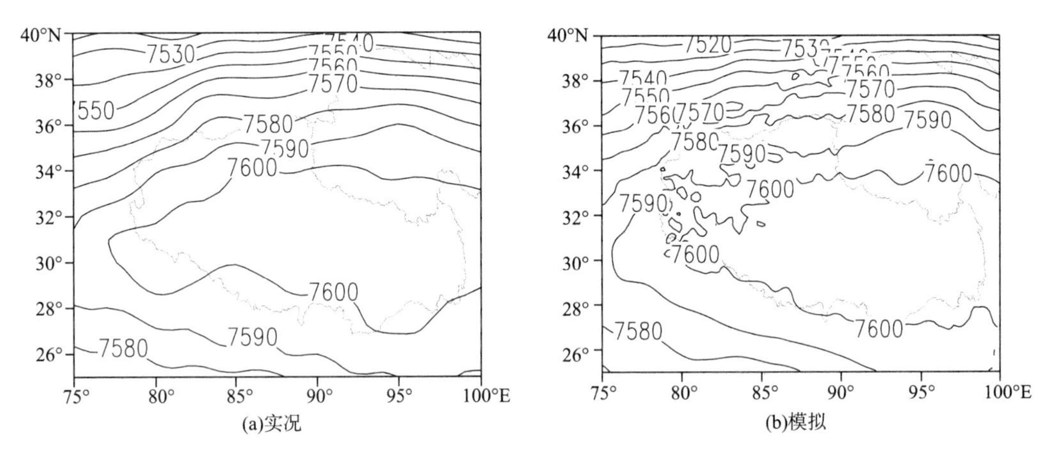

图 4-2　2005 年 7 月 28 日 18 时 400 hPa 高度场比较(单位：gpm)

(背景曲线表示高原区域和黄河、长江，下同)

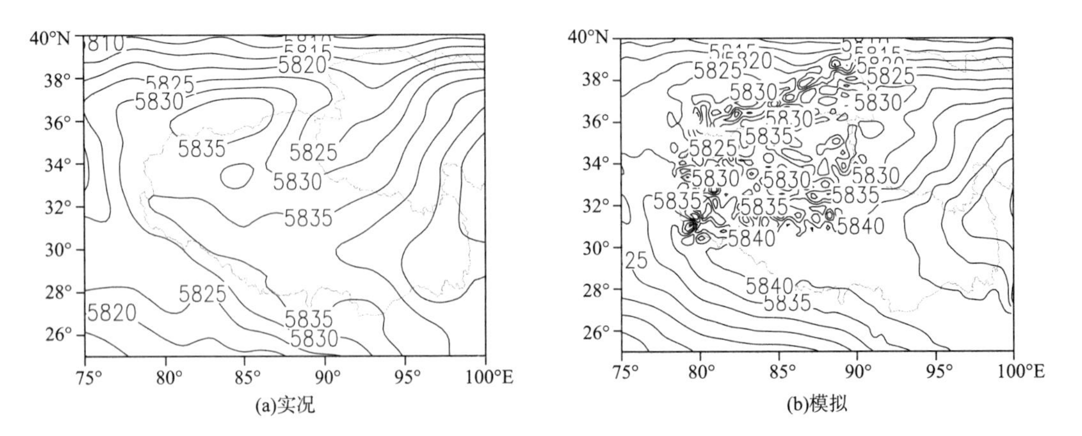

图 4-3　2005 年 7 月 29 日 00 时 500 hPa 高度场比较(单位：gpm)

4.1.2.3 涡度场模拟对比

涡度是衡量空气质点旋转运动强度的一个重要物理量。从沿90°E的涡度场剖面图(图4-4a)上看,7月29日00时,在35°N上空附近有一个明显正涡度中心,其南侧400 hPa处有一个负涡度中心。从图4-4b可以看出,MM5模式能够较好地模拟出这两个涡度中心,但模拟的负涡度中心和正涡度中心的位置比实况偏北,且正涡度中心伸展高度较实况偏高,强度偏大。

通过以上位势高度场和涡度场的对比分析,可以认为MM5模式基本能够较好地模拟此次高原低涡过程,因此可以利用数值模拟结果作为高分辨率资料来进一步诊断分析高原低涡的结构特征。

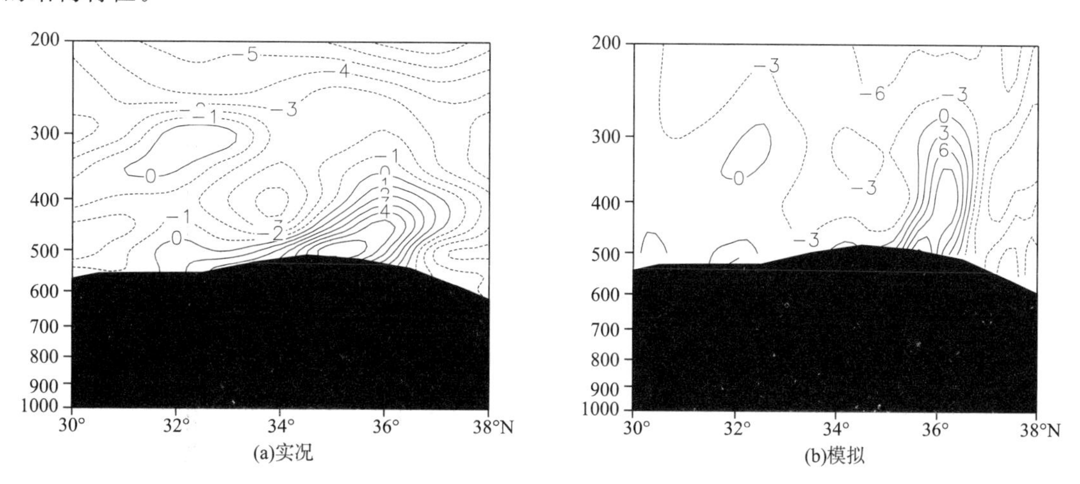

图4-4 2005年7月29日00时沿90°E的涡度场垂直剖面(单位:$10^{-5}\ s^{-1}$)
(阴影区域表示高原地形,下同)

4.1.3 高原低涡空心结构的模拟分析

在模拟中纬度气旋的发生发展过程中,有研究观察到低压涡旋可具有类似台风涡眼的结构。乔全明和张雅高(1994)的诊断分析表明:由于青藏高原下垫面的热力性质与热带海洋有相似之处,所以不少高原低涡的结构与海洋上的热带低压或热带气旋类低涡(tropical cyclone-like vortices,TCLV)十分相似。在云形上主要表现为气旋式旋转的螺旋云带,低涡中心多为无云区(空心)。只是由于不像海洋上有充分的水汽供应,因而高原低涡不像台风那样可以强烈发展,生命史也较短。李国平和蒋静(2000)利用相平面分析法,得到两类有意义的孤立波解,并且重点分析了一类具有间断点的奇异孤立波解的特征,从理论上论证了高原低涡具有的涡眼(空心)和暖心结构。黄楚惠和李国平(2007b)利用卫星资料对本研究的高原低涡过程进行分析发现,高原低涡于7月28日18时开始发展,到晚上22:30左右已发展成一个成熟涡,并且呈现明显的涡眼(空心)结构,眼区水平直径约为35 km。为了更详细地了解低涡空心结构的特征,下面我们通过MM5模式输出的格距为36 km的高分辨率资料,重点对成熟高原涡的结构特征进行分析。

4.1.3.1 流场

7月28日22—23时为低涡发展最旺盛时期,在22时500 hPa流场图(图略)中,(86°E～90°E,33°N～36°N)范围内有明显的气流辐合和气旋性环流。到23时,气旋性环流更加明显,形成了一闭合中心，如图 4-5 所示，涡旋环流中心位于(88°E,35°N)。

4.1.3.2　温度场

在地面加热达到一定程度后，固定等压面上青藏高原低涡温度场的水平分布一般为：除涡心外，离涡心越近，温度越高，离涡心越远，温度越低(李国平和蒋静，2000)。在 23 时 500 hPa 温度场上(图 4-6)，暖中心位于(89°E,33°N)，温度为 277 K。在 400～300 hPa 的温度场上(图略)，在低涡眼区内，由低层到高层涡心温度明显高于四周，说明高原低涡在其强盛期具有明显的暖心结构。这种暖心结构既是满足动力学约束关系所需要的，又是高原强大的地面加热提供热量造成的结果(李国平和蒋静，2000)。

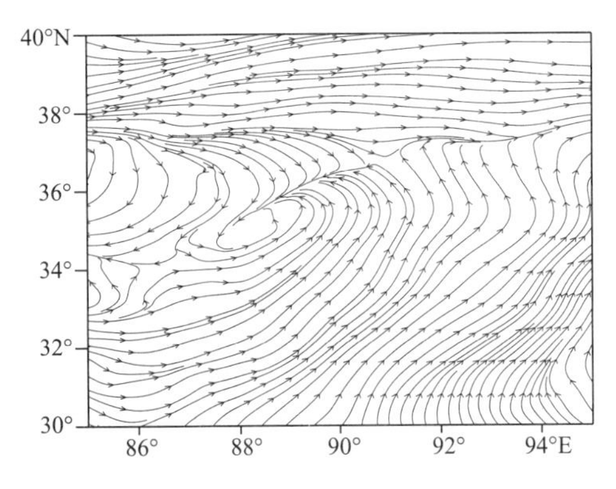

图 4-5　2005 年 7 月 28 日 23 时 500 hPa 流场

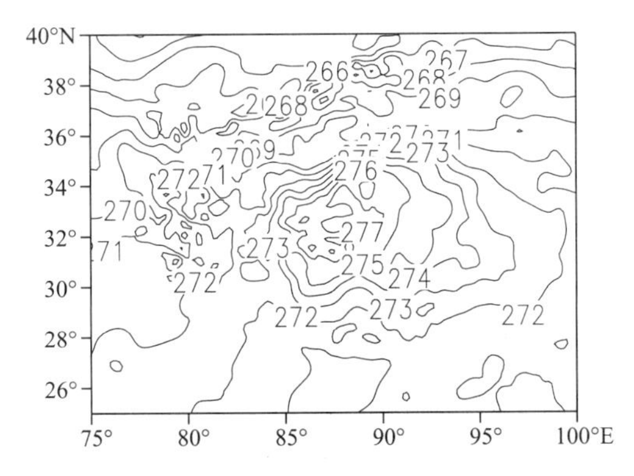

图 4-6　2005 年 7 月 28 日 23 时 500 hPa 温度场(单位：K)

4.1.3.3　涡度场与散度场

图 4-7 为 28 日 23 时沿 35°N 的涡度场和散度场的剖面图，从图 4-7a 中可以看出，在涡区东、西两侧各有一个正涡度中心，表明涡心四周为上升运动。西侧 500～400 hPa 为正涡度区，正涡度中心位于 450 hPa，中心值为 $9\times10^{-5}\ s^{-1}$，400 hPa 以上转变为负涡度。东侧正涡度柱中心强度与西侧相同，但高度可伸展到 300 hPa 以上。在涡心(90°E)处，450 hPa 以下为正涡度，450 hPa 以上转变为负涡度，负涡度中心位于 400 hPa，中心强度为 $-6\times10^{-5}\ s^{-1}$，表明此次低涡系统比较浅薄。由图 4-7b 可知，在低涡涡眼以外的两侧区域，500～400 hPa 为一辐合层，辐合中心位于 450 hPa，400～300 hPa 为辐散层。在涡眼区域内，400 hPa 以下为辐散层，

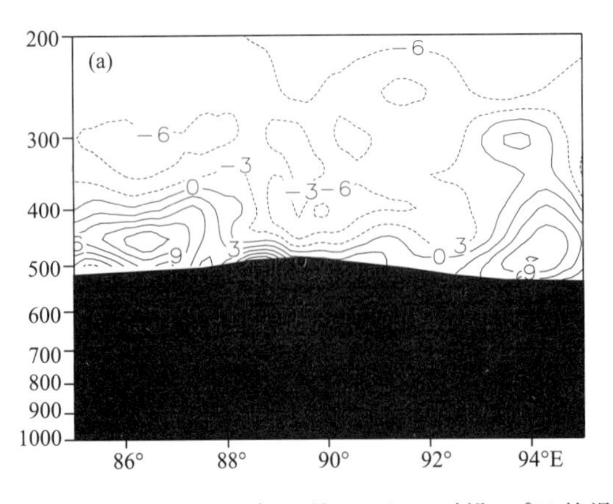

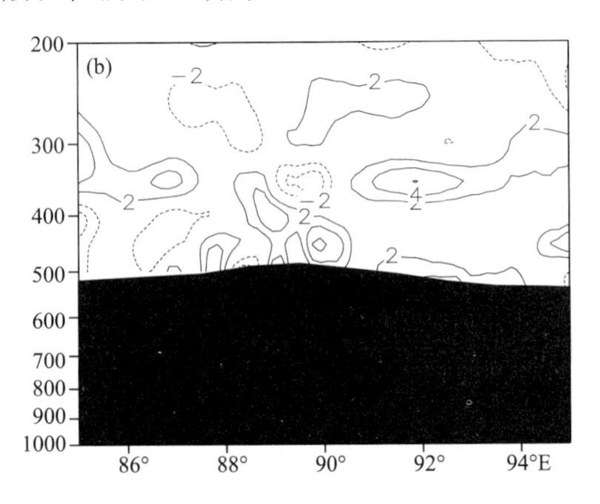

图 4-7　2005 年 7 月 28 日 23 时沿 35°N 的涡度场(a)和散度场(b)剖面图(单位：$10^{-5}\ s^{-1}$)

辐散中心在 450 hPa，400～300 hPa 有一弱的辐合区，300 hPa 以上为辐散层。这与黄楚惠和李国平(2007b)的研究结论基本一致。

4.1.3.4　垂直速度

涡旋的结构分布与垂直速度密切相关。从 7 月 28 日 23 时沿 35°N 的垂直速度剖面图(图 4-8)上可见，整个低涡区内以上升运动为主。涡心两侧从近地层到 450 hPa 是上升运动，400～350 hPa 有较弱的下沉运动，300 hPa 以上的上升运动较强，达到 $-4\times10^{-2}\ \mathrm{m\cdot s^{-1}}$。在涡眼中心(90°E)处，400 hPa 以下为下沉运动，400 hPa 以上为上升运动，这与动力学理论分析的高原低涡的结构特征基本相符(李国平 等，2002)，即低涡四周是一个上升环，而涡心为下沉运动(在卫星云图上表现为无云区，可有类似于台风的眼结构)。

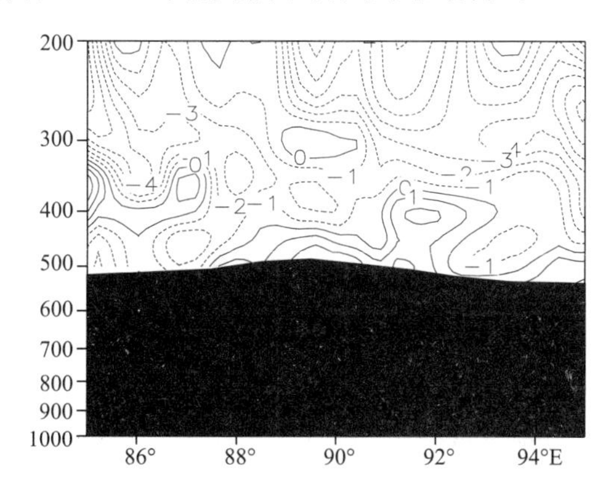

图 4-8　2005 年 7 月 28 日 23 时沿 35°N 的垂直速度场剖面图(单位：$10^{-2}\ \mathrm{m\cdot s^{-1}}$)

4.1.4　小结

本节利用 MM5 中尺度数值模式，对一次高原低涡过程进行了数值模拟，并对成熟高原涡的结构特征进行了诊断分析，初步得出以下几点结论。

(1)中尺度非静力数值模式 MM5 对此次低涡过程有较好的模拟能力，能够模拟出高原低涡的一些特殊结构。

(2)流场和温度场的分析揭示出成熟高原低涡内呈气旋性环流，并且有一明显的闭合气旋中心。涡心的温度高于四周，具有暖心结构。

(3)涡度场分析表明，低涡下层为正涡度区，上层为负涡度区。涡区四周的正涡度伸展高度高于涡眼区。

(4)成熟高原低涡的主要结构特征为：涡眼区，低层辐散下沉，高层辐合上升；涡心四周，低层辐合上升，高层辐散下沉。这种低涡流场结构与热带气旋类似。进一步证实了某些高原低涡可以具有与热带气旋(TC)或热带气旋类低涡(TCLV)类似的空心(涡眼)和暖心等结构。

4.2　高原低涡过程的 MM5 数值模拟与结构特征

4.2.1　引言

对于高原低涡数值模拟与结构特征的分析已经有了一些研究(罗四维和杨洋，1992；丁治英和吕君宁,1990;罗四维,1992;陈伯民和钱正安,1995;屠妮妮 等,2008;黄楚惠和李国平,2009;屠妮妮和何光碧,2010)。乔全明和张雅高(1994)的诊断分析表明:由于青藏高原下垫面的热力性质与热带海洋有相似之处,所以不少高原低涡的结构与海洋上的热带低压或热带气旋类低涡十分相似,在云形上主要表现为气旋式旋转的螺旋云带,低涡中心多为无云区(空心)。李国平和蒋静(2000)利用相平面分析法,得到两类有意义的孤立波解,并且重点分析了一类具有间断点的奇异孤立波解的特征,从理论上论证了高原低涡具有的涡眼(或称之为空心)和暖心结构。黄楚惠和李国平(2007b)应用卫星云图,描述了两例青藏高原低涡形成、发展及消亡过程,云图清晰地显示出高原低涡具有涡眼和暖心的结构特征。陈伯民等(1996)利用一有限区域模式对三例高原低涡过程设计了控制试验和降低高原地形、无地面感热和潜热通量、无凝结潜热等 10 组试验方案,指出高原低涡是一种强烈依赖于青藏高原地形,同时又受层结稳定度、地面热通量和凝结潜热控制的局地性低压涡旋。Wang(1987)利用 GFDL 中尺度有限区域模式研究了 1979 年夏季造成暴雨的两个暖性高原低涡个例,以及低涡发展的垂直结构特征和成熟阶段有利于低涡东移的环流条件,提出了青藏高原暖性低涡发展的一种机制。Chang et al.(1998)用数值模式模拟了边界层和非绝热加热对移出青藏高原后迅速发展的低涡的作用。值得注意的是,由于此前的数值模拟大多集中在对于低涡形成和发展的影响因子的探讨,而对低涡结构特征的讨论相对较少。本节利用中尺度气象模式 MM5 对 2009 年 7 月 29—31 日的一次高原低涡过程进行数值模拟,然后利用模式输出的逐时高分辨率资料并结合实况资料,重点分析低涡从初生到刚移出高原这一阶段的结构特征及其演变,以期增进对高原低涡的认识。

4.2.2 卫星 TBB 资料分析

云顶亮温资料(TBB)是监测对流云团生成和发展的有效途径。由于青藏高原西部观测资料的缺乏,很难有效地分析高原的中尺度天气系统(如高原低涡)。用时空分辨率较高的 TBB 资料,不仅可以观测大范围云系分布,而且可以观测中尺度云系的发生、发展和消散演变的全过程(黄楚惠和李国平,2007b)。本节使用由 FY-2C 气象卫星反演得到的 1 h 间隔的 TBB 资料来分析高原低涡对流云团的活动状况。图 4-9 为 2009 年 7 月 29—30 日不同时刻的 TBB 分布。29 日 08 时(世界时,下同),在高原上已有明显的对流云团出现,中心位置在(34.4°N,90.7°E);10 时,对流云团范围扩大,强度增强,周围零星云团也迅速发展;到了 12 时,对流云团发展为东北—西南向云带,并呈现螺旋状结构,占据了青藏高原大部分地区,而云团中心有一个无云区,即低涡中心出现与热带气旋类低涡相似的涡眼(空心)结构,涡心位于(33.5°N,92.7°E);13 时,涡眼范围变大,云带的螺旋结构减弱;18 时,对流云团向东发展,呈东-西向云带,强度略有减弱,涡眼结构消失;7 月 30 日 00 时,低涡移出高原,进入四川盆地西北部和甘肃南部,而后与西南涡发生耦合,强度再次增强,造成了四川地区一次暴雨天气过程。

4.2.3 模拟方案

本研究利用美国宾夕法尼亚州立大学(PSU)和美国国家大气研究中心(NCAR)联合开发的中尺度非静力平衡模式 MM5 对此次高原低涡过程进行数值模拟。模式区域中心位置为(92°E,35°N),采取双重嵌套的高分辨率网格区域,粗网格水平分辨率为 30 km,有 160×160 个格点,细网格水平分辨率为 10 km,有 250×250 个格点。两层嵌套的地形分别使用分辨率

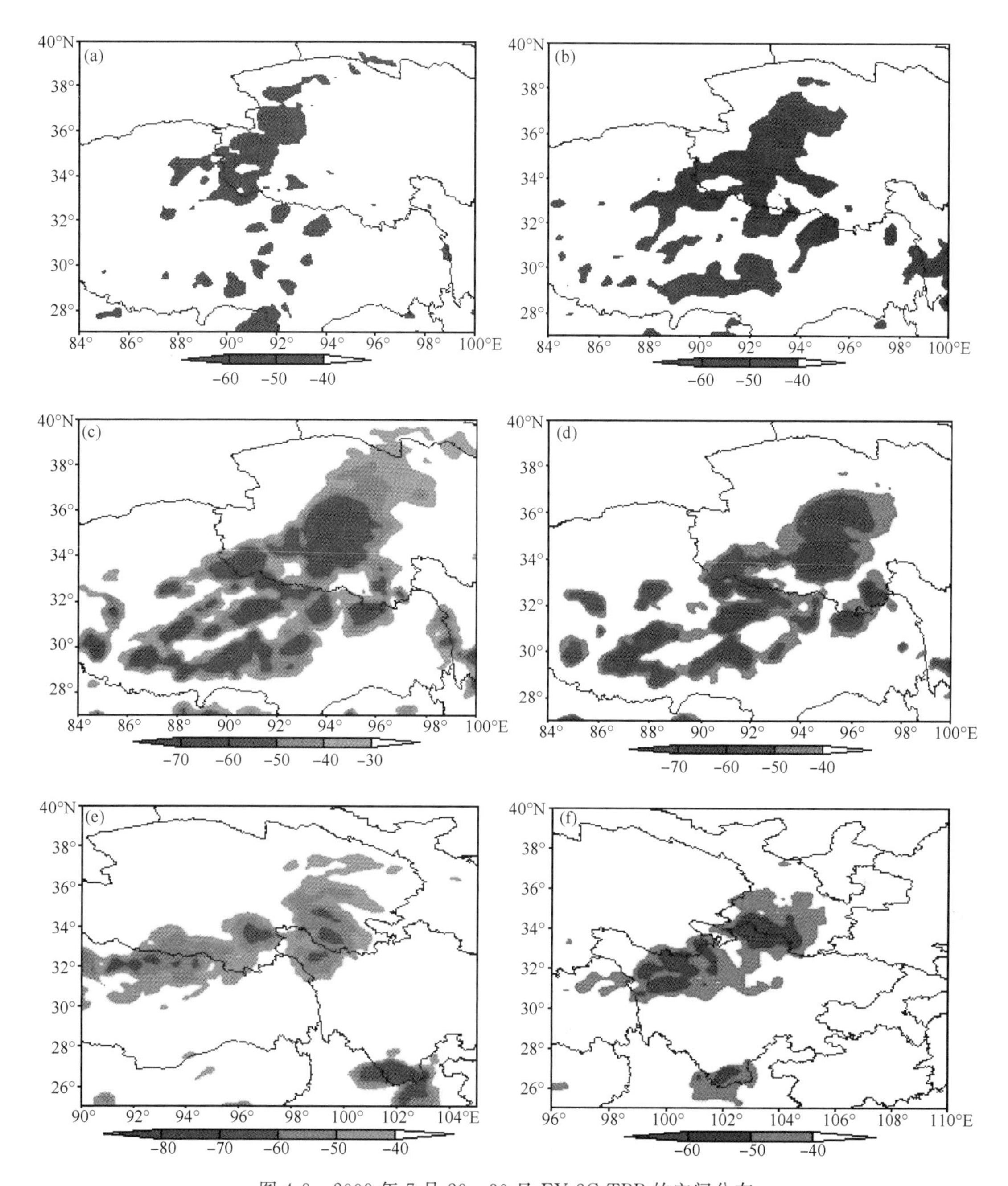

图 4-9 2009 年 7 月 29—30 日 FY-2C TBB 的空间分布

(a)29 日 08 时;(b)29 日 10 时;(c)29 日 12 时;(d)29 日 13 时;(e)29 日 18 时;(f)30 日 00 时

为 5 min(相当于 9 km)和 2 min(相当于 4 km)的地形数据。模式垂直分层为不等距 20 层,顶层气压为 100 hPa。模式中采用的基本物理过程方案为:简单冰显示水汽方案、Grell 积云对流参数化方案、Eta 边界层方案、云辐射方案。内外两个模拟区域采用的物理方案完全相同。以 NCEP 每 6 h 一次的(水平分辨率为 1°×1°)再分析资料作为初始场及边界条件。模拟的初始时刻为 2009 年 7 月 29 日 00 时,共积分 56 h,每小时输出一次模拟结果。

4.2.4 模拟结果检验

4.2.4.1 降雨量检验

从7月30日00时至31日00时的实况雨量来看(图4-10a),强降水主要分布在四川盆地的东部,有两个降水中心,分别在(104°E,29.5°N)和(105°E,32°N),中心雨量分别为70 mm和50 mm。从雨量模拟结果(图4-10b)可见,模式对降水中心的位置模拟得较好,两个降水中心分别位于(104°E,29°N)和(105°E,32°N),与实况基本吻合。第一个中心雨量为80 mm,模拟结果比实况略偏大;第二个中心雨量为20 mm,比实况偏小。考虑到降水模拟的难度,特别是高原降水模拟的复杂性,可以认为该模式较好地模拟了此次高原低涡引起的盆地降水。

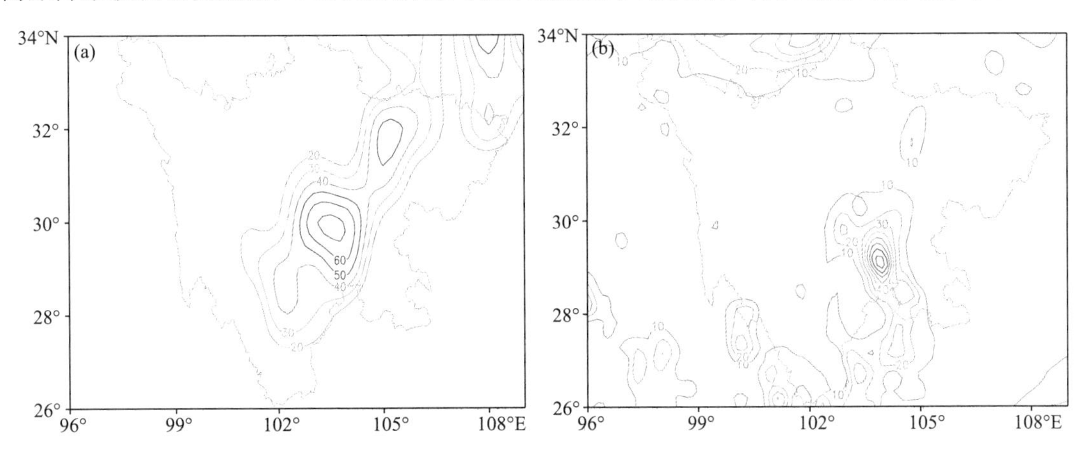

图4-10 2009年7月30日00时—31日00时四川盆地降雨量(单位:mm)

(a)实况;(b)模拟

4.2.4.2 雷达反射率检验

通过MM5模拟还可得到雨、雪以及软雹(如果存在的话)的混合比率,从而计算出相当雷达反射率因子。其原理是假设模拟得到的球状水汽粒子的密度恒定并且以指数形式分布,则雷达反射率因子反映的就是模拟出的云中水汽分布(高帆和王洪庆,2008)。图4-11为FY-2C观测到的29日12时TBB分布与同时刻模拟的雷达反射率的对比图。从图中可以看出,雷达反射率能基本反映出TBB所呈现的低涡基本特征。云区主要集中在高原上,位置和TBB图上的基本一致,云团呈零星的块状分布;高原上存在风场辐合区,辐合中心与低涡中心相对应。此外,四川盆地西部的云系也得到了很好的体现。模拟的雷达反射率反映的云团在高原上较为零散,螺旋结构不如实况明显,这可能是本节选取的雷达图像为单一层次,不是多个层次的叠加。但从总体上看,MM5模式较好地模拟出了此次高原低涡过程。

4.2.5 位涡分析

位涡是综合反映大气动力学和热力学特征的物理量。等压面上干位涡(PV)在忽略ω(垂直速度)的水平变化条件下的表达式为:

$$PV = -g(\zeta + f)\frac{\partial\theta}{\partial p} + g\left(\frac{\partial \nu}{\partial p}\frac{\partial\theta}{\partial x} - \frac{\partial u}{\partial p}\frac{\partial\theta}{\partial y}\right) \tag{4-1}$$

分析500 hPa位涡与风矢量合成图可知,29日08时(图4-12a),即低涡形成初期,涡区西侧与南

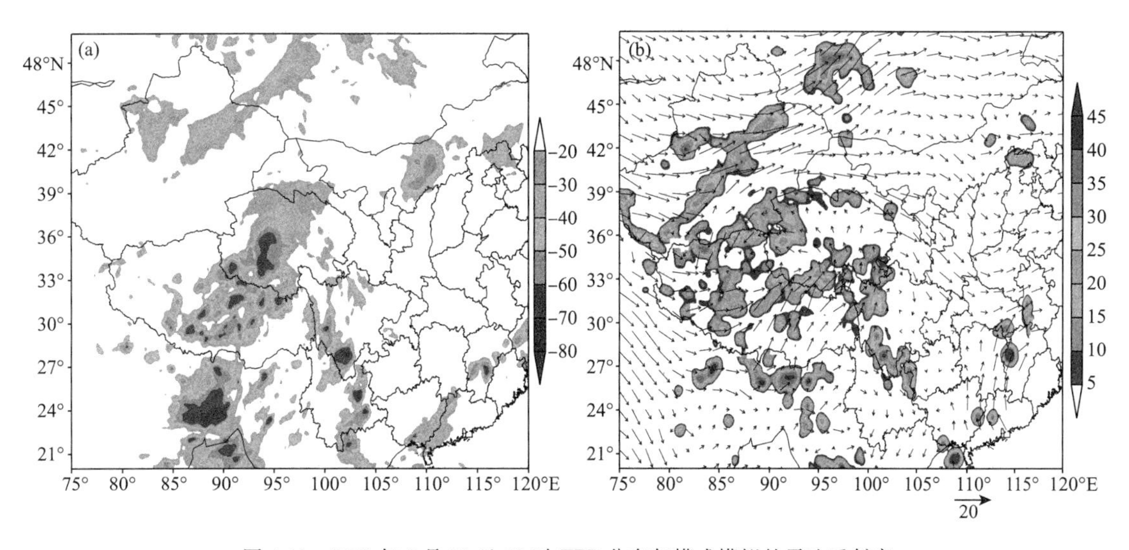

图 4-11　2009 年 7 月 29 日 12 时 TBB 分布与模式模拟的雷达反射率

(a)TBB 分布；(b)雷达反射率

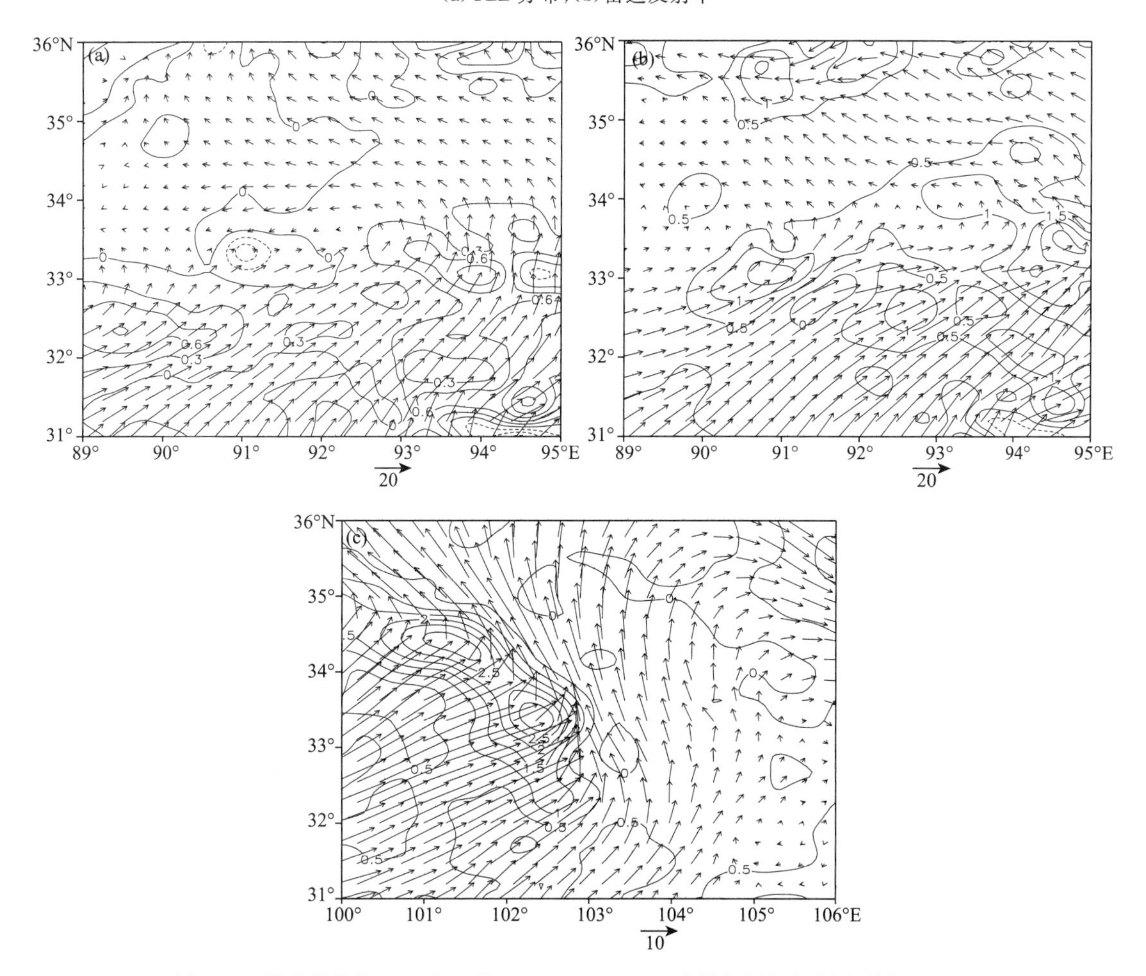

图 4-12　模式模拟的 2009 年 7 月 29—30 日 500 hPa 位涡与风场合成图(单位:PVU)

(a)29 日 08 时；(b)29 日 12 时；(c)30 日 00 时

侧为正位涡高值区，在(89.5°E,32.5°N)处有一个0.6 PVU(1 PVU=10^{-6} m^2·K·s^{-1}·kg^{-1})的高值中心，而涡心处有一小范围的负位涡区。从风场上看，低涡南部对应一致的西南风，推动低涡向东移。29日12时(图4-12b)，随着低涡的发展，正位涡区东移，西南风范围略增大，暖湿气流强盛；同时高位涡中心也向东移，与低涡相对应，在涡心南侧有一高值中心，量级达到1 PVU，涡心处也由负位涡转变为了正位涡控制。30日00时(图4-12c)，低涡移出高原以后，低涡中心西侧有一个西北—东南向的位涡高值带，中心值达到3 PVU，此区域内西南风强盛，而低涡中心东侧为一致的南风，在位涡等值线密集区出现明显的气旋式切变，造成了甘肃南部的降雨。

图4-13b为29日12时沿低涡中心(92.7°E,33.5°N)位涡的纬向垂直剖面图。从图中可以看出，低涡整层几乎都为正位涡控制。在低涡中心东西两侧各有一个略向东倾斜的正位涡柱，最大中心位于400 hPa，东侧的位涡中心值大于西侧，强度达到了2.7 PVU，而低涡中心位于一相对弱的位涡低值区。

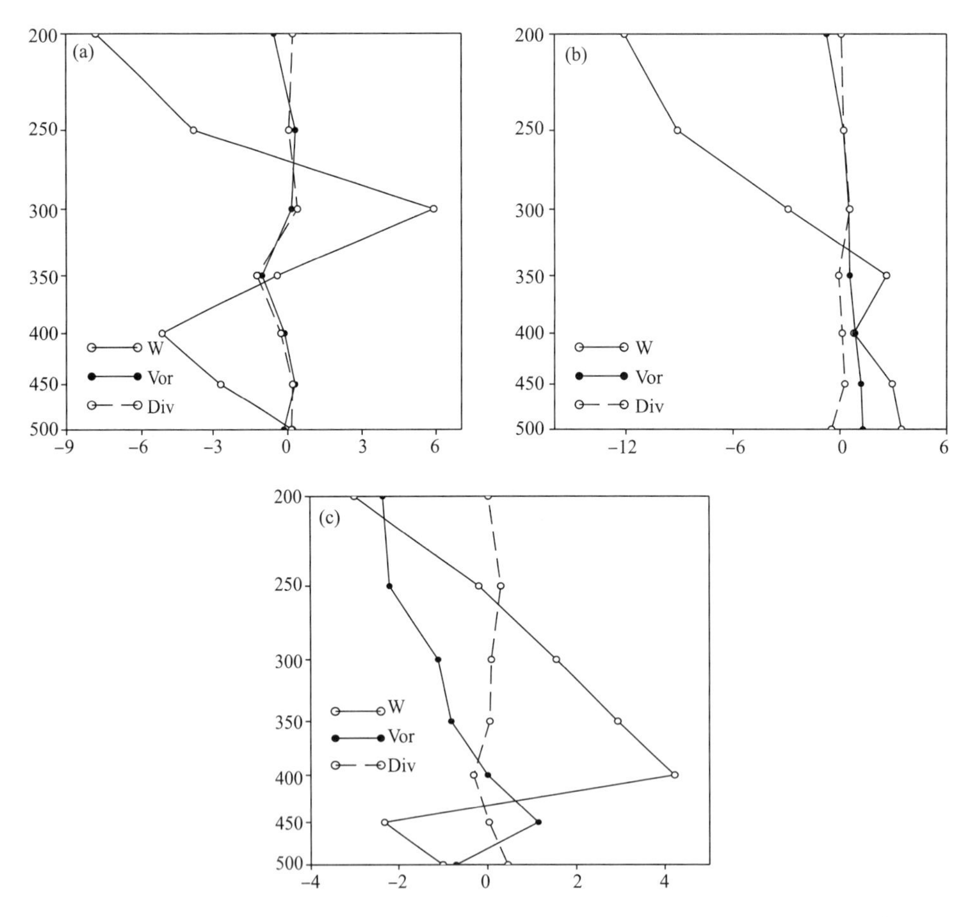

图4-13 模式模拟的2009年7月29—30日不同时刻高原低涡中心物理量的垂直廓线
(涡度：10^{-4} s^{-1}；散度：10^{-4} s^{-1}；垂直速度：10^{-1} m·s^{-1})(a)29日08时；(b)29日12时；(c)30日00时

4.2.6 高原低涡的动力结构特征

散度是衡量天气系统在水平面上速度场辐散、辐合强度的一个基本物理量，而垂直速度是

分析和预报中判断天气系统发展的一个重要物理量(刘建文 等,2005)。图 4-13 为不同时刻沿低涡中心物理量的垂直廓线。29 日 08 时,垂直速度在 350 hPa 以下为上升运动,最大上升速度位于 400 hPa,达到 -6×10^{-1} m・s^{-1},350~250 hPa 转为下沉气流。而涡度场和散度场的变化趋势较一致,300 hPa 以下有弱的辐合,300 hPa 以上辐合、辐散运动都不明显。29 日 12 时,涡度场和散度场的垂直廓线变得更为平直;垂直速度在 320 hPa 以下转为了下沉运动,而 320 hPa 以上为上升运动。30 日 00 时,低涡移出高原,最大正涡度值在 450 hPa 增加到 1×10^{-4} s^{-1},与最大上升速度层一致,最大上升速度达到 -2×10^{-1} m・s^{-1}。随后,涡度场在 400 hPa 以上变为负涡度,上升运动也开始减弱并最终转为下沉运动。

以上分析表明,从低涡形成初期到低涡移出高原的过程中,涡心处涡度场和散度场变化不大,而垂直速度场由上升运动变为下沉运动,移出高原后又转为上升运动。涡心的垂直结构分布同动力学理论分析的高原低涡的结构特征(何光碧,2006)以及卫星云图揭示的高原低涡的涡眼结构基本相符,即涡眼处为下沉运动。

为了更详细地分析高原低涡的涡眼结构,图 4-14 给出了 7 月 29 日 12 时经过低涡中心的各物理量的垂直剖面图。图 4-14b 是低涡中心涡度的纬向垂直剖面,从图中可以看出,涡度场的分布与位涡较为一致,低涡中心两侧也有两个正涡度柱,略向东倾斜,呈基本对称的结构,东侧中心值达到 22×10^{-5} s^{-1},且正涡度柱还由高层向低层伸展。低涡中心位于一个倒 Ω 型的区域内,250 hPa 以上出现了负涡度。在沿 92.7°E 所做的经向垂直剖面图上(图略),低涡中心为一正涡度柱,从低层伸展到 200 hPa,中心两侧为负涡度,且北侧涡度值强于南侧。

在 29 日 12 时沿 33.5°N 所做的散度的纬向垂直剖面图(图 4-14c)上,低涡中心从低层到高层均为辐散,辐散中心位于 300 hPa,低涡中心两侧为辐合,东侧辐合中心达到 8×10^{-5} s^{-1},与正涡度柱的强中心相对应。

29 日 12 时沿涡心的垂直速度的经向垂直剖面图上(图 4-14d),低涡中心整层为下沉运动,且中心南侧也出现了大范围的下沉区,使垂直速度的下沉中心比低涡中心略偏南,中心值达到 1 m・s^{-1}。

4.2.7　高原低涡的热力结构特征

相当位温 θe 是综合反映温度和水汽条件(湿度)的物理量,高值区代表的是高温高湿区(黄海波,2005)。29 日 08 时 500 hPa 上(图 4-15a),整个涡区为相对暖区,其中涡区南部为 θe 中心,中心值达到了 364 K;12 时(图 4-15b),西南风带来的暖湿气流使低涡南部(33°N 以南)继续保持为暖湿区。而偏东气流不断把冷空气输送到低涡北部,使低涡北部出现一个冷舌,从东北方向伸向低涡中心的西侧,从而形成了低涡区"南暖北冷"的热力结构。30 日 00 时(图 4-15c),在低涡西侧有一个等相当位温线密集带,纬向梯度增大,斜压性加强,在(33°N,101.5°E)处有一个 θe 高值中心,但中心值下降到了 354 K,此处也是正位涡密集区。

相当位温的垂直分布能够反映大气的稳定程度。图 4-15e 给出了 29 日 12 时低涡中心纬向剖面上的相当位温分布,可以看出,550~450 hPa 的气层 θe 随高度的增加而递减,出现层结不稳定。而在 400 hPa 处有一个 θe 相对低值区,代表低涡中心下沉的干暖空气。350 hPa 以上 θe 随高度的增加而递增,表示层结稳定。这种下层不稳定、上层稳定的分布形式有利于高原低涡的发展。低涡中心东侧 θe 等值线陡立且密集,与位涡的大值中心相对应。

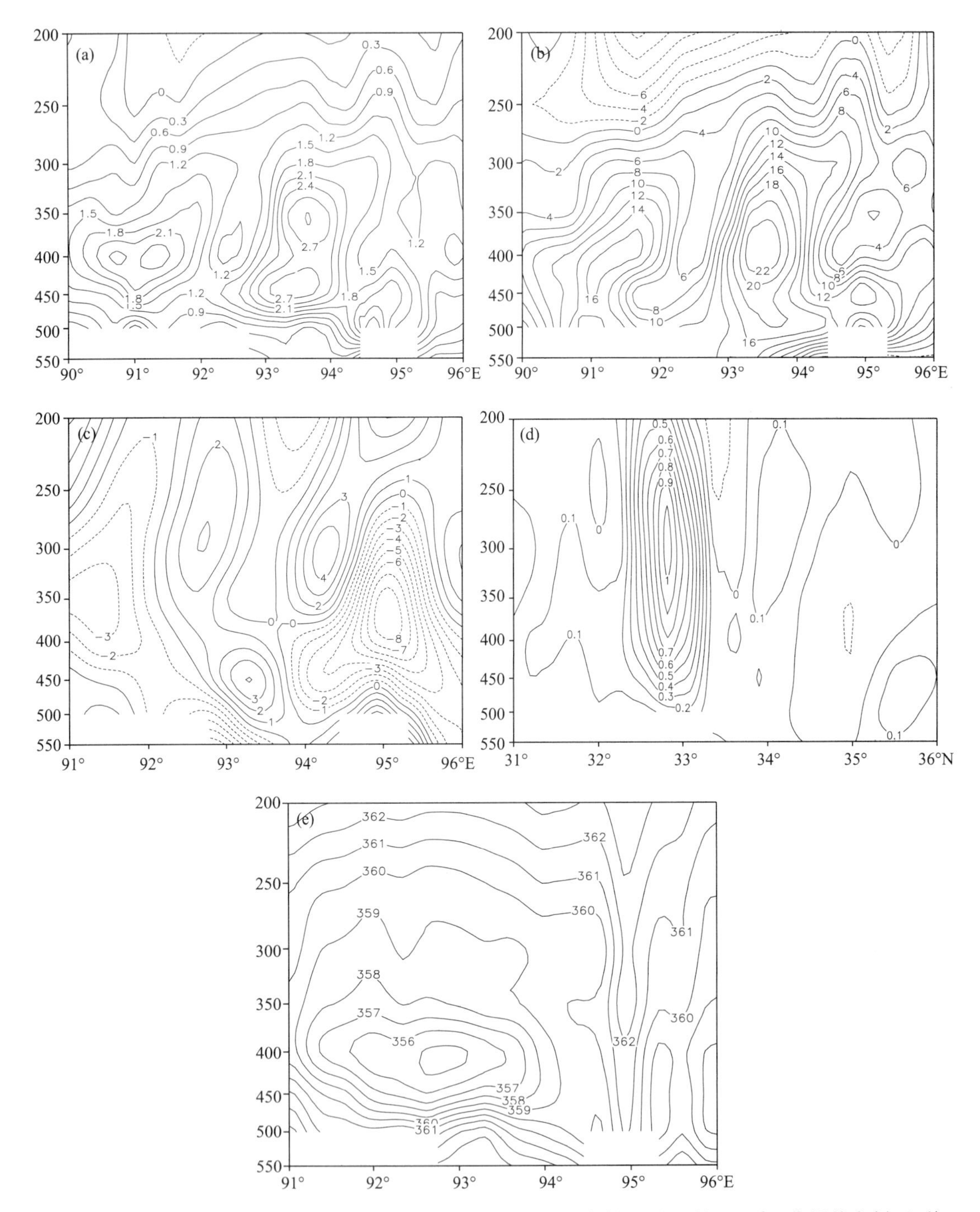

图 4-14　模式模拟的 2009 年 7 月 29 日 12 时物理量的垂直剖面图(a)沿 33.5°N 位涡纬向剖面(单位:PVU);(b)沿 33.5°N 涡度纬向剖面(单位:10^{-5} s^{-1});(c)沿 33.5°N 散度纬向剖面(单位:10^{-5} s^{-1});(d)沿 92.7°E 垂直速度经向剖面(单位:m·s^{-1});(e)沿 33.5°N θe 纬向剖面(单位:K)

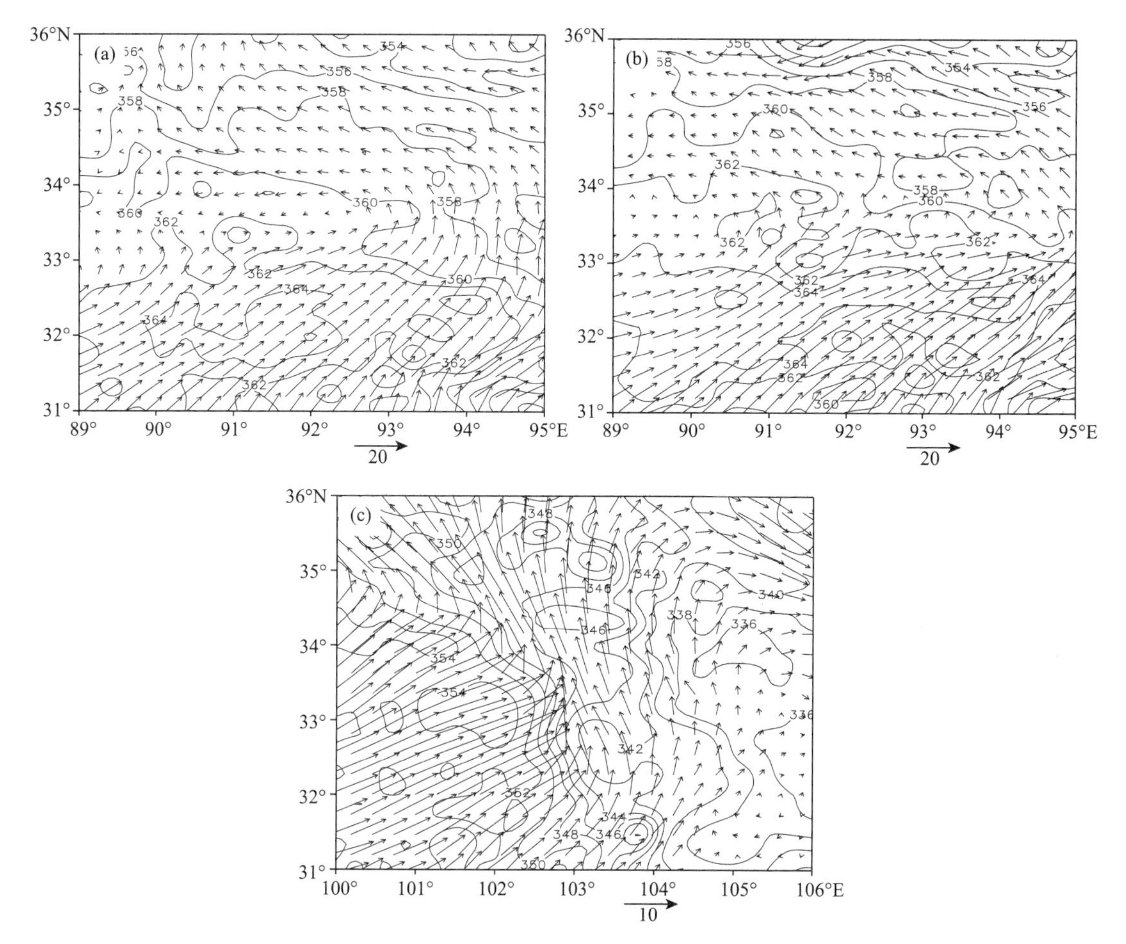

图 4-15　模式模拟的 2009 年 7 月 29—30 日 500 hPa 相当位温与风场的合成图(单位:K)
(a)29 日 08 时;(b)29 日 12 时;(c)30 日 00 时

4.2.8　小结

本节利用非静力中尺度数值模式 MM5 对 2009 年 7 月 29—31 日的一次高原低涡过程进行了数值模拟与诊断分析,得出以下几点结论。

(1)FY-2C 气象卫星反演得到的 TBB 分布表明,高原低涡在发展过程中具有与热带气旋类低涡相似的涡眼结构,即中心为无云区(空心)。

(2)MM5 中尺度数值模式能较好地模拟出低涡的降水落区、强度及内部结构,表明此次高原低涡的模拟过程是成功的,可以利用模式输出的高分辨率资料对高原低涡演变过程的结构特征进行较为细致的诊断分析。

(3)西南风输送的暖湿气流使正位涡区随着高原低涡的东移而东移。在动力结构上,低涡发展过程中涡心处的散度和涡度变化不大,垂直速度由上升运动变为下沉运动。涡眼处的涡度垂直分布与位涡比较一致,即涡心位于一个倒 Ω 型的区域内,两侧各有一个正涡度(正位涡)柱;涡心低层到高层为辐散下沉运动。在热力结构上,低涡区为“南暖北冷”的结构,涡眼位于 θe 垂直剖面的相对低值区。

需要指出的是,作为初步的探索性研究,本节只分析了该高原低涡个例从初生到刚移出高原这一阶段的结构特征及其演变。而对高原低涡移出高原进入四川盆地后其结构特征的变化,由于其与西南涡耦合而再次加强并造成四川盆地强降水的物理过程比较复杂,尚待进一步探讨。同时对高原低涡涡眼结构的分析还不够精细,今后也需用更多个例来加深研究。

4.3 基于 WRF 模拟的高原低涡内波动特征及空心结构

4.3.1 引言

近年来,由于中尺度数值模式有了较大发展,同时电脑的运算能力显著提高,提供了对高原低涡进行高分辨率数值模拟试验的条件。使用由模式所得的高时空分辨率资料对高原低涡进行更加细致的分析能够推进对低涡结构的认识,有鉴于此,本节使用由美国环境预测中心(NCEP)和美国国家大气研究中心(NCAR)等机构联合开发的新一代中尺度数值天气预报模式 WRF 对 2006 年 8 月 14 日一次高原低涡过程进行了三重嵌套的高分辨率数值模拟,希望得到更加细致的低涡内波动与空心结构特征。

4.3.2 模式与低涡过程介绍

WRF(weather research and forecast)模式是由美国环境预测中心(NCEP)和美国国家大气研究中心(NCAR)等联合开发的新一代中尺度数值天气预报模式,采用 Arakawa C 水平网格和地形追随非静力气压垂直坐标附带静力选项,支持双向移动网格的嵌套,具有完整的科氏力以及曲率的条件和完整的物理过程参数化方案,包括陆面、行星边界层、大气与表面辐射、微物理与积云对流等参数化方案,在 V3.1 版本当中,还加入了重力波拖曳效应。WRF 有两种动力核心:WRF-ARW(Advanced Research WRF)由美国 NCAR/MMM 维护和开发;WRF-NMM(Non-hydrostatic Mesoscale Model)由美国 NOAA/NCEP 维护和开发,本节使用的是 WRF V3.1.1 版本的 ARW 核心。

选择对 2006 年 8 月 14 日的一次低涡过程进行模拟,主要由于本次低涡发展较为强盛,眼与云带结构较为明显,具有一定的代表性。这是一次持续时间较长,虽仍未达到发展型涡标准但有降水的高原低涡(黄楚惠和李国平,2007b)。在低涡控制范围内的申扎和定日两站都有观测到降水。卫星云图显示 14—17 时(北京时)是高原低涡初生的阶段,17—19 时是低涡最强盛的阶段,19 时低涡中心处的涡眼非常明显(图 4-16),此时低涡发展到最强盛时期,水平尺度约为500 km,眼区水平距离约 55 km,眼区中心约位于(86°E,31°N),云区大致范围为(83°E～88°E,29°N～33°N),呈东北-西南椭圆分布。强对流区位于涡眼外围。此后低涡开始减弱。到 20 时涡眼范围扩大,涡心东北移至(86.14°E,31.07°N),低涡外围云区出现明显的不连续,23 时 30 分低涡消亡。

4.3.3 模拟方案与模拟概况

背景场使用 NCEP 1°×1°再分析资料,模拟区域的设定如图 4-17 所示,使用三重双向嵌套网络,最外层的固定区域使用 45 km 分辨率,地形使用 5 弧度米(约 9 km)分辨率用来模拟系统发展的天气尺度的背景场,并且为细网格提供边界条件。这个区域取得足够大,目的是使侧边界条件对低涡发展的影响降到最低。区域 2 网络格距 15 km,地形分辨率 2 弧度米(约

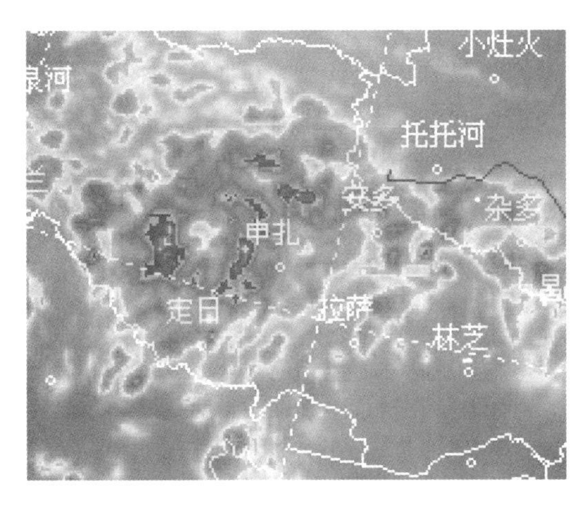

图 4-16　2006 年 8 月 14 日 19 时水汽云图

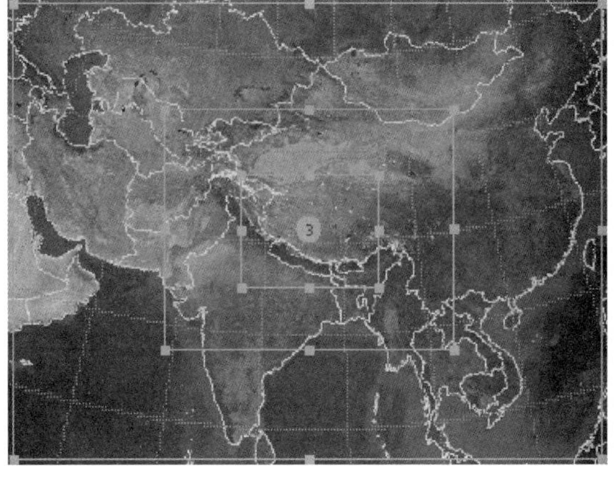

图 4-17　模式模拟区域

3.6 km)。最内层区域 3 采用 5 km 格距,地形分辨率 30 弧度秒(约 950 m),此区域是模拟高原低涡结构的重点区区。参数化方案的选择上,主要介绍区域 3 所使用的方案,微物理过程使用 WSM6 方案,该方案能够较好地模拟云物理过程(Hong et al.,2006)。长波辐射方案使用 RRTM(rapid radiative transfer model),短波辐射使用 Dudhia 方案。边界层使用 Mellor-Yamada-Janjic 方案。积云参数化使用 Kain-Fritsch(new Eta)方案。模拟时间 24 h,2006 年 8 月 14 日 08 时—15 日 08 时包含此次低涡的发展与成熟时期。

由模式输出结果来看,300 hPa 的模拟流场(图 4-18)以反气旋气流为主,符合通常对高原低涡场的研究,中心位置表现为流线比较稀疏,能够与云图上的眼区对应,同时反气旋气流占主导的区域也能够与低涡主要云区对应。另外,对比 500～100 hPa 水汽合成图(图 4-19)与卫星水汽图可以看出,低涡眼区是水汽的小值区,同时低涡南部的水汽量较大,而北部较小,这种差异在模拟图像上表现得更为明显,低涡南部水汽混合比最大值达到 8 $g \cdot kg^{-1}$,而在北部只有 5.5 $g \cdot kg^{-1}$。总体来讲,模拟与实况比较接近,因此模式输出的数据可以作为进一步分析的基础。

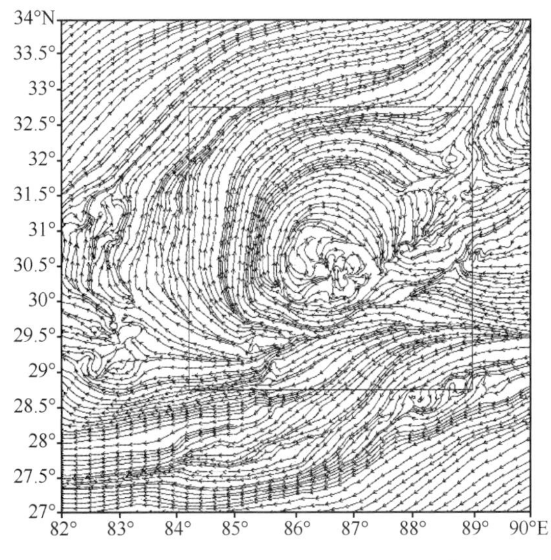

图 4-18　2006 年 8 月 14 日 19 时 300 hPa 的模拟流场（黑色方框表示云图中低涡主要云区范围）

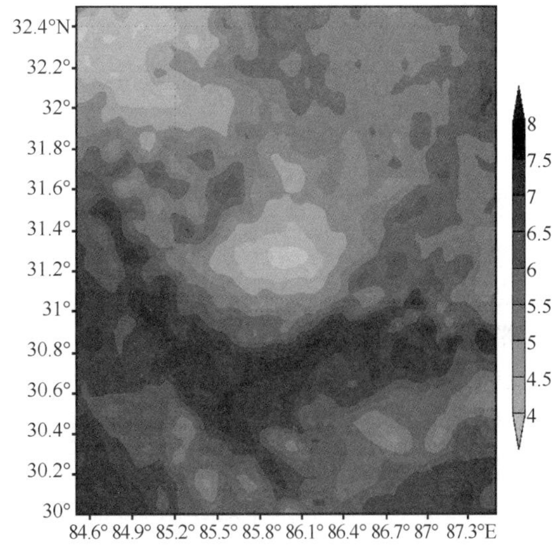

图 4-19　2006 年 8 月 14 日 19:40 500～100 hPa 模拟水汽合成图(单位:$g \cdot kg^{-1}$)

4.3.4 高原低涡内波动分析

在本次高原低涡的数值模拟中发现，散度、涡度在各层次上均存在着正负值区域的相邻交替分布，体现出一定的波动性，同时也随时间的变化而旋转。以(31°N，86°E)为中心，向正南对 500 hPa 平均涡度做经向剖面(图 4-20)可以看出，在 86°E 低涡眼区域，平均涡度较小，向外涡度增大，在 86.3°E～86.4°E 达到最大值后，逐渐减小，涡旋罗斯贝波产生的根源是平均涡度具有径向梯度(余志豪，2002)，显然，高原低涡也能满足这样的条件，能够产生涡旋罗斯贝波。在研究热带气旋中涡旋罗斯贝波的特征时，由于螺旋雨带和强正涡度带或位涡带有很好的对应关系，通常采用的方法是分析涡旋中涡度或位涡大值区的分布及移动(朱佩君 等，2005)。本节也采用这种方法分别从切向和径向分析了高原低涡中涡度大值区的分布。同时，低涡中的辐合、辐散运动也很强烈，具备了产生惯性重力波的条件。因此本节同样分析了辐合、辐散在低涡切向与径向的分布状况，以便更加清晰地说明高原低涡中涡旋波动的特征。

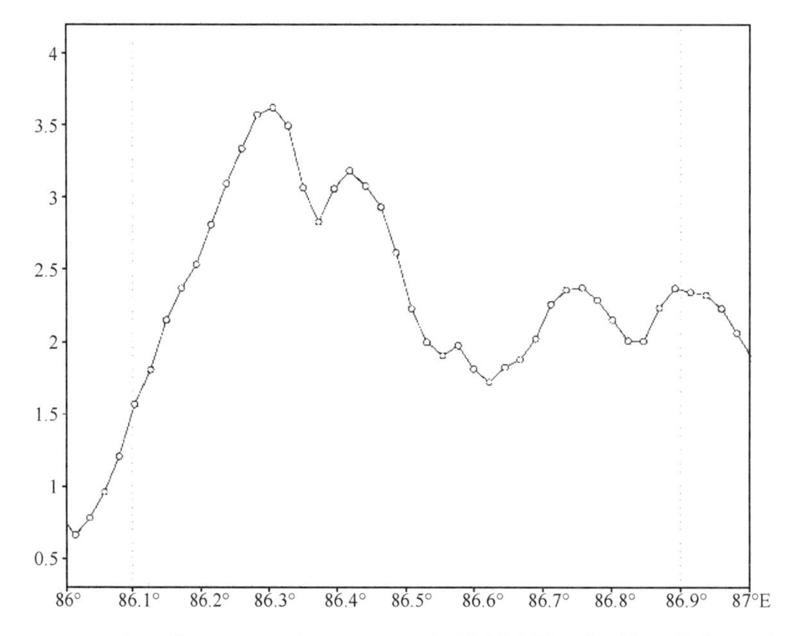

图 4-20　2006 年 8 月 14 日 500 hPa 17—20 时平均涡度沿 31°N 剖面(单位：$10^{-4}\ s^{-1}$)

4.3.4.1　切向分布

本次模拟的高原低涡中心涡度较小，向外约 50 km 达到最大，因此以(86°E，31°N)为圆心，以 50 km 为半径，绘制了 500 hPa 上半径为 50 km 圆周(图 4-22a)上的涡度-方位角分布廓线，来分析强正涡度带在高原低涡切向上的分布及移动，图中是 17—20 时共 4 个时次圆周上涡度的分布状况，这 4 个时次也是高原低涡最为旺盛的阶段，横坐标方位角 0°、90°、180°、270°分别代表东、北、西、南四个方向，涡度大值区的移动是向左方的，实际即代表涡度极大值顺时针方向移动，这种移动在图 4-21 中表现得更为明显，这 4 个时次之外(图中未画出)，涡度大值区域已表现得不明显，整个过程涡度大值区由低涡的西南方移至正北方后明显减弱，未完成整个圆周的传播，在正北方向断裂。

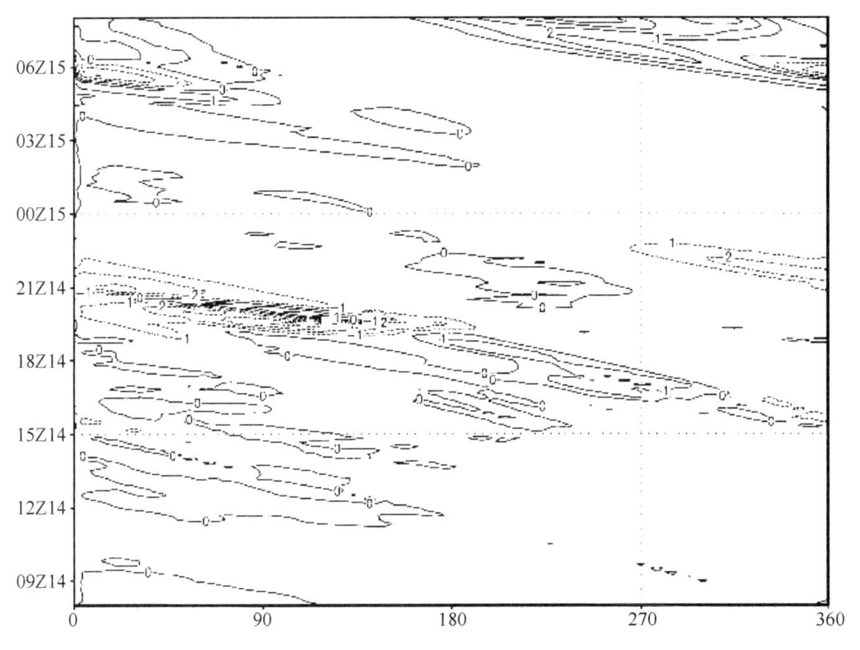

图 4-21　2006 年 8 月 14—15 日涡度-时间方位角截面图
（纵坐标为时间，横坐标为方位角，单位：$10^{-4}\ s^{-1}$）

高原低涡中的散度与涡度具有相同量级，因此采用了同样的方法做出了散度-方位角分布廓线，图 4-22b 中可以看出，在 17—19 时，低涡南部涡度的大值区与辐合区对应较好，这同卫星水汽图上亮温较高的区域对应，表明对流活动强烈。同时从整个圆周上来看，各时刻辐合、辐散交替分布，并整体向左方，即顺时针方向传播。与涡度不同的是，19 时低涡的强盛时期，散度正负值的交替次数多于涡度的交替次数，同一圆周上的波数不同。20 时在正北方向出现了较强的辐散，这可能与低涡北部水汽条件较弱、低涡的瓦解首先从北部开始有关。

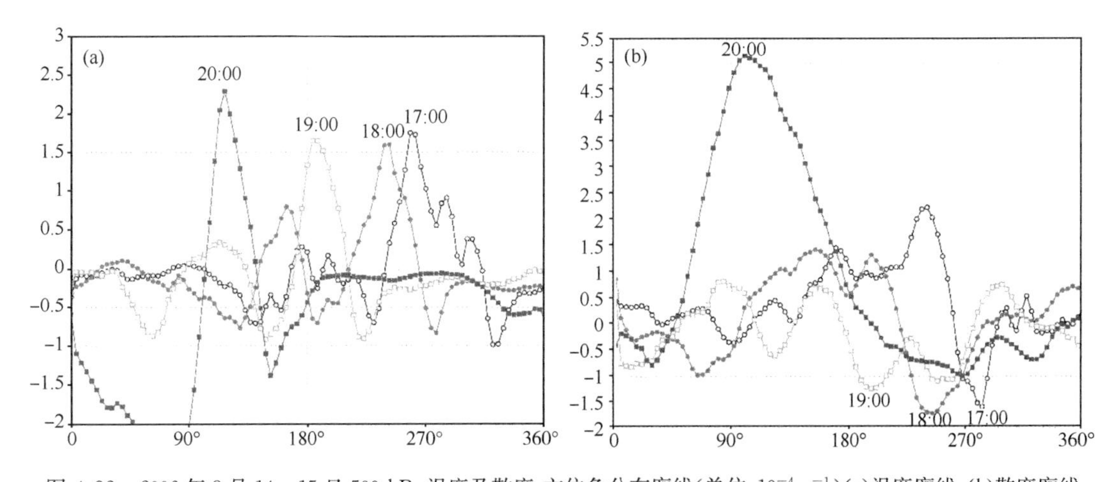

图 4-22　2006 年 8 月 14—15 日 500 hPa 涡度及散度-方位角分布廓线（单位：$10^{-4}\ s^{-1}$）(a)涡度廓线；(b)散度廓线

4.3.4.2　径向分布

高原低涡涡旋波动在径向上的传播状况可以概括为由初始的沿径向向内传播转换为成熟期之后的向外传播。经低涡中心做 500 hPa 扰动涡度的时间-纬向剖面来表示波动沿径向的传播，由图 4-23a 中可以看出，在约 19 时之前的时刻，涡度扰动分别由两侧向中心（31°N 附近）移动，之后逐渐转换为向外的传播。同样经低涡中心做 500 hPa 扰动散度的时间-纬向剖面（图 4-23b），约 19 时之前，散度扰动向内传播，而后向外。另外散度扰动在涡旋南侧更为强烈一些，这与低涡南部水汽条件相对充足、发展更为强烈有关。这种径向传播特征也可以看出低涡发展阶段对应了能量的向内聚，而逐渐减弱的阶段也对应了能量向外频散，具有和热带气旋相似的特征（Montgomery et al.，1997；Chen et al.，2001）。

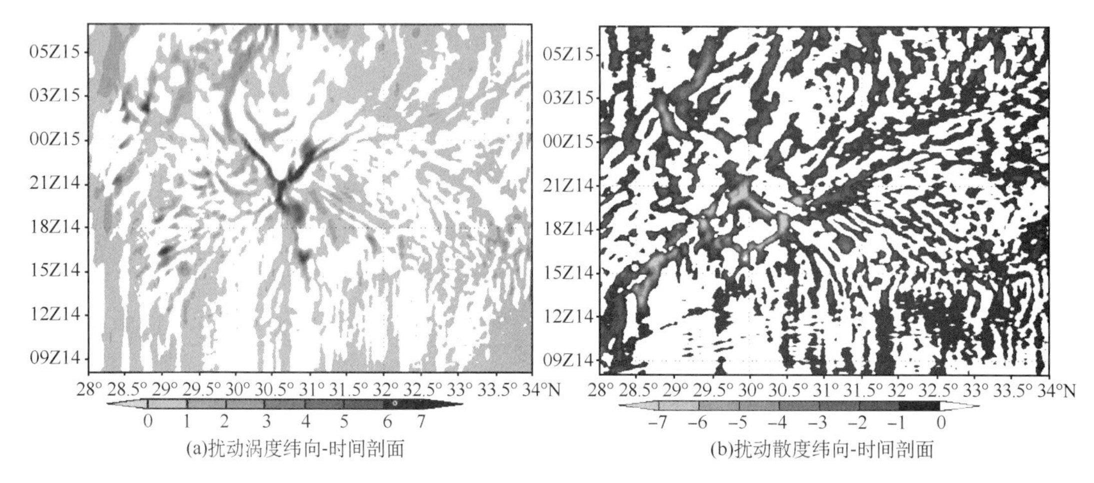

图 4-23　2006 年 8 月 14—15 日 500 hPa 扰动涡度与扰动散度纬向-时间剖面

（(a)中色标表示正涡度，白色区为负涡度区；(b)中色标表示负散度，白色区域为辐散区，单位：10^{-4} s^{-1}）

在分析了高原低涡涡旋波动切向与径向的特征后，根据所取圆半径 50 km，涡度波峰移动方位角约 135°，我们可以粗略地估算出高原低涡中的涡度大值区沿切向的传播速度为 8 m·s^{-1}，这样的速度大于涡旋罗斯贝的理论移速而小于惯性重力波的理论移速，因此高原低涡中的这种涡旋波很可能是由于两种波动的混合而形成的。而在低涡生命期中的不同阶段以及低涡由内到外的不同范围之中，起主导作用的波动也不尽相同，首先从位置上来说，本例中距离高原低涡中心 50 km 以外涡度的径向梯度已不再明显（图 4-20），即径向变化很弱，因此在这以外的区域中已不具备涡旋罗斯贝波生成的条件，因此主要表现为惯性重力波的传播，而在半径 50 km 以内的中心区域，则体现出两种波动的混合性。从时间上来说，低涡初期中心的区域由于较大的平均涡度径向梯度而产生涡旋罗斯贝波，而这种波动产生的涡度变化能够激发辐合、辐散的交替变化从而产生惯性重力波，在本例中表现为 17—18 时涡度极值的波峰略微领先散度的波谷，19 时，二者移动速度基本同步，而散度的正负值的变动，即辐合、辐散的交替次数在同一圆周已比涡度交替更多，已经出现了不同步，说明可能随着低涡的减弱过程，产生涡旋罗斯贝波的条件越来越弱，整个低涡当中的波动则以前期激发产生的惯性重力波逐渐占主导。另外，高原低涡的生命期较短，本例中只有其最强盛时期的几个小时具备产生涡旋罗斯贝波的条件，涡旋罗斯贝波无法完成一个圆周的转播，加上水汽南多北少的分布状况，使得波动的发展也在南侧首先产生，移动到北侧过程中减弱消失，因此本例中涡区北侧的波动状况不明显，这种情况的存在也从波动的角度解释了大多高原低涡螺旋形态的发展并不均匀或并不完整的原因，较难形成如同海上热带气旋般比较均匀和完整的螺旋云带。

4.3.5 低涡空心结构

在卫星水汽图上可明显地看出本次模拟的高原低涡具有眼结构，在模拟输出的结果中，低涡成熟时期这种眼结构也很明显，即图4-19中低涡中水汽相对周围较少的区域。图4-19结果显示，本次模拟的高原低涡眼区的直径大约为0.5个经度，也就是约55 km。垂直结构方面，由经过低涡眼区的经向剖面图(图4-24)可以看出，成熟阶段的高原低涡中心温度相对较高，具有暖心结构，不过这种暖心结构限于高原低涡强盛时期500～300 hPa，同时期同剖面的垂直速度图4-25上来看，低涡中心区域低层有弱的下沉气流，中高层则无明显上升或下沉运动，说明低涡中心存在一个相对平静的区域，没有很强的对流活动，表现为眼结构，在相对平静的眼区周边两侧则是上升气流，本例中垂直运动较弱的区域向上层有一定的向东偏移，说明眼区也并非完全垂直，而是有一定偏向；而在外围垂直运动则逐渐减弱。由以上可以看出这种空心结构与热带气旋中心眼类似。

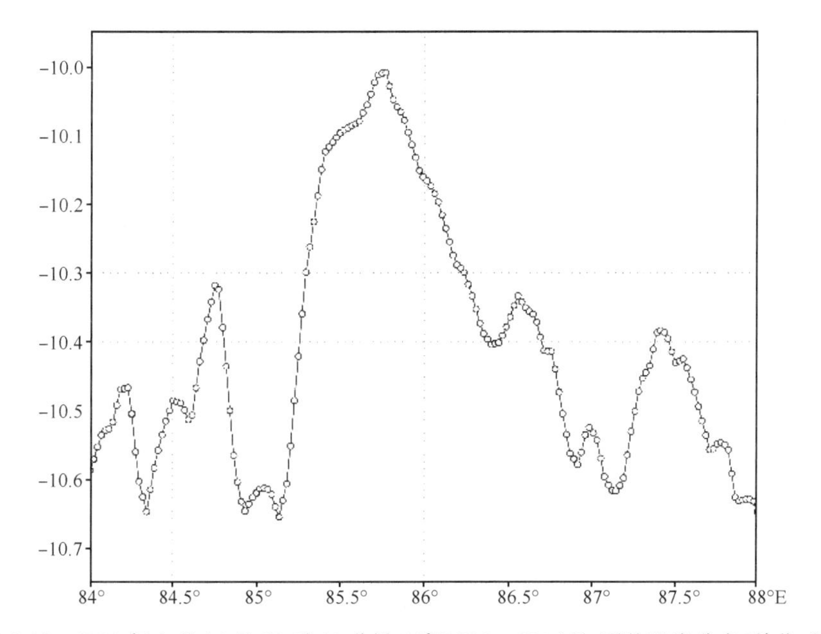

图4-24 2006年8月14日19时40分沿31°N 500～300 hPa平均温度分布(单位:℃)

眼区随时间的演变方面，仅从模拟显示的水汽混合比上来看，低涡发展初期眼区不完整，水汽含量上并没有产生如同图4-19时候明显的中心水汽较少的情况，而是随着低涡不断发展逐渐形成。同时，低涡眼区温度随时间的变化上来说，同样也是初期暖心结构不明显，在成熟时期才逐渐产生，这可能与低涡逐渐成熟、对流活动强烈、水汽不断释放凝结潜热的过程有关。

4.3.6 小结

本节使用由美国环境预测中心(NCEP)和美国国家大气研究中心(NCAR)等联合开发的WRF模式对本次高原低涡进行模拟的效果较好，对其输出的高时空分辨率资料详细分析后得出以下一些初步结论。

(1)高原低涡中同时满足产生涡旋罗斯贝波和惯性重力波的条件，在本次高原低涡的数值模拟中发现，散度、涡度在各层次上均存在着正负值区域的相间交替分布，体现出一定的波动

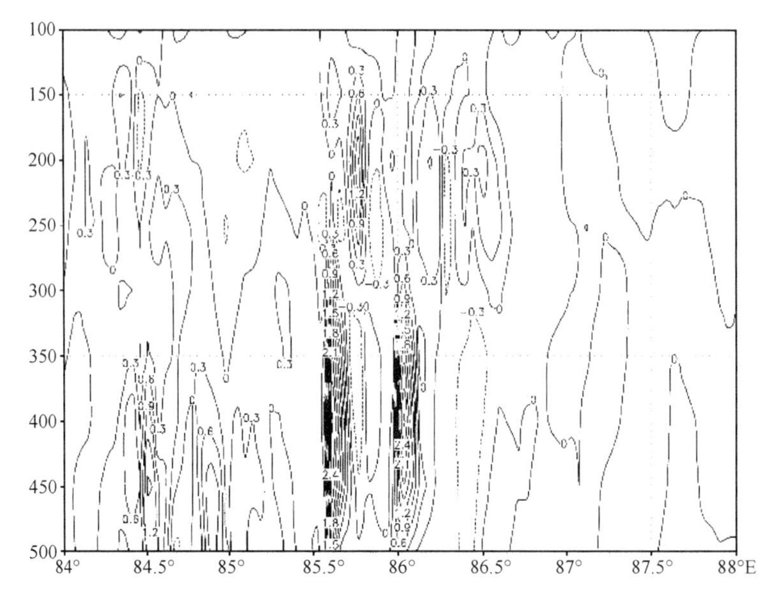

图 4-25　2006 年 8 月 14 日 19 时 40 分沿 31°N 垂直速度截面(单位:m·s^{-1})

性,这种波动具有涡旋罗斯贝波与惯性重力波混合的特性,其沿低涡切向的传播速度介于涡旋罗斯贝波与惯性重力波的理论移速之间。

(2)在低涡中不同区域波动的性质不尽相同,在低涡中心区域,由于较高的涡度径向梯度,同时有较强的辐合、辐散,表现出以涡旋罗斯贝波与惯性重力波混合的特性为主,而低涡中心外围区域中涡度径向梯度大大减弱,失去了产生涡旋罗斯贝波的条件,显现为惯性重力波的特性。另外涡心区域产生涡旋罗斯贝波对与惯性重力波有一定的激发作用。

(3)高原低涡生命期相对较短,水汽输送不均匀,本例中只有其最强盛时期的几个小时具备产生涡旋罗斯贝波的条件,涡旋罗斯贝波无法完成一个圆周的转播,波动的发展在南侧产生,在北侧减弱消失,因此涡区北侧的波动状况不明显,这说明可能大多高原低涡螺旋形态的发展并不均匀或并不完整,较难形成如同海上热带气旋般比较均匀和完整的螺旋云带。

(4)在分析了高原低涡的垂直速度场和温度分布状况后,发现高原低涡在成熟时期具有一定的暖心结构,低涡中心区域垂直运动较弱,呈现出相对的平静,这与卫星云图低涡区域正中的空心相对应,这在一定程度上解释了成熟时期的高原低涡具有眼结构的原因。

4.4　加热和水汽对两例高原低涡影响的数值试验

4.4.1　引言

在高原低涡的数值模拟中,丁治英和吕君宁(1990)利用原始方程模式模拟了一次高原低涡东移过程,发现非绝热因子只影响高原低涡的强度,其中辐射加热对高原低涡强度影响最大。罗四维和杨洋(1992)利用中尺度模式 MM4 对一次高原低涡的生成发展过程进行了数值模拟研究,指出这次低涡主要是由非绝热过程引起的,而动力过程是次要的;在非绝热过程中,地表感热通量的贡献最大。陈伯民和钱正安(1995)利用一有限区域模式,通过综合订正初始

风场和相对湿度场以及改进模式的物理过程，对低涡降水过程进行了模拟，结果表明改进后的模式可明显地改善高原地区的降水预报。陈伯民等(1996)利用一有限区域模式对三例高原低涡过程设计了10组试验方案，指出高原低涡是强烈依赖于青藏高原地形，同时又受层结稳定度、地面热通量和凝结潜热控制的局地性低压涡旋。Dellosso et al.(1986)，Shen et al.(1986a)的模式试验都显示了潜热对低涡发展的重要性。Wang(1987)利用GFDL中尺度有限区域模式研究了1979年夏季造成暴雨的2个暖性高原低涡个例，以及低涡发展的垂直结构特征和成熟阶段有利于低涡东移的环流条件，提出了青藏高原暖性低涡发展的一种机制。Chang et al.(1998)用数值模式模拟了边界层和非绝热加热对移出青藏高原后迅速发展的低涡的作用。但已有的对高原低涡的数值试验主要集中在低涡形成和发展的条件方面，对低涡内部特殊结构(涡眼等)还没有较仔细的研究，并且所选个例年代较久远，所用模式也有较大局限性。

本节利用美国宾夕法尼亚州立大学和美国国家大气研究中心(NCAR)联合开发的中尺度非静力平衡模式MM5，在模式原有控制试验的基础上，设计了6组敏感性试验，通过对比控制试验与敏感性试验的差异，对2005年7月28—29日(以下简称个例1)和2009年7月29—31日(以下简称个例2)的两次高原低涡过程进行研究，着重讨论了2005年7月28—29日高原低涡的发生、发展以及结构特征演变。

4.4.2 天气过程和TBB资料分析

4.4.2.1 个例1天气过程和TBB资料分析

2005年7月28日18时(世界时)，500 hPa上在89°E和35°N处高度场已有一闭合的低值中心，在低值区出现了南风和西北风的弱切变，随后低涡开始发展。29日00时，低值中心移到90°E和35°N，低值区等高线已不闭合，成为一低槽。此低涡过程生命史较短，在高原上生消，系统浅薄，在低涡发展过程中并未出现降水。

由FY-2C气象卫星反演得到的1 h间隔的TBB资料分析可知(图4-26)，28日21时，高原低涡对流云团发展强烈；22时，对流云团继续发展，云带呈现一定的螺旋状结构；23时，低涡中心出现了一个少云区，即涡心出现了与热带气旋类低涡类似的涡眼结构；29日02时，涡眼结构和云带螺旋结构减弱消失。

4.4.2.2 个例2天气过程和TBB资料分析

2009年7月29日00时，在高原西部改则地区附近有一高原低涡生成。随后，高原低涡东移，29日12时，低涡东移至高原中部。30日00时，低涡移出高原。31日00时，低涡转变为一浅槽。此低涡生命史较长，东移出高原后造成四川盆地暴雨过程。

由TBB资料分析可知(图略)，29日10时，在高原上已有明显的对流云团出现，12时，对流云团呈现螺旋状结构，而云团中心有一个无云区，即低涡中心出现涡眼(空心)结构；13时，涡眼范围变大，云带的螺旋结构减弱；18时，对流云团向东发展，涡眼结构消失。

4.4.3 试验方案设计

利用中尺度气象模式MM5对两次高原低涡过程进行数值模拟。个例1模拟采用双向二重嵌套，模式区域中心位置为(90°E，35°N)，母区域格点数为100×100，水平分辨率为30 km，子区域格点数为145×145，水平分辨率为10 km。模式垂直方向为不等距20层，顶层气压为

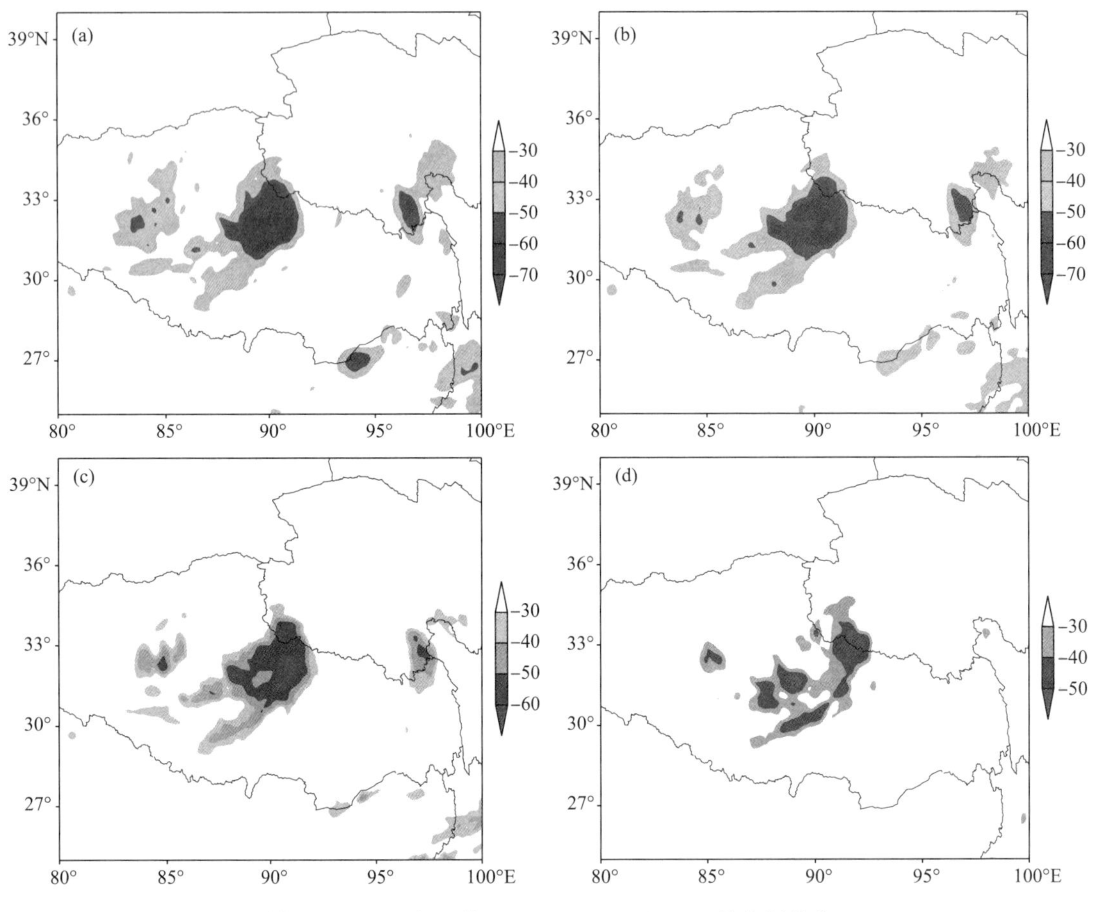

图 4-26　2005 年 7 月 28—29 日 FY-2C TBB 的空间分布

(a)28 日 21 时；(b)28 日 22 时；(c)28 日 23 时；(d)29 日 02 时

100 hPa。模式中采用的物理过程方案有：简单冰显示方案、Grell 积云对流参数化方案、Eta 边界层方案、CCM2 辐射方案。内外两个模拟区域采用的方案完全相同。模式使用 NCEP 每6 h 一次的 1°×1°再分析资料作为初始场及侧边界条件。模拟的初始时刻为 2005 年 7 月 28 日 12 时，共积分 24 h。

个例 2 模式区域中心位置为(92°E，35°N)，也是采取双重嵌套的高分辨率网格区域，母区域水平分辨率为 30 km，有 160×160 个格点，子区域水平分辨率为 10 km，有 250×250 个格点。模式采用的物理过程方案同个例 1。模拟的初始时刻为 2009 年 7 月 29 日 00 时，共积分 67 h。我们主要针对个例 2 从初生到刚移出高原这一阶段进行分析。

下面，我们着重分析母区域的结果。为了进一步探讨非绝热加热以及水汽等对高原低涡形成发展以及结构演变特征的作用，设计了以下数值试验方案。

试验 1(控制试验)：模式中包含所有物理过程，反映了模式对此高原低涡的模拟能力。此后的试验都是以控制试验为基础，改变它的某一部分并和它做对比。

试验 2(绝热)：模拟过程中是绝热的，即不考虑非绝热加热的作用，其余同试验 1。

试验 3(无地面感热)：不考虑模式中的地面感热通量，其余同试验 1。

试验 4(地面感热加倍)：将模式中的地面感热通量加倍，其余同试验 1。

试验 5(无蒸发效应):除去试验 1 中的地面潜热通量,其余不变。

试验 6(无凝结潜热):不考虑模式中的凝结潜热的作用,其余同试验 1。

试验 7(无水汽):模拟过程中不考虑水汽的作用,其余同试验 1。

各模拟试验方案总结如表 4-1 所示。

表 4-1　模拟试验方案总结

试验序号	试验方案	水汽	地面感热	蒸发	凝结潜热
1	控制试验	有	有	有	有
2	绝热	无	无	无	无
3	无地面感热	有	无	有	有
4	地面感热加倍	有	增大 2 倍	有	有
5	无蒸发效应	有	有	无	有
6	无凝结潜热	有	有	有	无
7	无水汽	无	有	无	无

4.4.4　试验结果分析

4.4.4.1　控制试验

从控制试验模拟的个例 1 中 7 月 29 日 00 时 500 hPa 流场与实况流场的对比图(图 4-27)可以看出,模式成功地模拟出了本次高原低涡,且低涡位置与实况基本吻合,模拟的气旋性环流中心位置也与实况非常接近。

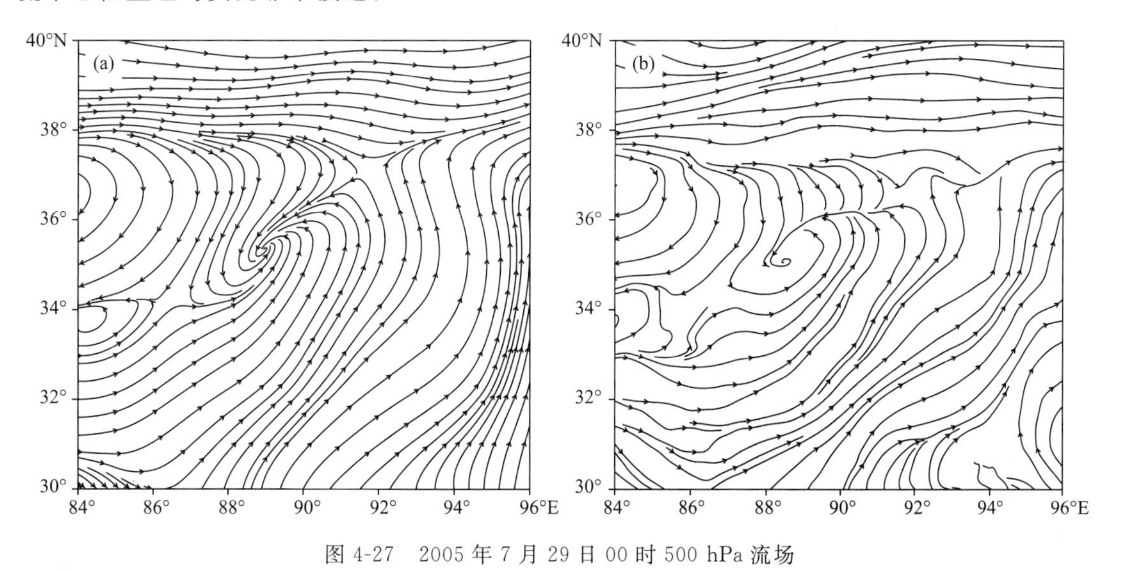

图 4-27　2005 年 7 月 29 日 00 时 500 hPa 流场

(a)实况;(b)模拟

同时,模式对低涡结构的模拟也与实况基本吻合。图 4-28 为 7 月 29 日 00 时涡度沿 90°E 的经向垂直剖面。从实况中可知,低涡中心有一略向北伸展的正涡度柱,高度伸展到 350 hPa,正涡度柱中心值为 $6\times10^{-5}\ s^{-1}$。模式较好地模拟出了这个正涡度柱,但高度只伸展到300 hPa,且中心值达到 $9\times10^{-5}\ s^{-1}$,略大于实况。

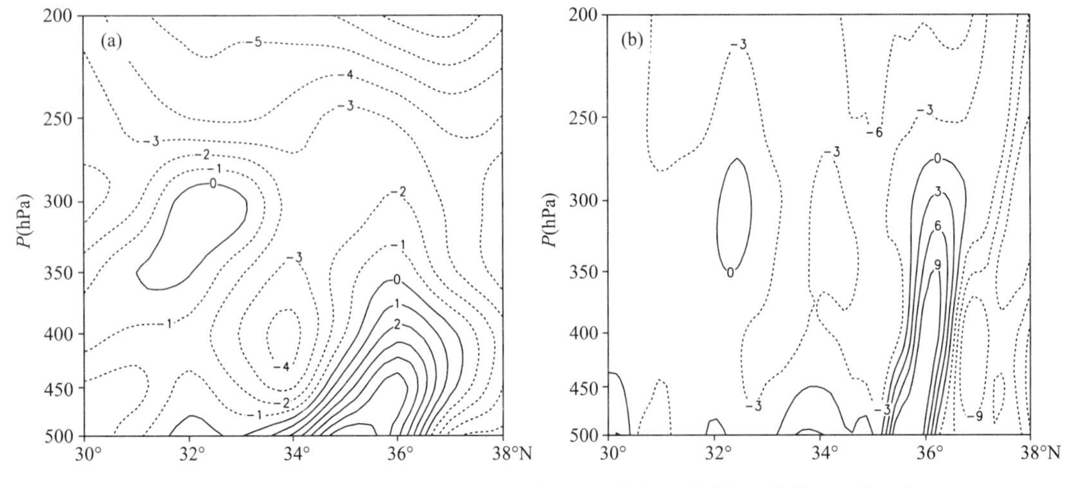

图 4-28 2005 年 7 月 29 日 00 时沿 90°E 的涡度场垂直剖面(单位：$10^{-5}\ s^{-1}$)

(a)实况；(b)模拟

对比个例 2 中涡度场(图 4-29)与流场(图略)的实况与模拟图，发现模式对低涡的形成以及结构特征等都模拟得较好。

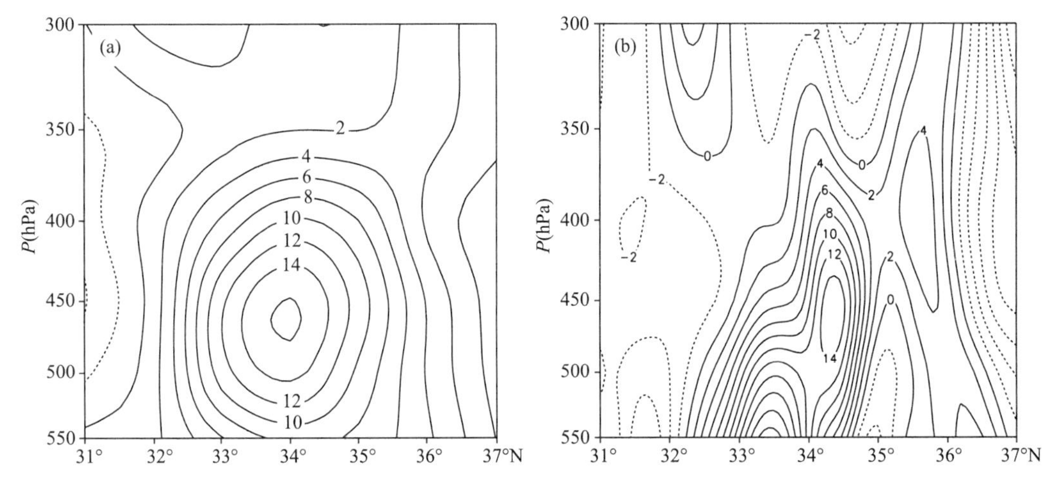

图 4-29 2009 年 7 月 30 日 00 时沿 102°E 的涡度场垂直剖面(单位：$10^{-5}\ s^{-1}$)

(a)实况；(b)模拟

从整体上看，控制试验较好地模拟出了两次高原低涡过程，因此可用控制试验结果作为参考，来对比分析控制试验与敏感性试验的差异，进而探讨影响高原低涡结构特征变化的因子。

4.4.4.2 绝热条件的影响

为了揭示绝热条件对高原低涡发生发展以及结构特征演变的影响，我们设计了试验 2。此敏感性试验与控制试验的差异可认为是由绝热条件引起的。

个例 1 中，从控制试验模拟的 500 hPa 流场可以看出(图略)，7 月 28 日 18 时，(88°E，34°N)处已有气旋性环流生成，形成涡旋结构，随后气旋性环流略向东北移。28 日 23 时，闭合环流中心移到(90°E，35°N)，29 日 02 时，气旋性环流趋于减弱消失。试验 2 中，不考虑加热作

用后，一直未能形成闭合环流中心，这说明加热作用对低涡的形成和发展有非常重要的作用。

图 4-30 给出了 7 月 28 日 23 时沿 35°N 的 500～300 hPa 平均温度场分布。绝热条件下，个例 2 中高原低涡也一直未形成(图略)。以上分析反过来说明，非绝热加热不仅对低涡的生成和发展有重要影响，同时对低涡涡眼结构的形成也有重要作用。

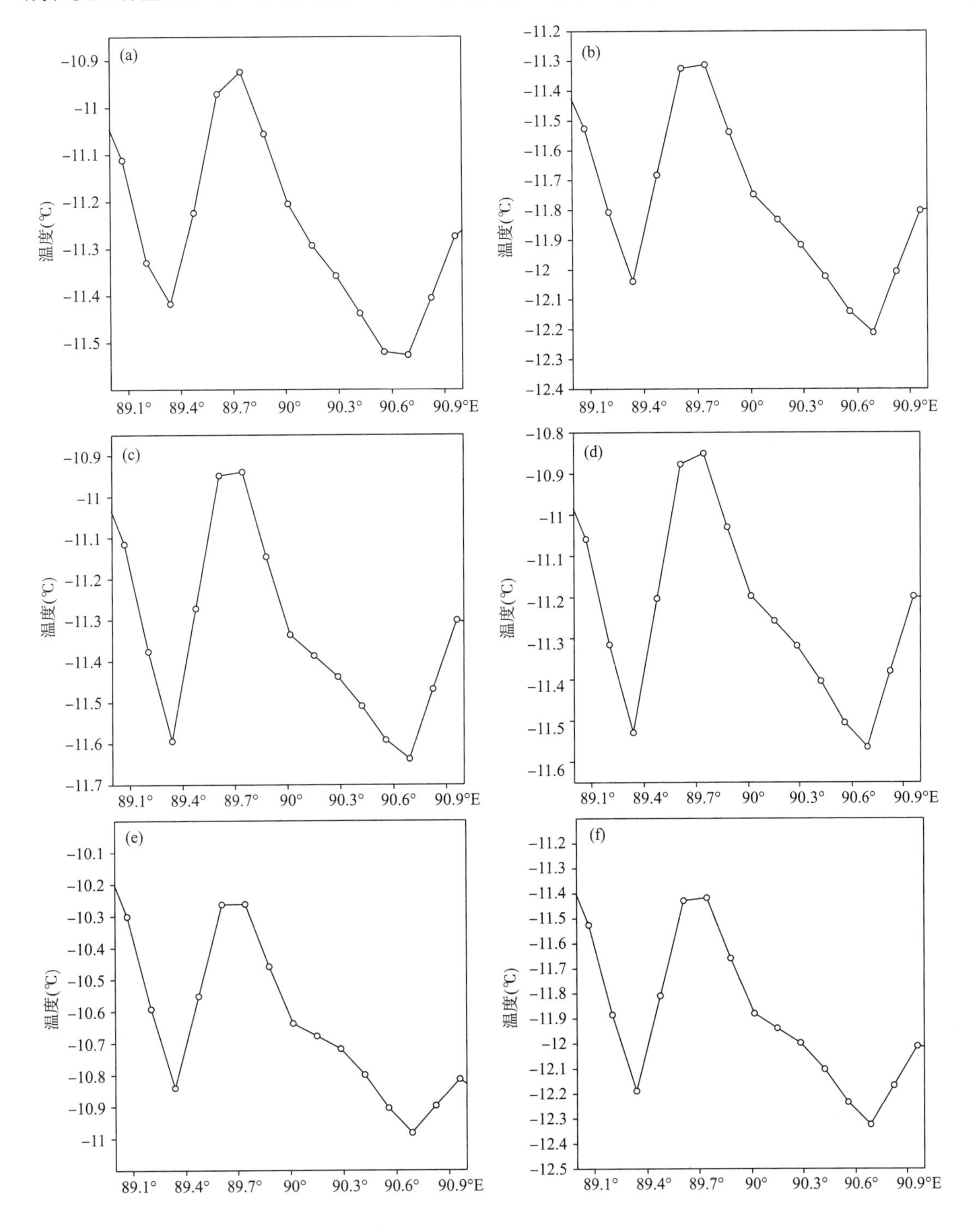

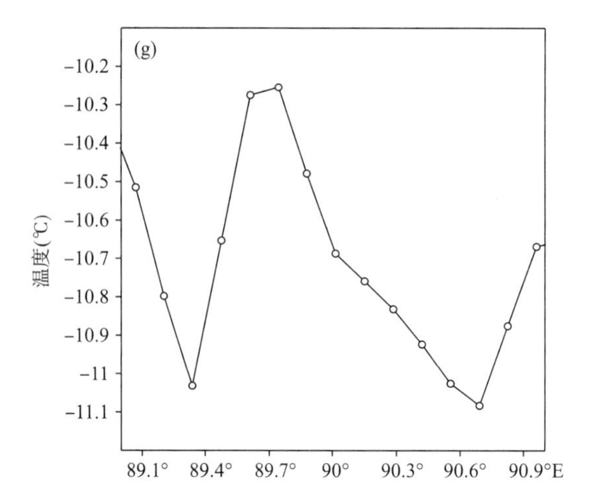

图 4-30 2005 年 7 月 28 日 23 时沿 35°N 的 500～300 hPa 平均温度场分布
(a)试验 1;(b)试验 2;(c)试验 3;(d)试验 4;(e)试验 5;(f)试验 6;(g)试验 7

4.4.4.3 地面感热的影响

图 4-31 给出了个例 1 涡区平均的地面感热通量和潜热通量的时间剖面图。由图可见,在整个低涡发展过程中,由于是在夜晚,地表热通量很小,地面感热通量几乎为零,偶尔甚至出现负值(即大气加热地面)。而 29 日 00 时以后,地面感热通量才迅速增大。地表潜热通量与感热通量变化基本一致。

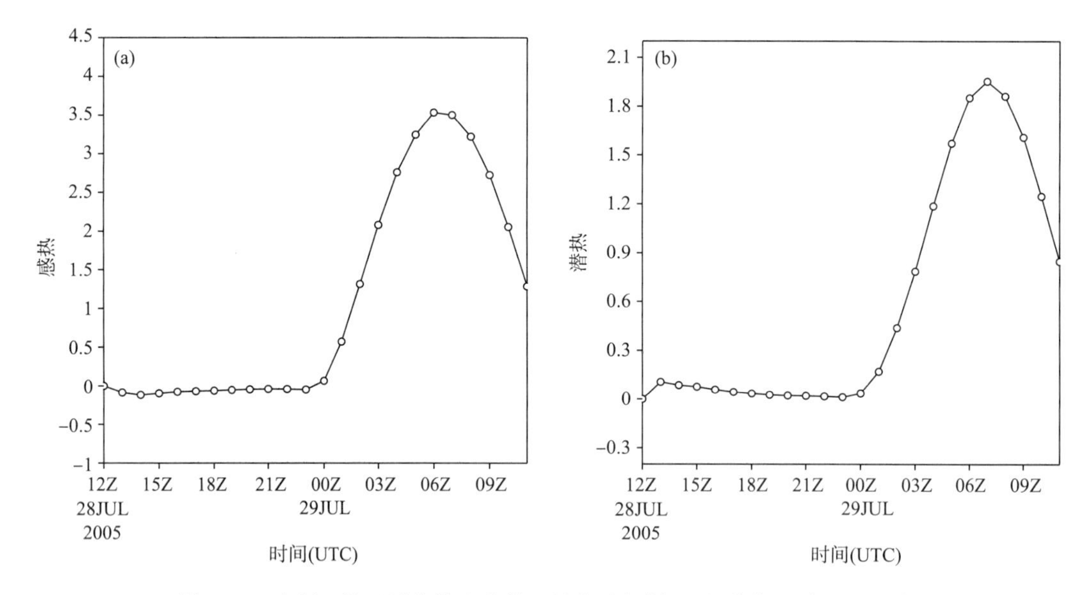

图 4-31 个例 1 涡区平均的地表热通量的时间剖面图(单位:10^2 W · m^{-2})
(a)感热;(b)潜热

而个例 2 中(图 4-32),7 月 29 日 00—12 时为低涡形成和发展阶段,感热通量和潜热通量都较大。

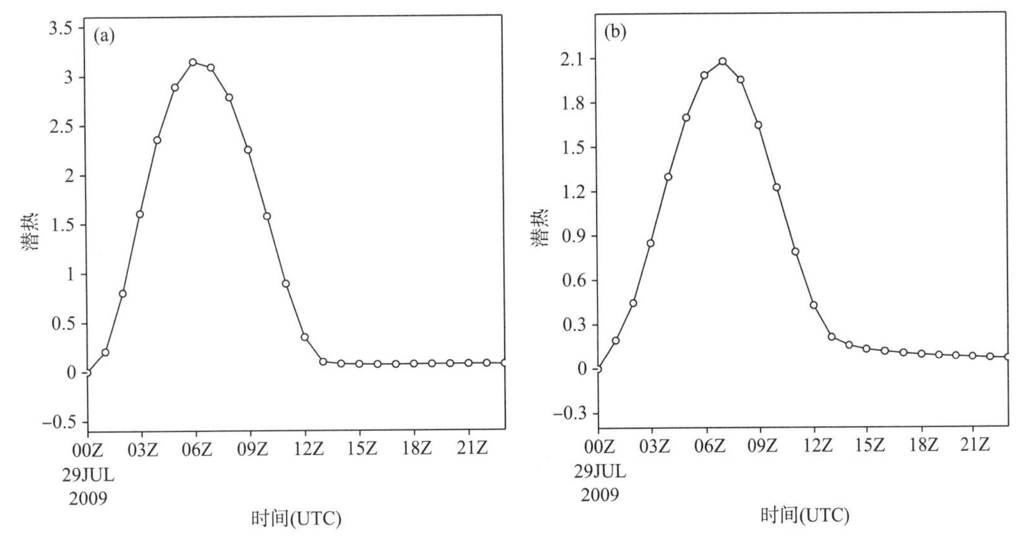

图 4-32　个例 2 涡区平均的地表热通量的时间剖面图(单位:10^2 W・m^{-2})

(a)感热;(b)潜热

为了进一步认识地面感热对高原低涡结构特征的作用,试验 3 去掉了地面感热通量。从个例 1 的 500 hPa 流场图中(图略)可看出,去掉地面感热以后,积分 12 h 低涡气旋性环流依然存在,只是闭合环流范围略小于控制试验。试验 3 中,整个过程中的涡度、散度、垂直速度和温度与控制试验相差不大,只是中心强度稍小于控制试验。成熟阶段涡心依然为下沉运动,说明涡眼仍然存在,只是伸展高度降低到 250 hPa,中心值减小到 -2×10^{-2} m・s^{-1}。

个例 2 去掉地面感热通量后,未形成闭合的气旋性环流(图略)。说明地面感热对个例 2 的形成起重要作用。

为了更准确地讨论地面感热对高原低涡的影响,我们做了试验 4,将地面感热加倍。结果个例 1 的 500 hPa 流场与控制试验相比无太大差异,低涡形成初期,涡区正涡度范围略大于控制试验;低涡成熟阶段,涡区的正涡度柱发展强于控制试验(图 4-33d),伸展高度到达200 hPa,正涡度中心值增加到 18×10^{-5} s^{-1}。但温度、垂直速度、散度场也与控制试验相差不大(图 4-30d,4-34b,4-36d)。

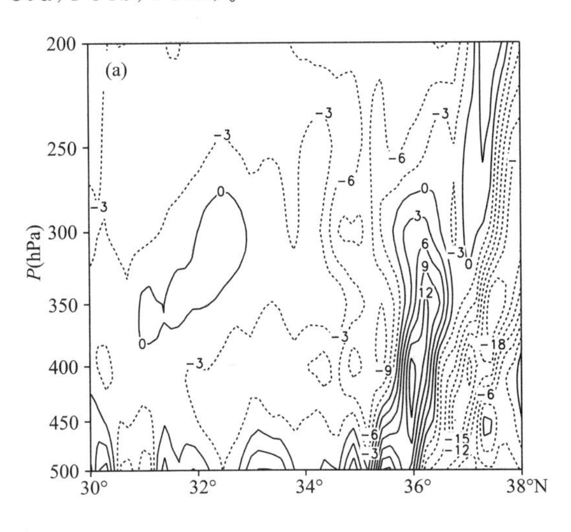

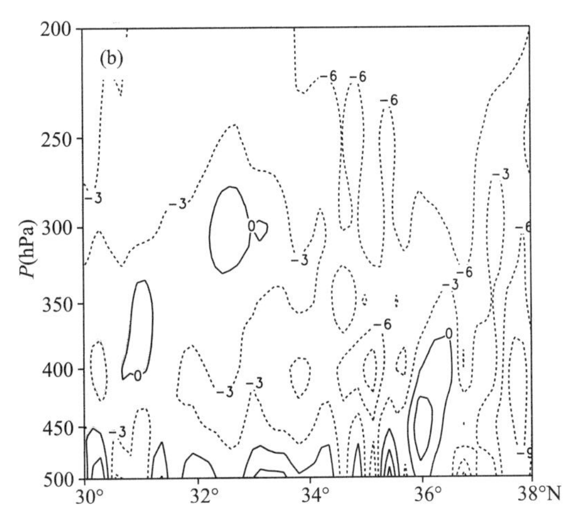

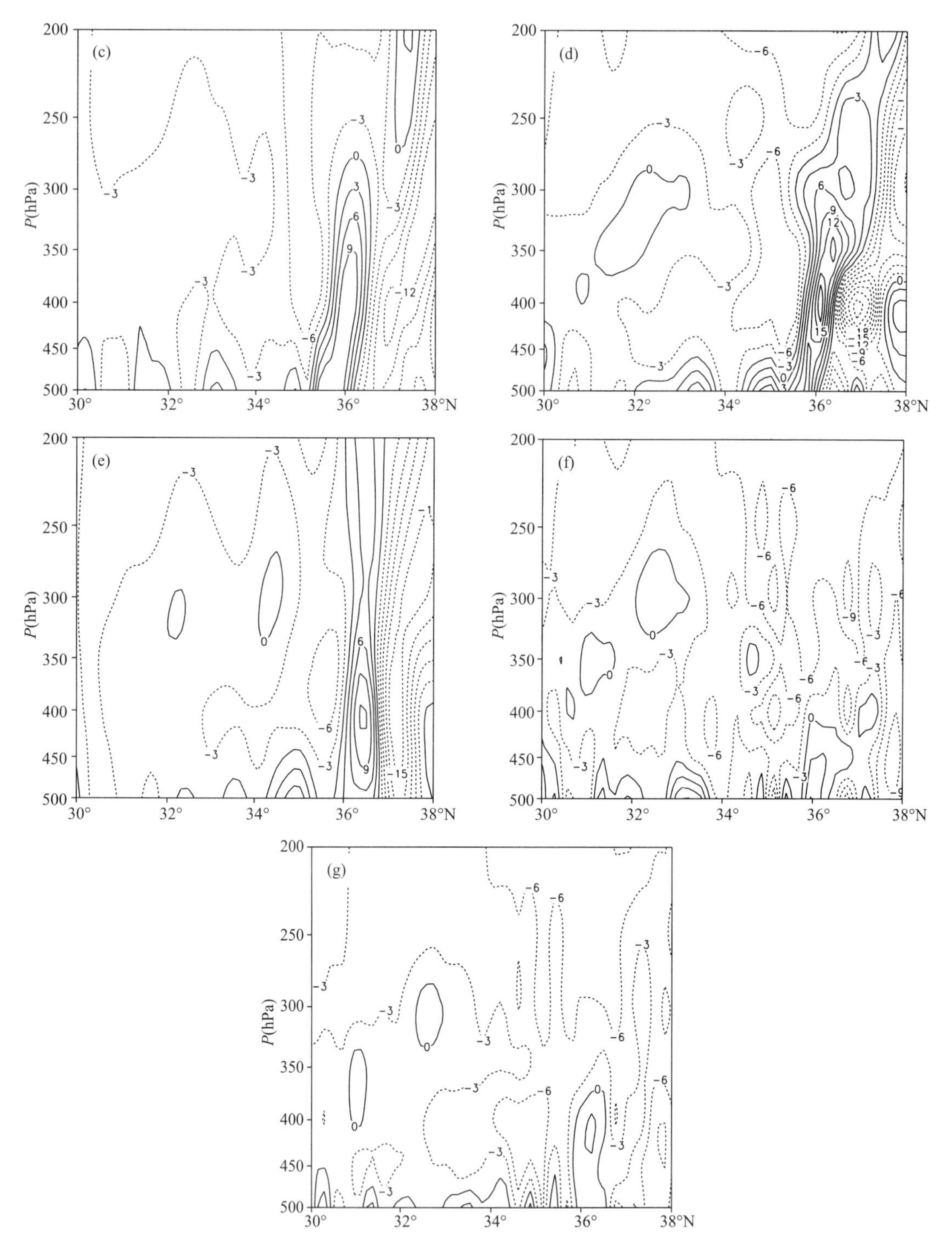

图 4-33　2005 年 7 月 28 日 23 时沿 90°E 的涡度场剖面图(单位:$10^{-5}\ s^{-1}$)
(a)试验 1;(b)试验 2;(c)试验 3;(d)试验 4;(e)试验 5;(f)试验 6;(g)试验 7

个例 2 将地面感热加倍后，500 hPa 流场显示出高原低涡形成（图略）。控制试验中 7 月 29 日 12 时，低涡中心两侧各有一个正涡度柱，而涡心处于相对低值区（图 4-34a）。试验 4 中（图 4-34b），涡区正涡度显著增强，左侧的正涡度柱伸展高度更是达到了对流层顶，且强度达到 $22\times10^{-5}\ s^{-1}$，低涡中心也由弱的正涡度变为负涡度控制。而涡眼区下沉运动的强度在 29 日 11 时由 $-0.09\ m\cdot s^{-1}$ 增加到 $-0.5\ m\cdot s^{-1}$（图 4-35）。

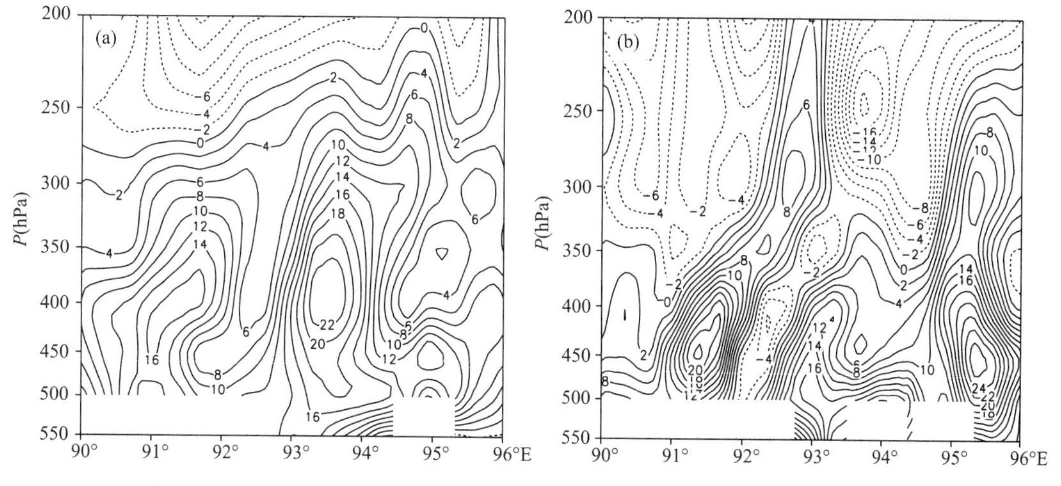

图 4-34　2009 年 7 月 29 日 12 时沿 33.5°N 的涡度场垂直剖面（单位：$10^{-5}\ s^{-1}$）

（a）试验 1；（b）试验 4

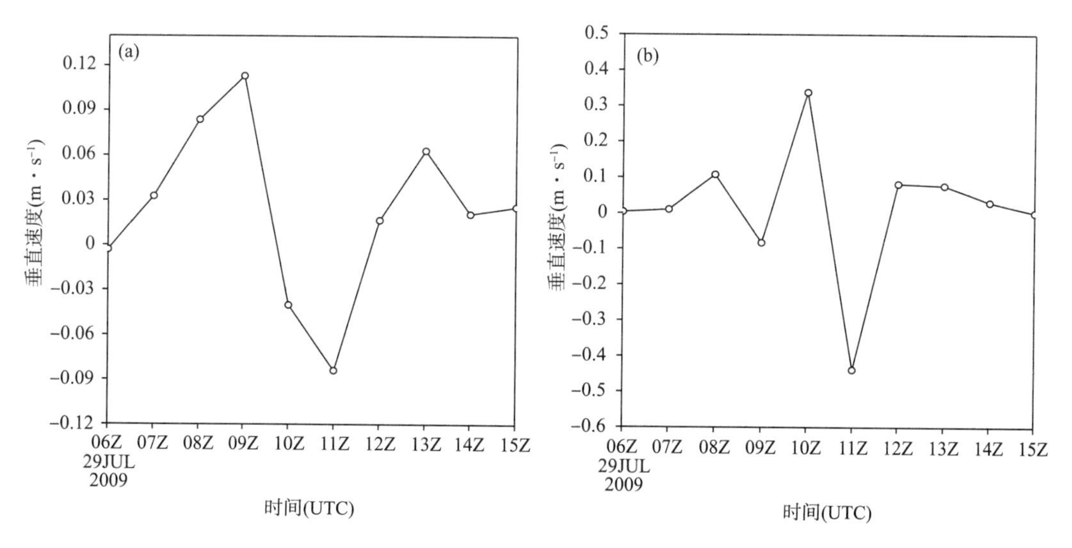

图 4-35　个例 2 涡心（33.5°N，92.7°E）处 400～300 hPa 平均垂直速度的时间剖面图

（a）试验 1；（b）试验 4

由以上分析可知，地面感热对两例高原低涡形成、发展以及结构特征等的影响不同。不少研究认为感热在低涡形成中具有重要作用（罗四维和杨洋，1992；陈伯民 等，1996），也有学者认为感热不利于低涡的形成（Dellosso et al.，1986），同时 Shen et al.（1986b）也指出，地面感热在雨季中只能对大尺度环流起附加的修改作用，24 h 内一般不能显著改变高原涡流场的总体特征。造成这种差异的原因是由于地面感热通量在低涡不同发展阶段的作用不同，并且与

低涡发展阶段是白天还是夜间有关。

4.4.4.4 地面潜热的影响

试验5中不计蒸发效应(即无地面蒸发潜热),个例1积分12 h后流场中仍有一弱的闭合气旋性环流中心(图略),但范围极小,环流中心比控制试验偏西一个经度,周围的气旋性环流也转变为反气旋性环流。

控制试验与绝热试验的涡度、散度差异可以更清楚地反映出加热对低涡动力结构的影响。控制试验中,低涡形成初期,涡区450 hPa以下为正涡度区,450 hPa以上为负涡度区,而涡心偏北的36°N正涡度柱伸展高度达400 hPa,中心值为$9\times10^{-5}\ s^{-1}$;到了28日23时即低涡的成熟阶段,涡区正涡度柱迅速发展,伸展高度达到了300 hPa,正涡度中心位于400 hPa,中心值增加到$15\times10^{-5}\ s^{-1}$(图4-36a)。从散度场看,低涡形成初期,涡区南侧为辐散,北侧为辐合,辐散中心位于300 hPa,辐合中心位于400 hPa;低涡成熟阶段,辐散区向北移,在35.5°N发展为一个高度伸展到200 hPa的狭窄带,而涡区北侧的辐合区中心值增加到$20\times10^{-5}\ s^{-1}$(图4-36a)。

绝热过程中,低涡形成初期,虽然涡区在450 hPa以下仍然为正涡度区,但范围远小于控制试验,450 hPa以上负涡度值也远小于控制试验;从散度场上看,涡区低层和高层辐合,中层辐散,散度值明显减小,强度变弱,最大辐合值和辐散值仅为$-4\times10^{-5}\ s^{-1}$和$4\times10^{-5}\ s^{-1}$。低涡成熟阶段,涡区的正涡度柱几乎消失,整层都被负涡度控制(图4-29b),散度场上也基本为辐散(图4-36b)。

从控制试验给出的低涡成熟阶段涡心(90°E,35°N)处400~300 hPa平均垂直速度的时间剖面图可知(图4-37a),涡心处20时30分开始出现下沉气流,下沉气流一直维持到23时,与卫星TBB资料揭示的高原低涡的涡眼结构出现时段基本相符。而从28日23时垂直速度的纬向剖面也可看出(图略),涡心从低层到高层均为下沉运动,高度几乎伸展到200 hPa,下沉中心位于300 hPa,达到$-4\times10^{-2}\ m\cdot s^{-1}$,而涡心四周为上升运动。涡心的垂直结构分布与动力学理论分析得到的高原低涡结构特征(李国平和蒋静,2000)也基本相符,即涡眼处为下沉运动。在绝热过程中(图4-37b),涡心垂直速度仅在21—22时短暂地出现了下沉运动,下沉运动最大值仅为$-2.5\times10^{-2}\ m\cdot s^{-1}$。

对比试验5与控制试验的结果差异可见,低涡形成初期,无地面潜热时,涡心偏北的36°N正涡度柱伸展高度高于控制试验,达到300 hPa,正涡度中心也由450 hPa升高到400 hPa;散度场上,涡区南侧为辐散场,北侧为辐合场,中心值小于控制试验。低涡成熟阶段,正涡度伸展到了200 hPa,中心位于400 hPa,中心值为$12\times10^{-5}\ s^{-1}$(图4-33e),而涡区的散度(图4-36e)在350 hPa以下几乎减小为零,在250 hPa有一个较强的辐散中心,中心值为$18\times10^{-5}\ s^{-1}$。

同样地,无地面潜热后,从涡心处垂直速度的时间剖面图可知(图4-37e),涡心下沉运动在28日20时出现,22时即转变为上升运动,上升速度约为$2\times10^{-2}\ m\cdot s^{-1}$。另外,28日23时垂直速度剖面图也反映出了涡心下沉运动的减弱。温度场上,涡心区域的最高温度增加到-10.3℃(图4-30e)。

个例2积分一段时间后,低涡的气旋性环流消失,且涡度、散度、垂直速度等物理量的强度减弱(图略)。由此可见,无地面蒸发潜热时,低涡强度比控制试验略有减弱,说明地面潜热通量对低涡的发展有一定作用。

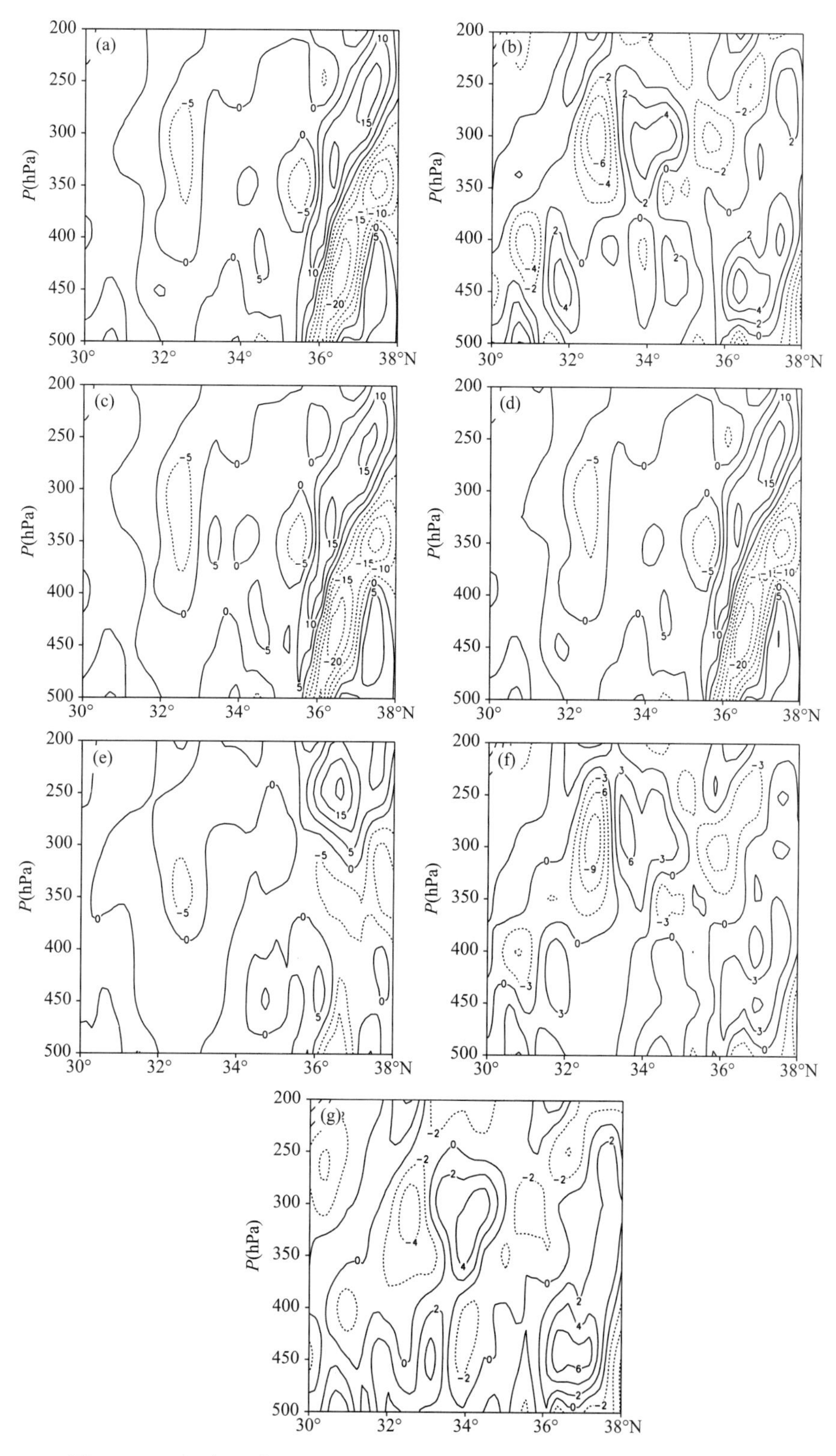

图 4-36　2005 年 7 月 28 日 23 时沿 90°E 的散度场剖面图(单位:10^{-5} s^{-1})

(a)试验 1;(b)试验 2;(c)试验 3;(d)试验 4;(e)试验 5;(f)试验 6;(g)试验 7

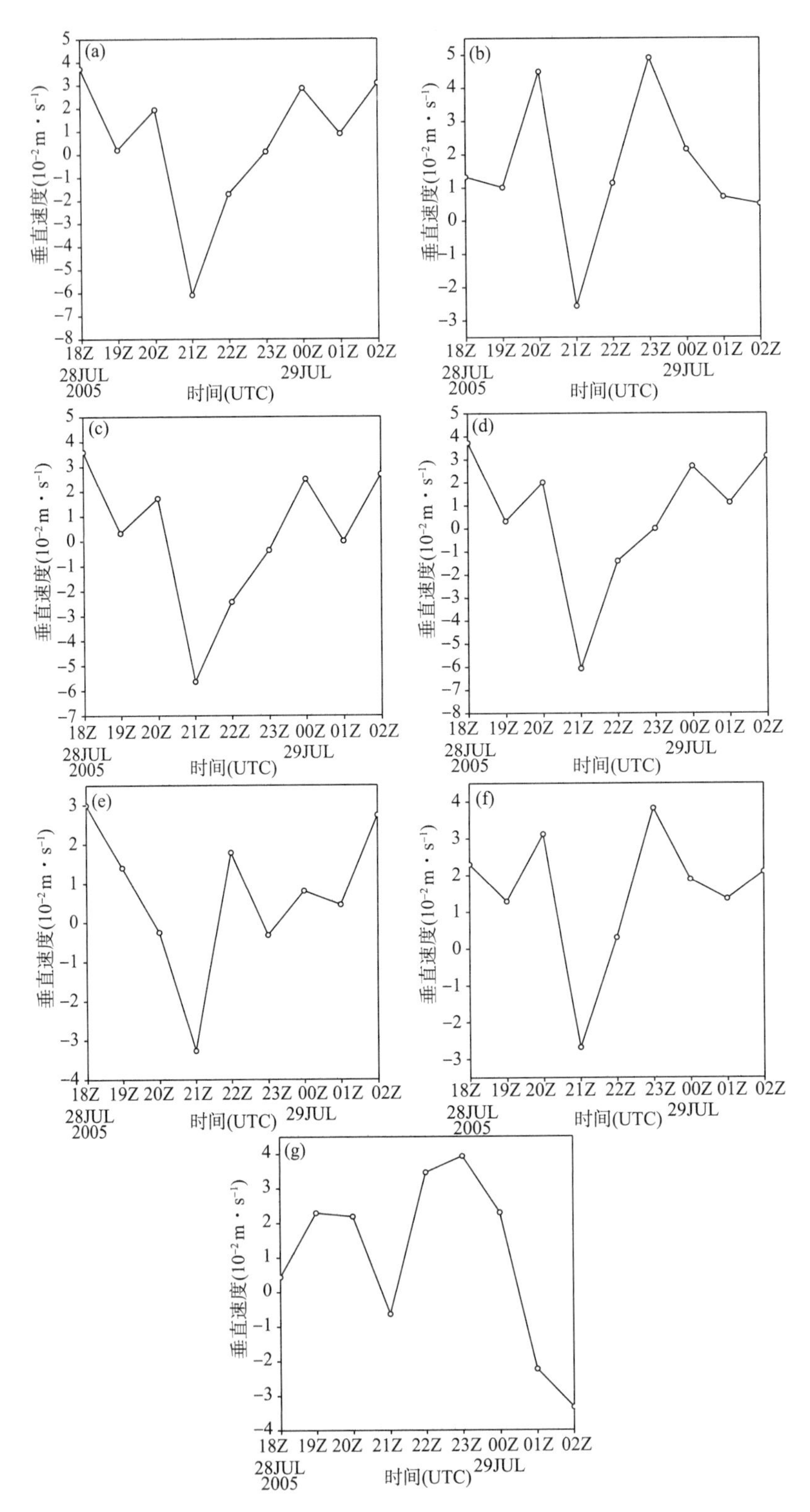

图 4-37　个例 1 低涡成熟阶段涡心(35°N,90°E)处 400～300 hPa 平均垂直速度的时间剖面图
(a)试验 1;(b)试验 2;(c)试验 3;(d)试验 4;(e)试验 5;(f)试验 6;(g)试验 7

4.4.4.5　凝结潜热的影响

当不计凝结潜热时，个例 1 积分 7 h 后，在(87°E,33°N)处有一弱气旋性环流生成，环流中心比控制试验偏南一个纬度和偏西一个经度，但积分 10 h 后低涡气旋性环流完全消失(图略)。

低涡形成初期，涡度与控制试验相比无太大差异，但散度变化较大，涡区南侧的辐散中心由 250 hPa 下降到 350 hPa，中心值由 $18\times10^{-5}\ s^{-1}$下降到 $6\times10^{-5}\ s^{-1}$，涡区北侧的辐合中心值也由 $-15\times10^{-5}\ s^{-1}$下降到了 $-6\times10^{-5}\ s^{-1}$。随着低涡发展到了成熟阶段，涡区涡度分布(图 4-33f)和初期相比变化明显，正涡度柱消失，涡区北侧的负涡度柱也消失，整个涡区被弱的负涡度控制，散度场中涡区散度分布(图 4-36f)和控制试验相比差异也很大，强的正负散度中心消失，涡区被弱的辐散气流控制。

控制试验中(图 4-30a)，涡心区域的温度高于四周，具有暖心结构。试验 2 中(图 4-30b)虽然也呈现出暖心状态，但涡心区域最高温度仅为－11.3℃，低于试验 1。

从垂直速度的时间剖面图上看(图 4-37f)，在低涡主要发展阶段，涡心一直保持上升运动，28 日 23 时，涡心处上升运动已达到 $4\times10^{-2}\ m\cdot s^{-1}$，涡眼结构一直未能形成。温度场依然保持一定的暖心结构，但温度整体低于控制试验(图 4-30f)。

个例 2 积分一段时间后，同样的低涡气旋性环流消失，且低涡的结构特征变化也较大(图略)。

以上结果分析说明，凝结潜热对低涡形成不具有决定性影响，但对低涡的维持和发展起着关键性的作用。

4.4.4.6　水汽的影响

若在低涡过程中不考虑水汽，个例 1 积分 7 h 后，低涡出现弱气旋性环流，此后气旋性环流并未向东北移，而是维持在原地，积分 11 h 后消失(图略)。

从无水汽时的涡度场和散度场可见，低涡形成初期，涡区正负涡度分布与控制试验类似，但 450 hPa 以上负涡度值远小于控制试验，散度场上涡区除了在中层有一个小范围的辐散区，其余均为辐合气流控制。低涡成熟阶段，仅在 36°N 的 400 hPa 上有一个 $3\times10^{-5}\ s^{-1}$的正涡度中心，其余都为负涡度区(图 3-33g)。散度场上(图 3-36g)，强而狭窄的辐散带消失，涡区北侧的辐合带变为了一个弱的辐散区。

从 28 日 23 时涡心处(35°N,90°E)400～300 hPa 的平均垂直速度可见(图 4-37g)，涡心处一直保持为上升运动，未出现下沉运动，即没有形成涡眼结构。垂直剖面图也显示涡区整层为上升运动。温度场在涡心区域升高到－10.2℃(图 4-30g)。

个例 2 积分后出现弱的气旋性环流，一段时间后消失(图略)。这说明水汽对低涡发展以及低涡涡眼结构的形成具有重要作用。

4.4.5　小结

本节通过中尺度非静力平衡模式 MM5 对 2005 年 7 月 28—29 日和 2009 年 7 月 29—31 日的两例高原低涡过程进行了控制试验和 6 组敏感性试验，得出以下结论。

(1)控制试验能较好地模拟出高原低涡中心位置以及低涡结构，因此可用控制试验为参照，通过与敏感性试验的对比来研究高原低涡的影响因子。

(2)绝热条件对低涡形成、发展及结构变化的影响非常明显。在绝热条件下，闭合环流和涡眼结构均不能形成，且涡度、散度的强度也大大减弱，这反衬出非绝热加热对高原低涡作用的重要性。

(3)地表感热对个例1影响不大,但对个例2的形成及结构特征有重要作用。造成这种差异的原因可能是由于地面感热通量在低涡不同发展阶段的作用不同,并且与低涡发展阶段是在白天还是夜晚有关。

(4)地表蒸发潜热对低涡的发展有一定作用,无地表蒸发潜热可使低涡的强度略有减弱。

(5)凝结潜热和水汽对低涡的形成并不具有决定性作用,但对低涡的维持以及结构的演变有关键性影响。若不考虑凝结潜热和水汽作用,低涡形成一段时间后会很快消失,同时低涡中心的涡度、散度以及垂直运动场会发生明显改变,低涡也不再具有热带气旋类低涡那样的涡眼结构。

以上通过中尺度数值模式对高原低涡影响因子的敏感性试验所进行的研究是初步的,其揭示的现象需要更多个例的数值试验来丰富,也需要通过低涡加密观测资料的分析来印证,以及用其他研究手段的结果来补充、完善。

4.5 边界层参数化方案对高原低涡东移模拟的影响

4.5.1 引言

青藏高原对亚洲地区及全球大气环流和天气气候均有巨大影响,其对大气的动力和热力作用主要来源于下垫面与大气的相互作用,并以湍流方式进行物质和能量交换而实现。研究高原边界层结构和性质,既可以了解高原特殊的地、气物理过程,也将有助于改进各种全球气候模式和区域天气、气候模式在该地区的参数化方案。目前研究边界层主要采用观测试验和数值模拟,第二次青藏高原气象科学试验(TIPEX Ⅱ)首次自西向东在高原不同地点同步实施大气边界层结构以及近地层湍流输送过程的观测,取得了一些宝贵的高原边界层观测资料,对于加深高原近地面层气象要素和湍流特征的认识有重要意义(周明煜 等,2000;吴国雄 等,2005;卓嘎 等,2002)。在数值模式对边界层的模拟方面,多集中于对边界层参数化方案的研究和发展改进,如Xu et al.(2000),蔡芗宁等(2006)、肖玉华等(2010)利用非静力中尺度模式MM5模拟暴雨个例,着重研究了不同边界层参数化方案对降水中心强度、雨区分布的影响。认为采用不同的边界层参数化方案,模拟出的垂直速度场、水汽通量散度场、涡度场以及θ_{se}场等结果不同,合理边界层方案的引入对降水预报效果有明显的改进。Hu et al.(2010)对WRF模式中的三种边界层方案进行模拟比较试验,发现采用局地闭合算法的MYJ方案偏差较大,而YSU和ACM2方案因其高层的夹卷混合作用使得对白天大气的湿度和温度模拟效果较好,不同方案产生的差异主要受混合长和边界层内夹卷作用的影响。Li et al.(2008)利用一次台风个例对比了WRF模式中的三种边界层方案在热带海域上的应用。受海洋下垫面的影响,各种方案模拟结果表现出明显的差异。

由此可见,边界层参数化方案具有多样性,有各自的优点,同时也存在局限性(陈炯和王建捷,2006),从应用实践中总结出一个针对具体问题的最佳(适用)方案,并将其在观测及分析研究基础上进一步改进和发展,对于模式的释用,特别是行星边界层的模拟具有重要意义。而高原的边界层高度明显偏高、通量交换强烈以及各气象要素强烈的日变化特征(李家伦 等,2000;刘红燕和苗曼倩,2001),使得数值模式在该区的模拟效果普遍偏差,因而数值模拟在高

原上尤其是高原边界层的应用研究十分匮乏。评估并改进现有模式的边界层参数化方案，以适应高原大气研究的特殊和迫切需求是目前亟须解决的问题。本节将运用新一代中尺度数值模式 WRF 对一次高原低涡东移过程进行边界层参数化方案的对比试验，通过分析不同边界层方案对低涡路径、强度以及边界层特征参数和物理诊断量的影响，以期给出不同方案对高原天气系统的影响及边界层模拟上的表现，这对应用中尺度模式研究高原大气问题以及进一步发展改进高原边界层参数化方案具有积极意义。

4.5.2 高原低涡个例简介

本节选取了 2008 年 7 月 1—3 日（简称“0701”过程）和 2009 年 7 月 29—31 日（简称“0729”过程）两次东移青藏高原低涡个例进行模拟分析。“0701”过程是 2008 年 7 月高原低涡群发过程中一次明显的东移个例。500 hPa 天气图上（图略），2008 年 7 月 1 日 00 时（世界时），受四川地区高压脊阻挡，高原上低槽加深，在高原西部（34°N，90°E）附近生成闭合环流。7 月 1 日 12 时，西太副高东撤，在高原上空平直西风环流引导下低涡东移出高原。7 月 3 日移至川东地区并减弱为低槽。“0729”过程高原低涡生成于青藏高原西部，是 2009 年最强的一次高原低涡过程，对高原及其下游地区的降水天气过程产生了重要影响。7 月 29 日 00 时 500 hPa 天气形势（图 4-38a）可以看出，在高纬低压中心控制下，中纬地区形成稳定的两槽形

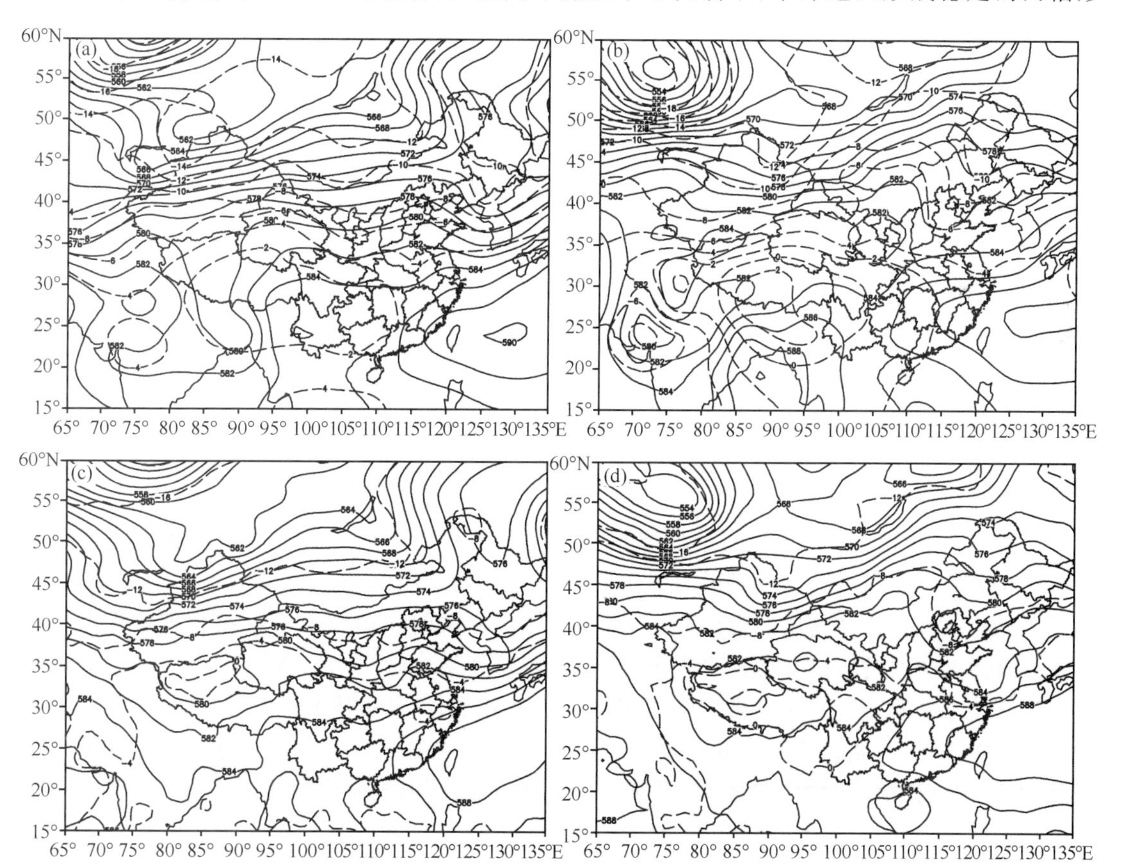

图 4-38 2009 年 7 月 29 日 00 时(a)常规观测和(b)NCEP 再分析资料，与 30 日 12 时(c)常规观测和(d)NCEP 再分析资料的 500 hPa 天气形势对比

势。低纬地区，在伊朗高压和西太副高影响下，高原西部形成一个深厚的暖槽。850 hPa 上出现闭合中心，温度场与高度场的配置有利于其继续发展。随后高原低涡自西向东移出高原，强度逐渐减弱。30 日 12 时移至河套地区减弱消亡(图 4-38b)。

图 4-38c,d 为 NCEP 1°×1°再分析资料在对应时次的 500 hPa 天气形势。对比常规观测天气图发现，NCEP 资料能较好地体现此次高原低涡东移过程，其环流背景场、低涡移动路径和中心强度基本一致，且在中低层不同高度上均有较好对应，因此可选取 NCEP 再分析资料作为此次数值模拟的初始场资料。

4.5.3 模式设计和方案介绍

4.5.3.1 WRF 模拟设计

WRF 模式是由美国环境预测中心(NCEP)和美国国家大气研究中心(NCAR)等联合开发的新一代中尺度数值模式。它采用的 Arakawa C 水平网格和地形追随非静力气压垂直坐标通过近几年的发展日趋完善，尤其是对台风(热带气旋)、低涡、气旋等中尺度天气系统的模拟效果较好。为了使输出结果更具备可比性，两次过程采用相同的模式设计方案。运用 WRF Version3.2.1，设计二重双向嵌套网格，模拟区域位置如图 4-39 所示。最外层网格的侧边界条件和初始条件均采用 NCEP 提供的每 6 h 一次 1°×1°再分析资料，模式区域采用 Lambert 投影，两个区域的垂直方向均为 30 层，模式顶至 50 hPa。模拟时效为 48 h，模式每 1 h 输出 1 次结果，区域积分时间从 2009 年 7 月 29 日 00 时到 31 日 00 时，基本涵盖了低涡移动发展过程。各个区域的设计和所选的物理过程参数化方案见表 4-2。

表 4-2 模式试验设计及物理过程参数化方案的选取

	区域 1	区域 2
区域设计	144×120 格点，分辨率 30 km	181×121 格点，分辨率 10 km
积云参数化方案	Kain-Fritsch 方案(Hong et al.,2006)	
辐射方案	RRTM(rapid radiative transfer model)	长波辐射方案和 Dudhia 短波辐射方案(Dudhia,1989)
微物理过程	WSM6(WRF Single-Moment 6-Class)方案	
陆面过程	热扩散方案	

4.5.3.2 边界层参数化方案介绍

在此基础上，选取 WRF 模式中自带的 YSU、MYJ 和 ACM2 三种边界层参数化方案分别模拟了此次高原低涡过程。边界层内的主要物理过程就是湍流运动引起的各种物理量，包括热量、动量、水汽和各种物质的交换和传输，而边界层方案的作用则是将这些物理过程进行参数化。闭合方案通过转换平均量来表示湍流通量项，使湍流运动方程实现闭合。其中局地闭合方案仅考虑物质和通量交换只发生在相邻的模式格点上，但在强不稳定层结时，湍流交换主要由大涡传输完成，此时该闭合方案效果较差；非局地闭合方案认为交换不止发生于相邻两层间，也发生在与其他层次间，方案中主要通过参数化非局地项或交换项来实现(王颖 等,2010；Holtslag et al.,1995)。本研究将要对比评估的三种边界层方案中，MYJ 方案为局地闭合模型，YSU 和 ACM2 方案为非局地闭合模型(Pleim,2007a,2007b)。

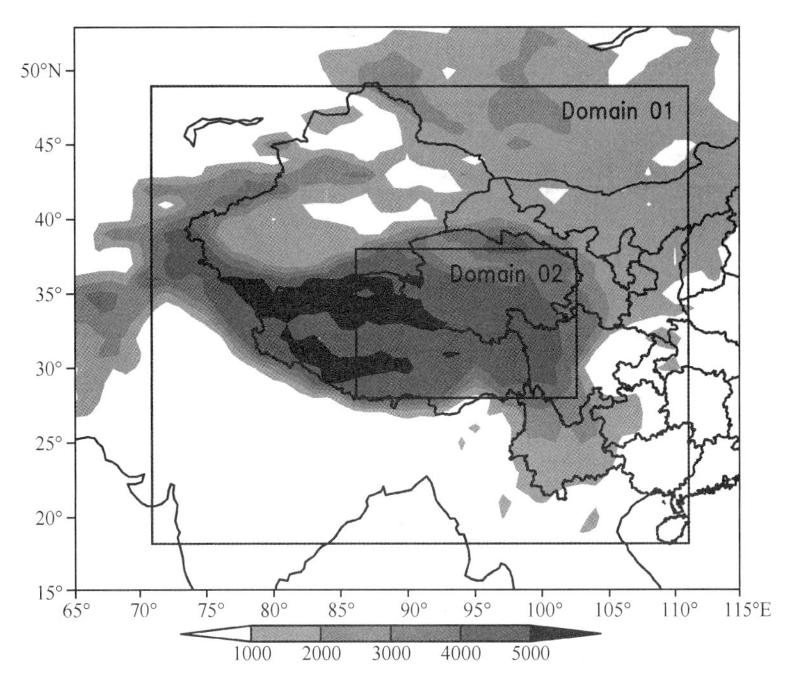

图 4-39 模式嵌套区域示意图(阴影区为地形海拔高度,单位:m)

MYJ 方案基于 Mellor-Yamada 2.5 级闭合方案来处理近地层以上的湍流输送。通过求解湍流动能方程得出涡动扩散系数和边界层高度,MYJ 方案适用于稳定和轻度不稳定的环境。

YSU 方案为一阶非局地闭合方案,在不稳定状态下使用反梯度通量来处理热量和水汽。利用基于局地自由大气得出的 R_i 来处理垂直扩散项。在边界层中使用增强的垂直扩散通量算则(Hong et al.,2006),以适应强风环境下更深厚的混合作用,边界层高度由浮力廓线决定。

ACM2 方案在由 Blackadar 对流模式发展成的 ACM 方案基础上加入涡动扩散模块。边界层高度由临界理查森数得出,近地层以上主要考虑热力湍流作用,向下采用局地 K 混合。其特点是综合考虑局地和非局地闭合算法,在稳定或中性情况下 ACM2 方案会关闭非局地交换转而采用局地闭合算法。

4.5.4 高原低涡模拟结果分析

通过综合各个时次的高度场、风场和涡度场来判定低涡中心,图 4-40 给出了模拟的高原低涡路径和实际观测路径,相应的低涡中心位移偏差量见表 4-3。两个过程的初始时刻,再分析资料与实际观测资料的低涡中心分别存在 118.53 km 和 53.31 km 的初始偏差。不同边界层参数化方案试验得出的路径比较相似,均显示出了高原低涡的东移活动。相较而言,"0701"过程对低涡转向的模拟不够敏感,而"0729"过程的模拟结果相对符合观测的东北-东的转向路径。从表 4-3 的涡心偏差量可以看出,MYJ 方案的模拟结果最接近观测路径的结果,ACM2 的模拟效果偏差最大。以涡心越过 100°E 为高原低涡移出高原的标准(何光碧 等,2009b),三种方案模拟的低涡在移出高原主体后的移动速度明显变慢,与观测结果的偏差迅速增大。这可能是由于高原东部下坡区的地形十分复杂、海拔高度落差大,而模式对于地形变化尤为敏感,导致模拟的低涡移速减慢。

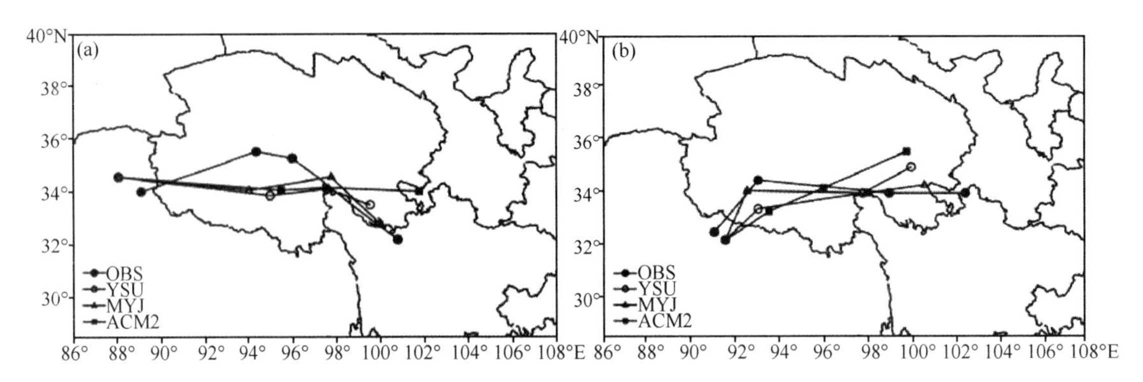

图 4-40　模式输出与常规观测的低涡路径对比

(a)“0701”过程;(b)“0729”过程

图 4-41 比较了模拟的和观测的涡心处 500 hPa 位势高度和位温值,相同的初始条件下,三个方案模拟的低涡中心强度有明显差别,模拟至 36 h 后,模拟的中心位势高度值与实测值最大相差 3 dagpm,最小相差 0.5 dagpm。两个过程中,三个方案得出的位势高度与实测的变化趋势保持一致,能较好地体现出高原低涡中心强度的发展变化,12 h 后,MYJ 方案表现尤为明显,得出的位势高度变率相较另外两方案与实测的偏差最小。对位温变率的模拟,“0701”过程表现出两种变化趋势,ACM2 方案与实测结果保持一致。模拟至 24 h,“0729”过程位温强度减弱,模拟的位温值接近观测值。模拟至 36 h,两个过程的位温变化趋势产生较大差异,ACM2 方案与实测相近,而 YSU 和 MYJ 方案得出与实测相反的变化趋势。

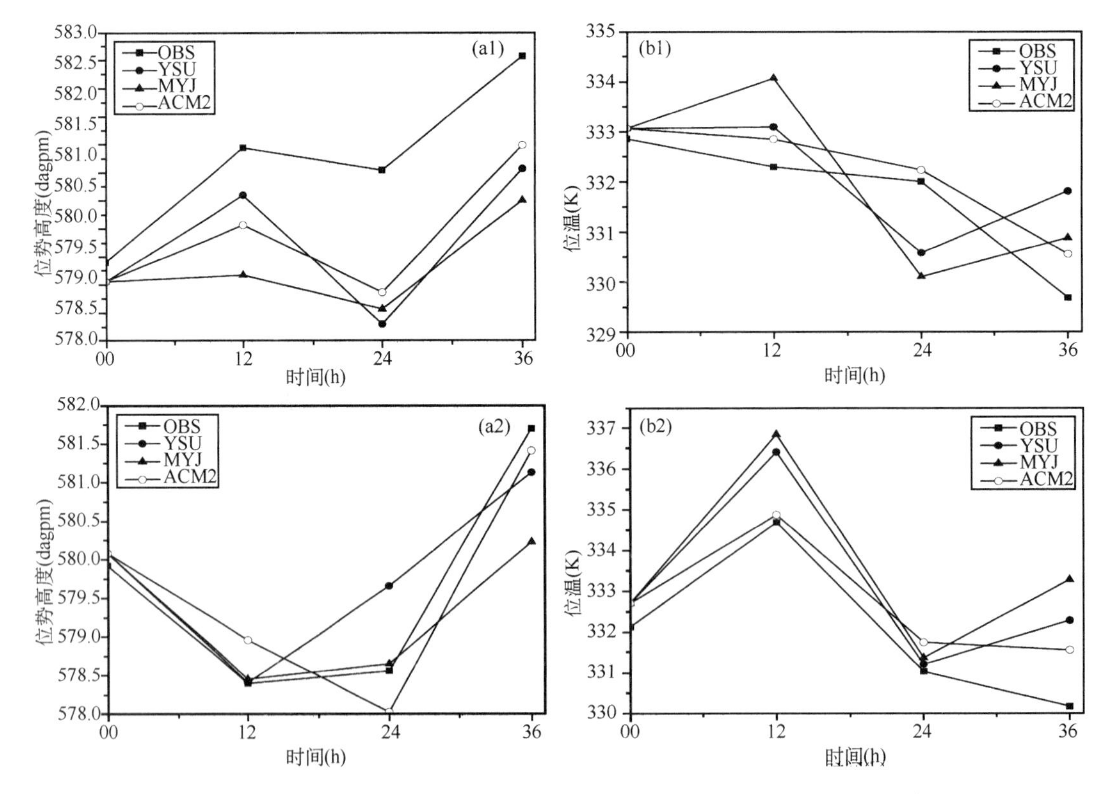

图 4-41　模拟的和观测的 500 hPa 低涡中心位势高度(a)和位温(b)的时间序列

(a1,a2:“0701”过程;b1,b2:“0729”过程)

从以上三种边界层参数化方案模拟结果的对比分析可见(表 4-3),对于低涡路径和强度的模拟,MYJ 方案的效果最好,与低涡的移动和位势高度变化趋势保持一致,ACM2 能较好地体现出位温变率,模拟结果较实况有滞后现象。

表 4-3　不同时效下三种边界层方案模拟的低涡中心偏差量(km)

模拟时效	"0729"过程			"0701"过程		
	YSU	MYJ	ACM2	YSU	MYJ	ACM2
0 h	53.31	53.31	53.31	118.53	118.53	118.53
12 h	110.00	64.03	130.00	176.26	148.71	183.22
24 h	120.00	100.00	300.67	193.00	188.48	186.01
36 h	269.26	191.53	313.85	180.42	102.62	206.24

4.5.5　低涡物理量场模拟的对比分析

图 4-42 分别比较了白天和夜间的风速与位温随高度的变化情况,为了减弱复杂地形对模拟的影响,选取对 500 hPa 高度以上的模拟结果进行分析。"0701"过程垂直廓线分布类似

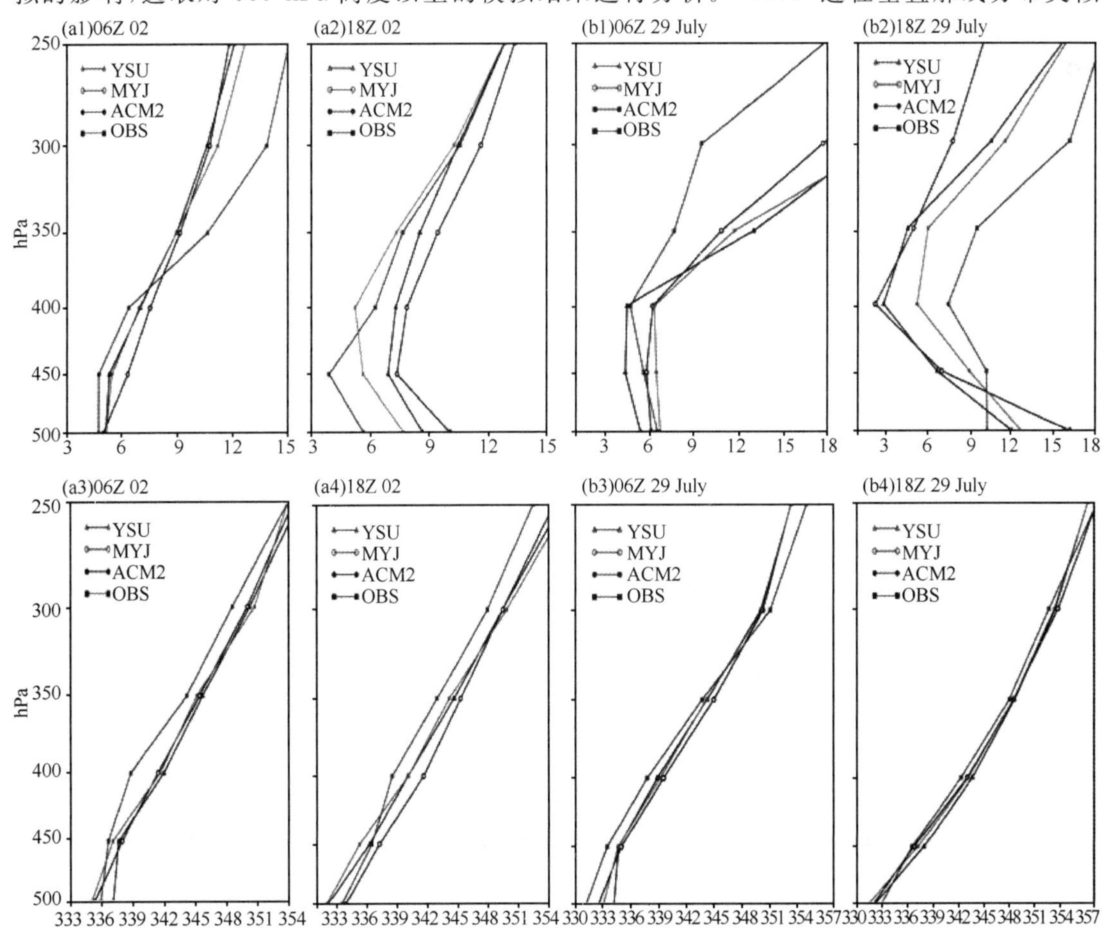

图 4-42　白天和夜间在(33°N,99°E)处模拟与观测的风速廓线(单位:m・s^{-1})和位温廓线(单位:K)

(a1～a4:"0701"过程,b1～b4:"0729"过程)

“0729”过程，夜间上下层风速差别明显，风速随高度升高而减小，而以 400～450 hPa 为分界线，向上的风速则逐渐增大；白天风速小于夜间，整层边界层中的风速差别很小。但也存在不同程度的差异，相比“0729”过程，“0701”过程白天的风速切变高度明显偏低，表明“0729”过程的边界层动量交换强度大于“0701”过程。需要注意到，白天和夜间的上下层风速具有不同特征，这种风速垂直分布（即垂直风切变）的昼夜差异与大气层结的稳定性有关。从位温廓线可以看出，夜间大气层结相对稳定，湍流运动较弱，上下层动量和热量交换趋于静止；白天由于大气稳定度相对降低，湍流运动加强，尤其是 450 hPa 以下，上下层动量交换频繁，致使整层边界层的风速趋于一致。同时还可以看到，400 hPa 附近是风速的一个突变高度，在这个高度上风切变大且变率因选择方案的不同而差异明显，而在此高度之下的风速小且垂直切变不大，这种现象在夜间尤为明显。这表明下垫面的拖曳作用抑制了下层空气流动，进而影响到边界层整层的风速大小。三种方案均较好地模拟出位温和风速随高度的变化，趋势相同，量值相当。但夜间风速模拟的偏差较大，ACM2 方案相对接近实测。

图 4-43 为三种边界层方案模拟的相当位温和垂直速度在低涡中心的经纬向剖面图。低涡中心区存在湿对流不稳定，两次过程在低层 500～400 hPa 是高温高湿的不稳定层，有利于低涡发展，其中 MYJ 方案的模拟结果更为显著。等相当位温线在涡心上空的垂直和水平梯度大，同一高度差值达 8 K，且涡心南侧梯度大于北侧。“0701”过程三种方案均模拟出涡心处的 θ_e 高能锋区，MYJ 尤为明显，ACM2 最弱。“0729”过程同样模拟出了低涡中心处强烈的湿对流不稳定特性，且在涡心北侧存在相当位温低值中心。两过程的垂直速度（阴影区）分布类似，上升运动强烈，其正值中心对应低涡中心 θ_e 场的高能锋区。对比不同边界层方案的模拟结果发现，θ_e 分布差异不大，但相较 YSU 和 ACM2 方案，MYJ 方案得出的低层 θ_e 值偏大，500 hPa 处达 356 K，更利于低涡发展。三种方案的垂直速度场无论在量值还是分布上均存在明显差

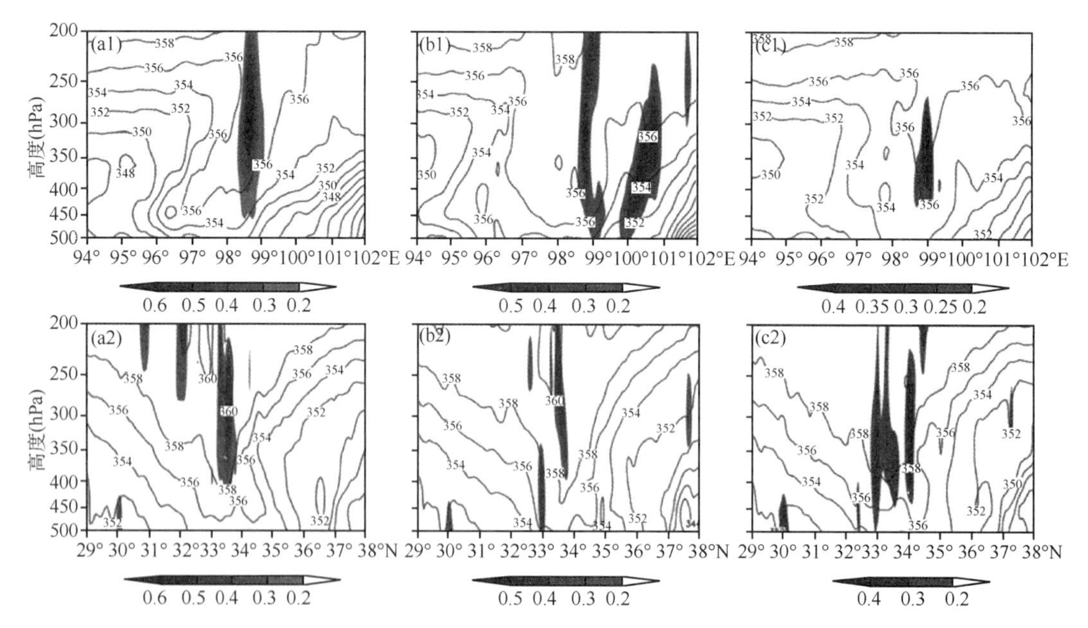

图 4-43　2008 年 7 月 2 日 00 时沿 34°N（上）和 2009 年 7 月 30 日 00 时沿 98°E（下）三种边界层方案模拟的相当位温（等值线，单位：K）和垂直速度（阴影区，单位：m・s⁻¹）的垂直剖面图

（a）YSU 方案；（b）MYJ 方案；（c）ACM2 方案

异。YSU 方案的上升速度区主要位于 350 hPa 以上，最大上升速度中心大约位于 300 hPa 附近，最大上升速度为 0.6 $m \cdot s^{-1}$；MYJ 方案的垂直运动相对较弱，但上升运动区深厚，从低层的 500 hPa 一直伸展至 200 hPa，最大上升速度区在 300～250 hPa；ACM2 方案的垂直运动偏弱，最大上升运动在 350 hPa 附近，最大上升速度为 0.4 $m \cdot s^{-1}$。

4.5.6　高原边界层结构特征的模拟

边界层高度是衡量大气边界层结构特征的一个重要参数，它影响边界层内垂直结构和各物理量的垂直分布。不同模式的参数化方案对这一参数有不同的计算方法，本节选取的三种边界层方案中，YSU 则是根据热力廓线来确定边界层高度，MYJ 方案根据湍流动能闭合方程计算得出，而 ACM2 方案把 Richardson 数等于临界值的高度取为边界层高度。观测研究表明，青藏高原地区边界层高度明显高于一般平原地区边界层高度（即 1000～1500 m），且不同高原测站得出的边界层高度差异较大（徐桂荣和崔春光，2009）。从 WRF 模式三种边界层方案分别模拟出的高原边界层高度的经向平均图来看（图 4-44a_1，b_1），三种方案计算的边界层高度均呈西高东低分布，高原中西部地区最高，向东逐渐降低。这可能与模拟期间的天气状况有关，云辐射和降水对边界层模拟有重要影响，高原低涡在高原西部生成后东移发展并产生降水后，高原东部地区地表和大气加热状况不如西部，造成边界层高度的纬向差异。由“0729”过程中 95°E 附近的边界层高度明显偏低可知，该区域应为降水中心区，这也与观测事实分析相符（宋雯雯和李国平，2011）。

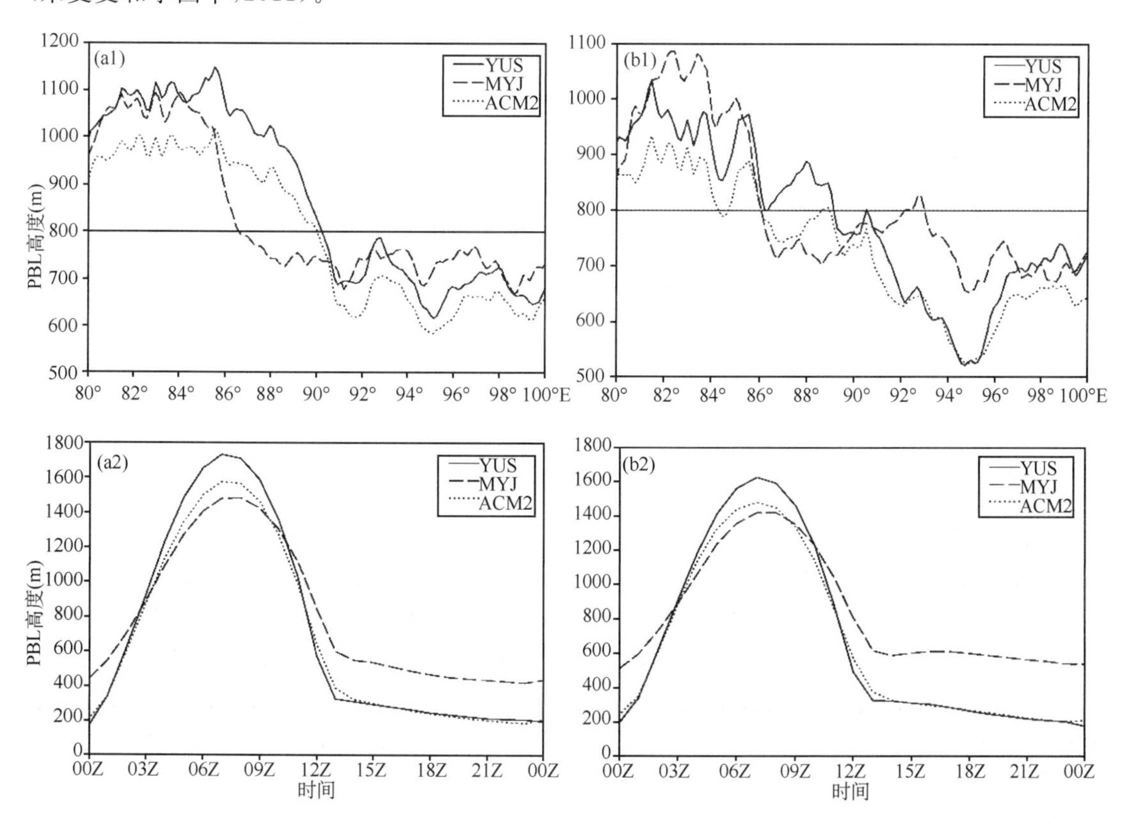

图 4-44　三种边界层参数化方案模拟得出边界层高度经向平均和区域平均分布
（a1，a2：“0701”过程，b1，b2：“0729”过程）

比较两个过程区域平均的边界层高度随时间的变化(图 4-44a_2,b_2)可以看出,模拟的边界层高度日变化显著,昼夜差异较大,“0701”过程的边界层高度高于“0729”过程。白天模拟得出的最大边界层高度为 1400～1800 m,与刘红燕和苗曼倩(2001)利用第二次高原试验资料得到当雄最大边界层高度(1400～1800 m)相同。夜间模拟的边界层高度维持在 200～600 m 范围内,而以往的观测研究中,李茂善等(2004)得到那曲地区 8 月份夜间边界层的高度为 430～530 m,左洪超等(2004)观测的安多地区夏季稳定边界层最大高度为 200～1100 m。对比三种方案,YSU 方案白天模拟的边界层高度最高,可达 1800 m,而 MYJ 方案最低;夜间则相反,MYJ 方案计算出的边界层高度为 600 m,明显高于 YSU 和 ACM2 方案。

边界层高度由地面动力和热力作用决定,在相同地形环境下,导致边界层高度差异的主要原因是地表热力状况不同。因此,图 4-45 对比了不同边界层方案区域平均的感热和潜热通量随时间的变化。三种方案在两个过程中的表现结果类似,地表感热和潜热通量均呈现出明显的日变化特征,夜间趋于稳定且三种方案的模拟结果基本一致,而白天变化大,方案之间的差异明显。图 4-45a 中,“0729”过程在 06 时 YSU 方案得出的地表感热通量最大值为 350 W・m^{-2},这与李国平等(2000)用自动站实测资料算出的高原地区 7 月感热通量的日最大值接近,明显高于 MYJ 和 ACM2 方案。而 ACM2 方案在 06 时模拟出的最大感热通量为 250 W・m^{-2},符合李家伦等(2000)利用 TIPEX Ⅱ 观测资料和涡旋相关法得出的感热通量日最大值。

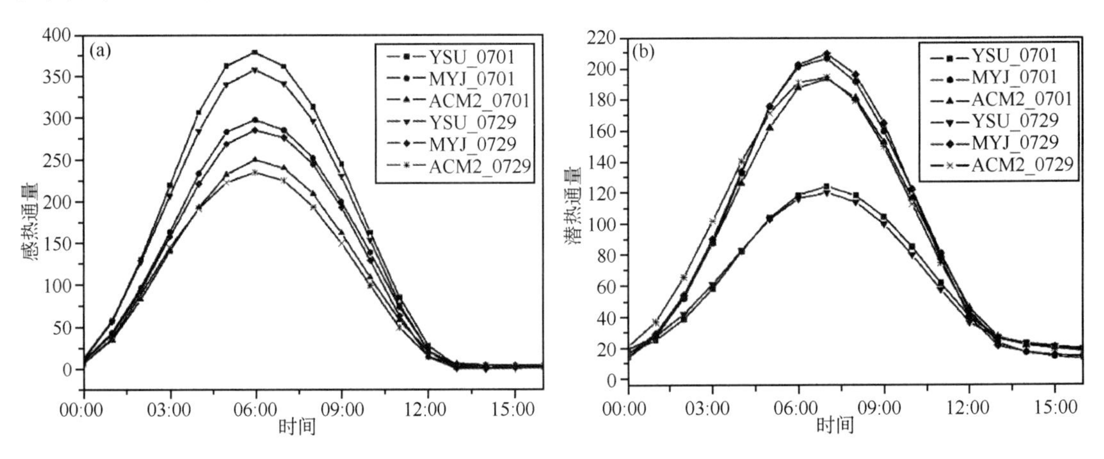

图 4-45 区域平均地表热通量(单位:W・m^{-2})的时间变化序列

(a)感热通量;(b)潜热通量

潜热通量的变化表明(图 4-45b),两次过程同样受到降水后湿度较大的影响,MYJ 方案在 08 时模拟出的潜热通量最大值 210 W・m^{-2},与 Li et al.(2001)用自动站实测资料算出的潜热通量最大值在时次和量值上均保持一致。MYJ 方案模拟的潜热通量最大且变化率最快,YSU 方案的最小。这也可以从侧面解释 Hu et al.(2010)得出 MYJ 方案对温度和湿度模拟偏大的原因,高原干冷环境背景下,相对适于潜热反应敏感的 MYJ 方案,而在水汽充足的环境下模拟的温度和水汽较实际可能偏大。从地表热通量的差异可以看出,白天感热通量高于潜热通量,因而算出最大感热通量的 YSU 方案易于得出最大边界层高度;而夜间感热通量作用减弱,潜热占主导地位,所以 MYJ 方案在夜间模拟出较大的边界层高度。这也与前述边界层高度模拟结果的情况相符。

4.5.7 小结

基于中尺度WRF模式的三种边界层参数化方案(YSU,MYJ和ACM2),对两次发生在青藏高原地区东移低涡过程进行了模拟对比试验。在此基础上分析了不同边界层方案对东移高原低涡过程模拟的影响,并对高原边界层特征的模拟结果做了初步分析,得到结论如下。

(1)两次过程中,三种边界层方案均能较好地模拟出高原低涡的中心强度和移动路径。24 h之内的模拟,MYJ方案得到的结果最接近实测,ACM2方案的偏差最大。对比低涡中心强度模拟,MYJ对位势高度模拟效果良好,ACM2能较好地体现出位温值的变化情况。三种方案在低涡移出高原主体后的模拟均出现移速过慢、中心强度值偏差大等现象。

(2)对于高原大气的垂直结构,YSU和ACM2方案与MYJ方案相比,在白天模拟出弱稳定层结,在较强的垂直混合作用,上下层风速差异较小,“0701”过程的垂直混合作用高度低于“0729”过程;在夜间,层结稳定,垂直风切变增大。ACM2方案相较另两种方案符合实测,模拟的风速在低层随高度增加缓慢。

(3)“0701”过程模拟出涡心处的θ_e高能锋区,MYJ模拟效果尤为明显,θ_e水平梯度达8 K,ACM2最弱。“0729”过程同样模拟出了涡心处强烈的湿对流不稳定特性,且在涡心北侧存在相当位温低值中心。两次过程垂直速度分布近似,YSU方案上升速度中心位于300 hPa附近,最大上升速度为0.6 m·s^{-1};MYJ方案上升运动区深厚,从500 hPa伸展至200 hPa;ACM2方案的垂直运动偏弱,最大上升运动在350 hPa附近。

(4)三种方案给出了不同的高原边界层高度,能较好地模拟出高原边界层高度的时空分布特征,其日变化明显,两次过程均呈现西高东低型分布。通过对比地表感热通量和潜热通量模拟结果的差异,认为局地闭合的MYJ方案较适用于模拟分析高原上的潜热通量,非局地闭合的YSU和ACM2方案则由于考虑了较强的湍流交换和高层夹卷作用,适合于模拟高原上较强的感热通量。

需要指出的是,作为初步的探索性研究,本节选取了三种发展较为成熟且具备代表性的边界层参数化方案,模拟分析了其在低涡过程中的表现,为后续研究方案机制差异提供依据。其次边界层对地表和自由大气的交换传输作用是一个复杂的物理过程,仅凭个例分析的结果不具备普适性。但研究表明,适当选择边界层参数化方案对高原天气系统及不同物理量的模拟有重要意义,下一步在统计基础上将继续予以深入研究。

4.6 青藏高原低涡的高分辨率数值模拟

4.6.1 引言

近年来,由于中尺度数值模式有了较大发展,同时电脑的运算能力显著提高,提供了对高原低涡进行高分辨率数值模拟试验的条件。由于高原地区资料稀缺且资料分辨率较低,采用数值模拟的方法对加深高原低涡三维结构的认识是有一定帮助的。有鉴于此,本节使用由美国环境预测中心(NCEP)和美国国家大气研究中心(NCAR)等机构联合开发的新一代中尺度数值天气预报模式 WRF 对 2006 年 8 月 14 日一次高原低涡过程进行了三重嵌套的高分辨率数值模拟，希望得到更加细致的低涡结构，推进人们对高原低涡的认识。

4.6.2 模式、模拟方案与低涡过程

背景场采用 NCEP 1°×1°再分析资料。模拟区域的设定(图 4-46)使用三重双向嵌套网络，最外层的固定区域 1 使用 90 km 分辨率，地形使用 10 弧度米(约 18 km)分辨率用来模拟系统发展的天气尺度的背景场，并且为细网格提供边界条件。这个区域要取得足够大，目的是使侧边界条件对低涡发展的影响降到最低。区域 2 的网络格距是 30 km，地形分辨率 2 弧度米(约 3.6 km)。最内层的区域 3 采用 10 km 格距，地形分辨率 30 弧度秒(约 950 m)，此区域是模拟高原低涡结构的重点区域。在参数化方案的选择上，主要介绍区域 3 所使用的方案。其微物理过程使用 WSM6 方案，该方案能够较好地模拟云物理过程(Hong，et al，2006)。长波辐射方案采用 RRTM(rapid radiative transfer model)，短波辐射采用 Dudhia 方案，边界层采用 Mellor-Yamada-Janjic 方案，积云参数化使用 Kain-Fritsch(new Eta)方案。模拟时间为 48 h，即 2006 年 8 月 14 日 02 时(北京时)—16 日 02 时，涵盖了此次低涡发展、成熟到消亡的全过程。

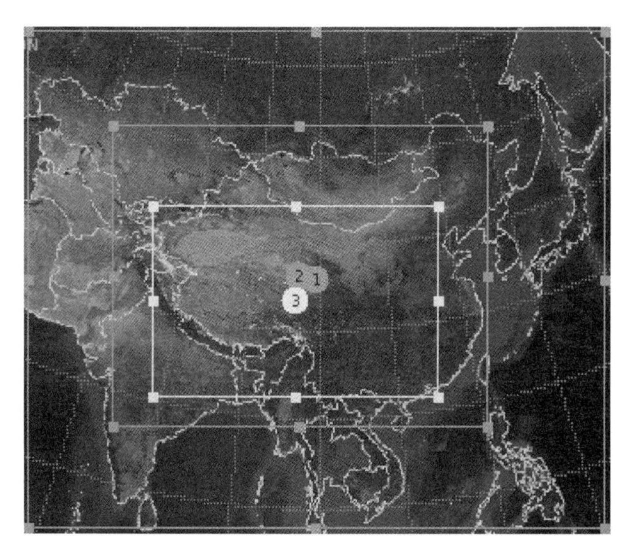

图 4-46 模拟区域示意图

4.6.3 模拟概况

将模式输出结果与实况对比，首先从 500 hPa 温度场上来看，模拟结果和实况对应较好，由图 4-47a 和图 4-47b 可以看出，模拟场的等温线分布与实况基本一致。

模拟降水区域与实况降水区域的分布大致相同(图 4-48)，但降水中心位置和强度有一定偏差，模拟结果在青海相对实况偏西，在宁夏南部降水中心模拟的降水量偏小，在陕西中部降水中心模拟的降水量偏大。

由于本次模拟主要是针对高原低涡，因此下面主要讨论在青藏高原区域内的模拟情况。图 4-49 是西藏各站 8 月 14 日 24 h 降水量实况和模式输出各站点所在经纬度上的降水量。由图可见，在有降水实况资料的 15 个站中，除当雄、拉萨、昌都 3 站有较大偏差外，其余 12 站的模拟结果与实况偏差较小，所以模拟总体效果较好。

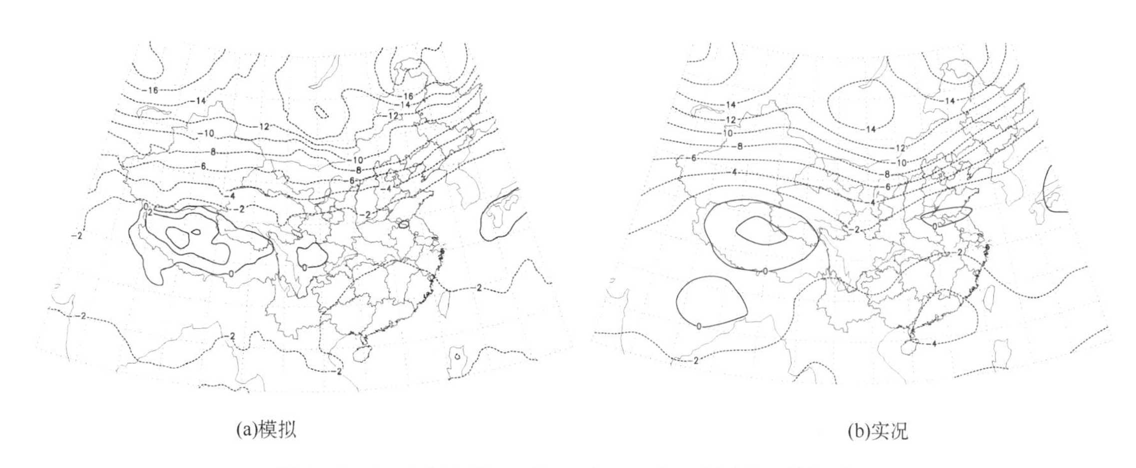

(a)模拟　　(b)实况

图 4-47　2006 年 8 月 14 日 20 点 500 hPa 温度场(单位:℃)

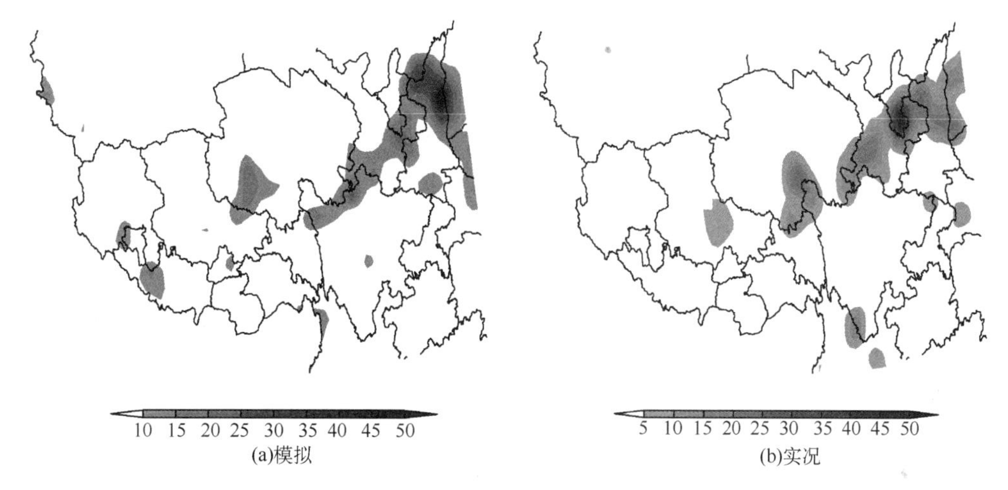

(a)模拟　　(b)实况

图 4-48　2006 年 8 月 14 日降水量(单位:mm)

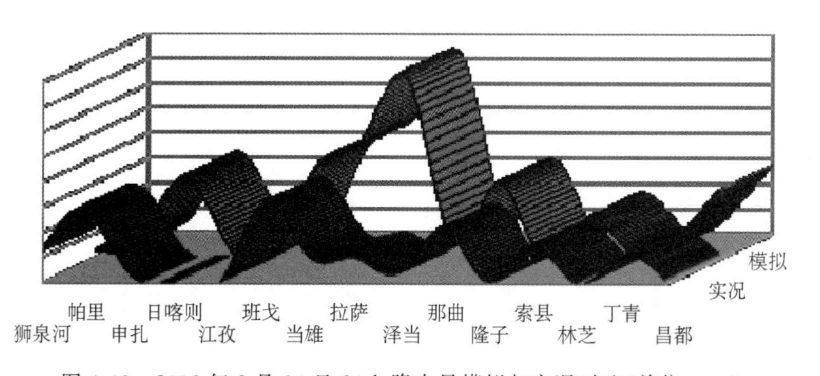

图 4-49　2006 年 8 月 14 日 24 h 降水量模拟与实况对比(单位:mm)

从卫星云图上来看,低涡中心位于(86°E,31°N),将此位置叠加到模拟输出的 300 hPa 流场图上,则 300 hPa 反气旋环流中心即对应中高层的低涡中心,因此模式对低涡中心位置的模拟也比较准确,图 4-50 中黑圆点位置表示卫星云图上低涡中心的位置,方框区域表示卫星云图上比较明显的低涡云区范围。

图 4-50　2006 年 8 月 14 日 20 时 300 hPa 流场

（黑圆点表示云图所示低涡中心位置，方框表示云区范围）

另外，以 FY-2C 水汽云图为实况来对比水汽的模拟状况。卫星测得的辐射对水汽十分敏感，敏感范围在 400 hPa 最大（郑新江 等，1994）。因此卫星测得的水汽图像能够反映对流层中、上部的水汽分布。用模式输出的 500～200 hPa 各层水气混合比累加来表示低涡中整层水汽含量。FY-2C 水汽云图（图略）中水汽的高值区位于低涡眼区的东南侧和西南侧，而从模式输出的结果（图 4-51）也可以得出同样的结论。

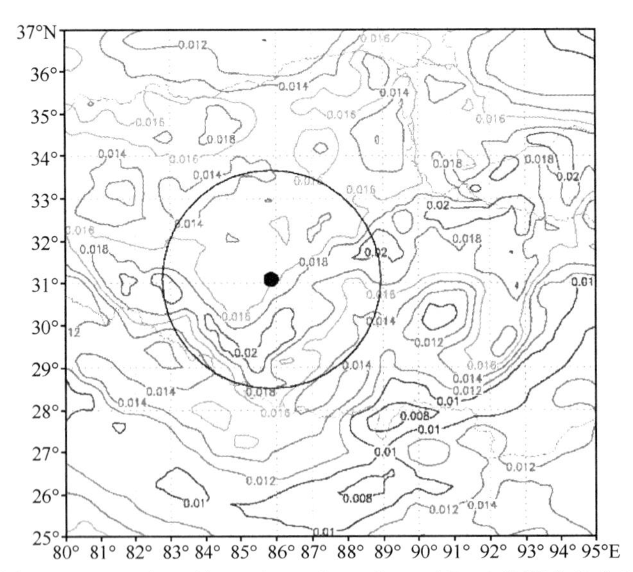

图 4-51　2006 年 8 月 14 日 500 hPa 到 200 hPa 水汽混合比之和

（黑圆点表示云图所示低涡中心的位置，圆圈表示云区范围；单位：kg・kg^{-1}）

综上所述，WRF 比较成功地模拟了此次高原低涡过程，模式输出结果较为可靠，可作为进一步分析的资料。

4.6.4 物理量场诊断分析

下面应用这次对 2006 年 8 月 14 日低涡过程数值模拟得到的高分辨率资料对高原低涡物理量场进行详细分析。

4.6.4.1 水汽通量、水汽通量散度及地面感热

低涡的形成与水汽输送关系密切。在本次低涡过程中，低涡的生成与消亡与高原地区的水汽输送过程相对应。低涡形成初期，高原地区水汽通量较小，17:00 之前，高原地区的水汽通量不断加大，而这个时段也恰好是低涡的发展时段，19:40 水汽输送达到最强(图 4-52，图 4-53)，尤其低涡云区所在范围东南侧，达 24 $g \cdot cm^{-1} \cdot hPa \cdot s^{-1}$。而后水汽通量逐渐减少，到 01 时 20 分高原西南方向的水汽输送带基本断裂(图略)，此时低涡趋于消亡。

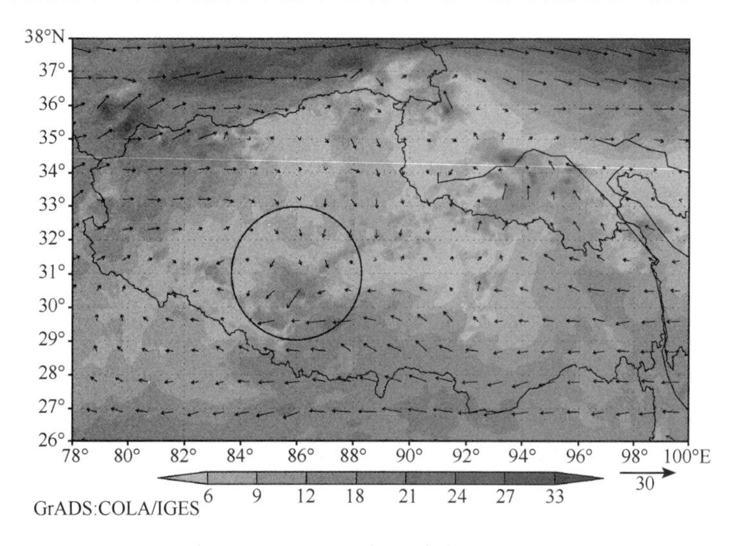

图 4-52　2006 年 8 月 14 日 19 时 40 分模拟的 400 hPa 水汽通量

(箭头表示通量方向，箭头长度表示通量大小，圆圈表示大致云区范围；单位：$g \cdot cm^{-1} \cdot hPa^{-1} \cdot s^{-1}$)

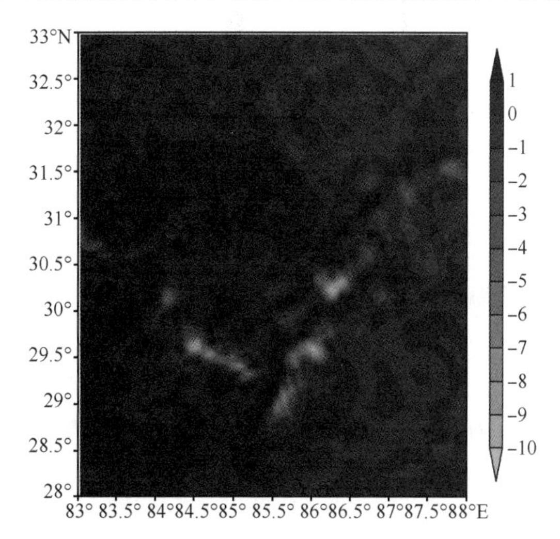

图 4-53　2006 年 8 月 14 日 19 时 40 分模拟的 500～200 hPa 平均水汽通量散度

(单位：10^{-5} $g \cdot cm^{-2} \cdot hPa^{-1} \cdot s^{-1}$)

水汽通量散度表示水汽的聚集与流失。由图 4-53 可见，高原地区水汽通量较大的时刻对应低涡发展、成熟的阶段。高原低涡所在区域存在 3 个较明显的水汽通量散度辐合区，与卫星云图上亮温较高的区域对应。整个低涡演变过程中，低涡的发展也较为依赖水汽供应，不仅需要水汽输送，同时需要水汽辐合。实际上，高原低涡之所以无法发展到热带气旋那样的强度，主要也是受限于高原地区的水汽供应。

有研究(李国平 等，2002；李国平，2007)认为，高原地区地面感热加热对高原低涡的形成有重要影响。本次高原低涡的生消过程也与高原地区的地面感热变化相配合。高原地面感热通量从 08 时开始逐渐增大，至 13 时发展到最强(图 4-54)，最大值超过 500 $W \cdot m^{-2}$，这时高原低涡开始发展；随后感热通量逐渐减小，到 20 时高原地区地面感热通量值回复到 08 时的水平，为 50～100 $W \cdot m^{-2}$，相应地，低涡也逐渐减弱、消亡。

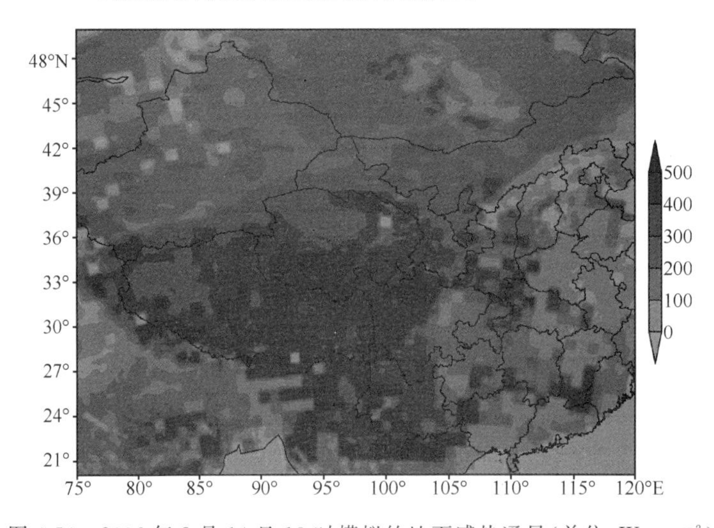

图 4-54　2006 年 8 月 14 日 13 时模拟的地面感热通量(单位：$W \cdot m^{-2}$)

以上分析可以看出，本次高原低涡在原地生消，整个过程与高原地区的地面感热通量和水汽通量输送的变化互相配合，当高原地区地面感热逐渐增强，同时又有水汽输送时，高原低涡逐渐发展，水汽通量散度出现较强辐合；当高原地区地面感热逐渐减弱，同时水汽输送带断裂后，水汽通量散度辐合减弱，高原低涡逐渐消亡。

4.6.4.2　流场、散度、涡度和位涡

(1)初生阶段

14—17 时是低涡的初生阶段，由图 4-55 可见，低涡形成初期，在(85.2°E，30.5°N)附近有明显的气流辐合，散度最大值为 $-1.5\times10^{-4}\ s^{-1}$，与未来低涡中心基本对应。

从 14 时 500 hPa 涡度场(图略)可以看到，云区范围内有 3 处较强的正涡度带，分别位于涡区的西南、东南和东北部，其涡度最大值达 $1.5\times10^{-4}\ s^{-1}$，这也对应未来低涡云系发展较强的地方。云区中心为负涡度，约为 $-1.0\times10^{-4}\ s^{-1}$。表明涡心有较弱下沉运动，而涡心四周为较强上升气流。

(2)成熟阶段

18—20 时是低涡发展、成熟的阶段。成熟低涡在 500 hPa 上表现为气旋式流场(图4-56)，气流辐合明显，最大值为 $-2.5\times10^{-4}\ s^{-1}$。400 hPa 为辐合、辐散转换层(图略)，辐合、辐散交

替分布，涡区北侧辐散为主，涡区南侧辐合为主，与云图云顶亮温较高的区域对应，说明对流运动较强。300 hPa 上涡心区域辐散较强，外围区域仍然有一定辐合，流场呈现较明显的反气旋式（图略）。

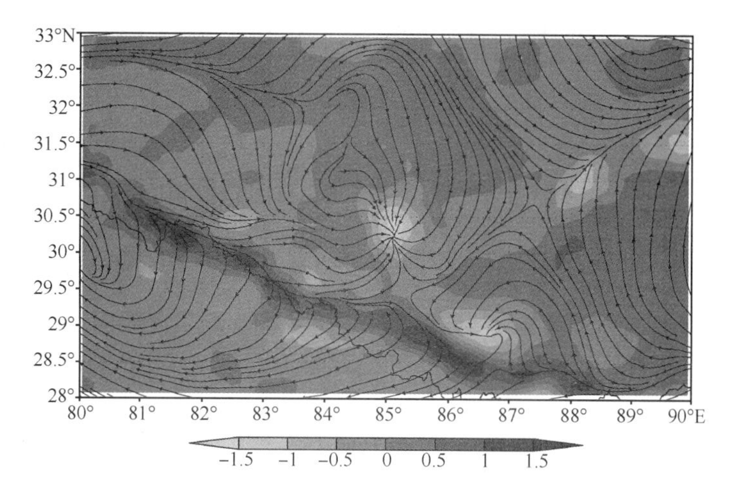

图 4-55　2006 年 8 月 14 日 15 时模拟的 500 hPa 流场和散度场（单位：10^{-4} s^{-1}）

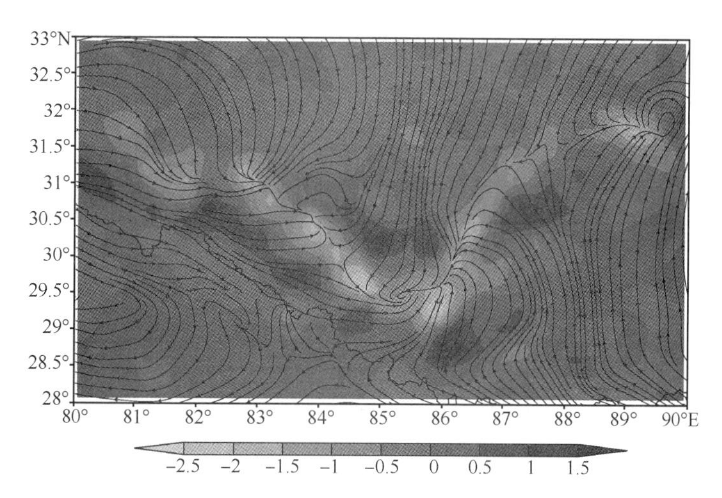

图 4-56　2006 年 8 月 14 日 19 时模拟的 500 hPa 流场和散度场（单位：10^{-4} s^{-1}）

500 hPa 涡度（图 4-57a）与位势涡度（图 4-57b）在涡区均呈现明显的正值与负值的交错分布，而涡度与位势涡度的正值中心对应低涡中较强的对流区与降水区。涡区南侧正涡度为主，涡区北侧负涡度为主，涡心为弱的正涡度。

成熟时期高原低涡垂直结构方面，本次模拟结果显示涡心区域低层有弱的下沉气流（图 4-58），中高层无明显上升或下沉运动，说明低涡中心存在一个相对平静的区域，没有很强的对流活动，表现为空心（涡眼）结构。在相对平静的眼区周边则是上升气流，在本例中 200 hPa 仍有上升气流，说明本次低涡对流活动发展得比较强烈。另外，从 400～300 hPa 的平均温度分布（图 4-59）可以看出，涡眼区域的温度高于周围，说明此次高原低涡具有暖心结构。

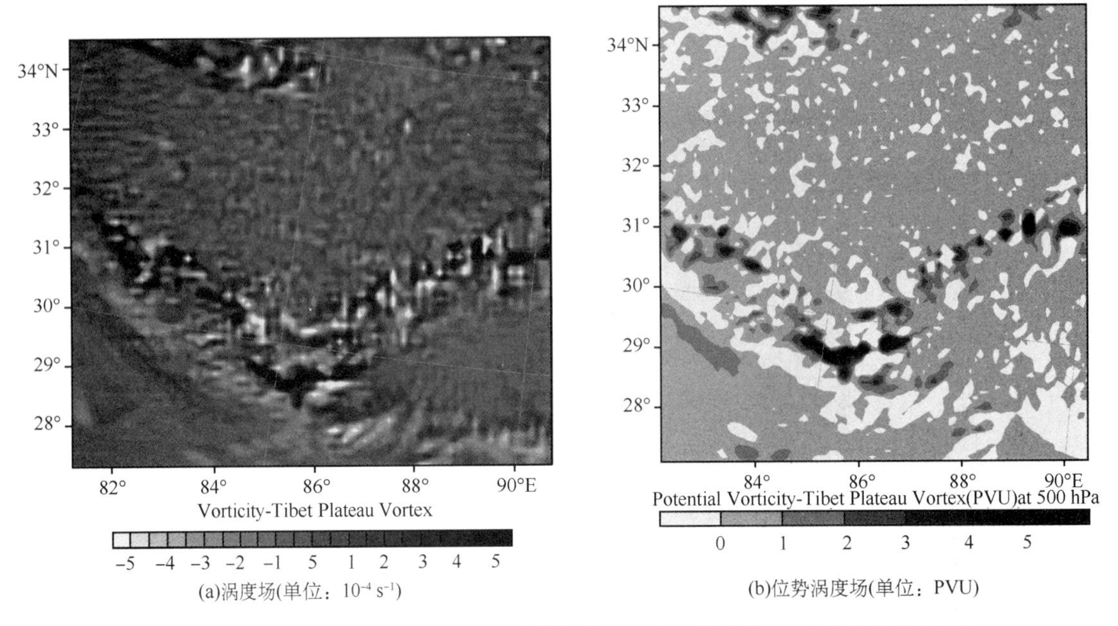

图 4-57　2006 年 8 月 14 日 19 时 40 分模拟的 500 hPa 涡度场(a)和位势涡度场(b)

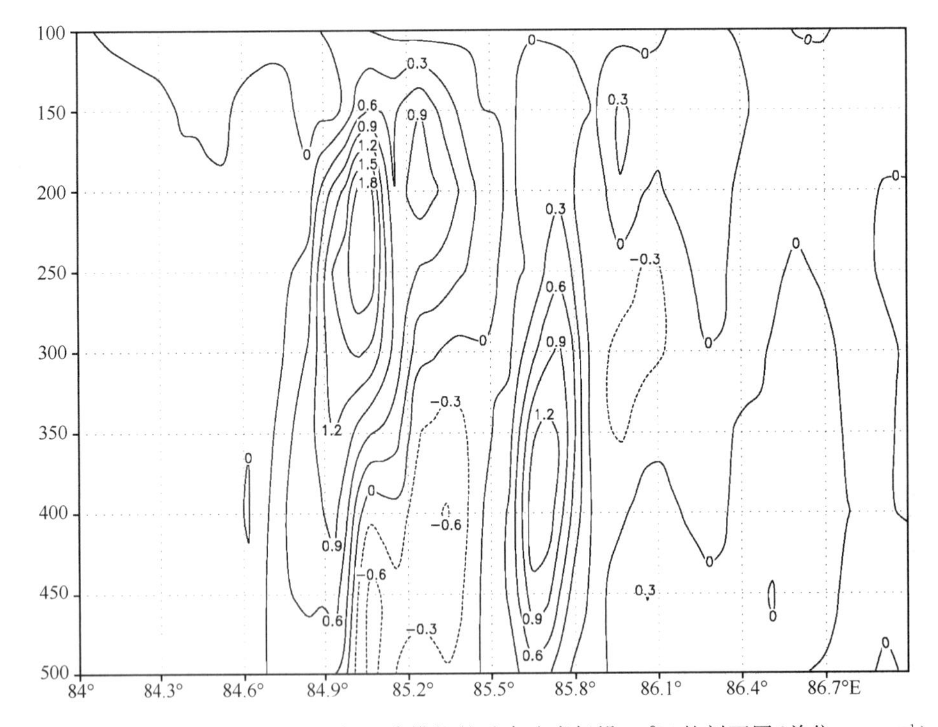

图 4-58　2006 年 8 月 14 日 19 时 40 分模拟的垂直速度场沿 31°N 的剖面图(单位：$m \cdot s^{-1}$)

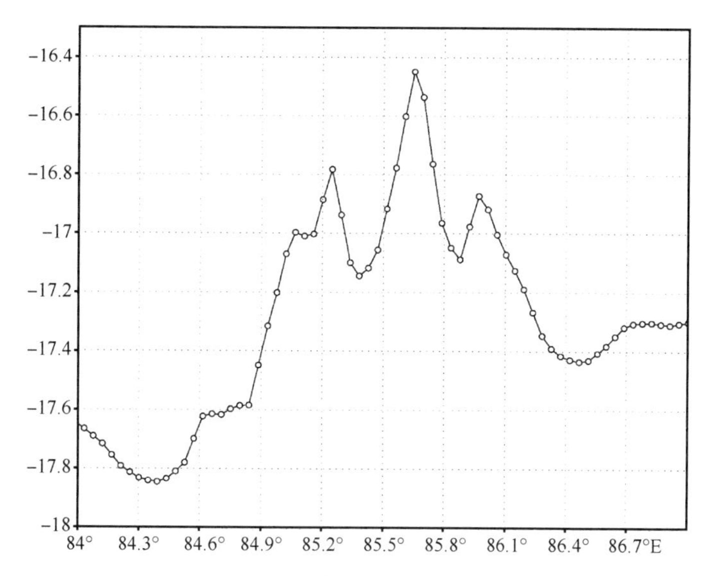

图 4-59 2006 年 8 月 14 日 19 时 40 分模拟的 400～300 hPa 平均温度场分布(单位:℃)(沿 31°N 的剖面)

综上所述,初生涡在 500 hPa 涡度场上对应有三处正涡度区,这与 20 时卫星云图上的强对流区相对应。500 hPa 散度场上涡区具有较强的辐合气流。300 hPa 辐合、辐散较弱,反气旋流场初步形成。成熟高原低涡的结构可概括为:涡心四周存在较强的上升气流,高层 200 hPa 以上转为下沉运动;在近地层为向涡心的气旋性辐合气流,400 hPa 以上转为反气旋辐散气流,这种三维气流结构与热带气旋类似。而涡心近地层 500 hPa 为弱下沉气流,而中上部无明显的上升或下沉运动,表现为涡眼结构。在温度场上涡心区域表现为暖心结构,这种暖心结构在 400～300 hPa 表现得最为明显。高原低涡的这种流场与温度场结构与卫星云图上呈现的低涡具有涡眼和暖心结构的现象(黄楚惠和李国平,2007b)相吻合。

4.6.5 小结

本节采用由美国环境预测中心(NCEP)和美国国家大气研究中心(NCAR)等联合开发的新一代中尺度数值天气预报模式 WRF V3.1.1 对一次高原低涡发展演变过程进行了较为成功的数值模拟,获得了高分辨率模式输出资料,进而开展了物理量诊断计算和分析。本次高原低涡在原地生消,整个过程与高原地区的地面感热通量输送和水汽通量输送相配合,当地面感热逐渐增强,同时又有水汽输送供应时,高原低涡开始发展,水汽通量散度出现较强辐合;当高原地区地面感热逐渐减弱,同时水汽输送带断裂后,高原低涡减弱、消亡。本次模拟高原低涡在成熟时期具有暖心结构,并且低涡中心区域垂直运动较弱,呈现出相对的平静涡眼结构,这与卫星云图上涡心的无云区(空心)相对应,从数值模拟的角度证实了成熟期高原低涡具有涡眼和暖心结构。

当然,本工作只是一个初步尝试。WRF 模式在青藏高原地区的性能还需要更多的检验,尤其是数值模拟结果与高分辨率的卫星、雷达资料的对比分析与集成应用,应是今后高原低涡研究的主要发展方向。

4.7 WRF模式边界层参数化方案对西南低涡模拟的影响

4.7.1 引言

行星边界层位于受地面影响强烈的对流层底部，它通过地表强迫和湍流输送对地面和大气之间的动量、热量和水汽交换起着十分重要的作用，是大气重要的能量源和动量汇，行星边界层参数化方案成为数值模式的重要组成部分。尽管各种边界层参数化方案均有明确的物理基础，但不同边界层参数化方案针对动量、水汽和能量输送的假设不同，这可能导致对边界层模拟存在差异进而影响整个模式范围(Hu et al.,2010)。因此，在实际应用中针对有特殊气候背景的不同地区采用哪种方案模拟结果更理想还需要进行深入对比。

国内外针对MM5和RegCM3模式不同边界层参数化方案对天气气候的模拟效果开展了一些评估研究(Zhang et al.,2004;Berg et al.,2005;江勇 等,2002;蔡芗宁 等,2006;赵鸣和陈潜,2007;郑益群 等,2011)，总体认为在不稳定条件下，非局地闭合方案的模拟效果优于局地闭合方案(Pleim,2007a,2007b)。针对新一代中尺度数值模式WRF不同参数化方案的研究也已开展了一些工作，Sood(2010)通过重新定义控制湍流通量的主要长度系数改进了WRF模式中MYJ边界层参数化方案，提高了对30 m高度以下边界层风切变的模拟。Zhang et al.(2009)通过对2006年3月墨西哥气象要素的模拟发现各方案模拟的白天风速普遍偏高，YSU边界层参数化方案对白天地面温度的模拟效果较好而夜间则较差，MYJ方案对夜间温度模拟效果优于白天。Hu et al.(2010)通过对WRF模式中MYJ、YSU和ACM2三种边界层参数化方案在2005年夏季美国中南部地区的模拟效果评估，发现采用局地闭合算法的MYJ方案模拟边界层偏冷、偏湿的误差最大，YSU和ACM2方案模拟白天大气低层的温度和湿度优于MYJ方案，并指出这种差异主要是由方案对垂直混合强度和边界层上部空气的夹卷过程考虑不同造成的。Miglietta et al.(2010)利用MYJ和YSU两种边界层参数化方案模拟了地中海东部地面风场特征，认为YSU方案的模拟效果较好。张小培和银燕(2013)通过对WRF中四种边界层参数化方案在我国黄山地区复杂地形下大气边界层气象要素场的评估分析，发现YSU方案模拟的2 m高度气温误差最小，ACM2方案模拟的2 m高度露点温度和10 m高度风速误差最小。

青藏高原及周边地区由于其特殊地形、动力和热力作用，高原上边界层高度明显偏高、通量交换强烈及各气象要素有强烈的日变化特征(李家伦 等,2000)，针对边界层参数化方案在高原周边地区的模拟效果评估工作还比较少。西南低涡作为青藏高原最重要的高影响天气系统之一，是青藏高原东侧背风坡地形、加热与大气环流相互作用下的特殊产物。西南低涡是在我国西南地区(100°E～108°E,26°N～33°N)范围内形成的具有气旋式环流的中尺度闭合低压涡旋系统。它一般出现在700～850 hPa等压面上，尤以700 hPa等压面最为清楚，其水平尺度为300～500 km。西南低涡是夏半年造成我国西南地区重大降水过程的主要影响系统，它的发展往往引发四川盆地的暴雨天气，其东移则可给我国长江中下游地区、淮河流域、华南甚至华北带来强降水天气(何光碧,2012;杨帅 等,2006;高安宁 等,2009)。作为主体存在边界层的低涡系统，边界层风场动力作用是西南低涡产生的重要成因之一(高守亭,1987)，而针对不同边界层参数化方案对西南低涡数值模拟影响还缺乏深入研究。

本节选取 WRF 中尺度数值模式中多种边界层参数化方案，对 2011 年 6 月 16—18 日引发强降水的西南低涡过程进行高分辨率数值模拟，分析不同边界层参数化方案对西南低涡过程模拟结果的影响，这对青藏高原周边地区合理地选择和使用边界层参数化方案具有重要参考价值。

4.7.2 模式边界层参数化方案简介及试验方案设计

4.7.2.1 模式边界层参数化方案简介

边界层参数化通过闭合方案从平均量获得湍流通量项，闭合方案有局地闭合和非局地闭合两种形式。局地闭合方案考虑湍流交换只发生在相邻的模式格点上，计算模式每个格点的湍流通量仅利用该格点的大气物理量及梯度平均量。非局地闭合方案考虑湍流交换不只发生在垂直方向上相邻两层间，而且发生在不相邻层次之间，通过参数化非局地项或交换项来实现非局地通量。MYJ 方案为局地闭合模型(Mellor et al.，1982)，YSU 方案为非局地闭合模型(Hong et al.，2006)，而 ACM2 则综合考虑了局地和非局地闭合状态(Pleim，2007a，2007b)。

MYJ 方案为基于湍流动能理论的 Mellor-Yamada 2.5 阶湍流闭合模型，通过求解湍流动能方程计算涡动扩散系数和边界层高度，它可以预报湍流动能，并有局地垂直混合。MYJ 方案适用于稳定和轻度不稳定的环境。

YSU 方案是基于 K 理论的一阶非局地闭合方案，在不稳定状态下使用反梯度通量来处理热量和水汽。利用基于局地自由大气得出的理查森数来处理垂直扩散项，在边界层中使用增强的垂直扩散通量算则，以适应强风环境下更深厚的混合作用，边界层高度由浮力廓线决定。方案对夹卷过程单独处理，从而增加了热力自由对流的湍流混合。

ACM2 方案是由 Blackadar 对流模式发展而来的 ACM1 的改进方案，ACM2 方案在 ACM1 方案的向上输送过程中增加了局地输送部分，可以模拟由浮力作用引起的气块向上输送，也可以模拟局地湍流交换。采用理查森数方法计算边界层高度，近地层以上主要考虑热力湍流作用，向下采用局地 K 混合。其特点是综合考虑局地和非局地闭合算法，在稳定或中性情况下 ACM2 方案会关闭非局地交换转而采用局地闭合算法，在不稳定条件下的边界层高度考虑了夹卷层的热力串通和风切变作用。

4.7.2.2 试验方案设计

采用美国新一代中尺度数值模式 WRF V3.3 对 2011 年 6 月 16—18 日西南低涡过程进行对比模拟试验，模拟采用三重双向嵌套的网格区域，模式区域采用兰勃特投影，三个模拟区域的格距分别为 45 km、15 km 和 5 km，格点数分别为 112×103、181×175 和 199×199，模拟区域中心为(31°N，107°E)(表 4-4)。垂直方向均为 37 层，模式顶至 50 hPa。各个区域采用的主要物理过程参数见表 4-4。背景场和初始条件均采用 NCEP FNL 1°×1°逐 6 h 再分析资料，计算时间步长为 270 s，模拟时效为 36 h，模式每 1 h 输出 1 次结果，区域积分时间从 2011 年 6 月 16 日 20 时到 18 日 08 时(北京时)，基本涵盖了此次西南低涡移动、发展的全过程。设计采用 WRF 不同边界层参数化方案的 4 组试验来模拟此次西南低涡过程(表 4-5)，需要注意的是，边界层参数化方案须与对应的近地层参数化方案搭配使用。

表 4-4　WRF 模式运行主要参数

模式网格分辨率	45 km	15 km	5 km
微物理过程方案	WSM 6-class graupel	WSM 6-class graupel	WSM 6-class graupel
积云参数化方案	New Grell	New Grell	New Grell
长波辐射方案	RRTM	RRTM	RRTM
短波辐射方案	Dudhia	Dudhia	Dudhia
陆面过程	Unified Noah land-surface	Unified Noah land-surface	Unified Noah land-surface

表 4-5　边界层参数化试验方案设计

试验名称	边界层参数化方案	近地层参数化方案
YSU	Yonsei University scheme	Monin-Obukhov scheme
ACM2	the asymmetric convective model(version 2)scheme	Monin-Obukhov scheme
MYJ	Mellor-Yamada-Janjic scheme	Monin-Obukhov(Janjic Eta)scheme
NOPBL	No boundary-layer	Monin-Obukhov scheme

4.7.3　西南低涡模拟结果分析

4.7.3.1　路径

以 700 hPa 气旋性风场中心区域的位势高度场最小值的位置来确定西南低涡中心。图 4-60 给出了 2011 年 16 日 20 时—18 日 08 时四组边界层参数化方案下 WRF 模拟的西南低涡移动路径以及气象站观测的西南低涡实际路径。实况分析表明，西南低涡 6 月 16 日 20 时在四川盆地南部生成后，前 24 h 向东北方向经重庆西部移动至四川东北部，后 12 h 向东南方向经重庆东北部快速移动至湖北西部境内。WRF 模式的四种边界层方案在初始时刻模拟的西南低涡生成位置均比实况偏北 1 个纬度，同时低涡中心位势高度比实况偏高 10 gpm 左右(图 4-60)，模拟的低涡强度偏弱，这可能与模式初始场直接采用 NCEP 再分析资料、包含中小尺度信息偏弱、没有采取资料同化技术及没有进行类似台风“Bogus”技术的人工干预有关。而四种方案模拟西南低涡的移动路径总体均为向东移动，与实况基本一致。不同的是，MYJ、ACM2、NOPBL 三种方案下低涡移动方向类似，均在前 12 h 向东北方向移动，与实况较为一

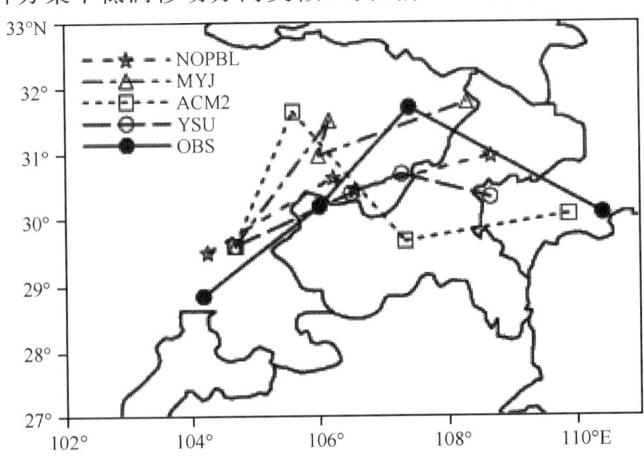

图 4-60　实况与模拟的 2011 年 6 月 16 日 20 时—18 日 08 时西南低涡逐 12 h 路径图

致;但中间 12 h 向南移动而后 12 h 向东北方向移动,这与实况不同,尤其是 MYJ 方案模拟西南低涡在 36 h 后的位置与实况差异最大。YSU 方案模拟的西南低涡路径在前 24 h 向东北方向移动,后 12 h 向东南方向移动,与实况最为吻合。

4.7.3.2　强度

模式模拟和实况的西南低涡中心 700 hPa 位势高度变化表明(图 4-61),实况西南低涡中心的位势高度在前 12 h 迅速减小 10 gpm,低涡强度增强,处于发展过程。17 日 20 时后低涡强度开始迅速减弱,因此中间 12 h 处于维持过程,后 12 h 处于消亡过程。36 h 模拟后,不同方案模拟的西南低涡强度均大于实况。尽管所有方案采用相同的初始场,不同方案模拟的西南低涡强度有较大差别。前 12 h 发展过程,NOPBL 方案下西南低涡强度加强最快,ACM2 方案低涡发展最弱。YSU、ACM2 和 NOPBL 三种方案下低涡强度均在 17 日 14 时达到最强,四种方案均在 17 日 14 时后减弱。后 6 h 消亡过程,YSU 方案的低涡强度呈减弱趋势,接近实况,而其他方案的低涡强度仍有所增强。总体而言,YSU 方案模拟的低涡强度的演变趋势最接近实况。

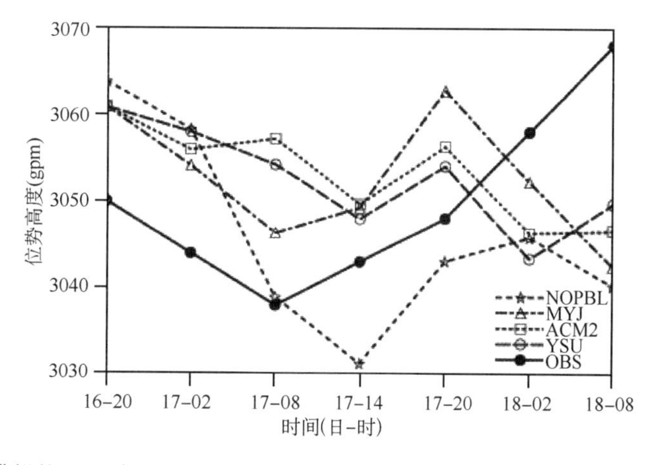

图 4-61　实况与模拟的 2011 年 6 月 16 日 20 时—18 日 08 时西南低涡中心的 700 hPa 位势高度变化

4.7.3.3　降水

图 4-62 为实况与模拟的 2011 年 6 月 16 日 20 时—17 日 08 时西南低涡发展过程的降水量分布图,实况降水在四川盆地东部出现一条南北暴雨带,暴雨有两个中心,主中心位于重庆西部,最大的 12 h 降雨量超过 100 mm,次中心位于四川盆地东北部。四种方案均模拟出南北雨带,尤其是均模拟出北部的暴雨次中心。而对于重庆西部的暴雨主中心,四种方案模拟结果有差异,YSU 和 NOPBL 方案模拟出暴雨中心位置,但降水强度较弱,而 ACM2 和 MYJ 方案模拟的暴雨中心位置偏南。

2011 年 6 月 17 日 08—20 时是西南低涡维持发展过程。随着西南低涡的东移,实况暴雨带东移至重庆东部地区(图 4-62),中心位于重庆东北部,12 h 降水量达到 50 mm。四种方案均较好地模拟出雨带的东移,模拟的暴雨中心也均在重庆东北部,但模拟暴雨强度均比实况强。其中 NOPBL 方案下的降水最强,MYJ 方案下降水最弱。

2011 年 6 月 17 日 20 时—18 日 08 时是西南低涡消亡过程。随着西南低涡的继续东移,实况暴雨带东移至湖北西部(图 4-62～4-64),中心 12 h 降雨量达到 100 mm。四种方案仍均可模拟出雨带东移,其中 MYJ 和 NOPBL 方案模拟的雨带偏北 2 个纬度,而 YSU 和 ACM2

两种方案模拟雨带位置与实况比较吻合。

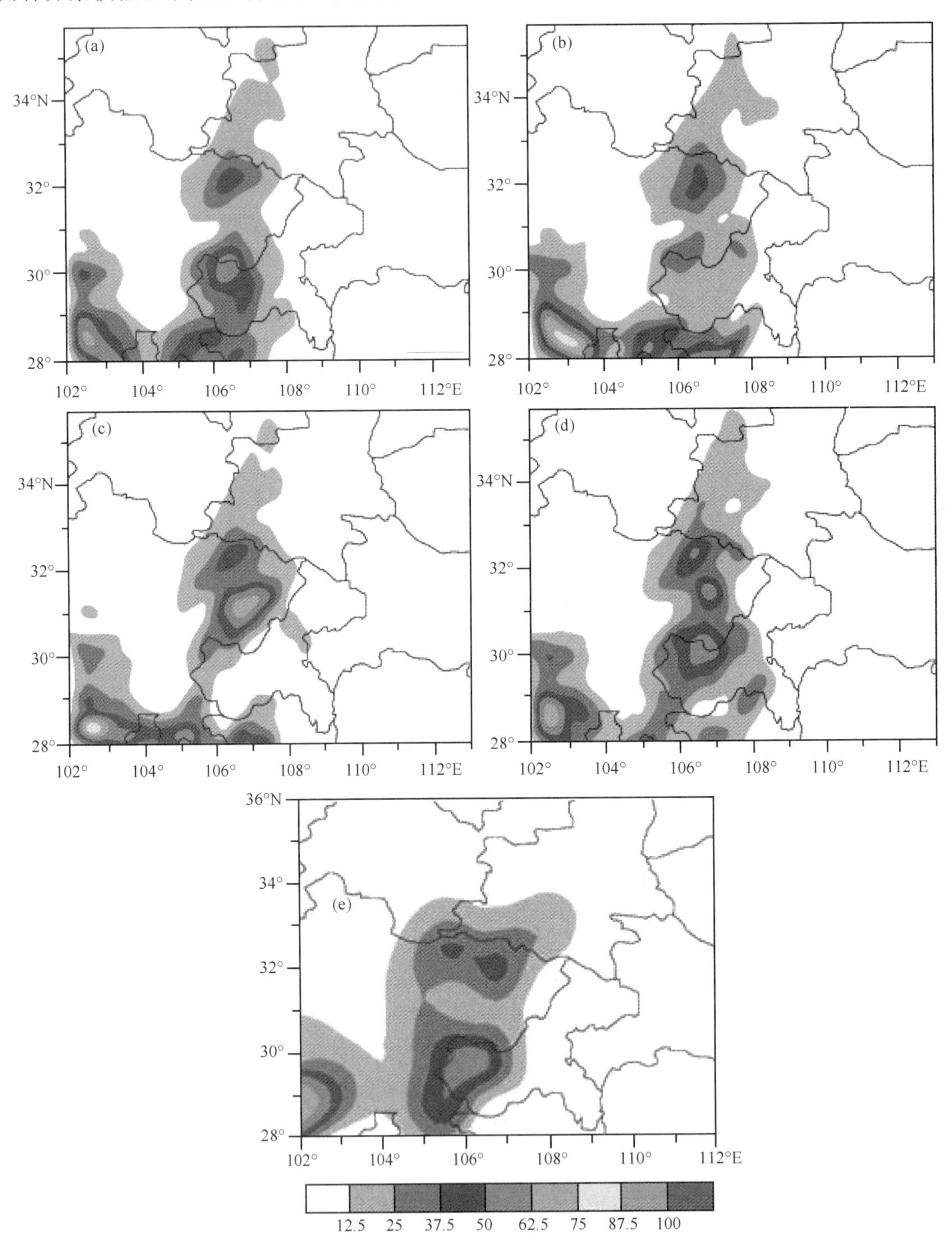

图 4-62 实况与模拟的 2011 年 6 月 16 日 20 时—17 日 08 时累积降水量(单位:mm)
(a)YSU 方案;(b)ACM2 方案;(c)MYJ 方案;(d)NOPBL 方案;(e)实况

总体而言,四种方案均较好地模拟出随西南涡东移的暴雨带位置的移动,但对暴雨强度的模拟有较大差异,尤其对低涡发展阶段的暴雨强度模拟偏小,而 YSU 方案对降水的总体模拟效果较好。

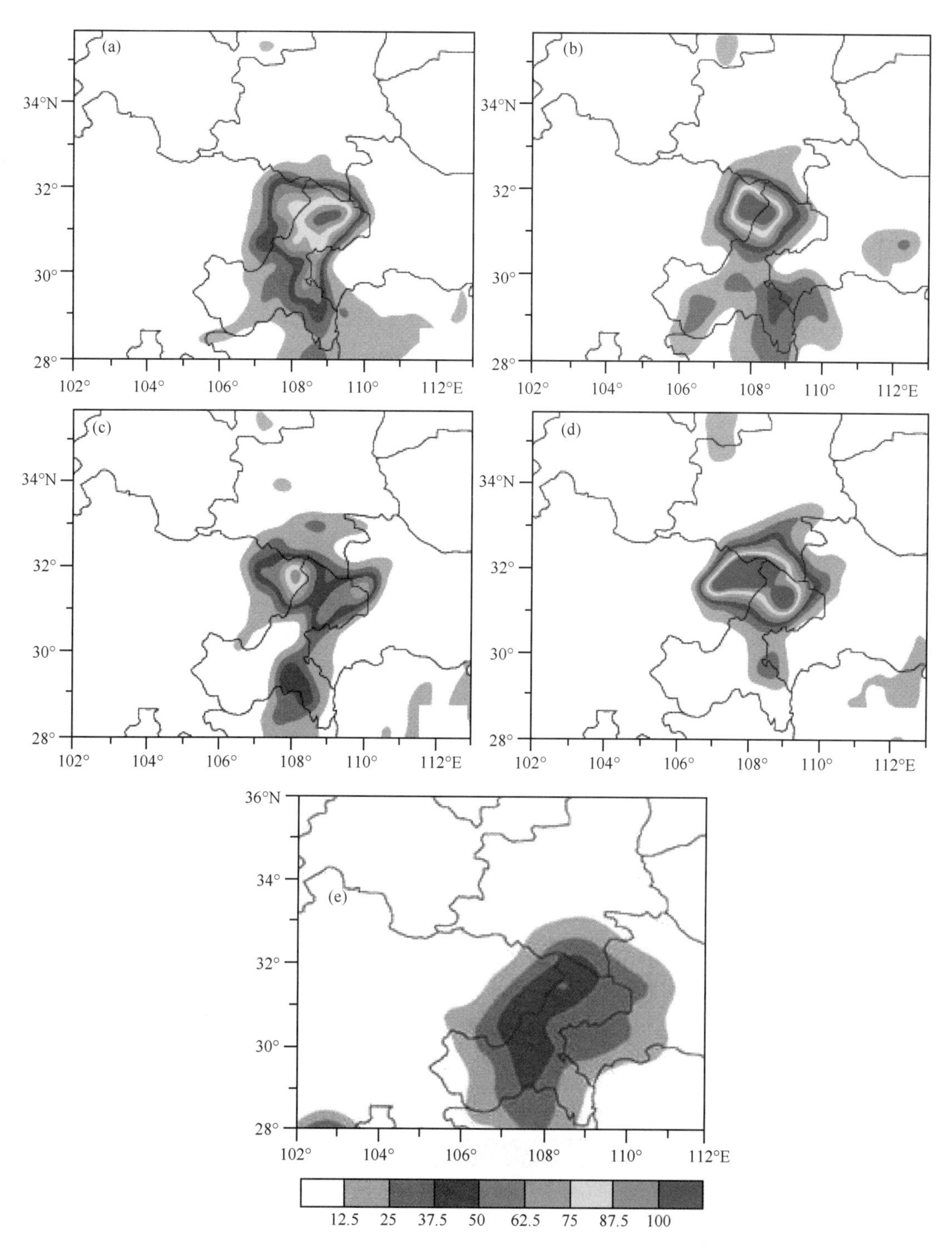

图 4-63　实况与模拟的 2011 年 6 月 17 日 08 时—17 日 20 时累积降水量(单位:mm)
(a)YSU 方案;(b)ACM2 方案;(c)MYJ 方案;(d)NOPBL 方案;(e)实况

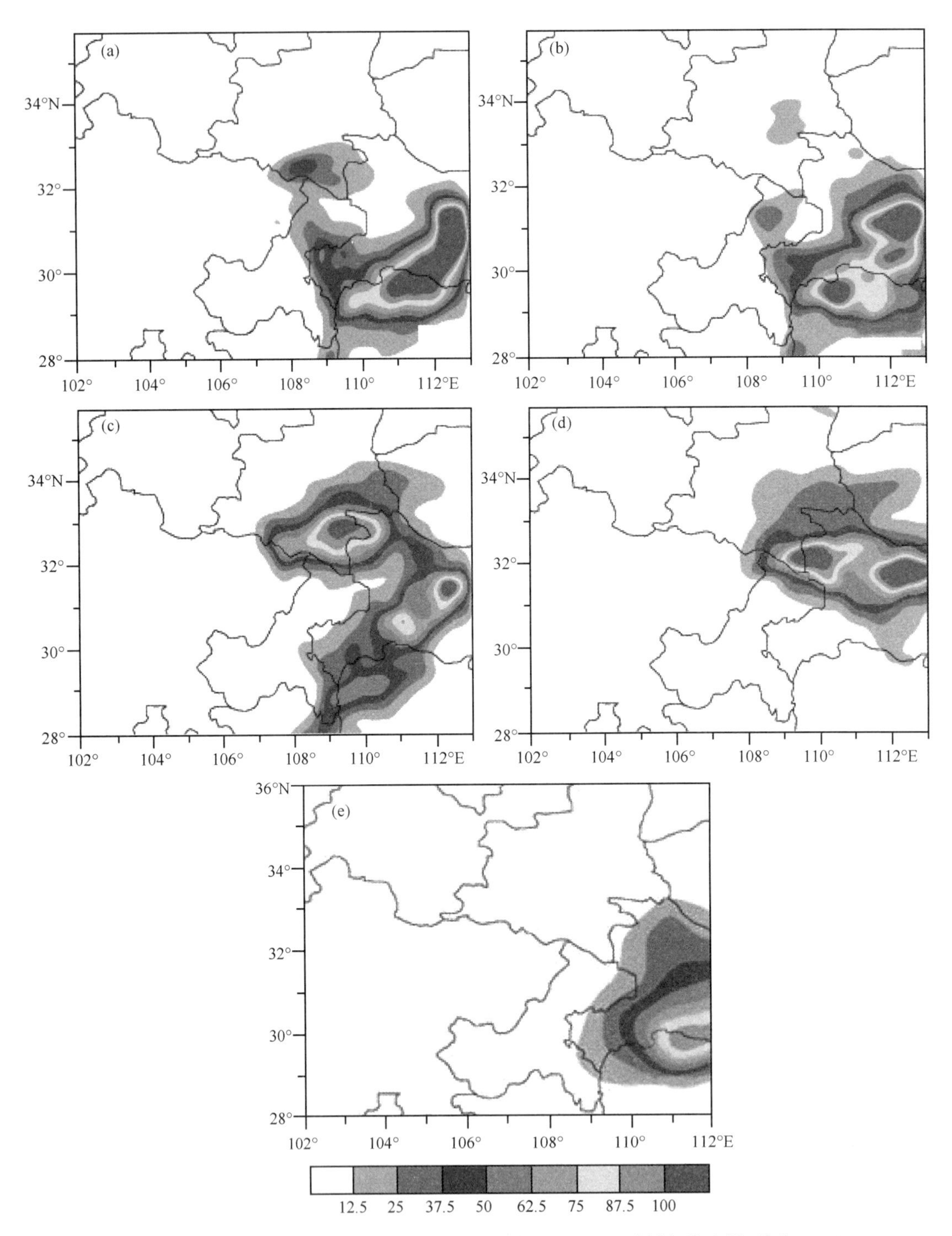

图 4-64　实况与模拟的 2011 年 6 月 17 日 20 时—18 日 08 时累积降水量(单位:mm)
(a)YSU 方案;(b)ACM2 方案;(c)MYJ 方案;(d)NOPBL 方案;(e)实况

4.7.4　低涡物理量场模拟的对比分析

结合实况与各方案对西南低涡强度的模拟,此次西南低涡在 6 月 17 日 14 时发展最为强

盛，下面重点对比分析不同边界层参数化方案在6月17日14西南低涡最强盛时模拟的动力场结构特征。

4.7.4.1 风场

图4-65为2011年6月17日14时西南低涡强盛时模拟的700 hPa位势高度场和风场，可以看到不同边界层参数化方案下，低涡的风场和高度场均出现闭合中心，并且风场和高度场的中心对应，进一步表明此时低涡比较强盛。低涡东南侧有较强的低空急流。但不同边界层参数化方案对低涡强度的模拟有差异，NOPBL方案模拟的风场与气压场最强，出现304 dagpm闭合中心等值线，这与模拟的17日08—20时期间降水最强是一致的。ACM2和MYJ方案模拟的低涡强度最弱，位势高度场的闭合中心等值线为306 dagpm。

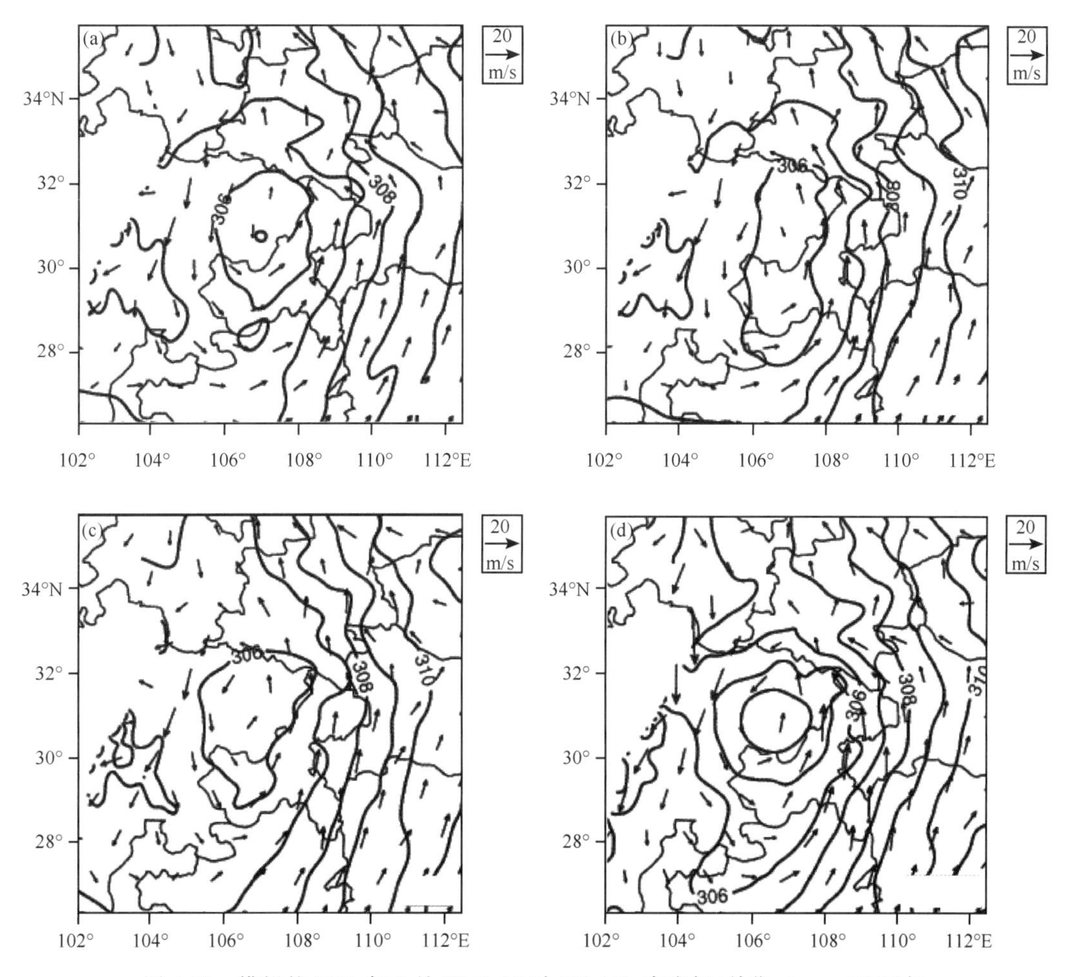

图4-65 模拟的2011年6月17日14时700 hPa高度场(单位：dagpm)和风场
(a)YSU方案；(b)ACM2方案；(c)MYJ方案；(d)NOPBL方案

4.7.4.2 相对涡度

图4-66为沿低涡中心南北一垂直方向的相对涡度场剖面，四种边界层参数化方案模拟的低涡50 km范围上空均存在相对涡度的正涡度柱，而不同方案下正涡度柱的强度和达到高度有所不同。NOPBL方案和MYJ方案模拟的西南低涡上空的相对涡度相对较弱，达到10×

$10^{-5}\ s^{-1}$的正涡度柱在 600 hPa 以下，而 YSU 方案、ACM2 方案模拟的低涡上空的相对涡度较强，达到 $10\times10^{-5}\ s^{-1}$的涡度柱能贯穿达到 300 hPa 以上，尤其是 ACM2 方案模拟的涡度最强，$20\times10^{-5}\ s^{-1}$的正涡度一直达到 200 hPa。

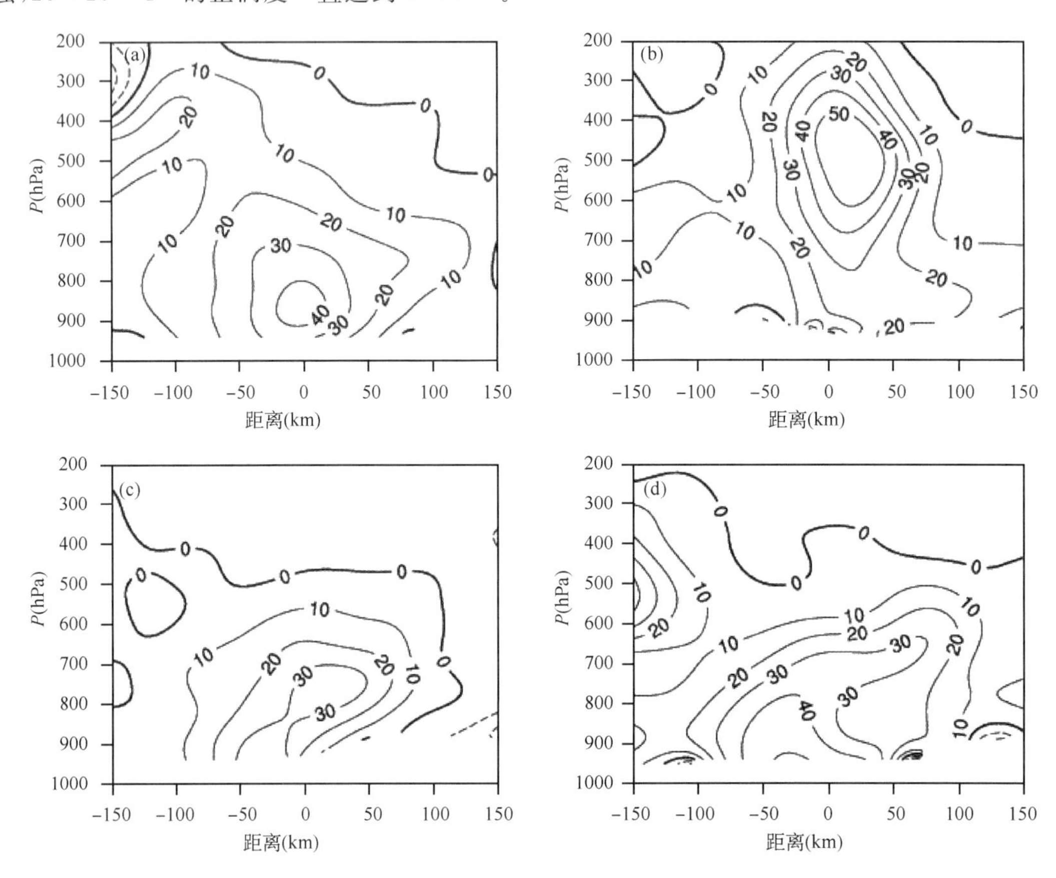

图 4-66 模拟的 2011 年 6 月 17 日 14 时经过西南低涡中心的相对涡度经向垂直剖面(单位：$10^{-5}\ s^{-1}$)
(a)YSU 方案；(b)ACM2 方案；(c)MYJ 方案；(d)NOPBL 方案

4.7.4.3 垂直运动

图 4-67 为沿低涡中心南北-垂直方向的垂直速度场剖面，不同边界层参数化方案下的垂直运动场有较大差异，ACM2 方案的低涡中心和 YSU 方案的涡心南 50 km 上方存在明显上升运动，$0.2\ m\cdot s^{-1}$的上升运动从地面延伸达到 200 hPa。MYJ 方案涡心上方也存在达到 $0.2\ m\cdot s^{-1}$的明显上升运动，但只达到 600 hPa。而 NOPBL 方案的垂直运动最弱，低涡上方基本为弱的下沉运动。

总体而言，YSU 方案和 ACM2 方案模拟的低涡中心区域正涡度柱和上升运动较强，从地面能达到 300 hPa，而 MYJ 方案和 NOPBL 方案模拟的低涡中心区域正涡度柱和上升运动较弱。这表明 YSU 和 ACM2 方案的动量垂直混合效应强烈。这可能与 YSU 和 ACM2 边界层参数化方案属于非局地闭合方案、包含了夹卷效应过程、垂直混合作用较强有关。

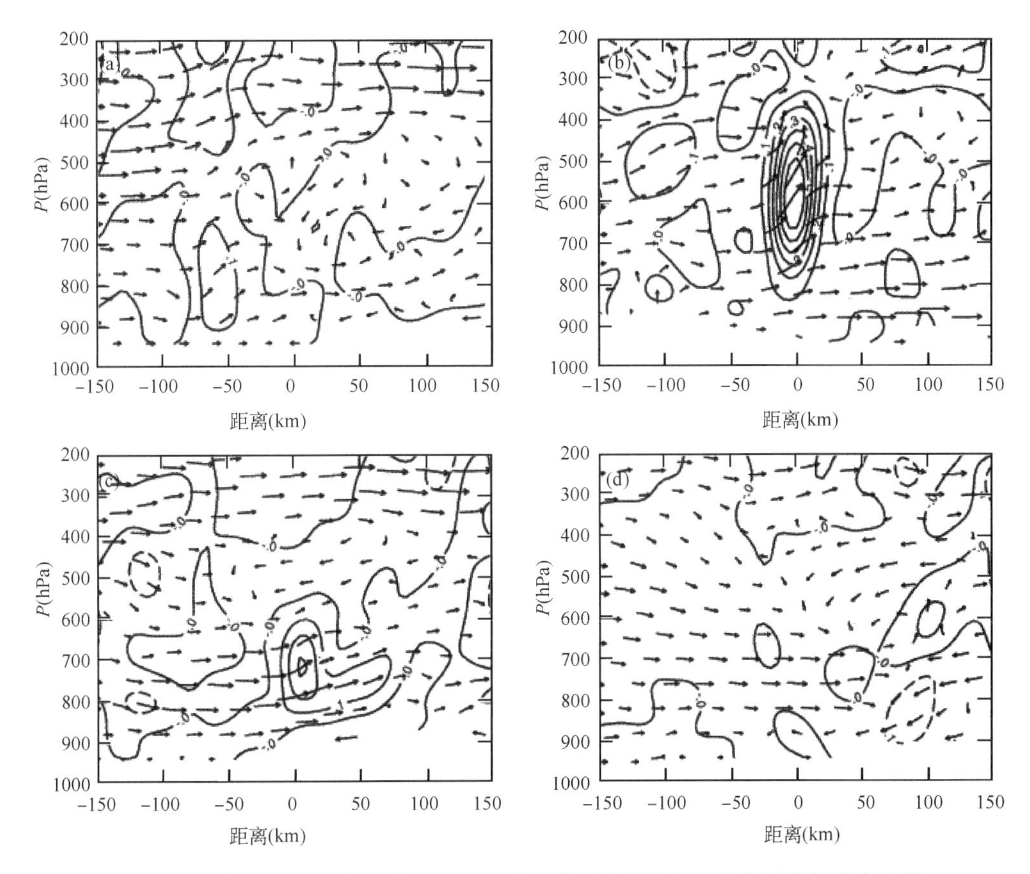

图 4-67　模拟的 2011 年 6 月 17 日 14 时经过西南低涡中心的水平风与垂直速度(放大 20 倍)流场和垂直速度(单位:m・s^{-1})的经向垂直剖面
(a)YSU 方案;(b)ACM2 方案;(c)MYJ 方案;(d)NOPBL 方案

4.7.5　边界层结构特征的模拟

4.7.5.1　边界层高度

边界层高度是衡量行星边界层结构特征的一个重要参数,它影响边界层内垂直结构和各物理量的垂直分布。图 4-68a 为 WRF 模拟的西南低涡影响范围(104°E～110°E,28°N～32°N,下同)的区域平均边界层高度时间演变。模拟的边界层高度日变化显著,白天边界层高度较高,夜间较低。YSU 和 ACM2 的日变化特征比较类似,积分 3 h 后 16 日 23 时—17 日 08 时夜间的边界层高度分别稳定在 400 m 和 300 m 左右,17 日 09—17 时边界层高度迅速增加,在 17 时达到最高值,分别为 800 m 和 650 m 左右,17 日 17—20 时边界层高度迅速回落,17 日 20 时—18 日 08 时夜间边界层高度分别稳定在 500 m 和 300 m。MYJ 方案模拟的边界层高度比较高,大部分时段比 YSU 方案高 200 m 左右,而 ACM2 方案模拟的边界层高度较低。

4.7.5.2　地表热量输送

边界层高度由地面动力和热力作用决定,在相同下垫面环境下,导致边界层高度差异的主要原因是地表热量输送不同,对比各方案模拟西南低涡影响范围的区域平均感热(图 4-68b)和潜热(图 4-68c)通量时间变化。四种方案模拟的感热通量均呈现出明显的日变化特征,夜间

16 日 20 时—17 日 08 时以及 17 日 20 时—18 日 08 时，YSU、ACM2 和 MYJ 三种方案的感热通量基本为零，NOPBL 方案的感热通量维持负值。17 日白天 08 时后感热通量迅速增大，14 时感热通量达最大值，午后 14—20 时，感热通量迅速减小。白天 ACM2 方案的感热通量最小，其次是 YSU 方案，MYJ 方案的感热通量较大，NOPBL 感热通量明显比另外三种方案大。

四种方案模拟的潜热通量呈现出明显类似的日变化特征。夜间，YSU、ACM2 和 MYJ 三种方案的潜热通量基本维持 20 W·m^{-2}，NOPBL 方案基本维持 40 W·m^{-2}。17 日白天，08 时后潜热通量迅速增大，在午后 14 时达到最大值，14 时后到 20 时迅速减小。同样，NOPBL 方案白天的潜热通量明显大于其他三种方案，其中 ACM2 方案的潜热通量最小。

总体而言，YSU、ACM2 和 MYJ 三种方案热通量的日变化与前述边界层高度的日变化相同，说明热通量对边界层高度变化有重要作用。

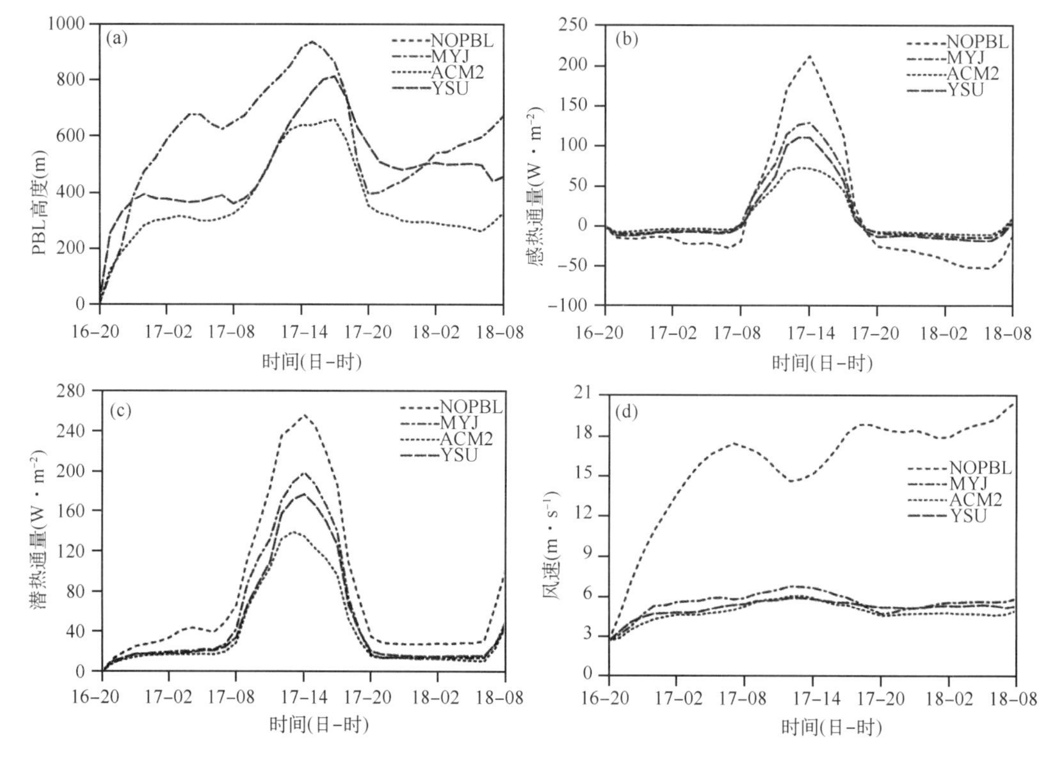

图 4-68 模拟的 2011 年 6 月 16 日 20 时—18 日 08 时西南低涡影响范围区域平均的边界层高度(a)、感热通量(b)、潜热通量(c)和 10 m 高度风速(d)的时间演变

对地表风速的模拟表明(图 4-68d)，不考虑边界层作用的 NOPBL 方案下的 10 m 高度地表风速异常偏大，地表风速从初始时刻的 3 m·s^{-1}在积分 6 h 后迅速增加到 15 m·s^{-1}，之后稳定在 15～20 m·s^{-1}间变化。而考虑边界层作用的 YSU、ACM2 和 MYJ 的三种方案下地表风速稳定在 3～6 m·s^{-1}间变化。相对来说，MYJ 方案的地表风速较大，ACM2 方案的地表风速最小。这表明地表风速是导致热量输送以及边界层高度模拟差异的主要因子。

4.7.5.3 边界层垂直结构

下面利用重庆沙坪坝站 L 波段雷达 50 m 分辨率的边界层探空资料，对比分析模拟的边界层垂直结构与观测的差别。实况和模拟的重庆沙坪坝站边界层位温的垂直变化表明，2011

年6月17日08时(图4-69a)，四种方案模拟的位温均比实况偏大，其中NOPBL方案偏大最多。在600 m高度以下的下边界层，YSU、ACM2和MYJ方案模拟的位温差异较大，ACM2方案最接近实况；600 m高度以上，三种方案模拟的位温变化比较一致。6月17日20时(图4-69b)，NOPBL方案模拟的位温在各层均比实况偏大得最多。1200 m以下的上边界层，ACM2模拟的位温与实况比较吻合，YSU和MYJ模拟的位温比实况偏大。1200 m高度以上的对流层，YSU、ACM2和MYJ方案模拟的位温变化与实况较为一致。

实况和模拟的沙坪坝站边界层风速的垂直结构表明，6月17日08时(图4-69c)，实况风速从地表的3 m·s^{-1}开始随高度增加而逐渐增大，而NOPBL方案模拟的风速在地表明显偏大，超过达30 m·s^{-1}，且随高度而减小。YSU、ACM2和MYJ模拟的风速在近地层从地表到1200 m随高度而减小，变化与实况一致；1200 m高度以上，风速随高度而减小，与实况不一致。6月17日20时(图4-69d)，实况风速从300～700 m高度逐渐增大，700 m高度以上逐渐减小。YSU、ACM2和MYJ模拟的风速垂直分布与观测较一致。而NOPBL方案模拟的风速同样在近地层风速偏大明显。这进一步证实了不考虑边界层作用的NOPBL方案模拟的地表风速明显偏大，存在较大误差。

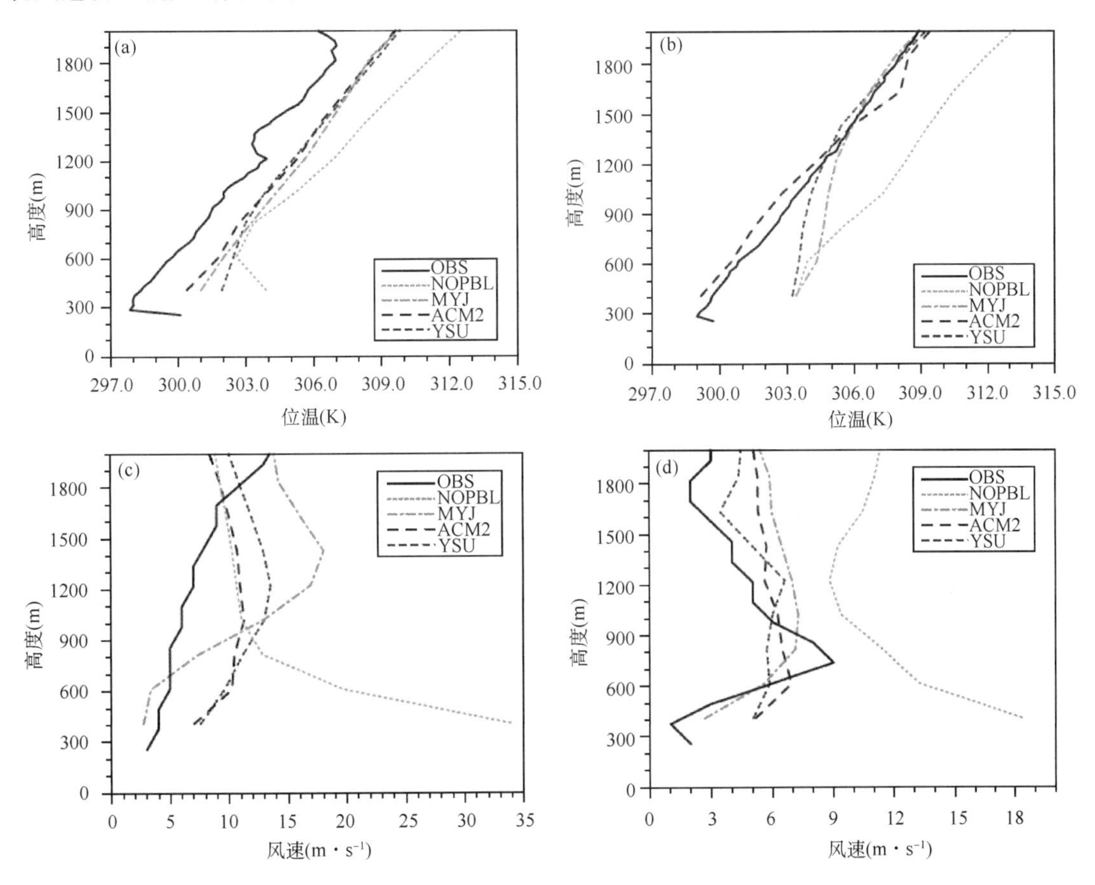

图4-69　实况和模拟的重庆沙坪坝站2011年6月17日08时位温(a)和风速(c)，与17日20时位温(b)和风速(d)的垂直廓线

4.7.6 小结

本节应用新一代中尺度数值模式 WRF 设计四组不同边界层参数化方案，对一次引发强降水的西南低涡过程开展对比模拟试验，分析不同边界层参数化方案对西南低涡的影响，初步得到以下几点结论。

(1)四种边界层参数化方案均能较好地模拟出西南低涡以及暴雨带的东移，其中 YSU 方案对低涡路径、强度及降水的总体模拟效果最好。

(2)YSU 和 ACM2 方案与 MYJ 和 NOPBL 方案相比，模拟的低涡中心区域正涡度柱和上升运动较强，达到的高度更高，表明 YSU 和 ACM2 方案的动量垂直混合效应强烈。四种边界层参数化方案对低涡动力学结构模拟结果差异的主要原因在于对边界层上的夹卷效应以及垂直混合作用的考虑不同。

(3)不考虑边界层作用的 NOPBL 方案模拟的地表风速异常偏高，造成地表热通量明显偏大、边界层高度偏高。YSU、ACM2 和 MYJ 三种方案模拟的边界层高度和热通量的日变化比较一致，夜间基本维持少变，白天变化大，其中 MYJ 模拟的边界层高度和热通量较大，ACM2 模拟的较小。地表风速是造成热量输送以及边界层高度模拟差异的主要因子。

以上只是针对一次典型引起强降水西南低涡个例的模拟评估，分析边界层参数化方案对西南低涡影响的结论只是初步的。边界层参数化方案对地形复杂的青藏高原周边地区的模拟影响还有待进一步利用更充分加密的边界层观测资料进行大量的个例检验。

4.8 复杂地形影响西南低涡过程的数值试验

4.8.1 引言

在地形对西南低涡的影响方面，罗四维等(1984)利用理想地形和理想场模拟了西南低涡的形成，指出西南低涡是受青藏高原动力作用影响特有的产物。郑庆林等(1997)用一个考虑了青藏高原及其背风坡不同尺度地形的数值模式研究表明，高原大地形是西南低涡形成的重要原因，在无地形和降低地形时，西南低涡的模拟不成功。Wang et al.(1987)认为高原的阻挡作用有利于建立条件不稳定的环境，促使低涡环流系统生成。Chang et al.(2000)通过敏感性试验表明，地形影响对青藏高原东部涡旋在四川盆地的发展是至关重要的。陈贵川等(2006)研究了江南丘陵及云贵高原地形对西南低涡暴雨的影响。崔春光等(2008)采用 MM5 的模拟研究表明，四川盆地东侧山地对西南低涡的产生没有明显影响。赵玉春和王叶红(2010)通过数值模拟指出，四川盆地周边地形对西南低涡的形成有重要影响。其他关于地形对西南低涡的影响机制的研究更多关注的是青藏高原大地形(罗四维，1977；高守亭，1987；陈玉春和钱正安，1993)，而对于四川盆地周边其他复杂地形的研究相对较少。

4.8.2 降水过程及环流背景

2010 年 7 月 16—18 日，四川盆地自西向东出现了一次持续性大范围的暴雨天气过程，此次强降水过程是四川盆地自 1999 年以来 7 月份降水范围最大、影响最广、持续时间最长、强度最大的一次区域性暴雨过程，造成四川省 16 个市州的 76 个县(市、区)不同程度受灾，直接经

济损失达 26.9 亿元。从图 4-70 可见，本次降水过程的强降水中心主要位于盆地东北部和西南部，雨带呈东北—西南走向。过程累积雨量超过 250 mm 的有 84 个站，超过 400 mm 的有 12 个站，万源市八台乡雨量最大，达 510.1 mm，乐山、万源、剑阁日降雨量分别达257.6 mm，262.1 mm 和 249.9 mm，其中万源站日降水量创历史纪录，乐山、剑阁日降水量为建站以来第二大值。

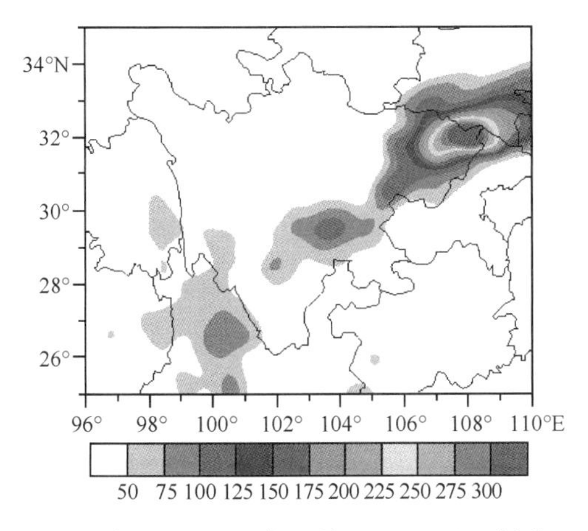

图 4-70　2010 年 7 月 16—18 日四川盆地累积降水量分布(单位：mm)

图 4-71　2010 年 7 月 14 日 12 时—18 日 12 时 500 hPa 平均高度场(单位：dagpm)

本次西南低涡过程是发生在西太平洋副热带高压、青藏高压、贝加尔湖低槽和台风低压共同构成的相对稳定的鞍型场结构大尺度环流背景下(图 4-71)。四川盆地处于副热带高压和青藏高压两高之间的切变辐合区。由于台风“康森”的阻滞作用，西太副高和青藏高压稳定少动；西南低空急流和“康森”东北侧的东南急流为本次过程提供了充沛的水汽输送。低层西南低涡为本次过程提供了动力激发条件。200 hPa 青藏高压的西北急流和来自孟加拉湾的暖湿气流交汇于四川盆地上空。以上系统的配置共同导致了本次四川盆地持续性大暴雨天气过程。

4.8.3　资料和试验方案

4.8.3.1　资料

本节使用的常规资料包括：2010 年 7 月 15 日 20 时—19 日 00 时(世界时)四川及周边探空资料，地面加密自动站观测资料，以及 2010 年 7 月 14 日 18 时—19 日 00 时 NCEP FNL 1°×1°的逐 6 h 再分析资料。

4.8.3.2　模拟试验方案简介

采用新一代中尺度数值模式 WRF 最新版本(V3.4.1)，模式初始场和侧边界条件均采用 NCEP FNL 1°×1°逐 6 h 再分析资料，模拟采用两重双向嵌套方案、兰伯特投影方式，模拟区域中心位置为(31°N，102°E)，水平网格距分别为 30 km、10 km，内外层水平格点数分别为 131×109 和 184×163，垂直方向为 28 层的 η 坐标，顶层气压为 50 hPa，积分时间步长为 120 s，模式每 1 h 输出 1 次结果。微物理过程采用 WSM 6-class graupel 方案(Hong et al.，2006)，边界层采用 MYJ 方案(Zavisa，1994)，陆面过程采用 Noah Land Surface Model 方案(Chen et al.，1996)，积云参数化采用 New Grell 方案(Chen et al.，1996)，长波辐射和短波辐射分别采用 RRTM(Georg et al. ,1993)和 Dudhia 方案(Dudhia,1989)。考虑到地形修改后,模式启动时间较长,模拟时段选为 2010 年 7 月 14 日 18 时—19 日 00 时,基本涵盖了此次西南低涡生成、发展和消亡的全过程。

为了进一步探讨青藏高原及其周边地形对西南低涡发展以及结构演变的作用,我们在保持其他参数不变的情况下,设计了以下 4 组数值试验方案(表 4-6)。

表 4-6 模拟试验方案

试验序号	试验方案	试验目的
1	模式真实地形	天气过程再现
2	31°N~34.5°N,105°E~112.5°E 的地形降低 1/3	秦岭、大巴山等地形对西南低涡的影响
3	23°N~30°N,97°E~110°E 的地形降低 1/3	横断山脉、云贵高原等地形对西南低涡的影响
4	105°E 以西,除去方案 3 中的部分外,地形降低 1/3	青藏高原等地形对西南低涡的影响

4.8.4 模拟试验结果分析

4.8.4.1 模拟验证

从控制试验模拟的 7 月 17 日 00 时 700 hPa 流场与实况流场的对比图(图 4-72)可以看出,模式成功地模拟出了本次西南低涡,且低涡的位置与实况吻合较好。

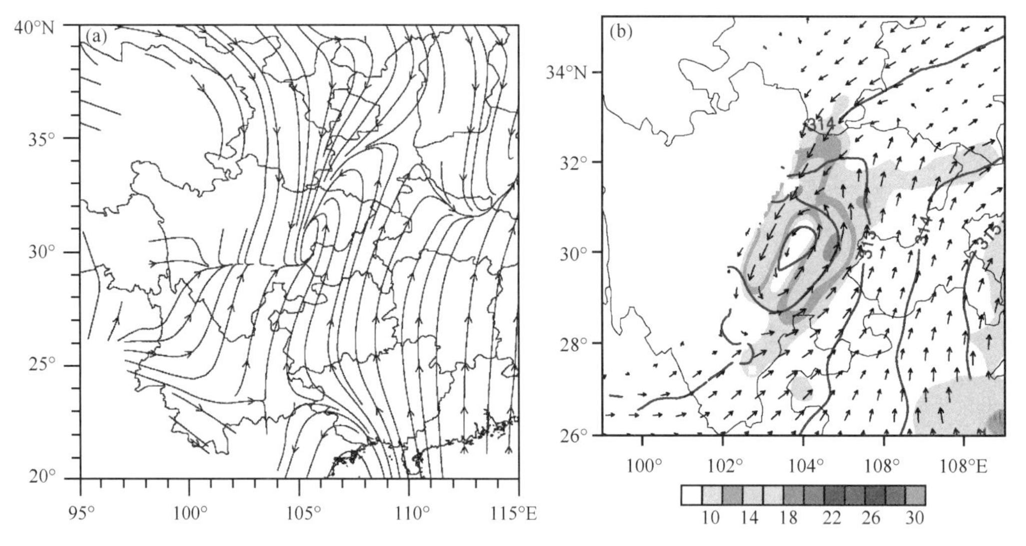

图 4-72 2010 年 7 月 17 日 00 时 700 hPa 流场实况(a),位势高度场(实线,单位:dagpm)和风场(矢量,单位:m · s^{-1},阴影为风速大小)模拟(b)

控制试验较好地模拟了 2010 年 7 月 16—18 日四川盆地的强降水过程。在实况降水量图(图 4-73a)上四川盆地主要有 3 个降水区,主降水中心位于四川东北部巴中和达州附近,次降水中心位于乐山和自贡附近,较小降水区位于资阳和遂宁一带。从模拟降水量图(图 4-73b)可以看出,模式成功地模拟出了这 3 个降水中心。

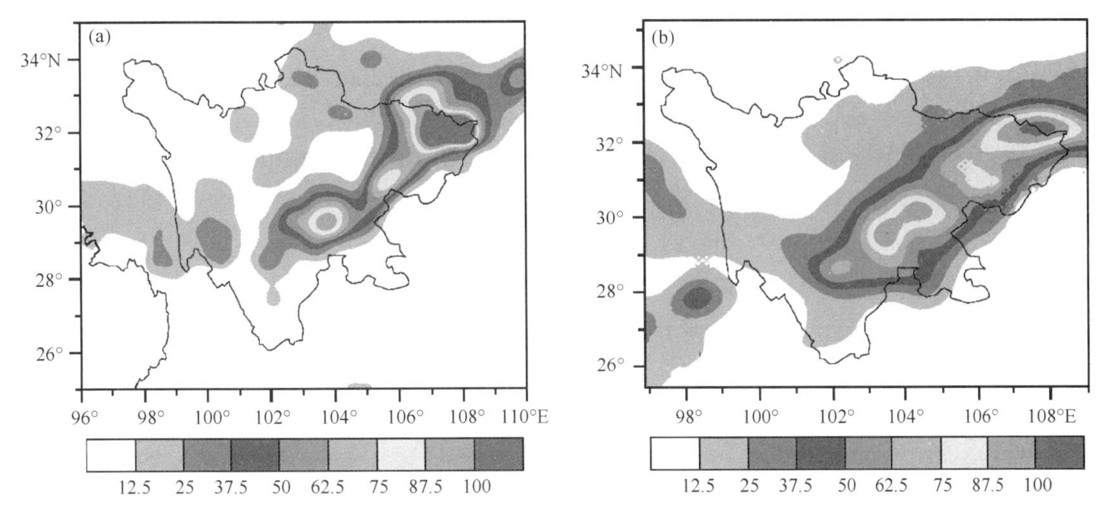

图 4-73 2010 年 7 月 17 日 00 时的 24 h 累积降水量实况(a)和模拟结果(b)(单位:mm)

图 4-74 是 18 日 00 时—19 日 00 时的 24 h 累积降水量实况与模拟结果对比。在实况降水量图中(图 4-74a),在四川盆地东北部有一个降水密集区,雨带呈东西走向,近似椭圆形带状分布,中心最大降水量为 120 mm 左右。模式较好地模拟出了该日降水情况,模拟的降水区域比实况略大,大值中心基本吻合(图 4-74b)。

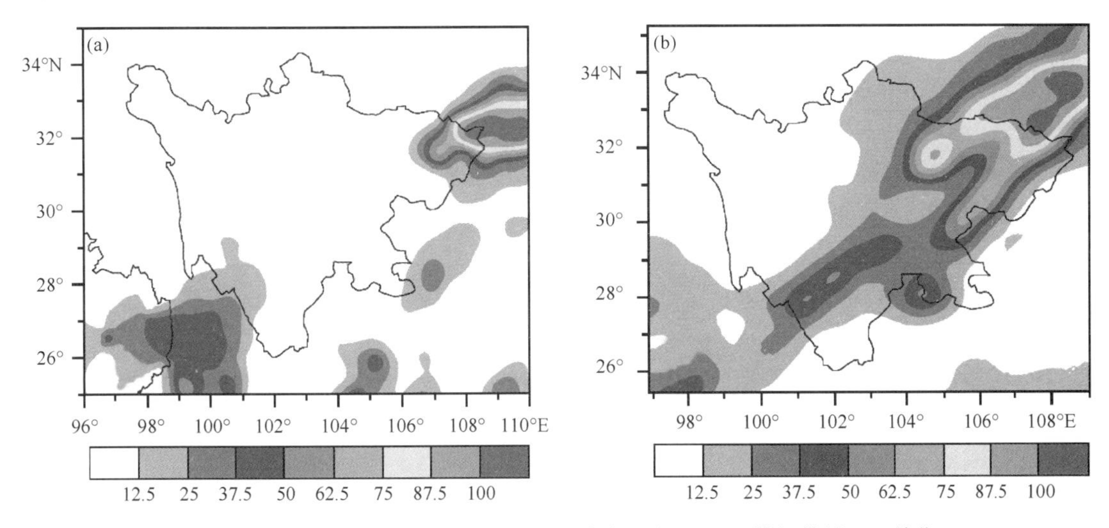

图 4-74 2010 年 7 月 19 日 00 时的 24 h 累积降水量实况(a)和模拟结果(b)(单位:mm)

总的来看,WRF 模式基本上能够再现此次四川盆地西南低涡暴雨过程,可用此模式对此次过程开展进一步的研究。下面以控制试验的模拟结果为基准,对比分析敏感性试验结果与控制试验的差异,探讨复杂地形对西南低涡发生、发展过程及其暴雨的影响。需要说明的是,我们在数值试验中没有考虑被修改地形的周边地形高度的连续性。但多组地形高度试验表明,不考虑区域被修改地形的周边地形高度的连续性变化,并不影响数值试验的定性结果(廖菲 等,2009)。

4.8.4.2 秦岭、大巴山的影响

为了揭示秦岭、大巴山等山脉对西南低涡发生、发展的影响,我们设计了敏感性试验 2。

此试验与控制试验(试验 1)的差异可认为是由于秦岭、大巴山等山脉的作用造成的。

从控制试验模拟的风场图(图 4-75)可以看出,16 日 15 时盆地上空西南气流增强,西南气流在秦岭、大巴山等地形的阻挡和摩擦作用下向西偏转形成偏东风,在四川盆地上空形成暖切变,盆地上空被大片上升运动区控制。7 月 16 日 21 时,乐山附近 700 hPa 上已经形成闭合气旋性环流,西南低涡生成(图 4-76),随后在原地不断发展,至 17 日 06 时达到成熟阶段,之后有所减弱,17 日 21 时在高空 500 hPa 西南急流的引导下向东北方向移动,在川东北地区维持至 18 日 14 时,然后减弱移出四川盆地。

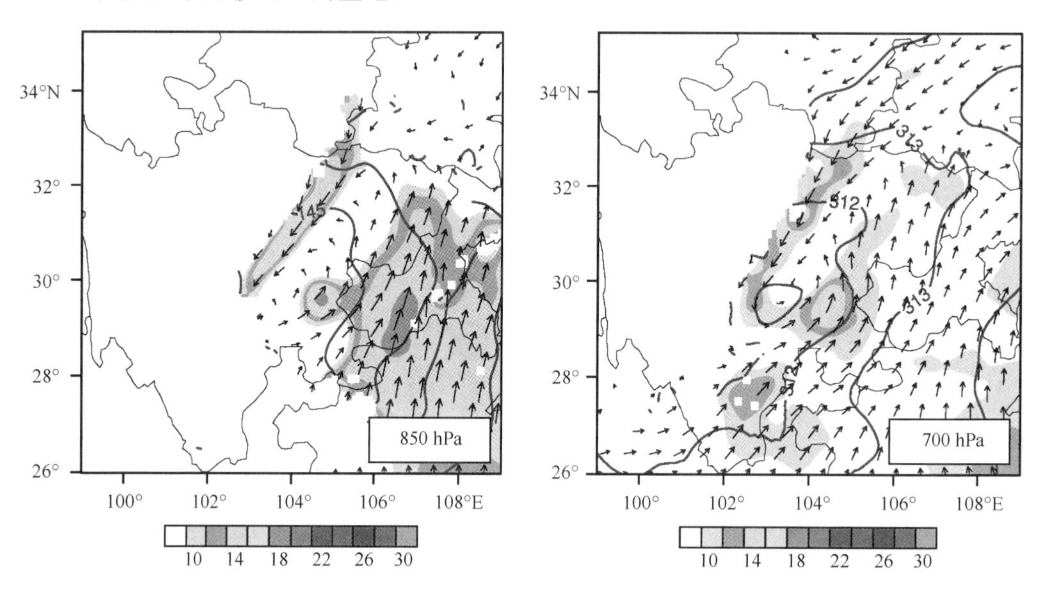

图 4-75 控制试验模拟的 2010 年 7 月 16 日 21 时风场(矢量,单位:m・s^{-1},阴影为风速大小)和高度场(单位:dagpm)

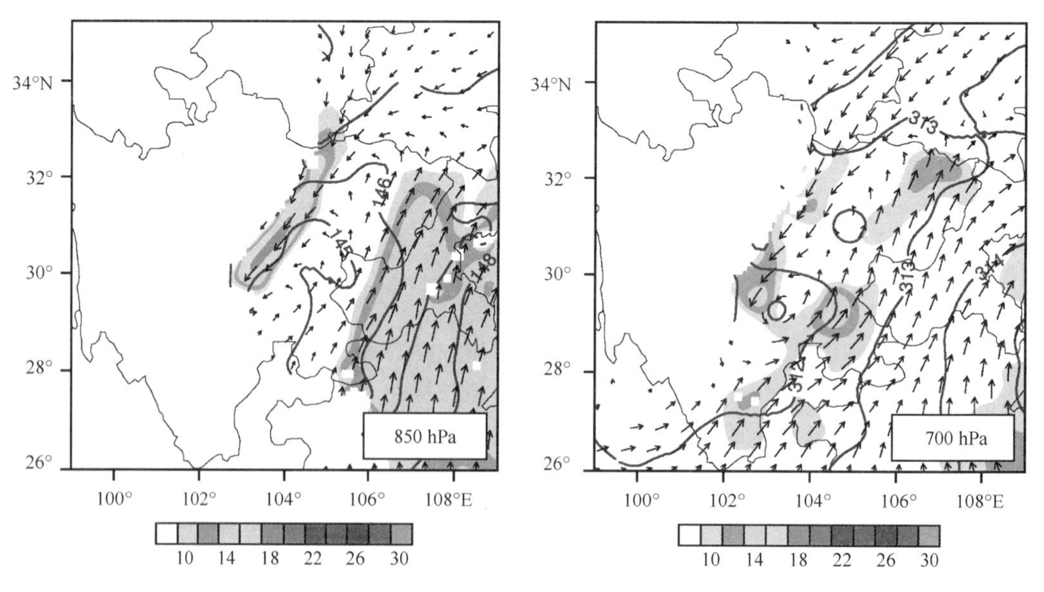

图 4-76 敏感性试验(试验 2)模拟的 2010 年 7 月 16 日 21 时风场(矢量,单位:m・s^{-1},阴影为风速大小)和高度场(单位:dagpm)

试验2中降低秦岭、大巴山山脉地形高度后，其阻挡和摩擦效应减弱。16日15时，即低涡形成初期，盆地上空受地形偏转的偏西风分量较控制试验减小，上升运动也较控制试验减弱(图4-77)，到16日21时，850 hPa上四川盆地北部偏北气流较控制试验偏强，模拟的西南低涡较控制试验强度偏弱，位置略偏南(图4-76)。在700 hPa上形成两个闭合气旋性环流中心，其中一个位于遂宁上空，并很快向东北方向移动减弱消失；到17日02时位于乐山上空的另一个低涡分裂为两个，分裂出的低涡环流快速向东北方向移动，在川东北地区减弱消失；而西南低涡主体在高空西南气流引导下缓慢向东北方向移动，18日08时在巴中一带减弱为切变线。

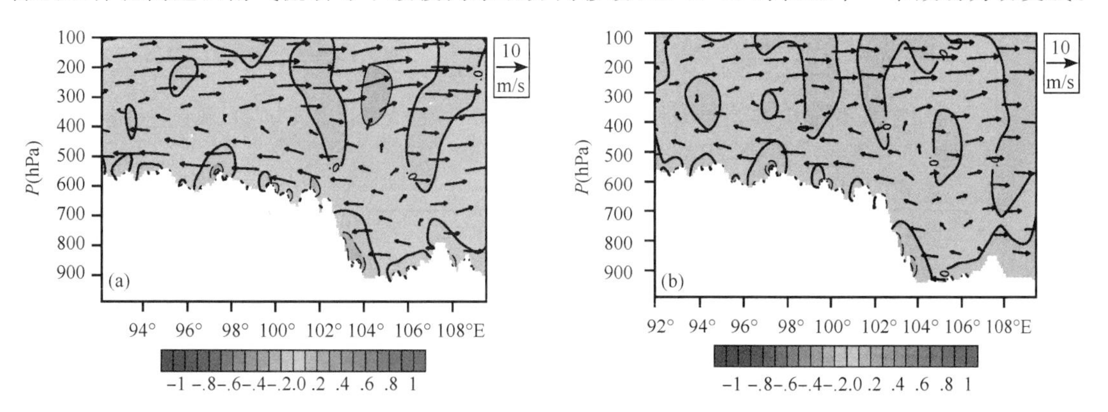

图4-77　模拟的2010年7月16日15时沿32°N的风场(其中垂直速度放大20倍)和垂直速度大小(阴影区)控制试验(a)及试验2(b)

因此，降低秦岭、大巴山地形高度后，其边界层顶也降低，对气流的阻挡效应降低，偏南气流受地形阻挡的向西偏转的分量减小，偏北气流更能伸展到四川盆地上空，影响盆地上空西南低涡的发展和维持，特别是西南低涡在700 hPa等压面的维持。上面的分析说明，秦岭、大巴山山脉对西南低涡的形成不具有决定性影响，但对西南低涡的维持和发展具有非常重要的作用。

4.8.4.3　横断山脉、云贵高原的影响

从试验3模拟的流场(图4-78)上可以看出，降低横断山脉、云贵高原地形后，四川盆地上空偏南气流比控制试验中更加强盛，其对西南气流的阻挡作用减弱，西南气流在秦岭、大巴山等地形的阻挡和摩擦作用下形成偏东风，在川东北地区形成气旋切变，在四川盆地上空从16日12时开始不断有小闭合低压环流产生，但生命史只有1～2 h，盆地上空为大片的辐合区控制；到16日15时，西南低涡形成初期，盆地上空上升运动较控制试验减弱，横断山脉、云贵高原的抬升作用减弱；到16日21时700 hPa上空出现两个低涡环流中心(图4-79)，西南低涡生成，分别位于乐山和巴中附近，强度较控制试验偏弱，随后，西南低空急流稳定维持，两个低涡在原地发展，到17日06时巴中附近上空的低涡减弱消失，乐山上空的低涡稳定维持，随着台风“康森”的西北移动，在其东北侧的东南急流的引导下，致使西南低涡西北方向移动；到18日04时，移动到高原东侧山脚处由于地形的动力强迫抬升而减弱消失。

可见，降低横断山脉、云贵高原地形后，西南低空急流受到地形的阻挡减弱，利于其携带更多的水汽和能量向北输送，促使四川盆地西南低涡的发展和降水增多；另一方面，西南低涡生成后，更易受到南支系统的影响。因此，横断山脉、云贵高原等地形对西南低涡生成位置、强度及移动路径都有重要影响。

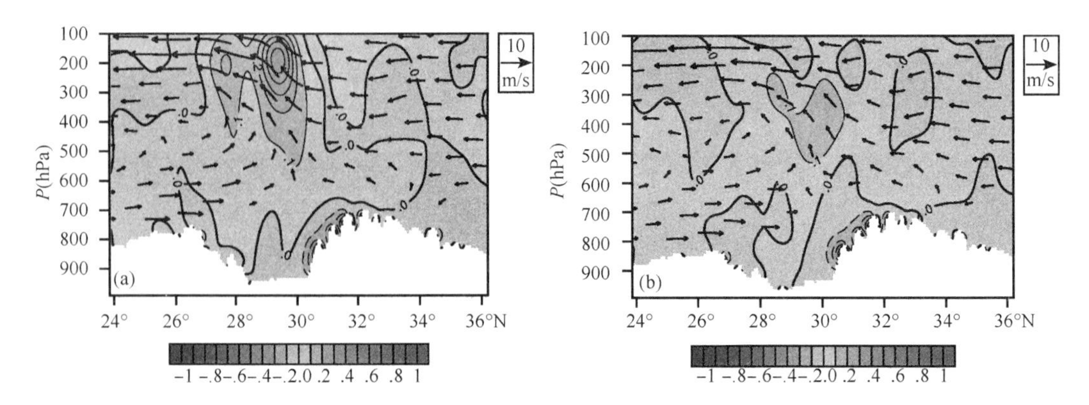

图 4-78　2010 年 7 月 16 日 15 时模拟的沿 104°E 的风场(其中垂直速度放大 20 倍)和垂直速度大小(阴影区)控制试验(a)及试验 2(b)

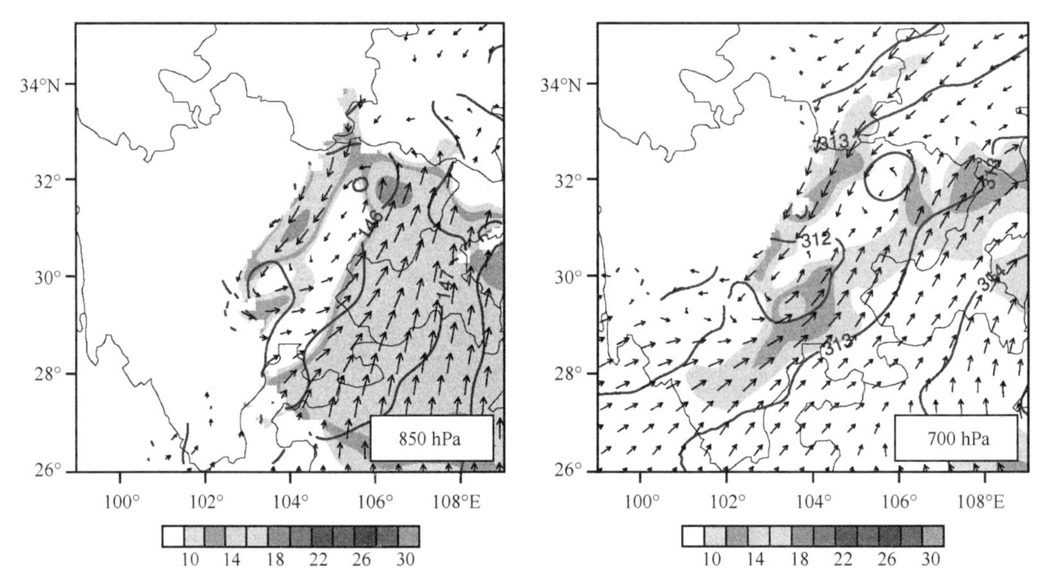

图 4-79　试验 3 模拟的 2010 年 7 月 16 日 21 时风场(矢量,单位:m·s^{-1},阴影为风速大小)和高度场(单位:dagpm)

4.8.4.4　青藏高原的影响

试验 4 中,降低青藏高原主体的地形高度后,700 hPa 上盆地以北的偏北气流能伸展到更南的地区,850 hPa 和 700 hPa 绕过横断山脉和云贵高原的西南气流也更强,比控制试验更强的东北、西南向气流在盆地上空交汇产生切变辐合区,东北-西南走向的带状辐合区位于四川盆地上空,低层西南气流强盛。16 日 15 时,西南低涡生成初期,翻越山脉的南北向气流在四川盆地上空交汇,盆地上空为大片的辐合上升运动区,强度比控制试验更强(图 4-80),到 16 日 21 时,出现两个闭合低涡环流中心,较强低涡环流生成于德阳、绵阳一带的上空,较弱低涡位于眉山附近(图 4-81);16 日 22 时左右两个低涡合并,低涡中心位于成都附近,随后向东北方向移动,在 17 日 18 时在达州附近减弱消失;17 日 12 时在资阳附近又有新的低涡生成,但强度较弱,生成后即向东北方向移动,于 17 日 22 时在南充附近减弱消失。

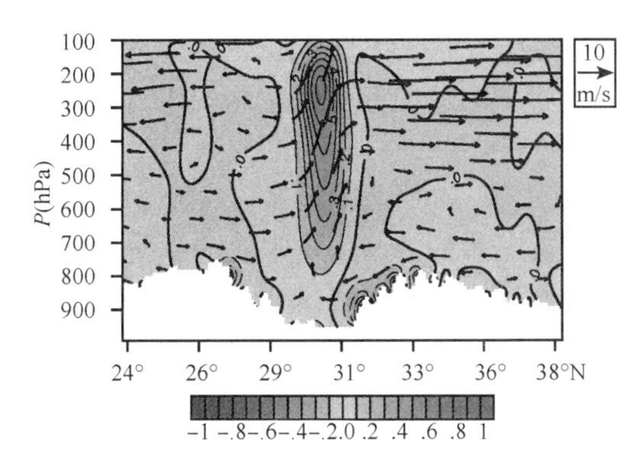

图 4-80　试验 4 模拟的 2010 年 7 月 16 日 15 时沿 32°N 的风场
（其中垂直速度放大 20 倍）和垂直速度大小（阴影区，单位：m・s^{-1}）

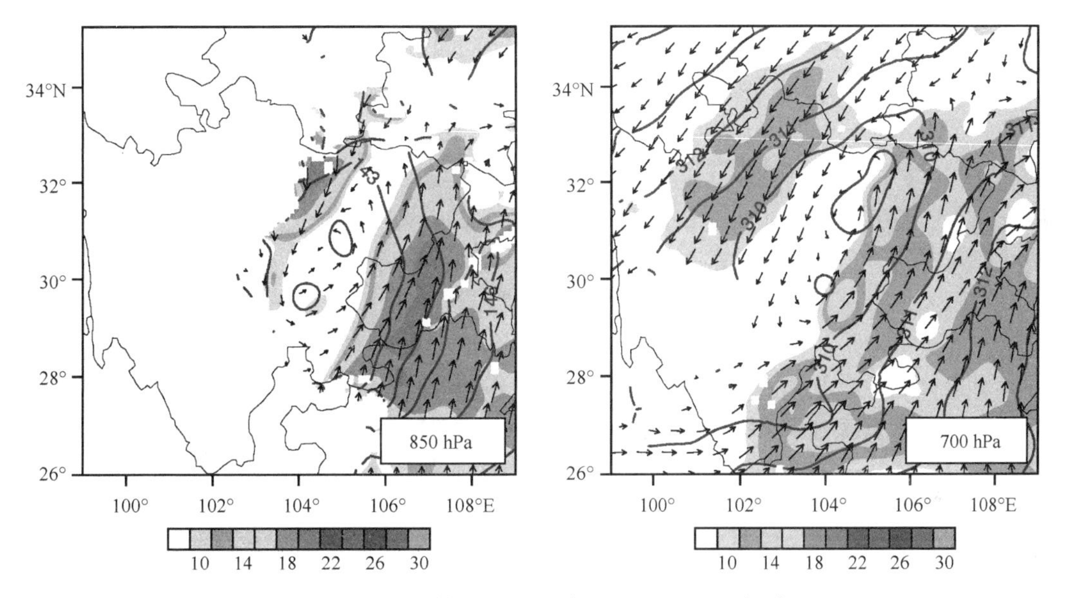

图 4-81　试验 4 模拟的 2010 年 7 月 16 日 21 时风场
（矢量，单位：m・s^{-1}，阴影为风速大小）和高度场（单位：dagpm）

所以，降低青藏高原地形高度后，高原对中层冷空气的阻挡效应减弱，冷空气南下范围和强度更大；对偏南气流的阻挡也减弱，进入四川盆地的西南暖湿气流也更强盛，使四川盆地上空更易成为西南低涡的生成源地。另外，北支绕流过高原的气流更强，使西南低涡的移动更快速。

4.8.5　小结

本节利用中尺度非静力平衡模式 WRF V3.4.1 对 2010 年 7 月 16—18 日出现在四川盆地的一次西南低涡暴雨过程进行了控制试验和 3 组地形敏感性试验，对试验结果经过对比分析得到以下结论。

（1）秦岭大巴山山脉对西南低涡的形成不具有决定性影响，但对西南低涡的维持和发展非常重要。

（2）横断山脉、云贵高原等地形对西南低涡生成位置、强度及移动路径均有影响。

（3）青藏高原大地形对偏东气流的阻挡而产生的绕流有利于西南低涡的生成，对西南低涡的移动速度也有十分重要的影响。

(4)除西南低涡以外,四川盆地周边地形所产生的一些局地小低涡,也是西南低涡暴雨研究中值得关注的现象。

最后,需要指出的是,本节只对一次西南低涡暴雨过程进行了以地形为敏感因子的数值试验,且主要讨论了地形的动力作用,得到的结论是初步的,其普适性有必要通过更多西南低涡过程进行补充、完善,也需要通过西南低涡加密观测资料的分析以及其他研究手段的结果进行对比、印证,与地形伴随的热力作用也需在后续的工作中开展讨论和研究。另外,试验方案的设计以及地形高度不同幅度降低试验的对比分析也有待进一步发展。

4.9 东移型西南低涡的数值模拟及位涡诊断

4.9.1 引言

针对西南低涡发生、发展的动力学机制已开展了不少工作。Wu et al.(1985)指出,低层季风南支气流和西太副高东风气流的辐合与地形相互作用对西南低涡的形成和位置起着重要作用。高守亭(1987)指出,西南低涡的形成与盆地、河谷以及气流分层有关,低层的浅薄暖湿西风有利于西南低涡的形成。吴国雄和刘还珠(1999)提出了西南低涡形成的SVD(倾斜涡度发展)机制,认为由于地形作用使得等熵面倾斜是SVD发生的重要条件。邹波和陈忠明(2000)指出,大气低层的非平衡动力强迫通过激发辐合和正涡度增长而促进西南低涡的发展。赵思雄和傅慎明(2007)对2004年9月川渝大暴雨期间西南低涡分析指出,500 hPa高空槽与低层鞍型流场均是西南低涡产生和维持的重要条件。Fu et al.(2011)对一次东移发展西南低涡开展的能量收支分析表明动能制造和平流是最重要的动能源。Wang et al.(2003)设计西南低涡对初始扰动的敏感性试验表明,初始条件叠加风场扰动出现气旋环流,初始条件叠加水汽扰动增强西南低涡的强度。陈栋等(2007)研究指出,在鞍型大尺度环流背景下,低层不断聚集季风气流输送的大量暖湿空气,而当高层有冷干空气侵入导致西南低涡系统强烈发展。李云川等(2012)指出海上热带低压对西南低涡的稳定和维持有远距离作用。

凝结潜热释放也是西南低涡维持与发展的重要机制之一(Chen et al.,1984)。Kuo et al.(1986,1988)指出,与积云对流相伴的凝结潜热释放对西南低涡的发展起着重要作用。段海霞等(2008)指出,凝结潜热释放对低涡的强度及向上发展的程度有重要作用,且强暴雨发生时段的凝结潜热释放对中低层正涡度发展作用更加明显。赵玉春和王叶红(2010)指出,地形的动力作用仅能形成浅薄的西南低涡,降水凝结潜热的加入才能使西南低涡充分发展。陈涛等(2011)研究表明,在西南低涡发展前期中尺度对流系统的对流过程在对流层造成位涡下正上负的结构,积云对流加热与正位涡异常间的正反馈过程相当明显,解释了西南低涡快速发展的机制。

尽管对于西南低涡中的中尺度系统已取得一些研究成果,但对其结构特征、移动及降水演变规律目前并不十分清楚。本节利用美国新一代非静力中尺度数值模式WRF对2011年6月16—18日引发强降水的一次西南低涡过程进行数值模拟,并从西南低涡演变、动力和热力结构、位涡收支等方面进行深入诊断分析。

4.9.2 过程概况与环流背景

2011年6月16日20时—18日08时(北京时),重庆地区出现一次区域性暴雨天气过程,

全市 34 个国家气象站中有 16 个出现暴雨，其中西部 2 个达大暴雨，51 个乡镇的累积降水量超过 100 mm。此次暴雨天气过程造成重庆受灾人口 45.7 万人，农作物受灾 1.3 万公顷，房屋损坏 1937 间、倒塌 1152 间，直接经济损失近 1.6 亿元。

2011 年 6 月 16 日 20 时(图 4-82a)，500 hPa 上西太平洋副热带高压 588 dagpm 线位于华南沿海，青藏高原东北部存在高原低涡，低涡南部至川西高原延伸一低槽，四川盆地东部为槽前正涡度区，有利于低层涡旋系统的发生、发展。700 hPa 在华南沿海存在风速大于 12 m·s^{-1}的低空急流，700 hPa 和 850 hPa 在四川东南部为气旋式涡旋环流。17 日 08 时(图 4-82b)，随着 500 hPa 高原低涡东移，带动川西高原的低槽东移到四川盆地东部，700 hPa 和 850 hPa 低层西南低涡的环流加强，700 hPa 低空急流加强向北推进到重庆西部，带来充足水汽，引起四川盆地东部强降水。西南低涡是造成此次强降水的直接影响系统。

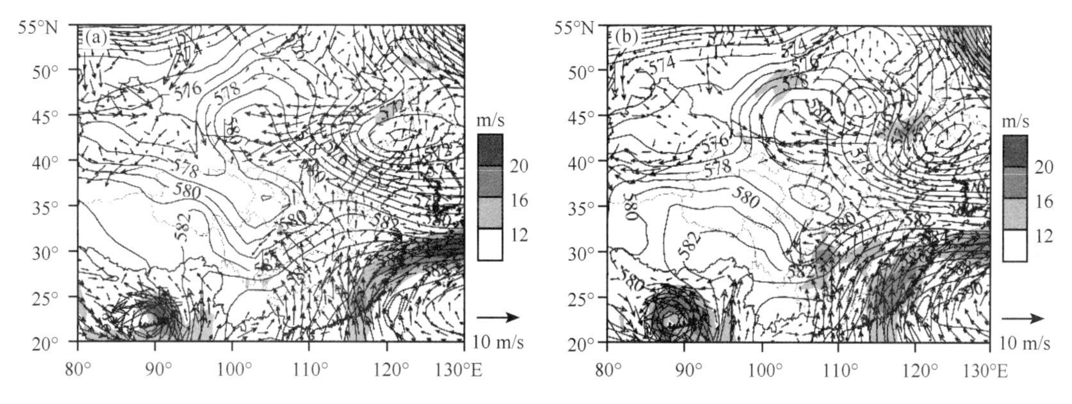

图 4-82　2011 年 6 月 16 日 20 时(a)和 17 日 08 时(b)的 500 hPa 位势高度场
(等值线，单位：dagpm)、850 hPa 风场和 700 hPa 低空急流(阴影)

4.9.3　数值模拟

4.9.3.1　数值模拟方案介绍

本节采用 WRF V3.3 版本对 2011 年 6 月 16—18 日西南低涡过程进行数值模拟试验，模拟采用兰勃特投影三重双向嵌套的网格区域，格距分别为 45 km、15 km 和 5 km，格点数分别为 112×103、181×175 和 199×199，区域中心为(31°N，107°E)。垂直方向为 37 层，模式顶至 50 hPa。各个区域采用的主要物理过程见表 4-4。背景场和初始条件均采用美国 NCEP 的 FNL 1°×1°逐 6 h 再分析资料。计算时间步长为 270 s，区域积分时间从 2011 年 6 月 16 日 20 时—18 日 08 时的 36 h，涵盖了此次西南低涡发生、发展和移动的全过程。

4.9.3.2　降水模拟结果与实况对比分析

对比分析 5 km 细网格模拟与观测的降水量，16 日 20 时—17 日 08 时，实况在川西高原南部和四川盆地东部存在两个强降水带(图 4-83a)，其中四川盆地东部的强降水带呈南北带状且有两个中心，主中心位于重庆西部，次中心位于四川东北部。该时段模拟 25 mm 雨带的范围和量级与实况基本一致(4-83d)，三个强降水中心的位置和强度与实况都比较吻合，只是四川东部 12.5 mm 降水范围比实况偏小。17 日 08—20 时，随着西南低涡的东移，实况 25 mm 强降雨带东移至重庆东北部和四川东北部(图 4-83b)，模拟的强降雨带也东移至重庆东北部(图 4-83e)，但降水强度比实况明显偏强。17 日 20 时—18 日 08 时，实况强降雨带东移至湖北西南部(图 4-83c),模式同样较好地模拟强降雨带东移至湖北西南部(图 4-83f),强降水中心区域也与实况比较吻合,但降水强度同样比实况明显偏强,同时在陕西南部出现虚假强降水。

总体而言,模式模拟的前 12 h 强降水的范围和强度与实况基本一致,模拟的后 24 h 强降水的移动和范围也与实况比较吻合,只是降水强度明显偏强。模式比较成功地模拟了此次西南低涡引发强降水的落区和移动,因此,利用模式的高分辨率模拟结果分析西南低涡的发展演变是可行且可信的。

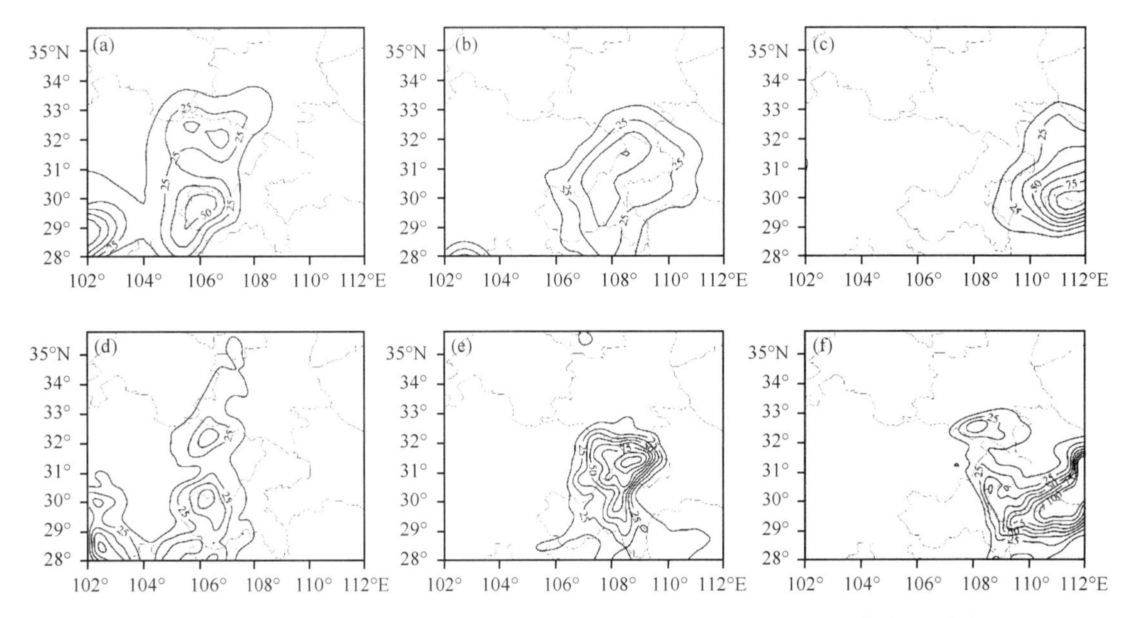

图 4-83　2011 年 6 月 16 日 20 时—18 日 08 时期间实况(a、b、c)与模拟(d、e、f)的降水量(单位:mm)对比(16 日 20 时—17 日 08 时(a、d);17 日 08—20 时(b、e);17 日 20 时—18 日 08 时(c、f))

4.9.4　西南低涡发生发展机制分析

4.9.4.1　西南低涡演变

(1)风场和高度场

模拟的 850 hPa 和 700 hPa 风场、高度场及相应 1 h 降水场的演变表明(图 4-84),17 日 02 时,850 hPa 上的风场出现闭合低涡环流(图 4-84a),同时出现 140 dagpm 闭合等值线,其中心位于 105°E 附近,低涡的东侧伴有偏南风低空急流,中心风速达 18 m · s^{-1}。而此时,700 hPa 上的风场表现为弱的气旋式涡旋环流,但高度场没有形成闭合(图 4-84b)。之后西南低涡逐渐发展并东移,17 日 11 时,850 hPa 上低涡中心向东移动到 106°E 附近(图 4-84c)。700 hPa 上在 107°E 附近形成明显的闭合气旋式环流(图 4-84d),并伴有 306 dagpm 闭合等高线,降水出现在低涡东侧与低空急流之间。此后至 6 月 17 日 17 时,西南低涡稳定少动,造成四川东北部和重庆东北部的强降水。18 日 02 时,西南低涡在 850 hPa 开始演变为切变线(图 4-84e)。此时 700 hPa 西南低涡移动至重庆东北部(图 4-84f)。18 日 08 时,850 hPa 和 700 hPa 上,低涡风场均演变为切变线。

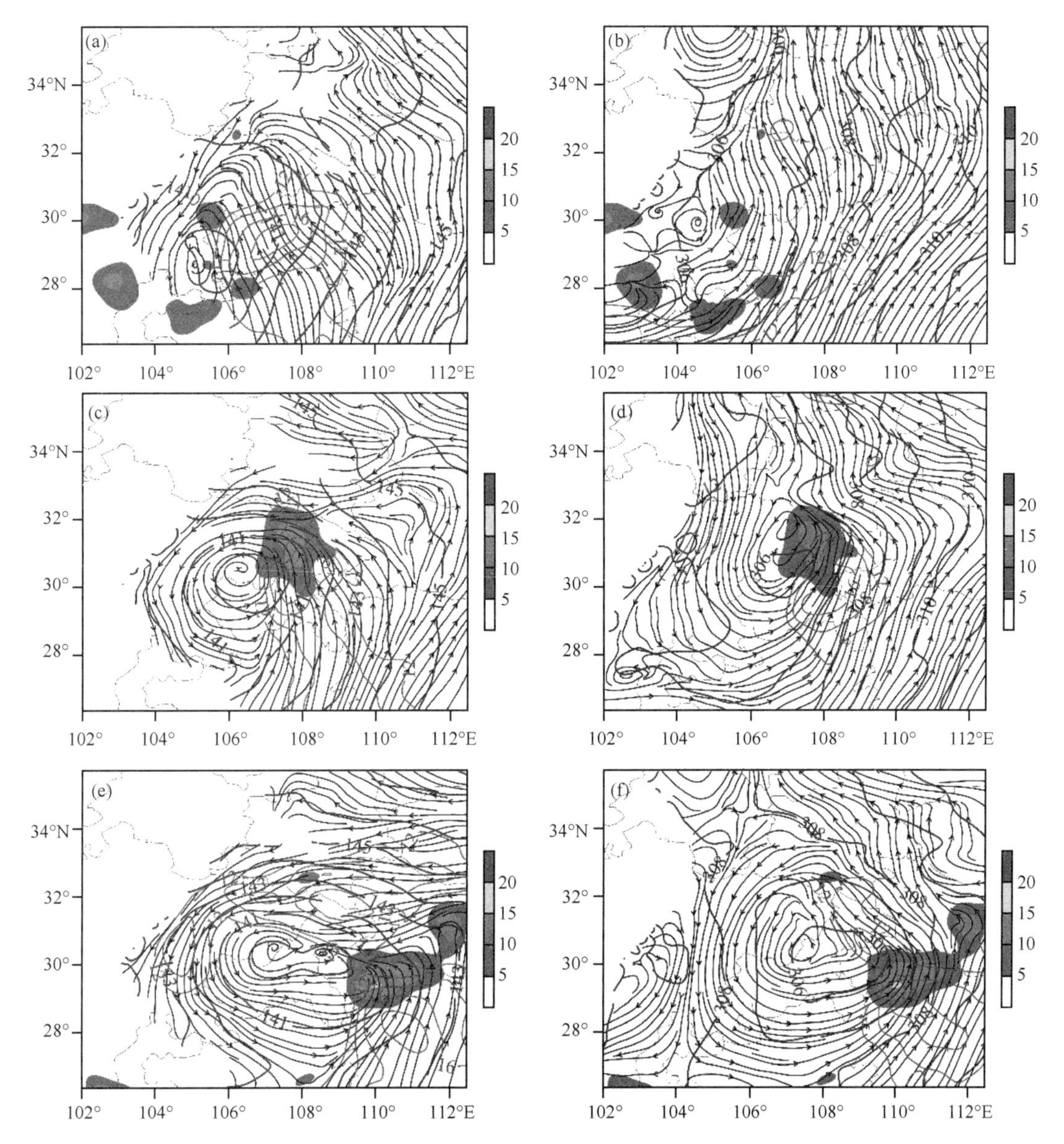

图 4-84　850 hPa(a,c,e)和 700 hPa(b,d,f)的流场、风速场(单位:m·s^{-1})、高度场(单位:dagpm)和过去 1 h 降水场(阴影,单位:mm)(17 日 02 时(a,b);17 日 11 时(c,d);18 日 02 时(e,f))

以上分析表明,此次西南低涡首先在低层 850 hPa 形成,9 h 后在 700 hPa 形成闭合低涡环流,发展成熟,西南低涡环流减弱也是先在低层 850 hPa 向切变线演变。

(2)涡度场

850 hPa 相对涡度沿 30.5°N 剖面的时间演变表明(图 4-85a),16 日 20 时在 105°E～106°E 为 $5\times10^{-5}\ s^{-1}$弱的正涡度区,17 日 02 时增长到 $15\times10^{-5}\ s^{-1}$,对应 850 hPa 西南低涡的形成,之后正涡度区继续增长并东移。17 日 11 时 106°E～107°E 正涡度区增长到 $25\times10^{-5}\ s^{-1}$,并维持到 17 日 23 时,对应 850 hPa 西南低涡成熟发展期。18 日 02 时后正涡度区东移到 108°E～109°E,中心正涡度在 18 日 05 时达 $40\times10^{-5}\ s^{-1}$,对应随着东北风急流建立形成强的切变线。

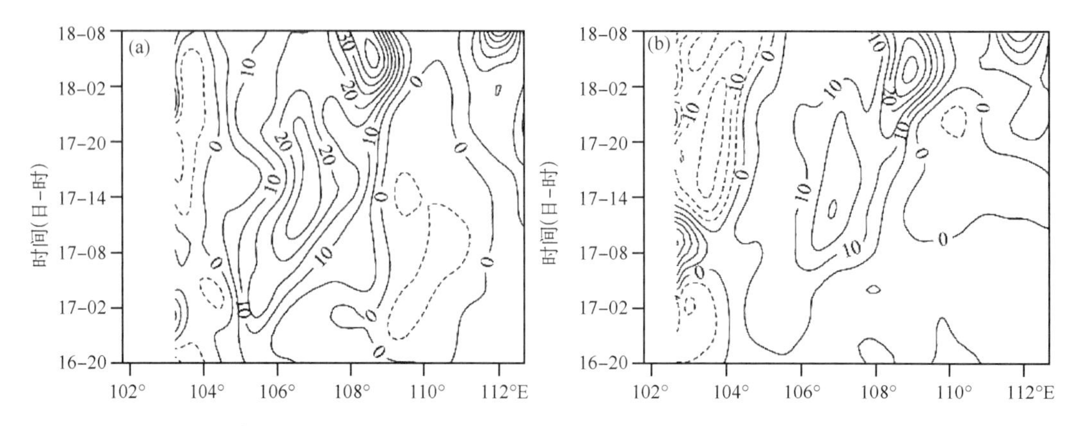

图 4-85　2011 年 6 月 16 日 20 时至 18 日 08 时 850 hPa(a)和 700 hPa(b)涡度(单位：10^{-5} s^{-1})沿30.5°N的纬向-时间剖面

700 hPa 相对涡度沿 30.5°N 剖面的时间演变表明(图 4-85b)，16 日 22 时开始在 105°E～106°E 为 5×10^{-5} s^{-1}弱的正涡度区，对应气旋性环流，随后正涡度区逐渐向东移动并逐渐增大，17 日 08 时 106°E～107.5°E 正涡度区增长到 15×10^{-5} s^{-1}，并维持到 17 日 23 时，对应 700 hPa 西南低涡成熟期，期间在 17 日 11 时的涡度最强达到 20×10^{-5} s^{-1}。18 日 02 时后正涡度区东移到 108°E～109°E，中心正涡度在 18 日 05 时达 30×10^{-5} s^{-1}。涡度场的演变表明，西南低涡 17 日 02 时在 850 hPa 形成较强的正涡度，随后向东移动并发展，17 日 11 时在 850 hPa 和700 hPa 上涡度均增长到最强。

4.9.4.2　西南低涡的动力、热力场特征

从上述分析可知，西南低涡 17 日 02 时首先在 850 hPa 上初生，17 日 11 时对流层低层 700 hPa 和 850 hPa 形成深厚的低涡环流，西南低涡发展成熟。本节以 17 日 02 时和 17 日 11 时来研究西南低涡初生和成熟阶段动力和热力场结构特征。

17 日 02 时过西南低涡中心各物理量的纬向垂直剖面图(图 4-86)表明，低涡中心上方从地面至 200 hPa 为一致上升运动，中心在 400 hPa 达 0.2 m·s^{-1}，而 700 hPa 以下上升运动较弱，在 0.1 m/s 以下，并在低涡东侧 100 km 下沉形成弱的垂直环流(图 4-86a)。低涡中心 100 km 范围内上空 900～650 hPa 存在大于 10×10^{-5} s^{-1}的正涡度柱，并随高度向东倾斜，中心位于 850 hPa 达到 25×10^{-5} s^{-1}(图 4-86b)。低涡上空低层为辐合层，但主要在 850 hPa 以下(图 4-86c)。与正涡度柱对应存在大于 1 PVU 的高位涡柱，中心在 800 hPa 达 1.5 PVU，同样随高度向东倾斜(图 4-86d)，位涡结构与涡度类似表明西南低涡在对流层中低层的高位涡柱主要是由涡旋动力作用造成的。相当位温场上低涡中心上方 600 hPa 以下存在大于 352 K 的高值区(图 4-86e)，呈“暖心”结构，低涡中心两侧对流层低层 600～900 hPa 等相当位温线密集且倾斜度较大，可见该区域的水平和垂直梯度都较大，冷暖空气对比显著。相对湿度场上低涡中心 50 km 范围上方在 850 hPa 以下存在相对湿度大于 95%的“湿心”结构。

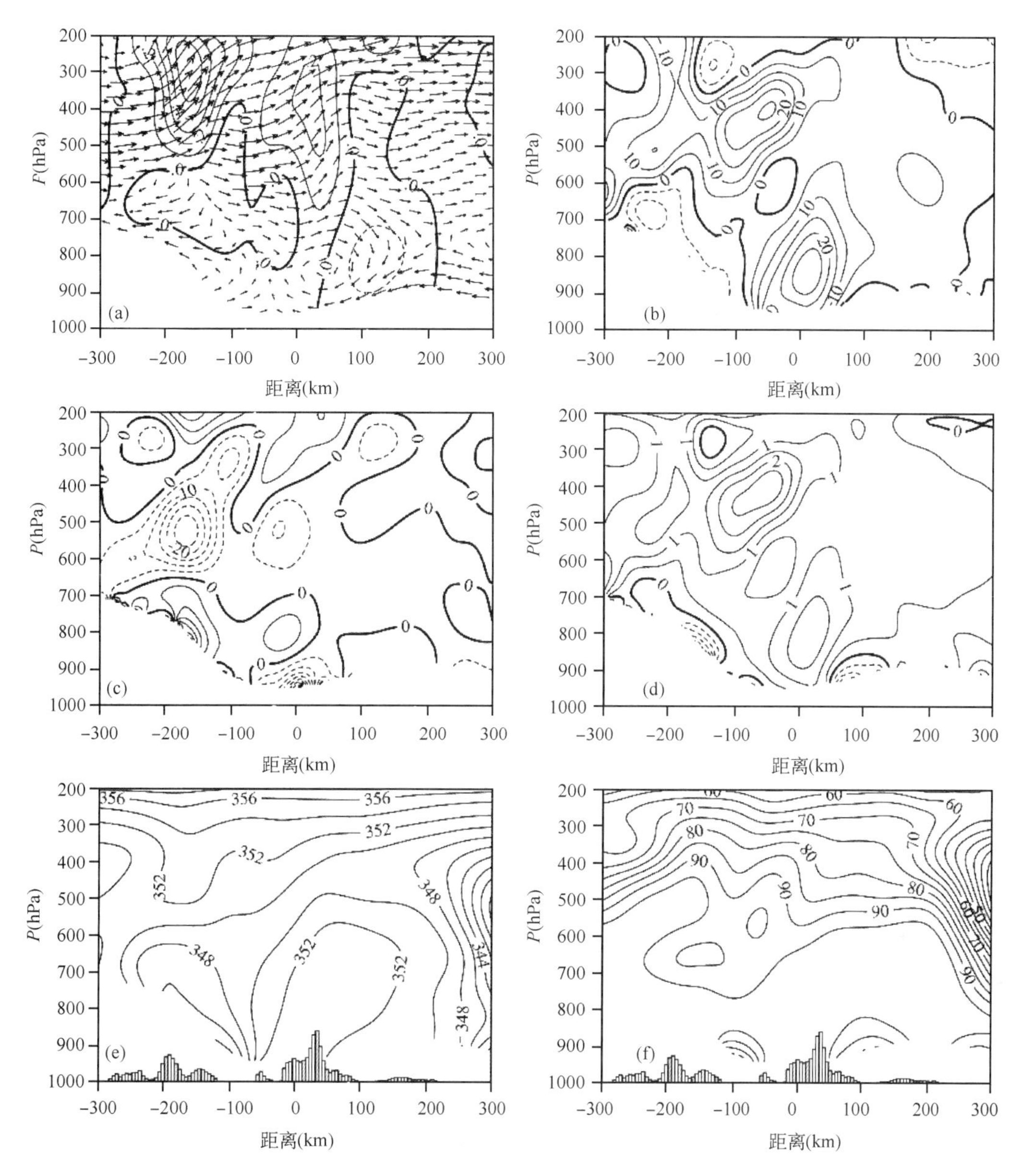

图 4-86 2011 年 6 月 17 日 02 时各物理量沿西南低涡中心的纬向垂直剖面(直方图为过去 1 h 降水量)
(a)纬向风与垂直速度(放大 20 倍)的矢量场和垂直速度(单位:m·s^{-1});(b)涡度(单位:10^{-5} s^{-1});(c)散度(单位:10^{-5} s^{-1});(d)位涡(单位:PVU);(e)相当位温(单位:K);(f)相对湿度(单位:%)

图 4-87 为 17 日 11 时西南低涡发展成熟时的垂直结构,低涡中心上方垂直运动增强,800 hPa 以上垂直速度达 0.2 m·s^{-1},同时 700 hPa 以下的垂直环流圈扩大至低涡东侧 200 km 处(图 4-87a)。此时,低涡上方的正涡度柱也加强,10×10^{-5} s^{-1} 涡度柱延伸到 300 hPa,900 hPa 涡度中心达 30×10^{-5} s^{-1},同时 500 hPa 出现 25×10^{-5} s^{-1}的次中心(图 4-87b),涡度柱随高度向东倾斜发展。低涡上空的辐合层也扩展到 750 hPa(图 4-87c)。与倾斜的正涡度柱对应,位涡也加强,从低层 900 hPa 到中层 300 hPa 随高度向东倾斜为 1.5 PVU 的位涡柱,中心在 500 hPa 达 2.5 PVU(图 4-87d)。相当位温场上 500 hPa 以下低涡中心仍存在 350 K

的“暖心”结构。相对湿度场仍维持中心达95%的“湿心”结构，并发展到600 hPa，范围扩大到低涡100 km处。

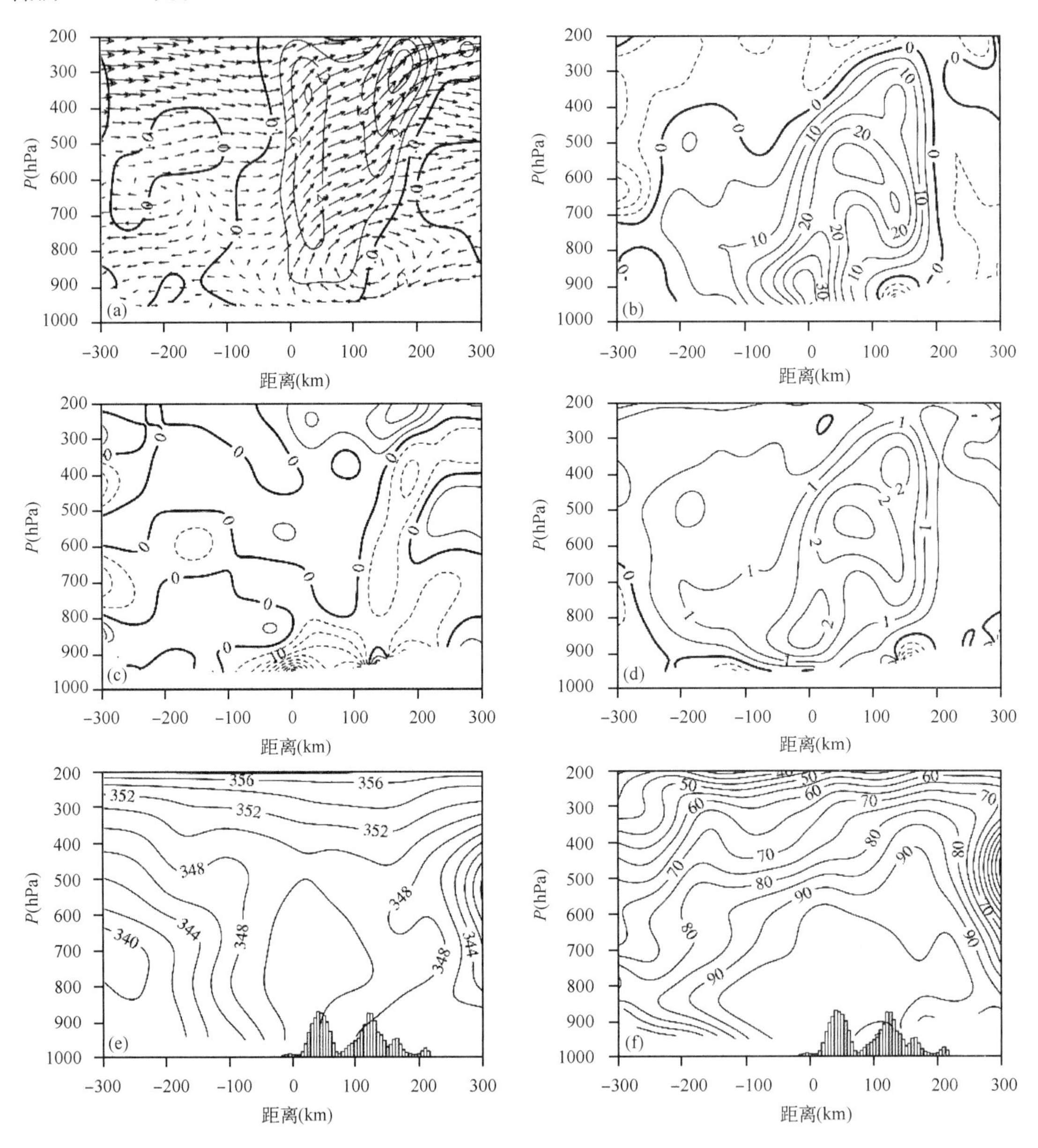

图4-87　2011年6月17日11时各物理量沿西南低涡中心的纬向垂直剖面（直方图为过去1 h降水量）

(a)纬向风与垂直速度（放大20倍）的矢量场和垂直速度（单位：m·s^{-1}）；(b)涡度（单位：10^{-5} s^{-1}）；(c)散度（单位：10^{-5} s^{-1}）；(d)位涡（单位：PVU）；(e)相当位温（单位：K）；(f)相对湿度（单位：%）

总体而言，西南低涡的初生和成熟阶段都维持对流层低层辐合与正涡度和高位涡中心相耦合的动力结构，并有强烈上升运动，同时存在相当位温的“暖心”和相对湿度的“湿心”结构。在西南低涡发展成熟阶段，上升运动、正涡度柱和高位涡柱均明显加强，并发展至对流层高层300 hPa。

4.9.4.3　西南低涡的水汽输送

(1)水汽输送

17 日 02 时西南低涡初生时低层 850 hPa 水汽输送通量分布表明(图 4-88a),此次西南低涡强降水的水汽来源主要有两支:一支来自孟加拉湾的西南水汽,另一支来自南海沿西太副高西侧的东南水汽,两支水汽在广西汇合后形成较强的(20 $g \cdot s^{-1} \cdot cm^{-1} \cdot hPa^{-1}$)偏南风水汽输送通量经贵州进入低涡东南部,并伴随低涡的气旋式环流形成水汽输送通量的气旋式辐合。700 hPa 西南低涡的水汽同样主要是来自孟加拉湾的西南水汽与来自南海沿西太副高西侧的东南水汽,汇合后形成 10 $g \cdot s^{-1} \cdot cm^{-1} \cdot hPa^{-1}$ 偏南水汽输送经贵州进入西南低涡东南部(图 4-88b)。17 日 11 时,850 hPa 和 700 hPa 上来自孟加拉湾的水汽输送比 17 日 02 时有所减弱,但伴随着西南低涡的发展成熟,来自低纬度的偏南水汽进入西南低涡东南部后形成的气旋式水汽辐合特征更为明显(图 4-88c,d)。

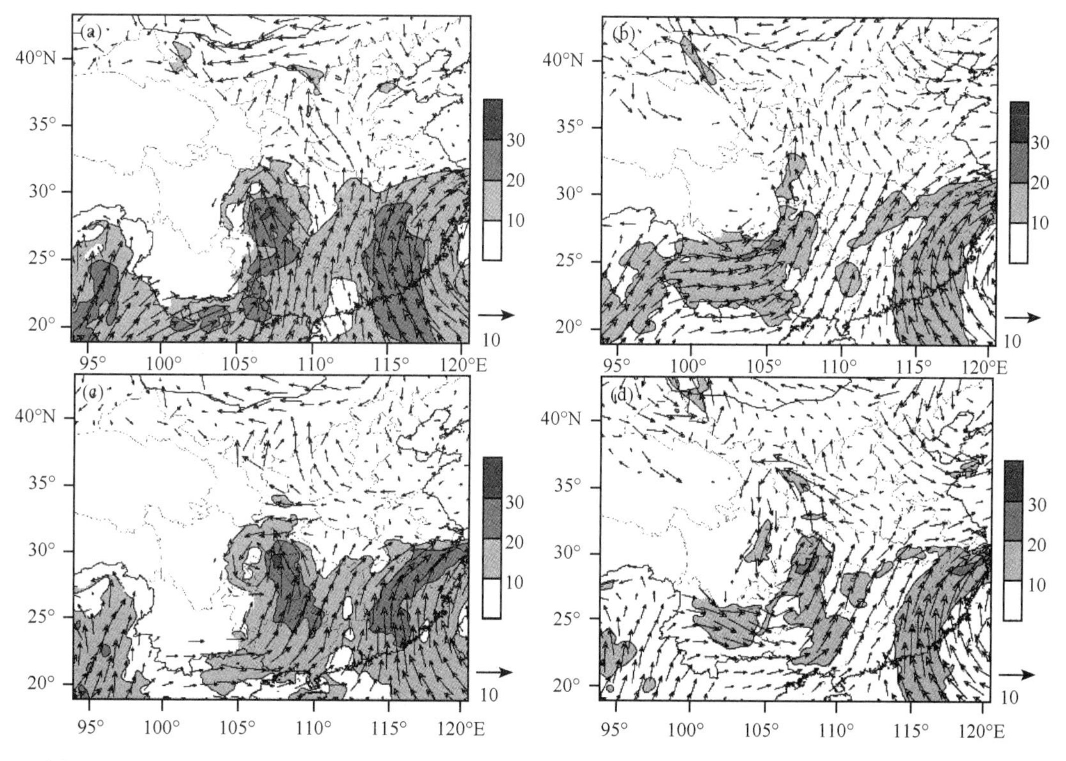

图 4-88　2011 年 6 月 17 日 02 时(a,b)和 17 日 11 时(c,d)的 850 hPa(a,c)和 700 hPa(b,d)水汽输送通量矢量及数值(阴影,单位:$g \cdot s^{-1} \cdot cm^{-1} \cdot hPa^{-1}$)

(2)水汽辐合与降水的关系

图 4-89a 为 17 日 02 时各层水汽通量散度沿 30.5°N 的垂直剖面,未来 3 h 强降水区主要位于 105.5°E～106.5°E,其上方对应有明显水汽辐合区,主要集中在 700 hPa 以下,最强辐合层位于 850 hPa,达-2×10^{-6} $g \cdot s^{-1} \cdot cm^{-2} \cdot hPa^{-1}$,强烈的水汽汇聚为强降水提供了充足的水汽条件。图 4-89b 为整层水汽通量散度沿 30.5°N 的时间剖面,17 日 02 时,-1×10^{-4} $g \cdot s^{-1} \cdot cm^{-2} \cdot hPa^{-1}$的水汽通量辐合区和强降水区位于 106°E 附近,随后二者一起向东移动。17 日 17 时,水汽通量辐合在 108°E 加强到-4×10^{-4} $g \cdot s^{-1} \cdot cm^{-2}$并维持少动,108°E 的未来降水强度也

增强到 30 mm·(3 h)$^{-1}$并维持。

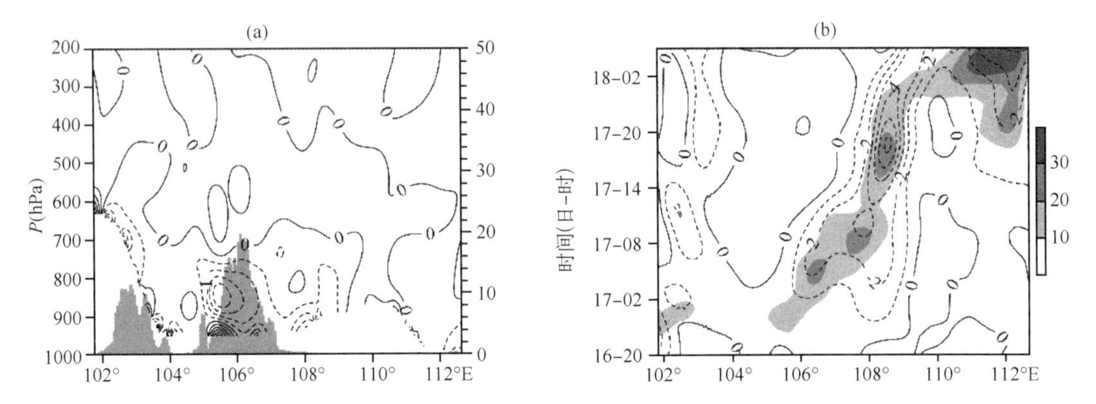

图 4-89　2011 年 6 月 17 日 02 时各层水汽通量散度(单位:10^{-6} g·s^{-1}·cm^{-2}·hPa^{-1})和未来 3 h 降水(直方图)沿 30.5°N 的垂直剖面(a)以及整层水汽通量散度(等值线,单位:10^{-4} g·s^{-1}·cm^{-2}·hPa^{-1})和未来 3 h 降水(阴影,单位:mm)沿 30.5°N 的时间剖面(b)

总体而言,在出现强降水地区上空都有水汽通量的辐合区对应,其对降水带的强度和移动有较好的指示意义。

4.9.4.4　位涡收支诊断

位涡收支分析提供了一种识别对流层低层因潜热释放增加位涡异常的工具,也是一种定量确定潜热释放是否产生给定的位涡特征的方法。位涡收支诊断采用赵兵科等(2008)未考虑湍流扩散和混合摩擦作用的扰动位涡局地变化方程,即:

$$\frac{\partial q'}{\partial t} = -\nabla_p (qV_h) - \frac{\partial (q\omega)}{\partial p} + g\zeta_a \cdot \nabla_3 H \tag{4-2}$$

式中:q'为扰动位涡;q 为位涡;V_h 为水平风矢量;ω 为 p 坐标系下的垂直速度;g 为重力加速度;ζ_a 为绝对涡度矢量;H 为非绝热加热率,其主要考虑潜热加热,采用 Emanuel et al.(1987)参数化方法计算,即:

$$H = \frac{\mathrm{d}\theta}{\mathrm{d}t} = \omega\left(\frac{\partial \theta}{\partial p} - \frac{\gamma_m}{\gamma_d}\frac{\theta}{\theta_e}\frac{\partial \theta_e}{\partial p}\right) \tag{4-3}$$

式中:θ 为位温;θ_e 是相当位温;γ_d 和 γ_m 分别是干空气和湿空气的绝热递减率。

扰动位涡的局地变化由位涡的水平通量散度项((4-2)式右端第一项)、垂直通量散度项((4-2)式右端第二项)以及潜热加热释放引起位涡变化的非绝热作用项((4-2)式右端第三项)所决定,这样就可以在位涡框架下讨论潜热加热释放的动力学影响。

(1)位涡收支的水平分布

图 4-90 为 6 月 17 日 08 时西南低涡成熟前 700 hPa 上位涡收支的水平分布,700 hPa 气旋环流中心位于四川东北部 106°E 附近,位涡的水平通量散度项(图 4-90b)、垂直通量散度项(图 4-90c)以及潜热加热释放引起的非绝热作用项(图 4-90d)的中心都位于四川东北部 107°E 附近,即位于气旋环流中心东侧。水平通量散度项引起位涡增加最大值为 0.2 PVU·h^{-1},垂直通量散度项引起位涡减小最大值为−0.6 PVU·h^{-1},非绝热作用项引起位涡增加最大值为 0.6 PVU·h^{-1}。可见,虽然水平通量散度项引起的位涡增加小于垂直通量散度项引起的位涡减少,但由于潜热加热导致较强的非绝热作用项增加而使局地位涡增加。潜热加热率的大

值区(图4-90a)也位于四川东北部，与非绝热作用项区域吻合，中心为3 K·h^{-1}，此处正好位于过去3 h MCS引发强降水地区。由此可知，潜热释放引起的非绝热加热导致700 hPa低涡环流东侧107°E附近位涡将增加，有利于西南低涡生成、发展。

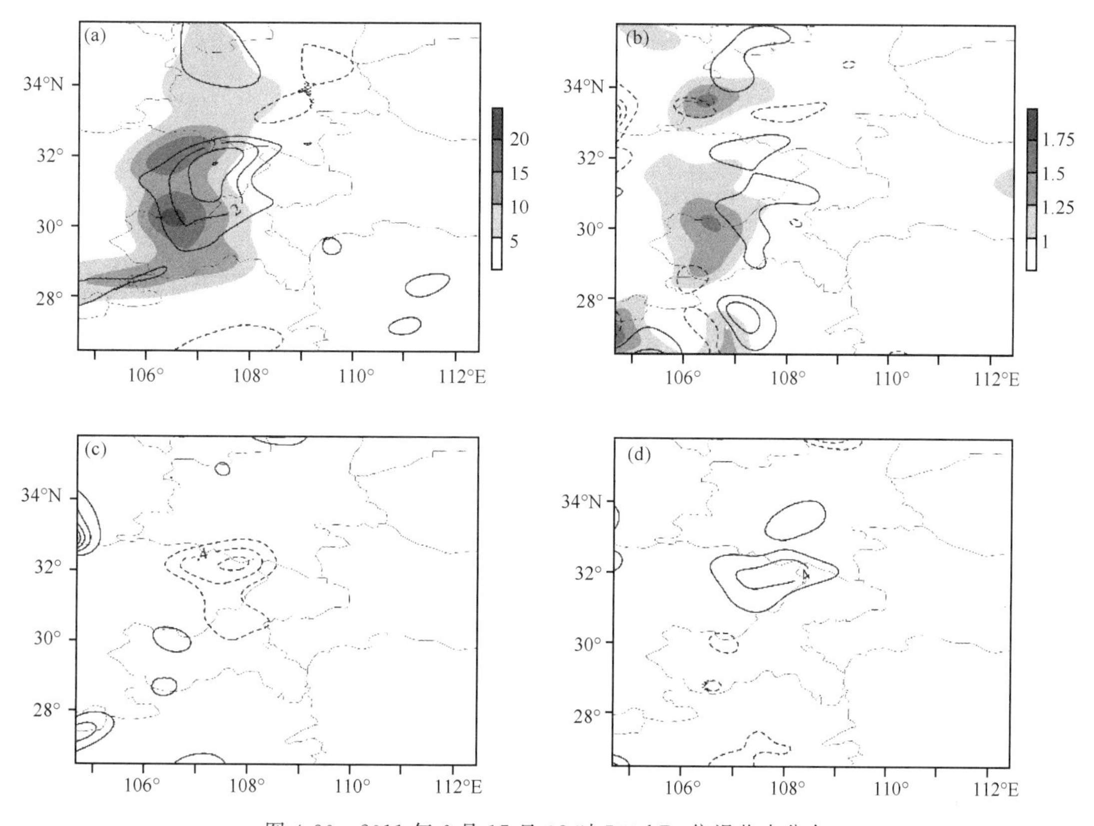

图4-90　2011年6月17日08时700 hPa位涡收支分布

(a)潜热加热率(等值线，单位:K·h^{-1})和过去3 h降水(阴影，单位:mm);(b)水平通量散度项(等值线，单位:PVU·h^{-1})和位涡(阴影，单位:PVU);(c)垂直通量散度项(单位:PVU·h^{-1});(d)非绝热作用项(单位:PVU·h^{-1})

6月17日11时700 hPa上位涡收支的水平分布(图4-91)表明，大于1 PVU高位涡区的范围(图4-91b)相对于3 h前(图4-90b)东移扩大，位涡中心达1.5 PVU位于107°E附近，对应3 h前潜热加热导致非绝热作用项增加的区域，700 hPa西南低涡也在此区域形成、成熟，这进一步印证了潜热促进西南低涡的生成、发展。位涡的水平通量散度项(图4-91b)、垂直通量散度项(图4-91c)、非绝热作用项(图4-91d)和非绝热加热率(图4-91a)的高值区比较一致，中心位于四川东北部108°E附近，且都较低涡成熟前明显增强。潜热加热率最大值达到4 K·h^{-1}，非绝热作用项引起位涡增加的最大值为1.0 PVU·h^{-1}，凝结潜热释放引起的较强非绝热作用项增加导致净的局地位涡增加，将有利于西南低涡进一步发展增强。

(2)位涡收支的垂直分布

图4-92为2011年6月17日08时位涡收支沿30.5°N的垂直剖面，位涡的水平通量散度项在低涡东侧107°E上空为位涡增加(图4-92a)，形成0.2 PVU·h^{-1}位涡增加柱。垂直通量散度项在500 hPa以下减小(图4-92b)，中心在900 hPa为−0.6 PVU·h^{-1}，500 hPa以上为

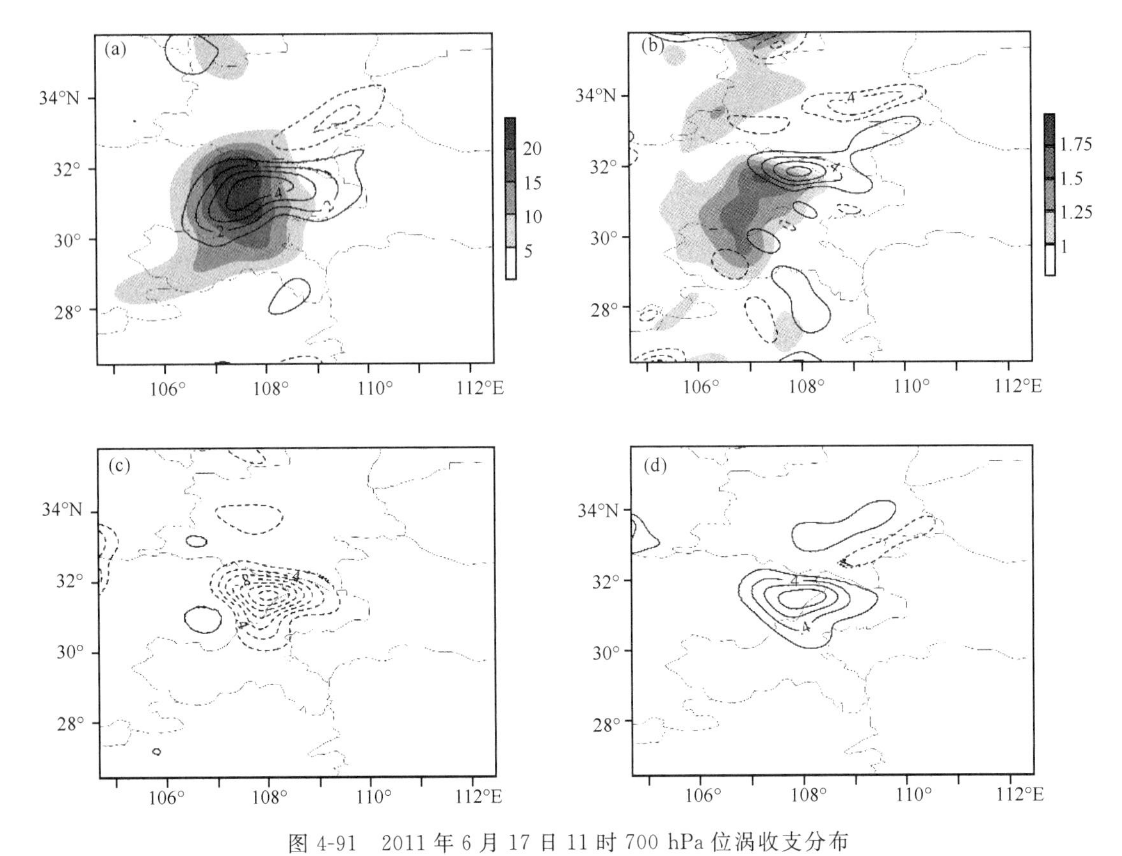

图 4-91　2011 年 6 月 17 日 11 时 700 hPa 位涡收支分布

(a)潜热加热率(等值线,单位:K·h^{-1})和过去 3 h 降水(阴影,单位:mm);(b)水平通量散度项(等值线,单位:PVU·h^{-1})和位涡(阴影,单位:PVU);(c)垂直通量散度项(单位:PVU·h^{-1});(d)非绝热作用项(单位:PVU·h^{-1})

增大区,中心在 400 hPa 为 0.2 PVU·h^{-1}。非绝热作用项的垂直结构与垂直通量散度项造成的相反(图 4-92c),在 500 hPa 以下为位涡增加,500 hPa 以上为位涡减小。潜热加热率在 107°E上方为高值区(图 4-92d),中心在 500 hPa 增加到 4 K·h^{-1}。垂直通量散度项有利于高层位涡增大而抑制低层位涡增大,不利于西南低涡的生成、发展,而水平通量散度项和非绝热作用项有利于低层位涡增长,从而促进西南低涡的形成、发展。

6 月 17 日 11 时西南低涡形成、成熟后,位涡的水平通量散度项(图 4-93a)在 108°E 上空 700 hPa 以下为减小,700 hPa 以上为增加,中心在 400 hPa 为 0.6 PVU·h^{-1}。垂直通量散度项(图 4-93b)在 600 hPa 以下为减小,600 hPa 以上为增加。非绝热作用项(图 4-93c)的垂直结构同样与垂直通量散度项相反,在 600 hPa 以下为位涡增大,600 hPa 以上为位涡减小。潜热加热率(图 4-93d)中心在 600～300 hPa 为 4 K·h^{-1}大值区。水平通量散度项和垂直通量散度项造成的位涡倾向有利于高层位涡增大而抑制低层位涡增强,而非绝热作用项造成位涡倾向有利于低层位涡增长,有利于西南低涡的发展。

总体而言,位涡收支非绝热作用项的垂直结构与垂直通量散度项相反,垂直通量散度项有利于高层位涡增长而抑制低层位涡增长,潜热释放造成非绝热作用项有利于低层位涡增长而抑制高层位涡增长,有利于西南低涡的生成、发展。

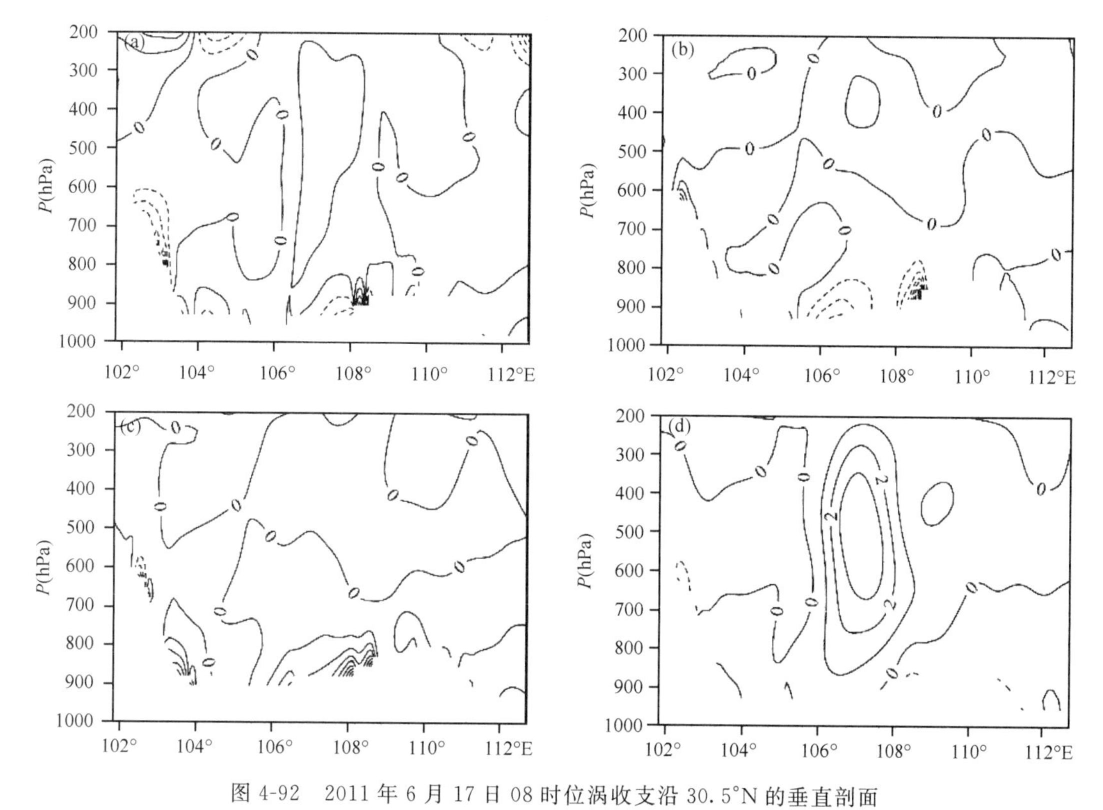

图 4-92　2011 年 6 月 17 日 08 时位涡收支沿 30.5°N 的垂直剖面

(a)水平通量散度项(单位:PVU · h^{-1});(b)垂直通量散度项(单位:PVU · h^{-1});(c)非绝热作用项(单位:PVU · h^{-1});(c)潜热加热率(单位:K · h^{-1})

4.9.5　小结

本节利用非静力中尺度 WRF 模式对 2011 年引发强降水的一次东移型西南低涡的发展演变开展了高分辨率数值模拟,结果表明:

(1)模式比较成功地模拟了西南低涡所引起的强降水落区和移动方向,尤其对前 12 h 雨带的范围和强度的模拟与实况基本一致,对 24 h 强降水的移动和范围的模拟也与实况比较吻合,但降水强度明显偏强。

(2)此次西南低涡首先在低层 850 hPa 形成,9 h 后在 700 hPa 形成闭合低涡环流,发展成熟。

(3)西南低涡的初生和成熟阶段都维持对流层低层辐合与正涡度和高位涡中心相耦合的动力结构,并有强烈上升运动,存在"暖心"和"湿心"结构。在发展成熟阶段,上升运动、正涡度柱和高位涡柱明显加强,并发展至对流层高层 300 hPa。

(4)来自孟加拉湾的西南水汽与来自南海沿西太副高西侧的东南水汽汇合后形成偏南水汽输送进入西南低涡东南侧,并伴随低涡的气旋式环流形成水汽输送通量的气旋式辐合。低空水汽通量散度对降水带的强度和移动具有较好的指示意义。

(5)位涡收支非绝热作用项的垂直结构与垂直通量散度项相反,潜热释放引起非绝热作用项有利于低层位涡增长而抑制高层位涡增长,对西南低涡的生成、发展有重要作用。

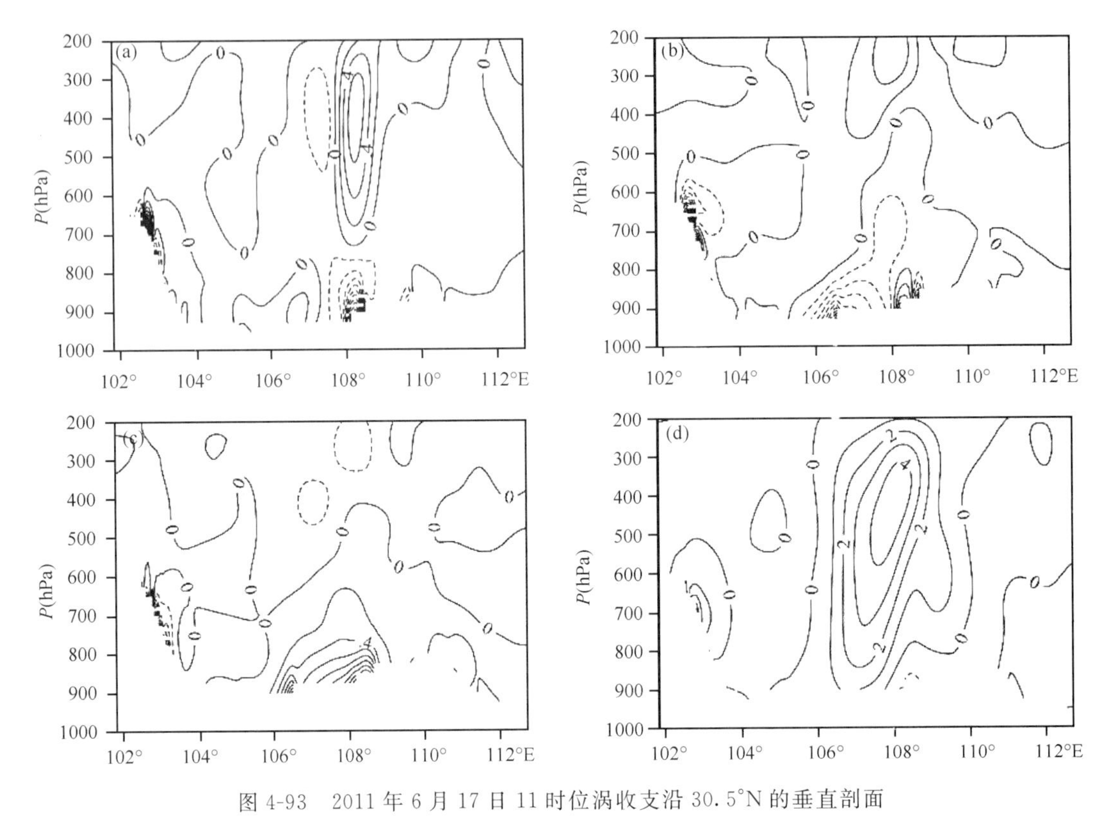

图 4-93　2011 年 6 月 17 日 11 时位涡收支沿 30.5°N 的垂直剖面

(a)水平通量散度项(单位:PVU/h);(b)垂直通量散度项(单位:PVU/h);(c)非绝热作用项(单位:PVU/h);(c)潜热加热率(单位:K/h)

第 5 章　低涡耦合发展与相互作用

5.1　中尺度对流系统对西南涡持续性暴雨的作用

5.1.1　引言

西南低涡作为产生于西南地区的一种低值天气系统，往往会带来严重的暴雨灾害，受到广泛的研究关注，并取得了一系列富有意义的成果。关于西南低涡的结构问题，广泛认为西南低涡具有“低层辐合、高层辐散”且成熟阶段正涡度层可达对流层顶的垂直结构特征（康岚 等，2011；赵大军 等，2011；何光碧，2012），不同发展阶段低涡的冷暖垂直结构差异明显（陈忠明 等，1998）。对于西南低涡的发生发展机制，研究发现感热对西南低涡形成有较大作用，而潜热加热则在低涡的发展和维持中具有重要意义（李国平，2007；段海霞 等，2008；赵玉春和王叶红，2010）。西南低涡是中尺度系统，针对其中尺度特征已有不少研究，陈忠明等（1998）认为成熟阶段的西南低涡在流场和高度场表现为贯穿对流层的中尺度气旋和低压，顾清源等（2008）对一次西南低涡暴雨事件进行研究发现，西南低涡内部存在一个向西倾斜的、深厚的中尺度低涡。西南低涡与高原低涡、热带气旋的相互作用机制方面也有不少研究（陈忠明 等，2002，2004b），但目前 MCS 和西南低涡相互关系的研究相对较少，研究指出，诸如暴雨、雷暴等天气灾害大多是中尺度对流系统（MCS）引起的（Maddox，1980；程麟生和冯伍虎，2002；罗慧 等，2009；袁美英 等，2011；赖绍钧 等，2012），西南低涡有时会伴随着较强的 MCS 发展，降水主要是由中尺度对流系统还是西南低涡引起的，MCS 对低涡发展移动的影响，有无 MCS 伴随发展时对流输送热量、水汽能力有何差异，这些问题都有待进一步揭示。

刘汉华等（2007）对非地转湿 Q 矢量进行了改进，得到改进后的完全湿 Q 矢量（Q_q），其优点在于包含了凝结加热（大尺度凝结和对流凝结）、辐射加热、感热加热在内的全部加热信息。鉴于西南低涡加热作用中既有感热加热，又有潜热加热，采用 Q_q 比之其他湿 Q 矢量更贴近实际情况。张凤和赵思雄（2003）利用涡度收支分析发现，涡度平流“上正下负”的配置和水汽凝结潜热释放，通过影响上升运动及低层辐合对地面气旋的发展起间接作用，赵思雄和傅慎明（2007）研究认为，水平涡度平流和涡度垂直输送对西南低涡的发展维持有重要作用。通过分析视热源、视水汽汇可以清楚地比较大气热源结构和对流造成的热量、水汽的垂直输送（Luo et al.，1984；丁一汇，2005）。

2010 年 7 月 16 日 20 时—18 日 20 时（北京时）受一次西南低涡过程影响，四川省出现了当年入汛以来范围最广、强度最大、受灾最重的一次持续性暴雨天气过程。2010 年 7 月 15 日 20 时雅安西南部附近有一气旋环流形成，随后低涡环流加强并在九龙、汉源、越西一带摆动。16 日 20 时后开始移出源地，在四川盆地发展加强为完整的西南低涡，并从乐山、资阳一线沿东北方向移动，并给沿途地区带来暴雨。17 日 20 时西南低涡移至四川盆地东北部，降水中心随之东移，盆地内其余地方强降水趋于结束。西南低涡在四川盆地东北部大约停滞了 20 h 左右，造成了巴中、达州、广安及南充北部的部分地方的降水天气过程。18 日 20 时西南低涡移到巴中、达州一带，而后逐渐减弱、消散。19 日 08 时后低涡移出四川，持续性区域强降水天气过程随之结束。本节将重点对此次暴雨过程中的西南涡和中尺度对流系统的相互关系进行诊断分析，探讨中尺度对流系统对西南低涡及其降水的影响。

5.1.2 资料和计算方法

本节所用的资料为：2010 年 7 月 16—18 日加密自动站降水资料，国家卫星气象中心逐小时 FY-2E 卫星高分辨率的 TBB（云顶相当黑体温度）资料，以及一日四次的 1°×1° NCEP FNL 再分析资料。

湿 Q 矢量表达式如(3-11)式、(3-12)式所示。其中非绝热加热项本节取为：

$$H = \frac{\partial \theta}{\partial t} + u\frac{\partial \theta}{\partial x} + v\frac{\partial \theta}{\partial y} + \omega\frac{\partial \theta}{\partial p} \tag{5-1}$$

(5-1)式右端分别表示局地变化项、水平平流项和垂直输送项，其中垂直速度取自 NCEP FNL 一日四次 1°×1°资料中的 P 坐标垂直速度数据。本节计算发现，非绝热加热中的局地变化项较其他两项平均小一至两个量级，故在计算中可以忽略，这与岳彩军(2010)的研究结论相同。

影响西南低涡及中尺度对流系统发展的因子，可以采用涡度收支方程来加以具体分析：

$$\frac{\partial \zeta}{\partial t} = -\left(u\frac{\partial \zeta}{\partial x} + v\frac{\partial \zeta}{\partial y}\right) - v\frac{\partial f}{\partial y} - \omega\frac{\partial \zeta}{\partial p} + \left(\frac{\partial \omega}{\partial y}\frac{\partial u}{\partial p} - \frac{\partial \omega}{\partial x}\frac{\partial v}{\partial p}\right) - (f+\zeta)\left(\frac{\partial u}{\partial x} + \frac{\partial v}{\partial y}\right) \tag{5-2}$$

为简便起见，记 H 为涡度平流项$-\left(u\frac{\partial \zeta}{\partial x}+v\frac{\partial \zeta}{\partial y}\right)-v\frac{\partial f}{\partial y}$，$V$ 为涡度垂直输送项$-\omega\frac{\partial \zeta}{\partial p}$，$T$ 为涡度扭转项$\left(\frac{\partial \omega}{\partial y}\frac{\partial u}{\partial p}-\frac{\partial \omega}{\partial x}\frac{\partial v}{\partial p}\right)$，$D$ 为拉伸（水平散度）项$-(f+\zeta)\left(\frac{\partial u}{\partial x}+\frac{\partial v}{\partial y}\right)$。

视热源 Q_1 表示单位时间内单位质量空气的增温率，视水汽汇 Q_2 表示单位时间内单位质量水汽凝结释放热量引起的增温率，计算公式为(Yanai et al.，1973)：

$$Q_1 = C_p\left(\frac{\partial T}{\partial t} + V \cdot \nabla T + \left(\frac{P}{P_0}\right)^k \omega\frac{\partial \theta}{\partial p}\right) = Q_{1t} + Q_{1h} + Q_{1\omega} \tag{5-3}$$

$$Q_2 = -L\left(\frac{\partial q}{\partial t} + V \cdot \nabla q + \omega\frac{\partial q}{\partial p}\right) = Q_{2t} + Q_{2h} + Q_{2\omega} \tag{5-4}$$

为使视热源和视水汽汇直观反映大气温度的变化情况，以 Q_1/C_p 和 Q_2/C_p 代表分析降水过程中的视热源和视水汽汇，单位为 $K \cdot (6\ h)^{-1}$，其他为气象中常用物理量参数。

5.1.3 西南涡的发展与中尺度对流系统的演变

为了清晰地分析这次西南低涡过程中的中尺度天气系统，采用 FY-2E 高分辨率 TBB 图像来考察中尺度对流系统(MCS)的特征。这次过程中伴随着旺盛的中尺度对流活动，图 5-1 中 17 日 00 时四川西南部、东南部、东北部各有对流云团存在，但西南部的对流云团之后逐渐消散，盆地东北部的中尺度对流系统开始发展。01 时盆地东部的对流系统发展旺盛，云团顶部温度小于－70℃，并与其南部的对流云团合并，之后小于－60℃的面积不断扩大。02 时对应时刻西南低涡上空的云团形状发展为近于圆形，03 时此云团进一步发展，小于－60℃面积继续扩展。06 时盆地南部和东部的对流云团有所减弱，但之后在两云团之间又有新的对流系统发展，并且这一新的对流系统的位置对应 08 时西南低涡中心位置。之后在西南低涡的发展

移动过程中，低涡中心上空的对流活动较弱(图 5-2)；14 时，西南低涡南部和东部各有一 MCS，而其中心上空对流系统并不强；20 时，中尺度对流系统的消散现象更为明显，低涡中心周围云顶温度甚至都没有出现低于－32℃的现象，此后，西南低涡移速变慢至停滞状态，维持在盆地东北部。同样可以观察到，云顶温度小于－32℃的区域出现在低涡中心东部(图 5-2c)和北部(图 5-2d)。

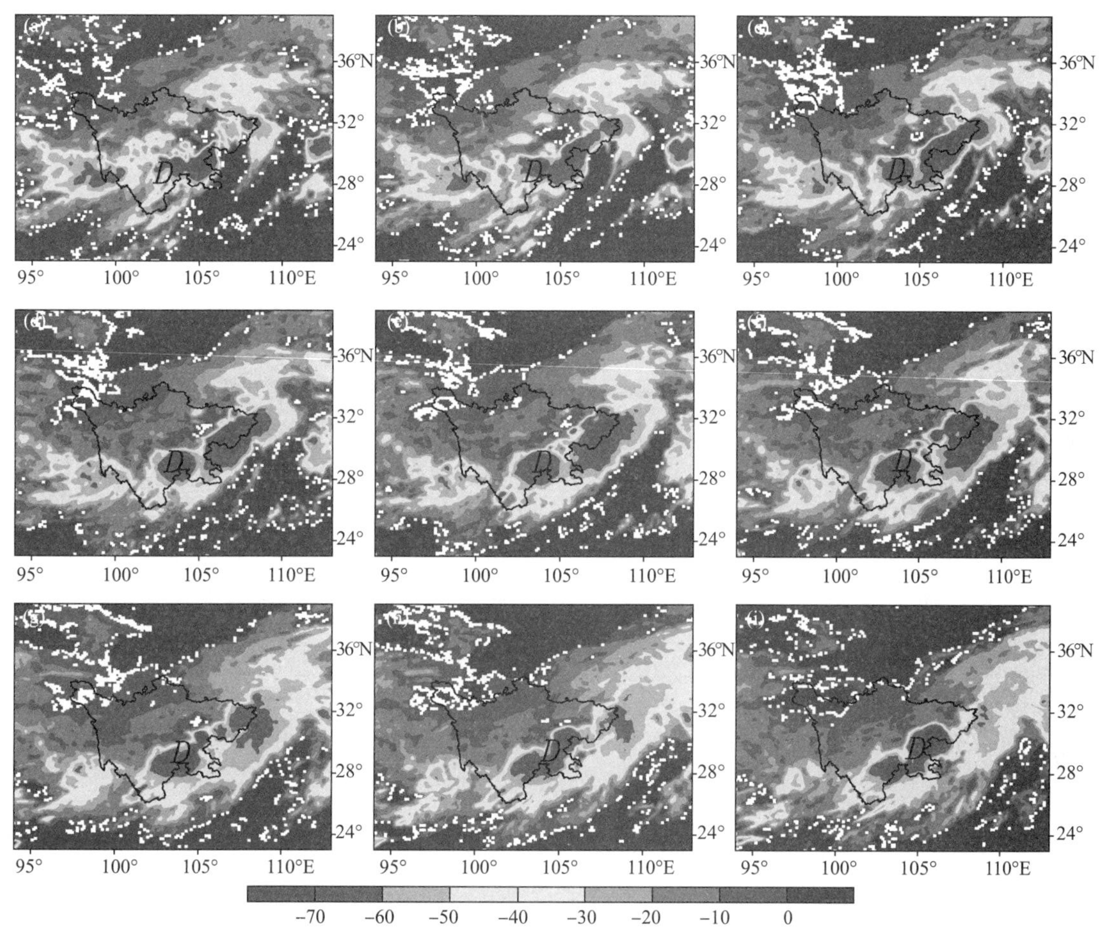

图 5-1　2010 年 7 月 17 日 00—08 时(a～i)TBB(单位：℃；“D”表示西南低涡中心位置)

采用流场和卫星资料结合分析，能更细致地分析 MCS 和西南涡的演变情况。从 17 日 02 时 700 hPa、850 hPa 流场可以观察到，西南低涡东北部存在闭合的涡旋系统(图 5-3a)或气流辐合中心(图 5-3b)，两者之间可以分析出一中尺度切变线，切变线以南为西南暖湿气流，以北为偏北气流，带来干冷空气侵入，有利于西南低涡发展东移，对照图 5-1 可以看出，西南低涡、四川盆地东北部以及中尺度切变线上空的区域存在对流系统发展。17 日 08 时 700 hPa、850 hPa 流场可以看到西南低涡朝向东北方向移动，同时盆地东北部的闭合涡旋也与之接近，这在图 5-1 中也能观察到。图 5-3b 中的气流辐合中心在图 5-3d 中已演变为闭合的涡旋系统，对流系统在西南低涡上空以及沿中尺度切变线附近旺盛发展。

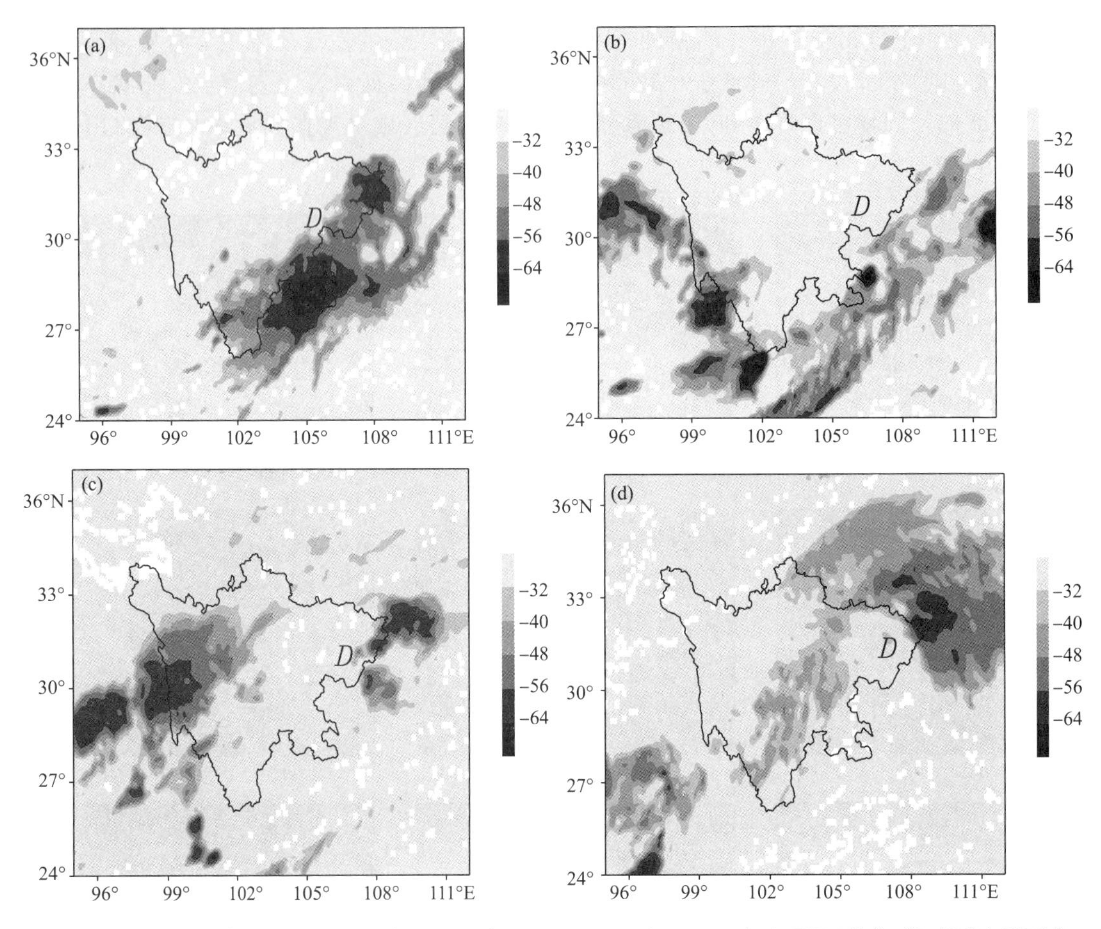

图 5-2　2010 年 7 月 17 日 14 时(a)、20 时(b),18 日 04 时(c)、12 时(d)TBB(单位:℃;"D"表示西南低涡中心位置)

5.1.4　环流背景和降雨分布的中尺度特征

这次西南低涡过程受到西太平洋副热带高亚、高空急流、中低层切变、南海台风的共同影响。16 日 20 时副热带高压 588 线延伸至高原东南侧,与四川东南部边界近于平行,"康森"台风已在海南、广东一带登陆,登陆后基本维持在原地,为西南低涡的发展提供了水汽和能量。除台风外,来自孟加拉湾的暖湿气流输送是这次过程水汽的另一重要来源。四川位于高空 200 hPa 急流入口区的南部,以及南亚高压辐散气流中,并处于西风急流、东风急流的交汇带(图略)。随后西太平洋副高有所东退,四川上空的高空短波槽开始加深发展(图 5-4),而高空槽常被视为西南低涡的引导系统,随着 500 hPa 短波槽的加深东移,西南低涡随之发展,开始移出源地并沿东北方向移动;700 hPa 层上西南气流增强,形成一条自孟加拉湾绕高原东南侧向四川盆地输送水汽的通道。盆地北部为偏北气流,低涡切变后部的冷空气侵入,为中尺度对流系统发展提供了有利的环境条件。17 日 08 时 500 hPa 高空短波槽继续加深东移,台风的位置略有北移,但强度已开始降低(图略)。

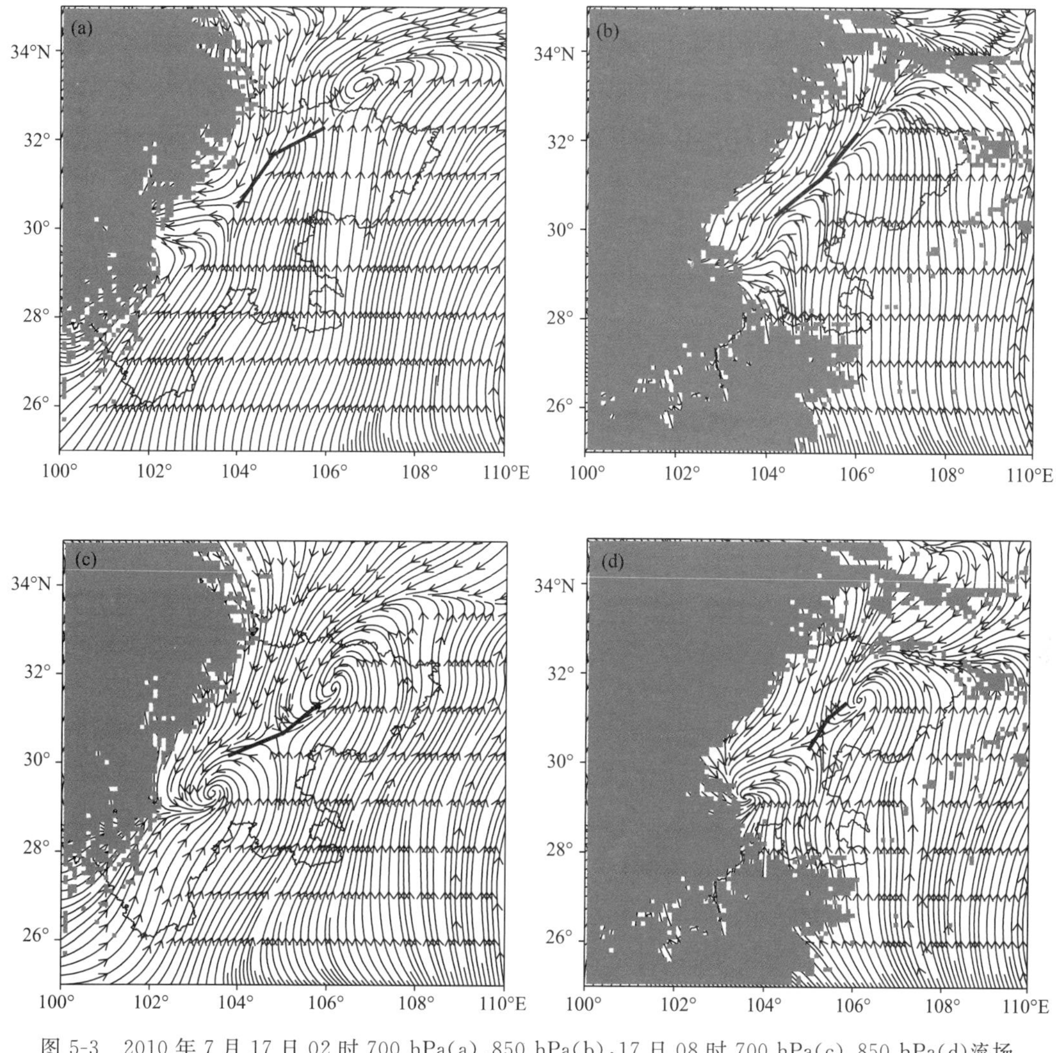

图5-3 2010年7月17日02时700 hPa(a)、850 hPa(b),17日08时700 hPa(c)、850 hPa(d)流场（图中阴影为地形高度,黑色粗线为中尺度切变线）

利用四川及其附近地区加密自动站降水资料,能较为清晰地对这次降水过程的地面中尺度特征进行分析。对比TBB图像可以发现,17日02时的6 h降水(图5-5a)主要由盆地东部的MCS所造成,西南涡中心附近也有可观的降水,08时降水主要集中为西南涡影响区(图5-5b)。14时、20时的6 h降水主要出现在TBB小于−40℃区域内,西南涡中心基本无降水出现。

5.1.5 基于非地转湿Q矢量的垂直运动分析

自Hoskins et al.(1978)提出准地转Q矢量后,近年来Q矢量的应用发展较快,比如半地转Q矢量,非地转干Q矢量等。广大气象工作者尝试探寻贴近实际大气运动的诊断分析方法,提出了不同的非地转湿Q矢量,并进行了应用(张兴旺,1998;姚秀萍和于玉斌,2000;曹钰等,2012)。这些湿Q矢量的差别在于其非绝热加热信息的处理,湿Q矢量(Q_*)在考虑非绝热加热作用时将其处理为大尺度稳定凝结加热,湿Q矢量(Q_{um})则是考虑大气处于非均匀饱和状态下的潜热加热,湿Q矢量(Q_M)则同时考虑大尺度稳定水汽潜热和对流凝结水汽潜热。

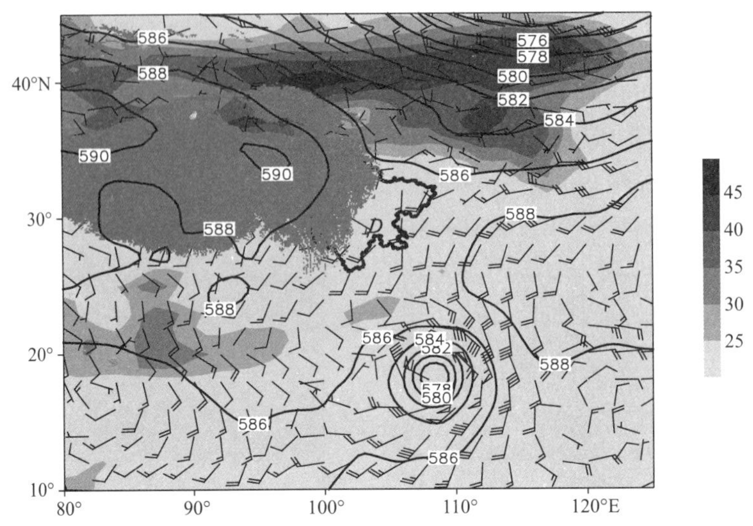

图 5-4　2010 年 7 月 17 日 02 时 200 hPa 高空急流(单位：m・s^{-1})、500 hPa 位势高度场(单位：dagpm)、700 hPa 风场(阴影区地形高度大于 3000 m)(“D”表示西南低涡中心位置)

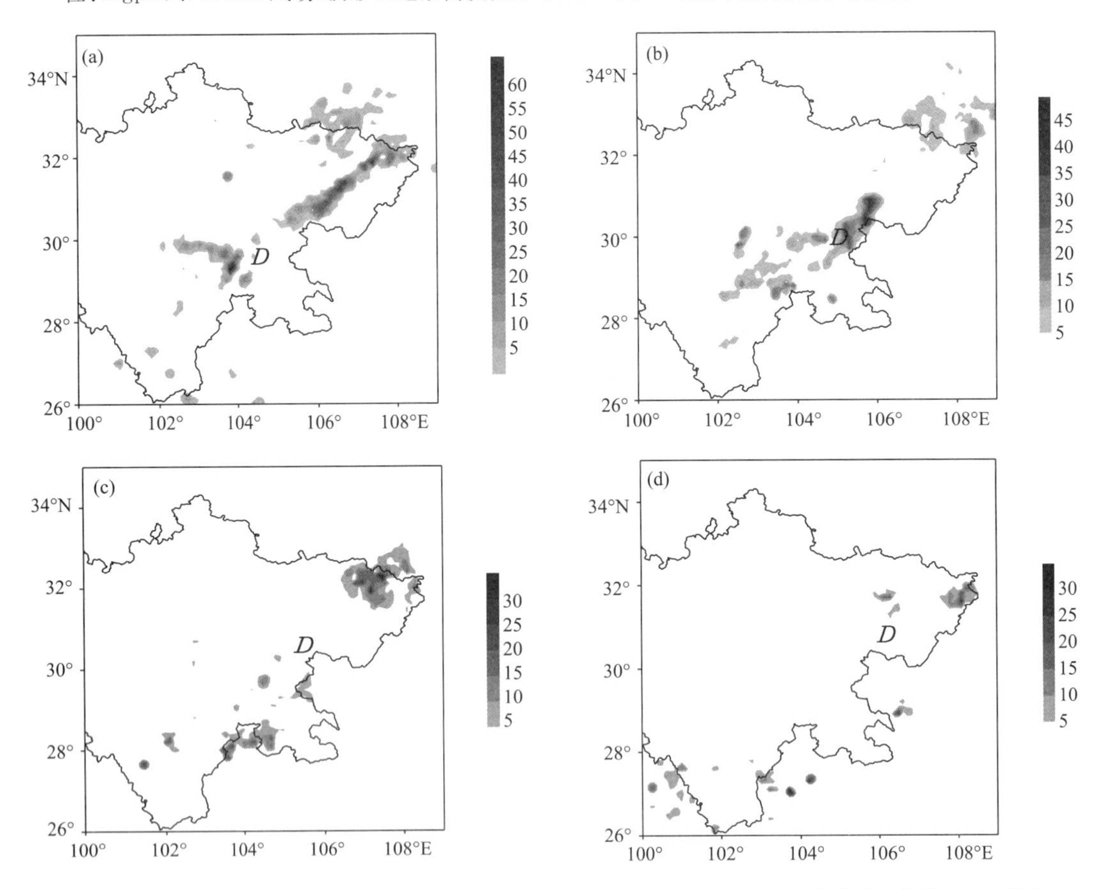

图 5-5　2010 年 7 月 17 日 02 时(a)、08 时(b)、14 时(c)、20 时(d)6 h 降水分布(单位：mm；“D”表示西南低涡中心位置)

上述研究多针对华北、华东暴雨及台风分析，湿 Q 矢量特别是 Q_q 矢量在西南地区的应用较少，尤其没有系统地应用于西南低涡过程分析。

16 日夜至 17 日午间为四川盆地地区对流系统的生成、发展和成熟阶段，其中 17 日 00—10 时对流系统最为旺盛。非地转湿 Q 矢量散度表示产生垂直运动的强迫机制的强弱，相较其他湿 Q 矢量，Q_q 矢量在对流层中高层也体现了可观的非绝热加热作用，这应为其考虑了全部的加热因子所致，对流层中高层在云量较多的情况下，辐射加热的数值是比较可观的。湿 Q 矢量散度负值区表明湿 Q 矢量辐合，有利于激发上升运动，反之为辐散激发下沉运动，从图 5-6a 中可见，17 日 02 时西南涡中心位于湿 Q 矢量散度负值辐合区，散度辐合区的最大值为西南涡中心西侧对流层的中高层，分别出现在 400～500 hPa 及对流层顶，这与当时西南涡上空区域旺盛的对流运动相符，而西南涡中心东侧对流层整层为湿 Q 矢量散度辐散区，湿 Q 矢量散度辐合区和辐散区围绕西南涡中心呈现垂直反向的特征。17 日 08 时（图 5-6b），西南涡中心东移，正涡度层随高度向西侧倾斜，西南涡中心附近均位于湿 Q 矢量散度辐合区。从涡度

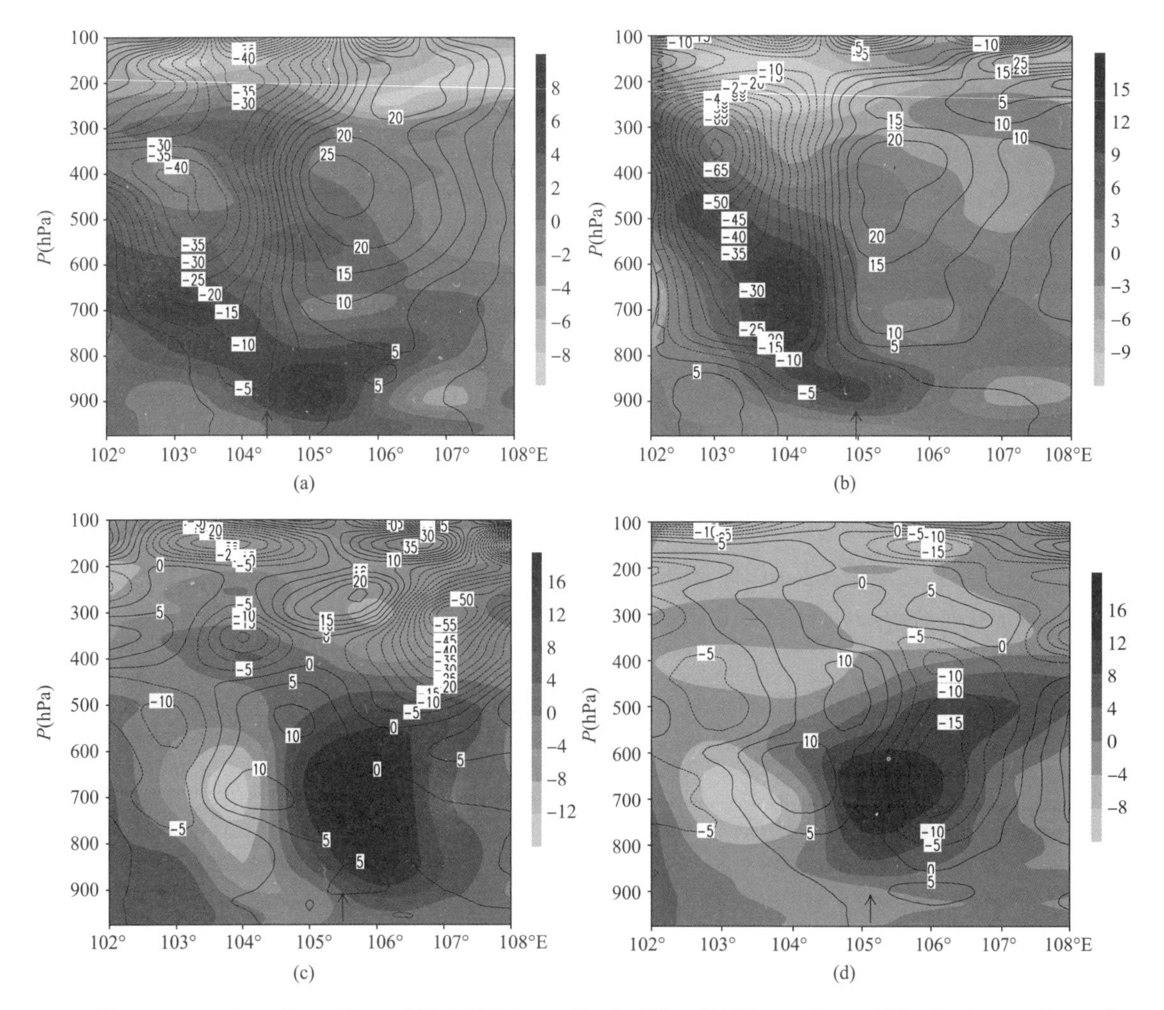

图 5-6　2010 年 7 月 17 日 02 时沿 29°N(a)、17 日 08 时沿 30°N(b)、17 日 14 时沿 31°N(c)、17 日 20 时沿 32°N(d) Q_q 矢量散度（单位：10^{-15} hPa^{-1} · s^{-3}）和涡度（阴影，单位：10^{-5} hPa^{-1} · s^{-1}）经向垂直剖面（图中箭头处为对应时刻西南涡中心）

的垂直结构来看，正涡度、强辐合区基本与湿 Q 矢量散度辐合区重合，负涡度区则与湿 Q 矢量散度辐散区重合，湿 Q 矢量散度辐合区大值中心上升至 300～400 hPa 处，数值较 17 日 02 时增大，湿 Q 矢量散度辐合区和辐散区垂直反向的特征更加明显，涡度与湿 Q 矢量围绕西南涡中心体现为“辐合-上升，辐散-下沉”的型式。17 日午后，TBB 图上云顶温度不再小于－70℃，云团形状也开始变得凌乱，14 时后西南涡中心上空对流云团持续消散(图 5-2)，中尺度对流系统(MCS)活动减弱，西南涡中心移至遂宁、南充一带，其上空正涡度层发展较为深厚(图5-6c)，伸展至 400 hPa 处，涡度最大值也达到 16×10^{-5} $hPa^{-1}\cdot s^{-1}$ 以上，但可以观察到西南涡中心上空的湿 Q 矢量散度辐合区由上至下出现断裂，不利于热量和水汽的垂直输送，东侧的辐合区也仅出现在 500 hPa 层以上。17 日 20 时，从图 5-6d 可以看出正涡度层伸展至300 hPa，达到此次过程的最高层次，在西南涡上空对流层中高层仍有一定强度的上升运动存在，但低层已为辐散下沉气流控制。对应时刻西南涡上空云顶亮温没有再出现小于－30℃的现象，同时可以观察到这一时次对流层中高层湿 Q 矢量散度数值大幅减少，这表明对流输送亦大幅减弱。

5.1.6 涡度收支分析

卢敬华和雷小途(1996)研究认为，700 hPa 层上物理量场的不均匀分布，使西南涡向 700 hPa 辐合中心、正涡度平流增大的方向移动，以及西南低涡的移动很大程度上取决于引导气流的作用。700 hPa 层上负涡度平流和反气旋不利于西南低涡的维持和移动，17 日 02 时、08 时、14 时均为西南低涡移动较快的时段，这一时期西南低涡东北侧均有旺盛的 MCS 活动，在 700 hPa 层上 MCS 区域存在较弱的正涡度平流带(图 5-7a，b)。17 日 14 时 MCS 已开始消散，西南低涡东北部、南部尽管还存在两处 MCS 活动区域且附近也体现为正涡度平流(图 5-7c)，但从前面的分析得知中尺度对流系统仍在进一步地减弱，之后 700 hPa 整个盆地基本体现为负涡度平流，17 日 20 时西南低涡移至四川东北部后处于停滞状态，同时西南低涡之前的移动方向前方即东北象限都处于负涡度平流区(图 5-7d)，不利于西南低涡的移动，18 日后此种现象继续出现，且西南涡东侧体现为反气旋环流。而这一时期为西南低涡附近 MCS 消散期，两者有一定的联系。从图 5-3 也得知西南低涡快速移动期间 700 hPa 层上其东北方存在涡旋系统或辐合中心，西南低涡移动路径前方的中尺度对流系统应对西南低涡的移动存在一定的引导作用。

下面分别对每一时次西南低涡活动范围做区域平均，分析其发展过程中的涡度收支状况。17 日 02 时为(103°E～106°E，28°N～31°N)；17 日 08 时为(104°E～107°E，28°N～31°N)；17 日 14 时为(104°E～107°E，29°N～32°N)；17 日 20 时为(104°E～107°E，30°N～33°N)。

如图 5-8 所示，17 日 02 时，高层以上的正涡度收支由平流项(H 项)、垂直输送项(V 项)共同组成，其中平流项的贡献最大，大于 2×10^{-9} s^{-2}；并且可以观察到平流项的垂直分布为对流层中低层为负，在 300 hPa 处转为正值，即 300 hPa 以上涡度平流项使正涡度增加，300 hPa 以下(除 500～450 hPa)使正涡度减少。这种“下负上正”的分布特征将产生上升运动，促使低层辐合加强。从垂直输送项的垂直分布可见，除 800 hPa 以下，垂直输送项整层为正，正涡度由低层向高层输送，对流层高层垂直输送项与平流项的配合，意味着上升运动的加强，有利于涡旋的发展，这也一定程度上解释了 17 日 02 时后出现旺盛的对流发展。拉伸项(D 项)的垂直分布为中低层为正，在 500 hPa 处由正转负，而涡度扭转项(T 项)有与拉伸项类似的垂直分

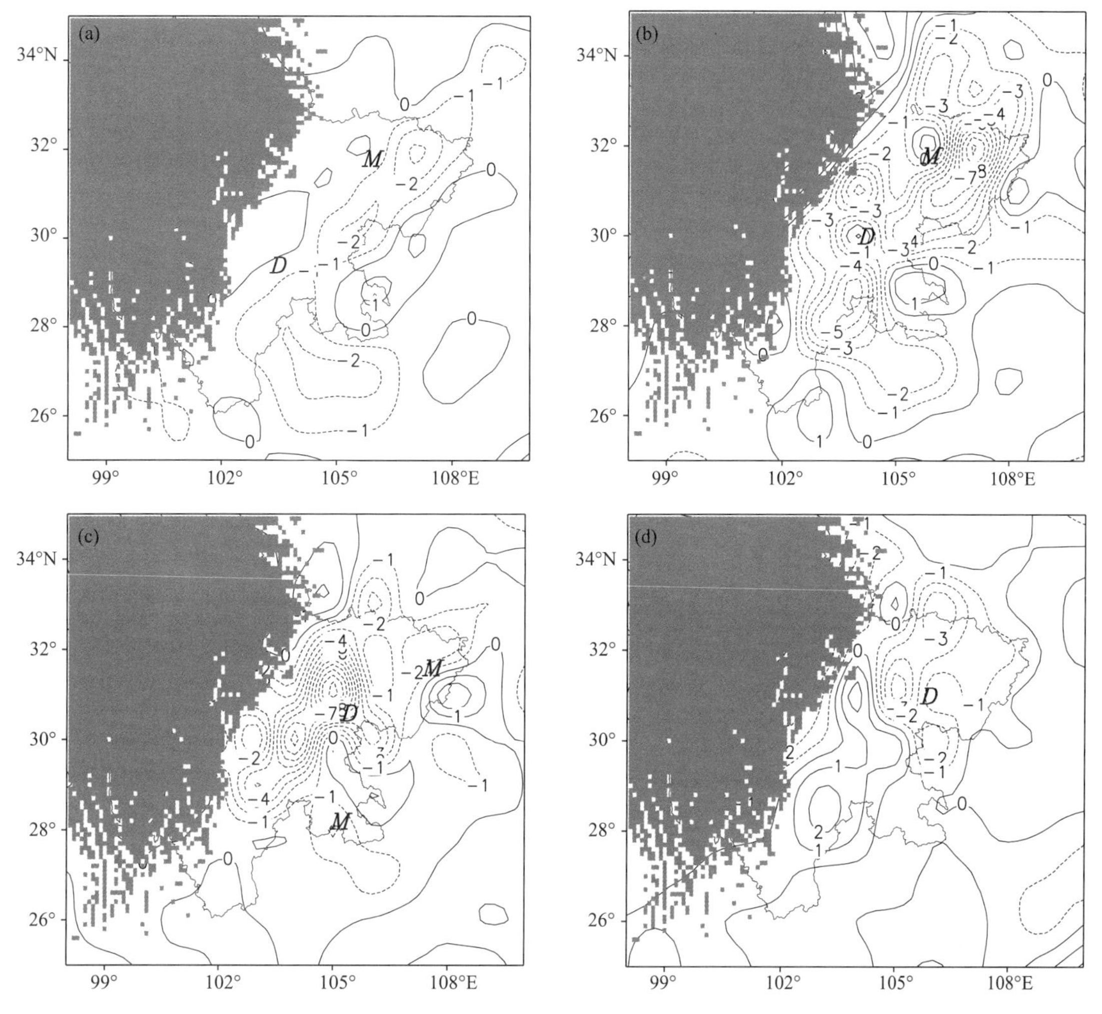

图5-7　2010年7月17日02时(a)、08时(b)、14时(c)、20时(d)700 hPa水平涡度平流(单位：$10^{-9}\ s^{-2}$,阴影为地形高度,图中D为西南低涡中心位置,M为中尺度对流系统区域)

布特征,只是由正转负的层次在800 hPa。这样的分布特征有利于对流层中高层的反气旋和低层的气旋性环流形成。17日08时,在中高层垂直输送项对正涡度收支的贡献很大,但同时扭转项也造成差不多同等的负涡度收支。另外,对流层中低层,拉伸项对正涡度收支的贡献很大,说明在涡旋进入成熟期后,拉伸项是维持低层正涡度的重要因素。17日14时,可以观察到前两个时次体现为“上正下负”特征的涡度扭转项在此时体现为与前面相反的分布特征,而这样的分布是不利于维持“低层辐合、高层辐散”的。此后,西南涡中心上空的对流云团迅速减弱,涡度扭转项应该对此有重要作用,垂直输送项的对中高层的正涡度收支的贡献亦开始减少。17日20时后,可以观察到拉伸项对于低层的正涡度贡献大大减少,垂直输送项除在250～450 hPa为较少的正收支外基本为负贡献,扭转项和平流项的分布特征同样不利于涡旋的发展,一定程度上解释了20时左右西南涡上空对流系统明显减弱的现象。

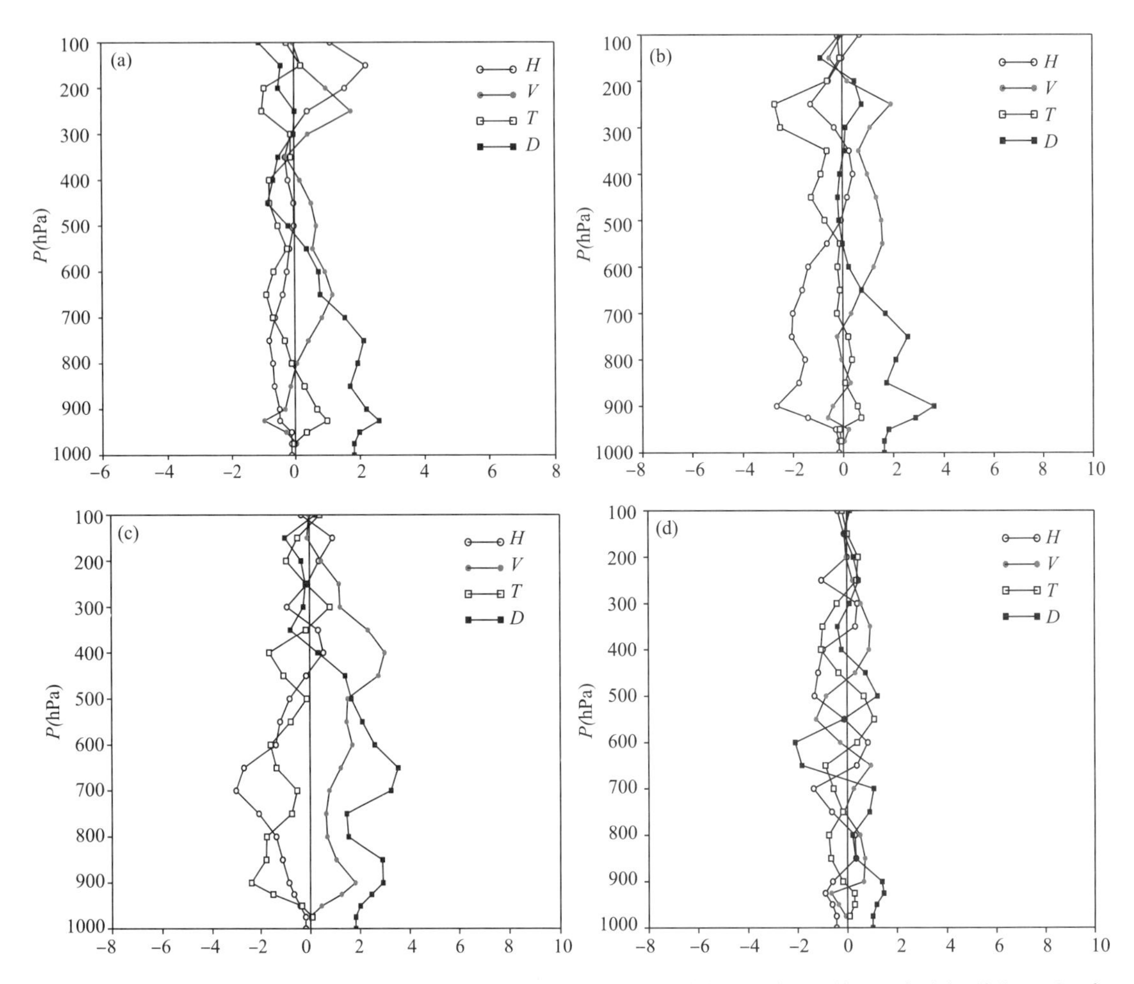

图 5-8　2010 年 7 月 17 日 02 时(a)、08 时(b)、14 时(c)、20 时(d)涡度收支各项区域平均值的垂直分布(单位:10^{-9} s^{-2})

5.1.7　视热源与视水汽汇分析

分别选取 17 日 02 时和 17 日 20 时来对比分析中尺度对流系统旺盛期和消散期的视热源(Q_1)和视水汽汇(Q_2)情况。通过 TBB 图可以得知,17 日 02 时西南低涡和盆地东部 MCS 区域的对流发展都很旺盛,而 20 时则都基本消散。与涡度收支一样,视热源和视水汽汇也采取区域平均来计算分析,低涡活动区域与涡度收支的计算区域一致,MCS 区域取为(106°E～108°E,29°N～32°N)。

图 5-9a 为西南低涡伴有 MCS 旺盛发展时的视热源、视水汽汇垂直分布特征,伴随上升运动的发展,500 hPa 垂直速度为-5×10^{-3} hPa·s^{-1},可以观察到视热源和视水汽汇也随之出现峰值,700～400 hPa Q_2 大于 6 K·$(6\ h)^{-1}$,550～450 hPa Q_1 大于 4 K·$(6\ h)^{-1}$,Q_1 峰值高度高于 Q_2。250 hPa 以下 Q_1 小于 Q_2,说明随着降水的持续,对流层中低层温度降低,但在高层(300 hPa 以上)积云对流对热量的输送很明显,加热效果可观,对流层高层空气显著增暖,这一时期的西南低涡区域出现强降水,其上空对流云团旺盛发展。17 日 20 时(图5-9b),对流层中高层的垂直速度大幅减少,在 600～500 hPa 垂直速度大于 0,不利于热量和水汽的向上输送;视热源和视水汽汇仅在 400 hPa 和 700 hPa 左右有微弱的加热,在850 hPa 以下都为负值。

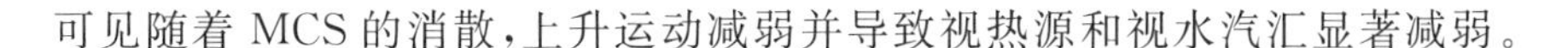

可见随着 MCS 的消散，上升运动减弱并导致视热源和视水汽汇显著减弱。

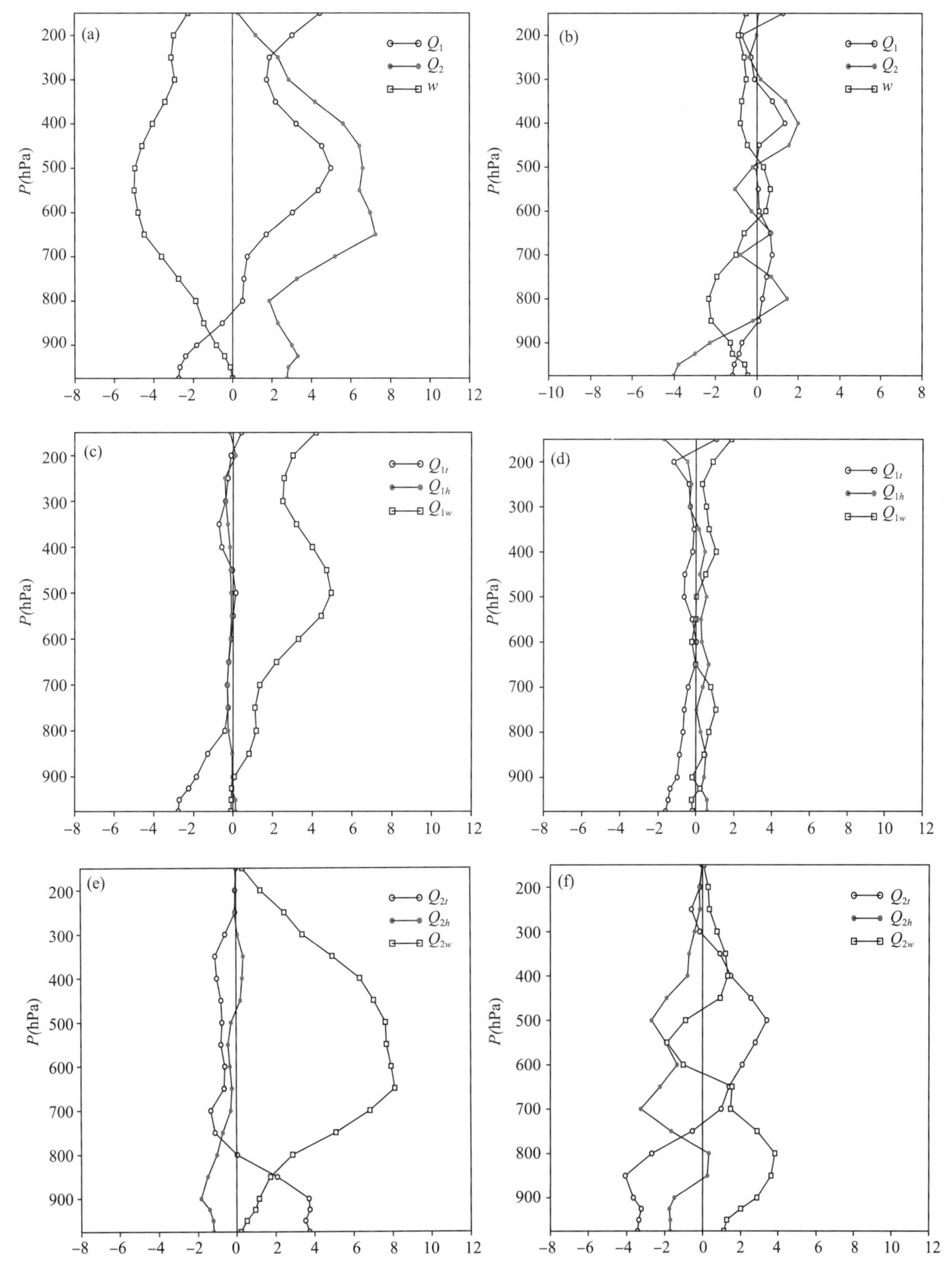

图 5-9　2010 年 7 月 17 日 02 时(a)和 20 时(b)西南低涡区域视热源(单位：K・$(6h)^{-1}$)、视水汽汇(单位：K・$(6h)^{-1}$)、垂直速度(单位：10^{-3} hPa・s^{-1})平均值的垂直分布及 02 时(c)、20 时(d)视热源局地变化项、水平平流项、垂直输送项和 02 时(e)、20 时(f)视水汽汇局地变化项、水平平流项、垂直输送项

下面分析 Q_1 和 Q_2 局地变化项、平流项、垂直输送项的变化特征。02 时 Q_1 平流项整层基本为零，局地变化项除在低层为负外，其余层次也很小，这一时次的加热作用主要由垂直输送项贡献。Q_2 中平流项在 450 hPa 以下为负值，局地变化项在 800 hPa 以下为正值且是主因，在其上(250 hPa 以下)为微弱的负值，垂直输送项则整层为正。在 MCS 消散期，Q_1 的减少主要由于垂直输送项的减少。Q_2 的情况则较为复杂，垂直输送项除 500～600 hPa 为负值外，其余层次还是保持一定的正输送，但平流项基本为整层的负输送，局地变化项对低层的负贡献也很可观。

图 5-10a 为盆地东部 MCS 区域旺盛发展期的视热源、视水汽汇垂直分布特征，800 hPa 以上垂直速度保持在 -5×10^{-3} hPa·s^{-1}。Q_2 有两个峰值，一个位于 700 hPa 处，另一个位于 450 hPa 处；Q_1 除 450 hPa 有一峰值外同时在高层 200 hPa 以上也有明显的加热，600 hPa 以下 Q_1 小于 Q_2，说明随着降水的持续，对流层中低层温度降低，但在高层(300 hPa 以上)积云对流对热量的输送很明显，加热效果很可观，对流层高层空气显著增暖。17 日 20 时(图 5-10b)，对流层中高层的垂直速度大幅减少，同样不利于热量和水汽的向上输送，视热源和视水汽汇在对流层高层和低层都较 02 时减弱。可见，随着 MCS 的消散，该区域视热源和视水汽汇也显著减弱。同样就 17 日 02 时和 20 时来对比分析局地变化项、水平平流项、垂直输送项的变化特征。结果表明，无论是视热源和视水汽汇，在 02 时垂直输送项的贡献率很大，而 20 时它们的减弱也是由垂直输送项的大幅减弱所致。

5.1.8 小结

(1)这次西南低涡暴雨过程是在有利的环流背景下由中尺度对流系统参与产生的。降水在时空分布上有明显的中尺度特征，MCS 是造成暴雨的重要原因，暴雨中心的水平尺度较小，但强度大。MCS 与西南低涡相互作用并对其降水有影响作用，当有旺盛的 MCS 发展配合时西南低涡产生强降水，而 MCS 消散期西南低涡附近降水较弱。

(2)采用全面考虑各类加热信息的 Q_q 矢量配合涡度进行诊断分析，结果显示出 MCS 对西南低涡的作用在于：伴有 MCS 活动时，旺盛的上升运动对于西南涡的加强具有重要作用，高层辐散反过来又促使 MCS 的发展。这样的配置不仅有利于涡旋的加强，还有利于把对流层低层的水汽和热量输送到高层，是这一时期对流云团旺盛发展的直接原因。而上升运动断裂减弱，对流层中低层出现下沉气流，不利于对流系统维持，MCS 的消散反过来影响水汽和热量的垂直输送，从而影响西南低涡降水的变化。

(3)考虑中尺度对流系统的活动在西南低涡移动路径前方产生的气旋或辐合中心及 MCS 活动与 700 hPa 层正涡度平流在时空上存在一定的一致性，MCS 应对西南低涡的移动存在一定的引导作用并影响其移速。从垂直分布特征看，涡度平流项的“上正下负”配置对于涡旋的发展有重要作用。MCS 消散导致上升气流减弱，对流层低层转为下沉气流，不利于西南低涡的发展，同时拉伸项和扭转项也受到较大影响，对低层涡度收支的正贡献将大大减少，在对流层中高层对涡度收支有主要贡献的垂直输送项也由于 MCS 的消散而明显减弱。

(4)西南低涡和盆地东部 MCS 区域平均的视热源和视水汽汇对比分析表明：MCS 的存在对西南低涡的影响十分显著，MCS 成熟期和消散期，对流活动所能输送热量和水汽的能力差异明显，这会对西南低涡的发展维持产生影响。结合湿 Q 矢量和视热源、视水汽汇分析可知，对流层中高层的非绝热加热强迫与积云对流输送关系密切，当中高层湿 Q 矢量散度数值较大时，垂直运动强，对流输送旺盛，当湿 Q 矢量散度减小时，对流输送也会受到相同的影响。

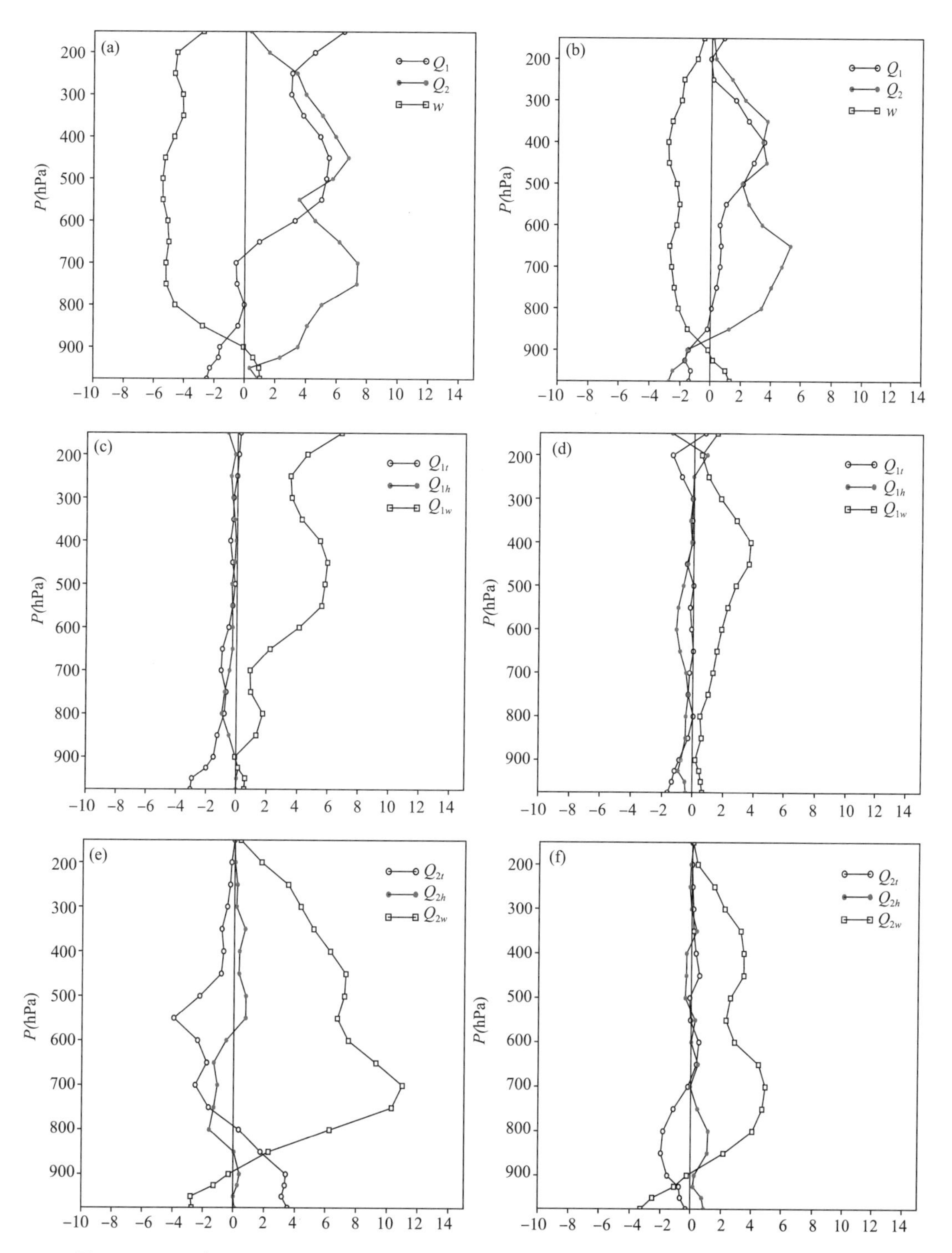

图 5-10　2010 年 7 月 17 日 02 时(a)和 20 时(b)MCS 区域视热源(K·$(6h)^{-1}$)、视水汽汇(K·$(6h)^{-1}$)、垂直速度(10^{-3} hPa·s^{-1})平均值的垂直分布及 02(c)、20 时(d)视热源局地变化项、水平平流项、垂直输送项和 02(e)、20 时(f)视水汽汇局地变化项、水平平流项、垂直输送项

5.2 高原涡与西南涡相互作用引发四川盆地暴雨的位涡诊断

5.2.1 引言

高原低涡(简称高原涡)是青藏高原特殊地形的动力和热力相互作用下的产物,属于浅薄系统,500 hPa 天气图上最清楚,水平尺度为 400～500 km(次天气尺度),大多数为暖性结构(李国平,2007)。夏季,高原涡是高原地区的直接降水系统(郁淑华 等,2012),不仅影响高原地区,而且少数高原涡的东移可引发高原下游地区大范围的暴雨(刘晓冉和李国平,2006)。高原涡的东移,可与青藏高原背风坡的天气系统发生相互作用。而高原背风波最主要的天气系统是西南低涡(简称西南涡),它是夏季引发四川盆地东部暴雨的重要天气系统(江玉华 等,2012;赵大军 等,2011;胡祖恒 等,2014;康岚 等,2011)。

高原涡与西南涡相互作用的过程是川渝地区夏季暴雨的一种重要触发机制,一直是气象学者和预报员关注的问题。赵玉春和王叶红(2010)研究了 2008 年 7 月 20—21 日一次高原涡东移诱生西南涡引发的四川地区特大暴雨,表明高原涡诱生西南涡的过程中,非绝热加热和特殊地形起了主要作用。周春花等(2009)对 2008 年一次 500 hPa 高原涡与 850 hPa 四川盆地浅薄低涡(西南涡)相互作用引发的四川大面积暴雨进行了诊断研究。结果表明:当高原涡与西南涡之间的纬向距离相差 5 个纬度的时候,上升气流都在 500 hPa 以下,当高原涡与西南涡发生相互作用后,高原涡的上升气流可突破 200 hPa;在相互作用初期,西南涡会抑制高原涡的发展,此时西南涡上升气流只能达到 300 hPa。刘富明和杜文杰(1987)指出,高原涡与西南涡处于非耦合时,将抑制盆地西南涡发展;当两者耦合以后,会激发盆地浅薄天气系统发展。后来,陈忠明等(2004)运用这个观点,对 1982 年 7 月 26—28 日一次高原涡与西南涡耦合作用引发的特大暴雨进行了诊断分析,指出当高原涡系统位置偏西时,并且与西南涡处于非耦合状态,高原涡中心及东部下沉气流将抑制盆地涡旋的发展。当高原涡东移到 100°E 时,高原涡将与盆地西南涡发生垂直叠加,可加强盆地西南涡,导致四川盆地发生暴雨。

位涡是反映大气热力、动力性质的综合物理量,在绝热、斜压、无黏性的大气中沿着气块的运动方向具有守恒性,因此可作为跟踪大气轨迹的物理量。Ertel 提出等熵位涡的概念,并且指出等熵位涡在绝热无摩擦过程中是一个守恒量。Hoskins et al. (1985)利用等熵位涡守恒原理分析了阻塞高压、切断低压的发生、发展以及结构特征。位涡理论由于能够很好地与大尺度动力学理论结合,不仅能有效描述气块轨迹,同时也能揭示大气运动的动力学性质。Wu et al. (2000)应用位涡理论分析了气旋移动和位涡异常的关系。葛晶晶等(2012)利用等熵位涡分析了 2008 年 6 月广西致洪暴雨事件。黎惠金等(2010)应用等熵位涡对 2008 年初我国南方低温雨雪冰冻事件进行了诊断分析。丁一汇和马晓青(2007)研究了 2004 年 12 月 22 日—2005 年 1 月 1 日强寒潮过程中等熵位涡揭示的冷空气活动。

有关天气系统相互作用的研究已经有很多(刘富明和杜文杰,1987;周春花 等,2009;赵玉春和王叶红,2010;李强 等,2013),但是本节将从位涡角度分析高原涡与西南涡相互作用过程中的关系。由于位涡可作为跟踪大气轨迹的物理量,故本节将尝试用位涡异常中心来追踪高原涡、西南涡的移动情况,结合高度场和风场资料综合分析高原涡、西南涡在移动过程中的强度变化;而等熵位涡既可描述大气轨迹又可有效地表示大气动力学性质,针对相互作用前后两

个特殊时段，通过计算等熵位涡同时结合高原涡、西南涡涡度的时空演变特征，试图揭示高原涡与西南涡相互作用过程中的一些特征。

5.2.2 资料和方法

本节所用资料有2013年6月28日—7月2日逐时的自动站降水量资料、欧洲中期天气预报中心ERA-interim 1°×1°再分析资料。在青藏高原及周边地区，ERA-interim再分析资料比NCEP再分析资料有更好的适用性(李瑞青 等，2012)。

p坐标系中，忽略垂直速度ω的水平变化，位涡定义如(4-1)式所示。

在等熵面上，忽略垂直速度ω的水平变化并引入静力近似，Ertel将等熵位涡(isentropic potential vorticity，IPV)定义为：

$$IPV = -g(\zeta_\theta + f)\frac{\partial \theta}{\partial p} \tag{5-5}$$

式中：ζ_θ为相对涡度在等熵面上的垂直分量，g为重力加速度，f为地转牵连涡度。由(5-5)式可知，等熵位涡由静力稳定度和绝对涡度共同决定。在夏季，由于暴雨过程中有凝结潜热释放，则应用等熵位涡原理分析的有效时间较短，因此本节仅在高原涡与西南涡相互作用前后一个较短的时段内利用等熵位涡来分析。

5.2.3 暴雨概况

2013年6月29日—7月2日，四川盆地发生了一次特大暴雨过程，其中遂宁、自贡、绵阳、德阳、资阳、自贡等地出现区域性大暴雨，遂宁市日降雨量达到415.9 mm，为四川省20年来最大的日降雨量极值。图5-11为根据四川地区逐时的地面自动站降水量资料绘出的6月30日和7月1日24 h降雨量分布图。在遂宁均存在一个强降水中心，但7月1日的中心相比6月30日明显东移，范围有所扩大，但强度有所减弱。

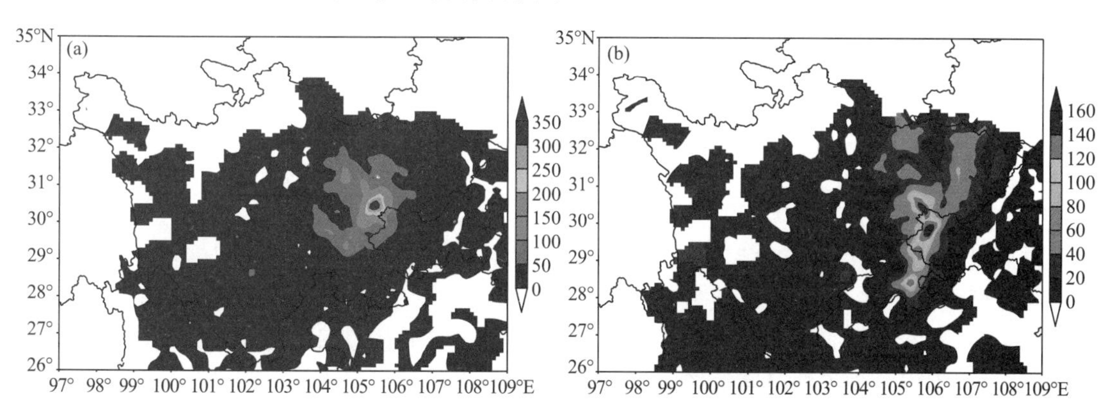

图5-11 24 h累计降水量(单位：mm)

(a)6月30日；(b)7月1日(00时—24时)

5.2.4 高原涡、西南涡的移动与演变

5.2.4.1 移动路径变化

2013年6月28日06时(世界时)，500 hPa天气图上(图略)，在青海西南部有一高原涡生

成，中纬度地区在巴尔喀什湖有一个逐渐东移的低槽。29 日 00 时，500 hPa 亚洲中高纬地区为“一槽一脊”型，我国中纬度地区“东高西低”形势。四川盆地处于西太副高 584 线边缘，29 日 18 时，高原涡进入四川盆地，29 日 18 时—7 月 1 日 18 时，由于西太副高的稳定少动和热带气旋“温碧亚”向西移动所形成的阻塞作用，高原涡一直维持在四川盆地。

根据高原涡、西南涡移动路径(图 5-12)和中心强度的变化情况，可将这次过程分为三个阶段。

第一阶段(28 日 06 时—29 日 18 时)：高原涡东移出高原。28 日 06 时，高原涡在青海西南部生成，高原涡处于巴尔喀什湖低槽尾端，由于受低槽东移影响，高原涡随之东移；29 日00 时，高原中部有一高压脊，冷空气沿着脊前的偏北气流注入低涡后部，使高原涡强度有所加强。

第二阶段(29 日 18 时—30 日 00 时)：西南涡形成、移动阶段。29 日 18 时时，850 hPa 四川盆地为一致的偏南气流控制，西南涡在四川盆地南部生成。

第三阶段(6 月 30 日 00 时—7 月 2 日 06 时)：两涡发生相互作用。代表时刻 30 日 06 时时，两涡耦合，造成了 30 日的强降水过程。

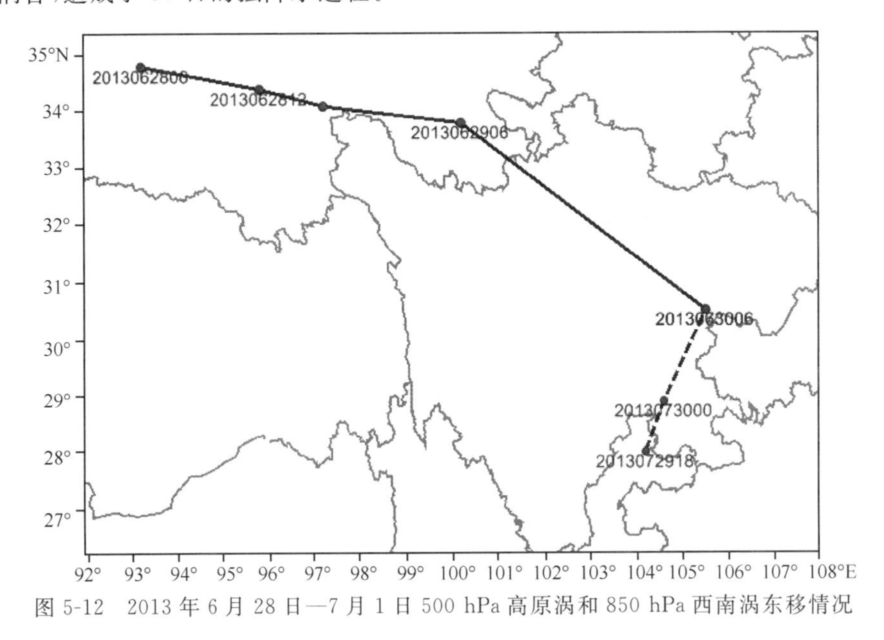

图 5-12　2013 年 6 月 28 日—7 月 1 日 500 hPa 高原涡和 850 hPa 西南涡东移情况

5.2.4.2　低涡移动和强度变化的位涡诊断

高原涡与西南涡的相互作用是一个十分复杂的过程，但由于高原涡与西南涡在垂直方向上有各自的空间尺度，所以可以通过垂直剖面来分析两个系统的伸展空间及相互作用。

第一阶段(28 日 06 时—29 日 18 时)：高原涡东移出高原。根据高原涡的移动特点和移动路径，绘制了不同时刻不同经度的纬向垂直剖面图(图 5-13)。28 日 06 时沿 35°N 的纬向垂直剖面(图 5-13a)可见，在高原地区有明显的正位涡中心，中心位置在 92°E，与此时的高原涡对应。29 日 00 时，沿 33°N 纬向垂直剖面图(图 5-13d)可见高原涡明显东移过程。29 日 18 时沿 30°N 纬向垂直剖面图上(图 5-13e)可以看到正位涡中心移出高原，移入四川盆地。根据 Hoskins et al. (1985)的位涡理论，沿着低涡移动的方向，当高空位涡大值区位于低涡中心西侧时，低涡将发展加强；当高空位涡大值区位于东侧时，低涡将减弱；当高空位涡大值区位于正上方时，低涡处于稳定阶段。为了更加清楚地说明此过程中两涡的强度变化，接下来我们对比分析了高度场、风场和位涡场。

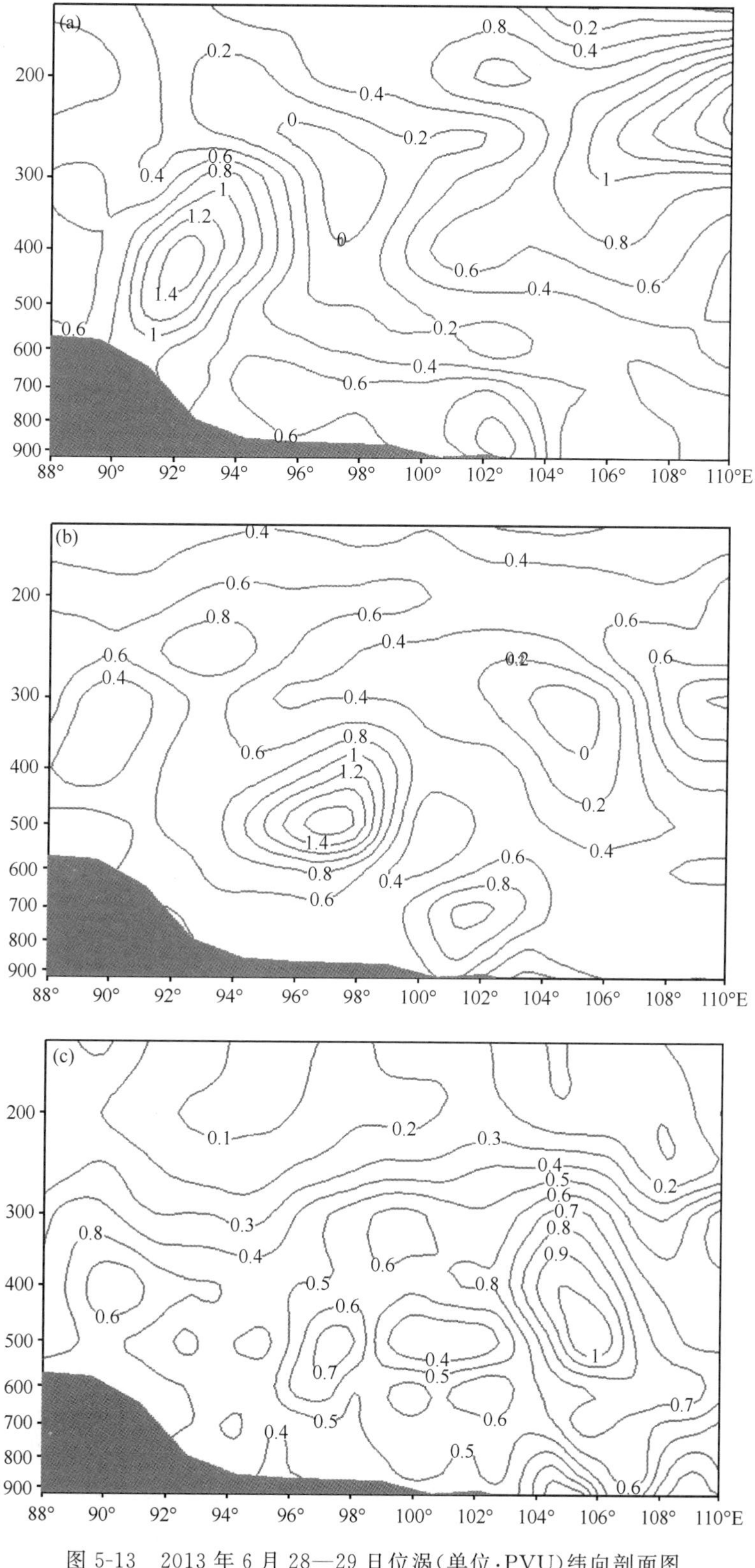

图5-13 2013年6月28—29日位涡(单位:PVU)纬向剖面图
(a)28日06时沿35°N;(b)29日00时沿33°N;(c)29日18时沿30°N

28 日 06:00,高空位涡大值区(92°E)位于高度场上低涡中心(图 5-14a)(93°E)西侧,低涡处于发展加强阶段。正好说明此时对应高原涡的形成阶段。29 日 00:00,高空位涡大值区(97°E)位于流场上低涡中心(图 5-14b)(101°E)西侧,低涡处于发展加强阶段,即高原涡在移到高原东部过程中,正涡度明显加强。29 日 18 时,高空位涡大值区(106°E)位于流场上低涡

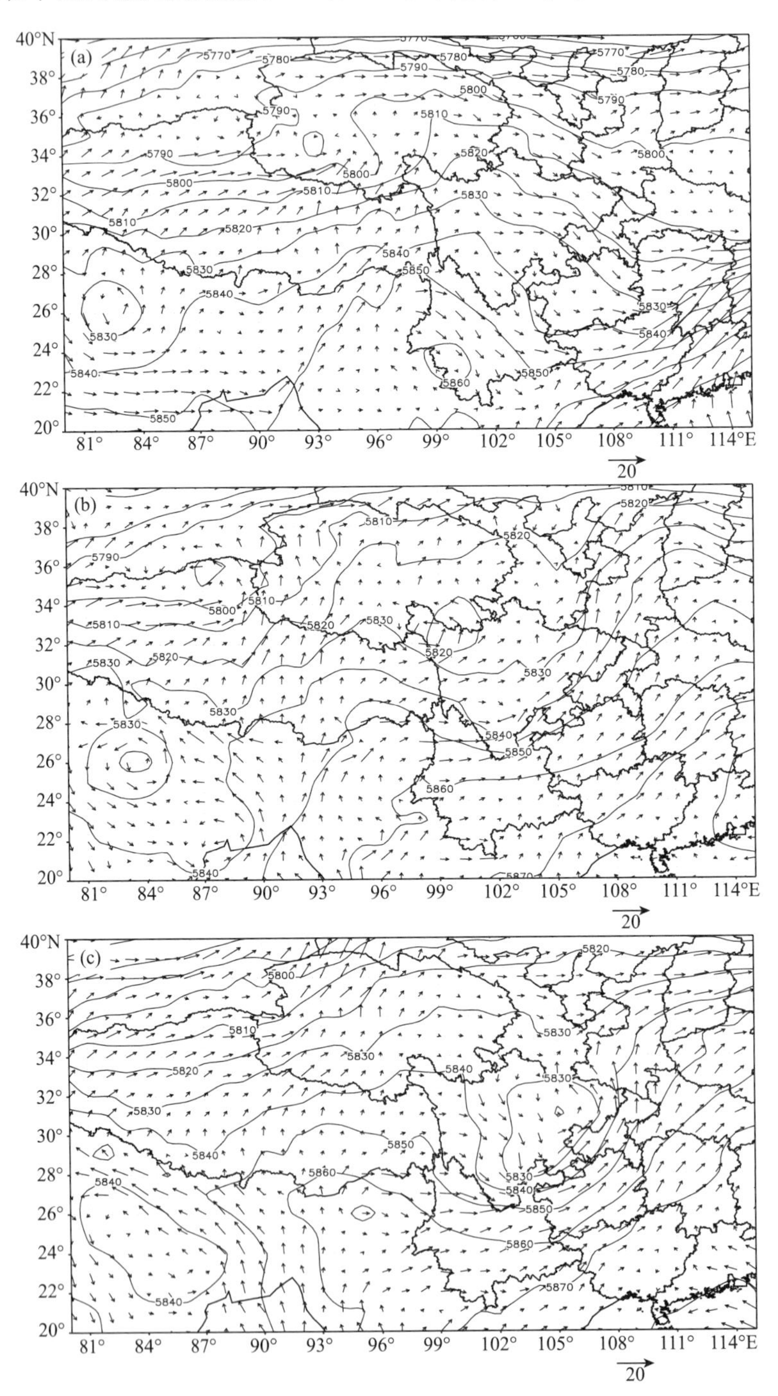

图 5-14　2013 年 6 月 28—29 日 500 hPa 高度(实线,单位:gpm)和风场(矢量,单位:m · s^{-1})

(a)28 日 06 时;(b)29 日 00 时;(c)29 日 18 时

中心(105°E)东侧，低涡将发展减弱，这说明高原涡在进入四川盆地后东移的过程中强度有所减弱。涡度强度的变化将在第 5.2.5.1 节涡度时间演变图中得到印证。

第二阶段(29 日 18 时—30 日 00 时)西南涡形成、移动阶段：从 29 日 18 时沿 28°N 的纬向垂直剖面图(图 5-15a)可以看出，850 hPa 附近已经出现正位涡中心。中心位置位于 104°E 附近。在 30 日 00 时沿 29°位涡剖面图(图 5-15b)上同样也可以看到在 850 hPa，105.5°E 附近存在一个位涡中心。

同样对比分析位涡场和高度场、风场，29 日 18 时高度场、风场图(图 5-16a)，四川盆地出现一低涡中心，低涡中心位置位于 105°E 附近，此时位涡大值区位于 104°E，在低涡中心西侧，低涡将发展加强，此时对应西南涡的形成阶段。可见在涡旋形成阶段，位涡大值位于流场低涡的西侧。30 日 00 时位涡大值中心(105.5°E)与流场低涡中心(105.5°E)重合，说明此时低涡发展稳定。

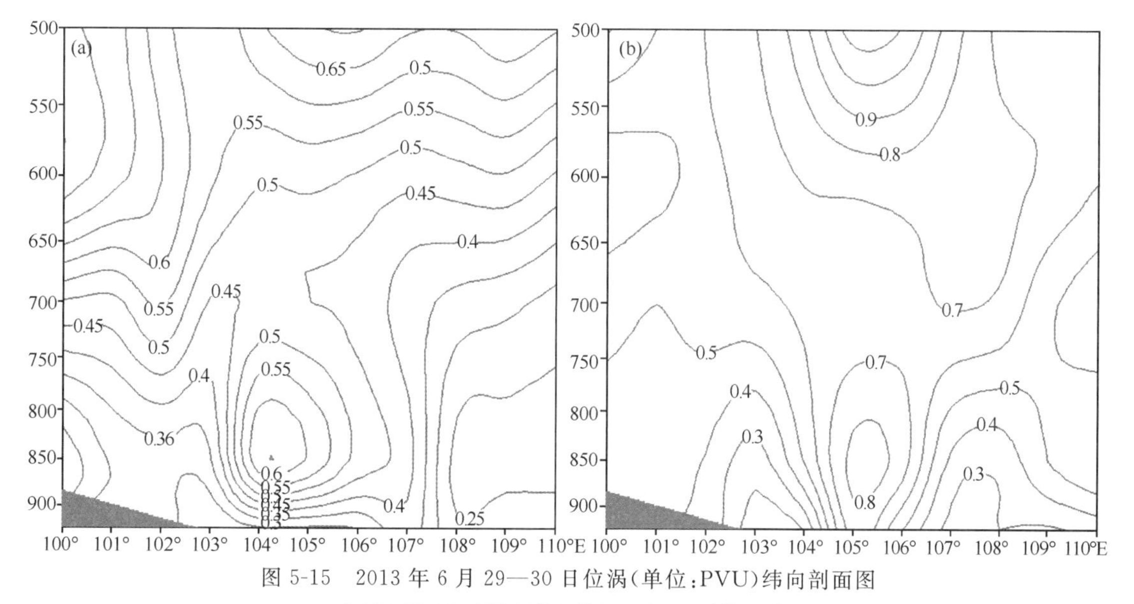

图 5-15　2013 年 6 月 29—30 日位涡(单位：PVU)纬向剖面图

(a)29 日 18 时沿 28°N；(b)30 日 00 时沿 29°N

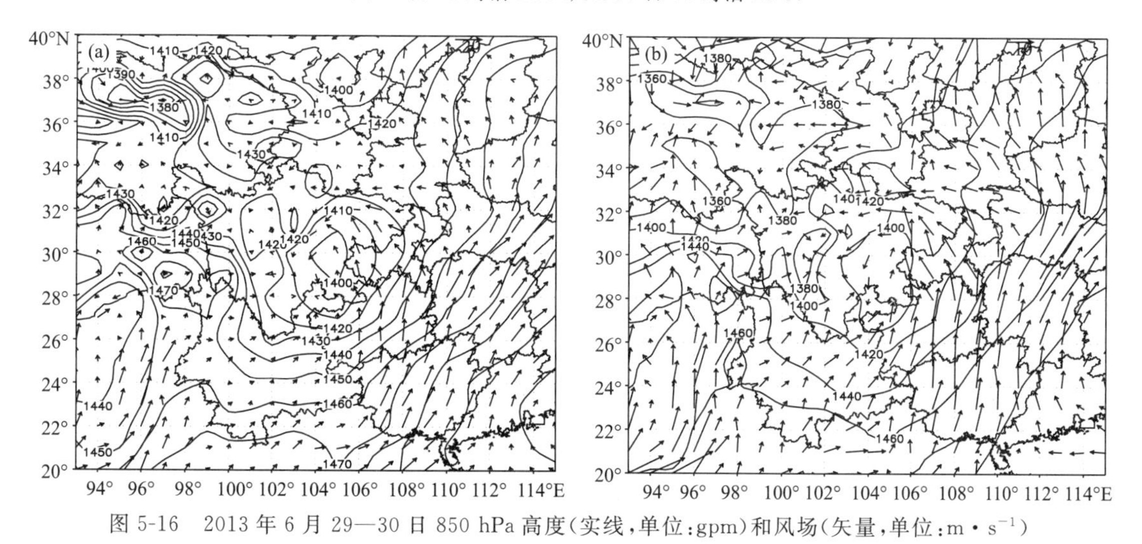

图 5-16　2013 年 6 月 29—30 日 850 hPa 高度(实线，单位：gpm)和风场(矢量，单位：$m \cdot s^{-1}$)

(a)29 日 18 时；(b)30 日 00 时

第三阶段(6 月 30 日 00 时—7 月 2 日 06 时):两涡发生相互作用。此次过程的强降雨中心位于(30°N,105°E)附近。30 日 00 时(图 5-17a),105°E 的 850 hPa 附近、500 hPa 附近各有一个正涡度中心,分别对应西南涡与高原涡。30 日 06 时(图 5-17b),情况发生了很大变化,两个涡旋发生垂直耦合,合并成一个涡旋,强度增强,在垂直方向上从 900 hPa 到 200 hPa 形成了垂直贯通的深厚涡旋系统,而 30 日的强降雨中心也刚好位于这个位置。此后,7 月 1 日 12 时(图 5-17c),正涡度中心略有减弱,1 日降雨量亦减弱。到 7 月 2 日 06 时(图 5-17d),涡旋中心已开始减弱,此次暴雨过程趋于结束。

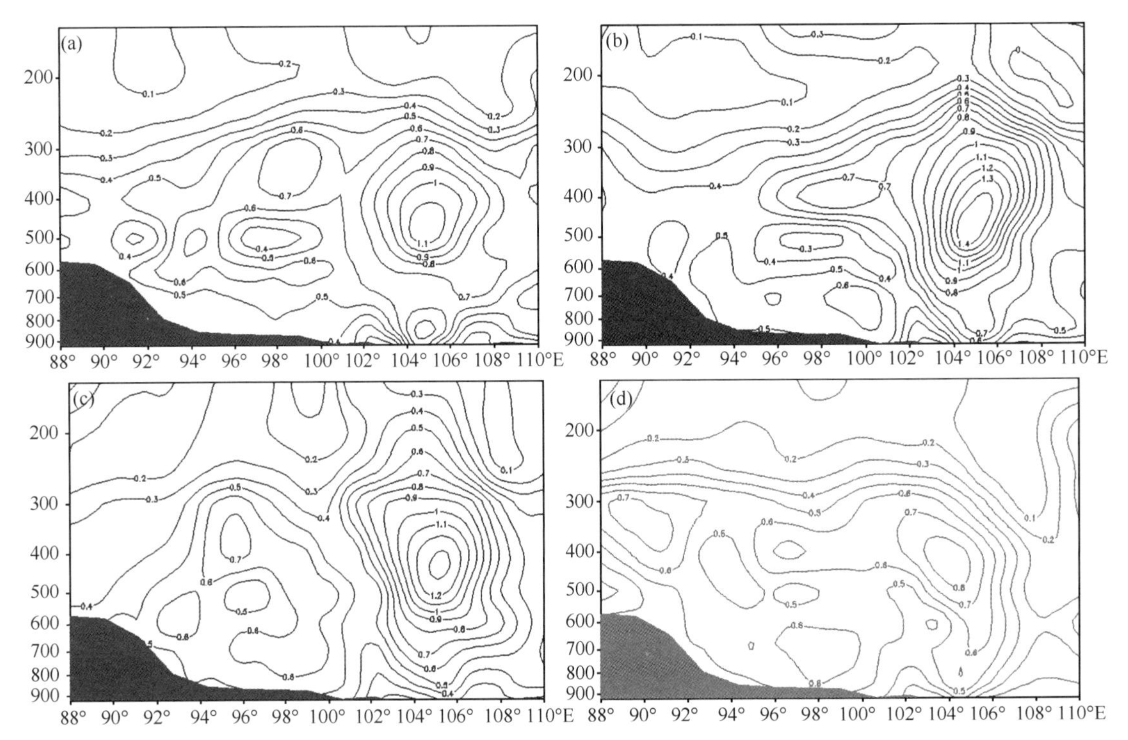

图 5-17 2013 年 6 月 30 日—7 月 2 日沿 30°N 位涡(单位:PVU)纬向剖面图

(a)6 月 30 日 00 时;(b)6 月 30 日 06 时;(c)7 月 1 日 12 时;(d)7 月 2 日 06 时

从位涡剖面图(图 5-13～图 5-17)上所显示的高原涡、西南涡形成及移动过程表明,在涡旋的形成阶段,位涡中心都位于高度场、风场上低涡中心的西侧。当高原涡位置偏西,与盆地西南涡处于非耦合状态时,与高原涡东部或中部上升气流相联系的东侧下沉气流将抑制盆地西南涡的发展。而当高原涡移出高原与盆地西南涡垂直耦合时,高原涡与西南涡在垂直方向合并为一个更强的涡旋。

5.2.5 两涡耦合作用的基本特征

5.2.5.1 气旋性上升气柱

图 5-18 给出了高原涡与西南涡相互作用前(30 日 00 时)和相互作用后(30 日 18 时),从对流层低层到高层的涡度(图 5-18a,b)、散度(图 5-18c,d)和垂直速度散度(图 5-18e,f)沿30°N(强暴雨中心)的垂直剖面图。

两涡相互作用前(30 日 00 时),四川盆地上空对流层低层和中层各存在两个弱的正涡度

中心(图5-18a)，涡度中心分别位于850 hPa和500 hPa，强度为$8\times10^{-5}\ s^{-1}$和$4\times10^{-5}\ s^{-1}$，但是此时对流层中低层有较强的上升气流(图5-18e)。到30日18时，暴雨区上空从900 hPa一直到300 hPa为一个强大正涡度柱(图5-18b)，涡度中心位于500 hPa，中心值为$12\times10^{-5}\ s^{-1}$，表明高原涡与四川盆地浅薄的西南涡发生了垂直耦合。30日18时的散度场上(图5-18d)，强暴雨中心在105°E附近，700 hPa以下为弱辐合，辐合中心位于850 hPa，中心值约为$-1.5\times10^{-5}\ s^{-1}$，而700 hPa以上是辐散中心。低层辐合、高层辐散且低层是高湿大气，这样的配置有利于低涡生成。从垂直运动图上也可以看出，在两涡相互作用前(图5-18e)在强暴雨中心(105°E)有很强的上升气流。

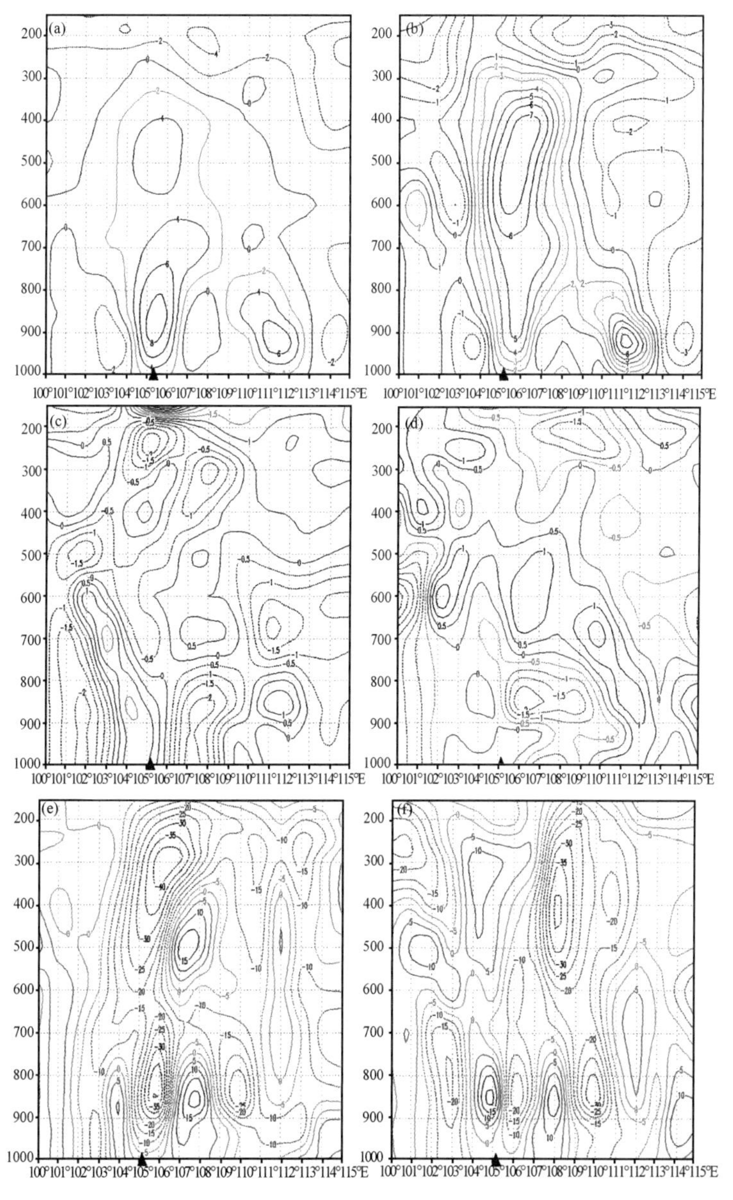

图5-18　2013年6月30日00时、18时分别沿30°N的涡度(a、b)、散度(c、d)、垂直速度(e、f)纬向剖面图(单位：涡度、散度为$10^{-5}\ s^{-1}$，垂直速度为$10^{-3}\ hPa\cdot s^{-1}$；▲为暴雨中心位置)

稳定强大的上升运动是低涡发展的一种重要的动力机制，低空强烈辐合是强烈上升运动的前提。由涡度方程可知，辐合会导致低空正涡度的生成，低空正涡度又通过上升气流不断输送到高空，使涡旋加强(肖红茹 等，2009)。在此次暴雨过程中，在上升气流的右侧可以看到有很强的下沉气流(图 5-18e，f)，这样的上升和下沉气流构成次级环流，实现高、低空水汽和能量的垂直交换。

5.2.5.2　涡度的时变分布

在次天气尺度系统中，涡度比散度大半个量级以上，因此选涡度作为分析参量。图 5-19、图 5-20 分别为高原涡与西南涡代表性层次上(500 hPa、850 hPa)沿涡旋移动路径不同纬向的涡度时间演变图。

从 500 hPa 沿 34°N 涡度纬向-时间演变图(图 5-19a)上可见，高原涡在东移过程中先缓慢加强随后减弱。28 日 06 时、28 日 12 时、28 日 18 时、29 日 00 时，在高原涡移入高原东部的过程中，正涡度中心分别位于 93°E、95°E、98°E 和 101°E 附近，中心强度大小随着时间推进，不断加强。从 28 日 06 时的 $6\times10^{-5}\ s^{-1}$ 增加到 29 日 00 时 $9\times10^{-5}\ s^{-1}$，在高原东部地区，由以前的负涡度或弱的正涡度控制区变为 $8\times10^{-5}\ s^{-1}$ 以上的正涡度控制。30 日 00 时，高原涡在四川盆地东移的过程中强度有所减弱。由于高原涡在东移过程中纬度从 35°N 移到 30°N，为了准确起见，我们又分析了 500 hPa 沿 30°N 涡度纬向—时间演变图(图 5-19b)，从图中可见，29 日 18 时有一正涡度中心，在 30 日 06 时加强，正好是两个涡旋发生耦合时。这说明高原涡在四川盆地东移时，低涡强度有所减弱；而当两个涡旋垂直耦合后，高原涡得到发展。从高原涡的涡度纬向—时间演变图(图 5-19a，b)可见，高原涡在 29 日 18 时移入强暴雨中心(105°E)后，在四川盆地一直稳定维持。850 hPa 上(图 5-20)可以清楚地看到，盆地浅薄的涡旋在 29 日 18 时发生了很大变化。29 日 18 时以前，四川盆地几乎为负涡度控制，29 日 18 时以后变为正涡度，强度达到了 $5\times10^{-5}\ s^{-1}$；而此时正是 500 hPa 高原涡移入盆地上空的时候。这就进一步证实了第 4.2 节的分析结果，即高原涡的东移激发了西南涡的发展。而在两涡发生相互作用后(30 日 06 时)盆地涡旋的强度变化不大。

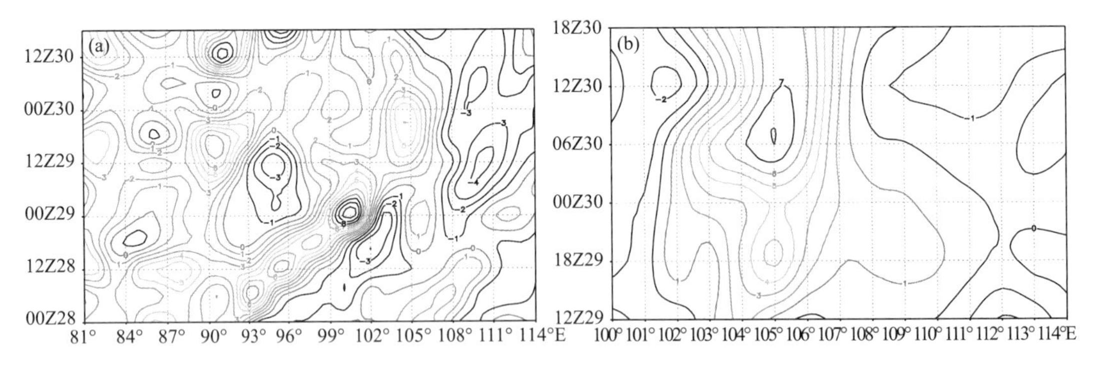

图 5-19　2013 年 6 月 28 日 00 时—30 日 18 时，500 hPa 的涡度(单位：$10^{-5}\ s^{-1}$)时间-经度剖面图
(a)28 日 00 时—30 日 12 时沿 34°N；(b)29 日 12 时—30 日 18 时沿 30°N

5.2.5.3　等熵位涡诊断

等熵位涡既可用来追踪气块的轨迹，又能显示出大尺度大气运动的动力学性质。由于青藏高原地形的原因，为了避免等熵面和地面交割，青藏高原地区宜选取 305K 以上的等熵面进

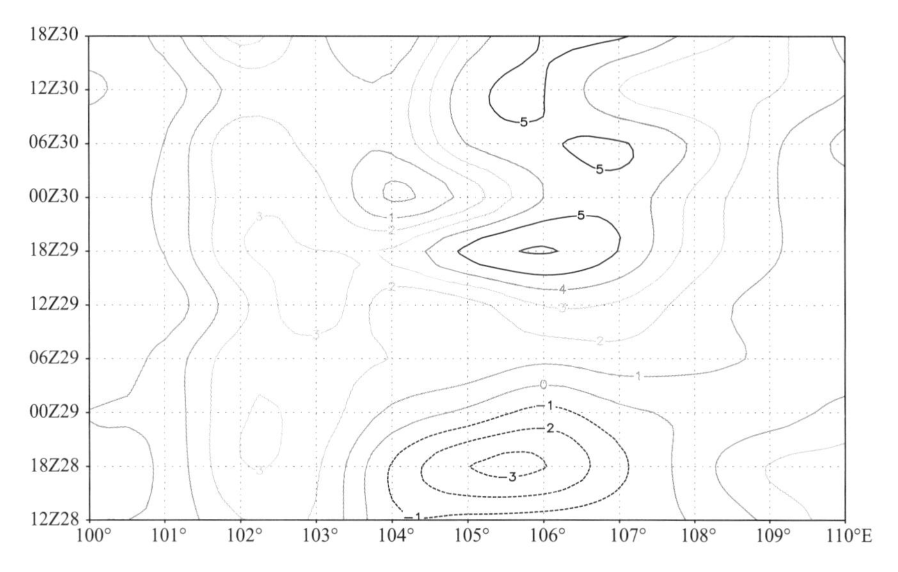

图5-20 2013年6月28日12时—30日18时，850 hPa沿29°N纬圈的涡度(单位：$10^{-5}\ s^{-1}$)时间-经度剖面图

行分析(李立，1992)，故本节分析315K等熵面的位涡及风场分布(图5-21)。从图中可以看出，在IPV正异常中心存在气旋性环流。这与IPV的高值对应大气的气旋性环流，低值对应了大气的反气旋性环流(葛晶晶 等，2012)的结论吻合。

分析两涡相互作用发生前后盆地西南涡中心的IPV(图5-21)发现，在30日00时(图5-21a)，四川盆地存在两个IPV正异常中心，一个位于(105°E，30°N)附近，强度达到1.8 PVU，另一个位于(104°E，28°N)附近，强度为2.2 PVU，正好分别对应两涡相互作用前高原涡与西南涡的位置。而在两涡耦合作用后的30日18时，盆地被IPV的一个正异常中心控制，中心强度快速增强，最大强度达到了3 PVU。这正是500 hPa高原涡移过104°E后，高原涡与西南涡耦合作用促使高原涡发展的结果，并且此中心刚好对应强降水中心。这说明IPV能较好地反映高原涡、西南涡的移动及演变情况，对强降水中心也有一定的指示作用。分析等熵位涡的水平变化，可从水平结构上验证两涡相互作用的发生。

需要注意的是，等熵位涡的异常中心并不意味一定有涡旋与之对应。如30日00时(图5-21a)在四川盆地(102°E，31°N)存在一个位涡正异常中心，但此时高原涡已经移入强降水中心(105°E附近)，高度场、风场上也没有低涡中心。因此，应用等熵位涡分析方法时应注意与其他分析方法相结合。

5.2.6 小结

利用不同类型的位涡计算方法，本节追踪了2013年6月28日—7月2日一次高原涡、西南涡的移动过程，诊断分析了两涡相互作用后耦合加强引发四川盆地区域暴雨天气过程，得出以下结论。

(1)位涡剖面图可用来揭示高原涡与西南涡相互作用过程，追踪高原涡与西南涡的移动情况，结合高度场、风场可以反映出涡旋中心强度的变化。在涡旋形成阶段，位涡中心都位于高度场、风场上低涡中心的西侧。高原涡在东移到高原东部的过程中，强度有所加强；进入四川盆地后的继续东移过程中强度开始减弱；而当与西南涡实现垂直耦合后，高原涡得以再度加强。

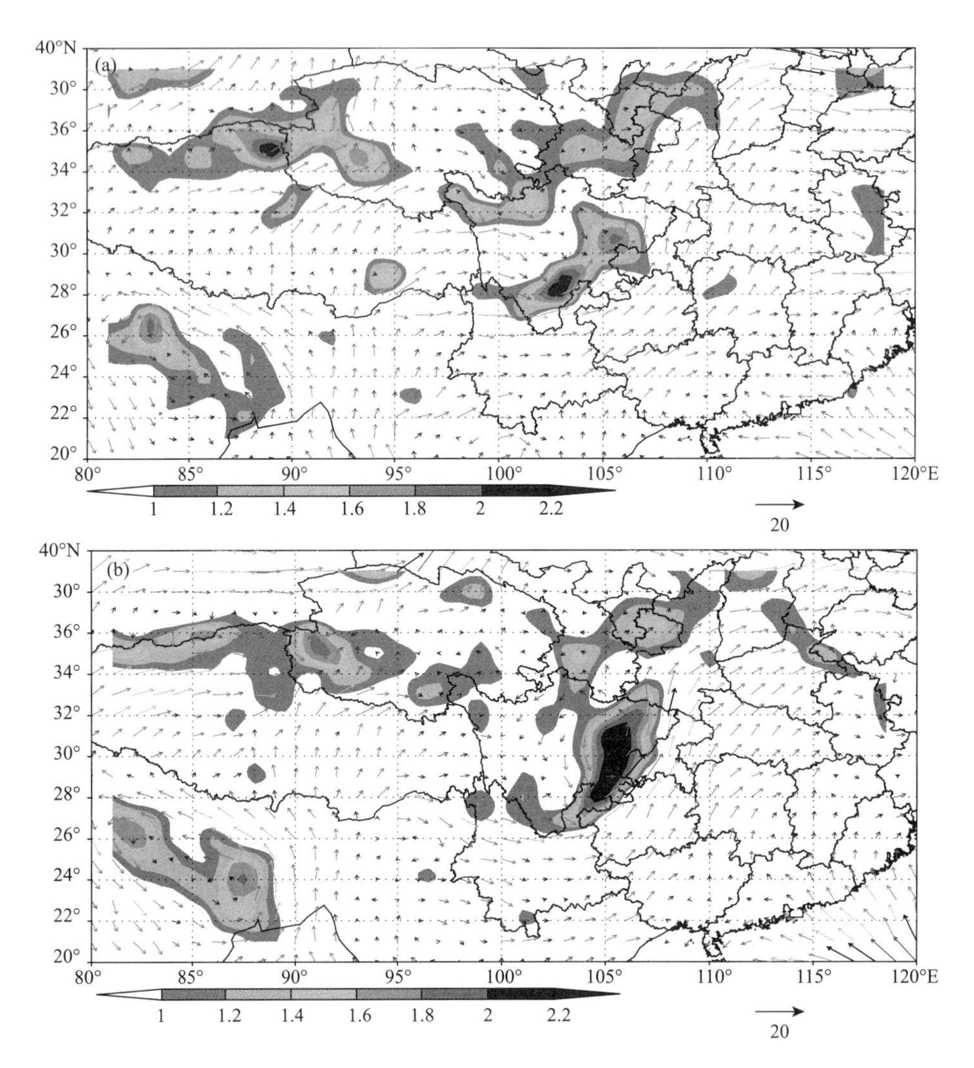

图 5-21　2013 年 6 月 30 日 00 时(a)、18 时(b)315K 等熵面上位涡(单位:PVU,阴影表示 IPV 大于 2 PVU)和风场(矢量,矢线长度单位:$m \cdot s^{-1}$)

(2)基于位涡理论的涡度时间演变分析表明,当高原涡位置偏西,与盆地西南涡处于非耦合状态时,高原低涡东侧次级环流的下沉支将抑制西南涡的发展;而当高原涡东移出高原与盆地西南涡垂直耦合后,高原涡与西南涡垂直合并为一个新的强涡,上升气流加强。

(3)两涡相互作用过程中,暴雨中心对应稳定的上升气流;上升气流的右侧出现明显的下沉气流,从而构成次级环流圈,完成高、低空的水汽和能量交换。

(4)等熵位涡的分布可以反映高原涡与西南涡的水平移动情况,同时对强降水中心也有一定的指示作用。

最后需要指出的是,本研究尚未具体分析位涡公式中各影响因子的具体贡献,特别是两涡相互作用前、后各影响因子的变化。这些存在的问题也为下一步的研究指明了方向。

5.3　高原涡与西南涡相互作用过程的湿位涡分析

5.3.1　引言

众所周知，青藏高原对全球及东亚地区的大气环流有重要影响（吴国雄 等，2005；Zheng el al.，2000）。高原低涡（简称高原涡）是青藏高原地区特有的重要天气系统，它是高原热力强迫作用下的产物（陈伯民和钱正安，1996）。高原天气系统在有利的环流形势力配合下，将东移引发高原下游地区的强降水过程（钱正安 等，1984a；乔全明 等，1994）。东移的高原涡必然要和背风坡天气系统发生相互作用。高原背风坡最主要的天气系统是西南低涡（简称西南涡），西南涡产生于我国西南地区，与高原涡不同，它主要位于对流层低层（850 hPa、700 hPa）（陈忠明 等，2004b；陈启智 等，2008；傅慎明 等 2013）。目前，这种相互作用的研究较多的是双热带气旋相互作用（田永祥和寿绍文，1998；任福民 等，2008；吴限 等，2011）及热带气旋与中尺度环流系统的相互作用（孔军和魏鼎文，1991；雷小途和陈联寿，2001；陈忠明和黄福均，2002；李侃和徐海明，2012）。但目前对于高原涡与西南涡相互作用的研究还较少，最早在刘富明和濮梅娟（1986）分析高原涡的东移过程中，提出了高原涡与西南涡垂直耦合作用的观点，并指出高原涡与西南涡未发生相互作用时，高原涡将抑制盆地低涡发展；当两涡发生相互作用后，高原涡将激发盆地低涡的发展。陈忠明等（2004b）运用刘富明的观点，指出高原涡东部的正涡度平流及负值非平衡强迫与盆地低涡叠加时，两涡发生相互作用。赵玉春和王叶红（2010）通过诊断分析和 WRF 模式探讨了特殊地形和非绝热加热过程在高原涡与西南涡相互作用过程中的作用，指出地面热通量对高原涡的发展起决定性的作用，而高原涡的发展在很大程度上决定了西南涡的形成。但从动力学机制分析盆地低涡是如何加强，它与高原涡的结构特征有何联系等这些重要的问题尚未得到圆满答案。

位涡是表征气旋性涡度发展的有效工具，已有不少研究学者应用它分析、解释热带气旋强度的变化（余晖和吴国雄，2001；徐文慧 等，2010；）。Hoskins et al.（1985）提出了对流层上部的位涡扰动下传有利于对流层低层气旋发展的观点，应俊等（2013）运用这个观点对西北太平洋热带气旋变形阶段强度变化进行分析后指出：对流层高层湿位涡下传，激发对流层低层正涡度增长，从而使得低层气旋发展。吴国雄等（1995）从严格的原始方程出发，证明了湿位涡（MPV）的守恒性，并提出倾斜涡度发展理论（SVD）。SVD 理论在暴雨、暴雪等中尺度天气现象成因分析中被广泛应用。朱禾等（2002）在湿位涡守恒条件下探讨了西南涡的增强及消亡的成因，指出对流发展、不稳定能量的释放对涡旋的发生、发展起主要作用。本节将用湿位涡理论，对比分析高原涡与西南涡相互作用前后的变化过程，从动力学角度探讨耦合过程中高原涡是如何加强盆地低涡的，以及与西南涡的联系。

5.3.2　资料与方法

5.3.2.1　资料

美国国家环境预报中心（NCEP）的 CFSR（climate forecast system reanalysis）数据是新一代较高分辨率的再分析资料（Sara et al.，2010），其水平分辨率 0.5°×0.5°，垂直分层为 37 层。本节采用的资料有逐 6 h 的 CFSR 资料。该资料适用于地形复杂、降水空间差异性较大的亚洲地区，并且对流层风速、湿度的质量也相对较高（马静 等，2014）。

5.3.2.2 方法

吴国雄等（1995）从严格的原始方程出发，推导出精确形式的湿位涡方程，并证得无摩擦、湿绝热的饱和大气中湿位涡是一个守恒量。

$$\frac{\mathrm{d}p_m}{\mathrm{d}t}=0 \tag{5-6}$$

$$P_m=\alpha\zeta_p\cdot\nabla\theta_e \tag{5-7}$$

式中：P_m 为湿空气位势涡度，简称湿位涡（MPV），它等于单位质量气块的垂直涡度在假想的那个位温梯度上的投影与梯度绝对值的乘积；α 为比容，p 为气压，θ_e 为假相当位温。

湿位涡方程如（3-1）～（3-3）式所示。

5.3.3 高原涡与西南涡相互作用的模拟与黑体亮温资料验证

5.3.3.1 高原涡与西南涡相互作用的模拟

本节采用 WRF 3.4 版本的中尺度数值模式，模式初始场和侧边界条件均采用 CFSR 0.5°×0.5°逐 6 h 再分析资料，模拟时段选为 2013 年 7 月 17 日 00 时到 19 日 18 时，基本涵盖了此次高原涡与西南涡相互作用的各阶段。在 WRF 模式中采用的主要参数化方案和物理过程如表 5-1 所示。

表 5-1 WRF 模式采用的主要参数化方案及物理过程

模式网格分辨率	30 km	10 km
微物理过程方案	WSM 6	WSM 6
积云参数化方案	Kain-Fritsch(new Eta)	Kain-Fritsch(new Eta)
边界层方案	YSU	YSU
辐散方案	RRTM	RRTM
近地层方案	Monin-Obukhov	Monin-Obukhov

高原涡于 2013 年 7 月 17 日 00 时（世界时，下同）进入四川盆地（图 5-22a），从 500 hPa 高度场和风场上看出，在（33°N，99.5°E）有一闭合的低值中心，在低值中心附近出现了北风和西南风的弱切变，随后低涡开始发展。17 日 18 时（图 5-22c），500 hPa 图上，低涡中心移至四川盆地南部。18 日 12 时（图 5-22e），从 500 hPa 图上可见低涡在四川盆地南部持续维持。

由模式模拟的 500 hPa 高度场、风场图（图 5-22）可知，高原涡演变过程的模拟与实况基本一致。17 日 00 时（图 5-22b），生成的高原涡向东移出高原进入四川盆地，盆地西北部存在强气旋性弯曲气流。17 日 18 时（图 5-22d）、18 日 12 时（图 5-22f）高原涡在盆地持续维持。850 hPa高度场、风场的演变（图 5-23）可见，17 日 18 时（图 5-23a），四川盆地南部存在一闭合低值中心（29.5°N，104°E），低值中心附近存在北风和东南风弱的切变。18 日 00 时（图 5-23c）、18 日 12 时（图 5-23e）盆地低涡持续维持，并且强度增强。

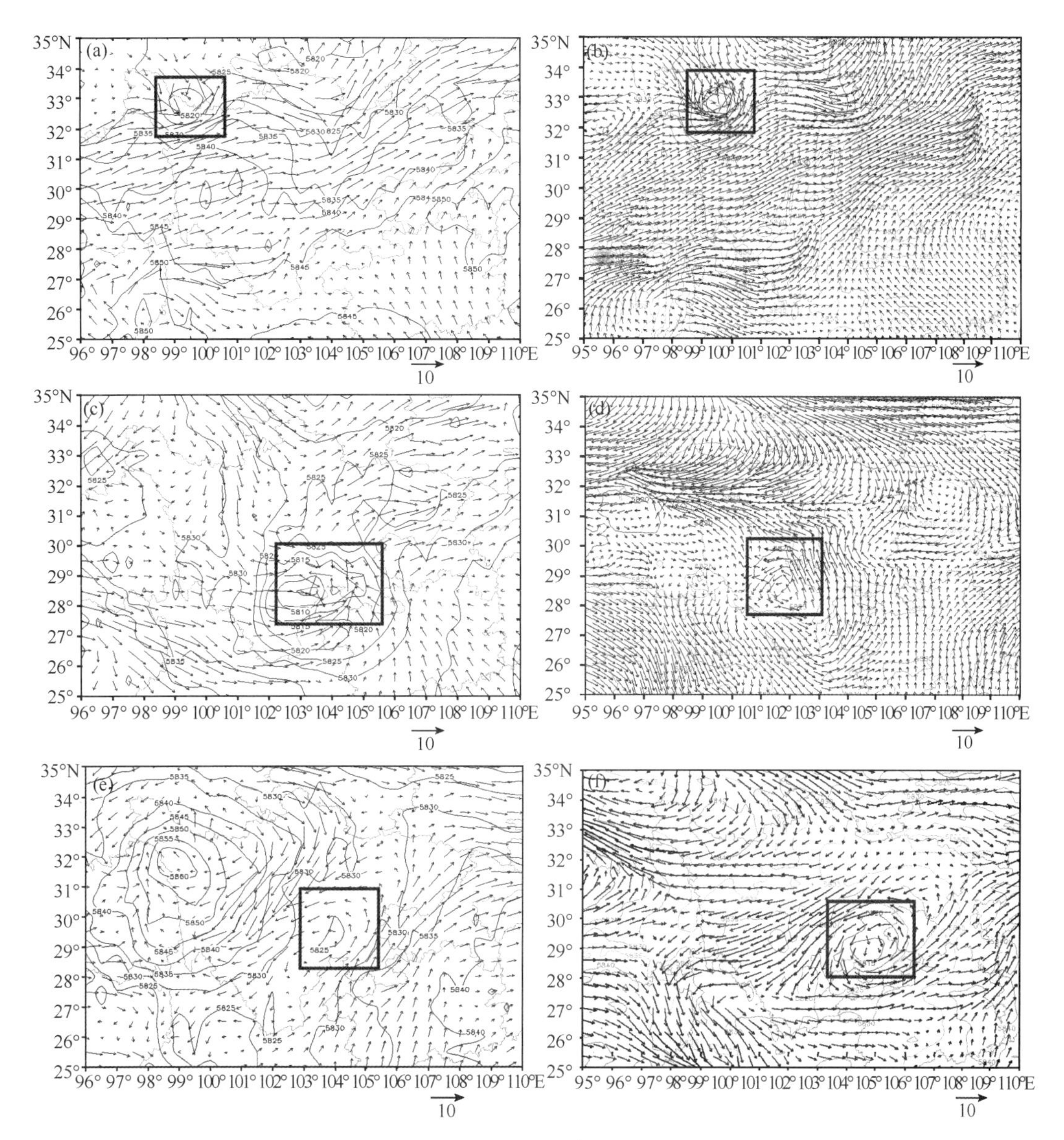

图 5-22　2013 年 7 月 17 日 00 时—18 日 12 时 500 hPa 高度场(实线,单位:gpm)和风场(单位:m·s^{-1})

(a)17 日 00 时实况;(b)17 日 00 时模拟;(c)17 日 18 时实况;(d)17 日 18 时模拟;(e)18 日 12 时实况;(f)18 日 12 时模拟

从图 5-22 可见 17 日 00—18 时,高原涡快速移动四川盆地南部,18 日 00 时,高原涡与西南涡融为一体;到 18 日 12 时,耦合后的低涡在四川盆地稳定维持。因此,高原涡东移后与西南涡发生相互作用,改变了西南涡原有的风、压场分布,激发西南涡加强、发展。

总体而言,模式虽对高层、高度的模拟偏弱,但基本能成功地模拟出此次过程中的天气尺度系统,特别是低涡位置与实况吻合较好,能够再现高原涡与西南涡相互作用过程,为后面的研究奠定了基础。

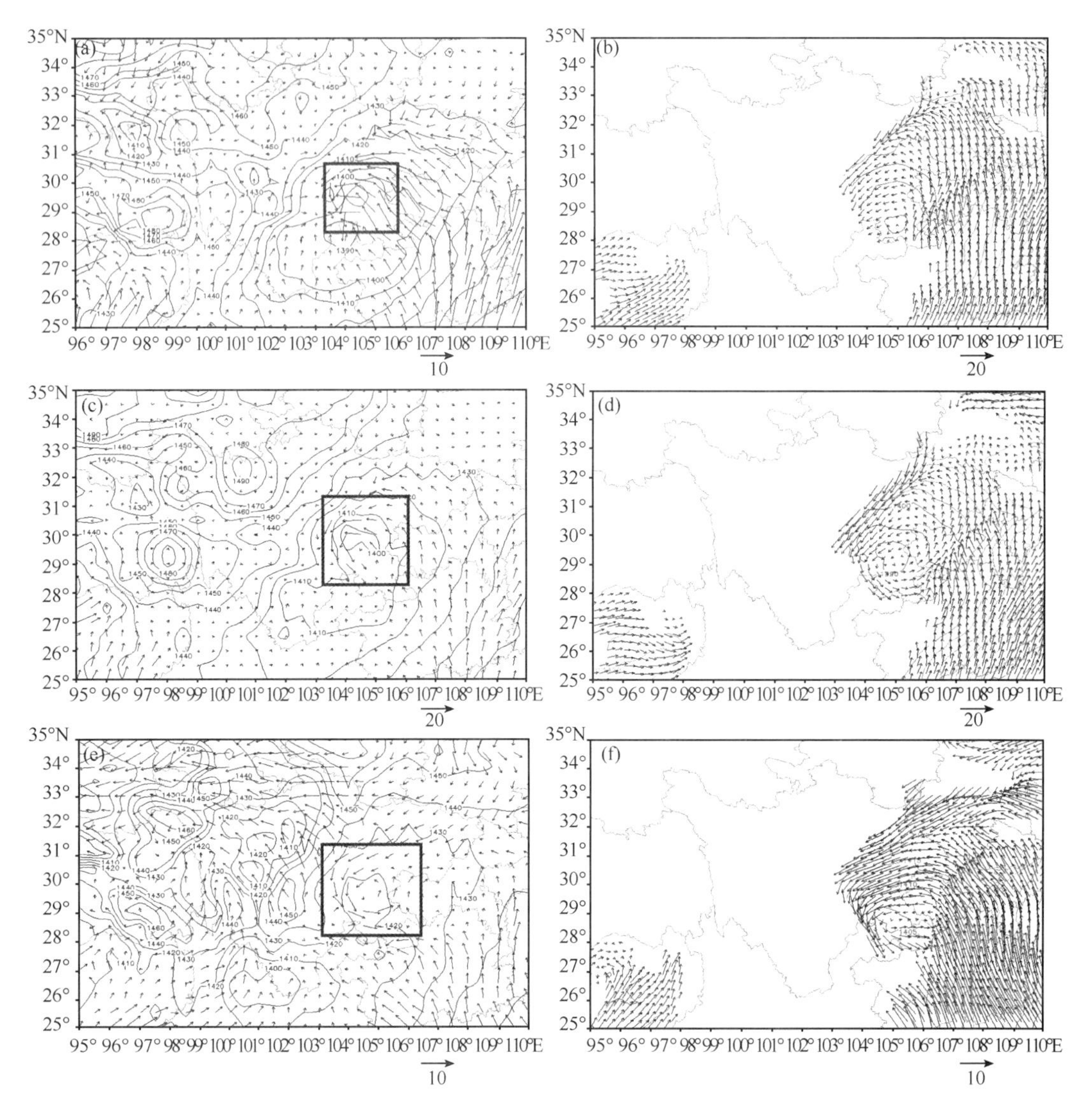

图 5-23　2013 年 7 月 17 日 18 时—18 日 12 时 850 hPa 高度场(实线,单位:gpm)和风场(单位:m·s^{-1})
(a)17 日 18 时实况;(b)17 日 18 时模拟;(c)18 日 00 时实况;(d)18 日 00 时模拟;(e)18 日 12 时实况;(f)18 日 12 时模拟

5.3.3.2　黑体亮温资料的分析验证

在高原地区,由于站点稀少,用的常规资料很难准确地分析中尺度天气系统,而用时空分辨率较高的卫星资料可以揭示中尺度云系的发生、发展及消亡的全过程(黄楚惠和李国平,2007b)。费增坪等(2008)指出:云顶黑体亮温(TBB)≤－32℃时的云团可视为中尺度对流系统。因此,我们通过分析 FY-2E 气象卫星获取的间隔 1 h 的 TBB 资料,可以清晰、直观地反映高原涡、西南涡耦合的发展全过程,可与前述 WRF 模式模拟的结果进行对比、验证。

图 5-24 为 2013 年 7 月 17 日 08—21 时的 TBB 分布。17 日 08 时(图 5-24a),TBB 负高值在四川盆地出现,代表那里对流云团比较活跃。中心位置在(30°N,100°E),表明此时高原涡已经进入四川盆地。09 时(图 5-24b),对流云团强度开始增强。12 时(图 5-24c),出现

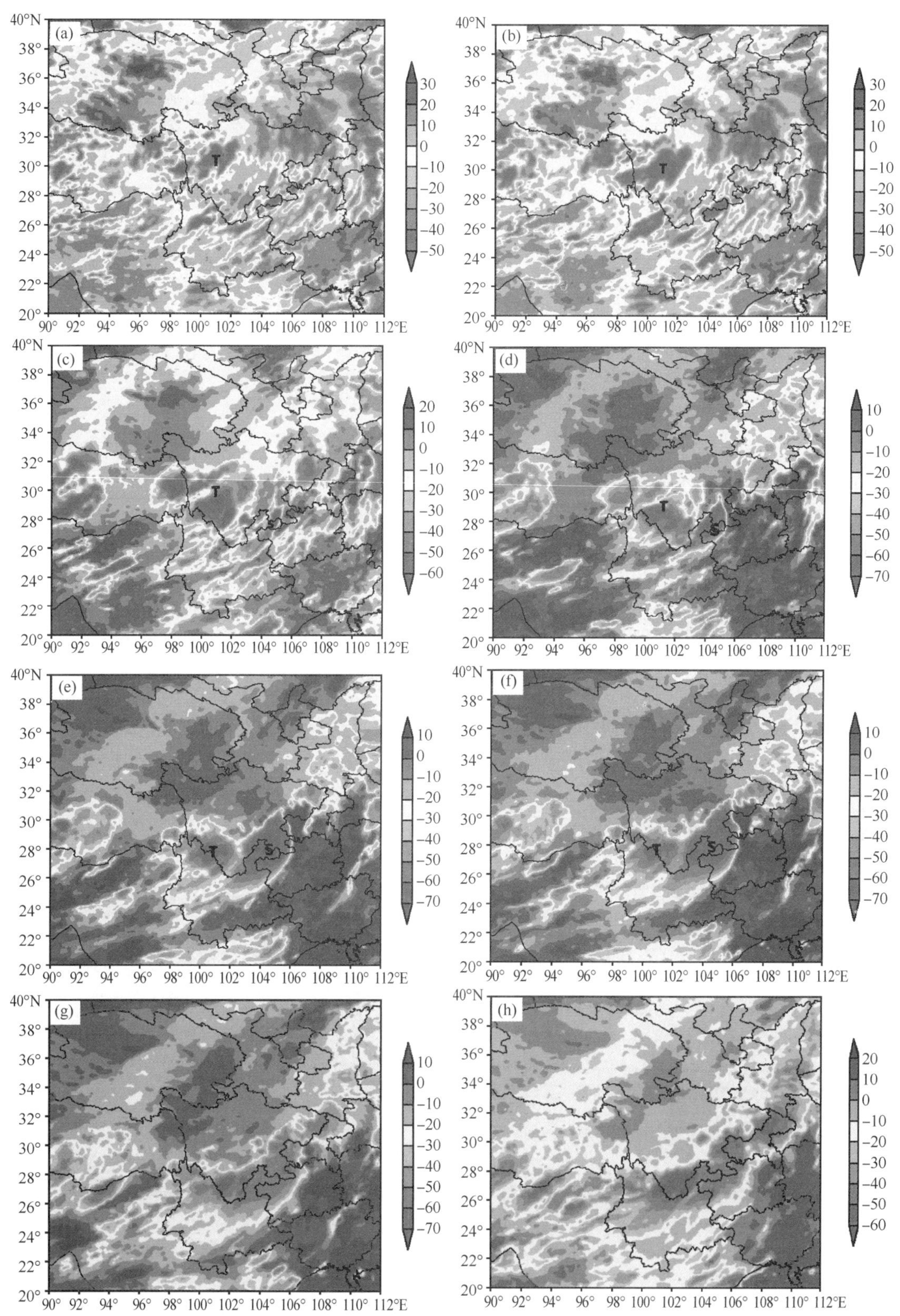

图 5-24　2013 年 7 月 17 日 08—21 时 TBB 的空间分布(单位:℃;图中“T”代表高原涡,“S”为西南涡)
(a)08 时;(b)09 时;(c)12 时;(d)14 时;(e)17 时;(f)18 时;(g)20 时;(h)22 时

2 个 TBB 的负值区，分别位于四川西部和东南部，高原涡此时水平范围较大且强度较强。14 时（图 5-24d）、17 时（图 5-24e）和 18 时（图 5-24f），高原涡的对流云团缓慢南移，西南涡的对流云团强度不断加强，范围也不断扩大。20 时（图 5-24g），2 个对流云团已经合并，TBB 负高值覆盖了四川东南部大部分地区。表明了此时两涡相互作用已经发生，相互作用位置大致位于（27°N，102°E）。故选取 17 日 18 时为相互作用前的代表时刻，18 日 00 时为相互作用后的代表时刻。

22 时（图 5-24h），中尺度对流云团主要集中在四川盆地的东南部，且缓慢向东北方向移动，刚好与 24 h 后出现的强降雨中心对应，表明对流云团对强降雨中心有一定的指示作用。

5.3.4 高原涡与西南涡相互作用的湿位涡分析

5.3.4.1 湿位涡演变特征

图 5-25 为沿两涡相互作用的中心位置的湿位涡和相当位温纬向剖面图。相互作用发生前，17 日 12 时（图 5-25a），在 102°E～105°E 附近湿位涡的大值区位于 700 hPa 附近，相当位温分布稀疏，102°E 以西的暖气团（390 K）与以东的冷气团（340 K）对峙。17 日 18 时（图5-25b），对流层高层的湿位涡扰动下传，扰动区伸至 900 hPa 附近，此时冷暖气团较前一时刻向西移动。相互作用发生后，18 日 00 时（图 5-25c），扰动下传的湿位涡在垂直方向形成了一个强涡度柱，强

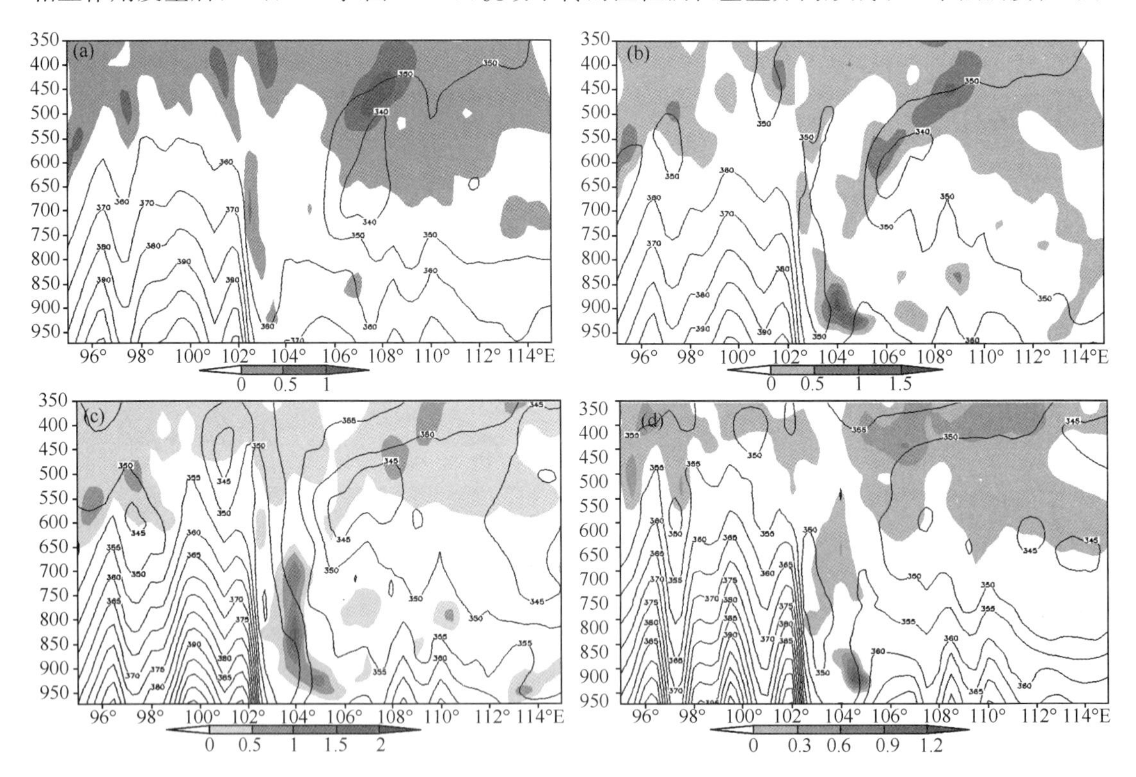

图 5-25 2013 年 7 月 17—18 日过 30°N 湿位涡（阴影区，单位：PVU）和假相当位温（等值线，单位：K）的纬向-垂直剖面

（a）17 日 12 时、（b）17 日 18 时代表相互作用前；（c）18 日 00 时、（d）18 日 06 时代表相互作用后

度达到 2 PVU(1 PVU$=10^{-6}$ K·kg^{-1}·m^{2}·s^{-1})，此时冷暖气团之间的假相当位温等值线密集，近乎陡立，形成一条明显的锋区。吴国雄等(1997)在讨论下滑倾斜涡度的发展时指出，在等压坐标中假相当位温面的水平倾斜对倾斜涡度的发展十分重要。假相当位温面倾斜越大，低层气旋性涡度增长越激烈。等相当位温线的陡立为倾斜涡度的发展提供了必要条件。18 日 06 时(图 5-25d)，垂直涡度柱开始减弱，假相当位温线在 102°E～105°E 范围一致维持密集状态，而该处正是两涡相互作用发生地。这种不同时刻等熵面陡峭处相互并置排列的结果也充分说明了倾斜涡度得到了强烈发展。当东侧的冷空气向西输送时，条件不稳定加强($\partial\theta_e/\partial p<0$)，有利于气旋性涡度增强(李英 等，2005)。根据湿位涡守恒原理，高层的湿位涡大值区扰动下传将在低层诱生出气旋性环流(应俊 等，2013)，有利于低层气旋性环流加强，可使低层西南涡发展、加强。图 5-26 为 WRF 模拟的湿位涡和相当位温垂直剖面图。相互作用前对应的湿位涡大值区位于 700 hPa 附近，相当位温线在此时稀疏(图 5-26a)；相互作用发生后(图5-26c)，湿位涡大值区向下伸展到近地面层，相当位温线非常密集，可见 WRF 模式成功地模拟出了此次两涡耦合过程引起的湿位涡变化。

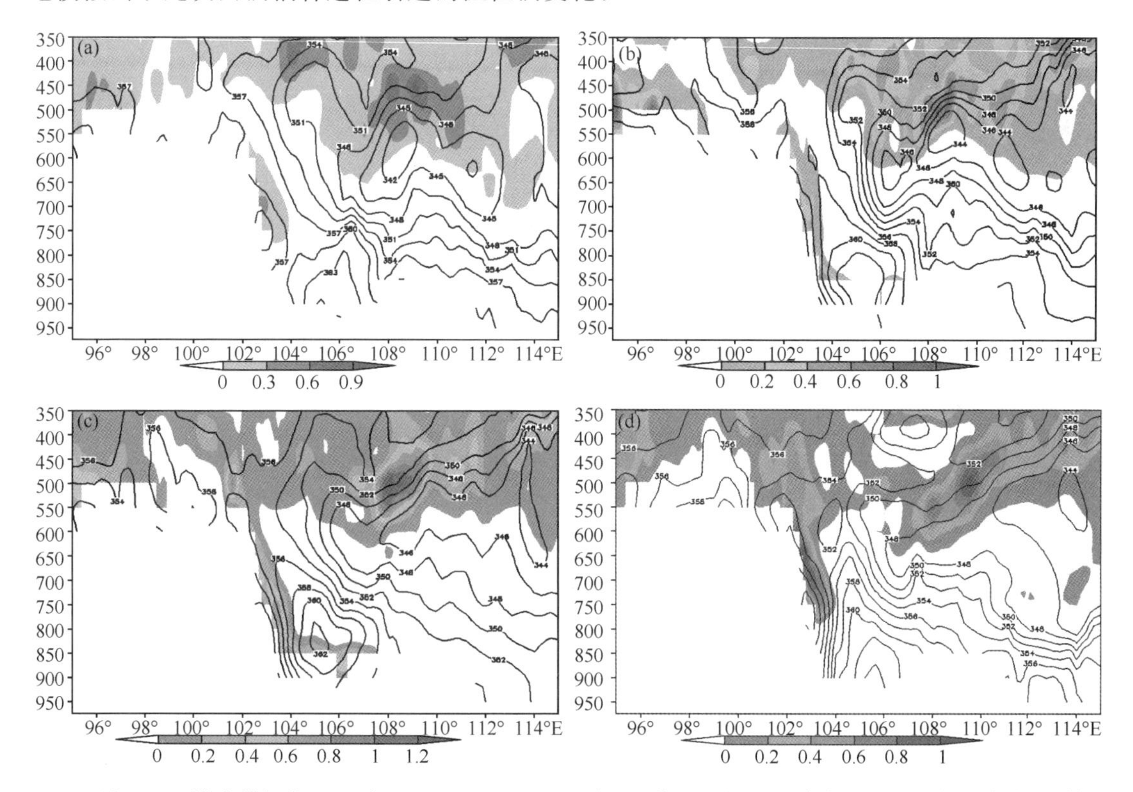

图 5-26 模式模拟的 2013 年 7 月 17—18 日过 30°N 湿位涡(阴影区，单位：PVU)和假相当位温(等值线，单位：K)的纬向-垂直剖面

(a)17 日 12 时、(b)17 日 18 时代表相互作用前；(c)18 日 00 时、(d)18 日 06 时代表相互作用后

上述分析表明，两涡相互作用前，对流层高层湿位涡大值区下传，有利于低层正涡度增强，从而使低层西南涡加强；相互作用后，对流层低层东侧的冷空气向西侧移动时，触发条件不稳定，气旋性涡度增强，有利于耦合后涡旋的持续发展。

5.3.4.2 湿位涡湿斜压项的演变特征

在湿位涡守恒的约束下，水平风的垂直切变($\partial V/\partial p$、湿斜压性$\nabla_p\theta_e$以及大气垂直稳定度$\partial\theta_e/\partial p$)的变化均可导致垂直涡度的发展，这种涡度的增长称为倾斜涡度发展(徐文慧 等，2010)。吴国雄等(1995)在研究斜压性与热带气旋强度突变时指出，MPV2 的变化与湿斜压性的变化基本一致。下面分析 MPV2 在两涡相互作用前后的变化，以探讨东移的高原涡是如何加强盆地西南涡的。

图 5-27、图 5-28 分别给出了相互作用发生前后 500 hPa、850 hPa 上 MPV2 及相对垂直涡度的变化。500 hPa 上，17 日 18 时(图 5-27a)和 18 日 00 时(图 5-27b)，高原涡与西南涡耦合前后，四川盆地具有 MPV2 的负值中心(29°N，105°E)，其值明显增大，有利于倾斜垂直涡度发展。余晖等(2001)提出倾斜涡度的发展，将会导致气旋中心区域垂直涡度的显著增长，涡旋在整体上体现为快速发展。对比相互作用发生前后 500 hPa 低涡中心涡度的变化发现，在相互作用发生前的 17 日 18 时(图 5-27c)，四川盆地有一个强低涡中心，涡度值高达 $35\times10^{-5}\ s^{-1}$。而相互作用发生后的 18 日 00 时(图 5-27d)，500 hPa 上正涡度控制范围向东扩大，正好与对流云团的移动方向对应，但中心强度已明显减弱，涡度值变为 $15\times10^{-5}\ s^{-1}$。

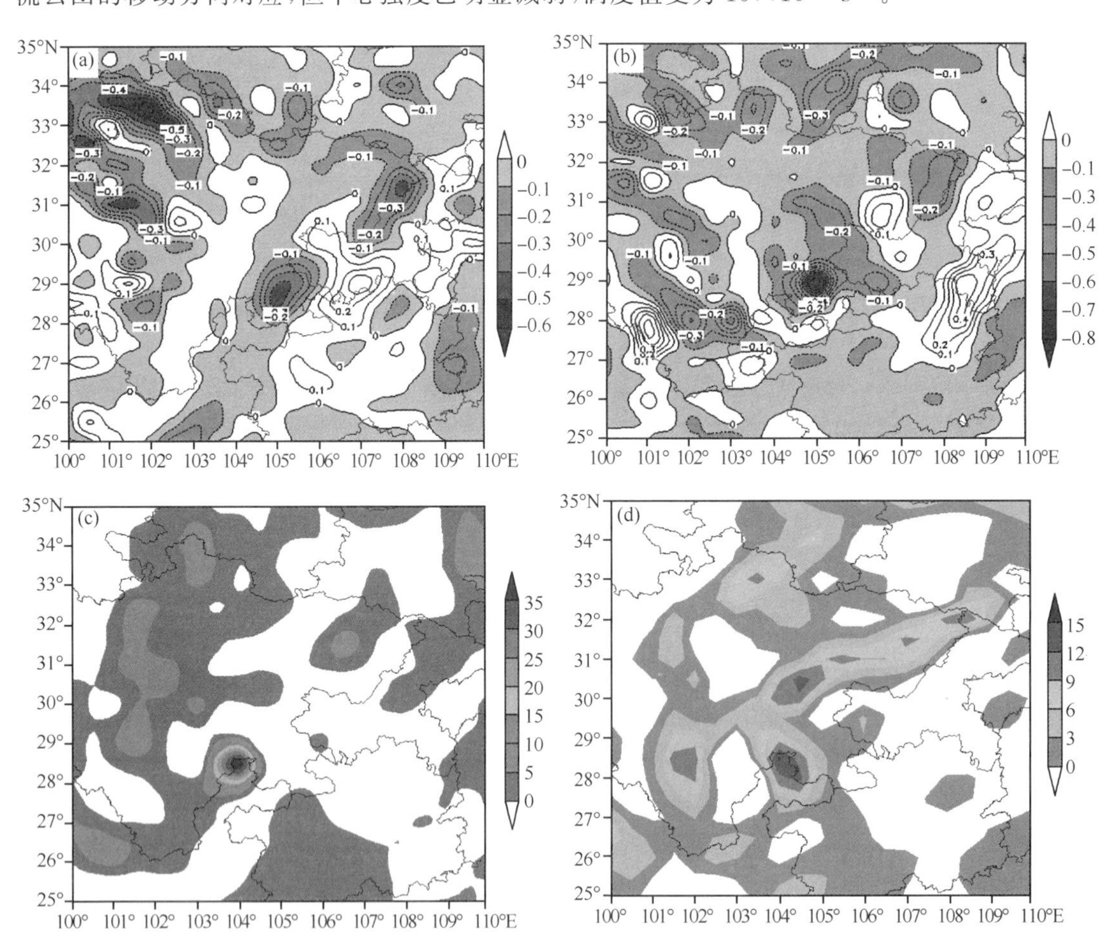

图 5-27 500 hPa MPV2(a、b，单位：PVU)和相对涡度(c、d，单位：K)

(a)、(c)17 日 18 时代表相互作用前；(b)、(d)18 日 00 时代表相互作用后

850 hPa 上在相互作用发生前后(图 5-28a,b),MPV2 负值中心(29°N,105°E)的增强并不明显,说明在 850 hPa 上没有明显的倾斜涡度发展,但四川盆地相对涡度强度在相互作用后明显增强(图 5-28c,d)。由此看来,东移的高原涡所激发的倾斜垂直涡度,通过改变垂直涡度,使得对流层低层的西南涡加强。即 850 hPa 上西南涡的增强主要是 500 hPa 倾斜涡度发展后正涡度下传而引起的。这也印证了前面得出的东移高原涡加强盆地西南涡的结论。

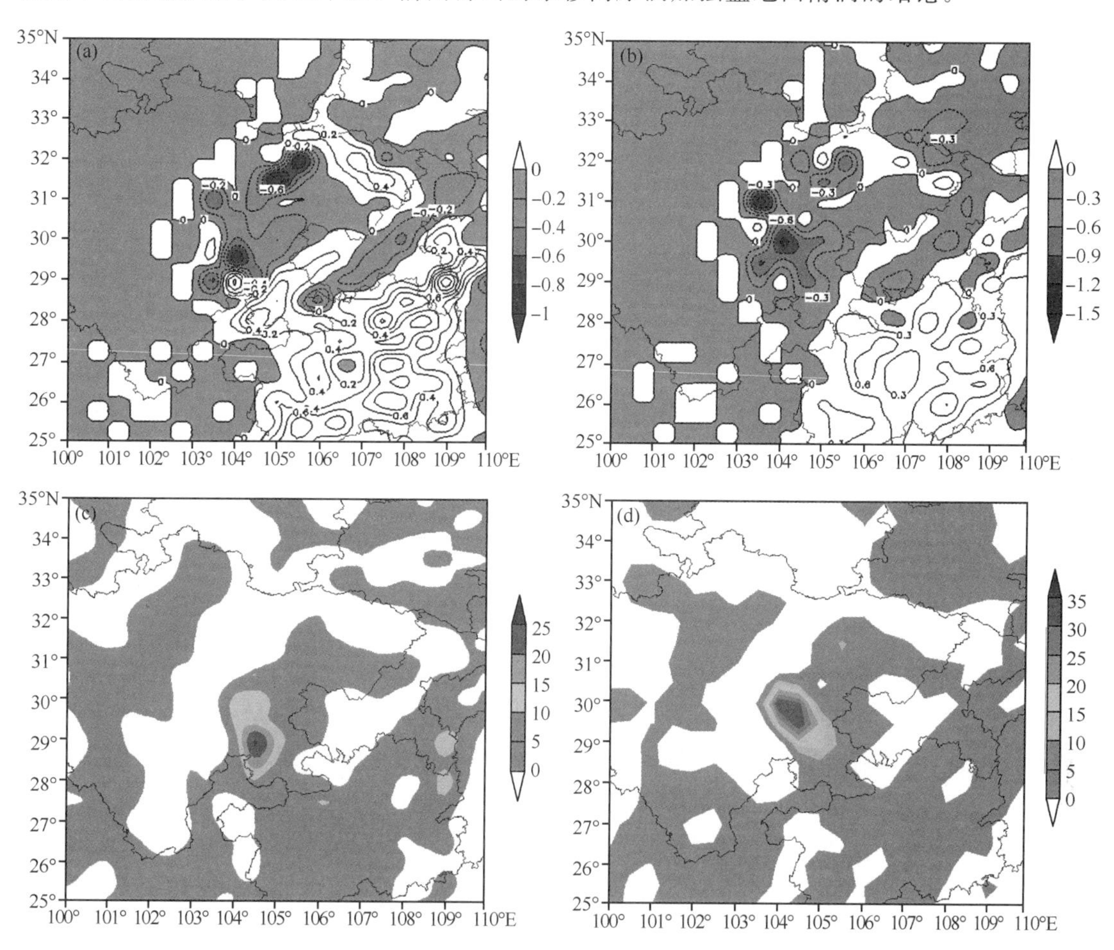

图 5-28 850 hPa MPV2(a、b,单位:PVU)和相对涡度(c、d,单位:K)
(a)、(c)17 日 18 时代表相互作用前;(b)、(d)18 日 00 时代表相互作用后

5.3.4.3 涡度时空分布

高原涡与西南涡相互作用虽然是一个复杂的过程,但是高原涡与西南涡在垂直方向上都有一定的尺度,完全可以通过涡度垂直剖面图直观地反映这一相互作用过程(陈忠明 等,2004)。两涡相互作用前的 17 日 12 时(图 5-29a),500 hPa 上表征高原涡强度的正涡度中心位于 101.5°E 附近,强度为 4×10^{-5} s^{-1}。17 日 18 时(图 5-29b),高原涡向东移动。850 hPa 上,17 日 18 时四川盆地有浅薄涡旋形成,而此时高原涡正移入盆地。18 日 00 时(图 5-29c),高原涡与西南涡发生垂直耦合,导致盆地西南涡急剧发展,形成了一个正涡度大值中心,强度达到了 10×10^{-5} s^{-1}。18 日 06 时(图 5-29d),这一强涡度中心开始减弱。

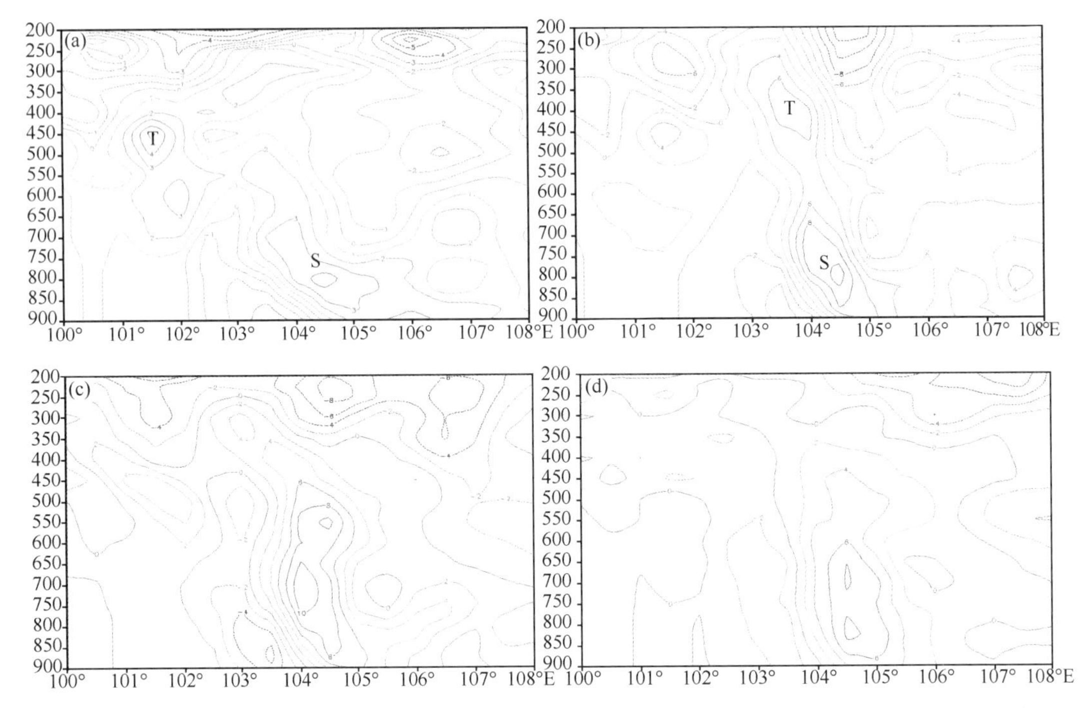

图 5-29 2013 年 7 月 17 日 12 时—18 日 06 时相对涡度沿 27°N～31°N 平均的纬度剖面图
(a)17 日 12 时；(b)17 日 18 时；(c)18 日 00 时；(d)18 日 06 时

5.3.5 小结

本节首先利用 WRF 3.4 模式和 CFSR 再分析资料，对 2013 年 7 月 17—19 日高原涡东移出高原与西南涡相互作用的过程进行了模拟，并用 FY-2E 的 TBB 资料对比验证了模拟结果；然后应用湿位涡诊断及倾斜涡度发展理论分析了高原涡移入盆地后对西南涡的作用，初步探讨了高原涡与西南涡相互作用的过程与机理。得出以下主要结论。

(1)高分辨率中尺度数值能够反映高原涡与西南涡相互作用的基本特征。

(2)两涡相互作用发生前，对流层高层湿位涡大值区下传有利于低层正涡度增强，促使西南涡加强；相互作用发生后，对流层低层的冷暖空气相遇，触发条件不稳定，有利于西南涡进一步发展。

(3)高原涡与西南涡相互作用改变了低涡区域内的热力结构，对流不稳定持续发展，对耦合后涡旋的持续增强起到了积极作用。

(4)随着 500 hPa 上高原涡移出高原后倾斜垂直涡度的发展，其下传有利于低层气旋性环流加强，促使四川盆地得以使西南涡增强。

最后，有必要指出，高原涡与西南涡相互作用的耦合过程是一个十分复杂的问题，本节主要是利用 WRF 模式及湿位涡试图揭示这个复杂过程的一些特征，以期增进对两涡耦合过程的认识。但本研究工作是初步的，耦合的物理机理、中尺度特征等还有待更深入的工作。

5.4 高原涡与西南涡耦合加强的诊断研究

5.4.1 引言

高原低涡与西南低涡的相互作用是高原天气系统与背风坡浅薄天气系统耦合作用的典型代表。早在20世纪80年代中期，刘富明和杜文杰(1987)提出了青藏高原—四川盆地垂直涡旋耦合作用的观点，认为当两者处于非耦合状态时，将抑制背风坡系统发展；当两者成为耦合系统后，就会激发背风坡系统发展与暴雨发生。陈忠明等(2004b)指出高原低涡与西南低涡的相互作用因两者的位置配置不同而产生不同的结果。周春花等(2009)对2008年7月20—22日高原低涡与低层西南低涡相互作用诊断表明，涡前的正涡度变率使得高原涡发展并东移，待垂直耦合后，正涡度变率显著增大增强了大气运动的旋转程度，使得二者同时发展。赵玉春和王叶红(2010)的研究表明，高原低涡诱生的低层偏东气流在川西高原东侧地形的动力强迫抬升作用下，释放对流有效位能激发出MCSs产生强降水，降水凝结潜热加热反馈驱动西南低涡快速发展。

2013年6月29日—7月2日，受东移高原低涡与西南低涡耦合加强影响，四川盆地出现了入汛以来影响范围最广、降雨强度最强、持续时间最长的区域性暴雨天气过程，四川省共计有50个站出现了暴雨，其中大暴雨14站，特大暴雨1站。遂宁、蓬溪两站日降水量创历史新高。此次区域性暴雨过程造成四川省受灾人口449.16万人，因灾死亡13人，失踪5人，紧急转移人口18.37万人；农作物受灾面积19.72万公顷，绝收3.98万公顷；倒塌房屋4921户、11100间，严重损坏房屋27464间；直接经济损失37.03亿元。本节采用NCEP 0.5°×0.5°每日4次的全球预报场分析资料GFS(global forecast system)，利用涡度收支方程和涡动动能收支方程对此次高原低涡和西南低涡耦合加强过程进行了细致动力诊断分析。

5.4.2 降水过程分析

2013年6月29日—7月2日的逐日降水量演变表明(图5-30)，6月29日的降水主要发生在四川盆地西部，暴雨中心为75 mm，6月30日随着西南低涡生成并且与东移的高原低涡在四川盆地上空耦合发展，暴雨范围和强度加大，四川盆地大部分地区降水达到50 mm的暴雨量级，暴雨中心由四川盆地西部东移到盆地中部，降水中心在四川的遂宁，24 h降水量达415.9 mm，达特大暴雨，重庆的铜梁24 h降水量也达到210.4 mm，逼近特大暴雨。7月1日，降水开始有所减弱，50 mm的暴雨区主要位于四川盆地北部。

选取暴雨中心的遂宁和潼南站逐小时的降水演变表明(图5-31)，遂宁站的降水从6月29日19时开始，至6月30日01时的1 h降水强度基本在5 mm以下，而30日02时的1 h降水突增到42.1 mm，至30日09时期间的1 h降水基本稳定在20 mm以上，其中30日03时的1 h降水强度最强，达54.2 mm，30日02—04时的3 h降水量达136.9 mm，30日10时以后降水有所减弱。30日23时开始第二次阶段性强降水，1 h降水达22.8 mm，持续至7月1日03时，之后降水减弱，至1日09时降水基本结束。

潼南站降水同样出现两次阶段性过程，第一次从6月29日19时开始至7月1日00时，最强降水出现在30日22时，1 h降水量达43.5 mm，第二次从7月1日16—18时，期间最强降水达 21.6 mm。

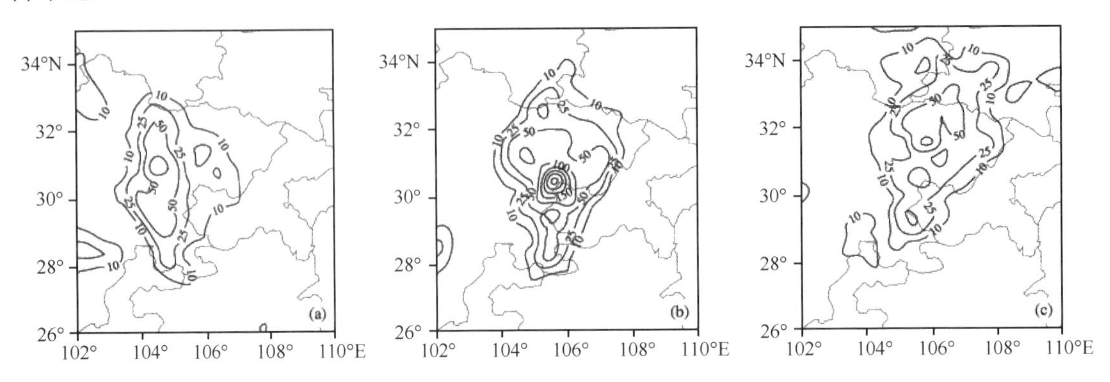

图 5-30 2013 年 6 月 29 日 00 时—7 月 2 日 00 时逐日 24 h 累计降水量(单位:mm)
(a)6 月 29 日 00 时—30 日 00 时;(b)6 月 30 日 00 时—7 月 1 日 00 时;(c)7 月 1 日 00 时—2 日 00 时

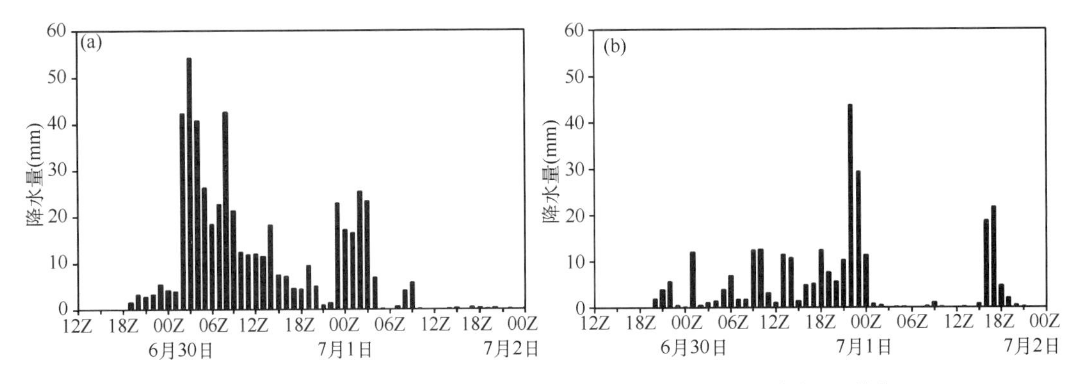

图 5-31 2013 年 6 月 29 日—7 月 1 日遂宁(a)和潼南(b)逐小时降水量(单位:mm)

综上所述,本次特大暴雨过程持续时间近 2 天,但降水主要发生在 6 月 30 日 00 时—7 月 1 日 00 时的 24 h 内,具有范围广、时间集中、强度大的特点,这种强降水受中尺度低涡活动的影响密切。

5.4.3 高原低涡与西南低涡的耦合特征

5.4.3.1 高原低涡的演变

2013 年 6 月 29 日 12 时,500 hPa 上高原低涡首先在青海东南部生成,川西高原为一宽广的低槽区(图 5-32a)。6 h 后高原低涡加强并有所东移(图 5-32b),6 月 30 日 00 时高原低涡东移进入四川盆地西部,但位势高度场没有形成闭合(图 5-32c)。之后由于西太平洋副热带高压的稳定少动形成的阻塞作用,高原低涡一直维持在四川盆地并逐渐加强,此时遂宁特大暴雨强降水的开始(图 5-31),6 月 30 日 06 时出现 583 dagpm 闭合等值线(图 5-32d),在 7 月 1 日 00 时高原低涡发展最旺盛,位势高度闭合等值线达到 581 dagpm(图 5-32g),之后逐渐减弱,此时特大暴雨强降水也进入衰弱阶段(图 5-31),7 月 1 日 18 时位势高度闭合等值线消失(图 5-32j),只有弱的气旋式风场,高原低涡开始消亡。此次高原低涡从青藏高原东南侧生成,东移下高原至滞留在四川盆地东部,生命史持续了 48 h,其中在四川盆地东部滞留了 36 h。高原低涡在四川盆地东部滞留发展阶段对应了四川盆地东部强降水的集中期,表明高原低涡是这次特大暴雨过程的重要影响系统。

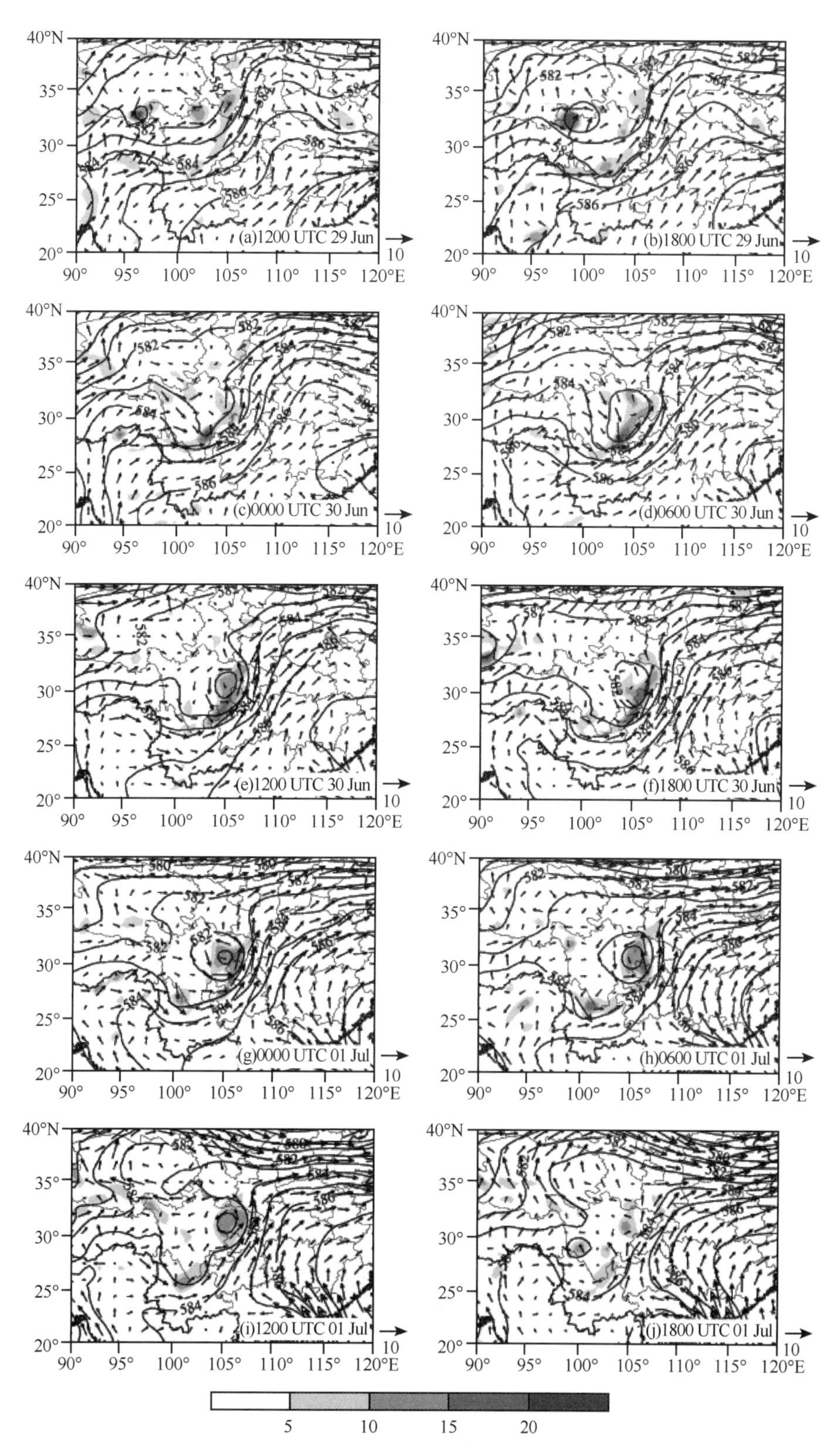

图5-32　500 hPa风场(矢量,单位:m・s^{-1})、位势高度场(实线,单位:dagpm)和相对涡度(阴影,单位:10^{-5} s^{-1})

5.4.3.2　西南低涡的演变

2013 年 6 月 29 日 18 时，700 hPa 上在四川盆地西部有气旋式气流，但没有形成闭合（图 5-33a）。6 月 30 日 00 时，随着高原低涡东移到四川盆地（图 5-32c），四川盆地西部开始有弱的气旋式闭合环流，西南低涡初生，此时低涡北侧有 15×10^{-5} s^{-1} 的涡度中心，与流场中心并不重合（图 5-33b）。之后同样由于西太平洋副热带高压的稳定少动所形成的阻塞作用，使得西南低涡滞留在盆地西部并持续发展加强，这个阶段也对应此次特大暴雨过程强降水的开始（图 5-31a），6 月 30 日 12 时流场形成明显完整的闭合环流，流场中心与涡度中心逐渐靠近（图 5-33d），6 月 30 日 18 时流场中心与涡度中心重合（图 5-33e），一直维持至 7 月 1 日 06 时（图 5-33g）。7 月 1 日 12 时后西南低涡流场开始减弱（图 5-33h），7 月 1 日 18 时流场闭合消失，涡度中心减弱为 10×10^{-5} s^{-1}，西南低涡环流明显减弱，开始消亡（图 5-33i）。此次西南低涡生成后的发展过程对应了此次特大暴雨过程的强降水阶段，西南低涡的减弱消亡对应了强降水的结束，表明西南低涡是此次暴雨过程的直接影响系统。

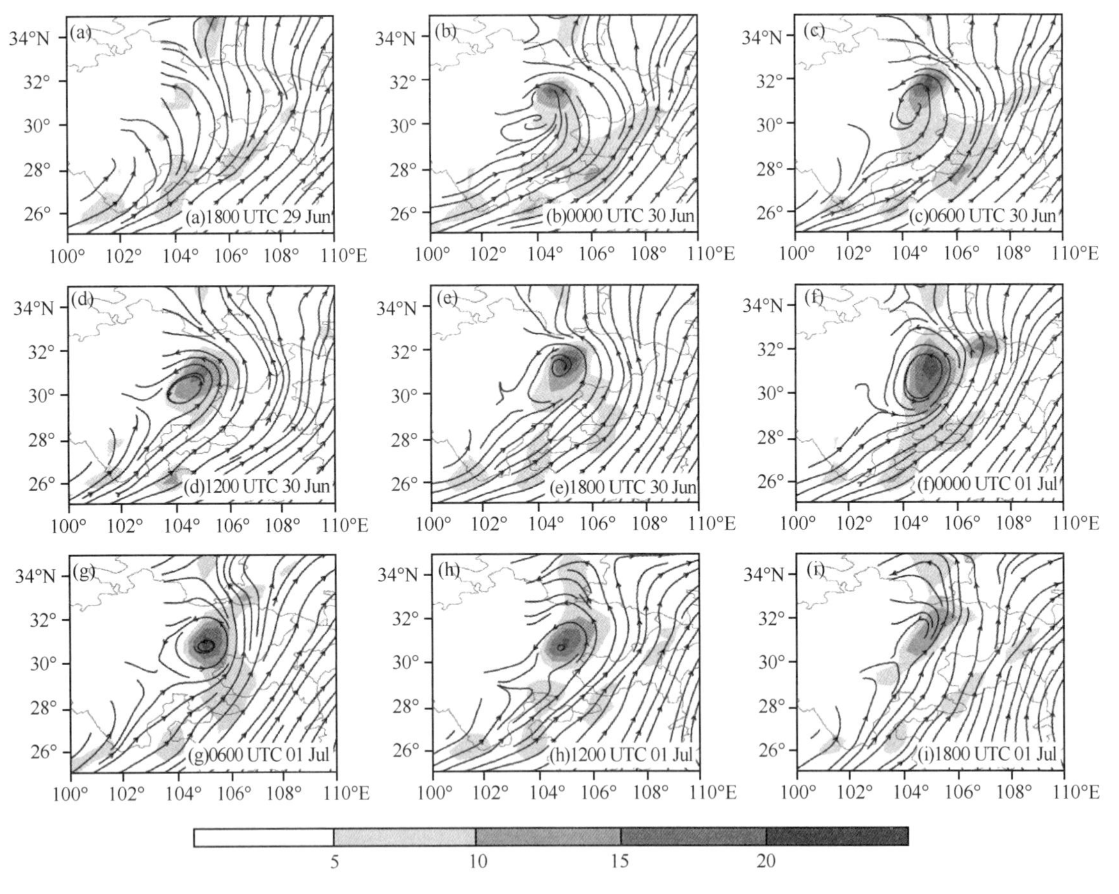

图 5-33　2013 年 6 月 29 日至 7 月 1 日 700 hPa 风场（流场）和相对涡度（阴影，单位：10^{-5} s^{-1}）

5.4.3.3　高原低涡和西南低涡的垂直演变

通过普查 200～1000 hPa 逐 50 hPa 层次的低涡活动，制作高原低涡和西南低涡的垂直层次演变图（图 5-34），高原低涡于 6 月 29 日 12 时初生时，只存在于 500 hPa，直至 6 月 30 日 00 时到东移四川盆地期间比较浅薄，6 月 30 日 00 时只存在于 600 hPa 和 550 hPa。西南低涡于

6月30日00时初生时也比较浅薄，只在750 hPa与800 hPa。之后高原低涡和西南低涡在垂直方向都加强发展，6月30日06时开始高原低涡的底层和西南低涡的顶层耦合贯通在一起，并维持至7月1日12时，期间持续了30 h。高原低涡和西南低涡耦合贯通后在垂直方向上分别向上和向下扩展，其中高原低涡的顶层向上发展于7月1日00时达到最高层300 hPa并持续到7月1日12时，西南低涡的底层向下延伸于6月30日18时达到最低层900 hPa并维持到7月1日00时。高原低涡和西南低涡在7月1日00时耦合贯通发展最强，从对流层低层900 hPa贯穿到对流层高层300 hPa均有低涡涡旋。7月1日06时西南低涡开始逐渐减弱，底层由900 hPa缩减至850 hPa，7月2日00时底层已减弱至750 hPa。7月1日18时，西南低涡的顶层位于700 hPa与高原低涡的底层550 hPa断开，而高原低涡的顶层也从6 h前的300 hPa迅速减弱至450 hPa，之后消亡。

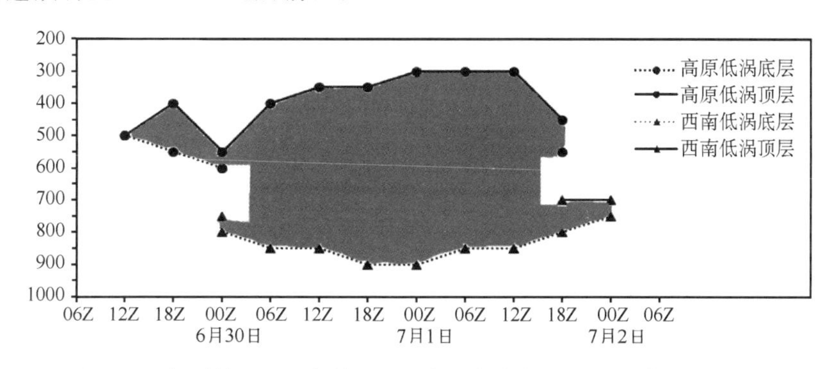

图5-34 高原低涡和西南低涡的垂直层次演变图(阴影为低涡的层次)

结合西南低涡和高原低涡流场、高度场、涡度场和垂直层次的演变，6月29日12时—30日06时为西南低涡和高原低涡耦合贯通过程的形成阶段，6月30日06时—7月1日12时为耦合贯通过程的维持阶段，7月1日12时—2日00时为耦合贯通过程的消亡阶段，分别以6月30日00时、7月1日00时和7月1日18时作为代表时刻。

5.4.3.4 耦合不同阶段的物理结构特征

图5-35为西南低涡和高原低涡耦合贯通不同阶段的纬向垂直剖面图。6月30日00时形成阶段，105°E附近耦合区上方在300 hPa以下存在正涡度柱，中心在650 hPa，为$10\times10^{-5}\ s^{-1}$。耦合区600 hPa以下存在强烈的辐合，中心在850 hPa，达$-5\times10^{-5}\ s^{-1}$，600 hPa以上为辐散区，辐散区有两个中心，一个位于对流层中部450 hPa，达$3\times10^{-5}\ s^{-1}$，在高空200 hPa存在$2\times10^{-5}\ s^{-1}$的次中心。高空辐散和低空辐合有利于低涡进一步发展。耦合区上方存在非常强烈的上升运动，中心在600 hPa，达到$1.0\ Pa\cdot s^{-1}$。

7月1日00时维持阶段，耦合区上方正涡度柱较形成阶段显著增强，正涡度区达到150 hPa，正涡度柱有两个中心，一个在对流层低层800 hPa，达$16\times10^{-5}\ s^{-1}$，对应成熟的西南低涡，$6\times10^{-5}\ s^{-1}$的高涡度柱伸展至400 hPa，表明高原低涡和西南低涡发展比较旺盛。在对流层高层200 hPa存在另一个正涡度次中心，为$6\times10^{-5}\ s^{-1}$。耦合区上方仍然维持上升运动，中心在700 hPa，为$0.5\ Pa\cdot s^{-1}$，但垂直运动较形成阶段有所减弱。

7月1日18时消亡阶段，105°E耦合区上方涡度柱明显减弱，中心在800 hPa，为$8\times10^{-5}\ s^{-1}$。上升运动区位于低涡东侧106°E，中心在650 hPa，为$-0.8\ Pa\cdot s^{-1}$，与上升运动对应，在106°E上方低层为辐合，高层为辐散。

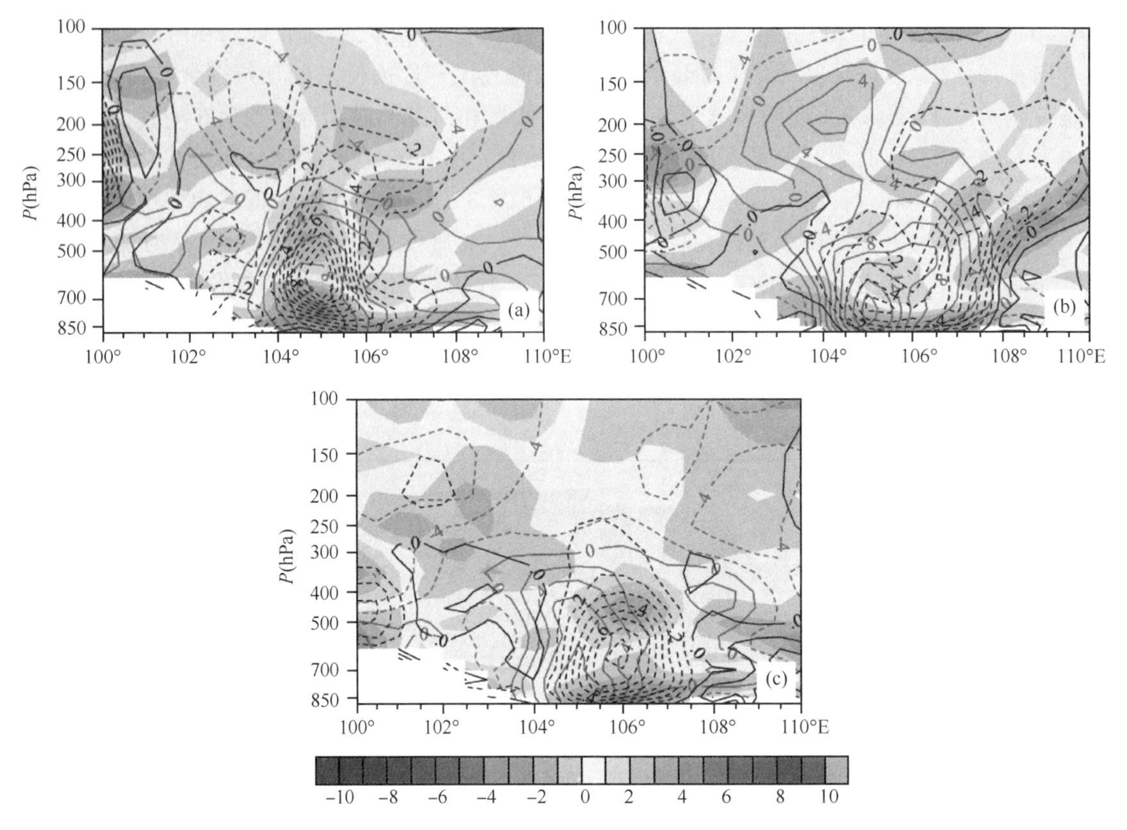

图 5-35　散度(阴影,单位:$10^{-5}\ s^{-1}$)、涡度(灰实线,单位:$10^{-5}\ s^{-1}$)和垂直速度(黑实线,单位:$Pa \cdot s^{-1}$)在 30°N～32°N 平均的纬向垂直剖面　(a)6 月 30 日 00 时;(b)7 月 1 日 00 时;(c)7 月 1 日 18 时

总体而言,西南低涡和高原低涡耦合区上方不同阶段均维持正涡度柱,存在低空辐合和高空辐散的特征,并伴有强烈上升运动。垂直运动在形成阶段最强,正涡度柱在维持阶段显著增强。

图 5-36 为西南低涡和高原低涡耦合区域(103°E～105°E,29°N～33°N)平均各物理量的高度—时间剖面,涡度场(图 5-36a)在对流层高层为负涡度区,中低层为正涡度区,6 月 29 日 12 时零涡度线位于 350 hPa,之后对流层中低层正涡度区逐渐增大,零涡度线 6 月 30 日 00 时开始逐渐上升。在 7 月 1 日 00 时,对流层中低层正涡度发展到最强,零线达到最高 200 hPa,在 700 hPa 和 500 hPa 形成两个 $5\times10^{-5}\ s^{-1}$ 涡度中心,分别对应成熟的西南低涡和高原低涡。7 月 1 日 00 时后,零涡度层开始逐渐下降,对流层中低层正涡度减弱,表明西南低涡和高原低涡开始减弱。

散度场(图 5-36b)零散度线基本维持在 700 hPa,对流层低层 700 hPa 以下为负值辐合区,对流层中高层为弱的正值辐散区,表明耦合区域一直维持低空辐合和高空辐散的特征,且低空辐合强于高空辐散。

水平风速场(图 5-36c)在对流层高层和中低层存在着反相变化特征,150 hPa 高空风速在耦合形成阶段较大,存在 $13\ m \cdot s^{-1}$ 的中心,在耦合维持阶段高空风速减小,在消亡阶段又开始增大。300 hPa 以下的对流层低层水平风速变化相反,在耦合形成阶段和消亡阶段风速较小,在维持阶段风速较大。

垂直运动场(图 5-36d)在 6 月 30 日 00—06 时的耦合贯通过程的形成阶段存在非常强烈

的上升运动，中心在400 hPa达到$-0.22\ \mathrm{Pa\cdot s^{-1}}$，把低层的暖湿空气向上输送，为西南低涡和高原低涡的发展维持提供了潜热和动能，所以西南低涡的发展与持续较强的上升运动有着密切的关系。在维持阶段，300 hPa以上对流层高层垂直速度开始显著减弱。

动能（图5-36e）在对流层高层明显大于对流层低层，这是由高空风速明显大于低空风速造成的。高空200 hPa以上在西南低涡和高原低涡耦合的形成阶段和消亡阶段存在大于80 $\mathrm{m^2\cdot s^{-2}}$的动能高值区，耦合阶段动能相对较小。对流层低层500 hPa以下动能在耦合形成阶段30日12时之前基本维持在30 $\mathrm{m^2\cdot s^{-2}}$以下，之后开始增长，7月1日00时在700 hPa达到40 $\mathrm{m^2\cdot s^{-2}}$高值中心，之后动能又减小。

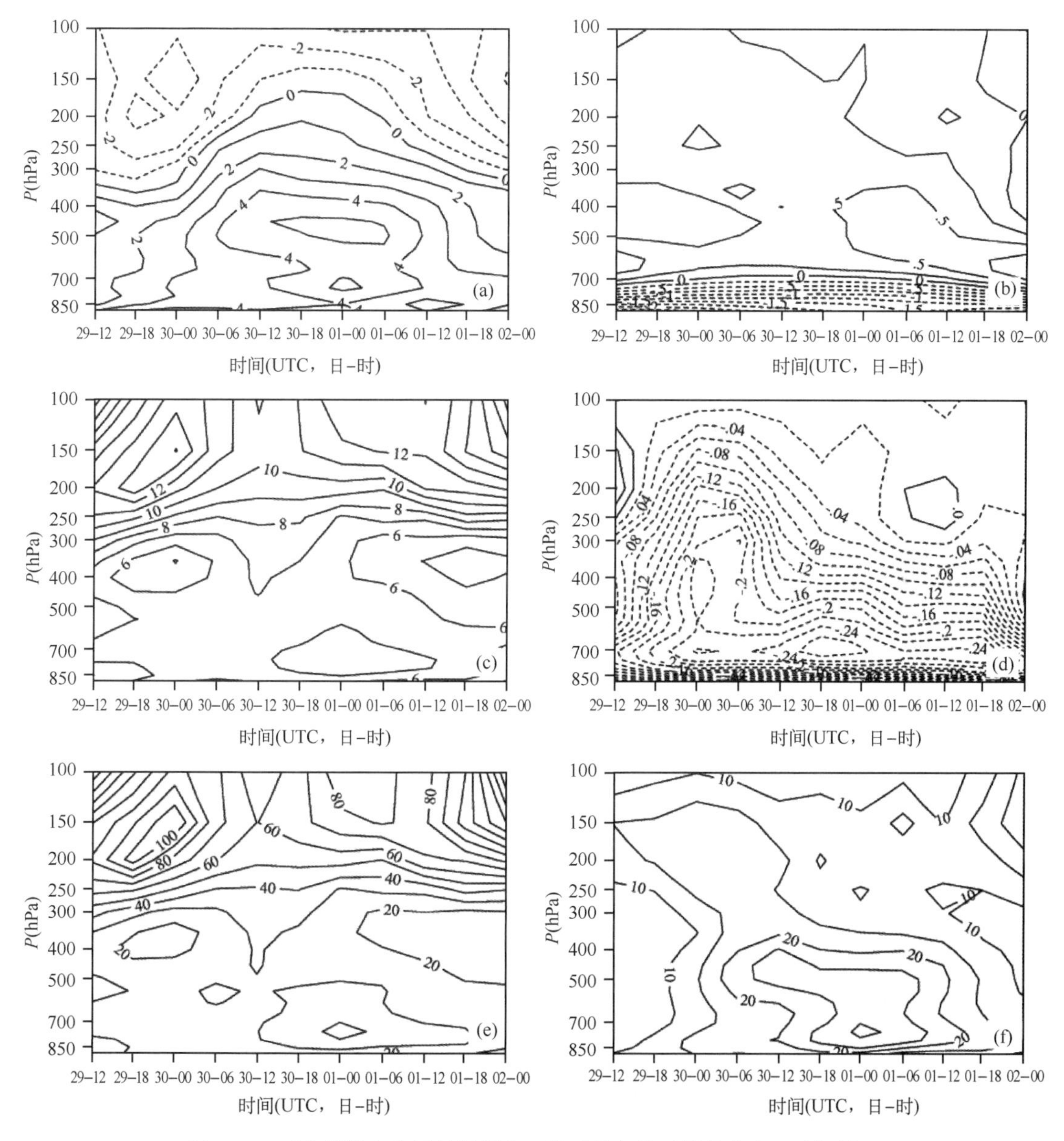

图5-36　西南低涡和高原低涡耦合区域平均各物理量的高度—时间剖面

(a)涡度(单位：$10^{-5}\ \mathrm{s^{-1}}$)；(b)散度(单位：$10^{-5}\ \mathrm{s^{-1}}$)；(c)水平风速(单位：$\mathrm{m\cdot s^{-1}}$)；(d)垂直速度(单位：$\mathrm{Pa\cdot s^{-1}}$)；(e)动能(单位：$\mathrm{m^2\cdot s^{-2}}$)；(f)涡动动能(单位：$\mathrm{m^2\cdot s^{-2}}$)

涡动动能(图 5-36f)的垂直结构和变化与动能明显不同,涡动动能高值区出现在对流层低层而非高层,对流层中低层 400 hPa 涡动动能在耦合形成阶段明显随时间逐渐增长,在 7 月 1 日 00 时在 700 hPa 达到最大值 30 $m^2 \cdot s^{-2}$,之后又随时间明显减弱,表明涡动动能相对于动能更加能反映高原低涡和西南低涡这类中尺度系统的能量演化特征。

5.4.3.5 水汽输送特征

图 5-37 为不同阶段的从地面到 300 hPa 的整层水汽通量和水汽通量散度,6 月 29 日 12 时西南低涡和高原低涡耦合前(图 5-37a),孟加拉湾活跃的热带气旋东侧的西南季风将水汽输送到云贵高原,与西太副高西侧低空急流带来的南海热带水汽汇合后形成偏南水汽输送进入四川盆地,在重庆西部形成-4×10^{-4} $kg \cdot s^{-1} \cdot m^{-2} \cdot hPa^{-1}$的水汽通量辐合区。6 月 30 日 00 时西南低涡和高原低涡耦合形成(图 5-37b),进入四川盆地的偏南水汽输送通量散度增加,4×10^{-4} $kg \cdot s^{-1} \cdot m^{-2} \cdot hPa^{-1}$大值区扩展到重庆中西部,同时随着西南低涡的生成,伴随对流层低层西南低涡的气旋式辐合气流,在四川盆地形成明显的气旋式水汽输送通量,水汽辐合的水汽通量散度达-12×10^{-4} $kg \cdot s^{-1} \cdot m^{-2} \cdot hPa^{-1}$。7 月 1 日 00 时西南低涡和高原低涡耦合维持(图 5-37c),水汽输送通量进一步增强,低涡东侧的偏南水汽输送通量达 6×10^{-4} $kg \cdot s^{-1} \cdot m^{-2} \cdot hPa^{-1}$,西南低涡北侧的仍维持$-8\times10^{-4}$ $kg \cdot s^{-1} \cdot m^{-2} \cdot hPa^{-1}$的较强

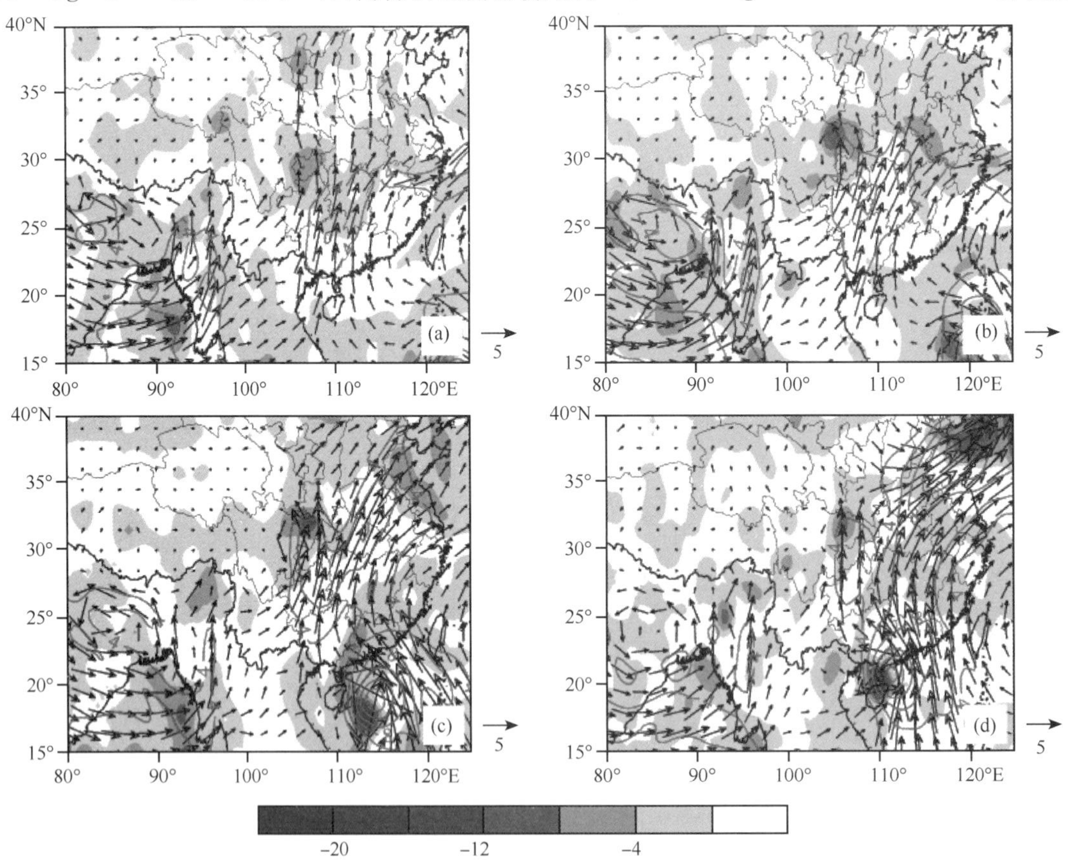

图 5-37 2013 年 6 月 29 日—7 月 1 日从地面到 300 hPa 水汽通量(单位:10^2 $kg \cdot s^{-1} \cdot m^{-1} \cdot hPa^{-1}$)和水汽通量散度(阴影,单位:$10^{-4}$ $kg \cdot s^{-1} \cdot m^{-2} \cdot hPa^{-1}$)(实线圈为水汽通量$\geqslant 4\times10^2$ $kg \cdot s^{-1} \cdot m^{-1} \cdot hPa^{-1}$的区域)

(a)6 月 29 日 12 时;(b)6 月 30 日 00 时;(c)7 月 1 日 00 时;(d)7 月 1 日 18 时

水汽辐合。7月1日18时西南低涡和高原低涡耦合开始消亡(图5-37d)，重庆西部的水汽输送通量开始减弱为4×10^{-4} kg·s^{-1}·m^{-2}·hPa^{-1}。

总体而言，西南低涡的气旋式环流使得来自孟加拉湾和南海的热带水汽输送在四川盆地形成强烈辐合，为暴雨的形成提供了充足的水汽条件。

5.4.4　涡度收支诊断分析

涡度收支常用于分析低涡、气旋等系统的发生、发展机制研究，Chen et al.(2004)利用涡度收支分析了我国南方一次持续性的中尺度对流涡旋，指出对流层低层对流产生的辐合是正涡度的主要来源。孔期等(2005)分析了一次引发南亚大暴雨的季风低压的涡度收支，季风低压的发展过程中，低压的辐合场制造正涡度，促进了低压的发展。乔枫雪等(2007)对一次引发较大范围持续性暴雨的东北低涡的涡度收支分析表明，水平涡度平流项和水平辐散项对低涡的发展加强起最主要的作用。赵宇等(2008)通过涡度收支探讨了台风倒槽及中尺度低涡发生、发展的物理过程。

考虑摩擦耗散作用的涡度收支方程为：

$$\frac{\partial\zeta}{\partial t}=-\left[u\frac{\partial\zeta}{\partial x}+v\frac{\partial(\zeta+f)}{\partial y}\right]-\omega\frac{\partial\zeta}{\partial p}-(\zeta+f)\left(\frac{\partial u}{\partial x}+\frac{\partial v}{\partial y}\right)-\left(\frac{\partial\omega}{\partial x}\frac{\partial v}{\partial p}-\frac{\partial\omega}{\partial y}\frac{\partial u}{\partial p}\right)-E \quad (5\text{-}8)$$

式中：ζ为涡度，u为纬向水平风速，v为经向水平风速，ω为垂直运动速度，f为科里奥利参数。式中等号左边项为相对涡度的局地变化项；等号右边第一项为绝对涡度的水平平流项，它是由于绝对涡度的水平分布不均匀所引起的；第二项为相对涡度的垂直输送项，它代表非均匀涡度场中，由于垂直运动引起的相对涡度的重新分布所造成的涡度局地变化；第三项为散度项，它表示水平辐合(辐散)所引起垂直涡度的增加(减小)；第四项为扭转项，它表明当有水平涡度存在时，由于垂直运动的水平分布不均匀而引起涡度垂直分量的变化；第五项是摩擦耗散项，作为涡度收支方程的余项计算。

涡度局地变化(图5-38a)在高原低涡和西南低涡耦合最强的7月1日00时前基本为正值，正涡度逐渐增长，在耦合形成时30日06时的局地变化值最大，中心在300 hPa达$3\times10^{-10}\ s^{-2}$。7月1日00时后，局地变化值为负值，正涡度开始减弱，其中200 hPa涡度的局地变化减小值最大。

水平平流项(图5-38b)在对流层低层700 hPa以下为负值，且越往低层负平流值越大，表明水平涡度平流使对流层低层正涡度减弱，是西南低涡涡度消耗的主要项。但由于水平涡度平流下负上正的垂直分布，根据垂直运动方程，当涡度平流随高度增加时，将产生上升运动，导致低层辐合的加强，因此下负上正的涡度平流分布间接促进了低涡的发展。

垂直平流项(图5-38c)在高原低涡和西南低涡耦合形成前为正值，尤其是700 hPa以下较大，此时垂直平流项对西南低涡的形成有重要作用。而耦合形成后，700 hPa以下为负值，700 hPa以上为正值，这种特征与耦合形成后700 hPa西南低涡发展涡度中心有关，系统内的垂直上升运动将低层的正涡度向上输送，对于对流层中层高原低涡的维持发展有重要贡献。

散度项(图5-38d)的配置与水平平流项基本相反，在对流层低层700 hPa以下为正值，使正涡度增加，有利于低层西南低涡的发展。且在低涡7月1日00时后涡度水平辐合、辐散项明显减小，这与涡度局地变化的减小对应，表明低层辐合对低层西南低涡的发展和维持起主导作用。

扭转项(图 5-38e)均为正值，在对流层低层 700 hPa 以下超过 $4\times10^{-10}\ s^{-2}$，且在耦合形成阶段数值较大，表明扭转项对西南低涡的形成有重要贡献。

摩擦项(图 5-38f)在对流层低层 700 hPa 以下对西南低涡涡度的耗散非常明显，不利于西南低涡的发展。

总体而言，散度项的配置与水平平流项基本相反，水平平流项是西南低涡涡度消耗的主要项，散度项对低层西南低涡的发展和维持起主导作用，垂直平流项和扭转项对西南低涡的形成也有重要贡献。垂直平流项将低层的正涡度向上输送，对高原低涡的维持有重要作用。

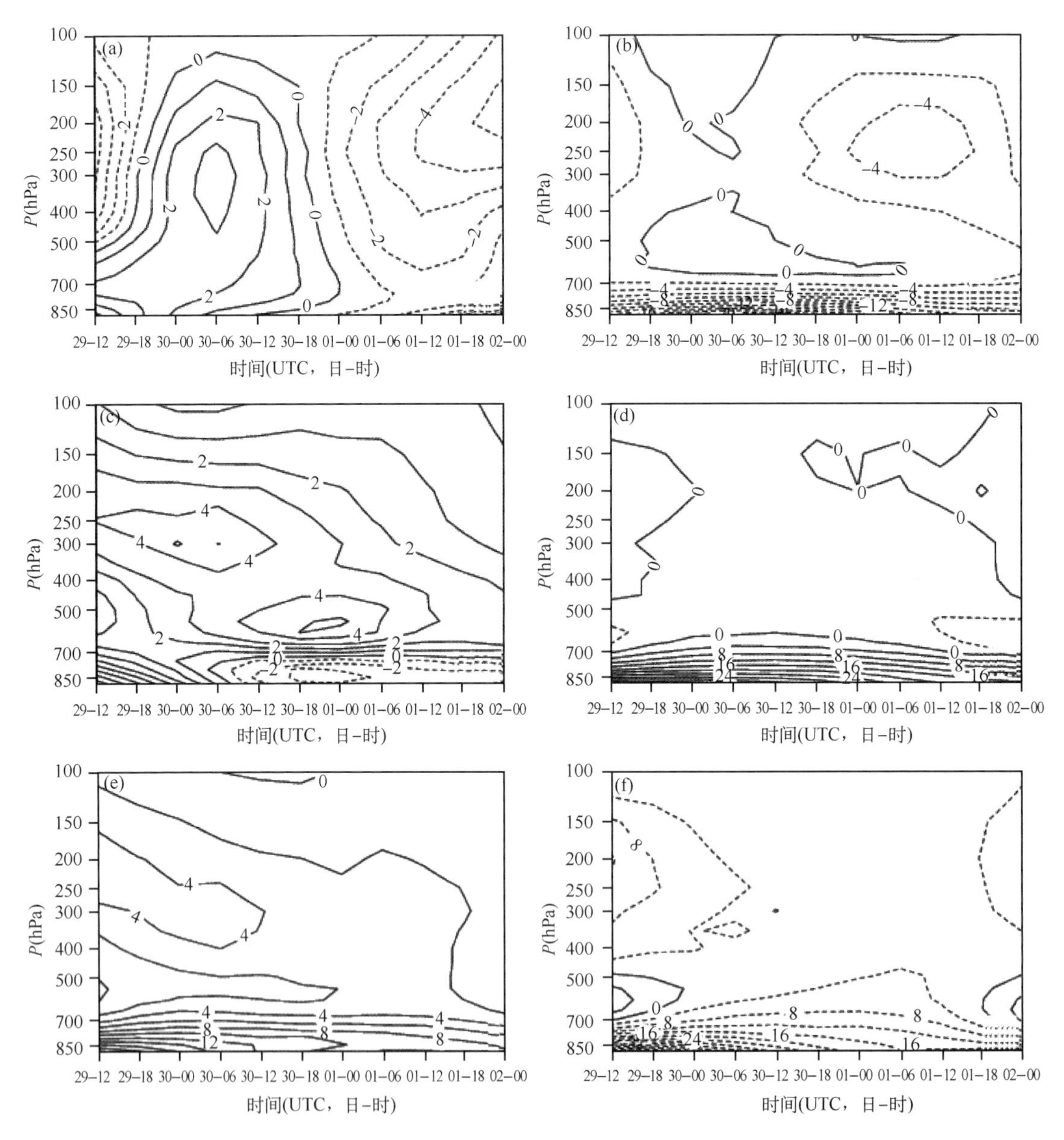

图 5-38　西南低涡和高原低涡耦合区域平均涡度收支方程各项(单位：$10^{-10}\ s^{-2}$)的高度-时间剖面
(a)局地变化项；(b)水平平流项；(c)垂直平流项；(d)水平辐合辐散项；(e)扭转项；(f)摩擦耗散项

5.4.5　涡动动能诊断分析

Kung et al. (1975)提出一个讨论有限区域风暴的涡动动能收支方程。近些年,不少学者利用该方程研究了台风的涡动动能收支(李英 等,2004;冀春晓 等,2007)。本节将西南低涡和高原低涡环流当作大尺度环流背景下的扰动,取(103°E～107°E,29°N～33°N)范围进行区域平均,利用区域平均涡动动能方程对西南低涡和高原低涡耦合过程中的动能收支进行诊断。

区域平均涡动动能收支方程如下(赵宇 等,2008):

$$\left[\frac{\partial k_e}{\partial t}\right] = -[\nabla \cdot (\vec{V}_h k_e)] - \left[\frac{\partial(\omega k_e)}{\partial p}\right] - \left\{[u^* \omega^*]\frac{\partial[u]}{\partial p} + [v^* \omega^*]\frac{\partial[v]}{\partial p}\right\} - [\vec{V}_h^* \cdot \nabla \varphi^*] - [E^*] \tag{5-9}$$

式中:“[　]”代表区域平均,带“ * ”号的量代表对此区域平均的偏差或扰动,涡动动能定义为 $k_e = (u^{*2} + v^{*2})/2$。等号左边项为涡动动能的局地变化项;等号右边第一项为涡动动能的水平通量散度项;第二项为垂直通量散度项;第三项为区域平均动能与涡动动能之间的转换项;第四项为动能制作项,代表非地转运到引起的绝热动能制造;第五项为摩擦耗散项,它包括大气内部和地表的摩擦耗散以及网格尺度和次网格尺度之间的动能交换,这里作为涡动动能收支方程的余项计算。

图 5-39 为涡动动能方程各项的时间演变。涡动动能的局地变化项(图 5-39a)的变化表明,高原低涡和西南低涡耦合前(29 日 18 时—30 日 06 时)涡动动能从高层到低层均为增加,其中 500 hPa 附近的增加最为明显,达 20×10^{-5} W · kg^{-1} · m^{-2},之后从高层开始逐渐转为负值,表明高层的涡动动能首先减少,至高原低涡和西南低涡耦合达到最为强盛的 1 日 00 后,从高层到低层均为负值,表明动能在高低层都在消耗,之后在高原低涡和西南低涡的消亡阶段(1 日 12 时—1 日 18 时),涡动动能减弱最明显,在 500～700 hPa 达到 -20×10^{-5} W · kg^{-1} · m^{-2}。

水平通量散度项(图 5-39b)在 700 hPa 以下主要为正值,耦合过程期间水平辐合运动主要为西南低涡提供动能,对西南低涡的发展和维持起积极作用。300～100 hPa 对流层高层在西南低涡产生前为正值,耦合加强期为负值,耦合减弱期又转为正值,表明高层水平运动在耦合加强期消耗动能,在耦合减弱期为高层提供动能。400～600 hPa 水平通量散度项数值较小,表明对高原低涡的动能影响较小。

垂直通量散度项(图 5-39c)在 700 hPa 以下对流层低层均为负值,以上的中高层为正值,表明垂直通量散度项将动能由低层向中高层输送,尤其是 6 月 30 日 06 时—7 月 1 日 12 时高原低涡和西南低涡耦合作用期间,850 hPa 附近的动能耗散和 400 hPa 附近动能获得最为明显,说明这期间垂直运动强烈,对高原低涡动能的维持有重要作用。

区域平均动能与涡动动能之间的转换项演变特征与垂直通量散度项类似,对流层低层 800 hPa 以下基本为负值,800 hPa 以上基本为正值,从背景环流获得动能,尤其是 400～500 hPa 在6 月 30 日 06 时—7 月 1 日 00 时期间获得的涡动动能较大,有利于高原低涡动能的维持。

涡动动能制造项(图 5-39e)在对流层低层 700 hPa 以下一直是动能制造区,在 850 hPa 西南低涡发展期间 30 日 06—18 时达到 60×10^{-5} W · kg^{-1} · m^{-2},说明风穿越等压线做功产生的动能是西南低涡发展和维持动能的主要来源。而 500～300 hPa 的动能制造项在高原低涡活动期间为负值。

摩擦耗散项(图 5-39f)在对流层低层对西南低涡动能的耗散非常明显,是西南低涡动能消耗的主要项。

总体而言,西南低涡发展维持的涡动动能来源主要是水平通量散度项涡动动能制造项,摩擦耗散项和垂直通量散度项是其主要消耗项。高原低涡发展维持的涡动动能来源主要是垂直通量散度项和区域平均动能与涡动动能之间的转换项,涡动动能制造项是其涡动动能减弱的主要因子。

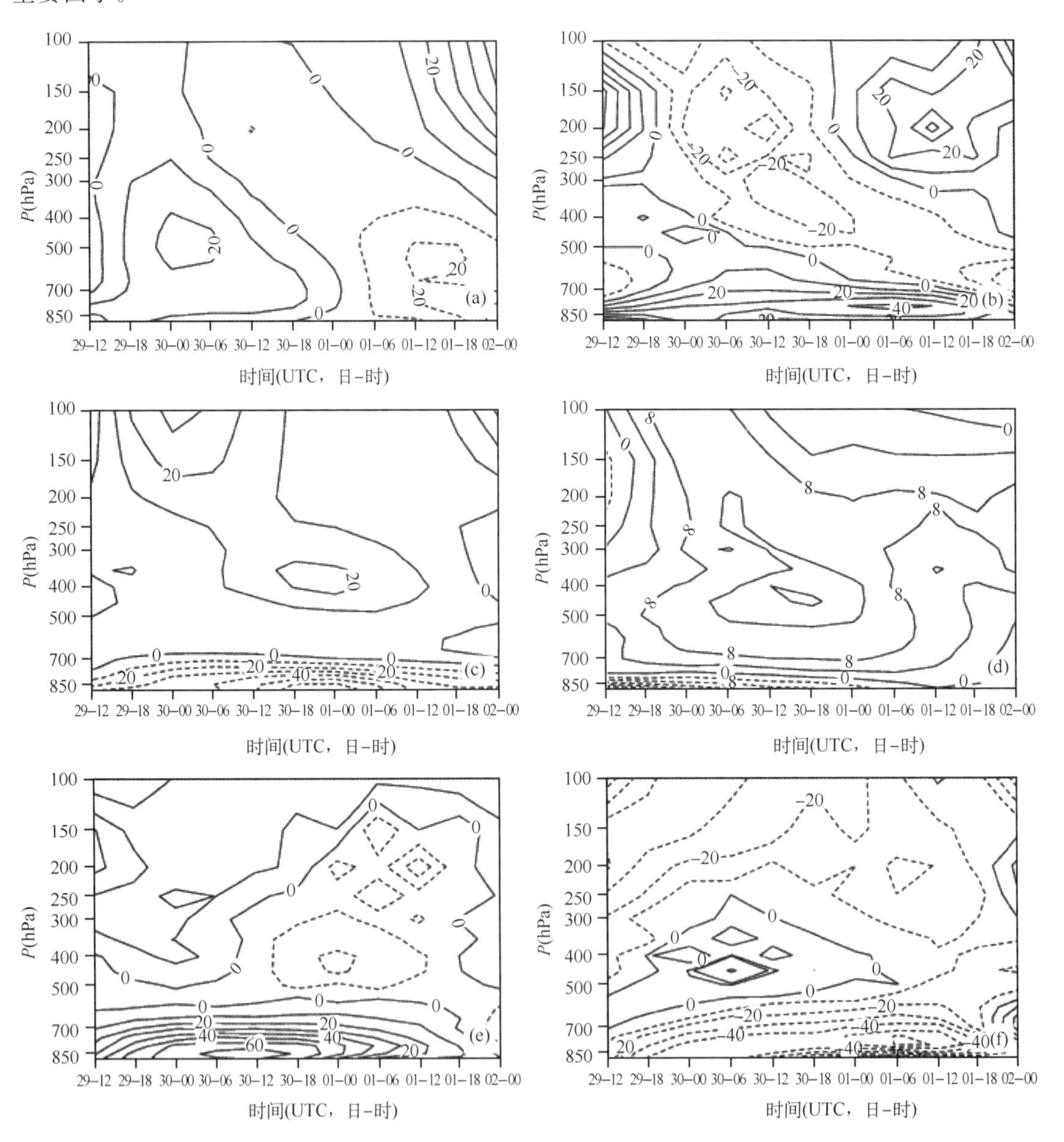

图 5-39 西南低涡和高原低涡耦合区域平均涡动动能收支方程各项(单位:10^{-5} W·kg^{-1}·m^{-2})的高度-时间剖面

(a)局地变化项;(b)水平通量散度项;(c)垂直通量散度项;(d)转换项;(e)动能制造项;(f)摩擦耗散项

5.4.6 小结

本节采用 NCEP 0.5°×0.5°的全球预报场分析资料 GFS,对一次引发特大暴雨的西南低涡和高原低涡耦合加强过程进行动力诊断分析,结果表明:

(1)西南低涡和高原低涡耦合区上方不同阶段均维持正涡度柱,存在低空辐合和高空辐散的特征,并伴有强烈上升运动。垂直运动在形成阶段最强,正涡度柱在维持阶段显著增强。

(2)西南低涡的气旋式环流使得来自孟加拉湾和南海的热带水汽输送在四川盆地形成强烈辐合,为暴雨的形成提供了充足的水汽条件。

(3)涡度收支方程诊断表明,散度项的配置与水平平流项基本相反,水平平流项是西南低涡涡度消耗的主要项,散度项对低层西南低涡的发展和维持起主导作用,垂直平流项和扭转项对西南低涡的形成也有重要贡献。垂直平流项将低层的正涡度向上输送,对高原低涡的维持有重要作用。

(4)涡动动能收支方程诊断表明,西南低涡发展维持的涡动动能来源主要是水平通量散度项涡动动能制造项,摩擦耗散项和垂直通量散度项是其主要消耗项。高原低涡发展维持的涡动动能来源主要是垂直通量散度项和区域平均动能与涡动动能之间的转换项,涡动动能制造项是其涡动动能减弱的主要因子。

5.5 地基GPS水汽业务系统及其在高原涡、西南涡暴雨监测中的应用

5.5.1 引言

水汽是影响降水预报的一个关键因素。水汽的时空分布以及由其相变所产生的潜热,在大气水汽输送、能量转换和天气演变中起着重要的作用,影响着大气稳定度和天气系统的结构及变化,对形成诸如暴雨等强降水天气具有重要作用。运用地基 GPS 技术反演大气水汽总量或称可降水量(GPS-PWV)是 20 世纪 90 年代初兴起的一种极有潜力、实用价值很大的一种大气探测新方法或新技术(Bevis et al.,1992),它通过地基 GPS 水汽遥感技术提供常规气象观测无法提供的全天候、高精度、高时间分辨率的水汽资料,对于提高强降水天气的监测、预报能力极具实用性。

近年来全国各地气象部门通过不同方式,包括与天文、地震、测绘、勘察设计等部门的合作建设,已建立起不少局域地基 GPS 气象观测网,并在 GPS 气象学研究和 GPS 水汽资料用于天气分析预报方面进行了有益探索(李国平 等,2010)。李成才等(1999)在中国气象界首先进行了利用 GPS 遥感大气水汽总量的试验。曹云昌等(2005b)在中国较早研究了 GPS 遥感的大气可降水量与局地降水的关系。Okamura et al.(2003)揭示了日本关东平原一次冷锋过境后 GPS 水汽的变化特征。丁金才等(2004)应用 GPS 可降水量资料刻画了台风"Ramasun"影响华东沿海的天气过程。陈娇娜等(2009)在华西秋雨天气过程中的 GPS 遥感水汽总量演变特征研究指出,高值的水汽总量是产生降水的必要条件,但不同的降水过程,GPS-PWV 的变化幅度、极值水平和持续时间存在明显差异。除上述针对冷锋、台风、强对流等的应用研究外,GPS 水汽资料在诸如短时强降雨(楚艳丽 等,2007)、不同云系或不同类型降水(李国翠 等,2008;郭洁 等,2009b)、雷电(Robert et al.,2002)、大雾(郭洁 等,2011)、强降雪(李国翠 等,

2011)、梅雨(宋淑丽 等,2003)和高原季风降水(Takagi et al.,2000)大气过程中的分析应用,都说明GPS水汽遥感技术已在天气预报、气候分析等领域的重要性日益突显并展现出广阔的应用前景。但GPS水汽资料用于高原涡、西南涡这类天气系统引起的强降水天气分析的还不多见。

高原低涡(简称高原涡)和西南低涡(简称西南涡)是青藏高原特殊地形与大气环流相互作用下形成的产物,是我国强烈的暴雨系统之一(李国平,2007)。过去人们多从天气形势与环流分析、气候统计、动力学机理、诊断计算和数值模拟等方面对其进行研究(陈忠明 等,2004a;郁淑华,2008),近年来发现水汽对低涡及其低涡暴雨的形成和发展亦有重要作用(陈功 等,2012)。但利用GPS水汽资料来揭示西南涡发生、发展过程中水汽的变化特征,目前几乎还是空白。而反映大气水汽总量的时空变化是GPS水汽遥感的重要研究内容,因此本节利用成都地区地基GPS观测网反演的可降水量资料并结合常规气象观测资料,对2007年9月、2010年7月和2008年7月共三次高原涡、西南涡东移发展并引发四川等地强降水天气过程进行综合分析,系统性探讨GPS可降水量与降水主要影响系统发生、发展的对应关系,期望能够获得一些高原涡、西南涡及其暴雨的新认识,并为低涡型暴雨的业务预报提供新的分析技术手段。

5.5.2 原理、方法和资料

本节利用成都地基GPS观测网(图5-40)30 s间隔的原始数据,解算出天顶总延迟(zenith total delay,ZTD),再依据Saastamoinen模型(Saastamoinen,1975)计算出静力延迟(zenith hydrostatic delay,ZHD),最后结合与测站位置相对应的自动气象观测站的地面气象要素资料计算出30 min间隔的GPS反演大气可降水量(precipitable water vapor,PWV)。在天气系统和水汽输送的综合分析中还采用了NCEP/NCAR每日4次1°×1°的再分析资料及常规气象观测资料。

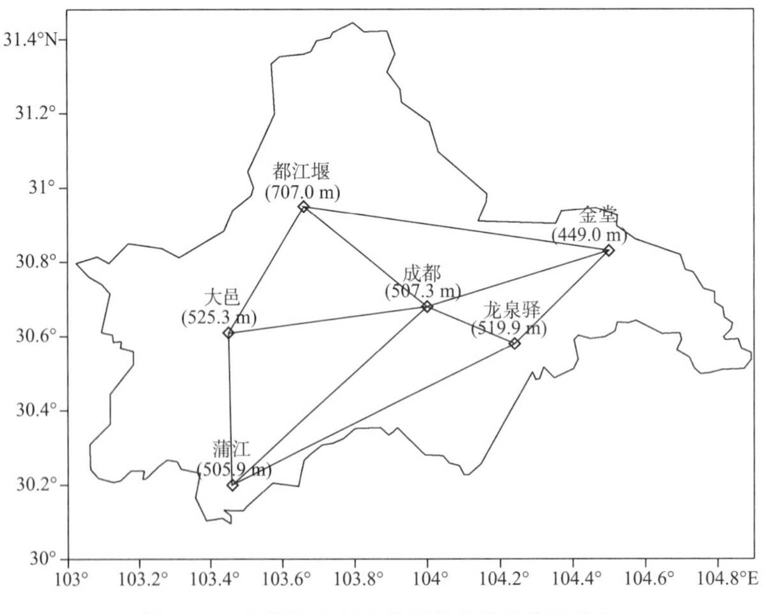

图5-40 成都地区GPS监测站的地理位置分布

GPS水汽资料的处理流程为：先利用上述成都GPS观测网30 s间隔的原始数据，解算出天顶总延迟（ZTD），再依下式所示的Saastamoinen模型计算出静力延迟（ZHD）：$ZHD=10^{-6}\frac{k_1 R p_s}{g_m M_d}$。ZTD减去ZHD可得到相应的ZWD（湿延迟），然后通过ZWD与PWV之间的转换关系式（Davis，1985）：$ZWD=\Pi\cdot PWV$（其中Π为水汽转换系数，$\Pi=\frac{10^6}{\rho_w R_v[(k_3/T_m)+k'_2]}$，以上式中：$k_1$，$k'_2$，$k_3$为实验室测定的折射常数，$T_m$为对流层大气加权平均温度），即可得到30 min间隔的大气可降水量。本节采用根据成都40年探空资料建立的Bevis经验公式的本地化修正方案（郭洁 等，2008）：$T_m=54.5+0.78T_s$（其中T_s为地面气温）。考虑到都江堰自动气象站由于中途迁址，导致气象资料时空不连续，需要订正后才能使用，故暂不对此站进行分析。

根据上述GPS遥感水汽的原理并结合四川实际，我们与国内外相关大学与业务单位开展了学术交流与合作，进行了多年的持续性理论及应用研究，论证了GPS水汽监测技术在四川为代表的西南地区气象业务应用的可行性，探索了此项新型大气探测技术及其产品在短时和临近天气预报业务中的应用方法，开发设计出GPS水汽产品应用于天气分析预报的软件包以及搭建在MICAPS平台上的业务应用系统，初步实现了地基GPS监测网数据实时传输、数据解算、可降水量反演和GPS水汽产品的图形显示，在省内外多个业务单位进行了GPS水汽监测系统及其反演的水汽产品在天气分析预报中的试应用（李国平，2011）。

5.5.3　业务应用

5.5.3.1　GPS-PWV在高原涡暴雨分析中的应用

（1）天气概况

2007年9月6—9日，受高原低涡东移的影响，四川盆地出现了一次强度小但持续时间长的降雨过程。从500 hPa高度场上看，总体呈“东高西低”的环流形势。6日08时（北京时），高原西部（34.8°N，85°E）附近有一高原低涡生成，东部为高压脊控制，脊线在98°E左右。7日02时，低涡移至高原东部（35°N，96°E）。7日14时，低涡移出高原，减弱为短波槽。这次降水由高原低涡东移引发，主要集中在盆地西部，各测站的降雨量均在30 mm以上，蒲江站达到了92.7 mm。

（2）GPS-PWV与降水的关系

为全面认识高原涡暴雨期间盆地水汽的逐时演变特征，对成都、大邑、金堂、蒲江、龙泉驿5站的GPS-PWV求平均，以探讨成都区域上空平均水汽状况与区域总降雨量的关系。

由图5-41可见，GPS-PWV的递增、递减对此次降水的开始和结束有很好的指示意义。在降水前约12 h，GPS-PWV从33.34 mm（5日20时）陡升到47.95 mm（6日05时），之后出现小幅下降；6日15:30，GPS-PWV再次升至56.11 mm，在此上升阶段开始出现降水；而后，GPS-PWV值保持在一个比较稳定的高值区（50 mm以上），并伴有小幅波动，期间出现第二阶段降水；8日00时，各站总降水强度增强到22.3 mm/0.5 h，但此时平均GPS-PWV没有明显变化；总降水量极大值的出现时间早于GPS-PWV峰值或两者几乎同时出现；9日10时后GPS-PWV开始迅速减少，降水过程结束。

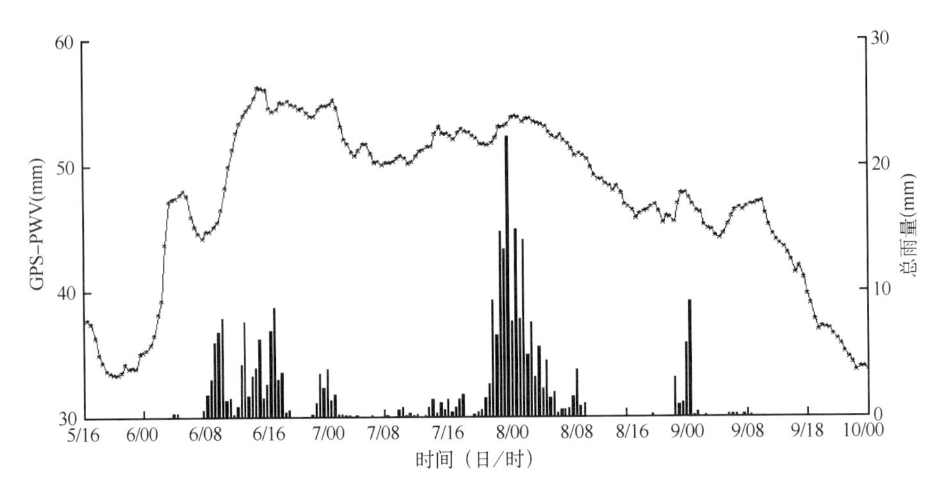

图 5-41　2007 年 9 月 6—9 日成都地区 GPS-PWV 平均值与区域总降水量的关系

图 5-42 表明，GPS-PWV 的高值主要分布在两个时段(6 日中午到夜间和 7 日夜间到 8 日上午)，与两个降水时段对应较好。降水发生前，整层大气水汽明显增加；第一阶段降水发生后，GPS-PWV 值有所减少，但仍然保持在高位；然后水汽重新聚集，达到新的高值后又开始第二阶段降水。从成都、蒲江、金堂这三个测站的 GPS-PWV 日变化对比还可以看出，GPS-PWV 呈明显的日循环特征，白天变化较大，夜间相对稳定，蒲江站的 GPS-PWV 值较其他两站偏大，但三站日变化特征基本一致。

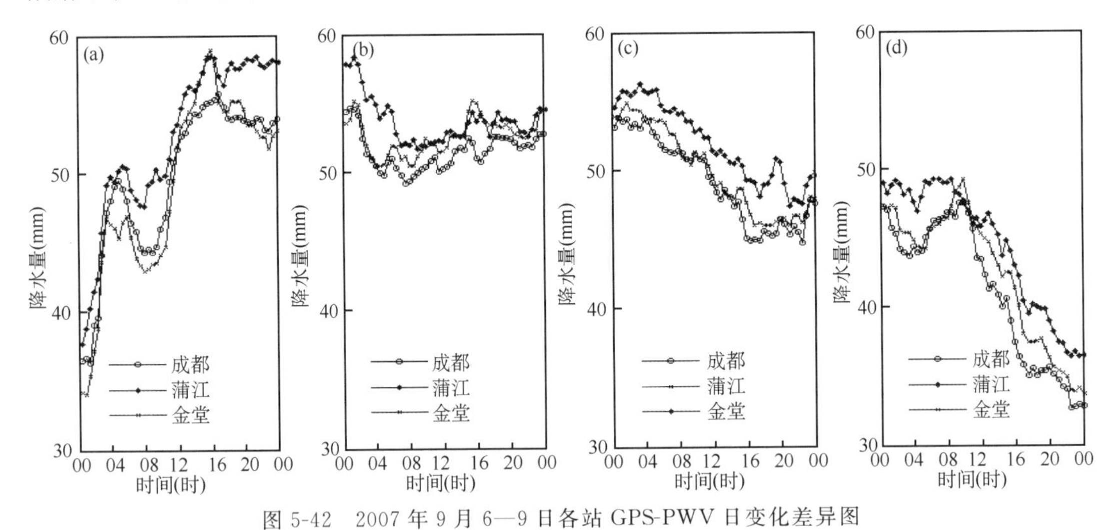

图 5-42　2007 年 9 月 6—9 日各站 GPS-PWV 日变化差异图

(a)6 日；(b)7 日；(c)8 日；(d)9 日

(3)GPS-PWV 与物理量场的对应关系

对比分析位于成都地区西南方向的蒲江站和东北方向的金堂站。降水前(6 日 02 时)，850 hPa 水汽通量较小，说明成都地区为相对干区；从流场来看，水汽输送由南向北，交汇于青藏高原东部。降水时(6 日 14—20 时)，从孟加拉湾不断有水汽向四川西部输送，700 hPa 水汽通量较大(大于 5 $g \cdot cm^{-1} \cdot hPa^{-1} \cdot s^{-1}$)，且水汽通量高值区不断扩大，此时 GPS-PWV 出现上升趋势；8 日 08 时，低层有持续性水汽补充，使得 850 hPa 水汽通量大于 9 $g \cdot cm^{-1} \cdot hPa^{-1} \cdot s^{-1}$，成都地区一直处于相对湿区，GPS-PWV 保持在高位，有利于再次发生降水。GPS-PWV 的两个高

值阶段与区域性水汽通量增长相对应，但 GPS-PWV 峰值较水汽通量峰值提早出现 5～7 h。

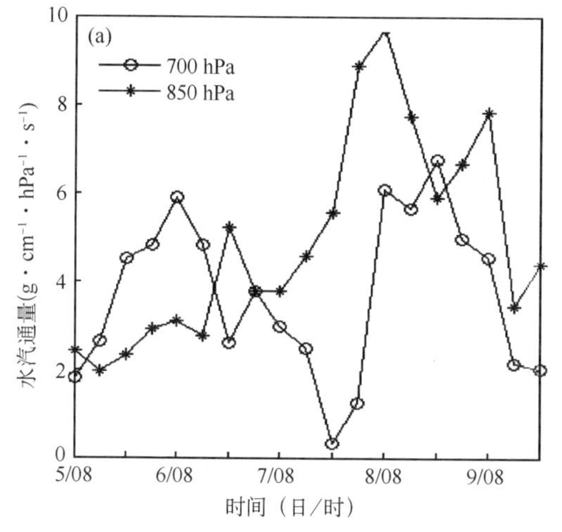

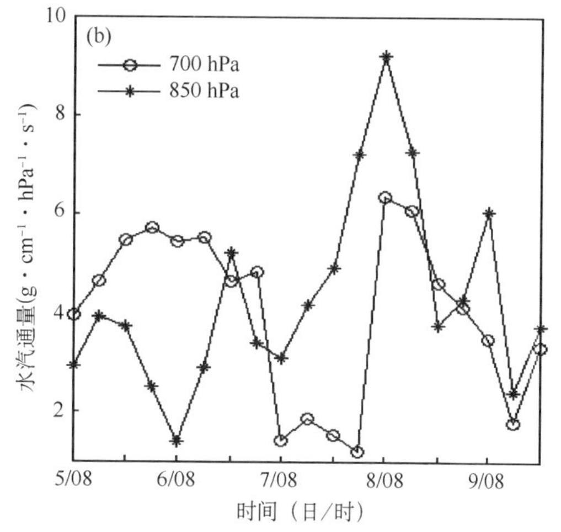

图 5-43　2007 年 9 月 6—9 日水汽通量值的演变

(a)蒲江；(b)金堂

在这次由高原涡东移引发的降水过程中，水汽增长的主要原因是低层水汽的输送和辐合。如图 5-44 所示，6 日 08 时，涡心处(34.8°N，85°E)为上升运动，最大值位于 400 hPa，达到 5×10^{-1} hPa・s^{-1}，涡度场和散度场在 400 hPa 以下分别为弱的正涡度和弱辐合，此时 GPS-PWV 对应表现增大趋势；7 日 02 时，涡心处(35°N，96°E)涡度场和散度场的配置变得较为一致，最大正涡度位于 450 hPa，强度增大到 0.5×10^{-4} s^{-1}，最大上升速度位于 500 hPa，强度保持；7 日 14 时，低涡开始东移，涡心处(35°N，103°E)在 350 hPa 以上变为负涡度，辐合强度也开始减弱，上升运动在 320 hPa 转为下沉运动；随后，低涡东移出高原影响四川盆地，整个成都地区为强辐合(图略)。分析表明，低涡从生成到移出高原，涡心处的涡度场和散度场的变化不大，垂直运动呈“上升—下沉—上升”的变化态势，与 GPS-PWV 的“增大-减小-增大”的情形对应较好(图 5-42)。GPS-PWV 在低涡发展前 12 h 开始迅速增加，之后就与涡心处水汽通量强度变化基本同步，水汽通量越强，GPS-PWV 值也越大。

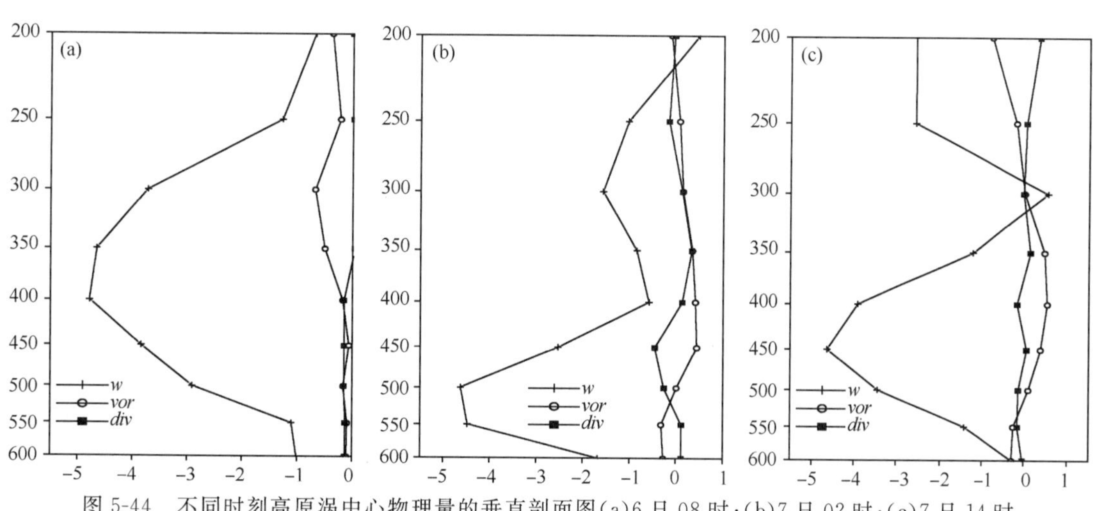

图 5-44　不同时刻高原涡中心物理量的垂直剖面图(a)6 日 08 时；(b)7 日 02 时；(c)7 日 14 时

(涡度：*vor*，单位：$\times10^{-4}$ s^{-1}；散度：*div*，单位：$\times10^{-4}$ s^{-1}；垂直速度：*w*，单位：$\times10^{-1}$ hPa・s^{-1})

5.5.3.2 GPS-PWV 在西南涡暴雨分析中的应用

(1)天气背景

2010 年 7 月 15—18 日，由于来自南海的低空急流和北方冷空气入侵，加之西南涡在四川盆地长时间稳定维持，使得四川盆地东北部出现强降水。此次降水强度大，持续时间长，各测站降水量普遍大于 20 mm，蒲江站的降水量达到 95.4 mm，1 h 雨量最大为 33.8 mm。

(2)GPS-PWV 与降水的关系

成都地区各站(成都、大邑、蒲江、龙泉驿)GPS-PWV 平均值的变化可以清楚地反映出此次西南涡降水过程分为两个阶段：15 日夜间、16 日夜间至 17 日凌晨(图 5-45)。降水前 6 h，GPS-PWV 开始急升，在 15 日 15 时达到第一次极大值(47.8 mm)，降水开始并伴有小幅波动，总降水量峰值与 GPS-PWV 极值同时刻出现；随后，由于部分水汽产生凝结以雨的形式落到地面，大气中的 GPS-PWV 明显减少；16 日 12 时，GPS-PWV 再次急升，在 16 日 23 时达到最大值(57.45 mm)，第二阶段降水就发生在这次 GPS-PWV 急升过程中，降水总量较第一次有明显增加，但总降水量峰值提前 GPS-PWV 最大值 4 h。从图 5-46 也可以看出：各测站均在 17 日 00 时前后 1 h 内达到最大值，最大降水期与 GPS-PWV 高值分布吻合。第二阶段降水的 GPS-PWV 极值明显大于第一阶段。GPS-PWV 增幅越大，降水量就越多。过程中 GPS-PWV 振荡变化明显，成都站和蒲江站的变化基本一致，大邑站的升降幅度最大，表明此次降水的对流不稳定形态显著，各站都没有表现出明显的日循环特征。

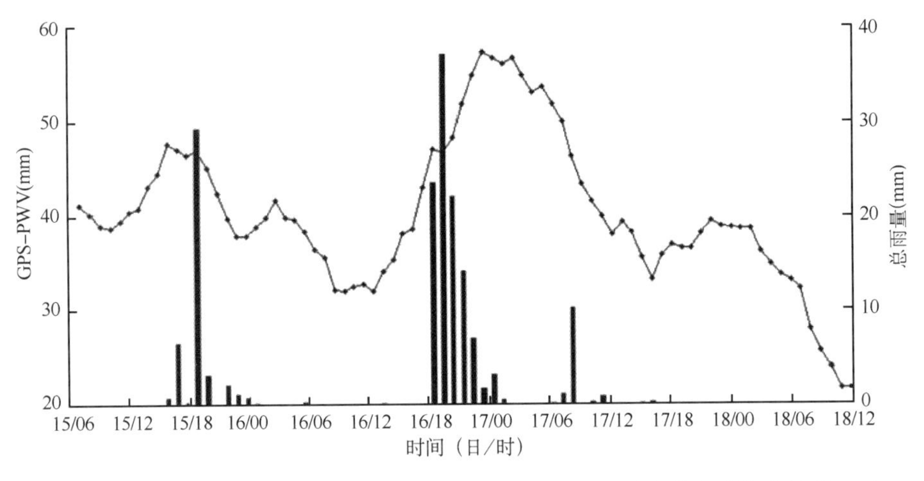

图 5-45 2010 年 7 月 15—18 日成都地区各站 GPS-PWV 平均值与总降水量的关系

(3)GPS-PWV 与物理量场的对比

由图 5-47 可见，17 日 02—20 时(西南涡停滞时期)蒲江站及成都站处于水汽通量大值区，低涡东南侧低空急流的加强，使得 17 日 14 时蒲江站 700 hPa 水汽通量场出现最大值($21\ g\cdot cm^{-1}\cdot hPa^{-1}\cdot s^{-1}$)。GPS-PWV 峰值比水汽通量峰值提早 6 h。从水汽通量散度的分布(图略)也可以看出，成都地区在 17 日 02 时及 08 时处于水汽通量散度辐合区，在较强西南气流的引导下，GPS-PWV 高值维持，充足的水汽有利于产生强降水。

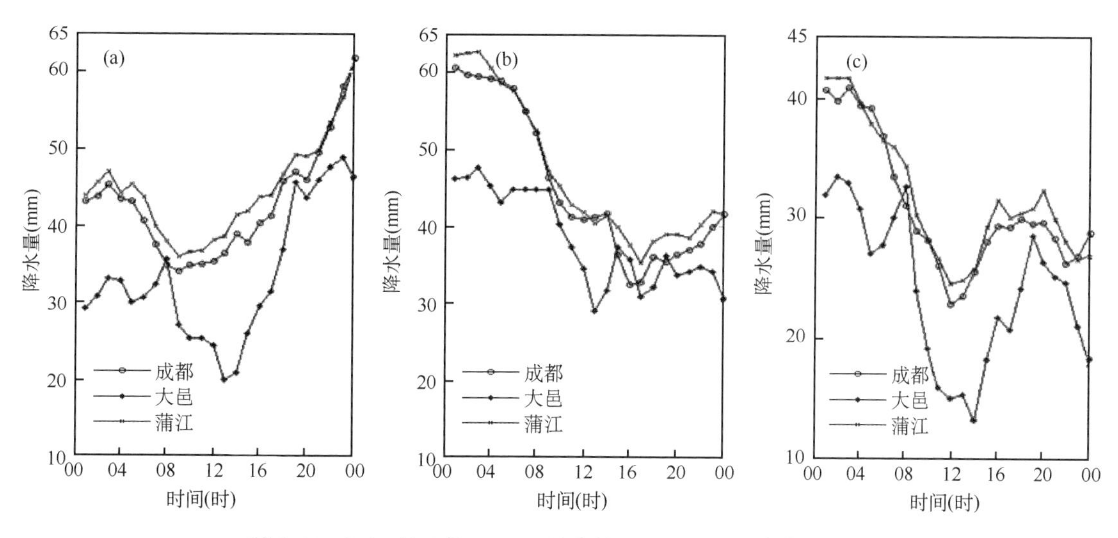

图 5-46 2010 年 7 月 16—18 日各站 GPS-PWV 日变化差异图
(a)16 日;(b)17 日;(c)18 日

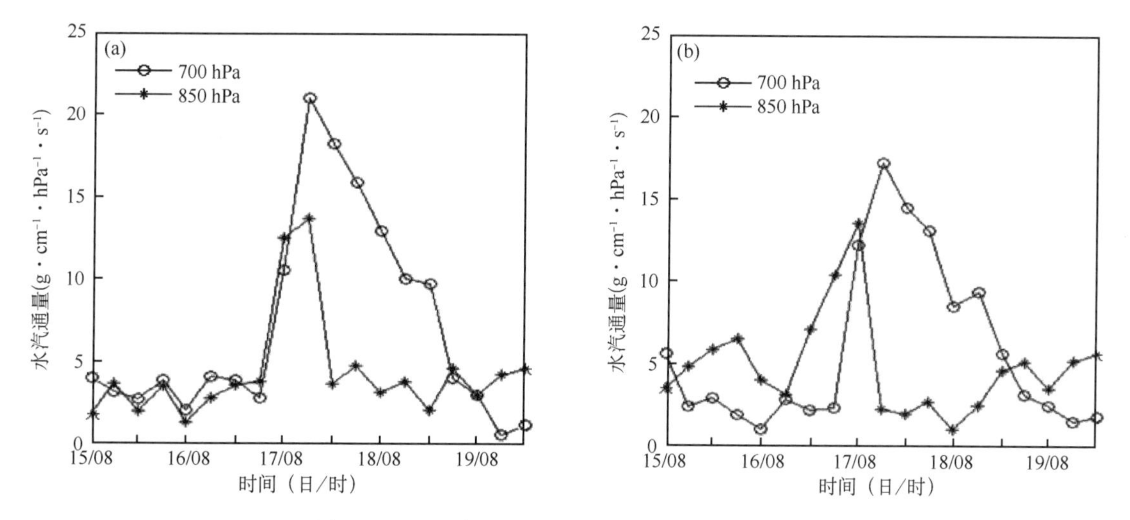

图 5-47 2010 年 7 月 15—18 日水汽通量值的演变
(a)蒲江;(b)成都

图 5-48 是沿西南涡中心不同物理量的垂直剖面图。16 日 20 时,低涡开始形成,涡心(30°N,101°E)的垂直速度在 600 hPa 以下为上升运动,600～300 hPa 转为下沉气流,350 hPa 以下为弱的辐合、正涡度,350 hPa 以上变为弱的辐散、负涡度,此时 GPS-PWV 处于升高阶段;17 日 08 时(低涡停滞期),涡心处(29°N,104°E)整层的涡度和散度变得不明显,而从低层到高层都转为强烈的上升运动,对流运动达到最强;17 日 20 时,低涡开始东移到四川盆地(31°N,106°E),涡度场在 420 hPa 处由正涡度变为负涡度,上升运动也减弱并最终转为下沉运动,GPS-PWV 此时也骤降到较低值,并且这种减弱在低涡东移前就已显现。可见,GPS-PWV 在低涡发展前 8 h 就开始急升,GPS-PWV 极大值出现在涡心上升运动最强前。盆地内持续的气流及水汽的辐合抬升对此次西南涡降水有重要贡献。

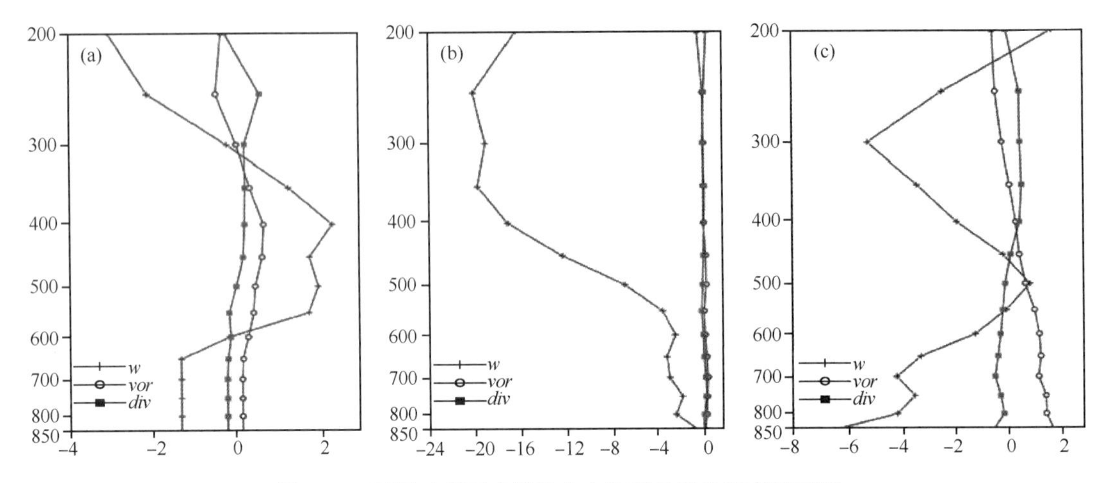

图 5-48 不同时刻西南低涡中心物理量场的垂直剖面图

(a)16 日 20 时;(b)17 日 08 时;(c)17 日 20 时

(涡度:*vor*,单位:$\times10^{-4}\ s^{-1}$;散度:*div*,单位:$\times10^{-4}\ s^{-1}$;垂直速度:*w*,单位:$\times10^{-1}\ hPa\cdot s^{-1}$)

5.5.3.3 GPS-PWV 在高原涡、西南涡耦合型暴雨分析中的应用

(1)天气背景

2008 年 7 月 20—22 日,四川盆地自西向东出现了一次区域性暴雨天气,但降水量分布不均,主要位于盆地西部。此次过程中,各测站均呈现两次阶段性强降水,最先测得降水的是成都站(20 日 11:30),最后测到的是大邑站(21 日 22:00);主要的降水集中在 20 日中午和 20 日夜晚,高原涡与西南涡的相互作用引发西南低空急流强烈发展,当西南涡尚未生成时,高原涡带来的降水不明显;但高原涡东移诱生出西南涡后,两涡相互作用、耦合发展,在它们的共同影响下,产生了大面积强降水(赵玉春和王叶红,2010)。

(2)GPS-PWV 与降水的关系

图 5-49 表明,降水出现前,受高原中东部形成的高原涡的影响,GPS-PWV 处于较高水平(50 mm 左右);20 日 07 时,GPS-PWV 缓慢上升,在 20 日 13 时达到极大值(61.8 mm),增幅为 1.2 mm/0.5 h,降水在 GPS-PWV 上升约 5 h 后出现;然后,高原涡逐渐东移,在此过程中 GPS-PWV 呈缓慢下降趋势;从 20 日 17 时又再次逐渐上升,20 日 21:30 达到最大值(72.1 mm),同时,在盆地西部诱生出一低值环流,并强盛发展从而形成西南涡;其后 GPS-PWV 波动上升,至 21 日 01:30 再达到另一极大值(71.5 mm)。值得注意的是,两次总降水量峰值出现的时间都提早或滞后于 GPS-PWV 极值约 1 h。可见,GPS-PWV 是在高原涡、西南涡发生耦合的过程中上升至高值区并达到最大,第二次降水总量也大于第一次。对比图 5-49 和图 5-50 可见,GPS-PWV 高值时段分布在 20 日中午到晚上和 21 日凌晨,与主要降水时段基本对应。蒲江站(位于成都地区的西南部)GPS-PWV 最先达到极大值,龙泉驿站(位于成都地区的东部)最晚达到,这符合低涡及降水是自西向东的移动态势。从图 5-51 还可以看出,GPS-PWV 夜间大,白天小,此次降水也主要集中在夜间,表明 GPS-PWV 的高值是降水发生的必要条件。

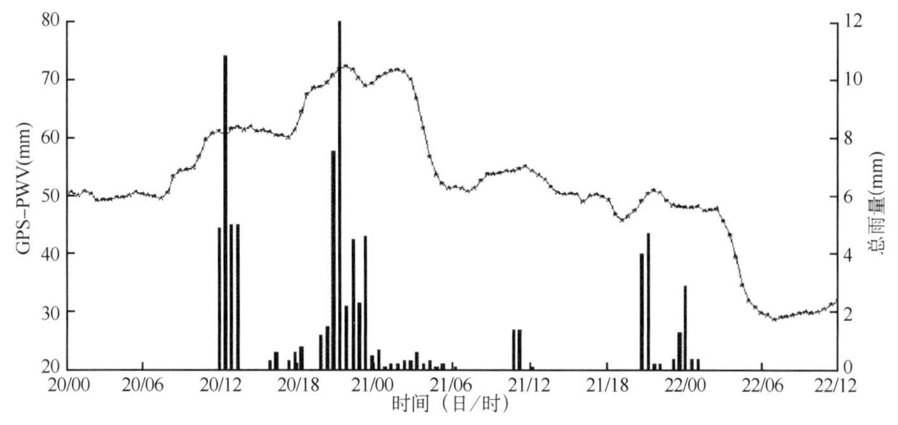

图 5-49　2008 年 7 月 20—22 日成都地区 GPS-PWV 平均值与总降水量的关系

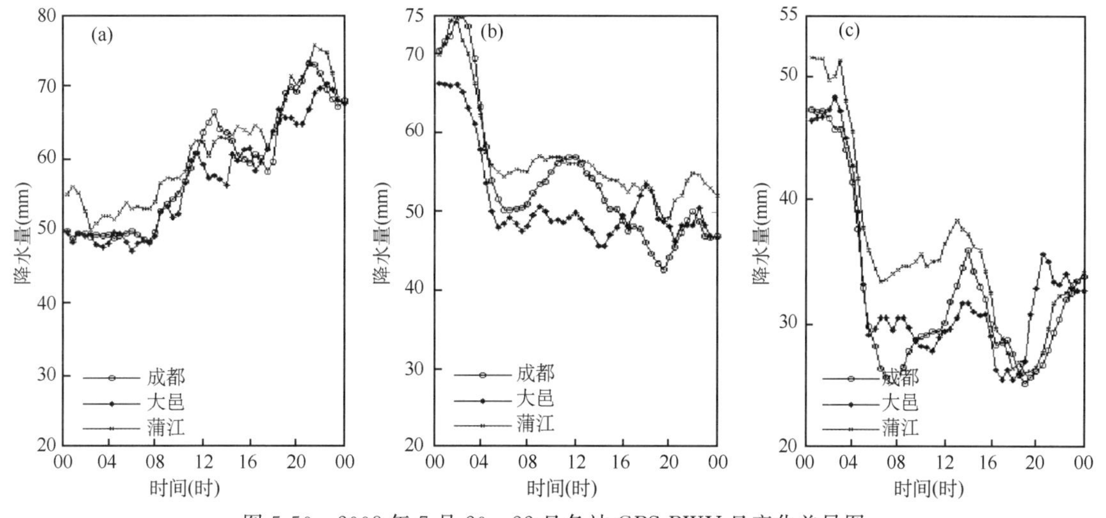

图 5-50　2008 年 7 月 20—22 日各站 GPS-PWV 日变化差异图

(a)20 日；(b)21 日；(c)22 日

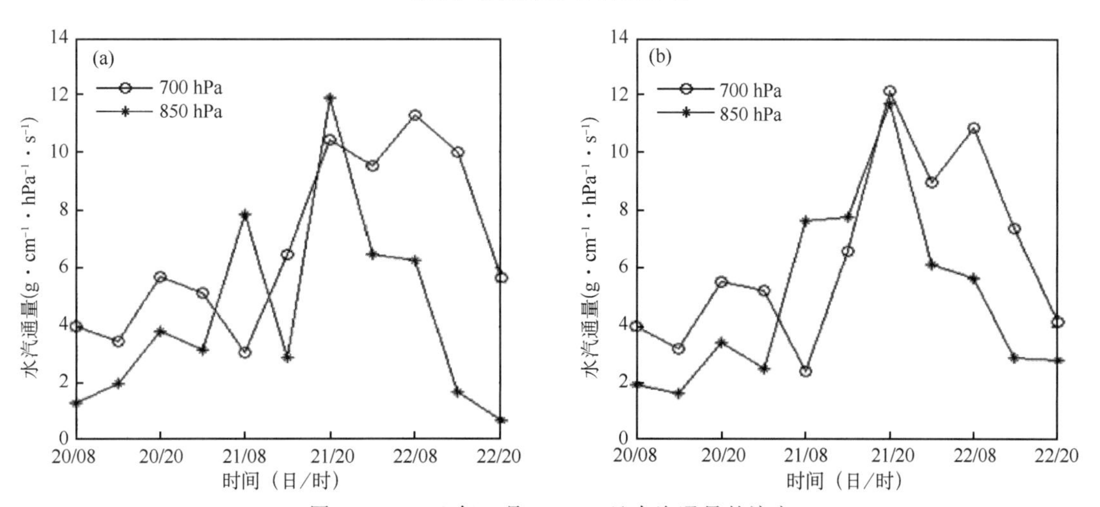

图 5-51　2008 年 7 月 20—22 日水汽通量的演变

(a)蒲江；(b)成都

(3)GPS-PWV 与物理量场的比较

图 5-51 中,配合高原涡形成时盆地上空为弱的西南气流,850 hPa 水汽通量从 20 日 08—20 时出现小幅增加,对应第一阶段主要降水,GPS-PWV 峰值提前水汽通量峰值7 h;到 21 日 08 时,盆地周边西南风增强,西南涡与高原涡发生经向耦合,此刻成都地区的水汽通量达到 8 g·cm^{-1}·hPa^{-1}·s^{-1},相应产生第二阶段主要降水,GPS-PWV 峰值的出现仍早于水汽通量峰值;之后,水汽通量持续增大,21 日 20 时,几乎在 700 hPa 和 850 hPa 上同时达到最大;在两涡及水汽输送的共同影响下,盆地湿度明显增大,降水量亦显著增加。

再从图 5-52 来看,20 日 20 时,高原涡中心处(32.5°N,100.5°E)的垂直速度在 550 hPa 以下为下沉气流,550~300 hPa 为上升运动,300 hPa 以上又转为下沉气流,涡度和散度的强度不大;21 日 08 时,涡心处(31°N,105°E)的垂直运动几乎与前一时刻完全相反,在 600~300 hPa 附近转变为下沉运动;此时西南涡在四川盆地形成,与高原涡发生耦合,使得低涡中心明显加强,300 hPa 以下辐合明显;21 日 20 时,在低涡东移阶段,涡心处(31°N,107.2°E),辐合达到最强,从低层到高层都为强上升运动,上升速度最大达到 -10×10^{-1} hPa·s^{-1}。GPS-PWV 在西南涡开始发展前(约提早 13 h)开始急升。而当西南涡发展到最强时,GPS-PWV 却下降至西南涡生成前的水平,则 GPS-PWV 的升高对低涡的发展具有前兆性,可作为预报的参考指标。

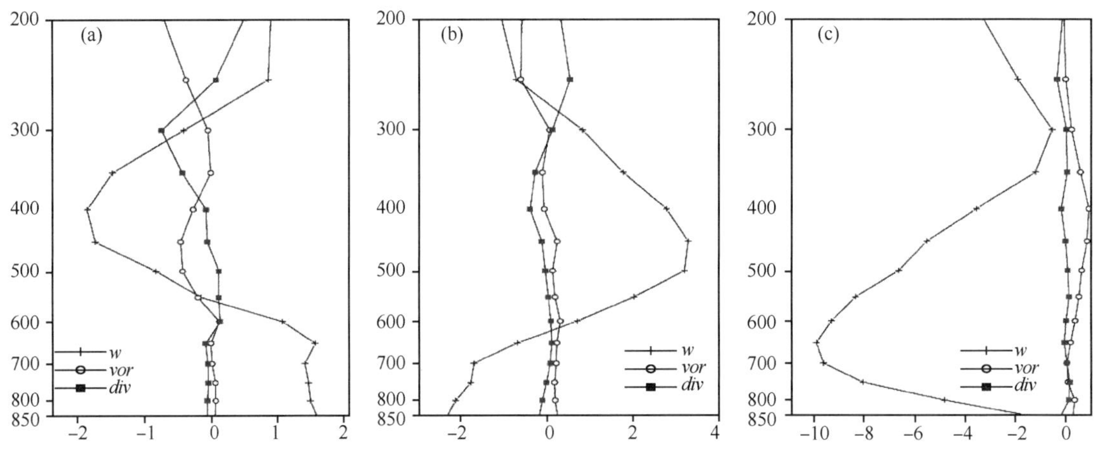

图 5-52　不同时刻西南涡中心物理量场的垂直剖面图

(a)20 日 20 时;(b)21 日 08 时;(c)21 日 20 时

(涡度:*vor*,单位:$\times10^{-4}$ s^{-1};散度:*div*,单位:$\times10^{-4}$ s^{-1};垂直速度:*w*,单位:$\times10^{-1}$ hPa·s^{-1})

5.5.4　小结

利用地基 GPS 技术获得的高分辨率大气可降水量资料,有助于更全面、更精细地对不同影响系统触发的强降水天气过程进行分析。本节利用成都地区地基 GPS 观测网反演的可降水量资料并结合常规气象观测资料和再分析资料,对 2007 年 9 月、2010 年 7 月和 2008 年 7 月三个高原涡、西南涡东移发展并引发四川等地暴雨的天气过程进行了综合分析,初步得出以下几点结论。

(1)GPS-PWV 一般在高原涡、西南涡开始发展前就已出现增长,降水大多发生在 GPS-PWV 的高值阶段。GPS-PWV 的急升、陡降对降水的开始和结束有较好的指示意义,可作为

预报的参考指标。

(2)在高原涡影响下的降水过程中,GPS-PWV在高值区呈现小幅波动状变化,总降水量峰值提早或与GPS-PWV极值同时发生。GPS-PWV峰值较水汽通量峰值提前5～7 h,GPS-PWV升高先于低涡生成12 h,其后各发展阶段的GPS-PWV与低涡动力学量和水汽量基本保持同步变化。

(3)在西南涡降水过程中,持续的西南气流和辐合抬升是水汽增长的主要原因,GPS-PWV的升降幅度较大,当水汽上升到一定水平后开始出现降水,且降水后GPS-PWV减少;若低涡环流和水汽输送稳定维持,GPS-PWV会再次急升,有利于产生新一轮降水。GPS-PWV峰值提前水汽通量峰值6 h出现,GPS-PWV的升高提早低涡发展8 h,低涡发展滞后于GPS-PWV极大值。

(4)在高原涡、西南涡耦合产生的降水过程中,高原涡促使GPS-PWV在西南涡生成前就处于较高水平,降水是发生在GPS-PWV在高位进一步升高的5 h后。两涡发生耦合加强作用后,GPS-PWV大幅增加,GPS-PWV峰值提前于水汽通量峰值7 h,GPS-PWV在西南涡开始发展前13 h开始急升,低涡环流的强盛发展是水汽补充、增长的主要方式。

最后应指出的是,本节仅对以上三种低涡暴雨型态的个例进行了GPS-PWV及其相关的水汽变化特征分析,某些结论的普遍适用性还需要进一步通过对更多实例来检验、完善,与物理量场的对比也应考虑加入能量分析。尽管如此,本研究初步表明GPS-PWV完全可以作为一种新的水汽资料或监测手段在今后的受高原影响地区的天气分析预报中加以综合应用,从而丰富对高原涡、西南涡及其暴雨的科学认识,提升业务监测、预报能力。

第6章　低涡的统计研究与气候学特征

6.1　基于NCEP资料的近30年夏季青藏高原低涡的气候特征

6.1.1　引言

在20世纪80年代中期，基于高原气象协作研究和QXPMEX的观测资料，陶诗言等(1984)和刘富明和濮梅娟(1986)分别对1975—1982年和1965—1982年的高原低涡生成、移动和影响进行了统计，但由于资料和年代所限，高原低涡气候(学)特征及长期变化趋势的研究几乎为空白。近年来，随着观测资料的逐渐丰富以及再分析资料的应用，高原低涡活动的气候特征开始引起人们的关注，郁淑华和高文良(2006)、高文良和郁淑华(2007)对1998—2004年移出高原低涡进行了统计分析，并给出了低涡多与少的月环流场特征。何光碧等(2009a)分析了2000—2007年夏季高原低涡、切变线的观测事实。王鑫等(2009)对1980—2004年5—9月的青藏高原低涡活动进行了统计研究。蒋艳蓉等(2009)研究了冬、春季青藏高原东侧涡旋特征及其对我国天气气候的影响。但目前我们对高原低涡气候特征的总体认知还很欠缺，特别是近年来在全球气候变化以及高原气候变化的背景下，高原低涡活动长期变化趋势的研究还不多见。因此，迫切需要加强青藏高原低涡活动的气候变化趋势及其对我国强降水影响的研究，这对于揭示高原地区天气系统活动及其气候特征的基本事实，进一步认识高原低涡发生、发展及影响机制，以及高原低涡与下游其他天气系统(如西南低涡、台风、江淮气旋、梅雨锋)的相互作用都有重要意义。由于5—9月是高原低涡主要活动时段，其中6—8月又是高原低涡最容易移出高原的月份(高文良和郁淑华，2007)，故本节利用1981—2010年的NCEP/NCAR逐日再分析数据对夏季(6—8月)高原低涡的时空分布特征进行气候统计分析，并对夏季高原低涡高发年和低发年的大气环流及低频变化特征开展对比研究。

6.1.2　资料与方法

近年来，NCEP/NCAR再分析资料已经在高原上广泛使用(高文良和郁淑华，2007；朱丽华 等，2011；李永华 等，2011；宇婧婧 等，2011a，2011b；华维 等，2012；李斐 等，2012)，在高原低涡的个例诊断分析和数值模拟中也已成功运用(何光碧 等，2009b；黄楚惠和李国平，2009；宋雯雯 等，2012)。由于NCEP/NCAR再分析资料是基于多源资料的融合，相对于高原上探空站点“东多西少”的极不均匀分布，在整体上能比较客观地反映青藏高原上空的大气环流形势，有利于较为全面地识别高原低涡。因此，以再分析资料为主，结合探空资料的订正，在目前的技术、资料条件下，对于高原低涡的统计应是一种较好的现实选择。

本节所用的资料为1981—2010年NCEP/NCAR逐日再分析资料(Kalnay et al.，1996)，其中水平分辨率为2.5°×2.5°的再分析资料从1981—2010年，水平分辨率为1°×1°的再分析资料从1999—2010年。首先利用该资料绘制的天气图对1981—2010年夏季高原低涡进行人

工识别统计，高原低涡的识别标准为：500 hPa 等压面上，高原地区形成闭合等高线的低压或有 3 个站点风向呈气旋性的低涡环流（青藏高原气象科学研究拉萨会战组，1981）。我们还参考 MICAPS 天气图以及中国气象局成都高原气象研究所（2010—2012）出版的《青藏高原低涡切变线年鉴》对再分析资料人工识别结果进行了适当订正。在高原低涡整个统计过程中，主要是以分辨率 2.5°×2.5°的再分析资料为主，运用 MICAPS 资料和分辨率为 1°×1°的再分析资料进行适当的比较、订正。我们发现，单纯地用 MICAPS 资料来统计，西部的高原低涡会明显偏少，故以两种分辨率的再分析资料为主，对一些存疑的低涡过程再用 MICAPS 资料加以比较、验证。此外，分别采用小波分析和滑动 T 检验对高原低涡序列进行振荡周期分析和突变检验（Torrence et al.，1998），并使用 Lanczos 带通滤波器提取大气低频分量，该滤波器能有效地保留其窗口内的方差（Jones et al.，1998）。根据有关研究结果（姚菊香 等，2012），本节选择准双周和准 30 天 Lanczos 滤波器窗口函数 l 的临界值 l_0 分别为 24 和 46，当 $l \geq l_0$ 时，Lanczos 滤波器性能优于 Butterworth 滤波器。

6.1.3　结果分析

6.1.3.1　高原低涡的气候学分析

（1）夏季高原低涡的气候特征

图 6-1 给出了夏季高原低涡发生频数标准化距平的年际变化和小波分析。由图 6-1a 可以看出，自 1981 年以来夏季高原低涡发生频数整体呈增多趋势，30 年间高原低涡共出现 965 个，夏季生成的高原低涡年平均 32.2 个，1991 年高原低涡出现频次最高，达 51 个；2003 年出现频次最少，为 18 个；气候倾向率为＋0.8 个/10 年，标准差为 8.5，具有较强的年际变化特征。夏季高原低涡频数在 2000 年和 2005 年发生显著突变，低涡频数序列在 2000 年由增多趋势转为减少趋势，而后在 2005 年又转为增多趋势。利用小波功率谱对图 6-1a 所示夏季高原低涡序列进行分析发现，夏季高原低涡序列的准 5 年、准 9 年和准 15 年周期振荡现象显著：4～7 年的周期振荡在 1981 年与 1995 年间有较大的谱值；8～12 年的周期振荡特征在 1985 年前后、1995 年前后和 1998 年前后有较大的谱值；准 15 年的周期振荡特征自 1981 年以来呈现较大的谱值。

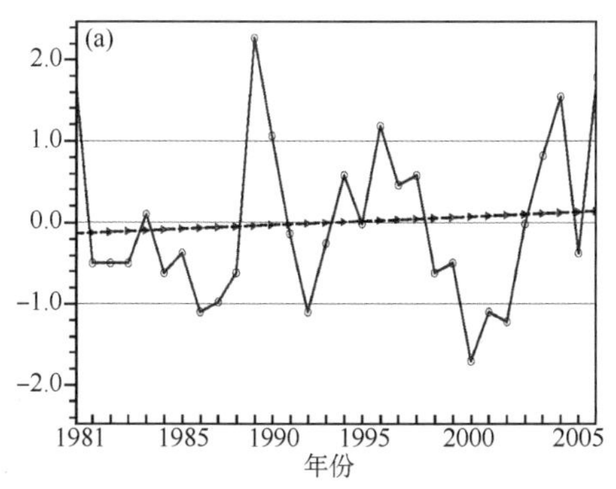

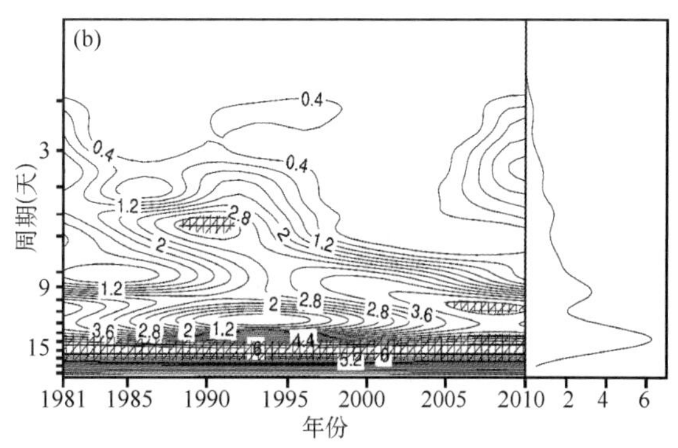

图 6-1　夏季高原低涡频数标准化距平的年际变化(a)和小波功率谱分析(b)
（采用 Morlet 小波，阴影区通过 0.05 信度水平检验；下同）

(2)6 月份高原低涡的气候特征

图 6-2a 显示，自 1981 年以来 6 月份出现的高原低涡频数整体呈减少趋势，气候倾向率为每 10 年减少 1.144 个，6 月份年平均生成的高原低涡频数为 14.4 个，标准差为 6.1，年际变化特征明显，低涡序列在 2005 年发生显著突变，在 2005 年由减少趋势转为增多趋势。利用小波功率谱对图 6-1a 中 6 月份生成的高原低涡序列进行分析得出，该月份高原低涡序列的准 2 年、准 4 年和准 15 年周期振荡现象显著；准 2 年的周期振荡在 1985 年前后、2000 年前后和 2010 年前后有较大的谱值，准 4 年的周期振荡在 1995 年前后有较大的谱值，准 15 年的周期振荡自 1981 年以来呈现出较大的谱值。

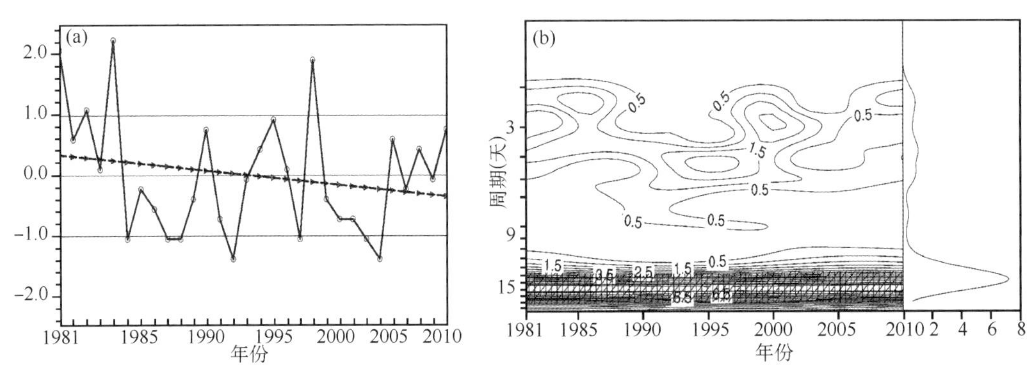

图 6-2　6 月份高原低涡频数标准化距平的年际变化(a)和小波功率谱分析(b)

(3)7 月份高原低涡的气候特征

图 6-3 给出了 7 月份生成的高原低涡频数标准化距平的年际变化和小波分析。由图 6-3a 可知，自 1981 年以来该月份生成的高原低涡整体呈增多趋势，气候倾向率为每 10 年增加 0.493 个，7 月份年平均生成的高原低涡频数为 9.6 个，标准差为 4.9，也具有年际变化特征。7 月份生成的高原低涡频数在 1989 年和 1992 年有显著的突变，该序列在 1989 年由减少趋势转为增多趋势，而后在 1992 年又转为减少趋势。小波功率谱对图 6-3a 中 7 月份生成的高原低涡序列的分析表明，7 月份生成的高原低涡序列存在准 3 年、准 5 年和准 15 年的周期振荡现象：2～4 年的周期振荡在 1985 年前后和 2000 年前后有较大的谱值；准 5 年的周期振荡在 1993 年前后有较大的谱值；准 15 年的周期振荡在 1981 年以后均有较大的谱值。

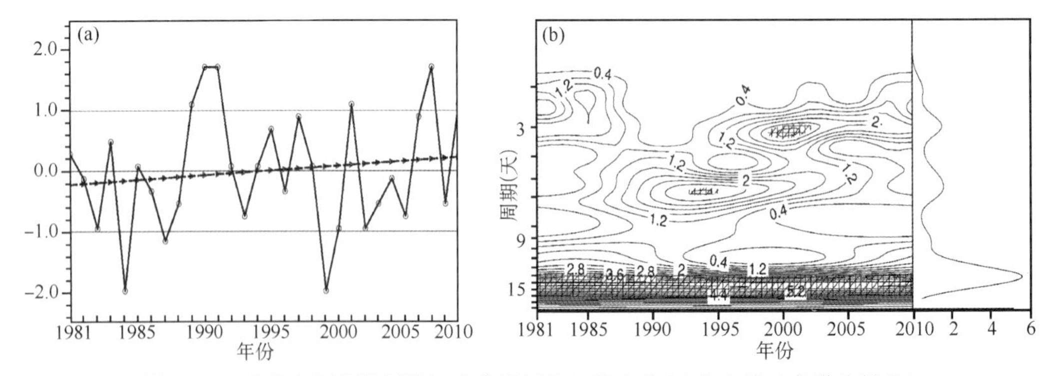

图 6-3　7 月份高原低涡频数标准化距平的年际变化(a)和小波功率谱分析(b)

(4)8 月份高原低涡的气候特征

由图 6-4a 可以看出,自 1981 年以来 8 月份生成的高原低涡频数整体呈明显增多趋势,气候倾向率达每 10 年增加 1.4 个,8 月份年平均生成的高原低涡频数为 8.2 个,标准差为 4.6,年际变化显著。8 月生成的高原低涡频数在 1984 年和 1997 年有显著的突变发生,在 1984 年由减少趋势转为增多趋势,在 1997 年再次转为减少趋势。小波功率谱对图 6-4b 中 8 月高原低涡序列的分析表明,该高原低涡序列的准 2 年、准 6 年、准 9 年和准 12 年周期振荡现象显著:准 2 年的周期振荡在 1992 年前后有较大的谱值;准 6 年的周期振荡在 1993 年前后、2002 年前后和 2008 年前后有较大的谱值;准 9 年的周期振荡在 20 世纪 80 年代初和 2000—2010 年间呈现出较大的谱值;准 12 年的周期振荡特征在 1998 年前后较为明显。

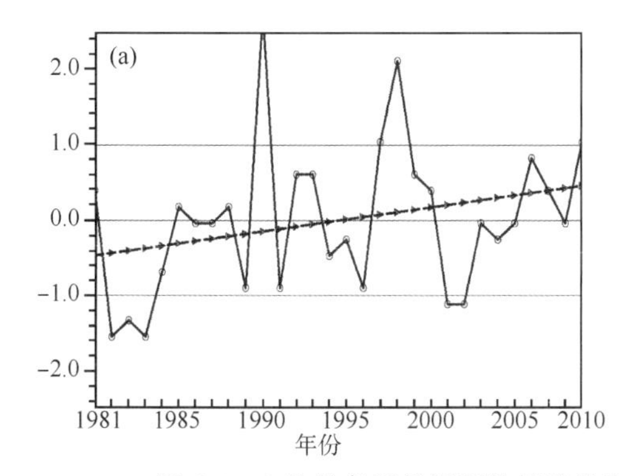

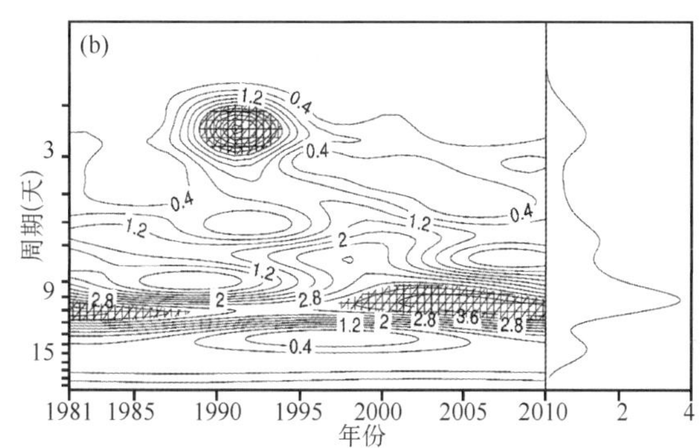

图 6-4　8 月份高原低涡频数标准化距平的年际变化曲线(a)和小波功率谱分析(b)

(5)夏季高原低涡的源地

图 6-5 反映了 1981—2010 年高原低涡生成源地累积频数的空间分布。图 6-5a 为表明夏季高原低涡生成源地主要集中在西藏双湖、那曲和青海扎仁克吾一带。高原低涡的中部涡占 50.8%,西部涡占 27.0%,东部涡占 22.2%。从图 6-5b 可以看出,6 月份,高原低涡源地位置偏北,主要分布在双湖至扎仁克吾以北地区;而 7 月份高原低涡源地位置较 6 月份偏南,主要分布在班戈至那曲一带;8 月份高原低涡源地和 7 月份基本一致,也分布于班戈至那曲一带,但累积频数不及 7 月。6—8 月各月生成的高原低涡占夏季高原低涡总数的比例为:6 月最多,达 44.7%,7 月份为 29.9%,而 8 月最少,占 25.4%。

(6)夏季高原低涡的生命史和强度

图 6-6 给出了高原低涡持续时间和低涡中心位势高度值的情况。由图 6-6a 可见,4 成以上的高原低涡持续时间能达到 6 h,持续 12 h 的低涡数占 2 成,生命期超过 18 h 的高原低涡数不到 1 成。由图 6-6b 可以看出,高原低涡中心的位势高度值近于正态分布,均值为 582.12 dagpm,低涡中心位势最高值和最低值分别为 591 dagpm 和 563 dagpm,中心位势高度值位于 578～587 dagpm 的高原低涡占总数的 87.1%。

(7)夏季高原低涡的热力性质和移动特征

统计结果还表明:高原低涡初期以暖性涡为主,占总数的 90.7%,这与前人的研究结果一致(青藏高原低值系统研究协作组,1978)。绝大多数高原低涡属于源地(不发展)型,仅在高原地区活动,移到高原东麓时即减弱消失,这是高原低涡与背风气旋明显不同之处。

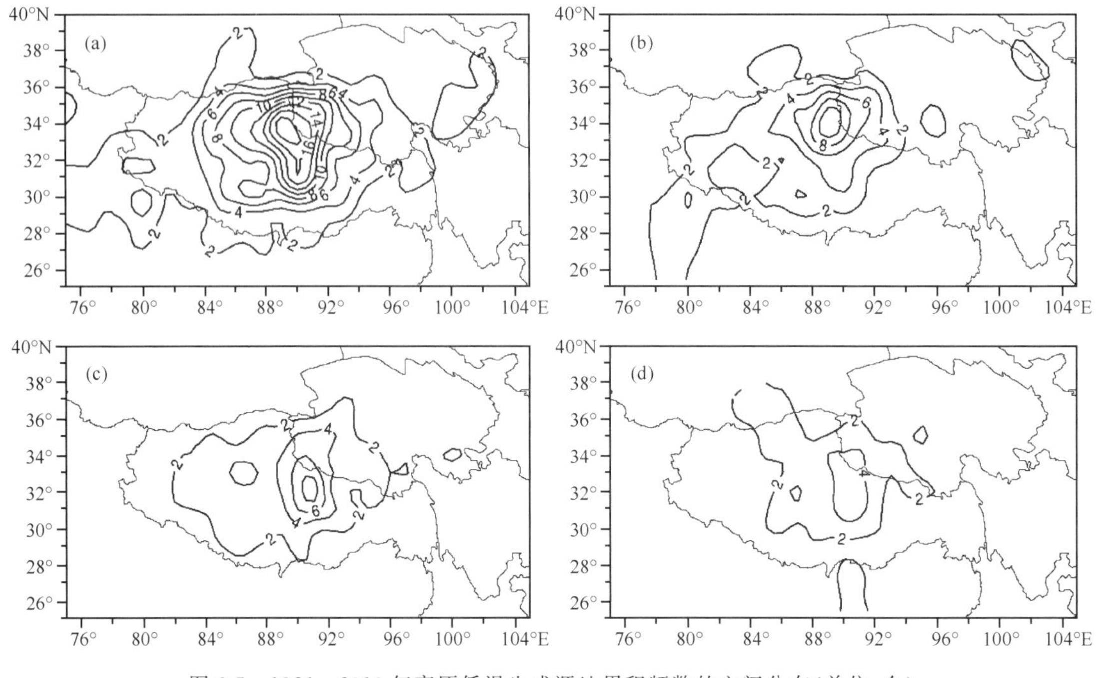

图 6-5　1981—2010 年高原低涡生成源地累积频数的空间分布(单位:个)

(a)夏季(6—8 月);(b)6 月;(c)7 月;(d)8 月

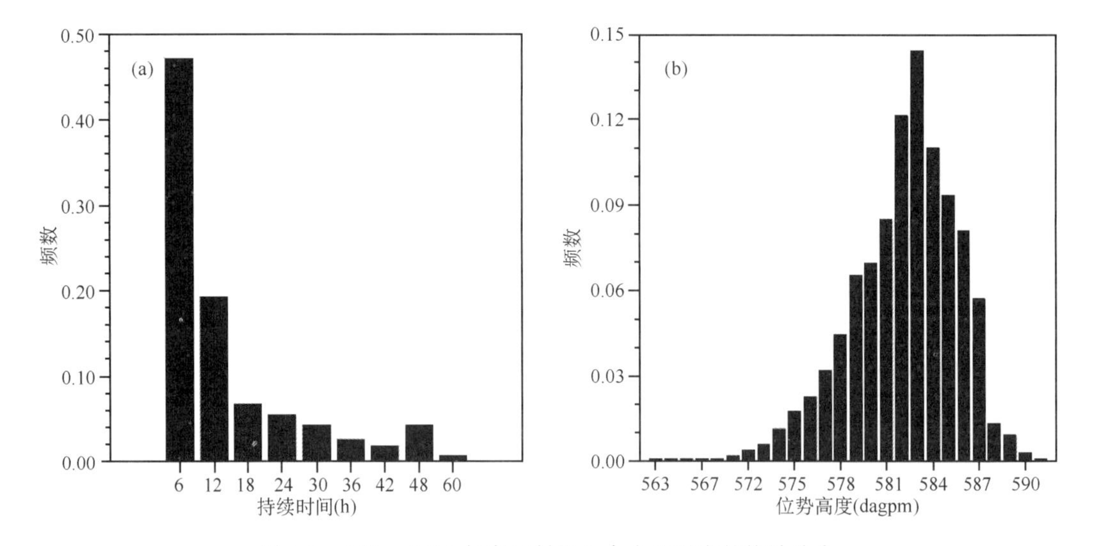

图 6-6　1981—2010 年高原低涡生命史和强度的统计分布

(a)低涡持续时间;(b) 500 hPa 低涡中心位势高度

对高原低涡的相关研究而言,高原低涡的气候统计是一项工作量大但结果差异也可能较大的基础性工作,即使在对高原低涡定义基本相同的条件下,由于高原低涡尺度较小、属于边界层系统(刘富明和濮梅娟,1986;Liu et al.,2007),加之高原上的探空资料稀疏,用常规天气图方法识别确定的高原低涡常因统计年限不同、所用资料不同、在历史纸质天气图和 MICAPS 显示天气图上的反映状况不同(甚至手工绘制天气图时期,中央气象台、省气象台、地市级气象台的预报员判定高原低涡的标准可能有所不同),对移出高原的低涡也可能因移下临界

海拔高度、移过临界经度以及是低涡移动还是新生等方面的判断差异，不同研究者的低涡统计结果存在差异（有的还较大）。例如，平均每年夏季高原低涡生成数的统计结果为6.1～9.1个，高原低涡移出高原的百分比为8.7%～36.4%（陶诗言等，1984；刘富明和濮梅娟，1986；郁淑华 等，2006，2007，2012；黄楚惠，2008；王鑫 等，2009；中国气象局成都高原气象研究所，2010—2012；Feng，et al.，2014）。

但对高原低涡移出高原的总体认识还是基本一致的，即能够移出高原的高原低涡为数不多，移出高原并发展为较强低涡而产生高影响天气的则更少。刘富明和濮梅娟（1986）认为移出高原的低涡确实较少，6—8月平均每年3次，而触发四川盆地暴雨的只有1.4次。郁淑华等（2012）统计出每年有1～3次高原低涡会引发四川、重庆、贵州、陕西、湖北等产生大雨以上的降水。本节的统计结果表明，1981—2010年平均每年夏季有1.3个高影响高原低涡移出高原并在下游大范围地区产生强降水天气，这类能够移出高原的高影响高原低涡的年代际变化特征为：1981—1990年间平均每年移出1.5个，1991—2000年间平均每年移出1.2个，2000—2010年间平均每年移出1.2个。总体而言，20世纪80年代后期及1990年代初期，移出高原的高影响高原低涡次数较多。限于篇幅，1981—2010年移出型高原低涡的全面统计和分析，我们将在6.6节论述。

需要注意的是，为数不多的移出（发展）型高原低涡却常以与西南低涡耦合加强的方式给高原下游广大地区产生灾害性天气影响（陈忠明 等，2004b）。移出的高原低涡以东移为主，占移出高原低涡的56.4%，东北移的占20.1%，东南移的占20.5%，高原低涡主要以三种方式消亡：直接被填充、汇入高空低槽、蜕变为高原低槽或高原切变线。

6.1.3.2　高原低涡高、低发年夏季大气环流形势的差异

对统计的1981—2010年夏季高原低涡发生频数序列进行标准化处理，采用高于或低于1个标准差来定义高发年或低发年。于是得出高原低涡高发年有：1981年、1991年、1992年、1998年、2008年、2010年，低发年有：1988年、1994年、2003年、2004年、2005年。

下面分别对高原低涡高发年和低发年夏季的大气环流场进行合成，以及分别对气候平均态做差值分析。图6-7给出了高原低涡高发年和低发年500 hPa大气环流合成场以及它们与气候态的差值分布。对高原低涡高发年和低发年与各自夏季气候态的差值环流场的分析表明，两者差异显著。高发年大气环流合成场与气候态大气环流场相比较而言（图6-7c），青藏高原主体范围存在较明显的偏南气流和低压槽，青藏高原上游伊朗高原上空为气旋性环流控制，高原低压槽是该低压气旋向青藏高原伸展的分支，气旋南部的西南气流异常强盛，有较强的正涡度平流向高原低压槽输送正涡度，使得该低压槽得以维持，同时水汽供应充足，为高原低涡形成提供了有利的背景条件。另外，印度洋北部被气旋性环流控制，印度洋高压比气候态偏弱，140°E以西的西太平洋被反气旋环流控制，140°E～160°E则被气旋性环流控制，说明西太平洋副热带高压在140°E以西较气候态偏强，而140°E～160°E西太副高较气候态偏弱，西太副高南部的偏东气流比气候态显著偏强。同样，将高原低涡低发年环流场与气候态大气环流场比较（图6-7d）可以发现，青藏高原主体存在较强的偏北气流和高压脊，伊朗高原上空被强盛的高压反气旋环流控制，高原高压脊是伊朗上空高压向青藏高原伸展所形成的分支，水汽供应偏弱，不利于高原低涡的生成。西太平洋被气旋性环流控制，说明西太副高较气候态偏弱。而印度洋被反气旋环流控制，印度洋高压较气候态偏强。

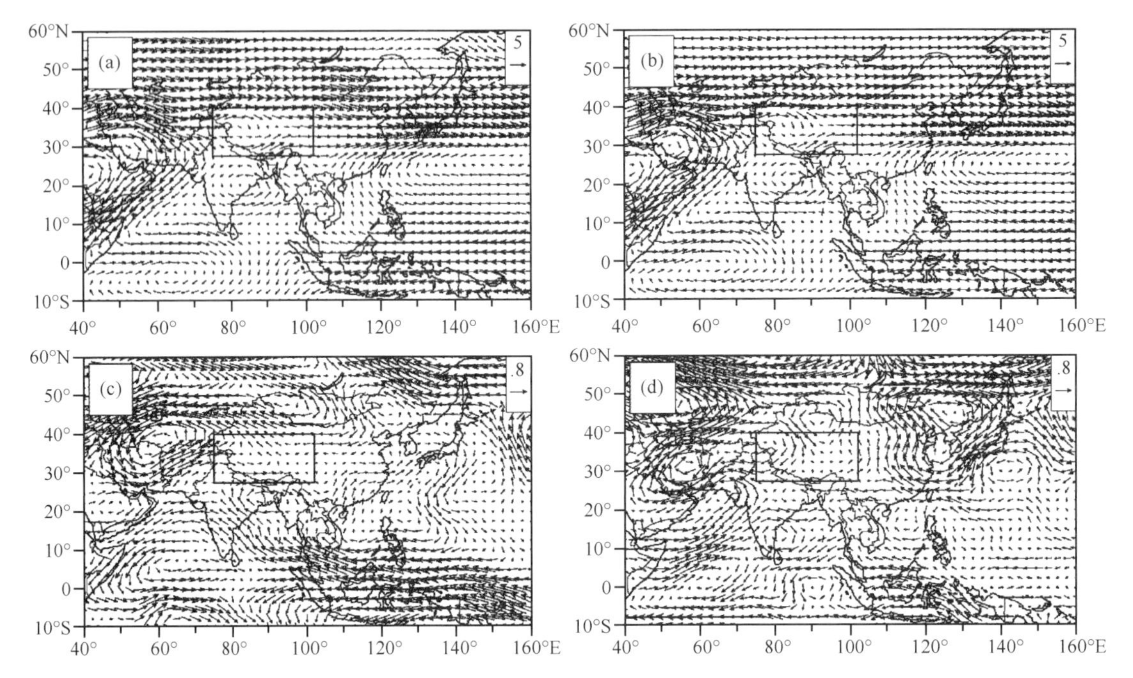

图 6-7 高原低涡高发年(a)和低发年(b)500 hPa 环流合成场(6—8 月平均,下同),高原低涡高发年(c)和低发年(d)500 hPa 环流合成场与同期气候态的差值场(图中方框代表青藏高原主体区域,下同)

青藏高压是夏季亚洲对流层上层最为显著的环流系统,高原低涡高发年和低发年的青藏高压的分布和强度状态有何差别?这对于我们进一步揭示青藏高原环流系统影响高原低涡的机制有重要意义。为此给出了夏季 100 hPa 的大气环流场合成场以及它们与气候态的差值分布(图 6-8)。高原低涡高发年大气环流场与气候态大气环流场相比可见(图 6-8c),高原低涡高发年青藏高压西部较气候态偏弱,而高原主体区域较气候态偏强。高原低涡低发年夏季大气环流合成场与气候态大气环流场相比可以看出(图 6-8d),高原低涡低发年青藏高压西部较气候态偏强,高原主体地区则较气候态偏弱。因此,高原低涡高发年青藏高压西部的强度比低发年明显偏弱,而青藏高压在青藏高原主体范围内的强度则较低发年明显偏强,这有利于加强高原高层的水平辐散及整层上升运动,为低层高原低涡生成提供了良好的动力条件。

为了探寻高原低涡与低层纬向风、经向风的关系,给出了 1981—2010 年高原低涡频数序列与同期 500 hPa 的 u、v 风场相关系数场及其由 u、v 风场相关系数构造的矢量场(图 6-9)。从高原低涡序列与纬向风场的相关系数场可以看出(图 6-9a),回归系数正值带由高原南部经伊朗高原向高原上游延伸至沙特阿拉伯,经我国华南向下游延伸至西太平洋,该正值带南北两侧均为宽阔的负值区。高原范围内呈“南正北负”的分布形态,纬向风在高原范围内呈气旋性切变,这对应高原低涡生成偏多。图 6-9b 显示出高原低涡偏多时,高原北部、伊朗高原和印度半岛为显著的经向风正值区,所以高原低涡的偏多与以上正值区的偏南风密切相关。其原因可以通过由高原低涡序列与 u、v 风场构造的相关系数的矢量场(图 6-9c)来说明:伊朗高原上空被气旋性环流控制,该气旋前部有一向青藏高原伸展的低压槽,高原南侧有一反气旋,有利于暖湿气流向高原地区输送,这对高原低涡的生成具有重要贡献。这一形态与图 6-7c 中低涡高发年大气环流合成场与气候态大气环流场(6—8 月平均)的差值场分布极为相似,说明伊朗高原上空的气旋、高原低槽和高原南侧反气旋的配置对高原低涡生成有重要作用。

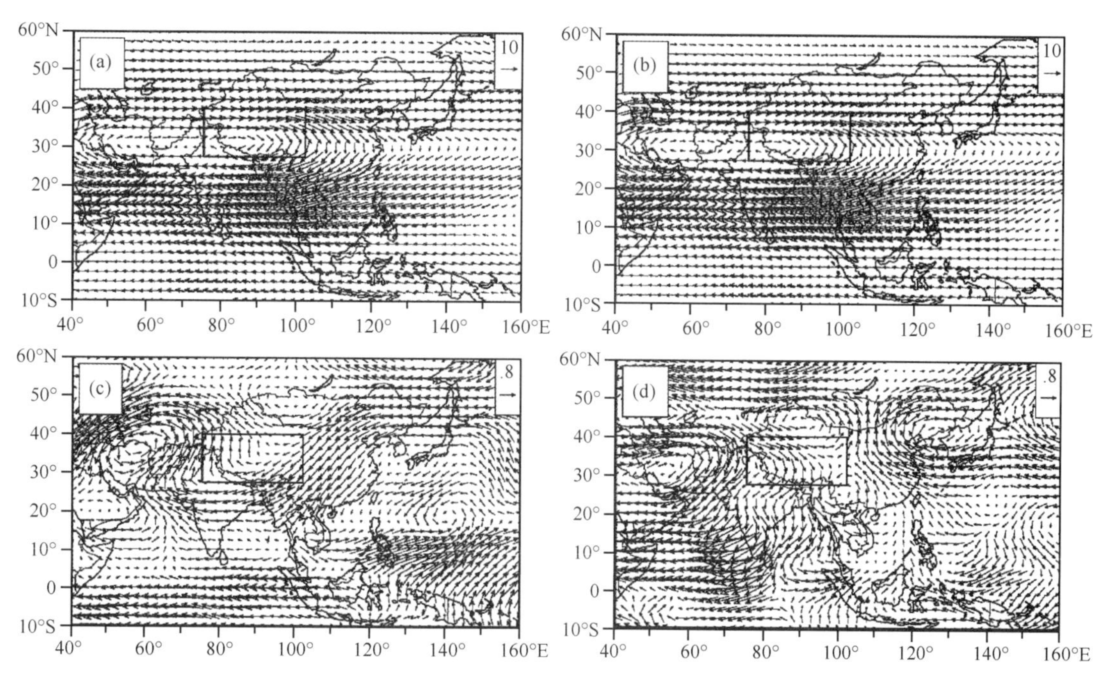

图 6-8　高原低涡高发年(a)和低发年(b)100 hPa 环流合成场，高原低涡高发年(c)和低发年(d)100 hPa 环流合成场与同期气候态的差值场

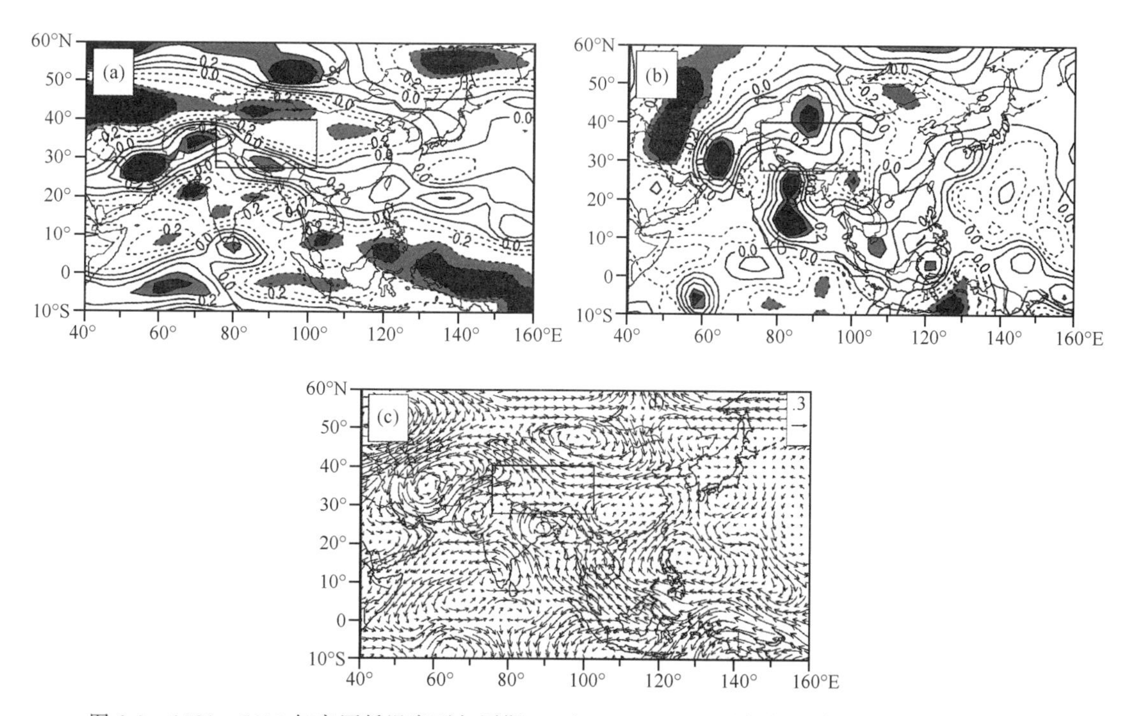

图 6-9　1981—2010 年高原低涡序列与同期 500 hPa u(a)、v(b)风场的相关系数场及其由 u、v 风场相关系数构造的矢量场(c)(深色和浅色阴影分别通过 0.01 和 0.05 信度水平检验)

6.1.3.3　高原低涡高、低发年夏季大气低频环流形势的差异

使用 Lanczos 带通滤波器对低层(500 hPa)纬向风和经向风进行滤波,可以得到低频大气环流场。图 6-10 给出了高原低涡高发年和低发年夏季低频大气环流场,以及各自与气候态夏季低频大气环流场的低频差值场。可以看出,高原低涡高发年低频大气环流场在青藏高原范围内有较强气旋性切变,并且低频风明显偏弱。

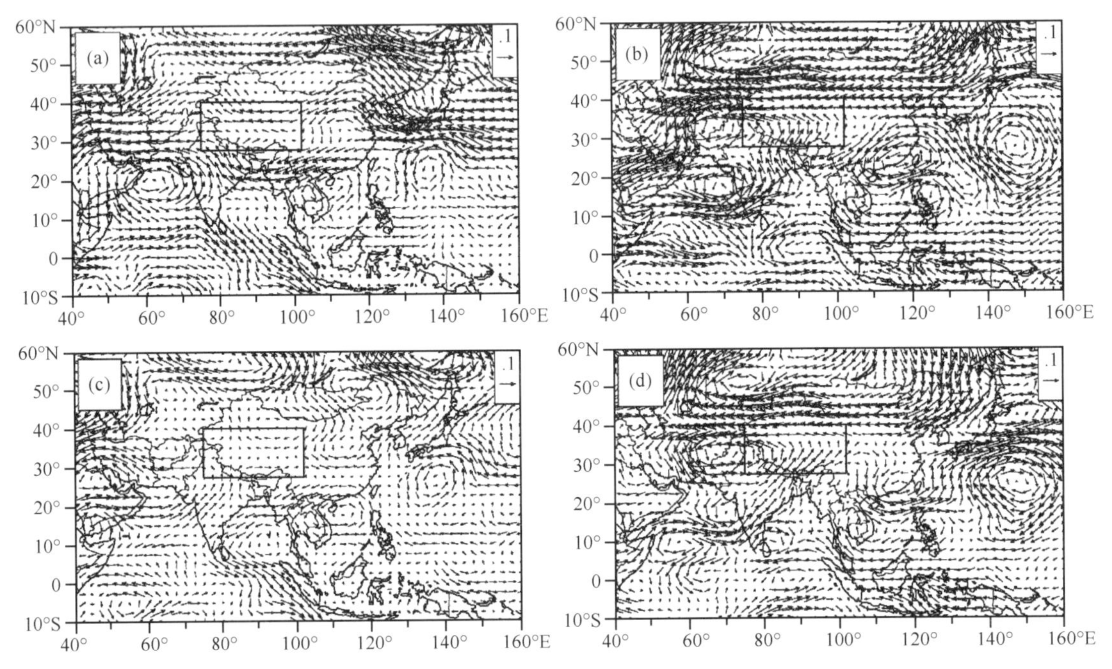

图 6-10　高原低涡高发年(a)和低发年(b)500 hPa 低频大气环流合成场,高原低涡高发年(c)和低发年(d)500 hPa 低频大气环流合成场与同期气候态低频大气环流场的差值场

图 6-11 分别给出了高原低涡高发年和低发年夏季 100 hPa 低频大气环流场,以及各自与气候态夏季低频大气环流场的低频差值场。低涡高发年青藏高原被强盛的低频反气旋控制。而在低发年,青藏高原范围内只有低频气流的扰动,没有形成闭合系统。与气候态相比较(图 6-11a,b),低涡高发年高原范围内的低频反气旋异常显著,低发年高原上游伊朗高原被闭合低频气旋控制,青藏高原则被该低频气旋东侧强的偏南气流控制(图 6-11c,d)。所以,青藏高原范围内低涡高发年的低频大气环流场及其高低层环流配置均为高原低涡生成提供了有利的环流条件。

6.1.4　小结

本节利用 NCEP/NCAR 再分析资料对 1981—2010 年夏季高原低涡的气候特征进行了统计研究,并对高原低涡高发年和低发年的大气环流场和低频环流场进行了对比分析,得出以下结论。

(1)近 30 年来夏季高原低涡共出现 965 个,平均每年 32 个,夏季高原低涡发生频数整体呈现出较为明显的增多趋势但增幅并不大,具有较强的年际变化特征。其中 6 月生成的高原低涡呈现出减少趋势,而 7 月和 8 月生成的高原低涡呈现增多趋势。高原低涡频数在 2000 年和 2005 年存在显著的突变,在 2000 年由增多趋势转为减少趋势,在 2005 年又转为增多趋势,同时低涡频数具有显著的准 5 年、准 9 年和准 15 年周期振荡。

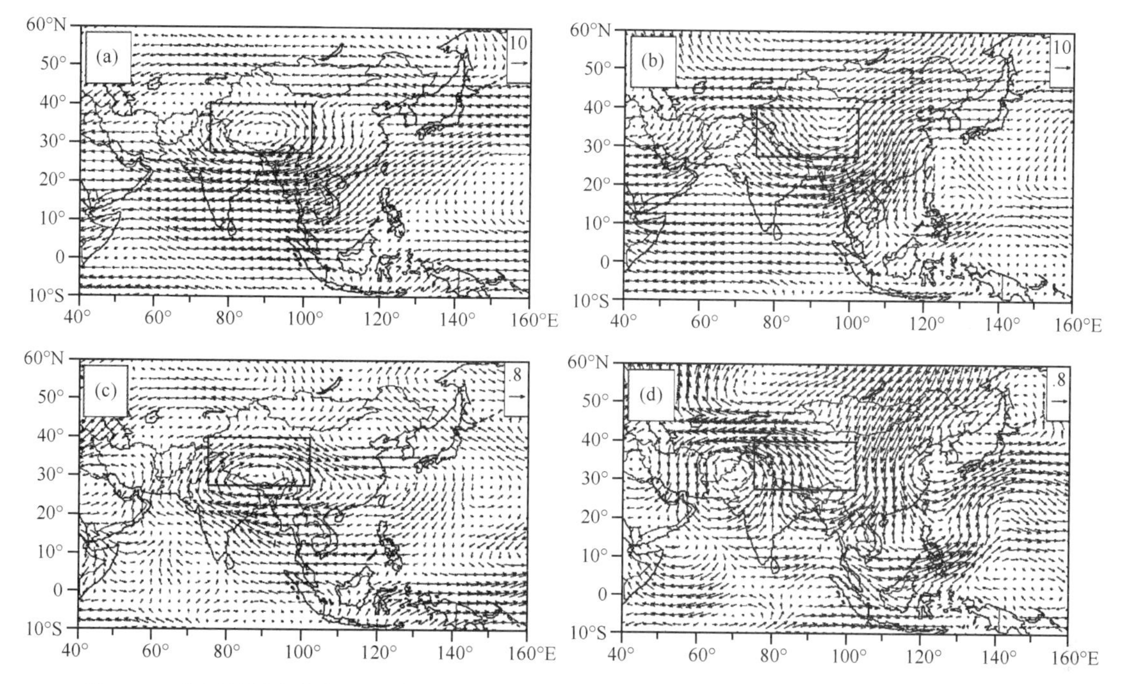

图6-11 高原低涡高发年(a)和低发年(b)100 hPa低频大气环流合成场,高原低涡高发年(c)和低发年(d)100 hPa低频大气环流合成场与同期气候态的差值场

(2)夏季高原低涡生成源地主要集中在西藏双湖、那曲和青海扎仁克吾一带。按源地分类,中部涡占50.8%,西部涡占27.0%,东部涡占22.2%。4成以上的高原低涡持续时间能达到6 h,持续12 h的低涡数仅占2成,生命史超过18 h的高原低涡数不到1成。6月份生成的高原低涡占夏季低涡总数的44.7%,7月份占夏季低涡总数的29.9%,8月份占夏季低涡总数的25.4%;高原低涡生成时以暖性涡为主,占总数的90.7%。1981—2010年期间平均每年夏季有1.3个高影响高原低涡移出高原并在下游大范围地区产生强降水天气;移出的高原低涡以东移为主,占移出高原低涡总数的56.4%,东北移和东南移的比例相当,分别占移出高原低涡总数的20.1%和20.5%。高原低涡的消亡方式主要有直接被填充、汇入高空低槽、蜕变为高原低槽或高原切变线。

(3)高原低涡高发年,低层的大气环流场和低频大气环流场均呈现出较强的水平辐合及强盛的偏南气流,高层的青藏高压在高原主体范围内较气候态偏强;高原低涡低发年的情况则与之相反。伊朗高原上空的气旋、青藏高原低槽和高原南侧反气旋的配置对高原低涡的生成具有重要作用。

本研究揭示了1981—2010年夏季高原低涡的基本气候事实,以及大气环流场在高原低涡高发年和低发年的差异,并初步分析了这些差异对高原低涡生成的可能影响。更加深入细致的气候分型和移出高原的高原低涡统计,高原低涡高、低发年高、低层环流合成场与同期气候态差值场的显著性检验,以及相关的物理机制分析,应是我们后续工作的重点。

最后,值得指出的是,在全球气候变暖的大背景下,地处高海拔的青藏高原在一定时期也呈现出明显的气候变化,升温效应比其他地区更为显著,地温及地气温差亦有所上升,但地面风速却显著减小,使得高原地面感热通量变弱,高原加热效应减小(段安民和吴国雄,2005;Duan,et al.,2006,2008;Lau,et al.,2010)。而高原(感热)加热对高原低涡的形成具有重要作用(李国平 等,2002),由此引申出一系有意思的问题:高原低涡与高原加热在气候变化尺度上究竟有何联系?高原感热减弱(增强)是否必然导致高原低涡的发生频数和强度也随之降低(升高)?对高原低涡源地、移动路径以及移出高原的比例又有怎样的影响?可见,有关高原低涡与高原热源在气候变化方面的关联性以及高原低涡受气候变化影响的物理机制也是今后很有意义的研究课题。

6.2 基于CFSR资料的高原低涡客观识别技术及其应用

6.2.1 引言

由于特殊的自然地理环境,青藏高原气象观测较为缺乏,尤其是西藏西部的探空资料极少,几近空白。过去对于高原低涡的研究,主要通过500 hPa天气图及人工看图的方式对高原低涡的活动进行统计。人工识别高原低涡的基本标准为:500 hPa等压面上,高原地区形成闭合等高线低压或有3个站点风向呈气旋性的低涡环流(青藏高原气象科研拉萨会战组,1981)。这种人工识别的方式给高原低涡的统计分析带来了相当难度,工作量极大而且具有很大的主观性,统计结果的差异可能会很大。Bell et al. (1989)以30 gpm为间隔,利用识别闭合等值线方法对北半球500 hPa闭合气旋或反气旋中心位置进行了判断。Simmonds et al. (1999)、Fuenzalia et al. (2005),通过二维位势场平滑方法及应用拉普拉斯方法识别南半球500 hPa低涡中心位置。胡开喜等(2011)将客观识别技术用于NCEP/NCAR再分析资料建立了东北冷涡的数据集,该方法提高了分析统计效率,削减了人工识别的主观性。随着客观识别技术的发展以及各种高分辨率再分析资料的推出,探索把客观识别技术用于高原低涡的统计研究,可以大幅减轻人工识别的工作量,提高统计结果的客观性,在一定程度上也可以减少高原西部低涡受探空资料影响的不确定性。林志强等(2013)利用客观识别技术客观、定量地分析了2009年高原低涡的活动特征。但基于客观识别技术的较长时间的高原低涡对比研究和统计分析仍然缺乏,这对检验客观识别技术和可靠性尤为重要。另外,相对于温带气旋、反气旋以及东北冷涡,高原低涡的水平尺度较小,使用分辨率更高的新一代再分析资料开展高原低涡的客观识别高原低涡也更为合适。

本节利用2001—2010年的CFSR(climate forecast system reanalysis)高分辨率再分析资料和客观识别的方法,建立位于青藏高原主体的高原低涡数据集,对识别出的高原低涡与已有的同期高原低涡数据集进行对比,并分析21世纪后夏季高原低涡的时间变化、空间分布、在高原的停留时间、移动方向等重要特征,以期为深入研究高原低涡活动的长期变化提供一种新的参考依据。

6.2.2 资料

CFSR是美国环境预报中心发布的覆盖全球的高分辨率再分析资料,它是一种耦合大气-海洋-海冰系统的全球再分析产品,融合了常规与卫星观测资料。相对于目前常用的其他再分析资料(如NECP/NCAR、ERA-40、ERA-Interim),CFSR资料的空间分辨率有了极大的提升,能够更为细致地描述大气情况,有利于开展中尺度天气分析研究,且对于识别尺度较小的高原低涡有极为明显的优势。竺夏英等(2012)对5套再分析资料夏季在青藏高原地区的评估

表明,CFSR资料在高原地区有一定的适用性。Feng et al.(2014)在研究高原低涡及黄小梅等(2014)在研究高原大气热源的过程中使用CFSR资料表明,CFSR资料在青藏高原有较为广泛的应用。

本节所用的资料取自CFSR 2001—2010年500 hPa再分析资料,包括高度场和风场数据,空间分辨率为0.5°×0.5°经/纬度,时间间隔为每6 h一次(00:00,06:00,12:00,18:00,北京时)。

为验证客观识别结果的准确性及可靠性,与李国平等(2014)基于NCEP资料人工识别统计的夏季高原低涡数据集、(基于天气图的人工识别)高原低涡年鉴(中国气象局成都高原气象研究所,2010—2012)进行对比分析,以进一步优化高原低涡的客观识别标准,为发展识别率更加准确的客观识别方法打下基础。

6.2.3 高原低涡客观识别方法

6.2.3.1 高原低涡的识别标准

根据高原低涡的几何学特征以及人工识别高原低涡的标准,可定义客观识别标准对高原低涡进行智能识别。本研究给出如下具体的识别标准:①低压中心条件:对于500 hPa青藏高原区域,低涡中心位势高度应低于周围8个格点的值,以保证低涡中心值较周围格点最小;②低涡中心强度限定条件:根据李国平等(2014)的研究,定义低涡中心强度小于584 dagpm;③尺度条件:低涡中心的水平尺度约为400 km,且低涡的中心的值应低于400 km内所有格点的值;④归并条件:同一时刻,将400 km以内所有潜在的低压中心视为同一低涡系统;⑤持续时间条件:高原低涡的持续时间应在CFSR资料2个时次(12 h)以上;⑥区域条件:低涡应位于高原低涡识别区域内(图6-12a);⑦气旋性条件:根据北半球气旋呈逆时针旋转的特征,结合几何学相关知识,视高原低涡为近似圆形系统,则定义当满足如下条件:

$$\vec{u}_N \cdot (-\vec{u}) + \vec{u}_S \cdot \vec{u} + \vec{v}_W \cdot (-\vec{v}) + \vec{v}_E \cdot \vec{v} > 0 \tag{6-1}$$

则认定其为气旋性环流;反之,则不具有气旋性环流。式(6-1)中,$\vec{u}_N$为低涡中心北部各格点的纬向风,$\vec{u}_S$为低涡中心南部各格点纬向风,$\vec{v}_W$为西部各格点径向风,$\vec{v}_E$为东部各格点径向风,u分量为西风为正,v分量为南风为正。

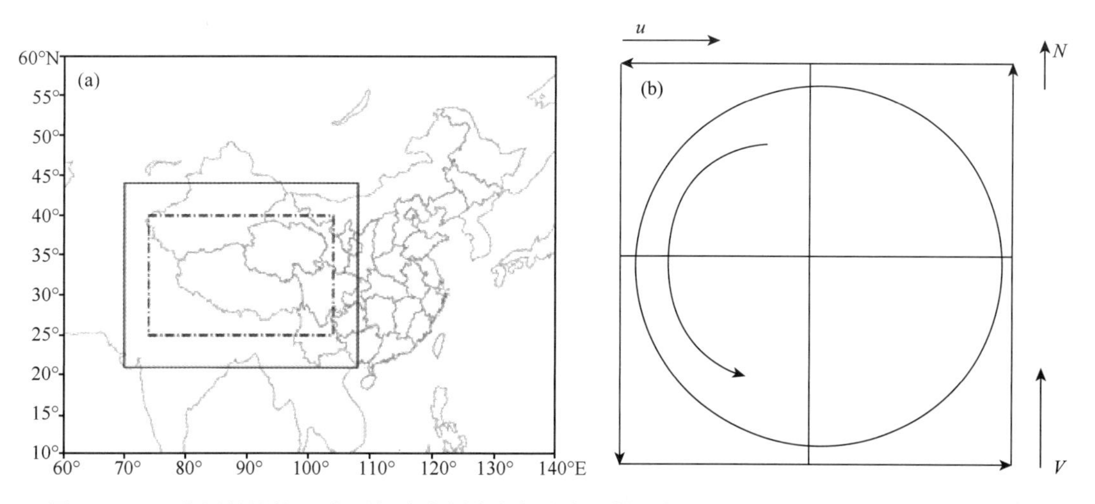

图6-12 (a)高原低涡的识别区域(中点划线方框为高原低涡中心活动区域,实线方框为高原低涡识别范围)及(b)气旋性环流判别示意图

其中,本研究的识别标准中的低压中心条件、低涡中心强度限定条件、尺度条件、归并条件、气旋性条件不同于林志强等(2013)的客观识别标准。具体的差别为:中心周围8个点的值均小于中心强度值的判定相对于通过闭合等值线来定低压中心的标准,能更为客观、高效和准确地确定低涡中心位置及低涡中心强度值;低涡中心强度限定条件在一定程度上减轻了后续判定的工作量,增加了客观识别的准确性;由于高原低涡的水平尺度400～500 km,尺度条件为400 km,相较于$1\times10^4\sim100\times10^4$ km^2的条件更为准确;归并条件能剔除掉同一时刻,400 km以内多余的不合理的准低涡中心,一定程度上减轻了后续判定的工作量;本节提出的气旋性判定公式,在定量判断其是否具有气旋性的特征上有一定的优势。

6.2.3.2　低涡移动方向的判定

在上述客观识别低涡标准的基础上,利用Blender et al.(1997)提出的近邻查找法对识别的低涡进行跟踪。具体方法如下:①对客观识别出的第t时次的高原低涡编号;②对于第$t+1$时次的低涡,若存在低涡与第t时次编号为n的高原低涡间距离小于300 km(6 h低涡最大移动距离),设低涡平均移速为52.2 km·h^{-1}(Feng et al.,2014),且该低涡位于编号为n的低涡的下游(方向根据环境风场而定),则将该低涡编号为n;③对于第$t+1$时次的其他低涡,按照步骤②进行跟踪。若第$t+1$时次的低涡未能与第t时次的低涡匹配,则跟踪结束,该低涡编号终止;④令$t=t+1$,重复步骤①～③,直到所有时次结束。

其中步骤③中的环境风场是指:当后一时次较前一时次出现多个低涡,则需要根据风场条件剔除掉多余的低涡,如当环境风场为一致的西风气流时,后一时次的低涡应较前一时次偏东。李国平等(2011)指出,由于高原地区下垫面的热力性质与热带海洋有相似之处,所以初生高原低涡的结构与海洋上的热带气旋较为相似。钟元和金一鸣(1992)指出,气旋中心5～7经/纬距的半径上的环境风场与热带气旋附近气流关系密切。基于此,定义环境气流$\vec{U}$为低涡中心5个经距或纬距的半径圆内的风矢量之和,前后两个时次低涡移动矢量为:

$$\vec{U}_{\Delta}=Vor_{t+1}-Vor_{t} \tag{6-2}$$

根据几何学知识,当$\vec{U}\cdot\vec{U}_{\Delta}>0$,表示二者的夹角为锐角,即满足环境风场条件;反之,则为钝角,不满足环境风场条件。

6.2.3.3　识别数据的存储方式

识别过程中的低涡节点信息以Fortran语言结构体形式存储,其中包括低涡时间信息、低涡中心的经度、纬度、强度值等,将这些信息统一到结构体中,以为后续高效率的移动方向的判定提供便利条件。低涡移动方向则采用MICAPS第七类数据(台风路径数据)的格式存储,与台风不同的是数据中包含低涡中心的经度、纬度等信息,而其他信息则标记为缺省值。以这样的格式存储,能将同一活动路径上的高原低涡按时间顺序组织起来,且便于在Meteoinfo软件中进一步实现高原低涡移动方向的绘制和分析。

经过如此客观识别与跟踪算法,我们建立了一套基于客观识别方法的2001—2010年夏季高原低涡数据集。该数据集包含逐年高原低涡频数、低涡中心位置与强度、移动方向、在高原的停留时间等信息。

6.2.4　高原低涡客观识别结果的验证

下面我们在将建立的2001—2010年夏季高原低涡数据集与基于NCEP资料的人工识别

低涡数据集(李国平 等,2014)、基于天气图人工识别的高原低涡年鉴(中国气象局成都高原气象研究所,2010—2012)进行对比的基础上,对高原低涡频数、中心强度、持续时间、移动方向等进行分析。

图6-13为高原低涡年鉴、基于NCEP人工识别低涡数据集、基于CFSR客观识别的高原低涡数据集中2001—2010年夏季低涡频数的对比图。由图可见,客观识别低涡个数在2001年、2002年、2003年、2004年、2008年与人工识别低涡个数较为吻合,而在2005年、2006年、2007年、2009年、2010年与低涡年鉴较为吻合。低涡年鉴的夏季低涡均值为19.7个,NCEP人工识别均值为31个,客观识别均值为25.2个。由于NCEP/NCAR再分析资料是基于多源资料的融合,而高原探空站点呈现"东多西少"的不均匀分布特征(李国平 等,2014),这可能是NCEP人工识别低涡及客观识别结果多于低涡年鉴个数的主要原因之一。各年份高原低涡的源地、强度、水平尺度等可能不同,而本节选取的低涡水平尺度标准固定为400 km,则客观识别结果可能在某些年较主观识别出现偏多或者偏少,从而导致高原低涡的高发年和低发年与年鉴的情况可能有所不同。

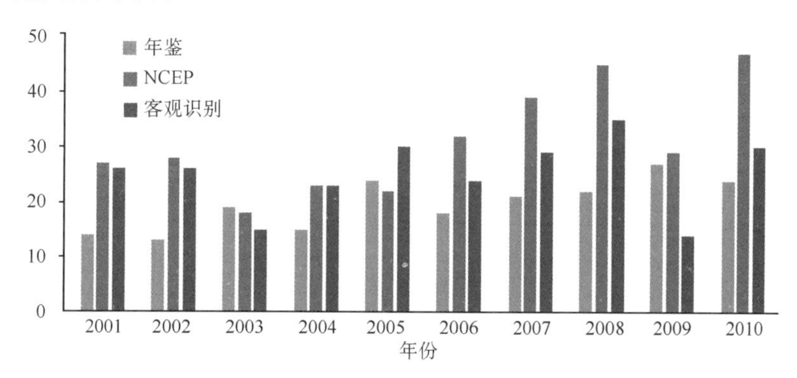

图6-13 三套低涡资料夏季高原低涡生成频数的比较
(从左至右依次为低涡年鉴、NCEP人工识别和CFSR客观识别)

为进一步分析客观识别结果的准确性与可靠性,将客观识别出的高原低涡分别与高原低涡年鉴、NCEP人工识别低涡数据集反映的低涡其他特征进行对比,主要有低涡生成时间及源地经纬度。当客观识别低涡与高原低涡年鉴、NCEP低涡数据集的时空差距属于合理范围内,则将其视为吻合(吻合率=吻合个数/客观识别低涡总数)。由图6-14可见,客观识别低涡与NCEP低涡数据集个数在2001年、2002年、2003年、2004年、2006年、2007年、2008年、2010年吻合率较高,其平均吻合率为59.2%,与林志强等(2013)所做的2009年客观识别与低涡年鉴的吻合率基本相当。本客观识别结果与低涡年鉴的吻合率在2005、2009年平均吻合率为48.0%。由于CFSR与NCEP资料均为再分析资料,故基于CFSR的客观识别结果与NCEP低涡数据集的吻合率要高于客观识别结果与高原低涡年鉴的吻合率。总体而言,基于CFSR资料的客观识别能较好地辨识出低涡,识别出的低涡生成时间与NCEP低涡集、低涡年鉴较为一致,但低涡中心位置相差较大,这可能与客观识别方法的低涡中心判别原理及算法有关。

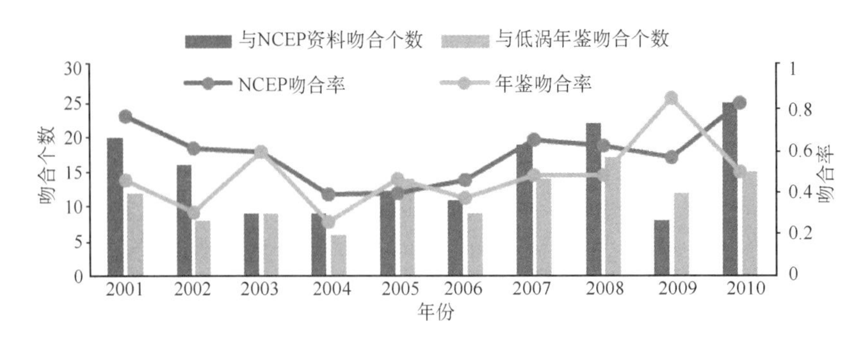

图 6-14　夏季高原低涡客观识别结果与低涡年鉴、NCEP 人工识别低涡数据集的吻合个数及吻合率

6.2.5　客观识别的夏季高原低涡的长期特征

6.2.5.1　低涡生成频数的时间变化

由图 6-15 可见，客观识别出的低涡总体呈现正态分布的特征，在 5—8 月高发，2001—2010 年 5—8 月每月的低涡频数均在 65 次以上，其中 6 月份低涡频数达到最大值，为 108 次，而在 1、2、11、12 月发生频数较低，均为 6 次。低涡年鉴也呈正态分布特征，2001—2010 年低涡年鉴的高发月在 5—8 月，5—8 月每月的低涡频数均在 50 次以上，其中在 6 月低涡频数达到最大值，为 78 次，而在 1、2、11、12 月发生频数较低，均在 11 次以下。所以就低涡生成频数的月分布而言，客观识别结果与低涡年鉴基本一致，除某些月的频数较低涡年鉴偏多以外，基本能反映各月高原低涡的生成个数。由于高原低涡发生在夏季(6—8 月)的比例最大(郁淑华，2008)，故下文基于客观识别结果对夏季高原低涡进行分析。

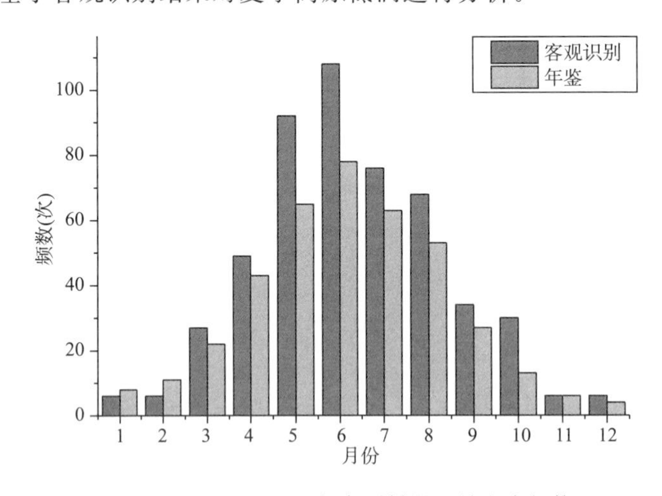

图 6-15　2001—2010 年高原低涡逐月生成频数

图 6-16 中，2001—2010 年间夏季发生高原低涡的频数为 252 个，年平均值为 25.2 个，其中 2008 年生成的低涡最多，达到 35 个，高于 1 个标准差，属于偏多年；2003 年和 2009 年的低涡偏少，分别为 15 个和 14 个，低于 1 个标准差，属于偏少年。

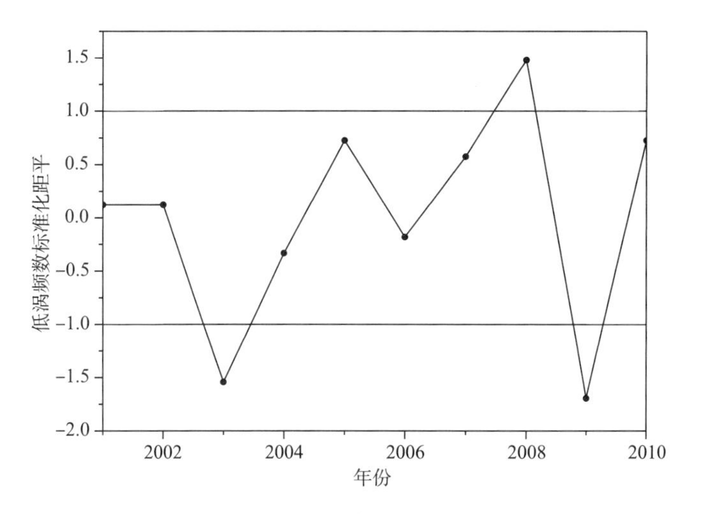

图 6-16 2001—2010 年夏季低涡生成频数的标准化距平

6.2.5.2 低涡的空间分布

图 6-17a 表明,客观识别低涡的涡源主要集中于西藏的那曲、改则、双湖和申扎,这与钱正安等(1984b)、罗四维和王玉佩(1984)得出的结论相近。生成于高原西部的低涡有 84 个,约占低涡总数的 33%;生成于中部的低涡有 98 个,约占低涡总数的 39%;而东部涡有 70 个,约占高原低涡总数的 28%。由图 6-17b 可知,6 月份高原低涡源地主要在那曲-改则一带;7 月高原低涡个数较 6 月有所减少,涡源位置也相对偏南,主要在那曲—班戈以北地区;除生成于川西

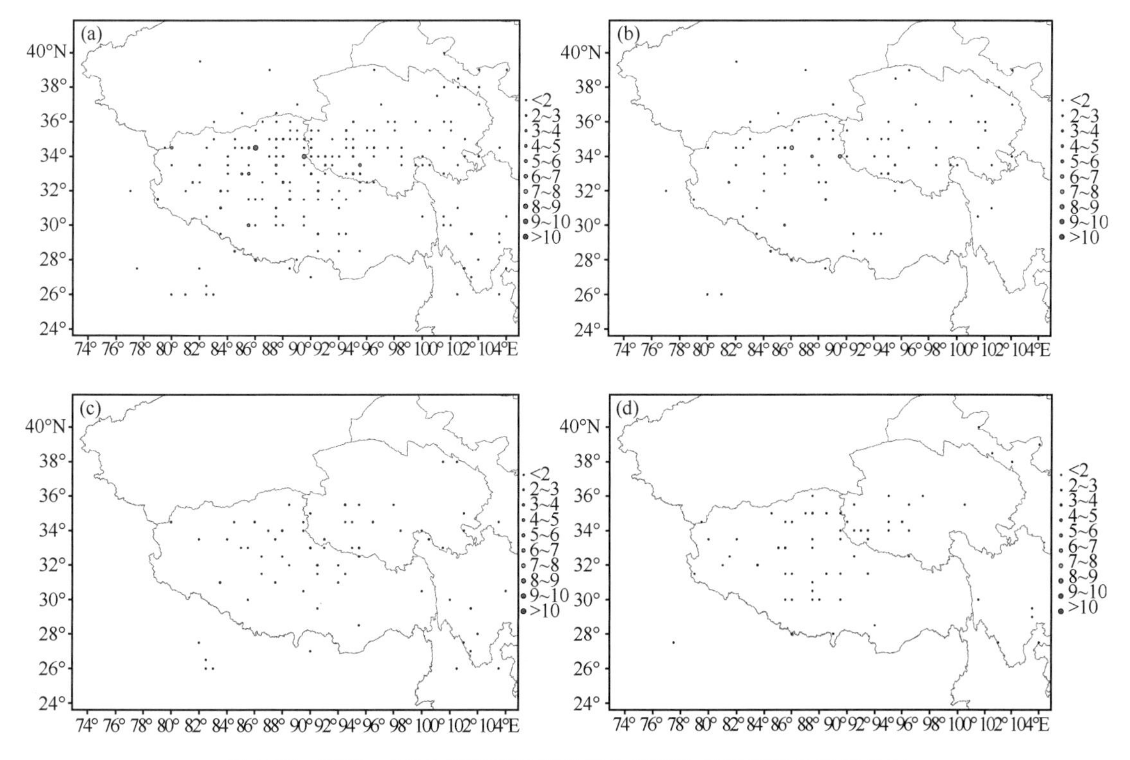

图 6-17 2001—2010 年客观识别低涡生成源地累计频数的空间分布

(a)夏季(6—8 月);(b)6 月;(c)7 月;(d)8 月

高原的低涡较7月有所减少外，8月低涡总体与7月较为一致。各月低涡总数占夏季的比例分别为：6月所占比例最高，为42.9%，7月达30.1%，8月所占比例最低，为27%。这与李国平等(2014)的研究结果，即6月生成的高原低涡占夏季高原低涡总数的比例为44.7%，7月的为29.9%，8月的为25.4%较为吻合。

6.2.5.3　低涡中心位势高度

高原低涡在500 hPa最为明显。由图6-18得知，低涡中心的位势高度值总体也呈现正态分布，平均值为580.7 dagpm，最小值和最大值分别为570 dagpm和588 dagpm，介于578～586 dagpm的高原低涡占总数的86.1%。

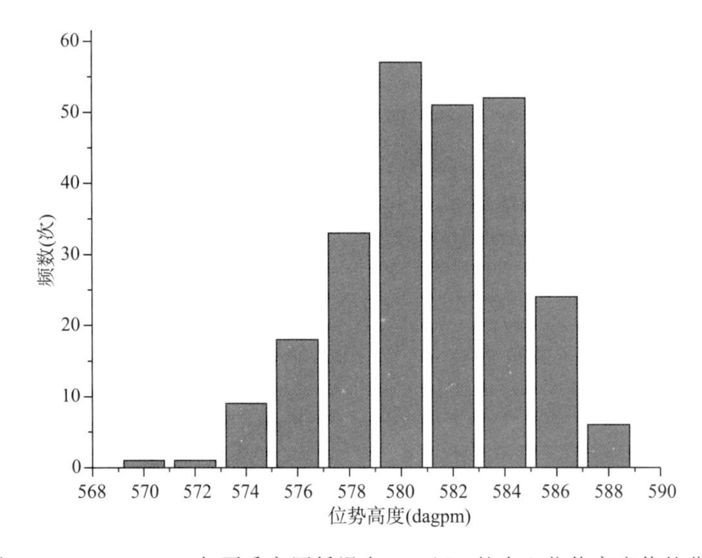

图6-18　2001—2010年夏季高原低涡在500 hPa的中心位势高度值的分布

6.2.5.4　低涡在高原的停留时间与移动方向

图6-19反映了2001—2010年客观识别的夏季高原低涡在高原的停留时间。低涡在高原停留时间为12 h的占6成，有347个；停留时间达24 h的高原低涡不足1成，有43个；停留时间超过36 h的高原低涡则更少，只有4个。可见，大多数低涡在高原停留的时间都较短。已有高原低涡的研究结果(钟元和金一鸣，1992；郁淑华，2008；钱正安 等，1984b)指出高原低涡绝大多数在高原上减弱消亡，只有极少数低涡能够持续发展，最后移出高原。由此，高原低涡是一种生命史较短的天气系统，仅当生命史较长或者位于高原主体的偏东地区时，它才可能东移出高原并在下游地区引发大范围的暴雨、雷暴等灾害性天气过程。

由图6-20可见，65%以上的夏季高原低涡是向东北、东、东南移动的，其中向东北移动的低涡最多，占夏季高原低涡的26.5%；其次向正东和向东南移动的分别为19.3%和18.6%；源地生消的高原低涡占8.0%，极个别的高原低涡向西、北移动。客观识别的高原低涡移动的主要方向与王鑫等(2009)的统计结果相近。

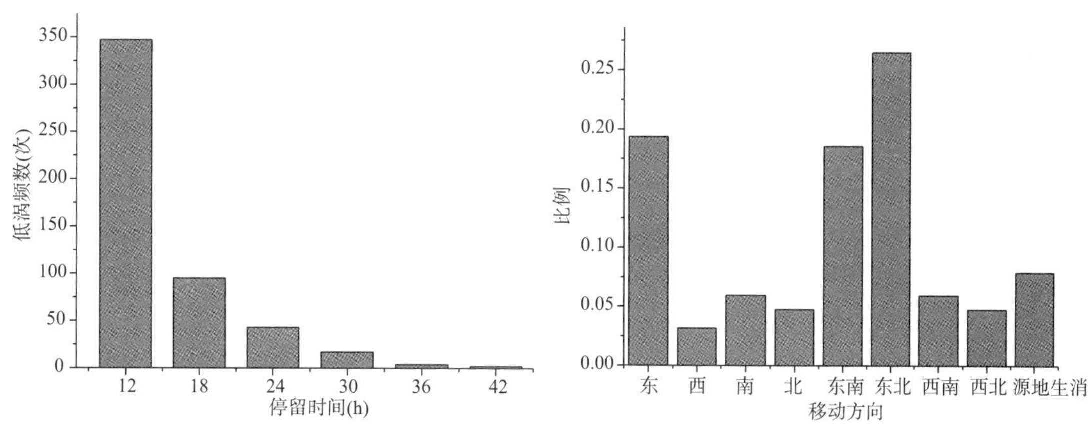

图6-19 2001—2010年夏季高原低涡在高原停留时间的构成

图6-20 2001—2010年夏季高原低涡的移动方向

6.2.6 小结

基于CFSR高分辨再分析资料，本节建立了一种高原低涡的客观识别方法，给出了2001—2010年的统计及对比验证结果，在此套客观识别的低涡数据集基础上给出了十年尺度上夏季高原低涡的若干重要特征。

(1)客观识别方法在夏季高原低涡生成频数、月分布等方面与人工(主观)识别方法的统计结果相近，并具有便捷、高效以及不依赖于统计人员经验的优势，但低涡中心位置的识别精度尚待提高。

(2)客观识别的低涡生成频数在21世纪头10年的前期与基于NCEP资料的人工识别低涡数据集较为一致，而在21世纪头10年的后期与低涡年鉴的统计结果个数接近。这可能提示低涡统计结果不仅依赖于识别方法，也与所用资料有很大关系。

(3)就识别准确率而言，尽管是基于不同的再分析资料，客观识别方法与基于NCEP资料的人工(主观)识别方法的吻合率较高，约为60%，而与低涡年鉴的吻合率约为50%。

(4)高原低涡在夏季多发，其中在6月低涡频数达到最大。21世纪头10年夏季高原低涡偏多年为2008年，生成频数为35个；偏少年为2003年和2009年，生成频数分别为25和14个。涡源主要位于西藏的那曲、改则、双湖、申扎一带，其中西部涡占33%，中部涡占39%，东部涡占28%；低涡在高原停留时间12 h的占60%，停留24 h的不到10%。高原低涡生成后主要向东北、正东和东南移动，其中向东北移动的最多。

综上所述，本节初步验证了基于高分辨再分析资料的客观识别方法应用于高原低涡统计研究的可行性。相比于过去人工翻阅历史天气图统计高原低涡的传统方法而言，本节所使用的客观识别方法具有客观、便捷、高效等优点，可极大地减轻人工统计的繁重工作量。但该方法在低涡中心位置等一些指标的识别吻合率，以及进一步如何考虑低涡东移出高原后的情况，仍需要在识别标准完善、判别算法优化等方面进一步拓展。

6.3 青藏高原夏季地面热源的气候特征及其对高原低涡生成的影响

6.3.1 引言

2013 年 9 月发布的 IPCC(政府间气候变化专门委员会)第五次科学评估报告第一工作组报告指出,过去 100 多年里全球地表平均气温温度始终处于增长趋势,全球气候总体存在变暖趋势,特别是 20 世纪 80 年代增温幅度更为显著。在全球气候变暖的大背景下,地处高海拔的青藏高原在一定时期也呈现出明显的气候变化(Liu et al.,2000;李林 等,2010):由于高原冰雪的反馈作用,高原地区变暖的趋势也更加强烈,气温上升幅度不仅高于我国平均水平,而且明显高于同期全球的升温速率(Liu et al.,2000)。地面感热通量和大气热源在一定时期也呈现有所减弱的趋势(Duan,et al,2005,2006,2008;Lau,et al.,2010)。因此,青藏高原的气候变化会如何改变高原及周边地区的天气、环流系统以及我国天气气候格局,对亚洲季风和全球气候又会产生怎样的影响,已日益引起人们的关注。Wu,et al.(2007)和包庆等(2008)指出,青藏高原感热加热是造成东亚环流季节突变的重要原因,高原"感热驱动气泵"在调制东亚季风及全球气候中起着重要作用。蒋艳蓉等(2009)研究了冬、春季青藏高原东侧涡旋对特征及其对我国天气气候的影响。Zhu,et al.(2015)评估了高原春季积雪深度对我国东部夏季降水的影响。

但与热带气旋等涡旋系统在全球变暖背景下的气候特征研究相比,目前我们对高原气候变化背景下的高原低涡气候特征的认知还非常薄弱,特别是高原热源的气候特征及其对高原低涡活动的长期变化趋势以及对我国强降水的影响还鲜见研究。因此,研究青藏高原地面加热的年际、年代际变化特征及其对高原低涡活动的气候影响,探索高原低涡受气候变化影响的物理机制,对于进一步揭示高原天气系统活动和高原气候变化的基本事实,打通高原天气与高原气候研究的藩篱,丰富人们对高原加热作用的认识,提升高原影响下强天气和极端降水的业务预报能力,皆有积极意义。

6.3.2 方法与资料

地面热源(地面加热)的定义为:如果某个区域下垫面有热量从地面输送给大气,则此区域称为地面热源;反之,则称为地面冷源。地面对大气的加热作用取决于太阳辐射过程和大气湍流输送过程的平衡。前者指地表吸收的太阳短波辐射能和放出的长波辐射能,后者指地面吸收太阳辐射能后以湍流的方式向大气输送的热量和水汽能量。常用的地面热量平衡方程为:

$$R_B - F_S = F_H + F_L \tag{6-3}$$

其中,

$$R_B = (R_{SD} - R_{SU}) - (R_{LU} - R_{LD}) \tag{6-4}$$

式中:R_B 称为辐射平衡(或称净辐射、辐射差额);R_{SD} 为地面吸收的太阳短波辐射,也称太阳总辐射(包括太阳直接辐射和天空散射辐射);R_{SU} 为反射的太阳辐射;R_{LU} 为地面放出的太阳辐射,R_{LD} 为长波逆辐射,两者的差称为地面有效辐射;F_S 是表层土壤的热通量;F_H 为地面湍流感热通量(简称地面感热);F_L 为包含地面植被层蒸腾在内的土壤蒸发潜热(简称地面潜热)。理论上,方程(6-3)的左端项(R_B-F_S)和右端项(F_H+F_L)都可用来表征地面热源值(或地面加热强度),前者称为地面热源的间接算法,后者则称为直接算法,本节采用直接算法获取地面

热源值。考虑到再分析资料在高原地区的相对可用性(王同美 等,2011;Zhu,et al.,2012),特别是 Wang et al.(2012)用倒算法计算了高原大气热源并比较了几套再分析资料的差异后,指出大部分再分析资料反映的高原热源强度及其变化趋势与基于观测资料利用正算法得到的结果在气候态和长期趋势上是基本相似的,故我们采用 1981—2010 年 NCEP/DOE 逐日的日平均地面感热和地面潜热通量数据,通过双线性插值生成 2.5×2.5 的均匀格点值。

本节还利用中国气象局国家气象中心印发的历史天气图(1981—2001)、四川省气象局印发的 MICAPS 历史天气图资料(1981—2002)以及电子版 MICAPS(1981—2010)天气图,通过预报员看图识别的方式对 1981—2010 年夏季(6—8 月)生成的高原低涡进行统计分析。高原低涡的判别标准设定为:生成于高原主体地区,500 hPa 上 3 个探空站风向呈闭合型环流且处于位势高度相对低值区。考虑到历史天气图中,高原西部站点稀少,因此当印度阿姆利则(站号 42071,下同)、新德里(42182)和勒克瑙(42369)为北风或西北风,中国拉萨(55591)、那曲(55299)和格尔木(56004)为南风或西南风,格尔木和海西(51886)为东风或东南风,且高原西部处于位势高度低值区时就认为高原西部或中部有低涡出现。各类统计分析所涉及的青藏高原水平范围统一界定为:27°N～40°N,77.5°E～103°E。

6.3.3　近 30 年青藏高原夏季地面热源的时间变化

6.3.3.1　地面感热

如图 6-21 所示,在 1981—2010 年(WMO 规定的气候均值)中,夏季高原地面感热的气候均值为 58 W·m^{-2},总体呈减小趋势。其线性倾向率为－1.87(W·m^{-2})/10a,下降幅度较弱,线性拟合度不高(R^2＝0.1067,P＝－0.18682),因此地面感热总体下降趋势并不显著,这与王学佳等(2013)利用 60 年(1951—2010 年)NCEP/NCAR 地面感热通量再分析格点资料得出的结果基本一致。高原地面感热近 30 年的变化呈斜体“N 型”,即在 20 世纪 80 年代初期(1981—1985 年)和 21 世纪前 10 年的大部分时段(2003—2010 年)呈增大趋势,而在中间时段(1986—2002 年)呈波动式下降。近 30 年 6—8 月各月的高原地面感热变化趋势与夏季类同(图略)。

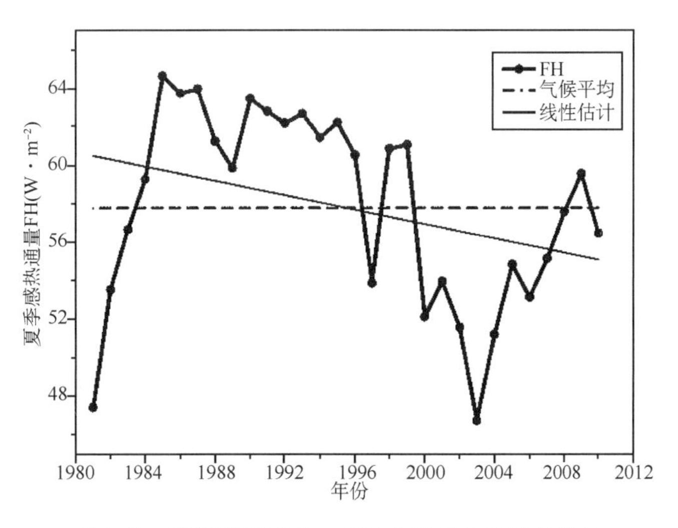

图 6-21　青藏高原 1981—2010 年夏季地面感热通量

值得注意的是，不同作者在不同统计时段、不同计算方法、不同资料获得的夏季高原地面感热的气候均值尚存差别，有些数值差异还较大（李栋梁 等，2003；Duan，et al. ，2008；Yang，et al. ，2011；Zhu，et al. ，2012；王学佳 等，2013）。

根据图 6-22，夏季高原地面感热具有周期振荡特点，准 3 年、准 7 年和准 12 年的周期显著。2～4 年的周期振荡在 1995—2005 年间有较大谱值，6～8 年的周期振荡在 1995 年前后有较大谱值。准 12 年的长周期振荡与李栋梁等（2003）通过台站资料算出的地面感热通量的分析结果（准 13 年）相近。

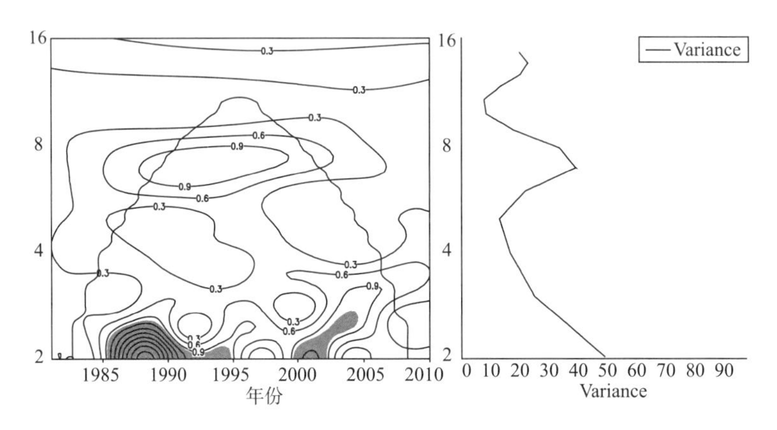

图 6-22　夏季高原地面感热的小波功率谱（a）及其对应的方差（b）
（采用 Morlet 小波分析，阴影区通过 0.05 的信度水平检验，下同）

本工作应用 Mann-Kendall（简称 MK）检验方法判断气候序列中是否存在气候突变。Mann-Kendall 检验是一种非参数统计检验方法，适用于类型变量和顺序变量，并且计算简便。MK 统计量为：

$$UF_k = \frac{[s_k - E(s_k)]}{\sqrt{\mathrm{var}(s_k)}} \tag{6-5}$$

式中：$s_k = \sum_{i=1}^{k} r_i$，当 $x_i > x_j$ 时，$r_i = +1$；当 $x_i \leqslant x_j$ 时，$r_i = 0$；$j = 1,2,\cdots,i$。$UF_1 = 0$，$E(s_k)$，$\mathrm{var}(s_k)$ 是累计数 s_k 的均值和方差，在 $x_1, x_2, \cdots, x_n$ 相互独立。

MK 方法属于无分布检验，其优点是不需要样本服从一定的分布，也不受少数异常值的干扰，更适用于类型变量和顺序变量，计算也比较简便。突变检验计算时用到 UF 和 UB 两个统计量，其中 UF 为标准正态分布，它是按时间序列顺序计算出的统计量序列，UB 则是按时间序列逆序计算出的统计量序列。若 UF 或 UB 的值大于 0，表明序列呈上升趋势；反之，则呈下降趋势。

由图 6-23 可见，UF 分量自 20 世纪 80 年代呈增大趋势，1985 年超过显著水平临界线，1999 年后变为减小趋势，于 2003 年超过显著水平临界线，这表明 1999 年后夏季高原地面感热呈减小趋势。UB 分量自 20 世纪 80 年代至 90 年代中期呈现减小趋势，1996 年后转为增大趋势，于 2000 年超过显著水平临界线。UF 和 UB 的交点位于 1996 年，表明夏季高原地面感热总体减小的现象具有突变特点，突变点位于 1996 年前后（表 6-1）。

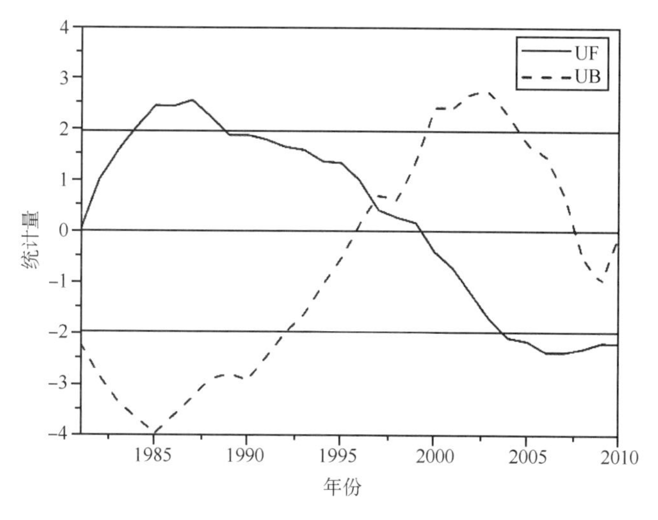

图 6-23　夏季高原地面感热的 MK 突变检验

表 6-1　高原夏季地面感热的周期及突变特征

	周期	突变点
6 月	准 3 年、准 7 年、准 12 年	1996 年
7 月	准 3 年、准 8 年、准 13 年	1997 年
8 月	准 3 年、准 7 年、准 13 年	1999 年
夏季(6—8 月)	准 3 年、准 7 年、准 12 年	1996 年

6.3.3.2　地面潜热

夏季高原地面潜热通量(图 6-24)的气候均值为 62 $W \cdot m^{-2}$,与夏季地面感热的数值相近。在 30 年中呈波动变化并伴有增大趋势,线性倾向率为 1.14($W \cdot m^{-2}$)/10a,但线性拟合率并不高($R^2 = 0.1899, P = 0.114$)。这种增大趋势可能与高原降水有所增多(李林 等,2010)、地面植被有一定程度的增加(徐兴奎 等,2008)有关。近 30 年 6—8 月各月的高原地面潜热变化趋势与夏季类似(图略)。

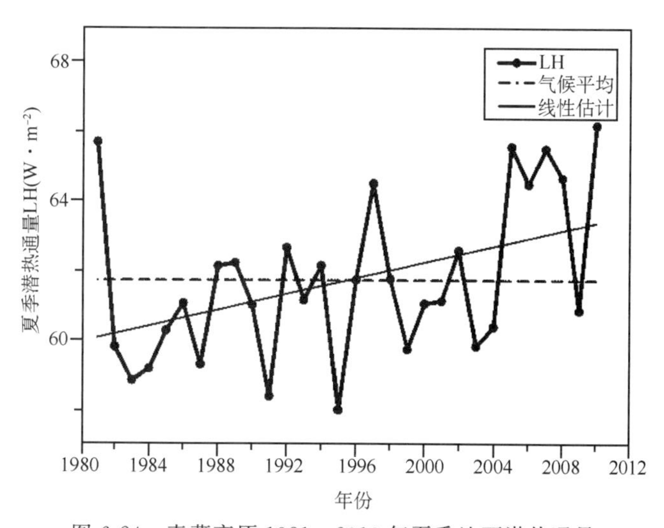

图 6-24　青藏高原 1981—2010 年夏季地面潜热通量

夏季,高原地面潜热的准 4 年、准 9 年的周期振荡现象显著。3～5 年的周期振荡在 1990 年与 2005 年之间有较大谱值,7～10 年的周期振荡在 1995 年前后有较大谱值(图 6-25)。

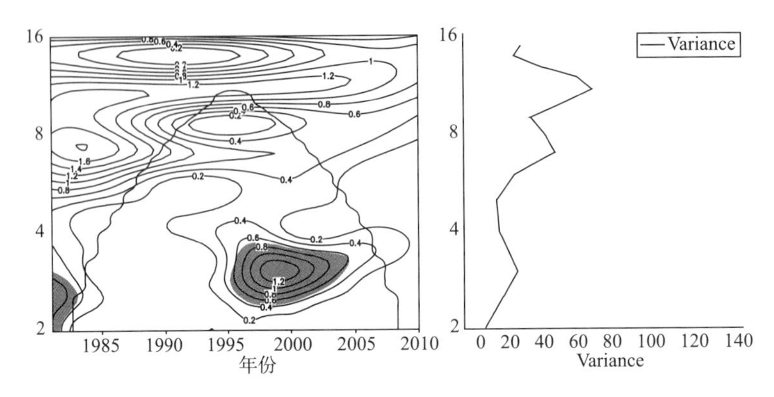

图 6-25　夏季高原地面潜热的小波功率谱(a)及其对应的方差(b)

图 6-26 中,UF 分量自 20 世纪 80 年代中期呈增大趋势,于 2007 年超过显著水平临界线,这表明 1987 年后夏季高原地面潜热呈增大趋势。UB 分量自 20 世纪 80 年代至 90 年代中期出现增大趋势。UF 和 UB 的交点位于 2004 年(表 6-2),表明夏季高原地面潜热自 20 世纪 90 年代末的增大属于突变现象。

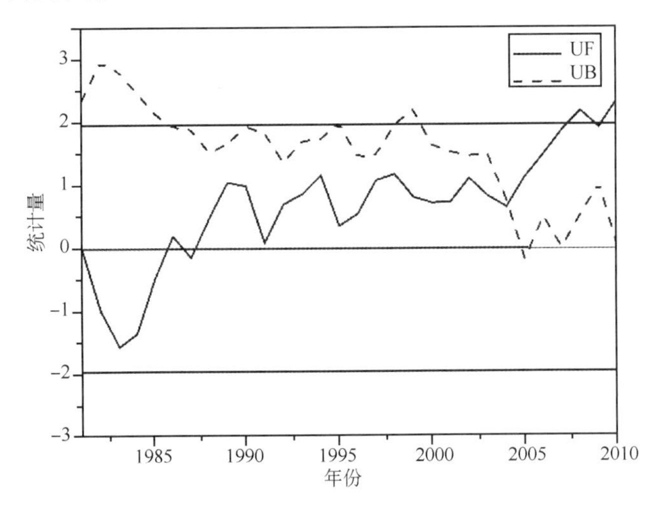

图 6-26　夏季高原地面潜热的 MK 突变检验

表 6-2　高原夏季地面潜热的周期及突变特征

	周期	突变点
6 月	准 5 年、准 12 年	无
7 月	准 4 年、准 12 年	1999 年
8 月	准 5 年、准 13 年	1997 年
夏季(6—8 月)	准 4 年、准 9 年	2004 年

6.3.3.3　地面热源

夏季高原地面热源的气候均值为 120 W·m^{-2},其中地面感热与地面潜热对地面热源的贡

献相当。地面热源总体呈减弱趋势(图 6-27)，但减幅很小，其线性倾向率仅为 $-0.73(W \cdot m^{-2})/10a$。高原地面热源在 1985—1999 年偏强，但强度呈波动式走低趋势。2000—2006 年处于明显偏弱状态，随后又转为增强趋势。因此，高原地面热源的年际、年代际变化特征明显。近 30 年 6—8 月各月的高原地面热源变化趋势与夏季类似(图略)。

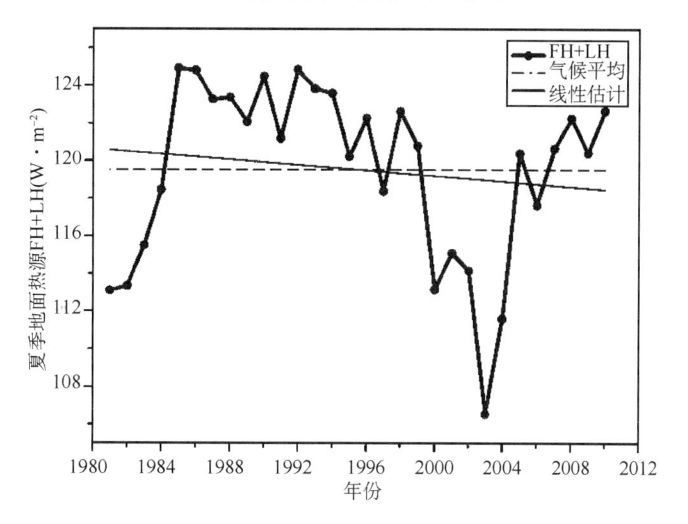

图 6-27　青藏高原 1981—2010 年夏季地面热源

夏季地面热源的准 3 年、准 7 年和准 12 年的周期振荡现象显著。2～4 年的周期振荡在 1997 年与 2007 年之间有较大谱值，6～8 年的周期振荡在 1995 年前后有较大谱值(图 6-28)。

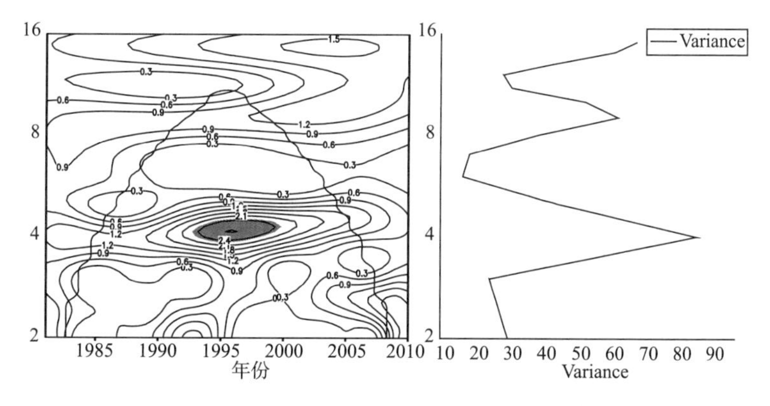

图 6-28　夏季地面热源的小波功率谱(a)及其对应的方差(b)

由图 6-29 可见，UF 分量自 20 世纪 80 年代呈增大趋势，1985 年超过显著水平临界线，2000 年后呈减小趋势，这表明 2000 年后夏季高原地面热源呈减小趋势。UB 分量自 20 世纪 80 年代至 90 年代中期呈减小趋势，1994 后出现增大趋势，于 2000 年超过显著水平临界线。UF 和 UB 的交点位于 1997 年，表明夏季高原地面热源在 1997 年前后发生了突变(表 6-3)。

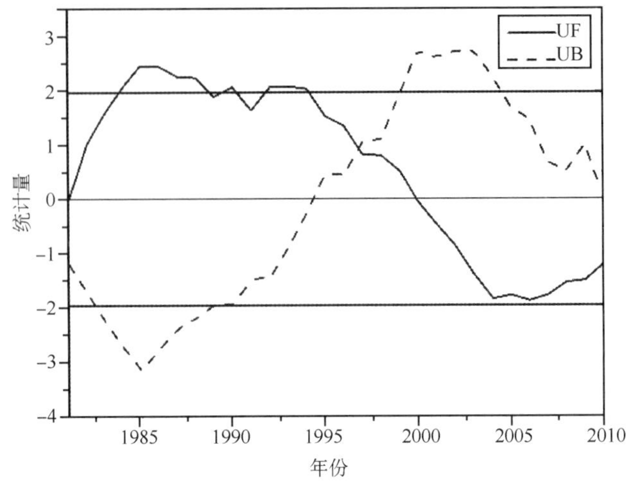

图 6-29　夏季高原地面热源的 MK 突变检验

表 6-3　高原夏季地面热源的周期及突变特征

	周期	突变点
6 月	准 3 年、准 7 年、准 12 年	1996 年
7 月	准 4 年、准 13 年	1983 年
8 月	准 4 年、准 7 年、准 13 年	无
夏季(6—8 月)	准 3 年、准 7 年、准 12 年	1997 年

6.3.4　夏季高原低涡生成频数的气候统计

6.3.4.1　夏季高原低涡生成的气候特征

图 6-30 给出了基于 MICAPS 天气图识别的近 30 年夏季高原低涡生成频数标准化距平。自 1981 年以来高原低涡生成频数整体呈较弱的减少趋势，线性拟合率较高($R^2=0.50586$，$P=-0.54038$)。高原低涡的气候倾向率为 -5.4 个/10a，标准差约为 6.7，具有较明显的年际变化特征。近 30 年 6—8 月各月的高原低涡生成频数趋势与夏季类似(图略)。

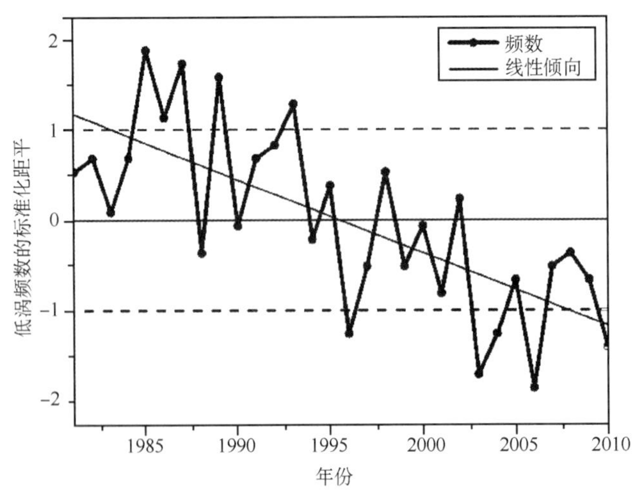

图 6-30　1981—2010 年夏季高原低涡的生成频数

高原低涡的气候统计是一项工作量大但结果差异也可能较大的基础性工作，即使在对高原低涡定义基本相同的条件下，由于高原低涡尺度较小、生成时多为边界层浅薄系统，加之高原上(特别是高原西部)的探空资料稀疏，基于不同作者、不同统计时段、不同识别方式、不同资料分析出的高原低涡气候特征可能不尽相同，甚至出现变化趋势相反的情况(王鑫 等，2009；Feng，et al.，2014，李国平 等，2014)，但这些研究得出的低涡生成总数及其气候变幅的差别并不大。

6.3.4.2　夏季高原低涡的多发年与少发年

1981—2010 年中，夏季高原低涡共出现 943 个，年平均 31.4 个。1985 年高原低涡生成频数最高(44 个)，2006 年生成频数最少(19 个)。低涡高发期主要集中在 20 世纪 80 年代到 90 年代中后期。若定义高于 1 个距平的为高原低涡多发年，低于一个距平的为少发年，则夏季高原低涡多发年有：1985 年、1986 年、1987 年、1989 年和 1993 年，少发年有：1996 年、2003 年、2004 年、2006 年和 2010 年。

6.3.4.3　夏季高原低涡生成的气候统计分析

夏季高原低涡序列的准 7 年和准 13 年周期振荡现象显著，6～8 年的周期振荡在 1995 年与 2005 年之间有较大谱值(图 6-31)。

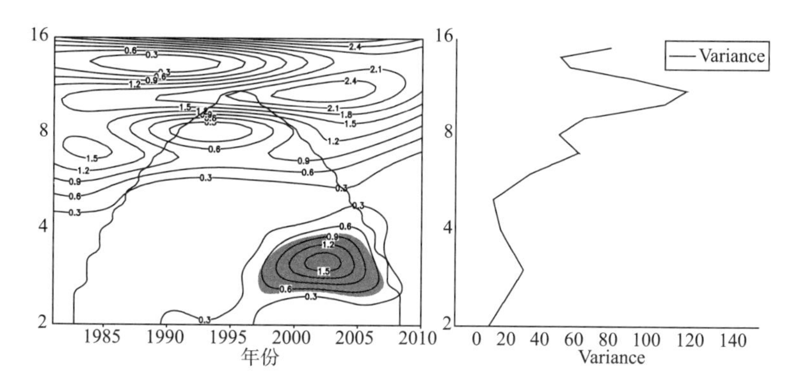

图 6-31　夏季高原低涡频数的小波功率谱(a)及其对应的方差(b)

如图 6-32 所示，UF 分量自 20 世纪 80 年代中期呈增大趋势，1995 年后转为减小趋势，于

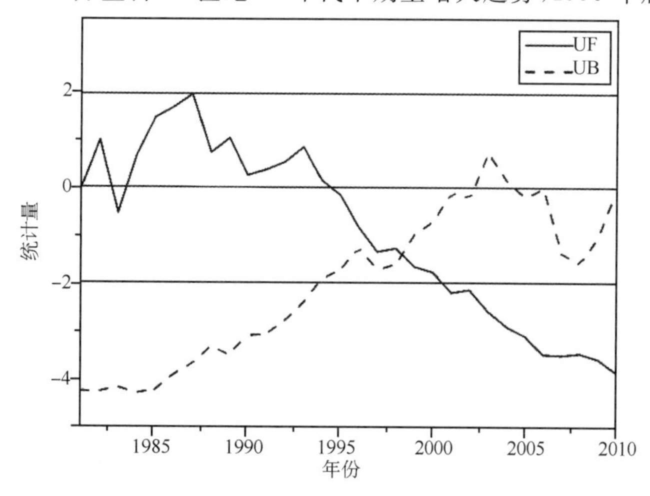

图 6-32　夏季高原低涡生成频数的 MK 突变检验

1995 年超过显著性水平临界线。UB 分量自 20 世纪 80 年代呈现减小趋势。UF 和 UB 的交点位于 1998 年，表明夏季高原低涡自 20 世纪 90 年代中期的减小是一突变现象，发生于 1998 年前后（表 6-4）。

表 6-4 高原低涡生成频数的周期及突变特征

	周期	突变点
6 月	准 3、准 8 年	1998 年
7 月	准 3、准 5 年、准 8 年	2000 年
8 月	准 8 年	2001 年
夏季（6—8 月）	准 7、准 13 年	1998 年

6.3.5 高原地面热源与高原低涡生成频数的时间相关性及成因分析

由表 6-5 可见，夏季高原低涡生成频数与同期高原地面感热呈高度正相关，通过了 $\alpha=0.01$ 的显著性水平检验；而夏季高原低涡生成频数与同期地面潜热却呈负相关，只通过了 $\alpha=0.1$ 的显著性水平检验；但夏季高原低涡生成频数与同期地面热源仍呈正相关，通过了 $\alpha=0.05$ 的显著性水平检验。因此，气候统计的结果表明：地面热源偏强特别是地面感热偏强的时期对应高原低涡的多发期；而地面潜热偏强时，对应的是高原低涡少发期。

表 6-5 夏季高原低涡生成频数与高原地面加热量的相关系数及置信度

	地面感热	地面潜热	地面热源
相关系数	0.541591	−0.34363	0.410754
置信度	99%	90%	95%

与温带气旋不同的是，诊断分析结果表明高原低涡的形成主要依靠强烈的地面感热，这一点对于高原西部的低涡更为明显，高原中西部地面感热加热是高原低涡生成、发展和东移的主导因子（罗四维和杨洋，1992；陈伯民 等，1996；田珊儒 等，2015）。故不少研究认为地面感热在低涡形成中具有重要作用，高原地区强烈的太阳辐射给地表以充足的加热，使大气边界层底部受到强大的地面加热作用，从而奠定了高原低涡产生、发展的热力基础。青藏高原低涡正是在高原这种特殊的热力和地形条件下生成的。

这类准正压气流中的暖性干涡产生于地面感热中心上空并随之移动，因此地面感热的作用非常重要。受感热加热影响，低涡中心降压，气流从四周向中心辐合，产生上升运动，有利于引发对流系统；但上升运动中干绝热过程很快使气柱降温，从而抑制热低压的进一步发展，故地面感热激发的高原低涡大多是一种浅薄天气系统（Liu et al.，2007）。由此派生出地面感热有利于（罗四维和杨洋，1992；陈伯民 等，1996）或不利于（Dell'osso et al.，1986）高原低涡发生、发展的两种不同观点。Shen et al.（1986）的研究也指出，地面感热在雨季中只能对大尺度环流起附加的修正作用，24 h 内一般并不能显著改变高原低涡流场的总体特征。造成这种对地面感热作用认知差异的原因可能与地面感热的时空分布有关。一方面，低涡发展与地面感热加热的非均匀程度有关，加热强度最大区对应涡区时，感热有利于低涡的发展；但若地面感热中心与低涡中心配置不一致，地面感热加热就会抑制低涡的发展（李国平 等，2002）。另一方面，在低涡的不同发展阶段，地面感热的作用亦不同，并且还与低涡发展阶段是白天还是夜间有关（宋雯雯 等，2012）。但在气候尺度上，地面感热对高原低涡的生成总体上是正贡献，这

从表6-5揭示的近30年来夏季高原低涡生成频数与地面感热具有显著正相关的统计结果可以得到印证。

高原低涡生成后的东移过程中，潜热加热的作用逐步占据主要地位（陈伯民 等，1996）。数值试验表明无地面蒸发潜热时，低涡强度比控制试验略有减弱，说明地面潜热通量对低涡的发展有一定作用（宋雯雯 等，2012）。Sugimoto et al.（2010）也指出，西部高原低涡东移到地面较为湿润的高原东部后，在对流不稳定条件下通过低层辐合激发出中尺度对流系统。田珊儒等（2015）认为地面蒸发潜热并不能直接通过热力作用激发高原低涡的生成，它是通过增强中低层大气的不稳定性，为对流系统的发生、发展积累能量，形成有利于对流性降水的热力环境；而东移的高原低涡通过加强偏北、偏南气流形成的辐合带，触发高原东部对流系统的生成。赵玉春和王叶红（2010）的研究结果亦表明，高原涡东移诱生的低层偏东气流在川西高原东侧地形的动力强迫抬升作用下，通过释放对流有效位能激发出中尺度对流系统。因此，不难理解表6-5给出的夏季高原低涡生成频数与同期地面潜热呈负相关的结果，即在时间对应关系上，地面潜热与高原低涡的生成并非同期相关，而一般要滞后于高原低涡的生成，这与土壤湿度对降水的影响具有时间滞后效应的原理类似（Li，et al.，1991）。但总体而言，夏季高原低涡生成频数与同期地面热源在气候统计上具有正相关的结论，进一步证实了高原地面加热对高原低涡乃至高原中尺度对流系统形成（Li et al.，2008c；Sugimoto et al.，2010）的重要性。

6.3.6　小结

本节研究了近30年来青藏高原夏季地面感热、地面潜热和地面热源以及高原低涡生成频数的气候学特征，分析了高原地面加热与高原低涡生成的时间相关性，并初步探讨了地面感热与地面潜热与低涡生成具有不同相关性的物理成因。获得如下研究结果。

（1）夏季高原地面感热的气候均值为58 $W \cdot m^{-2}$，近30年地面感热总体呈微弱的减小趋势，在20世纪80年代初期和21世纪前10年的大部分时段地面感热呈增大趋势，而中间时段呈波动式下降。地面感热具有准3年、准7年为主的周期振荡，1996年是其减小趋势的突变点。

（2）夏季高原地面潜热的气候均值为62 $W \cdot m^{-2}$，在30年中呈波动变化并伴有增大趋势，这种增大趋势的突变始于2004年前后。另外，高原地面潜热的准4年、准9年的周期振荡现象显著。

（3）夏季高原地面热源的气候均值为120 $W \cdot m^{-2}$，其中地面感热与地面潜热对地面热源的贡献相当。地面热源总体呈幅度不大的减弱趋势，其中20世纪80年代到90年代末偏强，21世纪前6年处于明显偏弱状态，随后又转为增强趋势。地面热源振荡的主周期与地面感热相同，年际、年代际变化特征明显，在1997年前后发生了由强转弱的突变。

（4）近30来夏季高原低涡的生成频数整体呈现一定程度的线性减少趋势，年际变化特征明显，低涡高发期主要集中在20世纪80年代到90年代中后期。高原低涡生成频数自20世纪90年代中期的减少态势突变于1998年前后，并且准7年、准13年周期振荡现象显著。

（5）夏季高原低涡生成频数与同期的高原地面感热呈高度正相关，与同期地面潜热呈一定程度的负相关，但与同期地面热源仍呈较显著的正相关。因此在气候尺度上，高原地面热源偏强特别是地面感热偏强的时期，对应高原低涡的多发期。这从统计上证实了高原地面加热作用对触发高原低涡乃至高原对流活动的重要性。

最后需要说明的是，本节高原地面热源值是基于 NCEP/DOE 地面感热和地面潜热通量的再分析资料得出的，高原低涡生成频数的时间序列也是根据 MICPAS 天气图人工识别后的统计结果，有必要进一步与其他资料或识别方式获得的高原加热和高原低涡资料集的结果进行对比和评估。并且高原加热作用与高原低涡生成在气候尺度上的时间相关性分析及物理解释也是初步的。另外，有数值试验证实高原西部的地面感热和东部的地面潜热对中尺度对流系统的发展都有影响(Sugimoto et al.，2010)，因此高原地面加热与高原低涡生成频数的空间相关性以及定量的气候影响还有待利用气候模式开展进一步的数值试验。

6.4 近 30 年青藏高原夏季地面感热通量的时空特征及其与高原低涡生成的可能联系

6.4.1 引言

青藏高原又称“世界屋脊”、“第三极”，是中纬度地区面积最大、海拔最高的一个大地形，它的隆起对高原及其邻近地区自然环境的演化影响很大。青藏高原被认为是“全球气候变化的驱动机与放大器”，并且是“全球变化与地球系统科学统一研究的最佳天然实验室”。高原对大气不仅具有机械动力作用，还有热力作用。高原由于其特殊的地形，直接作用于对流层中部，使得这种加热作用十分显著。叶笃正和高由禧(1979)通过观测发现夏季局部平坦的地面受热过度和其他原因，将形成局部对流，这股强劲的上升气流对四周气流也具有阻挡作用。高原地面感热通量的变化不仅对高原以及周边地区的降水有影响(刘晓冉 等，2008；赵平和陈隆勋，2001；段安民 等，2003)，还对亚洲季风环流有影响(Flohn，1960；Nitta，1983；Luo et al.，1984；He et al.，1987)。

20 世纪 60 年代，吴永森(1964)、陈乾(1964)首先指出了高原低涡的天气事实。1979 年，叶笃正和高由禧(1979)指出高原低涡是水平尺度约 500 km、垂直厚度为 2～3 km，是高原地区主要的降水系统，在有利的环流形势下可发展东移，将引起高原以东地区大范围的暴雨、雷暴等灾害性天气过程。如 1998 年 7 月长江第三次大洪峰就是由东移的高原低涡造成的(郁淑华，2001)。罗四维等(1991)通过对一次夏季高原低涡的诊断分析指出，在高原低涡生成初期地面感热加热起决定性作用，并在之后的研究工作中(罗四维和杨洋，1992)利用 MM4 模式验证了这个结果。这与丁治英等(1994)、陈伯民等(1996)研究结果一致。与以上学者研究结果不同，Dellosso et al.(1986)则认为地面感热不利于高原低涡发展。Shen et al.(1986b)也指出，地面感热加热在雨季中只能对大尺度环流有附加的修改作用，在 24 h 内并不能显著改变高原低涡流场的总体特征。此外，李国平等(2002)研究发现，地面感热加热对高原低涡的影响与加热中心和低涡中心配置是否一致有关。由此可见，高原地面感热通量是高原涡生成的重要影响因素之一。但以往的相关研究多集中于个例分析或数值试验，本节将从气候角度进一步对青藏高原地面感热通量的年际变化及其与高原低涡生成的关联进行探讨。

6.4.2 资料和方法

6.4.2.1 资料

青藏高原地形复杂，观测站点少，能够通过直接观测得到的感热通量资料很少，并且在时间和空间分布上都明显不足。王同美等(2011)指出，NCEP/NCAR再分析资料反映的高原地区平均感热通量强度和变化趋势与直接观测值较为一致。竺夏英等(2012)通过对比6套感热通量再分析资料指出，NCEP/NCAR资料在高原地区有较高的适用性。本节通过与李国平等(2000)基于1997年9月至1998年12月改则和狮泉河自动气象站观测资料的地面感热计算结果的对比发现，虽然再分析值小于实测站点计算值，但两种资料反映的地面感热的月变化趋势基本一致。故我们选用NCEP/NCAR再分析资料中的地面感热通量、高空风、垂直速度，研究时段为1981—2010年。其中地面感热通量资料的水平分辨率为2.5×2.5(由高斯网格通过双线性插值生成)，高空风、垂直速度资料的水平分辨率也为2.5×2.5。

此外，本节选用的夏季高原低涡统计资料来自基于1981—2001年中国气象局国家气象中心印发的历史天气图、1981—2001年四川省气象局印发的MICAPS历史天气图以及1981—2010年电子版MICAPS天气图，通过人工看图识别方式形成的高原低涡数据集。

6.4.2.2 方法

NCEP/NCAR资料中感热通量的计算公式采用的总体输送法，即：

$$F_H = \rho_s C_P C_H U(T_S - T_a) \tag{6-6}$$

式中：F_H 为感热通量，ρ_s 为地面空气密度，C_P 为比定压热容，U 为10 m风速，T_S 为地面土壤温度，T_a 为地面气温，C_H 为热量总体输送系数。

对高原年平均感热通量进行Mann-Kendall检验、小波分析进行突变检验、趋势变化和周期分析。

小波转换是将一个信号与一个小波群做内积，信号函数 $f(t)$ 的小波变换为：

$$\omega_{f(a,b)} = | a |^{-\frac{1}{2}} \int_R f(t) \bar{\varphi}\left(\frac{t-b}{a}\right) d \tag{6-7}$$

式中：a 为频率参数；b 为时间参数，表示波动在时间上的平移；R 为实数域。本节采用莫莱小波(Morlet Wave)，即：

$$\varphi(t) = e^{-\beta^2 t^2/2} \cos \pi t \tag{6-8}$$

6.4.3 夏季青藏高原地面感热通量的空间分布和时间变化

6.4.3.1 夏季青藏高原地面感热通量的空间分布

夏季(图6-33a)，高原地区感热通量为正值，说明地面向大气输送热量，并且感热通量西部大于东部，与以往的研究结果一致(李国平 等，2000；Yang et al.，2011)。由于植被分布不同(Rodell et al.，2004)，高原北部为裸地、南侧为稀疏的灌木，相对于被密集灌木覆盖的中东部而言，热力粗糙度更小、地气温差较大，使得感热通量在南北两侧大于中部。在南疆的塔里木盆地和青海的柴达木盆地出现感热通量大值区。6月(图6-33b)感热通量最强，8月(图6-33d)最弱，这是因为随着高原雨季来临，降水增加，地气温差减小，感热通量下降，这在高原南部和东南部最明显。

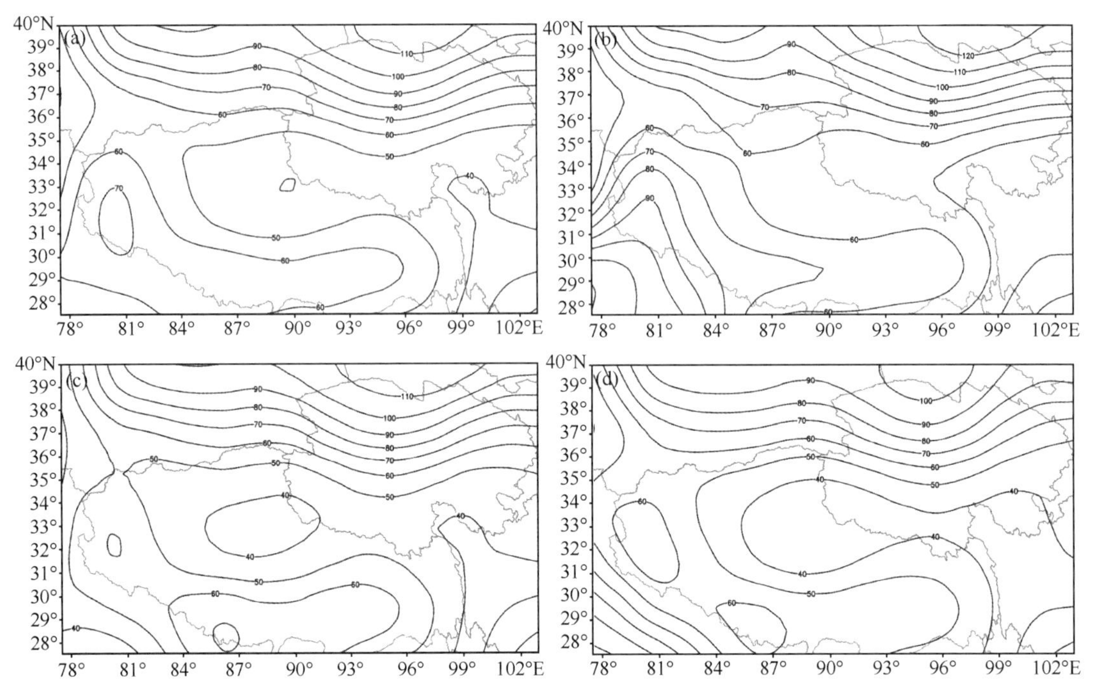

图 6-33　1981—2010 年高原(a)夏季、(b)6 月、(c)7 月和(d)8 月地面感热通量分布(单位:W·m^{-2})

6.4.3.2　夏季高原地面感热通量的年际变化

由图 6-34a 可以看出,自 1981 年以来夏季高原地面感热通量整体呈减少趋势,近 30 年夏季高原地面感热年平均值为 60.09 W·m^{-2},1987 年高原地面感热通量值最大,为 65.99 W·m^{-2};2003 年高原地面感热通量值最小,为 44.18 W·m^{-2};气候倾向率是每 10 年减少 3.59 W·m^{-2},通过了 0.001 的显著性水平检验,具有较强的年际变化特征。

突变检验计算时用到 UF 和 UB 两个统计量,其中 UF 为标准正态分布,它是按时间序列顺序计算出的统计量序列,UB 则是按时间序列逆序计算出的统计量序列。若 UF 或 UB 的值大于 0,表明序列呈上升趋势;反之,则呈下降趋势。由图 6-34b 可知,1994 年为 UF 和 UB 曲线交点的位置,并通过 0.05 的显著性水平检验。因此,可以认为在 1981—2010 年间感热通量在 1994 年前后经历了一次气候突变。在突变后到 2003 年,感热通量发生了显著的下降趋势。在突变前(1981—1994 年)地面感热通量平均值为 63.96 W·m^{-2},而在突变后平均值为 57.13 W·m^{-2},比突变前减少了 6.83 W·m^{-2}。对平均感热通量进行小波分析(图 6-34c,d)发现,夏季高原地面感热通量准 3 年、准 8 年和准 13 年的周期变化显著。其中,准 13 年的长周期与李栋梁等(2003)的研究结果一致。

由于 6 月低涡出现最多并且地面感热通量最强,下面重点以 6 月的分析来代表整个夏季的情形。图 6-35a 显示,可以看出自 1981 年以来 6 月高原地面感热通量整体呈减少趋势,气候倾向率是每 10 年减少 6.56 W·m^{-2},通过 0.001 的显著性水平检验,具有较强的年际变化特征。6 月平均值为 64.64 W·m^{-2},1986 年 6 月高原地面感热通量值最大,为 73.38 W·m^{-2};2003 年 6 月高原地面感热通量值最小,为 40.51 W·m^{-2}。

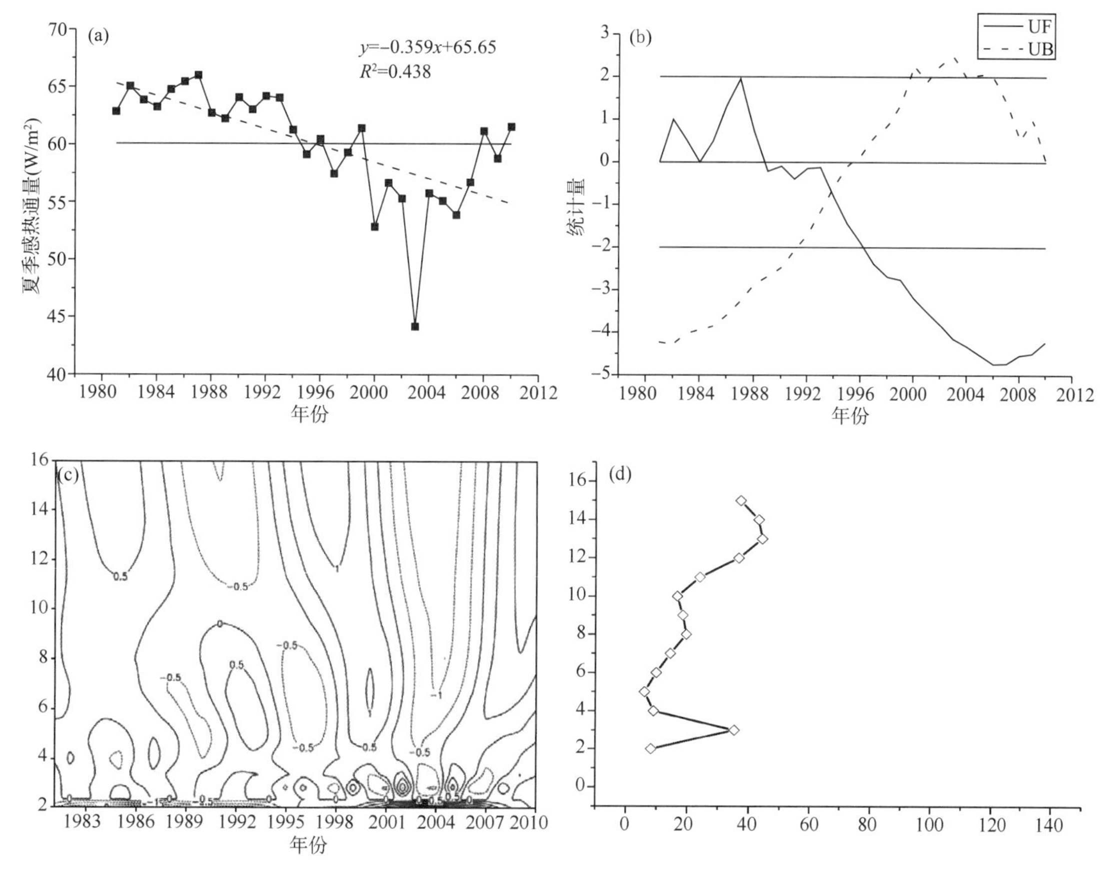

图 6-34 夏季高原地面感热通量的(a)年际变化(实线是均值线,虚线是线性趋势线),(b)MK 检验,(c)小波功率谱和(d)对应的方差

由图 6-35b 可知,1994 年为 UF 和 UB 曲线交点的位置,并通过 0.05 的显著性水平检验。因此可以认为,在 1981—2010 年间 6 月感热通量在 1994 年前后经历了一次气候突变。在突变后到 2003 年,感热通量发生了显著的下降趋势。在突变前(1981—1994 年)地面感热通量平均值为 71.36 W·m^{-2},而在突变后平均值为 59.49 W·m^{-2},比突变前减少了 11.87 W·m^{-2}。对平均感热通量进行小波分析图 6-35c,d 发现,6 月高原地面感热通量准 3 年和准 14 年的周期显著。

7 月、8 月和夏季高原地面感热的年际变化与 6 月类似(图略),基本的气候特征对比如表 6-6 所示。

表 6-6 高原夏季地面感热的平均值、线性倾向率、周期和突变点

	平均值(W·m^{-2})	线性倾向率((W·m^{-2})/10a)	周期	突变点
6 月	73.38	−6.56	准 3、14 年	1994 年
7 月	66.48	−3.08	准 3、8、13 年	1994 年
8 月	55.25	−1.12	准 3、6、12 年	1994 年
夏季(6—8 月)	60.09	−3.59	准 3、8、13 年	1994 年

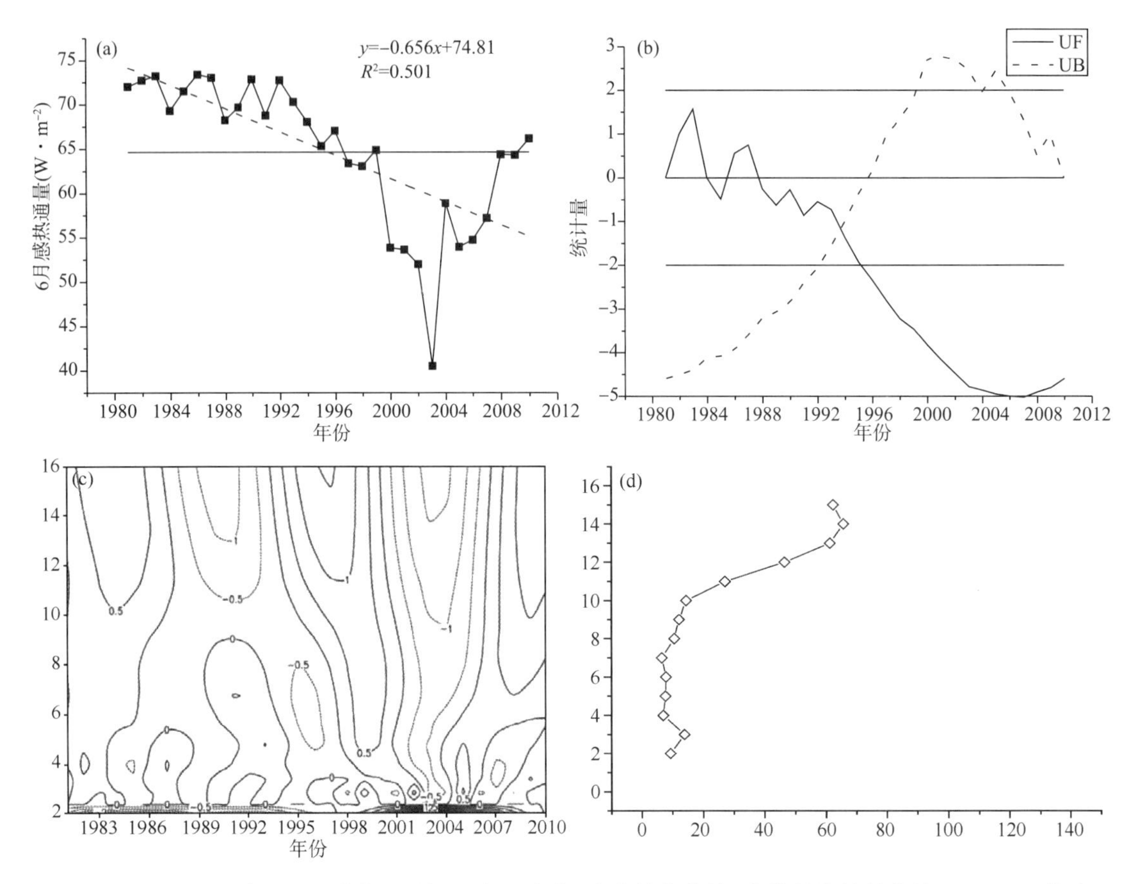

图 6-35　6 月高原地面感热通量的(a)年际变化(实线是均值线,虚线是线性趋势线)、(b)MK 检验和(c)小波功率谱及其(d)对应的方差

6.4.3.3　高原地面感热通量线性趋势项的空间分布

利用最小二乘法计算的地面感热通量线性变化趋势的空间特征表明(图 6-36a),夏季高原西北部的塔里木盆地部分区域、高原西部的柴达木盆地和川西高原地区均是感热通量增加的区域,但增加趋势不明显,最大值仅为 0.4(W·m^{-2})/a。高原其余地区均是感热通量减少的区域,南部大于北部,其中喜马拉雅山脉的减幅值达－1.2(W·m^{-2})/a。6 月、7 月和 8 月(图 6-36b～d)高原地面感热通量线性变化趋势的空间分布与夏季大致相同,减小率和增加率的最大中心均出现在 6 月,分别为－2.0(W·m^{-2})/a 和 0.5(W·m^{-2})/a。8 月感热通量增大的区域有所增加,但减小区域的中心值仅为－0.4(W·m^{-2})/a。

6.4.4　夏季高原地面感热与高原低涡生成的空间联系

夏季高原低涡初期以暖涡为主,占总数的 83.3%。从图 6-37 可以看出,夏季高原低涡主要分布于西藏那曲和青海玉树、格尔木地区,其中高原东部涡占 47.1%,中部涡占 31.9%,西部涡占 21%。而李国平等(2014)利用 NCEP 资料的分析结果表明,30 年的夏季高原低涡主要分布在西藏双湖、那曲和青海扎仁克吾一带,中部涡最多,西部涡次之,东部涡最少。这可能与高原地区西部探空站几乎空白,而再分析资料在高原是均匀分布有关。

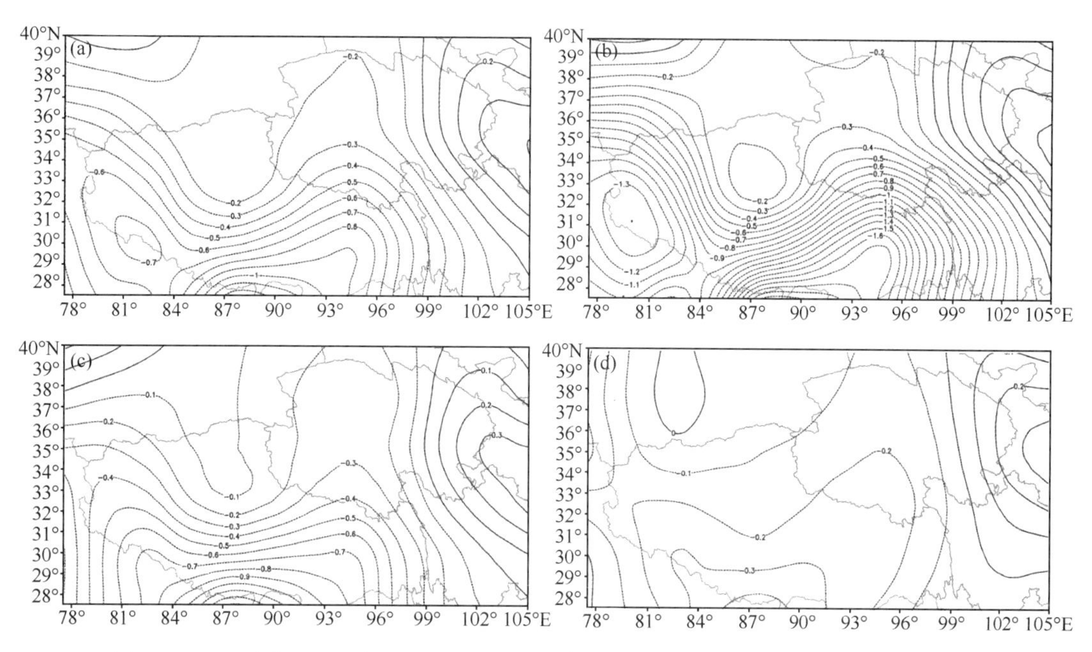

图 6-36　(a)夏季、(b)6 月、(c)7 月和(d)8 月高原地面感热通量线性趋势项的空间分布
(单位:(W·m^{-2})/a,所有区域均通过了 0.01 的显著性水平检验)

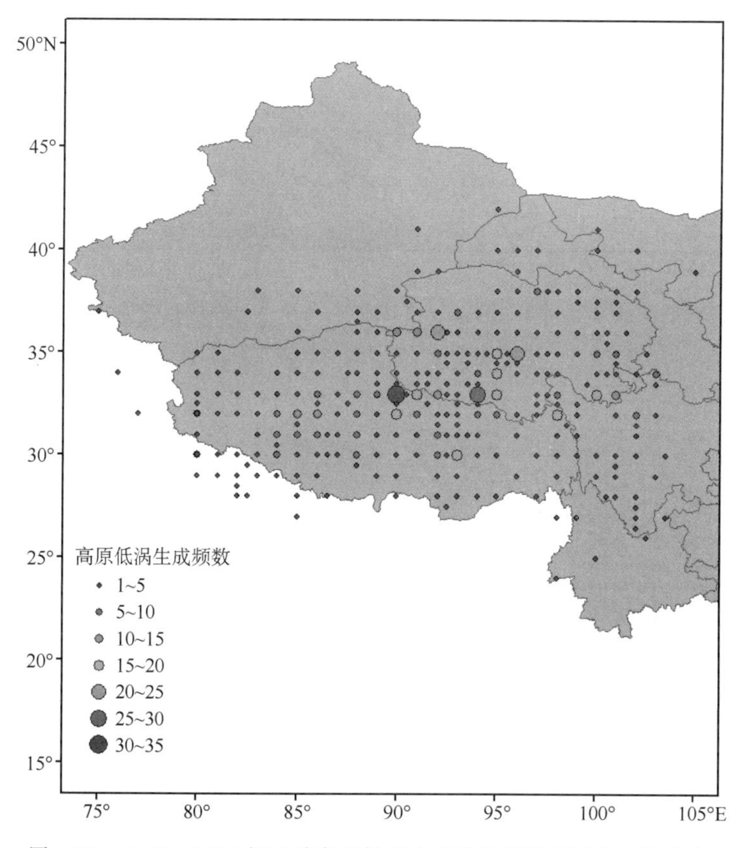

图 6-37　1981—2010 年夏季高原低涡生成源地累积频数的空间分布

图 6-38 给出了夏季高原低涡生成频数与同期高原地面感热通量的相关关系。从图中可看出，夏季高原感热通量的减弱区域和高原低涡生成频数有较好的正相关，正相关分布有 3 个最大值区，分别位于高原北部的青海柴达木盆地、西南部的喜马拉雅山脉地区和高原南部地区。

图 6-39 给出了 1981—2010 年夏季高原地面感热通量和同期高原低涡生成频数的标准化曲线，可以看到两者具有较为一致的变化趋势。通过分析可知，两者间的相关系数为 0.68，通过了 0.001 的显著性水平检验。为了探索高原地面感热通量的异常变化对高原低涡形成的影响机制，有必要分析感热通量强、弱年环流场的异常变化。采用高于或低于 1 个标准差来定义高原地面感热通量强年和弱年，于是得出夏季感热通量强年有：1982 年、1985 年、1986 年、1987 年；弱年有：2000 年、2002 年、2003 年、2005 年、2006 年。对夏季高原地面感热通量强年和弱年的同期大气环流场进行合成，并对气候平均态做差值分析。

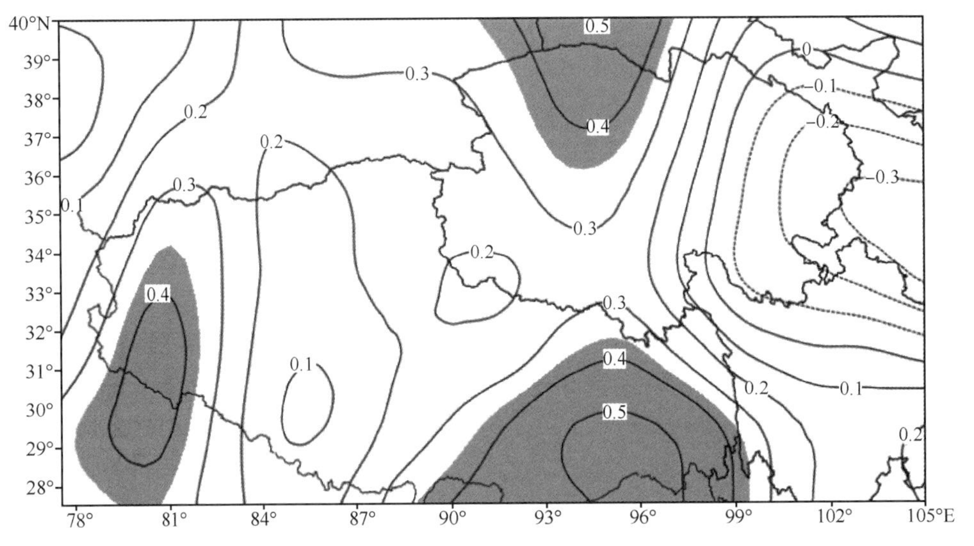

图 6-38 夏季高原低涡生成频数与同期高原地面感热通量的相关关系
（阴影区表示通过了 0.05 的显著性水平检验）

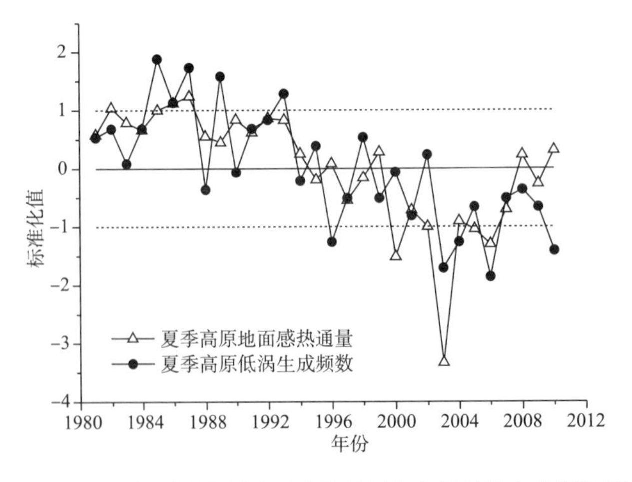

图 6-39 1981—2010 年夏季高原地面感热通量和高原低涡生成频数标准化曲线

图 6-40 给出了夏季感热通量强年和弱年 500 hPa 大气环流合成场与气候态的差值分布。感热通量强年(图 6-40a)，青藏高原西部为明显的气旋性环流，东部是气流辐合区。感热通量弱年(图 6-40b)，青藏高原主体为反气旋环流。

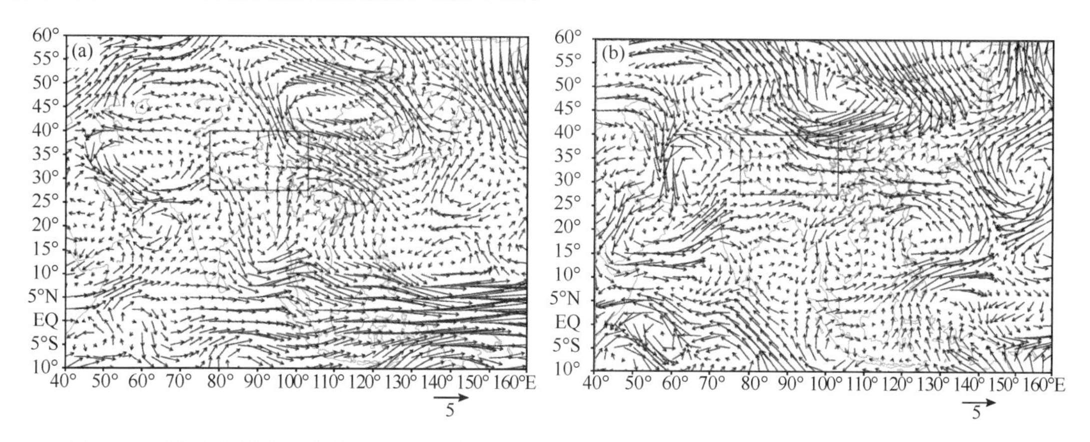

图 6-40　夏季高原地面感热通量(a)强年和(b)弱年 500 hPa 环流合成场与同期气候态的差值场
(单位：m・s^{-1}；图中方框代表青藏高原主体区域)

图 6-41 给出了夏季感热通量强年和弱年 100 hPa 大气环流合成场与气候态的差值分布。感热通量强年(图 6-41a)，青藏高原主体上空被反气旋环流控制，为气流辐散区；感热通量弱年(图 6-41b)，青藏高原主体上空为气旋和反气旋的交汇处，为气流辐合区。因此，感热通量强年由于高空为气流辐散区，有利于加强高原主体整层的上升运动，为低层低涡的生成提供条件。

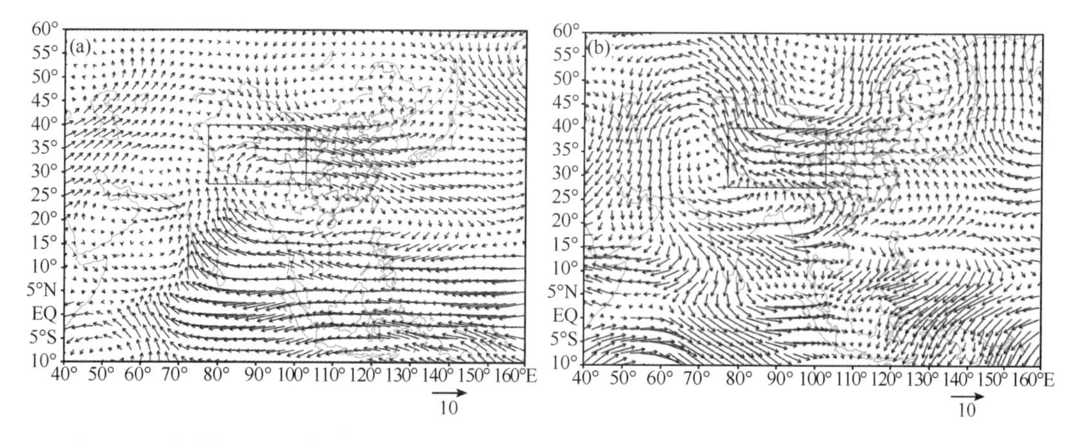

图 6-41　夏季高原地面感热通量(a)强年和(b)弱年 100 hPa 环流合成场与同期气候态的差值场
(单位：m・s^{-1}；图中方框代表青藏高原主体区域)

分析夏季感热通量强弱年高原主体地区垂直速度距平分布情况。如图 6-42a 所示，夏季感热通量强年，高原主体西部地区整层大气垂直速度距平为正，说明该地区上升运动偏弱；中东部地区整层大气垂直速度距平为负，说明该地区上升运动偏强。感热通量弱年(图 6-42b)，高原主体西部地区整层大气垂直速度距平为负，东部地区整层大气垂直速度距平为正。即夏季感热通量强年高原主体地区整层的上升运动强于弱年，更利于高原低涡的生成。

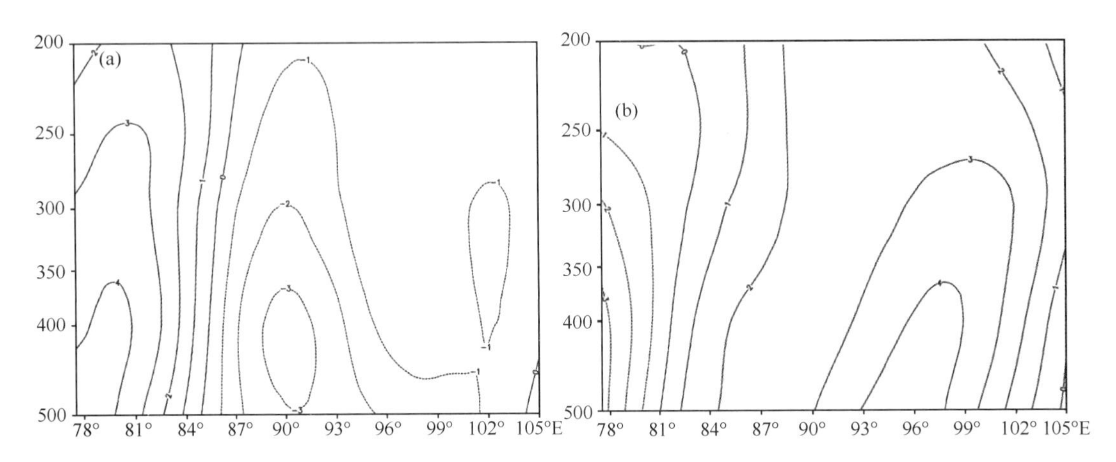

图 6-42 夏季高原地面感热通量(a)强年和(b)弱年的垂直速度与同期气候态的差值场(单位:10^{-2} Pa·s^{-1})

6.4.5 小结

本节利用 NCEP/NCAR 再分析资料研究了 1981—2010 年夏季高原地面感热通量,分析了夏季高原地面感热通量与高原低涡生成的空间关联。研究结果归纳如下。

(1)夏季高原地面感热通量的平均值为 60.09 W·m^{-2},近 30 年地面感热总体呈显著的减少趋势,平均减幅为 3.59(W·m^{-2})/10a。自 20 世纪 80 年代初期至 21 世纪初期,地面感热呈波动减少趋势,之后转为波动增加趋势。

(2)地面感热具有准 3 年、准 8 年和准 13 年为主的周期振荡,1994 年前后经历了一次气候突变,突变后到 2003 年感热通量出现了显著的下降趋势。线性趋势的空间分布具有区域性差异,感热减少趋势在高原分布较广且负值中心明显,感热增加主要分布在高原西北部和东部。

(3)夏季高原地面感热和同期的高原低涡生成频数呈显著正相关,高原地面感热偏强时,高原低涡生成频数偏多。

(4)在高原地面感热强年,低层的大气环流场呈现气旋式环流,高层为强盛的辐散气流,高原主体大部分地区上升气流偏强,更利于高原低涡生成;高原地面感热弱年的情况则与此相反。

由于本节使用的是 NCEP/NCAR 再分析资料,高原低涡生成频数的资料也是根据 MICAPS 天气图人工识别的统计结果,因此还需要将以上结果与其他资料进行对比和评估。另外,高原地面感热与高原低涡生成频数乃至源地的空间相关性分析只是初步的,还应进行进一步的分析、讨论。

6.5 夏季高原大气热源的气候特征以及与高原低涡生成的关系

6.5.1 引言

青藏高原特殊的自然地理、复杂的地形使其成为一个位于对流层中部的巨大热源,对北

半球乃至全球范围的天气和气候起着“启动器”和“放大器”的作用，也是其下游的我国东部灾害性天气的“上游关键区”。早期，叶笃正等(1957)、Flohn(1957b)、叶笃正和高由禧(1979)对青藏高原大气热源进行了初步研究，指出夏季高原上空为一热源，且高原的热力作用对大气环流有着重要影响。赵平和陈隆勋(2001)利用1961—1995年青藏高原及周边地区148个地面观测资料，计算了大气热源汇的气候特征及其与中国降水的关系，认为夏季高原的热力作用与产生于高原上空500 hPa的低值系统有密切的关联，当高原上低值系统频繁东移能对长江流域的降水有明显的影响。因此，夏季高原大气热源与长江流域降水有明显的正相关。此外，Reiter et al.(1982)和吴国雄等(1998)也认为高原的热力作用对南亚高压和季风爆发有显著的影响。

自1979年第一次青藏高原气象科学试验以来，对高原低涡的研究和应用也逐步增多(孙国武，1987；罗四维，1992；罗四维 等，1993)。随后的研究表明，青藏高原在其动力和热力的作用影响下，是北半球同纬度地区气压系统出现最频繁的地区。进一步研究表明，高原低涡的形成不仅有青藏高原复杂的地形作用，热力强迫作用也是必不可少的(刘晓冉 等，2006，Zhang et al.，2014)。例如，李国平等(2002)考虑热带气旋类青藏高原低涡为受加热和摩擦强迫并满足热成风平衡的轴对称涡旋系统，通过求解线性化的柱坐标系中涡旋模式的初值问题，分析了地面感热对高原低涡流场结构及发展的影响，指出地面感热对低涡的生成及发展具有重要作用，但这种作用是否有利于低涡的发展与低涡中心和感热加热中心的配置有关。最近，李国平等(2016)研究了青藏高原夏季地面热源的气候特征及其对高原低涡生成的影响。而罗四维等(1991)、杨洋和罗四维(1992)从能量计算角度，采用视热源方程、视水汽汇方程对一次高原低涡的产生及发展过程进行的诊断分析表明，低涡的生成、发展及消亡与它附近大气柱加热场变化有密切的关系。Dellosso et al.(1986)对高原低涡的数值试验也发现凝结潜热对低涡的生成、发展有重要影响。

从上述研究历程的简要回顾可以看出，以往高原热源的影响研究主要集中在高原大气热源与降水、大气环流的关系；热力作用对高原低涡的影响也仅仅局限于地面热源(地面感热和蒸发潜热)与低涡的个例关系。而高原的热力作用不仅仅只有地面感热、蒸发潜热，还包括整层的大气热源，因此本节将侧重研究高原大气热源的气候学特征以及与高原低涡生成频数的统计关系并进行机理探讨，以期丰富人们对高原热力作用对于天气、气候影响的认识。

6.5.2 资料与方法

对于青藏高原低涡的识别方法主要有人工识别和客观识别，目前仍以人工识别方法为主。高原低涡的识别标准主要为：500 hPa等压面上，高原地区形成闭合等高线的低压或有3个站点风向呈气旋性的低涡环流(青藏高原气象科学研究拉萨会战组，1981)。本研究选取成都信息工程大学高原气象研究组建立的1981—2010年高原低涡数据集(李国平 等，2014)。该资料是基于NCEP/NCAR再分析资料绘制的天气图对该30年夏季高原低涡进行人工识别统计，同时参考了MICAPS天气图，并通过对比中国气象局成都高原气象研究所出版的《青藏高原低涡切变线年鉴》进行了订正。

本研究所用大气热源数据是基于NCEP/NCAR 1981—2010年逐日再分析资料计算而得，包括温度场、水平风场、等压面垂直速度场、地面气压场。水平分辨率为2.5°×2.5°，垂直方向上从1000 hPa到100 hPa共12层。

大气热源的计算方法分为正算法和倒算法，本节采用 Yanai et al.(1973)提出的倒算法，即大气热源可表示为：

$$Q_1 = C_p\left[\frac{\partial T}{\partial t}+\vec{V}\cdot\nabla T+\left(\frac{p}{p_0}\right)^k\omega\frac{\partial\theta}{\partial p}\right]=Q_R+L(c-e)-\frac{\partial\overline{(S'\omega')}}{\partial p} \tag{6-9}$$

式中：Q_1 为单位质量大气热量的源汇，其主要由净辐射加热（冷却）Q_R、潜热加热和扰动产生的垂直感热输送组成；c 为凝结率，S' 为扰动感热通量，ω' 为扰动垂直速度，其他为常用符号。采用质量权重对大气热源 Q_1 进行垂直积分：

$$\langle Q_1\rangle=\frac{1}{g}\int_{p_t}^{p_s}Q_1\mathrm{d}p=\frac{c_p}{g}\int_{p_t}^{p_s}\left[\frac{\partial T}{\partial t}+\vec{V}\cdot\nabla T+\left(\frac{p}{p_0}\right)^k\omega\frac{\partial\theta}{\partial p}\right]\mathrm{d}p \tag{6-10}$$

式中：p_s 是地面气压，p_t 是大气层顶气压（本研究取为 100 hPa），$\langle Q_1\rangle$ 是整层大气热源 Q_1 在单位面积下的垂直积分。$\langle Q_1\rangle$ 的正负表示大气柱总的非绝热加热或冷却，即大气热源或热汇。

6.5.3 夏季青藏高原大气热源特征

近年来，随着再分析资料的逐步完善及应用普及，再分析资料在高原大气研究的可靠性也日益受到关注。为了检验大气热源计算结果的可靠性和准确性，我们对本研究计算的大气热源结果与前人的相关计算结果进行了比对（表 6-7）。

表 6-7 青藏高原大气热源区域平均的月均值和年均值($W \cdot m^{-2}$)

作者	资料	1月	2月	3月	4月	5月	6月	7月	8月	9月	10月	11月	12月	年均值
本研究	NCEP	−71	−39	−7	32	74	108	118	88	40	−31	−77	−84	12
叶笃正等(1979)	地面观测资料	−72	−42	25	60	93	108	101	74	44	−10	−54	−77	21
陈隆勋(1982)	气象卫星观测资料	−59	−34	14	40	53	80	89	85	45	−29	−59	−78	12
赵平等(2001)	地面观测资料	−60	−34	−12	18	50	78	75	51	17	−27	−57	−72	2
Yanai et al. (1992)	FGGEⅡ−b	−36	−15	22	38	107	88	80	62	—	—	—	−40	—

青藏高原 1981—2010 年大气热源的均值（表 6-7）表明，高原地区从 10 月到次年 3 月为热汇，其中最强热汇月出现在 12 月，为 −84 $W \cdot m^{-2}$；高原地区 4—9 月为热源，最强热源在 7 月，为 118 $W \cdot m^{-2}$。与前人研究结果进行比较，我们计算的大气热源与叶笃正(1979)、陈隆勋和李维亮(1983)、Yanai et al.(1992)、赵平和陈隆勋(2001)的结果差异主要体现在具体数值上，这种差异可能是所选区域、计算方法、所用资料以及研究年代不同造成的。但就热源性质、数量级及月变化趋势的比较结果来看，本研究利用 NCEP 再分析资料计算的高原大气热源月均值是可靠的。图 6-43 为 1981—2010 年青藏高原夏季大气热源强度的空间分布。6 月（图6-43a），高原主体为热源，青藏高原大气热源强度呈现“南高北低”，且东部热源明显强于西部。高原主体大气热源强度在 50～100 $W \cdot m^{-2}$，最大中心强度达到 200 $W \cdot m^{-2}$。7 月（图 6-43b），随着孟加拉湾北部大气热源加强，200 $W \cdot m^{-2}$ 等值线明显北上，青藏高原南部大气热源强度到达 100 $W \cdot m^{-2}$ 以上，青藏高原大气热源强度整体增强，达到全年最强，中心强度可达 300 $W \cdot m^{-2}$ 以上。8 月份（图 6-43c），100 $W \cdot m^{-2}$ 等值线开始南撤，同时高原主体大气热源强度减弱，东北部甚至出现冷源（热汇）。此时，孟加拉湾西北侧大气热源逐渐减弱南撤。夏季总体上高原大气热源为一强热源区（图 6-43d），平均强度在 100 $W \cdot m^{-2}$ 以上，高原东部热源明显强于西部。热源中心主要位于高原南侧，且热源等值线密集，表明由于高原南侧喜马拉

雅山脉地形的陡峭，导致大气热源强度的经向差异显著。

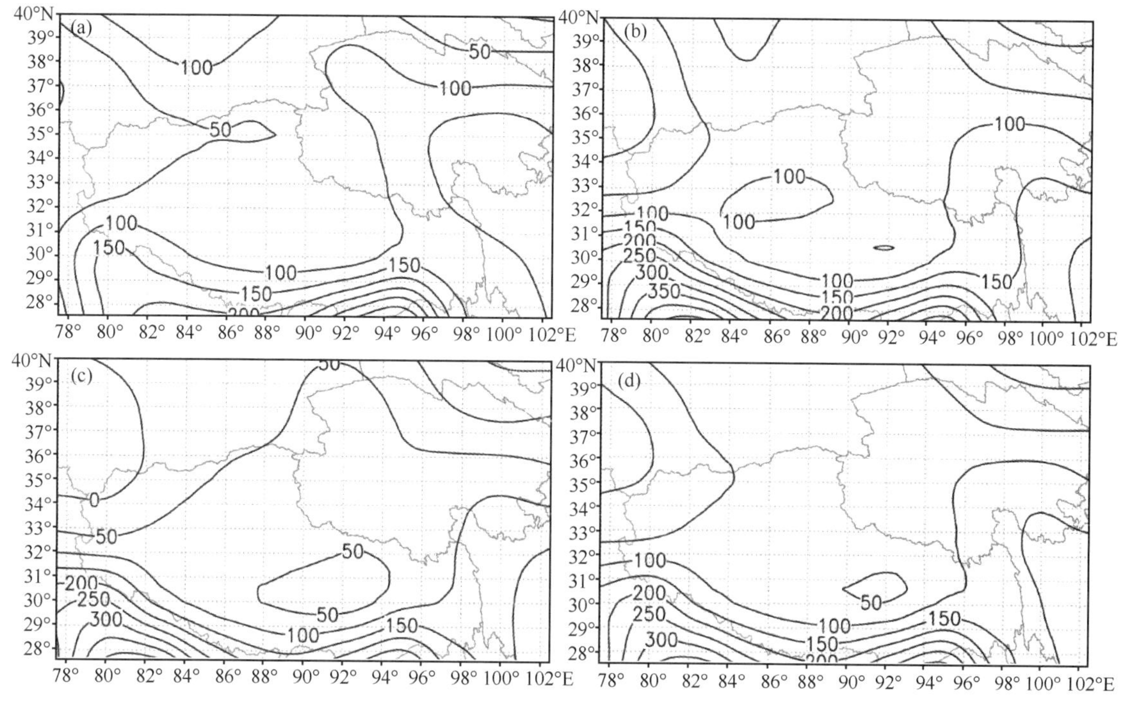

图 6-43　青藏高原大气热源水平分布特征(单位：W·m^{-2})

(a)6 月；(b)7 月；(c)8 月；(d)夏季

图 6-44 为 6 月高原大气热源强度的年代际变化和 Morlet 小波分析。从 1981 年开始 6 月份大气热源强度整体呈减弱趋势，气候倾向率为 −0.95(W·m^{-2})/a，大气热源平均强度为 108 W·m^{-2}；1981 年后，大气热源强度呈持续下降趋势，从 21 世纪开始大气热源强度逐渐由减弱趋势转为增强趋势；并且高原大气热源具有准 3 年和准 12 年的周期振荡现象(6-44b)，但准 3 年的振荡周期只有在进入 21 世纪后才显著，通过了 95%的显著性检验。

图 6-45 为 7 月高原大气热源强度的年代际变化和 Morlet 小波分析。从 1981 年开始 7 月份高原大气热源整体呈减弱趋势，气候倾向率为 −0.69(W·m^{-2})/a，大气热源平均强度为 118 W·m^{-2}；自 20 世纪 80 年代中期到 20 世纪末大气热源持续减弱，21 世纪初大气热源强度转变为增强趋势。由图 6-45b 可知，该月大气热源序列存在准 3 年和准 9 年的周期振荡现象，其中准 3 年的周期振荡从 1981 年前后到 1990 年前后以及从 1995 年到 2010 年前后都比较明显，且均通过了 95%的显著性检验。自 20 世纪 80 年代初到 21 世纪初，则具有 8～10 年周期振荡，但没有通过 95%的显著性检验。

由图 6-46，自 1981 年以来 8 月份大气热源强度整体呈增强趋势，但年代际变化趋势不明显，气候倾向率为 0.33(W·m^{-2})/a，大气热源平均强度为 88 W·m^{-2}。高原大气热源存在准 3 年、准 6 年和准 10 的周期振荡现象(图 6-46b)，准 3 年的周期振荡在 1986 年到 21 世纪初前后比较明显，5—6 年的周期振荡自 1990 年到 1995 年前后较为明显，且准 3 年和准 6 年的周期振荡都通过了 95%的显著性检验。

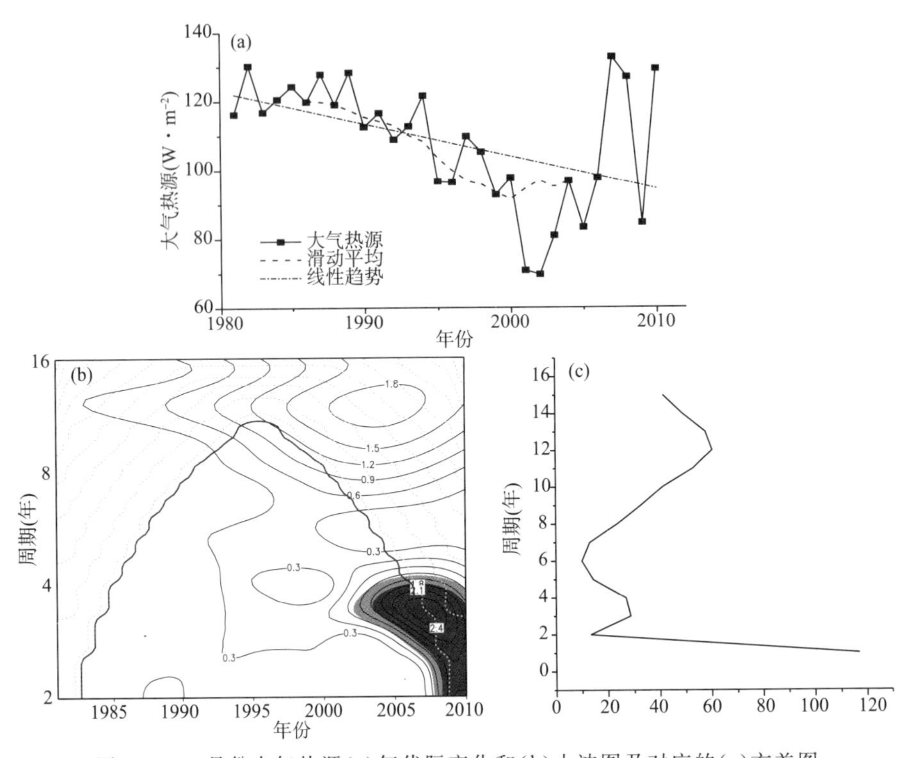

图 6-44　6 月份大气热源(a)年代际变化和(b)小波图及对应的(c)方差图

(阴影区通过了 95%的显著性检验)

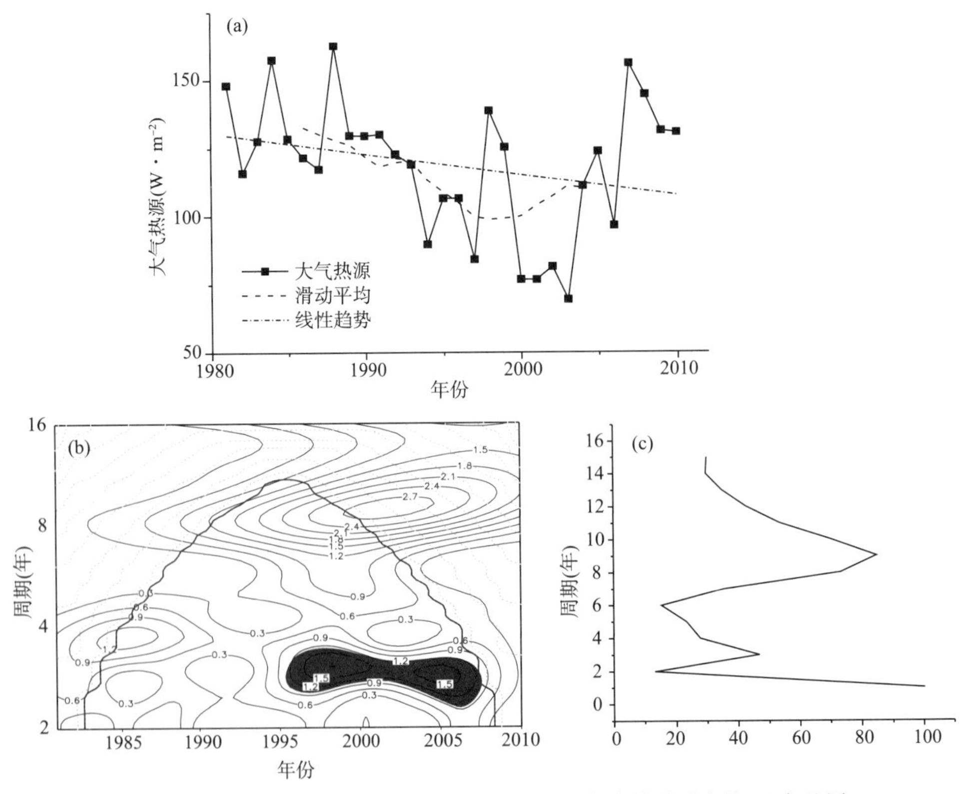

图 6-45　7 月份大气热源(a)年代际变化和(b)小波图及对应的(c)方差图

(阴影区通过了 95%的显著性检验)

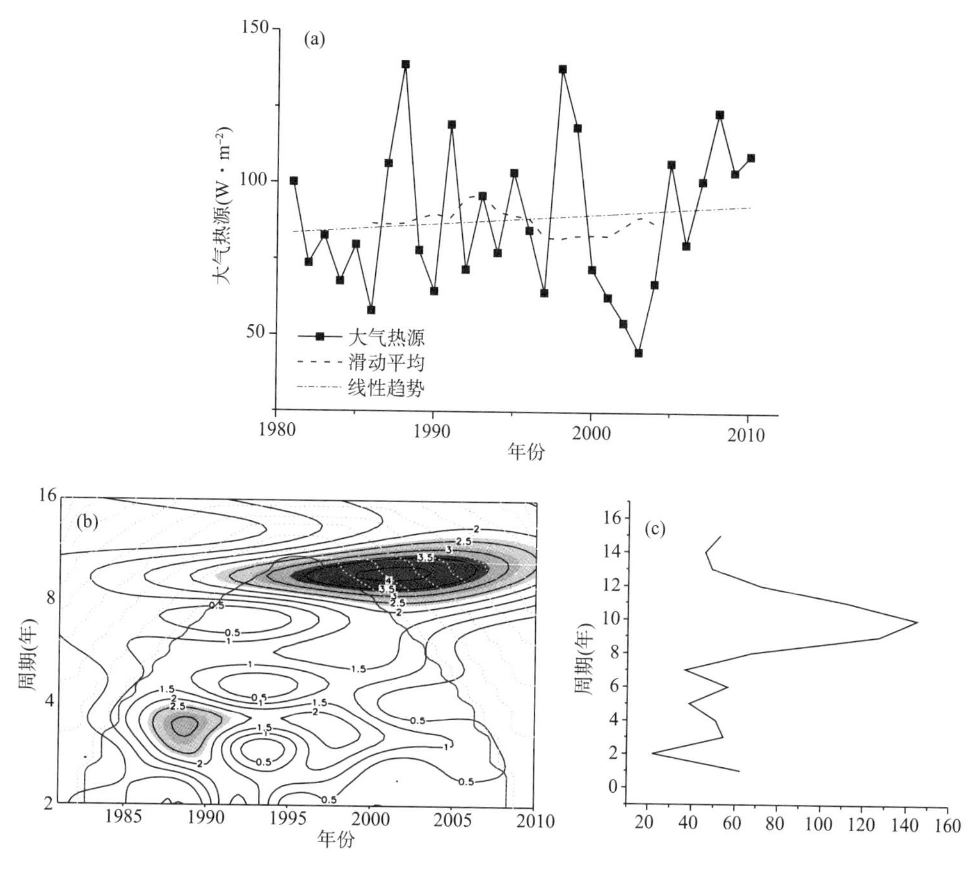

图 6-46　8 月份大气热源(a)年代际变化和(b)小波图及对应的(c)方差图

(阴影区通过了 95%的显著性检验)

图 6-47 是夏季大气热源强度的年代际变化和 Morlet 小波分析。从 1981 年开始夏季高原大气热源强度表现为减弱趋势,其气候倾向率为 $-0.46(\mathrm{W\cdot m^{-2}})/\mathrm{a}$,夏季大气热源强度均值为 104 $\mathrm{W\cdot m^{-2}}$;2000 年以前,大气热源强度有减弱趋势,21 世纪开始逐渐由减弱趋势转为增强趋势。由图 6-47b,高原大气热源强度存在准 3 年和准 11 年周期振荡,1985 年到 1990 年前后和 2007 年前后具有较为明显的准 3 年周期振荡,且均通过了 95%的显著性检验。9—11 年周期振荡存在于 20 世纪 80 年代中期到 21 世纪初,但该振荡不显著。

6.5.4　夏季高原大气热源与高原低涡生成的关系及物理机制

高原低涡是青藏高原代表性天气系统,其发生主要集中在夏季 6—8 月。根据 NCEP/NCAR 再分析资料主要通过人工识别建立的 1981—2010 年夏季高原低涡数据集,对夏季高原低涡生成频数的时间序列进行标准化处理,高于或低于 1 个标准差的年份分别定义高原低涡的高发年或低发年,于是得出高原低涡高发年有(李国平 等,2014):1981 年、1991 年、1992 年、1998 年、2008 年、2010 年;低发年有:1988 年、1994 年、2003 年、2004 年、2005 年。

为分析夏季高原低涡与同期青藏高原大气热源的空间关联,对青藏高原地区 1981—2010 年夏季(6—8 月)大气热源进行标准化距平 EOF 分析。由图 6-48 得出,夏季高原大气热源 EOF 分解第一、二模态的累积方差贡献为 49.5%,其中第一模态占总方差的贡献为 32.7%。

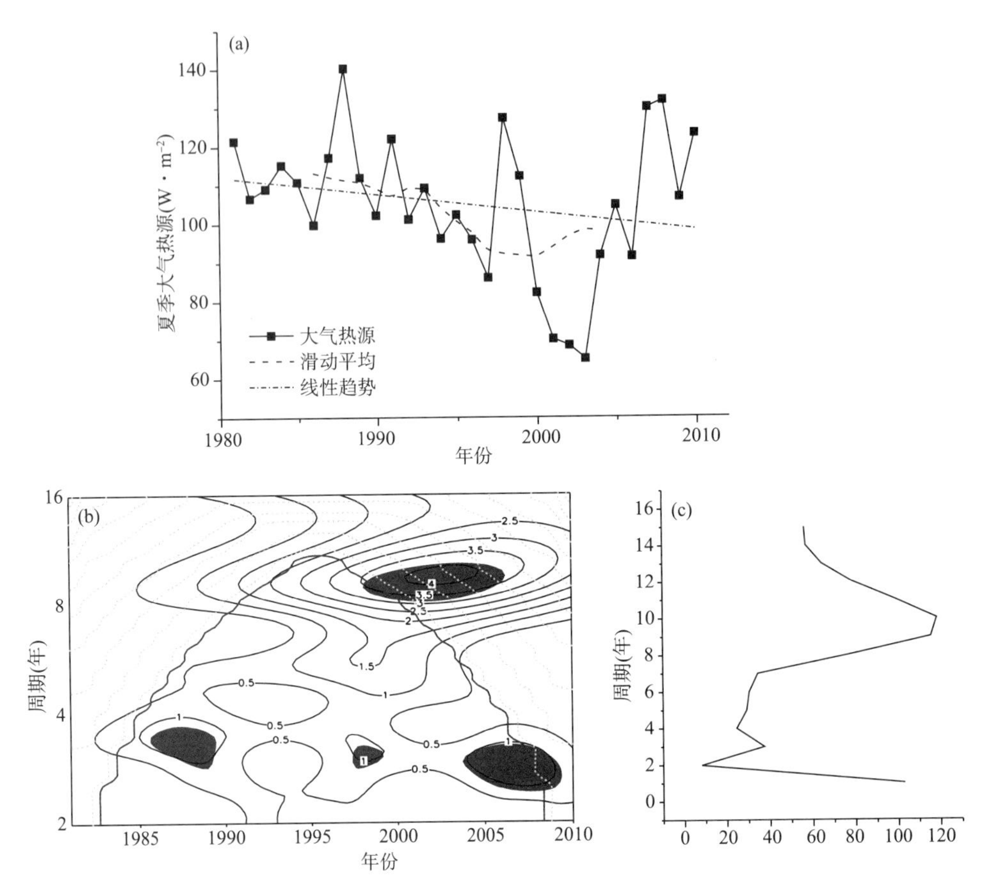

图 6-47　夏季大气热源(a)年代际变化和(b)小波图及对应的(c)方差图
(阴影区通过了 95%的显著性检验)

第一模态(图 6-48a)的空间结构分布为高原全区一致,即整个高原地区为正值,但高原南部热源强度强于北部,这表明青藏高原地区夏季大气热源强度在整体上具有一致性(均为热源)。第二模态(图 6-48b)占总方差的贡献为 16.8%,它的空间结构大致分布为高原西北、东南为正值,高原中部为负值。这表明高原西北、东南部大气热源与高原中部呈现相反的分布形式。

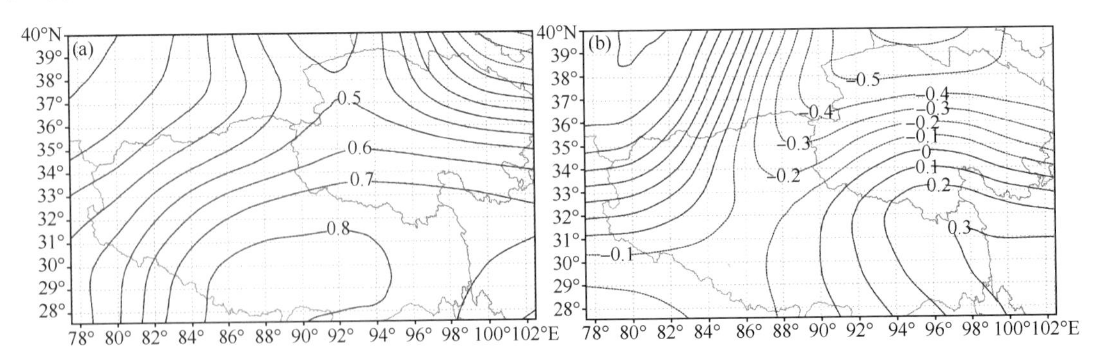

图 6-48　夏季大气热源 EOF 分解前 2 个模态的空间结构
(a)第一模态;(b)第二模态

图 6-49 为高原低涡高发年、低发年的大气热源距平场以及高发年减去低发年的大气热源差值场。由图 6-49a 可知，高原低涡高发年的大气热源强度明显强于气候态，高原南部大气热源比高原整体多年平均值高 15～30 W・m^{-2}，高原北部大气热源跟高原整体多年平均值相差 −5～10 W・m^{-2}；高原涡低发年的大气热源强度总体小于气候态（图 6-49b），具体分布为高原东部大气热源比高原整体多年平均值偏少 10～40 W・m^{-2}，负异常中心出现在高原东南部，而高原西部大气热源与高原整体多年平均相当，无明显异常。图 6-49c 为夏季高原低涡高发年与低发年的大气热源差值场，高发年与低发年的热源差异明显，高发年的大气热源强度整体强于低发年，具体为高发年高原东南、西北部大气热源强度显著偏强，高原热源的水平空间差异明显。

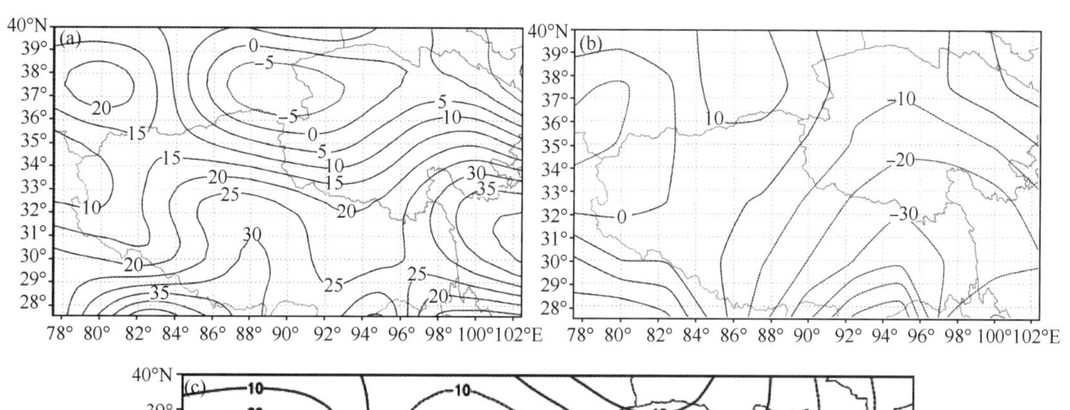

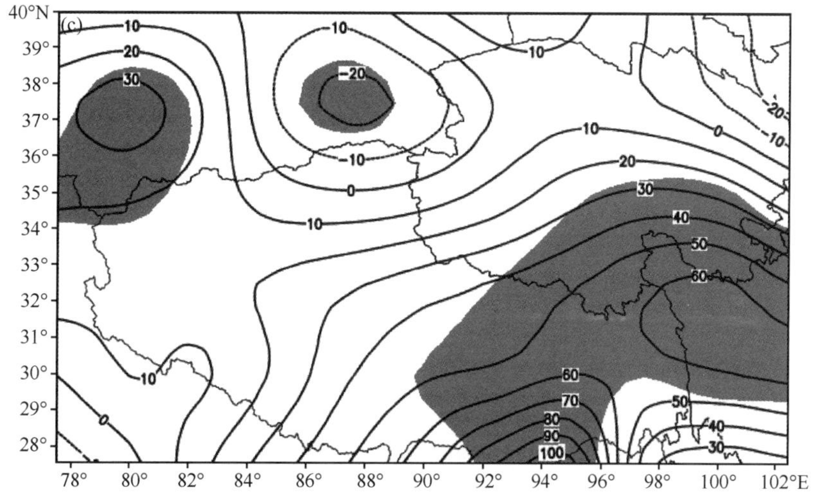

图 6-49　夏季低涡高发年(a)、低发年(b)大气热源距平场分布及其差值场(c)
（阴影区通过了 90%的显著性检验；单位：W・m^{-2}）

由此可见，当高原低涡处于高发年和低发年时，青藏高原大气热源的水平分布有明显差异。青藏高原主体大气热源偏强时（尤其是东南部和西北部偏强时），青藏高原低层易产生低涡；而当高原整体大气热源偏弱，特别是南部和北部的大气热源水平差异不明显时，青藏高原低层则不易产生低涡。通过分析高原大气热源水平分布异常时对应的高原上空经向、纬向风的变化（表 6-8～表 6-10），并参考我们以前一个研究的理论观点（李国平 等，1991），对这一气候统计结果的物理机制我们认为可由热成风理论来做解释，如图 6-50 所示。

表 6-8　夏季高原低涡高发年与气候态 600～100 hPa 平均经向风垂直切变的差值($\times10^{-5}$ $m\cdot s^{-1}\cdot m^{-1}$)

	高原南部	高原北部
经向风(v)垂直切变	−2.93	1.96

表 6-9　夏季高原低涡高发年与气候态 600～100 hPa 平均纬向风垂直切变的差值($\times10^{-5}$ $m\cdot s^{-1}\cdot m^{-1}$)

	高原东部	高原西部
纬向风(u)垂直切变	−4.20	−3.37

表 6-10　夏季高原低涡高发年与气候态的高空(100 hPa)平均经向风和纬向风的差值($m\cdot s^{-1}$)

	高原南部	高原北部
经向风(v)	−0.26	0.22
纬向风(u)	−0.63	−0.28

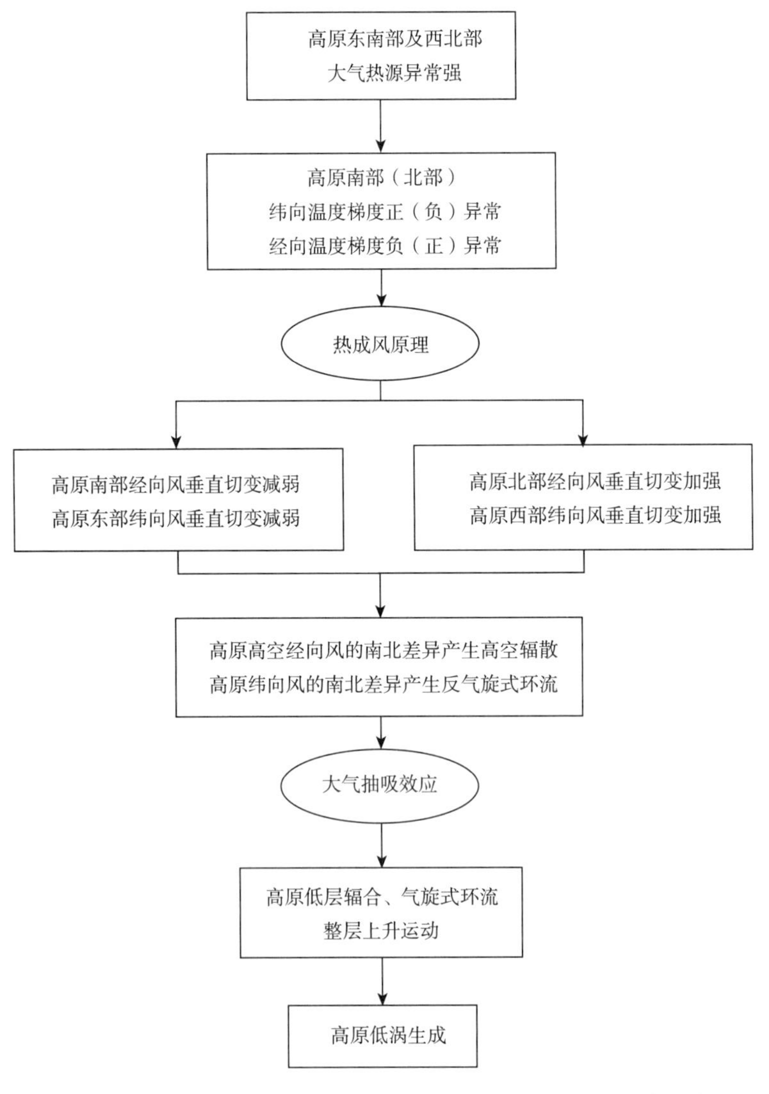

图 6-50　大气热源异常分布对高原低涡生成影响的热成风机制示意图

为进一步探讨夏季大气热源与高原涡生成的物理联系，对夏季大气热源与高原涡生成频数做空间相关性分析。夏季高原大气热源与高原涡生成频数为正相关(图 6-51)，显著正相关区主要位于高原东南和西北部。南部正相关比北部大，说明高原涡生成频数与高原南、北部(尤其是东南、西北部)大气热源有显著正相关。

图 6-48、图 6-49 和图 6-51 的分析表明，高原低涡的生成频数与高原大气热源有显著联系，下面再运用热力适应理论对高原低涡生成频数统计结果的机制进行分析。大气热力强迫作用作为大气环流的驱动力，其异常变化会导致大气环流的异常。对于大气热源对环流的影响，不少学者都做过研究，吴国雄和刘屹岷(2000)、刘屹岷等(2001)利用位涡理论，提出了高原大气的热力适应理论：加热使得气柱中的强烈上升运动像气泵一样，在低层抽吸周围的空气到高层向外排放，则在低层大气产生气旋式环流，气流辐合上升；高层为反气旋式环流，气流辐散流出，从而形成叠加在水平环流之上的次级(垂直)环流圈；反之，当大气为热汇时，低空出现反气旋性环流，高空出现气旋性环流，导致气流下沉。高原低涡作为高原低层具有气旋式环流的低压天气系统，显然大气为热源时的环流场有利于高原低涡生成(图 6-52)。

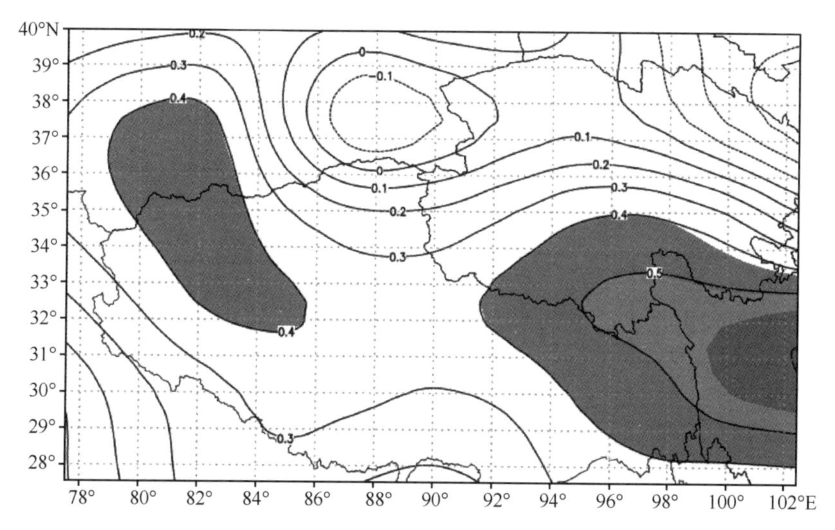

图 6-51　夏季高原低涡生成频数与高原大气热源的空间相关分析

(阴影为通过了 $\alpha=0.05$ 的显著性检验)

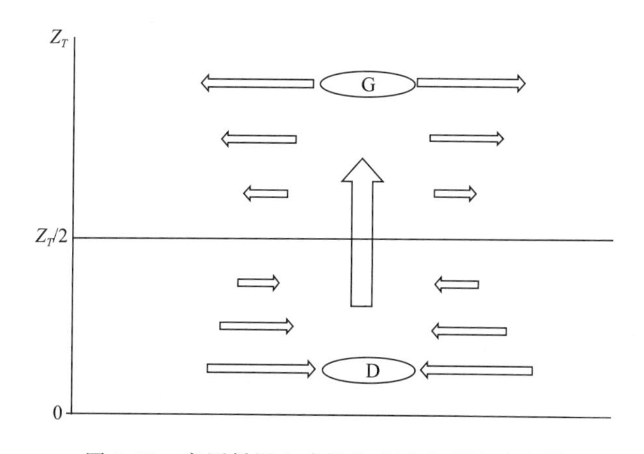

图 6-52　高原低涡生成的热力适应理论示意图

为验证以上理论解释的合理性，分别对高原低涡高发年和低发年夏季 500 hPa 涡度的距平场进行分析。图 6-53a 给出了高原低涡高发年涡度的距平场，青藏高原低空主体存在明显的正涡度区；同时青藏高原上游伊朗高原（30°N～45°N，45°E～60°E）上空有一较强的正涡度区，在 500 hPa 西风气流的引导下，有正涡度平流输送到青藏高原低空，有利于高原低涡的形成。相反，在高原低涡低发年，青藏高原低空主体被负涡度控制；同时，伊朗上空存在较强的负涡度区，西风气流下不断有负涡度平流输送，从而抑制高原低涡生成。这说明有利于高原低涡的正涡度来源既有高原本地加热的作用（图 6-50），亦有高原上游涡度平流的贡献。

下面进一步对高原低涡高发年和低发年的大气热源异常对垂直速度场的影响进行分析。图 6-54 为高原低涡高发年和低发年与气候态差值的次级环流经向剖面图，次级环流在高原低涡高、低发年与气候态的差值场存在明显差异。低涡高发年（图 6-54a），因为青藏高原主体范围内大气热源异常强，所以在热力适应的作用下，青藏高原上空有偏强的上升气流（高原主体上升气流达到了 90％的显著性水平），上升气流由近地层一直延伸到 150 hPa 以上。并且青藏高原上游的伊朗高原上空存在气旋式环流，西侧以下沉气流为主，东侧有明显的偏东上升气流。该偏东上升环流流入青藏高原后，有利于增强高原对流活动，也会促进高原低涡的生成。而在高原低涡低发年（图 6-54b），高原西侧垂直运动受迎风坡地形的抬升作用存在上升气流；而高原东部由于大气热源偏弱，在热力适应作用下高原东部上空存在下沉气流，抑制了高原对流活动和低层气旋式环流，则不利于高原低涡生成。

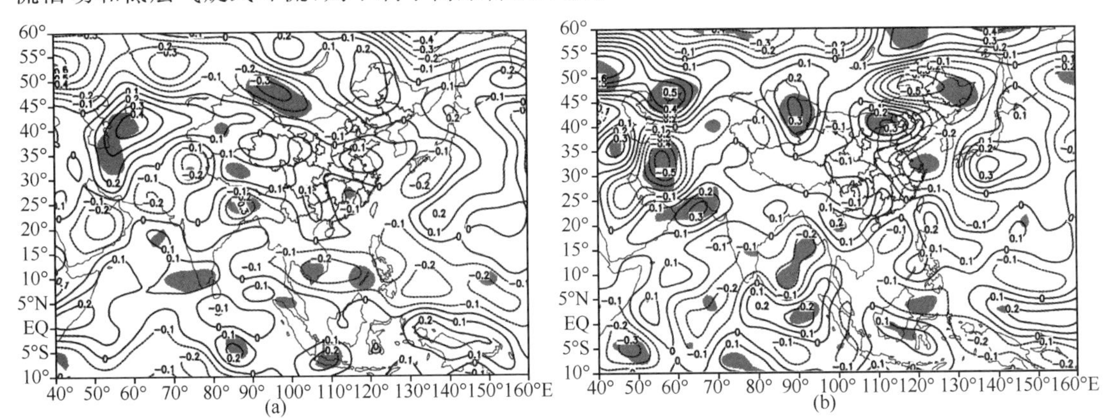

图 6-53　夏季高原低涡高发年(a)、低发年(b)500 hPa 涡度合成场与同期气候态的距平场

（阴影区为通过了 90％显著性检验）

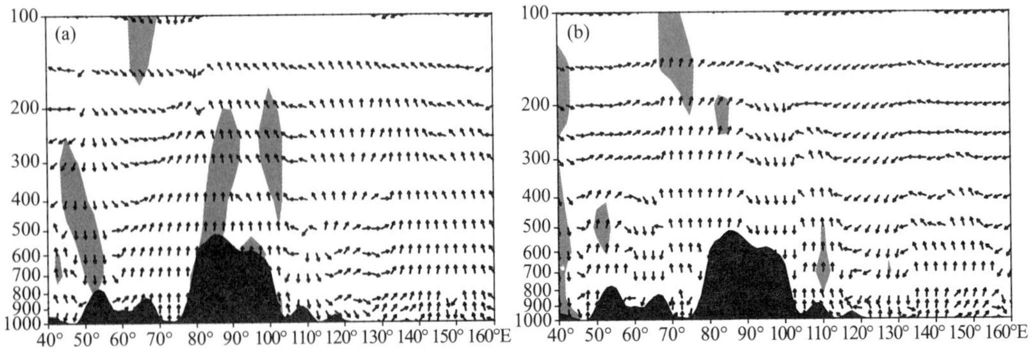

图 6-54　高原低涡高发年(a)、低发年(b)次级环流距平的经向剖面图

（阴影区为通过了 90％显著性检验的垂直速度）

6.5.5　小结

本节利用 NCEP/NCAR 再分析资料及高原低涡数据集对 1981—2010 年夏季高原大气热源的气候特征进行了分析，并进一步从物理机理上探究了大气热源与夏季高原低涡生成的关系，得到以下主要结论。

(1)近 30 年以来夏季高原大气热源平均强度为 104 $W \cdot m^{-2}$，总体为减弱趋势，年代际变化明显。其中 6 月和 7 月为减弱趋势，而 8 月却有较为明显的增强趋势。高原大气热源强度存在准 3 年的周期振荡。

(2)高原低涡高发年的大气热源强度明显强于高原低涡低发年；高原南部和北部(尤其是东南部和西北部)大气热源的水平异常分布与高原低涡生成频数在统计关系上存在显著的正相关。

(3)高原低涡高发年，大气热源的热力作用导致高原低层辐合，近地层到高空都有偏强的上升气流，低层气旋式环流加强，为高原低涡的生成提供了有利的环流场；而低涡低发年的大气热源强度减弱促使青藏高原上空出现下沉气流，抑制了对流活动的发生、发展，则不利于高原低涡的生成。

(4)有利于高原低涡生成的正涡度既有高原本地加热的促进作用，也有高原上游正涡度平流的贡献。

本节分析了近 30 年来夏季高原大气热源的气候特征以及与高原低涡生成的关系，初步揭示了高原低涡高发年、低发年的大气热源的水平分布差异，并初步给出了大气热源水平分布差异与高原低涡生成频数统计结果的物理机理解释。但最后要指出的是，大气热源强度对高原低涡生成的定量影响，不同高度层次上大气加热对高原低涡生成的不同影响，大气热源空间分布异常对低涡源地分布以及发展东移的作用等问题应是后续工作的重点。

6.6　近 30 年夏季移出型高原低涡的气候特征及其对我国降雨的影响

6.6.1　引言

高原低涡是夏季高原上主要的降雨系统，本节基于 MICAPS 资料统计出 1981—2010 年的 30 年间共有 943 次高原低涡发生，根据其生成后是否能够移出高原又可分为移出型和非移出型两类，其中移出型高原低涡有 275 次，约占高原低涡总数的 28.1%，这与陶诗言等(1984)和郁淑华等(2012)在不同时期所做的同类统计结果相近。由此可见虽然能够移出高原的低涡比例不高，但在有利环流形势配合下移出高原发展时，可在中国广大地区产生暴雨、大暴雨，引发洪涝及次生灾害性天气(彭贵康，1994；杨克明 等，2001；仪清菊和徐祥德，2001)。所以，对移出型高原低涡的研究不仅是青藏高原气象学理论研究的一个重要问题，而且对提高青藏高原及临近地区的天气预报水平也有实际意义。

20 世纪 80 年代，国内外掀起了高原低涡研究的一次热潮，但对移出型高原低涡的专门研究尚不多。自 1998 年第二次青藏高原大气科学试验以来，移出型高原低涡的研究逐渐为气象学家和预报员关注。缪强(1999)和陈忠明等(2004a)对移出高原低涡与西南涡耦合进行了诊断，郁淑华(2002)、郁淑华和何光碧(2003)及黄楚惠等(2011)对移出型高原低涡的卫星水汽图像演变特征及触发暴雨的机制进行了研究。卢敬华(1995)、李国平和刘红武(2006)、李国平(2007)对高原低涡发生及其东移的动力学机制进行了探讨。应用雷达、卫星、GPS水汽等新资料以及数值模拟方法研究低涡移出高原这一重要问题也取得了不少新成果(陈功和李国平,2011;宋雯雯 等,2012;周强和李国平,2013;Li et al.,2011;Li et al.,2013;Xiang et al.,2013;赵福虎 等,2014)。近30年来,对于移出型低涡的气候统计工作有:郭绵钊(1986)通过普查1975—1982年高原低涡及其东移情况后认为东移型高原低涡在高原上多处于90°E~95°E范围内,其移向与300 hPa流场的走向比较一致。刘富明和濮梅娟(1986)普查1965—1982年夏季高原低涡时,将东移的高原低涡环流分为高压后部的低涡、西风槽前部的低涡和切变线上的低涡。郁淑华和高文良(2006)通过普查1998—2004年移出高原低涡的工作,进一步丰富了东移高原低涡环流背景的研究,指出其涡源主要在曲麻莱和德格附近,移动路径多数是向东移动,其次向东北、东南移动,极个别向北移,并将移出低涡环流形势分为四类:北槽南涡型、切变线上的低涡、切变流场中的低涡和西风槽前部的低涡。郁淑华等(2007b)、高文良等(2007)还分析了低涡多与少的月份及影响我国东部洪涝的环流场特征,并通过对冬、夏半年不同生命史低涡沿途雨量及落区的统计,指出移出低涡对我国和四川盆地东、西部降雨有重要影响。王鑫等(2009)也对1980—2004年暖季青藏高原低涡活动进行了统计研究。中国气象局成都高原气象研究所编撰的《青藏高原低涡切变线年鉴(1998—2010)》(中国气象局成都高原气象研究所,2012)详细介绍了每例移出型高原低涡的移动路径及降水分布。近年来,Feng et al.(2014)利用再分析资料研究了2000—2009年高原低涡的气候特征,李国平等(2014)基于NCEP资料给出了1981—2010年夏季青藏高原低涡的气候学特征,但这些利用再分析资料统计高原低涡工作的重点多为低涡的生成情况而非低涡移出高原后的活动状况。

已有高原低涡移动统计研究多为东移高原低涡个例的分析或低时空密度资料的较短年份统计,得到东移低涡活动的气候特征较为模糊,尤其对1980—1990年代间低涡统计工作较少,且对移出型低涡的移向没有详细界定。在全球气候变化的背景下,很有必要采用长时段、观测密度较高的资料以及多源资料综合的方式,对移出型高原低涡气候特征进行再研究,以加深对移出型高原低涡活动长期变化趋势以及高原低涡气候变化趋势对我国降水异常影响的认识。这对于揭示移出型高原低涡气候特征的基本事实,进一步认识与高原周围其他天气(如西南低涡、台风、江淮气旋、梅雨锋)和气候系统(如南亚高压、亚洲季风、西太副热带高压等)的相互作用都有重要意义。故本节利用近30年历史天气图资料、美国NCEP/NCAR 2.5°×2.5°再分析资料以及台站降水资料,对移出型高原低涡的时空分布特征及其对我国降雨的影响进行了统计研究,并初步揭示了不同路径移出型高原低涡的环流形势及降雨分布。

6.6.2 资料和方法

6.6.2.1 资料

本节用到三部分资料:中国气象局印发的历史天气图资料(1981—2010年);国家气象中心提供的1951—2011年中国752个基本、基准地面气象观测站及自动气象站气候资料月值数据,再经过站点和年份的筛选后提取出全国605个站1981—2010年的月均降雨资料;美国NCEP/NCAR 1981—2010年逐月再分析资料(2.5°×2.5°)。

6.6.2.2 方法

由于高原低涡定义及移出标准的不同导致统计结果的差异性,早期郭绵钊(1986)根据青

藏高原低涡(主要考虑风场闭合环流)的移动情况,按其减弱消失的区域不同,分为三大类:高原低涡在 100°E 以西消失的为不移出型,移至 100°E～110°E 四川一带减弱消亡的为中移型,东移至 110°E 以东的为东移型。刘富明和濮梅娟(1986)将低涡中心移到 100°E 的低涡定义为东移出高原的低涡。近年来的研究(郁淑华和高文良,2006;高文良和郁淑华,2007;李国平等,2014)指出:500 hPa 等压面上反映的生于青藏高原,后移出青藏高原的有闭合等高线的低压或有三个站风向呈气旋式环流的低涡定义为移出高原的低涡(郁淑华和高文良,2006;郁淑华等,2007b;高文良和郁淑华,2007;王鑫 等,2009;Feng et al.,2014;李国平 等,2014)。本节对移出型高原低涡的一般性定义同上,但考虑到青藏高原西部测站稀少,因此又做如下补充:①统计高原西部涡时,当印度阿姆利则、新德里和勒克瑙三站为北风或西北风,我国拉萨、那曲为南风或西南风,青海格尔木和海西为东风或东南东风,且高原西部处于低的位势高度值时考虑高原西部或中部有低涡,并配合 NCEP 资料进一步确定;②高原低涡移出高原指低涡中心移到 100°E 以东(在 101°E～103°E 之间生成的低涡以移出 110°E 记为移出);③低涡持续时间应在 24 h 及以上;④根据移出型高原低涡的初生位置可将其分为高原西、中、东部涡。87°E 以西为西部涡,87°E～93°E 为中部涡,93°E 以东为东部涡;⑤冷、暖涡:500 hPa 上低涡处于温度脊区或暖区时为暖涡,处于温度槽或冷区时为冷涡;⑥移动路径可分为(图 6-55):东移、东北移、东南移、异常路径(南移、北移)。对于异常路径的南移和北移类低涡定义,以33°N为零线,南北夹角 75°以上地区出现的移动低涡。由于北移(占移出低涡总数的 0.7%)和南移类(占移出低涡总数的 1.8%)低涡较少,本节主要对东移、东北移和东南移低涡气候特征及其造成我国降水异常的原因(如环流形势、西太副高指数、水汽输送等)进行初步探讨。

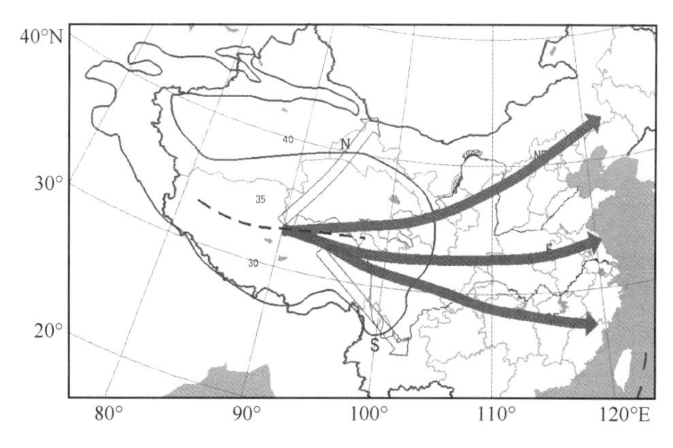

图 6-55　移出型高原低涡移动路径示意图

6.6.3　移出型高原低涡的气候特征

6.6.3.1　移出型高原低涡的频数及路径

6—8 月是高原低涡移出高原而影响中国东部天气的主要时段。近 30 年来,移出型高原低涡共计 275 例,即平均每年有 9 个高原低涡能够移出高原而发展,移出高原低涡发生频数 6 月多于 7 月,分别占移出低涡总频数的 45.1%和 33.1%,8 月最少,约占 21.8%。移出的高原低涡以东移为主,占移出高原低涡的 58.2%,而东北移和东南移的分别占移出高原低涡的 25.5%和 13.8%,其他路径(南移及北移)占 2.5%。

由图 6-56 可知：近 30 年来移出型低涡数整体呈减少趋势，这与诸多研究结果一致（郁淑华和高文良，2006；王鑫 等，2009；Feng et al.，2014；李国平 等，2014），并与成都高原所低涡切变年鉴（1998—2010）移出低涡距平做了详细对比（图 6-57d）。由于高原低涡尺度小，加之青藏高原西部站点稀疏，靠用常规天气图分析的人工识别方法确定的低涡，常因人而异，导致个别年统计数字的差异，但统计趋势基本一致。各月发生低涡数亦呈减少趋势，6 月份移出低涡出现的频数变幅较平缓，7、8 月份频数变幅相对较大。6 月份移出高原低涡频数最高的年份是 1985 年和 2007 年，其次是 1981 年和 2003 年（图 6-56a）；7 月份出现移出高原低涡频数较高的年份为 1998 年，1981 年、1982 年、1993 年次之（图 6-56b）；8 月份移出低涡频数最高的年份是 1987 年、1989 年、1991 年和 1998 年（图 6-56c）。整体来看，20 世纪 80 年代后期及 90 年代，低涡发生频数较高，其中，1981、1985、1987、1989、1991、1992、1993、1998 年移出低涡发生频数较

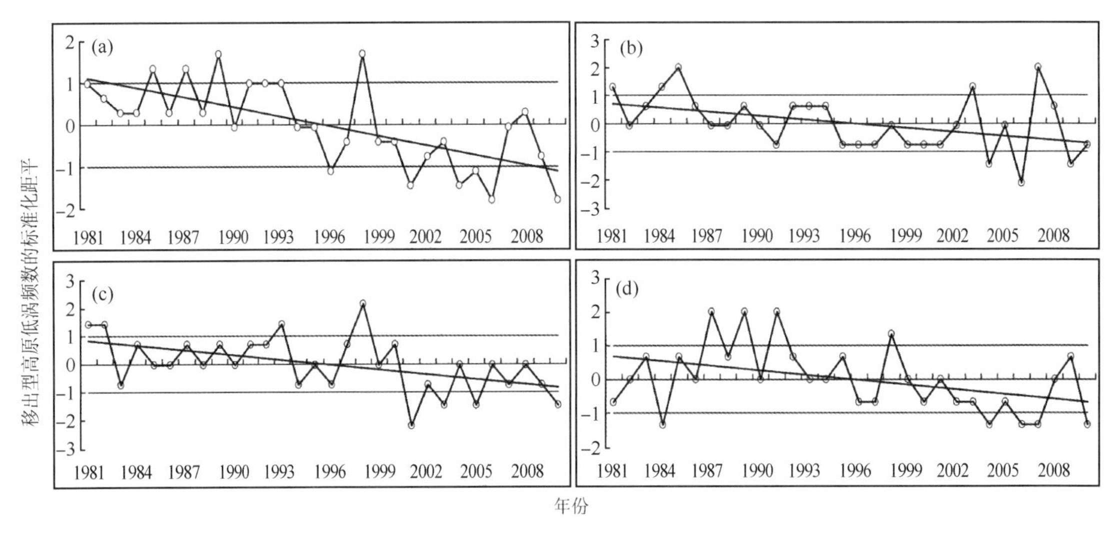

图 6-56　夏季移出型高原低涡频数各月变化及年际变化标准化距平分布图

(a)6 月；(b)7 月；(c)8 月；(d)6—8 月

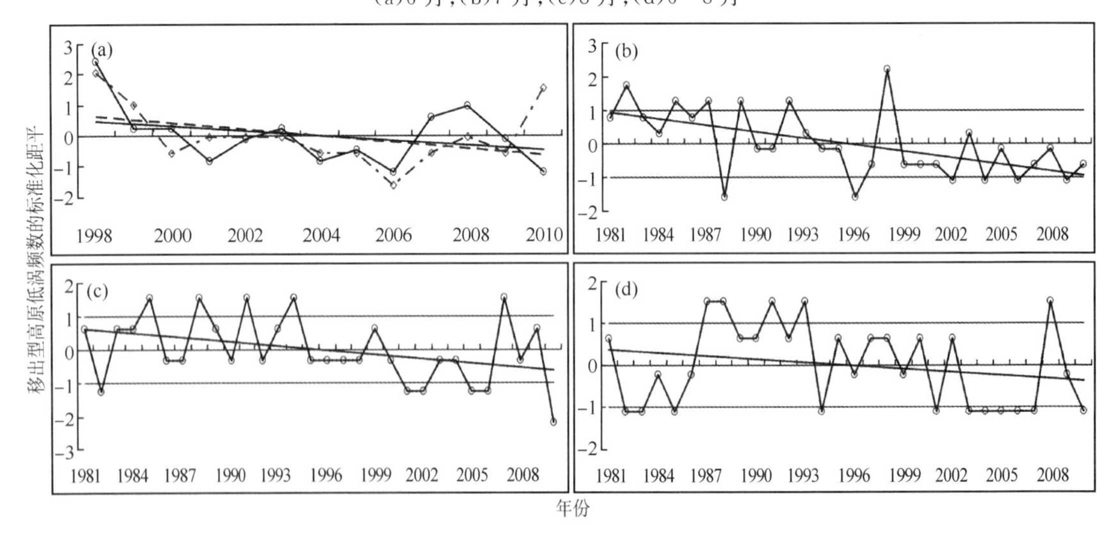

图 6-57　不同移动路径的夏季高原低涡频数年际变化标准化距平（a：东移，b：东北移，c：东南移）及 1998—2010 年间夏季移出型高原低涡频数年际标准化距平比较(d)（点实线：工作组，点虚线：成都高原所）

高，以 1998 年最为显著。已有研究表明(李翠金，1996；孙建华 等，2005；黄会平 等，2007)，该时段内，我国各大流域洪涝成灾频数亦最多。1991 年、1994 年、1998 年、2003 年和 2007 年移出高原低涡的活动频数较高，造成了我国长江全流域、松辽流域以及黄淮流域大水(彭贵康，1994；杨克明 等，2001；仪清菊和徐祥德，2001；郁淑华 等，2007b)，说明移出型高原低涡是影响中国夏季暴雨洪涝的重要天气系统之一。移出型低涡少发年以 1996、2001、2004、2006、2010 年较明显(图 6-56d)。此外，各路径移出型低涡的总数也呈减少趋势，东移路径减少明显，而东北移和东南移路径减少趋势较平缓(图 6-57a～c)。

6.6.3.2　移出型高原低涡的涡源

图 6-58 示出了 1981—2010 年移出型高原低涡生成源地累积频数的空间分布。移出型高原低涡主要发生在高原地区的 31°N～36°N 范围内，其涡源主要有西、中和东部三个涡源。西部涡源主要在改则附近，狮泉河次之；中部涡源主要在沱沱河以北以及申扎经班戈到安多附近；东部涡源则在曲麻莱到杂多附近，而石渠和德格附近为次涡源区。因此，移出型高原低涡的涡源主要集中在改则、安多、沱沱河以北以及曲麻莱附近。不同涡源低涡中以东部涡移出高原的概率最高，约占移出低涡总数的 53.7%，其次是中部涡移出高原(约占 31.6%)，西部涡因其移出路径最长，需要有强大而持久的动力、热力和引导条件，该类涡源移出低涡仅占移出总低涡数的 14.7%。此外，不同路径移出高原低涡的涡源分布显示，东移(图 6-56b)及东南移(图 6-56d)路径低涡涡源以中、东部涡为主，而东北移(图 6-56c)路径涡源偏于高原中部。

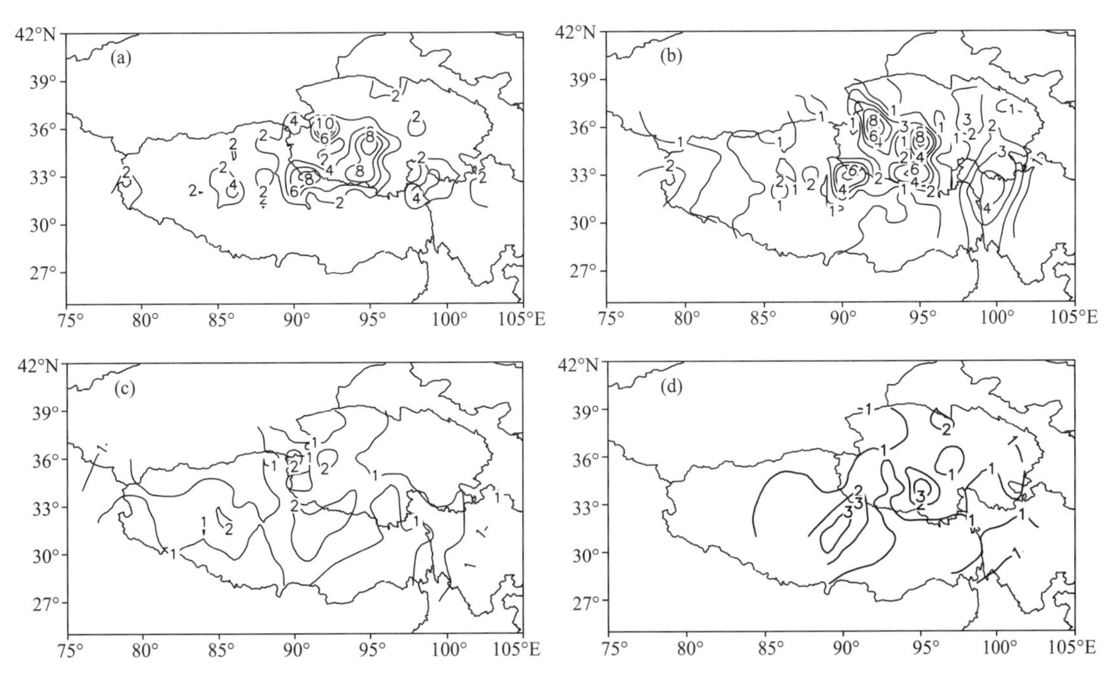

图 6-58　1981—2010 年移出型高原低涡生成源地累积频数的空间分布
(a)夏季(6—8 月)；(b)东移路径；(c)东北移路径；(d)东南移路径

6.6.3.3　移出型高原低涡的强度、生命史及消亡

图 6-59 给出了移出型高原低涡初生涡的中心位势高度及持续时间的统计结果。初生涡的位势高度均值为 580.7 dagpm，低涡中心位势最高值和最低值分别为 588 dagpm 和

570 dagpm。由图 6-59a 可知,低涡中心位势高度分布有两个高值区,580 dagpm 和 584 dagpm,其中占到一成以上的低涡集中在 578～584 dagpm 区间,约占移出低涡数的 78%,580 dagpm 的低涡达到了一成半。图 6-59b 中,生命史最长达 228 h,最短的仅有 24 h,生命史在 36 h 的占两成半。移出型低涡的生命史大多在 36～72 h,约占移出低涡总数的 2/3 以上,而生命期超过 96 h 的高原低涡数不到 1 成。移出型高原低涡的消亡方式有:减弱为槽或切变(占 53.8%)、减弱消亡(占 42.9%)或出海(仅占 3.3%)。移出型低涡的初生时次以 20 时居多,约占移出低涡总数的 53.1%,08 时的占 46.9%。移出型高原低涡仍以暖涡为主,占移出低涡数的 83.5%。

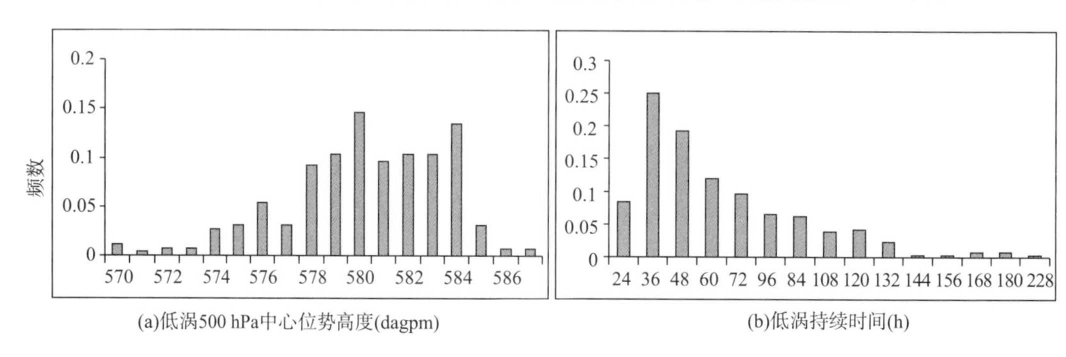

图 6-59　1981—2010 年移出型高原低涡初生涡强度和生命史的统计分布

6.6.4　移出型高原低涡对我国降雨的影响

6.6.4.1　移出型高原低涡与我国降雨的同期相关分析

利用 1981—2010 年 6—8 月移出型高原低涡不同移动路径(东、东北和东南)发生次数与同期降雨量做了相关分析。东移路径(图 6-60a)高原低涡次数与同期降雨量相关分布表明:负相关区分布在高原西部、河套中北部以及我国华南地区,而沿低涡东移路径的我国中东部地区,即黄河流域上游、长江流域中上游及江淮地区为相关系数的正值分布区。正相关大值区位于高原东部,川甘交界,四川东部及川、渝、黔、湘、鄂五省(市)交界区,正相关系数最大值超过 0.5,而在长江中、下游的河南、安徽和江苏交界区亦为两个正相关区。从该图中还可以看出,沿河西走廊西部到新疆西部以及内蒙古东北部地区有较大的正相关区出现,最大正值可达 0.6,这可能是因为低涡在东移过程中后部受偏北冷气流补充推进,而前部处于东北低压槽底或低压南压东移的引导下而东移,这些系统造成该区域的降雨,故呈现正相关。

东北移高原低涡发生次数与降雨相关分布(图 6-60b)表明:负相关大值区主要分布在我国华中、华南地区以及新疆西部地区;正相关区自高原东侧经河套延伸至我国东北部,呈西南-东北分布。正相关大值区主要位于高原东侧,黄河流域以及我国整个东北部地区,相关系数超过 0.3。内蒙古东北部、辽宁、吉林和黑龙江地区正相关系数达到了 0.5。此外,在新疆西北部和甘肃西北部亦为正值相关分布,这两处正值相关区可能分别与新疆北部低压活动以及贝加尔湖分裂的低压活动造成的降雨有关。

图 6-60c 表明:东南移路径的移出高原低涡发生次数与西藏中东部、四川中南部及沿长江流域降雨有较好的正相关。最大正相关系数在沿长江流域可达 0.4,几个大值中心分别位于上游的西藏中东部、川南和中游渝、黔、湘、鄂交界区以及下游的江浙一带。另在广西西北部亦有正相关区。此外,我国东北部以及新疆中东部为两正相关区,这可能与东北低涡和新疆北部

低压不断分裂冷空气至该区域形成降雨有关。负相关区主要分布在我国南部沿海、华中地区、青海以及西藏西北部。

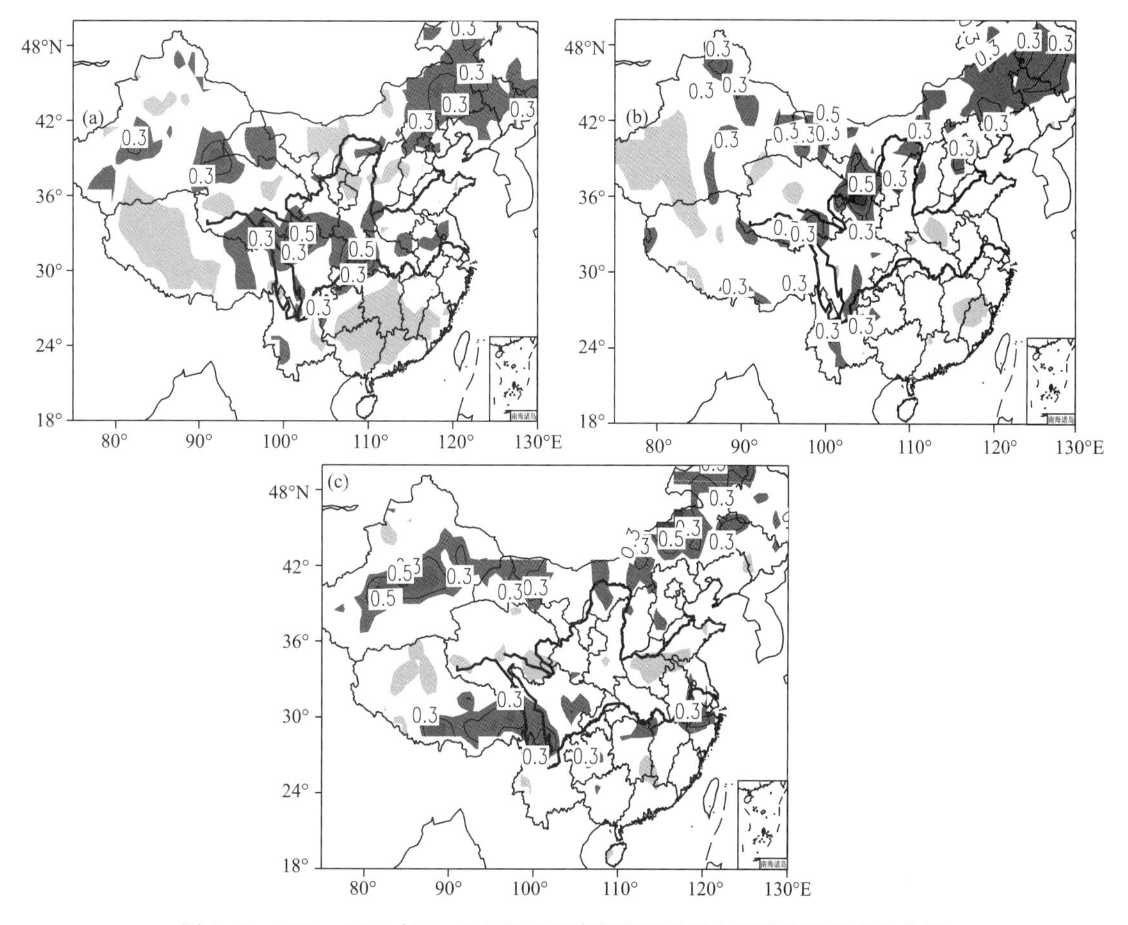

图6-60　1981—2010年6—8月移出型高原低涡次数与同期降雨量相关分析

(a)东移;(b)东北移;(c)东南移(阴影区表示通过90%的可信度,浅色阴影表示负相关,深色阴影表示正相关)

由以上分析可知,不同路径移出高原低涡对我国降雨的分布具有一定的指示意义。东移路径和东南移路径移出高原低涡次数对于降雨的正相关分布较相似,两条路径均在我国中东部、内蒙古东北部和新疆塔里木盆地地区有较好的正相关。不同的是东南移路径相关大值区位于西藏东南到川南地区以及沿长江流域,而东移路径相关大值中心主要位于高原东部、川甘交界、川东及渝、黔、湘、鄂四省(市)交界区。即东移路径对我国高原东部、长江流域中上游、黄河流域上游及江淮地区的降雨相关较好,而东南移路径对我国高原东南部、川南及长江流域的降雨有较好正相关。东北路径移出高原低涡对于高原东北部、长江流域上游、黄河流域以及我国整个东北部降雨相关较好,其中,东北部相关大值中心分布不同于前两条路径位于内蒙古境内,而是分别位于吉林和黑龙江交界处以及吉林与内蒙古交界处。

6.6.4.2　移出型高原低涡对我国降雨影响的合成分析

以上讨论了不同路径移出型高原低涡发生次数与我国同期降雨分布的相关性,下面采用合成分析方法进一步研究不同路径移出高原低涡降雨距平分布状况。根据移出型高原低涡发生频数标准化距平的年际变化分布(图6-57a～c),选取高于1个距平为移出型高原低涡多发年，低于一个距平的为少发年。东移路径中，低涡多发年超过1个距平的为1982年、1985年、1987年、1989年、1992年、1998年共6年；而低发年为1988年、1996年、2002年、2004年、2006年、2009年共6年。东北移路径，低涡多发年为1985年、1988年、1991年、1994年、2007年共5年，1982年、2001年、2002年、2005年、2006年、2010年共6年为少发年。东南移路径上，低涡多发年为1987年、1988年、1991年、1993年、2008年共5年，1982年、1983年、1985年、1994年、2001年、2003年、2004年、2005年、2006年、2007年、2010年共11年为少发年，无东南移低涡发生。分别对各路径多发年和少发年6—8月降雨进行合成平均并求得距平分布，如图6-56所示，以1981—2010年6—8月降雨平均值作为气候平均，以对照参考。

东移路径(图6-61a)降雨距平正值区主要分布在我国中东部地区，以中部最大；大值中心分别位于甘、陕交界以及川东与湖北、重庆和湖南交界处，另在内蒙古东北部亦有正距平的大

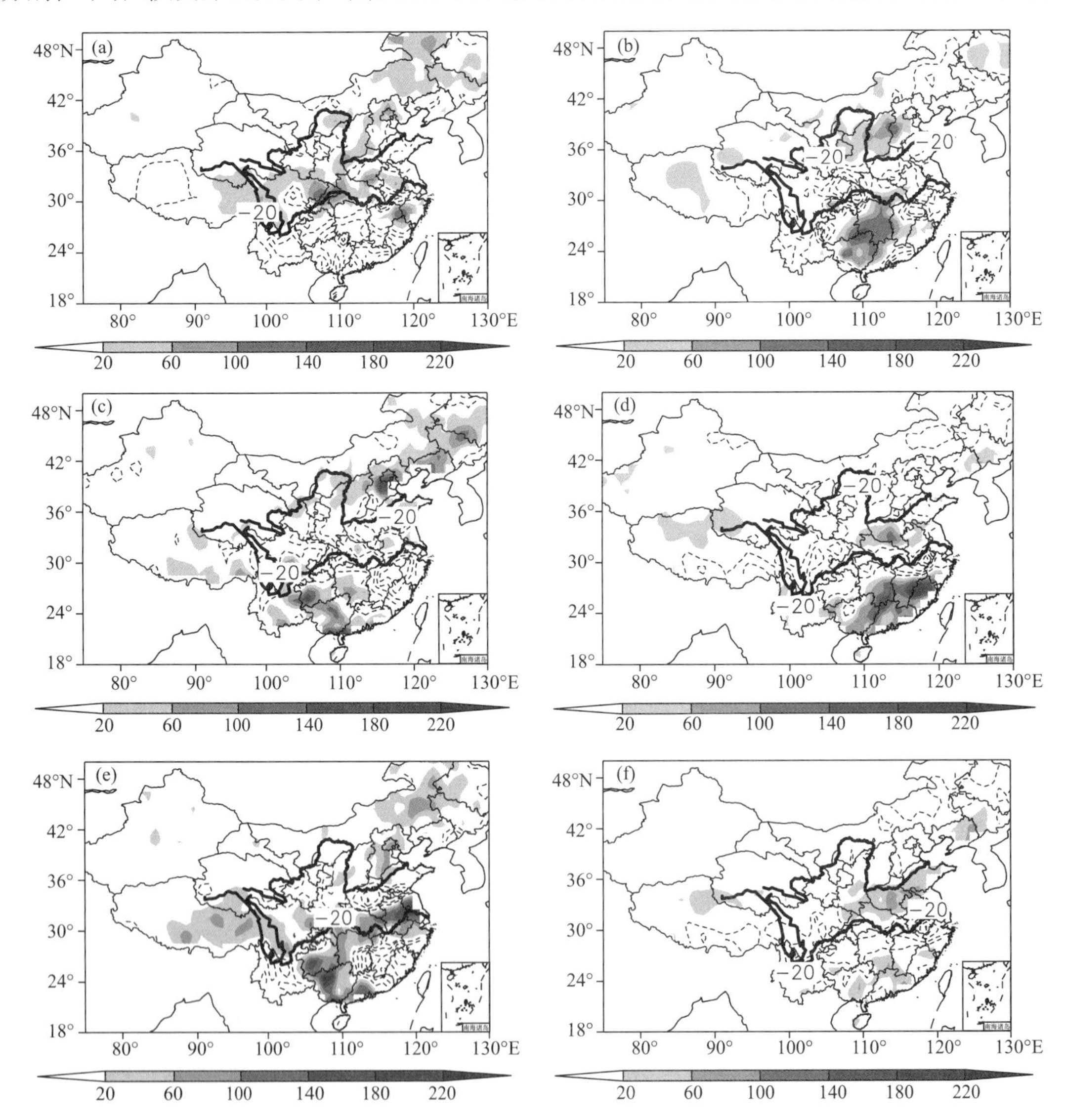

图6-61 东移路径(a)、(b)，东北路径(c)、(d)和东南路径(e)、(f)多发年和少发年6—8月降雨距平分布

(阴影区为正距平，虚线为负距平；单位：mm)

值中心。降雨量正距平的分布区与该路径相关系数正值区的分布一致，距平正大值中心与正相关的大值中心相对应。少发年(图 6-61b)降雨距平大值区分布在我国南部及河套中部，与该路径负值相关区分布一致，而在我国中东部地区和东北、西北地区降雨较平均年异常少。

东北路径(图 6-61c)多发年降雨量异常大值区分布在高原东侧、长江上游、黄河流域以及我国东北地区，与该路径相关系数正值区的分布一致，且降雨大值中心位于河北、吉林与内蒙古交界处、吉林与黑龙江交界处，以及贵州和广西的部分地区，与正相关系数的大值中心基本对应。少发年(图 6-61d)降雨异常大值区主要分布在我国华南及河南附近，与该路径负相关区分布一致，且少发年从我国西南至东北一带降雨量偏少。

东南路径移出低涡多发年(图 6-61e)降雨量正距平区主要分布在我国中东部地区和东北地区，正距平的大值中心位于高原东侧，贵州、四川中南部，渝、黔、湘、鄂交界区，长江下游地区以及内蒙古东北部，东北地区，同样与该路径正相关大值中心的分布一致。少发年(图 6-61f)降雨正距平的大值区主要位于我国南部及长江流域中下游地区，亦与该路径负值相关区分布一致，我国西北为较弱的降雨正距平区，而在我国南部和东北地区降雨量相对偏少。

综上所述，不同路径移出高原低涡对我国降雨异常分布的影响均较为显著：东移路径移出高原低涡降雨对于我国中东部地区(以川、渝为主)，即长江流域中上游、黄河流域上游、江淮地区的影响较大。东北路径移出的高原低涡对于自高原东北部至我国东北部的降雨异常分布具有较好指示性，降雨异常大值区分布在高原东北侧，长江上游，黄河流域以及我国东北地区。东南路径的移出高原低涡对高原东南侧经四川南部到两广地区、沿长江流域降雨异常分布的影响较明显。各路径低涡降雨距平大值区分布与前述各路径正值相关分布基本一致，且降雨异常大值中心与正相关大值中心对应得较好。

6.6.5　移出型高原低涡移向及降雨分布与高度场的对比分析

前述对不同路径移出型高原低涡的降雨分布进行了分析，那么高原低涡是在怎样的有利环流形势下移出高原并由不同的路径发展东移的呢？其不同路径降雨异常分布形成的机制又是什么？以下我们试图从 500 hPa 高度场异常以及西太副高指数分布情况来对不同路径的低涡移动机制以及移出低涡降雨异常分布的特征进行初步探讨。

6.6.5.1　500 hPa 高度场

图 6-62a 为东移路径 6—8 月多发年与少发年 500 hPa 平均高度差值场(多发年减去少发年)。从图中可以看到，欧亚中高纬 500 hPa 异常高度场为“西高东低”的形势，在乌拉尔山为大范围的正异常区，贝加尔湖以北为−80 gpm 的负异常低值中心，在鄂霍次克海为一正异常高值区；此外，在中纬度 35°N～40°N 附近有一较弱的负异常低值区(−30 gpm)，利于低涡生成并移入高原，中纬度异常环流较平直。同时，在我国两广地区为一弱正异常区(10 gpm)，阻挡了低涡东移过程中向东南方行进，而在(30°N，160°E)的洋面上有大于零的弱正异常区，可以推测西太副高主体偏东。这种环流异常分布表明：当高原上有低涡形成时，新疆北部处于乌拉尔山高压脊前部的偏北冷气流与东北低压分裂低槽前的偏西气流以及西太副高北部的偏西气流将引导高原低涡发展东移；同时，由于鄂霍次克海高压和华南副高的阻塞作用，使得东北低压只能东移，因而高原低涡受其引导东移，当低涡较弱或者没有得到冷空气补充时，低涡并入前部低压，若低涡较强时，将东移出海。低涡东移的降雨带位于正、负异常交界区(即冷暖空气交汇处)的长江流域与黄河流域之间的地区。

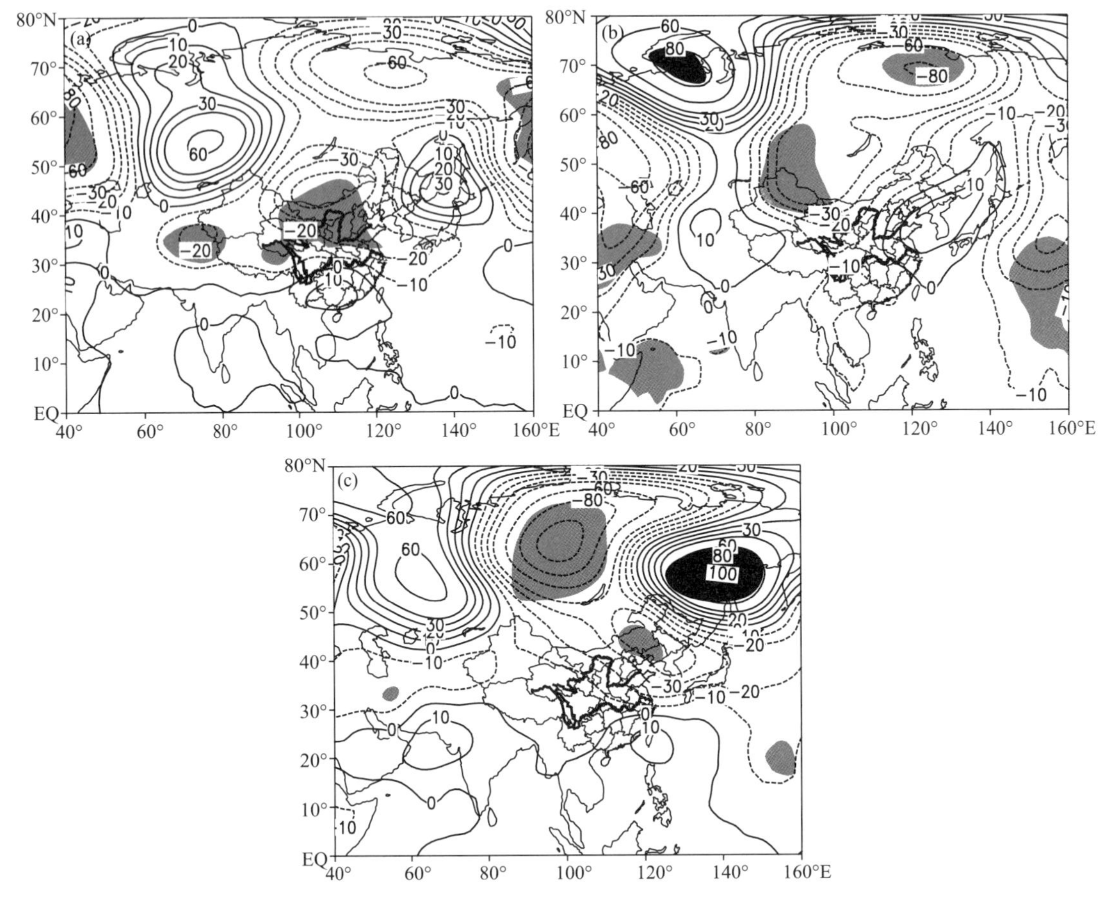

图 6-62　东移(a)、东北移(b)、东南移(c)路径 6—8 月多发年减去少发年 500 hPa 高度差值
(单位:gpm;阴影区为表示通过 90%的统计可信度,深色阴影表示正显著区,浅色阴影表示负显著区)

东北路径(图 6-62b),欧亚中高纬度 500 hPa 异常高度场仍为“西高东低”的形势,在乌拉尔山为大范围的正异常区,俄罗斯中北部至我国新疆天山和蒙古中部为负异常区,负异常中心位于贝加尔湖以北,达到－80 gpm。值得注意的是,我国东部、华北到日本为正异常中心控制(约为 10 gpm),这表明西太副高可能偏北,副高断裂或呈块状,而在黄河流域以南为较弱的负异常区(约为－10 gpm),这样的环流异常形势有利于高原低涡在形成后随其北部低压槽底前部或副高外围的东北向气流引导而东北移并入低压减弱或持续;或因为东北部的高压减弱、东移或副高东退,从而引导低涡经华北地区入海。低涡东北移过程中雨带分布将处于正、负异常区的交界处,即冷、暖气流交汇处的黄河流域及东北地区。

对于东南移路径(图 6-62c),欧亚中高纬度 500 hPa 异常高度场为“两高夹一低”的形势,在乌拉尔山和鄂霍次克海附近为正异常区,大值中心分别达 600 gpm 和 100 gpm,其间为广阔负异常区,负异常中心值为－80 gpm,且该负异常区呈现西北—东南倾斜状分布,并受鄂霍次克海高压阻塞作用而移动缓慢。我国新疆西部为一弱的负异常区(－10 gpm),该异常区有利于低值系统的生成并移入高原,而正异常区在西藏高原上表现为波动状或为弱的低槽活动;同时,较弱的正异常区自黄河流域上游至我国东南部亦呈一定角度的西北—东南向倾斜。这样的高度场异常分布形势有利于低涡在高原上生成、东移出高原后沿东南路径移动。我国华南

沿海为 10 gpm 的正异常区，表明西太副高可能偏西、偏南，若副高呈带状，有利于雨带长时间稳定在长江流域。

6.6.5.2　西太平洋副热带高压

从低涡不同移动路径的有利环流形势分析中可知，冷空气对低涡的发展东移起到了推动和引导作用。对于移出低涡降雨分布的影响，还必须注意暖空气的配合，降水常发生在冷暖空气的交汇地带，而副高是维持暖空气影响的一个必要背景条件。我们把副高指数正负 1 个经纬度内称为无明显变化，超过 5 个经纬度为显著变化。

由表 6-11 可知，夏季高原低涡沿东北路径移出的多发年，西太副高面积和强度指数均较平均年偏大、偏强，副高脊线和副高北界偏北，副高西伸脊点偏东，利于高原低涡移出，且雨带维持在副高北侧的黄淮河流域；少发年时，副高面积显著偏大，强度显著偏强，胜于多发年，且副高西脊点偏西，副高脊线和副高北界无明显变化。这表明副高过于强盛，反而阻挡了高原低涡移动。当副高面积略偏大，强度略偏强，且副高位置偏北、偏东，有利于高原低涡东北移，使雨带维持在副高北侧的黄淮流域附近。东移路径的多发年，副高面积和强度较平均年明显偏小、偏弱，副高脊线和副高北界无明显变化，副高西伸脊点较平均年偏东 8 个经度，即副高弱且偏东时，利于高原低涡东移出高原；少发年时，副高面积略偏大，副高脊线、副高强度和北界无明显变化，但西伸脊点略偏西，不利于高原低涡东移。因此，副高较弱且位置偏东时，有利于高原低涡东移出高原，雨带维持在我国长江流域和黄河流域之间。对于低涡东南移路径，无论是多发年或少发年，西太平洋副高面积和强度均较平均年偏大、偏强，且西伸脊点偏西，显著差异的是多发年副高脊线和副高北界偏南，少发年时均偏北，这表明副高较强，位置偏南、偏西，有利于高原低涡东南移，雨带维持在长江流域及以南地区。

表 6-11　6—8 月移出型高原低涡不同路径下的西太副高指数

	多发年				少发年				平均
	移出	NE	E	SE	移出	NE	E	SE	
副高面积指数(110°E～180°)	25.8	27.5	21.4	28.5	28.3	30.2	28.2	28.6	25.8
副高强度指数(110°E～180°)	50	56.1	41.9	57.6	57.5	71.2	52.1	59.6	51.2
副高脊线(110°E～150°E)	23.1	25.5	23.9	22.6	25.4	23.7	23.5	24.9	24.3
副高北界(110°E～150°E)	28.3	31.2	29.6	28	30.5	30.2	28.1	30.7	29.6
副高西伸脊点	116.9	121.8	126	114.7	112.6	109.7	112	115	117.9

6.6.6　移出型高原低涡降雨分布与水汽通量及水汽通量散度场的对比分析

水汽对降雨具有重要影响，水汽输送和水汽通量散度的作用常用来作为研究降雨分布的重要线索。为了进一步揭示不同路径低涡降雨异常分布的空间特征，下面对不同路径整层水汽通量和水汽通量散度异常进行研究。

图 6-63a 给出了东移路径多发年与少发年 6—8 月中低层(1000～300 hPa)水汽通量和水汽通量散度差值场分布(多发年减去少发年)。从图中可知，辐合区呈带状分布，水汽通量在负值区辐合，正值区辐散。我国华北到东北地区以及高原南侧至整个四川地区都处于水汽通量散度的辐合区，即长江流域与黄河流域之间的我国中部地区为较强的异常水汽通量散度的辐合区，这与该路径低涡降雨异常分布较一致。高原南侧至四川地区的水汽输送为西南水汽输

送和东南水汽输送异常正值区，与异常偏北的冷气流交汇。

图 6-63b 表明，东北路径水汽通量散度的异常辐合区呈带状分布，主要分布在我国高原西南部—高原东北部—贝加尔湖以北区，另从菲律宾—两广地区—长江上游地区有一异常辐合带与西南—东北向的辐合带在黄河流域上游地区交汇；我国华北至东北地区仍为水汽通量散度的异常辐合区。东北路径水汽通量散度的异常辐合区与该路径降雨异常分布一致。高原上仍为异常西南水汽输送与异常偏北水汽输送，在两辐合带交汇区的黄河流域上游地区为异常西南、偏北和弱的东南水汽输送，我国华北至东北地区存在西南水汽输送和偏东的异常水汽输送。

东南路径水汽通量和水汽通量散度的差值场分布图表明(图 6-63c)：整个高原主体地区和长江流域中上游地区为较大面积的带状水汽通量散度异常的辐合区。水汽通量散度和异常辐合区与东南路径降雨异常分布基本一致。高原主体异常辐合区为异常西南、偏南水汽输送和偏北气流交汇，长江流域为异常西南水汽输送，偏北气流与西南气流以及偏东气流在该地区交汇而形成降雨。

以上分析表明，水汽输送和水汽通量散度的异常分布是导致不同路径低涡降雨异常分布的重要原因，水汽通量散度的异常分布与降雨异常分布基本一致。

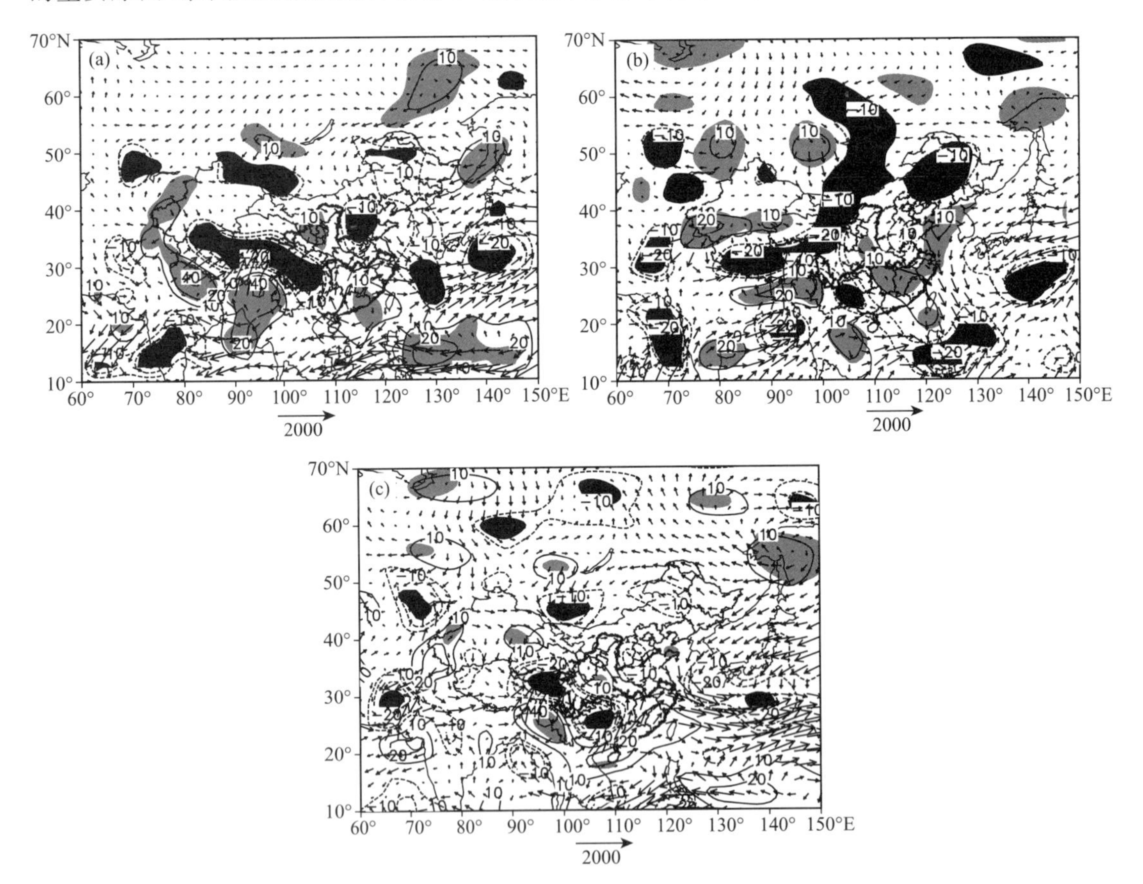

图 6-63　6—8 月多发年减少发年地面至 300 hPa 整层大气水汽通量矢量差值场($g \cdot s^{-1} \cdot cm^{-1} \cdot hPa^{-1}$)和水汽通量散度差值场($10^{-2}\ g \cdot s^{-1} \cdot cm^{-1} \cdot hPa^{-1}$)(a)东移路径；(b)东北移路径；(c)东南移路径(阴影区为表示通过 90%的统计可信度，深色阴影表示正显著区，浅色阴影表示负显著区)

6.6.7 小结

本节利用MICAPS历史天气图资料(1981—2010年)、美国NCEP/NCAR 2.5°×2.5°再分析资料以及站点降雨资料,对移出型高原低涡的时空分布特征及其对我国降雨的影响进行了研究,并初步分析了不同路径移出型高原低涡的环流形势和降雨分布,得到以下几点结论。

(1)近30年来平均每年有9个高原低涡能够移出高原而发展,移出型高原低涡涡源主要在改则、安多、沱沱河以北以及曲麻莱附近,移出型高原低涡以东移为主,占移出高原低涡的58.2%,而东北移和东南移的分别占移出高原低涡的25.5%和13.8%,其他路径占2.5%。

(2)各路径移出型低涡发生次数与降雨相关分布表明:东移路径移出型高原低涡发生次数对我国高原东部、长江流域中上游、黄河流域上游及江淮地区的降雨相关较好;东南移路径对我国高原东南侧、川南及长江流域的降雨有较好正相关。东北路径移出高原低涡发生次数对于高原东北部,长江流域上游、黄河流域以及东北部降雨相关较好。

(3)移出型低涡降雨合成分析距平分布表明:东移路径移出高原低涡降雨对于沿东移路径的我国中东部地区,即长江流域中上游、黄河流域上游、江淮地区以及内蒙古东北部降雨的影响较大。东北路径移出高原低涡对于自高原东北侧经河套至我国东北部的降雨异常分布具有较好指示性,降雨异常大值区分布在高原东北侧、长江上游、黄河流域以及东北地区。东南路径的移出高原低涡降雨对于高原东南侧到四川南部,沿长江流域以及东北地区降雨异常分布的影响较明显。各路径低涡降雨异常大值区分布与各路径正值相关分布一致,且降雨异常大值中心与正相关大值中心吻合。

(4)利于低涡移出并产生降雨的500 hPa异常环流形势及副高指数分布表明:东移路径,中高纬异常环流型为"西高东低"分布,乌山为正异常区,鄂霍次克海异常阻塞正值区,我国东北为负异常区,华南为正异常区,西太副高强度偏弱且位置偏东、偏南,低涡降雨带维持在冷暖气流交汇处的长江流域与黄河流域之间。东北移路径仍为"西高东低"型,乌山为正异常区,以贝加尔湖南部为中心的东亚大部分地区为负异常区,我国东北至日本为一异常正值区控制,黄河流域及其以南地区为弱的正异常区,副高偏强,位置偏北、偏东,雨带维持在冷暖气流交汇的黄河流域及东北地区。对于东南移路径环流为"两高夹一低"异常型,乌山和鄂霍次克海均为正异常区,以贝加尔湖东南侧蒙古中北部为中心的东亚地区呈现大范围的负异常区,且该负异常区呈西北-东南倾斜状,副高偏强,位置偏南、偏西,雨带维持在长江流域及以南地区。

(5)整层水汽输送和水汽通量散度异常分布是不同路径低涡降雨异常分布的重要原因,整层水汽通量散度的异常分布与降雨异常分布基本一致。

6.7 近61年西南低涡的统计特征与异常发展的流型

6.7.1 引言

在西南低涡的异常特征方面,已有研究都强调了一些扰动和背景场对西南低涡发展的影响。罗四维(1977)、罗四维等(1992)指出,西南低涡是西风受到青藏高原扰动作用的产物,由于青藏高原大地形促使西风分为南北两支,并在一定的气候条件下,南、北两支气流在高原东侧产生强烈辐合,从而促进低涡的发展。朱禾等(2002)认为,西南低涡的发展与地形、高低层环流配置密切相关,地形作用只有在一定的环流条件下才能促使低涡生成。王赛西(1992)利用低涡多发季与少发季平均角动量输送场的计算,揭示出西南低涡的生成、涡源分布与角动量输送存在密切关系。Chen et al.(1984)的研究表明凝结潜热的释放是西南低涡维持与发展的主要机制之一。陈忠明(1989)也指出,大尺度环流场的散度以及由边界层摩擦产生的次级环流所造成的积云对流释放潜热是西南低涡发展的重要因子。李国平等(1991)的研究还表明地面感热加热与暖平流对暖性西南低涡形成有重要贡献。江玉华等(2012)通过对西南低涡进行合成分析指出其热力结构在 200 hPa 存在明显的增暖现象,而对流层中层则由暖转冷,低涡初期对流性不稳定明显。

可以看出,目前对于西南低涡异常特征的研究主要集中在西南低涡源地附近的物理量变化,而关于外部强迫输送对西南低涡生成的影响却鲜有研究。西南低涡源地北面的中纬度西风急流、南面的低层季风气流、东面的西太平洋副热带高压都对西南低涡的形成和具体源地位置具有重要作用(Wu et al. 1985)。有鉴于此,本节先对 1954—2014 年夏半年(5—10 月)西南低涡生成频数进行统计,然后利用 NCEP/NCAR 再分析资料系统性分析西南低涡异常年份大尺度流场、动力条件以及外部水汽输送的影响,揭示西南低涡异常时的气候背景,为西南低涡及其影响的天气气候预报提供参考。

6.7.2 资料

西南低涡一年四季均有发生,但在夏半年(5—10 月)较为集中,因此本节选取 1954—2014 年 5—10 月为西南低涡统计分析时段。利用 NCEP/NCAR 再分析资料(其时间分辨率为 6 h,空间分辨率为 2.5°×2.5°),所用的数据包括位势高度、海平面气压、水平风矢和比湿等。

另外,本节所指的西南低涡(生成)关键区为西南低涡发生最显著的区域,具体为(100°E～108°E,26°N～33°N)的川西高原、四川盆地和云贵高原(陈忠明和闵文彬,2000)。

6.7.3 西南低涡的统计特征

目前,由于研究和业务工作的不同需求,人们对于西南低涡识别的标准不尽相同(卢敬华,1986;陈忠明和闵文彬,2000;孙石阳和刘淑琼,2002)。为方便研究西南低涡生成的气候背景,我们采用陈忠明和闵文彬(2000)提出的定义标准,即 700 hPa 等压面上,在西南低涡关键区内至少存在一条闭合等高线的气旋环流即称为西南低涡。判别方法是利用 700 hPa 高度场上位于(100°E～108°E,26°N～33°N)范围的格点,当某个点的高度值小于与它相邻的 8 个格点的值时,且连续存在 12 h,就记为一次西南低涡。但这种判别方法极有可能将从西北方向南下的冷槽也统计其中。为此,我们还考虑了西南低涡发生前 6 h,在(90°E～110°E,33°N～45°N)的范围内是否存在低值系统;若存在,则表示此次低值系统是由西北方向冷槽南下造成而并非西南低涡,相应的西南低涡记录需要剔除(高正旭 等,2009)。

按以上标准进行统计,1954—2014 年 5—10 月期间,在西南低涡关键区维持 12 h 以上的低值系统共有 2703 个,其中 20 个是由西北方冷槽南下造成的,扣除后符合条件的西南低涡共

有 2683 个。将此次识别的西南低涡与高正旭等(2009)统计的西南低涡序列进行比较(图 6-64),可以看出两套西南低涡生成个数在 1954—2007 年期间呈显著正相关,相关系数高达 0.72,西南涡发生的年平均个数较为接近,本次统计年均个数为 43 次,高正旭等(2009)统计的年均个数为 39 次;将此序列与陈忠明和闵文彬(2000)统计的 1983—1992 年西南低涡发生次数做比较,相关系数也高达 0.61,说明本工作统计的西南低涡数据是可信的。

根据本次统计(图 6-64),夏半年西南低涡平均每年约 43 个,发生西南低涡次数最多的年份为 1964 年,共 81 次;1998 年次之,共 78 次。最少年份为 1961 年,仅 5 次。西南低涡生成频数的多寡与历史上极端气候(涝、旱)有较好对应(濮梅娟和刘富明,1989;金辉,1993)。

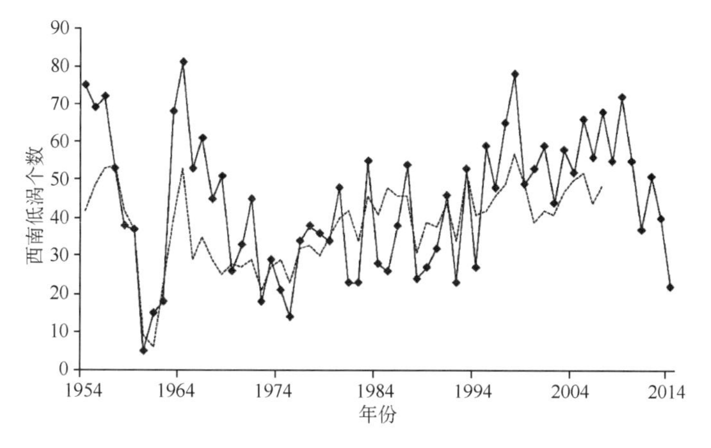

图 6-64 1954—2014 年夏半年西南低涡生成个数的年际变化
(实线:本研究统计结果,虚线:高正旭等人统计结果)

通过对近 61 年西南低涡生成个数的年际变化进行标准化处理,得出标准化的低涡个数(I_{SWV})序列,并规定 $I_{SWV}>1.0$ 为西南低涡多发年,$I_{SWV}<-1.0$ 为西南低涡少发年。则由图 6-65 可见,西南低涡生成个数的年际变化基本呈波动状,多发年分别为:1954 年(75 次)、1955 年(69 次)、1956 年(72 次)、1963 年(68 次)、1964 年(81 次)、1997 年(65 次)、1998 年(78 次)、2005 年(66 次)、2007 年(68 次)和 2009 年(72 次),共有 10 年;西南低涡少发年分别为:1960 年(5 次)、1961 年(15 次)、1962 年(18 次)、1972 年(18 次)、1974 年(21 次)、1975 年(14 次)、1981 年(23 次)、1982 年(23 次)、1988 年(24 次)和 2014 年(22 次),同样共有 10 年。

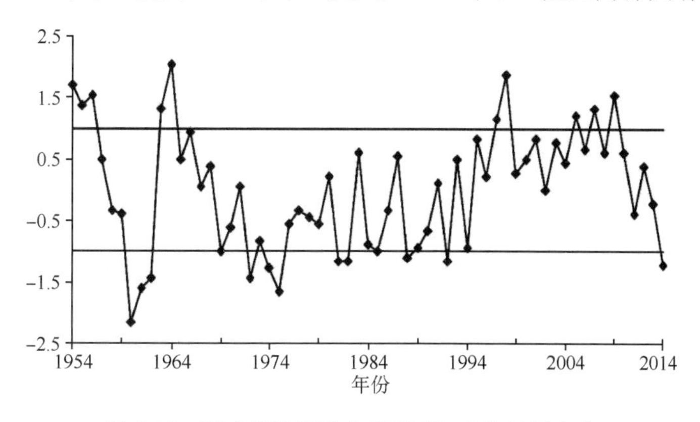

图 6-65 西南低涡标准化序列(I_{SWV})的年际变化

6.7.4 西南低涡异常发生的流型

大尺度环流场及其气候背景场对西南低涡的形成具有重要作用。研究表明(高守亭,1987;濮梅娟和刘富明,1989;郑庆林 等,1997;刘晓冉和李国平,2014;卢萍 等,2014):西南低涡是由青藏高原东南侧的西南绕流受到摩擦作用而产生的气旋性低涡。也就是说,西风环流越强,高原东南侧的偏南气流的气旋性切变也越大,越有利于低涡生成。为此,根据第6.7.3节统计检测出的西南低涡多发年、少发年,对西南低涡异常年份(多发年、少发年)的大气环流进行了合成分析(图6-66)。

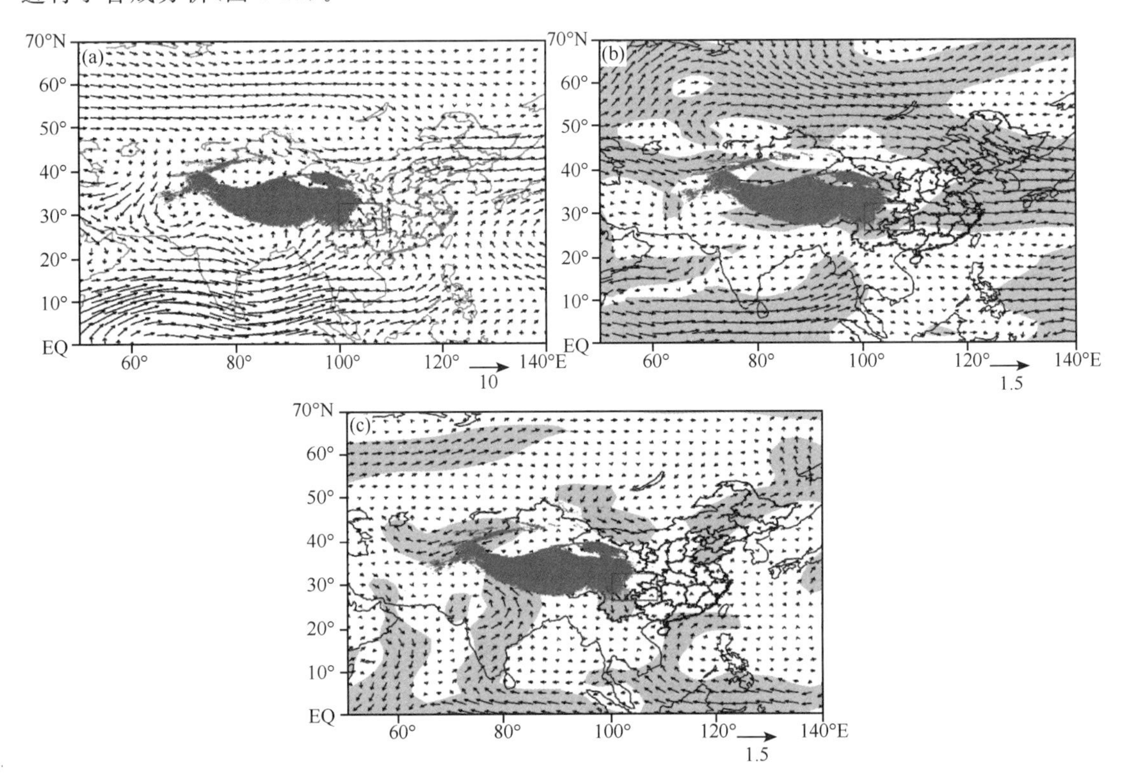

图6-66 1954—2014年700 hPa高空5—10月的月平均环流场(a)以及西南低涡多发年(b)和少发年(c)与平均环流场的距平图(单位:m·s^{-1};方框为西南低涡关键区,浅色阴影区域表示通过95%的信度)

从1954—2014年5—10月700 hPa月平均环流场可以看出(图6-66a):低层西风带气流由于青藏高原的阻挡作用,在高原西麓分为南、北两支,北侧气流在高原东北侧因摩擦作用产生反气旋性切变,南侧气流在高原东南侧产生气旋性切变,并与赤道地区由阿拉伯海经孟加拉湾向北的南亚季风环流交汇于高原东南侧,西南气流加强,为西南低涡关键区输送水汽和正涡度。同时,南、北分支气流在高原东侧的辐合也为西南低涡产生提供了有利的动力条件(罗四维,1977;罗四维等,1992)。因此,高原东南侧的这一关键区便成为西南低涡生成的主要源地。

在西南低涡多发年(图6-66b),700 hPa高原西侧的西风异常强,这种增强的西风环流导致南支绕流增强,并在高原东南侧的西南低涡关键区产生西南风异常强,气旋性切变增大,有利于西南低涡生成。且孟加拉湾向北输送的季风也异常强,因此可使更多水汽以及正涡度输送至西南低涡关键区。

而在西南低涡少发年(图 6-66c),青藏高原西侧表现为东风异常强,即西风环流偏弱,导致其南北侧扰流也相应减弱,高原东南侧低涡关键区为偏北风异常强,气旋性切变减弱。同时低纬孟加拉湾地区也为偏北风异常,表明向高原东南侧输送水汽和正涡度的季风环流减弱,则不利于西南低涡的生成。

西南低涡生成异常时的 850 hPa 大气环流异常(图略)与 700 hPa 的情形大致相同。因此,中纬度西风带在高原南支绕流提供的气旋性切变和低纬季风环流对西南低涡关键区的水汽和正涡度输送,为西南低涡的产生提供了基本的环境条件。

接着我们检验了 1954—2014 年 5—10 月的月平均水汽通量输送(图 6-67)。可以看出:印度洋中的水汽通量分两路进入我国,其"主要路径"为随季风环流经孟加拉湾直接输送至东亚地区,到达青藏高原东部西南低涡的发生源地,最大通量值可达 100 $kg \cdot m^{-1} \cdot s^{-1}$;其另一路径为水汽到达孟加拉湾后继续向东流动至南海并与太平洋中的水汽汇合后,再折回向西北输送至西南低涡关键区下游,最大通量值仅为 40 $kg \cdot m^{-1} \cdot s^{-1}$,为"次要路径"。因此,可以看出,西南低涡降水主要是受印度洋水汽通量"主要路径"输送的影响,而"次要路径"主要影响西南低涡关键区下游地区。

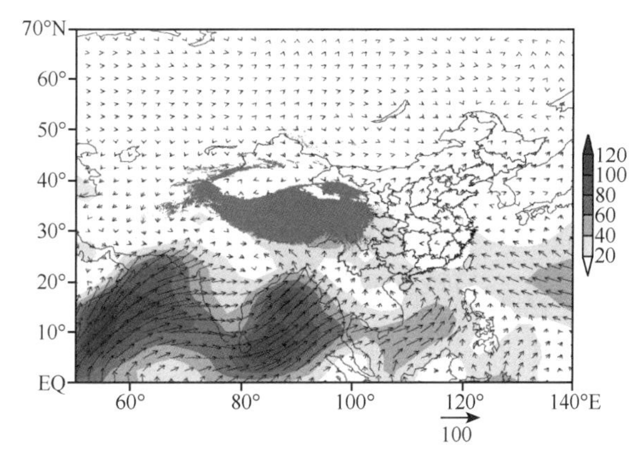

图 6-67　1954—2014 年 5—10 月从地面积分到 300 hPa 的月平均水汽通量
(单位:$kg \cdot m^{-1} \cdot s^{-1}$;阴影区为水汽通量值>20 $kg \cdot m^{-1} \cdot s^{-1}$)

西南低涡多发年(图 6-68a),印度洋至孟加拉湾表现为向东、向北的水汽通量输送正异常,最大差值可达 9 $kg \cdot m^{-1} \cdot s^{-1}$,表明通过这一主要路径有更多的水汽从印度洋输送到青藏高原东侧的西南低涡关键区;而次要路径则相反,表现为向南的异常输送,则向西南低涡关键区下游的水汽通量输送减少。

西南低涡少发年时(图 6-68b),印度洋至孟加拉湾地区表现为向西的水汽通量正异常,表明印度洋向东亚地区的水汽输送较常年偏少,西南低涡关键区为偏东、偏南的水汽输送负异常,则来自于印度洋的水汽明显减弱。而在次要路径,来自于太平洋水汽通量输送增大,造成在西南低涡关键区下游出现向北的水汽输送正异常。

6.7.5　西南低涡异常发生的角动量分析

西南低涡是受青藏高原及东侧特殊地形影响,并在一定的大气环流形势下产生的中尺度低涡,其生成爆发的主要动力除与前述的大气环流对水汽、涡度的输送以外,还与环流对角动量的输送有关(王赛西,1992)。这里的角动量为绝对角动量,即:

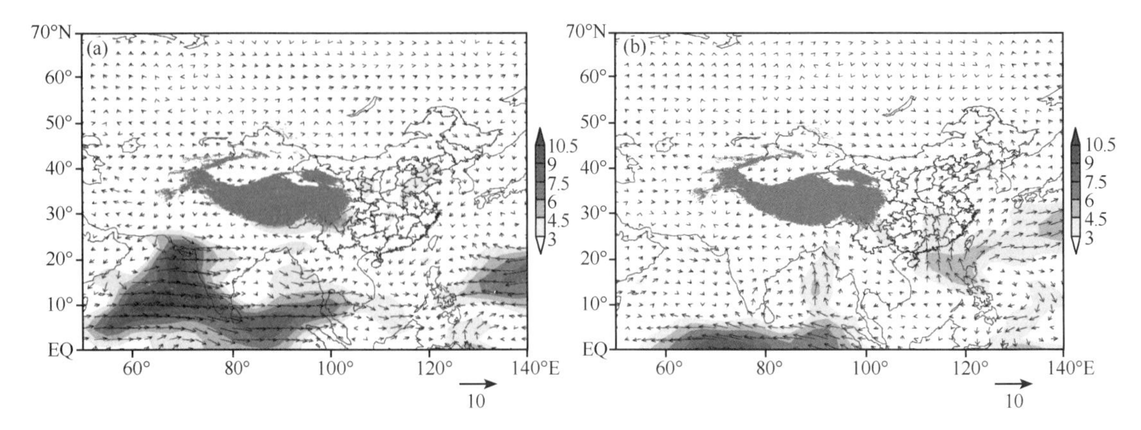

图 6-68　西南低涡多发年(a)和少发年(b)5—10 月从地面积分到 300 hPa 高度月平均水汽通量距平

(单位:kg・m^{-1}・s^{-1};阴影区为水汽通量差值>3 kg・m^{-1}・s^{-1})

$$M = r\cos\varphi(u + \Omega\, r\cos\varphi) \tag{6-11}$$

角动量输送,即角动量平流为:

$$m = -\nabla \cdot \rho M\vec{V} = -(\vec{V} \cdot \nabla \rho M + \rho M \nabla \cdot \vec{V}) = -\rho\vec{V} \cdot \nabla M - M(\vec{V} \cdot \nabla \rho + \rho \nabla \cdot \vec{V}) \tag{6-12}$$

仅考虑水平方向上的角动量输送,将(6-11)式代入(6-12)式,其角动量平流为:

$$m = -\rho\, ur\cos\varphi \frac{\partial u}{\partial x} + \rho\, uv\sin\varphi - \rho vr\cos\varphi \frac{\partial u}{\partial y} + \rho\, \Omega vr\sin 2\varphi - M \nabla_h \cdot \rho\vec{V} \tag{6-13}$$

西南低涡多发年(图 6-69a),5—10 月的月平均角动量输送在西南低涡关键区表现为正异常,表明有更多的角动量输送进来,有利于低涡系统形成;而在关键区的下游,角动量输送为负异常,表明这里的角动量输送较常年减小。西南低涡少发年(图 6-69b)的情形恰好相反,低涡关键区内角动量输送为负异常,较常年偏弱;在关键区下游为正异常,角动量输送增大。可见角动量输送异常与水汽通量输送异常密切相关。

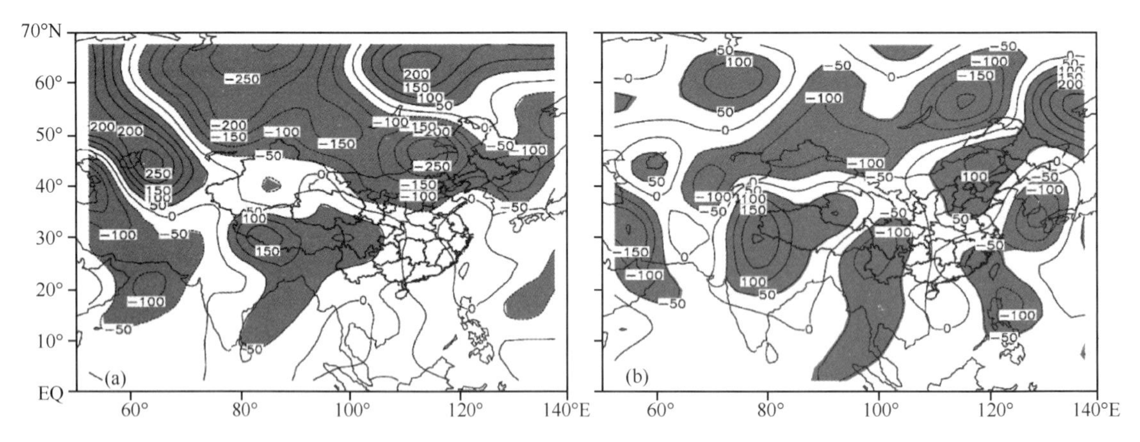

图 6-69　西南低涡多发年(a)和少发年(b)时 5—10 月角动量输送的月平均距平图

(单位 m^2・s^{-2};阴影区域表示通过 95%的信度)

进一步对西南低涡多发年5—10月角动量输送的变化进行逐月分析(图6-70)。5月(图6-70a),整个青藏高原、四川盆地以及华南地区的角动量输送为正异常,最大正异常中心位于青藏高原西部。6月(图6-70b),西南低涡进入高发期(图6-71),5月的角动量输送异常分布形态仍能维持,且最大正异常中心逐步东移,使得西南低涡关键区内的正异常范围和强度均有所增大,达到500 $m^2 \cdot s^{-2}$。而进入7月(图6-70c)、8月(图6-70d)后,青藏高原东侧角动量输送异常开始减弱,除了四川盆地东部的小部分地区仍维持正异常外,其大部(包括西南低涡关键区的绝大部分)变为角动量输送负异常,表明角动量较常年减小。其中8月份最明显,由于副热带高压脊线在8月北抬至30°N附近,造成整个西南低涡关键区处于反气旋环流控制,角

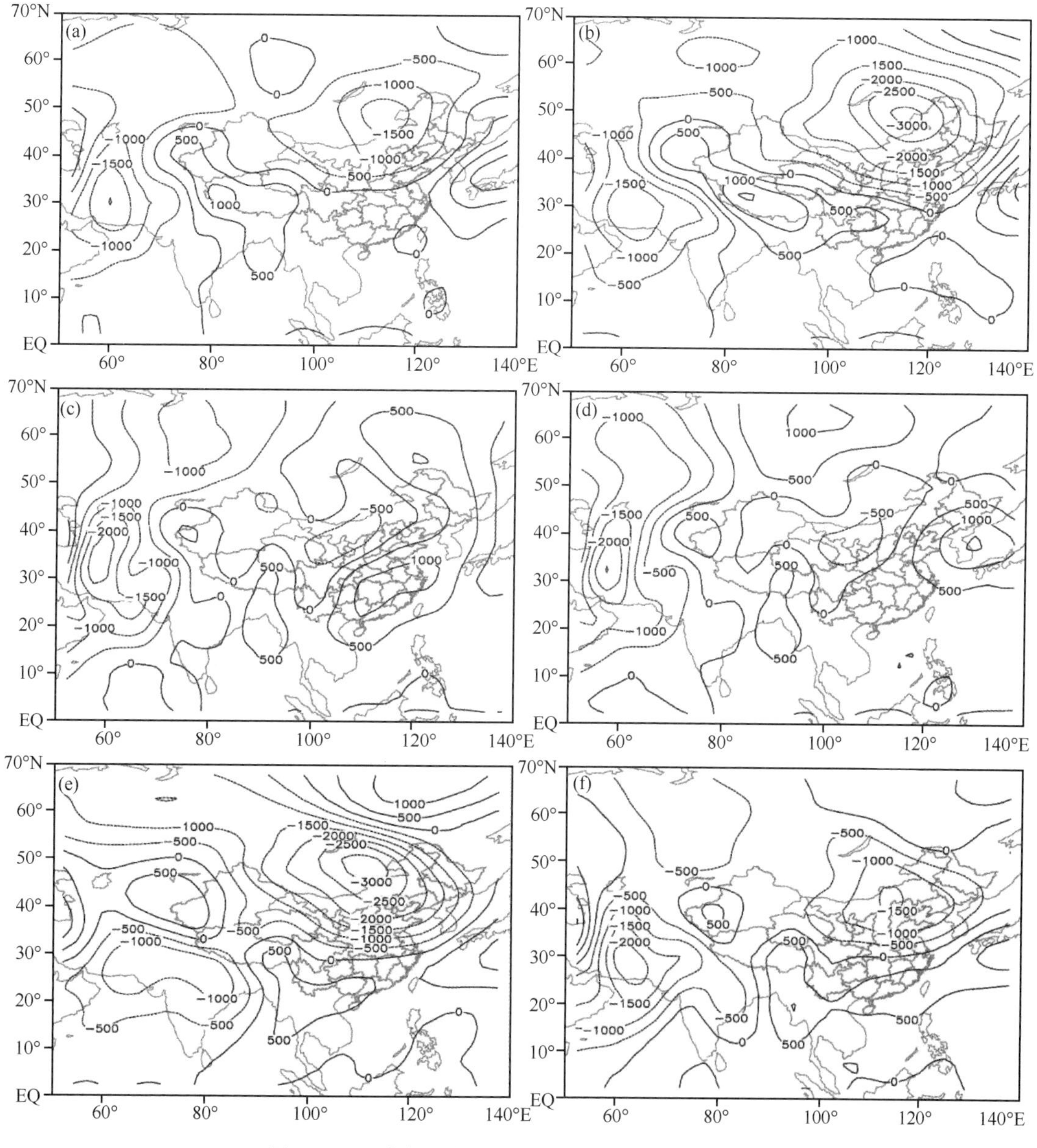

图6-70　西南低涡多发年时角动量输送的月平均图

(a)～(f)依次为5—10月(单位:$m^2 \cdot s^{-2}$)

动量输送减小，西南低涡进入低发期(Chen et al.，1984)(图 6-71)。到了 9 月(图 6-70e)、10 月(图 6-70f)，由于西太副高的西退和南下，西南低涡关键区以及青藏高原东侧重新处于西南季风的控制，重新变为角动量输送正异常，促使西南低涡再度频发(图 6-71)，但角动量输送强度弱于 5 月和 6 月。

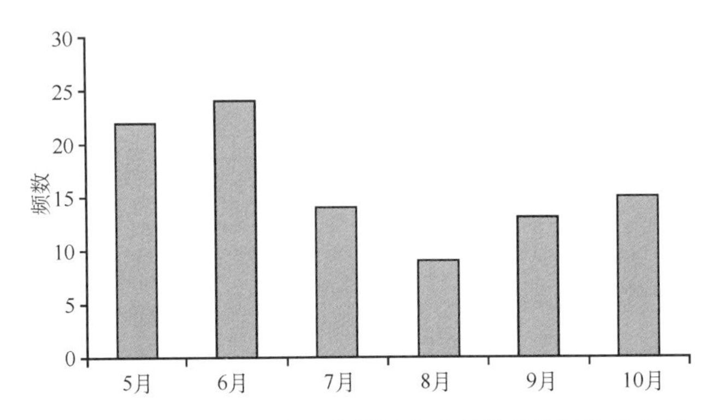

图 6-71　1954—2014 年西南低涡生成频数的月平均分布图

角动量输送的变化主要是受大气环流形势和水平散度场的影响。根据角动量输送原理(朱乾根 等，2000)：高空槽前，经向扰动为偏南风，当水平散度为辐合时，则有利于角动量输送增大。因此，若青藏高原东侧西南低涡关键区处于西风槽前时，其偏南气流旺盛，同时中低层存在明显的水平辐合，则正的角动量输送将增强。在西南低涡多发年，西南低涡关键区为偏南气流正异常(图 6-66a)且水平散度场为辐合增大(图 6-72a)，造成大量正角动量输入此地，有利于西南低涡生成、频发；而在西南低涡少发年，西南低涡关键区为偏北气流异常(图 6-69b)，且散度场为辐散异常加强(图 6-72b)，造成角动量输送较常年偏弱，则西南低涡生成频数减少。

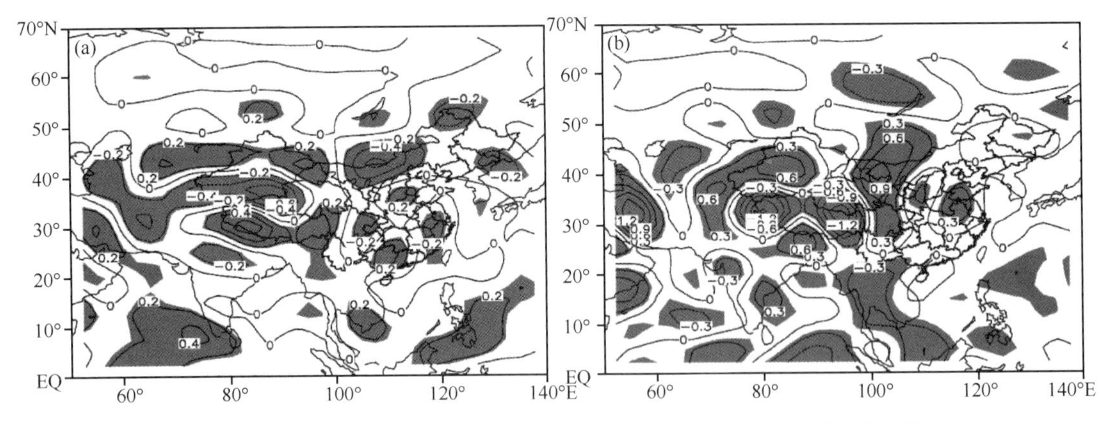

图 6-72　西南低涡多发年(a)和少发年(b)5—10 月 850 hPa 的月平均散度距平

(单位：10^{-6} s^{-1}；阴影区表示通过 95%的信度)

6.7.6　小结

本节利用 1954—2014 年 NCEP/NCAR 再分析资料，统计研究了近 61 年间 5—10 月西南低涡生成频数的年际变化，并在合成分析的基础上比较了西南低涡多发、少发年大气流型的差异，得出以下结论。

(1)1954—2014年间夏半年发生西南涡的平均年次数为61次，其变化基本呈波动状，夏半年中又以6月最为强盛，8月最弱。多发年分别为：1954年、1955年、1956年、1963年、1964年、1997年、1998年、2005年、2007年、2009年；少发年分别为：1960年、1961年、1962年、1972年、1974年、1975年、1981年、1982年、1988年、2014年，与历史上极端气候事件有较好对应。

(2)西南低涡多发年，西南低涡关键区的低层流场表现为西南风异常强，气旋性切变增大，低纬季风加强；而西南低涡少发年，关键区为北风异常强，低纬季风减弱。

(3)西南低涡多发年，来自于印度洋的水汽输送增加有利于西南涡关键区的降水增多；而西南低涡少发年，印度洋至孟加拉湾的水汽输送较常年减少，西南低涡关键区水汽通量为负异常，不利于降水发生。

(4)低涡关键区内存在角动量输送，也是西南低涡生成的必要条件之一。西南低涡多发年，关键区偏南风旺盛且为辐合异常，使得角动量输送增加；而西南低涡少发年，关键区偏南风减弱且为辐散异常，角动量输送减弱。

最后需要说明的是，作为西南涡的初步统计，本节是基于2.5°×2.5°分辨率的再分析资料，不同分辨率的资料对低涡统计的影响，以及基于恰当分辨率的再分析资料的西南涡统计应是今后工作考虑的内容。此外，现用判别方法可能带入一些非涡旋的低值系统，虽然我们在西南涡统计结果中已剔除了部分冷槽，但一些其他低值系统的识别及剔除还有待于进一步研究。另外，本研究还表明：西南低涡多发年，关键区内水汽和角动量输送增大，其下游地区水汽和角动量输送减弱；而在西南低涡少发年，关键区内水汽和角动量输送减弱，而下游地区的水汽和角动量输送增强。这种西南低涡关键区与其下游地区水汽和角动量输送的反位相变化现象及其成因有待于继续研究。

第7章 低涡暴雨研究综述

7.1 青藏高原低涡研究评述

7.1.1 引言

对高原低涡的研究不仅是青藏高原气象学理论研究的一个重要问题，而且对提高青藏高原及其周边区域的天气预报水平都有实际意义。对于高原低涡的结构、形成与发展及其造成的天气灾害等问题的认识和研究，一直为气象学家和天气预报员关心、重视，并在1979年第一次青藏高原气象科学实验(QXPMEX)和1998年第二次青藏高原气象高原科学试验(TIPEX)前后取得了一些重要研究成果(叶笃正和高由禧，1979；青藏高原气象科学研究拉萨会战组，1981；Dellosso et al.，1986；章基嘉和朱抱真，1988；罗四维 等，1992；乔全明和张雅高，1994)。近20年以来关于青藏高原低涡的研究更加细致深入，表现在研究中使用了卫星资料等新的观测资料；进行了对一些新型物理量的诊断；采用了更高分辨率的中尺度数值模式；从能量学和低频振荡等一些新的角度来解释其发生、发展，同时所研究的个例也更加丰富。研究领域涉及了高原低涡的天气诊断、数值模拟、动力学分析等多个方面，尤其更加关注高原低涡的东移问题和高原低涡造成灾害性天气的机理问题，极大地深化了对高原低涡的认识。本节主要就近20年(1990—2010年)以来关于青藏高原低涡的研究做一简要回顾，并分析目前存在的主要问题。

7.1.2 高原低涡的研究进展

20世纪60年代吴永森(1964)及陈乾(1964)首先指出高原低涡的事实，叶笃正和高由禧(1979)指出高原低涡的水平尺度500 km，垂直厚度2～3 km，遇有适宜的高空条件，它们也会发展移出高原。有组织、较系统的高原低涡研究活动出现在1977年以后，特别是1979年第一次青藏高原气象科学实验的实施，使高原低涡的研究推进了一大步，取得了一些开创性的成果。首先是对高原低涡加以定义，视有闭合等高线的低压或有三个站风向呈气旋性环流的低涡为高原低涡，并将其分为暖性低涡和冷涡(青藏高原气象科学研究拉萨会战组，1981)；在高原低涡环流背景方面，指出低层500 hPa有利于低涡生成的环流型有四种：北脊南槽型、西槽东脊型、变形场型和平直西风型(青藏高原气象科学研究拉萨会战组，1981)；在高原低涡涡源方面，认为高原低涡主要生成于95°E以西，30°N～35°N纬带间，源地主要集中在那曲以北和申扎至改则之间(罗四维和王玉佩，1984)，羌塘、那曲、柴达木和松潘为高原低涡的几个高发中心(青藏高原低值系统研究协作组，1978)；高原低涡结构研究方面，认为高原涡是暖湿、不对称系统，暖性涡整层都是暖心，斜压涡低层是冷中心，但中、上层仍是暖中心，500 hPa正涡中心与低涡中心吻合，除涡度外，其他物理量不对称；高原低涡生成机制方面，认为地形作用与感热加热有重要作用(Wu et al.，1985；Shen et al.，1986b；Wang，1987)。高原低涡东移研究方面，根据天气学环流形势的不同，将东移的高原低涡的环流形势分为三种基本类型：高压后部的低涡(处于副热带西风急流呈纬向分布形式下)、西风槽前部的低涡(处于经向环流形式下)和切变线上的低涡。以上工作奠定了高原低涡研究的基础。20世纪90年代以来对高原低涡的研究主要可分为四个方面,以下分别讨论。

7.1.2.1　高原低涡的观测研究

(1)高原低涡的天气气候特征

目前普遍认同青藏高原主体的高原低涡主要有三类:有锋区配合的斜压涡、有冷中心或冷槽相配合的冷涡、位于暖脊或暖中心附近的暖涡。一般将生成于92.5°E以西的高原主体地区,东移到92.5°E以东的高原东部及其以东地区,且持续36 h以上的低涡称为发展东移的低涡;将生成于92.5°E以西的高原主体地区,并在该地区生消,并不移到高原东部,且持续36 h以上的低涡称为原地生消的低涡。罗四维和王玉佩(1984)指出最有利产生高原涡的环流形势是:100 hPa在高原上空是反气旋环流,与此同时500 hPa在高原地区是低压区,在高原东西两侧是高压区,在印度是更强的低压所在,在高原北方是高脊所在,有时此脊位置略有东移,而产生不同的环流型。

卫星监测资料的日益完善,对高原地区气象台站稀疏是一个有益补充,陈隆勋等(1999)利用日本静止卫星观测的1981—1994年TBB资料和NOAA卫星观测的1978—1994年OLR资料研究了高原地区对流云的日变化特征,推测了三个TBB低值中心可能对应夏季高原低涡涡源。郁淑华等利用日本静止气象卫星GMS-5的水汽图像资料做个例分析发现了水汽灰度值≥223的水汽涡旋对高原低涡的活动有很好的指示意义(郁淑华,2002;郁淑华和何光碧,2003)。但是上述这些特征仅是针对一次个例的分析,所以这些特征有待进一步的研究加以充实。何光碧等(2009a)结合地面降水资料和TRMM卫星资料,对高原低涡切变线进行了普查分析(图7-1),认为21世纪初的8年间,低涡、切变线出现个数最多的在6月,最少的在9月(表7-1)。

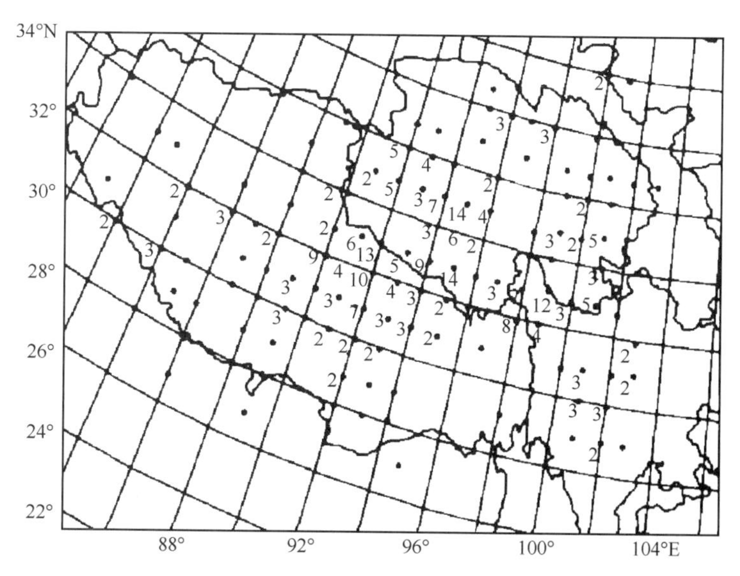

图7-1　2000—2007年低涡生成源地频率分布(何光碧 等,2009a)

2002年和2006年分别是高原低值系统相对活跃和相对不活跃的年份。可见利用高分辨率的卫星观测资料来跟踪研究高原低涡的结构和生消演变过程尤为必要,能够得出对高原低涡特征的许多新认识，此方面的研究还须继续加强。

表 7-1　2000—2007 年 5—9 月逐月低涡、切变线及过程统计(何光碧 等,2009)

月份	低涡过程	切变线过程	低涡切变线过程	低涡次数	切变线次数
5	36	66	38	152	196
6	28	59	56	188	211
7	32	44	50	159	167
8	18	57	43	98	193
9	15	65	27	57	149
总数	129	291	214	654	916

(2)高原低涡的活动特征

高原低涡的活动这里主要指低涡的发生发展和低涡的移动。罗四维等(1990)给出的高原低涡的地理分布图显示 87°E 以西的低涡出现频数增大。孙国武等(1990)指出 500 hPa 等压面上，高原低涡具有明显的群发特性，在高原西部、中部和东部地区，是高原低涡发生的 3 个高频中心。高原地区大气低频系统、高原低涡和高频扰动动能之间存在着正反馈作用。王鑫等(2008)的研究进一步指出青藏高原低涡群发期，西太平洋副热带高压偏北、偏西，伊朗高压偏强、偏北、偏东，印度低压强，中高纬气流较为平直，在青藏高原北部形成一弱脊，高层南亚高压偏西。

近年来，郁淑华和高文良(2006)指出东移出高原低涡涡源不同于高原低涡涡源，主要在曲麻莱和德格附近。低涡移动路径主要向东移，其次向东南和东北移，极个别向北移。高原低涡东移出高原的平均环流特征的研究方面，高文良和郁淑华(2007)挑选出 1998—2004 年夏季高原涡移出高原多、少的年、月对它们的环流场进行对比分析指出，6 至 8 月是高原涡最易移出的月。当 200 hPa 南亚高压东伸明显，高原东部为南亚高压脊前西北气流控制时，有利于高原涡东移出高原。王鑫等(2009)进一步利用更长时间的资料序列，较为全面地概括了高原低涡的活动特征，认为夏季高原低涡的发生频次具有明显的年代际、年际和季节内变化特征，20 世纪 90 年代以后低涡出现频次较之 80 年代有下降趋势(图 7-2)，7 月份是夏季高原低涡的活跃期；青藏高原上产生低涡的四个源地分别为：申扎—改则之间、那曲东北部地区、德格东北部和松潘附近；移出青藏高原的高原低涡在青藏高原上主要有四个涡源(图 7-3)：那曲东北部、曲麻莱地区、德格附近和玛沁附近，也存在季节内变化；低涡移动路径主要有东北、东南和向东三条，其中向东北移动的低涡数量最多；移出高原后的低涡多数是向东移动的，其次才向东北、东南移动。

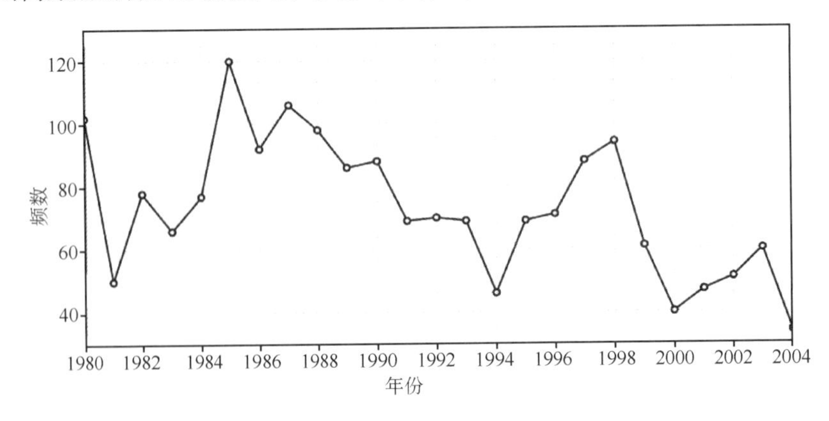

图 7-2　1980—2004 年高原低涡逐年发生频数统计(王鑫 等,2009)

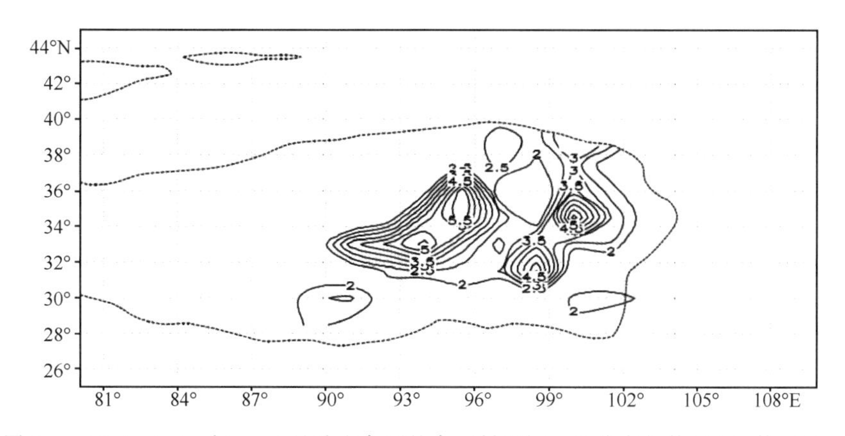

图 7-3　1980—2004 年 5—9 月移出高原的高原低涡初生地分布频数(王鑫 等,2009)

7.1.2.2　高原低涡的生成与发展机理

高原低涡的生成与发展方面,研究多采用了数值模拟和诊断分析等方法,近年来有许多重要的工作。罗四维等从能量计算角度,采用视热源方程、视水汽汇方程对一次高原低涡的产生及发展过程进行的诊断分析表明,低涡的生成、发展及消亡与它附近大气柱加热场变化有密切的关系,在低涡前期及后期,其发展机理主要是中纬度大气的斜压不稳定。在低涡初期及成熟期,扰动动能来源方式类似于热带大气中能量的转换方式$\overline{\alpha' Q'_1} \rightarrow E' \rightarrow K'$,地面感热加热对低涡的生成发展起了决定性的作用(罗四维和杨洋,1991;杨洋和罗四维,1992)。作者在其后面的工作(罗四维和杨洋,1992)中利用 MM4 模式验证了这个结果。丁治英等(1994)利用我国西南地区有限区域嵌套细网格模式,通过对一次 600 hPa 高原低涡生成的数值试验得出,高原涡的生成与高原短波辐射加热密切相关,地面感热对高原涡的生成起主要作用,高原地形的存在也有利于高原低涡与降水的生成。陈伯民等(1996)通过数值试验的方法得出结论与前述工作类似,并将雨季中典型高原涡形成和发展的概念模式概括为:盛夏高原地区由于地面强烈的感热和潜热加热使空气柱变得十分不稳定,层结越不稳定,则纬向有效位能和涡动有效位能积累越多,且有利于前者向后者转换,并进一步转化为涡动动能,供高原涡发展。

此后的研究关注了其他外部因素对高原低涡发展的影响,郁淑华和何光碧(2001)利用同一 η 模式对一低涡个例的模拟表明印度西部-阿拉伯海上空对流层上部水汽增加,可产生有利于高原低涡形成的高度场、温度场条件。何光碧等(2009)的研究显示低涡东移过程中,正涡度东传特征明显(图 7-4),同时冷空气触发大气不稳定能量释放,是低涡发展的重要机制。屠妮妮和何光碧(2010)的个例诊断分析表明,垂直输送项和水平辐合辐散项对两次高原低涡的发展增强都起主要作用;另外,低涡发展中大气热源主要是降水过程的凝结潜热释放。

高原低涡与其他系统的相互作用也会影响其发生发展,因此在这方面也有一些研究工作。缪强(1999)利用合成分析方法,分析了高原天气系统与背风坡浅薄天气系统耦合作用的天气学特征,指出高原低涡的东移发展与西南低涡的相互作用是诱发西南低涡发展和暴雨发生的重要形式。陈忠明等(2004)利用诊断分析方法,剖析了高原低涡与西南低涡的耦合作用,认为在两者相互作用的过程中,由上下涡度平流强弱不同造成的垂直差动涡度平流激发的500 hPa以下的上升运动与气旋性涡度加强,与涡区上下大气运动非平衡负值垂直叠加的辐合(图 7-5)和正涡度增长,是导致高原低涡与西南低涡共同发展的两种动力机制。周春花等(2009)对 2008 年 7 月 20—22 日高原低涡与低层西南低涡相互作用引发西南低涡强烈发展和四川大面积特大暴雨天气进行了诊断，结果进一步说明涡前的正涡度变率使得高原涡发展并东移，待垂直耦合后，正涡度变率显著增大增强了大气运动的旋转程度，使得二者同时发展，这是高原低涡西南低涡共同发展的一种可能机制。郁淑华和高文良(2006)通过对典型个例的分析指出热带气旋在中国以东海上活动对高原低涡活动有阻塞作用，高原低涡移出高原后，因季风低压少动而少动；并与其南面热带气旋活动相向而行。任振球对高原低涡新生区与重力异常的关系进行了初步分析，大部分新生的高原低涡正是新生在西藏西部的重力正异常区，而消失的高原低涡主要消失在青藏高原东部的重力负异常区。可见，青藏高原西部重力正异常对高原低涡新生的正反馈作用值得关注(任振球，2002)，但这方面的研究也是初步的，重力异常对高原低涡的生消有多大贡献还需进一步研究。综合这些研究发现，对高原低涡与其他天气系统相互作用的分析还是较初步的，样本不够多，没有概括出它们相互作用的物理模型，因此，还需要继续加强这方面的工作。

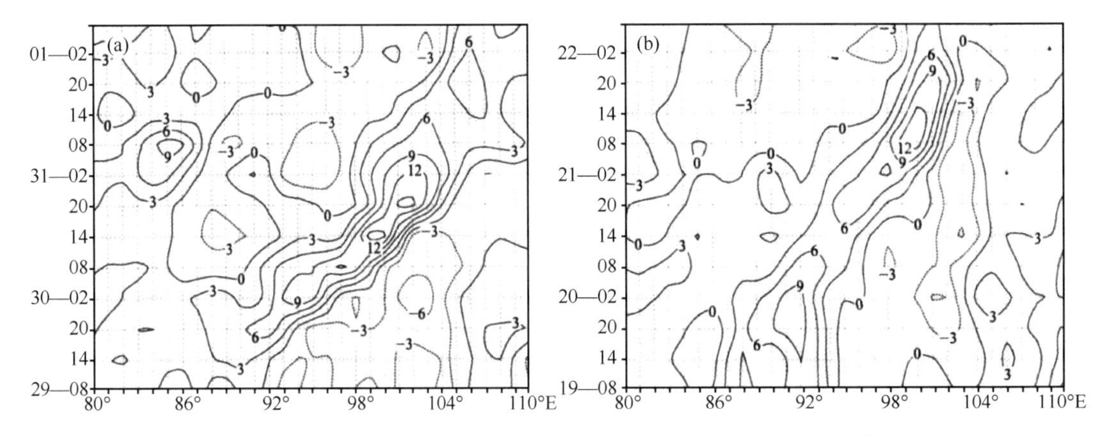

图 7-4　500 hPa 等压面上涡度(单位：10^{-5} s^{-1})纬向时间剖面(何光碧 等，2009a)

(a)2008 年 7 月 19—22 日沿 34°N；(b)2007 年 7 月 29 日—8 月 1 日沿 32.5°N

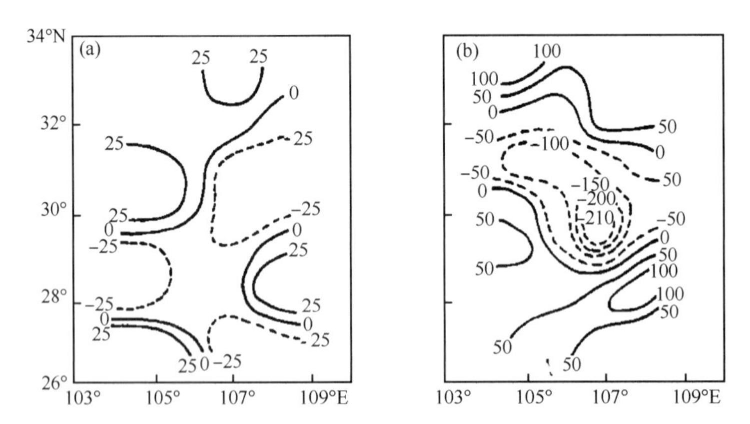

图 7-5　1982 年 7 月 26 日 00:00(a)和 27 日 00:00(b)盆地低涡及其邻域内的非平衡场分布(陈忠明 等，2004b)

7.1.2.3　高原低涡的结构

由于高原低涡的结构与其发生发展有着密切的联系，因此一直受到重视，吕君宁等(1984)早在 20 世纪 80 年代已对高原低涡的结构有了初步的总结，认为高原西部初生涡从低层到高

层都是对称的暖性涡旋，而高原东部低涡类似季风低压的结构。初生涡和成熟涡除热力性质不同外，其他物理量场的分布无大的差异。初生涡从地面到 100 hPa 都是暖性结构，又叫暖涡，具有正压性；成熟涡低层是冷中心，高层是暖中心，又叫冷涡，具有斜压性。与热带扰动比较，高原低涡是一种尺度小、厚度浅薄、强度弱、生命史短，受高原下垫面热力、动力影响而形成的一种特殊的天气系统，由于高原下垫面与热带海洋相似，所以高原低涡的结构与热带气旋有一些相似之处。乔全明也指出盛夏时高原低涡的云型与海洋上热带气旋非常类似，螺旋结构十分明显，卫星云图资料显示高原低涡也具有与热带气旋相似的眼结构、暖心结构等特征（乔全明和张雅高，1994）。罗四维（1992）、罗四维等（1993）又利用客观分析方法和能量学诊断方法研究了 1979 年 6 月各种低涡的结构，进一步证实了高原低涡的上述结构特征。李国平等（2000，2002，2005）从动力学的角度对高原低涡的结构做了许多深入的研究，线性动力学方面，借鉴研究 TCLV 的方法将暖性高原低涡视为受加热和摩擦强迫作用，且满足热成风平衡的轴对称涡旋系统，分析了地面感热对高原低涡流场结构（图 7-6）及发展的影响，并从动力学角度论证了高原低涡“涡眼”结构的存在；非线性动力学方面，利用相平面分析法，由非绝热大气运动方程组导出了与非线性重力内波有关的 KdV 方程，建立起这类奇异孤立波解与青藏高原暖性低涡的联系，分析了高原加热和层结稳定度对高原低涡生成和移动的作用。而后 Liu 和 Li（2007）、黄楚惠和李国平（2007）、宋雯雯和李国平（2010）也分别采用动力学，诊断分析和数值模拟的方法验证了其得出的结论。陈功和李国平（2010）着重研究了高原低涡云系的螺旋结构，结论将高原低涡螺旋形云系的产生发展过程与涡旋罗斯贝波和惯性重力波的某种混合波动联系起来，认为高原低涡对周边区域的影响可能与波动的传播有密切联系。

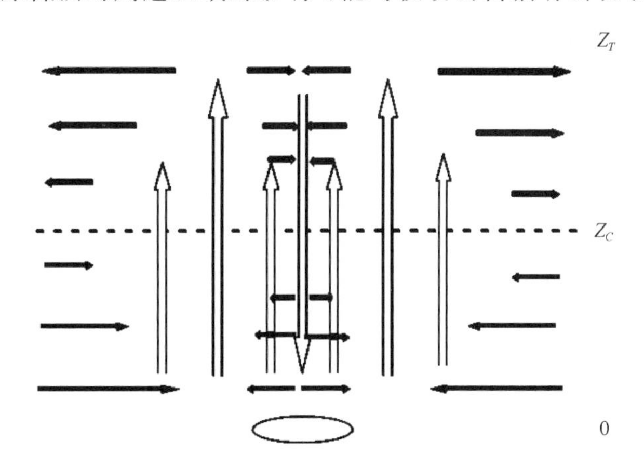

图 7-6　高原低涡流场垂直剖面结构示意图(李国平 等，2002)

以上研究主要是对高原主体低涡结构的研究，而对移出高原后低涡结构的研究也已开始进行，柳草等（2009）的个例分析认为低涡东移过程中，闭合等高线或者闭合气旋式环流的垂直厚度随时间呈加厚趋势，垂直方向上几乎都是正涡度，移出高原低涡低层辐合、高层辐散与水汽辐合减弱，涡区外围东南侧的槽前脊后区存在低空急流。

7.1.2.4　高原低涡发展及东移机理

由于东移高原低涡（图 7-7）对下游地区天气的重要影响，20 世纪 90 年代以来，对高原低涡生成发展及东移机理的研究更加活跃，天气学方面的研究在 2.1.2 节已有所提及，基本总结出了东移高原低涡的涡源（郁淑华和高文良，2006），以及高原低涡东移的大尺度条件（郁淑华等,2007a),认为:①高原低涡按移出高原的主要影响系统可分为两大类,一类是随低槽移动带动高原涡移出高原的低槽类;另一类是在切变环境场活动的高原涡移出高原的切变类;②低涡移出高原的共同的大尺度条件是:影响低涡移动的天气系统在加强;低涡已受冷空气影响,为斜压性低涡;北支气流在高原北部及其邻近地区加强;南支气流输送水汽到高原东部或东南部的低涡区,且稳定或加强。南亚高压脊线在24°N～30°N;在500 hPa影响高原低涡移动的低值系统上空有200 hPa西风急流存在;低涡区上空已受200 hPa西风急流影响;低涡上空300 hPa引导气流-西风或西西南气流强,或较强且在加强。

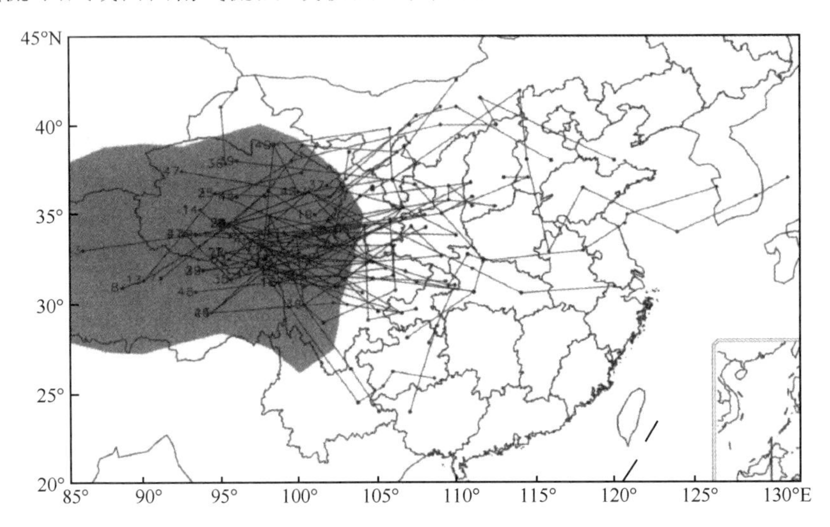

图7-7　1998—2004年间历次高原低涡东移出高原过程示意图(郁淑华 等,2007a)
(图中阴影区表示海拔高度≥2500 m区域)

丁治英和吕君宁(1990)的数值实验表明当高原低涡西部有冷槽配合或高原北部45～50°N有高压脊存在时,有利于高原低涡东移。郁淑华等(2007b,2008,2009a,2009b)提出了冷空气和南支槽对高原低涡东移的影响,进行了个例的诊断分析与数值试验,认为低涡西部的冷平流加强将会使低涡发展加强,在高原以东持续。黄楚惠和李国平(2009)的个例诊断分析表明500 hPa z-螺旋度水平分布对低涡中心的移动、降水落区和强降水中心的分布具有较好指示性;湿Q矢量散度的垂直分布对未来6 h降水的落区和移动预报提供了很好的参考信息。何光碧等(2009)的动力学诊断分析表明低涡东移过程中,正涡度东传特征明显。低涡东移过高原,与低涡发展密切相关的正涡度带的维持、发展或减弱的动力机制主要受控于总涡源的发生、发展与减弱。Chen和Luo(2003)的数值试验表明正相对涡度切变基流中低涡和涡块的合并,是东移低涡强度得以维持和发展的一个直接的原因。

由此可见,对高原低涡东移机制的研究,目前主要还是从大尺度条件入手着重分析了几个系统的影响,采用的方法主要有诊断分析,数值模拟和动力学分析;内容上基本都是通过研究典型个例,得出代表性结论。但还比较缺乏对于高原低涡东移过程中各系统相互作用的整体认识以及对更多个例的分析结论,相信随着各种加密观测的进行,新型资料的日益丰富,模式模拟能力的提高与个例研究的不断积累,在高原低涡东移机制的问题上还能够取得一些新的突破。

7.1.3　存在问题

综上所述，高原低涡作为青藏高原独特的天气系统，同时又是一种能带来灾害性天气的中尺度系统，近20年来对它的研究取得了丰硕的成果。不过，目前依然还存在多方面的不足，需要重点关注的问题是：

(1)高原地区的资料丰富与完整程度依然不足，有必要进行各种加密观测试验和大规模科学考察试验来获取更全面的资料，同时应该更加重视卫星、雷达等新型观测资料的分析，目前，基于这些新型观测资料的研究还不够丰富。进一步加强资料的分析与综合应用，会对高原低涡天气气候与活动特征有更深入的认识。

(2)在高原低涡生成与发展的研究方面，目前明确了低涡作为青藏高原特殊的天气系统，高原的动力和热力作用对它的产生、发展以及移动的影响十分显著，但是不同个例以及同一个例的不同阶段，高原的动力和热力作用有何区别，影响是否具有普遍性等问题并未圆满回答，还需继续深入研究。

(3)高原低涡并非一独立存在的系统，其自身的发展变化以及东移过程也受诸多其他系统的影响，目前对高原低涡与高原500 hPa切变线、西南低涡等其他系统相互作用有了一定的研究，但多数仅讨论两系统之间的外部关系与相互影响，多系统相互作用的机制问题也需要给予一定的重视。

(4)近20年来，对东移出高原的高原低涡研究逐渐重视，对此有了许多新的认识，不过还需有更多个例分析加以充实，加强对东移高原低涡结构的研究，这仍然是高原低涡研究的重点问题。同时，也不能忽略有些在高原上强烈发展但消亡而并未移出高原的低涡系统，这些高原低涡也可能通过波动传播的机制，诱发下游的天气变化。

(5)目前，高原低涡动力学的研究还不够系统，对于高原低涡的一些观测事实，还缺乏动力学基本理论的解释。理论研究是高原低涡研究的难点，但对于提高对低涡发生发展的认识至关重要，也有助于提升对青藏高原及其周边地区天气预报的能力。

(6)高原低涡的数值模拟研究得出了许多有意义的结果。虽然中尺度数值模式有了很大发展，但各模式在高原地区的性能还需更多的检验，应与高分辨率的卫星、雷达资料进行对比，了解模式的局限性。同时，也应该利用卫星、雷达和加密观测资料进行同化模拟试验，提高模拟效果，用好数值模式这个有用的分析研究工具。

7.2　西南低涡研究的回顾与展望

7.2.1　引言

西南低涡亦简称西南涡，指的是青藏高原特殊地形与大气环流相互作用下，形成于我国西南地区700(或850 hPa)上的具有气旋环流的α中尺度闭合低压系统(罗四维和魏丽，1985；卢敬华，1986；李国平，2007；陈栋 等，2007)，其水平尺度为300～500 km，多为暖性结构，生命史一般低于36 h。西南低涡在生成初期是一个浅薄的中尺度系统(陶诗言 等，1980)，移出源地的概率并不是很大(段炼，2006)，但在有利的环流形势配合下，少数西南低涡能够发展东移，生命史可达6～7 d，往往能引发下游地区大范围(如长江流域、淮河流域、华北、东北、华南和陕南等地)的暴雨、雷暴等灾害性天气(陶诗言 等,1980;卢敬华,1986;程麟生,1991;陈忠明和闵文彬,2000;孙石阳和刘淑琼,2002;陈忠明 等,2003)。可以说,在影响我国的许多重大暴雨洪涝过程中,西南低涡都扮演了非常重要的角色。因此,有学者认为(王作述 等,1996):"西南低涡是我国最强烈的暴雨系统之一,就它所造成的暴雨天气的强度、频数和范围而言,可以说是仅次于台风及残余低压,重要性位居第二的暴雨系统"。所以对西南低涡的形成与发展及其造成的洪涝灾害等,一直是气象学家和预报员分析研究的重要课题,并取得了一些成果。关于西南低涡生成提出了不少观点(卢敬华,1986;章基嘉 等,1988;罗四维,1992),如高原上空低涡东移说、云贵高原在西南气流中诱生低涡说。本节主要对20世纪70年代后期到21世纪初以来,关于西南低涡的天气学、动力学和数值模拟方面的研究进行了回顾,并分析了目前存在的主要问题,对今后西南低涡的研究动向做了初步展望。

7.2.2 西南低涡的天气、气候学研究

7.2.2.1 西南低涡的天气特征及气候统计研究

(1)西南低涡的定义、分类及其环流背景场研究

西南低涡的定义最早有两重含义(卢敬华,1986):一是在700 hPa等压面上在川西附近有一个气旋的低涡;二是在地面图上与低涡对应的地区24 h变压为负变压。但由于不同的业务工作需要,不同省份对低涡的定义标准不同(卢敬华,1986;陈忠明和闵文彬,2000;孙石阳和刘淑琼,2002)。叶笃正和高由禧(1979)根据低涡与500 hPa形势及地面温压场的配置关系,将低涡分为冷涡和暖涡。陈忠明和闵文彬(2000)根据低涡的性质及移速将西南低涡分为移动类和少移动类两类。

关于西南低涡的环境背景研究,据文献(秦剑 等,1997)统计,从500 hPa环流特征分析可分为四类,即西风槽类,南支槽类,切变线类和辐合区类。

(2)西南低涡涡源及移动路径研究

西南低涡的涡源是指低涡新生相对集中的地区。陈忠明等(2000,2003)利用1983—1992年10年的逐日资料,对西南低涡的生成区进行了统计分析提出:西南低涡主要有三个生成集中区(源地),分别是九龙、四川盆地和小金生。西南低涡在源地生成后,大多就近减弱消亡,但仍有部分移出源地影响我国东部地区的天气。陈忠明和闵文彬(2000)、陈忠明等(2003)和马振峰等(1993)研究表明,低涡移动主要分为东北、偏东和东南三个不同的方向,且主要以偏东路径为主(段炼,2006;刘国忠 等,2006,2007)。

(3)西南低涡的结构研究

卢敬华(1986)和李国平(2007)从流场、温湿场、温压场三个方面总结了西南低涡的结构。彭新东等(1992)认为西南低涡具有暖湿中心结构。解明恩等(1992)对西南低涡的边界层流场进行的模拟分析表明:西南低涡在边界层内表现出较为复杂的流场结构,在整个气旋环流中有局部的反气旋环流出现,上升运动与下沉运动交替分布于其中,从低层到高层,气流基本上是自四周向中心辐合的。韦统健(1988)、韦统健和薛建军(1996)利用合成分析方法对西南涡过程的流场、温湿场和涡度场等结构进行了分析。指出:西南低涡的温湿场和铅直流场在低涡区呈现明显的不对称分布,低涡是一个显著的斜压系统。王晓芳等(2007)的研究得出了同样的结论。邹波和陈忠明(2000)对西南低涡的边界层流场结构进行分析发现,在边界层内,低涡环流演变表现出非连续性特征。陈忠明等(1998)利用中尺度滤波分析,去掉大尺度环境场的影

响，分析了低涡的中尺度结构特征。结果表明：西南低涡是一个十分深厚的系统，其正涡度可以伸展到 100 hPa 以上，低涡中心轴线接近于垂直；流场和高度场表现为贯穿对流层的中尺度气旋和低压；涡区内动量、层结、上升运动等呈非对称分布，是一个准圆形而非对称的中尺度系统。受冷空气影响，减弱阶段的西南低涡则是一个斜压浅薄系统。

7.2.2.2　西南低涡的天气诊断分析

李跃清等(1993)利用有限元方法诊断 1982—1986 年西南低涡暴雨天气得到：与青藏高原地形相关的边界层风场的动力作用是西南涡暴雨产生的一个重要原因。赵平和梁海河(1991)对一次西南低涡暴雨诊断分析指出：在西南低涡发展过程中伴随着低层辐合、上升运动以及水汽通量辐合的加强，潜热加热的垂直分布有利于低涡发展；水汽辐合最强超前于西南低涡最强盛阶段。赵平等(1992)还利用数值试验结果进行涡度方程以及位能、散度风动能和旋转风动能之间的能量转换函数诊断分析。结果表明：从涡度收支上看，地形和潜热加热通过增大辐合使涡度增加；从能量转换上看，在低层地形和潜热加热加强位能向散度风动能转换以及散度风动能向旋转风动能转换，在高层，地形通过加强旋转风动能向散度风动能转换，使高空辐散增强，而潜热加热通过加强位能向散度风动能转换亦使高空辐散增强。李国平等(1994)利用湿位涡一次与西南低涡相联系的暴雨进行了诊断分析，结果表明：暴雨的发展趋势与位涡变率的变化趋势基本一致，位涡变率的正负转换对预报大暴雨的形成和减弱有一定的指示作用。朱禾等(2002)从湿位涡守恒理论出发研究了西南低涡的发展。马振锋(1994)采用低频重力波指数法，对西南低涡发展演变及其暴雨强度、落区进行了诊断分析和预测。陈栋等(2007)从大尺度环流、水汽输送和温度平流，并利用湿位涡的垂直和水平分量以及相当位温，分析诊断了一次在“鞍"型大尺度环流背景下西南低涡发展的物理过程分析。

随着气象卫星监测雷达观测资料的日益完善和探测技术的改进，为研究西南低涡提供了新手段。李修芳和宠秋实(1982)对 1979 年 2 月下旬华北出现的大范围大雪从云图上较早点较早地分析出西南低涡等系统的独特云型及其移动发展，这对做好降雪预报帮助较大。刘正礼(1992)利用雷达回波资料对一次典型的西南涡暴雨过程进行了分析。陈忠明和刘富明(1999)对长江上游发生的一次特大暴雨采用较详细的边界层和雷达回波资料结合物理量诊断，结果表明：引起降水的天气系统分别是边界层内的 β 中尺度浅薄扰动和 700 hPa 上 α 中尺度西南低涡。一般，人们常把卫星云图和雷达回波资料与天气图、物理量图等资料相结合来分析西南低涡的特征(黄福均和肖洪郁，1989；秦剑和刘瑜，1989；王小勇，1994；李世刚 等，2007)。

7.2.2.3　西南低涡与其他系统的相互作用研究

早期沈如桂等(1983)分析了印度季风槽的活动与我国西南地区低涡活动的关系，发现当印度季风槽比平均位置偏北时，西南低涡的发生率比其偏南时多两倍以上。徐亚梅(2003)分析认为低空急流在四川盆地东北侧引起低层强辐合是西南低涡得以发展的重要原因。低空急流对西南低涡的发展和暴雨的产生有重要的热力和动力作用(孙淑清，1980)。

西南低涡与高原低涡的相互作用是高原天气系统与背风坡浅薄天气系统耦合作用的典型代表。20 世纪 80 年代中期，刘富明和杜文杰(1987)提出了青藏高原—四川盆地垂直涡旋耦合作用的观点，认为当两者处于非耦合状态时，将抑制背风坡系统发展，当两者成为耦合系统后，就会激发背风坡系统发展与暴雨发生。缪强(1999)指出高原低涡的东移发展与西南低涡的相互作用是诱发西南低涡发展和暴雨发生的重要形式。陈忠明等(2004)利用诊断分析方法，进一步剖析了高原低涡与西南低涡的耦合作用，指出高原低涡与西南低涡的相互作用因两者的位置配置不同而产生不同的结果。

近年来，人们也注意到了西南低涡与热带气旋之间的相互作用。陈忠明等(2002)指出：热带气旋与西南低涡的相互作用改变了低涡的风场、能量场及低涡结构。周国兵等(2006)的研究表明：西南低涡生成后由于受“桑达”台风的阻塞影响，西南低涡移动速度变慢，强度增大，生命期延长；同时“桑达”台风西侧吹入内陆的东北气流在西南低涡的东南侧转变为西南气流的过程中出现气流辐合并使得水汽迅速聚积，从而触发了在西南低涡附近形成特大暴雨天气过程。

7.2.3 西南低涡的动力学研究

在西南低涡的动力学理论方面，研究文献(李国庆 等，1976；中国科学院大气物理研究所模拟组，1976；濮梅娟 等，1986)表明：青藏高原地形对西南涡的形成有决定性影响。高守亭(1989)采用定常二层模式讨论较小地形及高、低层流场配置对西南低涡形成的动力作用。指出西南低涡的形成是与盆地、河谷以及其上下气流分层有关的一种定常态。吴国雄和刘还珠(1999)利用 θ 坐标绝热模式研究表明：气块沿等 θ 面绝热下滑而诱发的垂直涡度快速增长远远超过了下沉气柱由于密度压缩诱发的涡度增长值，导致了西南低涡的形成，从而提出了西南低涡形成的 SVD(倾斜涡度发展)机制。朱禾等(2002)分析得到，西南低涡的发展与地形、高低层环流配置密切相关。陈忠明(1990)应用动力分析方法，研究了无摩擦、绝热条件下西南低涡的发生、发展问题。结果表明，在潮湿不稳定层大气中，惯性重力内波的不稳定发展是西南低涡发生、发展的一种物理机制；非线性作用对低涡发生、发展有着重要影响。邹波和陈忠明(2000)通过对一次强烈发展的西南低涡过程进行诊断指出：大气低层的非平衡动力强迫通过激发气流辐合和正涡度增长，进而促进西南低涡的发展；对流层中层的正涡度平流强迫加剧了低涡的发展。陈忠明等(1998)的分析进一步证实了这一看法。陈忠明等(2007)从位涡方程出发导出描述三维涡度强度变化方程，分析大气层结及其变化等对三维涡度强度变化的影响。在此基础上，通过对垂直涡度变化的分析，揭示了大气层结变化、水平能量锋演化、垂直风切变等有利于涡旋系统发展的动力机制。但上述工作主要集中在一些个例的分析，是否具有一定的普遍性尚需有更多的分析工作支持。实际上，大气热力作用(尤其是潜热作用)在西南低涡发展中的重要地位一直为大家所认同。李国平等(1991)利用热成风适应理论探讨暖性西南低涡的形成机制，结果表明，由于地面感热加热与暖平流作用在西南低涡源地形成较大的非热成风涡度，在一定的层结和尺度条件下($L<L_m$)，其热成风调整过程可在低层形成暖性热低压(暖性西南低涡)。另外，冷空气活动和干湿对比明显的能量锋系统对西南低涡也有明显的影响，近期对这种形式的大气热力作用虽有一些分析工作(姜勇强 等，2004)，但认识都还欠深入。

7.2.4 西南低涡的数值模拟研究

20 世纪 80 年代中后期到 90 年代，随着计算机技术和大气模式的快速发展，许多人对西南低涡的形成因子做了数值模拟(杨伟愚和杨大升，1987；郑庆林和邢久星，1990；陈玉春和钱正安，1993)，认为：青藏高原地形作用是西南低涡形成发展的动力因子。杨洋等(1988)应用五层原始方程模式对西南低涡发生发展的影响因子进行了数值模拟，认为：冷空气对西南低涡的

补充是其发展的重要条件。赵平和孙淑清(1991)用中尺度有限区域模式对西南低涡形成的影响进行了模拟,结果表明:地形动力作用对高原南侧的西南气流具有明显的阻挡作用,并决定着西南低涡的形成;潜热通过加强西南低涡上空高层辐散和低层辐合,使该低涡发展。彭新东和程麟生(1994)通过应用和发展 MM4 中尺度数值模式模拟系统,指出:高原地形对西南涡在四川盆地 700 hPa 维持非常必要。王革丽和陈万隆(1997)利用有限区域细网格模式研究了植被和土壤湿度对西南低涡降水影响的敏感性。认为西南低涡降水对青藏高原及其邻近地区的植被覆盖和土壤湿度是非常敏感的,对大气低层上升运动和地面感热、潜热通量也较为敏感。陈丽芳等(2004)采用 MM5 高分辨率模式对出现在江淮流域的两次低涡暴雨过程进行全程四维同化数值模拟研究,发现:锋面在 750 hPa 左右强度最大;锋面最强位置与低涡最强位置在纬向上是接近一致的;低涡加强发展时锋生东传明显;低涡发展最强的地区锋面的南北摆动比低涡发展弱的地区幅度大。何光碧等(2005)利用 MM5 中尺度数值模式对川东出现的大范围强暴雨过程进行了二重嵌套模拟,结果表明:盆地涡出现在低空急流的左侧,而川东强降水发生在高空急流的南面、低涡东南侧与西南低空急流大风出口区之间;西南低空急流在暴雨出现前建立,暴雨和盆地涡同时出现,而暴雨、低空急流和盆地涡几乎同时减弱。

国外也有很多对西南低涡的数值模拟研究,文献(Anthes et al.,1984;Chen et al.,1984;Kou et al.,1986)利用数值模拟指出,西南低涡是造成 1981 年 7 月 12—14 日的一次四川洪水过程的重要天气系统。Wang et al.(2003)等采用中尺度模式 MM5 结合伴随模式 MAMS 对一次西南涡进行敏感性试验,结果表明:此次西南涡对西风扰动的高敏感性区域主要位于 400 hPa 以下的西南地区,对南风扰动的高敏感性区域主要位于 500 hPa 以下的西南地区,对温度扰动的高敏感性区域则主要位于 500 hPa 与 900 hPa 之间的西南地区。

7.2.5 西南低涡研究的展望

西南低涡是一个具有明显地域特色的天气系统,同时又是一种能带来灾害性天气的中尺度系统,对它的研究日益受到气象工作者们的重视。今后一段时期,人们可能需要重点对西南低涡以下几个方面进行研究。

(1)由于台站稀少,基础工作十分薄弱,没有一个关于西南低涡强度及其灾害的评价指标,也没有完整的历史个例档案,更没有建立起关于西南低涡的专业数据库系统。因此,对西南低涡的涡源时空分布、结构、移动规律等天气事实的揭示还不够充分,尤其需要加强利用新型探测技术(如气象卫星、新一代天气雷达、自动站、边界层铁塔、GPS/MET、WVR 等)对西南低涡的加密探测,以及基础信息数据库的建设。

(2)大气运动的动力与热力作用对西南低涡的发展影响十分显著,但是不同个例和同一个例的不同阶段,动力作用与热力作用对西南低涡发展的影响是不一样的。需要深入分析不同类型的加热因子和动力因子对西南低涡结构及发生、发展不同阶段的影响。

(3)西南低涡与高原低涡、低空急流、印度季风槽、梅雨锋以及热带气旋等天气系统的相互作用有了一定的研究,但还不是很充分,与其他天气系统如南压高压等相互作用的研究还较少,这方面的研究需要加强。

(4)西南低涡发生发展机制、诱发暴雨天气机理和短时临近预警关键技术、可预报性试验,以及对我国重大灾害性天气的影响机理与预测技术,也应是西南低涡研究及业务应用的重点。

7.3 高原涡、西南涡研究的新进展及有关科学问题

7.3.1 高原天气研究概况

夏半年青藏高原位于副热带高压带中，100 hPa 高空盛行强大而稳定的南亚高压（有时也称青藏高压），它是比北美落基山上空的高压更为强大的全球大气活动中心之一。在青藏高原中部 500 hPa 层，夏季常出现高原低涡和东西向的高原切变线，则高原上空呈现“上高下低”的气压场配置。受高原主体和四周局地山系的地形强迫作用，低层的西风气流在高原西坡出现分支，从南北两侧绕流，在高原东坡汇合。因而在青藏高原南（北）侧形成常定的正（负）涡度带，有利于在高原北侧产生南疆和河西高压（或称兰州高压），在高原东坡产生西南低涡，从而形成了极具高原特色的天气系统（李国平，2007）。青藏高原天气系统包括：高原低涡（主要位于 500 hPa 高原主体，简称高原涡）、西南低涡（主要位于 700 hPa 高原东坡，简称西南涡）、柴达木盆地低涡、高原切变线、高原低槽（主要指南支槽，或称印缅槽、季风槽）、高原 MCS 和南亚高压（青藏高压）。

对高原天气系统的研究始于 20 世纪 40 年代（顾震潮，1949），研究成果在 1960 年形成高原气象学的开篇之作《西藏高原气象学》（杨鉴初 等，1960）。1975—1978 年开展的高原气象全国协作研究和 1979 年开展的第一次青藏高原气象科学实验（QXPMEX）对高原天气系统进行了会战式的集中研究，研究成果总结、升华为高原气象学的奠基之作《青藏高原气象学》（叶笃正 等，1979）。在第一次青藏高原气象科学实验的基础上，20 世纪 80 年代我国学者对高原天气问题开展了持续性研究（成都中心气象台和云南大学物理系气象专业，1975；青藏高原低值系统会战组，1977；青藏高原低值系统协作组，1978；青藏高原气象会议论文集编辑小组，1981；青藏高原科学研究拉萨会战组，1981；青藏高原科学实验文集编辑组，1984，1984，1987；卢敬华，1986；章基嘉 等，1988；罗四维 等，1992；乔全明和张雅高，1994）。在 1998 年进行的第二次青藏高原大气科学试验（TIPEX）、1993—1999 年进行的中日亚洲季风机制合作研究以及 2006—2009 年中日气象灾害高原研究项目（JICA/Tibet）中，也有高原天气的研究内容。

进入 21 世纪后的近十年来，高原天气研究的主要系统有：高原低涡、西南低涡、高原切变线、高原 MCS 和南亚高压，前四类合称高原低值系统。分析所用资料主要有：天气图（历史、MICAPS）、卫星遥感资料（云、水汽、TBB、OLR、TRMM 等）、再分析、中尺度模式输出（MM5、WRF 等）、加密探空、多普勒雷达、GPS/MET、廓线、边界层资料等。研究方法基本为：天气学、诊断计算、气候统计、流体力学模拟、数值模拟试验、动力学理论分析。作为高原气象学研究的重要基础和活跃领域，近年来高原天气研究方法逐步向综合性、集成式方向发展，研究的主要（热点）问题有：高原及临近地区的暴雨研究，高原低值系统（切变线、高原低涡、西南低涡）活动，高原低值系统与川渝、长江流域、黄淮流域和华南前汛期暴雨的关系，高原地形、热源、陆面物理过程、土壤湿度和积雪冻土变化对高原天气系统、大气环流的影响等。以 2000—2012 年国家自然科学基金资助项目为例，据不完全统计以高原天气系统为题的共有 15 项，其中高原低涡研究 6 项，西南低涡研究 5 项，高原低涡、西南低涡研究 2 项，高原低涡、切变线研究 1 项，南亚高压研究 1 项。研究内容涉及高原天气系统的动力学机制、结构与演变、模拟、分析方法、对暴雨的影响以及气候变化特征等。

7.3.2　高原两涡的研究

高原低涡、西南低涡(简称高原两涡)是高原天气的代表性系统，对其形成、结构、演变与发展及其造成的天气灾害等问题的认识，一直为气象研究人员和天气预报员所关注，并在第一次青藏高原气象科学实验和第二次青藏高原大气科学试验前后取得了不少重要成果，尤其是近十多年以来关于高原低涡、西南低涡的研究更趋细致和深入(陶诗言 等，1999，2000，2000；陈忠明 等，2004；刘晓冉和李国平，2006；郁淑华，2008；刘红武和李国平，2008；陈功 等，2012)。

青藏高原低涡是指夏半年发生在青藏高原主体上的一种 α 中尺度低压涡旋，它主要活动在 500 hPa 等压面上，平均水平尺度 400～500 km，垂直厚度一般在 400 hPa 以下，生命期 1～3 天。高原低涡多出现在高原主体的 30°N～35°N 和 87°E 以西范围内，而消失于高原东半部下坡处。依据低涡生命史的长短可将其分为发展型和不发展型低涡，生命史在 36 h 以上的为发展型(移出型)低涡，否则为不发展型(源地型)低涡。由于青藏高原地区的大气行星边界层厚度可达 2250 m，而青藏高原本身的平均海拔高度为 4000 m，则高原大气边界层厚度位于 600～400 hPa，因此高原低涡是一种典型的边界层低涡，高原热源和大气边界层对这类低涡的发生、发展有重要作用。高原低涡是高原夏季主要的降水系统之一，西部初生的高原低涡多为暖性结构，垂直厚度浅薄，涡区整层为上升气流，在 350～400 hPa 最强。低层辐合，高层辐散，无辐散层在 400 hPa 附近。源地生消的高原低涡主要影响高原西部、中部的降水。在有利的天气形势配合下，个别高原低涡能够向东运动而移出高原，往往引发我国东部一次大范围暴雨、雷暴等灾害性天气，以及突发性强降水诱发的次生灾害，如城市内涝、山洪以及滑坡、泥石流等地质灾害。因此对高原低涡的研究对深入认识这类高原天气系统，提升高原及其东侧地区灾害性天气的分析预报水平具有重要的科学意义和业务应用价值。

西南低涡是青藏高原东侧背风坡地形、加热与大气环流相互作用下，在我国西南地区 100°E～108°E，26°N～33°N 范围内形成的具有气旋式环流的 α 中尺度闭合低压涡旋系统。它是青藏高原大地形和川西高原中尺度地形共同影响下的产物，一般出现在 700～850 hPa 等压面上，尤以 700 hPa 等压面最为清楚。其水平尺度约 300～500 km，生成初期多为浅薄系统和暖性结构，生命史一般不超过 48 h。西南低涡降水具有明显的中尺度特征，其持续时间约 4～5 h。西南低涡主要集中发生在以川西高原(九龙、小金、康定、德钦、巴塘)和川渝盆地为中心的两个区域内，又有“九龙涡”和“盆地涡”之分。其移动路径主要有三条：偏东路径(沿长江流域、黄淮流域东移入海)、东南路径(经贵州、湖南、江西、福建出海，有时会影响到广西、广东)、东北路径(经陕西南部、华北、山东出海，有时可进入东北地区)，这三条路径中又以偏东路径为主。西南低涡在全年各月均有出现，以 4～9 月居多(其中尤以 5～7 月为最)，是夏半年造成我国西南地区重大降水过程的主要影响系统。在有利的大尺度环流形势配合下，一部分西南低涡会强烈发展、东移或与其他天气系统(如高原涡、南支槽、低空急流、梅雨锋、台风等)发生相互作用，演变为时间尺度可达 6～7 天的长生命史天气系统，能够给下游大范围地区造成(持续性)强降水、强对流等气象灾害及次生灾害(如山洪、崩塌、滑坡、泥石流等地质灾害以及城市内涝等灾害)。已有分析研究表明，西南低涡发展东移，往往引发下游地区大范围(如长江流域、黄河流域、淮河流域、华北、东北、华南和陕南等地)的暴雨、雷暴等高影响天气。在我国许多重大暴雨洪涝灾害的影响系统中，西南低涡都扮演了非常重要的角色。因此，西南低涡被认为是我国最强烈的暴雨系统之一，就它所造成的暴雨天气的强度、频数和范围而言，可以说其重要性是仅次于台风及残余低压而位居第二的暴雨系统。所以，对西南低涡的发生发展及其造成的洪涝灾害等一直是气象科技工作者和天气预报员分析研究的重要课题，也是在日常业务工作中对提高气象防灾减灾能力有迫切需求的一个基础性科技问题。

西南低涡的研究历史悠久，至今已有近 70 年。根据不完全文献检索，最早见诸文献报道研究西南低涡(时称西南低气压)是顾震潮先生。随后顾震潮、叶笃正、杨鉴初、罗四维、王彬华等老一辈气象学家在 20 世纪 50 年代中期开始较多地关注西藏高原影响下的西南低涡。在第一次青藏高原气象科学试验(QXPMEX)和第二次青藏高原大气科学试验(TIPEX)的推动，以及四川盆地“81.7”特大暴雨造成的严重灾情引起全球关注下，国内外气象工作者对以西南低涡为代表的高原低值天气系统做了不少研究分析，特别是前两次高原试验以及“81.7”四川特大暴雨发生后那样的阶段性、集中式研究(Chen et al.，1984；Wu et al.，1985；Shen et al.，1986；Dell'osso et al.，1986；Wang，1987；Wang et al.，1987；Kuo et al.，1988)，取得了不少重要成果，加深了对高原天气系统的科学认识。

关于西南涡的成因，至今尚无定论，大致分为三类：其一归因为地形，例如高原大地形影响下的背风气旋、尾流涡或南支涡(Wu et al.，1985；杨伟愚和杨大升，1987；高守亭，1987)；其二归因加热，如高原加热作用、热成风适应的结果(Wang，1987；李国平 等，1991)；其三归因为倾斜地形上的加热，如倾斜涡度发展及斜坡加热强迫的作用(吴国雄和刘还珠，1999)。

7.3.3 高原低涡研究进展

高原低涡作为青藏高原独特的天气系统，同时又是一种能带来灾害性天气的中尺度系统，对它的研究日益受到气象工作者们的重视。目前，国家自然科学基金、国家重点基础研究发展计划(973 计划)、财政部、科技部公益性行业(气象)科研专项等资助的研究项目中都有对高原低涡的专题研究。尤其是在科技部科技基础性工作专项资助下，中国气象局成都高原气象研究所编辑、出版了《青藏高原低涡、切变线年鉴》(1998—2005，2007—2011)，为高原低值系统的规范化研究创造了良好的资料基础。近年来高原低涡研究的特点有：分析中使用了卫星遥感等新的观测资料(TBB、水汽图像、TRMM、GPS-PWV 等)；利用一些新型物理量进行诊断分析(湿螺旋度、非地转湿 Q 矢量、湿涡度矢量、对流涡度矢量等)；采用了高分辨率的中尺度数值模式(MM5、WRF 等)；从波动、群发性和低频振荡(10～30 d 振荡)等一些新视角，以及一些新观点(气候变化下的天气系统与影响过程)开展研究，深化了对高原低涡的认识，所研究个例的资料和方法也更加丰富。主要研究领域涉及高原低涡的观测事实统计(5～30 年，涡源、结构与性质、日变化、移动路径、天气影响等)，进一步开展了天气诊断计算、数值模拟与试验(地形、感热、潜热、水汽)、动力学分析(奇异孤波解、边界层涡旋解、涡旋罗斯贝-惯性重力混合波)，更加关注高原低涡的东移演变以及触发灾害性天气的机理问题。因此，高原低涡研究现状可概括为：对高原低涡的研究从方法上讲以天气统计分析和数值模式试验为主，多侧重于低涡过程的个例分析，研究方案主要是高原低涡过程和结构的天气学分析、生成和移动特征的气候统计，低涡形成和发展过程中能量构成及转换、动力学量、水汽量的诊断计算，高原热力和动力作用对低涡结构特征及发展过程影响的数值模拟试验等。

尤其是在夏季青藏高原低涡结构的动力学研究方面(李国平 等，2011)，应用卫星云图资料分析了夏季青藏高原低涡发展过程及其结构演变，揭示出高原低涡结构特征的若干观测事实。在此基础上借鉴研究类热带气旋低涡的方法，将暖性青藏高原低涡视为受加热和摩擦强

迫作用，且满足热成风平衡的轴对称涡旋系统，通过求解柱坐标系简化的涡旋模式，得出边界层动力作用下低涡的流函数解，重点讨论了地面热源强迫和边界层动力"抽吸泵"对高原低涡流场结构的作用。研究认为，由于边界层加热和摩擦的共同作用，高原低涡的温度场呈暖心结构。热源强迫的边界层低涡的散度场存在一个动力变性高度，该高度的位置与边界层顶高度有关。通过边界层动力抽吸作用，当边界层顶有气旋性涡度时，能引起边界层低涡的水平辐合运动和随高度增强的上升运动，并可加强低涡的切向流场；如果低涡的中心区域为"内冷外热"型加热分布，则热源强迫的低涡中心区域下层为辐散气流和随时间减弱的切向流场，上层为辐合气流和随时间增强的切向流场，并伴有下沉运动，从而有利于形成涡眼（或空心）结构，在卫星云图上表现为低涡中心为少云（或无云）区，即这类高原低涡具有与台风类似的眼结构，因而可视为类热带气旋涡旋的新例证。另外，通过高原低涡的简化模型对低涡所含的波动进行了分析和讨论，结果表明：高原低涡中既含有涡旋罗斯贝波，又含有惯性重力波，即低涡波动呈现涡旋罗斯贝-惯性重力混合波特征。

7.3.4　西南低涡研究进展

近30年来，国内外学者从天气学、动力学和数值模拟三个主要方面对西南低涡开展了大量研究。在西南低涡天气事实统计（10～30年，涡源、成因、性质、移动路径、天气影响等）、影响因子研究（地形、感热、潜热、边界层、水汽）、结构与环流背景场分析、诊断计算（非热成风涡度、重力波指数、GPS/西南涡试验）、数值模拟、动力学机制（倾斜涡度发展，非平衡动力强迫）、时空分布的气候特征与天气影响的变化等方面取得了重要进展。

关于西南低涡的形成与发展及其造成的洪涝灾害等问题一直是气象学家和预报员分析研究的重要课题。近年来，在西南低涡活动的观测事实与统计特征、台风对西南低涡的作用，影响长江上游（川渝）、中游（湖北）以及南方（湖南、广东、广西）暴雨的西南低涡特征，汛期西南低涡移向频数的年际变化与降水的关系，大尺度环流背景下西南低涡发展的物理过程及其对暴雨发生的作用，凝结潜热与地表热通量对西南低涡暴雨的影响，青藏高原对流系统东移对夏季西南低涡形成的作用，高原低涡诱发西南低涡特大暴雨成因，以及东移西南低涡空间结构的气候学特征等方面开展了较之高原低涡更多的研究。此外，对于冷空气对西南低涡特大暴雨的触发作用，以及低温雨雪冰冻灾害期间冬季青藏高原低值系统的持续活跃现象亦有相关分析工作。

值得一提的是，2010—2015年6—7月，中国气象局成都高原气象研究所牵头组织开展了西南涡外场观测试验。作为第三次青藏高原大气科学试验的预试验，西南涡外场观测试验是在现有业务观测网基础上，在关键地区增布移动观测装备，同时提高整个观测网络的观测频次，获取高时空分辨率探测资料，这对于揭示西南涡的结构特征及其演变机理，促进西南涡的精细化研究及预报技术的发展非常必要，意义重大。据悉，在国家973计划项目、公益性行业（气象）科研重大项目等资助下，今后几年还将连续开展该项试验。

7.3.5　高原天气有待深入研究的科学问题

以上我们回顾了高原天气研究的历史，尤其是对进入21世纪后的近十年以来，青藏高原天气研究领域中有关高原低涡、西南低涡的若干重要进展作了简要综述，初步总结了相关研究涉及的重要问题及取得的主要成果，在此基础上提出了当前高原天气研究存在的主要科学问题和需要加强的若干方向。

(1)高原典型天气数据集的创建。涉及高原天气系统定义及统计标准的规范、统一,高原低涡、切变线和西南低涡年鉴的连续、及时出版,常规资料和高原试验资料质量控制与开放共享,高原天气系统自动识别技术探索,以及高原天气系统活动指数的创建。

(2)高原低值系统形成的动力学机制、结构特征、影响因子及作用(感热、潜热及加热廓线)。例如:地面感热对高原低涡生成的作用究竟如何?对低涡形成是促进还是抑制?白天加热与夜间加热对低涡生成作用的差异,加热中心与低涡中心的配置对低涡生成的影响。

(3)多尺度相互作用下的高原低值系统及其东移演变机理,移出高原的大尺度条件与影响因子(地形、加热、边界层、水汽)及其在不同阶段的作用。例如:西南低涡与暴雨、正涡度区、水汽与潜热的关系到底如何(学者与预报员的观点经常不同)?是低涡催生前方正涡度区还是正涡度区引导低涡的移动?是"涡生雨"还是"雨生涡"?是低涡降水形成强潜热区还是水汽辐合引起的潜热加热引导低涡的移动?如何更好地刻画高原低值系统的精细结构及其演变?怎样发展改进高原天气分析预报方法与业务系统?

(4)关于西南低涡的成因,已有不少不同的观点,如背风气旋、尾流涡、南支涡、西南风动量输送、热成涡、倾斜涡度发展及斜坡加热强迫等。因此,西南低涡的生成机制,西南低涡及其暴雨的中尺度结构与演变规律等机理问题需要新认识和再认识。例如:是哪些因子控制西南低涡的形成、维持、移动和发展?什么条件下西南低涡容易引发暴雨?移出型与源地型、暴雨型与少雨型的西南低涡有何异同?西南低涡及其物理量场分布与雨区有怎样的配置关系?西南低涡与中尺度对流系统(包括高原移出的 MCC、MCS)有何联系?CloudSat、CALIPSO、IASI、AIRS 等新型卫星云资料在高原天气分析可以发挥什么作用?如何从理论上解释高原两涡的结构特征?中尺度模式如何成功地模拟高原涡旋、高原切变线?从而实现高原天气系统的业务数值预报。

(5)高原低涡与西南低涡的耦合加强作用,高原切变线与高原低涡的关系(切变线对低涡的诱发、涡导效应)。

(6)高原低值系统与低空急流、季风槽(南支槽)、江淮气旋、梅雨锋(东亚梅雨)、热带气旋(台风)的相互作用。

(7)高原低值系统与高原波动(中尺度惯性重力波、涡旋波、准静止行星波)的关系,触发高原下游强天气的方式(直接引发,间接影响)与机理(波能频散,上下游效应)。

(8)高原低涡活动(频数、群发性,移动路径)与高原季节内振荡(双周振荡、低频振荡)的关联。

(9)南亚高压对高原天气的影响以及与青藏高压的关系。

(10)在全球变暖、青藏高原也发生明显气候变化的背景下,高原天气系统活动有无变异?这种变化趋势对我国天气、气候以及极端事件(暴雨、干旱、冰雪)有何影响?高原天气系统空间分布的气候特征和长期变化趋势(年际变化,年代际变化)以及由此对我国天气、气候格局的可能影响。

最后需要指出的是,由于青藏高原天气问题的复杂性,与高原气象学其他分支研究领域(如观测试验、数值模拟、气候变化分析)相比,高原天气研究队伍还比较薄弱、也不够稳定,持续性研究及其成果也不算多。因此,青藏高原天气研究一直是高原气象研究的一个具有重要科学意义与业务应用价值而又急需加强的研究领域。随着气象探测技术的发展和第三次高原

大气科学试验的启动，高原观测资料会不断增多，有可能揭示出新的高原大气现象，提出新的高原天气问题，这些都会促使高原天气的理论研究与业务应用不断产生压力和动力，挑战与机遇并存。我们完全有理由相信，以新一轮高原大规模大气科学试验、公益性行业（气象）科研专项的重大项目以及国家自然科学基金委有关重大计划的实施为契机，青藏高原天气学的研究今后必将成为我国及全球气象研究的热点，青藏高原对我国灾害性天气影响的机理和预测理论的研究将持续、深入地进行。这对于攻克灾害性天气形成机理、预报技术等方面的难点和重点问题，发展高原对我国灾害性天气影响的理论，提高我国暴雨、洪涝、干旱等灾害性天气的预报预测水平的科技支撑能力具有重要意义。

参考文献

白爱娟,刘晓东,刘长海,2011.青藏高原与四川盆地夏季降水日变化的对比分析[J].高原气象,**30**(4):852-859.

包庆,Wang Bin,刘屹岷,等,2008.青藏高原增暖对东亚夏季风的影响—大气环流模式数值模拟研究[J].大气科学,**32**(5):997-1005.

毕研盟,毛节泰,杨光林,等,2004.地基GPS遥感观测安徽地区水汽特征[J].气象科技,**32**(4):225-228.

蔡芗宁,寿绍文,钟青,2006.边界层参数化方案对暴雨数值模拟的影响[J].大气科学学报,**29**(3):364-370.

曹晓岗,丁金才,叶其欣,等,2007.利用GPS反演的水汽资料诊断入梅时间的方法[J].应用气象学报,**18**(6):791-801.

曹钰,苗春生,岳彩军,等,2012.引入对流凝结潜热作用对非均匀饱和大气中非地转湿Q矢量的改进研究[J].高原气象,**31**(1):76-86.

曹云昌,方宗义,李成才,等,2005a.利用GPS和云图资料监测北京地区中小尺度降水的研究[J].高原气象,**24**(1):91-96.

曹云昌,方宗义,夏青,2005b.GPS遥感大气可降水量与局地降雨关系的初步分析[J].应用气象学报,**16**(1):54-59.

陈伯民,钱正安,1995.夏季青藏高原地区降水和低涡的数值预报试验[J].大气科学,**19**(1):63-72.

陈伯民,钱正安,张立盛,1996.夏季青藏高原低涡形成和发展的数值模拟[J].大气科学,**20**(4):491-502.

陈栋,2011.引发川东暴雨的“鞍”型大尺度环流背景及西南涡发展的诊断验证[J].高原山地气象研究,**31**(3):13-22.

陈栋,李跃清,黄荣辉,2007.在“鞍”型大尺度环流背景下西南低涡发展的物理过程分析及其对川东暴雨发生的作用[J].大气科学,**31**(2):185-201.

陈功,李国平,2010.基于WRF的高原低涡内波动特征及空心结构的初步研究.高原山地气象研究,**30**(1):6-11.

陈功,李国平,2011.夏季青藏高原低涡的切向流场及波动特征分析[J].气象学报,**69**(6):956-963.

陈功,李国平,李跃清,2012.近20年来青藏高原低涡的研究进展[J].气象科技进展,**2**(2):6-12.

陈贵川,沈桐立,何迪,2006.江南丘陵和云贵高原地形对一次西南低涡暴雨影响的数值试验[J].高原气象,**25**(2):277-284.

陈华利,1999.飞机颠簸的预报[J].高原山地气象研究,**9**(3):32-33.

陈光华,黄荣辉,2009.西北太平洋低频振荡对热带气旋生成的动力作用及其物理机制[J].大气科学,**33**(2):205-214.

陈娇娜,李国平,黄文诗,等,2009.华西秋雨天气过程中GPS遥感水汽总量演变特征[J].应用气象学报,**20**(6):753-758.

陈静,李川,谌贵珣,2002.低空急流在四川“9.18”大暴雨中的触发作用.气象,**28**(8):24-29.

陈炯,王建捷,2006.北京地区夏季边界层结构日变化的高分辨率模拟对比[J].应用气象学报,**17**(4):403-411.

陈丽芳,高坤,徐亚梅,2004.梅雨锋演变与低涡发展的联系[J].浙江大学学报(理学版),**31**(1):103-109.

陈丽臻,张先荣,陈隆勋,1994.长江流域两个典型旱、涝年大气30-60天低频波差异的初步分析[J].应用气象学报,**4**(5):483-488.

陈隆勋,李维亮,1982.亚洲季风区各月的大气热源结构,全国热带夏季风学术会议文集[C].昆明:云南人民出版社,246-255.

陈隆勋,宋玉宽,刘骥平,1999.从气象卫星资料揭示的青藏高原夏季对流云系的日变化[J].气象学报,**57**(5):

549-560.

陈启智，黄奕武，王其伟，等，2008. 1990-2004 年西南低涡活动的统计研究[J]. 南京大学学报：自然科学版，**43**(6)：633-642.

陈乾，1964. 高原夏季 500 hPa 低涡的初步研究[C]. 兰州天动会议技术资料.

陈涛，张芳华，端义宏，2011. 广西“6.12”特大暴雨中西南涡与中尺度对流系统发展的相互关系研究[J]. 气象学报，**69**(3)：472-485.

陈万隆，刘玉英，1991. 1979 年夏季青藏高原大气热量水平输送的周期振荡事实[J]. 南京气象学院学报，**14**(2)：226-233.

陈永仁，李跃清，2013. “12.7.22”四川暴雨的 MCS 特征及对短时强降雨的影响[J]. 气象，**39**(7)：848-860.

陈玉春，钱正安，1993. 夏季青藏高原地形对其东侧低空急流动力影响的数值模拟[J]. 高原气象，**12**(3)：312-321.

陈忠明，1989. 环境作用与西南低涡移动的初步研究[J]. 高原气象，**8**(4)：301-312.

陈忠明，1990. 西南低涡发生发展的一种动力机制[J]. 四川气象(4)：1-9.

陈忠明，1991. 大尺度环境场影响中低层次天气尺度系统发展和移动的初步研究[J]. 气象学报，**49**(4)：574-580.

陈忠明，1992. 气象场中尺度带通滤波方法研究[J]. 气象学报，**50**(4)：504-510.

陈忠明，1998. 一次强烈发展西南涡的中尺度结构分析[J]. 应用气象学报，**9**(3)：273-282.

陈忠明，黄福均，何光碧，2002. 热带气旋与西南低涡相互作用的个例研究[J]. 大气科学，**26**(3)：353-360.

陈忠明，刘富明，1999. “93.7.29”长江上游突发性特大暴雨过程研究[J]. 高原山地气象研究，**9**(3)：1-5.

陈忠明，闵文彬，2000. 西南低涡的统计研究[C]. 见：陶诗言，陈联寿，徐祥德等主编. 第二次青藏高原大气科学试验理论研究进展. 北京：气象出版社，368-373.

陈忠明，闵文彬，崔春光，2004a. 西南低涡研究的一些新进展[J]. 高原气象，**23**(增刊)：1-5.

陈忠明，闵文彬，崔春光，2007. 暴雨中尺度涡旋系统发生发展的诊断[J]. 暴雨灾害，**26**(1)：29-34.

陈忠明，闵文彬，高文良，等，2006. 一次持续性强暴雨过程的平均特征[J]. 应用气象学报，**17**(3)：273-280.

陈忠明，闵文彬，缪强，等，2004b. 高原涡与西南涡耦合作用的个例诊断[J]. 高原气象，**23**(1)：75-80.

陈忠明，缪强，闵文彬，1998. 一次强烈发展西南低涡的中尺度结构分析[J]. 应用气象学报，**9**(3)：273-282.

陈忠明，徐茂良，闵文彬，等，2003. 1998 年夏季西南低涡活动与长江上游暴雨[J]. 高原气象，**22**(2)：162-167.

成都中心气象台，云南大学物理系气象专业. 1975. 西南低涡形成及其涡源问题[J]. 气象(4)：11-14.

程麟生，1991. “81.8”持续暴雨期中-α 尺度低涡发展的涡度变率及其热源[J]. 高原气象，**10**(4)：337-350.

程麟生，冯伍虎，2002. 中纬度中尺度对流系统研究的若干进展[J]. 高原气象，**21**(4)：337-347.

程麟生，郭英华，1988. “81.7”四川暴雨期西南涡生成和发展的涡源诊断[J]. 大气科学，**12**(1)：18-26.

迟竹萍，李昌义，刘诗军，2006. 一次山东春季大暴雨中螺旋度的应用[J]. 高原气象，**25**(5)：792-799.

楚艳丽，郭英华，张朝林，等，2007. 地基 GPS 水汽资料在北京“7.10”暴雨过程研究中的应用[J]. 气象，**33**(12)：16-22.

崔春光，房春花，胡伯威，等，2000. 地形对低涡大暴雨影响的数值模拟试验[J]. 气象，**26**(8)：14-18.

戴竹君，王黎娟，管兆勇，等，2015. 热带风暴“Bilis”(0604)暴雨增幅前后的水汽输送轨迹路径模拟[J]. 大气科学，**39**(2)：422-432.

邓佳，李国平，2012. 引入地基 GPS 可降水量资料对一次西南涡暴雨水汽场的初步分析[J]. 高原气象，**31**(2)：400-408.

丁金才，黄炎，叶其欣，等，2004. 2002 年台风 Ramasun 影响华东沿海期间可降水量的 GPS 观测和分析[J]. 大气科学，**28**(4)：613-624.

丁一汇，1989. 天气动力学中的诊断分析方法[M]. 北京：科学出版社，255.

丁一汇，2005. 高等天气学(第二版)[M]. 北京：气象出版社，497-500.

丁一汇，胡国权，2003.1998年中国大洪水时期的水汽收支研究[J].气象学报，**61**(2)：129-145.
丁一汇，马晓青，2007.2004/2005年冬季强寒潮事件的等熵位涡分析[J].气象学报，**65**(5)：695-707.
丁治英，丁一汇，1998.副热带高压和对流潜热加热与南海台风的耗散及维持[J].热带气象学报，**14**(4)：306-313.
丁治英，刘京雷，吕君宁，1994.600 hPa高原低涡生成机制的个例探讨[J].高原气象，**13**(4)：411-418.
丁治英，吕君宁，1990.青藏高原低涡东移的数值试验[J].南京气象学院学报，**13**(3)：426-433.
董敏，朱文妹，徐祥德，2001.青藏高原地表热通量变化及其对初夏东亚大气环流的影响[J].应用气象学报，**12**(4)：458-468.
杜倩，2013.梅雨锋中西南低涡云系的卫星观测研究[D].中国气象科学研究院学位论文.
杜倩，覃丹宇，张鹏，2013.一次西南低涡造成华南暴雨过程的FY-2卫星观测分析[J].气象，**39**(7)：821-831.
杜世勇，田勇，潭晓哲，等，2002.济南市局地环流数值预报实验研究[J].中国环境监测，**18**(6)：34-37.
段安民，刘屹岷，吴国雄，2003.4-6月青藏高原热状况与盛夏东亚降水和大气环流的异常[J].中国科学(D辑：地球科学)，**33**(10)：997-1004.
段安民，吴国雄，2005.青藏高原气温的年际变率与大气环状波动模[J].气象学报，**63**(5)：790-798.
段海霞，陆维松，毕宝贵，2008.凝结潜热与地表热通量对一次西南低涡暴雨影响分析[J].高原气象，**27**(6)：1315-1322.
段炼，2006.汛期西南低涡移向频数的年际变化与降水[J].气象，**32**(2)：23-27.
段旭，范学锋，赵培娟，等，2007.一次暴雨过程的螺旋度分布特征分析[J].气象与环境科学，**30**(增刊)：115-119.
段旭，李英，2000.滇中暴雨的湿位涡诊断分析[J].高原气象，**19**(2)：253-259.
段旭，许美玲，孙绩华，等，2003.一次滇西南秋季暴雨的中尺度分析与诊断[J].高原气象，**22**(6)：597-601.
费增坪，郑永光，张焱，等，2008.基于静止卫星红外云图的MCS普查研究进展及标准修订[J].应用气象学报，**19**(1)：82-90.
冯业荣，1997.两类滤波器在中尺度分析中的应用[J].广东气象，**4**：8-10.
傅慎明，赵思雄，孙建华，等，2010.一类低涡切变型华南前汛期致洪暴雨的分析研究[J].大气科学，**34**(2)：235-252.
傅云飞，曹爱琴，李天奕，等，2012.星载测雨雷达探测的夏季亚洲对流与层云降水雨顶高度气候特征[J].气象学报，**70**(3)：436-451.
傅云飞，冯静夷，朱红芳，2005.西太平洋副热带高压下热对流降水结构特征的个例分析[J].气象学报，**63**(5)：750-761.
傅云飞，李宏图，自勇，2007.TRMM卫星探测青藏高原谷地的降水云结构个例分析[J].高原气象，**26**(1)：98-106.
傅云飞，刘栋，王雨，等，2007.热带测雨卫星综合探测结果之“云娜”台风降水云与非降水云特征 [J].气象学报，**65**(3)：316-327.
傅云飞，宇如聪，徐幼平，等，2003.TRMM测雨雷达和微波成像仪对两个中尺度特大暴雨降水结构的观测分析研究[J].气象学报，**61**(4)：421-431.
高安宁，陈见，李生艳，等，2009.两次西南低涡造成广西暴雨差异的对比分析[J].气象科学，**29**(4)：557-563.
高帆，王洪庆，2008.台风麦莎(0509)的数值模拟及结构演变特征分析[J].北京大学学报：自然科学版，**44**(3)：385-390.
高守亭，1983.行星边界层内低涡的环流结构[J].气象学报，**41**(3)：285-295.
高守亭，1987.流场配置及地形对西南低涡形成的动力作用[J].大气科学，**11**(3)：263-271.
高守亭，雷霆，周玉淑，等，2002.强暴雨系统中湿位涡异常的诊断分析[J].应用气象学报，**13**(6)：662-670.
高守亭，平凡，2004.大地形强迫下背风涡旋的实验研究[J].科学通报，**49**(23)：2485-2494.

高万泉，周伟灿，李玉娥，2011. 华北一次强对流暴雨的湿位涡诊断分析[J]. 气象与环境学报，**27**(1)：1-6.
高文华，赵凤生，盖长松，2006. 大气红外探测器(AIRS)温、湿度反演产品的有效性检验及在数值模式中的应用研究[J]. 气象学报，**64**(3)：271-280.
高文良，郁淑华，2007. 高原低涡东移出高原的平均环流场分析[J]. 高原气象，**26**(1)：206-212.
高正旭，王晓玲，李维京，2009. 西南低涡的统计特征及其对湖北降水的影响[J]. 暴雨灾害，**28**(4)：302-305.
葛晶晶，陆汉城，张群，等，2012. 强烈发展的中尺度涡旋影响下持续性暴雨的位涡诊断[J]. 高原气象，**31**(4)：952-962.
龚佃利，吴增茂，傅刚，2005. 一次华北强对流风暴的中尺度特征分析[J]. 大气科学，**29**(3)：453-464.
巩远发，徐美玲，何金海，等，2006. 夏季青藏高原东部降水变化与副热带高原带活动的研究[J]. 气象学报，**649**(1)：90-99.
顾清源，周春花，青泉，等，2008. 一次西南低涡特大暴雨过程的中尺度特征分析[J]. 气象，**34**(4)：39-47.
辜旭赞，徐明，2012. 一次西南涡特大暴雨的中尺度诊断分析[J]. 气象与环境学报，**28**(4)：1-7.
顾震潮，1949. 中国西南低气压形成时期之分析举例[J]. 气象学报，**20**(1-4)：61-63.
国家气候中心，1998. 98 年中国大洪水与气候异常[M]. 北京：气象出版社，139.
郭洁，李国平，陈娇娜，等，2009a. 持续低温雨雪天气中地基 GPS 水汽异常输送信号[C]. 见：中国气象局成都区域气象中心，中国气象局成都高原气象研究所编. 2008 年西南地区东部持续低温雨雪冰冻灾害机理研究和服务评估分析. 北京：气象出版社，109-113.
郭洁，李国平，黄丁发，2008. 基于 40 年探空资料的川渝地区对流层加权平均温度及其局地建模[J]. 武汉大学学报：信息科学版，**33**(增刊)：43-46.
郭洁，李国平，黄文诗，等，2009b. 不同类型降雨过程中 GPS 可降水量的特征分析[J]. 水科学进展，**20**(6)：763-767.
郭洁，李国平，黄文诗，2011. GPS 可降水量与大雾天气关系的初步分析[J]. 自然灾害学报，**20**(4)：142-146.
郭绵钊，1986. 夏季青藏高原低涡东移的初步普查[J]，高原气象，**5**(2)：184-188.
韩瑛，伍荣生，2007. 台风螺旋结构的分析[J]. 南京大学学报：自然科学版，**43**(6)：572-580.
郝丽萍，邓佳，李国平，等，2013. 一次西南涡持续暴雨的 GPS 大气水汽总量特征[J]. 应用气象学报，**24**(2)：230-239.
何编，孙照渤，2010. "0806"华南持续性暴雨诊断分析与数值模拟[J]. 气象科学，**30**(2)：164-171.
何光碧，2006. 高原东侧陡峭地形对一次盆地中尺度涡旋及暴雨的数值试验[J]. 高原气象，**25**(3)：430-441.
何光碧，2012. 西南低涡研究综述[J]. 气象，**38**(2)：155-163.
何光碧，陈静，李川，等，2005. 低涡与急流对"04.9"川东暴雨影响的分析与数值模拟[J]. 高原气象，**24**(6)：1012-1023.
何光碧，高文良，屠妮妮，2009a. 2000—2007 年夏季青藏高原低涡切变线观测事实分析[J]. 高原气象，**28**(3)：549-555.
何光碧，高文良，屠妮妮，2009b. 两次高原低涡东移特征及发展机制动力诊断[J]. 气象学报，**67**(4)：599-612.
何光碧，屠妮妮，张利红，等，2010. 2010 年 7 月 14-18 日四川大暴雨过程区域模式预报性能分析[J]. 高原山地气象研究，**30**(4)：8-17.
何会中，程明虎，周凤仙，2006. 0302 号(鲸鱼)台风降水和水粒子空间分布的三维结构特征 [J]. 大气科学，**30**(3)：491-503.
何平，徐宝祥，周秀骥，等，2002. 地基 GPS 反演大气水汽总量的初步试验[J]. 应用气象学报，**13**(2)：179-183.
何文英，陈洪滨，2006. TRMM 卫星对一次冰雹降水过程的观测分析研究[J]. 气象学报，**64**(3)：364-375.
贺懿华，李才媛，金琪，等，2006. 夏季青藏高原 TBB 低频振荡及其与华中地区旱涝的关系[J]. 高原气象，**25**(4)：658-664.
侯瑞钦，程麟生，冯伍虎，2003. "98.7"特大暴雨低涡的螺旋度和动能诊断分析[J]. 高原气象，**22**(2)：202-208.

胡开喜，陆日宇，王东海，2011. 东北冷涡及其气候影响[J]. 大气科学，**35**(1)：179-191.

胡姝，李英，魏娜，2013. 台风 Nari(0116)登陆台湾过程中结构强度变化的诊断分析[J]. 大气科学，**37**(1)：81-90.

胡燕平，肖刚，惠付梅，等，2005."2004.7"沙澧河流域特大暴雨成因分析[J]. 气象，**31**(12)：32-35.

胡园春，戴京笛，张艳红，2005. 一次暴雨过程的螺旋度场分析[J]. 山东气象，**1**(25)：17-18.

胡祖恒，李国平，官昌贵，等，2014. 中尺度对流系统影响西南低涡持续性暴雨的诊断分析[J]. 高原气象，**33**(1)：116-129.

华维，范广洲，王炳赟，2012. 近几十年青藏高原夏季风变化趋势及其对中国东部降水的影响[J]. 大气科学，**36**(4)：784-794.

黄楚惠，2008. 基于天气动力学诊断分析的高原低涡发生发展机制的研究[D]. 成都信息工程学院硕士学位论文.

黄楚惠，顾清源，李国平，等，2010. 一次高原低涡东移引发四川盆地暴雨的机制分析[J]. 高原气象，**29**(4)：832-839.

黄楚惠，李国平，2007a. 一次东移高原低涡的天气动力学诊断分析[J]. 气象科学，**27**(增刊)：36-42.

黄楚惠，李国平，2007b. 基于卫星观测的两例青藏高原低涡结构的初步分析[J]. 成都信息工程学院学报，**22**(2)：253-259.

黄楚惠，李国平，2009. 基于螺旋度和非地转湿 Q 矢量的一次东移高原低涡强降水过程分析[J]. 高原气象，**28**(2)：319-326.

黄楚惠，李国平，牛金龙，等，2011. 一次高原低涡东移引发四川盆地强降水的湿螺旋度分析[J]. 高原气象，**30**(6)：1427-1434.

黄福均，1986. 西南低涡的合成分析[J]. 大气科学，**10**(4)：402-408.

黄福均，肖洪郁，1989. 西南低涡暴雨的中尺度特征[J]. 气象，**15**(8)：3-9.

黄海波，2005. 位涡分析在新疆暴雨预报中的应用[J]. 干旱气象，**23**(3)：22-25.

黄泓，张铭，2008. 热带气旋螺旋云带动力不稳定的性质[J]. 气象学报，**66**(1)：81-89.

黄会平，张昕，张岑，2007.1949-1998 年中国大洪涝灾害若干特征分析[J]. 灾害学，**22**(1)：73-76.

黄静，朱乾根，1997. 与长江流域旱涝相联系的全球低频环流场[J]. 热带气象学报，**13**(2)：146-157.

黄荣辉，1985. 夏季西藏高原与落基山脉对北半球定常行星波形成的动力作用[J]. 大气科学，**9**(3)：243-250.

黄瑞新，巢纪平，1980. 台风中螺旋云带的线性理论[J]. 大气科学，**4**(2)：148-158.

黄润本，1986. 气象学与气候学[M]. 高等教育出版社，115-117.

黄小梅，肖丁木，焦敏，等，2014. 近 30 年青藏高原大气热源气候特征研究[J]. 高原山地气象研究，**34**(4)：38-43.

黄勇，张晓芳，陆汉城，2006. 平均螺旋度在强降水过程中的诊断分析[J]. 气象科学，**26**(2)：171-176.

冀春晓，陈联寿，赵放，2007. 登陆台风 Matsa 维持机理的数值研究[J]. 气象学报，**65**(6)：888-895.

蒋艳蓉，何金海，温敏，等，2009. 冬、春季青藏高原东侧涡旋对特征及其对我国天气气候的影响[J]. 高原气象，**28**(5)：945-954.

江玉华，杜钦，赵大军，等，2012. 引发四川盆地东部暴雨的西南低涡结构特征研究[J]. 高原气象，**31**(6)：1562-1573.

江勇，赵鸣，汤剑平，等，2002. MM5 中新边界层方案的引入和对比试验[J]. 气象科学(3)：253-263.

江志红，梁卓然，刘征宇，等，2011. 2007 年淮河流域强降水过程的水汽输送特征分析[J]. 大气科学，**35**(2)：361-372.

姜勇强，张维桓，周祖刚，2004. 2000 年 7 月西南低涡暴雨的分析和数值模拟[J]. 高原气象，**23**(1)：55-61.

解明恩，琚建华，卜玉康，1992. 西南低涡 Ekman 层流场特征分析[J]. 高原气象，**11**(1)：31-38.

金祖辉，孙淑清，1996. 东亚大陆冬季风的低频振荡特征[J]. 大气科学，**20**(1)：101-111.

金辉,1993.“三年自然灾害”备忘录[J].社会,**Z2**:15-24.

琚建华,孙丹,吕俊梅,2007.东亚季风涌对我国东部大尺度降水过程的影响分析[J].大气科学,**31**(6):1129-1139.

琚建华,赵尔旭,2005.东亚夏季风区的低频振荡对长江中下游旱涝的影响[J].热带气象学报,**21**(2):163-171.

鞠丽霞,王勤耕,张美根,等,2003.济南市城市热岛和山谷风环流的模拟研究[J].气候与环境研究,**8**(4):467-474.

康岚,郝丽萍,罗玲,等,2013.1002号台风对四川盆地大暴雨的影响分析[J].热带气象学报,**29**(1):169-176.

康岚,郝丽萍,牛俊丽,2011.引发暴雨的西南低涡特征分析[J].高原气象,**30**(6):1435-1443.

康志明,2004.2003年淮河流域持续性大暴雨的水汽输送分析[J].气象,**30**(2):20-24.

孔军,魏鼎文,1991.中尺度强对流云系相互作用与热带气旋形成的数值模拟[J].大气科学,**15**(3):105-110.

孔期,Ghulam R,赵思雄,2005.一次引发南亚大暴雨的季风低压结构、涡度与水汽收支分析[J].气候与环境研究,**10**(3):526-542.

赖绍钧,何芬,陈海山,等,2012.华南前汛期福建一次致洪暴雨过程的中尺度结构特征[J].高原气象,**31**(1):167-175.

雷雨顺,1986.能量天气学[M].北京:气象出版社,24-34.

雷小途,陈联寿,2001.热带气旋的登陆及其与中纬度环流系统相互作用的研究[J].气象学报,**59**(5):602-615.

雷正翠,任健,马镜娴,等,2006.一次江淮梅雨中的涡旋合并过程分析[J].南京气象学院学报,**29**(3):358-363.

李成才,毛节泰,1998.GPS地基遥感大气水汽总量分析[J].应用气象学报,**9**(4):470-477.

李成才,毛节泰,李建国,等,1999.全球定位系统遥感水汽总量[J].科学通报,**44**(3):333-336.

李川,陈静,何光碧,2006.青藏高原东侧陡峭地形对一次极端降水过程的影响[J].高原气象,**25**(3):442-450.

李崇银,廖青海,1998.热带大气季节内振荡激发EI-Nino的机制[J].热带气象学报,**14**(1):97-105.

李崇银,潘静,田华,等,2012.西太平洋台风活动与大气季节内振荡[J].气象,**38**(1):1-16.

李崇银,周亚萍,1994.热带大气季节内振荡与ENSO的相互关系[J].地球物理学报,**37**(1):17-26.

李翠金,1996.中国暴雨洪涝灾害的统计分析[J].灾害学,**11**(1):59-63.

李德俊,李跃清,柳草,等,2009.TRMM卫星资料对“07.7”川南特大暴雨的诊断研究[J].暴雨灾害,**28**(3):235-240.

李德俊,李跃清,柳草,等,2010.基于TRMM卫星探测对宜宾夏季两次暴雨过程的比较分析[J].气象学报,**68**(4):559-568.

李典,白爱娟,黄盛军,2012.利用TRMM卫星资料对青藏高原地区强对流天气特征分析[J].高原气象,**31**(2):304-311.

李栋梁,李维京,魏丽,等,2003.青藏高原地面感热及其异常的诊断分析[J].气候与环境研究,**8**(1):71-83.

李斐,李建平,李艳杰,等,2012.青藏高原绕流和爬流的气候学特征[J].大气科学,**36**(6):1236-1252.

李国翠,李国平,陈小雷,2011.强降雪天气中GPS可降水量与地面空气湿度量的综合分析[J].高原气象,**30**(6):1626-1632.

李国翠,李国平,连志鸾,等,2008.不同云系降水过程中GPS可降水量的特征[J].高原气象,**27**(5):1066-1073.

李国平,2007.青藏高原动力气象学(第二版)[M].北京:气象出版社,19-224.

李国平,2011.地基GPS水汽监测技术及气象业务化应用系统研究进展[J].大气科学学报,**34**(4):385-392.

李国平,段廷扬,巩远发,2000.青藏高原西部地区的总体输送系数和地面通量[J].科学通报,**45**(8):865-869.

李国平,黄丁发,郭洁,等,2010.地基GPS气象学[M],北京:科学出版社,5-25.

李国平，蒋静，2000. 一类奇异孤波解及其在高原低涡结构分析中的应用[J]. 气象学报，**58**(4)：447-455.

李国平，刘红武，2006. 地面热源强迫对青藏高原低涡作用的动力学分析[J]. 热带气象学报，**22**(6)：632-637.

李国平，刘晓冉，黄楚惠，等，2011. 夏季青藏高原低涡结构的动力学研究[J]. 成都信息工程学院学报，**26**(5)：461-469.

李国平，刘行军，1994. 西南低涡暴雨的湿位涡诊断分析[J]. 应用气象学报，**5**(3)：354-360.

李国平，卢会国，黄楚惠，等，2016. 青藏高原夏季地面热源的气候特征及其对高原低涡生成的影响[J]. 大气科学，**41**(1)：131-141.

李国平，万军，卢敬华，1991. 暖性西南低涡形成的一种机制[J]. 应用气象学报，**2**(1)：91-99.

李国平，徐琪，2005. 边界层动力"抽吸泵"对青藏高原低涡的作用[J]. 大气科学，**29**(6)：965-972.

李国平，杨小怡，1998. 热源强迫对非线性重力内波影响的初步分析[J]. 大气科学，**22**(5)：791-797.

李国平，赵邦杰，杨锦青，2002. 地面感热对青藏高原低涡流场结构及发展的作用[J]. 大气科学，**26**(4)：519-525.

李国平，赵福虎，黄楚惠，等，2014. 基于 NCEP 资料的近 30 年夏季青藏高原低涡的气候特征[J]. 大气科学，**38**(4)：756-769.

李国庆，陈瑞荣，杨广基，等，1976. 青藏高原东南部低涡的初步模拟实验[J]. 中国科学，**19**(3)：286-294.

黎惠金，李江南，肖辉，等，2010. 2008 年初中国南方低温雨雪冰冻事件的等熵位涡分析[J]. 高原气象，**29**(5)：1196-1207.

李家伦，洪钟祥，孙菽芬，2000. 青藏高原西部改则地区大气边界层特征[J]. 大气科学，**24**(3)：301-312.

李侃，徐海明，2012. 西风带高空槽对登陆我国变性热带气旋的影响及其机理研究[J]. 大气科学，**36**(3)：607-618.

李鲲，徐幼平，宇如聪，等，2005. 梅雨锋上三类暴雨特征的数值模拟比较研究[J]. 大气科学，**29**(2)：236-248.

李立，1992. 高原北侧降水过程的等熵位涡分析[J]. 高原气象，**11**(3)：267-274.

李林，陈晓光，王振宇，等，2010. 青藏高原区域气候变化及其差异性研究[J]. 气候变化研究进展，**6**(3)：181-186.

李茂善，马耀明，胡泽勇，等，2004. 藏北那曲地区大气边界层特征分析[J]. 高原气象，**23**(5)：728-733.

李明，高维英，侯建忠，等，2013. 一次西南涡东北移对川陕大暴雨影响的分析[J]. 高原气象，**32**(1)：133-144.

李强，刘德，王中，等，2013. 一次台风远距离作用下的西南低涡大暴雨个例分析[J]. 高原气象，**32**(3)：718-727.

李青春，张朝林，楚艳丽，等，2007. GPS 遥感大气可降水量在暴雨天气过程分析中的应用[J]. 气象，**33**(6)：52-57.

李锐，傅云飞，赵萍，2005. 热带测雨卫星的测雨雷达对 1997/1998 EI Niño 后期热带太平洋降水结构的研究[J]. 大气科学，**29**(2)：225-235.

李瑞青，吕世华，韩博，等，2012. 青藏高原东部三种再分析资料与地面气温观测资料的对比分析[J]. 高原气象，**31**(6)：1488-1502.

李世刚，梁涛，彭盼盼，等，2007. "07.5"湖北大暴雨的中尺度系统及降水成因分析[J]. 暴雨灾害，**26**(3)：230-235.

李修芳，宠秋实，1982. 一次华北大雪的卫星云图分析[J]. 气象，**8**(2)：10-11.

李延兴，徐宝祥，胡新康，等，2001. 应用地基 GPS 技术遥感大气柱水汽量的试验研究[J]. 应用气象学报，**12**(1)：61-68.

李英，陈联寿，雷小途，2005. Winnie (1997) 和 Bilis (2000) 变性过程的湿位涡分析[J]. 热带气象学报，**21**(2)：142-152.

李英，陈联寿，王继志，2004. 登陆热带气旋长久维持与迅速消亡的大尺度环流特征[J]. 气象学报，**62**(2)：167-179.

李永华，卢楚涵，徐海明，等，2011. 夏季青藏高原大气热源与西南地区东部旱涝的关系[J]. 大气科学，**35**(3)：422-434.
李玉兰，1982. 7909号台风螺旋云带的分析[J]. 大气科学，**6**(4)：460-466.
李跃清，1996. 1981和1982年夏半年高原地区低频振荡与南亚高压活动[J]. 高原气象，**15**(3)：276-281.
李跃清，黄仪方，1994. 西南低涡暴雨的边界层诊断分析[J]. 高原山地气象研究(3)：21-25.
李跃清，赵兴炳，邓波，2010. 2010年夏季西南涡加密观测科学试验[J]. 高原山地气象研究，**30**(4)：80-84.
李跃清，赵兴炳，张利红，等，2012. 2012年夏季西南涡加密观测科学试验[J]. 高原山地气象研究，**32**(4)：1-8.
李云川，张迎新，马翠平，等，2012. 热带低压远距离对西南涡稳定加强的作用[J]. 高原气象，**31**(6)：1551-1561.
李子良，陈会芝，1999. 飞机颠簸的气象条件分析[J]. 高原山地气象研究，**19**(2)：22-23.
梁红丽，段旭，符睿，等，2012. 影响云南的西南低涡统计特征[J]. 高原气象，**31**(4)：1066-1073.
梁卓然，江志红，刘征宇，等，2011. 基于拉格朗日方法的气流轨迹模式在判定南海夏季风爆发时间中的应用分[J]. 热带气象学报，**27**(3)：357-364.
廖菲，胡娅敏，洪延超，2009. 地形动力作用对华北暴雨和云系影响的数值研究[J]. 高原气象，**28**(1)：115-126.
廖晓农，倪允琪，何娜，等，2013. 导致“7·21”特大暴雨过程水汽异常充沛的天气尺度动力过程分析研究[J]. 气象学报，**1**(6)：997-1011.
林志强，周振波，假拉，2013. 高原低涡客观识别方法及其初步应用[J]. 高原气象，**32**(6)：1580-1588.
柳草，李跃清，李德俊，2009. 高原低涡移出高原的动力结构特征分析[J]. 高原山地气象研究，**29**(3)：8-11.
柳典，刘晓阳，2009. 地基GPS遥感观测北京地区水汽变化特征[J]. 应用气象学报，**20**(3)：346-352.
刘富明，杜文杰，1987. 触发四川盆地暴雨的高原涡的形成和东移. 见：夏半年青藏高原对我国天气的影响[M]. 北京：科学出版社，123-134.
刘富明，濮梅娟，1986. 东移的青藏高原低涡的研究[J]. 高原气象，**5**(2)：125-134.
刘国忠，丁治英，贾显锋，2006. 影响华南地区西南低涡活动的统计研究[J]. 广西气象，**27**(4)：16-19.
刘国忠，丁治英，贾显锋，等，2007. 影响华南地区西南低涡及致洪低涡活动的统计研究[J]. 气象，**33**(1)：45-50.
刘汉华，寿绍文，周军，2007. 非地转湿Q矢量的改进及其应用[J]. 南京气象学院学报，**30**(1)：86-93.
刘红武，李国平，2008. 近三十年西南低涡研究的回顾与展望[J]. 高原山地气象研究，**28**(2)：68-73.
刘红燕，苗曼倩，2001. 青藏高原大气边界层特征初步分析[J]. 南京大学学报：自然科学版，**37**(3)：348-357.
刘建文，郭虎，李耀东，等，2005. 天气分析预报物理量计算基础[M]. 北京，气象出版社，32-33.
刘式适，刘式达，1991. 大气动力学[M]. 北京：北京大学出版社，77-137.
刘熙明，胡非，李磊，2006. 北京市夏季城市热岛特征及其近地层气象场分析[J]. 中国科学院大学学报，**23**(1)：70-76.
刘晓冉，李国平，2006. 青藏高原低涡研究的回顾与展望[J]. 干旱气象，**24**(1)：60-66.
刘晓冉，李国平，2007. 热力强迫的非线性奇异惯性重力内波与高原低涡的联系[J]. 高原气象，**26**(2)：225-231.
刘晓冉，李国平，2014. 一次东移型西南低涡的数值模拟及位涡诊断[J]. 高原气象，**33**(5)：1204-1216.
刘晓冉，李国平，程炳岩，2008. 青藏高原前期冬春季地面热源与我国夏季降水关系的初步分析[J]. 大气科学，**32**(3)：561-571.
刘学锋，于长文，任国玉，2005. 河北省城市热岛强度变化对区域地表平均气温序列的影响[J]. 气候与环境研究，**10**(4)：763-770.
刘屹岷，吴国雄，宇如聪，等，2001. 热力适应、过流、频散和副高Ⅱ. 水平非均匀加热与能量频散[J]. 大气科学，**25**(3)：317-328.
刘英，王东海，张中锋，等，2012. 东北冷涡的结构及其演变特征的个例综合分析[J]. 气象学报，**70**(3)：

354-370.

刘正礼,1992.一次西南涡暴雨的雷达回波分析[J].四川气象(1):54-55.

龙振夏,李崇银,2001.热带低层大气30-60低频动能的年际变化与ENSO循环[J].大气科学,**6**(6):798-808.

陆尔,丁一汇,1996.1991年江淮特大暴雨与东亚大气低频振荡[J].气象学报,**54**(6):730-736.

陆汉城,2004.中尺度天气原理和预报[M].北京:气象出版社,97-102.

陆汉城,钟科,张大林,2001.1992年Andrew飓风的中尺度特征[J].大气科学,**25**(6):827-836.

陆汉城,钟玮,张大林,2007.热带风暴中波动特征的研究进展和问题[J].大气科学,**31**(6):1140-1150.

陆慧娟,高守亭,2003.螺旋度及螺旋度方程的讨论[J].气象学报,**61**(6):684-691.

卢敬华,1986.西南低涡概论[M].北京:气象出版社.

卢敬华,1995.一类低涡孤立波解的特征分析[J].热带气象学报,**11**(2):162-169.

卢敬华,雷小途,1996.西南低涡移动的初步分析[J].成都气象学院学报,**11**(1):40-49.

卢敬华,王赛西,1985.500 mb流场对西南低涡的牵引[J].四川气象,**2**:1-4.

卢萍,李跃清,郑伟鹏,等,2014.影响华南持续性强降水的西南涡分析和数值模拟[J].高原气象,**33**(6):1457-1467.

卢萍,宇如聪,周天军,2009.四川盆地西部暴雨对初始水汽条件敏感性的模拟研究[J].大气科学,**33**(2):241-250.

罗慧,刘勇,冯桂力,等,2009.陕西中部一次超强雷暴天气的中尺度特征及成因分析[J].高原气象,**28**(4):816-826.

骆美霞,朱抱真,张学洪,1983.青藏高原对东亚纬向型环流形成的动力作用[J].大气科学,**7**(2):145-152.

罗四维,1977.青藏高原东侧动力性低涡形成机理的分析[J].气象科技(天气分析预报副刊):54-65.

罗四维,1989.有关青藏高原天气和环流研究工作的回顾[J].高原气象,**8**(2):121-126.

罗四维,1992.青藏高原及其邻近地区几类天气系统的研究[M].北京:气象出版社.

罗四维,何梅兰,刘晓东,1993.关于夏季青藏高原低涡的研究[J].中国科学(B辑),**23**(7):778-784.

罗四维,王安宁,等,1984.夏季青藏高原对它附近流场影响的数值试验[J].高原气象,**3**(2):19-30.

罗四维,王玉佩,1984.1979年5-8月青藏高原地区天气系统的统计分析.青藏高原气象科学试验文集(一)[M].北京:科学出版社,269-278.

罗四维,魏丽,1985.青藏高原对1979年5月一次西风槽切断过程影响的天气动力分析[J].高原气象,**3**(1):19-29.

罗四维,许宝玉,惠小英,等,1990.青藏高原地区500 hPa FGGEⅢ_b风场订正方法及其分析[J].高原气象,**9**(1):1-12.

罗四维,杨洋,1992.一次青藏高原夏季低涡的数值模拟研究[J].高原气象,**11**(1):39-48.

罗四维,杨洋,吕世华,1991.一次青藏高原夏季低涡的诊断分析研究[J].高原气象,**10**(1):1-11.

吕俊梅,琚建华,任菊章,等,2012.热带大气MJO活动异常对2009—2010年云南极端干旱的影响[J].中国科学(D辑),**42**(4):599-613.

吕君宁,钱正安,单扶民,等,1984.夏季青藏高原低涡的综合结构.青藏高原气象科学试验文集(二)[M].北京:科学出版社,195-205.

马红,郑翔飚,胡勇,等,2010.一次西南涡引发MCC暴雨的卫星云图和多普勒雷达特征分析[J].大气科学学报,**33**(6):688-696.

马静,徐海明,董昌明,2014.大气对黑潮延伸区中尺度海洋涡旋的响应—冬季暖、冷涡个例分析[J].大气科学,**38**(3):438-452.

马宁,李跃凤.琚建华,2011.2008年初中国南方低温雨雪冰冻天气的季节内振荡特征[J].高原气象,**30**(2):318-327.

马振峰,1994.大气中低频重力波指数与西南低涡发展及其暴雨的关系[J].高原气象,**13**(1):50-55.

马振锋，汪之义，1993. 西南低涡活动的若干统计分析[J]. 高原山地气象研究(2)：11-15.

孟妙志，2003. K 指数在暴雨分析预报中的应用[J]，气象，**29**(8)：(封二，封三).

孟智勇，徐祥德，陈联寿，2002. 卫星亮温资料四维同化方案及其对“7.20”武汉特大暴雨的模拟试验[J]. 大气科学，**26**(5)：663-676.

缪锦海，刘家铭，1991. 东亚夏季风降水中 30-60 天低频振荡[J]. 大气科学，**15**(5)：65-71.

缪强，1999. 青藏高原天气系统与背风坡浅薄天气系统耦合相互作用的特征分析[J]. 四川气象，**19**(3)：18-22.

缪强，刘波，1999. 青藏高原天气系统与背风坡浅薄天气系统耦合相互作用的特征分析[J]. 高原山地气象研究，**9**(3)：18-22.

母灵，李国平，2013. 复杂地形对西南低涡生成和移动影响的数值试验分析[J]. 成都信息工程学院学报，**28**(3)：241-248.

倪成诚，李国平，熊效振，2013. AIRS 资料在川藏地区适用性的验证[J]. 山地学报，**31**(6)：656-663.

潘静，李崇银，宋洁，2010. 热带大气低频振荡对西北太平洋台风的调制作用[J]. 大气科学，**34**(6)：1059-1070.

彭贵康，1994. 青衣江流域“93.7”特大暴雨天气分析[J]. 高原山地气象研究(2)：1-9.

彭新东，程麟生，1992. 高原东侧低涡切变线发展的个例数值研究—Ⅰ. 分析和诊断[J]. 兰州大学学报：自然科学版，**28**(2)：163-168.

彭新东，程麟生，1994. 高原东侧低涡切变线发展的个例数值研究—Ⅱ. 中尺度数值模拟[J]. 兰州大学学报：自然科学版，**30**(1)：124-131.

彭玉萍，何金海，陈隆勋，等，2012. 1981-2000 年夏季青藏高原大气热源低频振荡特征及其影响[J]. 热带气象学报，**28**(3)：330-338.

濮梅娟，刘富明，1989. 一次夏季西南低涡形成机理的数值试验[J]. 高原气象，**8**(4)：321-329.

钱正安，顾弘道，颜宏，等，1990. 四川“81.7”特大暴雨和西南涡的数值模拟[J]. 气象学报，**48**(4)：415-423.

钱正安，何驰，1989. 郭型积云对流参数化方案的对比试验及潜热加热效应[J]. 高原气象，**8**(3)：217-227.

钱正安，焦彦军，1997. 青藏高原气象学的研究进展和问题[J]. 地球科学进展，**12**(3)：207-216.

钱正安，单扶民，1984a. 雨季中高原西部初生涡的分析. 青藏高原气象科学试验文集(一)[M]. 北京：科学出版社，229-242.

钱正安，单扶民，吕君宁，等，1984b. 1979 年夏季青藏高原低涡的统计分析及低涡产生的气候因子探讨. 青藏高原气象科学试验文集(二)[M]. 北京：科学出版社，182-194.

乔枫雪，赵思雄，孙建华，2007. 一次引发暴雨的东北低涡的涡度和水汽收支分析[J]. 气候与环境研究，**12**(3)：397-412.

乔全明，1987. 夏季 500 hPa 移出高原低涡的背景场分析[J]. 高原气象，**1**(6)：45-54.

乔全明，张雅高，1994. 青藏高原天气学[M]. 北京：气象出版社.

秦剑，等，1997. 低纬高原天气气候[M]. 北京：气象出版社.

秦剑，刘瑜，1989. “低纬高原”上南北低涡结合的强暴雨过程分析[J]. 气象，**15**(3)：24-28.

青藏高原低值系统会战组，1977. 盛夏青藏高原低值系统. 气象(9)：4-7.

青藏高原低值系统研究协作组，1978. 盛夏青藏高原低涡发生发展的初步研究[J]. 中国科学，**21**(3)：341-350.

青藏高原科学实验文集编辑组，1984. 青藏高原科学实验文集(一)[M]. 北京：科学出版社.

青藏高原科学实验文集编辑组，1984. 青藏高原科学实验文集(二)[M]. 北京：科学出版社.

青藏高原科学实验文集编辑组，1987. 青藏高原科学实验文集(三)[M]. 北京：科学出版社.

青藏高原科学研究拉萨会战组，1981. 夏半年青藏高原 500 毫巴低涡切变线的研究[M]. 北京：科学出版社.

青藏高原气象会议论文集编辑小组，1981. 青藏高原气象会议论文集(1977-1978)[M]. 北京：科学出版社.

邱明宇，陆维松，陶丽，2004. ENSO 事件对中高纬大气低频振荡的调频作用[J]. 南京气象学院学报，**27**(3)：365-373.

邱明宇，陆维松，王尚荣，2006. ENSO 事件与北半球中高纬低频振荡[J]. 热带气象学报，**27**(3)：365-373.

冉令坤，楚艳丽，2009. 强降水过程中垂直螺旋度和散度通量及其拓展形式的诊断分析[J]. 物理学报，**58**(11)：8094-8106.

任福民，王小玲，陈联寿，2008. 登陆中国大陆、海南和台湾的热带气旋及相互关系[J]. 气象学报，**66**(2)：227-235.

任余龙，寿绍文，李耀辉，2007. 西北区东部一次大暴雨过程的湿位涡诊断与数值模拟[J]. 高原气象，**26**(2)：344-352.

任振球，2002. 全球重力异常对大气活动中心气旋多发区的影响[J]. 地球物理学报，**45**(3)：313-318.

荣涛，2004. 柴达木低涡特征及其预报[J]. 干旱气象，**22**(3)：26-31.

芮良生，刘富明，滕家谟，1987. 青藏高原低涡对江淮流域强降水的影响. 夏半年青藏高原对我国天气的影响[M]. 北京：科学出版社，142-150.

桑建国，张治坤，张伯寅，2000. 热岛环流的动力学分析[J]. 气象学报，**30**(3)：321-327.

沈沛丰，张耀存，2011. 四川盆地夏季降水日变化的数值模拟[J]. 高原气象，**30**(4)：860-868.

沈如贵，林新彬，夏志强，等，1983. 印度季风槽的活动对我国西南低涡形成及发展的作用[J]. 中山大学学报(2)：64-72.

沈桐立，崔丽曼，陈海山，2009. 2002 年 6 月 14-15 日暴雨的诊断分析和数值试验[J]. 大气科学学报，**32**(4)：483-489.

石定朴，朱文琴，王洪庆，等，1996. 中尺度对流系统红外云图云顶黑体温度的分析[J]. 气象学报，**26**(5)：600-611.

寿绍文，王祖锋，1998. 1991 年 7 月上旬贵州地区暴雨过程物理机制的诊断研究[J]. 气象科学，**18**(3)：231-238.

四川省气象局，1986. 四川大范围强暴雨天气过程. 四川省短期天气预报手册(下)[R]. 120-135.

宋敏红，钱正安，2002. 高原及冷空气对 1998 和 1991 年夏季西太副高及雨带的影响[J]. 高原气象，**21**(6)：556-564.

宋淑丽，朱文耀，丁金才，等，2003. 上海 GPS 综合应用网对 2002 年长江三角洲地区入梅过程的监测[J]. 天文学进展，**21**(2)：180-184.

宋雯雯，李国平，2010. 高原低涡结构特征模拟与诊断的初步研究[J]. 成都信息工程学院学报，**25**(3)：281-285.

宋雯雯，李国平，2011. 一次高原低涡过程的数值模拟与结构特征分析[J]. 高原气象，**30**(2)：267-276.

宋雯雯，李国平，唐钱奎，2012. 加热和水汽对两例高原低涡影响的数值试验[J]. 大气科学，**36**(1)：117-129.

孙长，毛江玉，吴国雄，2009. 大气季节内振荡对夏季西北太平洋热带气旋群发性的影响[J]. 大气科学，**33**(5)：950-958.

孙国武，1987. 夏半年青藏高原对我国天气的影响. 青藏高原气象科学研究成果在天气预报工作中的应用[M]. 北京：科学出版社，1-11.

孙国武，陈葆德，1988a. 青藏高原上空大气低频波的振荡及其经向传播[J]. 大气科学，**12**(3)：250-257.

孙国武，陈葆德，1988b. 初夏青藏高原低涡发展东移的动力过程[J]. 气象科学研究院院刊，**3**(1)：56-63.

孙国武，陈葆德，1994. 青藏高原大气低频振荡与高原低涡群发性的研究[J]. 大气科学，**18**(1)：113-121.

孙国武，陈葆德，吴继成，等，1987. 大尺度环境场对青藏高原低涡发展东移的动力作用[J]. 高原气象，**6**(3)：225-233.

孙国武，陈葆德，吴继成，等，1989. 盛夏青藏高原低涡发展东移的动能收支过程[J]. 高原气象，**8**(4)：313-320.

孙建华，张小玲，卫捷，等，2005. 20 世纪 90 年代华北大暴雨过程特征的分析研究[J]. 气候与环境研究，**10**(3)：492-506.

孙石阳，刘淑琼，2002. 邵阳市西南低涡型暴雨预报方法[J]. 贵州气象，**26**(2)：21-23.

孙淑清，1980. 低空急流及其与暴雨的关系. 大连暴雨会议文集[M]. 长春：吉林省人民出版社，40-46.

陶建军,李朝奎,2008. 流体涡旋中螺旋波不稳定发展的理论研究[J]. 地球物理学报,**51**(3):650-656.
陶杰,陈久康,1994. 江淮梅雨暴雨的水汽源地及其输送通道[J]. 南京气象学院学报,**17**(4):443-447.
陶丽,李国平,2011. 一次西南低涡诱发川南特大暴雨的综合诊断[J]. 气象科技进展,**1**(1):45 -49.
陶丽,李国平,2012. 对流涡度矢量垂直分量在西南涡暴雨中的作用[J]. 应用气象学报,**23**(6):702-209.
陶诗言,1980. 中国之暴雨[M]. 北京:科学出版社,1-225.
陶诗言,陈联寿,徐祥德,等,1999. 第二次青藏高原大气科学试验理论研究进展(一)[M]. 北京:气象出版社.
陶诗言,陈联寿,徐祥德,等,2000. 第二次青藏高原大气科学试验理论研究进展(二)[M]. 北京:气象出版社,368-396.
陶诗言,陈联寿,徐祥德,等,2000. 第二次青藏高原大气科学试验理论研究进展(三)[M]. 北京:气象出版社,1-80.
陶诗言,罗四维,张鸿材,1984. 1979 年 5-8 月青藏高原气象科学实验及其观测系统[J]. 气象,**10**(7):2-5.
陶诗言,赵思雄,周晓平,等,2003. 天气学和天气预报的研究进展[J]. 大气科学,**27**(4):451-467.
田红,郭品文,陆维松,2004. 中国夏季降水的水汽通道特征及其影响因子分析[J]. 热带气象学报,**20**(4):401-408.
田珊儒,段安民,王子谦,等,2015. 非绝热加热与高原低涡和对流系统相互作用的一次个例研究[J]. 大气科学,**39**(1):125-136.
田永祥,寿绍文,1998. 双热带气旋相互作用的研究[J]. 气象学报,**56**(5):584-593.
佟华,陈仲良,桑建国,2004. 城市边界层数值模式研究以及在香港地区复杂地形下的应用[J]. 大气科学,**28**(6):957-978.
屠妮妮,陈静,何光碧,2008. 高原东侧一次大暴雨过程动力热力特征分析[J]. 高原气象,**27**(4):796-805.
屠妮妮,何光碧,2010. 两次高原切变线诱发低涡活动的个例分析[J]. 高原气象,**29**(1):90-98.
王澄海,崔洋,靳双龙,等,2009. 南海夏季风强弱年青藏高原地区春季大气的低频振荡特征[J]. 自然科学进展,**19**(11):1194-1202.
王东海,杨帅,钟水新,等,2009. 切变风螺旋度和热成风螺旋度在东北冷涡暴雨中的应用[J]. 大气科学,**33**(6):1238-1246.
王革丽,陈万隆,1997. 植被和土壤湿度对西南低涡降水影响的敏感性试验[J]. 高原气象,**16**(3):243-249.
王慧,丁一汇,何金海,2006. 西北太平洋夏季风的变化对台风生成的影响[J]. 气象学报,**64**(3):345-356.
王赛西,1992. 西南低涡形成的气候特征与角动量输送的关系[J]. 高原气象,**11**(2):144-151.
王淑静,1998. 螺旋度与区域暴雨落区. 省地气象台短期预报岗位培训教材[M]. 北京:气象出版社,121-123.
王同美,吴国雄,应明,2011. NCEP/NCAR(Ⅰ、Ⅱ)和 ERA40 再分析加热资料比较[J]. 中山大学学报:自然科学版,**50**(5):128-134.
王晓芳,廖移山,闵爱荣,等,2007. 影响“05-6-25”流域暴雨的西南低涡特征[J]. 高原气象,**6**(1):197-205.
王小勇,1994. 乐山市“93.7.29”大暴雨天气过程分析[J]. 高原山地气象研究(4):1-4.
王信,励申申,寿绍文,1991. 带通滤波及其平滑滤波的实例效果比较[J]. 气象科学,**11**(3):319-326.
王鑫,李跃清,蒋兴文,2008. 青藏高原低涡群发性的初步研究[J]. 高原山地气象研究,**28**(1):47-51.
王鑫,李跃清,郁淑华,等,2009. 青藏高原低涡活动的统计研究[J]. 高原气象,**28**(1):64-71.
王学佳,杨梅学,万国宁,2013. 近 60 年青藏高原地区地面感热通量的时空演变特征[J]. 高原气象,**32**(6):1557-1567.
王雪梅,2003. 广州地区局地环流的数值模拟[J]. 高原气象,**22**(2):197-201.
王颖,张镭,胡菊,等,2010. WRF 模式对山谷城市边界层模拟能力的检验及地面气象特征分析[J]. 高原气象,**29**(6):1397-1407.
王永忠,1999. 利用风资料判断飞机颠簸的一种方法[J]. 成都信息工程学院学报(4):336-341.
王永忠,朱伟军,2001. 边界层急流型重力波飞机颠簸的一种形成机制[J]. 大气科学学报,**24**(3):429-432.

王作述,汪迎辉,梁益国,1996.一次西南低涡暴雨的数值试验研究.暴雨科学试验、业务试验和天气动力学理论的研究[M].北京:气象出版社,257-267.

韦统键,1988.一次西南低涡流场中的分析[J].气象科学(3):64-70.

韦统键,薛建军,1996.影响江淮地区的西南涡中尺度结构特征[J].高原气象,**15**(4):456-463.

吴宝俊,许晨海,刘岩英,等,1996.螺旋度在分析一次三峡大暴雨中的应用[J].应用气象学报,**7**(1):108-112.

吴国雄,蔡雅萍,1997.风垂直切变和下滑倾斜涡度发展[J].大气科学,**21**(3):273-282.

吴国雄,蔡雅萍,唐晓箐,1995.湿位涡和倾斜涡度发展[J].气象学报,**53**(4):387-404.

吴国雄,刘还珠,1999.全型垂直涡度倾向方程和倾斜涡度发展[J].气象学报,**57**(1):2-16.

吴国雄,刘屹岷,2000.热力适应、过流、频散和副高Ⅰ.热力适应和过流[J].大气科学,**24**(4):433-446.

吴国雄,刘屹岷,刘新,等,2005.青藏高原加热如何影响亚洲夏季的气候格局[J].大气科学,**29**(1):47-56.

吴国雄,张永生,1998.青藏高原的热力和机械强迫作用以及亚洲季风的爆发Ⅰ:爆发地点[J].大气科学,**22**(6):825-838.

吴国雄,张永生,1999.青藏高原的热力和机械强迫作用以及亚洲季风的爆发Ⅱ:爆发时间[J].大气科学,**23**(1):51-61.

吴限,费建芳,黄小刚,等,2011.西北太平洋双热带气旋相互作用统计分类及其特征分析[J].热带气象学报,**27**(4):455-464.

吴永森,1964.青藏高原地区 500 hPa 低涡的天气气候分析[C].青海省气象论文集(2).

夏大庆,郑良杰,董双林,等,1983.气象场的几种中尺度分离及其比较[J].大气科学,**7**(3):303-311.

向朔育,李跃清,2011.TRMM 对"10.7"四川盆地暴雨降水的三维结构分析[C].第二十八届中国气象学会年会会议论文集.

肖红茹,顾清源,何光碧,等,2009.一次大暴雨过程中高原低涡与西南低涡相互作用机制探讨[J].暴雨灾害,**28**(1):14-20.

肖玉华,何光碧,顾清源,等,2010.边界层参数化方案对不同性质降水模拟的影响[J].高原气象,**29**(2):331- 339.

谢安,叶谦,1987.OLR 低频振荡与西太平洋台风活动的探讨[J].气象,**13**(10):8-13.

谢安,叶谦,陈隆勋,1989.青藏高原及其附近地区大气周期振荡在 OLR 资料上的反映[J],气象学报,**47**(3):272-278.

谢明恩,琚建华,卜玉康,1992.西南低涡 Ekman 层流场特征分析[J].高原气象,**11**(1):31-38.

徐桂荣,崔春光,2009.青藏高原东部及下游关键区大气边界层高度的观测分析[J].暴雨灾害,**28**(2):112-118.

徐国强,朱乾根,2000.1998 年青藏高原大气低频振荡的结构特征分析[J].南京气象学院学报,**23**(4):505-514.

徐国强,朱乾根,2002.青藏高原大气低频振荡的源、汇特征分析[J].南京气象学院学报,**23**(4):358-366.

徐国强,朱乾根,白志虎,2003.1998 年青藏高原降水特征及大气 LFO 对长江流域低频降水的影响[J].气象科学,**23**(3):282-291.

徐文慧,倪允琪,汪小康,等,2010.登陆台风内中尺度强对流系统演变机制的湿位涡分析[J].气象学报,**68**(1):88-101.

徐祥德,2009.青藏高原"敏感区"对我国灾害天气气候的影响及其监测[J].中国工程科学,**11**(10):96-107.

徐祥德,陶诗言,王继志,等,2002.青藏高原-季风水汽输送"大三角扇型"影响域特征与中国区域旱涝异常的关[J].气象学报,**60**(3):257-266.

徐兴奎,陈红,Levy J K,2008.气候变暖背景下青藏高原植被覆盖特征的时空变化及其成因分析[J].科学通报,**53**(4):456-462.

徐亚梅,2003.低空急流的加强对深厚西南低涡发展及稳定维持的作用[J].浙江大学学报:理学版,**30**(1):

98-102.

徐裕华，濮梅娟，1992. 青藏高原的动力和热力作用对高原低涡形成的数值试验[J]. 四川气象，**12**(3)：1-6.

徐元泰，丁一汇，1988. 气象场的客观分析和中尺度滤波[J]. 大气科学，**12**(3)：274-282.

杨鉴初，陶诗言，叶笃正，等，1960. 西藏高原气象学[M]. 北京：科学出版社.

杨克明，毕宝贵，李月安，等，2001. 1998 年长江上游致洪暴雨的分析研究[J]. 气象，**27**(8)：9-14.

杨露华，叶其欣，邬锐，等，2006. 基于 GPS/Pwv 资料的上海地区 2004 年一次夏末暴雨的水汽输送分析[J]. 气象科学，**26**(5)：503-506.

杨帅，丁治英，徐海明，2006. 梅雨暴雨中高低空急流与西南涡的活动[J]. 大气科学学报，**29**(1)：122-128.

杨帅，高守亭，2007. 三维散度方程及其对暴雨系统的诊断分析[J]. 大气科学，**31**(1)：167-179.

杨伟愚，杨大升，1987. 正压大气中青藏高原地形影响的数值试验[J]. 高原气象，**6**(2)：117-128.

杨伟愚，叶笃正，吴国雄，1990. 夏季青藏高原气象学若干问题的研究[J]. 中国科学(B 辑)(10)：1100-1111.

杨洋，罗四维，1992. 夏季青藏高原低涡的能量场分析[J]. 应用气象学报，**3**(2)：199-205.

杨洋，张小松，卜玉康，等，1988. 五层原始方程模式对西南低涡的数值预报及实验[J]. 云南大学学报：自然科学版(1)：48

杨引明，郑永光，陶祖钰，2003. 上海热带低压特大暴雨分析[J]. 热带气象学报，**19**(4)：413-421.

杨越奎，1994. "91.7"梅雨锋暴雨的螺旋度研究[J]. 气象学报，**52**(3)：379-383.

杨祖芳，李伟华，1999. 一种运用云顶亮温确定热带气旋海面大风区的方法[J]. 热带气象学报，**15**(1)：71-75.

姚建群，丁金彩，王坚捍，等，2005. 用 GPS 可降水量资料对一次大-暴雨过程的分析[J]. 气象，**31**(4)：48-52.

姚菊香，李丽平，罗璇，等，2012. 提取准双周和准一月低频振荡的 Lanczos 滤波器及其应用[J]. 大气科学学报，**35**(2)：221- 228.

姚秀萍，于玉斌，2000. 非地转湿 Q 矢量及其在华北特大台风暴雨中的应用[J]. 气象学报，**58**(4)：436-446.

姚秀萍，于玉斌，2001. 完全 Q 矢量的引入及其诊断分析[J]. 高原气象，**20**(2)：209-213.

叶笃正，高由禧，等，1979. 青藏高原气象学[M]. 北京：科学出版社.

叶笃正，罗四维，朱抱真，1957. 西藏高原及其附近的流场结构和对流层大气的热量平衡[J]. 气象学报，**28**(2)：108-121.

叶其欣，杨露华，丁金才，等，2008. GPS/Pwv 资料在强对流天气系统中的特征分析[J]. 暴雨灾害，**27**(2)：142-145.

仪清菊，徐祥德，2001. 不同尺度云团系统上下游的传播与 1998 年长江流域大暴雨[J]. 气候与环境研究，**6**(2)：139 -145.

尹东屏，吴海英，张冰，等，2007. 2006 年 7 月 19-20 日苏中地区强降水成因分析[J]. 气象科学，**27**(6)：641-647.

尹君，2010. 影响西南低涡发展因子的研究[D]. 南京：南京信息工程大学学位论文.

应俊，陈光华，黄荣辉，等，2013. 西北太平洋热带气旋变性阶段强度变化的比较研究[J]. 大气科学，**37**(4)：773-785.

游然，卢乃锰，邱红，等，2011. 用 PR 资料分析热带气旋卡特里娜降水特征[J]. 应用气象学报，**22**(2)：203-213.

于波，林永辉，2008. 引发川东暴雨的西南低涡演变特征个例分析[J]. 大气科学，**32**(1)：141-154.

余晖，吴国雄，2001. 湿斜压性与热带气旋强度突变[J]. 气象学报，**59**(4)：440-449.

余志豪，2002. 台风螺旋雨带-涡旋 Rossby 波[J]. 气象学报，**60**(4)：502-507.

宇婧婧，刘屹岷，吴国雄，2011a. 冬季青藏高原大气热状况分析 Ⅰ：气候平均[J]. 气象学报，**69**(1)：79-88.

宇婧婧，刘屹岷，吴国雄，2011b. 冬季青藏高原大气热状况分析 Ⅱ：年际变化[J]. 气象学报，**69**(1)：89-98.

郁淑华，2001. 高原天气系统活动对 1998 年长江大洪峰影响的初步分析. 1998 年长江嫩江流域特大暴雨的成因及预报应用研究[C]. 北京：气象出版社，359-364.

郁淑华，2002. 高原低涡东移过程的水汽图像[J]. 高原气象，**21**(2)：199-204.

郁淑华,2008.夏季青藏高原低涡研究进展述评[J].暴雨灾害,**27**(4):367-372.

郁淑华,高文良,2006.高原低涡移出高原的观测事实分析[J].气象学报,**64**(3):392-399.

郁淑华,高文良,2008.青藏高原低涡移出高原的大尺度条件[J].高原气象,**27**(6):1276-1287.

郁淑华,高文良,顾清源,2007a.近年来影响我国东部洪涝的高原东移涡环流场特征分析[J].高原气象,**26**(3):466-475.

郁淑华,高文良,彭骏,2012.青藏高原低涡活动对降水影响的统计分析[J].高原气象,**31**(3):592-604.

郁淑华,高文良,肖玉华,2008.冷空气对两例高原低涡移出高原影响的分析[J].高原气象,**27**(1):96-103.

郁淑华,高文良,肖玉华,2009a.南支气流对高原低涡移出青藏高原影响的诊断分析[J].高原山地气象研究,**29**(2):1-8.

郁淑华,何光碧,2001.对流层中上部水汽对高原低涡形成影响的数值试验[J].南京气象学院学报,**24**(4):553-559.

郁淑华,何光碧,2003.水汽图像在高原天气预报中应用的初步分析[J].高原气象,**22**(增刊):75-82.

郁淑华,肖玉华,高文良,2007b.冷空气对高原低涡移出青藏高原的影响[J].应用气象学报,**18**(6):737-747.

郁淑华,肖玉华,高文良,等,2009b.南支气流对高原低涡移出高原影响的数值试验[J].高原山地气象研究,**29**(3):1-7.

袁美英,李泽椿,张小玲,等,2011.中尺度对流系统与东北暴雨的关系[J].高原气象,**30**(5):1224-1231.

袁铁,郄秀书,2010.基于TRMM卫星对一次华南飑线的闪电活动及其降水结构的关系研究[J].大气科学,**34**(1):58-70.

岳彩军,2010.结合"海棠台风2005"定量分析非绝热加热对湿Q矢量诊断能力的影响[J].气象学报,**68**(1):59-69.

岳彩军,董美莹,寿绍文,等,2007.改进的湿Q矢量分析方法及梅雨锋暴雨形成机制[J].高原气象,**26**(1):165-175.

岳彩军,寿绍文,董美莹,2003a.定量分析几种Q矢量[J].应用气象学报,**14**(1):40-48.

岳彩军,寿亦萱,寿绍文,等,2003b.Q矢量的改进与完善[J].热带气象学报,**19**(3):308-316.

岳彩军,寿亦萱,寿绍文,等,2006.我国螺旋度的研究及应用[J].高原气象,**25**(4):754-762.

臧增亮,潘晓滨,汪潮,等,2012.水汽和潜热释放对背风波影响的数值试验[J].气象科学,**32**(1):38-44.

曾侠,钱光明,陈特固,等,2006.广东省沿海城市热岛特征分析[C].中国气象学会2006年年会论文集,94-97.

占瑞芬,李建平,2008.青藏高原地区大气红外探测器(AIRS)资料质量检验及揭示的上对流层水汽特征[J].大气科学,**32**(2):242-260.

张凤,赵思雄,2003.梅雨锋上引发暴雨的低压动力学研究[J].气候与环境研究,**8**(2):143-156.

张恒德,宗志平,张友姝,2011.2005年7月一次大暴雨过程的模拟和诊断分析[J].大气科学学报,**34**(1):85-92.

张虹,李国平,王曙东,2014.西南涡区域暴雨的中尺度滤波分析[J].高原气象,**33**(2):361-371.

张红,杨福全,1997.暴雨中不同尺度天气系统的分离及其相互作用[J].北京大学学报(自然科学版),**33**(1):77-84.

章基嘉,孙国武,陈葆德,1991.青藏高原大气低频变化的研究[M].北京:科学出版社,60-67.

章基嘉,朱抱真,朱福康,等,1988.青藏高原气象学进展[M].北京:科学出版社.

张鹏飞,李国平,王旻燕,等,2010.青藏高原低涡群发性与10～30天大气低频振荡关系的初步研究[J].高原气象,**29**(5):1102-1110.

张庆红,2006.特大眼台风Winnie(1997)的高分辨率数值模拟[J].气象学报,**64**(2):180-185.

张顺利,陶诗言,张庆云,等,2001.1998年夏季中国暴雨洪涝灾害的气象水文特征[J].应用气象学报,**12**(4):442-457.

张婷,2009.云顶亮温与义乌市降水关系研究[D].浙江师范大学学位论文.

张晓芳，陆汉城，2006. 梅雨锋暴雨过程潜热及反馈机理个例分析[J]. 气象科技，**34**(5)：567-573.

张小玲，张建忠，2006. 1981年7月9-14日四川持续性暴雨分析[J]. 应用气象学报，**17**(B8)：79-87.

张小培，银燕，2013. 复杂地形地区WRF模式四种边界层参数化方案的评估[J]. 大气科学学报，(1)：68-76.

张兴旺，1998. 湿Q矢量表达式及其应用[J]. 气象，**24**(8)：3-7.

张秀年，段旭，2005. 低纬高原西南涡暴雨分析[J]. 高原气象，**24**(6)：941-947.

张艳霞，钱永甫，翟盘茂，2008. 大气湿位涡影响夏季江淮降水异常的机理分析[J]. 高原气象，**27**(1)：26-35.

赵兵科，吴国雄，姚秀萍，2008. 2003年夏季梅雨期一次强气旋发展的位涡诊断分析[J]. 大气科学，**32**(6)：1241-1255.

赵大军，江玉华，李莹，2011. 一次西南低涡暴雨过程的诊断分析与数值模拟[J]. 高原气象，**30**(5)：1158-1169.

赵福虎，李国平，黄楚惠，等，2014. 热带大气低频振荡对高原低涡的调制作用[J]. 热带气象学报，**30**(1)：119-128.

赵鸣，陈潜，2007. 边界层过程对暴雨影响的敏感性试验[J]. 气象科学，**27**(1)：1-10.

赵平，陈隆勋，2001. 35年来青藏高原大气热源气候特征及其与中国降水的关系[J]. 中国科学(D辑)，**31**(4)：327-332.

赵平，胡昌琼，孙淑清，1992. 一次西南低涡形成过程的数值试验和诊断(二)：涡度方程和能量转换函数的诊断分[J]. 大气科学(2)：177-184.

赵平，梁海河，1991. 西南低涡结构及潜热加热分析[J]. 成都气象学院学报，**6**(2)：16-21.

赵平，孙淑清，1991. 一次西南低涡形成过程的数值试验和诊断(一)：地形动力作用和潜热作用对西南低涡影响的数值试验对比分析[J]. 大气科学，**15**(6)：46-97.

赵瑞星，1988. 移动性热源与上游效应[J]. 气象学报(2)：5.

赵思雄，1977. 西南低涡结构的个例分析[C]. 青藏高原气象会议论文集，296-306.

赵思雄，傅慎明，2007. 2004年9月川渝大暴雨期间西南低涡结构及其环境场的分析[J]. 大气科学，**31**(6)：1059-1075.

赵宇，崔晓鹏，2009. 对流涡度矢量和湿涡度矢量在暴雨诊断分析中的应用研究[J]. 气象学报，**67**(4)：540-548.

赵宇，崔晓鹏，王建国，2008. 由台风低压倒槽引发的山东暴雨过程研究[J]. 气象学报，**66**(3)：423-436.

赵宇，高守亭，2008. 对流涡度矢量在暴雨诊断分析中的应用研究[J]，大气科学，**32**(3)：444-456.

赵玉春，王叶红，2010. 高原涡诱生西南涡特大暴雨成因的个例研究[J]. 高原气象，**29**(4)：819-831.

赵永辉，刘开宇，2012. 一次贵州暴雨过程的湿位涡诊断分析[J]. 云南大学学报：自然科学版，**34**(S2)：386-389.

郑峰，2006. 螺旋度应用研究综述[J]. 气象科技，**34**(2)：119-123.

郑京华，董光英，梁涛，等，2009. 一次西南涡东移诱发的罕见暴雨诊断分析[J]. 暴雨灾害，**28**(3)：229-234.

郑庆林，王必正，宋青丽，1997. 青藏高原背风坡地形对西南涡过程影响的数值试验[J]. 高原气象，**16**(3)：225-234.

郑庆林，邢久星，1990. 一个六层亚洲有限区域模式及对一次西南涡过程的数值模拟[J]. 应用气象学报，**1**(1)：12-23.

郑新江，陆文杰，1994. 水汽图像在天气分析和天气预报中的解译与应用[M]. 北京：气象出版社.

郑益群，高俊岭，曾新民，2011. 边界层参数化方案对陆气相互作用影响的模拟研究[J]. 气象科学(4)：501-509.

中国科学院大气物理研究所模拟组，1976. 西南低涡的初步研究[C]. 见青藏高原气象文集(1975—1976)，青藏高原气象科研协作领导小组.

中国科学院兰州高原大气物理研究所，1977. 青藏高原东侧动力性低涡形成机制的分析[J]. 气象科技，**67**(4)：54-65.

中国气象局成都高原气象研究所，2010-2011. 青藏高原低涡切变线年鉴(1998-2005，2007-2011)[M]. 北京：科学出版社.

仲跻芹，张朝林，范水勇，2005. 北京稳定天气条件下城市边界层环流特征数值研究[J]. 气象科技，**33**(6)：481-486.

钟元，金一鸣，1992. 穿越副高北上的台风路径与环境场的关系[J]. 热带气象学报，**8**(2)：160-168.

周兵，何金海，徐海明，2003. 青藏高原气象要素场低频特征及其与夏季区域降水的关系[J]. 南京气象学院学报，**23**(1)：93-100.

周长艳，李跃清，2005. 四川"9.3"大暴雨中的水汽输送分析[J]. 成都信息工程学院学报，**20**(6)：733-738.

周春花，顾清源，何光碧，2009. 高原涡与西南涡相互作用暴雨天气过程的诊断分析[J]. 气象科技，**37**(5)：538-544.

周国兵，沈桐立，韩余，2006. 台风对西南低涡影响的数值模拟与诊断个例分析[J]. 气象科学，**26**(6)：620-626.

周明煜，徐祥德，卞林根，等，2000. 青藏高原大气边界层观测分析与动力学研究[M]. 北京：气象出版社，57-111.

周强，李国平，2013. 边界层参数化方案对高原低涡东移模拟的影响[J]. 高原气象，**32**(2)：334-344.

朱定真，沈树勤，李昕，1997. 华东地区大范围热带气旋大暴雨的综合分析[J]. 气象科学，**17**(3)：298-306.

朱禾，邓北胜，吴洪，2002. 湿位涡守恒条件下西南涡的发展[J]. 气象学报，**60**(3)：343-351.

朱丽华，范广洲，董一平，等，2011. 青藏高原夏季 500 hPa 纬向风的时空演变特征及其与我国降水的关系[J]. 大气科学，**35**(1)：168-178.

朱佩君，陈敏，陶祖钰，等，2002. 登陆台风 Winnie(1997)的数值模拟研究Ⅱ：结构演变特征分析[J]. 气象学报，**60**(5)：560-567.

朱佩君，郑永光，王洪庆，等，2005. 台风螺旋雨带的数值模拟研究[J]. 科学通报，**50**(5)：486-494.

朱乾根，1990. 我国的东亚冬季风研究[J]. 气象，**16**(1)：3-10.

朱乾根，林锦瑞，寿绍文，等，2007. 天气学原理和方法(第四版)[M]. 北京：气象出版社.

朱乾根，周伟灿，张海霞，2001. 高低空急流耦合对长江中下游强暴雨形成的机理研究[J]. 南京气象学院学报，**24**(3)：308-314.

竺夏英，刘屹岷，吴国雄，2012. 夏季青藏高原多种地表感热通量资料的评估[J]. 中国科学：地球科学，**42**(7)：1104-1112.

卓嘎，徐祥德，陈联寿，2002. 青藏高原边界层高度特征对大气环流动力学效应的数值试验[J]. 应用气象学报，**13**(2)：163-169.

宗志平，张小玲，2005. 2004 年 9 月 2—6 日川渝持续性暴雨过程初步分析[J]. 气象，**31**(5)：37-41.

邹波，2004. 地面加热对飞机颠簸影响的动力学初步分析[J]. 大气科学学报，**27**(4)：527-531.

邹波，陈忠明，2000. 一次西南低涡发生发展的中尺度诊断[J]. 高原气象，**19**(2)：141-149.

左洪超，胡隐樵，吕世华，等，2004. 青藏高原安多地区干、湿季的转换及其边界层特征[J]. 自然科学进展，**14**(5)：535-540.

Anthes R A，Heagenson P L，1984. A Comparative numerical simulation of the Sichuan flooding Catastrophe (11-15 July，1981). *Proceedings of the first Sino-American workshop on Mountain Meteorology*[M]. China Science press.

Awaka J，Iguchi T，Okamoto K，1998. Early results on rain type classification by the tropical rainfall measuring mission(TRMM) precipitation radar[C]. *Pro. 8th URSI commission F Open Symp*. Averior，Portugal，134-146.

Bell G B，Bosart L F，1989. A 15-Year climatology of Northern Hemisphere 500 mb closed cyclone and anticyclone centers[J]. *Monthly Weather Review*，**117**(10)：2142 -2163.

Bennetts D A，Hoskins B J，1979. Conditional symmetric instability-A possible explanation for frontal rainbands

[J]. *Quarterly Journal of the Royal Meteorological Society*, **105**(446):945-962.

Berg L K, Zhong S Y, 2005. Sensitivity of MM5-simulated boundary layer characteristics to turbulence parameterizations[J]. *J. Appl. Meteor.*, **44**:1467-1483.

Bessafi M, Wheeler M C, 2006. Modulation of south Indian Ocean Tropical cyclones by the Madden-Julian Oscillation and convectively coupled equatorial waves [J]. *Mon. Wea. Rev.*, **134**:638-656.

Bevis M, Businger S, Herring T A, *et al.*, 1992. GPS Meteorology: Remote sensing of atmospheric water vapor using the Global Positioning System[J]. *J. Geophys. Res.*, **97**:15787-15801.

Blanchard D O, 1998. Assessing the vertical distribution of convective available potential energy[J]. *Wea. Forecasting*, **13**(3):870-877.

Blender R, Fraedrich K, Lunkeit F, 1997. Identification of cyclone-track regimes in the North Atlantic[J]. *Quarterly Journal of the Royal Meteorological Society*, **123**(539):727-741.

Brimelow J C, Reuter G W, 2005. Transport of atmospheric moisture during three extreme rainfall events over the Mackenzie River Basin[J]. *Journal of Hydrometeorology*, **6**(4):423-440.

Businger S, Chiswell S, *et al.*, 1996. The promise of GPS in atmospheric monitoring[J]. *Bull Amer Meteor Soc*, **77**:5-18.

Camargo S J, and Sobel A H, 2007. Workshop on Tropical Cyclones and Climate[J]. *Bull. Am. Meteor. Soc.*, **88**:389-391.

Cao Z, Cho H, 1995. Generation of moist potential vorticity in extratropical cyclones[J]. *Atmos. Sci.*, **52**:3263-3282.

Chahine M T, 2006. The Atmospheric Infrared Sounder(AIRS): Improving weather forecasting and providing new data on greenhouse gases[J]. *Bulletin of the American Meteorological Society*, **87**(7):911-926.

Chang C P, Hou S C, Kuo H C, *et al.*, 1998. The development of an intense East Asian summer monsoon disturbance with strong vertical coupling[J]. *Mon Wea Rew*, **126**:2692-2712.

Chang C P, Yi L and Chen G T J, 2000. A Numerical Simulation of Vortex Development during the 1992 East Asian Summer Monsoon Onset Using the Navy's Regional Model[J]. *Mon. Wea. Rev.*, **128**:1064-1631.

Chen F, Mitchell K, Schaake J, *et al.*, 1996. Modeling of land surface evaporation by four schemes and comparison with FIFE observations[J]. *Journal of Geophysical Research: D-Atmospheres*, **101**:7251-7268.

Chen Gong, Li Guoping, 2014. Dynamic and numerical study of waves in the Tibetan Plateau vortex[J]. *Advances in Atmospheric Sciences*, **31**(1):131-138.

Chen Lianshou, Luo Zhexian, 2003. A preliminary study of the dynamics of eastward shifting cyclonic vortices [J]. *Advances in Atmospheric Sciences*, **20**:323-332.

Chen Longxun, Zhu Congwen, Wang Wen, *et al.*, 2001. Analysis of the characteristics of 30-60 day Low-frequency oscillation over Asia during 1998SCSMEX[J]. *J Advances of Atmospheric Science*, **18**(4):623-638.

Chen Min, Zheng Yongguang, 2004. Vorticity budget investigation of a simulated long-lived mesoscale vortex in South China[J]. *Advances in Atmospheric Sciences*, **21**(6):928-940.

Chen S J, Lorenzo D, 1984. Numerical prediction of the heavy rainfall vortex over the eastern Asia monsoon region[J]. *J. Meteor. Soc. Japan*, **62**(5):730-747.

Chen T C, 1985. Global water vapor flux and maintenance during FGGE. *Monthly Weather Review*, **113**(10):1801-1819.

Chen Y S, Yau M K, 2001. Spiral bands in a simulated hurricane. Part Ⅰ: vortex Rossby wave verification[J]. *J Atmos Sci*, **58**(15):2128-2145.

Cho H, Cao Z, 1998. Generation of moist potential vorticity in extratropical cyclones [J]. Part II: Sensitivity to moisture distribution. *J. Atmos. Sci.*, **55**:595-610.

Chow K C,K L Chan,Lau Alexis K H,2002. Generation of moving spiral bands in tropical cyclones[J]. *J Atmos Sci*,**59**(20):2930-2950.

Cordeira J M,Ralph F M,Moore B J,2013. The development and evolution of two atmospheric rivers in proximity to Western North Pacific tropical cyclones in October 2010[J]. *Monthly Weather Review*,**141**(12):4234-4255.

Davis J L,T A Herring,I I Shaprio,*et al.*,1985. Geodesy by radio inter-ferometry:Effects of atmospheric modeling errors on estimates of baseline length[J]. *Radio Sci.*,**20**:1593-1607.

Davies-Jones R P,Burgess D W,Foster M,1990. Test of helicity as tornado forecasting parameter[C]. *Preprint*,16*th Conf. on severe local storms*. Kananaskis Park,AB,Canada,Amer. Meteor. Soc. 588-593.

Dellosso L,Chen S J,1986. Numerical experiments on the genesis of vortices over the Qinghai-Xizang Plateau [J]. *Tellus*,**38A**:236-250.

Draxler R,Hess G D,1998. An overview of the HYSPLIT 4modeling system for trajectories,dispersion and deposition[J]. *Australian Meteorological Magazine*,**47**(4):295-308.

Draxler R,Stunde B,Rolph G,2009. HYSPLIT_4 User's Guide. NOAA Technical Memorandum ERL ARL-224[R].

Duan Anmin,Liu Yimin,Wu Guoxiong,2005. Heating status of the Tibetan Plateau from April to June and rainfall and atmospheric circulation anomaly over East Asia in midsummer [J]. *Science in China (Series D)*,**48**:250-257.

Duan,A M,Wu G X,2008. Weakening trend in the atmospheric heat source over the Tibetan Plateau during recent decades. Part I:Observations [J]. *J. Climate*,**21**:3149-3164.

Duan,A M,Wu G X,Zhang Q,*et al.*,2006. New proofs of the recent climate warming over the Tibetan Plateau as a result of the increasing greenhouse gases emissions [J]. *Chinese Sci. Bulletin*,**51**(11):1396-1400.

Duan J,M Bevis,Peng Fang,*et al.*,1996. GPS Meteorology:Direct estimation of the absolute value of precipitable water[J]. *J Appl Meteor*,**35**(6):830-838.

Dudhia J,1989. Numerical study of convection observed during the winter monsoon experiment using a mesoscale two-dimensional model[J]. *Journal of the Atmospheric Science*. **46**(20):3077-3107.

Emanuel K A,Fantini M,Thorpe A J,1987. Baroclinic instability in an environment of small stability to slantwise moist convection[J]. *Journal of the Atmospheric Sciences*,**44**:1559-1587.

Feng X Y,Liu C H,Rasmussen R,*et al.*,2014. A 10-year climatology of Tibetan Plateau vortices with NCEP climate forecast system reanalysis [J]. *J. Appl. Meteor. Climatol.*,**53**(1):34-46.

Flohn H,1957a. *Contributions to a Meteorology of the Tibetan Highlands*[C]. Atmos Sci Paper,Colorado State University,Fort Collinsm,120-130.

Flohn H,1957b. Large-scale aspects of the "summer monsoon" in South and East Asia[J]. *Journal of the Meteorological Society of Japan*,**75**:180-186.

Flohn H,1960. *Proc Symp Monsoons of the World*[M]. New Delhi:Hind Union Press,75-88.

Fu S M,Sun J H,Zhao S X,*et al.*,2011. The energy budget of a southwest vortex with heavy rainfall over South China [J]. *Adv. Atmos. Sci.*,**28**(3):709-724.

Fu,S M,Li W L,SunJ. H,*et al.*,2014. Universal evolution mechanisms and energy conversion characteristics of long-lived mesoscale vortices over the Sichuan Basin[J]. *Atmos. Sci. Lett.*,doi:10. 1002/asl2. 533.

Fuenzalida H A,Sánchez R,Garreaud R D,2005. A climatology of cutoff lows in the Southern Hemisphere [J]. *Jornal of Gohyal Rarh*:*Amohr* (1984-2012),**110**(D18).

Gao S,Ping F,2005. An experiment study of lee vortex with large topography forcing[J]. *Chinese Science Bul-*

letin, **50**(3): 248-255.

Gao S, Ping F, Li X, *et al.*, 2004. A convective vorticity vector associated with tropical convection: A two-dimensional cloud-resolving modeling study[J]. *Journal of Geophysical Research Atmospheres*, **109**(D14): 1149-1165.

Gao S T, Li X, Tao W, *et al.*, 2007. Convective and moist vorticity vectors associated with tropical oceanic convection: A three-dimensional cloud-resolving model simulation[J]. *J. Geophys. Res.*, 112.

Georg A Grell, 1993. Prognostic evaluation of assumptions used by cumulus parameterizations[J]. *Mon. Wea. Rev.*, **121**: 764-787.

Gettelman A, Brasseur G P, Kinnison D E, *et al.* 2004,. The impact of monsoon circulations on the upper troposphere and lower stratosphere[J]. *Journal of Geophysical Research Atmospheres*, **109**(D22): 2215-2226.

Goswami B N, Ajayamohan R S, Xavier P K, *et al.*, 2003. Clustering of synoptic activity by Indian summer monzón intraseasonal oscillations[J]. *Geophys. Res. Lett.*, **30**: 1431.

Gray S L, Craig G C, 1998. A simple theoretical model for the intensification of tropical cyclones and polar lows [J]. *Quart J RoyMeteorol Soc*, **124**: 919-947.

He Haiyan, Mcginis J W, Song Z, 1987. Onset of the Asian summer monsoon in 1979 and the effect of the Tibetan Plateau[J]. *Mon Wea Rev*, **115**: 1966-1996.

Holtslag A A M, Evan Meijgaard, W C de Rooy, 1995. A comparison of boundary layer diffusion schemes in unstable conditions over land[J]. *Boundary-Layer Meteorology*, **76**: 69-95.

Hong S Y, Lim J O J, 2006. The WRF Single-Moment 6-Class Microphysics Scheme (WSM6)[J]. *J. Korean Meteor. Soc*, **42**(2): 129-151.

Hong S Y, Yign Noh, J Dudhia, 2006. A new vertical diffusion package with explicit treatment of entrainment processes[J]. *Monthly Weather Review*, **134**: 2318-2341.

Hoskins B J, Dagbici J, Darics H C, 1978. A new look at the ω equation[J]. *Quart J R Meteor Soc*, **104**: 31-38.

Hoskins B J, McIntyre M E, Robertson A W, 1985. On the use and significance of isentropic potential vorticity maps[J]. *Quart J Roy Meteor Soc*, **111**(470): 877-946.

Houze R A, Jr, 1982. Cloud clusters and large-scale vertical motions in the tropics[J]. *J. Meteor. Soc. Japan*, **60**: 396-410.

Houze R A, Jr, 1989. Observed structure of mesoscale convective systems and implications for large-scale heating[J]. *Quart. J. Roy. Meteor. Soc.*, **115**: 425-461.

Hu X M, Gammon J W N, Zhang F Q, 2010. Evaluation of three planetary boundary layer schemes in the WRF model[J]. *Journal of Applied Meteorology and Climatology*, **49**: 1831-1844.

Huo Zonghui, Zhang Dalin, Gyakum J R, 1999a. Interaction of potential vorticity anomalies in extratropical cyclogenesis Part I: Static piecewise inversion[J]. *Mon. Wea. Rev.*, **11**: 2546-2562.

Huo Zonghui, Zhang Dalin, Gyakum J R, 1999b. Interaction of potential vorticity anomalies in extratropical cyclogenesis Part II: Sensitivity to initial perturbations[J]. *Mon. Wea. Rev.*, **11**: 2563-2575.

Iguchi T, Kozu T, Meneghini R, *et al.*, 2000. Rain-profling algorithm for the TRMM precipitation radar[J]. *J Appl Meteor*, **39**: 2038-2052.

Jones C, Duane E W, Catherine G, 1998. The Influence of the Madden-Julian oscillation on ocean surface heat fluxes and sea surface temperature[J]. *J. Climate*, **11**: 1057-1072.

Kalnay E, Kanamitsu M, Kistler R, *et al.*, 1996. The NCEP/NCAR 40-year reanalysis project [J]. *Bull. Amer. Meteor. Soc.*, **77**(3): 437-470.

Kepert J, Wang Yuqing, 2001. The dynamics of boundary layer jets within the tropical cyclone core. Part II: *Nonlinear Enhancement*, **58**: 2485-2501.

Krishnamurti T N, Gadgil S, 1985. On the structure of the 30 to 50 day mode over the globe during FGGE[J]. *J Tellus*, **37A**: 336-360.

Kummerow C, Bames W, Kozu T, 1998. The tropical rainfall measuring mission sensor package[J]. *J Atmos Oceanic Tech*, **15**: 809-817.

Kung E C, Tsui T L, 1975. Subsynoptic-scale kinetic energy balance in the storm area[J]. *J Atmos Sci.*, **32**(4): 729-740.

Kurihara Y, 1976. On the development of spiral hands in a tropical cyclone[J]. *J Atmos Sci*, **33**: 940-958.

Kuo Y H, Cheng L S, Anthes R A, 1986. Mesoscale analysis of Sichuan flood catastrophe, 11-15 July, 1981[J]. *Mon. Wea Rew*, **114**: 1984-2003.

Kuo Y H, Cheng L, Bao J W, 1988. Numerical simulation of the 1981 Sichuan flood, Part I: Evolution of a mesoscale southwest vortex[J]. *Mon. Wea. Rev.*, **116**: 2481-2504.

Lau W K M, Kim M K, *et al.*, 2010. Enhanced surface warming and accelerated snow melt in the Himalayas and Tibetan Plateau induced by absorbing aerosols [J]. *Environmental Research Letters*, **5**(2): 302-307.

Li Chongyin, Wu Jingbo, 2000. On the onset of the South China Sea Summer Monsoon in 1998[J]. *Advances in Atmospheric Sciences*, **17**(2): 193-204.

Li G P, Deng J, 2013. Atmospheric water monitoring by using ground-based GPS during heavy rains produced by TPV and SWV[J]. *Advances in Meteorology*, 1-12.

Li G P, Duan T Y, S Haginoya, *et al.*, 2001. Estimation of the bulk transfer coefficients and surface fluxes over the Tibetan Plateau using AWS data[J]. *Journal of the Meteorological Society of Japan*, **79**(2): 625-635.

Li Guoping, Fu Congbin, Ye Duzheng, 1991. A study on the influence of large-scale persistent rainfall anomalies on land surface processes [J]. *Chinese Journal of Atmospheric Sciences*, **15**(1): 62-71.

Li Guoping, Fujio Kimura, Tomonori Sato, Huang Dingfa, 2008a. A composite analysis of diurnal cycle of GPS precipitable water vapor in central Japan during calm summer days[J]. *Theoretical and Applied Climatology*, **92**(1-2): 15-29.

Li Guoping, Lu Jinghua, 1996. Some possible solutions of nonlinear internal inertial gravity wave equations in the atmosphere[J]. *Advances in Atmospheric Sciences*, **13**(2): 244-252.

Li L, Zhang R, Wen M, 2011. Diagnostic analysis of the evolution mechanism for a vortices over the Tibetan Plateau in June 2008[J]. *Adv. Atmos. Sci.*, **28**(4): 797-808.

Li X L, Pu Z X, 2008b. Sensitivity of numerical simulation of early rapid intensification of hurricane Emily (2005) to cloud microphysical and planetary boundary layer parameterizations[J]. *Monthly Weather Review*, **136**: 4819-4838.

Li Yaodong, Yun W, Yang S, *et al.*, 2008c. Characteristics of summer convective systems initiated over the Tibetan Plateau. Part I: origin, track, development, and precipitation[J]. *Journal of Applied Meteorology and Climatology*, **47**(10): 2679-2695.

Lilly D K, 1986. The structure, energetics and propagation of rotating convective storms. Part II: Helicity and storm stabilization[J]. *J. Atmos. Sci.*, **43**: 126-140.

Lin Zhiqiang, 2015. Analysis of Tibetan Plateau vortex activities using ERA-Interim data for the period 1979-2013[J]. *Journal of Meteorological Research*, **29**: 720-734.

Liu G, Fu Y, 2001. The characteristics of tropical precipitation profiles as inferred from satellite radar measurements[J]. *J Meteor Soc Japan*, **79**: 131-143.

Liu Xiaoran, Li Guoping, 2007. Analytical solutions for thermal forcing vortices in boundary layer and its applications[J]. *Applied Mathematics and Mechanics*, **28**(4): 429-439.

Liu Xin, Wu Guoxiong, Li Weiping, *et al.*, 2001. Thermal adaptation of the large-scale circulation to the summer heating over the Tibetan Plateau[J]. *Progress in Natural Science*, **11**: 207-214.

Liu X D, Chen B D, 2000. Climatic warming in the Tibetan Plateau during recent decades[J]. *Int. J. Climatol.*, **20**: 1729-1742.

Luo Huibang, Yanai M, 1983. The large-scale circulation and heat sources over the Tibetan Plateau and surrounding areas during the early summer of 1979 Part I: Precipitation and kinematic analyses[J]. *Mon Wea Rev*, **111**: 922-944.

Luo Huibang, Micho Yanai, 1984. The large-scale circulation and heat sources over the Tibetan Plateau and surrounding areas during the early summer of 1979. Part II: Heat and Moisture budgets[J]. *Mon Wea Rev*, **112**(5): 966-989.

Luo S W, He M L, Liu X D, 1994. Study on the vortex of the Qinghai-Xizang (Tibet) Plateau in summer[J]. *Sci. China (Ser B)*, **37**(5): 601-612.

Ma Z, Kuo Y H, Ralph F M, *et al.*, 2011, Assimilation of GPS radio occultation data for an intense atmospheric river with the NCEP regional GSI system[J]. *Monthly Weather Review*, **139**(7): 2170-2183.

Macdonald N J, 1968. The evidence for the existence of Rossby-like waves in the hurricane vortex[J]. *Tellus*, **20**: 138-150.

Madden R A, Julian P R, 1971. Detection of a 40-50 day oscillation in the zonal wind in the tropical Pacific[J]. *J Atmos Sci*, **28**: 702-708.

Madden R A, Julian P R, 1972. Description of globe Scale circulation cells in the tropics with 40-50 day period [J]. *J Atmos Sci*, **29**: 1109-1123.

Maddox R A, 1980. Mesoscale convective complexes[J]. *Bull Amer Metror Soc*, **61**: 1374-1387.

Maloney E D, and Hartmann D L, 2000. Modulation of eastern North Pacific hurricanes by the Madden-Julian oscillation[J]. *J. Climate*, 13, 1451-1460.

Mao J Y, Wu G X, 2012. Diurnal variations of summer precipitation over the Asian monsoon region as revealed by TRMM satellite data[J]. *Sci China (Earth Sci)*, **55**: 554-566.

Matsumoto S, Ninomiya K, Yoshizumi S, 1971. Charateristic features of "Baiu" front associated with heavy rainfall[J]. *Mete-or. Soc. Japan*, **49**: 409-429.

McWilliams J C, 1989. Geostrophic vortices, Proc Int School of Physics "Enrico Fermi"[J]. *Italian Physical Society*, **109**: 5-50.

McWilliams J C, Graves L P, Montogomery M T, 2003. A formal theory for vortex Rossby waves and vortex evolution[J]. *Geophysical & Astrophysical Fluid Dynamics*, **97**(4): 275-309.

Mellor G L, Yamada T, 1982. Development of a turbulence closure model for geophysical fluid problems[J]. *Rev. Geophys.*, **20**: 851- 875.

Miglieta M M, Zecchetto S, De Biasio F, 2010. WRF model and ASAR- retrieved 10 m wind field comparison in a case study over eastern Mediterranean Sea[J]. *Adv. Sci. Res.*, **4**: 83-88.

Mlawer E J, Taubman S J, Brown P D, *et al.*, 1997. Radiative transfer for inhomogeneous atmospheres: RRTM, a validated correlated-K model for the longwave[J]. *Journal of Geophysical Research: Atmospheres* (1984-2012), **102**(D14): 16663-16682.

Montgomery M T, Kallenbach R J, 1997. A theory for vortex Rossby waves and it s application to spiral bands and intensity changes in hurricanes[J]. *Quart J Roy Meteor Soc*, **123**: 435-465.

Moore B J, Neiman P J, Ralph F M, *et al.*, 2012. Physical processes associated with heavy flooding rainfall in Nashville, Tennessee, and Vicinity during 1-2 May 2010: The role of an atmospheric river and mesoscale convective systems[J]. *Monthly Weather Review*, **140**(2): 358-378.

Neiman P J,Ralph F M,Wick G A,*et al.* ,2008. Meteorological characteristics and overland precipitation impacts of atmospheric rivers affecting the west coast of North America based on eight years of SSM/I satellite observations[J]. *Monthly Weather Review*,**9**(1):22-47.

Neiman P J,Ralph F M,Wick G A,*et al.* ,2008. Diagnosis of an intense atmospheric river impacting the Pacific Northwest:Storm summary and offshore vertical structure observed with COSMIC satellite retrievals[J]. *Monthly Weather Review*,**136**(11):4398-4420.

Neiman P J,Schick L J,Ralph F M,*et al.* ,2011. Flooding in Western Washington:The Connection to atmospheric rivers[J]. *Journal of Hydrometeorology*,**12**(6):1337-1358.

Nguyen K C,Walsh K J,2001. Interannual,decadal,and transient greenhouse simulation of tropical cyclone-like vortices in a regional climate model of the South Pacific[J]. *J Climate*,**14**(13):3043-2259.

Nicholls M E,Piecke R A,Cotton W R,1991. Thermally forced gravity waves in an atmosphere at rest[J]. *J. Atmos. Sci*,**48**(16):1869-1884.

Nitta T,1983. Observational study of heat source over the eastern Tibetan Plateau during the summer monsoon [J]. *J Meteor Soc Japan*,**61**:590-605.

Nolan D S,Montgomery M T,2002. Nonhydrostatic,three-dimensional perturbations to balanced,hurricane-like vortices,Part I:Linearized formulation,stability,and evolution[J]. *J Atmos Sci*,**59**(21):2989-3020.

Okamura O,Kimura F,2003. Behavior of GPS-derived precipitable water vapor in the moutain lee after the passage of a cold front. *Geophysical Research Letters*,**30**(14):1746-1749.

Petterssen S,Sembye S J,1971. On the development of extra tropical cyclones[J]. *Quart. Roy. Meteor. Soc.*, **97**:457-482.

Pleim J E,2007a. A combined local and nonlocal closure model for the atmospheric boundary layer. Part I:Model description and testing[J]. *Journal Applied Meteorology and Climatology*,**46**:1383-1395.

Pleim J E,2007b. A combined local and nonlocal closure model for the atmospheric boundary layer. Part II:application and evaluation in a mesoscale meteorological model [J]. *J. Appl. Meteor. Climatol.*, **46**: 1396-1409.

Ralph F M,Coleman T,Neiman P J,*et al.* ,2013. Observed impacts of duration and seasonality of atmospheric-river landfalls on soil moisture and runoff in coastal Northern California[J]. *Journal of Hydrometeorology*,**14**(2):443-459.

Ralph F M,Neiman P J,Wick G A,2004. Satellite and CALJET aircraft observations of atmospheric rivers over the eastern North Pacific Ocean during the winter of 1997/98[J]. *Monthly Weather Review*,**132**(7):1721-1745.

Randhir S,Pal P K,Kishtawal C M,*et al.* ,2008. Impact of atmospheric infrared sounder data on the numerical simulation of a historical Mumbai rain event[J]. *Weather & Forecasting*,**23**(5):891-913.

Reiter,Gao D Y,1982. Heating of the Tibetan Plateau and the movements of the South Asian High during spring[J]. *Mon Wea Rev*,**110**:1694-1711.

Robert A M,Businger S,Gutman S I,*et al.* ,2002. A lightning prediction index that utilizes GPS integrated precipitable water vapor[J]. *Weather and Forecasting*,**17**:1034-1046.

Rodell M. ,Houser P R,Jambor U,*et al.* ,2004. The global land data assimilation system [J]. *Bull Amer Meteorol Soc*,**85**(3):381-394.

Saastamoinen J,1975. Atmospheric correction for the troposphere and stratosphere in radio ranging of satellites. The Use of Artificial Satellites for Geodesy[J]. *Geophys. Monogr. Ser.* ,**15**:247-251.

Saha S,Moorthi S,Pan H L,*et al.* ,2010. The NCEP climate forecast system reanalysis[J]. *Bulletin of the American Meteorological Society*,**91**(8):1015-1057.

Schumacher C. Houza R A Jr,2003. Stratiform rain in the tropics as seen by the TRMM precipitation radar[J]. *J. Climate*,**16**:739.

Seko H,Shimada S,Nakamura H,*et al.*,2000. Three-dimensional distribution of water vapor estimated from tropospheric delay of GPS data in a mesoscale precipitation system of the Baiu front[J]. *Earth,Planets,and Space*,**52**:927-933.

Shen R. J.,Reiter E R,Bresch J F,1986a. Numerical simulation of the development of vortices over the Qinghai-Xizang Plateau[J]. *Meteor. Atmos. Phys.*,**35**:70-95.

Shen R J,Reiter E R,Bresch J F,1986b. Some aspects of the effects of sensible heating on the development of summer weather systems over the Qinghai-Xizang Plateau [J]. *Atmos Sci*,**43**:2241-2260.

Simmonds,Ian,Murray,*et al.*,1999. Southern extratropical cyclone behavior in ECMWF analyses during the FROST special observing periods[J]. *Wahr and Forang*,(6):878.

Simpson J,Adler R F,North G R,1988. A proposed Tropical Rainfall Measuring Mission (TRMM) satellite [J]. *Bull. Amer. Meteor. Soc.*,**69**:278-295.

Sood A,2010. Improving the Mellor-Yamada-Janjic parameterization for wind conditions in the marine planetary boundary layer[J]. *Bound. -Layer Meteor.*,**136**:301-324.

Steiner M,Houze Jr R A,Yuter S E,1995. Climatological characterization of three-dimensional storm structure from operational radar and rain gauge data[J]. *J Appl Meteor*,**34**:1978-2007.

Sugimoto S,Ueno K,2010. Formation of mesoscale convective systems over the eastern Tibetan Plateau affected by plateau-scale heating contrasts[J]. *J. Geophys. Res.*:*Atmospheres*(1984—2012),**115**(D16).

Takagi T,F Kimura,S Kono,2000. Diurnal variation of GPS precipitable water at Lhasa in premonsoon and monsoon periods[J]. *J Meteor. Soc. Japan*,**78**:175-179.

Tao S Y,Ding Y H,1981. Observational evidence of the influence of the Qinghai-Xizang (Tibet) Plateau on the occurrence of heavy rain and severe convection storms in China [J]. *Bull. Amer. Meteor. Soc.*,**62**:23-30.

Tepper M A,1958. A theoretical model for hurricane radar bands[R]. *Preprints of 7th Weather Radar Conference*,Miami,Amer. Meteor. Soc,56-65.

Toracinta E R,Cecll D J,Zipser E J,*et al.*,2002. Radar,passive microwave,and lightning characteristics of precipitating systems in the tropics[J]. *Mon. Wea. Rew.*,**130**:802-824.

Torrence C,Compo G P,1998. A practical guide to wavelet analysis[J]. *Bulletin of the American Meteorological society*,**79**(1):61-78.

Walsh K J,Watterson I G,1997. Tropical cyclone-like vortices (TCLV) in a limited area model:comparison with observed climatology[J]. *J Climate*,**10**(9):2240-2259.

Wang B,1987. The development mechanism for Tibetan Plateau warm vortices[J]. *Journal of the Atmospheric Sciences*,**44**(20):2978-2994.

Wang Bin,I Orlanski,1987. Study of a heavy rain vortex formed over the eastern flank of the Tibetan Plateau [J]. *Mon. Wea. Rev.*,**115**:1370-1393.

Wang M R,Zhou S W,Duan A M,2012. Trend in the atmospheric heat source over the central and eastern Tibetan Plateau during recent decades:Comparison of observations and reanalysis data[J]. *Chinese Science Bulletin*,**57**(5):548-557.

Wang Wei,Kuo Ying-hwa,Thomas T W,1993. A diabatically driven mesoscale vortex in the lee of the Tibetan Plateau[J]. *Mon. We. Rev.*,**121**:2542-2561.

Wang Z,Gao K,2003. Sensitivity experiments of an eastward-moving southwest vortex to initial perturbations [J]. *Adv. Atmos. Sci.*,**20**(4):638-649.

Wheeler M,Hendon H,2004. An all-season real-rime multivariate MJO index:Development of an index for monitoring and prediction[J]. *Mon Wea Rev*, **132**:1917-1932.

Woodall G R, 1990. Qualitative forecasting of tornadic activity using storm-relative environmental helicity[R]. *Preprint*, *16th conference on severe local storm helicity*, 311-315.

Wu G X, Chen S J, 1985. The effect of mechanical forcing on the formation of a mesoscale vortex[J]. *Quart. J. Roy. Meteor. Soc.*, **111**(470):1049-1070.

Wu Guoxiong, Yimin Liu, Tongmei Wang, *et al.*, 2007. The influence of mechanical and thermal forcing by the Tibetan Plateau on Asian climate[J]. *Journal of Hydrometeorology*, **8**(Special Section):770-789.

Wu G X, Zhang Y S, 1998. Tibetan Plateau Forcing and the Timing of the Monsoon Onset over South Asia and the South China Sea[J]. *Mon Wea Rev*, **126**:913-927.

Wu L, Wang B, 2000. A potential vorticity tendency diagnostic approach for tropical cyclone motion[J]. *Monthly Weather Review*, **128**(6):1899-1911.

Xiang S Y, Li Y Q, Fu X H, 2013. An analysis of heavy precipitation caused by a retracing plateau vortex based on TRMM data[J]. *Meteorology and Atmospheric Physics*, **122**(1-2):33-45.

Xu Liren, Zhao Ming, 2000. The influence of boundary layer parameterization schemes on mesoscale heavy rain system[J]. *Advances in Atmospheric Sciences*, **17**(3):458-472.

Yanai M, Esbensen S, Chu J H, 1973. Determination of bulk properties of tropical cloud clusters from large-scale heat and moisture budgets[J]. *Journal of the Atmospheric Sciences*, **30**(4):611-627.

Yanai M, Li C, Song Z S, 1992. Seasonal heating of the Tibetan Plateau and its effects on the evolution of the Asian summer monsoon[J]. *Journal of the Meteorological Society of Japan*, **70**(1):319-350.

Yang K, Guo X, Wu B, 2011. Recent trends in surface sensible heat flux on the Tibetan Plateau [J]. *Sci. China (Earth Sci)*., **54**(1):19-28.

Yasunari T, 1980. A quasistationary appearance of 30-40 day period in the fluctuations during the summer monsoon over India[J]. *J Meteor Soc, Japan*, **58**:225-229.

Yasunari T T Miwa, 2006. Convective cloud systems over the Tibetan Plateau and their impact on meso-scale disturbances in the Meiyu/Baiu frontal zone: A case study in 1998[J]. *J. Meteor. Soc. Japan*, **84**, 783-803.

Ye D, 1981. Some characteristics of the summer circulation over the Qinghai-Xizang (Tibet) Plateau and its neighborhood[J]. *Bull. Am. Meteorol. Soc.*, **62**:14-19.

Ye D, Wu G, 1998. The role of the heat source of the Tibetan Plateau in the general circulation[J]. *Meteor. Atmos. Phys.*, **67**:181-198.

Yokoyama C, Takayabu Y N, 2008. A statistical study on rain characteristics of tropical cyclones using TRMM satellite data[J]. *Mon. Wea. Rew.*, **136**:3848-3862.

Yu Shuhua, Gao Wenliang, Peng Jun, *et al.*, 2014. Observational facts of sustained departure Plateau vortexes [J]. *Journal of Meteorological Research*, **28**(2):296-307.

Yu Shuhua, Gao Wenliang, Xiao Dixiang, *et al.*, 2016. Observational facts regarding the joint activities of the Southwest Vortex and Plateau Vortex after its departure from the Tibetan Plateau[J]. *Advances in Atmospheric Sciences*, **33**(1):34-46.

Zavisa I, Janjic, 1994. The step-mountain eta coordinate model: Further developments of the convection, viscous sublayer, and turbulence closure schemes[J]. *Mon. Wea. Rev.*, **122**:927-945.

Zhang Guangzhi, Xu Xiangde, Wang Jizhi, 2003. A dynamic study of Ekman characteristics by using 1998 SCS-MEX and TIPEX boundary layer data[J]. *Adv Atmos Sci*, **20**(3):349-356.

Zhang D L, Zheng W Z, 2004. Diurnal cycles of surface winds and temperatures as simulated by five boundary layer parameterizations[J]. *J. Appl. Meteor.*, **43**:157-169.

Zhang Pengfei, Li Guoping, Fu Xiuhua, *et al.*, 2014. Clustering of Tibetan Plateau vortices by 10-30-day intraseasonal oscillation[J]. *Monthly Weather Review*, **142**(1):290-300.

Zhang Y, Dubey M K, Olsen S C, *et al.*, 2009. Comparisons of WRF/Chem simulations in Mexico City with ground based RAMA measurements during the 2006-MILAGRO[J]. *Atmos. Chem. Phys.*, **9**:3777-3798.

Zheng Qinglin, Zhang Chaolin, Liang feng, 2000. Numerical study on influence of Qinghai-Xizang (Tibetan) Plateau on seasonal transition of global atmospheric circulation [J]. *Journal of Tropical Meteorology*, **6**(2):202-211.

Zhou T J, Yu R C, Chen H M, *et al.*, 2008. Summer precipitation frequency, intensity, and diurnal cycle over China: a comparison of satellite data and rain gauge observation[J]. *J. Climate*, **21**:3997-4010.

Zhu Y, Newell R E, 1998. A Proposed algorithm for moisture fluxes from atmospheric river[J]. *Monthly Weather Review*, **126**(3):725-735.

Zhu Yuxiang, Liu Haiwen, Ding Yihui, *et al.*, 2015. Interdecadal variation of spring snow depth over the Tibetan Plateau and its influence on summer rainfall over East China in the recent 30 years[J]. *Int. J. Climatol.*, doi:10.1002/joc.4239

Zhu X Y, Liu Y M, Wu G X, 2012. An assessment of summer sensible heat flux on the Tibetan Plateau from eight data sets[J]. *Sci. China Earth Sci.*, **55**:779-786.

附录:作者相关发表论文概览

李国平,万军,卢敬华,1991.暖性西南低涡生成的一种可能机制[J].应用气象学报,**2**(1):91-99.

李国平,万军,邓思华,1991.青藏高原500 hPa暖性高压生成的热成风适应机制[J].成都气象学院学报,**6**(3-4):1-8.

李国平,刘行军,1994.西南低涡暴雨的湿位涡诊断分析[J].应用气象学报,**5**(3):354-360.

卢敬华,李国平,1994.层结稳定度和波速对孤立波解的影响[J].地球物理学报,**37**(增刊第2辑):46-56.

Li Guoping, Lu Jinghua, 1996. Some possible solutions of nonlinear internal inertial gravity wave equations in the atmosphere[J]. *Advances in Atmospheric Sciences*, **13**(2):244-252.

李国平,陶建玲,1998.非线性惯性重力内波的特征及天气意义[J].成都气象学院学报,**13**(1):23-29.

李国平,杨小怡,1998.热源强迫对非线性重力内波影响的初步分析[J].大气科学,**22**(5):791-797.

李国平,蒋静,2000.一类奇异孤波解及其在高原低涡结构分析中的应用[J].气象学报,**58**(4):447-456.

李国平,赵邦杰,杨锦青,2002.地面感热对青藏高原低涡流场结构及发展的作用[J].大气科学,**26**(4):519-525.

卢敬华,李国平,石磊,等,2003.青藏高原及东侧低值系统与高原积雪的相关研究[J].高原气象,**22**(2):121-126.

李国平,徐琪,2005.边界层动力"抽吸泵"对青藏高原低涡的作用[J].大气科学,**29**(6):965-972.

刘晓冉,李国平,2006.青藏高原低涡研究的回顾与展望[J].干旱气象,**24**(1):60-66.

李国平,刘红武,2006.地面热源强迫对青藏高原低涡作用的动力学分析[J].热带气象学报,**22**(6):632-637.

吴俞,李国平,2006.热源强迫的非线性惯性重力内波及其应用[J].成都信息工程学院学报,**21**(增刊):7-11.

黄楚惠,李国平,2007.基于卫星观测的两例青藏高原低涡结构的初步分析[J].成都信息工程学院学报,**22**(2):253-259.

刘晓冉,李国平,2007.热源强迫的边界层低涡解及其应用[J].应用数学和力学,**28**(4):391-400.

Liu Xiao-ran, Li Guo-ping, 2007. Analytical solutions for the thermal forcing vortices in the boundary layer and its applications[J]. *Applied Mathematics and Mechanics*, **28**(4):429-439.

刘晓冉,李国平,2007.热力强迫的非线性奇异惯性重力内波及其与青藏高原低涡的关系[J].高原气象,**26**(2):225-232.

黄楚惠,李国平,2007.一次东移高原低涡的天气动力学诊断分析[J].气象科学,**27**(增刊):36-43.

黄先伦,李国平,2008.热力强迫对局地环流的扰动作用[J].应用气象学报,**19**(4):488-495.

刘红武,李国平,2008.近三十年西南低涡研究的回顾与展望[J].高原山地气象研究,**28**(2):68-73.

黄楚惠,李国平,2009.基于螺旋度和非地转湿Q矢量的一次东移高原低涡强降水过程分析[J].高原气象,**28**(2):319-326.

陈功,李国平,2010.基于WRF的高原低涡内波动特征及空心结构的初步研究[J].高原山地气象研究,**30**(1):6-11.

黄楚惠,顾清源,李国平,等,2010.一次高原低涡东移引发四川盆地暴雨的机制分析[J].高原气象,**29**(4):832-839.

张鹏飞,李国平,王旻燕,等,2010.青藏高原低涡群发性与10~30天大气低频振荡关系的初步研究[J].高原气象,**29**(5):1102-1110.

宋雯雯,李国平,2010.高原低涡结构特征模拟与诊断的初步研究[J].成都信息工程学院学报,**25**(3):282-285.

张朝辉,李国平,黄楚惠,2011.一次引发四川盆地南部暴雨的西南低涡湿旋转量分析[J].高原山地气象研究,**31**(1):46-50.

宋雯雯,李国平,2011.一次高原低涡过程的数值模拟与结构特征分析[J].高原气象,**30**(2):267-276.

李国平,罗喜平,陈婷,等,2011.高原低涡中涡旋波动特征的初步分析[J].高原气象,**30**(3):553-558.

李国平,刘晓冉,黄楚惠,等,2011.夏季青藏高原低涡结构的动力学研究[J].成都信息工程学院学报,**26**(5):461-469.

陶丽,李国平,2011.一次西南低涡诱发川南特大暴雨的综合诊断[J].气象科技进展,**1**(3):45-49.

黄楚惠,李国平,牛金龙,等,2011.一次高原低涡东移引发四川盆地强降水的湿螺旋度分析[J].高原气象,**30**(6):1427-1434.

陈功,李国平,2011.夏季青藏高原低涡的切向流场及波动特征分析[J].气象学报,**69**(6):956-963.

宋雯雯,李国平,唐钱奎,2012.加热和水汽对两例高原低涡影响的数值试验[J].大气科学,**36**(1):117-129.

邓佳,李国平,2012.引入地基GPS可降水量资料对一次西南涡暴雨水汽场的初步分析[J].高原气象,**31**(2):400-408.

陈功,李国平,李跃清,2012.近20年来青藏高原低涡的研究进展[J].气象科技进展,**2**(2):6-12.

陶丽,李国平,2012.对流涡度矢量垂直分量在西南涡暴雨中的应用[J].应用气象学报,**23**(6):702-709.

郝丽萍,邓佳,李国平,等,2013.一次西南涡持续暴雨的GPS大气水汽总量特征[J].应用气象学报,**24**(2):230-239.

周强,李国平,2013.边界层参数化方案对高原低涡东移模拟的影响[J].高原气象,**32**(2):334-344.

孙婕,李国平,2013.西南低涡东移引发重庆暴雨的综合诊断[J].高原山地气象研究,**33**(2):10-17.

何钰,李国平,2013.青藏高原大地形对华南持续性暴雨影响的数值试验[J].大气科学,**37**(4):933-944.

李国平,2013.高原涡、西南涡研究的新进展及有关科学问题[J].沙漠与绿洲气象,**7**(3):1-6.

母灵,李国平,2013.复杂地形对西南低涡生成和移动影响的数值试验分析[J].成都信息工程学院学报,**28**(6):241-248.

Li Guoping,Deng Jia,2013. Atmospheric water monitoring by using ground-based GPS during heavy rains produced by TPV and SWV[J]. *Advances in Meteorology*,1-12.

Chen Gong,Li Guoping,2014. Dynamic and numerical study of waves in the Tibetan Plateau vortex[J]. *Advances in Atmospheric Sciences*,**31**(1):131-138.

Zhang Pengfei,Li Guoping,Fu Xiuhua,*et al.*,2014. Clustering of Tibetan Plateau vortices by 10-30-day intraseasonal oscillation[J]. *Monthly Weather Review*,**142**(1):290-300.

赵福虎,李国平,黄楚惠,等,2014.热带大气低频振荡对高原低涡的调制作用[J].热带气象学报,**31**(1):119-128.

胡祖恒,李国平,官昌贵,等,2014.中尺度对流系统影响西南低涡持续性暴雨的诊断分析[J].高原气象,**33**(1):116-129.

刘晓冉,李国平,2014.WRF模式边界层参数化方案对西南低涡模拟的影响[J].气象科学,**34**(2):162-170.

张虹,李国平,王曙东,2014.两次西南涡区域暴雨的中尺度滤波分析[J].高原气象,**33**(2):361-371.

蒋璐君,李国平,母灵,等,2014.基于TRMM资料的西南涡强降水结构分析[J].高原气象,**33**(3):607-614.

李国平,赵福虎,黄楚惠,等,2014.基于NCEP资料的近30年夏季青藏高原低涡的气候特征[J].大气科学,**38**(4):756-769.

董元昌,李国平,2014.凝结潜热在高原涡东移发展不同阶段作用的初步研究[J].成都信息工程学院学报,**29**(4):400-407.

刘晓冉,李国平,2014.一次东移型西南低涡的数值模拟及位涡诊断[J].高原气象,**33**(5):1204-1216.

刘红武,李国平,戴泽军,等,2014.一次由西南低涡引发的我国南方特大暴雨的综合分析[J].科技创新导报(33) 97-101.

李昕翼,蒋玥,李国平,2014.成都一次有西南涡参与的区域性暴雨天气过程分析[J].成都信息工程学院学报,**29**(增刊):129-135.

蒋璐君，李国平，王兴涛，2015. 基于 TRMM 资料的高原涡与西南涡引发强降水的对比研究[J]. 大气科学，**39**(2)：249-259.

岳俊，李国平，2015. 大气河对 2013.7.9 四川盆地持续性暴雨作用的诊断分析[J]. 成都信息工程学院学报，**30**(1)：72-80.

董元昌，李国平，2015. 大气能量学揭示的高原低涡结构及降水特征[J]. 大气科学，**39**(6)：1136-1148.

张博，李国平，2015. 全球气候变暖背景下四川夜雨的变化特征[J]. 中国科技论文，**10**(9)：1111-1116.

牛金龙，黄楚惠，李国平，2015. 基于高分辨率资料的湿螺旋度指标及其对成都强降水的预报应用[J]. 高原气象，**34**(4)：942-949.

邱静雅，李国平，郝丽萍，2015. 高原涡与西南涡相互作用引发四川盆地暴雨的位涡诊断[J]. 高原气象，**34**(6)：1556-1565.

He Yu，Li Guo-ping，2015. The effects of the plateau's topographic gradient on Rossby waves and its numerical simulation[J]. *Journal of Tropical Meteorology*，**21**(4)：337-351.

黄楚惠，李国平，牛金龙，等，2015. 近 30 年夏季移出型高原低涡的气候特征及其对我国降雨的影响[J]. 热带气象学报，**31**(6)：323-332.

Jiang Lujun，Li Guoping，2015. Analysis of heavy precipitation caused by the vortices in the lee of the Tibetan Plateau from TRMM(the Tropical Rainfall Measuring Mission)observations[C]. Proc. SPIE 9640，Remote Sensing of Clouds and the Atmosphere XX，96400H(October 16，2015)；http://dx. doi. org/10. 1117/12. 2191821.

李国平，卢会国，黄楚惠，等，2016. 青藏高原夏季地面热源的气候特征及其对高原低涡生成的影响[J]. 大气科学，**40**(1)：131-141.

Zhao Fuhu，Li Guoping，Huang Chuhui，*et al.*，2016. The modulation of Madden-Julian oscillation on Tibetan Plateau vortex[J]. *Journal of Tropical Meteorology*，**22**(1)：30-41.

刘红武，邓朝平，李国平，等，2016. 东移影响湖南的西南低涡统计分析[J]. 气象与环境科学，**39**(1)：59-65.

张恬月，李国平，2016. 夏季青藏高原地面热源和高原低涡生成频数的日变化[J]. 沙漠与绿洲气象，**10**(2)：70-76.

岳俊，李国平，2016. 应用拉格朗日方法研究四川盆地暴雨的水汽来源[J]. 热带气象学报，**32**(2)：256-264.

王沛东，李国平，2016. 秦巴山区地形对一次西南涡大暴雨过程影响的数值试验[J]. 云南大学学报(自然科学版)，**38**(3)：418-429.

李国平，2016. 近 25 年来中国山地气象研究进展[J]. 气象科技进展，**5**(3)：115-122.

刘云丰，李国平，2016. 夏季高原大气热源的气候特征以及与高原低涡生成的关系[J]. 大气科学，**40**(4)：864-876.

叶瑶，李国平，2016. 基于 NCEP/NCAR 再分析资料的近 61 年西南低涡的统计特征与异常发生的流型[J]. 高原气象，**35**(4)：946-954.

Bai Aijuan，Li Guoping，2016. Climatology of monsoon precipitation over the Tibetan Plateau from 13-year TRMM observations[J]. *Theoretical and Applied Climatology*，**126**(1)：15-26.

王凌云，李国平，2016. 应用 AIRS 卫星资料对一次青藏高原东南部 MCSs 的对流指数分析[J]. 云南大学学报(自然科学版)，**38**(6)：20160348(待刊发).

Li Guoping，Zhao Fuhu，2017. Analysis of mechanism of Tibetan plateau vortex frequency differences between strong and weak MJO periods[J]. *J. Meteor. Res.*，**31**：doi：10. 1007/s13351-017-6041-6(待刊发).